（原书第 10 版）

生物学与生活

Biology: Life on Earth, Tenth Edition

［美］Teresa Audesirk　Gerald Audesirk　Bruce E. Byers　著

钟　山　闫宜青　等译

電子工業出版社
Publishing House of Electronics Industry
北京 · BEIJING

内容简介

生物学是自然科学的一个门类，是研究生物的结构、功能、发生和发展的规律，以及生物与周围环境的关系等的科学。本书是生物学的简介性图书，全书通过结合身边的具体实例，介绍了细胞、遗传、进化与生物多样性、行为和生态等内容。本书的特点是，详细介绍了与人类生活密切相关的生物学问题。在人类作为地球主宰而目空一切、为解决食物而日益关注转基因的今天，了解生物学及物种多样性，对人与自然共存具有重要的现实意义。本书结合人类生活，通过丰富的图表，为我们解答了生物学的研究意义及生物学对人类自身的影响。

图书在版编目（CIP）数据

生物学与生活：原书第 10 版 /（美）特丽莎 • 奥德斯克（Teresa Audesirk），（美）吉拉德 • 奥德斯克（Gerald Audesirk），（美）布鲁斯 E.布耶斯（Bruce E. Byers）著；钟山等译. —北京：电子工业出版社，2016.9

书名原文：Biology: Life on Earth, Tenth Edition

ISBN 978-7-121-29774-8

Ⅰ. ①生…　Ⅱ. ①特…　②吉…　③布…　④钟…　Ⅲ. 物学－研究　Ⅳ. ①Q

中国版本图书馆 CIP 数据核字（2016）第 202901 号

策划编辑：窦　昊
责任编辑：窦　昊
印　　刷：中国电影出版社印刷厂
装　　订：三河市良远印务有限公司
出版发行：电子工业出版社
　　　　　北京市海淀区万寿路 173 信箱　　邮编：100036
开　　本：787×1092　1/16　　印张：31.5　　字数：923 千字
版　　次：2016 年 9 月第 1 版（原著第 10 版）
印　　次：2022 年 1 月第 7 次印刷
定　　价：129.00 元

凡所购买电子工业出版社图书有缺损问题，请向购买书店调换。若书店售缺，请与本社发行部联系，联系及邮购电话：（010）88254888，88258888。

质量投诉请发邮件至 zlts@phei.com.cn，盗版侵权举报请发邮件至 dbqq@phei.com.cn。

本书咨询联系方式：（010）88254466，douhao@phei.com.cn。

译 者 序

你或许知道什么是地球上最简单的生物，然而你是否知道在遥远的非洲加蓬，埃博拉病毒在一夜之间席卷了整个村落？你或许已经听说过显性和隐性遗传，然而你是否知道，风华正茂的美国女排国家队队长，她的成功与陨落，都是因为一种罕见的遗传病？你或许已经被告知自然保护区的重要性，然而你是否知道，通过保护卡茨基尔山脉的天然水库，纽约市政府节省了数十亿美元？你或许熟知生物多样性的意义，然而你是否知道，世界上颜值最高的动物——帝王蝶从美国东部到墨西哥中部的迁徙奇观，将很可能不复存在？

由美国科罗拉多大学丹佛分校教授 Audesirk 夫妇和麻省大学阿姆斯特分校教授 Bruce E. Byers 联合编写的《生物学与生活》，是一本在美国大学生中享有盛誉的通识读物，在全球最大的在线图书零售网站——亚马逊的图书评论中获得高达 4.3 星/5 星的评价。

本书为第 10 版。全书分为 4 个单元共 30 章，内容涵盖细胞、遗传、进化和生物多样性、行为与生态学等。

本书的第 1 章介绍生命、进化、科学等基本概念。第 2～8 章为第一篇“细胞是生命体的基本单位”：第 2 章介绍这些物质的基本组成成分和生命之间的关联，第 3 章介绍组成生物体的重要大分子碳水化合物、蛋白质、脂质、核酸等，第 4 章介绍细胞的一些基本特性以及真核细胞和原核细胞的主要特征，第 5 章介绍作为细胞边界的细胞膜的结构和其物质运输功能以及细胞连接的基础知识，第 6 章介绍在细胞中进行的能量流动以及生物催化剂——酶的作用，第 7 章介绍作为包括人类在内的生物圈中绝大多数生物的直接或间接能量来源的光合作用的过程，第 8 章介绍糖酵解和细胞呼吸作用两个重要的生命过程。

第 9～13 章为第二篇“遗传”：第 9 章介绍两种主要的细胞分裂方式：有丝分裂与减数分裂，第 10 章介绍遗传的物质基础和基本规则，第 11 章介绍作为最重要的遗传分子 DNA 的发现、结构和功能及其复制和突变机制，第 12 章介绍基因的转录和翻译过程以及细胞对二者的调控作用，第 13 章介绍生物技术的含义以及其在法医学，农业等方面的应用，同时也介绍了现代生物技术面临的一些问题。

第 14～24 章为第三篇“生命的进化和多样性”：第 14 章介绍达尔文之前的进化思想，以及达尔文和华莱士提出的进化机制，第 15 章从种群的层面上对进化的原理进行阐述，第 16 章主要介绍物种的概念、新物种的形成以及物种的灭绝，第 17 章介绍生命从最早的非生命物质发展而来，直到进化出人类的过程，第 18 章介绍科学家对生物进行命名和分类的方法，第 19 章介绍多种多样的原核生物和病毒、类病毒和朊病毒，第 20 章介绍原生生物的概念与分类，第 21 章主要介绍植物的关键特征、进化史以及主要种类，第 22 章介绍真菌的特征、主要种类和它们对其他生物（包括人类）造成的影响，第 23 章除了介绍无脊椎动物的分类外，还阐述了标记着动物进化树上的分支的几大解剖学特征，如体腔等，第 24 章介绍多种多样的脊椎动物的特征。

第 25～30 章为第四篇“行为与生态学”：第 25 章介绍动物包括交流、繁殖、嬉戏在内的多种行为，第 26 章介绍包括人类在内的种群大小增长和被调节的方式，以及种群在空间和年龄分布，第 27 章介绍群落中的捕食、竞争、寄生和互利共生等相互作用关系，以及这些关系随时间流逝而引起的变化——演替，第 28 章介绍能量通过光合作用进入生态系统后，借助营养关系在生态系统中流动的过程，以及碳、氮、磷元素在生态系统中的循环过程，此外还介绍了营养物循环被人类扰乱的后果，第 29 章主要介绍地球上千姿百态的陆生生物群系和水生生物群系，第 30 章介绍生物多样性的重要性以及保护生物多样性刻不容缓的局势。

本书不仅内容全面、插图精美、讲解生动，而且选材贴近生活实际，是“生物学导论”课程教材的不二之选。

在本书的整个翻译过程中，钟山、闫宜青做了大量工作，也得到了宋琰娟和陈玥西的帮助，在此表示衷心的感谢。由于译者水平有限，错误和不当之处敬请广大读者批评指正。

译　者
2016 年 6 月
于中国科学技术大学 生命科学学院

作 者 简 介

Terry 和 Gerry Audesirk 二人于 1970 年喜结连理。Terry 取得南加州大学的海洋生态学博士学位，Gerry 取得加州理工学院的神经生物学博士学位。二人曾为华盛顿大学海洋实验室的博士后，以一种海洋软体动物为模式生物，进行生物行为的神经生物学基础方面的研究。两位作者现在已经退休，并任科罗拉多丹佛大学的生物学名誉教授，他们曾经于 1982—2006 年间在这所大学教授“生物学导论”和“神经生物学”两门课程。他们还进行了关于环境中低浓度污染物对神经元的危害和雌激素对神经元的保护作用机制方面的研究。

Bruce E. Byers 在麻省大学阿姆斯特分校的生物系任教授，他在 1993 年获得这所大学的教职（此前也是在这里获得博士学位）。Bruce 主要负责进化生物学、鸟类学以及动物行为学课程的教学，而他的研究方向主要是鸟类发声法的进化。

译 者 简 介

钟山，出生于 1996 年 2 月 14 日，吉林省松原市人。自幼对生命科学研究和英语有着浓厚的兴趣。2012 年考入中国科学技术大学，2016 年毕业于中国科学技术大学生命科学学院，获理学学士学位。将在中国科学技术大学神经退行性疾病研究中心申勇课题组攻读研究生，研究方向为包括阿尔茨海默病在内的神经退行性疾病的机制。

闫宜青，2006 年和 2011 年毕业于中国科学技术大学，分别获得理学学士、工学双学士和理学博士学位。2011 年至 2013 年在中国科学技术大学生命科学学院免疫识别与信号转导实验室从事博士后研究工作。2013 年起任特任副研究员。2015 年起任特任研究员。主要成果发表于 Cell、Immunity 等国际高水平杂志。获 2015 年度中科院卢嘉锡青年人才奖。主要研究兴趣为炎症以及炎症相关疾病机制。

目　录

第二篇 遗 传

第三篇 生命的进化和多样性

第四篇 行为与生态学

第 1 章 绪论：生物学与你

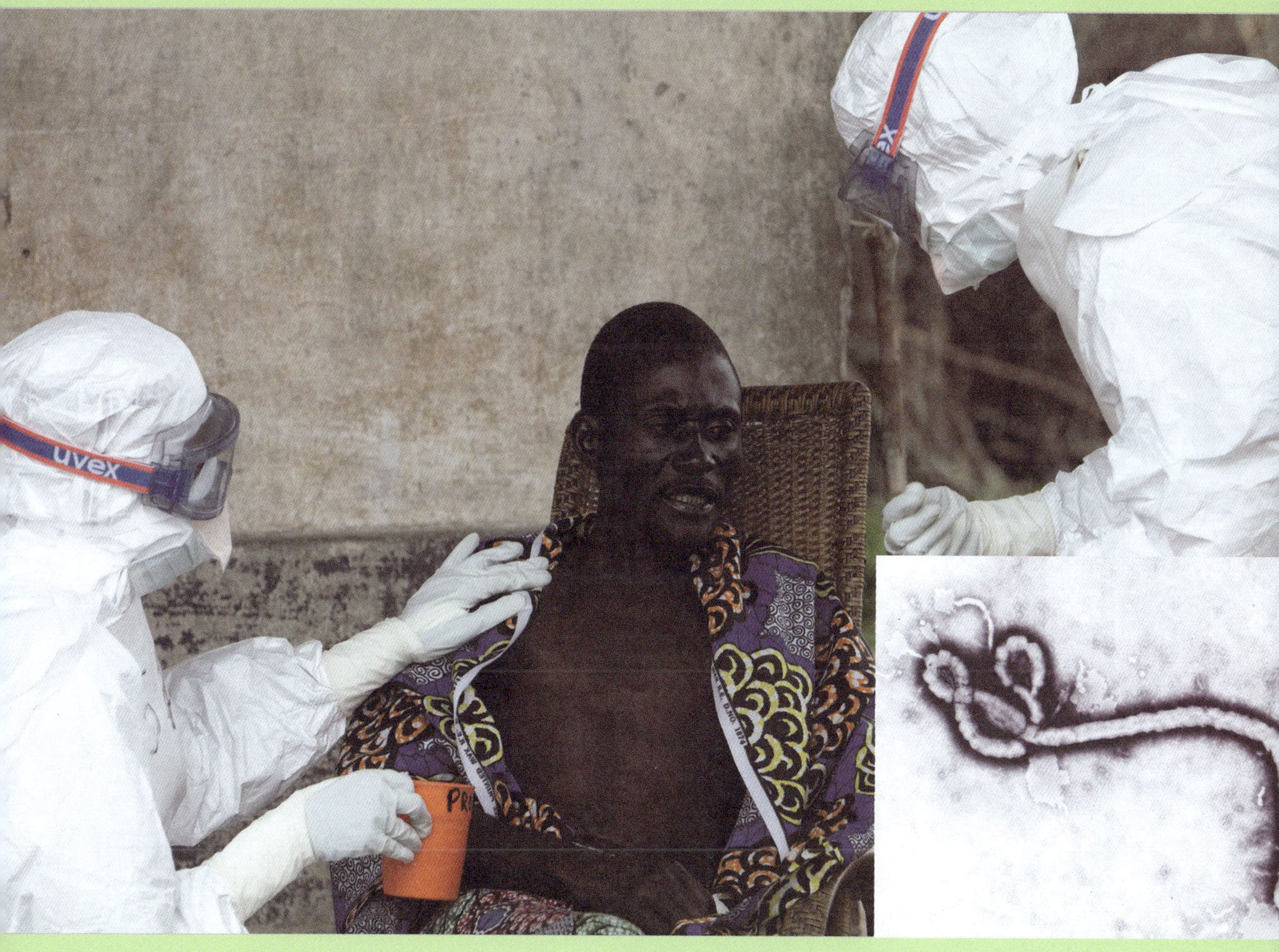

埃博拉病毒（插图所示）感染性极强，医生必须穿戴特殊的防护服才能接近感染者。

1.1 什么是生命？

Biology（生物学）这个单词由两个希腊词根所构成，其中“bio”的意思是生命，而“logy”的意思是学问的研究。但是，生命是什么呢？我们查查字典就知道，生命可以定义为有生命力与无生命力相对的一种状态，但是，这种生命力又如何定义呢？所以说，要给生命做出一个确切的定义是非常困难的，许多生物学家对此都束手无策。但是，生物学家都同意这一点，即，生命，或者生命体（Organism），都拥有一些特定的属性，这些属性一起定义了生命：

- 生命体需要物质和能量以供生存；
- 生命体需要复杂的调节机制来维持自身的生存；
- 面对刺激，生命体会有所应对和保护自己；
- 生命体会生长；
- 生命体会繁衍后代；
- 生命体都有进化的能力。

当然，很多不具有生命的物体也可能会有上面这些特点中的几个，比如晶体可以生长，符合第四条；而灯泡需要获得电能，然后转化成光能和热能，符合第一条。但是，符合全部 6 条的只有生物。

早在 19 世纪，科学家就已经能用简单的显微镜来观察生物，并发现细胞是生命的最简单单位（见图 1-1）。细胞膜将细胞（cell）与周围的其他细胞和其他微环境物质分开，而里面是蕴含丰富化学物质的液体环境，包裹着结构复杂的细胞器。这些化学物质和细胞器在细胞内精密地运转着，保证细胞自身的生存和繁衍。

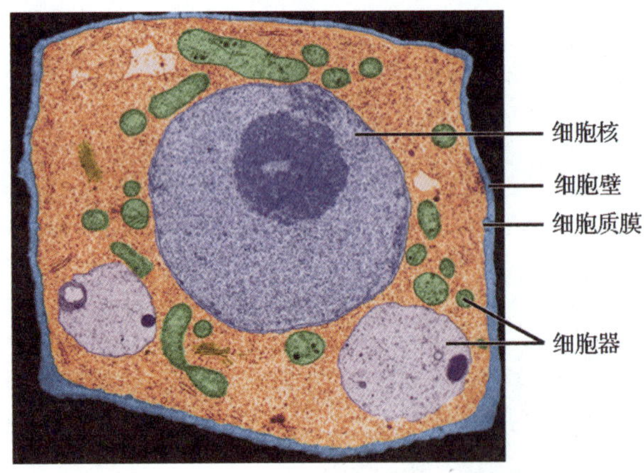

◀图 1-1 细胞是生命最小、最基本的单位 这是一张植物细胞（真核细胞）的模式图。它的表面由一层起支撑作用的细胞壁所包裹（图中呈蓝色），细胞壁同时还能起到将植物细胞一个一个隔离开的作用。动物的细胞是没有细胞壁的。在细胞壁里面是一层细胞膜，所有的细胞都有细胞膜，细胞膜控制着物质和能量的流入和流出。细胞中还包含着众多高度分化、功能细致的细胞器，包括细胞核，这些细胞器都在液体环境中发挥作用。

虽然，单细胞生物是地球上数量最为庞大的群体，但是，科学家会选取一些多细胞的模式生物进行研究，比如说图 1-2 中的水蚤。水蚤很小，大概和我们这本书中的句号差不多大。在接下来的章节，我们会深入介绍生物的各个特点。

1.1.1 生物需要物质和能量以维持生存

物质和能量是生物赖以生存的基础。它们需要从空气中、土壤中、水源中，甚至是别的生物那里获取一些基础的营养物质，比如矿物质、水等，维持自身的新陈代谢和生长发育。物质是守恒的，不会凭空多出来，也不会凭空消失，只是在生物与生物之间，或者是生物与环境之间不停地循环转化（见图 1-3）。

▶图 1-2　生命的特征　水蚤通过以能进行光合作用的生物为食来获取能量，维持自己的生存和发育。从图中可以看到，它的胃里有大量的绿色的生物，这就是它的食物。它的眼睛和触角是用来对外界刺激进行反应的。图中的雌性水蚤怀有大量的卵，这些卵会发育成很多水蚤。水蚤经过漫长的进化，几乎已经完全适应环境。

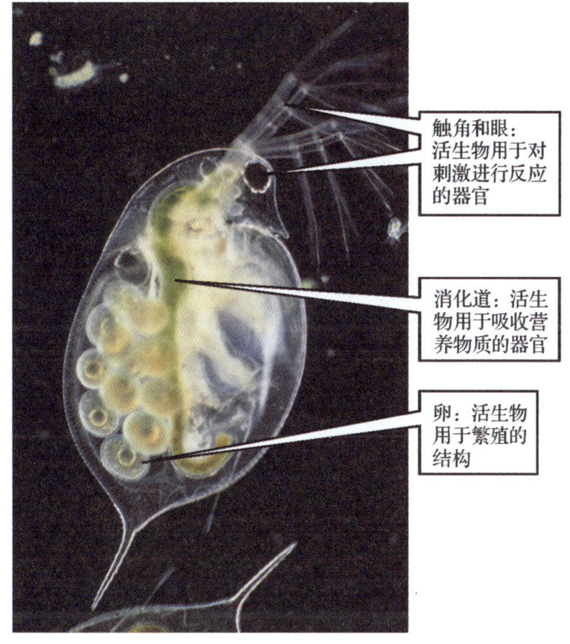

生物要维持生命，就需要源源不绝的能量。只有有了足够的能量，生物才能进行各种宏观和微观的活动，比如，行走、奔跑、开花、结果，等等。归根结底，生物的能量来自于太阳。有一类生物，也就是植物，它们可以通过光合作用（photosynthesis）直接获取和储存光能，用来维持自身的生存和繁衍，同时，也会作为其他生物（比如动物和真菌）物质和能量的来源。因此，与物质不同的是，能量的流动是单向的，它由太阳流向可以直接吸收光能的植物，再由植物到以植物为食的植食动物，再到以动物为食的肉食动物，最后以热量的方式释放到大自然中。能量的具体流动方式如图 1-3 所示。

◀图 1-3　物质循环和能量流动　能量的流动是单向的，由太阳流向可以直接吸收光能的植物（如图中黄色箭头所示），再由植物到以植物为食的植食动物，再到以动物为食的肉食动物（如图中红色箭头所示），最后以热量的方式释放到大自然中。与之相对，物质是在生物与生物之间，或者生物与环境之间循环流动的（如图中紫色箭头所示）。

1.1.2　生物需要复杂的调节机制来维持自身的生存

首先向大家提一个问题，为什么我们书桌上的书本纸张与所谓的生物体如此不同？因为生物体需要源源不绝的能量注入，以维持其基本的形态和功能，而书本纸张则不用（这些问题会在第6章重点讲到），这就决定了生物体是如此的复杂和与众不同。具体来讲，为了让生命的最基本单位——细胞，可以正常工作，在细胞内时刻发生着无数的化学反应，这些化学反应的原材料就需要细胞膜从外部运输进来，与此同时，化学反应产生的代谢产物和废料也需要经由细胞膜运送出去。而动物，包括我们人类，则需要大量的能量来维持体温恒定，从而使细胞内的化学反应可以正常有序地进行。在炎热的夏天和剧烈运动过后，为了维持体温，我们就需要出汗或者冲澡（见图1-4）。而当寒冬到来，为了维持体温，我们需要吃更多的食物，从而获得更多的能量。所以说，生命体都需要一个近乎绝对稳定的内在环境来维持细胞的正常运转，从而维持生命。

▲图1-4 **生物需要维持恒定的体温** 运动员在剧烈运动之后，通过出汗和凉水来降温。

1.1.3 面对刺激，生物会有所应对和保护自己

▲图1-5 **小绿植的向光性** 小绿植通过向着窗外太阳的方向生长来获得能量。

生物为了获取物质和能量让自己生存下去，必须应对外界环境的各种刺激。动物们通过一些高度分化、能够行使特殊功能的细胞，感知来自外界和自身的各种刺激，包括光、温度、声音、重力、触感、化学物质等。例如，当大脑感觉到血糖比较低时（这是一种内在刺激），就会促使你在闻到食物的香气（这是一种外在刺激）时咽口水。人类和动物拥有强大的神经系统和运动系统，可以有效应对外界的各种刺激，而植物、真菌和单细胞生物这些缺少神经和运动系统的生物也有自己独特的应对外界刺激的方式。比如，放在窗台上的小绿植会渐渐地向着窗外太阳的方向生长，因为这样有助于它们获得更多的光能（见图1-5）。细菌作为最小和最简单的生命形式之一，也会让自己从恶劣的环境向适宜的环境运动。

1.1.4 生物会生长

在生物生命中的某些阶段，它们会慢慢变大，这就是生物在生长。比如图1-2中的水蚤，它也曾经像它体内的一颗卵一样大。当然，生物的生长需要从外界获得大量的、源源不绝的物质和能量。像细菌那样的单细胞生物，通常通过分裂，也就是先将自身的一切结构复制为二然后再分裂开，以这样的方式来生长。无论是动物和植物，它们复制自身结构的方式都是极为类似的。另

外，生物体的生长还有可能是因为细胞虽然没有分裂，但是细胞自己渐渐变大，比如动物脂肪细胞和肌肉细胞，或植物的物质储存细胞。

1.1.5　生物会繁衍后代

生物繁衍后代的方式多种多样，比如单细胞生物的分裂，植物产生果实和种子，动物产卵（见图 1-2）或孕育胎儿（见图 1-6）。虽然方式多种多样，但最后的结果往往是相似的，也就是它们都会产生和自己基本相同的后代。无论是简单如单细胞的细菌、多细胞的真菌，还是复杂如人类，生物都从它们的上一代那里继承了相同的生活模式和繁衍后代的能力，而它们继承的这些东西，从源头上来说，是因为它们原封不动地继承了一种叫做脱氧核糖核酸（也称为 DNA）的物质（见图 1-7）。生物体的每一个细胞内，都含有整套的 DNA，这些 DNA，就好像是建造大厦的蓝图一样，指导着生物体的生长和发育。

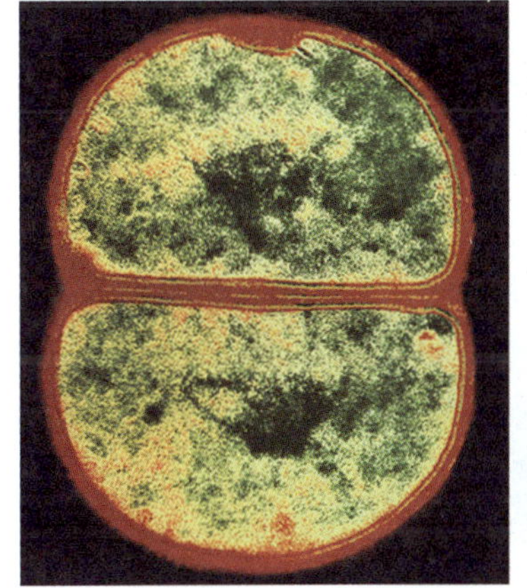

（a）正在分裂的链状锁球菌

（b）蒲公英产生的种子

（c）大熊猫和它的幼仔

▲图 1-6　生物繁育后代

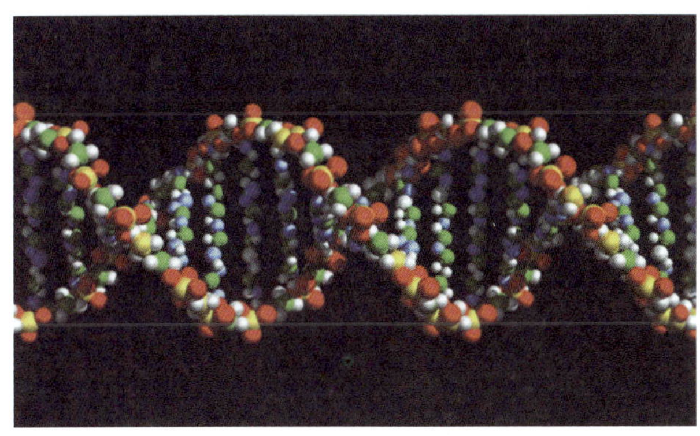

◀图 1-7　DNA　图中是 DNA 的球棍模型，DNA 分子是遗传的基础。正如这一结构的发现者，著名物理和生物学家沃森（James Watson）所说：生命本身就应该如此结果一样完美无缺和妙不可言。

1.1.6　生物都有进化的能力

进化（evolution）指的是现代的生物逐渐由古代的另一种生物演化而来的一种过程。在生物代代相传的过程中，如果一个种群（population）的 DNA 发生变化，而这种变化使得这个种群区别于同类的生物，这个种群就发生了进化。沧海桑田，斗转星移，我们居住的这个星球上的物种如此多种多样、品类丰富，就是进化不断积累的结果。可以说，进化是生物学中最为基础、最为重要的概念。在接下来的一节中，我们会重点讲述进化这个概念。

1.2 什么是进化？

我们居住的地球上之所以存在着如此数目庞大、丰富多彩的生命，得益于生物可以进化这一特点。与此同时，地球上的物种之间存在惊人的相似性，这也得益于进化。比如，人类和大猩猩无论是在外形上还是在生理习惯上都有诸多相似之处，而科学家研究发现，人类和大猩猩的 DNA 相似程度高达 95%，这个事实强有力地证明了人类和大猩猩很可能拥有相同的祖先（见图 1-8），但是，在漫长的进化中，我们和大猩猩分道扬镳，走上了不同的进化之路。那么，进化是如何发生的呢？

▲图 1-8　大猩猩和我们人类可以说是存在着亲缘关系的。

1.2.1　生物进化三步走

生物不由自主的命中注定的进化，通常包含三个步骤：第一步，生物体自身的 DNA 发生突变；第二步，这种突变遗传给自己的后代；第三步，后代经历自然选择，发现这种突变更加适应环境，于是将这种突变保留下来，遗传给后代，繁衍生息，渐渐地成为一个新的物种。接下来，我们将这三个步骤一一讲述。

1．DNA 突变是进化的源头

看看我们周围的小伙伴，他们是不是每一位都很特别、很不简单？再看看我们周围的狗，它们是不是大小、形状、皮毛的长短、颜色和质地都不一样？虽然它们之所以各不相同，原因一部分是环境因素，但归根结底，是它们的遗传信息也就是基因（gene）存在不同。基因的化学本质是 DNA 片段，是遗传的最基本单位。一个细胞在进行分裂之前，必须将自己的遗传物质原封不动地复制出来，再传递给子代细胞。正如人类在有设计图纸可以照着建造楼房时也有可能会犯错一样，DNA 在复制的过程中也会或多或少地犯错。DNA 在复制过程中所犯的错误被生物学家称为突变（mutation）。DNA 在发生损伤时，同样也会造成突变。比如，阳光中的紫外线，经受过核辐射并还存在射线残留的植物，或者烟草中有害的化学物质，都可能造成 DNA 的损伤。我们在建造楼房时，一个小小的错误就有可能导致楼房的整体结构发生变化；而细胞的 DNA 发生突变，就会使得这个细胞有别于自己的亲代细胞，这种区别，有时是微小而可以忽略不计的，有时却会带来毁灭性的灾难。

2．有些突变是可以遗传的

如果基因突变发生在生殖细胞，即精子或者卵细胞上，那么，突变就会由亲代传递给子代，这样的突变就叫做可遗传的突变。这时候，子代的每一个细胞都会存在这样的可遗传突变，使得它们与亲代或多或少存在着不同。有些可遗传突变对生物体是有害的，会造成遗传病，比如人类的血友病、镰刀形贫血症或者囊性纤维化，等等。而另一些突变则对机体没什么影响，比如，有的突变让狗皮毛的颜色发生改变，这种突变称为中性突变或者无义突变。今天，地球上的物种之所以如此门类繁多、多种多样，就是因为无数代的无义突变的积累。自然界中也存在这样的情况，基因发生突变后，这种生物可以更好地适应环境，或者可以繁育更多的后代，这样的小概率事件就是进化的基础。

3. 有些突变对生物大大有利

自然选择（natural selection）是生物进化史中最重要的一环，指的是，如果某些基因突变会使生物更好地适应环境，或者可以繁育更多的后代，那么，这些生物就比未突变的生物更加优良，神奇的大自然就会将这样的生物选择出来，而其他的渐渐被淘汰。这些突变也会传给后代，代代相传，这样，这类生物就发生了进化。这种情况具体是怎样发生的呢？

生物进化进程的一种场景大概是这样的：远古时代的海狸和其他哺乳动物一样，门牙都比较短。如果有只海狸发生了基因突变，让它的后代门牙变长，而门牙越长，越有利于将树咬断，这样的海狸可以建造更大更牢固的窝，也可以捕食更多的猎物。正因为如此，在恶劣的环境中，这些长门牙的海狸活下来并成功繁衍后代的概率更大一些，当然，它们的后代也遗传了长门牙这一特征。随着时代的变迁，长门牙的海狸越来越多并开始占主导地位，而短门牙的海狸渐渐退出历史舞台。

接下来我们解释一下生物学中“适应”（adaptation）这个词的意思：如果生物体通过改变它们的结构、生理活动或者行为，可以让生物生存得更好，并繁衍更多的后代，那么，这样的改变就叫做适应。生物的适应可谓是千姿百态、令人惊叹，比如小鹿纤长的四肢、老鹰宽广的翅膀和红杉粗壮的枝干。生物的这些适应行为可以帮助它们躲避天敌、捕食猎物，或者更加接近阳光以获得能量，等等。今天所能见到的生物千姿百态的适应性，都是亿万年自然选择的结果，也是有利突变累积的结果。

当然，一些现在可以让生物更好生存的适应，在未来的某一天也许会变成有害的。如果地球环境发生翻天覆地的变化，比如，温室效应导致的全球变暖，那么生物就需要进化出与之相适应的特征来适应环境，从而更好地生存。具体来说，就是有的生物发生基因突变，而这些突变使得生物更加适应全球变暖这样的气候，那么这些生物就会被自然选择所选择出来，并且发展壮大，成为新的物种。

同一物种的生物，如果生存在不同的环境下，就会面临不同的自然选择。如果环境差异足够大、经历的时间足够长，那么渐渐地，这两个种群就会演变成截然不同的两个物种。也就是说，一个新的物种就这样诞生了。

还存在一种情况，就是当环境发生翻天覆地的变化，但是与之相适应的生物的突变却没有出现，那么，这样的物种就有可能面临灭绝的危险，即，这种物种会渐渐消失在历史长河之中，再也不会出现。在 1 亿年以前，地球曾经是恐龙的天下，但是，它们的进化速度却没有赶上环境的变化，于是，它们灭绝（extinct）了（见图 1-9）。近几十年来，人类移山填海、砍伐森林、获取燃料，将热带雨林耕作为农田，虽然短时间内让人类得到了益处，却大大加速了环境的恶化。生物的进化速度远远跟不上人类对自然环境的破坏速度，因此，目前地球上的物种的灭绝速度进入前所未有的高速时期（第 30 章有描述）。

正如著名生物学家杜布赞斯基（Theodosius Dobzhansky）所说，如果没有生物进化的概念，那么，生物学这一学科将不复存在。在 19 世纪中叶，两位英国博物学家达尔文（Charles Darwin）和华莱士（Alfred Russel Wallace）首次提出了生物进化理论。从那时开始，科学家从各个方面给予生物进化理论事实支撑，比如化石、地质学研究、通过同位素来考证岩石的形成时期等，还包括当代生物学的遗传学、分子生物学、生物化学和杂交试验研究。正如接下来的章节中的内容一样，如果有人认为生物进化学说不过是一个理论，那么他一定是大错特错了。

▶图 1-9　霸王龙属雷克斯龙化石　恐龙之所以灭绝，目前最为流行的假说是在 1 亿年前，有颗小行星撞击地球，使得地球的生态环境发生了翻天覆地的变化。图中的霸王龙属雷克斯龙化石，目前保存在洛杉矶国家历史博物馆，它的名字叫做 Thomas。2003 年到 2005 年于 Montana 被发掘出来。Thomas 重达 7000 磅（约 3100 千克），长 34 英尺（约 10 米）。它大概死于 6 亿 8000 万年前，死时大概 17 岁。

1.3　科学家是如何进行生物学研究的？

生物学研究包罗万象，而每一类研究都需要特定的知识积累。可以这样说，对于生命的各个层面，都有相应的生物学研究（见图 1-10）。在一所规模较大的大学中，你会发现，其中的生物学家研究的内容，可以小到对分子生物学的研究（比如说 DNA 突变会导致生物发生何种变化），大到对生物圈的研究（比如环境和气候变化如何影响地球上生物的相对分布）。

1.3.1　生物学研究的多种层面

图 1-10 展示了生物研究的多个层面。从最下面一层开始看，我们可以看出每一层都是其上一层研究的基础，而上面一层又比下面一层更为复杂、更为具体。基本上每一个生物学分支都包含图中不止一个层面的内容，在接下来的章节中会具体讲述。

所有的物质都是由元素（element）构成的，而元素具体指的是什么呢？元素指的是物质的独立的最小单位，它不能分割成也不能转化成更小的成分。到目前为止，科学家通常认为原子（atom）是物质的最小元素，它无法再被分割和转化为更小的结构，具有元素的一切特性。举个例子来看，我们都知道，钻石其实是由碳元素所构成的，而它的最小结构就是一个一个的碳原子。原子再通过一些独特的联合方式组成分子（molecule）。例如，一个氧原子和两个氢原子在一起可以组成一个水分子。而多种生物大分子，如蛋白质和 DNA，可以组成一个细胞。前面已经提到过，细胞是生命体的最基本单位。不考虑那些低等的单细胞生物，形态、结构和功能相同或相似的细胞在一起就可以形成组织（tissue），例如，胃壁的上皮组织就是由上皮细胞所构成的。而几种组织在一起共同完成一个或几个相对独立的功能时，这一结构就称为一个器官（organ），比如整个胃。多个器官在一起协调作用，共同完成一项或几项复杂的生命活动时，就叫做器官系统（organ system），比如胃就属于消化系统。

生物学研究也会上升到种群的层面。种群指的是什么呢？种群指的是一群同一类型，或者说是属于同一物种的生物，在相同的环境下生存、交流和相互交配、繁衍后代。物种的概念相对宽泛一些，指的是只要可以进行交配、并可以成功地繁衍后代的生物，都可以称为一个物种（species），无论它们生活在什么地方。比物种和种群更大的概念叫做群落（community），群落指的是生存在同一区域或者是同一环境下的所有生物，它们之间也许互惠互利，也许其中的一些是另一些的天敌。再大一些的概念叫做生态系统（ecosystem），指的是群落以及群落中生物所生存居住的环境的总和。当然了，最大的概念叫做生物圈（biosphere），地球上所有的生物以及其生存的环境（也就是地球）统称为生物圈。

层次	定义	示例
生物圈	地球上的所有生物以及支撑生物的生命活动的非生物部分	 地球表面
生态系统	由一个群落以及群落周围的非生物环境组成	 蛇、羚羊、鹰、灌木、草、岩石、溪流
群落	生活在同一区域，并发生相互作用关系的不同物种的种群	 蛇、羚羊、鹰、灌木、草
物种	所有非常相似，可以发生杂交的生物体	
种群	生活在同一区域的同一物种的所有个体	一群叉角羚羊
多细胞生物	由很多细胞组成的生物	 叉角羚羊
器官系统	两个或更多协同工作以完成特定身体功能的器官	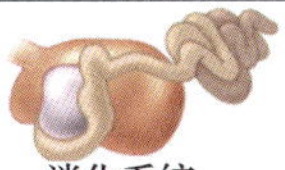 消化系统
器官	通常由几种组织形成的一个有功能的单位	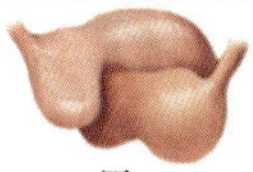 胃
组织	一组行使特定功能、彼此相似的细胞	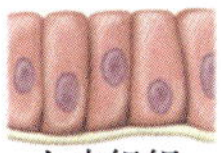 上皮组织
细胞	生命最小的单位	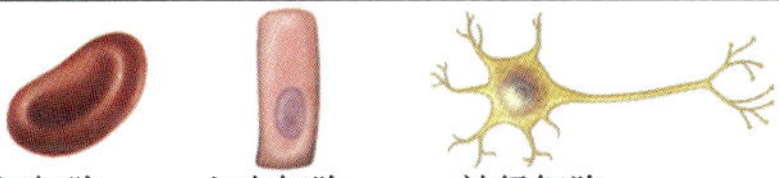 红细胞　上皮细胞　神经细胞
分子	由原子组合而成	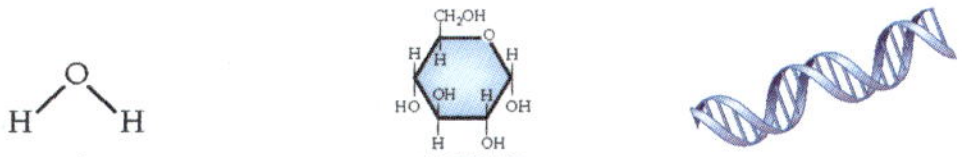 水　葡萄糖　DNA
原子	保持着一种元素特性的最小粒子	 氢原子　碳原子　氮原子　氧原子

▲图 1-10　生物学研究的多种层面　每一层都是之上一层研究的基础所在，而上面一层又比下面一层更复杂、更为具体。

1.3.2　生物学家通过生物在进化过程中的亲缘关系将其分类

虽然所有的生物都具有相同的特征（1.1 节中提到的 6 点），但是，在漫长的进化过程中，生物进化出了千姿百态的生命形式。生物学家通过生物在进化过程中的亲缘关系将其分类。首先将所有的生物分为三大类，或者称为三个域（domain），即真细菌域、古细菌域和真核生物域。这种分类也称为三域系统（见图 1-11）。

三域系统的分类依据是组成该生物的细胞的不同类型。真细菌域和古细菌域的生物都是由单个的简单细胞构成的。在分子生物学层面，这两域中的生物的细胞有着本质的区别，这说明它们在远古时期就可能已经分道扬镳了。

与这两域的生物相比，真核生物域的生物是由一个或多个复杂的细胞所构成的。目前，地球上相对高等的物种都属于真核生物域，它可以分为几类，其中一类称为原生生物，而剩下的生物又被分为三类，或者称为三界（kingdom），分别是真菌界、动物界和植物界（在第三部分会重点讲生命的多样性及其进化历程）。

对于一个已有的生物，科学家将其分入哪一域哪一界呢？判断标准有三个：第一，细胞类型，即，是简单细胞还是复杂细胞；第二，生物类型，即，是单细胞生物还是多细胞生物；第三，生物获取能源的方式，比如是通过光合作用供给自身能量还是通过捕食其他生物获得能量（见表 1-1）。

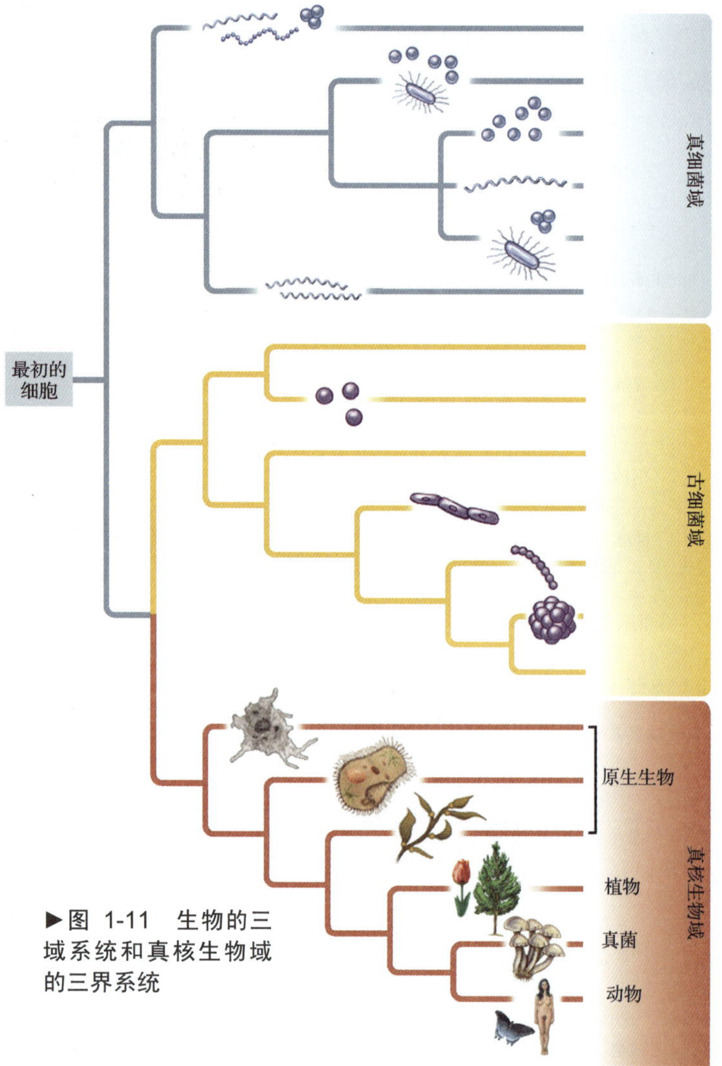

▶图 1-11 生物的三域系统和真核生物域的三界系统

表 1-1 生物分类依据总结

域	界	细胞类型	细胞数目	获能方式
真细菌域	无	原核细胞	单细胞	自养或者异养
古细菌域	无	原核细胞	单细胞	自养或者异养
真核生物域	真菌界	真核细胞	多细胞	异养，蚕食食物
	动物界	真核细胞	多细胞	异养，消化食物
	植物界	真核细胞	多细胞	自养
	原生生物	真核细胞	单细胞或多细胞	自养或者异养

注：原生生物是一类特殊的生物，关于它的具体细节将在第 20 章中讲到。

1. 通过细胞类型将真细菌域、古细菌域与真核生物域的生物区分开

所有的细胞都具有相同的特点。比如，所有的细胞外层都会包裹着一层薄薄的分子，这些分子称为质膜（plasma membrane）。又比如，所有细胞的遗传物质都是 DNA。还比如，所有的细胞都包含着众多的细胞器（organelle），这些细胞器形态各异，功能也不尽相同，有的可以进行生物大分子的合成，有的可以消化食物，有的可以为生物体提供能量（见图 1-1）。

细胞一般可以分为两类，一类称为原核细胞，一类称为真核细胞。真核细胞相对来说要复杂得多，它含有多种细胞器，并且，这些细胞器外部也有独立的膜所包裹，从而可以行使相对复杂和独立的功能。真核的（Eukaryotic）这个英文单词是由两个希腊词根组成的，一个是 eu，也就是“真的”的意思，一个是 kary，也就是“细胞核”的意思。顾名思义，原核细胞（prokaryoticells）和真核细胞的区别是真核细胞含有细胞核，也就是一个由核膜所包裹的、含有细胞几乎全部 DNA 的细胞器。真核细胞域的生物都是由真核细胞所构成的，而原核细胞就要简单得多，通常个头也比较小，其中的细胞器外通常不会有膜结构包裹。正如它的希腊词根 pro 所代表的意思（也就是“前”），原核生物的细胞中没有成型的细胞核。真细菌域和古细菌域的生物都是由原核细胞构成的。虽然它们肉眼并不可见，但是，它们却是种类最为繁多、数目也最为庞大的生物域。

2. 多细胞生物只存在于真核生物域

真细菌域和古细菌域的生物都是单细胞生物。虽然有一些单细胞生物总是成群存在，但这些单细胞生物之间的联系与合作，比起多细胞生物各个细胞之间的要少得多，也简单得多。虽然原生动物属于真核生物域，有不少却是单细胞生物。而动物界、植物界和绝大多数的真菌界生物都是多细胞生物，它们的生存和繁衍都依赖于自身多种细胞之间的紧密交流和无间合作。

3. 真核生物获得能量的方式多种多样

科学家是如何将动物界、植物界和真菌界的生物区分开来的呢？是通过它们获得能量的不同方式来区分的。也就是说，植物是自养获能，而动物和真菌是异养获能的（见表 1-1）。当然，动物和真菌的异养也有所不同，动物的异养是吃进和消化食物，而真菌的异养是慢慢蚕食。植物和一部分真细菌域和古细菌域的生物都是靠自养，也就是通过光合作用将光能转化成自身所需要的能量，为生的。而异养的生物自身无法进行光合作用，只能依靠吃掉别的生物来获得能量。真菌在自己体外将食物分解成小分子，再透过质膜将这些小分子吸收进来，部分真细菌域和古细菌域的生物也是依靠这种方式获得能量。而动物（也包括一些原生生物）则是将食物吃进体内，然后在体内进行消化。

4. 生物学家用双名法给生物命名

生物学家将生物分门别类进行归纳。从之前讲过的域和界，到门、纲、目、科、属、种，一层比一层更加细致具体。属和种是生物的最小类别，同种生物指的是相同种类的可以相互交配产生后代的生物，同属生物则是不同种但拥有很多相似特点的生物。为了给每个生物都起一个合理和精确的学名，科学家采用双名法，就是名字里既包含属又包含种，并且，属名首字母大写，属名和种名都用斜体。比如图 1-2 中的水蚤（water flea），水蚤只是俗称，它有自己的学名，叫做 *Daphnia longispina*。其中，*Daphnia* 是它的属名（同属有许多种水蚤），而 *longispina* 是种名（特指这种拥有长尾巴状刺的水蚤）。人类的学名叫做 *Homo sapiens*，我们是 *Homo* 属的唯一成员，也是 *sapiens* 种的唯一成员。

1.4　什么是科学？

科学（science）指的是什么呢？科学指的是系统地探询，通过观察和实验，对我们生存的环境以及其中的生物的起源、结构和行为进行系统的研究。

1.4.1　科学基于以下公理：一切自然事件皆有起因

在古代，人们认为一切自然事件都是由超自然力所操控的。古希腊的人们认为，天神宙斯是世界的主宰，他可以控制雷电，而癫痫发作则代表神祇的降临。在中世纪，人们认为生命可以从非生命的物质中直接演化而来，比如，腐肉上会生蛆。

而科学的概念刚好相反。自然界中的一切事件都可以通过科学的观察研究得到科学的解释，比如雷电是自然界的一种放电现象，癫痫是神经细胞持续活化而造成的一种脑病，而蛆是由苍蝇产在肉上的卵孵化而来的。

1.4.2 科学研究需要大量科学方法作为工具

即使很多自然现象我们现在还无法解释，但目前，一切自然事件皆有起因这一公理已经得到百分之百的认可。为了更好地了解世界、更好地解释各种自然事件，科学家，包括生物学家，可谓无所不用其极，采取了可以采取的所有方法。科学方法可以归纳为六步法，包括：观察、质疑、假说、预见、实验和结论。这六步之间有区别也有联系。科学研究通常是由观察（observation）到一个自然现象开始的。而观察后往往会提出一个问题（question），那就是“这个现象是如何发生的呢？”接下来，通过早期的调查研究，和同事或同行讨论，并伴随着严谨而漫长的思考，科学家往往会给出一个假说（hypothesis）。假说指的是科学家对该自然现象发生的原因所做的猜测，当然，通常没什么具体证据来支持。只有假说发展为预见（prediction）时，这个假说才有意义。预见指的是科学家可以通过一些具体的实验（experiment）证据等，来证明假说中的可能性是正确的。通常来说，预见需要得到严密的观察和科学实验来支持。其中，实验结果有可能和预见是相同的，那么，科学家的假说就得到证实，从而得出结论（conclusion），说明该种自然现象是如何发生的。如果实验结果和预见相反，那么就要重新进行假说。为了结论的真实可信，实验结果必须是可以重复出来的，不仅仅是原创者可以重复出来，其他同领域的科学家也可以重复出来。我们在日常生活中，也像那些科学家一样，用这些科学方法来处理问题，只有没有那么严密而已。

1.4.3 生物学家用对照实验来验证假说

一个成功的对照实验，通常包含两组实验组。一组称为对照组或者基准组，在这一组中，所有变化因素都必须恒定。另一组称为实验组，它的其他因素通常是恒定的，只有一个变量，通过这个变量的变化得到不同的结果，从而可以验证假说。

一组正确且行之有效的实验通常必须是可重复的，不只可以被实验的原创者重复，也可以被其他科学家重复。科学家为了确保这一点，他们的实验都是经过反复重复、反复验证的。也就是，同时设立多个独立的实验组、独立的对照组，而条件相同组别的结果一致性越高越好。

如果科学家无法交流他们的科学结果与见解，科学也就没有了意义。成功的科学家通常在国际刊物上发表他们的成果，并且详细解释他们是如何得到这些成果的，这样，别的科学家就可以验证这些工作，并从中得到启发，进行更加深入的研究。

虽然应用这类设立对照组，并在实验组设定变量的实验方法解决了无数科学问题，但这种方式也有其局限性。尤其值得注意的是，科学家通常不是很确定他们是否已经穷举了所有变量，或者是否已经研究过所有可能发生的现象。基于这种情况，科学家常常需要根据新发现的科学成果来不断修正已有的结论。

1.4.4 生物理论均经过严密的验证

科学家口中的假说和日常生活中所接触到的不太一样。比如华生医生问夏洛克·福尔摩斯：“你有何理论证实他是这起案件的凶犯？”但从科学的角度来讲，华生不能用“理论”这个词，而只能用“假说”，因为假说仅仅依靠一些线索和片面的证据就可以得到，而科学理论必须通过严谨、全面且可重复的观察和实验，对一个自然现象进行完整而可信的解释。简而言之，科学理论可以称为自然界的法律，也就是自然界的基本法则，是一切科学研究的基础。例如，鼎鼎大名的原子理论（也就是说，所有的物质都是由原子所构成的）和重力理论（物体之间存在引力）是物理学的基石，而细胞理论（所有的生命体都是由细胞构成的）和进化理论（已经在 1.2 节中具体讲述）是生物学的基石。科学家将这些称为“理论”而不是“事实”，是因为科学研究需要实事求是，随着科学家研究的不断广泛和深入，一旦这些理论被证实不全面或者不正确，那么，这些理论就会得到及时的修正或者重建。

基础理论是需要随着新的科学发现而不断修正的，一个当代的例子就是朊病毒（一种具有感染能力的蛋白质）的发现。在 20 世纪 80 年代以前，我们所了解的具有感染性的致病因素，包括细菌、病毒等，都是通过复制自身的遗传物质比如 DNA 来完成扩增和感染的，而在 1982 年，来自加州大学洛杉矶分校的著名神经生物学家布鲁希纳（Stanley Prusiner）发现，羊瘙痒症，一种多发于羊会导致其脑功能严重退化的传染性疾病，是通过不含任何遗传物质的蛋白质引发和传染的。有趣的是，刚开始，布鲁希纳提出的假说是“羊瘙痒症是由一种特别的病毒所引起的”，但是，他所有的实验都与他的假说相悖。而那个时候，传染性蛋白质这一概念整个科学界闻所未闻，所以，布鲁希纳的成果并未得到广泛认可。布鲁希纳和他的同事花了近二十年时间不断证实和完善自己的工作，力图让整个科学界承认他们的理论。功夫不负有心人，在 1997 年，布鲁希纳因为朊病毒理论的发现而获得诺贝尔生理医学奖。

当代科学界认为，朊病毒是疯牛病（BSE）的致病因素，疯牛病不仅会导致牛类死亡，同时也已导致两百多位食用感染牛肉的人类死亡。同样，克雅二氏病（CJD）也是由朊病毒造成的，它是一种可致命的脑部功能紊乱退化疾病。所以，随着科学理论的不断更新完善，我们对疾病的发生发展的认识也更加深入、更加透彻。

1. 科学理论需要归纳推理与演绎推理

科学理论通常是通过归纳推理得到的。归纳推理指的是通过众多观察和实验而得出一个放之四海而皆准的理论。例如，科学家之所以得到地球引力理论，就是因为观察到物体无一例外地都会落到地面上，而不会飞到天空中。而科学家之所以得到细胞理论，是因为观察到的所有生命体都由一个或者多个细胞构成，而不是由细胞构成的物体并不具有生命的特征。

一个科学理论一旦建立，就可以被用来做演绎推理。在科学界，演绎推理通常指的是，由一个已知的成熟的理论，设计一些新的实验，并用这个理论来猜测或者推测这些实验的结果的一种推理过程。例如，根据细胞理论，如果科学家发现一个新的物体具有生命的所有特征，他们就可以推测这个物体是由细胞所构成的。当然，这一新生物体是否真的由细胞构成，必须得到严谨而全面的论证。

2. 科学理论也可以被推翻

科学家将自然科学的基础称为“理论”而非“公理”，是因为理论有可能被推翻，而公理是基于人类的信仰，它们生而存在，人们不会想公理是否需要证明，因而也不会被推翻。举例子来讲，地球上的生物都是独立被创造出来的，这是一个信条，并不能用科学实验来证明，因此，也无所谓推翻之说。

1.4.5 科学是一种人类活动

科学家也是人，他们也和普通人一样会骄傲，会恐惧，会雄心万丈。就是因为沃尔森（James Watson）和克里克（Francis Crick）的雄心万丈，他们才发现了 DNA 双螺旋模型，从而奠定了整个现代生物学的基础（具体将会在第 11 章中讲到）。毫无预料的意外，足够幸运的猜测，与已知理论相悖的现象，当然，还包括科学家的好奇心与聪明才智，是科学进步的动力。有时候，犯错也会导致科学的进步。现在，让我们来讲一个具体的例子。

微生物学家通常研究的都是纯培养物，也就是在无细菌和真菌污染的培养皿中进行单一微生物的培养研究。通常情况下，如果因为操作等原因造成其他微生物的污染，那么，该培养物通常会被直接扔掉。而在 20 世纪 20 年代晚期，因为一个被污染了的培养物，苏格兰微生物学家 • 弗

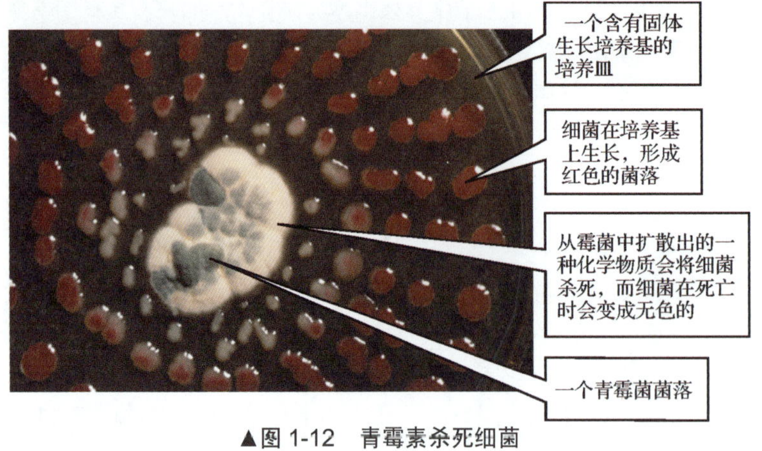

▲图 1-12 青霉素杀死细菌

莱明（Alexander Fleming）完成了现代历史上最伟大的医学发现之一。

弗莱明的一个纯培养物被一种叫做 *Penicillium* 的真菌所污染，他并没有直接扔掉，而是细心地发现，在这种真菌周围，其他细菌是无法生长的（见图 1-12）。于是，他问自己："为什么在有 *Penicillium* 的区域细菌不生长呢？" 弗莱明猜测，也许 *Penicillium* 可以分泌一种物质，而这种物质可以杀死细菌。为了证明这个假说，弗莱明做了以下实验：首先，他在液体培养基中养 *Penicillium*，然后过滤掉 *Penicillium*，接下来将这种培养基倒入培养细菌的培养基中。结果是显而易见的，液体培养基中的某种成分可以杀死细菌，从而证明了他的假说，也就是 *Penicillium* 可以分泌一种可以杀死细菌的物质。进一步的工作产生了世界上第一种抗生素，也就是盘尼西林，或者叫做青霉素。

弗莱明的实验是科学研究的一个经典案例，如果没有偶然的错误，细致的观察和探求问题答案的好奇心，青霉素也就不会被发现了。作为第一支抗生素，青霉素挽救了无数人的生命。正如法国著名微生物学家巴斯德（Louis Pasteur）所说的，"机会只会留给有准备的人"。

1. 生物学知识照亮人类生活

很多人认为，科学是高大上的，是神秘而不可触摸的，与普通人没什么关系，从而产生了强烈的畏惧心理。其实不然，科学就发生在我们的身边。比如鲁冰花，它的两个花瓣将雌蕊和雄蕊包裹住。鲜花盛开的时候，蜜蜂依靠自身的重力将花瓣打开，将花粉涂抹到自己的腹部，而成熟的雌蕊一般都长出花瓣，暴露在外，当蜜蜂到来的时候，顺便就将富含精细胞的花粉带到雌蕊上，这样，鲁冰花就完成开花结果的过程（见图 1-13）。

▲图 1-13 聪明的鲁冰花 理解生物学可以让人类更加注意、更加感激身边的生命的奇迹。鲁冰花由蜜蜂帮助传播花粉。

鲁冰花开花结果的过程神秘吗？答案是否定的。相反，科学发现的过程充满乐趣，平易近人。有一次，本书的作者蹲在花丛边看鲁冰花，一位路过的老人好奇，问我们在看什么，我们详细的向他解释过之后，他也兴致勃勃的找到一朵绽放的鲁冰花进行观察。

通过这一章的讲述，我们力图让大家明白，科学就在我们身边，只要用心去观察去理解，就能找到无数乐趣。我们还想告诉你，生物学是一门新兴的学科，它仍然在不断发展和变化之中。不要将生物学当做一些需要死记硬背的教条知识，而要当做一条你们了解自己、了解身边生命的途径。

第一篇

细胞是生命体的基本单位

仅仅一个细胞就可以成为一个独立而复杂的生命体，比如生活在淡水环境中的原生动物 *Dendrocometes*。它可以将自己牢牢地固定在淡水鱼虾的腮上，并且伸出触角一样的东西在水中获取食物。

“每一个细胞都传承了它远古祖先的全部智慧。”

——Max Delbrück

第2章 原子、分子与生命

日本福岛核电站发生爆炸之后，现场一片狼藉。

2.1　什么是原子?

如果你拿铅笔在纸上写“原子”这两个字，那么，这两个字就是由石墨，也就是碳的一种形式，所构成的。现在，想象着将碳分割分割再分割，直到无法再分，那么，就是一个一个的碳原子了。碳原子非常非常小，将一亿个碳原子排成一行，大概也只有不到半英寸（大约 1 厘米）那么长。每一个碳原子在结构上都是一模一样的。

2.1.1　原子是元素的基本结构单位

首先讲讲元素和原子的概念。元素（element）指的是不能再分解成更简单的东西，也不能通过化学反应转换成其他东西的物质，也就是说，元素是物质的最简单形式。物质都是由一种或者多种元素组成的。原子（atom）是元素的最小单位，并且，每个原子都保存了该元素的所有性质。也就是说，元素是原子的宏观体现，原子是元素的微观表达。

在自然界中，我们已经发现了 92 种元素。根据它们的名称，每一种元素都有自己的元素符号（比如，铅的元素符号是 Pb）。表 2-1 列出了几种常见的元素。

表 2-1　生命体中的常见元素

元　素	原子序数[1]	质量数[2]	在人体中的含量	元　素	原子序数[1]	质量数[2]	在人体中的含量
氧（O）	8	16	65	硫（S）	16	32	0.25
碳（C）	6	12	18.5	钠（Na）	11	23	0.15
氢（H）	1	1	9.5	氯（Cl）	17	35	0.15
氮（N）	7	14	3.0	镁（Mg）	12	24	0.05
钙（Ca）	20	40	1.5	铁（Fe）	26	56	痕量
磷（P）	15	31	1.0	氟（F）	9	19	痕量
钾（K）	19	39	0.35	锌（Zn）	30	65	痕量

1. 原子序数指的是原子核中质子的数目。
2. 质量数指的是质子和中子的数目之和。

2.1.2　原子由更小的粒子构成

原子是由更小的粒子构成的，包括不带电荷的中子（n），带一个正电荷的质子（p^+）和带一个负电荷的电子（e^-）。作为一个整体，原子本身是不带电荷的。因为质子和电子的电荷发生了中和。这些粒子微乎其微，所以科学家定义了这一微观世界的单位，称为原子质量单位。表 2-2 给出，质子和中子的质量都定义为一个单位。电子的质量一般是可以忽略的，因为相较于质子和中子，电子的质量不值一提。原子的质量数指的是质子和中子的数目之和。

表 2-2　各粒子的质量和电荷量

粒　子	质量（原子质量单位）	电　荷
中子（n）	1	0
质子（p^+）	1	+1
电子（e^-）	0.000 55	–1

质子和中子一般处在原子的核心部位，它们在一起组成原子核。电子围绕着原子核做高速运动。图 2-1 显示了两个最简单的原子，氢原子和氦原子。图中的轨道模型只是示意图，电子和原子核离得并不是这么近。想象一下，如果“.”是原子核，那么电子大概在隔壁房间，也就是 30 英尺远的地方吧！

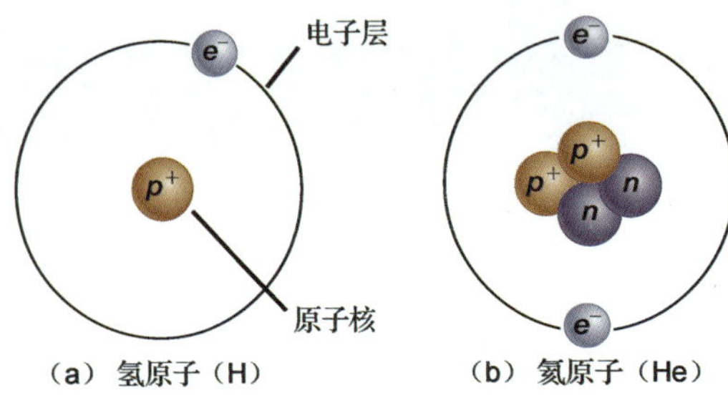

◀图 2-1　原子模型　(a) 氢原子的轨道模型，它含有一个质子和一个电子。(b) 氦原子的轨道模型。

 2.1.3　元素用原子序数来定义

原子序数指的是原子核中质子的数目。一般来说，科学家用原子序数来将每一种元素与其他元素区分开。例如，每一个氢原子都有一个质子，每一个碳原子有 6 个质子，而每一个氧元素有 8 个质子，所以，这三种元素的原子序数分别是 1、6 和 8。

 2.1.4　同位素指质子数相同而中子数不同的同种元素

虽然每一种元素都拥有确定的质子数，但是，同种元素的中子数有可能不同。质子数相同而中子数不同的原子彼此互称为同位素（isotope）。科学家用不同的质量数来区分不同的同位素，通常在原子符号的上标处表示。

1. 有些同位素具有放射性

绝大多数的同位素是稳定存在于自然界中的，也就是说，它们的原子核不会自发地发生变化。而有少数同位素是具有放射性的（radioactive），也就是说，它们的原子核会自发的裂变或者衰减。众所周知，放射性衰变会释放原子核中的粒子，并伴随着惊人的能量释放。之前我们讲过，元素并不能通过普通的化学反应转变为其他元素，是因为化学反应并不能改变元素的原子核。而通过放射性衰变，一种元素就可以转变为另一种元素。例如，基本上所有的碳都以稳定状态的 ^{12}C 存在，但是，碳有一种同位素称为碳 14，也就是 ^{14}C（每万亿个 ^{12}C 中有一个 ^{14}C），这种同位素有 6 个质子和 8 个中子，它是由宇宙射线产生的。通过几千年的时间，^{14}C 的原子会自发地裂变，成为氮原子。另外，生物体内也会存在一定比例的 ^{14}C，当生物死去以后，它体内的 ^{14}C 就会自发地衰变，它的含量也就会越来越低。所以说，科学家通过 $^{14}C/^{12}C$ 的比例来确定或者推算一些史前生物的生存年代（第 17 章会重点讲）。比如木乃伊、远古时代的树木和化石或者发掘的由木头或骨骼制成的工具。

而在科学家的日常研究中，他们通常将放射性同位素植入生物体内，并通过跟踪同位素的运动来研究一些基本的生命活动。例如，科学家通过研究放射性同位素标记的 DNA 和蛋白质，最终确定 DNA 是细胞内的遗传物质（第 11 章会重点讲）。虽然，应用同位素具有一定的危险性，但也是当代医学必不可少的手段之一。

2. 有些同位素会造成细胞损伤

在同位素衰变的过程中伴随着大量的能量释放，而这些能量会损伤细胞的 DNA，引起基因突变（第 1 章有描述）。福岛核电站周围的水和空气都含有大量的放射性物质，因此，在附近生存的居民都有潜在的患癌可能。所以，日本政府定期对遭受辐射的儿童进行癌症筛查。

 2.1.5　原子核和电子在原子中相互依存

原子的原子核和电子是相互依存的。除非是在进行衰变而具有放射性，正常时原子核极其稳

定。常见的能量，比如光能、热能或者电能，是绝对不会对原子核造成什么影响的。因为原子核的稳定性，碳元素（^{12}C），无论是成为钻石、石墨、二氧化碳或者糖类，仍然是碳元素。而与之相对的，电子无时无刻不处于动态变化之中，它们可以获取能量，也可以释放能量，可以和其他的原子形成化学键，这部分内容将在后面讲到。

1. 电子环绕原子核运动

电子在原子核周围的三维空间内环绕运动，电子运动的区域称为电子层。简单来说，电子环绕原子核运动，像行星环绕太阳运动一样，不同的电子在不同的环状轨道上高速运动，也就是在不同的电子层上运动（见图 2-2）。每一个电子层都有与之相对应的能量级别，离原子核越远，能量越高。可以这样理解，一个一个电子层就好像一层一层台阶，我们每爬一层台阶都会需要一定的能量，爬得越高，自身的能量也就越多，当然也就越不稳定，如果从台阶上摔下来，自然也就摔得越重。和人在楼梯上一样，离原子核越近也就是离地面越近越稳定，能量也越低。反之，离原子核越远越不稳定，能量越高。

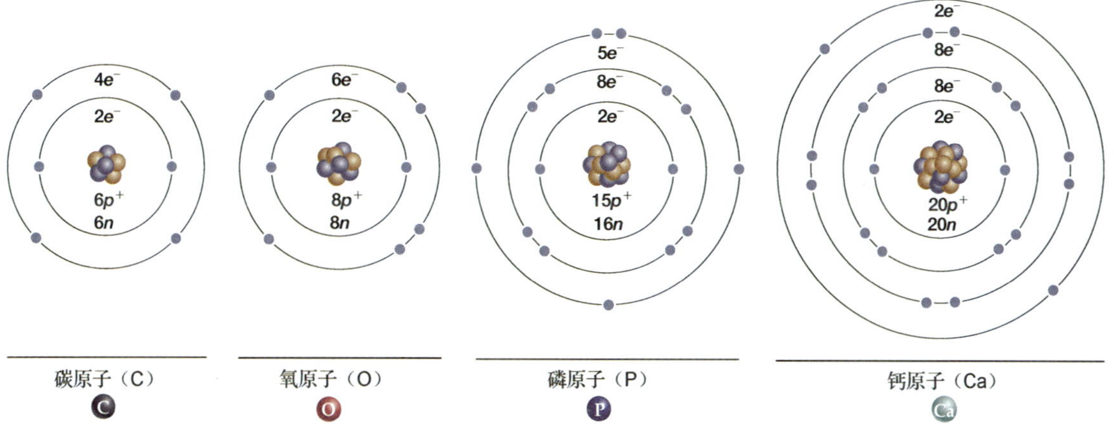

▲图 2-2　原子的电子层　绝大部分原子都有两个或两个以上的电子层，第一层，也就是离原子核最近的电子层，可以容纳两个电子，而第二层最多可以容纳 8 个电子。

2. 电子可以获取和释放能量

如果原子被光能或者热能激发，它外层的电子就有可能从能量低的电子层跃迁到能量高的电子层。接下来，电子又会不自觉地回到自己原来的电子层，并伴随着能量的释放，通常，能量以光能的形式释放出来（见图 2-3）。

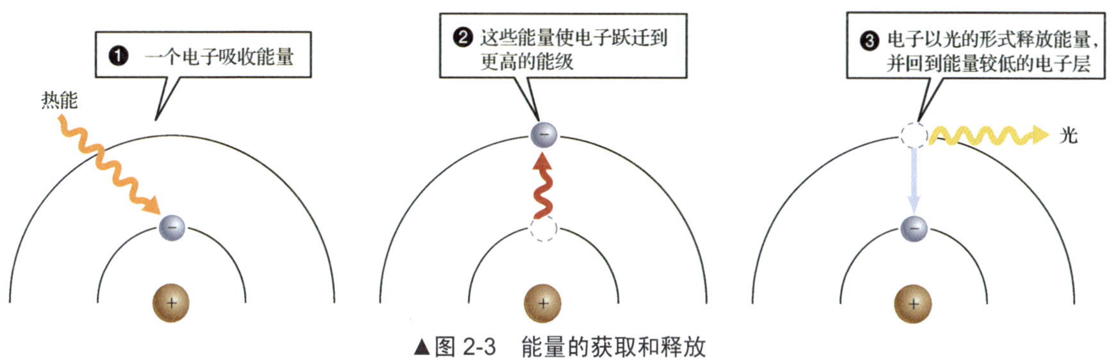

▲图 2-3　能量的获取和释放

我们按动电源开关的时候，实际上就是应用了电子的这种跃迁能力。白炽灯已经渐渐退出历史舞台了，但它是电子跃迁的绝好例子。对于一个100瓦特的灯泡来说，电子通过纤细的钨丝，温度高达4500华氏度（相当于2500摄氏度）。这些热能使得电线中的一些电子跃迁到更高的能级，当这些电子回到自身所在的能级时，多余的能量以光能的形式释放出去，灯泡就亮了。但是，对于白炽灯来讲，百分之九十的能量都以热能而非电能的形式释放出去了，所以说，白炽灯并不是一种节能的光源。

3. 原子序数越大，电子层数目越多，离原子核也就越远

每一个电子层都可以容纳一定数目的电子。离原子核最近的原子层只能容纳两个电子，而远一些的电子层最多可以容纳8个电子。电子首先会填满离原子核最近的那层电子层，再依次向外，这样，原子就会处于相对最稳定的状态。质子数目越多的元素，为了中和其正电荷，相应的电子数目也越多，所以，电子层数也就越多。

氢原子有一个电子，氦原子有两个电子，这些电子都处在离原子核最近的那一层电子层（见图2-1）。而处于能级较高的第二层电子层，最多可以容纳8个电子，所以说，碳原子的6个电子，有两个处在第一层电子层，剩下4个在第二层（见图2-2）。

2.2 原子是如何相互作用而形成分子的？

我们周围所能见到的物质基本上都是由分子组成的，而分子则是由一种或者几种原子通过相互作用结合在一起的。举几个简单的例子，氧气分子是由两个氧原子构成的，水分子则是由两个氢原子和一个氧原子构成。那么，分子是如何形成的呢？

2.2.1 原子形成分子以填补外层电子层的空缺

电子处在离原子核最近的电子层最稳定，如果原子的电子层都处于饱和状态，也就是每个位置都有电子占据，那么，这个原子也相对稳定，不太可能和其他原子发生相互作用。对大部分元素来讲，为了使原子对外不带电荷，电子要和质子的电性中和，那么，电子就更加倾向于占据离原子核近的电子层，离原子核较远的电子层中的电子数通常都不是饱和的。原子通常遵循下面两条原则：

- 如果一个原子的最外层电子层电子是饱和的，那么它就处于极度稳定的状态，不太可能和别的原子发生相互作用（比如图2-1中的氦原子，是十分稳定的一种原子，不太可能和别的原子发生相互作用），这样的元素称为惰性元素。
- 如果一个原子的最外层电子层电子不是饱和的，那么它就处于不稳定的状态，很有可能和其他原子发生相互作用（比如图2-1中的氢原子，这种原子不够稳定，常常和别的原子形成分子，比如氢气分子或者水分子），这样的元素称为活性元素。

2.2.2 原子之间依靠化学键形成分子

化学键是什么？化学键指的是原子之间的引力，这样的引力使得原子之间紧密连接，成为分子。如果活性原子获得电子，丢失电子，或者与其他原子共享电子，使得这个原子处于相对不活跃的状态，这时候，化学键就形成了。目前，科学家们定义了三类重要的化学键，分别是：离子键、共价键和氢键（见表2-3）。

表 2-3　生物分子中的化学键

化学键类型	相互作用类型	例　　子
离子键	电子在原子之间传递，形成正离子和负离子，正负离子由于电性相反而互相吸引，形成离子键	钠离子和氯离子形成稳定的氯化钠
共价键	原子之间共享电子	
非极性共价键	共享电子在原子之间平均分布	两个氢原子形成氢气分子
极性共价键	共享电子在原子之间的分布有倾向性	两个氢原子和一个氧原子形成水分子
氢键	极性分子中氢原子与氮原子或者氧原子之间的吸引力。氢原子微弱的正电性会吸引临近分子中带有负点性的氮原子和氧原子	水分子中的氢原子会吸引临近水分子的氧原子

 2.2.3　离子之间可以形成离子键

所有的原子，包括活性原子，它们的电子数目和质子数目相等，这样，它们对外不带电荷，也就是对外显示电中性。如果一个原子的最外层电子层的电子很少，那么，这样的原子就倾向于丢失最外层电子，从而处于相对稳定的状态。相反，如果一个原子的最外层电子层的电子很多，接近饱和，这样的原子就倾向于获得一个或者几个最外层电子，从而处于相对稳定的状态。如果一个原子获得了更多的电子，它的电子数目就会多于质子数目，这样的原子就会带负电。与之相反，如果一个原子丢失了最外层的电子，它的电子数目就会少于质子数目，这样的原子就会带正电。而一个原子，如果它丢失或者获得了电子，就不能称为原子，而应该称为离子了。带有相反电性的正离子和负离子们会互相吸引，而正负离子之间由于电性相反而产生的吸引力就称为离子键。例如，盐罐中的白色晶体是氯化钠晶体，氯化钠晶体是通过离子键形成的。钠原子最外层有一个电子，丢失这个电子就会处于稳定状态，形成带一个正电荷的钠离子。氯原子最外层缺少一个电子，获得一个电子会使其处于稳定状态，形成带一个负电荷的氯离子。钠离子和氯离子带有相反的电荷，所以可以通过离子键形成结构更加稳定的氯化钠（见图 2-4）。具体来说，钠原子失去一个电子给氯原子，而氯原子从钠原子那里得到一个电子。我们接下来会讲到，水可以打破离子键，所以，

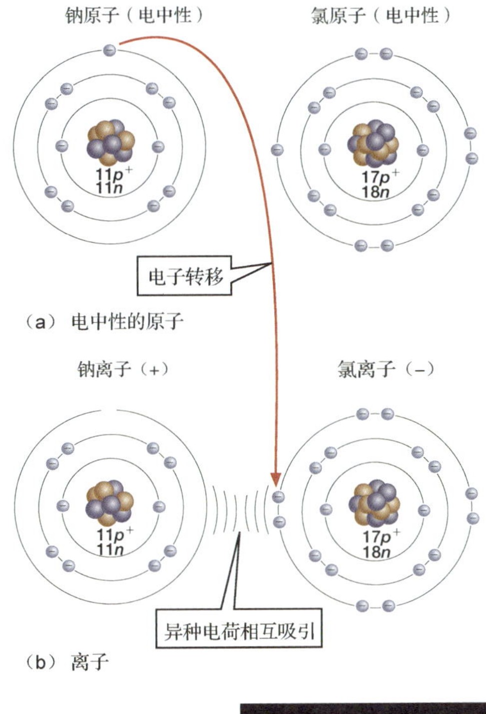

Cl⁻ Na⁺ Cl⁻ Na⁺ Cl⁻ Na⁺ Cl⁻ Na⁺ Cl⁻

（c）一种离子化合物：NaCl（氯化钠）

◀**图 2-4　离子以及离子键的形成**　（a）钠原子外层电子层只有一个电子，氯原子有 7 个电子。（b）钠原子失去最外层电子就会处于稳定状态，就形成带一个正电荷的钠离子。氯原子最外层获得一个电子就会使其处于稳定状态，形成带一个负电荷的氯离子。（c）因为带相反电荷的离子之间会相互吸引，所以，钠离子和氯离子相互吸引，形成氯化钠，也就是我们看到的氯化钠晶体。

当盐溶于水中时，氯化钠分子解离为钠离子和氯离子。因为生物大分子通常要在存在水分的环境中发挥作用，所以，生物分子绝大部分通过共价键所构成，而不是遇水就会解离的离子键。

2.2.4 共价键通过原子之间共享电子而形成

原子之间也可以通过共享电子使自己处于相对稳定的状态，这时，共享的电子让原子的最外层电子层处于饱和状态，这样所形成的化学键称为共价键（见图 2-5）。大部分生物大分子，比如蛋白质、糖类和脂类，它们的原子都是通过共价键连接的（见表 2-4）。

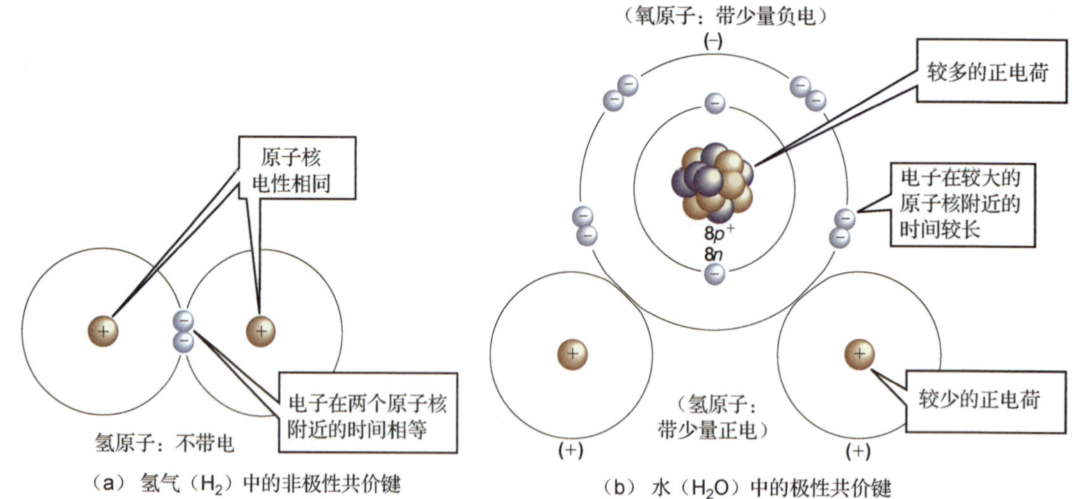

▲图 2-5 原子之间通过共享电子形成共价键 （a）对于氢气分子，一个氢原子与另一个氢原子对等地共享两个电子，形成非极性共价键。（b）对于水分子，氧原子在外层电子层缺少两个电子，所以，氧原子可以和两个氢原子通过共价键形成一个水分子。相较于氢原子来讲，氧原子对电子更具有吸引力，电子会向氧原子那方偏移，也就是说，氧原子带有微弱的负电，而氢原子带有微弱的正电，形成极性共价键。

表 2-4 生物分子中的电子和化学键

原　子	外层电子层能容纳的电子数目	外层电子层的实际电子数目	通常形成的共价键数目
氢原子	2	1	1
碳原子	8	4	4
氮原子	8	5	3
氧原子	8	6	2
硫原子	8	6	2

2.2.5 原子间通过共价键可形成极性分子或非极性分子

相同元素的所有原子，或者不同元素的特定原子，只要均等地共享电子，它们之间形成的化学键就是非极性共价键。例如，每个氢原子外层电子层都只有一个电子，如果两个氢原子共同和均等地享有两个电子，它们的最外层电子层相当于拥有两个电子而处于相对稳定的状态，这时，它们所形成的化学键就是非极性共价键（见图 2-5a），形成的分子就是氢气分子。因为两个氢原子的原子核完全相同，它们的共享电子不会偏向其中任何一个氢原子，所以，这个分子不带电荷。另外，氧气分子、氮气分子、二氧化碳分子和一些油脂类或脂肪类的生物大分子属于非极性共价键所形成的非极性分子（第 3 章中会重点讲到），对于这些非极性分子来说，它们的每个原子核对公用电子的吸引力差不多，公用电子不会偏向任何一个原子核。

有些分子并不均等地享有公用电子，它们的原子核对电子的吸引力并不一致，所以，这样的公用电子有一定的偏向性，形成的化学键是极性共价键（见图 2-5b）。虽然极性分子本身对外并不显示电性，但是，由极性共价键所形成的分子自身带有极性。例如，对于一个水分子来说，公用电子由两个氢原子和处于中心地位的氧原子共同享有，因为氧原子对电子的吸引力大于两个氢原子，所以，电子在氧原子周围环绕的时间高于氢原子，也正因为如此，氧原子一边带有微弱的负电性，而氢原子一边带有微弱的正电性（见图 2-5b）。

接下来介绍一下自由基的概念。对于外层电子层存在空缺的原子核分子，它们处于很不稳定的状态，有时会形成一类称为自由基的物质。自由基非常活跃，甚至可以打破化学键，让分子解离。在生物体内，能量合成和释放的同时会形成大量的自由基。这些能量反应对生物体是必需的，但是，如果这些自由基过度积累，就会对生物体有害，有时甚至造成疾病、衰老甚至死亡。

2.2.6　氢键是特定极性分子间的引力

生物大分子之间，包括糖类、蛋白质类和核酸，通常是在氢原子和氧原子之间，或者是氢原子和氮原子之间，形成大量的极性共价键。在这种情况下，氢原子通常带有微弱的正电性，而氧原子或氮原子带有微弱的负电性。众所周知，带有相反电性的原子之间相互吸引，所以，氢键之所以形成，是因为带有微弱正电性的氢原子和相邻分子中，或者同一分子中的另一个区域中，带有微弱负电性的氧原子或氮原子之间的吸引力。举一个简单的例子，水分子之间就会形成氢键。水分子中的氢原子与邻近水分子的氧原子因为电性相反而形成氢键，使得水成为一个相互关联的网络体系（见图 2-6）。正因为如此，水分子之间的氢键让水分子具有一些与众不同的特质。在接下来的章节中，我们要讲述因为生物大分子不同部分之间、生物大分子与邻近生物大分子之间以及生物大分子与水分子之间的氢键是如何形成的，这样的氢键为什么对我们地球上的生命至关重要。

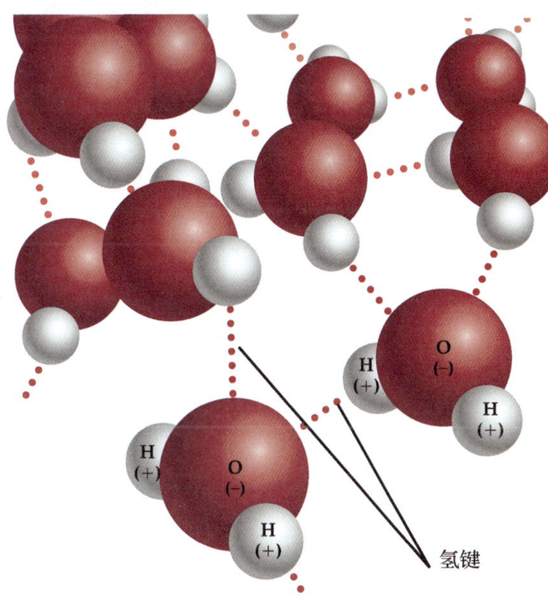

◀图 2-6　水分子之间的氢键　水分子中的氢原子与邻近水分子的氧原子因电性相反而形成氢键，从而使水成为一个相互关联的网络体系。随着水分的流动，这些氢键不断地被打破、重组、打破、重组。

2.3　为什么水对生命如此重要？

自然学家艾斯利（Loren Eiseley）说，“如果说我们这个星球上存在什么奇迹的话，那么这个奇迹一定与水有关。”水之所以如此神奇、不可或缺和与众不同，是由水分子的极性和水分子之间的氢键所赋予的。接下来我们具体讲一讲什么让水如此与众不同？

2.3.1 水分子之间相互吸引

因为氢键的关系，水分子之间会相互吸引而形成一个整体。但是，正如跳广场舞的方阵一样，舞者会随时变换自己的位置和共舞的对象。氢键也是如此。氢键会随时解离和重新形成，使得水分可以流动。与此同时，氢键也会使相同的水分子紧密结合在一起，从而形成一种内聚力。这种内聚力在我们地球的生命体中起到至关重要的作用。从植物根部吸收的水分是怎样到达植物顶端的，尤其是对一株高达 300 英尺的红杉来说（见图 2-7a）？因为在联系植物根、茎和叶的细微管道中充满水分。水分从叶片部分蒸发，当水分要离开叶片表面进入大气时，紧挨着的水分子拉动下一个水分子到达叶片表面，这样，水分子一个拉动一个，形成类似链条的结构，这就是水分子的内聚力在起作用。在植物微管中，水分子之间的氢键的作用力要大于水分子本身的重力，所以，这个链条不会断裂。如果没有水分子的内聚力，这个星球上就不会存在相对较高大的植物了。

水分子之间的内聚力同样也是表面张力形成的原因。顾名思义，表面张力指的是可以维持水表面的完整性使得其表面不会破裂的力量。因为水的表面张力，落叶可以漂浮在水面上，蜘蛛和昆虫可以游荡在水面上，甚至蜥蜴可以在水面上快速奔跑（见图 2-7b）。

（a）内聚力使水能够到达树的顶端

（b）内聚力导致表面张力的形成

▲图 2-7 水分子之间的内聚力 （a）内聚力使得水分子从树根到达树冠：水分子之所以可以从树根渐渐移动到树顶的叶片上并最终挥发，是因为水分子的内聚力在起作用。（b）内聚力是表面张力形成的原因：蜥蜴可以在水面上快速奔跑，躲避天敌，是因为水的表面张力在起作用。

2.3.2 水分子可与其他生物大分子相互作用

首先解释一下溶剂的意思。溶剂是可以溶解其他物质的一种物质，换种说法就是，溶剂可以将另一种物质分散为原子或者分子形式，然后包围在这些原子或者分子的周围。当溶剂中含有一种或者几种物质时，这样的混合物就称为溶液。因为独特的极性特性，水是极性分子和离子的完美溶剂。很多对生命至关重要的大分子都溶解于水，包括蛋白质、盐类、糖类、氧气和二氧化碳。这些分子在水中自由运动，彼此相互接触和碰撞，为进一步发生化学反应提供丰富的物质基础。

接下来具体讲一讲食盐是怎么溶解于水中的。通常情况下，食盐晶体是由带正电荷的钠离子和带负电荷的氯离子组成的，它们因为正负电荷的吸引力而结合在一起并形成结晶。当食盐晶体进入水中时，水中带正电荷的氢原子吸引带负电荷的氯离子，而带负电荷的氧原子吸引带正电荷的钠离子。作为一种溶剂，水分子紧紧环绕在氯离子和钠离子周围，使氯离子和钠离子很难再碰触和结合，于是，食盐晶体分解开来，溶解于水（见图 2-8）。

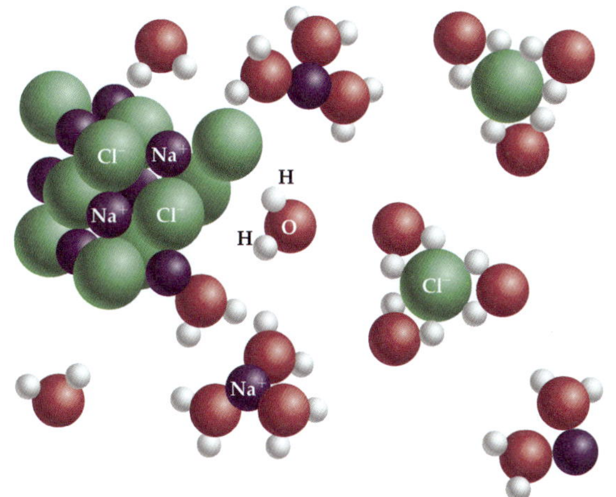

◀图 2-8　**水是一种优良溶剂**　当食盐晶体进入水中时，水中带正电荷的氢原子吸引带负电荷的氯离子，带负电荷的氧原子吸引带正电荷的钠离子。作为一种溶剂，水分子紧紧环绕在氯离子和钠离子周围，使氯离子和钠离子很难再碰触和结合，于是，食盐晶体分解开来，溶解于水中。

因为极性相反的原子相互吸引，而水中呈正电性的氢原子和呈负电性的氧原子可以很好地吸引电荷相反的原子或离子，所以，水是极性分子的良好溶剂。与此同时，这些可以很好地溶于水的极性分子和离子被定义为具有亲水性。“亲水”（hydrophilic）这个英文单词由两个希腊词根构成，其中 hydro 的意思是水，philic 的意思是喜爱。大部分生物大分子都具有亲水性，它们可以很好地溶解于水。

氧气和二氧化碳这些气体是非极性的，但是，它们对生物体内的化学反应至关重要。它们是怎样溶解于水中的呢？氧气分子和二氧化碳分子非常微小，它们可以填充进水分子之间的空隙而不打破水分子之间的氢键。冰天雪地时节，鱼儿之所以可以在冰冻的水面下生存和游动，就有赖于水中溶解的氧气，它们代谢出的二氧化碳也溶于水中。

▲图 2-9　**水和油脂不能互溶**　明黄色的油脂倒入水中的时候，因为水和油不能互溶，油仍然呈现油滴的状态，并且因为油比水轻，油滴渐渐的浮出水面。

另外一些生物大分子，比如油脂和脂类，是由非极性共价键所构成，它们是非极性分子，并不溶解于水，因此，这些分子被定义为具有疏水性。“疏水”（hydrophobic）这个英文单词也由两个希腊词根构成，其中，phobic 的意思是恐惧。对于这些疏水性分子，水也具有特殊的作用。就像学生时代小伙伴结成的各种小团体，不同的小团体彼此互不理睬、互不相容一样，水分子通过氢键紧密结合在一起，将非极性的油脂排除在外。这些油脂就不得不聚集成团，并且被水分子包围在一起（见图 2-9）。这种油脂分子被水分子排除在外而聚集成团的现象，定义为疏水反应。生物的细胞膜的结构很特别，同时具有亲水性和疏水性，这部分内容将在第 5 章具体讲到。

2.3.3　水起到维持温度恒定的作用

水分子之间的氢键使水可以起到减少温度变化、维持温度恒定的作用，至于原因，我们会在接下来的内容中讲到。

1. 水温升高需要大量能量

使 1 克物质温度升高 1 摄氏度所需要的能量定义为这种物质的比热。水的比热非常高，表示使水的温度升高 1 摄氏度所需要的能量要比其他大部分物质多。这是为什么呢？

对于高于绝对零度（也就是–459 华氏度或者是–273 摄氏度）的任何温度的物质，因为热量的存在，它的分子或者原子处于持续的运动之中。水的温度越高，水分子的运动越剧烈。因为水分子之间依靠氢键来连接，水分子运动得越剧烈，打破水分子之间氢键的频率就要越高。打破氢键需要大量的能量，所以，用于升高水温的能量就不多了。相对于水这样的极性分子，相同的能量可以使非极性分子温度增加更多。举个例子，使水温升高 1 摄氏度所需要的能量，可以使得相同质量的花岗岩升高大约 5.3 摄氏度。也正是因为水的这种高比热的性质，可以使水分占大部分成分的生命体的温度保持相对稳定的状态，从而在阳光普照的炎热夏天，体温不至于升得过高（见图 2-10）。对于人类来讲，体温升得过高绝对不是一件值得开心的事，因为我们的身体只在一个很狭小的温度范围内才可以正常运转。

◀**图 2-10 水可以维持体温恒定，并带走体表的热量** 水分子的高比热特性使做太阳浴的人们免于被阳光灼伤。因为水的比热很高，所以，做太阳浴的人可以吸收大量的热量而体温却不会升高很多。与此同时，皮肤上的汗水蒸发会带走大量的热量，也对维持体温恒定起到一定程度的帮助。

2. 水分蒸发需要大量能量

我们做太阳浴的时候，皮肤上的汗水蒸发时就会觉得凉爽无比。这是为什么呢？因为水的汽化热很高。我们先解释一下什么是汽化热，汽化热是物质蒸发时所需要的热量（即由液态转化为气态所需要的热量）。因为水是极性分子，所以，要使水蒸发为水蒸气，就要打破水分子之间的氢键，这需要大量的能量。在水分蒸发时我们会感觉凉爽，是因为蒸发的水分子是处于高速运动中的（也就是很热的），而留下的未蒸发的水分子则相对运动速度较低（也就是凉爽的），这就是水分蒸发带来的凉爽效应。

2.3.4 水可以形成特殊的固体——冰

固态的水，也就是冰，同样也很特殊。绝大部分液体转化为固体后密度都会变得更大，而水与众不同。水转化为固态的冰后，密度反而减小。当水结冰后，每个水分子都与周围的四个水分子形成稳定的氢键，从空间上形成开放式的六边形结构。也就是说，冰的每个水分子之间的距离要大于液态的水，所以，固态的冰要比液态的水密度更小（见图 2-11）。

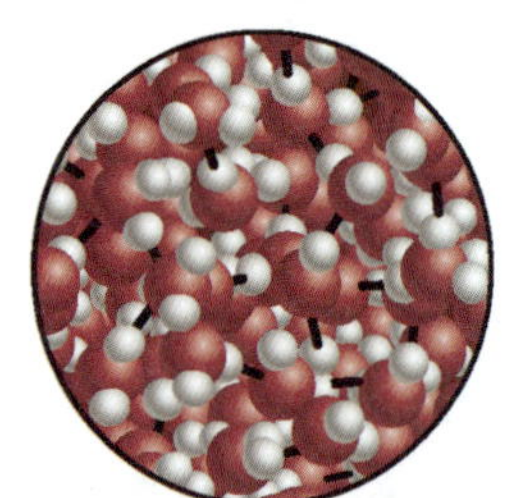

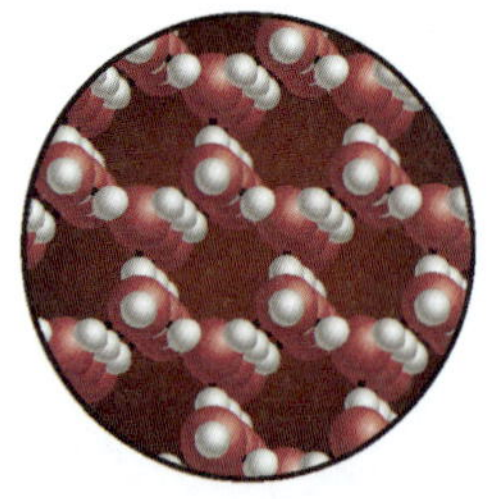

▲**图 2-11 液态水分子（左图）和固态水分子，冰（右图）**

每当寒冬降临，池塘和湖泊开始结冰，结成的冰层漂浮在水面上，将寒冷的空气隔绝在外，这样可以使冰下的水延缓结冰，也让鱼类和其他水生生物在冰层之下平安度过寒冷的冬天（见图 2-12）。如果冰的密度不是比水小而是比水大的话，池塘和湖泊就会从底部开始结冰，直到水面，这样一来，数不尽的水生动物和植物就会活活冻死，而高海拔地区的海洋底部就会覆盖着终年不化的冰层。

2.3.5 水溶液可以呈酸性、碱性或中性

通常情况下，有一部分水分子是以离子状态，也就是氢离子（H^+）和氢氧根（OH^-）状态存在的（见图 2-13）。在纯水中，氢离子和氢氧根的浓度相同，这时水呈现中性。如果在水中加入某些可以形成氢离子或者氢氧根的物质，水溶液的电性虽仍呈中性，但水中的氢离子和氢氧根的浓度不再相同。在这种水溶液中，氢离子的浓度超过氢氧根，溶液就是酸性的。在这里可以定义酸的概念，就是加入到水中时可以释放氢离子的物质。例如，如果将盐酸（HCl）加到水中，基本上所有的盐酸分子都会分解成氢离子和氯离子。在这种情况下，水溶液中的氢离子浓度远高于氢氧根的浓度，盐酸溶液呈现酸性，盐酸是一种酸。再举几个酸性溶液的例子，比如富含柠檬酸的柠檬水，或者富含醋酸的食用醋，这些尝起来都酸酸的，是因为舌头上的味蕾感应到过多的氢离子就会有酸酸的感觉。龋齿是怎么形成的呢？就是因为口腔中的细菌在分解残存的食物时释放大量的酸性物质，这些酸性物质腐蚀牙齿，造成龋齿。

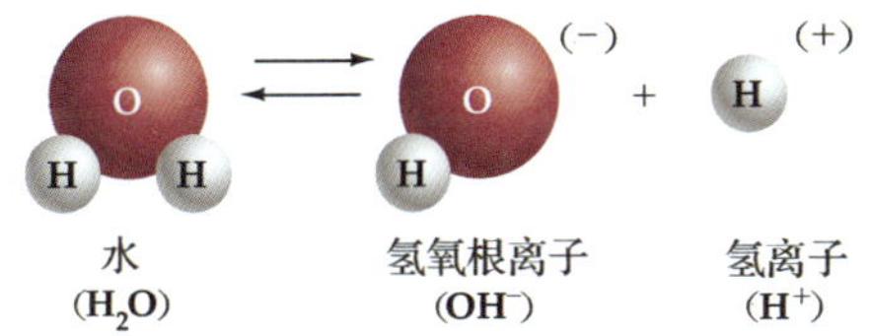

▲图 2-13　有些水分子通常是以离子状态存在的

▲图 2-12　冰漂浮于水面上

如果水溶液中的氢氧根浓度超过氢离子，溶液就呈现碱性。下面再定义一下碱的概念。碱指的是能够释放可以与氢离子结合的氢氧根离子从而降低氢离子浓度的物质。举个例子，将常见的烧碱也就是氢氧化钠，加入水中，氢氧化钠就会迅速分解为氢氧根离子和钠离子，而氢氧根离子和水中的氢离子相结合，降低氢离子的浓度，使得溶液呈现碱性。去污剂中常常含有大量的碱性物质。有些碱性物质还可以作为药品，比如有种抗酸剂称为 Tums，可以中和食道和胃中的盐酸，起到保护消化道黏膜的作用。

pH 值是用来定义溶液的酸碱性强弱的数值，从 0 到 14 分为 15 级（见图 2-14）。如果一种溶液的 pH 值是 7，这种溶液就是中性的，它的氢离子和氢氧根离子浓度相等。酸性溶液的 pH 值小于 7，碱性溶液的 pH 值大于 7。pH 值每减少一个数字，就代表这种溶液的氢离子浓度增加了 10 倍。比如，如果果汁的 pH 值是 3，那么它比纯水（pH 值是 7）中的氢离子就会多 1 万倍。

接下来讲一讲什么是缓冲液。如果在一种溶液中加入一定量的酸或者碱，这种溶液的氢离子浓度保持不变、pH 值维持恒定，这种溶液就是一种缓冲液。具体来讲，如果加入酸，多余的氢离子就会被缓冲液中的氢氧根所中和；如果加入碱，缓冲液就会释放一些氢离子，与这些氢氧根中和形成中性的水。哺乳动物，包括人类，都需要维持自身体液的 pH 值恒定，也就是保持一种微碱性（pH 值约为 7.4）的环境。如果血液的 pH 值低于 7 或者是高于 7.8，我们就活不成了。因为即使 pH 值发生极其微小的改变，也会使我们机体的各种生物大分子的结构和功能发生翻天覆地的变化。我们身体中的每个细胞每时每刻都在发生着无数的化学反应，释放或者吸收大量的氢离子，但是，不用担心，我们的机体也有不同的缓冲液起到维持 pH 值恒定的作用。

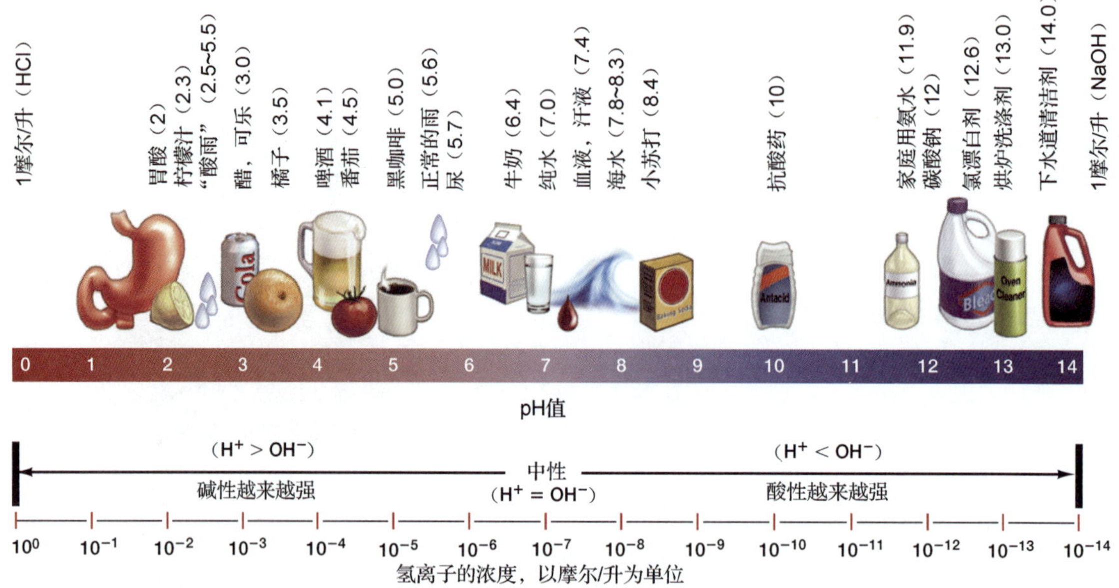

▲**图 2-14　pH 值的范围**　pH 值反映溶液中氢离子的浓度。pH 值的计算方法是该溶液中氢离子浓度的负对数。pH 值每变化一个数值，表示溶液中氢离子的浓度变化了 10 倍。举个例子，pH 值为 2.3 的柠檬汁的氢离子浓度大概是 pH 值为 3.5 的橘子汁的 10 余倍。在美国东北部，最严重的酸雨的氢离子浓度大约是普通降雨的 1000 倍。

第 3 章　生物大分子

“本是同根生，相煎何太急”。当牛饲料中混有感染了瘙痒病的羊肉时，牛就会罹患疯牛病。

3.1 为什么碳元素在生物大分子中至关重要？

我们都见过有机水果和蔬菜，这些水果和蔬菜在生长过程中不添加任何的化肥和杀虫剂。在化学的世界里，“有机”这个词表示的意思截然不同。如果一个物质的分子由碳原子做骨架，并连接了若干氢原子，那么，这个物质就是有机的，称为有机物。有机的英文单词 organic 来源于生物体 organism 的前几个字母，这表示有机物通常是生物体合成的或者是生物体生长发育必不可少的物质。无机物分子基本不含有碳原子（比如水和氯化钠）或者氢原子（比如二氧化碳）。通常，相较于有机物，无机物的种类比较少，并且，无机物的结构也相对简单。

我们的生命神秘而妙不可言，它是由无数种类和数量的分子进行极其复杂多样的反应和相互作用而构成的。分子之间为什么会发生相互作用呢？这是由这些分子结构以及由结构所决定的化学性质决定的。当细胞中的两个分子发生相互作用时，它们的结构和化学性质也发生相应的变化。总而言之，这些发生在细胞中无数分子的相互作用以及相互作用所引起的变化，导致细胞的诸多功能和属性，比如，获得和使用能量、清除代谢产物、活动、生长以及繁衍后代。接下来讲述这些复杂多样的作用与反应，基本上都是由碳原子所构成的种类繁多的分子所参与、调节和决定的。

3.1.1 有机物分子复杂多样是由碳原子之间所形成的化学键决定的

如果一个原子的最外层电子层的电子并没有处于饱和状态，那么，这个原子就是极其不稳定的（第 2 章讲到这一内容）。不稳定的原子之间会发生相互作用，通过共享电子的方式填充满自己的最外层电子层，使得自己处于相对稳定的状态。两个原子之间是共享 2 个、4 个还是 6 电子，形成一个、两个还是三个共价键，是由这两个原子的最外层电子层的电子空缺数目所决定的。图 3-1 中给出了生物大分子中最为常见的 4 种原子——氢、碳、氮、氧——可以形成的共价键的种类。可以看到，碳原子可能形成的共价键的种类最多。地球上的有机物之所以如此的种类繁多、数目庞大，这与碳原子所形成的多种共价键密不可分。碳原子的最外层电子层有 4 个电子，这也说明，它的最外层电子层仍旧缺少 4 个电子，因此，这些事实说明，碳原子要处于稳定状态，可以最多和 4 个其他原子形成 4 个单键，或者和少于 4 个原子形成双键或者三键。所以，有机物分子的空间结构复杂多样，比如有分支的链条形、环形、折叠形，或者螺旋形。

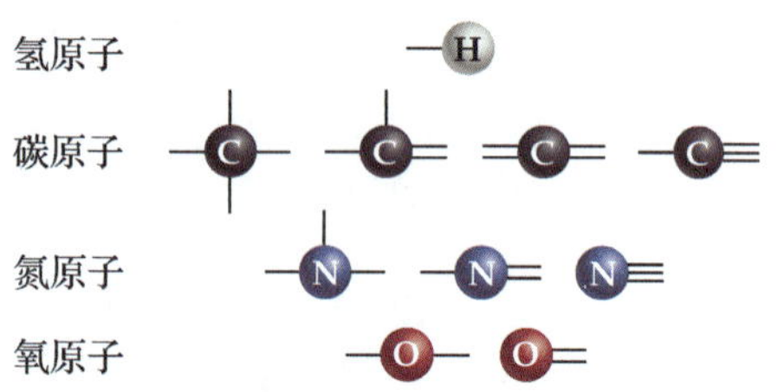

▲图 3-1 **化学键的类型** 生物大分子中最为常见的 4 种原子——氢、碳、氮、氧——可以形成的共价键的种类。其中，一条横线代表两个原子之间共用一对电子对，形成一个共价键；两条平行直线代表两个原子之间共用两对电子对，形成两个共价键，又称双键；三条平行直线代表两个原子之间共用三对电子对，形成三个共价键，又称三键。

在有机物分子中，与碳骨架相连的是这个有机物的功能基团，又称官能团。表 3-1 中列出了最为常见的 7 种官能团。通常情况下，官能团相较于碳骨架更不稳定，官能团比较容易发生化学反应，所以，不同的官能团决定了不同有机物分子的性质和化学反应类型。

表 3-1 生物大分子中常见官能团

官能团	结构	性质	主要存在的分子类型
羟基	O H	极性；通常参与脱水反应和水合反应；形成氢键	糖类、多糖类、核酸、乙醇、一些氨基酸、固醇类
羰基	O C	极性；使得分子具有亲水性	糖类（多为直线型糖类）、固醇类荷尔蒙、一些维生素
羧基（离子形式）	O C O	极性，酸性；呈现负电性的氧原子容易和氢离子结合，形成羧酸集团；形成肽键	氨基酸、脂肪酸、羧酸类（比如醋酸或柠檬酸）
氨基	H N H	极性，碱性；通过与氢离子结合而离子化；形成肽键	氨基酸、核酸、很多蛋白质
巯基	S H	非极性；在蛋白质中形成二硫键	半胱氨酸（一种氨基酸）、很多蛋白质
磷酸基	O O P O O	极性，酸性；在核酸分子中连接核苷酸；形成 ATP 中的高能磷酸键	磷脂类、核苷酸、核酸
甲基	H C H H	非极性；参与甲基化反应，与 DNA 分子中的核苷酸连接，从而改变基因的表达情况	固醇类、DNA 分子中甲基化的核苷酸

3.2　有机物分子是如何形成的？

复杂的生物大分子是由数目庞大的原子一个一个相连构成的，生命的运转要远比把这些大分子联系在一起复杂得多、有效得多，当然，也神秘得多。正如一列火车是由一节一节的车厢所组成的一样，小的有机物分子（比如单糖类和氨基酸）可以通过相互作用而形成更大的生物分子（比如多糖和蛋白质）。科学家将最简单的有机物结构称为单体，单体之间相互作用形成的大分子称为聚合物。

3.2.1　聚合物通常通过脱水反应形成、通过水解反应分解

生物大分子的多个亚基之间通常是通过脱水这一化学反应来彼此连接的。脱水反应指的是一个亚基去除一个氢离子，而与之相连的另一个亚基去除一个羟基，这样，这两个亚基的原子的外层电子层就处于不饱和状态。当这两个亚基相互结合时，它们的共用电子对就会填补外层电子层的空缺，形成共价键。被去除的氢离子和羟基形成一个水分子，这一过程在图 3-2 中具体显示。这也解释了为什么这一化学反应称为脱水反应，也就是两个亚基通过脱去一个水分子而连接在一起，形成新的生物大分子。

与脱水反应相对应的化学反应称为水解反应（hydrolysis）。水解反应使生物大分子的不同亚基之间分离开来。一个水分子为第一个亚基贡献一个氢离子，为第二个亚基贡献一个羟基（如图 3-3 所示）。人类消化道中的酶类就是通过水解反应消化分解食物的。例如，苏打饼干中的淀粉是由大量的葡萄糖（一种单糖）通过脱水反应所组成的（如图 3-8 所示），我们的唾液和小肠液中富含丰富的水解酶类，它可以将淀粉分解为简单的葡萄糖，从而被人体吸收。

虽然生物人分子种类繁多，但基本上可以分为 4 类：碳水化合物、脂类、蛋白质和核酸（如表 3-2 所示）。

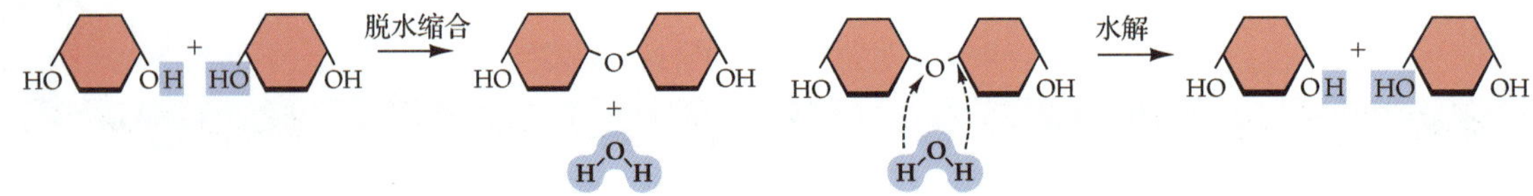

▲图 3-2 脱水反应　　▲图 3-3 水解反应

表 3-2 4 类基本的生物大分子

生物大分子的类型和结构	生物大分子的亚型及其结构	实　例
碳水化合物：通常由碳原子和氢原子所构成，碳原子和氢原子形成（CH_2O）$_n$* 这样的结构	单糖 通常的形式是 $C_6H_{12}O_6$	葡萄糖、果糖、半乳糖
	二糖 两个单糖结合在一起而构成	蔗糖
	多糖 多个单糖形成链状结构（单糖多为葡萄糖）	淀粉、糖原、纤维素
脂类：碳原子和氢原子的含量很高，绝大部分脂类是非极性，并且不溶于水的	甘油酸三酯 三个脂肪酸分子与一个甘油分子相连	油、脂肪
	蜡 多个脂肪酸分子与长链醇类分子相连	植物角质中的蜡
	磷脂 极性磷酸集团和两个脂肪酸分子与一个甘油分子相连	细胞膜上的磷脂
	固醇 官能团连接在碳原子形成的 4 个环状骨架上	胆固醇、雌激素、睾丸激素
蛋白质：含有一个或以上的氨基酸链，它的功能通常由其所形成的四级结构所决定	肽类 短链氨基酸	后叶催产素
	多肽 长链氨基酸	血红蛋白、角蛋白
核苷酸/核酸	核苷酸 由一个五碳糖（核糖或者脱氧核糖），一个含氮的碱基和一个磷酸集团所组成	三磷酸腺苷（ATP） 环化单磷酸腺苷（cAMP）
	核酸 通过共价键将一个核苷酸分子的磷酸集团和下一个核苷酸分子的五碳糖连接在一起而形成的多聚体	脱氧核糖核苷酸（DNA） 核糖核苷酸（RNA）

*n 表示分子骨架中碳原子的数目。

3.3 什么是碳水化合物？

碳水化合物分子通常由碳原子、氢原子和氧原子构成，并且碳氢氧三者的比例大约是 1∶2∶1。这个比例也解释了碳水化合物这个词汇的由来，也就是可以简单地理解为“碳加水”。碳水化合物要么是简单的水溶性小分子糖类，要么是糖类的多聚物，比如淀粉。如果一个碳水化合物仅仅含有一个糖分子，那么，这种碳水化合物就称为单糖。当两分子单糖结合在一起时，就组成了一分子二糖。当然，单糖和二糖都被称为糖类。当我们在下午茶喝咖啡时，将方糖加入咖啡中，方糖会慢慢溶解，这是因为糖类具有亲水这一特性。具体来讲，是因为糖类中的羟基是极性的，可以和呈现极性的水分子形成氢键（见图 3-4）。

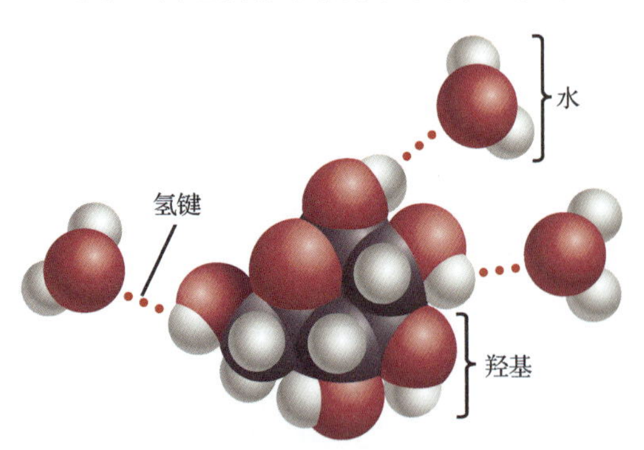

▲图 3-4 糖类可以溶于水　糖类中的羟基是极性的，可以和呈现极性的水分子形成氢键，从而溶解于水。

很多个单糖形成的多聚物称为多糖。大部分的多糖在正常温度下不溶于水。在细胞中，淀粉作为一种储存能量的分子而存在。其他多糖可以作为植物、真菌和细菌的细胞壁成分，起到使细胞壁更加强韧的作用。还有一些多糖可以形成昆虫类和虾蟹类的外壳，起到保护这些生物弱小的身躯的作用。

3.3.1 不同的单糖具有相同的分子式和不同的结构

单糖的碳骨架含有 3～7 个碳原子，大部分碳原子都连接有一个氢原子和一个羟基。因此，糖类的分子式大多遵循（CH_2O）$_n$ 这样的形式，其中，n 代表这个分子的碳骨架中碳原子的数目。当一个糖类分子溶于水中，比如说，溶于细胞的细胞质中时，它的碳骨架通常形成环状的结构。图 3-4 和图 3-5 展示了表示最简单的糖类分子之一，葡萄糖的不同表示形式，在接下来的章节中如果还看到图 3-5 这样的表达形式，你要清楚，长链或环状骨架的每一个节点都表示一个碳原子。

▼**图 3-5 葡萄糖结构的不同表达方式** 化学家为了更好地研究物质的结构和特性，设计了分子结构的不同表达方式。（a）葡萄糖的化学式，或者称为分子式；（b）当葡萄糖处于晶体状态时，通常呈现线性结构；（c，d）环状葡萄糖的两种不同表达方式。当葡萄糖溶于水时，会形成环状结构。在（d）中，每一个节点代表一个碳原子，并且用阿拉伯数字对碳原子进行编号。而图 3-4 显示了葡萄糖的空间三维结构模型。

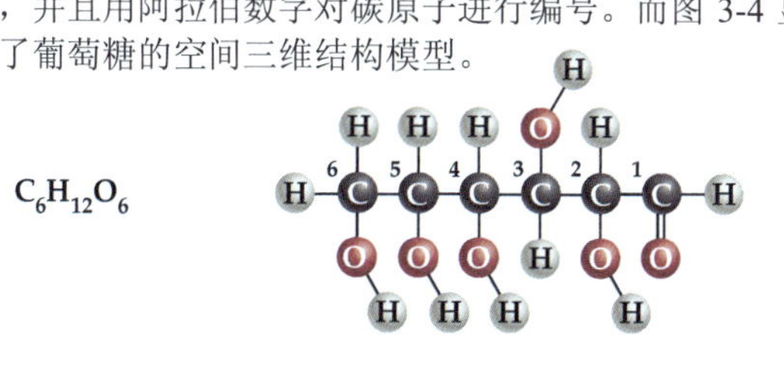

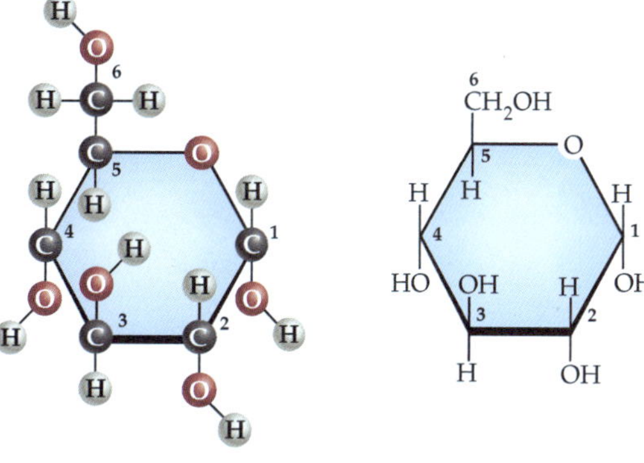

（a）化学式　（b）线性球棍模型　（c）环状球棍模型　（d）环状简化模型

葡萄糖是生命体中最为常见的糖类，并且，也是细胞中最为主要和重要的储能物质。葡萄糖含有 6 个碳原子，因此，它的分子式是 $C_6H_{12}O_6$。生物也会合成其他单糖，这些单糖和葡萄糖具有相同的分子式，结构却大相径庭。比如，一些植物通过果糖储存能量，这也是水果、果汁、甜菜还有蜂蜜（蜜蜂由花蕊中提炼出来的）有甜味的原因。哺乳动物的乳汁中含有丰富的半乳糖，这也是幼年的哺乳动物最为主要的能量来源（见图 3-6）。在细胞中，果糖和半乳糖只有转化为葡萄糖后，才能作为能量物质被生物直接利用。

核糖和脱氧核糖也是最为常见的多糖，分别存在于 DNA 和 RNA 分子的核酸中。与葡萄糖不同的是，核糖和脱氧核糖都是五碳糖。如图 3-7 所示，脱氧核糖比核糖少一个氧原子，这是脱氧核糖分子中的一个羟基被一个氢原子所取代的结果。

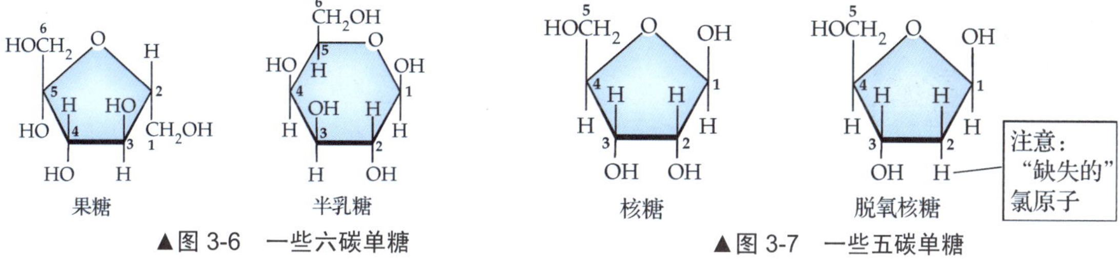

▲图 3-6 一些六碳单糖　▲图 3-7 一些五碳单糖

3.3.2 二糖是两个单糖通过脱水反应而连接形成的

单糖可以通过脱水反应连接在一起形成二糖或者多糖（见图 3-8）。二糖通常作为暂时储存能量的物质而存在，尤其是在植物中。当生物需要能量时，二糖就会通过水解反应分解为相应的单糖，最终转化为葡萄糖（见图 3-3），然后，细胞通过代谢葡萄糖，释放其化学键中蕴含的能量，供给生物体进行生存和繁衍。接下来具体讲一讲这个过程。早餐时，你吃了加奶油的土司和加方糖的咖啡。其中，土司中的奶油富含乳糖（一个葡萄糖分子和一个半乳糖分子脱水形成），而方糖的主要成分是蔗糖（一个葡萄糖分子和一个果糖分子脱水形成），主要从甜菜和甘蔗中提炼出来。麦芽糖是由两个葡萄糖分子脱水形成的，在自然界中的含量非常稀少，但是，淀粉在生物体中通过淀粉酶分解成麦芽糖，而土司就是由淀粉所制成的。其他消化酶类可以将麦芽糖分解为葡萄糖，这样，细胞就可以吸收这些葡萄糖，分解它们，释放能量，供给基本的生命需要。

如果你正在减肥瘦身中，也可以在你的咖啡和土司中加入人造的糖类，这些替代品只提供相似的风味，却不能作为供给能量的物质而存在。

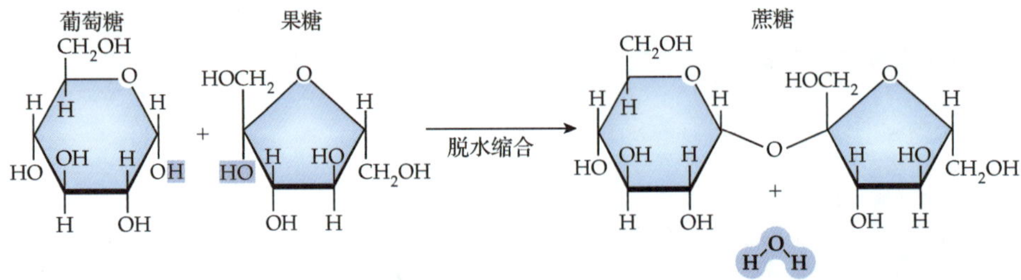

▲图 3-8　**二糖的形成过程**　一个蔗糖分子是一个葡萄糖分子和一个果糖分子脱水而形成的，其中，葡萄糖分子脱去一个氢原子，果糖分子脱去一个羟基。脱下的氢原子和羟基形成一个水分子，并且，两个环状的单糖通过仅剩的一个氧原子连接在一起，形成稳定的单键。

3.3.3　多糖是多个单糖结合在一起形成的链状结构

吃一口甜甜圈，咀嚼几分钟，就会发现甜甜圈越来越甜。这是为什么呢？因为我们的口腔中会分泌唾液淀粉酶，这种酶可以将甜甜圈中的淀粉水解为麦芽糖以及葡萄糖，而麦芽糖和葡萄糖尝起来甜甜的。植物通常采用淀粉作为它们的储能物质（见图 3-9），而动物往往会采用与淀粉类似的一种多糖——糖原——作为储能物质。当然，淀粉和糖原都是葡萄糖分子的多聚形式。这两者也是有明显区别的，淀粉通常在植物的根部和种子中形成，并且是由几百万个葡萄糖分子形成的，它的碳骨架呈现具有分支的链状结构。而糖原通常储存在动物的肝脏和肌肉中，当然，我们人类也是这样，和淀粉一样，它的碳骨架也呈现链状，但是糖原碳骨架的分支要比淀粉多得多。

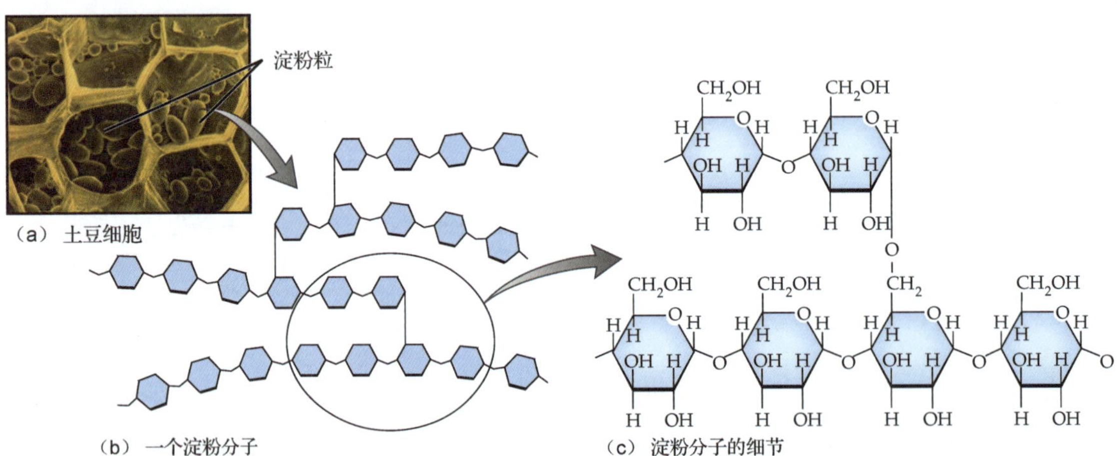

▲图 3-9　**淀粉的结构和功能**　（a）土豆中的大量淀粉是它储存能量的方式，可以使土豆度过寒冷的冬天，并在春天发出芽来。（b）淀粉分子的一部分。淀粉通常是由数百万葡萄糖分支所形成的，它的碳骨架呈现具有分支的链状结构。（c）图 3-9（b）中所示部分的具体结构。注意观察淀粉中葡萄糖分子的连接方式与纤维素有什么不同（见图 3-10）。

对于很多生物来讲，多糖也可以作为一种结构支架物质而存在。其中，最为重要和常见的多糖类结构物质被称为纤维素。它可以组成植物细胞的细胞壁，棉花白花花毛茸茸的棉朵，乔木树干的近一半成分也是纤维素（见图 3-10）。科学家预测，地球上的植物每年可以合成万亿吨的纤维素，这也使得纤维素成为地球上含量最为丰富的有机物之一。

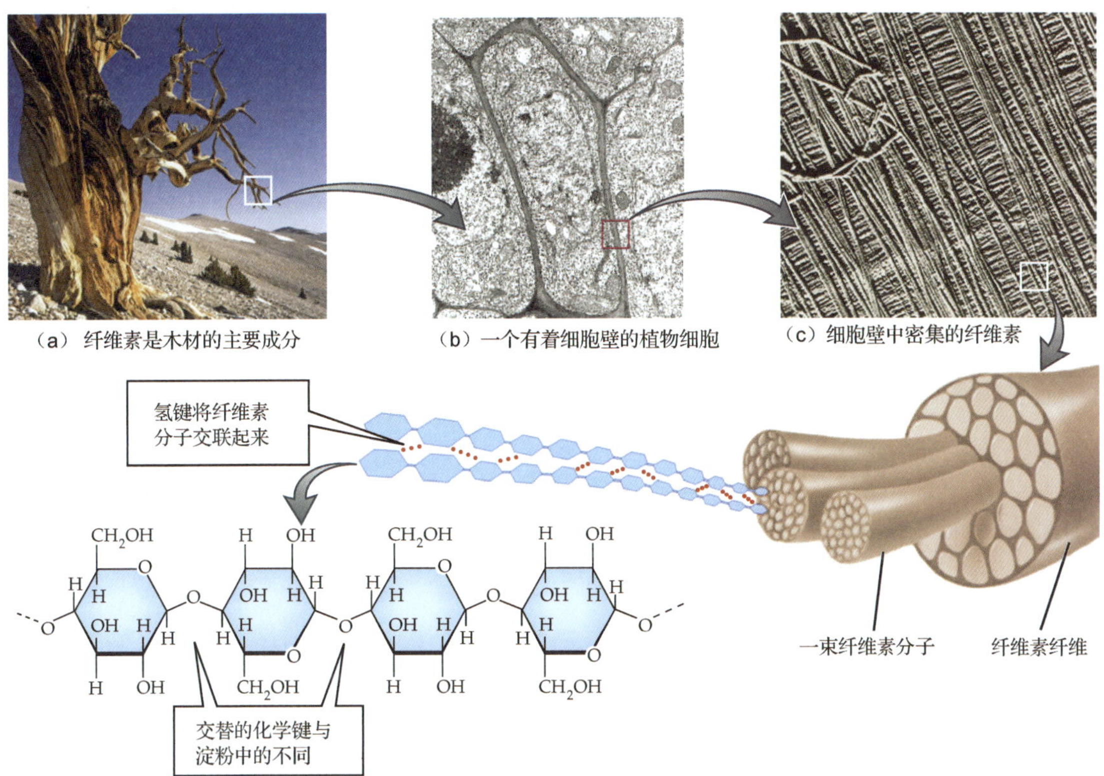

▲**图 3-10　纤维素的结构和功能**　（a）在加利福尼亚州，有一棵树龄至少 3000 年的芒松，它的树干基本上都是由纤维素组成的。（b）每一个植物细胞的细胞壁都是由纤维素所构成的。（c）植物的细胞壁中的纤维素排列成纤维状，并存在一定角度的倾斜，这使得每个植物细胞都不必承受过大的压力。（d）每个纤维素分子是由 1 万多个葡萄糖分子聚合形成的。注意观察纤维素中葡萄糖分子的联系方式与图 3-9c 中的淀粉有什么不同。

像淀粉一样，纤维素是葡萄糖的多聚形式。但是，如果仔细比较图 3-9c 和图 3-10d 就会发现，纤维素中的每一个葡萄糖分子都是上下颠倒的。虽然绝大多数动物都可以消化分解淀粉，但是，基本上没有哪种高等的脊椎动物可以合成和分泌相应的酶类来消化分解纤维素。有一些动物，像牛和白蚁，它们的身上或体内会寄生一些可以消化纤维素的微生物，这样，微生物分泌的酶类将纤维素消化为葡萄糖，而这些葡萄糖就会被这些动物所利用。对于我们人类，纤维素可以完好无损地通过我们的消化系统并最终排出体外，并不供给我们任何能量，但是，纤维素也有它的作用，可以帮助我们的肠道排泄，从而防止便秘。

一些昆虫、蟹类和蜘蛛的外壳是由甲壳素所组成的。甲壳素是一种葡萄糖分子加入一个含氮的官能团后，再多聚化而构成的（见图 3-11）。在一些真菌（如蘑菇）的细胞壁中，也有甲壳素的存在。

碳水化合物还可以构成一些大分子化合物，例如，细胞的细胞膜上就镶嵌有许多连着碳水化合物的蛋白质，而我们稍后会讲到的核酸中，也含有大量的糖类分子。

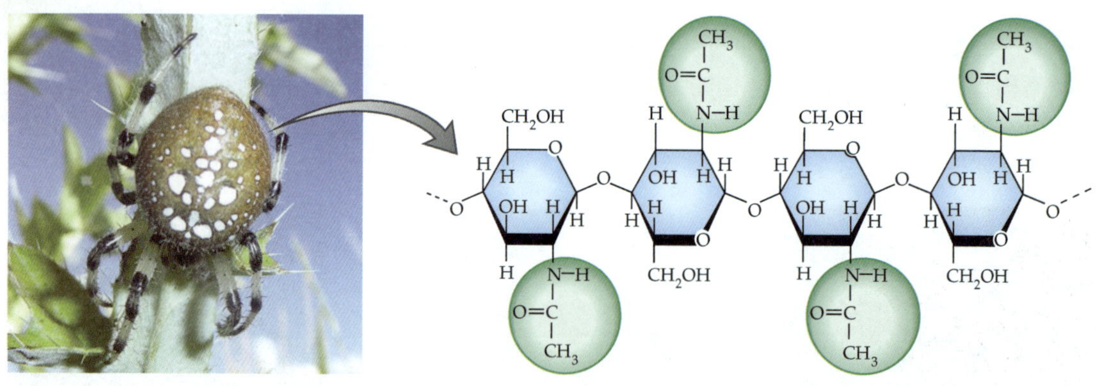

▲图 3-11 **甲壳素的结构和功能** 甲壳素和纤维素的葡萄糖分子连接构象是相同的。甲壳素的葡萄糖分子会连接一个含氮的官能团（图中绿色的），这个官能团取代了原本羟基的位置。坚硬的，具有一定伸缩性的甲壳素使得很多生物柔嫩的身躯得到保护，比如说一些昆虫，蟹类，蛛类（如图所示的蜘蛛）和大部分的真菌。

3.4 什么是脂类?

脂类的主要成分基本上是碳元素和氢元素。其中，碳元素和氢元素以非极性的碳碳键和碳氢键联系在一起。这样的非极性区域让脂类具有疏水的性质，很难溶于水。有些脂类有储存能量的功能，有些脂类可以在植物和动物体表形成防水的保护层，还有些脂类是细胞膜的最主要成分，还有些脂类是激素。脂类可以人为地分为三大类，第一类是油脂、脂肪和蜡，第二类是磷脂类，第三类是固醇类。

3.4.1 油脂、脂肪和蜡是仅含碳、氢和氧三种元素的脂类

组成油脂、脂肪和蜡这些物质的仅有三种元素：碳、氢和氧。这些脂类都含有一个或多个脂肪酸基团，也就是含有碳元素为骨架的碳氢长链，末端连有一个羧酸基团（也就是-COOH）。甘油是一种由三个碳原子组成的小分子，一个分子的甘油和三个分子的脂肪酸亚基通过脱水反应而联系在一起，就形成了油脂分子或脂肪分子（见图 3-12）。也正是因为这样的结构，油脂和脂肪也称为三羧酸甘油酯。

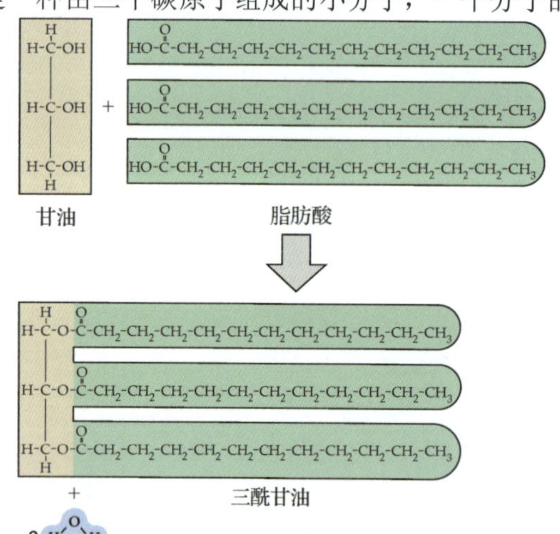

▲图 3-12 **三羧酸甘油酯的合成** 一个分子的甘油和三个分子的脂肪酸亚基通过脱水反应而联系在一起，就形成了三羧酸甘油酯。

油脂和脂肪通常可以作为储存能量的物质。一克油脂和脂肪蕴含的能量大概是糖类或者蛋白质的两倍（具体说，每克脂肪含有 9 卡路里的能量，而每克糖类或者蛋白质只含有 4 卡路里能量）。举个例子，如图 3-13a 中的熊，它皮下储存的脂肪足够它度过寒冷的冬天。对人类来讲，为避免储存过多的脂肪造成肥胖，往往食用脂类的替代物。

脂肪，例如黄油和猪油，基本上来源于动物。而油脂，比如玉米油、菜籽油和大豆油，基本上来源于植物的种子。脂肪和油脂最主要的区别是，在室温条件下，脂肪是固态的，而油脂是液态的，这是由它们的脂肪酸基团的结构所决定的。对于脂肪来讲，如果脂肪酸基团中的碳原子与碳原子，碳原子与氢原子都是以单键连接在一起的，那么，这样的脂肪酸就称为饱和脂肪酸，这是因

为它们已经拥有足够多的氢原子，不能再容纳更多的氢原子。饱和的脂肪酸链是呈直线型的，这样的结构可以使脂肪分子中的三条脂肪酸长链尽可能地紧密靠近，这就是脂肪分子在室温下呈现固态的原因（见图 3-14a）。

（a）脂肪

（b）蜂蜡

▲图 3-13　自然界中的脂类　（a）一只胖乎乎的大灰熊正要冬眠，如果它不是用脂类储存能量而是换用相同质量的碳水化合物，那么，冬眠过后，它也许连爬行的力气都没有了。（b）蜡是饱和度十分高的脂类，在正常的户外环境下，蜡是固态的。因为蜡具有如此坚韧的特性，蜜蜂可以用蜂蜡建造自己的六边形蜂巢。

如果脂肪酸的碳骨架上存在一些双键，也就是说，连接在碳骨架上的氢原子数目相对比较少，那么，这样的脂肪酸称为不饱和脂肪酸，这样的不饱和脂肪酸链形成的脂类分子，它的脂肪酸长链并不是呈现直线状，而是锯齿状（如图 3-14b 所示）。油脂之所以在室温下呈现液体状态，就是因为这种锯齿状的脂肪酸长链使油脂分子呈现松散状态而不能紧密地压缩在一起。工业上的氢化反应，也就是人为地打破不饱和脂肪酸上的双键，在碳原子上加上氢原子，使这些原本不饱和的碳原子饱和，将液态的油脂转化为固态的脂肪，但是，与油脂相比，脂肪比较不利于人类的健康。

虽然蜡的化学性质和脂肪比较类似，但人类和绝大多数动物没有可以消化分解蜡的酶类。蜡的碳骨架是非常饱和的，所以，在正常的户外环境下，蜡是固态的，蜡可以在陆生植物的叶片和根表面形成一层防水层。有的动物也可以合成蜡，这样的蜡可以为有些动物的皮毛和昆虫的外骨骼提供防水功能。蜜蜂用蜂蜡建造自己的六边形蜂巢，用来储存蜂蜜和繁衍后代（见图 3-13b）。

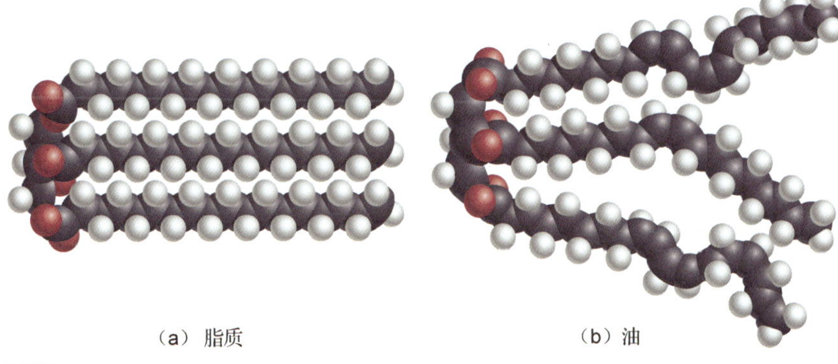

（a）脂质　　（b）油

◀图 3-14　油脂和脂肪　（a）脂肪的脂肪酸长链呈现直线状态。（b）油脂的脂肪酸长链的碳骨架含有一些双键，使得脂肪酸长链呈现锯齿状。油脂之所以在室温下呈现液态，就是因为这些锯齿状碳骨架使得油脂分子的结构相对松散。

3.4.2　磷脂类含有亲水的头部基团和疏水的尾部基团

每一个细胞的外部都包裹着由不同磷脂分子组成的细胞膜。磷脂分子的结构与油脂分子类似，但是，磷脂分子的其中一条脂肪酸长链被取代，取代它的通常是连有一些含氮元素的官能团的磷酸基团

（如图 3-15 所示）。因此，磷脂分子有两种截然不同的末端，一种是两个非极性的脂肪酸末端，末端具有疏水性；另一种是含有磷酸基团和含氮官能团的末端，也称头部，头部呈极性，并且具有亲水性（磷脂分子的这种性质对于细胞膜的结构和功能至关重要，这部分内容会在第 5 章中具体讲到）。

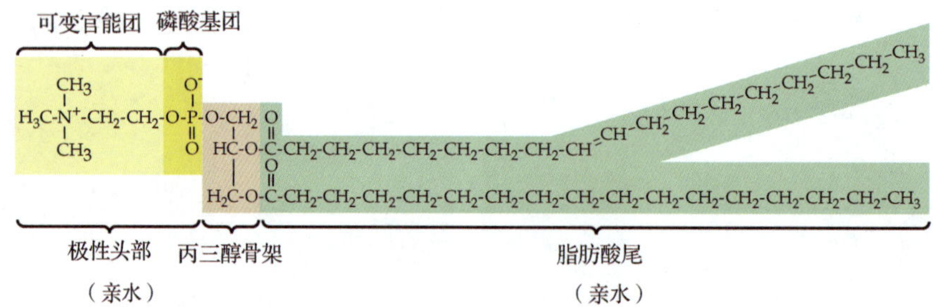

▲图 3-15　**磷脂类**　磷脂类具有相似的结构，是在甘油骨架上连着两个疏水的长链脂肪酸和一个亲水且具有极性的头部基团（图中黄色部分），头部集团通常由一个磷酸基团和一个含氮的官能团组合而成。磷酸基团呈现负电性，而含氮官能团呈现正电性，这样，亲水极性头部就对外不显示电性，同时使头部基团具有亲水性。

3.4.3　固醇类含有 4 个结合在一起的碳环

所有的固醇都由 4 个碳原子环结构所构成。如图 3-16 所示，这些碳环会连有一些官能团，共享一个或者多个边。有一种常见的固醇被称为胆固醇，是动物细胞的膜类组分的重要成分之一（见图 3-16a）。人类大脑成分的百分之二是胆固醇，它是神经细胞的绝缘层（也就是髓鞘）中富含脂类的膜结构的重要成分。胆固醇也是细胞合成其他固醇类分子的作用原材料，比如女性产生的雌激素和男性产生的睾丸激素（见图 3-16b，c）。结构不正确的胆固醇是心血管疾病发生发展的元凶。

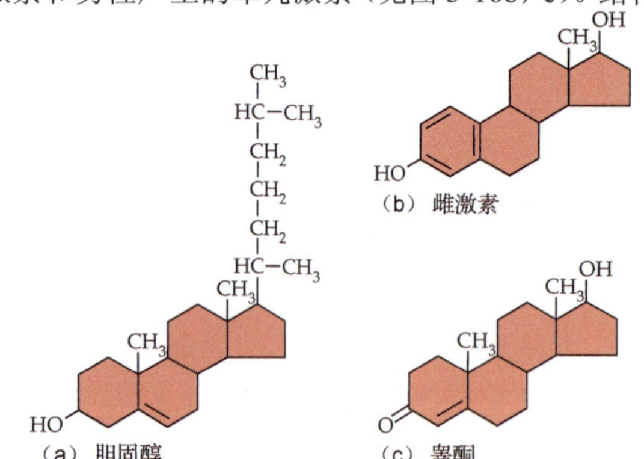

◀图 3-16　**固醇类**　所有的固醇都具有相似的结构，都是由 4 个碳原子环结构构成。这些碳环会连有一些官能团，并且会共享一个或者多个边。（a）胆固醇，是细胞合成其他固醇类分子的作用原材料。（b）雌性荷尔蒙，雌激素。（c）雄性荷尔蒙，睾丸激素。这两种性激素的结构有诸多相似之处。

3.5　什么是蛋白质？

蛋白质分子由氨基酸长链构成。科学家预测，我们的机体至少含有十几万种蛋白质。这些蛋白质的每一种都发挥着其独特的功能，并且至关重要，缺一不可（如表 3-3 所示）。绝大多数细胞都会自身合成数以百计的不同酶类，酶类基本上是蛋白质。这些酶类可以催化在细胞中发生的不同化学反应。还有一些蛋白质是细胞的结构物质。比如角蛋白，是组成毛发、犄角、指甲、鳞片和羽毛的主要成分（如图 3-17 所示）。桑蚕丝的主要成分也是蛋白质，是由桑蚕分泌出来的丝状物，最后形成蚕茧。蜘蛛也可以分泌主要成分为蛋白质的蛛丝来编织自己的蜘蛛网。蛋白质还可以作为营养物质，比如蛋清中的白蛋白和乳汁中的酪蛋白，可以为动物和人类的生长提供必不可少的养料。另外，还有一些功能各异的蛋白质，比如，血液中的血红蛋白起到运输氧气的作用；肌肉组织中的肌动蛋白和肌球蛋白可以形成丝状结构，牵拉肌肉，这样，动物和人类就可以自由行走运动了；另外，有一些蛋白质是激素，比如胰岛素和生长激素；还有一些蛋白质是抗体，它们是免疫系统的重要组成成分，起到抵抗外来病菌侵入、抗争疾病的作用；当然，还有极少数蛋白质是有毒有害的，比如响尾蛇蛇毒。

表 3-3　蛋白质的功能

功　能	实　例
结构	角蛋白（组成毛发、犄角、指甲、鳞片和羽毛）
运动	肌动蛋白和肌球蛋白（常见于肌肉细胞，牵拉肌肉）
防御	抗体（常见于循环系统中，抵抗入侵机体的病菌，有些可以中和毒素）；毒素（常见于有毒的生物中，可以用来抵抗天敌和其他狩猎者）
储存能量	白蛋白（常见于蛋清中，为胚胎提供营养）
信号传导	胰岛素（由胰岛所分泌，可以促进细胞对葡萄糖的吸收）
催化作用	淀粉酶（常见于唾液和小肠液中，可以消化分解碳水化合物）

▼**图 3-17　作为结构物质的蛋白质**　角蛋白是一种常见的结构蛋白质。它主要存在于（a）毛发中、（b）犄角中、（c）蜘蛛网的蛛丝中。

（a）毛发

（b）犄角

（c）蛛丝

3.5.1　蛋白质是由氨基酸长链构成的

蛋白质是氨基酸的聚合物，氨基酸与氨基酸之间依靠肽键相互连接。所有的氨基酸都具有相同的功能结构，就是一个碳原子连接一个氢原子、一个含氮的氨基基团（—NH_2）、一个羧酸基团（—COOH）和一个其他基团（—R）。这个其他（R 基团），就是不同氨基酸的区别所在（见图 3-18）。

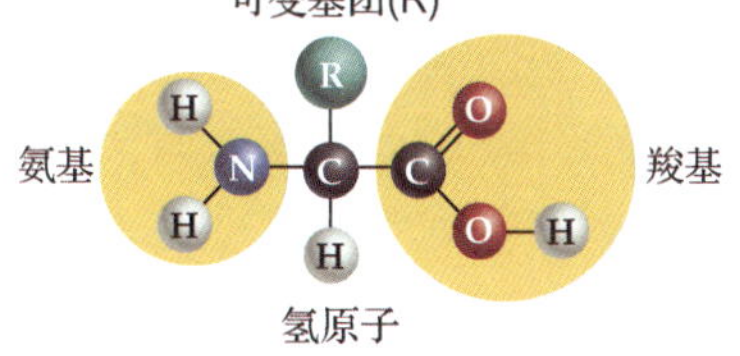

▲**图 3-18　氨基酸的结构**

在生物体中大约可以找到 20 种氨基酸。不同的 R 基团让氨基酸拥有不同的性质（见图 3-19）。有些氨基酸具有亲水性，在水中是可溶的，这就是因为它的 R 基团具有极性。另外一些氨基酸具有疏水性，因为 R 基团是非极性的，所以在水中不能溶解。有种氨基酸叫半胱氨酸（见图 3-19c），它的 R 基团含有巯基，所以，半胱氨酸分子与半胱氨酸分子之间可以形成二硫键。接下来会讲到，二硫键在蛋白质的结构形成过程中扮演着非常重要的作用。

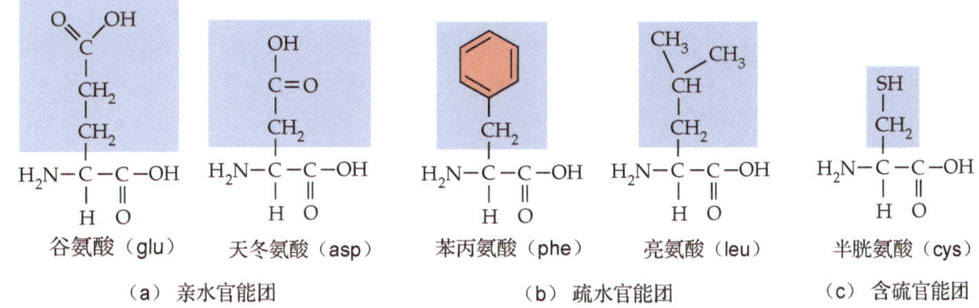

▲**图 3-19　多种多样的氨基酸**　氨基酸的多样性取决于它的 R 基团（图中的蓝色背景中的基团）。R 基团有可能是（a）亲水的或者是（b）疏水的。（c）半胱氨酸的 R 基团含有一个硫原子，它可以和其他半胱氨酸的硫原子形成共价键，这种共价键被称为二硫键。

3.5.2 氨基酸通过脱水反应结合在一起，形成蛋白质

和多糖与脂类一样，蛋白质也是通过脱水反应形成的。对于蛋白质来说，氨基酸的氨基（—NH_2）中的氮原子与另一个氨基酸中羧基（—COOH）中的碳原子结合在一起，其中，氨基脱去一个氢原子，而羧基脱去一个羟基，形成一个水分子而脱去（见图 3-20）。这时，氮原子与碳原子所形成的化学键被称为肽键（—NH—CO—）。由少数氨基酸（通常指的是 50 个氨基酸以下）所形成的氨基酸短链称为多肽，两个氨基酸通过脱水反应所组成一个分子称为一个肽分子。随着氨基酸数目的不断增加，肽链的长度不断加长，直到形成一个长多肽链。细胞中的多肽链有的可以长达几千个氨基酸，一个蛋白质通常含有一个或几个多肽链。

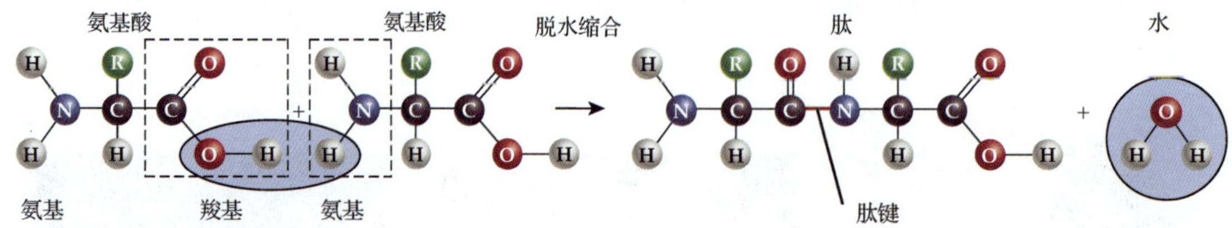

▲图 3-20　**蛋白质的合成**　蛋白质也是通过脱水反应形成的。一个氨基酸的氨基（—NH_2）中的氮原子与另一个氨基酸中羧基（—COOH）中的碳原子结合在一起，其中，氨基脱去一个氢原子，而羧基脱去一个羟基，形成一个水分子而脱去。

3.5.3 蛋白质可以形成多达四级的结构

氨基酸的 R 基团之间的相互作用，使得氨基酸长链会扭曲变形，会折叠，不同氨基酸长链之间也会相互交联，这就让蛋白质有了三级结构。蛋白质可以形成多至四级的结构，分别称为一级结构、二级结构、三级结构和四级结构（见图 3-21）。蛋白质的氨基酸序列是蛋白质的一级结构（见图 3-21a），它取决于这个细胞中的遗传物质，也就是 DNA。蛋白质的二级结构指的是多肽链所形成的简单的空间结构，这种空间结构主要有两种，一种叫做螺旋结构，一种叫做折叠结构。二级结构是依靠氨基酸的极性官能团之间的氢键来形成和维持的。举几个例子。缠绕成圈像弹簧一样的二级结构叫做螺旋结构，我们毛发中的角蛋白和血液中的血红蛋白都将形成螺旋结构（见图 3-21b）。多肽链之所以会形成螺旋结构，是因为氨基酸中的羰基基团（带有微弱的负电性）中的氧原子和相邻的氨基酸的氨基基团（带有微弱的正电性）中的氢原子之间可以形成氢键。这个氢键维持了多肽链的螺旋结构。而另外一些蛋白质，比如蚕丝蛋白，形成的二级结构并不是螺旋结构，而是折叠结构，也就是，它的多肽链反复重复，形成像风琴褶一样的折叠结构，这种结构也是依靠氢键来形成和维持的（见图 3-22a）。

除了二级结构之外，很多蛋白质还会形成三级结构（见图 3-21c）。蛋白质的三级结构主要由它的二级结构和蛋白质所处的环境所决定。如果蛋白质存在于水溶液中，比如，存在于细胞内细胞质的水性环境中，蛋白质倾向于将自己的亲水基团暴露在外面，而将疏水基团包裹在里面。相反，如果这种蛋白质镶嵌在主要由磷脂双分子层所构成的细胞膜上，就会将它的疏水官能团暴露在外面，从而被磷脂分子的疏水尾部所包容。二硫键同样也是蛋白质形成三级结构的原因之一，多肽链中含有半胱氨酸时，在不同位置的半胱氨酸中，R 集团的硫原子就会相互联系，形成二硫键。角蛋白的三级结构主要由二硫键所形成和维持。

蛋白质的空间结构还可能有第四级，也就是它的四级结构。能够形成四级结构的蛋白质通常拥有好几条多肽链，多肽链之间通过氢键、二硫键或者相反电性之间的相互作用而联系在一起，形成四级结构。举个例子，血红蛋白由 4 个多肽链构成，这 4 个多肽链通过氢键联系在一起形成血红蛋白的四级结构（见图 3-21d）。血红蛋白的四个多肽链，每一个多肽链都包含有一个含铁元素被称为血红素的有机物分子（如图 3-21c 和 d 中的红点），每一个血红素分子都可以携带一个氧气分子（也就是两个氧原子），这就是血红蛋白可以进行氧气输送的原因。

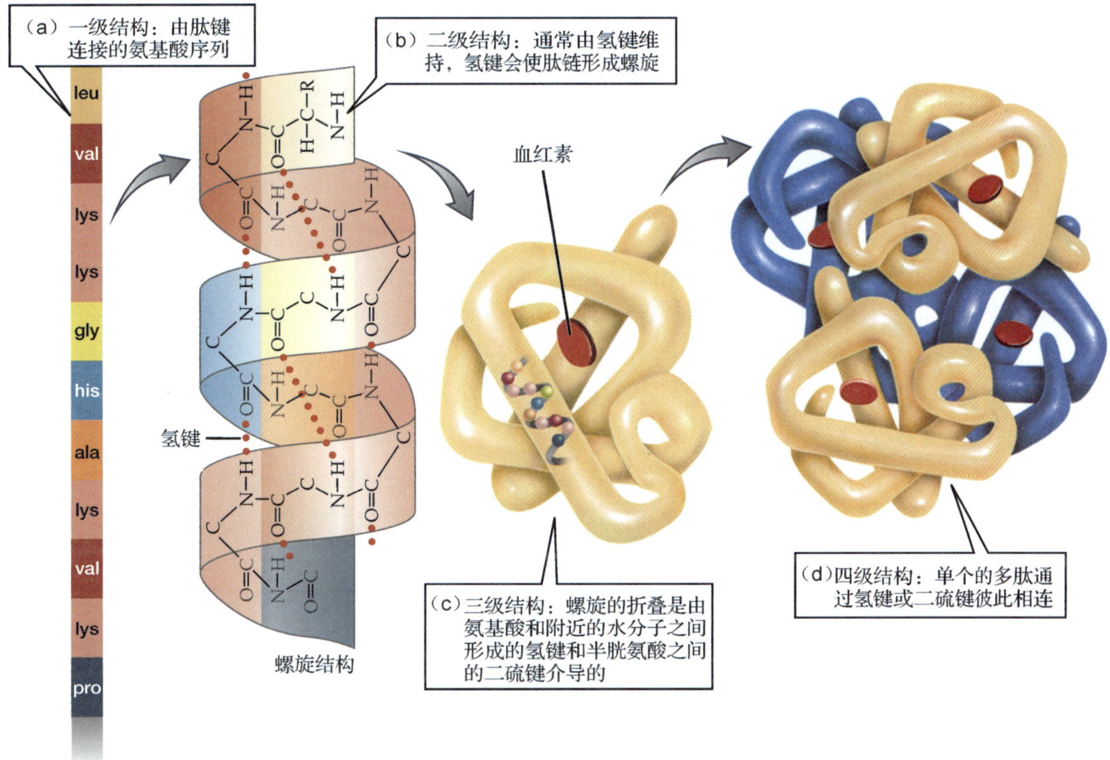

▲**图 3-21 蛋白质的四级结构** 如图所举的例子，血红蛋白是血液中红细胞的载氧蛋白。图中红色的点表示含有铁元素的血红素，它可以结合氧分子。

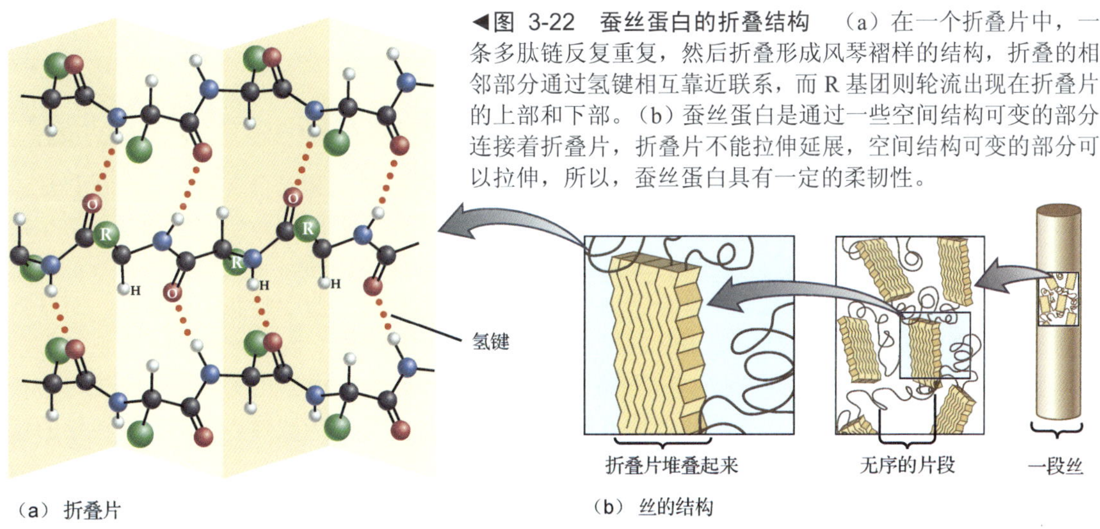

◀**图 3-22 蚕丝蛋白的折叠结构** (a) 在一个折叠片中，一条多肽链反复重复，然后折叠形成风琴褶样的结构，折叠的相邻部分通过氢键相互靠近联系，而 R 基团则轮流出现在折叠片的上部和下部。(b) 蚕丝蛋白是通过一些空间结构可变的部分连接着折叠片，折叠片不能拉伸延展，空间结构可变的部分可以拉伸，所以，蚕丝蛋白具有一定的柔韧性。

有很多蛋白质，比如酶或者激素，需要与许多其他的分子一起作用，行使功能。因为它们的生物功能分工极其精准和具体，所以，它们的三维结构决定了它们只会和一些具有特定结构的分子之间发生相互作用，就像是一把钥匙配一把锁一样。科学家发现，很多蛋白质的结构都是可以发生变化的，除了它们的一级结构，也就是氨基酸序列不会发生变化。一些空间结构可以发生变化的蛋白质或者蛋白质的某个部分，可以和不同的分子发生相互作用，这就像是万能钥匙可以开好几把锁一样。有一些起到结构骨架功能的蛋白质，比如蚕丝蛋白（见图 3-22b），通过一些空间结构可变的部分连接折叠结构，这就保证了蚕丝蛋白可以发生拉伸延展。虽然大部分蛋白质的具体空间结构还不是很清楚，但是，科学家尤其是分子生物学和信息学的专家预测，人类机体中有三分之一左右的蛋白质本身或其某个、某些部分的空间结构可以发生变化。

3.5.4 蛋白质的功能与其三维立体结构相关

对于蛋白质来讲，它拥有的不同 R 基团氨基酸的数目和确切位置决定了这个蛋白质的三维立体结构，同时决定了这个蛋白质的功能。比如血红蛋白，拥有特定 R 基团的氨基酸必须精准地出现在特定的位置，才能与含铁元素的血红素相连接，从而起到载氧的功能。相反，血红蛋白分子外部呈现极性的氨基酸，使血红蛋白分子不会溶解在红细胞内的水性环境中。因此，血红蛋白的一个氨基酸发生了突变，只要突变过后的氨基酸仍然是疏水的，对血红蛋白功能的影响就不大；如果突变后的氨基酸是亲水的，对血红蛋白功能的影响就是毁灭性的（在人类中，这种疾病称为镰刀形贫血病，罹患这种疾病的病人非常痛苦，可能会威胁到生命。这些内容将在第 10 章和第 12 章中讲到）。

蛋白质的变性指的是蛋白质的三维立体结构发生根本性的变化，仅有一级结构也就是氨基酸序列没有发生变化。蛋白质变性之后，蛋白质的各级高级结构的作用就变得显而易见了。具体来说，变性的蛋白质，各种性质都会发生翻天覆地的变化，同时，不再具备变性前所行使的功能。举例来说，鸡蛋的蛋清中含有一种蛋白质叫做白蛋白。如果将鸡蛋煎熟，煎炸的热量使氢键打开，白蛋白的二级和三级结构遭到破坏，这时，白蛋白变浑浊，最后变为固态。变性后的白蛋白就不能作为孵化小鸡的能量物质了，所以，熟鸡蛋不会孵出小鸡。再举一个例子，我们头发中的角蛋白在烫染之后也会发生变性，对毛发产生不可逆的伤害。人类通过运用热能、紫外线或者呈现强酸性和高渗性的溶液，将细菌和病毒的蛋白质变性，从而起到杀毒灭菌的作用。比如，听装的食物一般是通过高温来消毒的，水源一般通过紫外线来消毒，而我们常常吃的腌黄瓜则是通过用高盐和强酸性溶液浸泡，起到消毒和抑制细菌生长的作用。

3.6 什么是核苷酸、什么是核酸？

核苷酸分子主要由三个部分构成：一个五碳糖、一个磷酸基团和一个含氮碱基。碱基是由碳原子和氮原子相连形成的环状结构，这个环状结构上的碳原子会连有一些官能团。科学家根据核苷酸分子中五碳糖的结构，将核苷酸人为地分为两类：脱氧核糖核苷酸和核糖核苷酸（见图 3-7）。脱氧核糖核苷酸的碱基有 4 个，分别是腺嘌呤、鸟嘌呤、胞嘧啶和胸腺嘧啶。而核糖核苷酸的碱基也有 4 个，分别是腺嘌呤、鸟嘌呤、胞嘧啶和尿嘧啶。腺嘌呤和鸟嘌呤是双环结构，胞嘧啶、胸腺嘧啶和尿嘧啶是单环结构（见图 3-25）。图 3-23 中给出了腺嘌呤脱氧核糖核苷酸的具体分子结构。核苷酸的功能多种多样，可以作为能量储存的载体、胞内信号转导的信使，或者作为核酸的一个单体，这个在接下来会讲到。

3.6.1 核苷酸可以作为能量储存的载体，也可以作为胞内信号转导的信使

三磷酸腺苷，也就是俗称的 ATP，是一种含有三个磷酸基团的核糖核苷酸（见图 3-24）。

在细胞中，当储能物质，比如葡萄糖分子，分解释放能量时，通常会反应生成 ATP。ATP 将能量储存在它的磷酸基团之间的高能磷酸键中。当最外面的磷酸基团脱去时，释放大量的能量，这些能量供给细胞用于进行其他耗能反应，比如将氨基酸合成蛋白质。

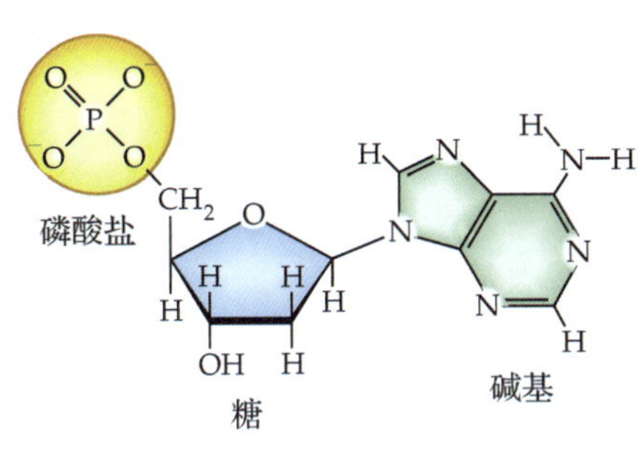

▲图 3-23　脱氧核糖核苷酸

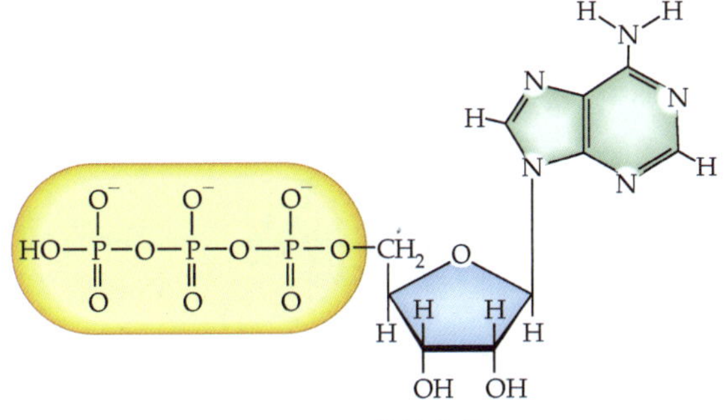
▲图 3-24　载能分子 ATP

有一种核糖核苷酸叫做环磷酸腺苷（cAMP）。cAMP 通常是作为细胞内的第二信使分子存在的。很多荷尔蒙是通过活化 cAMP 紧接着启动一系列下游反应来发挥作用的。

有的核苷酸，比如 NAD^+和 FAD，其主要功能是电子载体，因为它们能够以高能电子的形式传递能量。它们含有能量和高能电子可以用来进行 ATP 的合成（关于这类核苷酸，在第 6 章到第 8 章中会再次讲到）。

3.6.2　DNA 和 RNA 都是核酸，它们是遗传物质

通过脱水反应，可以将单个的核苷酸（也就是核苷酸单体）串联起来，这种核苷酸的多聚物称为核酸。在核酸中，一个核苷酸单体的磷酸基团中的氧原子和下一个核苷酸单体的五碳糖通过共价键相连。脱氧核糖核苷酸的多聚物称为脱氧核糖核酸，也就是 DNA。一个 DNA 分子可以含有数以百万计的脱氧核糖核苷酸单体（见图 3-25）。所有细胞的细胞核中都含有 DNA 分子。一个 DNA 分子是由两条脱氧核糖核苷酸长链构成的，这两条长链通过氢键相互环绕形成双螺旋结构（见图 3-24）。DNA 的核苷酸序列，就好像是生物中的词汇一样，通过这些词汇所蕴含的信息，可以指导每个生物体内蛋白质的合成。核糖核苷酸的单链称为核糖核酸，也就是 RNA。它们通常以 DNA 为模板进行复制，直接指导蛋白质的合成（这部分内容在第 11 章和第 12 章中会讲到）。

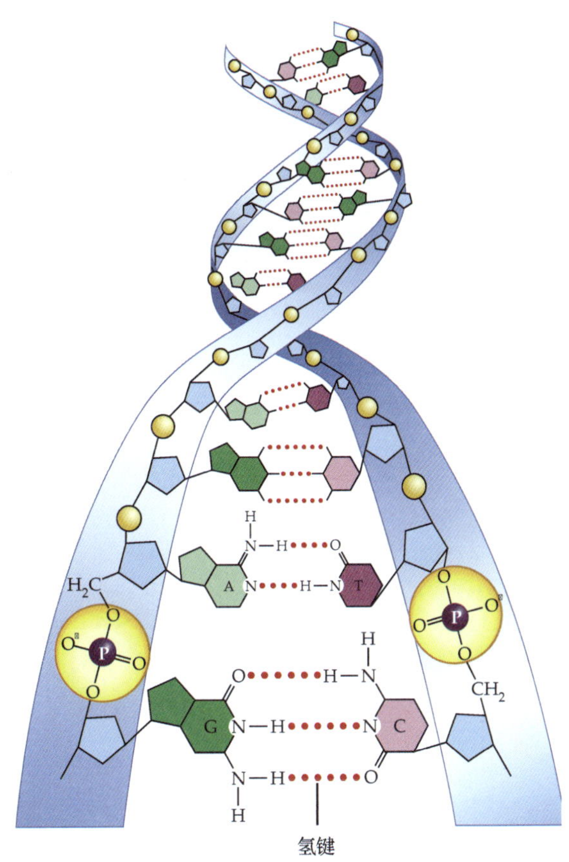

▲图 3-25　**脱氧核糖核酸**　就像两条相互环绕的环形楼梯一样，DNA 分子是通过氢键联系的双螺旋结构。它的氢键主要是在相对的两条核苷酸链中的碱基之间形成的。在图中，碱基用它们的大写首字母来表示：A 为腺嘌呤，T 为胸腺嘧啶，C 为胞嘧啶，G 为鸟嘌呤。

第 4 章　细胞的结构与功能

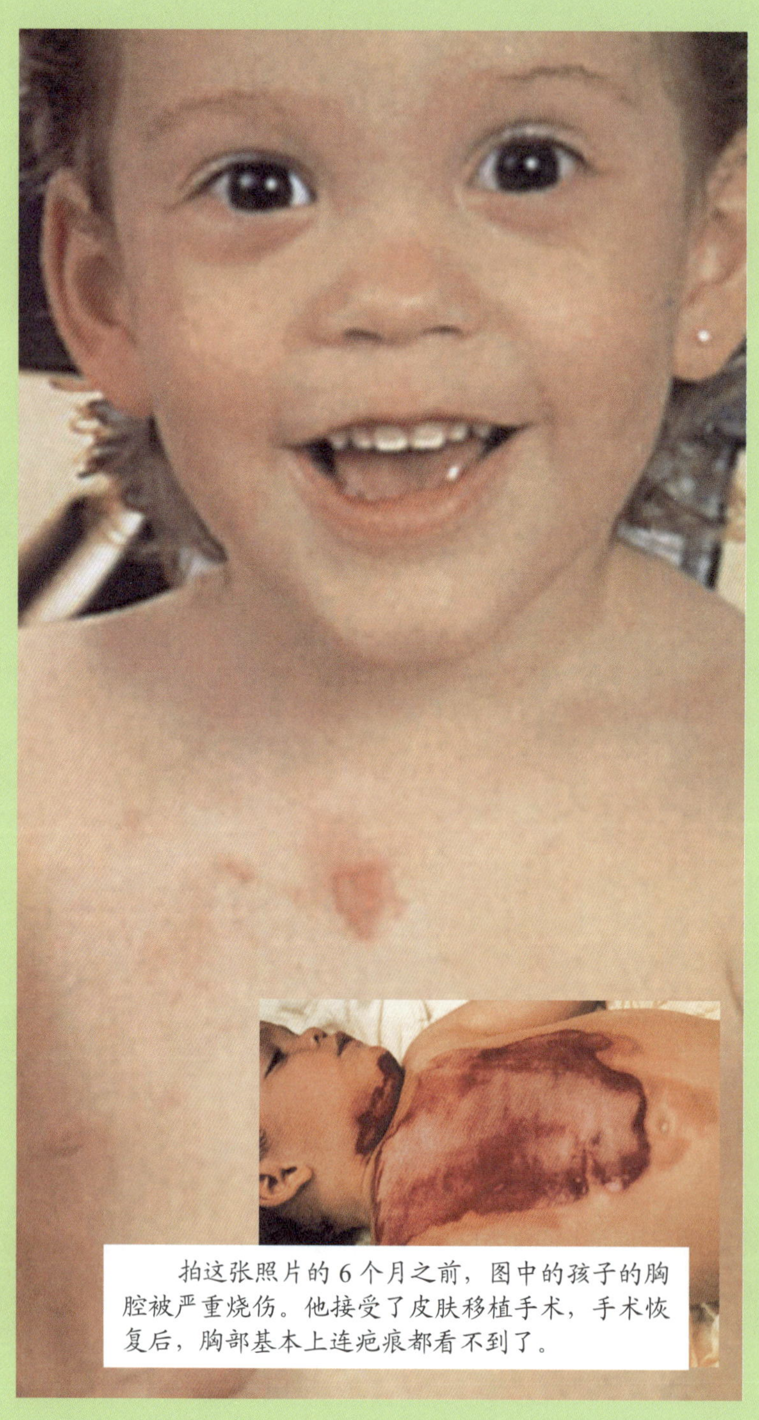

拍这张照片的 6 个月之前，图中的孩子的胸腔被严重烧伤。他接受了皮肤移植手术，手术恢复后，胸部基本上连疤痕都看不到了。

4.1　什么是细胞学说？

因为细胞是一种微观层面的存在，所以，直到 17 世纪中叶第一台显微镜发明后，人类才真正观察到细胞。观察到细胞仅仅迈出了探索微观世界的第一步。早在 1838 年，德国著名生物学家施莱登（Matthias Schleiden）就给出这样的结论：细胞以及由细胞制造分泌出的物质构成植物最为基本的结构，同时，植物之所以会生长，是因为细胞数目增加了。1839 年，另一位德国著名的生物学家施旺（Theodor Schwann），他是施莱登的朋友和同事，将这一结论推广到动物细胞。施莱登和施旺的工作奠定了细胞学说的基础，将生物的细胞加以统一，并提出了"细胞是生命的最基本单位"这一概念。1855 年，德国著名的物理学家魏尔肖（Rudolf Virchow）将细胞学说加以完善，提出了"所有的细胞都来源于已经存在的细胞"这一理论。自此，细胞学说，这一生物学最为基础和重要的学说，发展和完善起来。

细胞学说包含如下三个基本理论：

- 每一个生物都是由一个或者多个细胞构成的。
- 单细胞生物是最小的生物，多细胞生物是由一个一个的细胞构成的，细胞是单细胞生物的最小功能单位。
- 所有细胞都来源于已经存在的细胞。

4.2　细胞的基本特性是什么？

所有的生物，小到只有在显微镜下才能看到的细菌和病毒，大到人类，甚至参天大树，都是由细胞组成的。细胞可以完成大量不同种类的功能，包括获取能量和营养、合成生物大分子、排出代谢废物、与其他种类的细胞相互作用完成更为复杂的功能，以及繁衍生息。

如图 4-1 所示，绝大部分细胞的尺寸大约都在 1～100 微米（1 微米是 1 米的百万分之一）。为什么绝大部分的细胞都如此微小呢？答案就是细胞需要依靠细胞膜获得能量和营养，并排出代谢废物，也就是依靠细胞膜与外界进行物质与能量的交换，很多营养物质和代谢废物就是靠简单的扩散来与外界进行交换的。扩散的过程很容易理解，就是溶解在水中的分子，从这种分子含量高的区域渐渐向含量低的区域进行运动（这个内容在第 5 章会具体讲到）。扩散是一个相对比较缓慢的进程，因此，为了满足细胞自身与外界交换的需要，细胞与外界的接触面积就要尽可能地大，这样才能与外界尽可能地密切接触，所以，细胞的体积也就大不了啦。

 4.2.1　所有细胞都具有共同的特征

在进化之初，所有的细胞都来源于共同的祖先。现在的细胞，包括细菌和古细菌这些简单的原核生物，也包括那些复杂的细胞，比如真菌、植物和动物这些真核生物的细胞。所有的细胞都具有共同的特征，这部分内容在接下来的章节中会一一讲述。

1. 细胞由细胞膜包裹并通过细胞膜与外界交互

每一个细胞外面都会包裹一层膜结构，称为细胞膜或者质膜。细胞膜非常薄，可以流动（如图 4-2 所示）。细胞膜和细胞内的其他膜结构的结构比较类似，都是由磷脂分子和固醇分子所构成的双层膜结构，在其间镶嵌着很多不同的蛋白质。细胞膜具有如下重要的功能：

- 将细胞的内容物与外界分隔开。

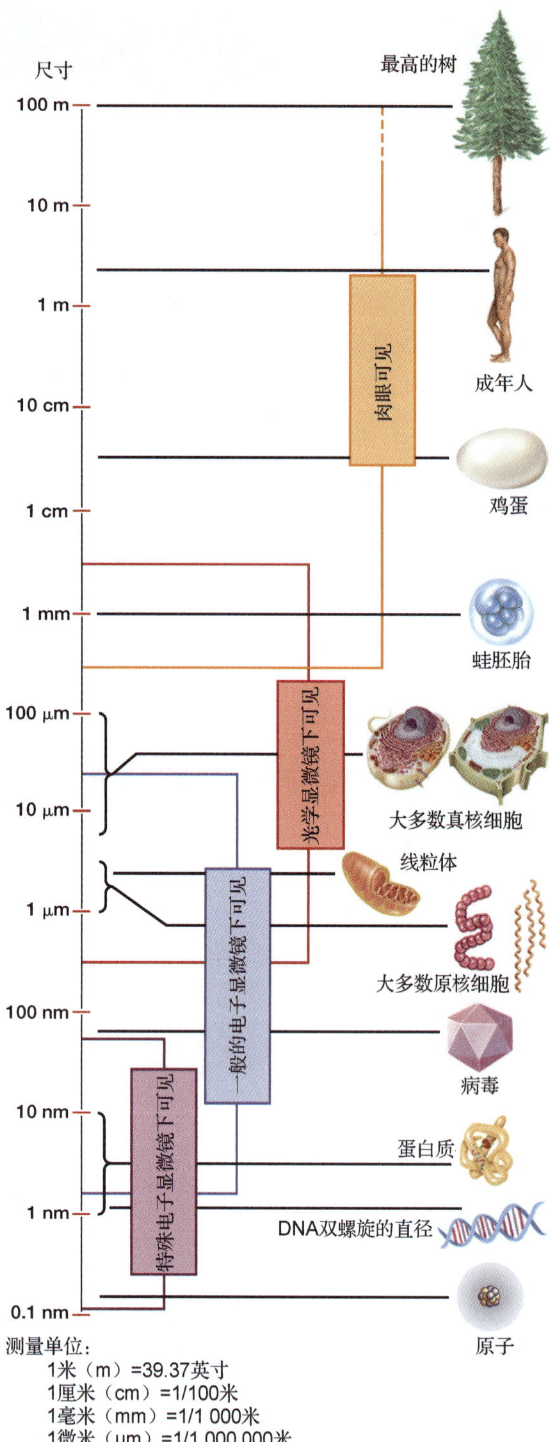

▲图 4-1 **与生物相关的不同尺寸** 生物的尺寸，大到几百米（比如参天大树），小到几微米（比如大多数细胞），最小到几纳米（比如一些大分子）。

- 调节细胞的物质流动和交换。
- 完成与其他细胞和外界环境之间的信息交流。

细胞膜的磷脂分子和蛋白质分子具有独特的功能。磷脂双分子层将细胞与它的外界环境分隔开，从而维持多种分子在细胞内外的浓度差，为物质扩散提供必要的条件。与之相对的，镶嵌在磷脂双分子层中的蛋白质分子形成不同的类似通道的结构，这些通道可以使细胞与外界环境进行更好的交流和物质交换。一些蛋白质分子允许特定的分子或者离子直接通过，而其他的蛋白质可以接收外界的信号，并向细胞内传递，启动或者促进细胞内的一系列化学反应（细胞膜的具体功能在第 5 章中会重点讲述）。

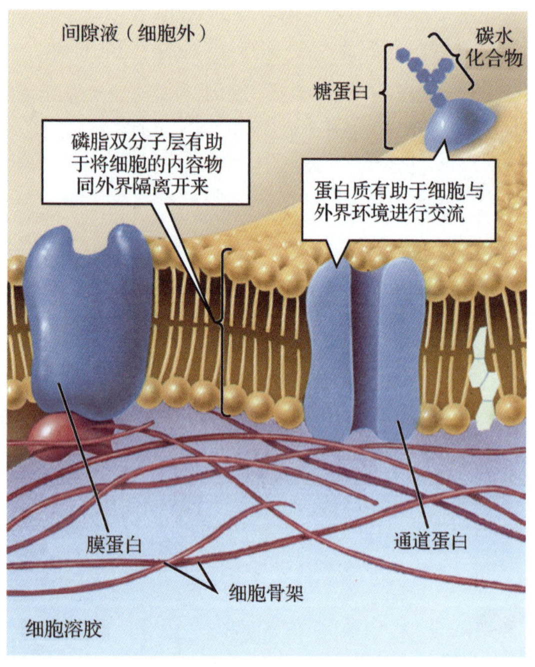

▲图 4-2 **细胞膜** 细胞膜包裹着细胞。所有细胞膜都具有相同的结构，是由磷脂分子和固醇分子所构成的双层膜结构，在其间镶嵌着很多不同的蛋白质。细胞膜由细胞骨架支撑。

2. 所有细胞都有细胞质

细胞膜以内、细胞核以外所有的液体和其中的细胞器都是细胞质的组成成分（如图 4-3 和图 4-4 所示）。对于所有的原核细胞和真核细胞，它们细胞质中的液体成分，包括液体中溶解的蛋白质、脂类、碳水化合物、糖类、氨基酸和核酸（这些分子在第 3 章中讲到过），称为细胞溶胶。绝大部分细胞的代谢活动，也就是维持细胞生存和繁衍的绝大部分的生化反应，都在细胞溶胶中发生。以蛋白质合成作为例子，细胞需要合成数目庞大、多种多样的蛋白质，这些蛋白质可以作为支撑细胞的细胞骨架（本章的稍后部分会具体讲述），可以作为细胞膜的组成成分，也可以作为催化多种生化反应必不可少的酶。

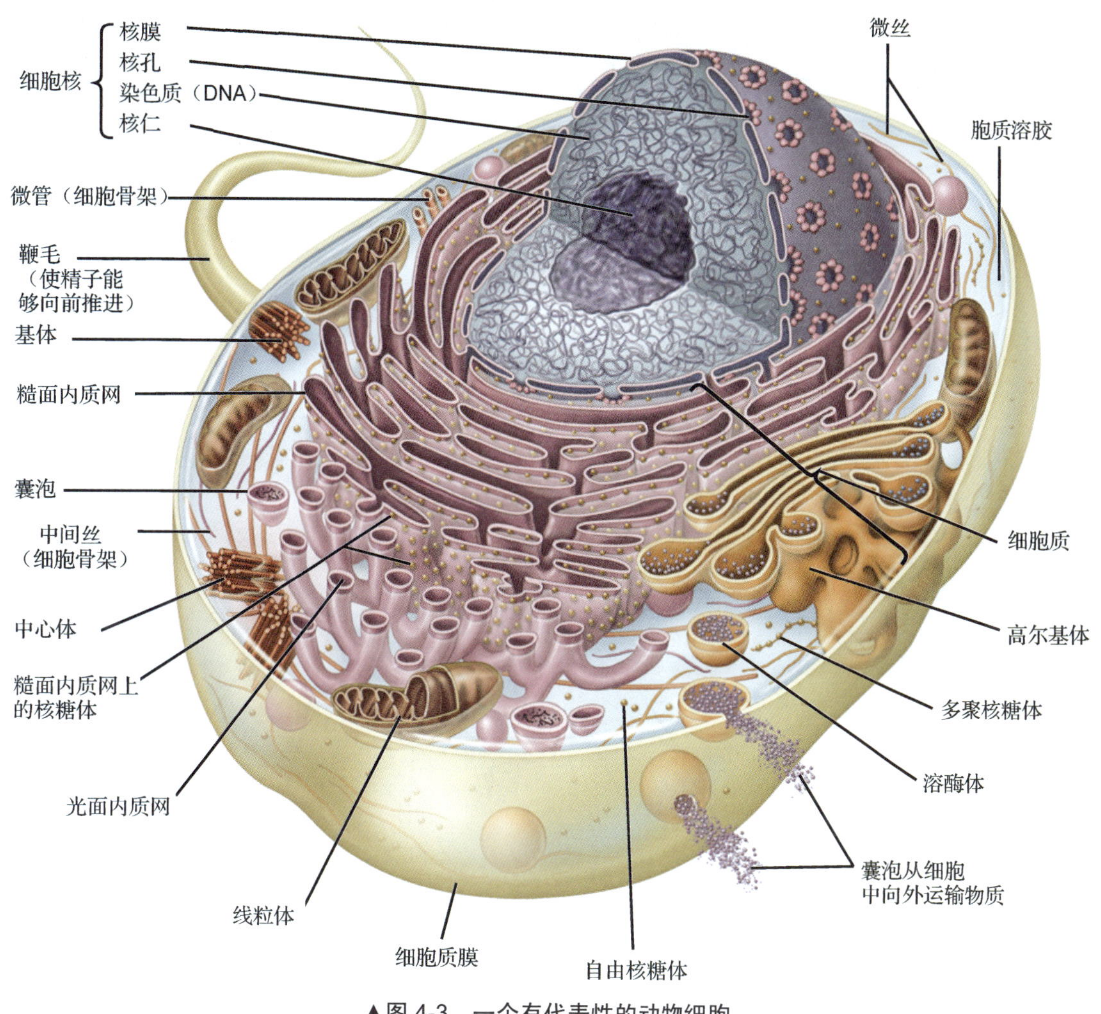

▲图 4-3　一个有代表性的动物细胞

3. 所有细胞都以 DNA 作为遗传物质，而 RNA 可以将遗传信息复制出来并指导蛋白质的合成

DNA 是细胞的遗传物质，也就是说 DNA 中储存了细胞的全部遗传信息，像建造大厦的蓝图一样，这些遗传信息可以指导细胞构建自己的各个部分，同时，也可以指导细胞分裂，产生更多的细胞（见第 3 章和第 11 章）。具体来讲，细胞的遗传信息由不同的基因承载，而基因由特定的核苷酸序列构成。在细胞进行分裂时，初代细胞或者称为母细胞，将自己的遗传信息原封不动地复制一份，传递给子细胞。RNA 的分子结构和 DNA 比较类似，它可以将基因所包含的信息复制下来，指导蛋白质的合成。所有的细胞都有 DNA 和 RNA。

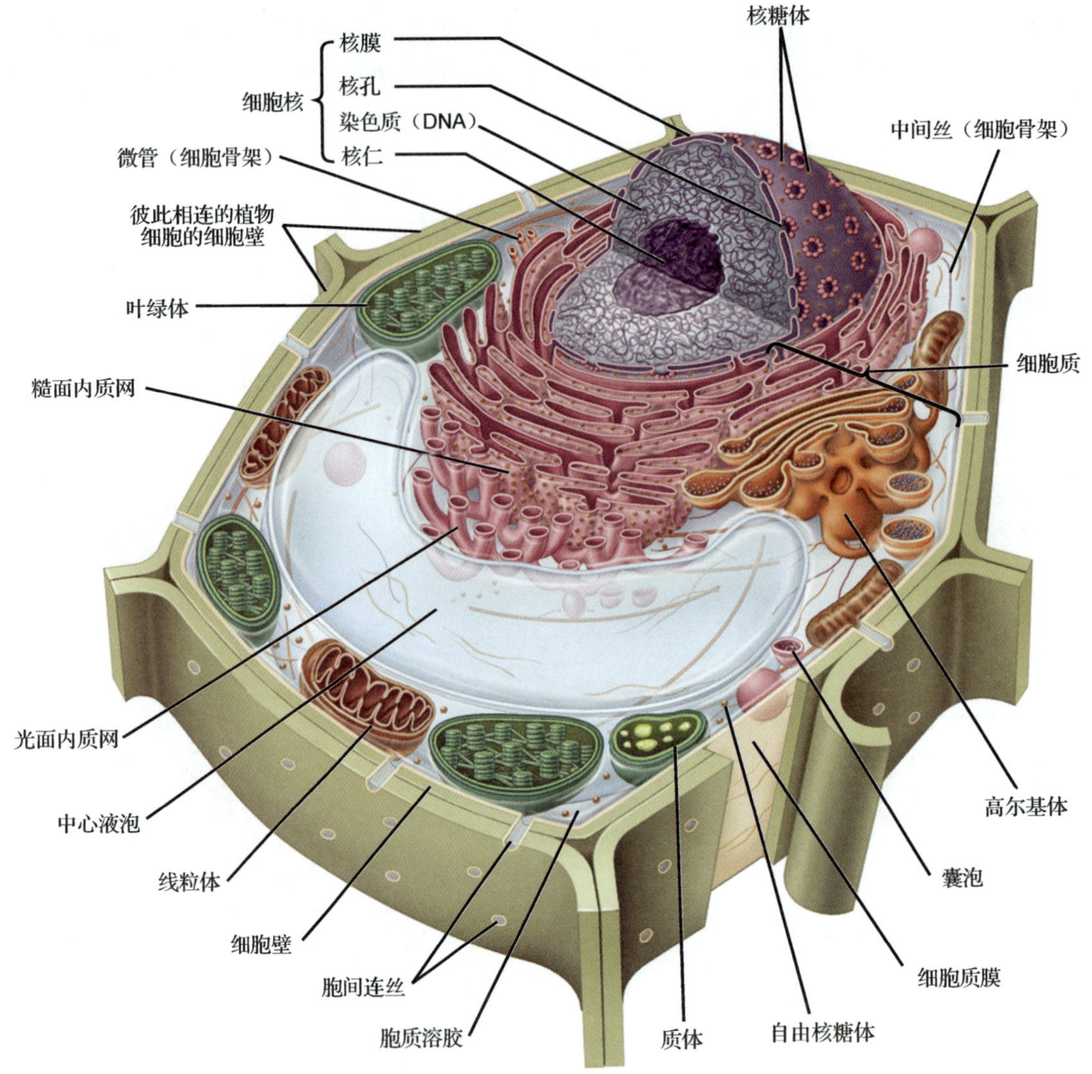

▲图 4-4　一个有代表性的植物细胞

4.2.2　细胞有两种基本类型：原核细胞和真核细胞

在我们这个星球上，所有的生命体要么是由原核细胞所组成的，要么是由真核细胞所组成的。原核细胞，在字面上理解，就是没有细胞核的意思（如图 4-19 所示）。原核细胞可以组成细菌或者古生菌，这些都是最为简单的生命形式。真核细胞在字面上理解，就是具有真正的细胞核的意思（如图 4-3 和图 4-4 所示）。真核细胞远比原核细胞复杂得多，它可以组成动物、植物、真菌和原生生物。正如原核细胞和真核细胞这两个名称所显示的意思一样，这两种细胞类型最为显著的差别就是是否存在细胞核，也就是它的遗传物质是否存在于一个由膜结构所包裹的细胞器之中。真核细胞的遗传物质存在于由膜结构所包裹的细胞核之中，而原核细胞并没有细胞核这一结构。细胞核和细胞中其他由膜结构所包裹的结构都可以称为细胞器。细胞器的存在和发展，使得真核细胞的结构更为复杂。表 4-1 总结了原核细胞和真核细胞的主要特点，这些内容在之后的章节会逐一讲到。

表 4-1　细胞结构的功能和分布

结　构	功　能	原核细胞	真核细胞：植物	真核细胞：动物
细胞表面				
细胞壁	保护和支撑细胞结构	存在	存在	不存在
纤毛	使细胞可以顺着液体流动的方向运动，或者使液体流过细胞表面	不存在	不存在（绝大多数情况）	存在
鞭毛	使细胞可以顺着液体流动的方向运动	存在[1]	不存在（绝大多数情况）	存在
细胞膜（质膜）	将细胞的内容物和外界环境分隔开来，调节细胞与外界环境的物质交换，调节细胞之间的相互作用	存在	存在	存在
遗传物质的分布				
遗传物质	编码组装细胞和调控细胞运动的遗传信息	DNA	DNA	DNA
染色体	主要由 DNA 所构成，控制 DNA 的转录等	单链、环状、没有蛋白质	线状、有蛋白质	线状、有蛋白质
细胞核*	包括染色体和核仁	不存在	存在	存在
核膜	包裹细胞核，调节细胞核与核外的物质交换	不存在	存在	存在
核仁	合成核糖体	不存在	存在	存在
细胞质结构				
核糖体	为蛋白质合成提供场所	存在	存在	存在
线粒体*	通过有氧代谢来制造能量	不存在	存在	存在
叶绿体*	进行光合作用	不存在	存在	不存在
内质网*	合成膜结构、蛋白质和脂类	不存在	存在	存在
高尔基体*	修饰，分选和装配蛋白质和脂类	不存在	存在	存在
溶酶体*	包含多种消化酶，可以消化食物和废弃的细胞器	不存在	不存在（绝大多数情况）	存在
色素体*	储存食物和色素	不存在	存在	不存在
中心液泡*	包含水分和一些代谢废物，为支撑细胞结构通过膨胀压	不存在	存在	不存在
其他小泡和液泡*	转运细胞内分泌的大分子，包含通过吞噬作用获得的食物等	不存在	存在	存在
细胞骨架	维持和支撑细胞基本形态，初步定位细胞内的各个结构	存在	存在	存在
细胞中心粒	为纤毛和鞭毛制造基体	不存在	不存在（绝大多数情况）	存在

1 有的原核细胞也含有鞭毛结构，但是，原核细胞的鞭毛结构与真核细胞相比，不含有微管，运动方式也较为简单。

* 所有这些结构都是细胞器，它们都被膜结构包裹，并且，只有真核细胞才有细胞器。

4.3　真核细胞的主要特征是什么？

真核细胞组成动物、植物、原生动物和真菌，可以想象，这些细胞种类繁多、各式各样。一些原生动物是单细胞生物，仅含有一个真核细胞。一个真核细胞复杂到足以完成一个生命所有的活动。在所有的多细胞生物中都存在着种类庞大的真核细胞，这些细胞高度分化，从而可以行使不同的功能。本节重点探讨植物细胞和动物细胞。

所有真核细胞的细胞质都含有多种多样的细胞器，比如细胞核和线粒体，这些细胞器可以在细胞中完成不同的功能。在表 4-1 中，细胞器用“*”符号表示。图 4-3 是动物细胞的模式图，而图 4-4 是植物细胞的模式图。动物细胞的一些结构，比如细胞中心粒、溶酶体、纤毛和鞭毛，在植物细胞中是没有的；而植物细胞的有些结构，比如中心液泡、细胞壁、包括叶绿体在内的色素体等，在动物细胞中则是没有的。

 4.3.1 有些真核细胞需要依靠细胞壁来支撑细胞结构

植物、真菌和一些原生动物的外表面，也就是细胞膜外面，覆盖着细胞壁。细胞壁是一层没有生命的、相对坚硬的外壳状结构。原生动物的细胞壁可能由纤维素、蛋白质或者光滑明亮的硅分子构成（这部分内容在第 20 章中会重点讲到）。如图 4-4 所示，植物细胞的细胞壁基本上是由纤维素所构成的，而真菌的细胞壁绝大部分由甲壳素构成（在第 3 章中已经提到）。原核细胞也有细胞壁，它们的细胞壁通常由脂多糖构成。

细胞壁可以保护脆弱的细胞膜以及细胞膜内的内容物。细胞壁通常是多孔结构，可以让氧气、二氧化碳和溶解了各种分子的水自由顺畅地通过。胞间连丝是植物细胞壁中开的小口，相邻细胞的细胞膜伸入孔中，彼此相连（如图 4-4 所示）。

 4.3.2 细胞骨架维持细胞形态、支撑细胞结构和调控细胞运动

细胞骨架指的是细胞质中由形成纤维状的蛋白质所构成的支架结构（如图 4-5 所示）。细胞骨架蛋白主要有三类：微丝（主要由肌动蛋白构成）、中间纤维（构成中间纤维的蛋白质多种多样）和微管（主要由微管蛋白构成）。表 4-2 中会详细说明。

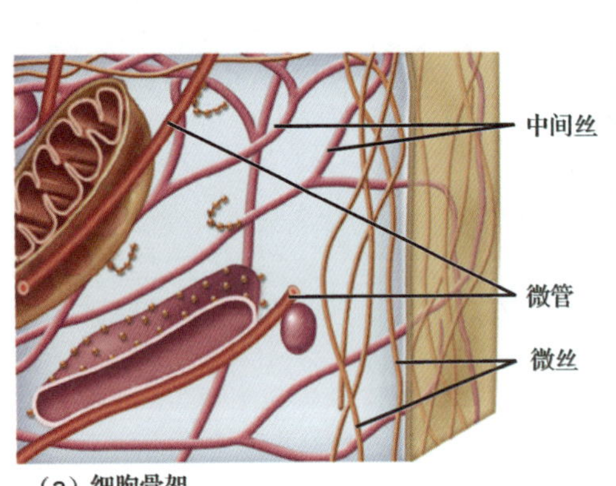

（a）细胞骨架

（b）光学显微镜下的细胞骨架

◀**图 4-5 细胞骨架** （a）真核细胞的细胞骨架含有三种类型的蛋白质：微丝，中间纤维和微管。（b）在这个荧光图片中，通过对细胞进行荧光染色，可以标记出细胞的微管、微丝和细胞核。

细胞的骨架结构可以调控多种细胞活动，包括：

- **细胞形状**。对于没有细胞壁的细胞，由中间纤维构成的细胞骨架可以支撑和决定细胞的形状。
- **细胞运动**。细胞的运动是通过微丝和微管的不断聚合和解聚以及微丝和微管之间相对位置的变化来实现的。例如，微管可以控制鞭毛和纤毛的运动，微丝可以改变细胞形状，肌肉细胞也通过微丝来进行收缩。
- **细胞器运动**。微管可以将细胞内的细胞器由一个位置转运到别的位置，比如微管可以转运液泡和线粒体。
- **细胞分裂**。微管可以引导染色体的运动，而微丝参与细胞分裂为两个子代细胞的过程（细胞分裂在第 9 章中会重点讲到）。

表 4-2　真核细胞细胞骨架的主要成分

结　构	分　布	蛋白质类型	主要功能
微丝	缠绕在一起的蛋白质双链，直径大约是 7 纳米	肌动蛋白 亚基	调控肌肉收缩，细胞形状改变，分裂细胞
中间纤维	蛋白质亚基相互螺旋型缠绕，分成四组后再相互缠绕。直径大约是 10 纳米	根据细胞的功能和类型不同而有所区别 亚基	为细胞形状的维持提供支撑作用
微管	螺旋型的管状结构，有两组蛋白质亚基构成，直径大约是 25 纳米	微管蛋白 亚基	在细胞中转运细胞器，鞭毛和纤毛的重要成分，在细胞分裂中引导染色体的运动

4.3.3　鞭毛和纤毛使细胞顺着液体流动的方向运动，或者使液体流过细胞表面

鞭毛和纤毛是类似毛发的结构，它们可以介导细胞在水流中运动，也可以使液体流过细胞表面。在哺乳动物中，纤毛通常出现在呼吸道和女性的生殖系统中，鞭毛则存在于男性的精子中。对于原生动物，鞭毛和纤毛十分常见。鞭毛和纤毛由细胞膜的延伸部分所覆盖，其中，也有细胞骨架中的微管作为支撑。每一根鞭毛或纤毛都由 9 对融合在一起的微管环绕在一起，形成环状中空结构，中间也有一对微管，这对微管彼此分开，没有融合在一起（如图 4-6 所示）。

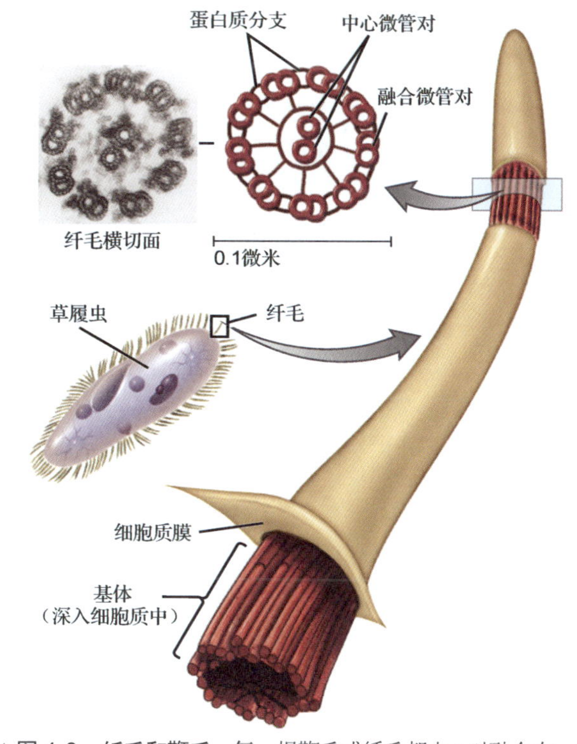

▲图 4-6　**纤毛和鞭毛**　每一根鞭毛或纤毛都由 9 对融合在一起的微管环绕在一起，形成环状中空结构，而中间也有一对微管，这对微管彼此分开，没有融合在一起。鞭毛和纤毛外部有一些微小的侧足，这些侧足连接在相邻的微管对上，它们利用 ATP 分解所释放的能量，弯曲，伸直，再弯曲，再伸直，在这个弯曲和伸直的过程中，侧足通过一根一根的微管实现在微管上的行走。每根鞭毛和纤毛都来源于基体。基体通常由 9 组微管三聚体围绕成环状所构成。（图中显示的只是纤毛）

鞭毛和纤毛可以持续不停地波动。运动所需的能量来自线粒体，这些线粒体通常分布在基体周围，紧靠着细胞膜的部分。那么，纤毛和鞭毛是如何运动的呢？如图 4-6 所示，鞭毛和纤毛外部有一些微小的侧足，这些侧足连接在相邻的微管对上，它们利用 ATP 分解所释放的能量，弯曲，伸直，再弯曲，再伸直，在这个弯曲和伸直的过程中，侧足通过一根一根的微管，实现在微管上的行走。正是这样的行走导致鞭毛和纤毛的弯曲。

总地来说，相较于鞭毛，纤毛较短，

数目也较多。纤毛像划艇上的船桨一样，可以在周围的液流中划动，带动细胞向前游动。与纤毛相比，鞭毛较长，并且，一般一个细胞只有一根或两根鞭毛。鞭毛像电动船中的马达，推动细胞向前运动（如图 4-7b 所示）。

有些单细胞生物，比如草履虫，通过纤毛在液体中游动。而其他的单细胞生物，一般通过鞭毛运动，并且，基本上所有动物的精子都通过鞭毛游动（如图 4-7b 右图所示）。而对于动物来说，具有纤毛的细胞，不仅可以在液体中游动，也可以阻拦流过细胞表面的固体物质。拥有纤毛的细胞形成了类似牡蛎的腮一样的结构，后者被牡蛎用于使富含食物和氯气的水流动起来，以获得食物和氯气。比如，分布在雌性脊椎动物阴道中的细胞，可以将卵子输送到子宫中；分布在大部分陆生脊椎动物中的呼吸道中的细胞，可以将呼吸道中的微生物以痰的形式排出体外（如图 4-7a 右图所示）。

每根鞭毛和纤毛都来源于基体。基体通常是由 9 组微管三聚体围绕成环状所构成的。在细胞内，基体通常紧挨着细胞膜（如图 4-6 所示）。基体由中心体所产生，奇妙的是，中心体的结构和基体基本上是一样的。在动物细胞中，中心体通常位于细胞核的周围（如图 4-3 所示）。科学家普遍认为，中心体的主要功能是在细胞分裂时调控细胞骨架蛋白的分布。

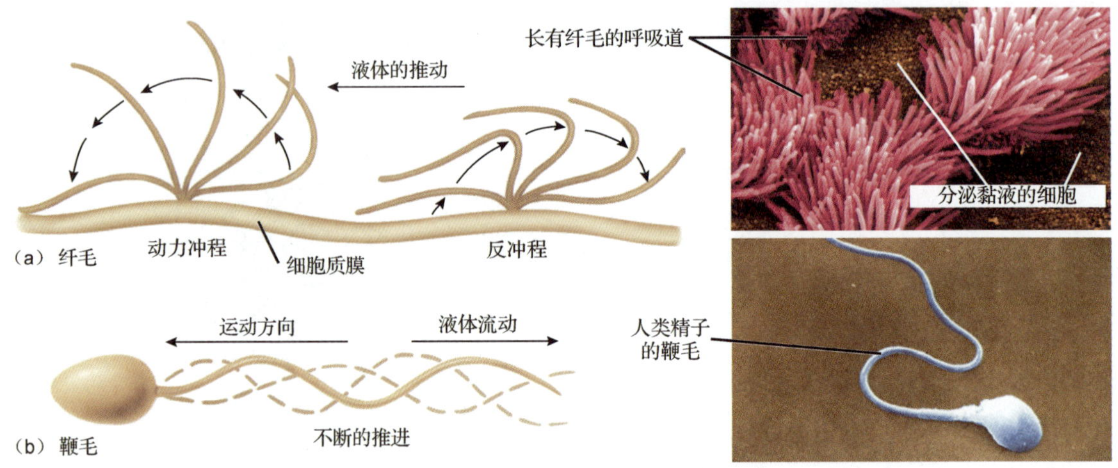

▲图 4-7 纤毛和鞭毛是如何运动的 (a) 左图，纤毛就像桨，提供的动力的方向与细胞膜水平。这样的动力促使液体流过细胞表面，产生的反冲使纤毛又回到原位，这样的过程就像是游泳中挥动手臂一样。右图，气管中纤毛的扫描电子显微镜图片，气管可以将外界的空气运输到肺中，而这些纤毛可以将痰排出体外，并清除进入气管的固体颗粒。(b) 左图，鞭毛能够以波动的形式运动，在与细胞膜垂直的方向提供源源不绝的动力，因此，精子的鞭毛驱动它不断前行。右图，人类精子的扫描电子显微镜照片。

4.3.4 细胞核含有 DNA，是真核细胞的控制中心

细胞的 DNA 储存了构建这个细胞所需要的全部遗传信息，还编码了细胞生存和分裂所必需的全部化学反应。DNA 中储存的全部遗传信息，细胞并不是每时每刻都用得到。对多细胞生物来讲，根据这个细胞的发育阶段、外界环境和自身的功能不同，用到的遗传信息也不尽相同。另外，真核细胞的 DNA 基本上全部都在细胞核中。

细胞核可以说是细胞中最大的细胞器。它的结构主要包括三个部分，如图 4-8 所示，分别是核膜、染色质和核仁。接下来的章节会一一讲到。

1. 细胞核的核膜实现物质的选择性交换

细胞核是通过核膜与细胞中的其他成分分离开的。核膜是双层膜结构，上面分布着由蛋白质

组成的核孔。水分子、离子和一些小分子可以自由地在核孔出入，但是，那些生物大分子，尤其是蛋白质、核糖体和 RNA，不能自由地通过核孔来出入细胞核，它们必须通过一组叫做核孔复合物的结构，这个结构就好像是看门人一样，把守在核孔边上。基本上每一个核孔都有一组核孔复合物（如图 4-8b 所示）。核糖体通常散布于核膜的外膜和与外膜相连的粗面内质网之上（如图 4-3 和图 4-4 所示），这部分内容稍后会讲到。

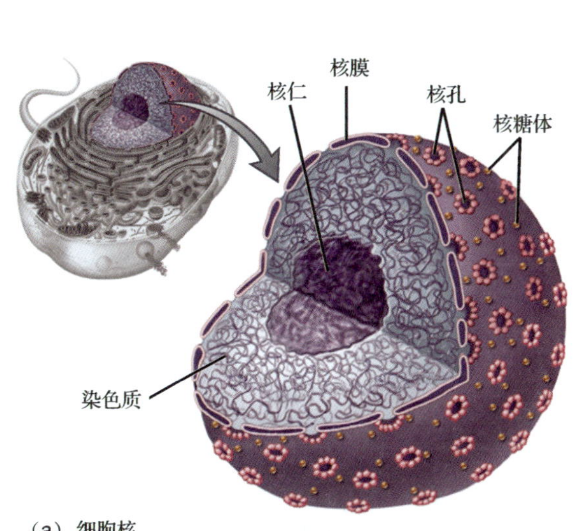

（a）细胞核

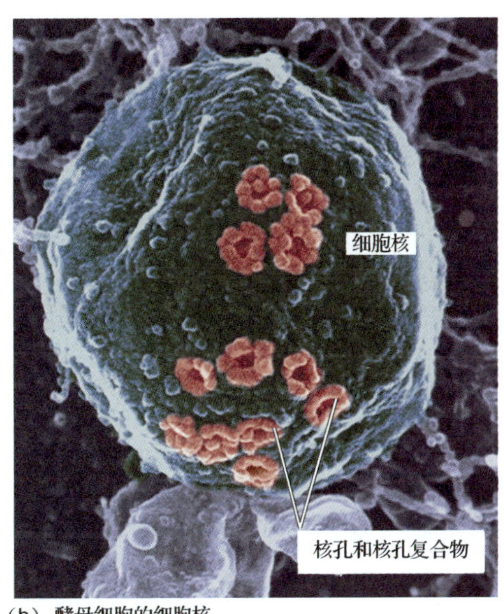

（b）酵母细胞的细胞核

▲图 4-8　细胞核　（a）细胞核被一个双层膜结构包裹着，这层膜称为核膜，核膜之上有一些小孔，称为核孔。在核膜内部，有染色质和几个核仁。（b）酵母细胞的扫描电镜图片。核孔的看门人，也就是核孔复合物被染成粉色，这些蛋白质分布在核孔的周围。

2. 染色质由 DNA 长链和其上的蛋白质构成

将细胞核染色并在光学显微镜下观察，会发现细胞核中有些颜色很深的物质，科学家将这种物质称为染色质（也就是可以染上很深颜色的物质）。生物学家还研究出，染色质是由染色体所构成的，而染色体则由 DNA 分子和其上连接的蛋白质所构成。细胞处于非分裂的时期时，染色体呈现很细很长的丝状形态。在光学显微镜下，这种丝彼此之间相互缠绕，无法一一区分开来。细胞处于分裂期时，每一条染色体压缩成致密的条状结构，这样的结构可以在光学显微镜下观察到（如图 4-9 所示）。

DNA 上的基因由特定的核苷酸序列所构成，它为细胞中必须合成的大量的蛋白质提供充足的模板。这些蛋白质，有一些形成细胞所必备的结构成分，另一些的功能主要是调节物质的跨膜运输，还有一些是细胞中的生化反应所必需的酶。

蛋白质是在细胞质中合成的，但是，DNA 只存在于细胞核中。这就意味着，那些携带蛋白质合成所需遗传信息的物质必须穿过核膜来到细胞质中。为了实现这个目的，DNA 所携带的遗传物质会先转录为信使 RNA，信使 RNA 再通过核孔穿过核膜来到细胞质中。而在细胞质中，信使 RNA 的核苷酸序列可以直接介导蛋白质的合成。蛋白质的合成过程发生在核糖体中（如图 4-10 所示）。蛋白质合成的相关内容在第 12 章中会重点讲到。

3. 核糖体在核仁中完成装配

真核细胞的细胞核中至少含有一个核仁（如图 4-8a 所示）。核糖体在核仁中完成合成和装配。

核仁中主要有这些成分：核糖体、RNA、蛋白质，合成完成和正处于合成中的核糖体，编码核糖体 RNA 的染色体成分。

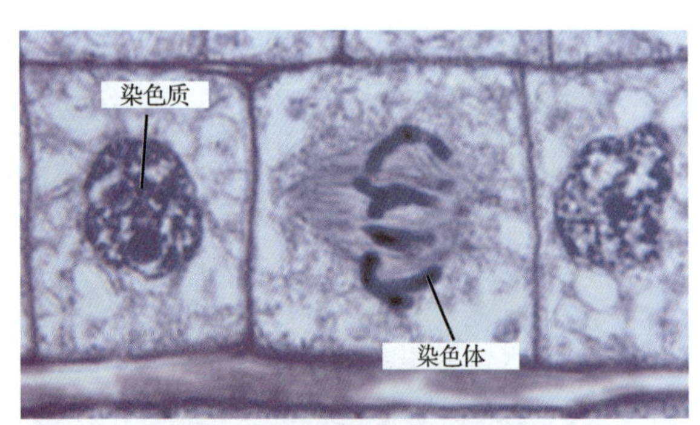

▲图 4-9　染色体　图中是洋葱根尖细胞的显微图片，深色的是染色质。其中，中间的那个细胞正在分裂之中，它的染色体清晰可见，而旁边的两个细胞，染色体是分布在细胞核之中的。

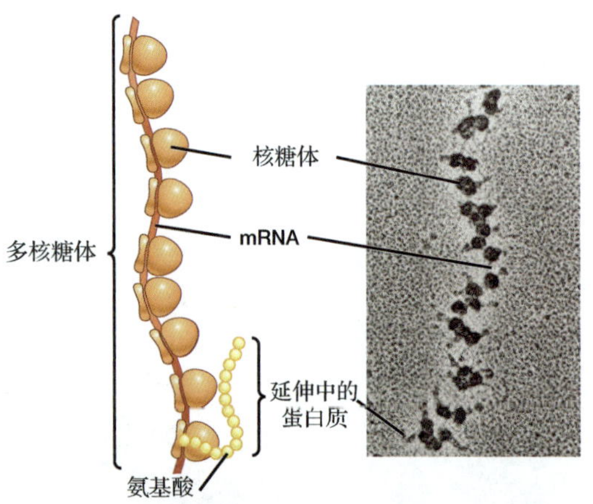

▲图 4-10　多核糖体　许多个核糖体穿在一条信使 RNA 之上，就形成了多核糖体。右图是一张投射电镜的照片，从图上可以看到，每一个核糖体都在合成蛋白质，新合成或者正在合成的蛋白质就是图中与核糖体垂直的结构。

核糖体比较小，它含有一种只在核糖体中出现和行使功能的 RNA，也就是核糖体 RNA，当然，还有一些必备的蛋白质成分。每一个核糖体就像是一个合成蛋白质的工厂。就像一个工厂可以生产很多种产品一样，核糖体也可以生产数目可观的不同种蛋白质（当然，这取决于与之相连的信使 RNA）。在电子显微镜下观察，核糖体就像是一颗一颗颜色很深的颗粒，单个或者成群地分布在核膜和粗面内质网上（如图 4-11 所示）。还有一些核糖体会以多聚核糖体（也就是很多核糖体聚集在一起）的形式存在，就像一颗一颗珠子穿在一条信使 RNA 上（如图 4-10 所示）。

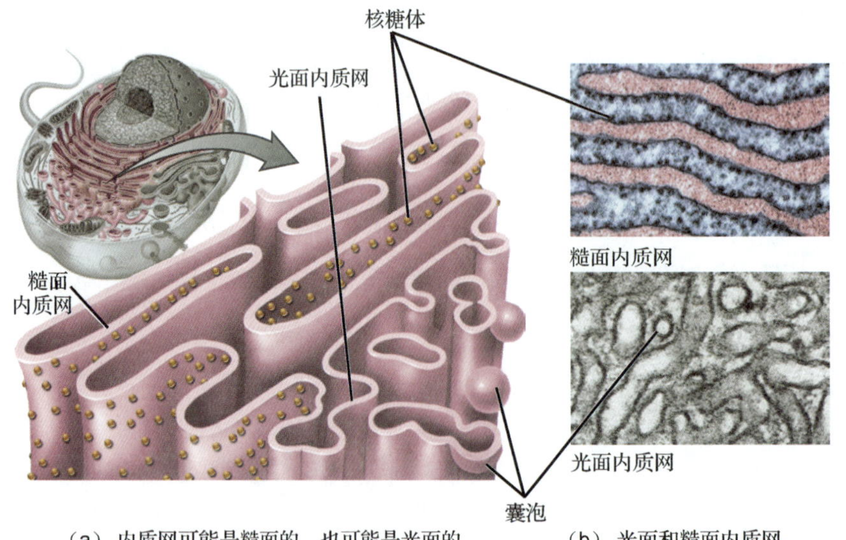

◀图 4-11　内质网　（a）核糖体（也就是图中橘黄色的点状结构），散布在内质网的外侧，也就是面对着细胞质的一侧。粗面内质网与核膜相连，而光面内质网不像粗面内质网一样有很多的褶皱，而是更加倾向于呈现光滑的圆筒形状，它通常与粗面内质网相连。（b）光面内质网和粗面内质网，以及其囊泡的透射电子显微镜照片。

4.3.5　真核细胞的细胞质中的膜结构形成细胞中的内膜系统

所有的真核细胞的内部都含有膜结构，这些膜结构将细胞质中的成分有机地联系在一起，它们被称为内膜系统。内膜系统可以将生物大分子与细胞质中的其他成分分离开，为细胞内的生化反应有序进行提供空间和时间上的支持。内膜系统将细胞质分割成许多不同的区域，每个不同的区域内都会有种类繁多、数目庞大的生物大分子在合成和装配。膜结构的液态、具有流动性的属性，使得不同的内膜结构之间能够相互融合。这样，就可以在内膜系统上实现物质的交流和互换，同时，也可以实现物质在细胞内与细胞外的交流和互换。

内膜系统还可以形成一种临时性的囊状结构，这种结构称为囊泡。囊泡的主要作用是将细胞内的生物分子包裹在囊泡中，从一个区域运送到另一个区域。囊泡也可以和细胞膜发生融合，将内部的内容物输送到细胞之外（如图 4-14 所示），这一过程有一个特定的名字，叫做胞吐（关于胞吐的相关内容，将会在第 5 章中重点讲到）。与胞吐相对的生物过程叫做胞吞，指的是细胞膜可以通过包裹细胞外的物质而形成囊泡结构（见图 4-13），这个囊泡再进入细胞质之中（这部分内容在第 5 章中也会讲到）。接下来你可能要问，囊泡是怎么知道它要去哪里、要将内容物输送到哪里的呢？科学家发现，在膜结构上有一类分子，就像是邮件的邮寄地址一样，指引囊泡去往何处、将内容物投递到哪里。

细胞的内膜系统的主要功能是合成、转运和排出细胞内的生物大分子，也可以分解一些胞内废弃的骨架成分。内膜系统主要包括核膜以及之前提到的囊泡、内质网、高尔基体和溶酶体，这些内容会在接下来的章节中讲到。

1. 内质网在细胞质中形成由膜结构所封闭的细胞器

内质网是一系列相互连接纠缠的膜结构，内质网中数目繁多的泡状结构和管道状结构将内质网布置成迷宫（如图 4-11 所示）。细胞中一半的膜结构基本上都被内质网的膜占据，也正因为如此，内质网在合成、修饰和转运细胞内生物大分子的过程中起到至关重要的作用。举例来说，细胞中构成膜结构的磷脂分子和蛋白质分子基本上都是在内质网上合成的。然后，内质网形成泡状结构，将这些分子脂类分子和蛋白质分子运输出去。从内质网开始，包裹着生物大分子的囊泡经过高尔基体、溶酶体（也就是细胞中的消化场所）和细胞膜。当囊泡与这些细胞内的膜结构发生融合时，也就是膜结构由内质网向这些膜结构转移的过程。

（1）粗面内质网

粗面内质网来源于分布着核糖体的核膜（如图 4-3 所示），在面对着细胞质的一面分布着大量的核糖体，所以，在电子显微镜下观察，粗面内质网显得很粗糙、很不平滑。对一个细胞来说，粗面内质网是最为重要的蛋白质合成场所，同时，它也行使蛋白质修饰和蛋白质转运的功能。蛋白质分子在内质网上合成完毕后，要么被分泌到细胞之外，要么被运送到细胞的其他地方，被细胞自身所利用。无论它们的用途为何，这些蛋白质都要先进入内质网的内部，在这里，蛋白质会被修饰和包装，并形成三维结构（关于蛋白质的三维结构在第 3 章中讲到过）。最终，这些装配好的蛋白质聚集在内质网的凹槽中，等待囊泡的包裹，并向高尔基体运输。有些蛋白质成为了可以介导生物分子和离子出入的通道蛋白，有些蛋白质成为了细胞内或细胞外的消化酶类。比如，对胰腺细胞来说，胰岛素就是在粗面内质网中合成并最终分泌到细胞外的。而对血液中的白细胞来说，生物体用以攻击病原体的抗体就是在白细胞的粗面内质网中合成的。

（2）光面内质网

大部分细胞中没有光面内质网这一细胞器。光面内质网上没有核糖体。而对于有光面内质网的细胞来说，这一结构是高度分化且分布广泛的。在有些细胞中，光面内质网可以合成大量的脂类，比如固醇类激素。具体来说，性激素是哺乳动物的性器官细胞中的光面内质网所产生的。肝脏细胞中同样含有丰富的光面内质网，可以产生和分泌大量的酶类，而这些酶类可以起到重要的解毒功能，比如可以分解酒精和代谢产生的氨气，等。在肌肉细胞中，光面内质网的体积相对较为庞大，主要用来储存钙离子，因为钙离子的释放可以介导肌肉的收缩运动。

2. 在高尔基体中完成对重要分子的修饰、分选和装配

高尔基体这个名字是以意大利著名物理和细胞生物学家 Camillo Golgi 的名字命名的。他早在 1898 年就发现了高尔基体是一个特殊的膜结构细胞器，包含有众多独立存在或者是相互交织的泡状结构（如图 4-12 所示）。如果整个内膜系统是一个蛋白质和其他生物大分子的装配车间，高尔基体就是车间的最后一道工序，也就是给产品包好包装、贴上标签并运输出去。来自粗面内质网的囊泡与高尔基体的外膜发生融合，再成为高尔基体膜结构的一部分的同时，将其内容物释放到高尔基体的内部。这些蛋白质分子在高尔基体内部进行再修饰和再加工。最终，这些蛋白质分子以被囊泡包裹的形式，在高尔基体的另一侧被分泌出来，并被细胞自身所利用，或者分泌到细胞外。

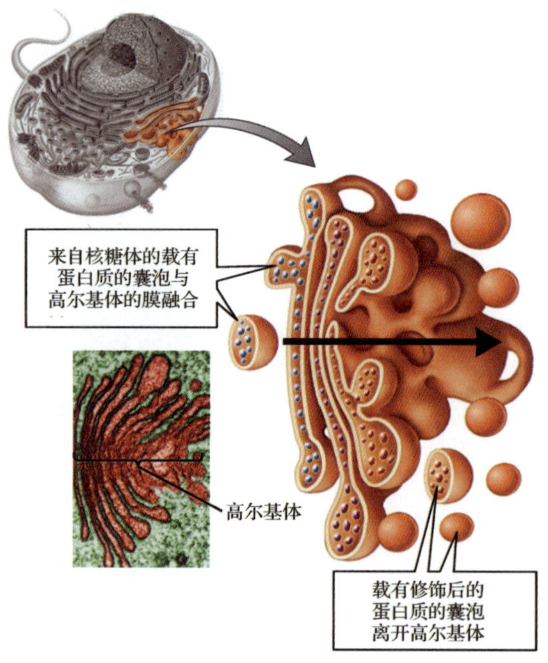

◀**图 4-12　高尔基体**　高尔基体包含众多独立存在或者相互交织的泡状结构。囊泡不仅可以将膜结构，也可以将其包裹的生物大分子，从内质网运送到高尔基体。图中的箭头显示了囊泡的运送方向，它所包裹的大分子在高尔基体中进行进一步修饰和分选。最后，囊泡在与内质网相反的一面形成，进入细胞质中。

高尔基体有如下几个功能：

- 修饰功能。这是高尔基体最重要的功能之一，可以给蛋白质分子加上碳水化合物，形成糖蛋白。
- 分选功能。高尔基体可以将来自粗面内质网的蛋白质，根据其不同的功能区分开。比如，高尔基体可以将最终进入溶酶体的消化酶类和最终分泌到细胞外的激素类区分开。
- 转运功能。高尔基体将蛋白质等生物大分子包裹入囊泡，然后输送到细胞的其他部位发挥作用，或者输送到细胞膜处，通过细胞膜分泌到细胞外。

3. 需要被分泌出细胞外的蛋白质分子在细胞内运输过程中会经过不断修饰

细胞中的内膜系统的各个组分是如何协同工作的呢？下面我们来看看抗体是如何产生以及分泌到细胞外的。如图 4-13 所示，众所周知，抗体是白细胞产生和分泌的糖蛋白，它可以和外界的入侵者，比如病原微生物，相互结合，从而消灭它们。抗体在白细胞粗面内质网的核糖体中合成，然后，它们被包裹入内质网形成的囊泡中。这些囊泡到达高尔基体，然后，囊泡与高尔基体的膜结构发生相互融合，在增加了高尔基体的膜结构的同时，将抗体释放到高尔基体的内部。在高尔基体中，抗体被添加上糖基基团，形成糖蛋白。接下来，这些被修饰过的抗体，被重新包裹入囊泡，这个囊泡

就是由高尔基体的膜结构所形成的。包含着修饰完毕的抗体的囊泡迁移到细胞膜处，囊泡会与细胞膜发生融合，最终，将抗体释放到细胞外，也就是血液中。在这里，抗体就会加入保护机体、抵御外来侵略者的工作中。

4．溶酶体是细胞内的消化系统

溶酶体是与细胞膜相连的囊状结构，小到食物分解后的分子，大到入侵的细菌，它都可以分解。溶酶体含有几十种不同的酶类，基本上可以分解所有类型的生物分子。溶酶体中的消化酶类是在内质网上合成的，并以囊泡的形式运输到高尔基体。在高尔基体中，消化酶类被分选出来，也就是与其他蛋白质分开，然后，再以囊泡的形式被运输到溶酶体（如图 4-14 所示）。

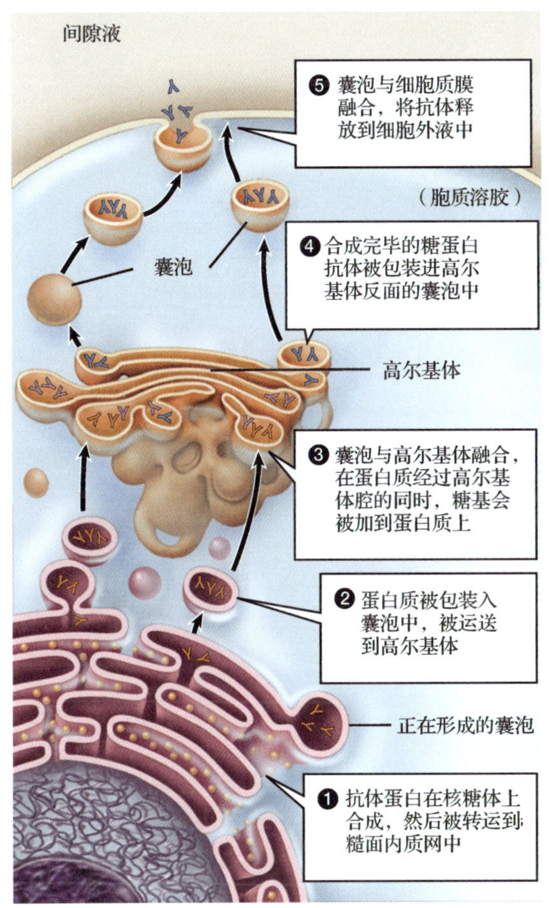

▲图 4-13　**一种蛋白质分子通过细胞的内膜系统生产出来，并分泌到细胞之外**　抗体的产生和分泌就是这一过程的最好例子。

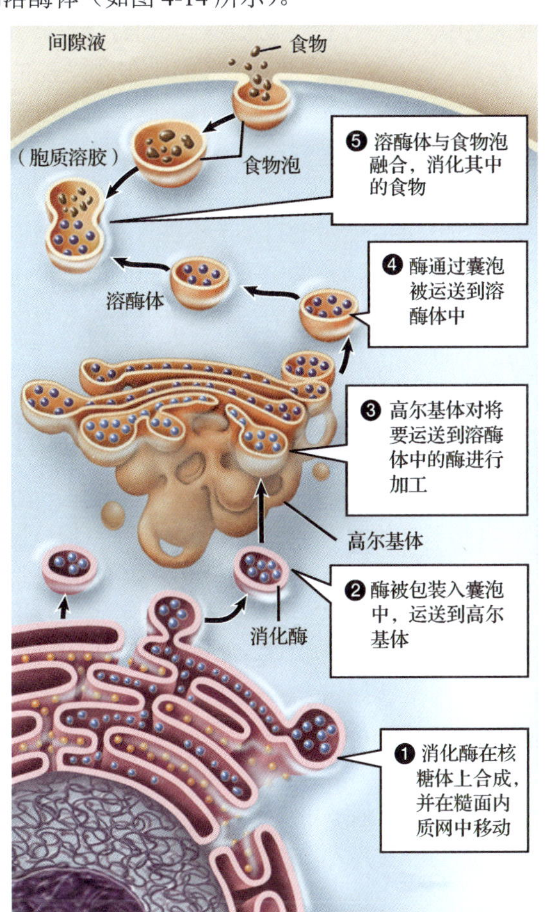

▲图 4-14　**溶酶体和食物泡的形成和功能都是依赖于内膜系统的**

许多动物和原生生物的细胞通过内吞作用来获取食物，也就是，直接将细胞外的大颗粒吞噬进细胞。具体来讲，细胞膜先包裹住细胞外的大颗粒，然后，像挤丸子一样将包裹着大颗粒的膜结构以囊泡的形式挤进细胞中，这种在细胞中形成的囊泡被称为食物泡（如图 4-14 所示）。溶酶体可以与这些食物泡发生融合，接下来，溶酶体中的消化酶类将这些大颗粒消化成为小分子，比如氨基酸、单糖和脂肪酸等。溶酶体也可以消化一些对细胞本身有害的东西，比如代谢废物和入侵的病原微生物，等。它将这些东西消化为细胞本身可以利用的小分子。最后，这些生物小分子通过溶酶体膜被释放到细胞质中，进入细胞的代谢过程。

4.3.6 液泡的功能多种多样，包括调节水平衡、储存物质和支撑细胞结构

有些液泡就是临时存在的大型囊泡，比如食物泡（如图 4-14 所示）。在接下来的章节中我们会介绍一些作为细胞固有成分存在的液泡，拥有这样的液泡的通常是淡水原生生物和植物细胞。

1. 淡水原生生物的液泡通常具有伸缩性

淡水原生生物，比如草履虫，具有伸缩性很强的液泡。每一个液泡都含有一个具有收集功能的收集导管，一个具有储存功能的中央储液器，一个具有输出功能、与细胞膜相连的导管（如图 4-15 所示）。淡水通过原生生物的细胞膜持续地渗入液泡之中，这一过程叫做渗透，我们将会在第 5 章重点讲述。如果细胞本身不具有排水功能的话，持续渗入的淡水很快就会将细胞涨破。对于原生生物来说，它可以将细胞质中的盐类，通过收集导管泵入液泡中，当然，这一过程是需要细胞供给能量的。水分通过渗透作用，被吸收到中央储液器中。当液泡的中央储液器充满的时候，液泡就会收缩，将多余的水分通过细胞膜上的小孔排出细胞。

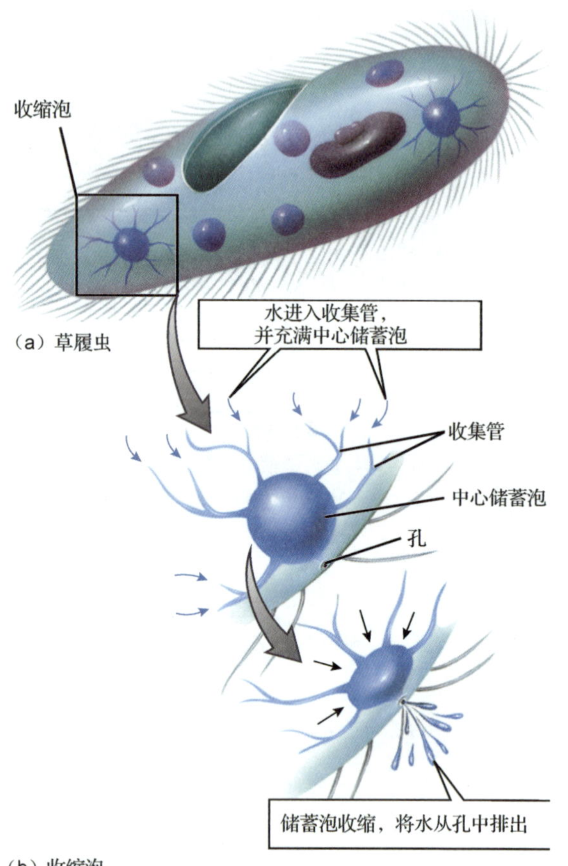

▲图 4-15 许多原生生物都具有伸缩性的大液泡 (a) 单细胞的原生生物草履虫生活在水池和湖泊这些淡水环境之中。(b) 图中显示了有着伸缩性的大液泡的结构，它能吸收和排出分子。

2. 植物细胞都有中央液泡这一结构

对绝大多数成熟的植物细胞来说，中央液泡大约占据细胞体积的三分之一，甚至更多（如图 4-4 所示）。中央液泡行使如下几种功能：液泡膜帮助调节细胞质中的离子浓度，也可以将代谢废物和有毒物质吸收入液泡的水分环境之中。有些植物在中央液泡中储存物质，这样的物质通常具有苦涩的味道，这样，动物就不太喜欢以这些植物为食，因为咀嚼时细胞破碎后液泡中的液体流出，伴随着苦涩的味道。液泡中通常还会储存一些糖类和氨基酸，当然，这些糖类和氨基酸一般是细胞不会立刻用到的。另外，储存在液泡中的花青素和花紫素，通常是花朵颜色丰富多彩的原因。

中央液泡通常还起到支撑细胞的作用。溶解在液泡之中的物质起到吸收水分的作用，液泡中的水压，也就是通常所说的液泡的膨胀压，起到压迫细胞壁的作用。在通常意义上，细胞壁具有一定的柔韧性，水压、细胞的总体形状以及它的坚韧性，基本上就是依靠液泡的膨胀压了。所以，对非木质结构的植物细胞来说，膨胀压维持着这些细胞的形态。

4.3.7 线粒体从食物中获取能源，而叶绿体可以直接捕获太阳能

所有的真核细胞都具有线粒体这一细胞器，线粒体可以将储能物质，比如糖类，转化为 ATP 这一高能分子。而植物细胞和一些原生生物还具有叶绿体这一细胞器，叶绿体可以直接捕获太阳能，然后，将这些能量储存在糖类分子之中。

许多生物学家都倾向于内共生体学说这一假说，假说的具体内容将在第 17 章重点讨论。简单来说，这个学说认为，线粒体和叶绿体都由原核细菌演化而来。大约在 17 亿年以前，一些原核生物寄居在其他原核生物的体内，形成内共生关系。不论是线粒体还是叶绿体都具有双层膜结构，那么，科学家猜测，外层膜可能来源于宿主，而内层膜来源于本来的原核生物。线粒体、叶绿体与原核生物之间具有高度的相似性：线粒体和叶绿体的尺寸与正常的原核生物类似，也就是直径大约都是 1～5 微米。线粒体和叶绿体都具有独立合成 ATP 的酶类，这对于一个独立的生物（也就是原核生物）来讲也是必不可少的。最后，线粒体和叶绿体所包含的遗传物质和核糖体与原核生物十分类似，却与真核细胞具有显著差别。

1. 线粒体从食物中获取能源，合成 ATP

所有真核细胞都包含线粒体。线粒体这个细胞器通常被科学家称为细胞的“动力工厂”，因为它们的主要功能就是从食物分子中获取能源，合成具有高能磷酸键的 ATP。代谢越旺盛的细胞，线粒体的含量越丰富，比如肌肉细胞；而代谢越迟缓的细胞，线粒体含量越稀少，比如软骨。

线粒体具有双层膜结构（如图 4-16 所示），外层膜很光滑，而内层膜则形成深深的沟壑结构。这两层膜将线粒体分成两个相对封闭和独立的部分，也就是两层膜之间的膜间区域和内膜之内的线粒体基质部分。有一些分解高能分子的化学反应发生在线粒体基质，其他的则发生在连有大量酶类的内层膜沟壑部分（线粒体在产能过程中的作用将在第 8 章中重点讲述）。

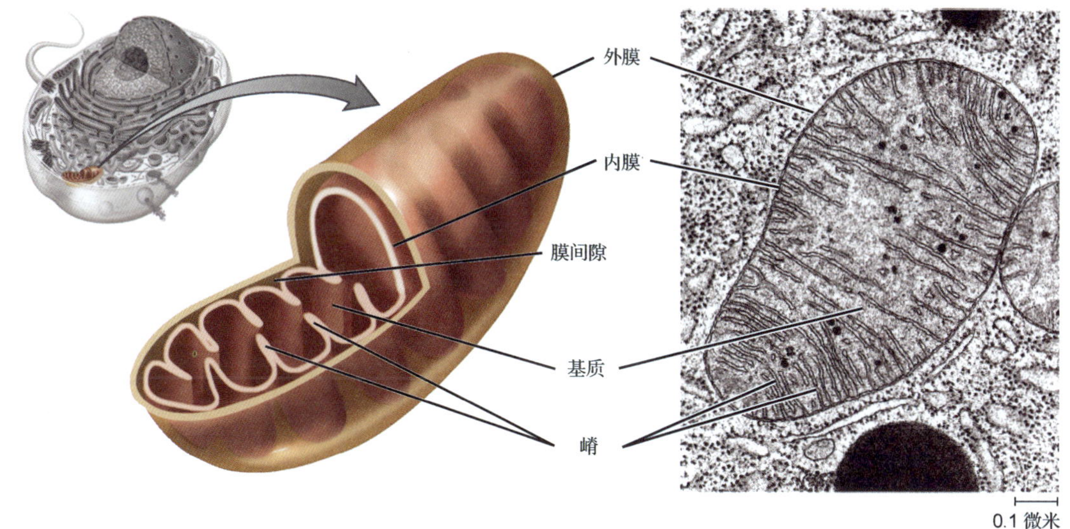

▲图 4-16 线粒体 线粒体具有双层膜结构。这两层膜将线粒体分成了两个相对封闭和独立的部分，也就是两层膜之间的膜间区域和内膜之内的线粒体基质部分。线粒体的外层膜很光滑，而内层膜则形成深深的沟壑结构。如右图所示，这些结构在透射电子显微镜下清晰可见。

2. 叶绿体是植物发生光合作用的场所

光合作用是直接捕获太阳能并将太阳能转化为细胞能直接利用的能量的反应。光合作用通常发生在植物细胞和一些原生生物中。叶绿体也是具有双层膜结构的细胞器（如图 4-17 所示），而内层膜所包裹的液体称为基质（值得注意的是，线粒体中基质的英文是 matrix，而叶绿体中的基质英文为 stroma）。在叶绿体基质中有一叠一叠的褶皱和大量的膜状囊泡结构，每一个独立的囊泡结构都称为一个类囊体，而一叠这样的类囊体就称为一个叶绿体基粒。

类囊体膜上含有一种色素分子，这种分子就是大名鼎鼎的叶绿素，它也是植物呈现绿色的原因。植物进行光合作用时，叶绿素捕获太阳能，将太阳能传递给类囊体中的其他分子。这些分子再将能量传递给 ATP 和其他的能量载体。这些能量载体遍布叶绿体的基质，在这里，这些能量被用来将二氧化碳和水合成碳水化合物。

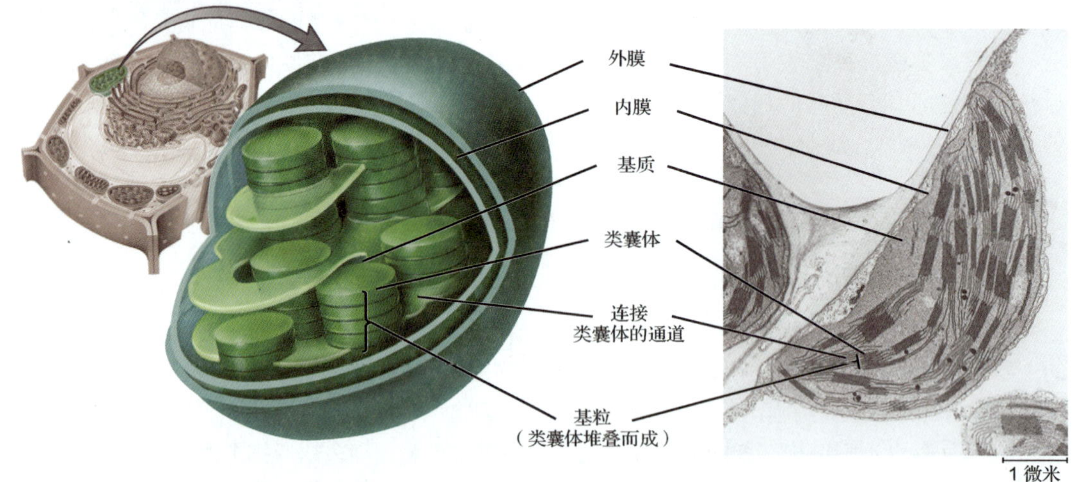

▲图 4-17 **叶绿体** 叶绿体具有双层膜结构，内层膜所包裹的液体是基质。在叶绿体基质中，独立的囊泡结构是一个类囊体，而一叠这样的类囊体就是一个叶绿体基粒。

4.3.8 植物有时利用质体（或称为色素体）来储存能量

叶绿体是高度分化的质体，因为叶绿体只存在于植物和某些原生生物中（如图 4-18 所示）。植物和原生生物也会利用非叶绿体的质体来储存某些物质，比如让水果呈多种色彩的色素，有黄色、橘红色和红色。随着植物一年一年的生长，质体之中就会储存植物光合作用的产物。大部分植物会将光合作用合成的葡萄糖转化为淀粉储存起来，而淀粉就存储在质体之中。比如土豆，基本上就是由富含淀粉的质体细胞组成的。

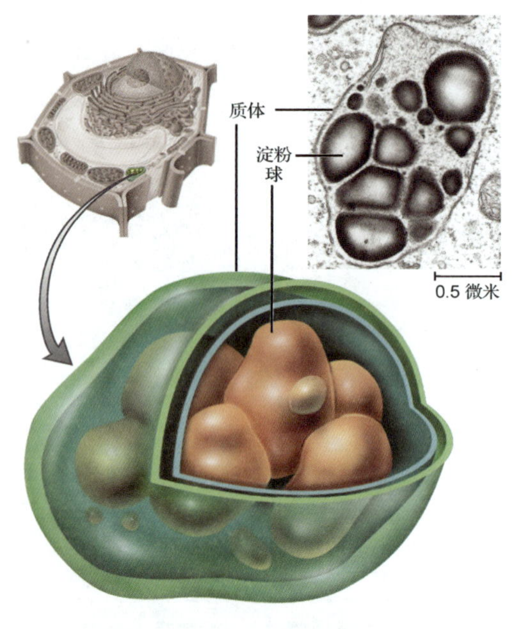

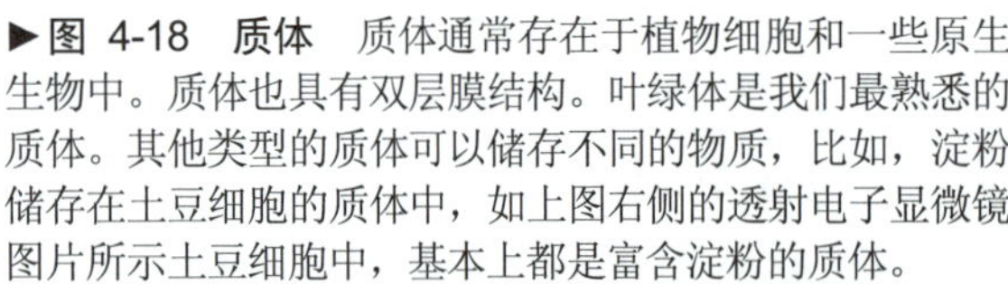

►图 4-18 **质体** 质体通常存在于植物细胞和一些原生生物中。质体也具有双层膜结构。叶绿体是我们最熟悉的质体。其他类型的质体可以储存不同的物质，比如，淀粉储存在土豆细胞的质体中，如上图右侧的透射电子显微镜图片所示土豆细胞中，基本上都是富含淀粉的质体。

4.4 原核细胞的主要特征是什么？

绝大部分的原核细胞都非常小，直径一般不超过 5 微米，而真核细胞的直径一般在 10～100 微米。原核细胞的内部结构要比真核细胞简单得多（如图 4-19 所示，将图 4-19 与图 4-3 和图 4-4 进行比较）。总体来说，原核细胞与真核细胞最为主要的区别，就是原核细胞中基本上没有具有双层膜结构的细胞器。

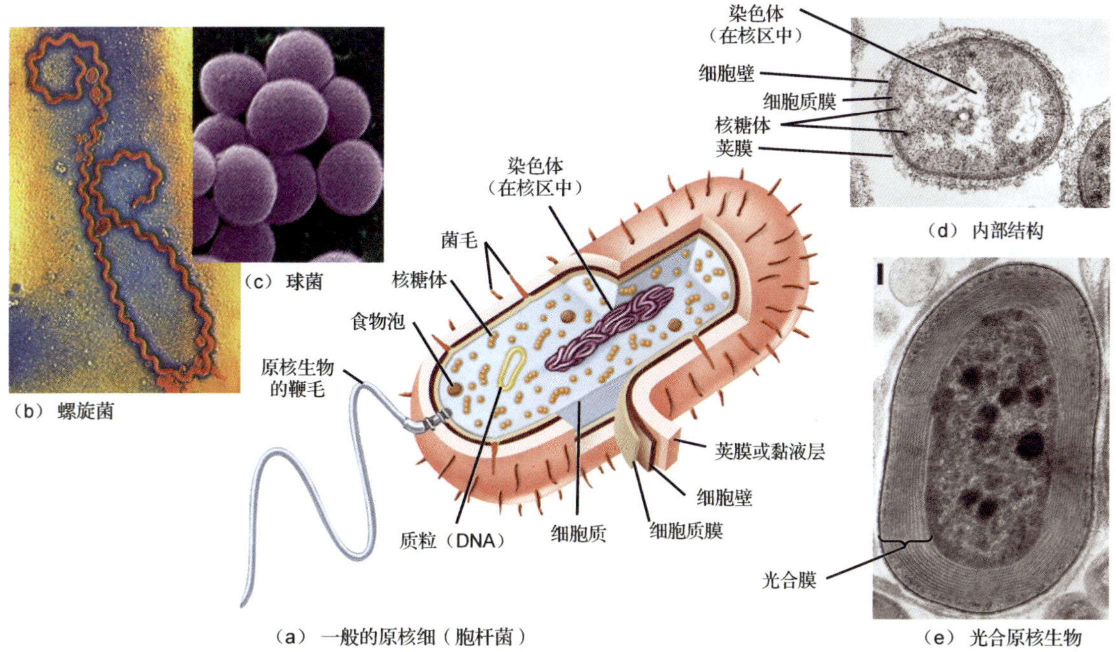

▲图 4-19　**原核细胞比真核细胞更为简单**　原核细胞的形态多种多样，比如（a）杆状的杆菌，（b）螺旋状的螺旋菌。（c）球状的球菌。（d）和（e）是透射电子显微镜的图片。（e）中展示了含有内膜结构的光合细菌的内部结构。

真细菌域和古细菌域的成员基本上由单个的原核细胞所构成。古细菌和细菌的结构比较相似，但是，最近的研究显示，二者在许多主要生物大分子上有很大的区别。目前的观点认为，它们是两大类截然不同的生物。古细菌通常生活在一些极端的环境中，比如温泉或者牛的胃中，但是，在正常环境中，如泥土和海洋中，科学家发现的古细菌越来越多。另外，值得注意的是，没有一种古细菌是致病菌。在这一章中，我们会重点讲述真细菌的相关内容。

4.4.1　原核细胞的细胞表面十分特殊

基本上所有的原核细胞都由一层坚硬的细胞壁所包裹。细菌的细胞壁由肽聚糖构成。肽聚糖是一种独特的分子，它的主要结构是由短肽连接的糖链，糖链上还连接有氨基酸基团。细胞壁的主要功能是保护细胞不受侵害，也起到维持细胞基本形态的作用。原核细胞的形态大约有三种：棒状的杆菌（见图 4-19a）、螺旋状的螺旋菌（见图 4-19b）和球状的球菌（见图 4-19c）。有些抗生素，包括大名鼎鼎的盘尼西林，也就是青霉素，之所以可以抵御细菌入侵，就是因为它们可以影响细菌细胞壁的合成，从而使细菌破碎开来。虽然原核细胞没有纤毛，但是有些细菌和古细菌有鞭毛结构，当然，这种鞭毛与真核细胞的鞭毛截然不同（这部分内容在第 19 章会讲到）。

许多细菌可以分泌多糖，这些多糖也可以包裹细菌，在它们的细胞壁之外形成荚膜或者黏液层这样的结构。荚膜和粘液层其实非常类似，只不过荚膜的结构更为致密，也更难被除去。有些细菌可以导致蛀牙、腹泻、肺炎或者尿道感染，荚膜和黏液层可以帮助它们吸附在宿主的组织，也就是牙齿表面、小肠壁、肺部和膀胱上。荚膜和黏液层会让细菌吸附在物体表面，成片存在，比如，在不经常清洗的马桶中，它们可以保护细菌不被风干。

许多细菌表面都有“菌毛”这一结构，它是细菌的一种表面蛋白质，对细菌起到保护作用（如图 4-19a 所示）。科学家将菌毛分为两类，一类是黏附菌毛，一类是性菌毛。黏附菌毛短且多，和荚膜与黏液层一样，黏附菌毛可以帮助细菌吸附在其他物体表面，对一些致病菌来说，这些菌毛帮助细菌吸附在机体组织表面。一些细菌可以形成性菌毛这一结构，性菌毛通常较长，并且数目稀少。细菌的性菌毛将其与周围的同类细菌联系起来，然后，它们彼此的细胞膜形成孔状结构，这样，细菌的遗传物质，也就是质粒，就可以通过这样的孔道来彼此交流交换。关于原核细胞的更多内容，将会在第 19 章中讲述。

4.4.2 与真核细胞相比，原核细胞的细胞质结构更简单

原核细胞的细胞质中有一个区域，被称为类核（如图 4-19a 所示），主要成分是 DNA，也包括少量的 RNA 和蛋白质。类核中的 DNA 通常以单一的环状染色体形式存在，这个螺旋环状的 DNA 长链包含着细菌的几乎所有遗传信息。与真核细胞不同的是，原核细胞的类核并没有膜结构将其与细胞质分开。原核细胞独特的特性是由类核的质粒所决定的，比如，有一些致病菌包含的质粒可以合成能使抗生素失活的物质，让致病菌更难被杀死。

细菌的细胞质中有核糖体这种细胞器（如图 4-19a 所示）。虽然与真核细胞一样，原核细胞的核糖体的主要功能同样是合成蛋白质，但是，细菌的核糖体体积更微小，包含的 RNA 和蛋白质也有所不同。这些核糖体与真核细胞的线粒体和叶绿体中的核糖体更类似，这也为之前提到的内共生学说提供了依据。原核细胞中同样也有食物泡这样的结构，它可以储存一些高能分子，比如糖原，但是，这种囊泡结构并没有膜结构包裹。

虽然原核细胞基本上没有含有膜结构的细胞器，但有一些细菌生化反应所需要的酶类会分布在膜结构上。这些酶类会以一种特定的位置和顺序排列在膜结构上，例如，光合细菌有丰富的内膜结构，捕获光能的蛋白质和合成高能分子所必需的酶类以特定的顺序排列和分布在内膜上（如图 4-19e 所示）。近期的研究表明，细菌也是存在细胞骨架的。虽然细菌的细胞骨架蛋白与真核细胞的细胞骨架有所不同，但是，它们的功能基本上相同，比如在细胞分裂过程中起作用。

讲到这里，可以回到表 4-1，回顾一下原核细胞和真核细胞的区别与联系。

第 5 章　细胞膜的结构与功能

响尾蛇蓄势待发。（插图）一只棕色遁蛛。

5.1 细胞膜的结构是如何与其功能相关的？

细胞的所有膜都有着相似的基本结构：蛋白质悬浮于磷脂双分子层中（见图 5-1）。磷脂负责隔离细胞内容物，而蛋白质则负责选择性地与环境交换物质或进行信息交流，控制与细胞膜相关的生物化学反应及形成细胞间联系。

所有的细胞及真核细胞内的细胞器都被膜所包围。细胞膜行使多种重要的功能：

- 选择性地将膜包围的细胞器的内容物与细胞质基质、细胞内容物与细胞间液隔开；
- 能够调节细胞与细胞间液、膜包围的细胞器与细胞质基质之间必需物质的交换；
- 可以使多细胞有机体的不同细胞间发生交流；
- 创建细胞内及细胞间的黏附位点；
- 可以调节许多生物化学反应。

细胞膜的结构十分纤薄，1 万层细胞膜层层堆叠的厚度才勉强与这页纸的厚度相当，不过完成上述任务是很难的。细胞膜不仅仅是单一的薄片，它们具有复杂的结构，不同的部分行使着不同的功能。细胞膜在不同的组织中存在差异，它们的结构在受到外界环境应激时也能够发生动态的改变。

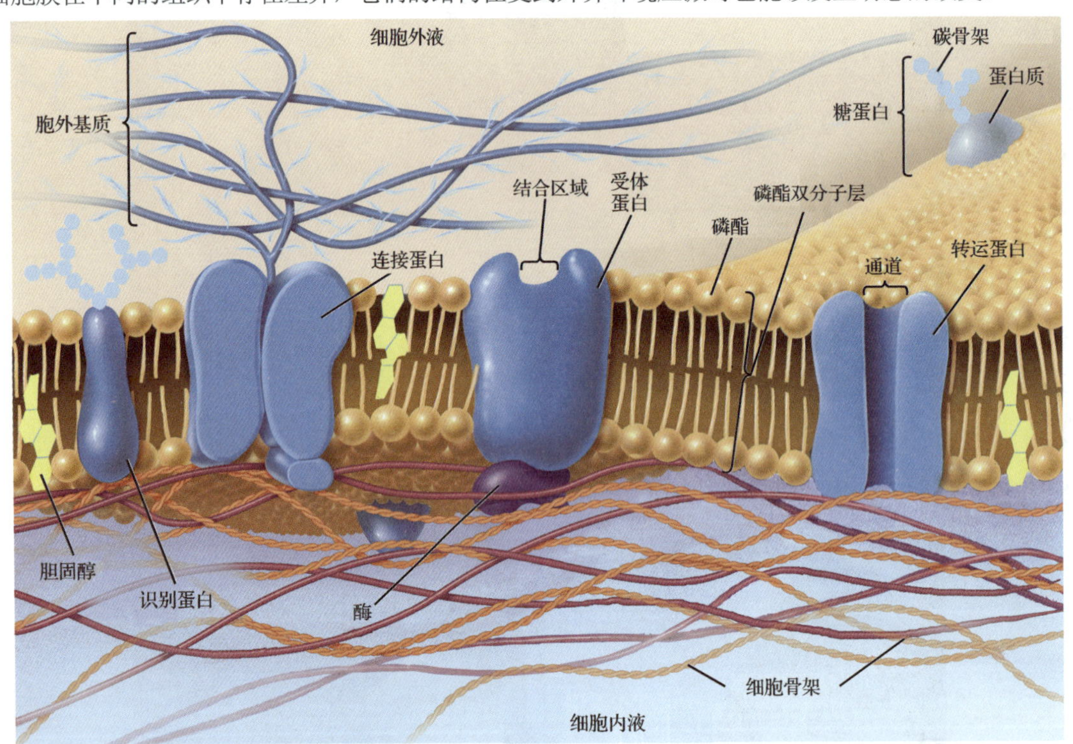

▲图 5-1 **细胞质膜** 细胞质膜是由磷脂双分子层和少量胆固醇分子组成的，其中镶嵌有多种蛋白质（蓝色）。很多蛋白质表面连接有糖分子，它们与蛋白质结合形成糖蛋白。图中显示了酶、识别蛋白、连接蛋白、受体蛋白和转运蛋白。

5.1.1 细胞膜是“流动的镶嵌结构”，蛋白质在脂质分子层中不断移动

20 世纪 70 年代以前，尽管细胞生物学家知道细胞膜主要由蛋白质和脂质组成，但他们并不知道这些分子是如何形成膜结构的。1972 年，辛格（S. J. Singer）和尼克尔森（G. L. Nicolson）提出了**细胞膜的流动镶嵌模型**，也是现在认为比较接近实际的模型。**流体**指任何分子间可以发生相互运动

的物质；流体包括气体、液体以及细胞膜，分子可以在薄层中自由移动。依据流动镶嵌模型，细胞膜由磷脂双分子层形成的流体组成。多种不同的蛋白质在磷脂双分子层中形成一种称为“嵌合体”或拼接体的结构。磷脂和蛋白质之间都可以进行相对运动（见图 5-1）。

 5.1.2　磷脂双层将细胞的内容物与外界隔离开

一个磷脂分子包含性质极为不同的两个部分：一个极性亲水（吸引水）的“头部”以及一对非极性且疏水的脂肪酸“尾部”。细胞膜包含多种与图 5-2 所示结构相似的磷脂。

细胞膜磷脂的这种排列方式是所有细胞都浸于水溶液中这一事实造成的。例如，单细胞有机体可以在淡水或海水中生存，并且水还可以浸透环绕植物细胞的细胞壁。

动物细胞质膜的外层与水性的**组织液**（类似于不含细胞或大蛋白的血液的微盐溶液）相接触。质膜内侧，细胞质基质（细胞质的液体部分）几乎全是水。在这种水环境中，磷脂自发地组装形成称为**磷脂双分子层**的双层结构（见图 5-3）。水与亲水的磷脂头部形成氢键，使磷脂成头部在两侧朝向水。磷脂疏水的尾部在双层分子间聚集成簇。

细胞膜的组分在不断地改变位置。磷脂分子移动得相对较快，而大的蛋白移动得慢一些。要理解这一运动，首先要知道，当温度高于绝对零度（–459.4°F 或–273°C）时，原子、分子及离子时刻都在做随机运动。随着温度的升高，它们移动的速度加快；到达对生命有利的温度时，这些粒子就移动得相当快了。

磷脂分子彼此之间并没有相互结合，所以在体温状态下，持续的随机运动使它们可以近乎自由地移动，然而它们基本维持固有的方向，且只有少数会在两层膜之间翻转。脂双层的柔韧及流体性质对于它的功能尤其重要。随着你呼吸、移动你的双眼或者翻这本书的页面，你体内的细胞也在改变形状。如果质膜处于僵硬状态，细胞就会破裂并死亡。这种流动性也可以使膜包围的小体将物质运进细胞，在细胞内携带物质，并将它们运出细胞，该过程中伴随着膜融合过程（见第 4 章）。大多数膜的强度与室温下的橄榄油相似。但是，将它放进冰箱冷藏时，橄榄油就会变为固态，那么，当有机体遇到冷的环境时，细胞膜会发生什么改变呢？

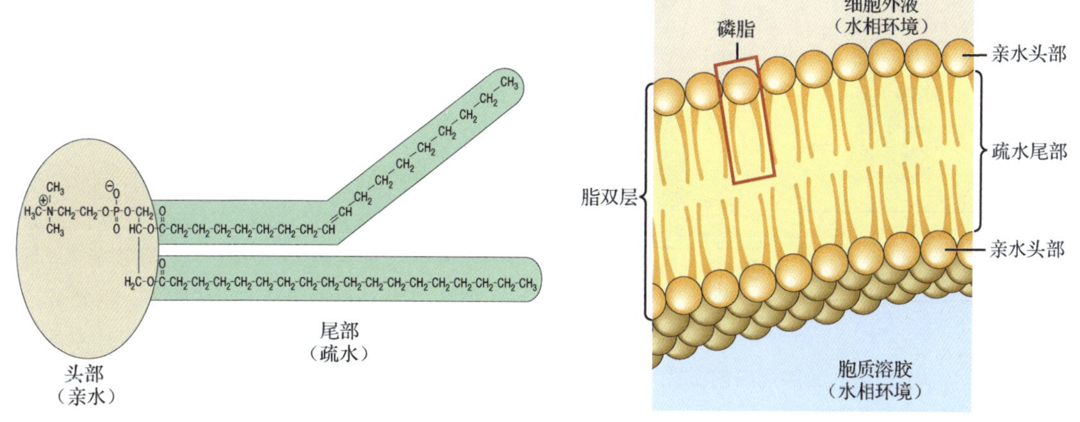

▲图 5-2　**一个磷脂分子**　注意其中一条脂肪酸“尾巴”上的一个双键导致了这条“尾巴”的弯曲。

▲图 5-3　**细胞膜的磷脂双分子层**

所有的动物细胞膜结构都含有胆固醇（见图 5-1），在质膜中尤其丰富。胆固醇与磷脂的相互作用使细胞膜更加稳定，使得它在高温时流动性减少、低温时流动性相对增加。高胆固醇含量能减少膜对亲水性物质及较低含量时可以扩散通过的小分子物质的通透性。这样，细胞通过稍后描述的选择性转运蛋白，可以更好地控制物质出入。

少数疏水性生物分子可以直接经由扩散通过磷脂双层，包括固醇激素，如雌激素和雄酮（见第 3 章）及脂类可溶性维生素。细胞利用的多数分子，包括盐类、氨基酸及糖类都是亲水性的，即它们是极性且水溶性的。这类物质无法通过非极性且疏水的磷脂双层的脂肪酸尾部。这些物质进出细胞都依赖于“镶嵌”在细胞膜上的蛋白的协助。

5.1.3 多种蛋白在细胞膜上形成镶嵌图案

成千上万种不同的膜蛋白嵌于或黏附于细胞膜磷脂双层的表面。一些外膜蛋白还具有朝向外侧的糖基基团（分支结构见图 5-1）。这些蛋白称为糖蛋白（glycoproteins，glyco 来自于希腊语，表示“甜的”，指的是含有糖基的碳水化合物部分）。膜蛋白按功能可分为 5 种主要的类型：酶、受体蛋白、识别蛋白、连接蛋白和转运蛋白，下面进行详细的介绍。

1. 酶

能够催化生物分子合成或分解的化学反应的蛋白质称为酶（见第 6 章）。虽然多数酶位于胞浆内，但还有一些酶横跨细胞膜或黏附在膜表面。例如，一些位于质膜上的酶参与合成细胞外基质，一种由蛋白质及糖蛋白纤维形成的填充动物细胞外间隙的网络（见图 5-1）。小肠黏膜细胞负责营养物质的吸收，细胞质膜上的酶在这一过程中则起着完成对碳水化合物及蛋白质等消化的作用。

2. 受体蛋白

多数细胞具有多种类型的跨膜受体蛋白（其中包括糖蛋白，见图 5-1）。受体蛋白使得细胞能够对血液中所携带的特异信号分子（如激素）产生应答。当合适的信号分子结合至受体蛋白时，受体通过改变形态而被活化，这一活化随后造成细胞内的一系列应答（见图 5-4）。应答可导致膜上的通道打开或关闭，酶活化或失活。一些激素与受体蛋白结合可以促进细胞分裂。免疫细胞表面的受体蛋白可与入侵的细菌或病毒的表面结合而将其破坏。

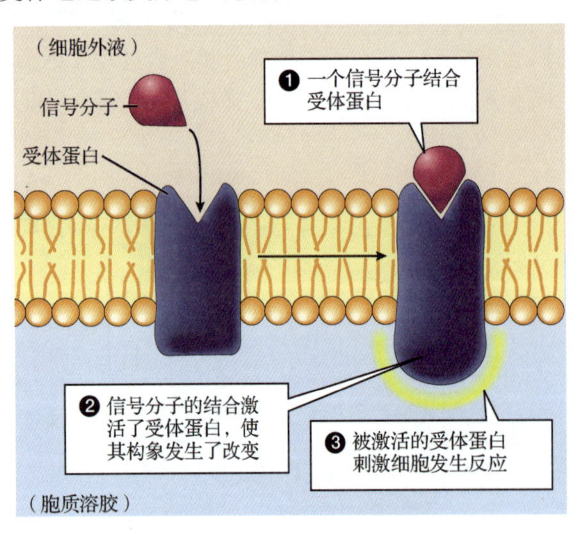

▲图 5-4 受体蛋白的激活

信号分子与受体蛋白结合通常会引起细胞内一系列复杂的生物化学反应。例如，肾上腺素在应激状态下会被释放，比如，你可能经历过一个类似抢劫犯模样的人从黑暗的胡同向你走来的情形。肾上腺素与肌肉细胞上的特异受体结合，活化合成信使分子环磷酸尕苷 cAMP 的酶（见第 3 章），促使糖原分解成葡萄糖。葡萄糖进一步分解，释放的能量储存在三磷酸腺苷 ATP 中（见第 3 章）。ATP 为肌肉收缩提供能量，你将会在逃离抢劫犯时用到它。

3. 识别蛋白

识别蛋白是作为鉴别标签的糖蛋白（见图 5-1）。每一个有机体的细胞都具有证明其是“自身”的特异性糖蛋白。免疫细胞耐受自身细胞并攻击入侵的细胞，如细菌，在它们的膜表面具有不同的识别蛋白。要成功进行移植手术，供体重要的识别糖蛋白必须与受体的一致，这样移植的器官才不会被受体的免疫系统攻击。

4. 连接蛋白

多种类型的连接蛋白以不同的方式锚定在细胞膜上。一些连接蛋白通过连接质膜与细胞骨架维持细胞的形态。其他的连接蛋白横跨质膜，将细胞内的骨架与胞外基质连接起来，帮助细胞在组织中锚定在特定的位置（见图 5-1）。连接蛋白还可以在相互接触的细胞间形成连接，本章后面会有详细介绍（见图 5-16）。

5. 转运蛋白

转运蛋白（见图 5-1）横跨磷脂双分子层并调控亲水分子跨膜运动。一些转运蛋白形成可以打开或关闭的孔洞（通道），允许特异的物质通过膜。其他的转运蛋白与物质结合引导它们通过膜，有时需要细胞提供能量。转运蛋白在本章的后面会继续介绍。

5.2 物质是如何通过细胞膜的？

一些物质，尤其是游离的分子或离子，可以通过扩散或特定的转运蛋白穿过细胞膜。为了提供一些背景知识，我们先来了解几个定义：

- 溶质是可以溶解（扩散成单个原子、分子或离子）于溶剂中的一类物质，溶剂是一类可以溶解溶质的流体（通常是液体）。所有的生物学过程都在水中发生，多种溶质都可溶解其中，有时也被称为“通用溶剂”。
- 某种物质的浓度指的是一定量的溶剂中所含有的溶质的量。例如，糖溶液的浓度以一种给定体积溶液中所含有的糖分子的数量表示。
- 梯度是两个相邻区域特定属性的一种差异，如温度、压力、电荷或溶质在流体中的浓度。形成梯度需要消耗能量。随着时间推移，梯度会被打破，除非有能量供应来维持梯度或有完美的屏障将其隔开。例如，温度梯度随着热能从高温区域传递至低温区域而被打破。电势驱使带电离子向带相反电荷的区域移动。浓度或压力梯度造成分子或离子从一个区域移动到另一个区域，平衡之间的不同。细胞使用耗能转运蛋白产生并维持浓度梯度或者膜两侧不同的溶质浓度。

5.2.1 梯度使流体中的分子产生扩散现象

回忆一下，原子、分子及离子都在不停地进行随机热运动。因此，溶液中的分子和离子不断撞击彼此及其周围的结构。随着时间的流逝，溶质的随机运动产生一个从高浓度区域向低浓度区域的净流动，这一过程称为扩散。浓度梯度越大，扩散的速度越快。如果没有什么因素抑制这一过程（如电势、压力差或物理屏障），那么分子的随机运动会继续进行直到溶质在整个流体中扩散均匀。与重力相似，分子从高浓度区域移向低浓度区域称为向浓度梯度“低”的方向进行。

为了观察扩散过程，可以将一滴食用色素滴到一杯水中（见图 5-5）。随机运动促使染料分子同时向染料液滴内外移动，但是存在由染料向水及水向染料的净流动，各自向其浓度梯度低的方向进行。染料的净流动会持续进行，直到它在水中均匀扩散开来。如果将染料在热水与冷水中的扩散进行比较，会看到高温能够增加扩散速率，因为高温使分子移动得更快。

5.2.2 跨膜运输包括被动运输及耗能运输

细胞膜两侧离子和分子的梯度对于生命是十分重要的，不存在这种梯度的细胞就会死亡。细胞膜上的蛋白质必须不断消耗能量来创造并维持这些浓度梯度，因为许多生物化学过程依赖梯度的存在。例如，神经元依靠特定的离子向低浓度梯度方向流动产生电信号，这是感觉、运动及思考的基础。质膜被描述成具有选择透过性，因为质膜上的蛋白质选择性地允许特定的离子或分子通过或透过。质膜的选择透过性创造了维持细胞梯度特性的屏障。

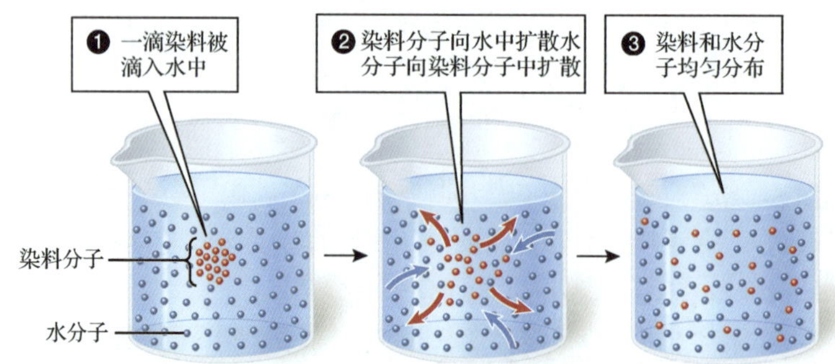

▲图 5-5 染料在水中的扩散

细胞的质膜以两种不同的方式允许物质通过：被动运输和耗能运输（见表 5-1）。被动运输是物质沿浓度梯度下降的方式扩散通过细胞膜，而耗能运输需要细胞消耗能量将物质运进或运出细胞，这一过程通常是逆浓度梯度进行的。

表 5-1 跨膜运输

被动运输	物质沿着浓度、压力或电势梯度跨膜运输，不需要细胞提供能量
简单扩散	水、可溶性气体或脂溶性分子跨过膜的脂双层
协同扩散	水、离子或水溶性分子通过通道或载体蛋白跨膜
渗透	水从选择透过性膜自由水浓度较高的一侧扩散到自由水浓度较低的一侧
耗能运输	需要由细胞提供的能量（通常由 ATP 提供）进行的物质运输
主动运输	单个的小分子或离子通过跨膜蛋白进行逆浓度梯度运输
内吞	液体、特殊液体或粒子进入细胞的方法，质膜通过形成囊泡并从质膜上脱离进入细胞，将物质吞噬
胞吐	粒子或大分子移动到细胞外的方法；细胞内的膜结构将该物质包裹起来，移动到细胞表面并与质膜融合，使其内容物能够扩散出去

5.2.3 被动运输包括简单扩散、协同扩散及渗透

扩散可以发生在流体内或扩散物质可透过的膜两侧。许多分子受到胞质与组织液之间不同的浓度所驱使，通过扩散跨过质膜。

1. 一些分子通过简单扩散跨膜

一些分子直接扩散通过细胞膜的磷脂双分子层，这一过程称为简单扩散（见图 5-6a）。不带电荷的小分子，如水、氧气及二氧化碳，可以通过简单扩散跨过细胞膜。脂溶性分子，无论多大，都可以使用这种方式。这类分子包括乙醇（存在于酒精饮料中），维生素 A、D 和 E 及固醇类激素（见第 3 章）。更大的浓度梯度、更高的温度、更小的分子大小，更好的脂溶性都可以增加简单扩散的速度。

水作为一种极性分子是如何直接地通过疏水的脂双层的呢？因为水分子非常小，而且它在胞质和组织液中大量存在，有些会进入磷脂分子尾部的疏水区域附近，而水分子的随机运动使它们得以通过细胞膜。因为水分子通过磷脂双分子层的简单扩散相对较慢，许多细胞都含有特异的水转运蛋白，稍后会进一步介绍。

2. 一些分子使用膜转运蛋白进行协助扩散通过细胞膜

细胞膜的磷脂双层对于大的极性分子（如糖）及离子（如 K^+、Na^+、Cl^-及 Ca^{2+}）几乎是不通透的。这些物质所带的电荷导致水分子（极性）成簇环绕它们，形成一个大的聚集体而无法直接通过磷脂双分子层。所以，离子和极性分子必须使用特定的转运蛋白穿过细胞膜，这一过程称为协助扩散。有两种类型的蛋白参与协助扩散：载体蛋白及通道蛋白。这些转运蛋白并不消耗能量，仅仅协助物质向低浓度梯度方向的细胞内或细胞外扩散。

载体蛋白横跨细胞膜并具有与特定的离子或分子，如糖分子或蛋白质松散结合的结构域。这种结合使载体蛋白改变形态并将与其结合的分子运送到细胞膜的另一侧。例如，质膜上的葡萄糖载体蛋白允许这种糖从组织液扩散进细胞内，并不断被消耗以满足细胞的能量需求（见图 5-6b）。

通道蛋白在细胞膜上形成孔洞。例如，线粒体和叶绿体的膜具有允许多种水溶性物质通过的孔道。相反，离子通道蛋白较小并具有高度选择性（见图 5-6c），所有细胞在它们的膜两侧都维持着多种不同离子的浓度梯度。许多离子通道通过保持关闭状态来维持这种梯度，直到受到特定的刺激打开，如神经冲动。离子通道蛋白具有选择性是因为它们内部的直径限制了能够通过的离子的大小，某些通道蛋白孔洞内的氨基酸带有弱的电荷，从而吸引特定的离子而排斥其他的。如 Na+ 通道内的一些氨基酸带有弱的负电荷，可以吸引 Na^+而排斥 Cl^-。

许多细胞具有特异性的水通道蛋白，称为水通道（见图 5-6d）。狭窄的水通道对于小的水分子具有选择性。水通道蛋白内的一些氨基酸带有弱的正电荷，可以吸引水分子的阴极并排斥阳极。

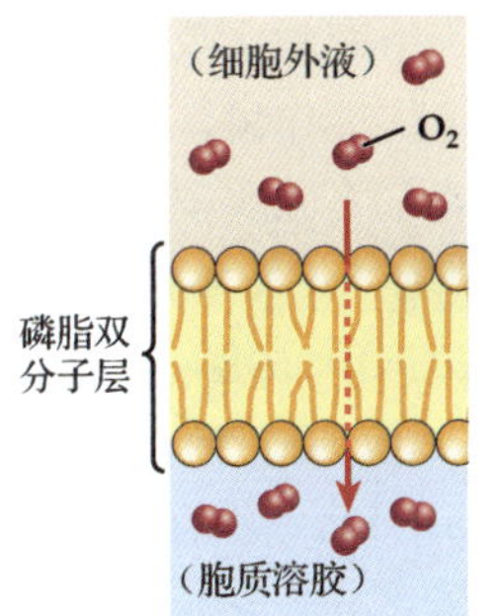

（a）透过脂双层的简单扩散

葡萄糖
载体蛋白

（b）经载体蛋白的协助扩散

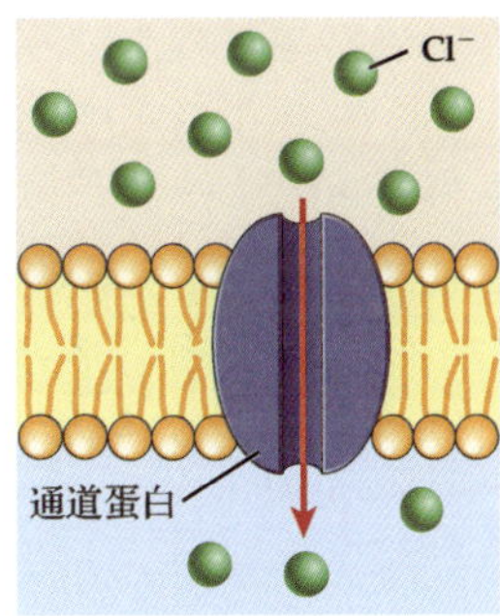

（c）经通道蛋白的协助扩散

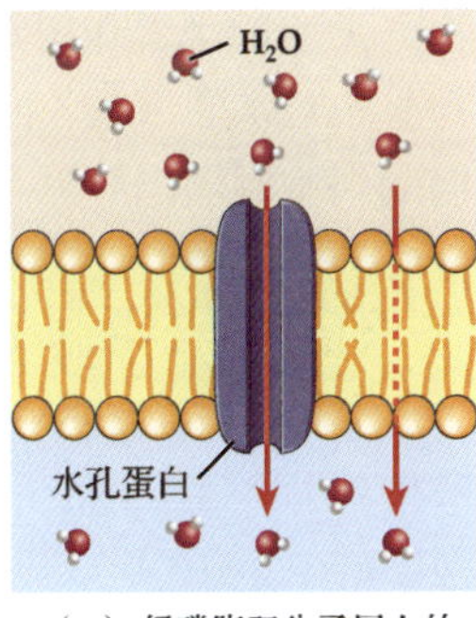

（d）经磷脂双分子层上的水孔蛋白的渗透作用

▲图 5-6　**跨膜扩散的几种方式**　（a）不带电荷或脂溶性的小分子直接通过简单扩散跨膜运动。图中，氧气分子从细胞间隙液中顺浓度梯度扩散入细胞中（红色箭头）。（b）载体蛋白有着结合特定分子（比如图中的葡萄糖）的位点。与被转运分子的结合导致载体的形状发生改变，使该分子发生顺浓度梯度的跨膜扩散。（c）氯离子经由通道蛋白进行协助扩散跨膜，在这里，氯离子通过通道蛋白向细胞内进行顺浓度梯度扩散。（d）渗透是水的扩散。水分子可以直接通过简单扩散跨过磷脂双分子层，或者通过协助扩散，在水通道蛋白的帮助下更快地通过脂双层。

3. 渗透是水分子跨过选择透过性膜的扩散过程

渗透是水分子在存在浓度、压力或温度梯度时跨过选择透过性膜的扩散过程。这里，我们主要关注水从高浓度区域向低浓度区域的渗透过程。

当我们描述一种溶液具有“高的水浓度”或“低的水浓度”时是什么意思呢？答案很简单：纯水具有最高的水浓度。任何溶解于水中的物质（溶质）都会通过替换特定体积内的一些水分子而使浓度降低。极性溶质或离子也能吸引水分子，导致水分子无法自由地通过膜。因此，溶质的浓度越高，能够通过膜的水浓度越低。结果会产生一个由具有更多自由水分子（低溶质浓度）的溶液向具有更少水分子（高溶质浓度）的溶液的净流动。例如，水会通过渗透从溶解有更少糖分子的溶液向溶解有更多糖分子的溶液运动。因为低糖溶液中含有更多的自由水分子，更多的水分子会与那一侧的选择透过性膜发生碰撞并通过膜。溶质在水中的浓度决定了溶液的渗透压或吸引水通过膜的趋势。溶质的浓度越高，渗透压越高。

具有相同溶质浓度的溶液（因此具有相同的水浓度）之间是等渗的。当等渗溶液用可以透过水的膜分离时，它们之间不会产生水的净流动（见图 5-7a）。当用水特异性通透膜分离具有不同溶质浓度的溶液时，具有较高溶质浓度的溶液称为对低浓度溶液是高渗的（见图 5-7b）。较稀的溶液称为低渗的（见图 5-7c）。水更倾向于从水通透性膜的低渗溶液一侧移向高渗溶液一侧。

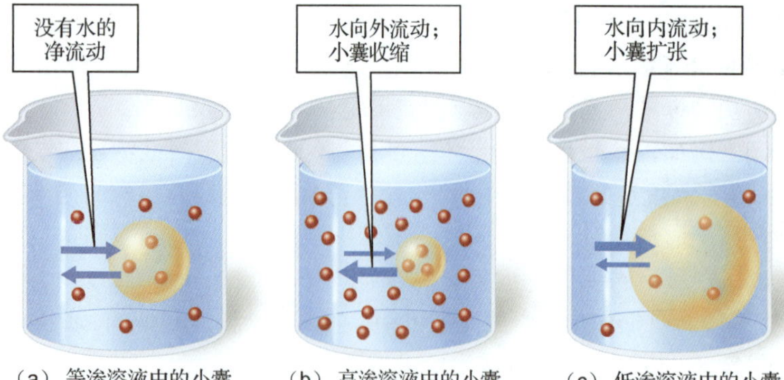

◀**图 5-7 溶质浓度在渗透过程中的作用** 我们用三个由对水选择性通透的膜组成的小囊进行实验，这种膜对糖不通透（糖分子用红色小球表示）。在每个小囊中装入等量等浓度的糖水，然后将每个小囊浸入含有不同浓度糖水的烧杯——（a）与小囊中的糖水等渗，（b）相对于小囊中的糖水是高渗溶液，（c）相对于小囊中的糖水是低渗溶液。图中显示了 1 小时后的结果，蓝色的箭头指示水进出小囊的相对运动。

4．质膜的渗透作用在细胞生命中扮演着重要的角色

质膜的渗透作用对许多生物学过程十分重要，包括植物根部对水的摄取、小肠消化吸收水及肾脏中对水的重吸收。此外，生活在淡水中的有机体必须时刻消耗能量以对抗渗透作用，因为它们的细胞对周围环境来说是高渗的。例如，单细胞生物草履虫使用细胞中的能量将胞质中的盐成分泵到它们可以收缩的囊泡中去。水发生渗透作用并通过质膜上的孔道挤出细胞（见图 4-15）。

几乎所有的植物细胞都通过渗透作用吸收水分。大多数植物细胞都有一个大的中央液泡，组成这个液泡的膜上富含水通道。水中溶解的物质储存在液泡中，使得它相对于周围的胞质是高渗的，而胞质相对于细胞周围的组织液通常也是高渗的。因此，水会通过渗透作用流进胞质，并进一步进入到液泡中，在细胞内形成膨胀压。膨胀压使细胞膨胀，造成细胞质膜与细胞壁紧密相接（见图 5-8a）。如果你忘记给室内盆栽植物浇水，细胞质和液泡丢失水分，造成细胞收缩，与细胞壁间形成空隙。像一个漏气的气球，失去膨胀压后的植物会显得发蔫（见图 5-8b）。现在你知道为什么商店总是在绿色蔬菜上喷水了：喷水可以使植物的中央液泡更加饱满从而显得新鲜。

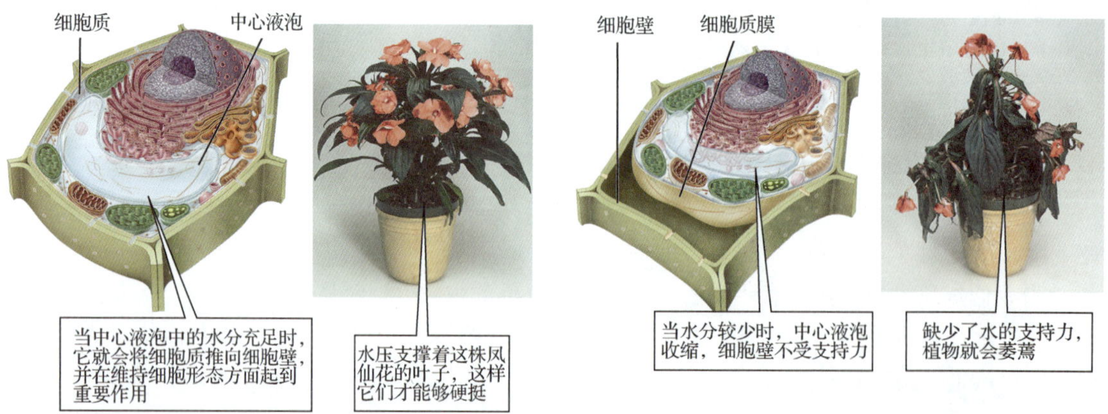

▲**图 5-8 植物细胞中的膨胀压** 水通道蛋白使得水能够迅速进出液泡。（a）水的膨胀压支撑着细胞，乃至于整株植物。（b）由于脱水的缘故，细胞和植物失去了膨胀压及其带来的支撑。

在动物体内，组织液通常与细胞质是等渗的。尽管特定溶质的浓度在细胞内外很少相同，水和溶质的总浓度却是相同的。结果总体上水并没有离开或进入细胞的趋势。为了证明维持脆弱的细胞和它们周围的组织液保持等渗状态的重要性，我们可以将细胞置于溶质浓度不同的溶液中进行观察。在等渗盐溶液中，红细胞（质膜表面有大量的水通道蛋白）维持正常的大小（见图 5-9a）。但是，如果盐溶液对于红细胞的细胞质是高渗的，水通过渗透离开细胞，使细胞萎缩（见图 5-9b）。相反，如果将细胞浸于低渗盐溶液中，会使细胞随着水扩散进来而肿胀（最终破裂）（见图 5-9c）。

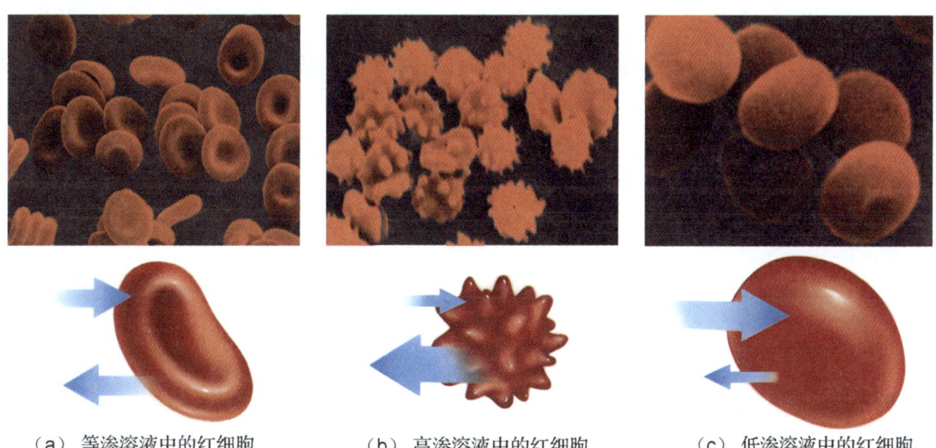

（a）等渗溶液中的红细胞　（b）高渗溶液中的红细胞　（c）低渗溶液中的红细胞

▲图 5-9　渗透对红细胞的作用　（a）红细胞浸泡在与其等渗的溶液中，因此可以保持其正常的存在凹陷的形状。（b）当我们将细胞放在它的高渗溶液中时，离开细胞的水比进入细胞的水要多，因此细胞会萎缩。（c）当细胞被放在它的低渗溶液中时，细胞会扩大。

5.2.4　耗能运输包括主动运输、内吞和胞吐

大量的细胞活动都需要耗能活动来支持，如主动运输、内吞和胞吐——它们对于维持生命都是必需的。这些过程对于维持浓度梯度、吸收食物、排出废物及在多细胞有机体中与其他细胞的交流十分重要。

1. 细胞利用主动运输维持浓度梯度

通过建立浓度梯度并允许离子在特定情况下沿梯度降低的方向运动，细胞得以调控生物化学反应，对外部刺激产生应答并获得及储存化学能量。储存在离子梯度中的能量为神经元的电信号，肌肉的收缩及线粒体和叶绿体中 ATP 的产生提供了动力（见第 7 章和第 8 章）。但是，梯度并不是自发形成的——它们需要跨膜的主动运输。

在主动运输过程中，膜蛋白通过消耗能量将分子或离子沿逆浓度梯度方向进行跨膜运输，即物质从低浓度区域运往高浓度区域（见图 5-10）。例如，所有细胞必须获取一些在环境中比胞质中浓度低的营养物质。此外，许多离子，如钠和钙离子，通过主动运输使得它们在胞质中维持比组织液中低的浓度。神经细胞维持较高的离子浓度梯度，因为当通道打开产生电信号时，需要离子快速、被动地流动。离子通过扩散出入细胞后，它们的浓度梯度必须通过主动运输重置。

主动运输蛋白横跨细胞膜并有两个结合结构域。其中的一个松弛地与一个特定分子或原子结合，如钙离子（Ca^{2+}），如图 5-10❶所示；第二个结构域在膜的内侧，它与 ATP 结合。ATP 为蛋白质提供能量，使蛋白质改变形状并把钙离子转运到细胞膜的另一侧（见图 5-10❷）。主动运输的能量来自于连接 ATP 三个磷酸基团中最后一个高能键。当这个高能键断裂并释放出其中储存的能量时，ATP 就会变成 ADP（二磷酸腺苷）加上一个游离的磷酸基团（见图 5-10❸）。主动运输蛋白通常被称为泵，是因为它们利用能量使离子或分子逆浓度梯度“向上”移动，就像将水泵到一个位置较高的储藏罐中一样。

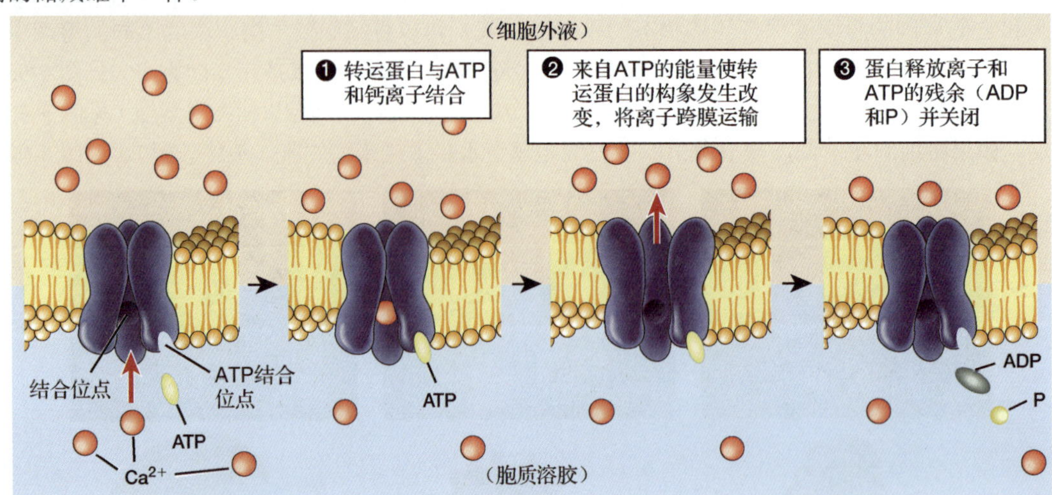

▲图 5-10 主动运输 主动运输通过消耗能量，使分子发生逆浓度梯度的跨膜运动。一个转运蛋白（蓝色）有一个 ATP 结合位点和一个转运分子结合位点；在图中，被转运的是钙离子（Ca^{2+}）。注意，当 ATP 给出能量时，它会失去自己的第三个磷酸基团，变成 ADP 和一个自由的磷酸基团。

2. 细胞通过内吞摄入颗粒或流体

细胞需要从它的外环境中摄取的物质可能很大，以至于不能直接穿过膜。这些材料被质膜包围形成囊泡，在细胞内运输。这一耗能过程称为内吞（endocytosis，希腊语意为“进入细胞”）。依据物质的大小、获取物质的类型及获取的方式，我们在此描述三种类型的内吞：胞饮、受体介导的内吞和吞噬。

在胞饮过程中，质膜很小的一部分向内凹陷包围组织液，然后膜出芽形成小的囊泡，进入胞质中（见图 5-11）。胞饮将内陷的一块膜包含的组织液移入细胞。因此，细胞所吸收物质的浓度与组织液中相同。

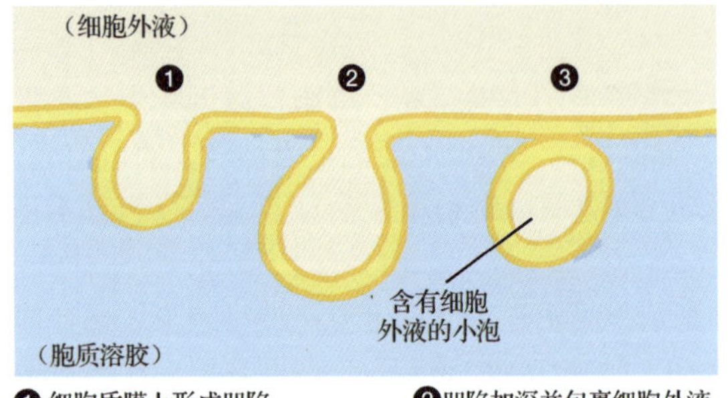

❶ 细胞质膜上形成凹陷 ❷凹陷加深并包裹细胞外液
❸膜闭合起来，将细胞外液包含在其中，形成小泡

（a）胞饮作用

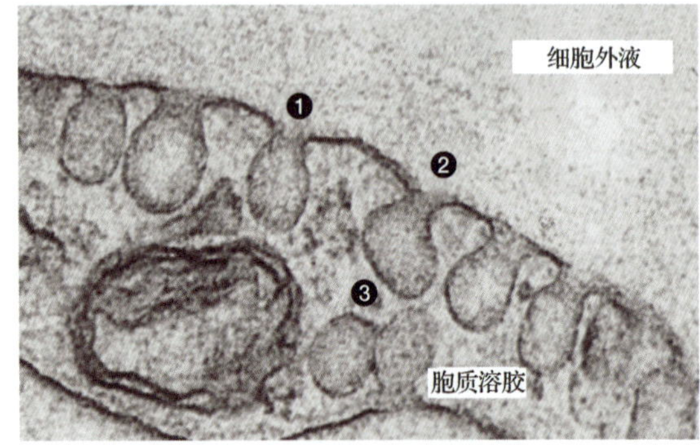

（b）透射电子显微镜下的胞饮作用

▲图 5-11 胞饮 用圆圈圈住的数字既对应（a）中的图表，又对应（b）中的透射电子显微镜照片。

细胞通过受体介导的内吞过程选择性摄取无法通过通道蛋白或扩散穿过质膜的特定分子或分子复合物（例如，包含蛋白质和胆固醇的“小囊”。见图 5-12）。受体介导的内吞过程依赖位于质膜变厚的凹槽处称为包被小窝的受体蛋白。适当的分子结合到这些受体上后，包被小窝内陷入“小囊”中，出芽形成囊泡，将分子携带入胞质中。

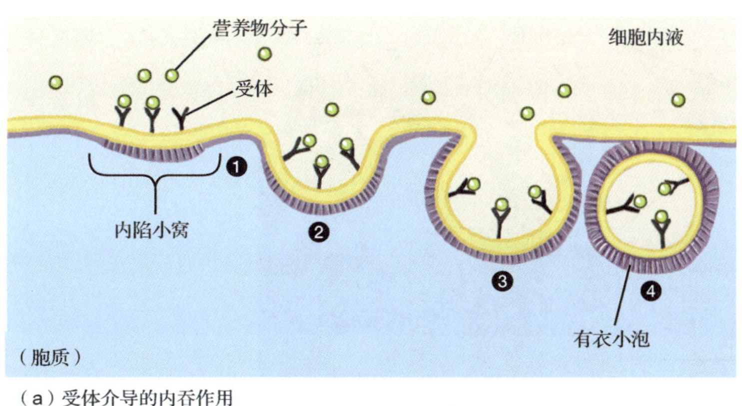

❶ 识别特异分子或者复合物的受体蛋白一般位于内陷小窝区域

❷ 特异分子与受体结合，膜结构发生内陷

❸ 将蛋白质包裹的内陷小窝区域将结合有受体的分子包裹在其中

❹ 有衣小泡将内含物释放到胞质之中

（a）受体介导的内吞作用

与受体相连的胞外颗粒　细胞内液　胞质　蛋白质包装　内陷小窝　细胞质膜　有衣小泡　0.1 微米

（b）透射电子显微镜下的受体介导的内吞作用

▲**图 5-12　受体介导的内吞作用**　用圆圈圈住的数字既对应（a）中的图表，又对应（b）中的透射电子显微镜照片。

吞噬（Phagocytosis，源于希腊语中的“细胞”和“吃”）将大的粒子有时甚至是整个微生物移入细胞内（见图 5-13a）。例如，在淡水中生活的阿米巴虫感知到美味的草履虫时，阿米巴虫就会伸展它的部分膜表面。这些伸展的细胞膜称为伪足。伪足在猎物周围融合，将它包裹在一个称为食物泡的囊泡中，供进一步的消化（见图 5-13b）。像阿米巴虫一样，白细胞通过吞噬和消化来包裹并破坏入侵的细菌，在你体内无时不在上演着这样的剧情（见图 5-13c）。

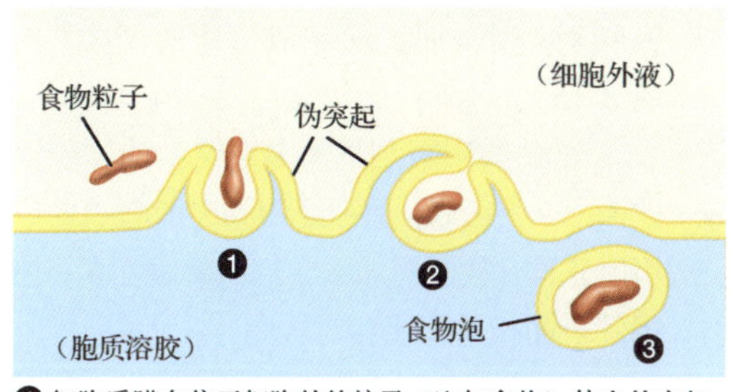

❶ 细胞质膜向位于细胞外的粒子（比如食物）伸出伪突起
❷ 伪突起的末端融合，将食物粒子包裹其中
❸ 形成一个包裹着被吞噬粒子的、称为食物泡的小泡

（a）吞噬作用

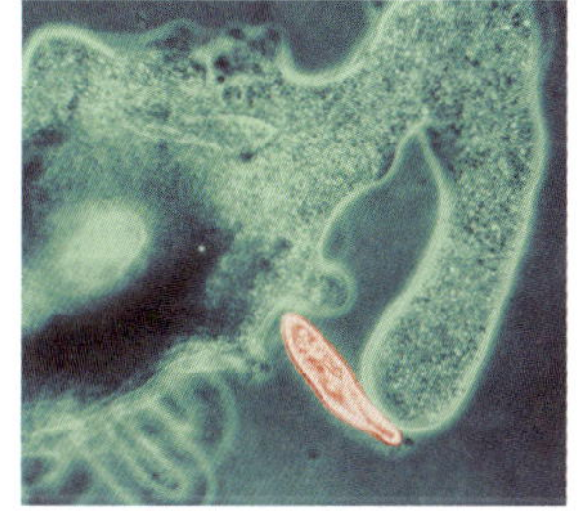

（b）一只阿米巴虫正吞噬一只草履虫

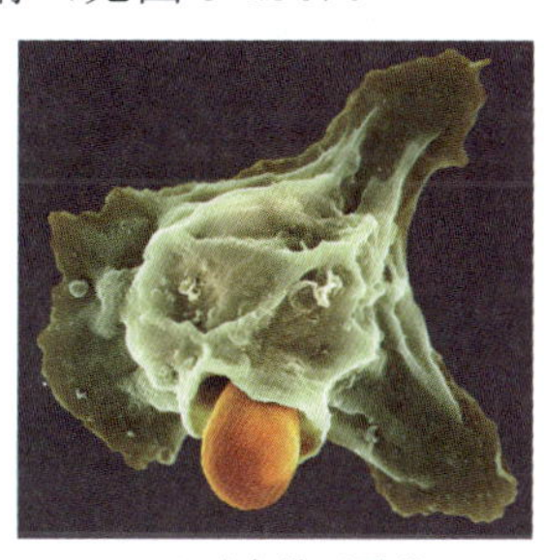

（c）白细胞正吞噬致病真菌细胞

▲**图 5-13　吞噬作用**　（a）吞噬作用的机制。（b）阿米巴原虫通过吞噬作用摄食。（c）白血球通过吞噬作用吞下致病微生物。

3. 细胞通过胞吐将物质排出细胞

细胞也利用能量向组织液中排出一些无法消化的废物粒子或分泌激素等物质，这一过程称为胞吐（exocytosis，“出细胞”；见图 5-14）。胞吐过程中，由膜包围的囊泡把要排出的物质移动到细胞表面，囊泡膜与细胞质膜融合。囊泡的内容物随后扩散入细胞外液中。

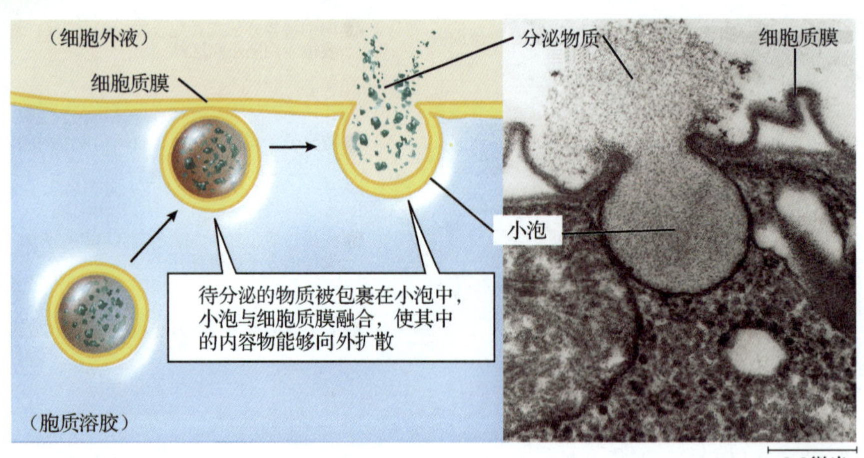

◀**图 5-14　胞吐作用**　胞吐作用的功能与内吞作用恰好相反。

5.2.5　跨膜的物质交换影响细胞的大小和形状

大多数的细胞太小，无法用裸眼看到；它们的直径从 1 微米到 100 微米（百万分之一米）不等。为什么细胞这么小呢？假设细胞基本上呈球形，直径越大，靠内部的物质离细胞质膜越远。为了获得营养或排出废物，细胞的所有部分都需要依赖缓慢的扩散过程。

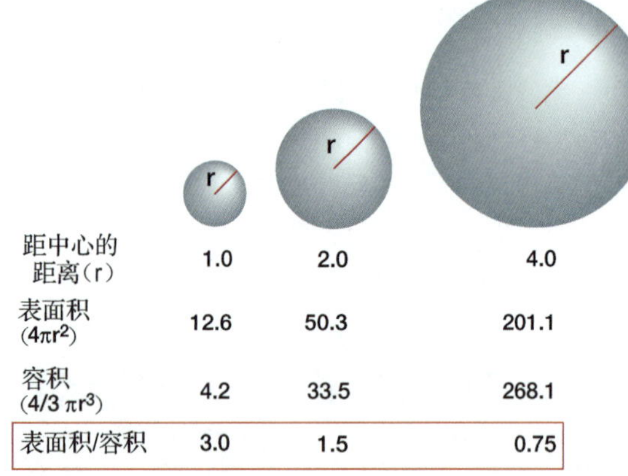

距中心的距离（r）	1.0	2.0	4.0
表面积 ($4\pi r^2$)	12.6	50.3	201.1
容积 ($4/3\ \pi r^3$)	4.2	33.5	268.1
表面积/容积	3.0	1.5	0.75

▲**图 5-15　表面积和容积的关系**　当一个球（或一个球状细胞）变大时，它的容积（它包含的细胞质的量）比它的表面积（它的质膜）增长得快得多。这说明球形细胞必须保持非常小的外形，这样它的细胞表面积才能符合细胞质中的代谢需求。

假设一个巨大的细胞，它的直径有 8.5 英寸（约 20 厘米），氧气分子需要花费超过 200 天的时间才能扩散到细胞的内部，那时细胞早就因为缺氧而死亡了。此外，随着球体变大，它的体积比表面积增加得更快。所以一个巨大的、近似球形的细胞（比小的细胞需要更多的营养物质，同时产生更多的废物）的膜相对较小，而无法完成这样的交换（见图 5-15）。

这种约束限制了大多数细胞的体积。然而，一些细胞，如神经和肌肉细胞的外形极度延伸，从而增加了它们的膜表面积，使得其表面积体积比相对较高。

5.3　特化的连接是如何使细胞相连和交流的？

在多细胞有机体中，质膜上的一些特化的结构将细胞连接在一起，其他一些结构则为细胞与邻近细胞间的交流提供通道。这里讨论 4 种主要的细胞连接结构：桥粒、紧密连接、间隙连接和胞间连丝。前面三种类型的连接只在动物细胞中存在，而胞间连丝只存在于植物细胞中。

5.3.1　桥粒将细胞黏附在一起

称为桥粒（见图 5-16a）的黏附结构将被反复拉伸的组织如皮肤、小肠和心脏中的细胞连接在一起。这些强有力的连接避免施加在这些组织上的力将它们撕裂。在一个桥粒结构中，锚定蛋白位于相邻细胞两质膜的内表面。这些锚定蛋白黏附在整个细胞质中延伸的中间纤维上。连接蛋白从每个细胞的质膜上延伸出来，扩充黏附细胞间狭窄的空间并将它们紧密地连接在一起。

5.3.2　紧密连接使细胞黏附滴水不漏

紧密连接由位于相邻细胞通讯位点的跨膜蛋白形成。如图5-16b 所示，紧密连接使得细胞两个相邻的膜近乎缝在一起。互相结合的紧密连接蛋白在相连的细胞间形成了一个阻止几乎所有物质通过的屏障。例如，膀胱内存在的紧密连接可以阻止尿液中的细胞废物回流至血液中。在消化道中，细胞间的紧密连接避免了身体的其他部位受到酸、消化酶及存在于多种小室中的细菌的破坏。

5.3.3　间隙连接和胞间连丝使细胞间可直接交流

动物体内许多组织中的细胞通过间隙连接互相连接在一起（见图 5-16c），成簇的通道可能有几个到上千个。通道由 6 个呈管状的跨膜连接子蛋白侧向排列而成。连接子成对排列，这样它们的中央孔洞就可以将相邻细胞的胞质连接起来。小的孔洞允许小的水溶性分子包括糖分子，各种离子、氨基酸及小的信使分子如 cAMP 在细胞间流通，但是阻止细胞器及大分子如蛋白质的通行。间隙连接可协调大量细胞的代谢活动。它们使电信号在特定神经细胞群中得以极快传播，它们还可以使心肌及消化道、膀胱及子宫内壁平滑肌的收缩同步。

胞间连丝是一种将几乎所有相邻的植物细胞连接在一起的通道。胞间连丝的开口处排列有质膜并由胞浆填充，因此胞间连丝处相邻细胞的膜和胞浆是连续的（见图5-16d）。许多植物细胞有成千上万的胞间连丝，使得水、营养物质及激素可以在不同细胞间自由通行。这些连接在协调代谢活动中起着与动物细胞中间隙连接相同的功能。

了解膜脂和蛋白质的多样性不仅仅是理解单个细胞的关键，同时也是理解整个器官的关键，没有了细胞膜所特有的属性，这些器官无法完成其相应的功能。

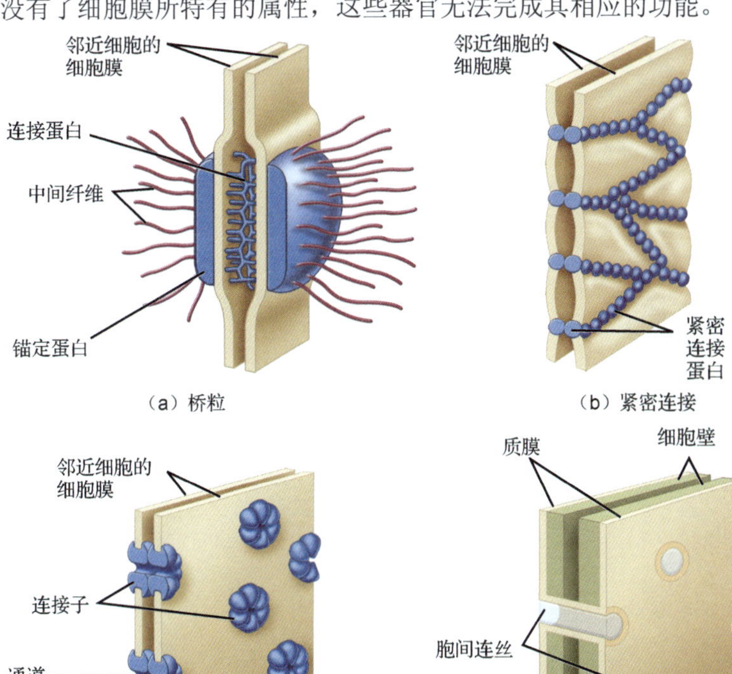

◀**图 5-16　细胞连接结构**　（a）桥粒形成很强的连接。相邻细胞质膜上的锚定蛋白由连接蛋白相连接。蛋白质纤维（中间纤维）与每个细胞的细胞骨架连接在一起，从而加强细胞连接。（b）邻近细胞之间的紧密连接互相融合，它们形成针脚状的结构，防止邻近细胞的质膜之间发生物质交换。（c）间隙连接包含着连接邻近细胞的细胞质的通道蛋白，它们可以让小分子和离子通过。（d）胞间连丝连接相邻植物细胞的细胞质和质膜，使它们之间的代谢活动存在一致性。

第 6 章　细胞中的能量流动

美国纽约的马拉松跑者，他们的身体将存储的能量转化为动能和热能，他们的脚步正踏过韦拉扎诺海峡大桥。奔跑吧，少年！

6.1　什么是能量？

能量是做功的能力，相应地，功指的是将能量从一个物体传递到另一个物体，使物体运动。显而易见，马拉松竞赛就是一种运动，在这种运动的过程中，马拉松队员们昂首挺胸、手舞足蹈、一往无前地向着 26 英里外的目标前进。这项运动需要消耗大量的化学能，也就是蕴含在生物大分子之中的能量。这些生物大分子包括糖类、糖原和脂类，它们储存在细胞中，供给马拉松队员一往无前的能量。细胞通过 ATP 这样的特殊分子从一个接一个的化学反应中获得、储存和转移能量。

▲图 6-1　**将势能转化为动能**　过山车在向下俯冲的过程中，将重力势能转化为动能

能量通常有两种基本形式，势能和动能。势能是储存的能量，包括生物大分子中蕴含的化学能、石油等燃料含有的能量、上过发条的老式时钟或者拉开的弓所保持的能量，以及大坝上的水库和将要落下的过山车所受的重力带来的能量（如图 6-1 所示）。动能则是运动所包含的能量，包括辐射能（主要来源于光、X 射线和其他各种形式的电磁辐射）、热能（主要来源于分子和原子的运动）、电能（主要来源于带电粒子的流动），或者物体的运动，比如正在高速下落的过山车或者奔跑中的马拉松运动员。在特定情况下，动能可以转化为势能，势能也能转化为动能。例如，在过山车由低处向高处攀爬时，过山车的动能转化为重力势能。再举一个分子级的例子，光合作用发生时，光线所拥有的动能被捕获，然后转化为生物大分子的化学键中的势能。为了更好地理解能量流动和转化，需要了解能量的性质和作用规律。

6.1.1　热力学定律描述了能量的基本特征

热力学定律描述了能量的数量特征（也就是总量）和质量特征（也就是用途）。热力学第一定律指的是，在正常情况下，能量既不能被创造也不能凭空消失（当然，也有一个例外，就是核能可以通过核反应转化为能量）。这一定律定义了一个假想的闭合系统，在这一系统中，能量既不能流入也不能溢出，所以，无论系统内部发生何种变化，能量的总量总是保持不变。因为这个原因，热力学第一定律又被称为能量守恒定律。但是，能量可以从一种形式转化为另一种形式。

接下来我们具体讲一讲这个定律。假设有一辆小轿车，在你转动钥匙打开开关之前，轿车的所有能量都是势能，这些势能储存在燃料的化学键中。开动小轿车时，只有大约 20%的势能转化为动能。根据热力学第一定律，能量既不能被创造也不能凭空消失，那么，剩下的 80%的能量到哪里去了呢？燃料的燃烧固然使得小轿车动起来，但是，它也使发动机、路面以及轿车周围的空气发热。所以，正如热力学第一定律所描述的，能量的总量依旧守恒，只是变成了另一种形式，当然，绝大多数能量通过转换为热能浪费掉啦。

热力学第二定律指的是，当能量由一种形式转化为另一种形式时，有用的能量会减少。换句话来说，所有正常的活动（除了核反应）都可以导致能量转化为更加无用的能量。接着小轿车的例子，汽油中储存的能量的 80%都转化为热能，增加了小轿车、空气以及路面分子的运动速率（如图 6-2 所示）。而对于大自然和人类来说，比起储存在大分子中的化学键键能，热能更加没有用处。

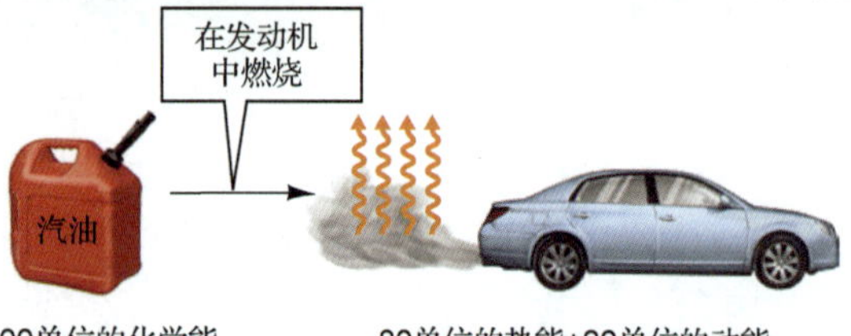

▲图 6-2 能量的转化导致了有用能量的损耗

现在谈谈我们人体。当我们奔跑或者阅读时，我们的身体会消耗能量，这些能量来源于我们吃的食物，通过消化分解释放出储存在营养物质中的能量。你的身体之所以暖烘烘的，也是因为你的身体向外散发热量，同时温暖了周围的环境。但是，这种能量并不能使肌肉收缩或者大脑思考。因此，正如热力学第二定律告诉我们的，任何能量的转换形式，包括那些实实在在发生在我们身体里的能量转换，都不能获得百分之一百的收益。

热力学第二定律同样告诉我们物质的组织形式。有用的能量通常储存在高度稳定和有序的物质中，比如以下复杂分子的化学键之中。因此，当能量在这个假想的闭合系统中释放和转化时，系统中物质的混乱和无序程度就会提高。在家里我们都能体会到这一点，不进行需要消耗能量的打扫和整理工作，我们的家乱成一片，垃圾堆积，书本四处都是，衣服鞋袜随便丢在地板上，床铺如同狗窝一般。

在分子水平上，可以观察到同样的情况。燃烧的汽油进行化学反应的化学方程式是这样的：

$$2C_8H_{18} + 25O_2 \rightarrow 16CO_2 + 18H_2O + \text{能量}$$

（辛烷）+（氧气）→（二氧化碳）+（水）+（能量）

（反应物）（生成物）

在这个方程式的两端，虽然原子的数目是一样的，但是，值得注意的是，左端的反应物共有 27 个分子，右边的生成物有 34 个分子。反应散发的热能促进了生成物及其周围环境分子的不规则运动。这种由复杂趋于简单、由有序趋于无序、由有用的能量趋于无用的能量的趋势，被称为熵。与熵相对的有用的能量，则必须从外界的环境中灌注入系统之中。耶鲁大学著名科学家 G. Evelyn Hutchinson 所说，“无序的事物遍布宇宙，人类就是要与无序斗争”，这句话对熵和热力学第二定律做了完美的诠释。

6.1.2 生物利用太阳能为生命创造低熵的环境

研究学习热力学第二定律的时候也许你会费解，生物为什么能在越来越趋于无序的环境之中生存？如果化学反应，包括那些发生在生物的各个细胞中的，导致无用的能量越来越多，而生命物质也越来越随机和无序，那么，生物体是如何应对这些无用的能量和物质的呢？答案是这样的，无论细胞、生物体、还是我们赖以生存发展的地球，都不是闭合的系统，它们从距离地球 9300 万公里的太阳那里获得源源不断的太阳能。而太阳能则是太阳不断发生核反应的结果，这些反应生成源源不断的光能和各种形式的电磁能，也同样增加了太阳自身的熵。这些反应向外释放了无法估量的热能，以至于太阳中心的温度高达 2700 万华氏度，也就是 1600 万摄氏度。

所以说，生物体所谓“对抗无序的战争”是通过获取太阳能然后合成复杂的生物大分子最终构建和维持生物体来实现的。因此，高度有序的系统，也就是低熵的系统，并不违反热力学第二定律，因为它们从太阳那里获得了源源不断的有用能量。熵值总在不断增加，而发生在太阳中的化学反应迟早有一天会将能量用尽，但是对于我们来说幸运的是，那将是几十亿年之后的事情了。

6.2　能量在化学反应中是如何转化的？

化学反应破坏或者形成将原子组合在一起的化学键。化学反应将一群化学物质（又称之为反应物），转换成为另一群化学物质（又称之为产物）。所有的化学反应要么释放能量，要么吸收能量。如果一个化学反应是放能反应，那么就是说，这个化学反应会释放能量，这个化学反应的反应物所包含的能量多于产物。所有的化学反应都是通过热量的形式而释放部分能量的（如图 6-3 所示）。如果一个化学反应是吸能反应，那么，这个化学反应就需要摄入的能量，换句话说，这个化学反应中的产物包含的能量要多于反应物。吸能反应需要从外界系统获取能量（如图 6-4 所示）。

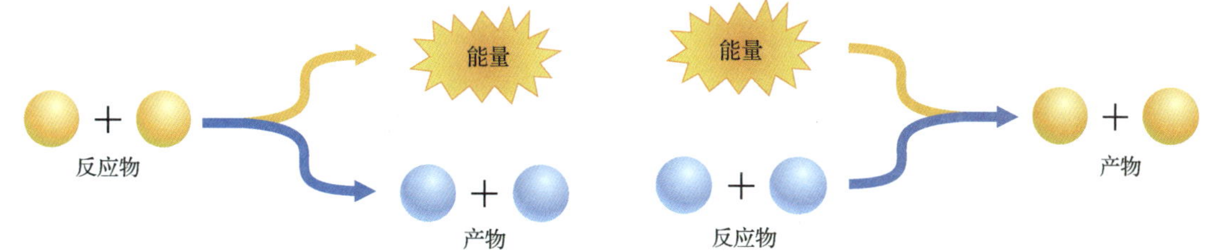

▲图 6-3　**一个放能反应**　产物比反应物包含的能量要少。　▲图 6-4　**一个吸能反应**　产物比反应物包含的能量要多。

 6.2.1　放能反应释放能量

所有的厨师都能会告诉你，糖是可以燃烧的。当糖（比如葡萄糖）燃烧时，发生的化学反应和在我们身体里或者其他生物体里的反应没什么区别。糖和氧气作为反应物，生成二氧化碳和水，并伴随着化学能和热能的释放。各反应物分子包含的总能量要远大于各生成物分子的总能量，所以，葡萄糖的燃烧反应是一个放能反应（如图 6-5 所示）。形象地看，放能反应就像是从能量高的山上向能量低的山下跑。

 6.2.2　吸能反应需要吸收能量

与糖燃烧相反，在许多化学反应中，产物分子包含的能量多于反应物分子。举个例子，糖包含的能量远远大于形成它所需的二氧化碳和水分子包含的能量。肌肉细胞中蛋白质分子包含的能量远远大于形成它所需的氨基酸分子包含的能量。换句话说，合成复杂的生物分子需要能量的投入，这些反应是吸能反应。吸能反应并不会自发发生。我们可以将这种反应想象成爬山，反应物含有的能量少于产物，就像是将一块石头由象征低能量的山脚下搬到象征高能量的山顶一样，需要耗费大量的能量。那么，生物的吸能反应是如何获取能量的呢？光合作用就是答案。光合作用利用从太阳获得的光能，将能量低的水和二氧化碳转化成能量高的糖（如图 6-6 所示）。接下来，用糖类中包含的能量合成蛋白质和其他必需的复杂分子。从这个意义上来说，所有的生物，包括我们自身，都要利用光合作用得到的能量，并通过吸能反应将这些能量储存在糖类和其他生物大分子之中。

1．所有化学反应都需要能量来启动

所有的化学反应，包括那些可以持续自发发生的，都需要能量来启动。想想看一块放在山顶的石头，如果没有一个神秘的力量推它一下，它就会一直屹立在那里。在化学反应中，这种“推它一下”的神秘能量被称为活化能（如图 6-7a 所示）。所有的原子外面都环绕着带负电的电子，而活化能的作用就是帮助原子克服外层电子层的斥力，这些原子因此就可以相互靠近，发生化学反应。

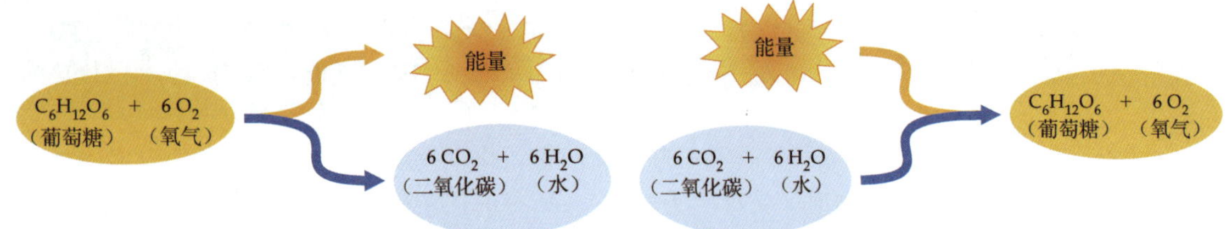

▲图 6-5 在燃烧葡萄糖过程中的反应物和产物

▲图 6-6 光合作用

活化能是由分子的动能提供的。在任何高于绝对零度的温度下，原子和分子都会持续不断进行运动。高速运动的反应分子彼此之间相互碰撞，使得它们的外层电子彼此缠绕、难以区分，并最终发生化学反应。因为温度越高分子的运动越剧烈，所以，在高温下化学反应更容易发生。例如，“星星之火，可以燎原”（如图 6-7b 所示），讲的就是当稻草也就是糖类被点燃时，起始的反应提供给糖类和氧气足够的热量，使这个反应持续下去，最终形成燎原之势。

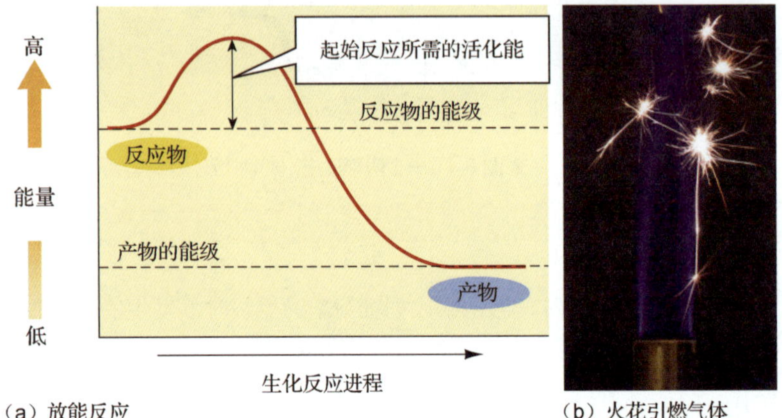

（a）放能反应

（b）火花引燃气体

◀图 6-7 放能反应的活化能 （a）放能（“下坡”）反应从含有较多能量的反应物向含有较少能量的产物方向进行，在此过程中释放能量。（b）摩擦煤气打火机产生的火花点燃了从本生灯中流出的煤气。火花为放能反应提供活化能。之后，煤气燃烧释放的热量使反应可以自发地持续进行。

6.3 能量在细胞中是如何转运的？

几乎所有生物的生存和发展都依赖于之前讲述的葡萄糖分解这一放能反应所释放的能量，这些能量维持了细胞的基本活动，包括细胞内各种分子的构建和肌肉收缩，等等。但是，葡萄糖释放的能量并不能被细胞直接利用，葡萄糖释放的能量会先转移到载能分子上。所谓载能分子，指的是在放能反应中合成的、承载着部分化学反应释放的能量的高能分子，这些分子就像是可充电的电池，通过放能反应充盈能量，再释放这些能量来启动下一个吸能反应。无论获取能量还是转移能量，载能分子只在细胞内部发生作用，既不能将能量从一个细胞传递到另一个细胞，也不能长时间储存能量。

 6.3.1 ATP 和电子载体是细胞内的载能分子

在细胞中发生的放能反应，比如葡萄糖和脂类的分解，大部分都会产生大量的三磷酸腺苷，又称 ATP（见第 3 章）。ATP 是细胞中最为常见的载能分子。ATP 是一种核苷酸，由含氮的腺嘌呤碱基、核糖和三个磷酸基团组成（见图 3-23）。ATP 所到之处可以启动细胞内的大批吸能反应，所以，ATP 也被称为细胞内的“能量流”。当细胞中发生葡萄糖分解这一类放能反应时，释放的能量使处于低能状态的分子二磷酸腺苷，又称 ADP，与一个分子的无机磷酸基团结合而生成 ATP（如图 6-8a 所示）。这个无机的磷酸基团的化学式是 HPO_4^{2-},通常表示为 P_i。这一过程需要消耗能量，所以，ATP 的合成反应是吸能反应。

ATP 广泛分布于细胞中，将能量带到进行吸能反应的各个地方。在那里，ATP 分解为 ADP 和 P_i，并把携带的能量释放出来（如图 6-8b 所示）。在代谢旺盛的细胞中，ATP 的生存周期非常短暂，大概估计一下，每个分子每天大约轮回 1400 多次。马拉松运动员每分钟都有消耗大量的 ATP 分子，所以，如果 ATP 不迅速地循环，马拉松运动员就没有足够的能量来奔跑。我们知道，ATP 并不能长时间地储存能量，而其他更为稳定的分子，比如植物中的淀粉、动物中的糖原和脂肪，可以将能量储存数个小时甚至是数天，尤其是脂肪，储存能量的时间可以以年来计算。

对细胞来说，ATP 并不是唯一可以携带能量的分子。就一些放能反应比如葡萄糖分解和光合作用的捕获光能的过程来说，一些能量并没有传递给 ATP 而是传递给电子。这些携带能量的电子与细胞中的氢离子（写做 H^+，也广泛的分布在细胞之中）被一种叫做电子载体的分子捕获。接下来，携带能量的电子载体会将高能电子传递给其他分子，而这些分子通常会参与 ATP 的合成。细胞中最常见的电子载体包括烟酰胺腺嘌呤二核苷酸（NADH）和黄素腺嘌呤二核苷酸（$FADH_2$）。

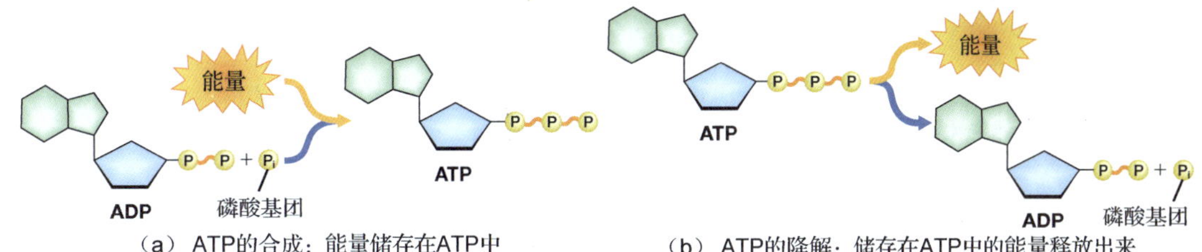

▲图 6-8　ADP 和 ATP 的相互转化　（a）当一个磷酸基团（P_i）加到二磷酸腺苷（ADP）上生成三磷酸腺苷（ATP）时，能量就被捕获了。（b）当 ATP 被降解生成 ADP 和 P_i 时，释放出可供细胞完成各种各样的生命活动的能量。

6.3.2　偶联反应联系放能反应和吸能反应

对于偶联反应来说，放能反应可以以 ATP 或者电子载体来释放能量，从而启动吸能反应的发生（如图 6-9 所示）。以光合作用为例，光线也就是光能来源于太阳核心中所发生的放能反应，植物可以捕获光能并将这一能量用于将处于低能状态的反应物（二氧化碳和水）合成高能产物（葡萄糖）这一吸能反应。基本上所有的生物都会利用放能反应（例如，葡萄糖分解为二氧化碳和水）释放的能量来启动和维持吸能反应（例如，氨基酸合成蛋白质）。因为，能量在转化过程中无时无刻不以热能的形式损失，所以，在偶联反应中放能反应所释放的能量总是多于吸能反应所需要的能量。

在细胞内部，偶联反应中的放能反应和吸能反应通常在细胞的不同部位发生，所以，细胞必须寻求一种方式，使能量由放能反应发生的地方转移到吸能反应发生的地方，而这一工作通常是由像 ATP 这样的载能分子完成的。作为偶联反应的中间产物，放能反应会持续合成 ATP，从而携带反应所释放的能量，然后在吸能反应发生的地方分解释放能量（如图 6-9 所示）。

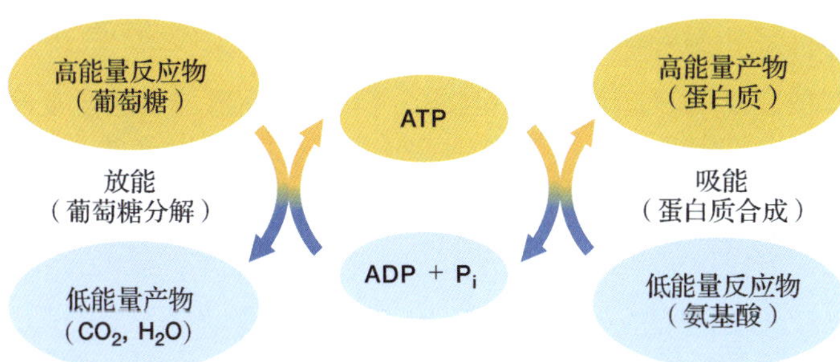

◀图 6-9　活细胞中的偶联反应　放能反应（比如葡萄糖的降解）驱动由 ADP 和 P_i 合成 ATP 的反应。ATP 分子将化学能携带到细胞中需要能量的部位，驱动吸能反应（比如蛋白质的合成）。ADP 和 P_i 在生成 ATP 的吸能反应中重聚到一起。

6.4 酶是如何催化生化反应的？

点燃碳水化合物就会产生火焰，碳水化合物会和氧气发生反应生成二氧化碳和水。这个反应在我们的细胞中也无时无刻不在发生，当然，细胞中发生的反应不会产生火焰，更没有失火的危险。碳水化合物在空气中燃烧所产生的大量热量对细胞是极其无用和浪费的，并且，如果能量的释放受到精密的控制并与 ATP 的产生反应相偶联，一个葡萄糖分子所能释放的能量足以产生数十个 ATP 分子。

6.4.1 催化剂降低启动反应所需的能量

总体来说，化学反应的速率取决于由这一反应的活化能；也就是由启动这个化学反应所需的能量决定的（如图 6-7a 所示）。有些反应，比如盐块溶于水中，所需的活化能非常低，在人的体温下，即大约 98.6 华氏度或 37 摄氏度，就可以迅速地发生。相对的，如果将糖块放在体温下，也许过了几个世纪糖块依然是糖块。

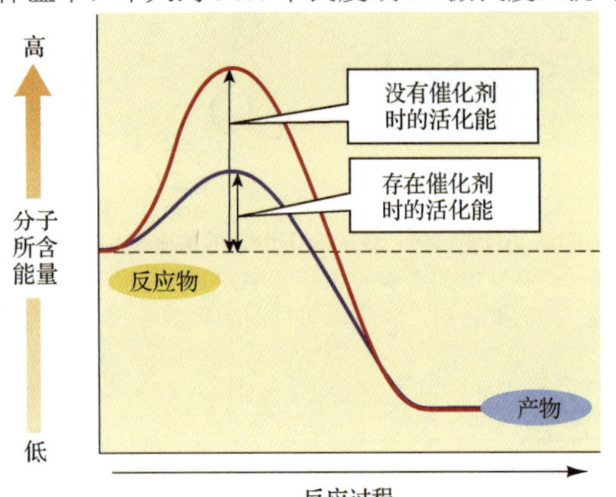

▲图 6-10 催化剂（比如酶）可以降低反应的活化能 高活化能（红色曲线）表示反应物分子必须发生强烈碰撞才会发生反应。催化剂降低了反应的活化能（蓝色曲线），因此更多的分子达到足够快的运动速度，在相互碰撞时能够发生反应。所以，这一化学反应就能够更快地进行。

碳水化合物和氧气发生反应生成水和二氧化碳是放能反应，但是，这一反应的活化能很高。火焰的热量可以增加碳水化合物分子和附近氧气分子的运动速率，使它们彼此碰撞并发生反应的几率大大增加，并提供给这些反应足够的活化能，所以，反应发生了、碳水化合物燃烧了。催化剂的功能是，在没有热能加入提供活化能的情况下同样可以促使反应的发生。

所谓催化剂，就是在自身并不发生变化的情况下提高化学反应速率的一类分子。催化剂通常通过降低反应的活化能来发挥作用（如图 6-10 所示）。轿车排气系统中的催化装置就是一个例子汽油的不完全燃烧产生有毒有害的一氧化碳（CO），而一氧化碳可以缓慢和自发地与空气中的氧气发生反应，产生二氧化碳，这一反应的化学式如下：

$$2CO + O_2 \rightarrow 2CO_2 + \text{热能}$$

对一些重型车辆来说，一氧化碳与氧气的自发反应程度要远远低于一氧化碳的释放量，这样，一氧化碳就会逐渐积累，危害人体。如果安装催化装置，催化装置中的催化剂，比如说铂金，为氧气和一氧化碳的相遇和碰撞提供平台，大大增加二者反应的发生概率，起到降低空气污染的作用。

所有的催化剂都具有如下三个特点：

- 催化剂通过降低启动反应的活化能来发挥作用。
- 催化剂可以同时增加吸能反应和放能反应的反应速率，但是，并不能使得吸能反应自发地发生。
- 催化剂催化的反应并不能消耗和改变催化剂自身。

6.4.2 酶是生物催化剂

无机催化剂可以加速多种不同化学反应。但是，这些催化剂并不能直接用于生物体，甚至可以说，无机催化剂对生物体是有害甚至致命的。生物体有自己的生物催化剂，也就是生物酶。所有的生物酶都是蛋白质。特定的生物酶最多可以催化几种化学反应，绝大多数的生物酶只可以催化唯一一种生化反应。

生物酶既可以催化放能反应也可以催化吸能反应。举例来说，ADP 和 P_i 合成 ATP 这一反应，可以被 ATP 合成酶来催化。吸能反应发生时需要能量的提供，ATP 的分解需要 ATP 酶来催化。生物酶的命名方式并没有固定统一的方式，有一些加入“酶”（英文写做-ase）这个后缀来表示这个酶的功能，比如 ATP 合成酶，有一些加后缀则点明酶所作用的分子，比如 ATP 酶，而其他甚至不加“酶”这个后缀。

1. 酶的结构使它可以催化特殊的反应

生物酶的功能与任何蛋白质一样取决于它的结构（可以重温一下第 3 章，图 3-20）。生物酶的氨基酸序列和氨基酸链缠绕折叠的方式，决定了酶的独特形态和结构。生物酶利用它独特的形态结构引导、改变并重塑其他分子，使这些分子更加容易发生反应，自身却没有发生变化。

每一个酶都有一个像口袋一样的区称为活化区域，反应物分子，又称为底物，可以进入这个口袋区域。活化区域的形态以及构成活化区域的氨基酸们所携带的电荷，决定什么样的分子可以进入这个活化区域。以淀粉酶为例，淀粉酶催化淀粉的水解反应，分解淀粉，对纤维素却没有任何作用，虽然淀粉和纤维素的糖链完全相同。这是为什么呢？因为淀粉中单糖的空间排列方式与淀粉酶的活化区域相匹配，而纤维素的不行。在胃中，蛋白质多肽链的多个区域都可以和胃蛋白酶的活化区域相结合，从而可以被胃蛋白酶消化降解。还有一些特殊的可以分解蛋白质的生物酶，比如胰酶，可以破坏特定的氨基酸之间的肽键，也就是只针对一类蛋白质进行降解。因此，对完善的蛋白质消化系统来说，需要多种消化酶的协同作用才能更好地将饮食摄入的所有蛋白质消化为氨基酸。

生物酶是如何催化生化反应的呢？图 6-11 给出了简单的解释。当两种反应底物分子发生反应生成一个生成物时，首先，生物酶活化区域的特定结构和所带的电荷使反应底物进入酶的活化区域，底物进入活化区域之后，底物和生物酶的活化区域都会改变构象。接下来，活化区域的氨基酸链和反应底物因为所带电荷产生的相互作用很有可能会破坏底物的化学键。特定的化学反应之所以被特定的生物酶催化，是由反应底物的选择性、底物的构象以及临时形成的化学键和变化扭曲的原有化学键决定的。这些因素决定了特定的生物酶是否能够促使两种分子相互反应，或者促进一种大分子降解为多个小分子。一个化学反应结束了，这个反应的产物并不能与生物酶的活化区域相匹配，就自然而然的离开了。这时候，酶就会恢复它本来的构象，准备迎接下一轮的反应。如果底物足够充沛，一些催化效率高的生物酶每秒可以催化成千上万个反应，使之迅速有效的进行，其他一些酶可能速度就要慢很多。

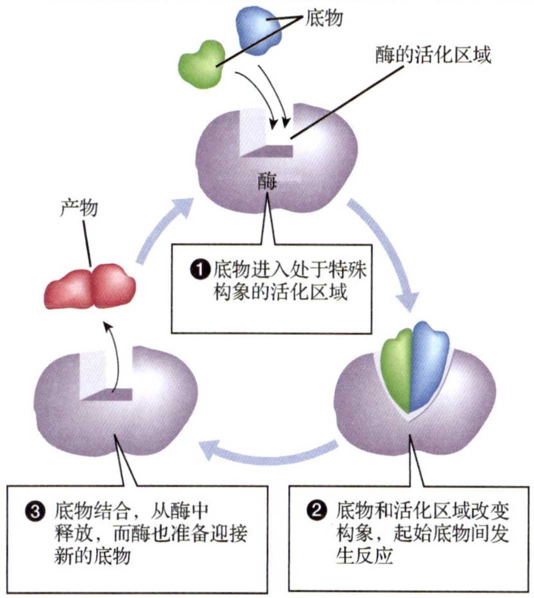

▲图 6-11　**酶-底物相互作用循环**　尽管图表中只显示了两个底物分子结合到一起，形成一个产物分子的反应，但是酶也可以催化一个底物分子分裂为两个产物分子的反应。

2. 像所有其他催化剂一样，生物酶降低活化能

在细胞中，分子的分解或者合成需要很多精密细小的步骤，每一步都需要特定的生物酶来催化（如图 6-12 所示）。每一个酶都可以降低它催化的化学反应的活化能，使反应在体温条件下顺利进行。举个形象的例子，登山运动员要登上山顶，在他要经历的路途上每一步都放置合适的、适合手抓脚蹬的辅助设施，那么，他的攀登过程就会变得无比容易。与这个例子类似的，对于一系列的反应步骤，每个反应都需要一定的活化能，而活化能又被催化剂降低，那么，让这些反应正常有序地在体温条件下进行，就如那个登山运动员一样易如反掌了。

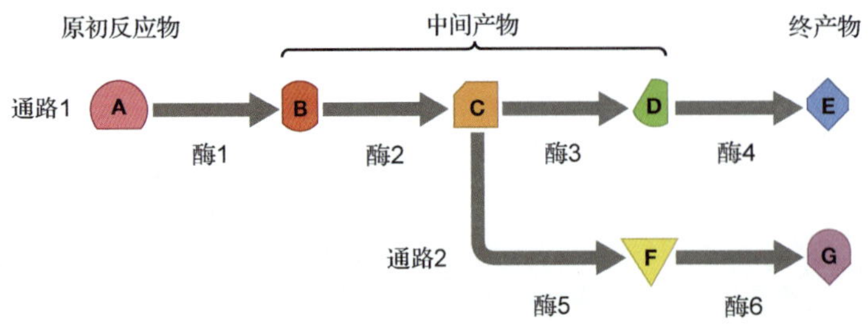

◀图 6-12 简化后的代谢通路 最初的反应物分子：（A）经历一系列反应，每一个反应都由特定的酶催化，每个反应的产物都是下一个反应的反应物。代谢通路通常是互相连接的，因此一步反应中的产物可能是这一通路中下一个酶的底物，也可能是另一个通路中某个酶的底物。

6.5 生物酶是如何被调控的？

细胞代谢指的是细胞中运行的全部生化反应。许多化学反应，比如将葡萄糖降解为二氧化碳和水的反应，与细胞代谢通路密切相关（如图 6-12 所示）。在细胞代谢通路中，起始的反应物在生物酶的催化作用下分解为几个比较相近的中间产物分子，接下来，在另一种酶的作用下转化为第二个中间产物，如此类推，直到产生最终的生成物。就拿光合作用来说，光合作用可以认为是合成葡萄糖这些高能分子的代谢途径。另一条大名鼎鼎的代谢途径就是糖酵解途径，这条途径使葡萄糖完成分解和释放能量的过程。不同的代谢途径可能存在着相同的分子，所以，在细胞中，这些代谢途径相互直接或者间接的联系，构成庞大的网络。

 6.5.1 细胞通过控制生物酶的合成和活化来调控代谢途径

对于在试管中构建的持续的理想环境中，特定反应的反应速率取决于在特定的时间段内有多少底物分子与生物酶的活化区域相结合，也就是说，取决于酶和底物分子的浓度。总体来说，增加酶的浓度或者反应底物的浓度，或者同时增加二者的浓度，都可以提高反应速率，因为，这些方式可以大大增加酶和反应底物发生碰撞和反应的概率。但是，对于具有生命活性的细胞，每条代谢途径上的每个反应的速率都必须受到严密的调控，所以，细胞中进行的反应远比试管中的反应复杂。细胞必须牢牢控制每条代谢途径终产物的形成速率和数量，即使是在起始反应物的数量时常波动的情况下。举例来说，我们吃完午饭，食物给我们带来大量的葡萄糖，这些葡萄糖进入血液循环中，我们并不希望这些葡萄糖被马上分解代谢掉，因为这样产生 ATP 会远远超出我们身体所需的数量。所以，血液中的葡萄糖并没有被马上分解掉，而是部分转化为糖原或者脂肪储存下来，以备不时之需。所以，为了更加有效地利用能量，细胞中的代谢反应必须受到精密调控，也就是说，这些反应必须在合适的时间、以合适的速率进行。细胞通过控制生物酶的类型、数量和活化程度来调节代谢途径。

1. 细胞可以控制编码生物酶的基因的转录翻译

控制生物酶最为有效的手段之一就是控制这种酶的合成数量，也就是随着需求的不同，控制

编码这一酶的基因的转录和翻译。当一个反应的底物很充足时，通过基因水平的调控可以大大增加特定生物酶的合成数量。而随着生物酶的浓度升高，底物分子与酶相互碰撞作用的概率也大大增加，反应发生的概率和速率也大大增加。以马拉松运动员为例，他们在参加比赛之前会食用高糖食物，高糖食物消化后，大量的葡萄糖进入血液循环系统，启动和调控一系列的代谢反应，其中一个就是促使胰岛细胞分泌胰岛素。胰岛素的升高可以启动一系列的基因的合成，比如分解葡萄糖这一条代谢途径上的第一个生物酶，这些基因的转录翻译导致细胞合成大量的六碳糖激酶，这个酶给葡萄糖分子加上一个磷酸基团产生葡萄糖六磷酸。接下来，葡萄糖六磷酸被分解掉，释放的能量传递给 ATP，提供给肌肉细胞。

有些酶的调控比较特别，它们只在生命周期的某个或者某些时期表达，基因上的某个碱基的突变会完全影响这一基因的表达。

2. 一些酶以非活化形式合成

有些酶是以非活化形式合成的，然后，在特殊情况下，也就是机体需要这种酶时，再转化为活化的形式。之前提到的消化蛋白质的蛋白酶和胰酶就是这种情况。在细胞中，这两种酶以非活化的形式被合成和释放，这样，这些蛋白酶不能消化和杀死合成它们的细胞。而在胃中，胃酸的强酸性使蛋白酶的前体解离，暴露出活化区域，可以起到消化食物中蛋白质的作用。胰酶可以完成蛋白质的最终降解，非活化状态的胰酶被释放在小肠中，而小肠分泌另一种去除胰酶的非活化部分的酶，使胰酶具有功能。

3. 生物酶的活性可以通过竞争性抑制或非竞争性抑制来控制

生物酶随意作用、制造出大量质量低劣的产物，这对一个细胞来说并不是好的选择。所以，许多酶都长期处于抑制状态，这样，细胞内的底物就不会早早被耗尽，细胞也不会充斥大量无用的产物。生物酶的抑制主要是通过下面两种方式。

我们知道，生化反应要顺利发生，反应底物必须与酶的活化区域相互连接作用（如图 6-13a 所示）。竞争性抑制作用指的是，有一类物质，它们虽然不是这种生物酶的标准底物，但它们可以和酶的活化区域相结合，竞争性地阻止酶的底物和酶的结合（如图 6-13b 所示）。通常情况下，酶的竞争性抑制物分子与它的底物具有相似的结构，使得它可以与酶的活化区域发生作用。例如，在葡萄糖分解产生 ATP 这一代谢途径中，酶与其中一个中间产物草酰乙酸发生作用，产生柠檬酸，细胞中本身含有的柠檬酸就会竞争性地抑制这一反应。这就是反应产物抑制酶的活性的一个例子。反应产物和反应底物都在生物酶的活化区域内进进出出，如果二者的浓度足够高，反应产物将不能挤走反应底物，底物也拿产物无可奈何。柠檬酸竞争性抑制的例子可以帮助细胞控制葡萄糖分解的反应速率，因为如果柠檬酸的浓度足够高，柠檬酸就可以通过抑制酶的活性来降低柠檬酸产生的速率。还有一个大名鼎鼎的竞争性的例子就是毒品，这个接下来会讲到。

非竞争性抑制指的是抑制剂并不与生物酶的活化区域结合，而是与酶的另一个区域结合，从而导致酶的活化区域构象发生扭曲变化，大大降低酶的催化活性（如图 6-13c 所示）。有些非竞争性的抑制剂对机体具有很强的毒性，这个我们后面也会讲到，而大部分都是细胞自身合成分泌的，用以调节细胞的各个代谢途径。

4. 一些生物酶通过改变形态进行调节

细胞通过许多种方式调控其代谢途径，最主要的方式之一就是通过活化或者抑制通路上的生物酶来实现的。代谢途径上的许多生物酶都可以进行形变，也就是变构酶。变构酶可以轻易和自发地由一种构象转变为另外一种构象，这两种构象，一种是活化形态，一种是非活化形态，细胞通过改变酶的构象来对其进行调控。变构抑制是一种非竞争性的抑制作用，具体来讲，就是这种酶的抑制分子与酶的非竞争性抑制区域相结合，使酶稳定在非活化的状态。变构活化则是在这样的情况下发生的，这种酶的活化分子与酶的另一个区域或者称为活化性区域相结合，使酶稳定在活化的状态。酶的活化分子和抑制分子都可以与酶的形变调控区域进行单一的可逆的结合。这种短暂结合的结果是，在特定的时间内，处于活化（或者是抑制）状态的酶的数量与细胞中所含活化分子（或者是抑制分子）的数量成比例。

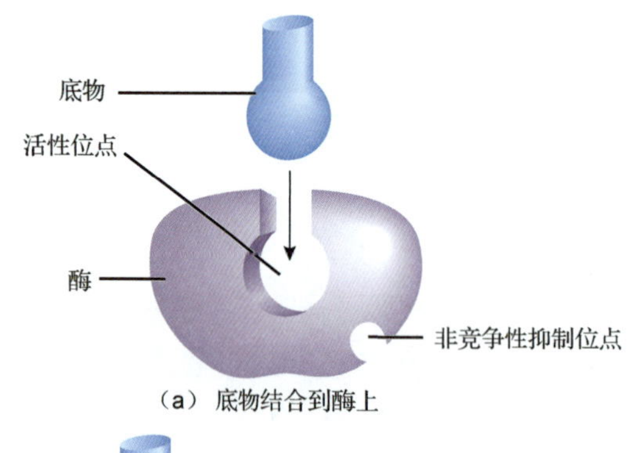

(a) 底物结合到酶上

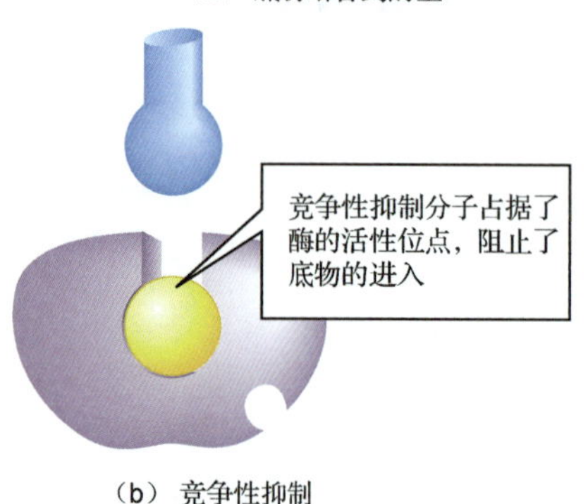

(b) 竞争性抑制

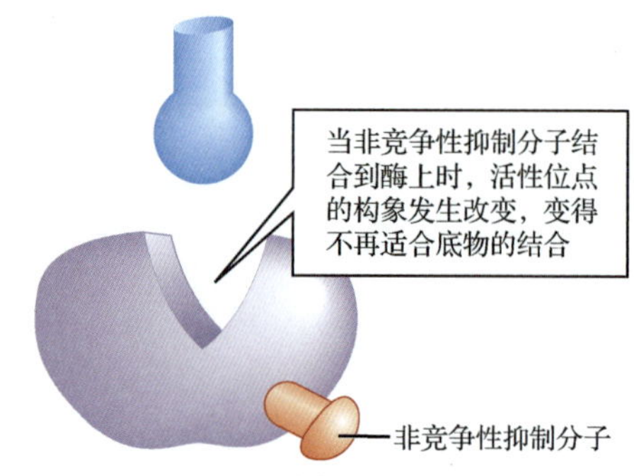

(c) 非竞争性抑制

◀**图 6-13 竞争性抑制和非竞争性抑制** (a) 正常的底物在酶未受抑制的情况下，能够嵌入酶的活性位点。(b) 在竞争性抑制的情况下，与底物相似的竞争性抑制分子进入酶的活性位点，并阻止正常底物进入。(c) 在非竞争性抑制的情况下，分子与酶的另一个位点结合，改变活性位点的形状，从而使底物无法与其结合。

变构调控的一个著名例子是 ADP。ADP 由 ATP 分解形成，主要用来合成更多新的 ATP（如图 6-8 所示）。当大量 ATP 被分解利用的时候，细胞中产生大量的 ADP。在这种情况下，ADP 就会活化产生 ATP 这一代谢途径上的变形酶，使这条代谢途径处于活化状态，大大增加 ATP 的产量。

变构调控的重要形式是反馈抑制（如图 6-14 所示）。反馈抑制产生的效果是，当这条代谢途径的终产物达到最佳的水平时，就会抑制终产物的合成，使终产物不多不少刚刚好，这种情况就像是空调，室内的温度达到我们想要的温度时空调就停止工作。在反馈抑制中，整条代谢途径起始处的生物酶被最终产物所抑制，也就是说，这条代谢途径的终产物作为变构抑制分子而存在。

如图 6-14 所示的代谢途径示意图为一系列的生化反应，每个反应都被一种特定的酶催化，反应的结果是一种氨基酸转变成另一种氨基酸。随着反应的进行，最终产物异亮氨酸的水平越来越高，而异亮氨酸与这一代谢途径前面的酶相遇和结合的概率大大升高，与酶的抑制性形变区域相结合之后，酶的功能受到抑制。因此，当最终产物异亮氨酸足够多的时候，这条通路也就被减缓或者阻碍了。另一个形变抑制分子是 ATP，它可以抑制 ATP 合成通路。当细胞中的 ATP 处于充足状态时，已有的 ATP 就会阻碍新的 ATP 的合成。而当 ATP 逐渐耗尽的时候，ATP 合成通路就会重新开始工作。

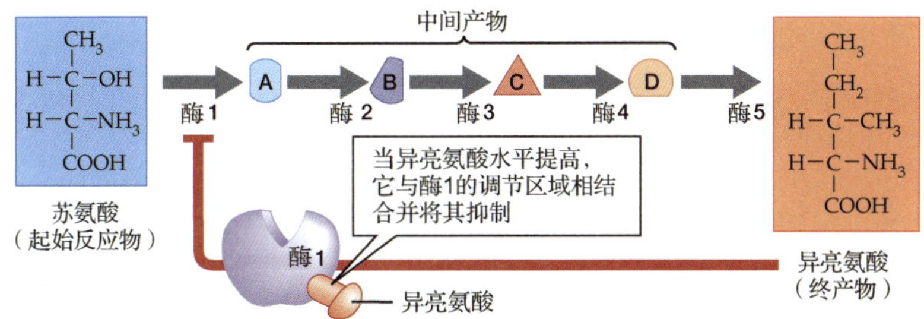

▲图 6-14 **酶通过反馈抑制的变构调节** 这一代谢通路通过一系列中间产物（在这里用色块表示）将苏氨酸转变成异亮氨酸，这些中间产物是由不同的酶（在这里用箭头表示）催化的。如果细胞缺乏异亮氨酸，反应就会继续进行。当异亮氨酸不断积累时，就会抑制酶 1，从而阻断代谢通路。当异亮氨酸的浓度降低时，对酶 1 的抑制作用降低，重新开始合成异亮氨酸。

6.5.2 有毒物质、药物和环境因素都会影响酶的活性

对生物酶有作用的有毒物质和药剂通常都有抑制酶的作用，或者竞争性抑制作用，或者是非竞争性抑制作用。另外，环境因素也可能使酶变性，因为三维构象的改变对酶的功能至关重要。

1. 一些有毒物质和药物是生物酶的竞争性或者非竞争性抑制剂

生物酶的竞争性抑制剂，包括一些神经毒气（如沙林毒气）和杀虫剂（如马拉硫磷），一旦与乙酰胆碱酯酶的活化区域相结合，就可以永久与其结合，从而持续性抑制乙酰胆碱的分解。我们知道，乙酰胆碱是神经细胞分泌、作用于肌肉细胞、使肌肉细胞活化的一种神经递质。所以，乙酰胆碱酯酶的持续抑制会造成乙酰胆碱的积累，使肌肉持续处于活化状态，这就是癫痫，最后有可能造成死亡，因为肌肉细胞的持续和过度活化会令机体呼吸困难。另外一些有毒物质是生物酶的非竞争性抑制剂，包括砷、汞和铅这些重金属物质。氰化钾之所以是剧毒，可以在几分钟之内造成机体死亡，就是因为它是生物酶的非竞争性抑制剂，而这种酶在 ATP 生成途径上至关重要。

一些药物通过作为生物酶的竞争性抑制剂发挥作用。比如众所周知的抗生素盘尼西林，也就是青霉素，它的作用机理是作为生物酶的竞争性抑制剂，而这种酶是细菌细胞壁合成通路上的重要组成部分，这种酶一旦受到抑制，细菌的细胞壁就会受到毁灭性的破坏。另外两种药物阿司匹林和布洛芬，也是通过作为酶的竞争性抑制剂来发挥作用的，它们主要抑制参与机体肿、热和痛的分子的合成。一些抗癌药物也是生物酶的竞争性抑制剂。癌细胞时刻处于快速分裂的过程中，快速的分裂需要细胞持续合成新的 DNA。一些抗癌药是核酸的类似物，这些类似物插入新合成的 DNA 中，使细胞产生大量错误的 DNA，从而抑制癌细胞的分裂。但遗憾的是，这些药物同样可以影响其他高速分裂和生长的细胞，包括毛发和消化道中的细胞。这就解释了在化疗过程中化疗病人会脱发、呕吐并伴有很多其他副作用的原因。

2. 环境影响酶的活性

生物酶的三维结构对外界环境很敏感。之前我们讲过，极性氨基酸之间的氢键是蛋白质三维结构的决定因素之一（见第 3 章），只有在一些非常特殊的化学和物理条件下，比如说，合适的 pH 值、温度和盐浓度，这样的化学键才能形成。因此，绝大多数生物酶的作用环境都非常苛刻，一旦这种环境发生变化，酶就会失活，也就是说它的三维构象发生变化，不再能起到酶本来的作用。

对人类来说，细胞中的生物酶要发挥最大的作用，细胞内部和外部的 pH 值最好保持在 7.4 左右（如图 6-15a 所示）。对这些酶来说，酸性的环境通过给氨基酸连上氢离子来改变氨基酸所带电荷水平，从而改变蛋白质的三维构象，并最终改变其功能。作用在人体消化道的酶，与在细胞中发生作用的生物酶所要求的 pH 值不同。例如，消化蛋白质的胃蛋白酶需要胃部的强酸性环境，即

pH 值约为 2。而另一种消化蛋白质的胰酶在小肠中发挥作用，小肠中是碱性环境，其 pH 值大概是 8（见图 6-15a）。

除了 pH 值，温度同样影响酶的催化效果，也就是说，温度越高效率越高，反之则效率越低。这是因为，随着温度的升高，分子的不规则运动速率加快，大大增加反应底物分子与酶的活化区域相互结合的概率（如图 6-15b 所示）。而降低人体的温度会显著降低代谢反应。举例来看，在寒冬，一个小男孩不小心掉到冰窟窿里，如果小男孩在 20 分钟之内被救上来，那么，他毫发无损的概率还是很大的。而在体温环境下，大脑缺氧超过 4 分钟，这个人可能就救不过来了。这是因为，在冰水中，人的体温显著降低，代谢速率也因此变得缓慢，耗氧量明显减少，所以，小男孩在缺氧环境下还是有可能存活 20 分钟的。

相对地，如果温度过高，分子运动加快，调节蛋白质三维结构的氢键处于不稳定的状态甚至断开，使蛋白质失活。举个日常生活中常见的例子，生鸡蛋的蛋清和熟鸡蛋的蛋清，无论外观还是质地，都有很大的变化。煮鸡蛋和煎鸡蛋的烹饪温度远远高于使蛋白质变性的温度。人体摄取过多的热量有可能是致命的。在美国，每年夏天都有成百上千的孩子死于热休克，这是因为粗心的父母将孩子留在未开空调的汽车里导致的。

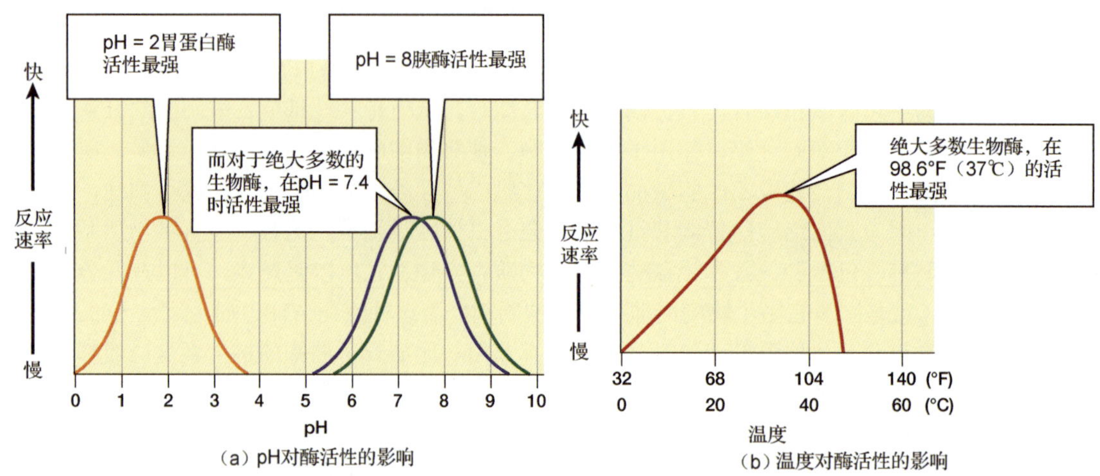

▲图 6-15 人类体内的酶只能在很窄的 pH 和温度范围内发挥作用 （a）用来消化食物的胃蛋白酶会被释放到胃里，它在酸性条件下能够最有效地发挥作用。而被释放到小肠的胰蛋白酶在碱性条件下能够最有效地发挥作用。细胞中的大多数酶在细胞间隙液和胞浆的 pH 下（7.4 左右）能够最好地发挥作用。（b）人类体内的大多数酶在人类体温下达到活性的峰值。

在冰箱或者冰柜中，食物保存的时间更长，这是因为低温使食物中的细菌和真菌生长缓慢，但根本原因还是低温使那些促进微生物生长的酶不能有效发挥作用。在没有发明冰箱之前，肉类通常用盐渍的方法来防腐。因为食盐解离成离子后，可以与酶中的某些氨基酸形成化学键，盐分过低或者过高都会影响酶的三维结构，从而破坏其功能。腌黄瓜基本上不会变质，这是因为黄瓜处于高盐和强酸环境中。我们知道，细胞中和细胞之间存在着大量盐类，这些盐类也是酶维持其三维结构的主要原因之一。

第 7 章 光合作用：太阳能捕手

在白垩纪，一颗巨大的小行星可能是霸王龙、三角龙和其他恐龙灭绝的罪魁祸首。

7.1 什么是光合作用？

生命体必须持续不断地获得能量才能存活下去。基本上，地球上的所有生命体赖以生存的能量都直接或间接地来自于太阳。仅有那些可以进行光合作用的生物才能直接从太阳那里获取太阳能。光合作用，就是生物捕获太阳能并将其以化学键键能形式储存在有机物分子中的过程。可以毫不夸张地说，正是在生命的漫长演化之中进化出光合作用这种获取能量的过程，生命才得以繁衍生息。这个神奇的过程，不仅为生命体提供赖以生存的能量，而且提供利用这些能量所必需的氧气分子。在湖泊和海洋中，光合作用主要依靠可进行光合作用的原生动物和一些细菌，而在陆地上，光合作用则主要依靠植物。我们估计一下，这些生物大约可以通过光合作用摄入 1 亿吨的碳元素并将其转化为有机物。而通过光合作用产生的这些富含能量的有机物，最终会成为食物，供给地球上其他形式的生命。在这些可进行光合作用的生物中，光合作用的过程十分相似，在这里，主要介绍我们最为熟悉的陆生光合作用生物，也就是植物。

7.1.1 叶片和叶片中的叶绿素是光合作用的必备条件

陆生植物的叶片好像就是为了光合作用而生的（如图 7-1 所示）。叶片伸展开来，将自己暴露在阳光下。叶片很薄，阳光可以穿透叶片到达叶片内部的叶绿体。叶片的上表面和下表面都含有一层透明的表皮，起到保护叶片不被阳光灼伤的作用。叶片表皮外面覆盖着一层角质层，角质层呈现透明的蜡状，具有防水的功能，保护叶片的水分不被过度蒸发。

二氧化碳是光合作用的原料，叶片通过表皮上的气孔吸收空气中的二氧化碳（如图 7-2 所示）。叶片内部的细胞统称为叶肉组织，意思是叶片中间的物质，叶绿体是其中的主要成分（见图 7-1b）。叶肉组织中的维管束形成孔道结构，主要功能是供给叶肉细胞水分和矿物质，并将叶肉细胞合成的葡萄糖输送到植物的其他部位。包裹着维管束的那层细胞被称为维管髓鞘细胞，这一类细胞中通常是没有叶绿体的。

植物的光合作用发生在叶绿体中，植物的绝大多数叶绿体都存在于叶肉组织中。单单一个叶肉细胞就大约含有 40～50 个叶绿体（如图 7-1c 所示），叶绿体的体积非常微小，直径大约只有 5 微米，形象点说，大约 2500 个叶绿体排排坐才有一个大拇指的指甲盖那么宽。叶绿体是一种具有双层膜结构的细胞器，膜结构内包裹着半液态的物质，称为基质。基质中镶嵌着一叠一叠像碟片一样的相互交联的囊泡状结构，称为基粒（如图 7-1d 所示）。每一个这样的囊泡都包裹着一个充满液体物质的空间，称为基粒间质。光合作用的一系列与光相关的化学反应，又称为光反应，发生在基粒中，或者基粒周围。而开尔文循环，也就是将二氧化碳合成为葡萄糖的一系列生化反应，则发生在周围的基质中。

7.1.2 光合作用由光反应和开尔文循环组成

光合作用的起始反应物是二氧化碳和水这样的简单分子，最终结果是将光能转化为葡萄糖的化学键键能而储存，并产生释放氧气这样的副产物（如图 7-3 所示）。将光合作用归纳为简单的化学反应，就是如下这个样子：

$$6CO_2 + 6H_2O + \text{光能} \rightarrow C_6H_{12}O_6\ (\text{葡萄糖}) + 6O_2$$

看起来只是一个简单的化学方程式，但是，光合作用其实包含了几十个相互独立的化学反应，每一个都依靠其独特的生物酶来催化。这些反应大致分为两个阶段：一个是光反应，一个是开尔文循环。每一个阶段都发生在叶绿体的不同区域，但是，这两个截然不同的阶段依靠载能分子这一媒介而紧密联系。

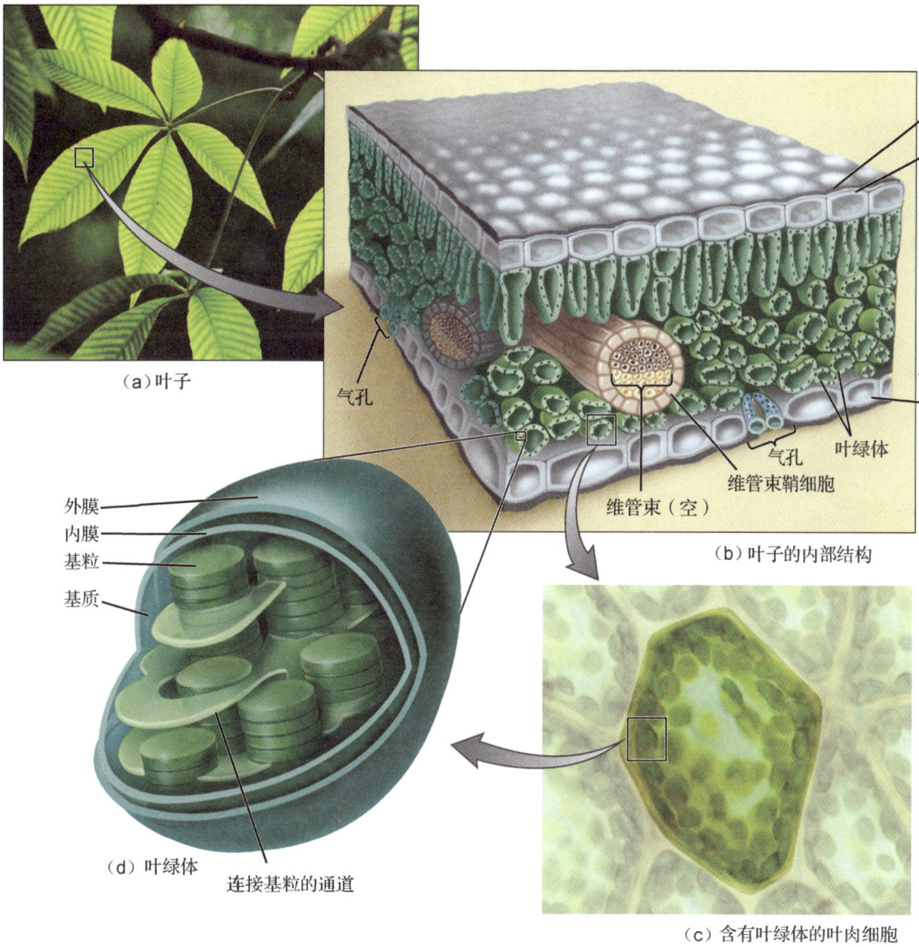

角质
上表皮
叶肉细胞
下表皮
叶绿体
气孔
维管束鞘细胞
维管束（空）
气孔

（a）叶子

（b）叶子的内部结构

外膜
内膜
基粒
基质
连接基粒的通道

（d）叶绿体

（c）含有叶绿体的叶肉细胞

▲图 7-1　光合结构概况　（a）在陆地植物中，光合作用主要在叶子中进行。（b）一片叶子的一部分。（c）叶肉细胞在光学显微镜下的照片，其中堆积着大量叶绿体。（d）叶绿体，图中展示了其基质和类囊体，光合作用就发生在叶绿体中。

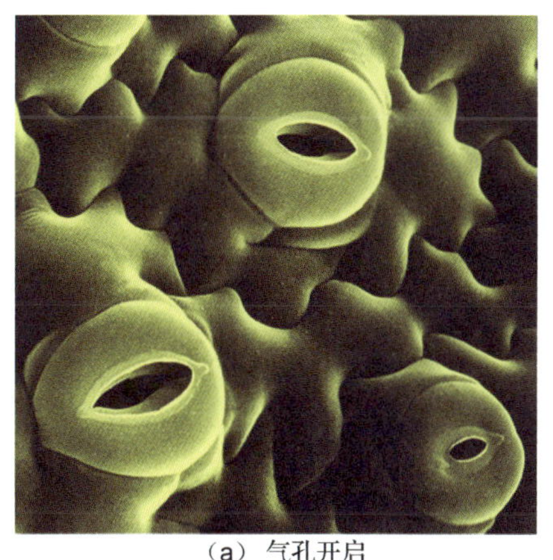

（a）气孔开启

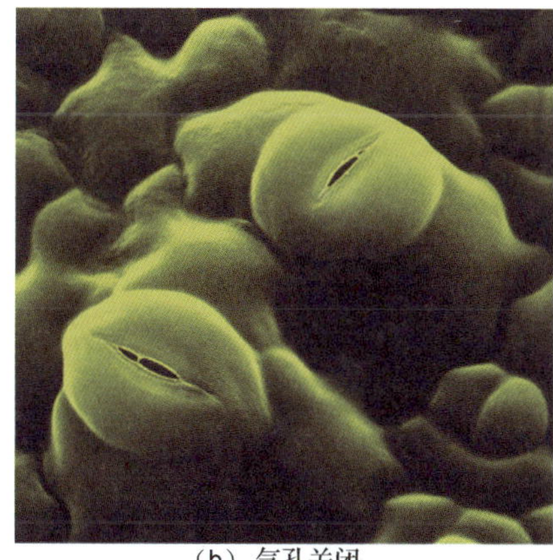

（b）气孔关闭

◀图 7-2　气孔　（a）打开的气孔使 CO_2 可以扩散进来，O_2 可以扩散出去。（b）关闭的气孔减少了蒸发导致的水分流失，但同时阻止了 CO_2 的进入和 O_2 的排出。

在光反应阶段，叶绿体基粒中丰富的叶绿素和其他一些类似功能的分子，可以捕获太阳能，并将这种能量转化为载能分子 ATP 和 NADPH 中化学键的键能。同时，水分子分解，并产生氧气分子这一重要的副产物。在开尔文循环阶段，叶绿体基质中和基粒周围的大量生物酶催化这两种反应物，也就是来源于空气的二氧化碳以及来源于光反应阶段的载能分子，合成三碳糖，合成的三碳糖是接下来合成葡萄糖的原料。图 7-3 展示了光反应阶段和开尔文循环阶段发生的场所，并展示了这两个阶段是如何相互联系、依次进行的。光合作用之中的“光”字表明在叶绿体基粒上发生了捕获光能的光反应阶段。这些反应就像充电，为载能分子的前体 ADP 和 $NADP^+$充电，形成充满能量的载能分子 ATP 和 NADPH。光合作用中的“合”字则代表开尔文循环阶段，在这一阶段，发生了利用吸收的碳元素和 ATP 和 NADPH 的能量合成糖类这一过程。耗尽能量的 ADP 和 $NADP^+$会重新回到光反应发生的地方，进行充电。如此循环下去。

接下来的几节我们会详细讲述这两个阶段。

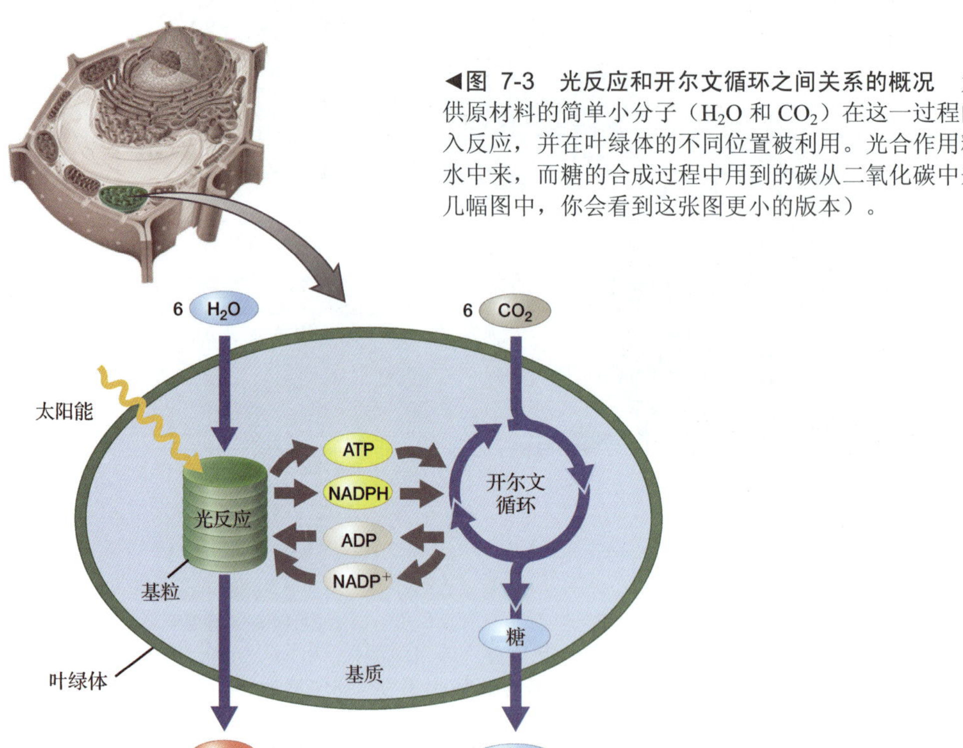

◀图 7-3 光反应和开尔文循环之间关系的概况 为光合作用提供原材料的简单小分子（H_2O 和 CO_2）在这一过程的不同阶段加入反应，并在叶绿体的不同位置被利用。光合作用释放的氧气从水中来，而糖的合成过程中用到的碳从二氧化碳中来（在之后的几幅图中，你会看到这张图更小的版本）。

7.2 光反应阶段：光能是如何转化为化学能的？

光反应阶段的主要工作就是捕获太阳能，并通过两种截然不同的载能分子 ATP 和 NADPH，将光能转化为化学能。光反应阶段需要这样的必备条件，也就是在基粒的膜结构上，像毫无瑕疵的矩阵一样排列的各种可以捕获光能的色素和催化反应的生物酶。阅读这一部分内容的时候，要时刻注意，基粒的膜结构及其包裹的基粒间质是如何发生并支持光反应的。

 7.2.1 捕获光能的是叶绿体中的色素

太阳释放的太阳能，也就是电磁能，具有广谱的特性。太阳能的光谱，从短波长的伽马射线到紫外线、可见光线，再到波长很长的无线电波（如图 7-4 所示）。光线以及其他电磁波，是由独

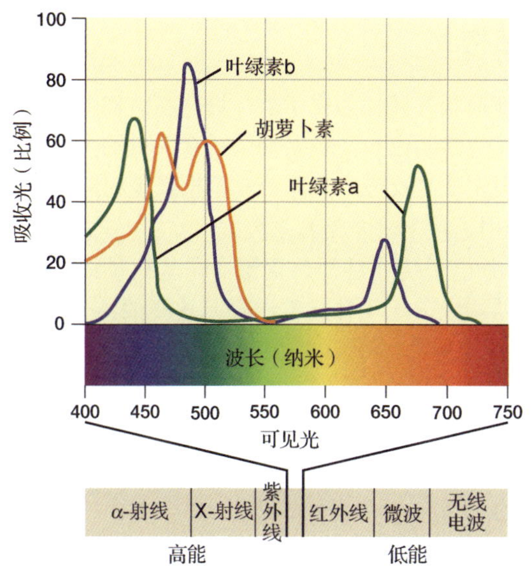

▲图 7-4　**光和叶绿体中的色素**　可见光是电磁辐射的一小部分，由与彩虹的颜色对应的波长的光组成。叶绿素 a 和叶绿素 b（分别是绿色和蓝色的曲线）能强有力地吸收紫光、蓝光和红光，而向我们的眼睛中反射绿色或黄绿色的光。类胡萝卜素（橙色曲线）吸收蓝色光和绿色光。

立的能量颗粒（也就是光子）构成的。光子的能量与其波长呈现负相关，短波长的光子，比如伽马射线和 X 射线，具有很高的能量，而像无线电波这样长波长的光子，所承载的能量就很低。可见光携带的能量不算高也不算低，它的能量足以启动像叶绿素这样的色素分子的功能（色素，就是吸收能量的分子），却不足以破坏生物体内重要分子比如DNA的化学键。并且，可见光携带的能量刚好可以刺激我们眼睛中的色素分子，让我们看到光。这也是这个波段的光线被称为可见光的原因。

当一种特定波长的光线照射到一个物体上的时候，比如一片树叶，以下三种情况必定有一种会发生：光线反射、光线透射和光线吸收。处于被反射和透射波长范围内的光线可以被观察者的眼睛所接收，这些光线也就是我们所认为的物体的颜色，比如，绿色的树叶。而被吸收的光线则可以启动像光合作用这样的生物反应。

叶绿体含有种类和数量丰富的色素，可以吸收不同波长的光线。叶绿素 a，是叶绿体中最主要的捕获光能的色素分子，可以大量吸收紫色、蓝色和红色的光线，反射绝大多数的绿色光线，这也就是叶片呈现绿色的原因（如图 7-4 所示）。叶绿体中其他的色素分子统称为补充色素，吸收其他波长的光线，并将光能传递给叶绿素 a。补充色素包括叶绿素 b，其结构和叶绿素 a 相似，吸收一部分叶绿素未吸收的蓝色光线和橘红色光线，并反射黄绿色光线。胡萝卜素是所有叶绿体中都存在的辅助色素，吸收蓝色光线和绿色光线，反射黄色和红色的光线，所以，富含胡萝卜素的叶片呈现红色、黄色和橘色（如图 7-4 所示）。β-胡萝卜素是辅助色素——胡萝卜素的其中一种，也是很多蔬菜和水果，比如胡萝卜、西葫芦、橘子和甜瓜呈现橘色的原因。有趣的是，动物和人类可以将 β-胡萝卜素转换为维生素 A，而维生素 A 最主要的功能就是合成动物和人类眼睛中的色素。因此，可能是造物的奇迹，植物中捕获光能的 β-胡萝卜素，被动物和人类消化吸收之后，会转化为另一种可以捕获光线的色素。

虽然在叶片中也存在胡萝卜素，但是，叶片一般都是绿色的，这是因为反射绿色光线的叶绿素占大多数。这也和温度有关系，当秋天来临的时候，叶片会逐渐枯萎，而叶绿素比胡萝卜素分解得早，所以，才有“霜叶红于二月花”的诗句（如图 7-5 所示）。另外，红色和紫色的色素并不参与光合作用。

▲图 7-5　**叶子失去叶绿素，展现出类胡萝卜素的颜色**　当冬天到来之时，这些白杨树叶中的叶绿素被降解，展现出黄色到橙色的类胡萝卜素的颜色。

7.2.2 光反应阶段发生在基粒的膜结构上

在叶绿素基粒的膜结构周围或者基粒上，光能被捕获并转化为化学能。这些膜结构上包含着大量的光系统，每个光系统都含有一系列的叶绿素和其他辅助色素，色素周围还有大量的蛋白质。两类光系统，也就是光系统I和光系统II相辅相成，共同完成光反应。光系统是根据发现时间的早晚来命名的，事实上，在光反应阶段，光系统II先发挥作用，接下来才是光系统 I。

每一个光系统都配备了一条电子传递链。每一条电子传递链都包含镶嵌在基粒膜结构上的一系列的电子载体。所以，如图 7-7 所示，在基粒膜结构上，电子传递的路径是这样的：光系统II→电子传递链 II→光系统 I→电子传递链 I→$NADP^+$。

你可以把光反应看作一场精彩的乒乓球比赛。能量由挥舞的球拍（叶绿素分子）通过撞击传递到乒乓球（电子）上。这时候，乒乓球就会高高飞起，也就是进入了一个较高的能级。当乒乓球落下的时候，乒乓球的能量通过一个回旋（生成 ATP）或一个提拉（生成 NADPH）被释放。为了给大家更为清晰的认识，我们在下面的章节中将光反应阶段的各个部分逐一详细介绍。

1. 光系统II利用太阳能来维持氢离子梯度并吸收水分

为了更加清楚地理解接下来的内容，请将编号与图 7-6 中的一一对应。光反应阶段开始于光系统II中的色素分子吸收光线之中的光子（如图 7-6❶所示）。光子们从一个色素分子传递到下一个色素分子，直至传递到光系统II的反应中心（如图 7-6❷所示）。每一个光系统的反应中心都含有一对特别的叶绿素 a 分子和一个元初电子受体分子，这些分子镶嵌在多种蛋白质分子之间。当光能到达反应中心时，它促使一个位于反应中心的叶绿素分子上的电子转移到一个原初电子受体上，也就是说，捕获了一个高能电子（如图 7-6❸所示）。

光系统II的反应中心必须持续不断地供给电子，用来替换那些已经吸收携带的光能而离开光系统的电子。补充的电子都是来源于水分子的（如图 7-6❷所示）。水分子被光系统II中的酶所分解，释放的电子用来补充那些在反应中心，叶绿素分子所释放的电子的位置。当然，水分子的分解同样会释放两个氢离子（H^+），这些氢离子是用来创造和维持合成 ATP 所需要的氢离子浓度梯度的（如图 7-7 所示）。并且，每两个水分子被分解后，就产生并释放一个氧气分子。

一旦光系统II中的原初电子受体捕获了电子，它就会将这个电子传递给电子传递链II的第一个分子（如图 7-6❹所示）。电子从一个电子载体分子传递到下一个电子载体分子，在传递的过程中逐渐损失能量。这些损失的能量，一些被用来促使氢离子穿过基粒膜进入基粒间质，并在那里，用来完成 ATP 的合成（在如图 7-6❺中会简单讲到）。最终，耗尽能量的电子离开电子传递链II，进入光系统I的反应中心，在那里取代因吸收了光能而释放的电子（如图 7-6❻所示）。

2. 光系统I合成 NADPH

与此同时，光线照射到光系统I的色素分子上。在反应中心，这些光能可以传递给叶绿素 a 分子（如图 7-6❻所示）。在这里，从光系统I的原初电子受体传递过来的电子被赋予了太阳光的能量（如图 7-6❼所示），而携带了能量的电子则迅速被从电子传递链 II 来的耗尽能量的电子取代。从光系统I中的原初电子受体传递而来的电子，携带能量之后与 $NADP^+$发生作用。溶解在间质中的 $NADP^+$与两个高能电子和一个氢离子结合，生成著名的载能分子 NADPH（如图 7-6❾所示）。

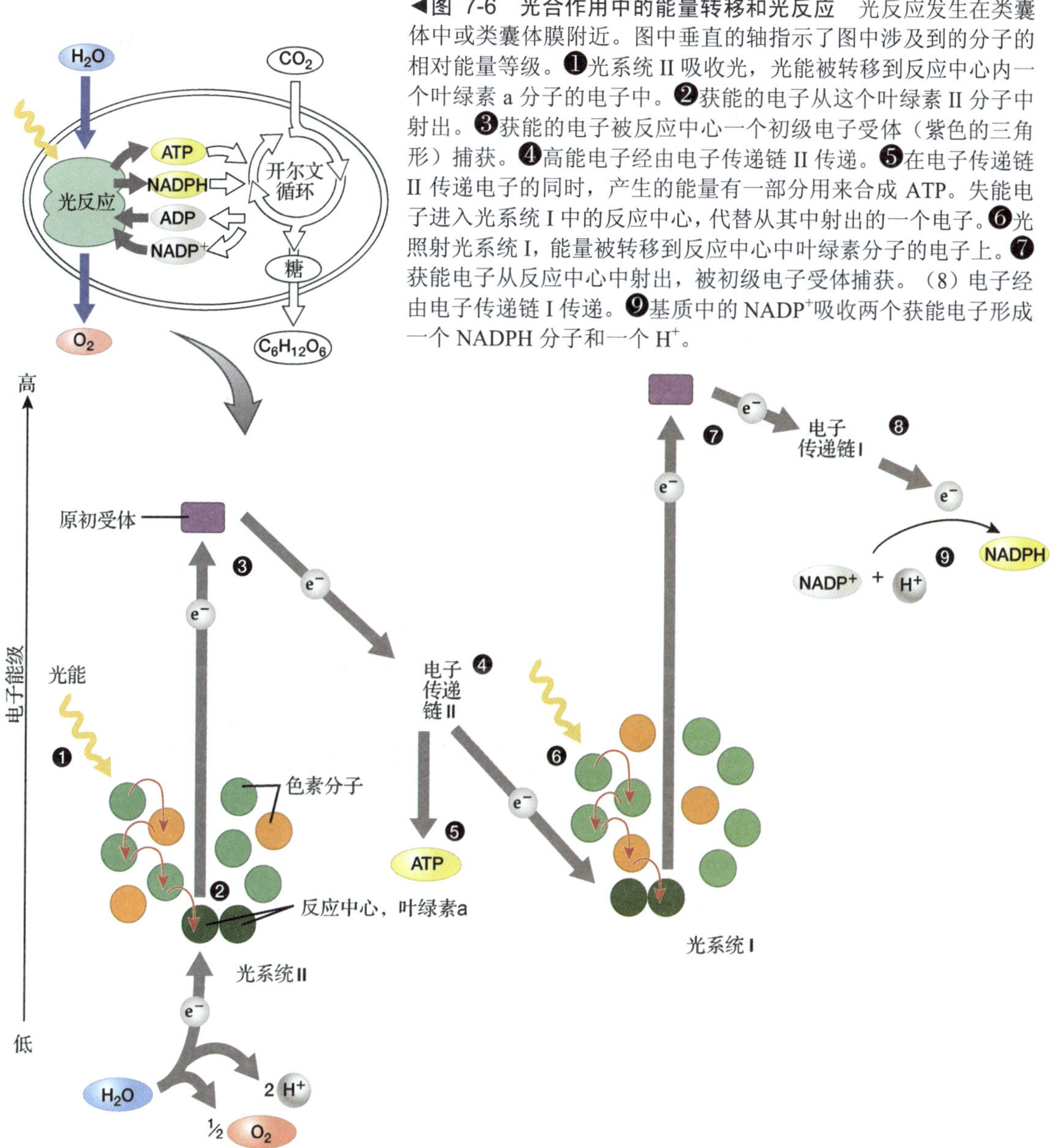

◀**图 7-6 光合作用中的能量转移和光反应** 光反应发生在类囊体中或类囊体膜附近。图中垂直的轴指示了图中涉及到的分子的相对能量等级。❶光系统 II 吸收光，光能被转移到反应中心内一个叶绿素 a 分子的电子中。❷获能的电子从这个叶绿素 II 分子中射出。❸获能的电子被反应中心一个初级电子受体（紫色的三角形）捕获。❹高能电子经由电子传递链 II 传递。❺在电子传递链 II 传递电子的同时，产生的能量有一部分用来合成 ATP。失能电子进入光系统 I 中的反应中心，代替从其中射出的一个电子。❻光照射光系统 I，能量被转移到反应中心中叶绿素分子的电子上。❼获能电子从反应中心中射出，被初级电子受体捕获。（8）电子经由电子传递链 I 传递。❾基质中的 $NADP^+$吸收两个获能电子形成一个 NADPH 分子和一个 H^+。

3．ATP 通过化学渗透形成的氢离子梯度来合成

图 7-7 展示了电子是如何通过基粒膜结构的，也展示了能量是如何通过化学渗透作用创造一个氢离子梯度，并通过这个氢离子梯度来驱动 ATP 的合成的。当一个高能电子通过电子传递链 II 时，这个电子的部分能量就会释放，并用来将氢离子泵入到基粒内（如图 7-7❶所示），使氢离子在基粒内部高度富集，而基质中的氢离子浓度进一步降低，形成基粒内外的氢离子浓度梯度（如图 7-7❷所示）。在化学渗透的过程中，氢离子顺着浓度梯度由基粒内部回流到基质中，是依靠散在分布于基粒膜结构上的通道来完成的。这个通道蛋白称为 ATP 合成酶，这个酶的作用是，随着氢离子在通道中通过，基质中的 ADP 和磷酸基团随之合成 ATP（如图 7-7❸所示）。

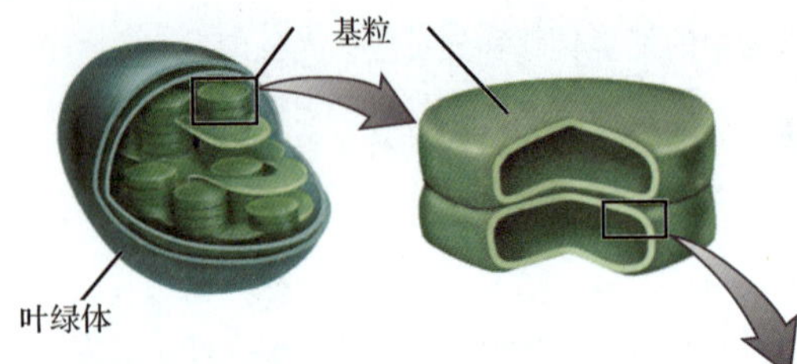

◀图 7-7 光反应中的事件发生在类囊体膜内和附近 我们来跟踪 ATP 和 NADPH 的形成过程。此时，光被捕获，一个获能电子在类囊体膜内的分子之间运动。❶当电子经过电子传递链 II 时会释放能量，这些能量用于将 H^+跨膜泵入类囊体腔内。❷上述过程不断发生，产生极高的 H^+浓度梯度。❸在化学渗透过程中，H^+通过 ATP 合成酶上的通道进行顺浓度梯度流动，ATP 合成酶通过这一过程合成 DNA。每三个氢离子通过通道产生一个 ATP 分子。

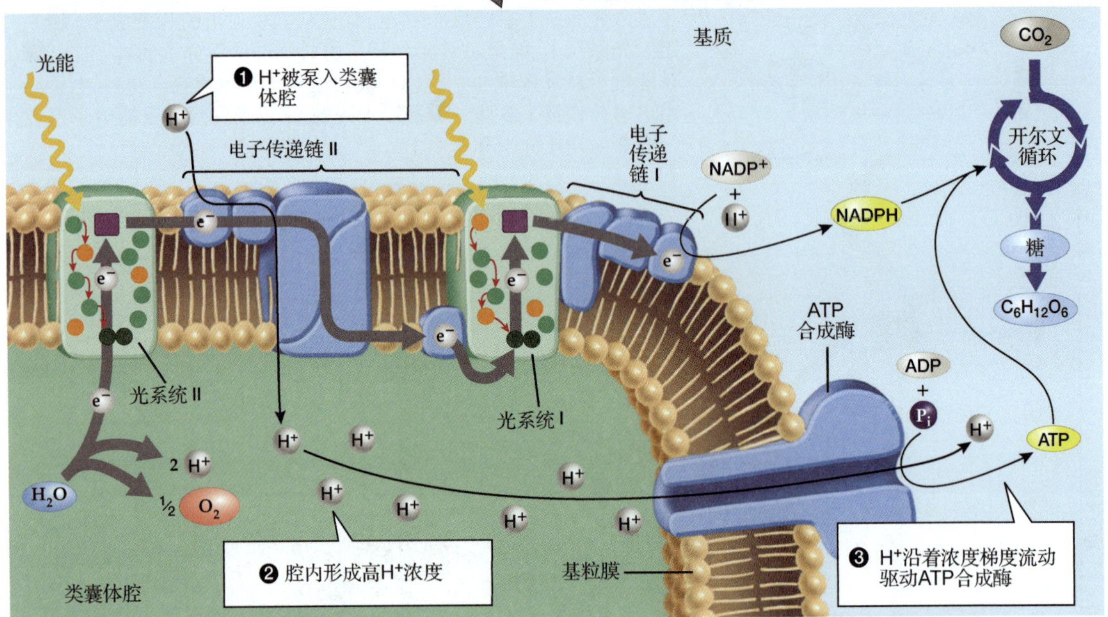

▲图 7-8 大坝使水的“梯度”可以用来发电

氢离子浓度梯度是如何被用来合成 ATP 的呢？我们可以将氢离子浓度梯度比作水电站大坝上储存的水（如图 7-8 所示）。当大坝的水闸打开时，大坝储存的水倾泻而下，冲击涡轮，涡轮就会转动，转动的涡轮将水流的能量转化为电能。正如储存在大坝上的水一样，储存在基粒内部的氢离子也可以沿着其浓度梯度倾泻而下。正如水电站中水闸打开，水流就一定会通过涡轮，并转动涡轮一样，氢离子流出基粒内部，进入基质，也一定会通过 ATP 合成酶这一通道蛋白。正如涡轮可以将水的动能转化为电能一样，ATP 合成酶可以捕获氢离子释放的能量，并用于将基质中游离的 ATP 和磷酸集团合成 ATP。

7.3 开尔文循环：化学能是如何储存在糖类分子中的？

机体各个细胞消耗糖类来获取能量时（见第 8 章），细胞同时释放大量的二氧化碳，但是，反过来却不成立，也就是，机体并不能通过捕获和利用二氧化碳来合成糖类这样的有机物。虽然有些化学能合成细菌可以通过破坏二氧化碳这样的无机物的化学键来获取能量，但是，基本上所有的无机物转化为有机物并储存能量的过程，都是由可以进行光合作用的生物来完成的。在开尔文循环中，光合生物利用光反应所获取的能量，从大气中获取二氧化碳，并将其转化为有机物。大概在 20 世纪 50 年代，著名化学家开尔文（Melvin Calvin），Andrew Benson 和 James Bassham 勾画出开尔文循环的详细过程（见第 2 章）。利用碳元素的同位素标记技术，科学家可以追踪碳元素由二氧化碳经过多次转化，最终形成糖类的过程。

 7.3.1　开尔文循环捕获二氧化碳

在光反应中，ATP 和 NADPH 被大量合成并储存在基粒周围的液态基质中。在开尔文循环中，ATP 和 NADPH 所携带的能量将吸收的二氧化碳转化为三碳糖甘油三磷酸（G3P）。开尔文循环之所以称为一个循环，是因为它起始和终止于同一个五碳糖分子二磷酸核酮糖（RuBP）。

为了更好地记忆和理解开尔文循环，要时刻记住，开尔文循环的起始反应物和最终产物都是三个分子的五碳糖 RuBP，在接下来的一系列反应中，每一步反应都会吸收三个分子的二氧化碳，产生一个分子的终产物 G3P。为了更好的理解这一系列复杂的化学反应，可以将开尔文循环人为的分为三个部分：碳元素的固定、G3P 的合成和 RuBP 的再生（如图 7-9 所示）。

在碳元素固定阶段，二氧化碳分子中的碳元素整合到更大的有机物分子中，rubisco 酶将三个分子的二氧化碳和三个分子的 RuBP 合成三个分子的不稳定的六碳糖，这个六碳糖很快就会分解，形成六个分子的三磷酸甘油酸（PGA，一种含有三个碳原子的分子）（如图 7-9❶所示）。因为碳元素固定阶段的最终产物是含有三个碳元素的 PGA 分子，所以，开尔文循环又被称为三羧酸循环。

G3P 的合成是一系列化学反应的结果，而这些化学反应需要光反应阶段储存在 ATP 和 NADPH 中的能量。通过这一系列的化学反应，6 个分子的三碳分子 PGA 会最终形成 6 个分子的三碳糖 G3P（如图 7-9❷所示）。

形成的 6 个分子的 G3P，其中有 5 个分子合成为 3 个分子的 RuBP；这个合成反应需要光反应中形成的 ATP 来供给能量（如图 7-9❸所示）。剩下来的一个分子的 G3P，则作为光合作用的终产物而存在的（如图 7-9❹所示）。

碳元素固定阶段，也就是开尔文循环的第一个阶段，很容易受到外界环境因素干扰和破坏。遗憾的是，催化碳固定阶段的核酮糖-1,5-二磷酸羧化酶/加氧酶（Rubisco）对反应底物的选择性并不强，既可以催化 CO_2 与 RuBP 的结合，也可以催化 O_2 与 RuBP 的结合。如果结合和固定的是 O_2 而不是 CO_2，那并不是我们希望见到的情况，这种使资源处于浪费状态的过程被称为光呼吸。光呼吸的发生，可以有效地验证开尔文循环中糖类的合成，使光合作用不能顺利进行。如果可以很好地规避光呼吸作用的话，光合作用会有效率得多。目前为止，很多科学家投入了大量的精力和时间，试图从基因水平改造 rubisco，使这种酶的专一性更强、更加倾向于和 CO_2 发生反应，希望可以清除杂草，广收粮食。

地球上的一部分陆生植物还进化出其他一些生化途径，这些途径虽然相对来讲需要消耗的能量更多一些，但是，可以在炎热且干燥的环境中更有效率地固定碳。C_4 途径和景天科酸代谢途径（CAM）就是其中两种。

 7.3.2　开尔文循环中固定的碳元素用来合成葡萄糖

除却经典的开尔文循环通路，还有一些旁支的反应，比如，两个分子的 G3P 可以相互结合，形成一个分子的六碳糖（如图 7-9❺所示）。葡萄糖可以用来合成蔗糖，也就是由一分子葡萄糖和一分子果糖所组成的储存能量的二糖。葡萄糖分子同样可以相互连接形成长链的淀粉和纤维素，淀粉同样也是一种储存能量的方式，而纤维素是植物细胞壁的主要成分。一些葡萄糖分子在细胞呼吸作用中被分解并释放能量，用来维持植物细胞的基本功能。

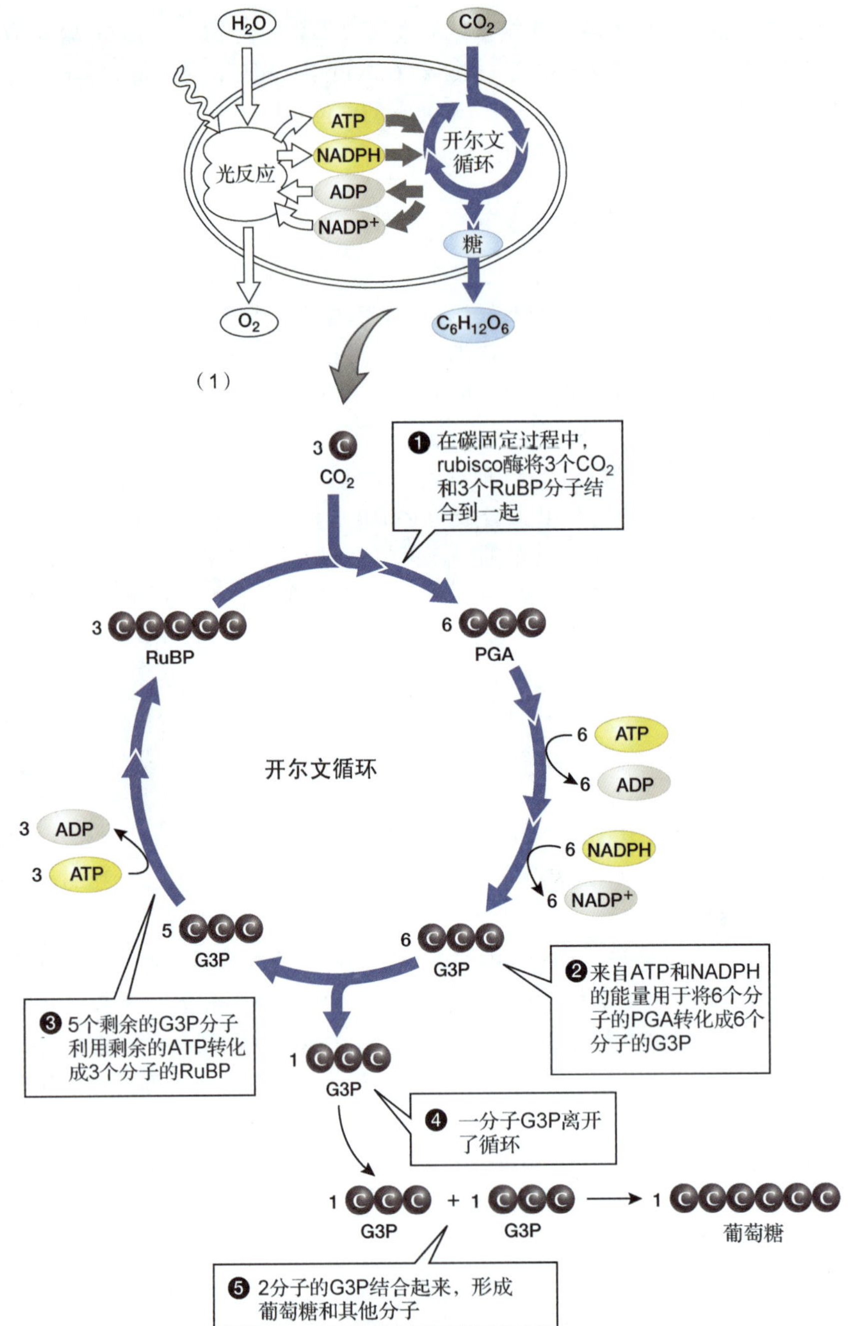

▲图 7-9 开尔文循环从 CO_2 中固定碳元素，产生简单的糖类 G3P。

光合作用产生和储存的物质被人类看中，随着地球上人口数目的不断增长和能量需求的不断增加，生物燃料的应用已提上日程。生物燃料最大的优势是不会向大气中排放更多的 CO_2，众所周知，CO_2 是造成全球气温变暖的温室效应的罪魁祸首之一。但是，生物燃料是否能达到人类的期望呢？这个问题还有待探讨。

第 8 章 能量的获取：糖酵解和细胞呼吸作用

2008 年环法自行车赛中，禁药丑闻不断。“一失足成千古恨，禁药毁终生。”

8.1 细胞是如何获得能量的？

细胞需要持续不断的能量供给，用来维持细胞生存必需的诸多代谢反应。本章将重点讲解细胞内的一些生化反应，这些反应，将能量由储存能量的物质分子，尤其是葡萄糖，传递给载能分子，比如 ATP。

热力学第二定律告诉我们，每当一个可以自发发生的反应发生时，可被利用的能量就会减少，减少的能量最终以热量的形式散发出去（见第 6 章）。当氧气资源丰富时，细胞在葡萄糖分解过程中获取能量的效率高，总体上，将葡萄糖释放的能量的约 40%储存于 ATP 中，其余能量以热量的形式释放出去。60%的能量被浪费掉，听起来好像很浪费，其实对于一辆使用传统发动机的轿车来说，汽油燃烧释放的能量大约只有 20%可以被利用，其余 80%都以热量的形式消耗了。

 8.1.1 光合作用产生的能量是细胞能量的最终来源

地球上的生命利用的能量基本上都来源于太阳，也就是植物和一些能够进行光合作用的其他生物，通过光合作用获取能量，并将获取的能量储存在糖类和其他有机物分子的化学键中（见第 7 章）。几乎所有的生物，包括那些可以进行光合作用的生物，都是利用糖酵解作用和呼吸作用，分解储存能量的糖类和其他有机物分子，从而利用这些分子释放的 ATP 等能量。如图 8-1 所示，光合作用和葡萄糖分子的分解（也就是糖酵解作用和呼吸作用）是密切相关的。葡萄糖（$C_6H_{12}O_6$）在细胞质中依靠糖酵解作用开始分解，同时释放少量的 ATP。接下来，糖酵解作用的终产物通过线粒体的呼吸作用进一步发生分解，同时释放大量以 ATP 形式存在的能量。在经由细胞呼吸作用形成 ATP 的过程中，细胞利用氧气分子（来源于进行光合作用的生物）分解葡萄糖，最终释放水和二氧化碳——这些又是光合作用的原料。

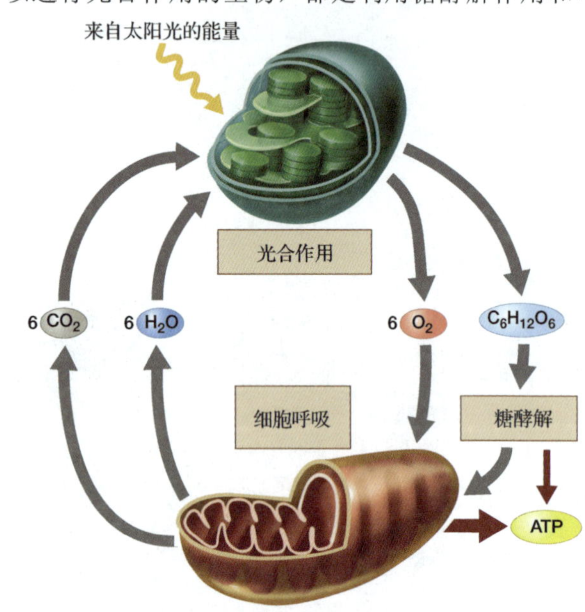

▲图 8-1 光合作用提供糖酵解和细胞呼吸中释放的能量 光合作用的产物用于糖酵解和细胞呼吸，后两者的产物又用于光合作用。光合作用捕获来自太阳的光能，并将其储藏在葡萄糖中。在真核光合细胞中，光合作用在叶绿体中进行。然后糖酵解（在细胞质中发生）和细胞呼吸（在真核细胞的线粒体中发生）将储存在葡萄糖中的化学能释放出来。

仔细研究接下来的化学方程式会发现，通过糖酵解作用和呼吸作用进行的葡萄糖分子的完全分解，反过来看，与通过光合作用进行的葡萄糖的合成完全相同，唯一的区别是反应中利用的能量的形式。通过光合作用储存在葡萄糖中的光能，在葡萄糖分解过程中被释放并用来合成 ATP，同时有一些能量以热能的形式损失了。

光合作用的化学方程式

$$6CO_2 + 6H_2O + 光能 \rightarrow C_6H_{12}O_6 + 6O_2$$

葡萄糖的完全分解

$$C_6H_{12}O_6 + 6O_2 \rightarrow 6CO_2 + 6H_2O + ATP + 热能$$

8.1.2　葡萄糖是主要的储能分子

只有少数生物会以单糖的形式储存能量。植物一般将葡萄糖合成蔗糖或淀粉，而人类和动物则将能量储存在糖原（也就是长链葡萄糖分子）和脂肪中（见第 3 章）。虽然绝大部分细胞可以利用多种多样的有机物来生成 ATP，但本章重点讲述葡萄糖的分解，这也是在所有细胞中都会进行的能量来源方式。葡萄糖的分解也是一步一步、按部就班进行的，首先是糖酵解作用和无氧发酵过程，接下来在有氧气存在的情况下发生细胞呼吸作用。如图 8-2 所示，无论是在糖酵解过程中还是在呼吸作用中，能量均以 ATP 的形式储存起来。

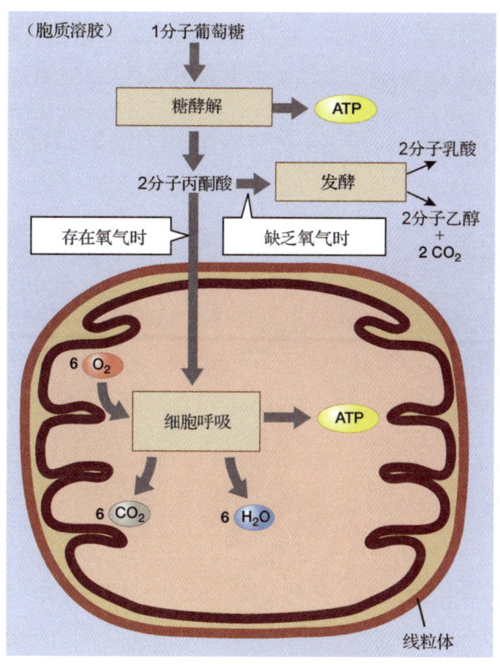

▲图 8-2　葡萄糖降解简图

8.2　什么是糖酵解作用？

糖酵解在英语中写做 glycolysis，这个词来源于希腊语，其中，glyco 表示甜或者糖的意思，而 lysis 表示分解开。糖酵解作用使一个分子的六碳糖分解为两个分子的丙酮酸。糖酵解作用可以分为吸能阶段和放能阶段两大部分，其中，每个部分又有许多小的步骤（如图 8-3 所示）。葡萄糖的分解和最终 ATP 的释放，首先需要一些以 ATP 形式存在的能量投入。通过一系列的化学反应，两个 ATP 分子中的每一个都贡献一个磷酸基团和高能磷酸键中携带的能量，形成一个分子的携带能量的二磷酸果糖。果糖是一种与葡萄糖很相似的糖类分子，而“二磷酸”指的是从两个 ATP 分子中而来的两个磷酸基团。二磷酸果糖分子要比葡萄糖分子容易分解，这是因为它含有 ATP 所释放的能量，处于能量较高的状态。

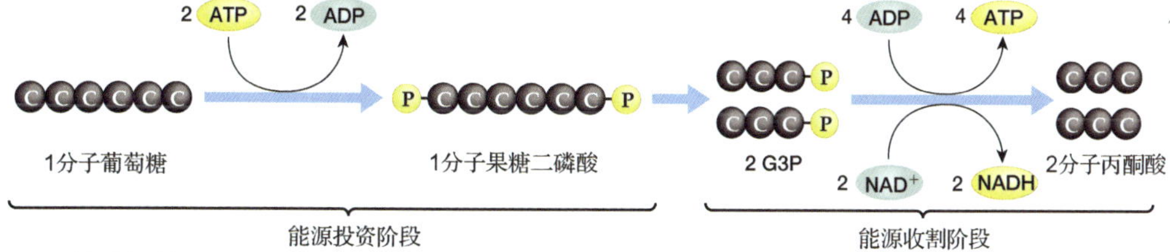

▲图 8-3　**糖酵解精要**　能源投资阶段：两个 ATP 分子产生的能量被用来将葡萄糖转化成果糖二磷酸，之后果糖二磷酸降解成两分子的 G3P。能源收割阶段：两个 G3P 分子经过一系列反应，捕获包含在 4 个 ATP 和 2 个 NADH 分子中的能量。

接下来是放能阶段，二磷酸果糖可以转化为两个分子的三碳糖甘油醛三磷酸，又称 G3P。每一个 G3P 分子都含有一个磷酸基团和一些来源于 ATP 的能量，接下来，通过一系列的化学反应，G3P 可以转化为丙酮酸。在这些反应发生的过程中，每一个 G3P 分子都可以释放两个 ATP 分子，也就是说，一个葡萄糖分子在这里总共可以释放四个 ATP 分子。因为在合成二磷酸果糖的过程中需要消耗两个 ATP 分子，所以可以这样说，在糖酵解过程中，每个葡萄糖的分解会净产生两个 ATP

分子。其余的能量会以NADH的形式储存，也就是说，两个高能电子和一个氢离子与能量载体NAD^+结合，形成一个分子的 NADH。每一个葡萄糖分子分解都会产生两个分子的 NADH。

8.3 什么是细胞的呼吸作用？

对绝大多数生物来说，在存在氧气的情况下，会发生葡萄糖分解的下一个步骤，也就是细胞的呼吸作用。细胞的呼吸作用使糖酵解作用中形成的两个丙酮酸分子发生分解，形成 6 个二氧化碳分子和 6 个水分子，与此同时，两个丙酮酸分子会释放 32 个 ATP 分子。

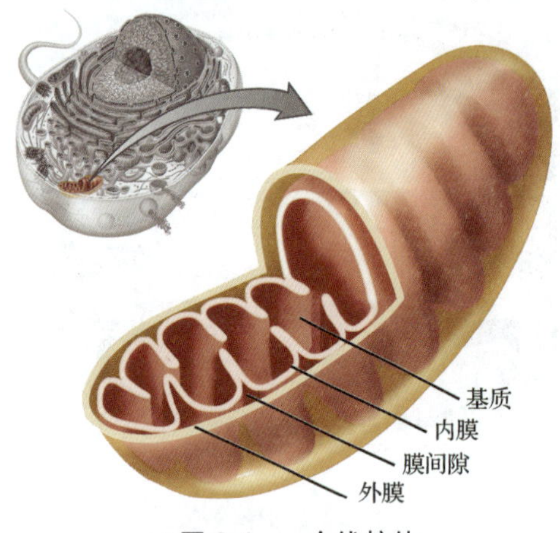

▲图 8-4　一个线粒体

对真核细胞来说，线粒体是发生呼吸作用的场所，所以，线粒体通常也被称为细胞的“动力工厂”。线粒体有两层膜，其中，内膜包裹着大量的液态基质，外膜则包裹着整个细胞器，并在内膜与外膜之间形成了一个称为膜间腔的结构（如图 8-4 所示）。接下来的章节会逐个讨论细胞呼吸作用的三个阶段：丙酮酸的分解阶段、电子沿着电子传递链传递的阶段，以及通过化学渗透作用合成 ATP 的阶段。

8.3.1　在细胞呼吸作用的第一个阶段，丙酮酸发生分解

丙酮酸，糖酵解作用的终产物，是在细胞质中形成的。在细胞呼吸作用发生之前，丙酮酸已经通过主动运输作用从细胞质中转运到线粒体基质，这里也是呼吸作用发生的场所。

如图 8-5 所示，在线粒体基质中发生的化学反应主要可以分为两个阶段：乙酰辅酶 A（CoA）的形成阶段和科雷布斯（Krebs）循环阶段。其中，乙酰 CoA 是一个二碳（乙酰）的功能集团连在一个称为 CoA 的分子上。为了形成乙酰 CoA，丙酮酸盐分解开来，释放二氧化碳，并残留一个乙酰集团。这个乙酰集团与 CoA 发生作用，合成乙酰 CoA。这个反应会释放能量，释放的能量通过两个高能电子和一个氢离子与NAD^+相结合，形成 NADH。

在线粒体基质中发生的下一步反应统称为科雷布斯循环，这个循环是以其发现者科雷布斯（Hans Krebs）命名的，他于 1953 年获得诺贝尔奖。科雷布斯循环通常也称为柠檬酸循环，这是因为柠檬酸盐，也就是溶解后处于离子状态的柠檬酸，是柠檬酸循环的第一个产物。

科雷布斯循环的起始反应是一个分子的乙酰 CoA 和一个四碳糖分子形成一个分子的六碳糖柠檬酸，并释放一个分子的 CoA。在这些反应中，CoA 并不经常发生变化，经常被重复利用。随着科雷布斯循环的进行，线粒体基质上的酶就会分解乙酰基团，形成CO_2，CO_2中的碳元素通常来源于乙酰基团，并且，这一反应还会生成乙酰四碳糖分子，用于科雷布斯循环中接下来的反应。

随着科雷布斯循环的进行，释放的化学能被载能分子吸收。每一个分子的乙酰 CoA 分解为一个乙酰集团和一个 CoA，形成一个分子的 ATP 和三个分子的 NADH。这个反应同样可以形成一个分子的核黄素腺嘌呤二核苷酸，也称为$FADH_2$，这是一种与 NADH 类似的高能电子载体。在科雷布斯循环中，FAD 获得两个高能电子和两个氢离子，形成一个分子的$FADH_2$。要牢记的是，对每一个葡萄糖分子来说，都可以形成两个丙酮酸分子，所以，一个葡萄糖分子所储存的能量是一个丙酮酸分子储存的能量的两倍。

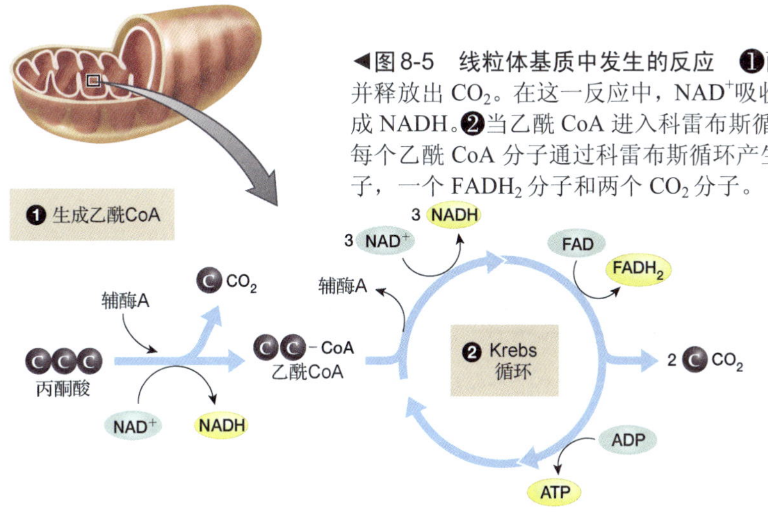

◀图 8-5　线粒体基质中发生的反应　❶丙酮酸与 CoA 反应，生成乙酰 CoA 并释放出 CO_2。在这一反应中，NAD^+吸收两个高能电子和一个氢离子，形成 NADH。❷当乙酰 CoA 进入科雷布斯循环时，CoA 被释放以备重复利用，每个乙酰 CoA 分子通过科雷布斯循环产生一个 ATP 分子。三个 NADH 分子，一个 $FADH_2$ 分子和两个 CO_2 分子。

对这些在基质中发生的反应来说，CO_2 是作为一种无用的终产物而存在的。在你我的身体之中，这些 CO_2 就会释放到血液中，随着血液来到肺部，所以，你呼出的 CO_2 含量会高于空气中本身含有的 CO_2 的含量。

8.3.2　在细胞呼吸作用的第二个阶段，高能电子会通过电子传递链

线粒体基质反应结束之后，细胞仅仅从最初的一个葡萄糖分子中获得 4 个分子的 ATP，其中，两个 ATP 分子来源于糖酵解，而另外两个来源于科雷布斯循环。在糖酵解和线粒体基质反应中，细胞从一个葡萄糖分子中获得许多高能电子，包括 10 个分子的 NADH 和两个分子的 $FADH_2$。而在细胞呼吸作用的下一个阶段，这些高能电子载体释放两个高能电子，进入电子传递链（ETC）。电子传递链由一系列的电子传递分子组成，这些分子大多镶嵌在线粒体的内膜上（如图 8-6 所示）。释放了高能电子的载能分子又会被重新利用，在糖酵解过程和科雷布斯循环中获得高能电子。

镶嵌在线粒体膜上的电子传递链与在叶绿体基粒膜上的电子传递链基本上是相同的。高能电子沿着电子传递链从一个分子传递给下一个分子，并且，在每一步都释放少量的能量。虽然有些能量以热能的形式损失了，但是，剩余的能量被用来使氢离子由线粒体基质穿过线粒体内膜，运输到膜间腔。通过这些离子泵的作用，使膜内外维持稳定的氢离子浓度梯度，这就为 ATP 通过化学渗透作用而合成提供了条件，这个过程我们会在以后的内容中讲到。

最终，在电子传递链的最后部分，那些释放了能量的电子被传递给氧气分子，在这里，氧气分子是作为一种电子受体而存在的。这一作用清除了电子传递链中耗尽能量的电子，使其他高能电子进入电子传递链。而耗尽能量的电子连同氧气分子和氢离子，最终形成水分子。每一个水分子的形成意味着两个电子穿过电子传递链。

如果氧气分子不能吸收电子，电子就不可能穿过电子传递链，氢离子也就不可能被泵入线粒体内膜。这就意味着，如果氢离子浓度梯度无法维持，通过化学渗透作用所进行的 ATP 形成过程就会终止。所以，如果缺氧几分钟，大多数的哺乳动物细胞会死亡。

8.3.3　在细胞呼吸作用的第三个阶段，ATP 通过化学渗透作用形成

对化学渗透作用这一生物过程来说，能量被用来维持氢离子浓度梯度，并且，在氢离子沿着氢离子浓度梯度运输时（见第 7 章），ATP 就可以获取能量。而当电子传递链将氢离子泵入内膜时，在膜间腔创造高氢离子浓度，而在基质中创造低氢离子浓度（如图 8-6 所示）。细胞耗费能量来创造这种独特的氢离子分布，与给电池充电很类似。能量沿着氢离子浓度梯度缓缓释放，就好像是用电池点亮灯泡。

ATP 是如何获取电子传递链释放的能量的呢？和叶绿体的基粒膜一样，线粒体的内膜上的 ATP 合成酶通道只对氢离子通透，当氢离子由膜间腔通过 ATP 合成酶通道流入基质时，基质中溶解的 ADP 和磷酸集团形成 ATP。

◀图 8-6 电子传递链 在线粒体的内膜中埋藏着很多电子传递链。❶NADH 和 $FADH_2$ 将它们含有的高能电子释放到电子传递链中，在电子经过传递链的过程中（粗的灰色箭头），其中一部分能量被用于从基质中将氢离子泵入膜间隙（红色箭头）。❷上述过程产生了氢离子梯度，可用于驱动 ATP 的合成。❸在电子传递链的末端，失能电子与线粒体基质中的氧气和氢离子结合生成水。❹氢离子从膜间隙通过 ATP 合成酶的通道顺浓度梯度流进基质中，用 ADP 和磷酸基团合成 ATP。

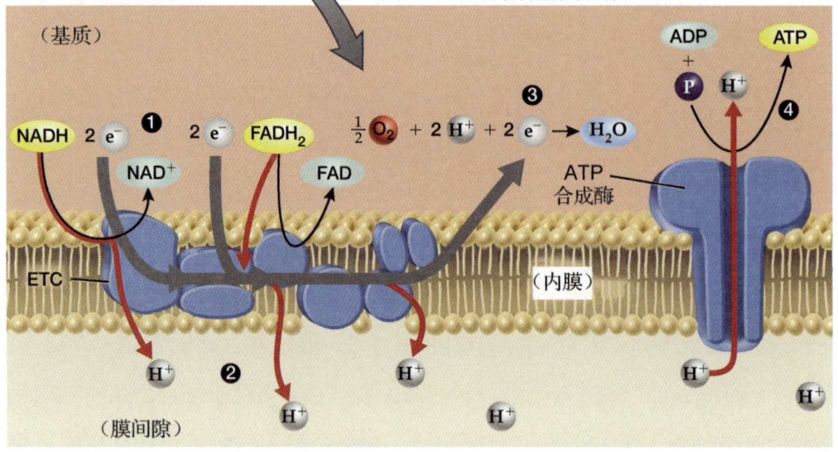

ATP 是如何离开线粒体的呢？内膜上的载体蛋白利用氢离子浓度梯度的能量将 ATP 由线粒体基质运出去，运到膜间腔中，与此同时，将 ADP 由膜间腔运输到基质中。在线粒体膜间腔中，ATP 分子通过线粒体外膜的通道进入周围的细胞质中，在这里，供给细胞能量，发挥它们能量分子的作用。在细胞中，通过耗能过程，将 ADP 源源不绝送入膜间腔，使 ATP 分子可以源源不绝地合成。如果没有这样生生不息的 ADP 循环，生命也就终止了。粗略计算一下，一个人一天中生产、消耗和重新合成的 ATP 分子，大约与他的体重相当。

现在，你大概能够了解，为什么糖酵解作用与细胞呼吸作用合起来要比糖酵解作用本身产生多得多的 ATP 了。图 8-7 总结了哺乳动物细胞中在氧气存在的条件下，每一个阶段每一个葡萄糖分子所产生的能量，以及这个过程发生在细胞中的哪个部分。通过化学渗透作用，在糖酵解作用和细胞呼吸作用过程中，高能电子载体总共可以合成 32 个 ATP 分子。

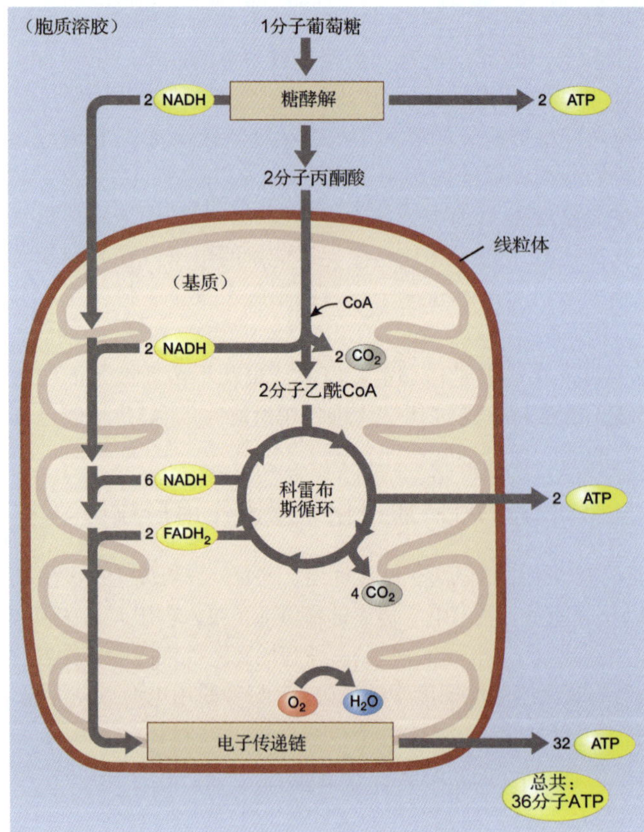

◀**图 8-7 糖酵解和细胞呼吸中的能量来源和收获的 ATP** 在这里，我们跟踪细胞从葡萄糖分子中捕获的能量。注意，葡萄糖降解所产生的大部分 ATP 都是 NADH 和 $FADH_2$ 贡献的高能电子经过电子传递链并发生化学渗透作用而产生的。

8.3.4　细胞的呼吸作用可以从多种分子中获取能量

葡萄糖通常以淀粉（长链葡萄糖分子）或蔗糖（一分子葡萄糖和一分子果糖形成的二糖）的形式进入人体，但是，人类通常还会摄入大量的脂类和蛋白质。人类也可以消化和利用这些物质提供的能量，是因为其他的代谢途径也可以最终形成细胞呼吸作用的某些中间产物。这些其他代谢途径所产生的终产物以中间产物的形式进入细胞的呼吸作用，并接着被分解掉，产生 ATP。例如，蛋白质分解产生的氨基酸可以作为细胞能量的来源。丙氨酸可以转化为丙酮酸，进入细胞呼吸作用的最终阶段。其他一些氨基酸则可以转化为科雷布斯循环的一些中间产物，进入细胞呼吸作用，为最终输出 ATP 分子做贡献。脂类（基本上都是由脂肪分子构成的）同样也是能量的优良来源，它是动物的主要储能分子。这些能量的释放，主要依靠脂肪酸（也就是脂肪分子的最基本单位，见第 3 章）与 CoA 结合，然后分解为乙酰 CoA，进入科雷布斯循环的最初阶段。如果你开始节食的话，你就会依靠储存的脂类来提供能量。但是，如果你吃得多了，多出来的脂质、糖类和淀粉就会形成脂肪储存在身体中，人就变胖了。

8.4　发酵是如何发生的？

地球上生存的每一种生物都会进行糖酵解过程，这个事实证明糖酵解作用是地球上形成的最古老的生化途径之一。科学家假设，地球上最初的生物生活在无氧环境下，接下来，光合作用逐渐形成，地球上的氧气含量越来越多。地球之初生存的生物，我们姑且称为地球生物的先行者，通过糖酵解过程，分解地球上存在生物之前所存在的有机物质，并通过这种方式获取能量。即使现在，很多生物也生存在无氧或氧气含量十分稀少的环境中，这些生物有的生活在动物（包括人类）的胃和小肠中，有的生活在土壤深处，有的生活在沼泽和泥潭。绝大多数这样的生物都通过糖酵解作用和接下来要讲的发酵作用获取能量、维持生命，其中，有的微生物在无氧环境下依靠发酵获取能量，而在有氧的环境下依赖呼吸作用获取能量。有的微生物缺乏细胞呼吸作用所需要的生物酶，所以，只能依靠发酵作用。

8.4.1　在无氧的环境下，细胞通过发酵作用实现 NAD^+ 的循环利用

在无氧环境下，葡萄糖分解的第二个阶段是发酵作用。通过发酵作用，细胞质中的丙酮酸要么分解为乳酸，要么分解为乙醇和二氧化碳。发酵作用并不能产生更多的 ATP 分子，那么，为什么这一作用又是生命所必需的呢？因为发酵作用实现了将糖酵解过程中合成的 NADH 转化为 NAD^+，这也是糖酵解作用可以持续不断进行的原因和必备条件。

在有氧条件下，绝大多数生物利用细胞呼吸作用，通过将 NADH 的一个高能电子释放给电子传递链来重新获得 NAD^+。而在无氧条件下，电子传递链并不能行使正常的功能，细胞只能依靠发酵作用来获得 NAD^+。在发酵作用下，NADH 的一个电子与一些氢离子一起，与丙酮酸结合，改变了丙酮酸的化学结构。虽然发酵作用看起来是在 NADH 上浪费了一些能量，因为这些能量并不是用来合成 ATP 的，但是，如果 NAD^+ 耗尽了（当然，如果没有发酵作用的话，这种情况很快就会发生），细胞能量的产生就会完全停止，生物也就濒临死亡了。

生物体可以利用以下两种发酵方式中的任意一种来获取 NAD^+：一种是乳酸发酵，也就是由丙酮酸产生乳酸的发酵；一种是乙醇发酵，也就是从丙酮酸获取乙醇和二氧化碳的发酵。发酵作用产生的 ATP 分子远比细胞呼吸作用少，所以，依赖发酵作用的生物必须获取相对更充足的能量物质来满足它们对 ATP 的需要。

8.4.2　有些细胞通过发酵作用将丙酮酸分解为乳酸

通过发酵作用将丙酮酸分解为乳酸的发酵过程，称为乳酸发酵（在水溶液中，乳酸发生溶解并被

离子化，形成乳酸盐）。当身体中的氧气耗尽时，我们仍旧没有立刻停止运动。这一点在进化上是说得通的，因为动物运动最为剧烈的时候，就是打斗、逃跑或捕获猎物的时候。而对这些运动来讲，有时候仅仅是多坚持一小会就是生与死的差别。当肌肉开始缺氧的时候，通过发酵作用，将一个分子的葡萄糖分解并获得两个分子的 ATP，这些能量可以用来做最后的冲刺。也就是说，肌肉细胞可以进行发酵作用，利用 NADH 的电子和一些游离的氢离子，将丙酮酸分解为乳酸（如图 8-8 所示）。

举例来看，如果你为了不迟到，以百米冲刺的速度飞奔到教室，你就会觉得呼吸困难，这是因为肌肉细胞正在通过呼吸作用来获取能量，所以，你的肺部需要吸收更多的氧气来供给细胞呼吸（如图 8-9a 所示）。如果氧气可以立刻补充的话，肌肉细胞中的乳酸就会转化为丙酮酸，用来进行接下来的细胞呼吸作用。在肝脏中同样会发生类似的过程，在那里，丙酮酸转化为葡萄糖，接下来，葡萄糖要么以糖原的形式储存起来，要么被重新释放到血液中，随着血液流散于全身。当你剧烈运动后，你会发现腰酸腿疼，这是因为肌肉细胞为了获取更多的能量进行了发酵作用，产生大量的乳酸并积累在肌肉细胞中，随着氧气逐渐变得丰富起来，这些乳酸重新转化为丙酮酸，腰酸腿痛的感觉也就逐渐消失了。

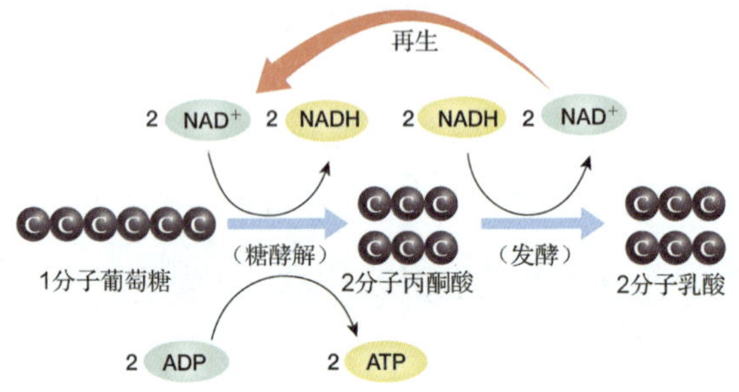

▲图 8-8 糖酵解之后发生乳酸发酵

大量的微生物都会利用乳酸发酵来获取能量，包括将牛奶转化为酸奶、淡奶油和奶酪的细菌。醋也是发酵作用的产物，尝起来酸酸的，可以为食物增加风味。乳酸也可以用来使牛奶蛋白变性，改变它们的三维结构。这也是奶油和酸奶是半固体结构的原因。

(a)

(b)

◀图 8-9 生活中的发酵作用 (a) 赛跑选手靠着她们腿部肌肉细胞的乳酸发酵进行冲刺。(b) 酵母细胞进行的细胞呼吸和酒精发酵产生大量 CO_2，使面包团膨胀起来。

8.4.3 有些细胞通过发酵作用将丙酮酸转化为乙醇和二氧化碳

有些微生物，比如酵母（一种单细胞的真菌），在无氧环境下会发生乙醇发酵作用。在乙醇发酵过程中，丙酮酸转化为乙醇和二氧化碳而不是乳酸。这一过程释放 NAD^+，使 NAD^+在糖酵解过程中获得更多高能电子（如图 8-10 所示）。如果你曾经无聊到用看面团发酵来打发时间的话，你就会观察到发酵现象，也就是面团一点一点变大、变松软的过程（如图 8-9b 所示）。

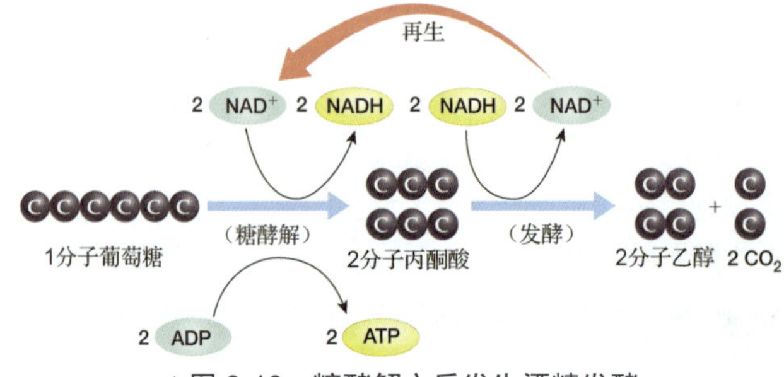

▲图 8-10 糖酵解之后发生酒精发酵

第二篇

遗　传

犯错误的能力是 DNA 真正令人着迷之处。如果 DNA 不会犯错，那么我们现在也不过只是一群厌氧细菌而已，也就不会有美妙的音乐了。

“（DNA 是）一个优雅得令人惊讶的结构，一架精密地扭转成双螺旋形状的梯子，包装成一个条带，它囊括了创造生命所需的一切信息。”

G. Santis 于塞浦路斯

第 9 章　生命的延续：细胞增殖

匹兹堡钢人队的 Hines Ward，在用富血小板血浆疗法治疗扭伤的膝盖之后短短两星期就回到了超级杯赛场上。

9.1　细胞为什么分裂？

“所有细胞都来源于细胞。”这句言简意赅的话出自 19 世纪中叶德国著名医生魏尔肖（Rudolf Virchow）之口，充分说明对所有的生物来说细胞增殖是多么的重要。细胞增殖是通过细胞分裂来完成的，而细胞分裂指的是一个亲代细胞分裂为两个子代细胞的过程。作为经典的细胞分裂过程，每一个子代细胞都会接收一套完整的、与亲代细胞完全一样的遗传信息，并接收亲代细胞一半的细胞质。

9.1.1　细胞分裂将遗传信息传递给每一个子代细胞

对于所有有生命的细胞来说，遗传信息都是储存在脱氧核糖核酸（DNA）中的。DNA 分子是由核苷酸构成的聚合物（如图 9-1a 所示）。每一个核苷酸分子都是由一个磷酸基团、一个糖分子（通常是脱氧核糖）和一个碱基构成的，细胞中的碱基共有 4 种：腺嘌呤 A、鸟嘌呤 G、胞嘧啶 C 和胸腺嘧啶 T。染色体则是由 DNA 分子和蛋白质分子构成的，这些蛋白质分子维持着染色体的三维结构并调控染色体的功能。染色体上的 DNA 分子由两条长链核苷酸构成，两条长链彼此缠绕，就像是螺旋状的梯子，这种结构称为双螺旋结构（如图 9-1b 所示）。

基因是遗传的基本单位，它是由几百个到数千个不等的核苷酸构成的 DNA 片段。就像 ABC 字母表的字母一样，可以通过一定的顺序排列组成优美的长句，表达深奥的意思，而基因通过核苷酸的序列表达出组成细胞的各种蛋白质。

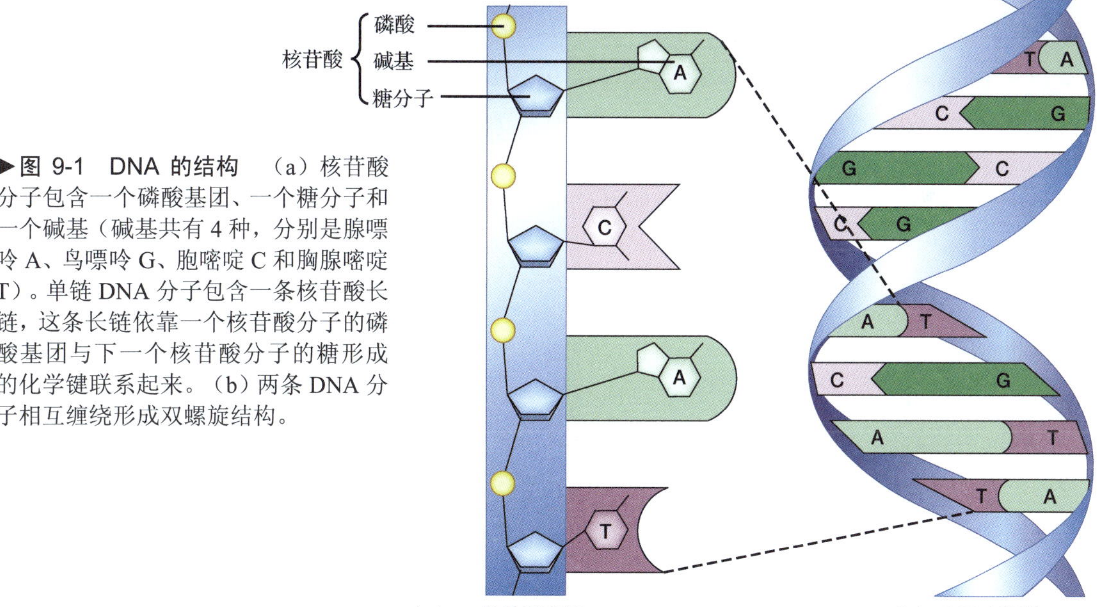

▶图 9-1　DNA 的结构　（a）核苷酸分子包含一个磷酸基团、一个糖分子和一个碱基（碱基共有 4 种，分别是腺嘌呤 A、鸟嘌呤 G、胞嘧啶 C 和胸腺嘧啶 T）。单链 DNA 分子包含一条核苷酸长链，这条长链依靠一个核苷酸分子的磷酸基团与下一个核苷酸分子的糖形成的化学键联系起来。（b）两条 DNA 分子相互缠绕形成双螺旋结构。

一个细胞要生存下去，必须含有整套的遗传信息。因此，一个细胞分裂时，并不是简单地将基因一分为二，给每一个子代细胞一半的基因，而是首先将自己的遗传信息复制一份，也就是说，自己原有的遗传信息和复制的那份一模一样，就像影印一份原有的文件一样。这样，每一个子代细胞都可以接收到一份含有全部亲代细胞基因的 DNA 副本。

9.1.2 细胞分裂是生长和发育所必需的

对于真核细胞，我们最为熟悉的细胞分裂方式就是分裂出的子代细胞与母代细胞完全一样的方式，这种分裂方式又称为有丝分裂（9.4 节和 9.5 节会重点讲到）。可以这样想象，从小小的受精卵开始，你身体的每一个细胞都是通过有丝分裂而来的，并且，对很多器官来说，有丝分裂每天仍在持续不断的进行中。细胞有丝分裂后，子代细胞会生长和继续分裂。一些子代细胞会分化成为一些具有特别功能的、高度分化的细胞，这些细胞包括具有伸缩功能的肌肉细胞、具有抵御外来病原体入侵的血细胞或者那些位于胰岛、胃和肠可以分泌生物酶的细胞。这种细胞分裂、再生长、再分裂或分化周而复始的过程，称为细胞周期（9.2 节和 9.4 节会重点讲到）。

通常，根据细胞的分裂和分化能力，多细胞生物中的细胞可以分为三类：

- 干细胞。大部分干细胞都是受精卵最初分裂成的细胞，成人的有些器官中也含有少量的干细胞，这些器官包括心脏、皮肤、脂肪、大脑和骨髓。干细胞有两个最为重要的能力，一个是自我更新的能力，一个是可以分化为多种不同类型细胞的能力。自我更新的意思是，每个干细胞都保有可以分裂和分化为整个生物体的能力。通常来讲，当一个干细胞开始分裂时，其中一个子代细胞会成为一个干细胞，如此以来，干细胞的数目保持不变。而另一个子代细胞通常会持续分裂下去，最终分化为一些高度分化的细胞。处于胚胎早期的一些干细胞通常可以产生整个身体中任何一种高度分化的细胞类型。
- 具有分裂能力的其他细胞。存在于胚胎、幼年或成年动物中的一些细胞一直具有分裂能力，但是，这些细胞通常只能分裂为单单一种或者两种类型的细胞。举例来说，肝脏中处于分裂状态的细胞只能分裂成肝脏细胞，并不能成为别的器官的细胞。
- 高度分化且不能再分裂的细胞。一些高度分化的细胞不再具有分裂的能力。例如，我们心脏和大脑中大部分细胞不能再分裂。

9.1.3 细胞分裂是有性繁殖和无性繁殖所必需的

生物的繁殖主要有两种方式，一种是有性繁殖，一种是无性繁殖。生物要么用这两种繁殖方式中的一种，要么都会用到。真核细胞的有性繁殖指的是，由成熟的生物的生殖腺产生的配子（比如精子或卵子）发生融合，产生子代细胞的生殖方式。成熟生物的生殖系统中的细胞进行一种特别的细胞分裂方式，称为减数分裂，这部分内容会在 9.8 节重点讲到。通过减数分裂得到的细胞所包含的遗传信息刚好是亲代细胞的一半。对动物来说，这些减数分裂得到的子代细胞是精子和卵子。精子与卵子融合时，产生的受精卵含有与亲代细胞含量相同的遗传信息。

子代细胞由亲代细胞分裂而来，而不是通过精子和卵子结合而来的繁殖方式称为无性繁殖。无性繁殖产生的子代细胞与亲代细胞，包含的遗传信息完全一样，这也叫做克隆。图 9-2a 所示的细菌和图 9-2b 所示的像草履虫这样的单细胞生物，是通过细胞分裂进行无性繁殖的，也就是每两个新生的细胞都来源于一个已有细胞。一些多细胞生物也可以进行无性生殖。例如，水螅依靠出芽进行繁殖。首先，水螅在自己身上自我复制一份小水螅，称为一个芽（如图 9-2c 所示）。最终，这个芽可以与母体分离，独立生活，形成一个新的水螅。许多植物和真菌同时通过有性和无性两种方式进行繁殖。举例来说，生存在美国科罗拉多州、犹他州和新墨西哥州的山杨树，是由一棵树的根系发展而来的（如图 9-2d 所示）。虽然一片山杨树看起来好像是很多很多棵树，但是，它们其实只是一棵而已，它们拥有同一套根系，只是枝干彼此分开。山杨树同样可以通过种子来繁殖，这就是有性生殖。

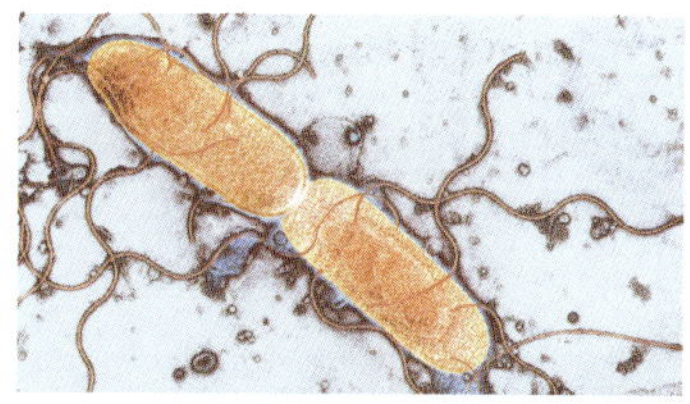
（a）正在分裂的细菌

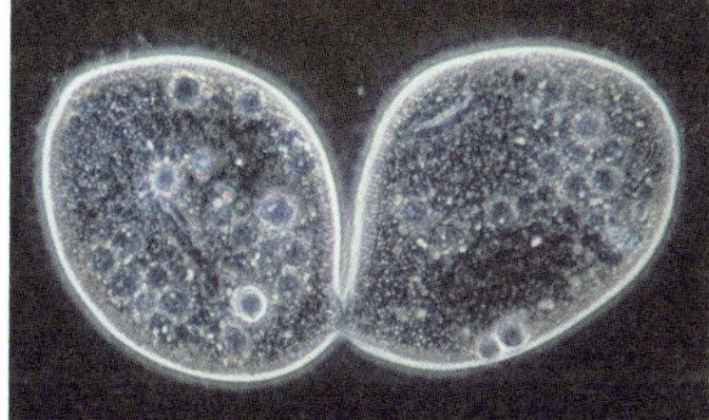
（b）草履虫的分裂

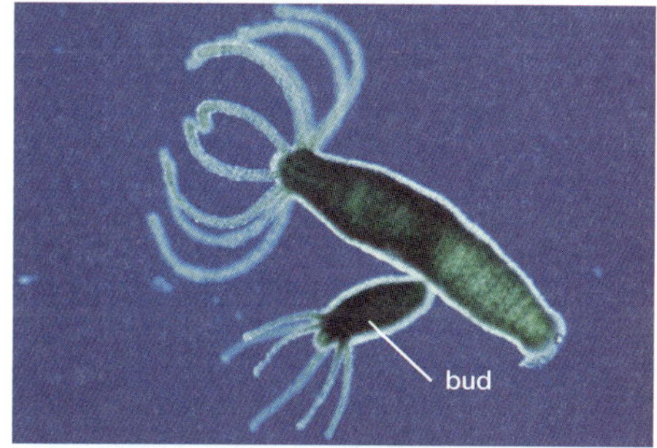

（c）水螅通过出芽来进行无性繁殖

（d）白杨树丛通常由通过无性繁殖产生的许多遗传物质完全相同的树组成

▲图 9-2　细胞通过分裂来进行无性繁殖　（a）细菌通过一分为二进行无性生殖。（b）对单细胞的真核微生物来说，比如生活在池塘中的草履虫，细胞通过分裂可以形成两个新的、相互独立的草履虫。（c）水螅与海生生物海葵存在着很近的亲缘关系，前者主要生活在淡水中。首先，水螅会在自己身上复制一份小水螅，称为一个芽。最终，这个芽可以与母体分离，独立生活，形成一个新的水螅。（d）生活在同一片树林中的山杨树通常具有相同的遗传背景。每一棵树都由同一株树的根系发展而来。这张照片拍摄于科罗拉多州的阿斯彭，表示三片相互独立的树丛。当秋天降临，山杨树叶的颜色显示了不同树丛的不同遗传背景。

9.2　什么是原核细胞的细胞周期？

原核细胞的 DNA 分子包含在一个环状的单链染色体中，正常情况下，这个染色体周长为大约一到两毫米。与真核细胞的染色体不同的是，原核细胞中的染色体并不是包裹在细胞核中的，原核细胞没有细胞核（见第 4 章）。

原核细胞的细胞周期包含一个相对比较长的生长时期，在这个时期中，细胞完成自身 DNA 的复制，接下来进行细胞分裂，原核细胞的细胞分裂称为原核分裂，或者二分裂（如图 9-3a 所示）。然而许多生物学家认为，二分裂这种分裂方式既存在于原核生物中，又存在于单细胞的真核生物中。为避免混淆，我们用原核分裂这一表述方式来描述原核细胞的细胞分裂。原核细胞的染色体通常连接在细胞质膜内侧的一点上（如图 9-3b❶所示）。在原核细胞细胞周期的生长时期，DNA 被复制，产生的两个完全一样的染色体连接在细胞膜的两处，这两处会比较接近（如图 9-3b❷所示）。随着细胞的生长，新的细胞膜逐渐充斥在两个染色体连接点的中间，这样，两条染色体逐渐分离（如图 9-3b❸所示）。当细胞长大到本来的两倍大小时，两条染色体连接点之间的细胞膜向中间生长（如图 9-3b❹所示）。细胞膜沿着细胞的中轴线发生融合，产生两个子代细胞，每个子代细胞都包含一条染色体（如图 9-3b❺所示）。因为通过细胞复制可以产生两个一模一样的 DNA 分子，两个子代细胞和母代细胞这三个细胞在遗传背景上完全相同。

▶图 9-3　原核细胞的细胞周期　（a）原核细胞的细胞周期主要由细胞生长、DNA 复制以及接下来的细胞分裂组成。（b）原核细胞的分裂进程

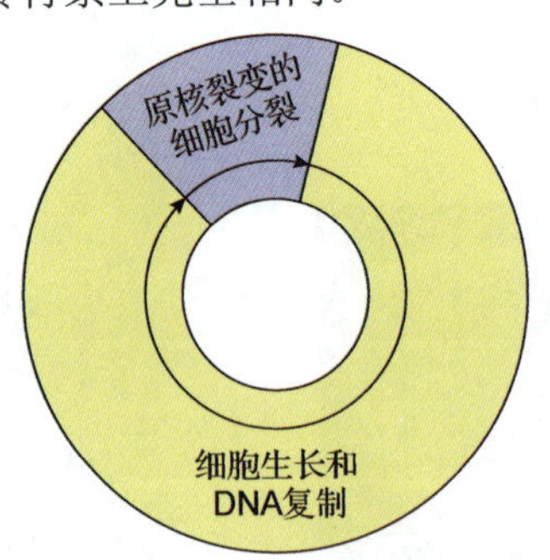

（a）原核生物的细胞周期

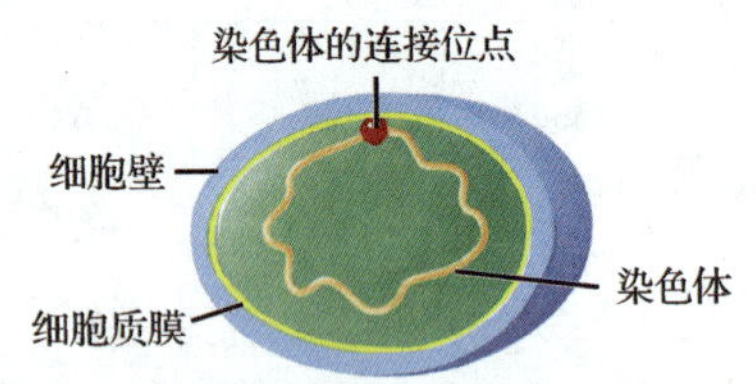

❶ 原核生物的染色体是一个环形的DNA双螺旋，它与细胞质膜在一个点上相连

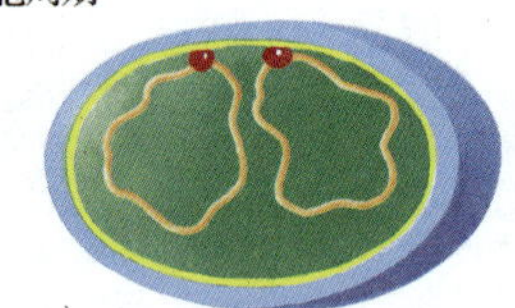

❷ DNA进行复制，产生两条染色体，它们与细胞质膜在相距很近的两个点上相连

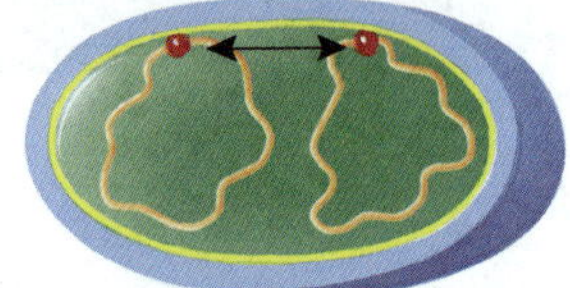

❸ 在两个连接位点之间加入新的细胞质膜，使两条染色体离得越来越远

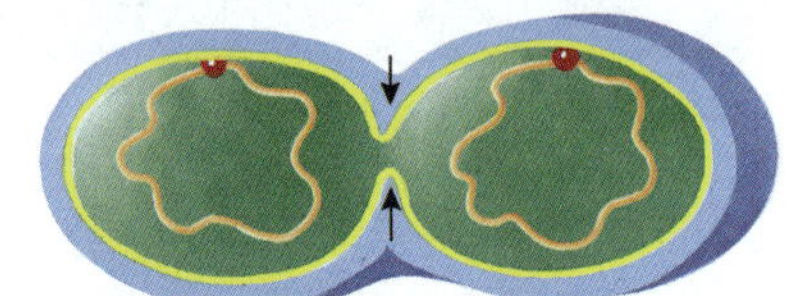

❹ 细胞质膜在细胞中央向内生长

❺ 母细胞分裂成为两个子细胞

（b）原核细胞的分裂过程

在理想状态下，原核细胞的细胞周期进行得非常快。举例来说，存在于肠道中的简单细菌大肠杆菌（通常简写为 E.coli）完成生长、复制 DNA 和分裂这一细胞周期，大概只需要 20 分钟。不过幸运的是，对于大肠杆菌来说，我们的肠道并不是其生长的适宜环境，否则要不了多久，我们体内的大肠杆菌就要比我们的身体还重了。

9.3　真核细胞的 DNA 分子是如何排列的？

真核细胞的染色体与原核细胞的截然不同，因为真核细胞有细胞核这一结构。细胞核是一种由膜包裹着染色体的特殊结构，使染色体可以与细胞质分隔开。真核细胞通常有不止一条染色体，

染色体数目最少的真核生物是一种蚂蚁的雌性个体，它有两条染色体，但是，绝大多数的真核生物都有十几到几十条染色体，一些蕨类植物甚至有 1200 条染色体！真核细胞的染色体包含的 DNA 分子数目远远高于原核细胞。举例来讲，人类的一条染色体包含的 DNA 分子数目，要比普通的原核生物多 10～50 倍。真核细胞的细胞分裂更为复杂也更为耗时，这也是进化的结果，可以解决数目繁多且结构复杂的染色体的复制问题。因此，我们先重点介绍真核细胞染色体的结构。

9.3.1　真核细胞的染色体由一条线性的 DNA 双螺旋分子和其上连接的蛋白质构成

人类的每一个染色体分子都包含有一条DNA双螺旋，根据染色体的长度不同，DNA分子包含5000万到2亿5000万不等的核苷酸。如果这些DNA分子处于完全松弛的状态，一条人类染色体长约0.6～3英寸（约15～75毫米），而一个普通的人类细胞大约包含6英尺（约1.8米）长的DNA。

细胞的细胞核最大大约只有1英寸的百分之几这么小，将这么长的DNA分子装进小小的细胞核中，是一个不折不扣的挑战。绝大多数细胞的DNA分子外面包含有一种称为组蛋白的蛋白质（如图 9-4❶和❷所示）。这种 DNA/蛋白质结构接下来就会缠绕起来，形成像弹簧一样的结构（如图 9-4❸所示）。这些弹簧结构通过其上连接的蛋白质再发生折叠和缠绕。经过这几次压缩，DNA 分子大约只有原来长度的千分之一（如图 9-4❹所示）。当然，即使发生这样大尺度的压缩，染色体仍然很大，仍然很难与子代细胞的细胞核相匹配。这就好像棉线缠绕在线轱辘上更好用一样，染色体缠绕压缩起来，更加便于分离和运输。在细胞分裂时期，染色体上的其他一些蛋白质可以将染色体压缩成更紧致的结构，这种结构大约小于 1 英寸的 2%，这个大小只有它处于细胞周期静息期时的十分之一（如图 9-4❺所示）。

9.3.2　基因是染色体上的 DNA 片段

基因就是 DNA 序列，这些序列的长度为几百到几千个核苷酸不等。每一个基因都在染色体上拥有自己的位置，这个位置称为基因座（如图 9-5a 所示）。染色体不同，上面所含的基因数目也不同。虽然基因的确切数目目前并不十分确定，人类的染色体上含有 70 多个基因（Y 染色体，人类最短的染色体）到 3000 多个基因（一号染色体，人类最长的染色体）不等。

除了基因之外，每个染色体上还有两种对其结构和功能来说十分重要的区域，就是两个端粒和一个中心粒（如图 9-5a 所示）。端粒（telomere）在希腊语中的意思是末端的结构，它是存在于染色体末端的保护性帽子一样的结构。如果没有端粒，染色体末端的基因很容易在 DNA 复制的过程中丢失。端粒的存在同样可以保护染色体，使两条染色体不会彼此连接而形成更长的染色体，因为如果染色体太长，在细胞分裂的过程中就不容易平均分配到两个子代细胞中。染色体中第二个特殊的区域称为中心粒。接下来要讲到，中心粒最主要的两个功能分别是：（1）DNA 复制结束后，中心粒可以暂时将两条子代的 DNA 双螺旋连接在一起，（2）在细胞分裂时，它是牵引染色体运动的微管的连接区域。

9.3.3　复制后的一对染色体在细胞分裂时分开

在细胞分裂之前，每一个染色体上的 DNA 都会复制一份。DNA 复制结束以后，复制后的染色体包含有两组完全一样的 DNA 双螺旋，这对染色体称为姐妹染色单体，姐妹染色单体通过中心粒彼此相连（如图 9-5b 所示）。细胞发生减数分裂时，这对姐妹染色单体彼此分开，分别进入一个子代细胞成为独立的染色体（如图 9-5c 所示）。

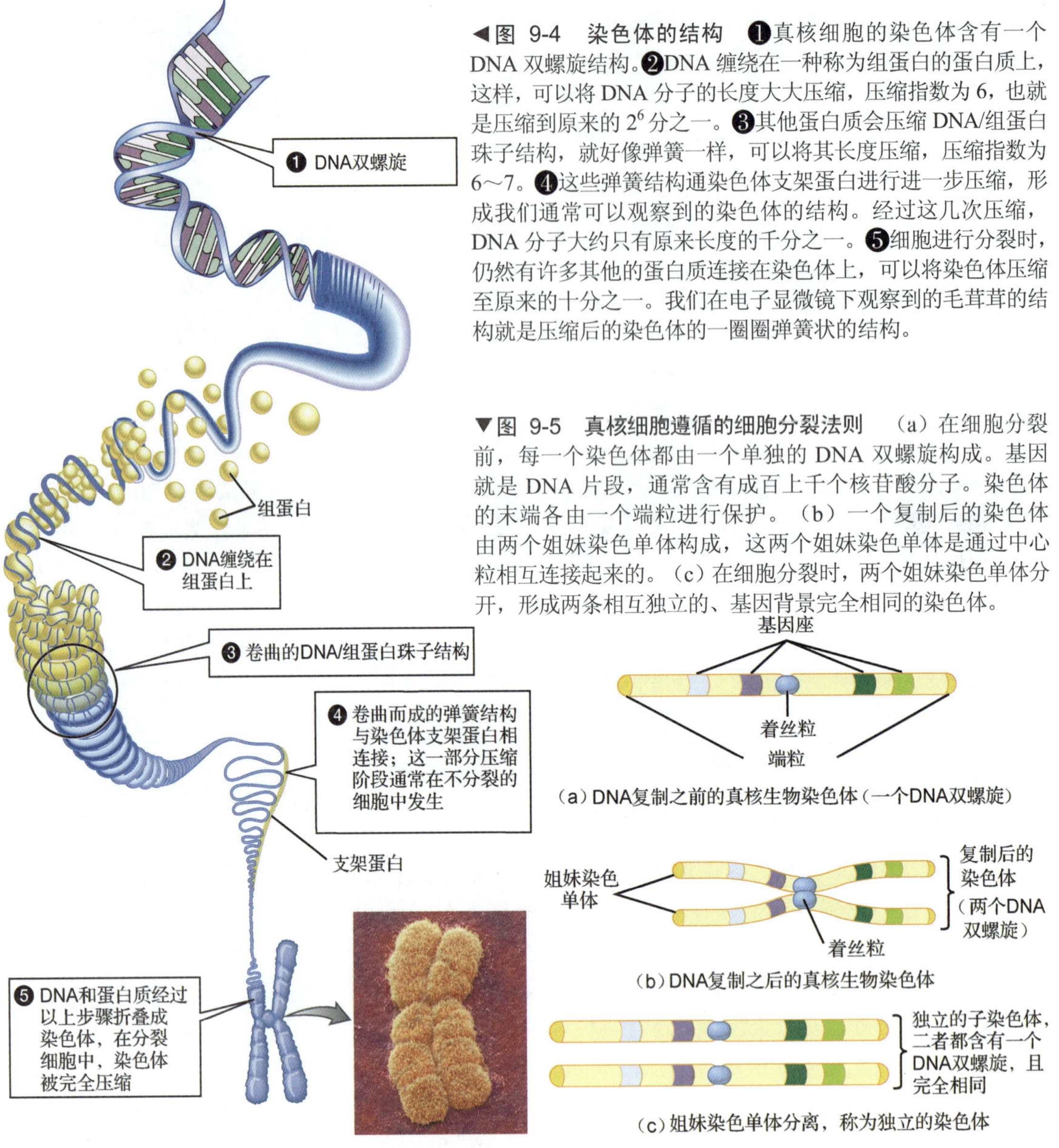

◀图 9-4 染色体的结构 ❶真核细胞的染色体含有一个DNA 双螺旋结构。❷DNA 缠绕在一种称为组蛋白的蛋白质上，这样，可以将 DNA 分子的长度大大压缩，压缩指数为 6，也就是压缩到原来的 2^6 分之一。❸其他蛋白质会压缩 DNA/组蛋白珠子结构，就好像弹簧一样，可以将其长度压缩，压缩指数为 6～7。❹这些弹簧结构通染色体支架蛋白进行进一步压缩，形成我们通常可以观察到的染色体的结构。经过这几次压缩，DNA 分子大约只有原来长度的千分之一。❺细胞进行分裂时，仍然有许多其他的蛋白质连接在染色体上，可以将染色体压缩至原来的十分之一。我们在电子显微镜下观察到的毛茸茸的结构就是压缩后的染色体的一圈圈弹簧状的结构。

▼图 9-5 真核细胞遵循的细胞分裂法则 （a）在细胞分裂前，每一个染色体都由一个单独的 DNA 双螺旋构成。基因就是 DNA 片段，通常含有成百上千个核苷酸分子。染色体的末端各由一个端粒进行保护。（b）一个复制后的染色体由两个姐妹染色单体构成，这两个姐妹染色单体是通过中心粒相互连接起来的。（c）在细胞分裂时，两个姐妹染色单体分开，形成两条相互独立的、基因背景完全相同的染色体。

9.3.4 真核细胞的染色体通常成对出现且包含相同的遗传信息

每一种真核生物的染色体经过染料染色后在显微镜下观察，都可以观察到独特的长度、形状和条带类型。从一个细胞而来的整组染色体称为染色体组型或者核型（如图 9-6 所示）。对绝大多数真核生物来说，包括人类，一组染色体组型中的染色体是成对的存在的。这两个成对存在的染色体称为同源染色体或者同族体，英文写做 homologous，希腊文的意思是“相同的东西”。拥有同源染色体的细胞又称为二倍体。正如图 9-6 所显示的核型一样，典型的人类细胞都是二倍体，由 23 对或 46 条染色体组成。

同源染色体通常长度相同，并具有相同的染色形态，因为一对同源染色体包含相同的基因，并且这些基因的排列方式相同。具有相似表型和 DNA 序列的染色体又称为常染色体，常染色体在不同性别的生物中成对存在。人类有 22 对常染色体。

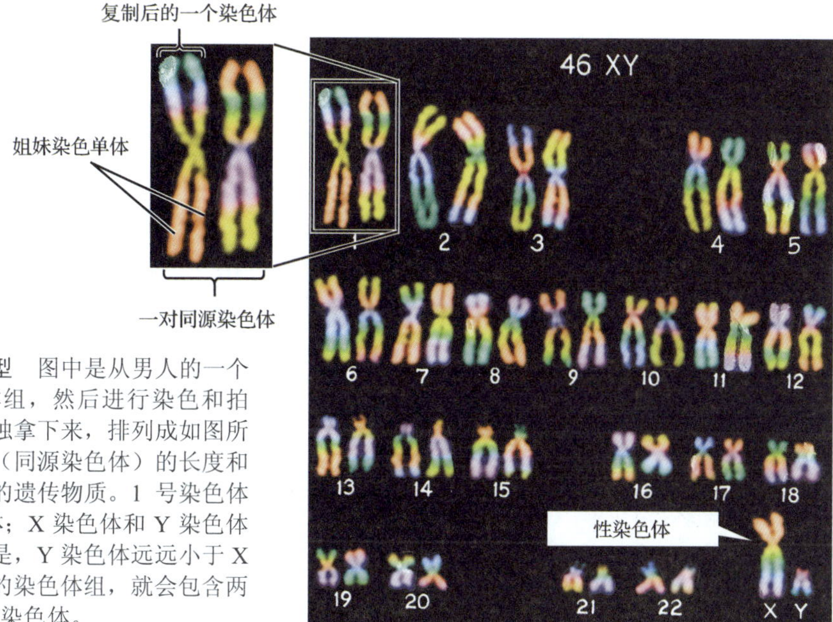

▶**图 9-6　男性人类的核型**　图中是从男人的一个细胞中提取的一套染色体组，然后进行染色和拍摄。将每一个染色体都单独拿下来，排列成如图所示的样子。每一对染色体（同源染色体）的长度和大小相似，包含极其相似的遗传物质。1 号染色体到 22 号染色体是常染色体；X 染色体和 Y 染色体是性染色体。值得注意的是，Y 染色体远远小于 X 染色体。如果是人类女性的染色体组，就会包含两条 X 染色体，女性没有 Y 染色体。

1. 同源染色体通常不是完全相同的

尽管称为同源染色体，但并不是说这两条染色体是一模一样的。为什么会出现这种情况呢？因为细胞在进行 DNA 复制的过程中，可能一对同源染色体中的一条染色体出了错，而另一条没有出错。也有可能是来源于太阳的紫外线损伤了其中一条染色体，而另一条完好无损。这些原因导致的 DNA 序列上的变化称为突变。突变使得一对同源染色体中，一条染色体上的基因与另一条有了些微的差别。这种突变可能发生在昨天，也可能发生在万年以前的精子或者卵子上，并被遗传下来。那些持续存在并代代相传的突变称为等位基因，等位基因产生多种多样的结构和功能，比如人类的黑发、棕发或金发，又比如鸟类的不同鸣叫声。因此，虽然一对同源染色体含有相同的基因，但可能含有一些完全相同的等位基因和一些不同的其他等位基因（如图 9-7 所示）。

如果将 DNA 当做是构建细胞或者生物体的蓝图，那么，突变就是设计图纸上的错别字。虽然有时错别字并不怎么影响阅读，但其他时候，错别字会造成极其严重的后果。举个例子看，如果一些关键基因的等位基因有一个碱基发生了突变，就很有可能造成遗传病，比如镰刀型贫血或者囊性纤维化。还会存在一些偶然的情况，如果这些生物携带一些可以使生物本身更易生存和繁殖的基因突变，那么此时的突变会改造设计图纸，使其发生进化，并扩展到整个物种。

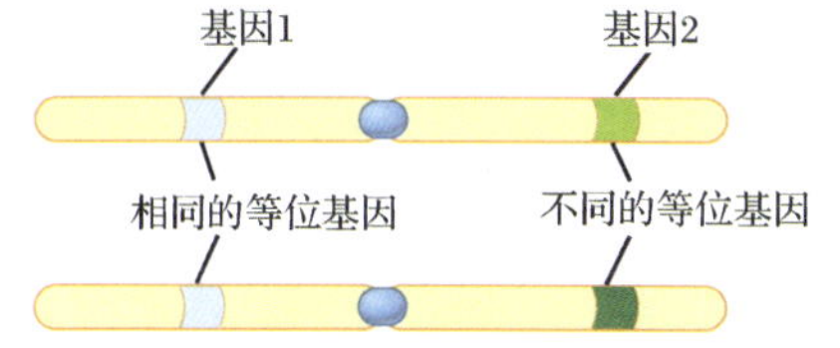

◀**图 9-7　一对同源染色体包含一组相同或者不同的等位基因**　一对同源染色体在相同的部分（也叫基因座，英文写做 loci）含有相同的基因。而且，同一对同源染色体在一个座位含有完全相同的等位基因（如左侧所示），而在另一个座位上含有不同的等位基因（如右侧所示）。

2. 并非所有细胞都有成对的染色体

构成我们身体的绝大多数细胞都是二倍体。然而，进行有性生殖时，卵巢和睾丸中的细胞进行减数分裂（9.8 节会重点讲到），从而产生配子（也就是精子和卵子）。每一个配子都只含有每对常染色体中的一个以及两条性染色体中的一个。这种只含有每对染色体中一个染色体的细胞称为单倍体。对人类来说，一个单倍体细胞含有 22 对常染色体中每对中的一条，也就是 22 条单独的染色体，再加上 X 染色体和 Y 染色体中的一个。所以，人的单倍体细胞含有 23 个染色体。

当一个精子和一个卵子相结合时，这两个单倍体细胞融合成一个二倍体细胞，融合成的二倍体细胞重新含有成对存在的同源染色体。一对同源染色体中的一个来源于母体，称为母源染色体；另一个来源于父亲，称为父源染色体。

在生物学领域有一种简单的染色体表述方法。对一个物种来说，不同种类的染色体数目称为单倍数，用 n 表示。对于人类，$n=23$，意味着人类有 23 种不同的染色体（22 种不同的常染色体和一个性染色体）。而二倍体细胞含有 $2n$ 个染色体。因此，人类的体细胞共有 46（2×23）个染色体。

并不是所有的真核生物都是二倍体。比如，面包霉 Neurospora 在它的绝大部分生命周期中都是由单倍体细胞组成的。另一方面，对许多植物来说，细胞中并不是每种类型的染色体只有一对（$2n$），而是 $4n$（四倍体）、$6n$（六倍体）甚至更多。许多常见的开花植物，比如黄花菜、兰花、百合和夹竹桃，是四倍体，而大部分谷物不是四倍体就是六倍体。

9.4 真核细胞的细胞周期是如何发生的？

在真核细胞的细胞周期中，新形成的细胞通常从周围的环境中获取养分，从而合成更多的细胞质和细胞器，并且长得更大一些。经过一段时间之后——时间的长短由细胞的类型和环境中的营养状况决定——细胞开始分裂。每一个子代细胞都会进入下一个细胞周期，产生更多的细胞。然而，许多细胞只在接收到特殊的信号后才开始分裂，这些信号包括一种称为生长因子的与荷尔蒙类似的分子，生长因子诱导细胞进入下一个细胞周期（在 9.6 节会重点讲到）。其他的细胞会进行分化，而不再会分裂。

9.4.1 真核细胞的细胞周期包括间期和有丝分裂期

真核细胞的细胞周期可以人为分为两个主要时期：分裂间期和有丝分裂期（如图 9-8 所示）。

1. 在细胞分裂间期，细胞体积增大、进行 DNA 复制，经常会分化

对绝大部分真核细胞来说，细胞周期的大部分时间都是分裂间期，也就是两次有丝分裂期之间的时期。举例来说，人类皮肤上的一些细胞处于分裂间期 22 小时，完成有丝分裂只花 2 个小时。分裂间期可以分为三个时相：G_1 期、S 期和 G_2 期。其中，G_1 表示第一个生长时相和 DNA 合成的第一个间歇阶段，S 表示 DNA 合成阶段，G_2 表示第二个生长时相和 DNA 合成的第二个间歇阶段。

一个新合成的子代细胞首先进入分裂间期的 G_1 期。在 G_1 期，细胞进行如下三种活动的一种或几种。第一，体积长大。第二，细胞经常会分化，发展出可以行使特殊功能的结构和生化途径。举例来看，绝大多数神经细胞会长出一种叫做神经轴突的长链，轴突的主要功能是使神经细胞与其他细胞彼此联系。再举个例

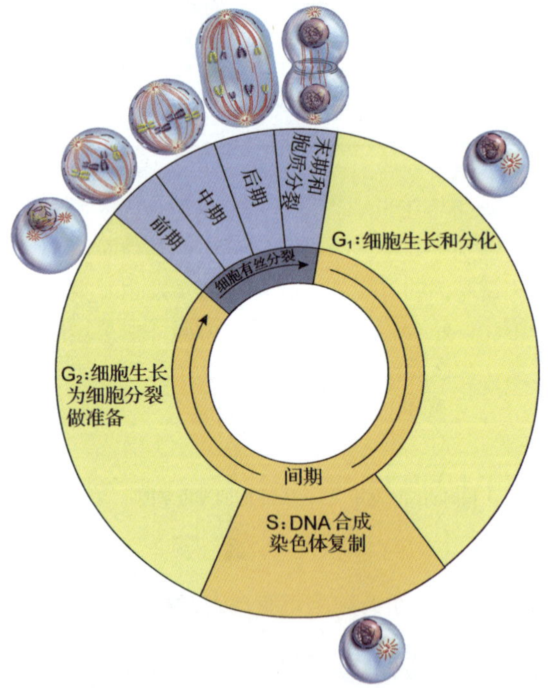

▲图 9-8 **真核细胞的细胞周期** 真核细胞的细胞周期含有两个阶段：有丝分裂间期、有丝分裂期。

子，肝细胞产生胆汁，胆汁中包含可以抑制血液凝固的蛋白质分子和具有解毒作用的酶。第三，细胞对内在和外在的信号变得敏感，决定了这个细胞是否应该开始分裂。如果细胞接收到分裂的信号，那么，它就进入 S 期，DNA 的合成和复制也就开始了。接下来，细胞进入 G_2 期，在这个时期，细胞会长得更大，并合成大量细胞分裂必需的蛋白质。

许多高度分化的细胞，比如肝细胞，可以由高度分化状态转变回分裂状态，而另外的高度分化细胞，比如绝大部分的心肌细胞和神经细胞，会一直处于细胞分裂间期，不再进行分裂。这也是心脏病如此致命的原因了，因为死掉的心肌细胞不能被替换。然而，心脏和大脑中含有一部分可以分裂的干细胞。生物医学工作者希望有朝一日，我们可以诱导这些干细胞可以经过诱导重新进入细胞周期，从而修复损伤的器官。

我们将在 9.6 节讲述细胞周期是如何进行调控的。

9.4.1.2. 有丝分裂期由细胞核分裂和细胞质分裂组成

细胞的有丝分裂，指的是一个亲代细胞分裂为两个子代细胞，这一分裂过程通常可以分为两个部分：有丝分裂和细胞质分裂。其中，有丝分裂指的是细胞核的分裂。有丝分裂英文写做 mitosis，这个词汇来源于希腊文，是“螺纹”的意思，因为在有丝分裂的早期，染色体发生压缩的现象，在光学显微镜下观察，染色体这一结构清晰可见，就像螺纹一样。经过有丝分裂，可以形成两个子代的细胞核，每一个细胞核都包含一整套亲代细胞的染色体。细胞质分裂英文写做 cytokinesis，希腊文的意思是“细胞运动”，指的是细胞质的分裂。细胞质分裂通常将自身的细胞质一分为二，其中包含线粒体、核糖体和高尔基体，以及新产生的细胞核，这些细胞器分配给两个子代细胞。因此，有丝分裂产生的两个子代细胞，彼此之间以及与亲代细胞之间，从外形上看很相似，遗传背景也完全相同。

所有真核细胞都会发生有丝分裂，这也是真核细胞中发生的无性繁殖的形式，可以进行这种有丝分裂的单细胞生物包括酵母、阿米巴虫和草履虫，而多细胞生物包括水螅和山杨树。细胞有丝分裂之后就会进行子代细胞的分化，这一过程可以使得一个单独受精卵最终分化发育成为一个成熟的生物个体，而这个个体包含着数以亿计的高度分化的细胞。细胞的有丝分裂同样可以维持生物自身的生存，有些组织需要进行持续的更新，而这一需求就依赖于有丝分裂来满足。有丝分裂也可以用于修复破损的机体，例如，发生了外伤，或者严重到需要更换一部分组织或者是器官。另外，干细胞的繁殖也是通过有丝分裂来完成的。

9.5 细胞如何通过有丝分裂生成遗传背景完全相同的两个子代细胞？

我们知道，染色体在细胞间期中的 S 期就已经复制好了。因此，当有丝分裂开始发生时，每个染色体都包含有两个姐妹染色单体，并且，这对姐妹染色单体连接在中心粒上（如图 9-5b 所示）。

为便于记忆和区分，生物学家根据染色体的状态和表现，将有丝分裂人为地分为 4 个时相，分别是前期、中期、后期和末期（如图 9-9 所示）。然而，这些不同的时相并没有明确的界限。

9.5.1 在有丝分裂前期，染色体发生压缩、纺锤体微管结构形成、核膜破裂、染色体与纺锤体微管相连

有丝分裂的第一个时相称为有丝分裂前期，英文写做 prophase，希腊文的意思是“之前”。在有丝分裂早期主要发生四大事件：（1）复制好的染色体发生压缩聚集（如图 9-4 所示）；（2）纺锤体微管结构形成；（3）核膜破裂；（4）染色体与纺锤体微管相连（见图 9-9b，c）。染色体的聚集同样导致核仁结构的破坏，细胞核中的多条染色体上连接有一些部分装配完全的核糖体，以及编码这些核糖体的 RNA 的基因（见第 4 章）。当染色体发生聚集时，核糖体的合成就停止了，也就不再有核仁这一结构。

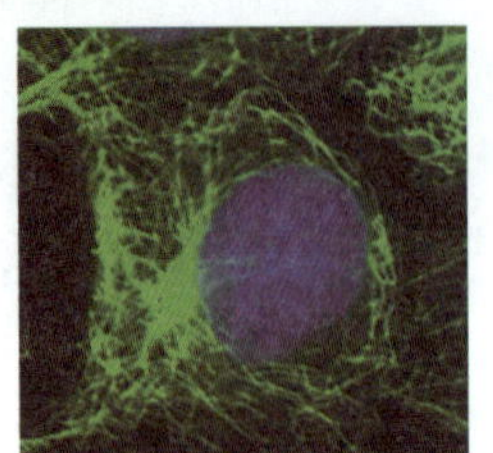

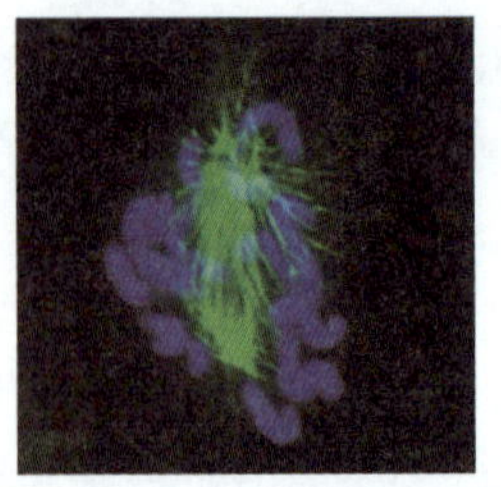

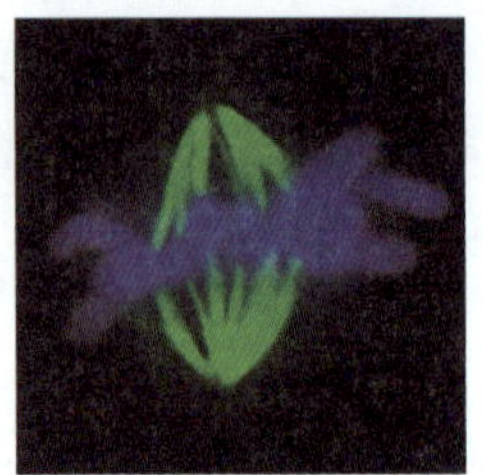

间期

有丝分裂

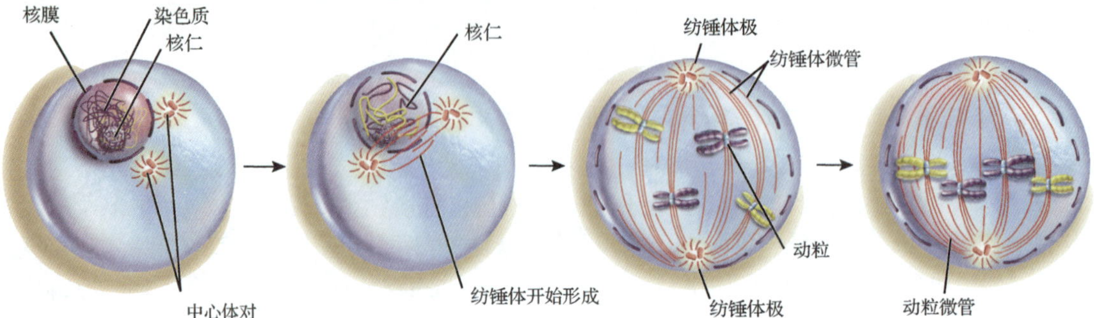

（a）晚间期
加倍了的染色体处于未凝聚状态；加倍了的中心体仍然聚集在一起。

（b）早前期
染色体凝聚变短；在正在分离的中心体对之间，纺锤体微管开始形成。

（c）晚前期（又称前中期）
核仁消失；核膜崩解；一些纺锤体微管连接到每条姐妹染色单体的中心粒上的动粒（蓝色）上。

（d）中期
动粒微管使染色体排列在赤道板上。

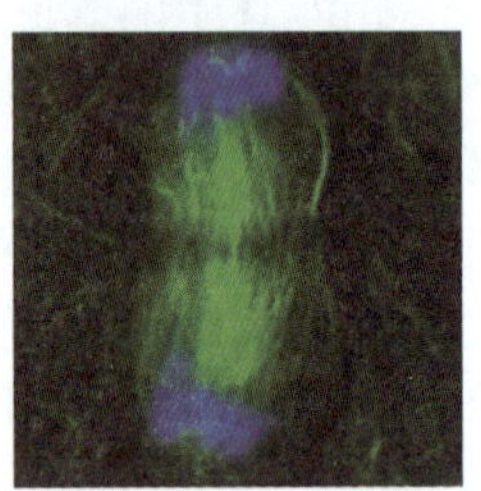

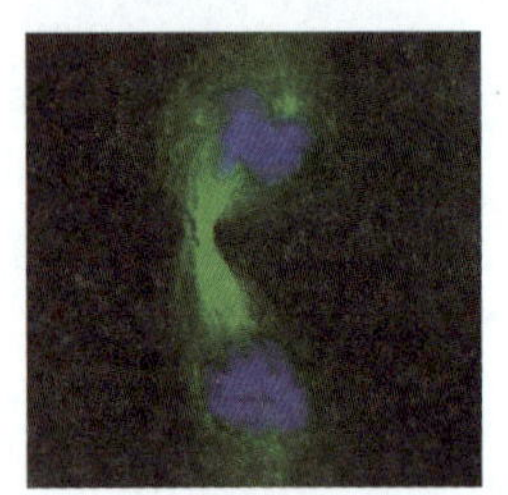

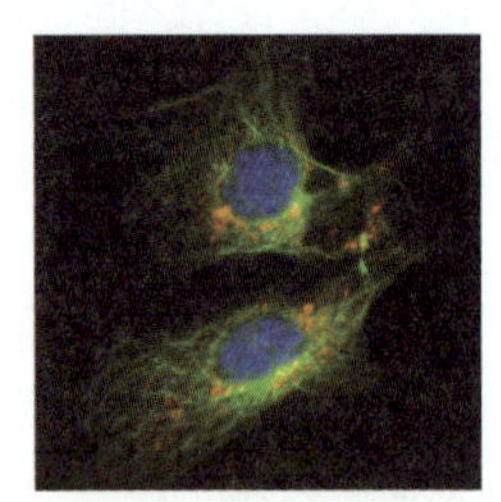

间期

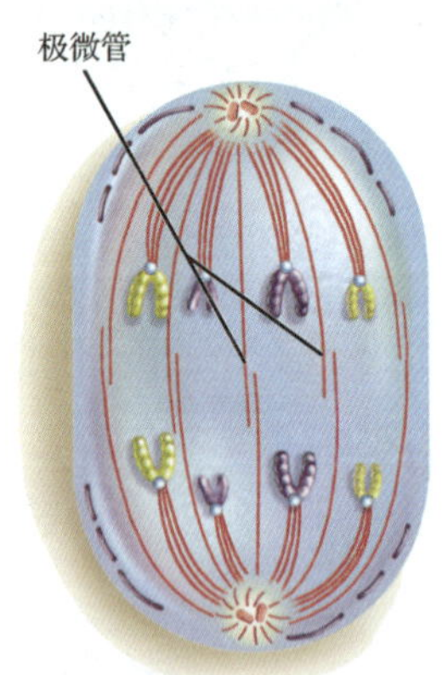

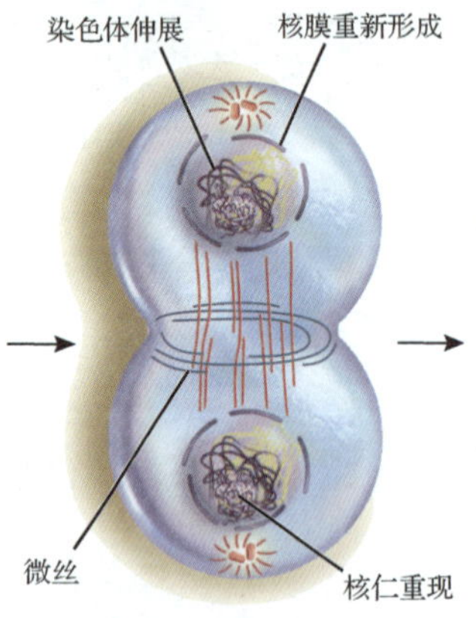

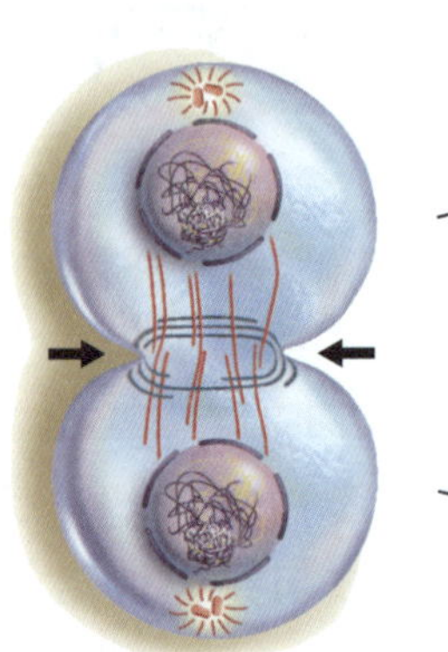

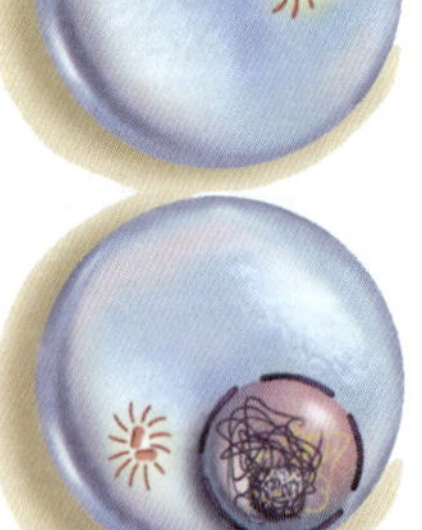

（e）后期
姐妹染色单体分离，移动到细胞相对的两极；极微管将两极推开。

（f）末期
一套染色体到达细胞的一极，核膜开始形成；核仁重现；纺锤体微管开始消失；微丝在赤道板处形成环。

（g）胞质分裂
微丝环收缩，将细胞分成两个；每个子细胞都含有一个细胞核和大约一半的细胞质。

（h）子细胞的间期
纺锤体消失，形成完整的核膜，染色体完全伸展开来。

▲图 9-9 动物细胞的有丝分裂

复制好的染色体压缩完成之后，微管开始聚集形成纺锤体。对于所有的真核细胞，有丝分裂时期染色体的运动都有依赖于纺锤体微管的牵引运动。对动物细胞来说，纺锤体微管是从一对中心体结构中形成，这一结构富含丰富的微管。虽然许多植物、真菌、藻类甚至一些突变的果蝇都不含有中心体这一结构，但是，在有丝分裂时，这些细胞同样会形成具有功能的纺锤体结构，这表示中心体对有丝分裂，并不是必需的。

对动物细胞来说，在有丝分裂的间期，在已存在的那一对中心体周围会形成一对新的中心体。在有丝分裂前期，这两对中心体迁移到细胞核相对的两侧（如图 9-9b 所示）。当细胞进行分裂时，每一个子代细胞接收到一对中心体，每一对中心体都会作为纺锤体微管向外辐射发散的中心（如图 9-9c 所示）。这些部位称为纺锤体的两极。（可以将细胞看做是地球，纺锤体的两极大概是地球南极和北极的位置，而纺锤体的微管可以当做是地球的经线。赤道板将细胞从中间一分为二，平分两极。）

因为纺锤体微管在细胞核周围形成一个完整的笼状框架结构，核膜逐渐解体，将已经复制完毕的染色体暴露出来。复制好的每一对姐妹染色单体都含有一个位于中心体上的，由蛋白质构成的称为动粒的结构，通过动粒，这一对姐妹染色单体背靠背地被连接起来。每条姐妹染色单体的动粒都与纺锤体微管的末端相连，其中，一条姐妹染色单体的动粒将它牵引它到细胞的一极，而另一条姐妹染色单体的动粒将其牵引到细胞的另一极（如图 9-9c 所示）。与动粒相连的微管称为动粒微管，与其他没有连接动粒的微管区分开（下一节会重点讲到）。姐妹染色单体彼此分开以后，相互独立的染色体沿着动粒微管来到细胞对应的两极。

另一种纺锤体微管叫做极微管，并不与动粒或者染色体的其他部分相连；而是存在游离的末端，并沿着赤道板排列。正如我们所处的，极微管会在接下来的有丝分裂期将纺锤体的两极分开。

9.5.2 在有丝分裂中期，染色体排列在细胞的赤道板上

有丝分裂前期的最后，每一条复制好的染色体的两个动点都会与纺锤体微管相连，并随着微管牵引到细胞相对应的两极。结果是每一条复制好的染色体都与纺锤体的两极相连。有丝分裂中期，英文写做 metaphase，“在中间”的意思，一对姐妹染色单体上的动粒将它们向着相反的两个方向牵引。在这一过程中，微管或者延长，或者缩短，直到每条染色体都排列在赤道板上，并且，一对动粒朝向相反的两极（如图 9-9d 所示）。

9.5.3 在有丝分裂末期，姐妹染色单体分开并被牵引到细胞的两极

有丝分裂末期开始的阶段（如图 9-9e 所示），姐妹染色单体彼此分开，成为相互完全独立的子代染色体。这使得每个动粒都将自身的染色体向着细胞的两极牵引，与此同时，微管的末端渐渐降解，微管越来越短（微管逐渐缩短的机制称为 Pac-Man 运动）。这对姐妹染色单体分别被牵引到细胞的相反两极。因为子代细胞的染色体数目与母代细胞完全相同，所以，处于细胞两极的这两套染色体与母代细胞完全一样。

与此同时，从细胞两极辐射出来的极微管会在细胞的赤道板上彼此相交。这些极性微管会逐渐长长，给对方一个推力，推动细胞的两极更加远离，最终分开（见图 9-9e）。

9.5.4 在有丝分裂末期，每套染色体周围会形成核膜结构

当染色体到达细胞的两极之后，有丝分裂就进行到末期了（如图 9-9f 所示）。在这个时期，纺锤体的微管逐渐解离，并且在每套染色体周围形成核膜这一结构。然后，染色体变成松散的状态，核仁重新形成。对绝大部分细胞来说，细胞质分裂也会在有丝分裂的末期发生，用细胞质将子代

细胞的两个细胞核隔离开（如图 9-9g 所示）。然而，有时有丝分裂的发生并不伴随着细胞质分裂，这样的结果是细胞会产生多个细胞核。

9.5.5 在细胞质分裂间期，亲代细胞的细胞质分配给两个子代细胞

动物细胞的细胞质分裂过程与植物细胞截然不同。对动物细胞来说，连接在细胞膜上的微丝在赤道板部位形成一个环状的结构，这一结构往往形成于有丝分裂后期的末尾或是末期的开头（如图 9-9f 所示）。环状的结构会逐渐收缩，挤压细胞的赤道板，就像运动裤腰部的拉绳，左右拉紧拉绳就可以将裤子固定在人的腰部（如图 9-9g 所示）。最终，亲代细胞的腰部越来越细、越来越细，直到消失，这样，就将亲代细胞的细胞质分配给两个子代的细胞（如图 9-9h 所示）。

植物细胞的细胞质分裂与动物细胞截然不同，这大概是因为植物细胞存在坚硬的细胞壁，细胞质通过拉紧赤道板将亲代细胞的细胞质分开这样的分裂方式不太现实。植物细胞的细胞质分裂是这样发生的：高尔基体形成大量富含碳水化合物的囊泡结构，囊泡结构排列在细胞的赤道板部位，将两个成型的细胞核分开（如图 9-10 所示）。囊泡结构渐渐融合，形成细胞板这一结构。细胞板好像是一个扁平的囊泡结构，外面包裹着膜结构，内部含有大量具有黏性的碳水化合物。当细胞板上融合有足够多这样的囊泡时，细胞板与细胞的细胞膜发生融合。这样，细胞板的两边成为新的子代细胞的细胞膜，而细胞板中的碳水化合物就是子代细胞新的细胞壁的合成原料了。

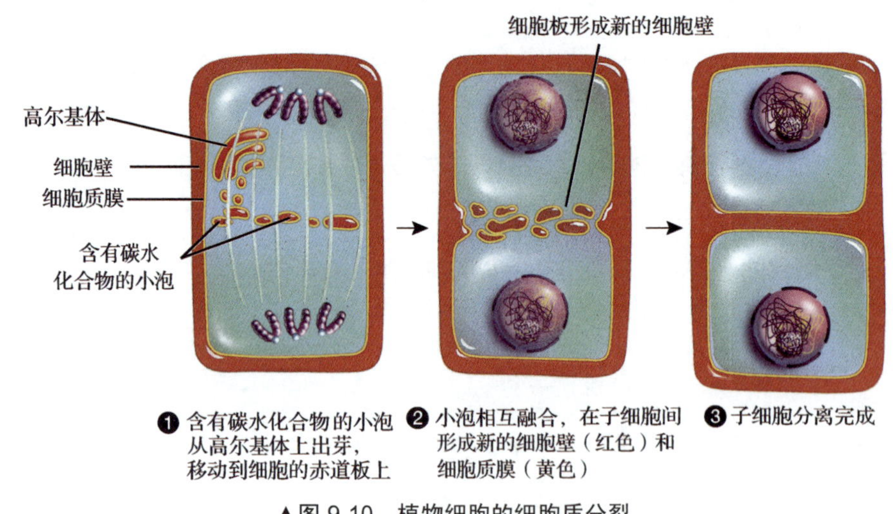

▲图 9-10 植物细胞的细胞质分裂

9.6 细胞周期是如何被调控的？

细胞分裂的调控及其复制，目前认为是通过一系列分子进行的，并且，还有许多调控分子没有被发现或者研究清楚。尽管如此，对于绝大多数真核细胞来说，一些基本的法则是普遍适用的。

9.6.1 特定蛋白质的活化与失活推动细胞周期进程

正常的细胞周期通过这样的过程来调控：在细胞周期正在进行时，比如受了外伤或者维持机体皮肤和毛发的自然更新，机体的一群细胞产生和分泌一类类似于荷尔蒙的分子，称为生长因子。大多数生长因子可以通过刺激一类细胞周期调控蛋白的合成来调控细胞周期的进程，这种可以推动细胞周期进程的蛋白质有一个统一的名字，叫做细胞周期蛋白，英文写做 cyclin。接下来，细胞

周期蛋白又会调节一类酶的活性，这类酶称为细胞周期蛋白依赖的激酶（英文写做 Cyclin-dependent kinase，简写为 Cdk）。细胞周期蛋白可以直接调控细胞周期的进程，而细胞周期蛋白依赖的激酶之所以这样命名，是基于两个原因："激酶"指的是一类可以给一个蛋白质添加磷酸基团的酶类，而"细胞周期蛋白依赖"指的是这类激酶只有在与细胞周期蛋白相结合后才处于活化状态。

接下来看看这些生长因子、细胞周期蛋白和细胞周期蛋白依赖的激酶是如何刺激和推动细胞周期的进程的。举个例子，如果你不小心割破自己的手指（如图 9-11 所示），血小板（一类在血液凝结中发挥重要作用的血细胞）就会聚集在伤口的周围，释放一些生长因子，包括来源于血小板的生长因子和表皮生长因子。生长因子与破损皮肤区域细胞表面的生长因子受体相结合（如图 9-11❶所示），刺激细胞合成大量的细胞周期蛋白（如图 9-11❷所示）。细胞周期蛋白与其对应的细胞周期蛋白依赖性激酶相结合（如图 9-11❸所示），形成细胞周期蛋白-细胞周期蛋白依赖性激酶复合物，从而促进 DNA 合成所必需的蛋白质的合成（如图 9-11❹所示）。接下来，细胞进入 S 期，复制自己的全套 DNA。DNA 复制完成后，作用于 G_2 和有丝分裂期的细胞周期蛋白依赖的激酶就会活化，导致细胞染色体的压缩、膜的破裂消失、纺锤体的形成，以及染色体与核纺锤体微管的结合。最终，另一组细胞周期蛋白依赖的激酶发生作用，促使姐妹染色单体分开成为独立的染色体，并在细胞周期后期向着细胞的两极移动。

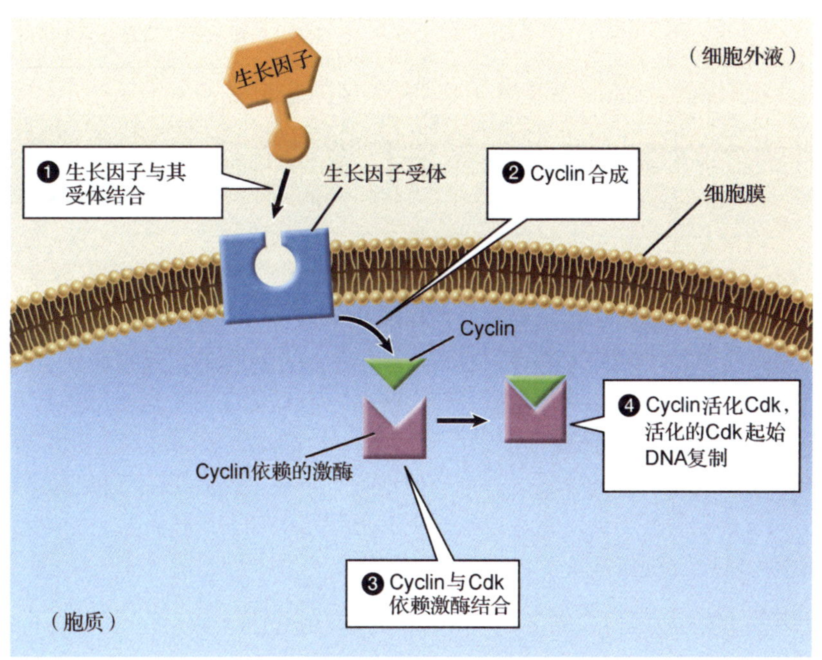

◀图 9-11 **生长因子驱动细胞分裂** 细胞周期进程的调控是通过细胞周期蛋白和细胞周期蛋白依赖的激酶来实现的。在绝大多数情况下，生长因子促进细胞周期蛋白的合成，活化细胞周期蛋白依赖的激酶，启动导致 DNA 复制和细胞分裂的一系列细胞活动。

9.6.2 细胞周期检查点调节细胞周期的进程

如果细胞周期没有任何调控措施，将会是十分有害，甚至是毁灭性的。如果一个细胞的 DNA 上含有一些突变，或者子代细胞得到数目不对（多或者少了）的染色体，子代细胞就会凋亡。如果这样的细胞没有凋亡，就很可能产生癌症。为了防止这样的事情发生，真核细胞进化出三个细胞周期检查点，英文写做 checkpoint（如图 9-12 所示）。就每个检查点来说，这些蛋白质决定细胞是否成功完成某一细胞周期时相的活动：

- G_1 到 S：细胞复制出的 DNA 分子是否完好无损，并适合进行复制？

- G_2到有丝分裂期：DNA是否已经完整而准确地进行了复制？
- 有丝分裂中期到后期：是否所有的染色体都连接在纺锤体上，并有序地排列在细胞的赤道板上？

细胞的检查点蛋白通常用来调节细胞周期蛋白的产生或者细胞周期蛋白依赖的激酶的活化，或者二者都可以调节，因此，可以最终调控细胞周期从一个时相进入下一个时相。

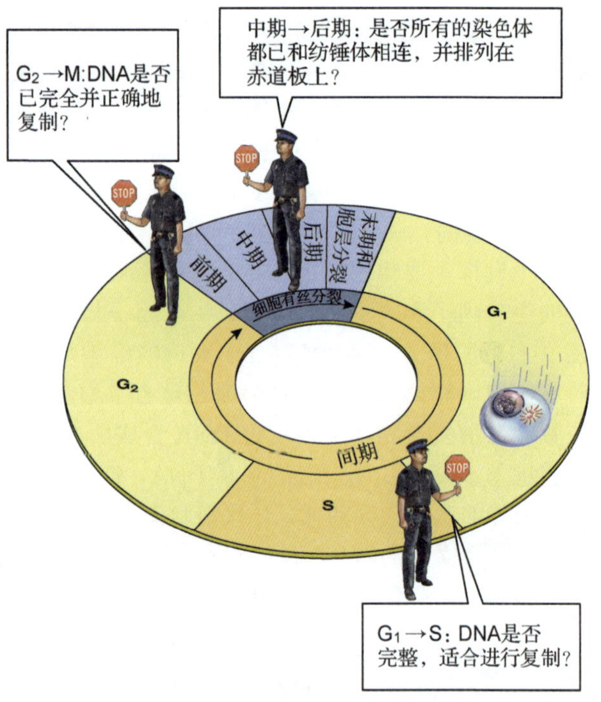

►图 9-12　**细胞周期的调控**　有三个细胞周期检查点可以控制细胞周期由一个时相向下一个时相的转变：（1）G_1期到S期，（2）G_2期到有丝分裂也就是M期，（3）有丝分裂中期到后期。

9.7　为什么如此多的生物通过有性生殖进行繁殖？

一些非常适合在地球上生存的生物是通过无性生殖进行繁殖的。举例来说，一些青霉菌（通常用来合成青霉素）和曲霉菌（通常用来制造维生素C）的菌种通过形成有丝分裂孢子进行繁殖，有丝分裂孢子指的是通过有丝分裂形成的菌落状细胞群，这样的繁殖形式是无性生殖，并没有任何有性生殖的迹象。在草坪中，许多草类和灌木通过从根系产生新的植株这样的方式进行繁殖。其他一些植物，比如肯塔基州的兰草和蒲公英，即使没有经过受精，照样可以开出花朵、结出果实！所以，显而易见的是，无性生殖一定是适应自然界的。

但是，为什么基本上所有的真核生物都选择通过有性生殖进行繁殖呢（就算是兰草和蒲公英有时也会进行有性生殖）？正如我们观察到的，无性生殖产生的后代与亲代在遗传背景上完全相同，而与此相对的，有性生殖可以产生遗传背景不同的后代。

9.7.1　有性生殖产生的后代可以结合两个亲本的等位基因

为什么这样对生物来说十分有益呢？先来考虑这样一个假设：猎物躲避天敌，以免不被捕获和吃掉。当猎物看到天敌到来的时候，如果它静止不动，自身的保护色就可以避免自己被发现和吃掉。当然，有保护色的动物如果不停运动，与颜色异常鲜艳的动物静止不动相比，被天敌捕获的概率都很大。于是问题来了，动物如何既拥有保护色又具备可以一动不动的本领呢？让我们这样假设，一个动物具有高于平均水平的保护色，而同类中的另一个动物则更加擅长呆若木鸡、纹丝不动。那么，通过有性生殖将这两个优良的性状传递给下一代，下一代拥有的躲避天敌的本领就要比父母强得多。所以，有性生殖之所以如此广泛存在，是因为这样可以将对动物本身有利的遗传性状结合起来。

生物是如何通过有性生殖来将有利的性状结合起来的呢？在这里简单讲一讲，减数分裂可以产生单倍体细胞，这种细胞含有亲代每一对染色体中的一个。对动物来说，这些单倍体细胞通常形成配子。现在，重新看一下之前提到的动物躲避天敌的模型。从亲自 A 动物的一个单倍体精子含有保护色的等位基因，而来源于 B 动物的单倍体卵子则含有遇见天敌瞬间静止不动的能力这样的等位基因。这两个配子融合之后，在子代动物中同时含有保护色和静止不动这两种等位基因，在天敌出现时更加不容易被捕获。

虽然基因突变可以形成新的等位基因，这也是生物遗传背景多样性的终极来源，生物的进化也是以此为基础来进行的，但是，基因突变的概率非常低。通过有性生殖将多种有利的基因结合起来，可以大大加快生物进化的速度，这样产生的子代可以更加好地适应瞬息万变的自然环境。

9.8　减数分裂是如何产生单倍体细胞的？

真核细胞有性生殖最为关键的部分就是细胞的减数分裂，通过这一活动，含有成对染色体的二倍体细胞将自己每对染色体中的一条传递给单倍体子代细胞。减数分裂主要由两部分组成：减数分裂（在这里特指细胞核分裂并产生单倍体的细胞核）和细胞质分裂。每一个子代细胞都会收到一对同源染色体中的一条。举例来看，人类的二倍体细胞共含有 23 对，也就是 46 条染色体；通过减数分裂产生的精子或者是卵子都含有 23 个染色体，每一条都来源于亲本的一对染色体（英文中减数分裂写做 meiosis，在希腊文中的意思是“减少”）。

减数分裂的许多结构和细胞活动都与有丝分裂类似。然而，对若干重要的细胞活动来说，减数分裂和有丝分裂截然不同。至关重要的区别在于 DNA 复制：在有丝分裂中，亲代细胞经历了全部 DNA 的一次复制，接下来会有一次细胞核的分裂。在减数分裂中，亲代细胞虽然经历了全部 DNA 的一次复制，但接下来会有连续两次细胞核分裂（如图 9-13 所示）。因此，对减数分裂来说，DNA 在第一次细胞核分裂时已经完成了全部 DNA 的复制（如图 9-13a 所示），但是，在第一次和第二次细胞核分裂之间，DNA 并不再进行复制。

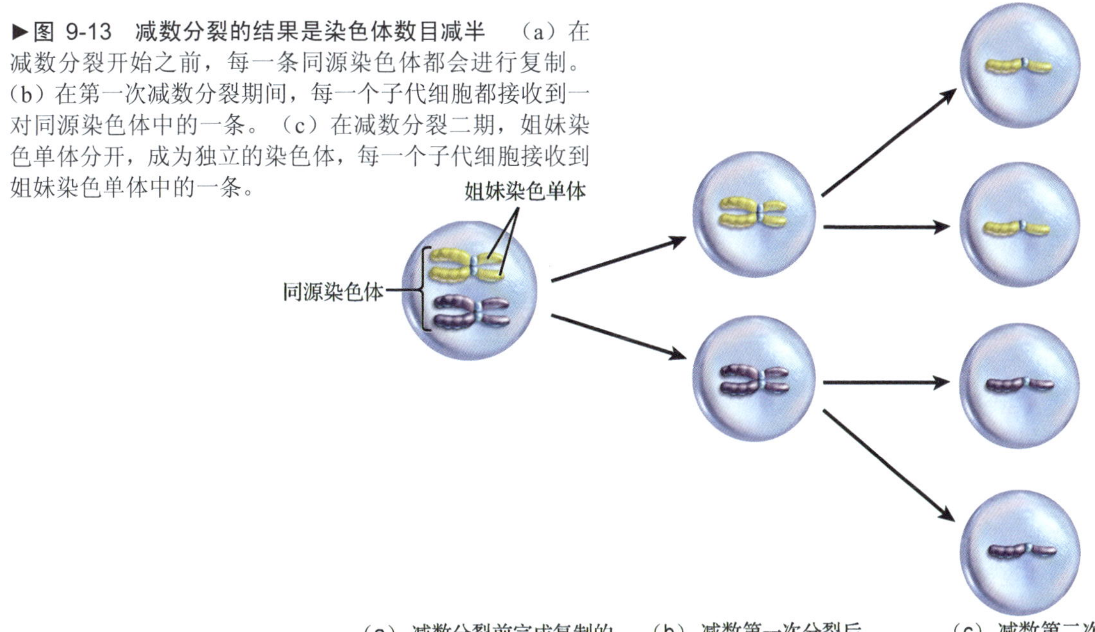

▶**图 9-13　减数分裂的结果是染色体数目减半**　（a）在减数分裂开始之前，每一条同源染色体都会进行复制。（b）在第一次减数分裂期间，每一个子代细胞都接收到一对同源染色体中的一条。（c）在减数分裂二期，姐妹染色单体分开，成为独立的染色体，每一个子代细胞接收到姐妹染色单体中的一条。

减数分裂的第一次细胞核分裂将成对的同源染色体分开，分别分配入两个子代细胞的细胞核，产生两个单倍体细胞。然而，每一条染色体仍然包含两个姐妹染色单体（如图 9-13b 所示）。在减数分裂的第二次细胞核分裂过程中，两个姐妹染色单体分开，成为相互独立的染色体，各自分别进入两个子代细胞的细胞核。因此，减数分裂结束之后，一共可以产生 4 个单倍体细胞，每一个单倍体细胞都含有一个副本的同源染色体。因为产生的每个细胞核都进入新的细胞之中，所以通过减数分裂，一个二倍体细胞最终会产生 4 个单倍体细胞（如图 9-13c 所示）。接下来，当一个单倍体精子与一个单倍体卵子发生融合后，产生的后代又是二倍体细胞了（如图 9-14 所示）。接下来的章节我们会更加仔细地介绍减数分裂。

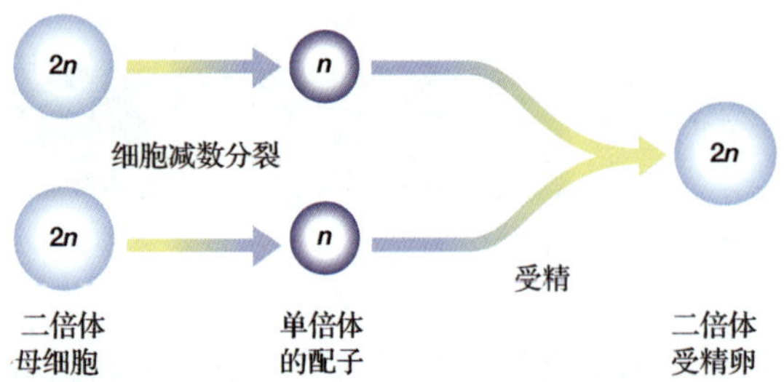

◀图 9-14　对于有性生殖来说，减数分裂至关重要
对于有性生殖来说，高度分化的生殖细胞通过减数分裂来产生单倍体细胞。动物的这些单倍体细胞最终会成为配子（精子或者卵子）。一个卵子与精子结合而受精后，生成二倍体的受精卵或称合子。

9.8.1　减数第一次分裂将同源染色体分开，分配给两个单倍体子代细胞的细胞核

减数分裂的时相定义与有丝分裂十分类似，但是，减数分裂分为第一次分裂和第二次分裂，用来表征减数分裂中进行的两次细胞核分裂（如图 9-15 所示）。当减数第一次分裂开始时，染色体在间期就已复制完毕，并且，每个染色体的一对姐妹染色单体通过中心粒彼此连接。

1．在减数第一次分裂前期，同源染色体发生配对和 DNA 互换

在有丝分裂中，同源染色体的运动相互独立。与此相反，在减数分裂一期的前期，同源染色体肩并肩地排列在一起，并彼此交换一些 DNA 片段（如图 9-15a 和图 9-16 所示）。我们定义一条染色体为“母源染色体”，一条染色体为“父源染色体”，这是因为这两条染色体一条来源于它的母亲，而另一条来源于它的父亲。

通过一些特殊的蛋白质，母系和父系的同源染色体可以相互连接起来，所以，它们的各个基因座沿着它们的长度精准配对。接下来，一些酶类会把同一位置的 DNA 剪切下来，这对 DNA 片段会彼此互换，然后，互换后的末端重新黏贴在基因组上，也就是一段父源 DNA 片段连接在母源染色体上，反之亦然。接下来，那些连接蛋白的酶类会解离开来，在父源染色体和母源染色体互换的部分，留下一个十字架或者交叉结构（如图 9-16 所示）。对于人类细胞来说，在减数分裂一期前期，每一对同源染色体通常形成两到三个这种交叉结构。在这种交叉结构上发生的父源和母源染色体的 DNA 互换过程称为交叉互换（crossing over）。如果染色体有不同的等位基因，那么，互换的结果就是基因重组（recombination）：在染色体上发生的等位基因的重新组合。甚至在 DNA 发生互换之后，一对同源染色体的某些部分在交叉结构上仍旧“藕断丝连”。这使得这对同源染色体仍旧彼此相连着，直到减数第一次分裂的末期，由外力将它们分开为止。

与有丝分裂一样，在减数第一次分裂的前期，纺锤体微管在细胞核外开始形成。减数第一次分裂的前期将要结束时，核膜发生破裂，纺锤体微管到达本来是细胞核的区域，通过与染色体的动点相连来捕获每个染色体。

2．在减数第一次分裂中期，成对的同源染色体排列在细胞赤道板上

在减数第一次分裂中期，纺锤体微管通过与动粒之间的相互作用，将其牵引到细胞的赤道板上（如图 9-15b 所示）。与有丝分裂中期不同的是，有丝分裂是复制好的相互独立的染色体排列在

赤道板上，而在减数第一次分裂的中期，复制过后的同源染色体对通过交联结构彼此联系而排列在赤道板上。这对同源染色体分别被牵引到哪极是完全随机的，也就是，有些父源同源染色体会迁移到“北极”，而有些会迁移到“南极”。这种随机性（也称为独立事件）与通过互换而产生的基因重组一起，是通过减数分裂而产生单倍体细胞的基因多态性的最主要原因。

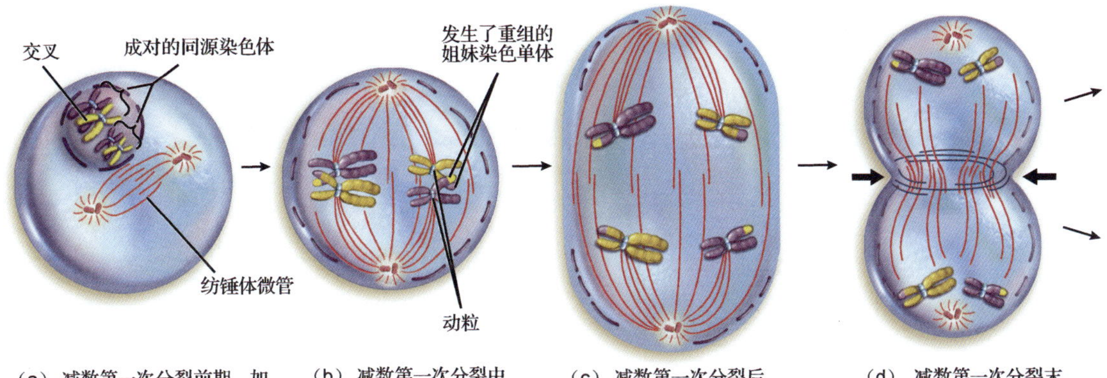

（a）减数第一次分裂前期　加倍后的染色体凝聚。同源染色体联会，同源染色体的姐妹染色单体发生交叉互换。核膜崩解；形成纺锤体微管。

（b）减数第一次分裂中期　成对的同源染色体排列在赤道板上。每对同源染色体中的一个面向细胞的一极，并通过动粒（蓝色）与纺锤体微管相连。

（c）减数第一次分裂后期　同源染色体分离，每对同源染色体中的一条向细胞的一极移动。姐妹染色单体不会分开。

（d）减数第一次分裂末期　纺锤体微管消失。形成两组染色体，每一组含有每一对同源染色体中的一条。因此，子细胞核是单倍体。这一阶段通常还会发生胞质分裂。减数第一次和第二次分裂之间的间期很短，甚至不存在。

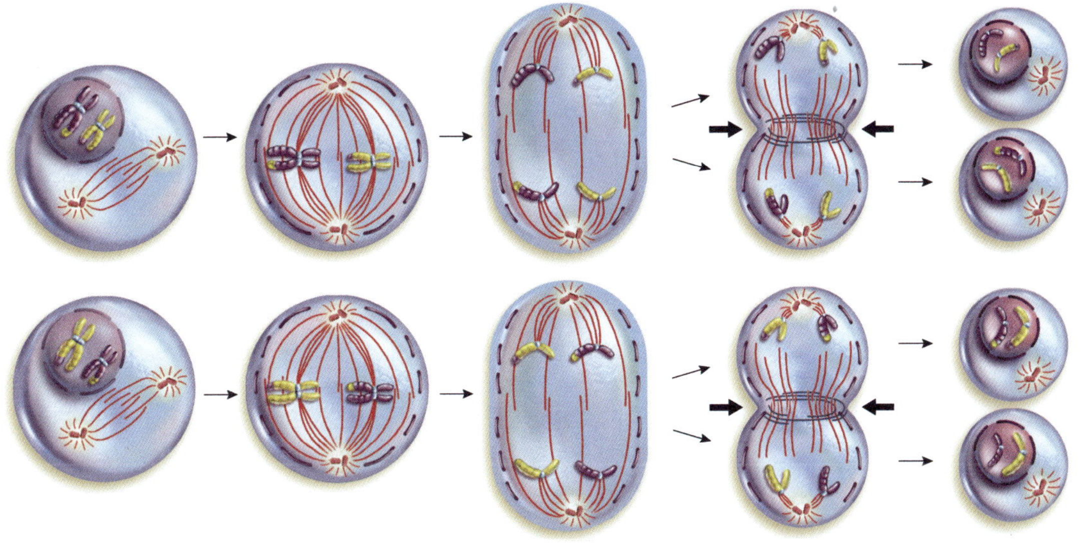

（e）减数第二次分裂前期　纺锤体微管再次形成，和姐妹染色单体相连。

（f）减数第二次分裂中期　染色体在赤道板上排列成行，每条染色体的姐妹染色单体都与通向细胞的不同极的动粒微管相连。

（g）减数第二次分裂后期　染色单体分裂成独立的子染色体，一条染色体的两条姐妹染色单体分裂后，向细胞的不同极移动。

（h）减数第二次分裂末期　染色体停止向细胞的两极移动。核膜重新形成，染色体再次去凝聚（此处未画出）。

（i）4个单倍体细胞　胞质分裂最终生成4个单倍体细胞，每一个都携带有每对同源染色体中的一条单体（在图中以凝聚态显示）。

▲**图 9-15　减数分裂**　对于进行减数分裂的细胞来说，一个二倍体细胞的每对同源染色体彼此分离，形成 4 个子代单倍体细胞。图中显示了两对代表性的同源染色体。其中，黄色的染色体来源于一个亲本（父本或母本），而紫色的来源于另一个亲本（母本或父本）。

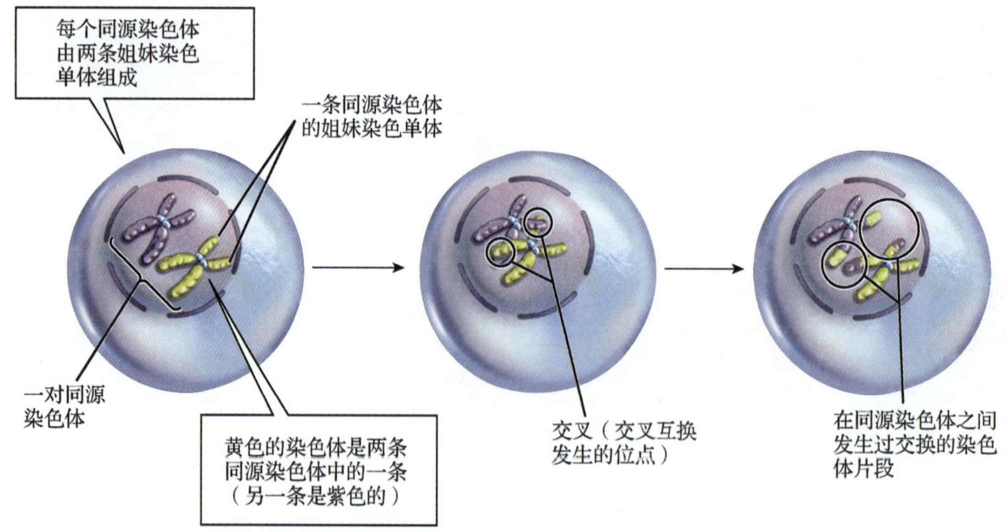

▲图 9-16 互换 在交叉结构处，一对同源染色体会交换它们的 DNA。

3. 在减数第一次分裂后期，同源染色体彼此分离

减数第一次分裂的后期与有丝分裂后期截然不同。对于有丝分裂的后期来说，姐妹染色单体彼此分开，分别牵引到细胞的两极。与此相反，在减数第一次分裂的后期，每一对同源染色体经复制产生的姐妹染色单体仍旧彼此相连，并被牵引到细胞的同一极。当然，而通过交叉结构相连的一对同源染色体彼此分开，分别被牵引到细胞的两极（如图 9-15c 所示）。

4. 在减数第一次分裂末期，复制好的染色体分成两组

在减数第一次分裂的后期，在细胞两极的两组染色体各含有每对同源染色体中的一个。因此，每一组都含有与单倍体数目同样多个染色体。在减数第一次分裂的末期，纺锤体微管消失。细胞质分裂通常发生在减数第一次分裂的末期（如图 9-15d 所示）。对于许多而非所有生物来说，细胞核膜会重新形成。减数第一次分裂末期结束之后，减数第二次分裂就会紧跟着开始，基本上没有什么间期。在减数第一次和第二次分裂之间，也不会进行 DNA 的复制。

9.8.2 减数第二次分裂将姐妹染色单体分配到 4 个子代细胞的细胞核中

在减数第二次分裂中，每一条复制好的姐妹染色单体彼此分开，这一过程与有丝分裂染色体分开的过程看起来极其类似，虽然减数分裂中这一过程发生在单倍体细胞中。在减数第二次分裂的前期，纺锤体微管重新合成（如图 9-15e 所示）。与有丝分裂一样，每一条复制好的染色体的姐妹染色单体的动点都与纺锤体微管相连，牵引它们向细胞的两极运动。在减数第二次分裂的中期，复制好的染色体排列在细胞的赤道板上（如图 9-15f 所示）。在减数第二次分裂的后期，姐妹染色单体彼此分开，移动细胞的两极（如图 9-15g 所示）。而在减数第二次分裂的末期以及细胞质分裂阶段，细胞核膜重新形成，染色体解压缩成为松散的状态，细胞质也分开（如图 9-15h 所示）。减数第一次分裂产生的一对子代细胞通常继续进行减数第二次分裂，从一个亲代细胞形成 4 个子代单倍体细胞（如图 9-15i 所示）。

表 9-1 详细列举了有丝分裂和减数分裂，便于大家理解和学习。

表 9-1　动物细胞有丝分裂和减数分裂比较

特　征	有丝分裂	减数分裂
发生的细胞类型	体细胞	配子细胞
染色体的最终数目	二倍体——2n；每条染色体都有两套	单倍体——1n；每对同源染色体中的一条
子代细胞的数目	两个，与亲代细胞和与另一个子代细胞完全相同	4 个，因为互换而含有重组的同源染色体
每次 DNA 复制过后细胞所分裂的数目	1	2
动物的功能	组织的发育、生长、修复和维持，非有性生殖	有性生殖中产生配子细胞

有丝分裂
没有可以用于与减数第一次分裂相比的阶段
间期　前期　中期　后期　末期　两个二倍体细胞

减数分裂
发生重组
同源染色体配对
姐妹染色体相连
间期　前期　中期　后期　末期　前期　中期　后期　末期　四个单倍体细胞
减数第一次分裂　减数第二次分裂

在这些图表中，我们列出了可以相互比较的阶段。在有丝分裂和减数分裂中，染色体都在间期进行复制加倍。在减数第一次分裂中，发生了同源染色体配对、交叉的形成、染色体片段的交换，以及同源染色体分离而产生单倍体子细胞核这些过程，而在有丝分裂过程中，没有与之相似的过程。不过，减数第二次分裂实际上与在单倍体细胞中发生的有丝分裂完全相同。

9.9　在真核细胞的生命周期中有丝分裂和减数分裂是何时发生的？

几乎所有真核生物的生命周期都具有一个共同的模式。首先，在受精时，两个单倍体细胞发生融合，将来源于不同亲本的基因结合起来，通过新的基因重组形成二倍体细胞。其次，在生物生命周期的某些时刻发生减数分裂，重新形成单倍体细胞。第三，在生物生命周期的某些时刻，无论是单倍体细胞还是二倍体细胞的有丝分裂，最终都导致多细胞的生成和无性生殖。

低等的蕨类植物与高等的人类，在生命周期方面之所以千差万别，主要基于以下几方面：（1）减数分裂与单倍体细胞融合之间的空档，（2）在生物的生命周期中有丝分裂和减数分裂所发生的时间点，（3）生物生命周期中处于二倍体和单倍体时期的相对时间。我们可以通过在生物的生命周期中，是二倍体细胞还是单倍体细胞占相对主导的地位来定义生命周期。

9.9.1　处于二倍体生命周期的生物，大多数细胞处于二倍体状态

对绝大多数动物来说，基本上全部生命周期都处于二倍体的状态（如图 9-17 所示）。二倍体的性成熟个体通过减数分裂产生生存时间较短的单倍体配子（雄性产生精子，雌性产生卵子）。精子和卵子相互结合形成受精卵。受精卵通过二倍体的有丝分裂和分化逐渐生长和发育为成熟的个体。

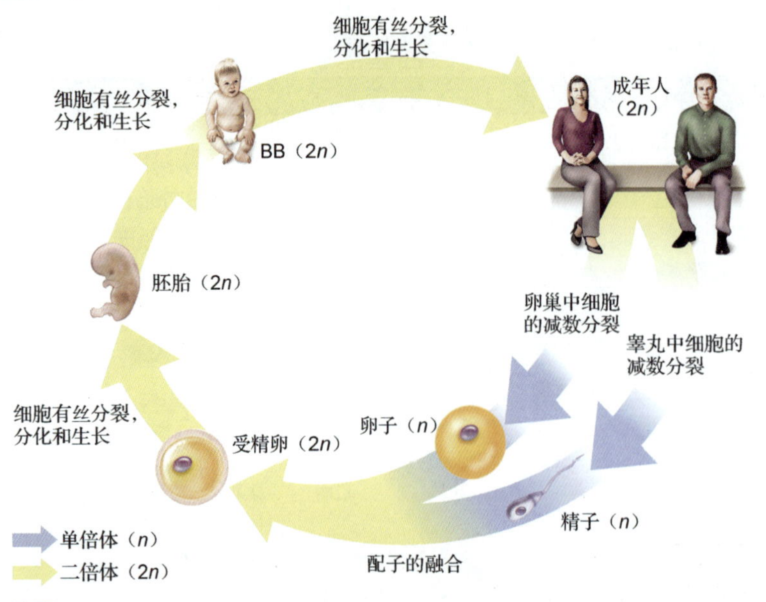

◀**图 9-17 人类的生命周期** 通过减数分裂产生的配子——雄性产生精子，雌性产生卵子——融合而形成受精卵。通过子代细胞的有丝分裂和分化，受精卵逐渐形成胚胎、幼儿，最终形成一个性成熟的个体。单倍体状态只持续几个小时到几天，而二倍体状态会延续一生。

9.9.2 处于单倍体生命周期的生物，大多数细胞处于单倍体状态

一些真核生物，比如真菌和单细胞藻类，在其生命周期的大部分时间处于单倍体状态，每一个细胞包含有每类染色体的一个副本（如图 9-18 所示）。通过有丝分裂进行的无性生殖产生的细胞都是完全相同的单倍体细胞。在某些特殊情况下，也会产生一些高度分化的单倍体生殖细胞。两个这样的生殖细胞融合，形成一个生存期较短的二倍体受精卵。受精卵紧接着进行减数分裂，重新形成单倍体细胞。对某些单倍体生活周期的生物来说，二倍体细胞从来不发生有丝分裂。

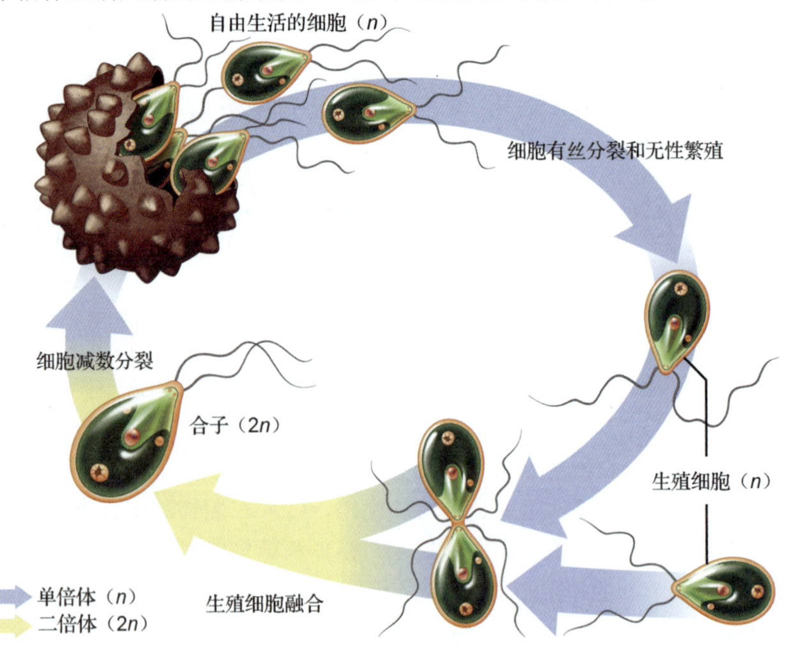

▶**图 9-18 单细胞藻类衣藻（Chlamydomonas）的生命周期** 衣藻通过单倍体细胞的有丝分裂进行无性生殖。营养条件不好时，高度分化的单倍体生殖细胞（通常来源于基因背景不同的两个种群）融合形成一个二倍体细胞。接下来，通过减数分裂形成 4 个单倍体细胞，通常这 4 个子代细胞与母代细胞在遗传背景上并不相同。

9.9.3 在世代交替的生命周期中，既存在二倍体多细胞阶段，又存在单倍体多细胞阶段

定义植物细胞的生命周期有一个专门的名称，叫做世代交替，这是因为植物会在单倍体的多

细胞状态和二倍体的多细胞状态之间转变。图 9-19 所示是一个极具代表性的生存模式，处于成熟的二倍体多细胞状态的高度分化的细胞（二倍体时期）进行减数分裂，产生称为孢子的单倍体细胞。这些孢子又会经历许多次的有丝分裂，它们产生的子代细胞会发生分化，使生物过度到一个单倍体多细胞状态（单倍体时期）。在某些时间点上，一些特定的单倍体细胞可以分化为单倍体配子。两个配子接下来融合，形成一个二倍体受精卵。受精卵通过有丝分裂进入另一个二倍体多细胞状态。

对于某些植物，比如蕨类，无论处于单倍体状态还是处于二倍体状态，都是可以自由生长、相互独立的植物个体。然而，开花植物处于单倍体时期的细胞相对较少，基本上只有花粉粒和花朵的子房中的细胞处于单倍体状态（见第 21 章和第 44 章）。

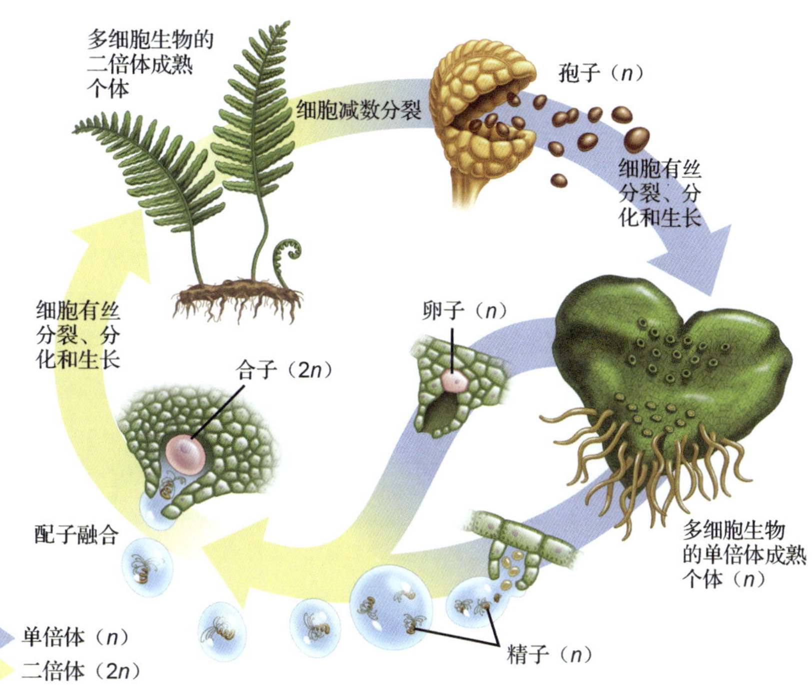

▶**图 9-19　世代交替**　对诸如蕨类这样的植物来说，在二倍体多细胞状态的高度分化的细胞通过减数分裂产生单倍体孢子。孢子再通过子代细胞进行有丝分裂和分化，从而进入单倍体的多细胞状态。一段时间以后，有时候甚至几个星期以后，部分这样的单倍体细胞分化为精子或者卵子，它们再融合形成受精卵。受精卵的有丝分裂和分化使生物进入下一个周期——二倍体多细胞时期。

9.10　生物是如何通过减数分裂和有性生殖产生基因多态性的？

大多数物种的个体之间的基因背景不同。进一步可以这样说，父母双亲生出的子女，他们之间、他们与父母之间的基因背景也是不同的。这些基因的多样性是如何而来的呢？万亿年基因突变的积累提供了基因多样性最初的源泉。然而，基因突变毕竟是小概率事件。因此，生物从一代到下一代的基因多样性基本上来源于减数分裂和有性生殖。

9.10.1　同源染色体的随机分离创造新的染色体组合

减数分裂是如何产生生物基因的多样性的呢？一个机制是这样的：在减数第二次分裂期，源于父系和母系的染色体随机分配到子代细胞的细胞核中。需要注意的是，在减数第二次分裂期的中期，成对的同源染色体排列在细胞的赤道板上。对每一对同源染色体而言，母源染色体朝向细胞的一极，而父源染色体朝向另一极，并且，同源染色体的朝向是完全随机的，这对染色体的朝向与其他染色体同样完全没有关系。

（a）减数第一次分裂中期的4种可能的染色体排列

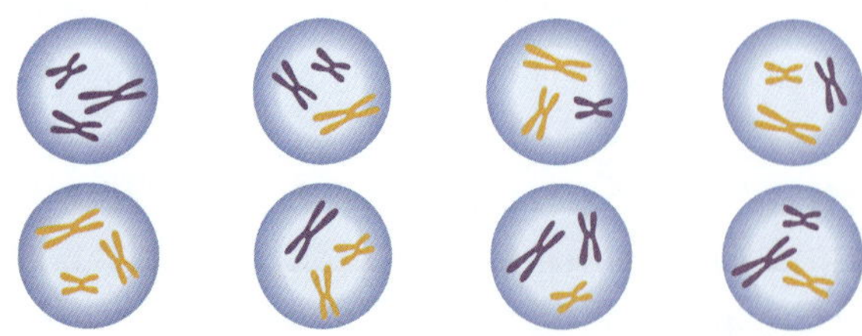

（b）减数第一次分裂后可能产生的八套染色体组

▲图 9-20　同源染色体对的随机分裂是产生基因多样性的原因之一　为了便于区分，我们将染色体画成大、中、小三组。父源染色体用黄色表示，而母源染色体用紫色表示。

现在，考虑果蝇的减数分裂，果蝇共有三对同源染色体（$n = 3$，$2n = 6$）。在减数第一次分裂中期，这些染色体的排列方式有 4 种可能（如图 9-20a 所示）。因此，减数第一次分裂后期可能产生 8 组不同的染色体组（$2^3 = 8$；如图 9-20b 所示）。也就是说，一只含有三对同源染色体的果蝇最终产生的子代细胞的染色体组共有 8 种可能性。对于人类，因为我们具有 23 对同源染色体，所以，通过减数分裂，我们的子代可能有超过 800 万（2^{23}）种染色体的组合方式。

9.10.2　互换创造具有新基因组合的染色体

在减数分裂中发生的互换产生与亲本不同的等位基因的组合。事实上，有些这样的新的组合之前从未出现过，因为在每次减数分裂中，同源染色体的等位基因互换都发生在新的不同的位置上。对人类来说，发生相同的等位基因互换的概率是 800 万分之一。然而，互换的发生使子代的父源染色体不完全是父源染色体，而母源染色体也不完全是母源染色体。尽管成年男性每天可以产生 1 亿个精子，但他也许永远不可能产生两个完全一样的同一等位基因发生互换的精子。最有可能的是，每一个精子和每一个卵子在基因背景上都是独一无二的。

9.10.3　配子的融合增加了子代基因的多样性

在受精过程中，两个配子中的每一个配子都含有一个独特的等位基因互换，通过融合而形成一个二倍体子代。即使忽略互换造成的影响，基于同源染色体的随机分离和分配，人类的每一个成员理论上可以产生超过 800 万种不同的配子。因此，通过两个不同人精子和卵子的融合，可以产生 800 万乘以 800 万，也就是 6400 亿个基因背景不同的孩子，这远远超过目前地球上所有人口的总和。换句话说，你的父母再生出一个和你完全一样的孩子的概率只有 6400 亿分之一！当我们赞叹于几乎无穷的基因多样性时，我们可以自豪地说（只要你不是双胞胎），我们绝对是独一无二的！

第 10 章　遗传的方式

奥运会排球银牌得主 Flo Hyman，在职业生涯的巅峰被 Marfan 综合征击倒。

10.1 遗传的物质基础是什么？

遗传指的是生物体将自身的特征传递给下一代的过程。在讲述遗传之前，先简单介绍一下构成遗传的物质基础。这一章以二倍体生物为基本模型来讲述，包括通过单倍体配子融合进行有性生殖的绝大多数植物和动物。

10.1.1 基因是染色体特定区域的核苷酸序列

一条染色体包含一个包裹着大量蛋白质的DNA双螺旋分子（见图9-1和图9-4）。基因，也就是一段DNA片段，它的长度从几百到数千个核苷酸不等，并且可以编码产生蛋白质、细胞甚至整个生物体的全部信息。因此可以说，基因就是染色体的某个部分（如图10-1所示）。基因在染色体上的定位称为基因座（locus，复数是loci）。对二倍体生物来说，成对的染色体称为同源染色体。每一对同源染色体相同的基因座上包含相同的基因。然而，对于特定的基因，即使是同一物种，不同个体的基因序列也可能明显不同，甚至即使是同一个个体，一对同源染色体上的同一个基因序列也可能不同。一个基因座上产生的不同基因序列称为等位基因（如图10-1所示）。为更好地了解基因与等位基因之间的联系，可以把基因当做一个很长的句子，当然，这个句子不是由字母而是由核苷酸组成的。等位基因指的是意思基本上相同的两个句子，只是某些词语不太一样。

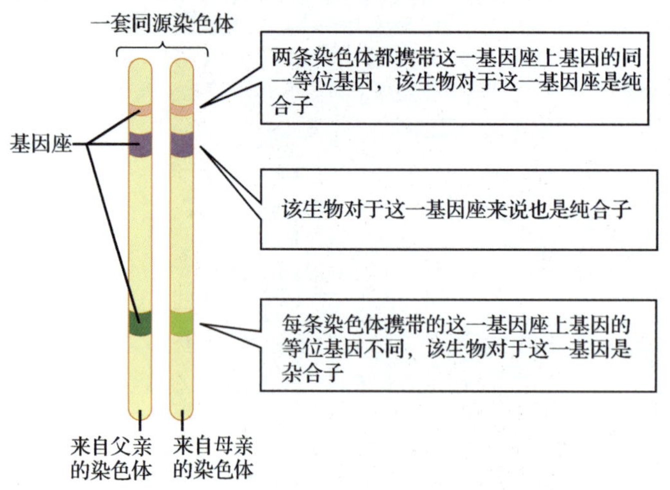

◀**图10-1 基因、等位基因和染色体之间的关系** 每一条同源染色体上都含有同一组基因。每一个基因都位于染色体上特定的部位，又称为基因座。同一个基因座不同的因为不同基因序列而产生等位基因。对二倍体生物来说，每一个基因都有两个等位基因，一条同源染色体上一个。一对同源染色体上的等位基因可能相同也可能不同。

10.1.2 基因突变是等位基因的来源

你的染色体上的等位基因几乎都继承于你的父母。但是，这些等位基因最初是从何而来的呢？所有的等位基因最初都来源于基因突变——也就是一个基因的核苷酸分子发生了变化。如果在最终会成为精子或者卵子的细胞上发生了基因突变，这个突变就会从父母传递给子女。生物体DNA上几乎所有的等位基因最初都出现在这种生物的祖先的生殖细胞上，这也许发生在数百年甚至数百万年以前，并且从那时起，代代相传下来。有些等位基因，可以称之为“新的基因突变”，来源于父母的生殖细胞，但是，这些都是小概率事件。

10.1.3 生物的一对等位基因可能相同也可能不同

因为一个二倍体生物有一对同源染色体，并且，这对染色体在有相同的基因座，也就是说，对于一个二倍体生物，它的每个基因都有两份。如果一对同源染色体相同的基因座上具有完全相同的基因，那么，这种生物的这对基因就称为纯合子，英文写做 homozygous，希腊文的意思是“同一对”。在图 10-1 所示的染色体中，有两个基因座是纯合子。如果一对同源染色体相同的基因座上的基因是不同的，那么，这种生物的这对基因就称为杂合子，英文写做 heterozygous，希腊文的意思是“不同对”。在图 10-1 所示的染色体中，有一个基因座是杂合子。在某些基因座上含有杂合子的生物也称为杂交而成的生物，又称杂种。

10.2　遗传法则是如何被发现的？

最经典的遗传法则是在 19 世纪中叶被发现的，发现者是奥地利修士孟德尔（Gregor Mendel，见图 10-2）。虽然那时离 DNA、染色体、减数分裂这些概念发现还有好几百年，但孟德尔的工作已经揭示了遗传学的一些基本规律，包括在有性生殖过程中基因、等位基因以及配子和受精卵上等位基因是如何分布和分配的。孟德尔的工作可以说是科学研究简洁完美的范本，接下来，让我们沿着孟德尔的思路，看看遗传法则是如何被发现的。

▲图 10-2　孟德尔

10.2.1　做正确的事是孟德尔成功的秘诀

任何一个成功的生物学实验都有三个关键的步骤：选择合适的生物模型进行研究、正确的实验实施和合理的数据分析。孟德尔可以说是第一个完成了所有这三步的遗传学家。

孟德尔选择我们平时吃的豌豆作为研究对象（如图 10-3 所示）。豌豆花朵的雄性生殖器官，也就是花蕊，可以产生大量的花粉。每一颗花粉中都含有精子。通过授粉过程，花粉中的精子给卵子受精，而豌豆的卵子通常储存在植物花朵的雌性生殖器官——子房中的心皮上。对豌豆的花朵来说，花瓣包裹着完整的植物雌性生殖器官，这样可以防止其他物种花粉的授粉。这样，豌豆花朵中的卵子只可能被自己花朵中的花蕊授粉。一个生物的精子只可能给自己的卵子受精，这种现象称为自体受精。

孟德尔希望做到的事情是：使两株不同的豌豆结合，看看后代会遗传到什么样的特征。为了实现这一想法，他将豌豆花朵打开，去掉花蕊，这样，就阻止了自体受精。接下来，他将另一株豌豆的花粉收集起来。这种一株植物的精子给另一株植物受精的方式，称为异体受精。

孟德尔的实验设计虽然简单，却是机智无比的。在他之前的科学家基本上都是通过研究整个生物的所有性状特征来研究遗传学的，甚至包括生物个体之间一些很微小的差异。所以，我们丝毫不会觉得意外的是，这些科学家越研究越困惑，而不是越清楚。孟德尔另辟蹊径，他将豌豆的性状特征分门别类，比如开白色花朵和开紫色花朵属于同一类特征，并且，每次只研究统计一类性状特征。

孟德尔连续统计了数代豌豆几类性状特征的数目。通过分析这些数据，孟德尔发现了遗传学的基本法则。在我们现今这个时代，统计实验数据并进行统计学分析已经是生物学各领域最为基本的方法之一，但是，在几百年之前孟德尔的时代，数值分析是一个创新。

◀图 10-3 豌豆的花朵 对一个完好无损的豌豆花朵来说（左图所示），下面的花瓣形成一个容器一样的结构，可以包裹豌豆的生殖器官——花蕊（雄性）和心皮（雌性）。外界的花粉通常不能进入花朵内部，所以豌豆是自体授粉的，也就是自体受精的。花朵张开（右图所示）就可以进行人工授粉了。

10.3 单一的性状是如何遗传的？

如果是纯合的生物，它的一个性状，比如开紫色的花，就会一直通过自体受精完整无缺的传递给后代。在孟德尔最初的一批实验中，他将两种不同性状的纯合豌豆进行杂交，接下来将杂交后产生的种子保存下来，来年将它们种出，以确定子代的性状。

在其中一个实验中，孟德尔将纯合的开白色花朵的豌豆与纯合的开紫色花朵的豌豆进行杂交。因为这两种豌豆是亲代，英文单词写做 parental generation，所以，孟德尔将其简写为 *P*。当所有的种子长出来之后，孟德尔惊奇地发现所有第一代子代的豌豆都开紫色的花朵，第一代用 F_1 表示（first filial，或者 F_1 generation）（如图 10-4 所示）。那么，开白色花朵的豌豆到哪里去了呢？F_1 代盛开的花朵与开紫色花朵的纯合亲代豌豆一模一样，亲代豌豆开白色花朵的这一性状好像消失不见了。

接下来，孟德尔让 F_1 代花朵自体杂交，并收集了种子来年播种。在子二代（F_2），孟德尔发现有 705 棵豌豆开紫色花朵，而 224 棵豌豆开白色花朵。统计下来，也就是大约有四分之一的白色花朵和四分之三的紫色花朵，也可以这样说，紫色花朵与白色花朵的比例为三比一（如图 10-5 所示）。这个结果显示了 F_1 代开出白色豌豆花朵的能力并没有消失，而只是隐藏起来了。

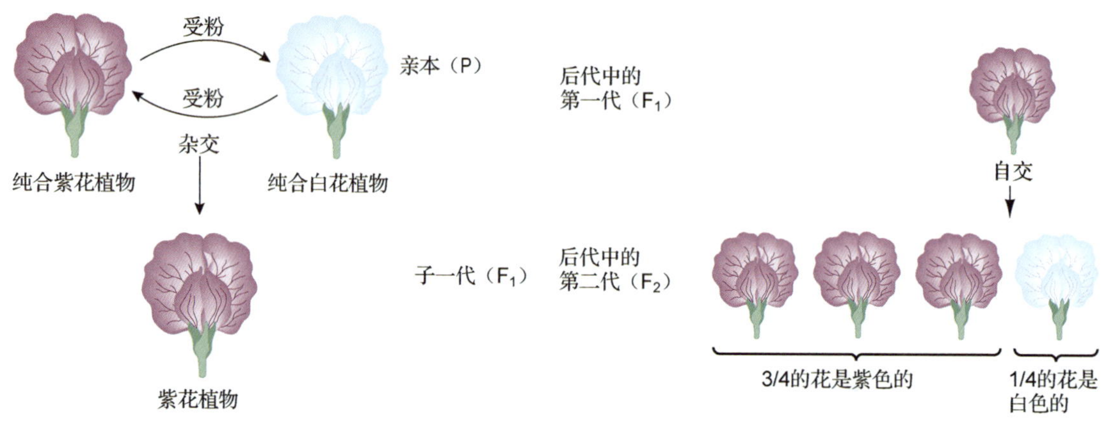

▲图 10-4 将纯合的开白色花朵的豌豆与开紫色花朵的豌豆杂交 所有的子代都开出紫色花朵。

▲图 10-5 开紫色花朵的 F_1 代豌豆自体受精 下一代有四分之三开紫色花朵，四分之一开白色花朵。

接下来，孟德尔又让 F_2 代豌豆自体杂交，产生 F_3 代。孟德尔发现，所有开白色花朵的 F_2 代产生的 F_3 代都开出了白色花朵；也就是说，F_2 代中开出白色花朵的豌豆都是纯合的。在孟德尔的时间和耐心范围之内，这些开白色花朵的豌豆代代都会开出白色的花朵。F_2 代中开紫色花朵的后代的情况截然不同，它们通过自体受精之后，后代会出现两种情况。大约三分之一的 F_3 代是纯合的开紫色花朵的豌豆，而剩下的三分之二是杂合的，既产生了开紫色花朵的豌豆，又产生了开白色花朵的豌豆，并且，紫色和白色的比例仍旧是三比一。因此，F_3 代是这样的情况：四分之一的开紫色花朵的纯合豌豆，二分之一的开紫色花朵的杂合豌豆，以及四分之一的开白色花朵的纯合豌豆。

10.3.1　同源染色体上显性基因和隐性基因的遗传可以解释孟德尔杂交实验的结果

有了孟德尔的实验结果，加上现代生物学基因和染色体的概念，我们可以归纳总结出单一性状遗传的 5 条法则：

- 生物的每一个性状都是由一对基因来决定的，基因是遗传的最小物理单位。每一个生物的每一个基因都有两个等位基因，分别位于一对同源染色体上。纯合的可以开出白色花朵的豌豆，与纯合的可以开出紫色花朵的豌豆相比，花朵颜色这一等位基因是截然不同的。
- 当一个生物体同时存在两个等位基因时，其中一个是显性等位基因，这个基因的表型可以掩盖另外一个等位基因；另外那个就是隐性基因。但是，这个隐性基因也是一直存在着的。对豌豆来说，决定开出紫色花朵的是显性基因，而决定开出白色花朵的基因是隐性基因。
- 减数分裂发生时，同源染色体会彼此分开或者分离，因此，它们所携带的等位基因也就分离开来。这就是经典遗传学中著名的孟德尔分离法则：每一个配子都会接收到一对等位基因中的一个。卵子受精成为受精卵之后产生的后代的一个等位基因来自父本，另一个等位基因来自母本。
- 因为同源染色体在减数分裂过程中的分离是随机的，因此等位基因向配子中的分配也是随机的。
- 纯种生物对于一个指定的基因有着两个相同的等位基因，因此它对于该基因是纯合的。来自纯合子个体的配子对于这个基因的所有等位基因都是相同的（见图 10-6a）。杂种生物对于一个指定的基因有两个不同的等位基因，因此它对于该基因是杂合的。一般来说，杂合子生物的一半配子会携带其中一个等位基因，另一半配子则会携带另外一个等位基因（见图 10-6b）。

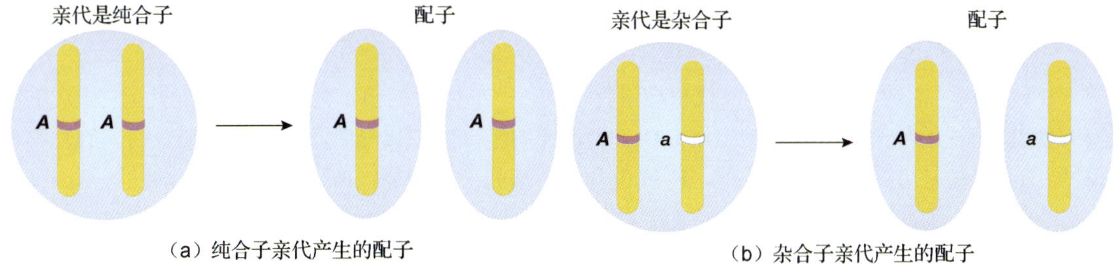

▲图 10-6　**配子中等位基因的分配**　(a) 纯合子产生的所有配子都携带相同的等位基因。(b) 杂合子产生的一半配子携带一个等位基因，另一半配子携带另一个等位基因。

现在看一看这一假说如何解释孟德尔花色实验的结果（见图 10-7）。我们用字母表示不同的等位基因，用大写字母 P 表示使豌豆开紫花的显性等位基因，而小写字母 p 表示使豌豆开白花的隐性等位基因。一株纯合的开紫花的植物有着两个紫色基因（PP），而一株纯合的开白色花的植物有两个白色基因（pp）。因此，一株基因型为 PP 的植物产生的所有配子都携带 P 等位基因，而一株基因型为 pp 的植物产生的所有精子和卵细胞都携带 p 等位基因（见图 10-7a）。

当基因型为 P 的精子使基因型为 p 的卵细胞受精，或反过来，基因型为 p 的精子使基因型为 P 的卵细胞受精时，产生 F_1 代。在这两种情况下，F_1 代的基因型都是 Pp。因为 P 相对 p 是显性的，所以所有这些后代都开紫色花（见图 10-7b）。

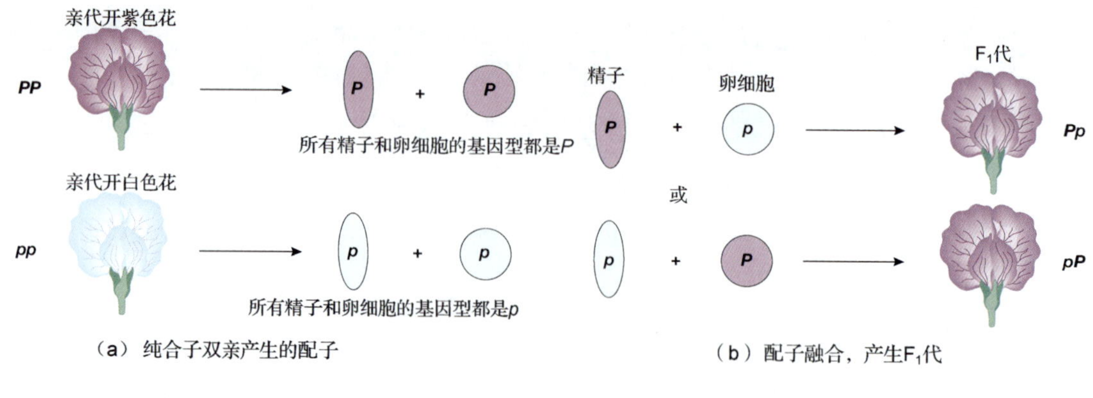

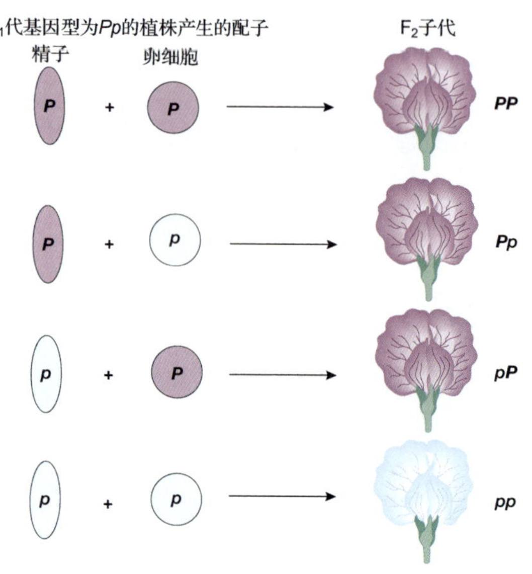

◀图 10-7 **等位基因的分离和配子的融合决定豌豆花色遗传中等位基因和性状的比例** （a）亲代：所有纯合 *PP* 亲代产生的配子都含有等位基因 *P*，所有纯合 *pp* 亲代产生的配子都含有等位基因 *p*。（b）F_1 代：携带等位基因 *P* 和等位基因 *p* 的配子融合之后只会产生基因型为 *Pp* 的后代（注意 *Pp* 和 *pP* 是同一个基因型）。（c）F_2 代：杂合的基因型为 *Pp* 的亲代所产生的一半配子携带等位基因 *P*，另一半则携带等位基因 *p*。这些配子的融合产生基因型为 *PP*、*Pp* 和 *pp* 的后代。

对于 F_2 代，孟德尔让杂合的 F_1 代植株进行自交。一株杂合的植物会产生等量的基因型为 *P* 的精子和基因型为 *p* 的精子，而卵细胞也是一样。当这样的植株发生自交时，每种精子都有相同的几率使每种卵细胞受精（见图 10-7c）。因此，F_2 代包含三种基因型的豌豆：*PP*，*Pp* 和 *pp*。这三种基因型的比例大约是 *PP*（纯合紫色）占 $\frac{1}{4}$，*Pp*（杂合紫色）占 $\frac{1}{2}$，而 *pp*（纯合白色）占 $\frac{1}{4}$。

两个看上去很相似的生物的等位基因组合很可能是不同的。生物携带的等位基因组合（比如 *PP* 或 *Pp*）叫做它的基因型。而生物的特性，包括它的外表、行为、消化食物的酶、血型或其他任何一种能观察或测量出的特点组成它的表现型。正如我们所见，有着 *PP* 或 *Pp* 基因型的植物表现为开紫色花。因此，孟德尔的豌豆的 F_2 代包括三种基因型（*PP* 占 $\frac{1}{4}$，*Pp* 占 $\frac{1}{2}$，*pp* 占 $\frac{1}{4}$），但只有两种表现型（$\frac{2}{3}$ 紫色，$\frac{1}{3}$ 白色）。

10.3.2 通过简单的遗传统计可以预测后代的基因型和表现型

庞纳特方格法以 20 世纪初一位著名的遗传学家庞纳特（R. C. Punnett）的名字命名，是一种预测后代基因型和表现型的简单易行的方法。图 10-8a 说明了怎样使用庞纳特方格法来预测一株对于花色性状是杂合的植株进行自交所产生的后代的比例（或将两个对于某一性状都是杂合子的生物进行杂交所产生后代的比例）。图 10-8b 说明了怎样用每种精子使每种卵细胞受精的可能性来计算后代的比例。

▼图 10-8 确定单性状杂交的结果 （a）庞纳特方格法使我们能够预测特定杂交方法的基因型和表现型。在这里，我们用这种方法来分析对于一个性状——花的颜色是杂合的豌豆的杂交过程。

（1）用不同的字母代表不同的等位基因；用大写字母代表显性等位基因，用小写字母代表隐性等位基因。

（2）确定父本和母本能够产生的所有不同基因型的配子。

（3）画出庞纳特方格，每一列代表卵细胞所有可能的基因型，每一行代表精子所有可能的基因型。（同时也标出每个基因型所占的比例）

（4）将每个方格对应的精子和卵细胞的基因型组合到一起填入格子中。（将每一种精子在精子中所占的比例和每一种卵细胞在卵细胞中所占的比例相乘得到该基因型所占的比例）

（5）对每种基因型的后代进行计数。注意 *Pp* 和 *pP* 是同一个基因型。

（6）将每种基因型的后代的数目比上所有后代的总数。在这个例子中，在每 4 次受精中，只有一次可能会产生 *pp* 基因型，所以我们预测所有后代总数的 $\frac{1}{4}$ 是白色的。为了确定不同表型所占的比例，将具有可能产生同样性状的基因型的后代数加到一起。比如，有 $\frac{1}{4}PP+\frac{1}{4}Pp+\frac{1}{4}pP$ 这些基因型可以产生紫花，那么紫花这一性状所占的比例就是 $\frac{3}{4}$。

（b）概率还可以用来预测单性状杂交的结果。确定每种基因型的精子和卵细胞在所有精子和卵细胞中所占的比例，然后将这些比例相乘来计算具有某种基因型的后代在所有后代中所占的比例。当两个基因型产生相同的表现型时（比如，*Pp* 和 *pP*），将它们所占的比例相加来确定这种表现型在后代中占的比例是多少。

（a）一次单性状杂交的庞纳特方格

精子		卵细胞		后代基因型	基因型比例 (1:2:1)	表现型比例 (3:1)
1/2 *P*	×	1/2 *P*	=	1/4 *PP*	1/4 *PP*	3/4紫色
1/2 *P*	×	1/2 *p*	=	1/4 *Pp*	1/2 *Pp*	
1/2 *p*	×	1/2 *P*	=	1/4 *pP*		
1/2 *p*	×	1/2 *p*	=	1/4 *pp*	1/4 *pp*	1/4白色

（b）用概率的方式确定一次单性状杂交产生的后代的性状

在使用这些遗传统计方法时应注意，在真正的实验中，后代的实际比例不会和预测的比例完全相同。这是为什么呢？考虑一个我们熟悉的例子。胎儿是男孩的概率和是女孩的概率是相等的。然而，很多家庭有两个孩子，但这两个孩子并不是一个男孩和一个女孩。这种女孩和男孩 1∶1 的比例只有在统计了很多家庭的孩子的性别后才能得到。

10.3.3 孟德尔的假说可以用来预测新的单性状杂交的结果

你可能已经发现，孟德尔使用了科学的研究方法：他对事物进行观察，然后形成自己的假说。但孟德尔的假说是否能够准确地预言进一步实验的结果呢?在 F_1 代植物有一个紫色等位基因和一个白色等位基因（也就是说它们的基因型是 *Pp*）这一假说的基础上，孟德尔预测了杂合的 *Pp* 植物和纯合隐性白色植物（*pp*）的杂交结果：基因型为 *Pp*（紫色）和 *pp*（白色）的后代数应该是相同的。而这一预测也得到了实验的证实。

这种实验同时也存在实际应用价值。将一个具有显性性状（在这个例子中，显性性状是紫色花）但基因型不明的生物与纯合的隐性生物（在这个例子中是白色花）进行杂交，来检验这个生物是纯合子还是杂合子。这种方法叫做测交（见图 10-9）。和隐性纯合子（*pp*）杂交时，如果是显性纯合子（*PP*），那么产生的后代的表现型都是显性的，而如果是显性杂合子（*Pp*），那么产生的后代中显性和隐性表现型的比例是 1∶1。

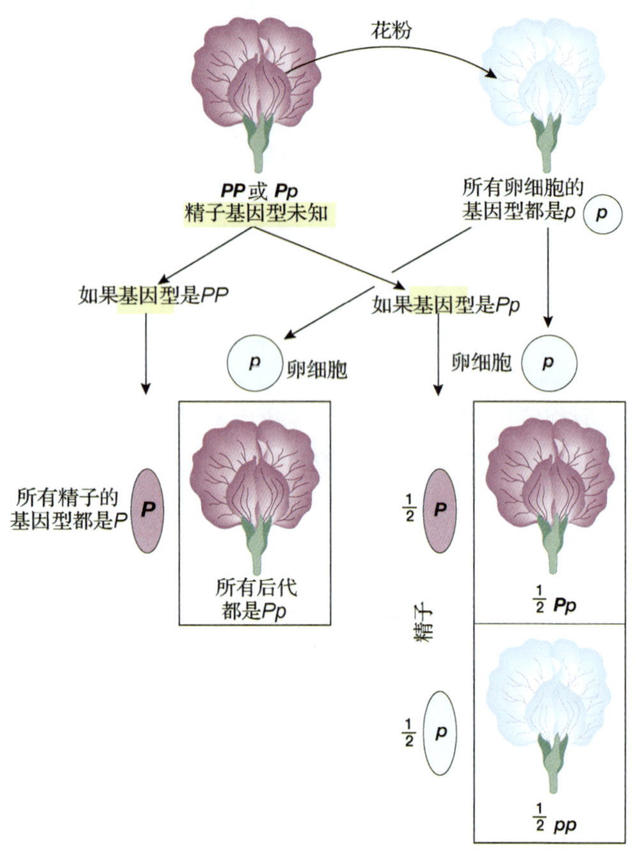

▲图 10-9 一次测交的庞纳特方格 一个表现型为显性的生物可能是纯合的，也可能是杂合的。将这样一个生物与一个隐性纯合的生物进行杂交可以确定它到底是纯合的（左）还是杂合的（右）。

10.4 多个性状是如何遗传的？

这样，孟德尔就确定了单个性状遗传的方法，之后，他转而研究更加复杂的问题——多性状的遗传问题（见图10-10）。他从在两个性状上存在不同的植物开始研究，让它们进行杂交——比如，种子的颜色（黄色或绿色）和种子的形状（光滑或皱缩）。从其他杂交实验中，孟德尔已经得知，使种子光滑的等位基因（*S*）对于使种子皱缩的等位基因（*s*）是显性的，使种子呈现黄色的等位基因（*Y*）对于使种子呈现绿色的等位基因（*y*）是显性的。他将产生黄色、光滑种子的纯合植株（*SSYY*）与产生绿色、皱缩种子的纯合植株（*ssyy*）进行杂交。基因型为 *SSYY* 的植株只能产生基因型为 *SY* 的配子，而基因型为 *ssyy* 的植株则只能产生基因型为 *sy* 的配子。因此，所有的 F_1 代都是杂合的：它们的基因型是 *SsYy*，产生光滑的黄色种子。

孟德尔让这些杂合的 F_1 代植株进行自交。F_2 代包括了 315 株产生光滑、黄色种子的植物；101 株产生皱缩的黄色种子的植物；108 株产生光滑、绿色种子的植物和 32 株产生皱缩、绿色种子的植物——比例大概是 9∶3∶3∶1。其他对于两个性状都是杂合的植物之间进行杂交产生的后代比例也大约是 9∶3∶3∶1。

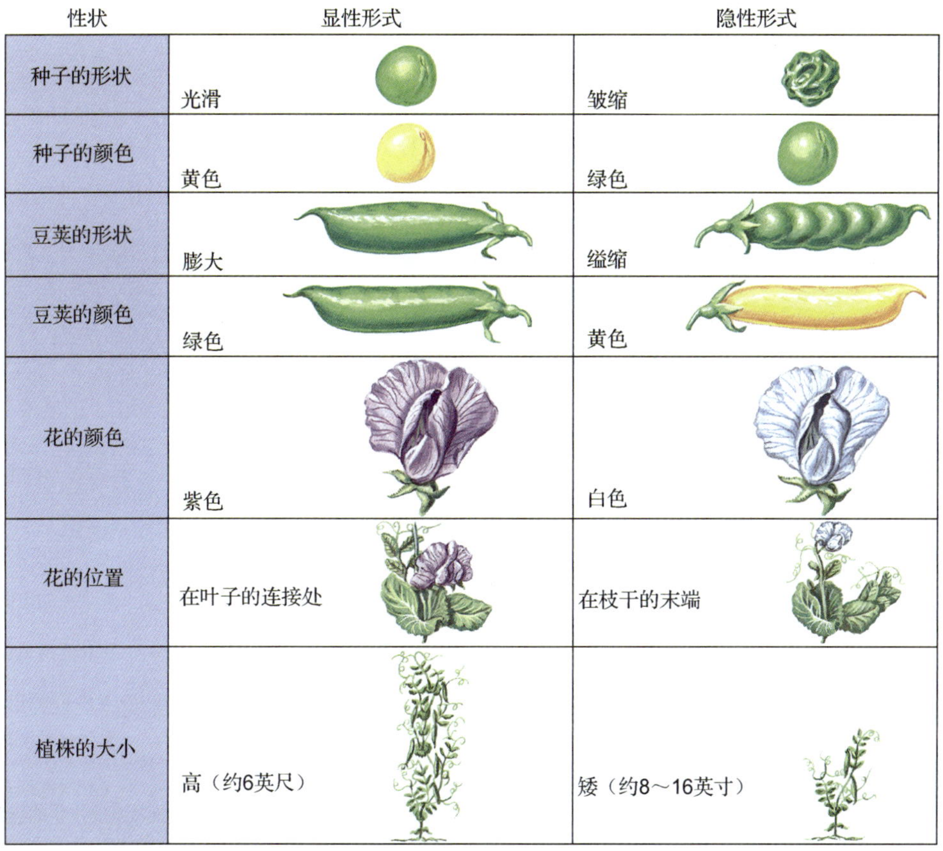

▲图 10-10 孟德尔研究过豌豆的性状

 10.4.1 孟德尔提出假说，认为性状是独立遗传的

孟德尔发现，如果这些决定种子颜色和种子形状的基因独立遗传，在配子形成期间彼此不互相影响的话，就可以解释上述实验结果。如果这一假说是正确的，那么对于每个性状，有 3/4 的后代会表现出显性性状，1/4 的后代会表现出隐性性状。而这一结果证实孟德尔在实验中所观察到的。他发现了 423 株产生光滑种子的豌豆（绿色和黄色都有）和 133 株产生皱缩种子的豌豆（绿色和黄色都有），二者之间的比例大约是 3∶1；他还发现了 416 株产生黄色种子的豌豆（两种形状都有）和 140 株产生绿色种子的豌豆（两种形状都有），比例也是 3∶1。图10-11 说明庞纳特方格概率计算法可以用来估计两种对于两个性状都是杂合子的生物之间的杂交所产生后代的基因型和表现型的比例。

两个或更多性状的独立遗传被称为自由组合规则。如果控制任意给定性状的等位基因在形成配子时，其分配不受控制其他任何性状的等位基因影响，那么这些基因就是独立遗传的。当我们研究的这些性状是由位于不同的同源染色体对上的基因控制时，就会发生自由组合现象。这是为什么呢？在减数分裂过程中，成对的同源染色体在减数第一次分裂的中期排列成行。哪条同源染色体对着细胞的哪一侧完全是随机的，而一对同源染色体的朝向不会影响其他同源染色体的朝向（见第 9 章）。因此，当同源染色体与减数第一次分裂后期分开时，其中一对同源染色体的分配方式不会影响另一对同源染色体的分配。结果就是，位于不同染色体上的等位基因被相互独立地分配到配子中（见图 10-12）。

▼**图 10-11 预测对于两个性状都是杂合子的亲本之间的杂交结果** 在豌豆的种子中，黄色（Y）相对绿色（y）是显性的，光滑的形状（S）相对皱缩的形状（s）是显性的。（a）庞纳特方格分析法。在这次杂交中，一个对于两个性状都是杂合子的个体进行了自交。在一个涉及到两个独立的基因的杂交中，每一种基因型的配子数都是相等的——SY、Sy、sY 和 sy。将这些配子组合填到庞纳特方格中，然后就如我们在图 10-8 中介绍的计算后代的数目。注意，庞纳特方格既预测了不同性状组合的频率（$\frac{9}{16}$黄色光滑，$\frac{3}{16}$绿色光滑，$\frac{3}{16}$黄色皱缩和$\frac{1}{16}$绿色皱缩），也预测了单个性状的频率（$\frac{3}{4}$黄色，$\frac{1}{4}$绿色，$\frac{3}{4}$光滑和$\frac{1}{4}$皱缩）。（b）在概率论中，两个独立事件同时发生的概率是它们单独发生的概率的乘积。比如，为了算出随意抛两枚硬币都是正面向上的概率，我们将抛每一枚硬币结果得到正面向上的概率相乘。种子的形状和种子的颜色是独立的。因此，将得到每个性状的不同表现型或基因型的单独的频率相乘，就得到了我们所预测的、后代的组合表现型或基因型的频率。这些频率和庞纳特方格法得到的完全相同。

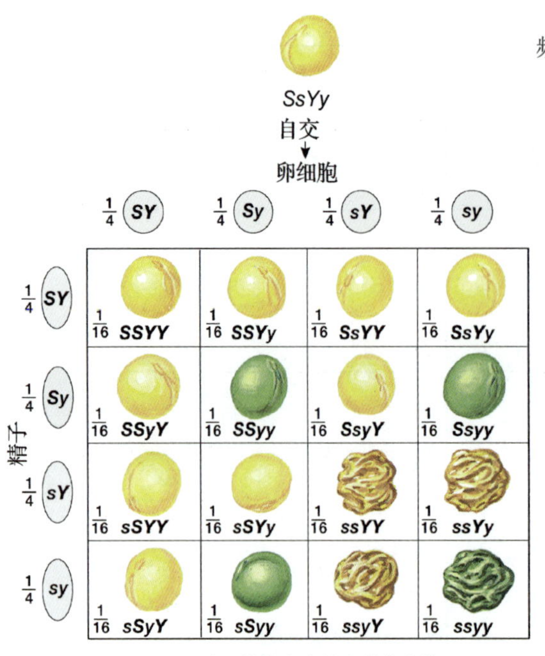

(a) 一次双性状杂交的庞纳特方格

种子形状		种子颜色		表现型的比例
3/4光滑	×	3/4黄色	=	9/16光滑黄色
3/4光滑	×	1/4绿色	=	3/16光滑绿色
1/4皱缩	×	3/4黄色	=	3/16皱缩黄色
1/4皱缩	×	1/4绿色	=	1/16皱缩绿色

(b) 用计算概率的方式来确定一次双性状杂交产生的后代的性状

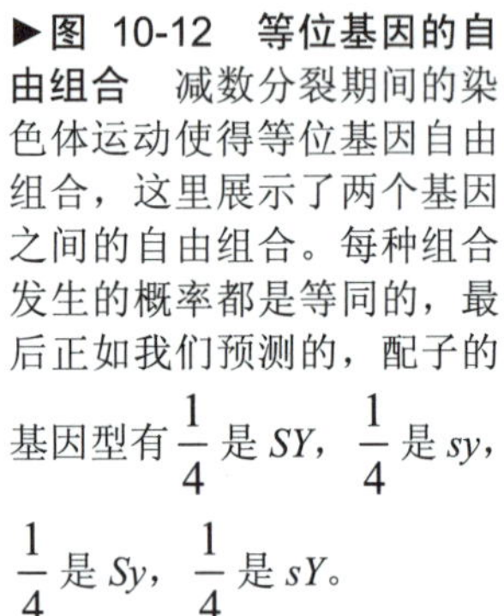

▶**图 10-12 等位基因的自由组合** 减数分裂期间的染色体运动使得等位基因自由组合，这里展示了两个基因之间的自由组合。每种组合发生的概率都是等同的，最后正如我们预测的，配子的基因型有$\frac{1}{4}$是 SY，$\frac{1}{4}$是 sy，$\frac{1}{4}$是 Sy，$\frac{1}{4}$是 sY。

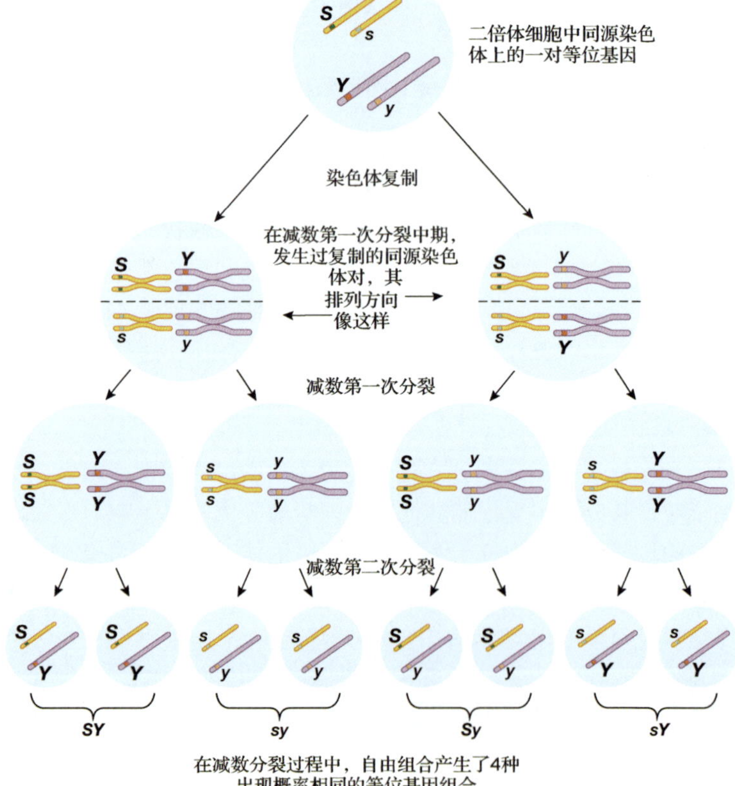

10.4.2　生不逢时的天才被埋没

1865 年，孟德尔将他的结果提交到布隆社会自然科学研究院，并于第二年发表。然而，他的文章并没有标志着遗传学的开端。实际上，他的文章在他有生之年都没有对生物学界产生任何影响。很显然，只有寥寥几个科学家读过他的文章，而这几个科学家没能认识到它的重要性。

直到 1900 年，三名生物学家——科罗伦斯（Carl Correns）、德弗里斯（Hugo de Vries）和切尔马克（Erich von Tschermak）分别独立地在不知道孟德尔的工作的情况下重新发现了遗传原理。毫无疑问，当他们在发表成果之前查阅以前的文献时，发现孟德尔领先了他们 30 多年，一定非常失望。值得表扬的是，他们仍然优雅地向世人介绍了这名奥地利修士的重要工作，然而孟德尔已于 1884 年去世了。

10.5　孟德尔遗传规则对所有的性状都适用吗？

直到目前为止，我们都在使用简化的假说来讨论问题：每个性状都是由一个基因完全控制的，每个基因只有两种可能的等位基因，而其中一种对另外一种是完全显性的。然而，大多数性状的调控是多种多样、非常精细的。

10.5.1　在不完全显性的情况下，杂合子的表现型介于两种纯合子之间

当一个等位基因对于另外一个等位基因是完全显性的时，拥有一个显性等位基因的杂合子的表现型与拥有两个显性等位基因的纯合子是相同的（见图 10-8 和图 10-9）。然而，在有些情况下，杂合子的表现型介于两种纯合子表现型之间，这种遗传模式称为不完全显性。人类的发质这一性状由一个有着两种不完全显性的基因控制，我们将这两个基因叫做 H_1 和 H_2（见图 10-13）。H_1 纯合的人的头发是卷曲的，而 H_2 纯合的人的头发是直的；基因型是 H_1H_2 的杂合子的头发却是波浪状的。两个有着波浪状头发的人可能会生出有着任何一种发质的孩子，有 $\frac{1}{4}$ 的可能性是卷曲的（H_1H_1），$\frac{1}{2}$ 的可能性是波浪状的（H_1H_2），$\frac{1}{4}$ 的可能性是直的（H_2H_2）。

10.5.2　一个基因可能有多个等位基因

回想一下，所有等位基因都起源于代代相传的突变（见图 10-1），一个基因在数十亿年的进化中可能会发生很多种不同的突变，结果是很多基因都可能存在很多不同的等位基因。尽管一个个体最多只能有两个不同的等位基因（分别位于不同的同源染色体上），但我们如果检查一个物种中的所有个体就会发现，很多基因有着几十上百种不同的等位基因。后代继承的是哪些等位基因当然取决于父母携带哪些等位基因。很多人类遗传病都对应了多个等位基因，包括 Marfan 综合征、杜兴氏肌营养不良以及囊性纤维化等（见第 12 章）。

人类的血型是一个基因具有多个等位基因的例子。A、B、AB、O 这 4 种血型是一个基因的三种不同等位基因造成的结果（我们将这三个等位基因命名为 A、B 和 O）。这个基因编码向红细胞膜上的糖蛋白上连接糖分子的酶。等位基因 A 和 B 编码着向糖蛋白上连接不同的糖分子的酶（我们分别将由此产生的糖蛋白称为糖蛋白 A 和 B）；而等位基因 O 编码一种没有功能的酶，这种酶不会在蛋白上添加任何糖分子。

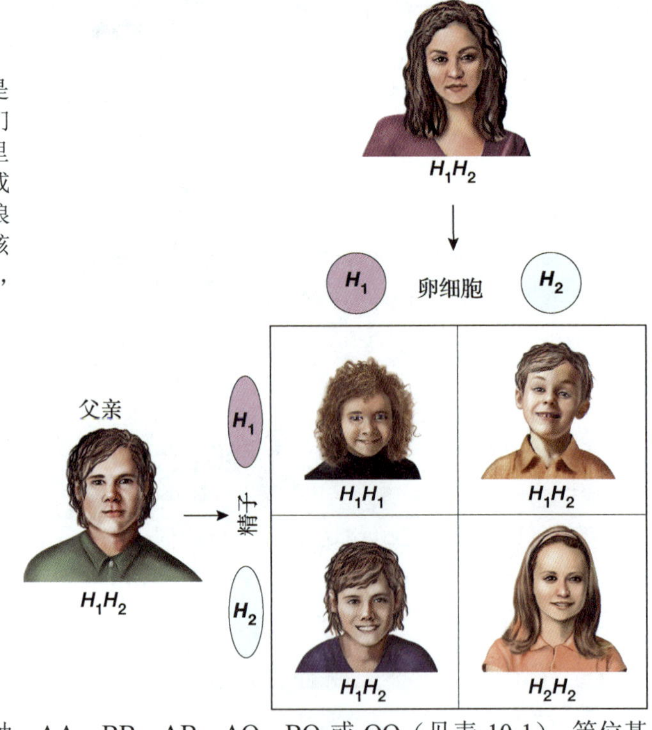

▶**图 10-13 不完全显性** 人类发质的遗传是不完全显性的一个例子。在这些情况下，我们对这两个等位基因都用大写字母表示，在这里是 H_1 和 H_2。纯合子可能有着卷发（H_1H_1）或直发（H_2H_2），而杂合子（H_1H_2）则有着波浪状的头发。一对头发是波浪状的夫妇生出的孩子可能是卷发，可能是直发，也可能是波浪发，比例大约是 $\frac{1}{4}$ 卷发、$\frac{1}{2}$ 波浪发、$\frac{1}{4}$ 直发。

一个人可能具有 6 种基因型中的一种：AA、BB、AB、AO、BO 或 OO（见表 10-1）。等位基因 A 和 B 对于 O 都是显性的。因此，基因型为 AA 或 AO 的人只能产生糖蛋白 A，血型为 A 型。基因型为 BB 或 BO 的人只能产生糖蛋白 B，血型为 B 型。纯合隐性的 OO 个体缺乏这两种糖蛋白，他们的血型称为 O 型。基因型为 AB 的人同时拥有着两种酶，因此他们的红细胞上同时存在这两种糖蛋白。当一个杂合子同时表达两个纯合子的性状时（在这个例子中是 A 和 B 型糖蛋白），这种遗传模式就被称为共显性，这些等位基因互相之间是共同显性的。

你可能知道，人们的血型可能不同这一点在医疗方面极其重要。人类的免疫系统会产生称为抗体的蛋白质，它们和不是由人体自身产生的复杂分子结合（如果它们的确和自身分子结合了，那么你的免疫系统就会杀死来自自身的细胞）。在它们通常的抵抗疾病的功能中，抗体会和入侵的细菌或病毒的表面分子相结合，帮助杀死这些侵略者。然而，它们也使输血这一过程变得非常复杂。大多数抗体都是由免疫细胞分泌的，然后这些抗体在血液中循环。如果这些糖蛋白包含与这个人自身红细胞上的糖类不一样的糖类分子，免疫系统就会产生可以和红细胞上的糖蛋白结合的抗体。抗体导致具有外来糖蛋白的红细胞聚集到一起并破裂。产生的血凝块和细胞碎片会堵塞较细的血管，并破坏诸如大脑、心脏、肺或肾这些重要器官。这一事实说明，在进行输血之前，必须确保供血者和受血者的血型一致。

表 10-1 简单总结了人类的几种不同血型和安全输血的注意事项。显然，一个人可以给任何与自己血型相同的人输血。此外，O 型血不含有 A 和 B 中的任意一种糖蛋白，因此它可以被安全地用于给其他所有血型的人输血，因为血型为 O 的红细胞不会被 A 型血、B 型血或 AB 型血中的任何一种血液中的抗体所攻击（而供血者血液中的抗体被更多的受血者体内的血液所稀释，因而不会导致严重的问题）。有着 O 型血的人是“万能供血者”，但 O 型血内含有针对 A 型糖蛋白和 B 型糖蛋白的抗体，因此 O 型血的人只能接受 O 型血的输血。AB 型血不含有任何一种抗红细胞抗体，他们可以接受任何一种血型的输血；因此，他们被叫做“万能受血者”。

表 10-1　人类血型特征

血型	基因型	红细胞	血浆中存在以下抗体	可以接受来自哪些血型的人的血液	可以给哪些人献血	在美国人中所占的百分比
A	AA 或 AO	A 型糖蛋白	抗 B 型糖蛋白的抗体	A 或 O（不含有 B 型糖蛋白的血）	A 或 AB	42%
B	BB 或 BO	B 型糖蛋白	抗 A 型糖蛋白的抗体	B 或 O（不含有 A 型糖蛋白的血）	B 或 AB	10%
AB	AB	A 型和 B 型糖蛋白	两种抗体均无	A,B,AB,O（万能受血者）	AB	4%
O	OO	既没有 A 型糖蛋白又没有 B 型糖蛋白	两种抗体均有	O（不含两种糖蛋白中任意一种的血）	O，AB，A，B（万能献血者）	44%

10.5.3　很多性状由几个基因调控

你们班级的同学的身高、肤色和体型可能有着很大的差异，这些差异无法划分为容易定义的表现型。这种受到两个或者更多基因影响的性状称为多基因遗传。你可能会想，影响一个性状的基因越多，可能的表现型就越多，表现型之间的差异也就越小。受多基因影响的性状一般受到环境因素的影响也较大，于是不同表现型之间的界限就变得愈发模糊了。

比如，最近的研究结果表明，至少有 180 个基因影响人类的身高。如果再加上营养条件的影响，就很容易理解为什么人们的身高是连续的而不是离散的了。人类的肤色可能由至少三个不同的基因控制，其中每一个基因都有着不完全显性的等位基因。受到阳光照射的多少进一步影响人的肤色，造成该表现型在不同人身上的连续变化（见图 10-14）。

人类的肤色范围非常广，从几乎全白到非常深的棕色都有。

▲图 10-14　**人类肤色的多基因遗传**　至少有三个不同的基因决定人类的肤色，其中每个基因都有两个不完全显性的等位基因（实际上，遗传过程比这还要复杂）。复杂的多基因遗传组合和接受光照的不同产生了人类几乎连续分布的肤色种类。

10.5.4　单个基因可能对表现型有许多影响

我们刚才看到，一个表现型可能是很多基因相互作用的结果。而这句话反过来说也是正确的：单个基因经常对表现型起到不止一种影响，这种现象称为基因的多效性。比如，在 1962 年，实验室老鼠身上的一个突变产生了裸鼠（见图 10-15）。研究人员很快发现，裸鼠不仅仅没有毛；它们没有胸腺，没有免疫应答，同时雌性裸鼠无法发育出有功能的乳腺，因此它们无法抚育后代。

10.5.5 环境会影响基因的表达

生物并不只是基因的简单加和。除了基因型之外，生存环境也影响着表现型。所有暹罗猫的毛生来都是浅色的，但在出生后的前几个星期，它们的耳朵、鼻子、爪子和尾巴会变成黑色（见图 10-16）。暹罗猫所有部位的毛的基因型都会使其变成黑色。然而，产生黑色色素的酶在 93 华氏度（34 摄氏度）以上就会失活。而在母亲的子宫中，未出生的小猫全身都处在非常温暖的环境中，因此新生的暹罗猫全身的毛都是浅色的。在出生后，它们的耳朵、鼻子、爪子和尾巴比身体的其他部位要冷一些，因此这些部位的毛皮中产生了黑色素。

大多数环境影响都比上面的例子还要复杂和精巧。复杂的环境影响在人的性状中尤其常见。前面说过，光照会影响人的肤色，营养条件会影响人的身高。

▲图 10-15 **裸鼠**

▲图 10-16 **环境因素会影响表现型** 暹罗猫身上深色毛的分布是其基因型与环境共同作用的结果，最终产生了一种非常特殊的表现型。新生的暹罗猫全身都是浅色的。而在成年的暹罗猫身上，使毛变成深色的等位基因只在温度较低的位置（鼻子、耳朵、爪子和尾巴）才表达。

10.6 位于同一染色体上的基因是如何遗传的？

孟德尔对于基因或染色体的物理本质一无所知。我们现在知道，基因是染色体的一部分，每条染色体包含很多基因，在较大的染色体上甚至可能会有几千个基因。这些事实在遗传中有着重要意义。

10.6.1 位于同一染色体上的基因倾向于一起遗传给下一代

染色体（而不是单个的基因）在减数第一次分裂期间独立分配。因此，位于不同染色体上的基因也会独立分配到配子中。相反，位于同一染色体上的基因则倾向于一起遗传给下一代，这一现象称为基因连锁（gene linkage）。人们最早发现的几对连锁基因之一是在甜豌豆中发现的，它与孟德尔用来做实验的食用豌豆不是一个品种。在甜豌豆中，控制花色的基因（紫色和红色）和控制花粉粒形状的基因（圆形和长形）位于同一条染色体上。因此，这些基因的等位基因通常在减数分裂时一起进入同一个配子，并一起遗传。

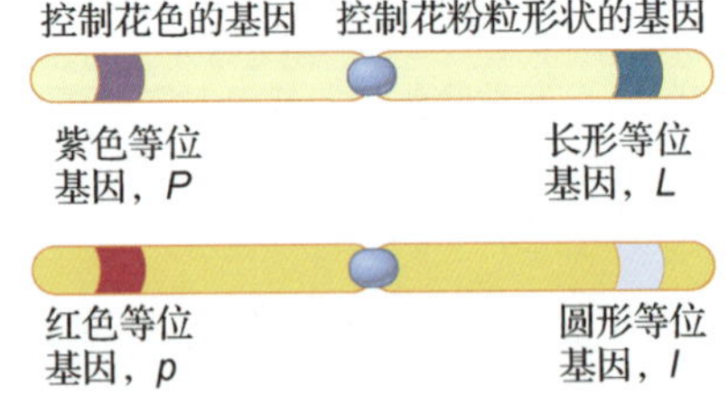

▲图 10-17 **甜豌豆中同源染色体上的连锁基因** 控制花朵颜色和花粉形状的基因在同一条染色体上，所以它们在遗传给下一代的时候倾向于连在一起。

考虑一株杂合的甜豌豆，它有着紫色的花和长形的花粉（见图 10-17）。这两个显性基因位于一个同源染色体上（见图 10-17，上图），而两个隐性基因则位于另一条同源染色体上（见图 10-17，下图）。因此，这株植物产生的配子可能有着紫色、长形的等位基因或红色、圆形的等位基因。这种遗传模式不循自由组合规律，因为控制花的颜色和花粉粒的形状的等位基因在减数分裂时不会分离，而是连在一起。

10.6.2 交叉互换会产生新的连锁等位基因组合

尽管位于同一条染色体上的基因倾向于一起进行遗传，但它们并不总是在一起的。如果将有着图 10-17 所示染色体的两株甜豌豆进行杂交，你可能会认为所有的后代或者开紫花，产生长形的花粉或者开红花，产生圆形的花粉。（试一试用庞纳特方格法来解决这个问题。）但是实际上，你通常还会发现几株开紫花却产生圆形花粉的后代，还有几株后代开红花却产生长形的花粉，就像有时控制花朵颜色和花粉形状的基因变得不再连锁了一样。这是怎么回事呢？

在减数第一次分裂的前期，同源染色体有时发生部分交换，这个过程称为交叉互换（见第 9 章，图 9-16）。在每次减数分裂中，每一对同源染色体都至少发生一次互换，对应的 DNA 的互换在两条同源染色体上都产生新的等位基因组合。之后，当同源染色体在减数第一次分裂后期分开时，单倍体子细胞获得的染色体就和母细胞中的染色体的等位基因组成不一样了。

减数分裂期间的交叉互换解释了遗传重组：同一染色体上出现了新的等位基因组合。现在，让我们来看一看减数分裂期间的甜豌豆染色体。在减数第一次分裂前期，完成了复制的同源染色体进行配对（见图 10-18a）。每条同源染色体上面都有一处或几处发生了交叉互换的地方。想象一下，交叉互换使两对同源染色体中非姐妹染色单体上面编码花色的等位基因发生了交换（见图 10-18b）。在减数第一次分裂末期，分离的同源染色体中都会有一条含有另一对同源染色体上的 DNA 片段的染色单体（见图 10-18c）。在减数第二次分裂中，4 条染色体被分配到 4 个子细胞中，其中有两条是未发生改变的同源染色体，有两条是重组同源染色体（见图 10-18d）。

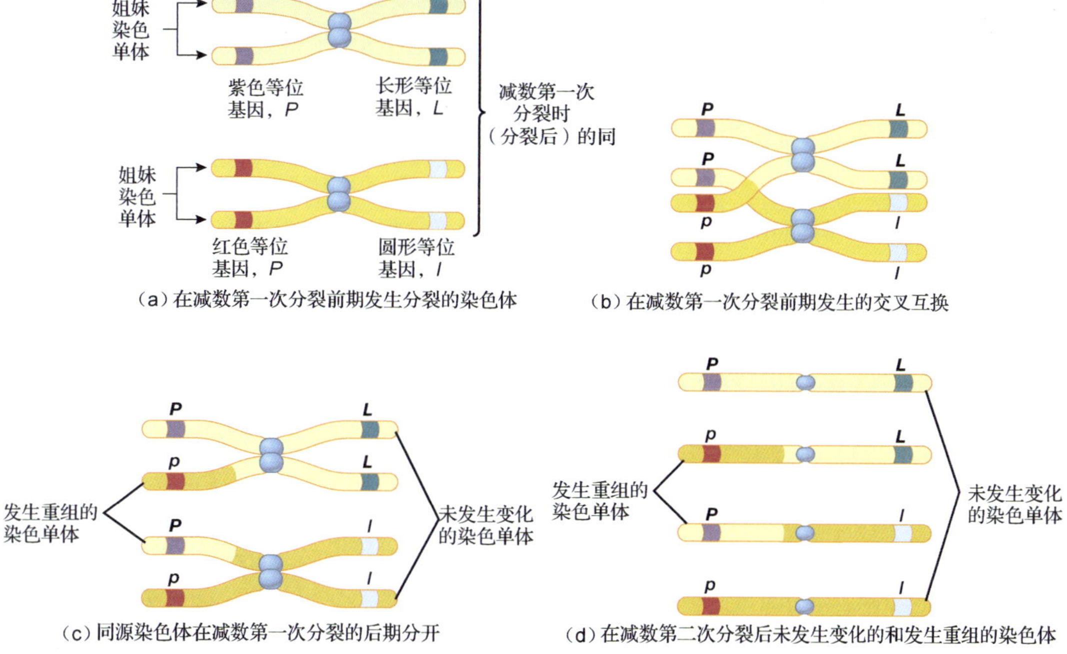

▲图 10-18 交叉互换使同源染色体上的等位基因发生重组 (a) 在减数第一次分裂前期，复制成两份的同源染色体会两两配对。(b) 同源染色体中的非姐妹染色单体会通过交叉互换来交换部分片段。(c) 当同源染色体在减数第一次分裂后期分开时，每一条同源染色体中都有一条染色单体携带有来自另一条与之同源的染色体中染色单体的基因。(d) 在减数第二次分裂之后，有两个单倍体子细胞携带有未发生改变的染色体，而两个子细胞则携带有发生重组的染色体。发生重组的染色体包含有在亲本染色体中没有出现过的等位基因排布。

因此，减数分裂产生 4 种不同构型的配子：*PL* 和 *pl*（在最初的亲代染色体上），以及 *Pl* 和 *pL*（在重组的染色体上）。如果一个有着 *Pl* 染色体的精子使一个有着 *pl* 染色体的卵细胞受精，那么产生的后代就会开紫色花（*Pp*）、产生圆形花粉（*ll*）。如果一个有着 *pL* 染色体的精子使一个有着 *pl* 染色体的卵细胞受精，那么产生的后代就会开红色花、产生长形的花粉。

毫不意外，如果两个基因在同一染色体上的距离越远，它们之间就越有可能发生交叉互换。而两个挨得非常近的基因之间的连锁性很强，很少会由于交叉互换而分离。然而，如果两个基因相隔非常远，它们之间的交叉互换就会非常普遍，甚至于看上去是位于不同染色体上的、独立的两个基因。孟德尔发现分离定律不仅是因为他的机智和认真，还因为他当时很幸运。他当时研究的 7 个基因位于 4 条不同的染色体上，而他之所以能发现分离定律，就是因为位于同一染色体上的基因之间离得非常远。

10.7　性别和与性别相关的性状是如何遗传的？

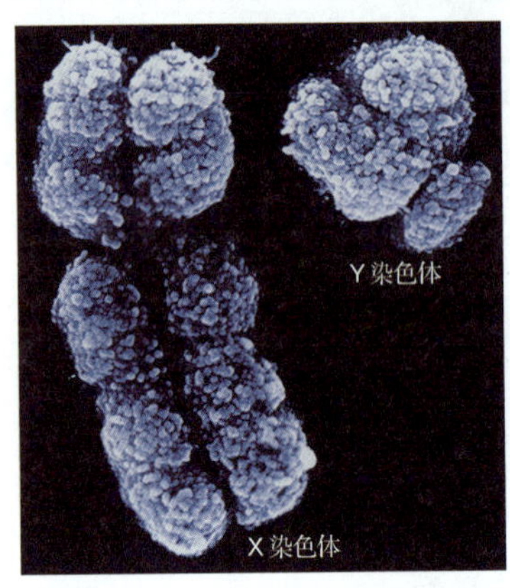

对很多动物来说，个体的性别是由它所携带的性染色体决定的。对于哺乳动物，雌性有两条相同的性染色体，称为 X 染色体，而雄性有一条 X 染色体和一条 Y 染色体（见图 10-19）。尽管 Y 染色体比 X 染色体小很多，但这两条染色体有一小部分是同源的。因此，这两条染色体在减数第一次分裂前期配对，并在减数第一次分裂后期分离。除了性染色体之外的其他染色体在雄性和雌性中外观完全相同，这些染色体被称为常染色体。

◀**图 10-19　人类的性染色体**　图右的 Y 染色体携带的基因相对较少，比图左的 X 染色体小得多。

10.7.1　对于哺乳动物，后代的性别由精子中的性染色体决定

在精子形成过程中，性染色体分离，每个精子得到一条 X 染色体或一条 Y 染色体（加上每对常染色体中的一条）。性染色体在卵细胞形成过程中也会分离，但雌性哺乳动物的性染色体是两条 X 染色体，因此每个卵细胞都得到一条 X 染色体（还有每对常染色体中的一条）。因此，如果一个携带有 Y 染色体的精子使卵细胞受精，那么后代就是雄性，如果一个携带有 X 染色体的精子使卵细胞受精，那么后代就是雌性（见图 10-20）。

▶**图 10-20　哺乳动物的性别决定**　雄性个体从父亲那里遗传到 Y 染色体，雌性个体从父亲那里遗传到 X 染色体（X_m）。雄性和雌性都是从母亲那里遗传到 X 染色体（X_1 或 X_2）。

母亲

卵细胞

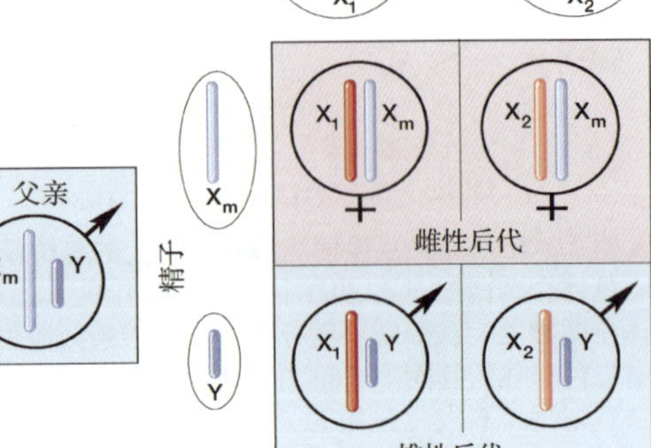

10.7.2　与性别相关的基因只在 X 或 Y 染色体上存在

只在性染色体上存在的基因称为性连锁基因。对很多哺乳动物来说，Y 染色体只携带很少的几个基因。而在人类中，Y 染色体的 Y 连锁基因是决定性别的基因，叫做 SRY。从胚胎期开始，SRY 基因就开始启动整个雄性发育的通路。正常情况下，SRY 使得雄性这一性别 100%与 Y 染色体连锁。

与小得可怜的 Y 染色体相反，人类的 X 染

色体上有超过 1000 个基因，其中大多数在 Y 染色体上都没有对应的基因。少数几个基因在繁殖过程中起到特定的作用，而 X 染色体上的大多数基因都决定了在两种性别中都很重要的性状，比如颜色视觉、血液凝固和肌肉中的特定结构蛋白。

基因对 X 染色体的连锁是怎样影响遗传的呢？因为雌性有两条 X 染色体，所以她们对于 X 染色体上的基因可能是纯合子，也可能是杂合子，而等位基因之间的显隐性关系也能够表达出来。而在雄性中则不是这样的。雄性哺乳动物会表达这唯一的一条 X 染色体上的所有基因，无论这些基因在雌性中是显性的还是隐性的。

让我们来看一个熟悉的例子：红-绿色觉障碍——通常称为色盲，但这是不正确的叫法（见图 10-21）。色觉障碍是 X 染色体上两个基因中的任意一个的隐性等位基因导致的。这些基因的显性基因，也就是正常基因（用 *C* 来表示它们）编码一些蛋白，这些蛋白可以使人类眼中的一种颜色视觉细胞——视锥细胞中的一部分对红光最敏感，而另一部分对绿光最敏感（见图 10-21a）。这些基因有几种缺陷等位基因（用 *c* 来表示这些缺陷基因）。在最极端的例子中，X 染色体上甚至会丢失其中一个基因，或者缺陷等位基因会编码受损的蛋白质，使得两种视锥细胞对红光和绿光一样敏感。这样，这个人就无法分辨红色和绿色了（见图 10-21b）。

（a）正常颜色视觉

患有红绿色盲的患者无法辨别红色和绿色

（b）红绿色盲

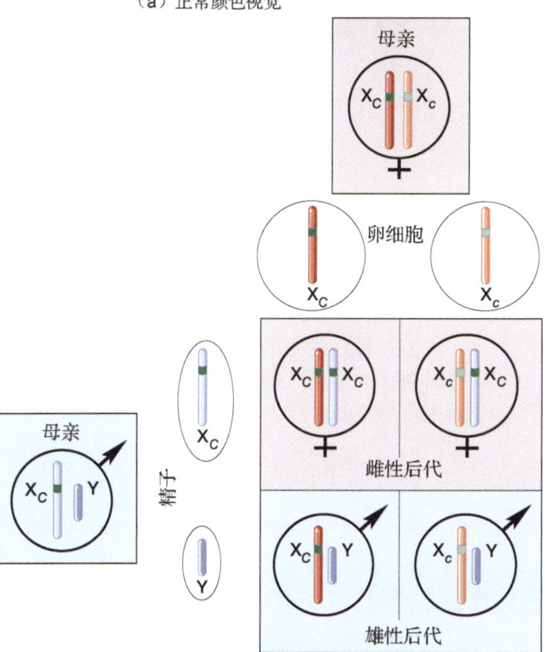

（c）一名颜色视觉正常的男性（*CY*）和一名杂合的女性（*Cc*）生下的孩子的可能基因型

◀**图 10-21　红绿色觉障碍的性连锁遗传**　彩色网格可以让具有正常色觉的人感受到患有色觉障碍的人看到的世界是什么样子的。（a）正常色觉。（b）对于一个真正的红绿“色盲”来说，两个网格看上去完全一样。不过在通常情况下，患者并不是完全的色盲——他们能看到正常人所能看到的大多数颜色，但分辨能力较差。因此，这两个网格在他们看来非常相似，但还是有差别的。（c）庞纳特方格展示了一名杂合女性（*Cc*）是如何将色觉障碍遗传给儿子的。

色觉障碍是怎样遗传的呢？一名男性的基因型组成可能是 *C*Y 或者 *c*Y，说明他的 X 染色体上有一个颜色视觉等位基因 *C* 或者 *c*，而在他的 Y 染色体上没有相应的基因。如果他的 X 染色体上携带有 *C* 等位基因，那么他的颜色视觉就会是正常的，如果他的 X 染色体上携带有 *c* 等位基因，那么他就会患色觉障碍。而女性的基因型可能是 *CC*、*Cc* 或者 *cc*。基因型是 *CC* 或者 *Cc* 的女性的颜色视觉是正常的；只有基因型为 *cc* 的女性才会患色觉障碍。大约有 7%的男性的颜色视觉有缺陷。而在女性中，有大约 93%是纯合 *CC*，她们的颜色视觉是正常的，有 7%左右的基因型是 *Cc*，她们的颜色视觉也是正常的，只有不到 0.5%患有色觉障碍。

一名患有色觉障碍的男性（*c*Y）只会将他的缺陷等位基因传给女儿，因为只有女儿才会遗传到他的 X 染色体。不过一般来说，他的女儿也可能具有正常的色觉，因为如果母亲的基因型是 CC，那么女儿可能会从母亲那里遗传到一个正常的等位基因 *C*。

对于一名杂合的女性来说（*Cc*），尽管她的色觉是正常的，但她有 50%的概率将缺陷等位基因传给她的儿子（见图 10-21c）。遗传到这个缺陷等位基因的儿子就会患有色觉障碍（*c*Y），而遗传到正常等位基因的儿子就会有正常的色觉（*C*Y）。

10.8 人类的遗传缺陷是如何遗传的？

很多人类疾病都或多或少地受遗传影响。因为不可能对人类进行杂交实验，所以人类遗传学家需要根据医学、历史上和家族上的记录来研究曾经发生过的杂交的结果。跨越数个世代的记录可以以家谱的方式整理出来，家谱是展示有血缘关系人群的遗传关系的图表（见图 10-22）。

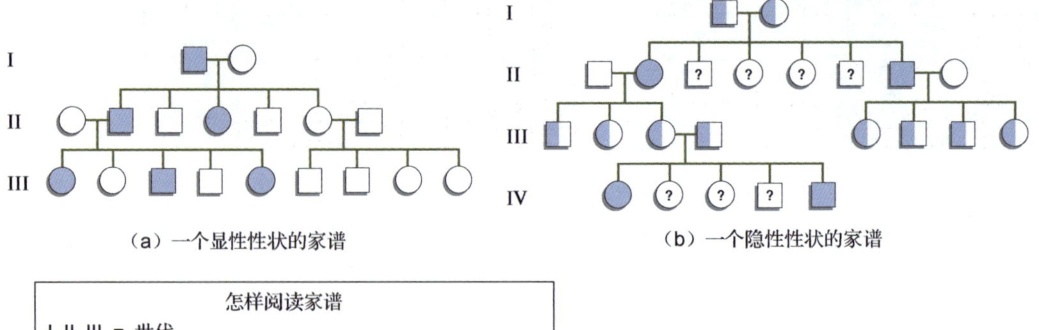

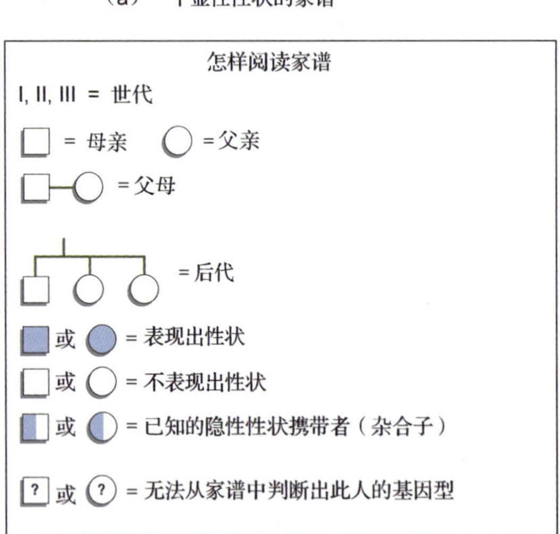

◀**图 10-22 家谱** （a）图中是一个显性性状的家谱。注意，每个表现出这个显性性状的后代，其母亲或父亲中至少有一人表现出这个性状（见图 10-8、图 10-9 和图 10-11）。（b）一个隐性性状的家谱。任何表现出隐形性状的个体都必须是隐性纯合的。如果他的父母没有表现出该性状，那么他的双亲一定都是杂合子（携带者）。注意，有些后代的基因型无法确定，因为他们可能是携带者，也可能是显性纯合子。

对家谱的仔细研究可以揭示一个特定的性状是显性还是隐性、是不是性连锁遗传的。从 20 世纪 60 年代中期开始，结合分子遗传学技术的人类家谱分析大大加深了我们对自身遗传病的了解。比如，遗传学家知道了几十种遗传病的相关基因，包括镰刀型红细胞贫血、血友病、肌肉萎缩症、

Marfan 综合征和囊性纤维化。分子遗传学研究大大增强了我们预测遗传病甚至在将来的某一天治愈遗传病的能力（见第 13 章）。

 10.8.1　有些人类遗传病是由单个基因控制的

有些常见的人类性状，比如雀斑、颏裂和酒窝遵循简单的孟德尔式遗传；也就是说，每个性状都是由单独的一个基因控制的，这个基因存在一个隐性等位基因和一个显性等位基因。有些人类遗传病也是由单个基因的缺陷等位基因导致的。

1. 有些人类遗传病是由隐性等位基因导致的

人体需要依赖成千上万种酶和其他蛋白质的活动来维持生存。编码这些蛋白质的等位基因中如果有一个发生了突变，就可能会削弱或损伤它的功能。不过，正常等位基因的存在也许能产生足够多有功能的蛋白质，这样，杂合子可能会具有和有着两个正常基因的纯合子一样的性状，以至于难以分辨。因此，对很多基因来说，一个编码功能正常的蛋白的正常等位基因对于编码功能异常蛋白的突变等位基因来说是显性的。换言之，这些基因的突变等位基因对于正常等位基因来说是隐性的。因此，不正常的表现型只在遗传到两个突变等位基因的人群中产生。

遗传病的携带者指的是携带有一个正常显性等位基因和一个缺陷隐性等位基因的杂合子。这样的人从表现型上来说是健康的，但能将他的缺陷等位基因传递给后代。遗传学家估计，我们每个人都携带有 5 到 15 个基因的缺陷等位基因，这些基因会导致其纯合子患上严重的遗传病。每当我们生育一个孩子，都有一半的可能性将一个缺陷等位基因传给他。这通常是无害的，因为两个没有血缘关系的男性和女性一般不会有同一个基因的缺陷等位基因，因此一般不会产生患有隐性遗传病的纯合后代。但如果这对夫妇有血缘关系（尤其是堂兄弟姊妹，甚至关系更近），从他们最近的共同祖先那里遗传到一些基因，就更有可能携带有同一个基因的缺陷等位基因。如果这对夫妇对于同一个缺陷隐性等位基因都是杂合子，那么他们有 1/4 的概率会生出患有这一遗传病的孩子（见图 10-22）。

1）白化病是产生黑色素的基因发生缺陷导致的

在产生黑色素——人皮肤、毛发和眼睛虹膜中的深色色素——的过程中，一种被称为酪氨酸酶的酶起着至关重要的作用。如果一个人有一个或两个正常的酪氨酸酶等位基因，那么这个人就会正常地产生黑色素。但是，如果这个人对于编码有缺陷的酪氨酸酶的基因是纯合子，那么这个人就会患白化病（见图 10-23）。人类和其他哺乳动物的白化病会导致患病人或动物的皮肤和毛发变白。

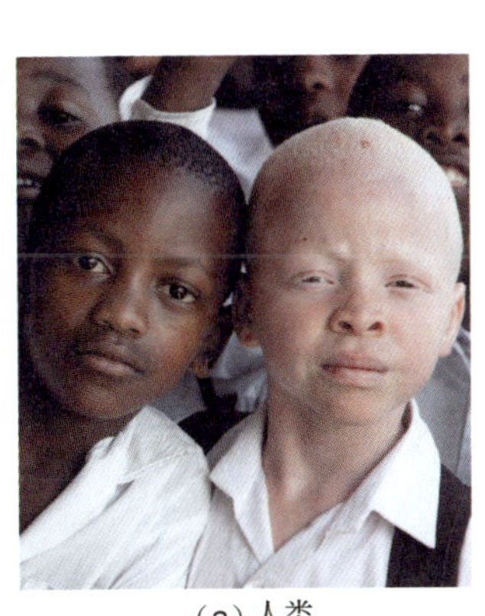
（a）人类

（b）袋鼠

◀**图 10-23　白化病**　（a）白化病症状可能出现在绝大多数脊椎动物身上，包括人。这名男孩的虹膜非常苍白，因此他的眼睛对亮光相当敏感。（b）前面的这只沙袋鼠在动物园性命无虞，然而在野外，它的白毛对捕食者来说太过明显。

2）镰刀型细胞贫血是由有缺陷的负责合成血红蛋白的等位基因导致的

红细胞里塞满了血红蛋白，它们负责输送氧气并赋予细胞红色。贫血是指许多具有低红细胞数或血液中血红蛋白含量低于正常值的疾病的遗传术语。镰刀型细胞贫血是由血红蛋白基因突变所致的遗传性的贫血。单个核苷酸的改变会导致在血红蛋白的关键位置出现不正确的氨基酸（见第 12 章

的 12.4 节)。当镰刀型细胞贫血症患者进行体育锻炼或者登高时，他们血液中的氧含量将下降，并且血细胞中的镰刀型细胞血红蛋白会粘在一起，所导致的血红蛋白团簇迫使红细胞由它们原本柔韧的碟形（见图 10-24a）变成长而僵硬的镰刀型（见图 10-24b)，这些镰刀型细胞脆弱而易受损伤。贫血症的产生是因为这些镰刀型细胞在正常生涯结束之前就被破坏了。

镰刀型细胞还导致其他并发症。镰刀型细胞堵在毛细血管里，形成血栓。血栓下游的组织将得不到足够的氧气。如果肿块发生在脑血管，还将导致中风瘫痪。

镰刀型细胞等位基因是纯合子的人只合成有缺陷的血红蛋白。这样一来，他们体内的许多血细胞都变成了镰刀型，他们深受镰刀型细胞贫血之苦。尽管杂合子产生半数正常和半数镰刀型细胞血红蛋白，他们只有极少的镰刀型红细胞且很少表现出病症。因为只有镰刀型细胞等位基因是纯合子的人才会表现出症状，所以镰刀型细胞贫血症被认为是隐性遗传病。然而，在极其特殊条件下的艰苦生活中，一些杂合子也许会引发危及生命的并发症。

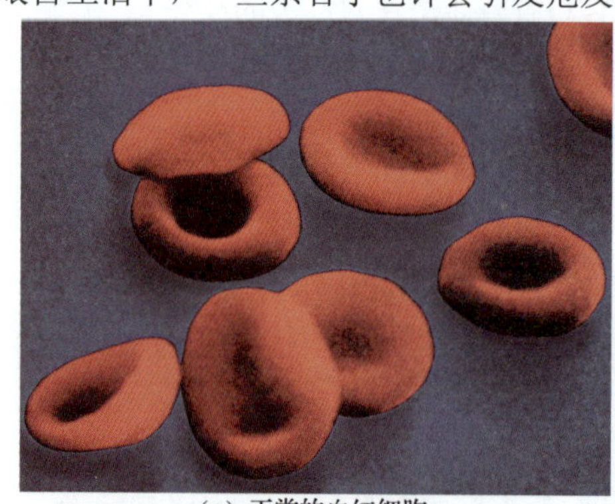

（a）正常的血红细胞　（b）镰刀型血红细胞

▲图 10.24　**镰刀型红细胞贫血**　（a）正常的血红细胞是碟形的，中心略有凹陷。（b）血液中的氧气含量较低时，患镰刀型红细胞贫血的人，其体内的血红细胞变得细长且弯曲，像镰刀一样。

大约 5%到 25%撒哈拉以南的非洲人和 8%的非裔美国人是镰刀型细胞贫血症的杂合子，但是镰刀型细胞在白种人中非常罕见。为什么会有这样的差异呢？难道自然选择不应该同时消灭具有镰刀型细胞的非洲人和白种人吗？差异来源于杂合子对导致疟疾的寄生虫有某种抗性，而疟疾在非洲和其他温暖气候的地方普遍存在，却绝迹于较冷的地方，比如欧洲大部分地区。“杂合子优势”解释了镰刀型细胞等位基因在非洲人中的起源。

2. 某些人类遗传病是由显性等位基因导致的

某些严重的遗传病，比如亨廷顿症，是由显性等位基因导致的。正如豌豆植株只需要一个紫色显性等位基因就能开出紫花一样（见图 10-7 和图 10-8)，人也只需要一个缺陷显性等位基因就可致病。因此，每个遗传了显性基因遗传病的人都一定至少有一名双亲患病（见图 10-22a)，这也意味着有些具有显性遗传病的人必须保持健康到成人并拥有小孩。在罕见的情况下，显性致病基因也可能不是来自遗传的等位基因，而是来自未患病双亲精子或卵子中的基因突变，这种情况下，双亲都未患病。

一个缺陷的等位基因是怎么变成对正常的、功能性等位基因显性的呢？一些显性等位基因编码了一种干扰正常基因工作的异常蛋白，有的显性等位基因也许编码了一种携带新的有毒反应的蛋白。最终，显性等位基因也许编码了一种反应过度、在不当时间和地点行使功能的蛋白。

1）亨廷顿症由可以杀死特定脑区细胞的缺陷蛋白所致

亨廷顿症是一种会造成部分脑区迟缓的、进行性功能退化的显性遗传病，它会导致协调性丧失、动作失控、人格紊乱甚至死亡。往往亨廷顿症直到 30 岁至 50 岁才表现出来。因此，在患者经历初次发病之前，许多亨廷顿症受害者已经将等位基因传给了后代。遗传学家在 1993 年将亨廷顿症的致病基因分离出来，几年之后，确认了该基因的产物，并将其命名为亨廷顿蛋白。正常亨廷顿蛋白的功能仍不为人们所知。变异的亨廷顿蛋白似乎会在脑细胞内被分成有毒碎片，最终杀死脑细胞。

3. 某些人类遗传病是伴性遗传的

如我们之前描述的，X 染色体含有许多 Y 上面没有等位基因的基因。因为男性只有一条 X 染色体，他们就只有这些基因的一个等位基因。因此，男性会表现出这些单一等位基因的表现型，即使这些等位基因是隐性的，能够在女性体内被显性的等位基因掩盖。

儿子从母亲那里得到 X 染色体，并将其传给自己的女儿。这样一来，伴 X 染色体隐性遗传病就会有独特的遗传方式。这些病在男性中更为频发并通常隔代遗传：一名患病男子将形状传给表现型正常却携带致病基因的女儿，女儿则会生下一些患病的儿子。最为人熟知的伴 X 染色体隐性遗传病包括红绿色盲（见图 10-21），肌肉萎缩症和血友病。

血友病由位于 X 染色体上的隐性等位基因所致，该基因导致促进血液凝聚的一种蛋白的缺失。血友病患者很容易擦伤并因轻微的伤势而流血过多，他们通常患有失血性贫血。然而，即使在有关血液凝聚的现代疗法出现之前，一些血友病患病男性仍然能存活至将缺陷基因传给他们的女儿，后者又会传给自己的儿子（见图 10-25）。肌肉萎缩症，一种发生在小男孩身上的致命的退行性疾病，是另一种隐性伴 X 染色体遗传病。

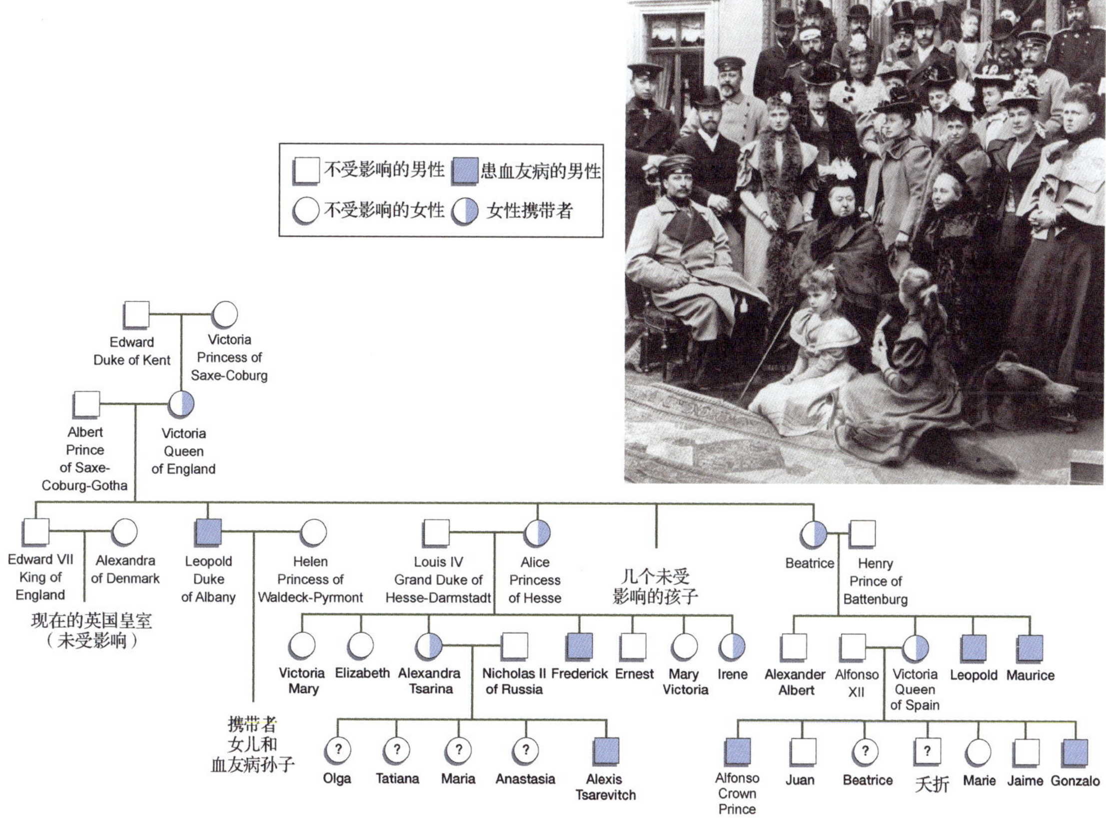

▲图 10-25　**欧洲皇室中的血友病**　一张著名的遗传图谱展示了伴 X 染色体遗传的血友病的代代相传，从英格兰的维多利亚女王到她的后代，最后到几乎每个欧洲皇室——她的后代和欧洲其他国家有着频繁的联姻。因为维多利亚的先辈并不患血友病，所以血友病的等位基因要么来自她体内的基因变异，要么来自她父母体内的基因变异（要么是婚姻不忠的结果）。

10.8.2 有些人类遗传病是由染色体数目异常导致的

通常，复杂的减数分裂机制会确保每个精子和卵子从同源染色体对中仅得到一条同源染色体（见第 9 章）。然而，这场繁复的染色体之舞却偶尔会踏错一步，导致配子拥有过多或过少的染色体。这种减数分裂期中的错误被称为“不分离现象”，会影响配子中的性染色体或常染色体的数目（见图 10-26）。大多数由携带不正常数目染色体的配子融合发育而来的胚胎都会自发的夭折，20%～50%的流产都源于此，不过也有一些染色体数目不正常的胚胎会成活至出生甚至更久。

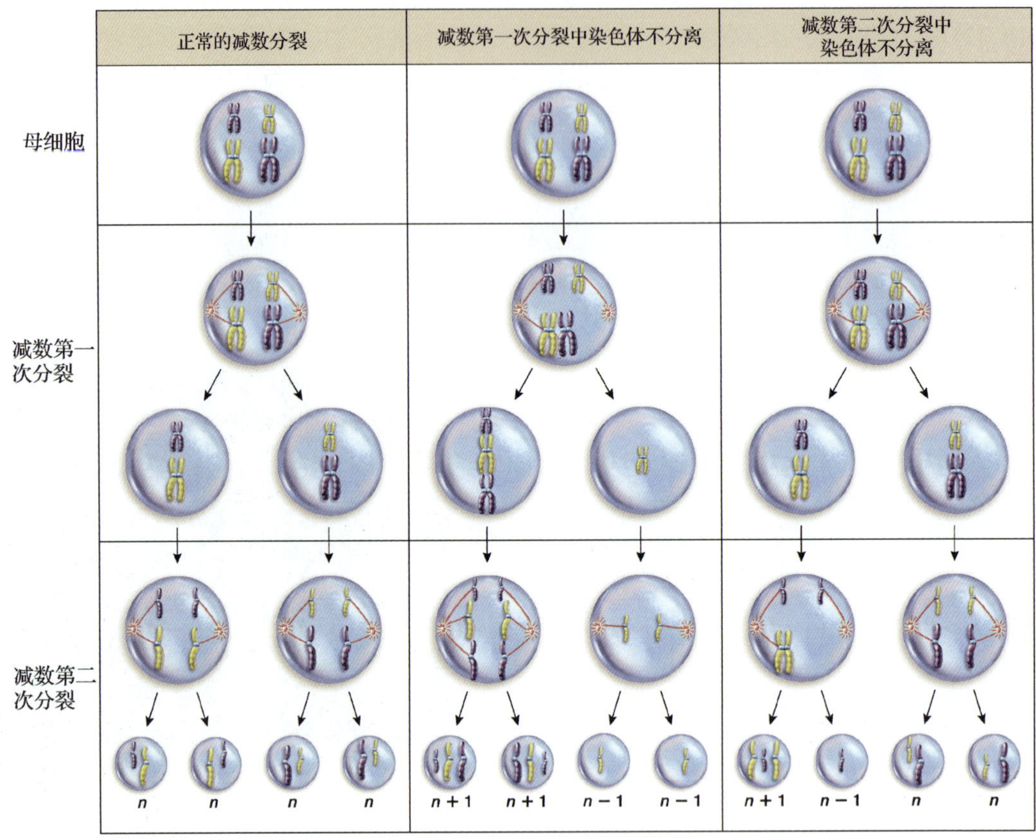

▲图 10-26 **减数分裂期中的不分离现象** 不分离可能发生在减数第一次分裂或减数第二次分裂，导致配子得到过多的（n+1）条染色体或是过少的（n–1）条染色体

1. 有些遗传病是由性染色体数目不正常所致

精子通常携带一条 X 染色体或 Y 染色体（见图 10-20）。雄性性染色体的不分离现象要么会产生没有性染色体的精子（一般称为 O 型精子），要么会产生带有两条染色体的精子（带有 XX、YY 或 XY 染色体，取决于不分离现象发生在减数第一次分裂还是减数第二次分裂。）雌性性染色体的不分离现象产生 O 型卵子或 XX 型卵子，而不会产生只有一条 X 染色体的正常卵子。当正常的配子与缺陷型精子或卵子融合时，受精卵将具有正常数目的常染色体却有不正常数目的性染色体（见表 10-2）。最常见的病状是 XO 型、XXX 型、XXY 型和 XYY 型。（X 染色体上的基因对生物体存活至关重要，因此任何没有至少一条 X 染色体的胚胎都将在发育早期夭折。）

特纳综合征（XO 型） 大约每 3000 名女婴中就有一名仅有一条 X 染色体，此症状被称为“特纳综合征”（也称为单 X 染色体症，意指只有一条 X 染色体）。在青春期，激素的缺乏会阻止

XO 型的女性行经或发育出第二性征，比如乳房增大。伴雌性激素的治疗有助于促进生理发育。然而，由于大多数患特纳综合征的女性缺乏成熟卵子，荷尔蒙疗法并不能使她们有能力怀孕。特纳综合征的女性患者表现出来的一些常见症状还包括身材矮小、脖子周围有皮肤褶皱、更高的患心血管疾病的风险、肾部缺陷以及听力受损。因为特纳综合征的女性患者只有一条 X 染色体，她们也会表现出伴 X 染色体隐性遗传病，比如血友病和色盲，发病率都高于 XX 型的正常女子。

X 三体综合征（XXX 型）　大约每 1000 名女性中有一名具有三条 X 染色体，此症状被称为“X 三体综合征”，或者三 X。大多数女性患者与正常的 XX 型女子相比并没有可察觉的差异，除了患者通常身材更高以及有更高的患学习障碍的概率。和特纳综合征的女患者不同，大多数 X 三体综合症患者能够生育，并且有意思的是，通常都会怀上正常的 XX 型或 XY 型的孩子。某种未知的机理一定在减数分裂中阻止了多余的 X 染色体进入患者的卵子。

克氏综合征（XXY 型）　大约每 1000 名男性中就有一名生来就有两条 X 染色体和一条 Y 染色体。大多数此病患者走完一生也从未意识到他们有一条多余的 X 染色体。然而，在青春期，某些表现出来了混合的第二性征，包括部分的胸部发育、臀部变宽以及较小的睾丸。这些症状被称为克氏综合征。XXY 型的男子有可能不育，这是由于低精子数而不是由于性无能导致的。当 XXY 型的男子和他的伴侣因为不能拥有孩子而寻求医疗帮助时，他们通常会被诊断出来。

雅各氏综合征（XYY 型）　在每 1000 名男性中就会出现一例雅各氏综合征患者（XYY 型）。你也许会认为，多余的 Y 染色体上只有极少数的活性基因，不会有多大影响，在大多数情况下貌似的确是这样。XYY 型男性最明显的效应是他们高于平均身高。也有可能轻微增加患学习障碍症的概率。

表 10-2　减数分裂中不分离现象对性染色体的影响

父亲体内的不分离现象			
缺陷精子中的性染色体	正常卵子中的性染色体	子代体内的性染色体	表　现　型
O	X	XO	女性——特纳综合征
XX	X	XXX	女性——X 三体综合征
XY	X	XXY	男性——克氏综合征
YY	X	XYY	男性——雅各氏综合征
母亲体内的不分离现象			
正常精子中的性染色体	缺陷卵子中的性染色体	子代体内的性染色体	表　现　型
X	O	XO	女性——特纳综合征
Y	O	YO	胚胎死亡
X	XX	XXX	女性——X 三体综合征
Y	XX	XXY	男性——克氏综合征

2. 有些遗传病是由常染色体数目异常导致的

常染色体的不分离现象会产生缺少一条常染色体或是具有两条同样的常染色体的精子或卵子。这些异常精卵与正常配子（同样的常染色体只有一条）的融合会导致具有一条或三条同样的该染色体。只有一条某种染色体的胚胎相当早就夭折以至于女性甚至不知道自己曾经怀孕过。具有三条同样染色体的胚胎通常也会自发的夭折。然而，很少一部分具有 13 号、18 号和 21 号染色体的胚胎能存活至出生。在 21 三体综合征的情况下，患童还可能长大成人。

21 三体综合征（唐氏综合征）　一条多余的 21 号染色体，此症被称为 21 三体综合征或唐氏综合征，在每 800 个新生儿中就有一例，尽管患病概率随父母的年龄波动巨大（见图 10-27）。唐氏综合征的患童有一些特殊的生理特征，包括肌无力、小口半开因为无法包住舌头以及异型眼睑（见图 10-27）。更严重的问题包括心脏畸形，对传染病的抵抗力较低以及不同程度的神经迟钝。

不分离现象的频率随着双亲尤其是母亲的年龄增长而增加。在 20 岁女子所生的孩子中，只有 0.05%患唐氏综合征，而这一比例在 45 岁以上的女子所生的孩子中却超过 3%。精子中的不分离现象占唐氏综合征 10%的情况，随着父亲年龄的增加，缺陷型精子的概率只有小幅增长。自从 20 世纪 70 年代以来，双亲推迟要孩子的情况越来越普遍，而这增加了 21 三体综合征发生的概率。21 三体综合征可以在出生之前通过胎儿细胞中的染色体检测出来，或者通过确定性低一些的生化测试和胎儿超声检测手段（见第 13 章）。

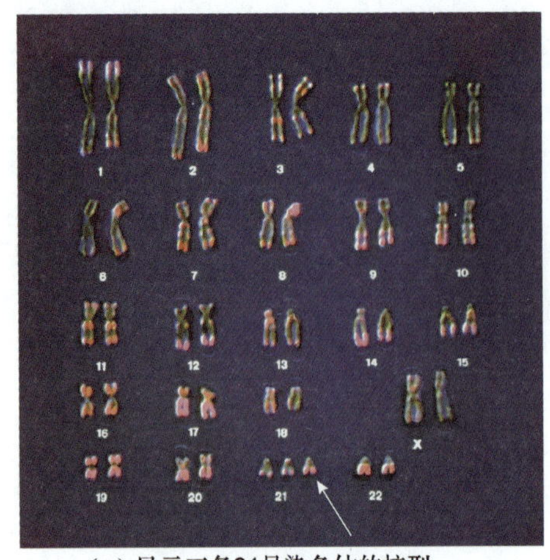

（a）显示三条21号染色体的核型

（b）患有唐氏综合征的女孩

▲图 10-27 21 三体综合征或唐氏综合征 （a）通过唐氏综合征患童的染色体组型分析揭示三条同样的 21 号染色体（箭头）。（b）两姐妹中的妹妹表现出唐氏综合征患者典型的面部特征。

第 11 章 DNA：遗传分子

有的公牛普普通通，有的却强壮如绿巨人。一切不同皆源于 DNA 的小小变化。

11.1 科学家如何发现基因是由 DNA 组成的？

19 世纪后期，科学家发现遗传信息以离散的单元形式存在，他们将这些单元命名为基因。不过，他们并不知道基因到底是什么，只知道基因决定了很多遗传性状；比如，基因决定玫瑰是红色、粉色、黄色还是白色的。到了 20 世纪初，对分裂的细胞的研究为基因是染色体的一部分这一点提供了强有力的证据。之后不久，生物化学家发现原核生物的染色体仅由蛋白质和 DNA 组成，所以二者之一一定就是遗传分子。但是究竟是哪一个呢？

11.1.1 细菌转化实验揭示了基因和 DNA 之间的关系

在 20 世纪 20 年代末，一名英国研究员格里菲思（Frederick Griffith），正试图制作一种防治细菌性肺炎的疫苗，这种肺炎在当时是一种主要的致死疾病。一些抗细菌疫苗是由该细菌的弱化毒株组成的，而这种弱化株不会导致疾病。将这种弱化的活细菌注射进动物体内可能会引起抵抗致病毒株的免疫反应。还有几种疫苗会使用经高温或化学物质灭菌的这种致病菌。

格里菲思用两种肺炎双球菌进行实验。其中一种称为 R 形，把这种细菌注射进老鼠体内不会导致肺炎（见图 11-1a）。而把另一种称为 S 形的细菌注射进老鼠体内会导致老鼠患上肺炎，并在一两天内死亡（见图 11-1b）。部分实验结果是符合预期的。将灭活的 S 形细菌注射进老鼠体内不会导致疾病（见图 11-1c），然而遗憾的是，活的 R 形细菌和灭活的 S 形细菌都无法引起动物抵抗活的 S 形细菌的免疫反应。

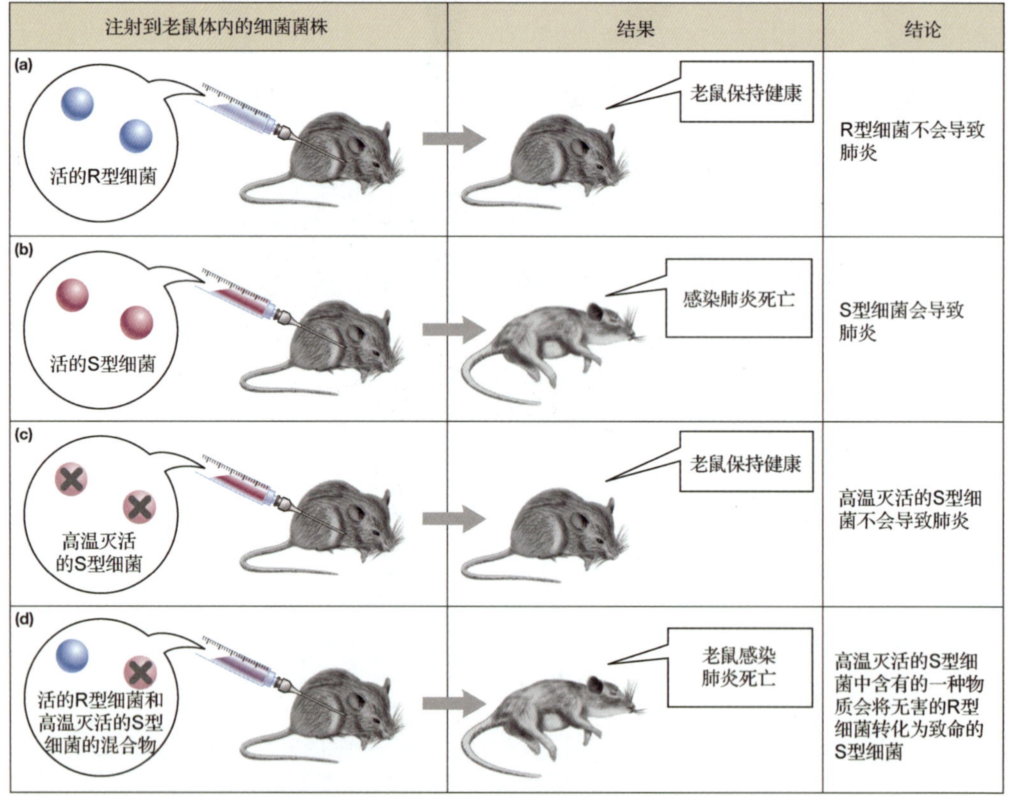

▲图 11-1 **细菌的转化** 格里菲思关于无害细菌可以转化成致命细菌的实验，为基因是由 DNA 组成的这一发现奠定了基础。

格里菲思还尝试过将活的 R 形细菌和高温灭活的 S 形细菌混合到一起，并将混合物注射到老鼠体内（见图 11-1d）。因为这两种疫苗中的任何一种都不会导致肺炎，所以他认为老鼠会保持健康状态。出人意料的是，老鼠生病死掉了。他解剖了死去的老鼠，在它们体内发现了活的 S 形细菌。格里菲思设想，高温灭活的 S 形细菌中含有的某些物质将无害的 R 形活细菌改造成了致命的 S 形细菌，他将这个过程称为转化。这些被转化了的细菌会导致肺炎。

格里菲思没能成功地研制出肺炎双球菌疫苗，从这个意义上来说，他的实验是失败的（实际上，有效的肺炎双球菌疫苗直到 20 世纪 70 年代后期才被研制出来）。然而，他的实验标志着对遗传学认识的一个转折点，因为其他科学家怀疑，导致转化的物质可能就是人们苦苦追寻的遗传分子。

 11.1.2　转化分子就是 DNA

在 1944 年，埃弗里（Oswald Avery）、麦克劳德（Colin MacLeod）和麦克卡提（Maclyn McCarty）发现，转化分子是 DNA。他们从 S 形细菌中分离出了 DNA，将其与 R 形细菌混合，并产生了活的 S 形细菌。他们用蛋白酶处理其中一些样品，并用 DNA 酶处理另外一些样品。蛋白酶不能阻止转化过程的发生。然而，用 DNA 酶处理样品却阻止了转化。因此，他们得出结论说，转化是由 DNA 导致的，而不是由微量的蛋白质污染导致的。

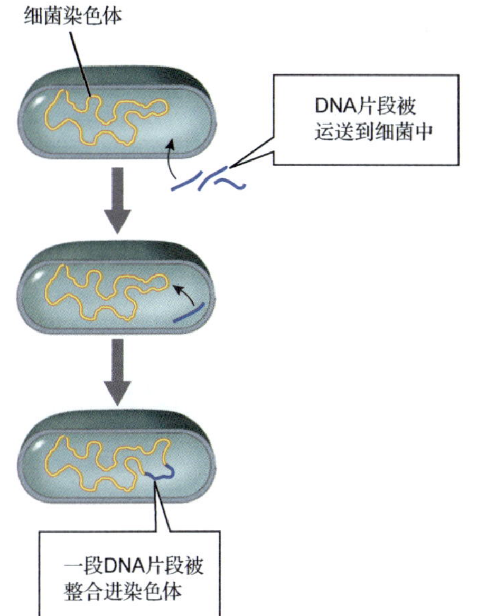

▲图 11-2　转化的分子机制　大多数细菌有一个由 DNA 组成的环状染色体。当活细菌从环境中摄入 DNA 片段并将这些片段整合入自己的染色体重时就会发生转化过程。

这一发现帮助我们理解格里菲思的实验结果。对 S 形细菌进行高温处理的确杀死了这些细菌，但并没有完全破坏它们的 DNA。当他把灭活的 S 形细菌和活的 R 形细菌混合到一起，死去的 S 形细菌的 DNA 片段进入 R 形细菌，并整合到它们的染色体中（见图 11-2）。其中一些 DNA 片段包含导致肺炎所需的基因，这些基因将 R 形细菌转化为 S 形细菌。因此，埃弗里，麦克劳德和麦克卡提得出结论，认为 DNA 就是遗传分子。

在接下来的十年中，关于 DNA 是很多甚至所有生物的遗传物质的证据不断积累，比如，在进行细胞分裂之前，真核细胞会先复制自身的染色体（见第 9 章），其 DNA 含量变为原来的正好两倍，但蛋白质含量不是这样。实际上，赫尔希（Alfred Hershey）和蔡斯（Martha Chase）于 20 世纪 50 年代做的一系列精妙绝伦的实验说服了几乎所有剩余的怀疑论者，这些实验结论性地说明 DNA 是一些病毒的遗传分子。

11.2　DNA 的结构是怎样的？

我们现在知道基因是由 DNA 组成的，但这并没有回答我们关于遗传的一些关键疑问：DNA 是怎样编码遗传信息的？DNA 是怎样进行复制从而使细胞可以将它的遗传物质传递给子细胞的？科学家在 DNA 的三维结构中发现了这些 DNA 功能和结构上的秘密。

 11.2.1　DNA 由 4 种核苷酸组成

DNA 是由被称为核苷酸的亚单位组成的长链构成的。每个核苷酸都由三部分组成：一个磷酸基团、一种叫做脱氧核糖的糖和 4 种含氮碱基中的一种。在 DNA 中发现的碱基是腺嘌呤（A）、鸟嘌

呤（G）、胸腺嘧啶（T）和尿嘧啶（C）（见图 11-3）。腺嘌呤和鸟嘌呤都由碳原子和氮原子形成的五元环和六元环组成，而在六元环上连接的基团的种类和位置不同。胸腺嘧啶和尿嘧啶都由一个由碳原子和氮原子形成的六元环组成，在六元环上连接的基团的种类和位置也有不同。

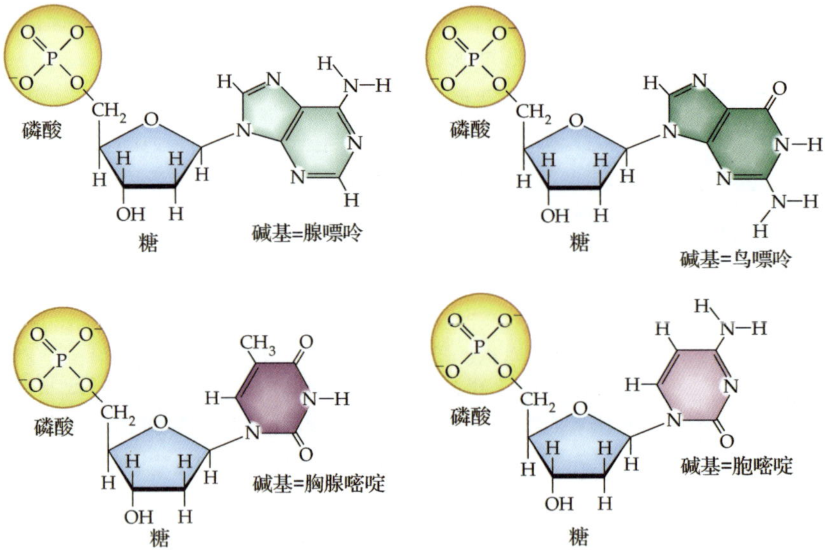

▲图 11-3 DNA 中的核苷酸

在 20 世纪 40 年代，哥伦比亚大学的生物化学家查伽夫（Erwin Chargaff）分析了来自细菌、海胆、鱼和人类等 5 种 DNA 中 4 种碱基的含量。他发现了有趣的一致性：尽管每种碱基的百分比含量在每个物种中各不相同，但对于一个给定的物种，腺嘌呤的含量和胸腺嘧啶的含量总是相同的，而鸟嘌呤的含量和胞嘧啶的含量也总是相同的。这种一致性通常被叫做“查伽夫规则”。这一规则看上去的确非常重要，但直到几乎十年后才有人明白，这条规则和 DNA 的结构之间存在着怎样的关系。

11.2.2 DNA 是两条核苷酸链形成的双螺旋结构

就算是今天，确定生物大分子的结构都不是一件容易的事情。不过，在 20 世纪 40 年代末就有几名科学家开始研究 DNA 的结构。英国科学家威尔金斯（Maurice Wilkins）和富兰克林（Rosalind Franklin）使用 X 射线衍射的方法研究 DNA 分子。他们用 X 射线轰击 DNA 分子，并记录 DNA 分子是怎样弹开 X 射线的（见图 11-4）。正如我们所见，实验结果没能直接产生 DNA 结构的直接图像。不过，像威尔金斯和富兰克林这样的专家可以从结果中看出许多关于 DNA 的信息。首先，DNA 分子又细又长，总体直径约为 2 纳米（20 亿分之一米）。其次，DNA 是螺旋状的，它像螺丝锥或螺旋状的楼梯一样扭曲。第三，DNA 具有双螺旋结构；也就是说，两条 DNA 链互相缠结。第四，DNA 由重复的亚单元组成。最后，磷酸基团很可能处于双螺旋结构的外侧。

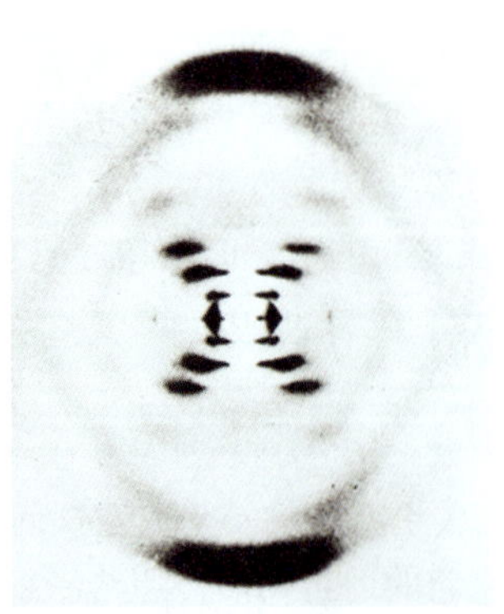

▲图 11-4 DNA 的 X 射线衍射图像 图中所示的暗点交叉结构是类似于 DNA 这样的螺旋结构分子的特征性图像。对该图像不同特征的测量揭示了 DNA 螺旋的一些特征；比如，暗点之间的距离对应螺旋的两个转角之间的距离。

就算有了 X 射线衍射的数据，确定 DNA 的结构也并不简单。不过，通过将 X 射线衍射的数据与我们对复杂的有机分子怎样结合在一起的知识，以及“重要的生物物质成对出现”这一直觉结合起来，沃森（James Watson）和克里克（Francis Crick）推断出 DNA 的结构。

沃森和克里克提出，DNA 链是含有许多核苷酸亚单位的聚合物。核苷酸分子的磷酸基团与这条链中下一个核苷酸的五碳糖分子之间形成化学键，从而形成一个由通过共价键连接的糖和磷酸基团组成的糖——磷酸骨架（见图 11-5）。核苷酸的碱基从这条糖——磷酸骨架中伸出。

DNA 链中所有的核苷酸都朝向同一个方向。因此，DNA 链的两个末端是不同的；其中一个末端含有一个“自由的”或未结合磷酸的五碳糖分子，而另一个末端含有一个“自由的”或未结合五碳糖的磷酸基团（见图 11-5a）。想象一下一长串汽车在晚上停在拥挤的单行道上的情景：车辆的前灯（自由的磷酸基团）总是朝向前方，而车辆的尾灯（自由的五碳糖）总是朝向后方。如果这些车紧密地停在一起，站在这一列车的前面的行人就只能看见第一辆车的前灯；而站在这一列车后面的行人只能看见最后一辆车的尾灯。

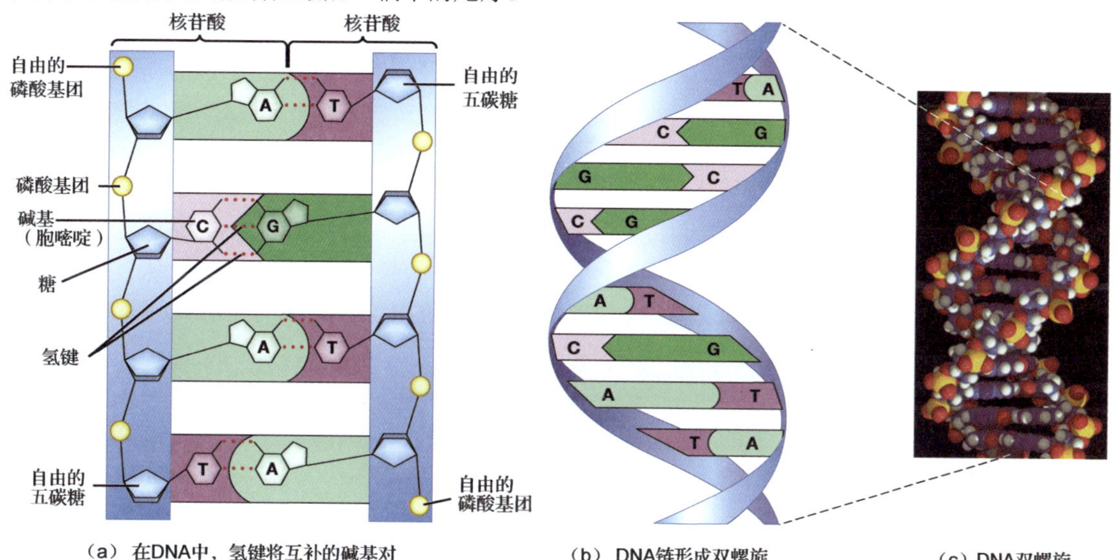

▲图 11-5　DNA 结构的沃森-克里克模型　(a) 互补碱基对之间的氢键将两条 DNA 链连接在一起。鸟嘌呤与胞嘧啶由三个氢键连接，腺嘌呤与胸腺嘧啶由两个氢键连接。注意，每条 DNA 链在其中一端都有一个自由的磷酸基团，而在另一端都有一个自由的五碳糖。此外，这两条链的方向是相反的。(b) DNA 的两条链在双螺旋结构中相互缠结，就像扭曲的梯子一样，其中糖——磷酸基团骨架构成梯子的支柱，而互补碱基对形成了梯级。(c) 一个 DNA 结构的空间填充模型。

11.2.3　互补碱基之间形成的氢键将两条 DNA 连接起来形成双螺旋

沃森和克里克想到，活的生物体中的完整 DNA 分子由两条 DNA 链组成，这两条 DNA 链像扭曲的梯子一样组装到一起。糖——磷酸基团骨架形成了 DNA 梯子的“支柱”。“梯级”则是由特定的碱基对组成的，其中每对碱基中的一个从其中一条链的糖——磷酸骨架中伸出，一个完整的梯级由一对由氢键连接的碱基组成（见图 11-5a）。正如 X 射线衍射的结果所示，DNA 梯子并不是笔直的：DNA 的两条链互相缠结，形成一个双螺旋结构，就像梯子在纵向被扭曲而变成了螺旋状一样（见图 11-5b）。此外，DNA 双螺旋的两条链是反向平行的；也就是说，它们的朝向不同。在图 11-5a 中，注意左手边的 DNA 链在顶部有一个自由的磷酸基团，而在底部有一个自由的五碳糖分子；右手边的 DNA 链上则是反过来的。同样地，让我们来想象一次深夜的堵车事件，这次是在拥挤的双车道公路上。公路上空的直升机飞行员只能看到其中一条车道上的车前灯以及另一条车道上的尾灯。

进一步观察形成双螺旋梯级的这些碱基对（见图 11-5a，b）。腺嘌呤只与胸腺嘧啶形成氢键，而鸟嘌呤只与胞嘧啶形成氢键。这些 A-T 和 C-G 碱基对被称为互补碱基对。DNA 双螺旋的两条链上的所有碱基都是一一配对的。比如，如果一条链上的序列是 A-T-T-C-C，另一条链上的序列一定是 T-A-A-G-G。

互补碱基对诠释了查伽夫规则——给定物种的 DNA 一定包含等量的腺嘌呤和胸腺嘧啶，以及等量的鸟嘌呤和胞嘧啶。因为一条 DNA 链上的一个腺嘌呤总是和另一条链上的一个胸腺嘧啶配对，所以腺嘌呤的量总是和胸腺嘧啶的量相等。同样地，因为一条链上的一个鸟嘌呤总是和另一条链上的胞嘧啶配对，所以鸟嘌呤的量一定和胞嘧啶的量相等。

最后，我们来看一下这些碱基的分子大小。因为腺嘌呤和鸟嘌呤含有两个环，因此它们相对较大，而由一个环组成的胸腺嘧啶和胞嘧啶相对较小。因为双螺旋只含有 A-T 和 G-C 碱基对，所以 DNA 梯子上的所有梯级都是等宽的。因此，DNA 双螺旋结构有着恒定的直径，就如 X 射线衍射模式显示的那样。

于是，科学家成功地解出 DNA 的结构。1953 年 3 月 7 日，在剑桥的老鹰酒吧，克里克对午餐中的人群宣告："我们发现了生命的奥秘。"这一说法可以说就是事实。尽管科学家还需要一些数据来证实一些细节，但在短短几年中，他们的 DNA 模型就使生物学的许多领域发生了翻天覆地的变化，包括遗传学、进化生物学以及医药学。这一革命般的变化至今还在进行着。

11.3 DNA 是如何编码遗传信息的？

再看一次图 11-5 中的 DNA 结构，你能看出为什么很多科学家很难相信 DNA 是遗传信息的携带者吗？仅仅一个生物就可能具有很多特征，比如鸟的羽毛的颜色、喙的大小和形状、筑巢的能力以及它的歌声，这些性状怎么可能由一个仅仅由 4 种不同的核苷酸组成的分子确定呢？

11.3.1 遗传信息由核苷酸序列编码

上述问题的答案是，核苷酸的种类数并不重要，重要的是核苷酸的序列。在一条 DNA 链中，4 种核苷酸可以以任意顺序排列，每一种独一无二的核苷酸序列都代表了一套独一无二的遗传指令。有一个推论可以帮助我们理解这一点：一种语言不需要很多不同的字母。英语有 26 个字母，夏威夷语只有 12 个字母，而电脑的二进制语言只使用两个"字母"（0 和 1，或者"关"和"开"）。不过，这三种语言都能拼写出成千上万个不同的单词。一段仅有 10 个核苷酸那么长的 DNA 片段，仅用 4 种核苷酸就能形成超过 100 万种不同的序列。而生物的 DNA 中有着数百万（细菌）到数十亿（植物和动物）核苷酸，因此它们的 DNA 分子能够编码数量惊人的遗传信息。

当然，为了使语言有意义，字母的顺序必须正确。同样地，基因的核苷酸序列也必须是正确的。就像"friend"（朋友）和"fiend"（魔鬼）代表不同的东西，而"fliend"什么也不代表一样，DNA 核苷酸的不同序列可能编码非常不同的信息，也有可能不编码任何信息。

在这一章的余下部分，我们还将观察 DNA 在细胞分裂期间是怎样复制从而保证遗传信息复制的准确性的。

11.4 细胞分裂时，DNA 的复制机制如何确保遗传稳定性？

19 世纪 50 年代，澳大利亚病理学家魏尔肖（Rudolf Virchow）认识到，"所有细胞都来自原有的细胞。"你体内的细胞数以万亿计，都自上一代细胞分裂而来，一直上溯到当年的受精卵。而且，你体内几乎所有细胞的遗传信息完全相同，和当年的受精卵也完全相同。细胞有丝分裂时，两个子细胞得到的遗传信息副本与母细胞的几乎完全一致。为此，在分裂之前，母细胞要合成两份一模一样的 DNA，这个过程叫做 DNA 的复制。

11.4.1　DNA 复制产生两条 DNA 双螺旋，各自含有一条母链、一条子链

细胞是如何准确复制 DNA 的？沃森和克里克在那篇描述 DNA 结构的论文中有一句话，堪称科学史上最著名的保守陈述：“我们注意到，在假定碱基互补配对原则后，便可以对遗传物质的复制机制提出假说。”事实上，碱基互补配对原则是 DNA 复制的基础。请记住，碱基互补配对原则的内容是，一条链上的腺嘌呤与互补链的胸腺嘧啶相配，鸟嘌呤与胞嘧啶相配。因此，每一条链上的碱基序列都包含了合成互补链所需的全部信息。

DNA 复制的理论过程十分简单（见图 11-6）。基本原料包括（1）DNA 模板（见图 11-6❶），（2）核苷酸单体，由细胞质合成后转运进细胞核，（3）各种酶，催化 DNA 模板双螺旋打开，合成新链。

首先，DNA 解旋酶（DNA helicases）使模板的双螺旋结构打开，碱基不再互补配对（见图 11-6❷）。第二步，DNA 聚合酶沿着两条模板单链移动，使游离的核苷酸单体与单链上的碱基互补配对（见图 11-6❸）。例如，在 DNA 聚合酶作用下，模板链上的腺嘌呤与游离的胸腺嘧啶结合。DNA 聚合酶还催化这些游离的核苷酸相互连接，形成与模板连互补的 DNA 单链。这样，假设 DNA 模板链是 T-A-G，DNA 聚合酶合成出的 DNA 单链就是 A-T-C。

复制完成后，模板链和新合成的互补子链形成新的双螺旋结构（见图 11-6❹）。由于子代 DNA 的双链一条是亲代的模板链，一条是新合成的子链，这一复制机制叫做半保留复制（见图 11-7）。

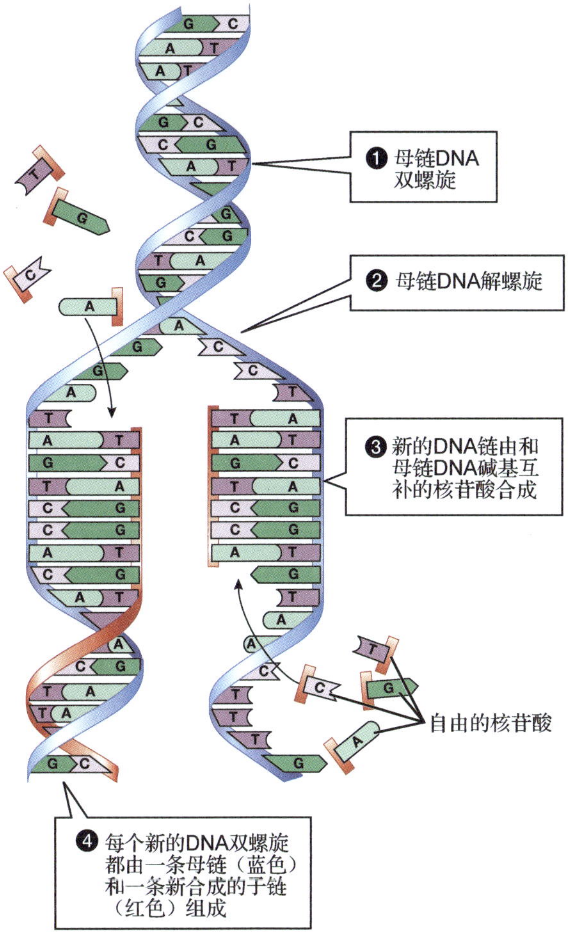

◀**图 11-6　DNA 复制的基本特征**　在复制过程中，母链 DNA 双螺旋的两条链分离开来。与每一条链中的核苷酸互补的自由核苷酸结合到上面形成子链。之后，每条母链和它的新生子链形成一个新的双螺旋。

▼**图 11-7　DNA 的半保留复制**

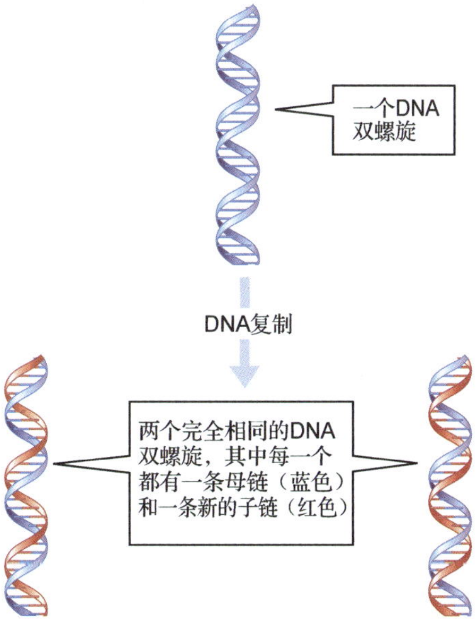

如果复制过程中没有出现错误，子代 DNA 双螺旋与亲代双螺旋的碱基序列就会是一模一样的。

11.5 突变的含义是什么？它是如何发生的？

在细胞分裂、代际相传过程中，DNA 的核苷酸序列精确地传递下来。然而在偶然情况下，核苷酸序列会发生改变，这种改变叫做突变（mutation）。就像在莎士比亚的《哈姆雷特》中随机插入单词会破坏台词连贯性一样，大部分的突变是有害的。如果突变会造成危害，发生突变的细胞或器官很可能死亡。不过，有些突变不造成任何影响，甚至极个别情况下，突变是有利的。在特定环境下有利的突变，在自然选择中占据优势，这就是地球生命进化的基础（见第三篇）。

11.5.1 精确的复制、校对、修复机制产生几乎毫无瑕疵的 DNA

互补的碱基通过氢键牢固结合，使 DNA 复制十分准确。DNA 聚合酶的错误率大概是每 1000～10 000 个碱基对一次。然而，完整的 DNA 每 1 亿到 10 亿碱基对才有一个错误（在人类体内，平均每条染色体每次复制产生的错误小于 1）。错误率显著降低，是因为 DNA 修复酶在 DNA 合成的过程中和结束后都会对子代单链进行校对。比如，有些 DNA 聚合酶可以在碱基配对过程中识别错误的配对，随即暂停合成，修复错误后再继续合成 DNA。细胞生命周期中出现的其他碱基序列变化通常由 DNA 修复酶进行修复。

11.5.2 有毒物质、辐射、复制过程中的随机错误造成突变

即使 DNA 复制机制如此精确，人类以及任何其他生物都没有毫无瑕疵的 DNA。DNA 复制过程中产生的个别错误不会被被修复，并会混入基因组。有毒物质（例如，细胞正常代谢产生的自由基、烟草烟雾中的一些物质、某些霉菌分泌的毒素）和辐射（例如，阳光中的紫外线）也都可能损伤 DNA。DNA 复制过程中，这些有毒物质和辐射使碱基错误配对的几率上升，甚至可能破坏 DNA。修复酶可以修复大部分损伤，但无法修复全部。这些没有被修复的变化，就是突变。

11.5.3 突变范围：从单个碱基到染色体片段

如果复制过程中一对碱基发生错配，修复酶通常会识别并切下错配部分，并以正确的互补序列将其替换。然而有时候，修复酶替换的单链是模板链而不是发生错误的互补子链，结果碱基互补但序列错误。这种核苷酸替换（nucleotide substitution）也叫点突变（point mutation），因为 DNA 序列中的单个碱基发生了变化（见图 11-8a）。一对或多对碱基插入到 DNA 双螺旋中，叫做插入突变（insertion mutation）（见图 11-8b）。一对或多对碱基从 DNA 双螺旋中移除，叫做缺失突变（deletion mutation）（见图 11-8c）。

长短不一的染色体片段，从单个碱基对到成段的 DNA，有时会发生重组。染色体中的一段 DNA 断裂下来，首尾颠倒后接入原位，叫做倒位（inversion）（见图 11-9a）。一条染色体上的一段 DNA（通常很长）断裂下来，接到另一条染色体上，叫做易位（translocation）（见图 11-9b）。

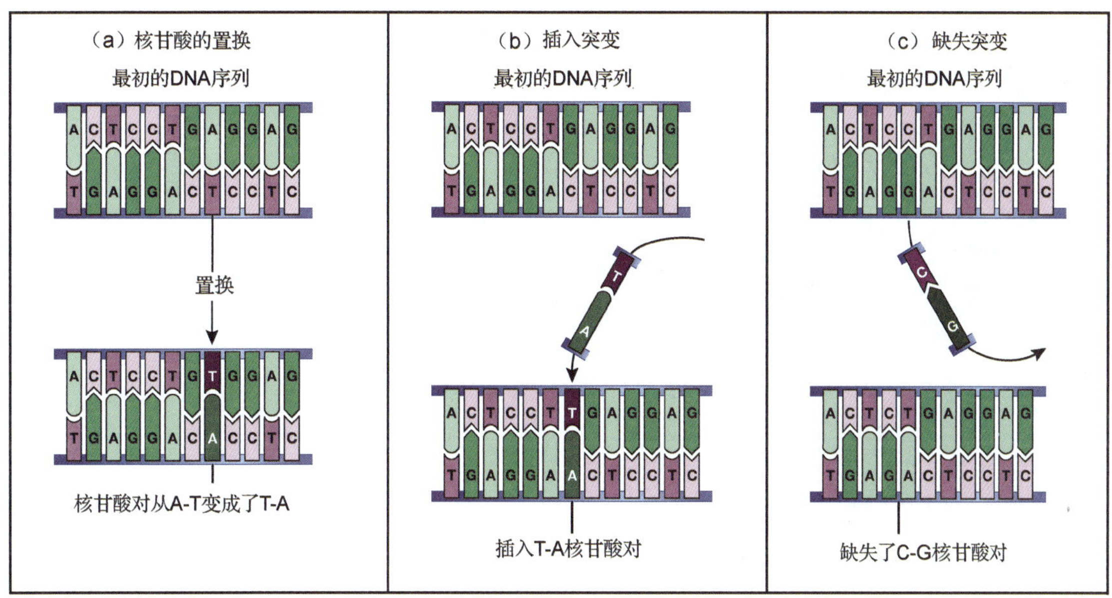

图 11-8 涉及单对核苷酸的突变 （a）核苷酸的置换。（b）插入突变。（c）缺失突变。最初的 DNA 碱基以浅色表示，其字母是黑色的；突变以深色表示，其字母是白色的。

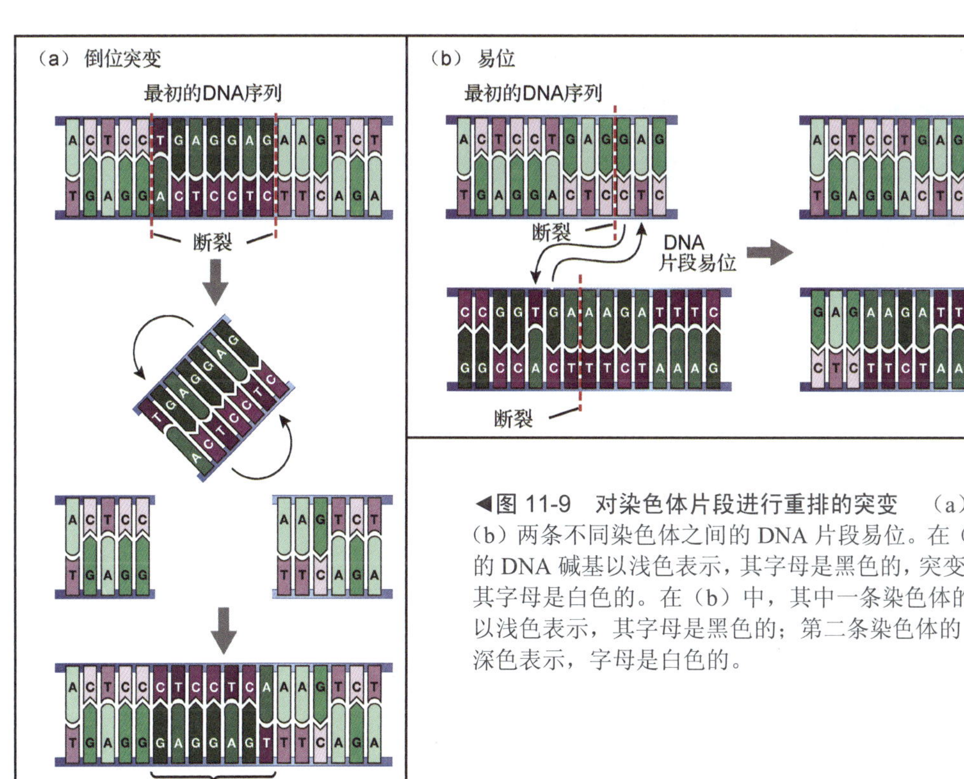

◀**图 11-9 对染色体片段进行重排的突变** （a）倒位突变。（b）两条不同染色体之间的 DNA 片段易位。在（a）中，最初的 DNA 碱基以浅色表示，其字母是黑色的，突变以深色表示，其字母是白色的。在（b）中，其中一条染色体的 DNA 碱基以浅色表示，其字母是黑色的；第二条染色体的 DNA 碱基以深色表示，字母是白色的。

第 12 章 基因的表达与调控

这是 Alice Martineau 的一幅肖像画，画出自她的哥哥 Luke 之手。她希望，“……当人们听我的音乐时能够意识到，我只是一名‘碰巧生病了’的歌手和作曲人。”

12.1　细胞是如何利用 DNA 中的遗传信息的？

遗传信息本身是什么都做不了的。比如，一幢房子的设计图可以提供建造它所需的所有信息，但除非有建筑工人根据设计图施工，否则永远造不出房子来。同样地，尽管 DNA 的碱基序列——每个细胞的分子设计图——包含了海量的遗传信息，但是 DNA 本身却什么都不能做。那么，DNA 是怎样决定你的头发是黑色、金色还是红色，有正常的肺脏功能还是患有囊性纤维化的呢？

12.1.1　大多数基因包含了合成蛋白质所需的信息

在科学家知道基因是由 DNA 组成的很长时间之前，他们就开始试图确定基因是怎样影响单个细胞和整个生物体的表现型的。20 世纪 40 年代，生物学家发现大多数基因含有指导蛋白质合成所需的信息。而蛋白质是细胞的“分子工人”，它们形成很多细胞结构和催化细胞内反应的酶。因此，遗传信息一定是从 DNA 流向蛋白质的。

12.1.2　DNA 以 RNA 为媒介指导蛋白质合成

DNA 不能直接合成蛋白质，然而，它能通过媒介分子核糖核酸（RNA）指导蛋白质的合成。RNA 与 DNA 很相似，但二者在结构上有三点不同：（1）与在 DNA 中发现的脱氧核糖不同，组成 RNA 骨架的糖是核糖（即 RNA 中的“R”）；（2）RNA 通常是单链的；（3）RNA 含有碱基尿嘧啶，而不含胸腺嘧啶（见表 12-1）。

表 12-1　DNA 和 RNA 的异同

	DNA	RNA
链的条数	2	1
糖的种类	脱氧核糖	核糖
碱基种类	腺嘌呤（A） 胸腺嘧啶（T） 胞嘧啶（C） 鸟嘌呤（G）	腺嘌呤（A） 尿嘧啶（U） 胞嘧啶（C） 鸟嘌呤（G）
碱基配对方式	DNA-DNA A-T T-A C-G G-C	RNA-DNA　RNA-RNA A-T　A-U U-A　U-A C-G　C-G G-C　G-C
功能	DNA 包含基因，大多数基因中的碱基序列决定了一个蛋白质的氨基酸序列	信使 RNA（mRNA）：将编码蛋白质的基因中的遗传密码从 DNA 携带至核糖体 核糖体 RNA（rRNA）：与蛋白质结合，形成将氨基酸连接成蛋白质的结构—核糖体 转运 RNA（tRNA）：将氨基酸携带至核糖体

DNA 为不同种类 RNA 的合成提供遗传密码，其中有 3 种 RNA 在蛋白质的合成过程中扮演重要角色：信使 RNA、核糖体 RNA 和转运 RNA（见图 12-1）。除此之外，还有其他几种 RNA，包括作为某些病毒（如 HIV）遗传物质的 RNA；具有酶活性、可以催化特定化学反应的 RNA，又称核酶；以及本章稍后讨论的“调节”RNA。现在介绍信使 RNA、核糖体 RNA 和转运 RNA 的功能。12.3 节将讨论这三者之间相互作用的更多细节。

1. 信使 RNA 将蛋白质合成的密码从 DNA 带到核糖体

在真核细胞中，DNA 像图书馆中的贵重文件一样，始终存放在细胞核中，而信使 RNA（mRNA）像 DNA 的分子复印件，它将蛋白质合成中要用到的遗传信息携带到细胞质中（见图 12-1a）。正如我们将看到的，mRNA 上三个为一组、称为密码子的碱基决定了蛋白质中含有哪些氨基酸。

2. 核糖体 RNA 和蛋白质共同组成核糖体

在储存于 mRNA 中的指令下合成蛋白质的细胞结构——核糖体，是由核糖体 RNA（rRNA）和许多蛋白质组成的。每个核糖体都由一大一小两个亚基构成（见图 12-1b）。其中，小亚基含有 mRNA 和一个“起始”转运 RNA 的结合位点，以及几个在核糖体组装和蛋白质合成起始过程中所必需的蛋白质。大亚基含有两个 tRNA 分子的结合位点和一个催化肽键形成、使氨基酸连接到蛋白质上的催化位点。在蛋白质合成的过程中，这两个亚基结合到一起，将一个 mRNA 分子紧扣在它们之间。

3. 转运 RNA 携带氨基酸至核糖体

转运 RNA（tRNA）将氨基酸携带到核糖体，在此处氨基酸加入蛋白质中。每个细胞为每种氨基酸合成至少一种 tRNA。在细胞质中有 20 种酶，其中每一种对应一种氨基酸，这些酶能识别不同的 tRNA 分子并利用来自 ATP 的能量将氨基酸连接到与之对应的 tRNA 分子的一端（见图 12-1c）。这些“满载的”tRNA 分子将与之相连的氨基酸传递给核糖体。每个 tRNA 上都有三个碱基，它们被称为反密码子。mRNA 上的密码子和 tRNA 上的反密码子之间的碱基互补配对决定了在蛋白质合成过程中使用哪些氨基酸。

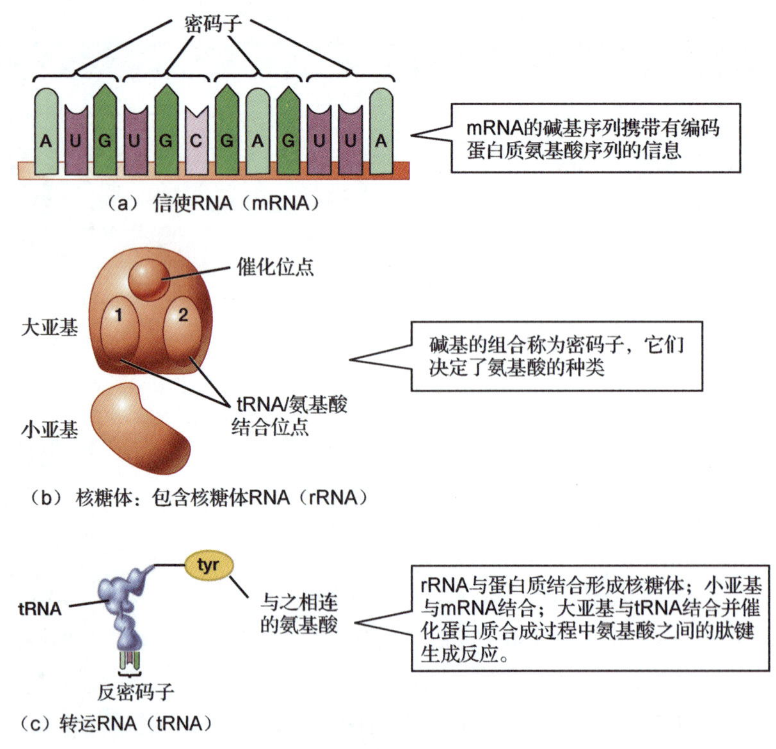

▲图 12-1　细胞合成蛋白质合成所需的 3 种主要的 RNA

12.1.3 综述：遗传信息经转录传递给 RNA，然后经翻译传递给蛋白质

DNA 中的遗传信息经两个步骤指导蛋白质的合成，这两步分别叫做转录和翻译（见图 12-2 和表 12-2）。

（1）在转录过程中（见图 12-2a），基因的 DNA 分子中包含的遗传信息被复制到 RNA 中。在真核细胞中，转录发生在细胞核。

（2）mRNA 的碱基序列编码了蛋白质的氨基酸序列。在蛋白质合成——又称为翻译（见图 12-2b）——过程中，mRNA 碱基序列被解码。转运 RNA 将氨基酸带给核糖体。信使 RNA 与核糖体结合，在此处，mRNA 和 tRNA 之间的碱基互补配对将 mRNA 的碱基序列转化为蛋白质的氨基酸序列。由于真核细胞的核糖体存在于细胞质中，所以翻译也在细胞质中进行。

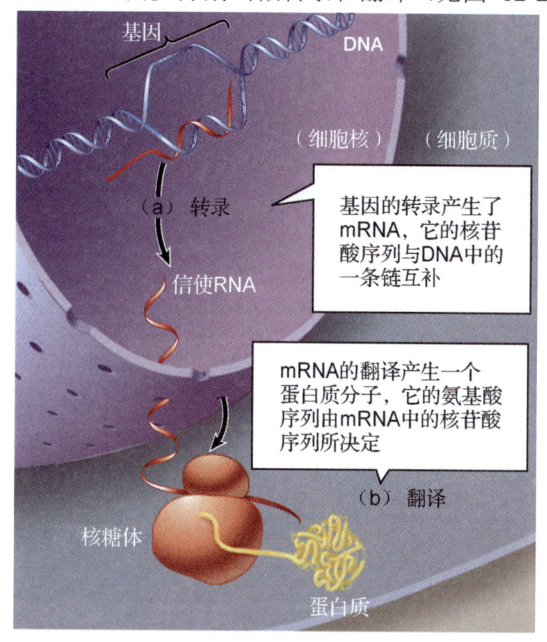

▲图 12-2 遗传信息从 DNA 流动到 RNA 再到蛋白质 （a）在转录过程中，基因的碱基序列指定了与之互补的 RNA 分子的碱基序列。对于编码蛋白质的基因来说，在上述过程中生成的 mRNA 分子会离开细胞核，进入细胞质。（b）在翻译过程中，mRNA 分子的碱基序列指定了蛋白质分子的氨基酸序列。

“转录”和“翻译”两个词很容易混淆。将它们的英文意思与其生物学意义相比较可能有助于避免这种情况。在英语中，“转录”一词的意思是用相同的语言进行抄录。比如在法庭上，证言会被抄录成书面的副本，而证言和抄本的语言都是英语。在生物学中，转录指的是将利用在 DNA 和 RNA 的核苷酸中发现的碱基“通用语言”将 DNA 中的遗传信息复制给 RNA。相反地，“翻译”一词在英语中通常的意思是将话语从一种语言转化为另一种语言。在生物学中，翻译的意思是将 RNA 的“碱基语言”转化为蛋白质的“氨基酸语言”。

表 12-2 转录和翻译

过　程	信息来源	产　物	过程中涉及的主要酶或结构	需要的碱基配对种类
转录（RNA 的合成）	DNA 一条链的一段	一个 RNA 分子（如 mRNA、tRNA 和 rRNA）	RNA 聚合酶	RNA 和 DNA：在 RNA 合成过程中，RNA 的碱基与 DNA 的碱基配对
翻译（蛋白质的合成）	mRNA	一个蛋白质分子	核糖体（也需要 tRNA）	mRNA 与 tRNA：mRNA 上的密码子与 tRNA 上的反密码子进行配对

12.1.4 遗传密码使用三个碱基指定一个氨基酸

开始研究转录和翻译的细节之前，先看一看遗传学家是怎样破译遗传密码的。遗传密码是说明将 DNA 和 mRNA 中的碱基序列翻译成蛋白质中的氨基酸序列的规则的生物学词典。DNA 和 RNA 都含有 4 种碱基：腺嘌呤（A）、胸腺嘧啶［T；在 RNA 中是尿嘧啶（U）］、鸟嘌呤（G）和胞嘧啶（C；见表 12-1）。然而，蛋白质是由 20 种不同的氨基酸组成的，因此一种碱基不可能直接翻译成一种氨基酸：碱基的种类不够多。如果两个碱基组成的序列编码一种氨基酸，则有 16 种不同的组合（4 种可能的第一个碱基分别与 4 种可能的第二个碱基配对，4×4 = 16）。这样仍不足以编码 20 种氨基酸。三个碱基组成的序列提供了 64 种可能的组合（4×4×4 = 64），而这对于编码 20 种氨基酸来说绰绰有余。通过这样的推理，物理学家伽莫夫（George Gamow）于 1954 年提

出假设说，mRNA 中被称为密码子的、三个一组的碱基指定了每一个氨基酸。1961 年，克里克（Francis Crick）和三个同事一同证明这个假设是正确的。

任何一种语言，要被人看懂，使用这门语言的人必须知道文字的意思、单词从哪里开始和结束、句子从哪里开始和结束。为了译解遗传密码的词汇——密码子，尼伦伯格（Marshall Nirenberg）和马太（Heinrich Matthaei）将细菌碾碎，分离了合成蛋白质所需的组分。他们向混合物中加入人工合成的 mRNA，让其决定翻译哪些密码子，并观察蛋白质中加入了哪些氨基酸。比如说，一条完全由尿嘧啶组成的 mRNA（UUUUUUUU…）会使混合物合成仅由苯丙氨酸组成的蛋白质。因此，三联体 UUU 一定是翻译成苯丙氨酸的密码子。由于密码子是通过使用人工 mRNA 而被解码的，所以通常人们以 mRNA（而不是 DNA）上的碱基三联体的方式书写编码每一种氨基酸的密码子（见表 12-3）。

细胞是怎样识别密码子从哪里开始和结束，以及整个蛋白的密码从哪里开始和结束呢？翻译总是从密码子 AUG 开始，它也被称为起始密码子。因为 AUG 同时也编码甲硫氨酸，所以所有的蛋白质最初都是由甲硫氨酸开始的，尽管在蛋白质合成后它可能被除去。有三种终止密码子——UAG、UAA 和 UGA。当核糖体遇到这三种终止密码子中的任何一个时，便会释放新合成的蛋白质和 mRNA。由于所有密码子都由三个碱基构成，在指定蛋白质的开始和结束之后，密码子“单词”之间的“空格”就不重要了。为什么呢？考虑一下，当英语只使用由三个字母组成的单词时会发生什么。例如，“狗看见猫”（THEDOGSAWTHECAT）这样的句子是完全可以理解的，尽管单词之间没有空格。

因为遗传密码含有 3 种终止密码子，还剩余 61 种密码子来指定仅有 20 种的氨基酸。因此，几种不同的密码子可能被翻译为同一种氨基酸。比如，有 6 种密码子——UUA、UUG、CUU、CUC、CUA 和 CUG 都编码亮氨酸（见表 12-3）。然而，一种密码子仅确定一种氨基酸，UUA 总是编码亮氨酸，永远不会编码异亮氨酸、甘氨酸或其他任何一种氨基酸。

表 12-3 遗传密码（mRNA 上的密码子）*

第一个碱	第二个碱基									第三个碱
			U		C		A		G	
	U	UUU	苯丙氨酸（Phe）	UCU	丝氨酸（Ser）	UAU	酪氨酸（Tyr）	UGU	半胱氨酸（Cys）	U
		UUC	苯丙氨酸	UCC	丝氨酸	UAC	酪氨酸	UGC	半胱氨酸	C
		UUA	亮氨酸（Leu）	UCA	丝氨酸	UAA	终止	UGA	终止	A
		UUG	亮氨酸	UCG	丝氨酸	UAG	终止	UGG	色氨酸（Trp）	G
	C	CUU	亮氨酸	CCU	脯氨酸（Pro）	CAU	组氨酸（His）	CGU	精氨酸（Arg）	U
		CUC	亮氨酸	CCC	脯氨酸	CAC	组氨酸	CGC	精氨酸	C
		CUA	亮氨酸	CCA	脯氨酸	CAA	谷氨酰胺（Gln）	CGA	精氨酸	A
		CUG	亮氨酸	CCG	脯氨酸	CAG	谷氨酰胺	CGG	精氨酸	G
	A	AUU	异亮氨酸（Ile）	ACU	苏氨酸（Thr）	AAU	天冬酰胺（Asn）	AGU	丝氨酸（Ser）	U
		AUC	异亮氨酸	ACC	苏氨酸	AAC	天冬酰胺	AGC	丝氨酸	C
		AUA	异亮氨酸	ACA	苏氨酸	AAA	赖氨酸（Lys）	AGA	精氨酸（Arg）	A
		AUG	甲硫氨酸（起始）	ACG	苏氨酸	AAG	赖氨酸	AGG	精氨酸	G
	G	GUU	缬氨酸（Val）	GCU	丙氨酸（Ala）	GAU	天冬氨酸（Asp）	GGU	甘氨酸（Gly）	U
		GUC	缬氨酸	GCC	丙氨酸	GAC	天冬氨酸	GGC	甘氨酸	C
		GUA	缬氨酸	GCA	丙氨酸	GAA	谷氨酸（Glu）	GGA	甘氨酸	A
		GUG	缬氨酸	GCG	丙氨酸	GAG	谷氨酸	GGG	甘氨酸	G

那么密码子是怎样指导蛋白质合成的呢？tRNA 和核糖体负责解密 mRNA 的密码子。回忆一下，tRNA 将氨基酸运输到核糖体，特定的 tRNA 分子携带每一种不同的氨基酸。这些独一无二

的 tRNA 中的每一个都含有三个被称为反密码子的裸露碱基，与 mRNA 上的密码子互补。比如，mRNA 上的密码子 GUU 与携带有缬氨酸的 tRNA 上的反密码子 CAA 配对。接下来，核糖体可以将这个缬氨酸并入正在合成的蛋白质链中（正如我们接下来将要看到的）。

12.2　基因中的信息是如何转录入 RNA 中的？

转录（见图 12-3）包括三个步骤：(1) 起始、(2) 延伸和 (3) 终止。这三个步骤对应真核与原核生物中大多数基因的三个主要部分：(1) 在基因的开始部位，转录的起始处的启动子区域；(2) RNA 链进行延伸的位置，基因的“躯体”；(3) 基因末端的终止信号，在这里 RNA 的合成终止。

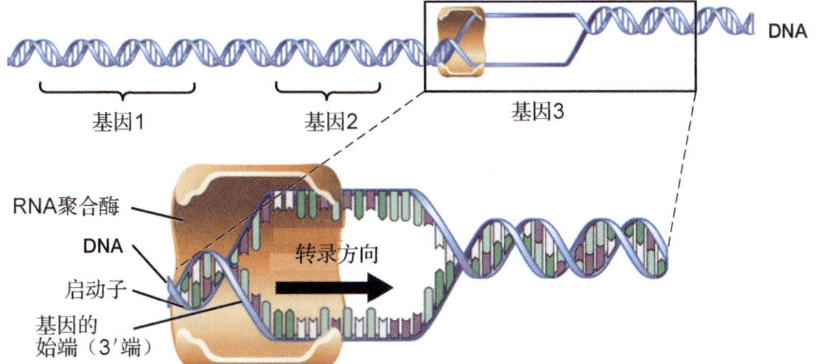

❶ 起始：RNA聚合酶与基因起始处附近DNA的启动子区域结合，并于启动子附近分开DNA双螺旋

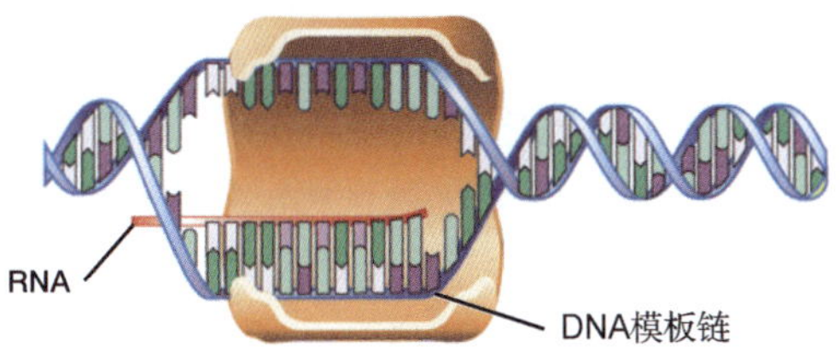

❷ 延伸：RNA聚合酶沿DNA模板链（蓝色）行进，解开DNA的双螺旋，同时通过催化核糖核苷酸加入RNA分子（红色）来合成RNA。RNA中的核苷酸与DNA模板链的互补

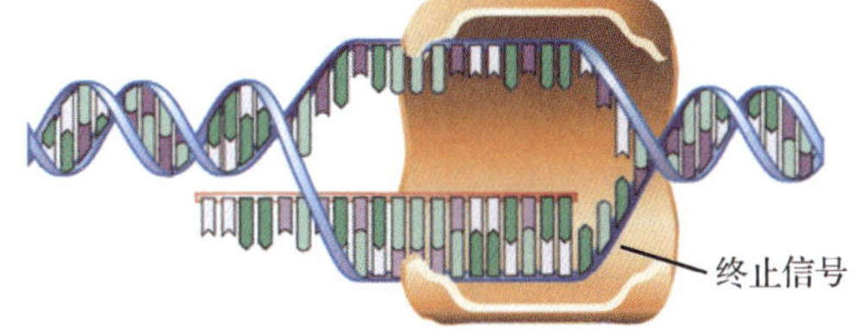

❸ 终止：在基因的末端，RNA聚合酶到达一段被称为终止信号的DNA序列。RNA聚合酶与DNA脱离并释放RNA分子

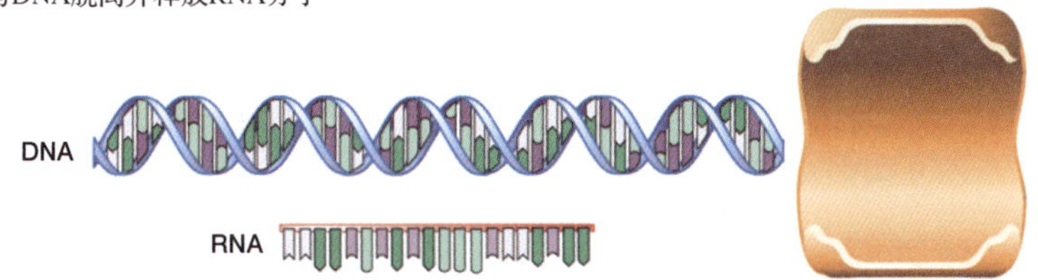

❹ 转录的结果：（转录）终止后，DNA恢复完整的双螺旋，RNA可以从细胞核移动至细胞质以进行翻译过程，RNA聚合酶则可能会移动到另一个基因处，再次开始转录

▲图 12-3　转录是在 DNA 指导下的 RNA 合成过程　基因是染色体 DNA 的片段。形成双螺旋的两条 DNA 链中的一条充当合成与其碱基互补的 RNA 分子的模板链。

12.2.1 当 RNA 聚合酶结合基因的启动子时，转录开始

RNA 聚合酶是负责合成 RNA 的酶。在每个基因的起点附近，都有一段称为启动子的 DNA 序列。在真核细胞中，启动子由两个主要部分组成：（1）与 RNA 聚合酶结合的短序列，一般为 TATAAA；（2）一或多个其他序列，通常称为转录因子结合位点，又称为效应元件。当 RNA 聚合酶与基因的启动子结合时，基因起始处的 DNA 双螺旋开始解旋，转录开始（见图 12-3❶）。被称为转录因子的蛋白质可与转录因子结合位点相结合，从而增强或抑制 RNA 聚合酶与启动子的结合，因而增强或抑制整个转录过程。12.5 节将继续讨论基因调节这个重要的话题。

12.2.2 在延伸过程中产生一条不断延长的 RNA 链

在与启动子结合之后，RNA 聚合酶顺着其中一条被称为模板链的 DNA 链行进，合成一条与这条 DNA 链互补的 RNA 链（见图 12-3❷）。就像 DNA 聚合酶一样，RNA 聚合酶也总是从基因的 3′ 端向 5′ 端移动。RNA 和 DNA 之间的碱基配对与 DNA 之间的一样，不过 RNA 中的尿嘧啶是与 DNA 中的腺嘌呤结合的（见表 12-1）。

在延长中的 RNA 链上加入约 10 个核苷酸之后，RNA 的第一个核苷酸从 DNA 模板链上脱离。这个步骤使得打开的 DNA 双链能恢复双螺旋状态（图 12-3❸）。在 RNA 分子随转录的进行而延长的同时，RNA 的一端从 DNA 上脱离，与此见同时，RNA 聚合酶的另一端始终与 DNA 模板链相连（见图 12-3❸和图 12-4）。

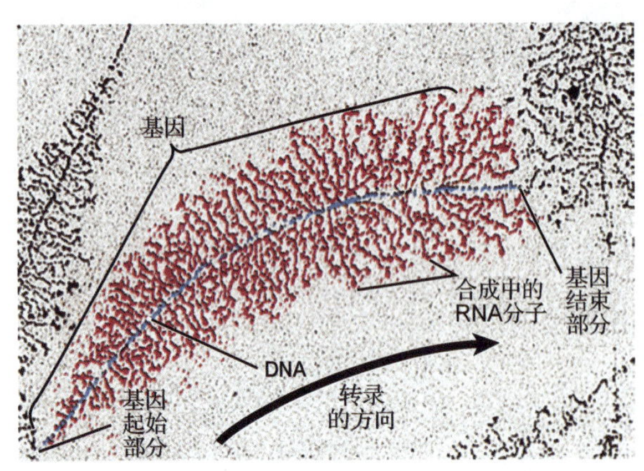

◀图 12-4 RNA 转录进行时　这张上色的电子显微照片显示了非洲爪蟾卵细胞中的 RNA 转录过程。在每个树状结构中，中央的“树干”是 DNA，而“树枝”是 RNA 分子。一连串的 RNA 聚合酶分子（由于太小在照片上无法看见）正在顺着 DNA 行进，同时进行 RNA 的合成。基因的起点在图的左侧。左侧的短 RNA 分子的合成刚刚开始，而右侧的长 RNA 分子的合成已接近尾声。

12.2.3 当 RNA 聚合酶到达终止信号时，转录结束

RNA 聚合酶继续沿着基因的模板链行进，直至到达被称为终止信号的一段 DNA 序列。在此处，RNA 聚合酶释放合成完毕的 RNA 并脱离 DNA（见图 12-3❸和❹）。之后，这个 RNA 聚合酶就可以再与另外一个基因的启动子结合，开始合成另一个 RNA 分子了。

12.3 mRNA 的碱基序列是如何翻译出蛋白质的？

在基因的组成、怎样在 DNA 的指导下合成有功能的 mRNA 分子以及翻译发生的时间和地点方面，原核和真核细胞都存在不同。

大多原核细胞的基因都非常紧凑：基因中所有的核苷酸都参与编码蛋白质中的氨基酸，而且，大多数甚至所有的编码参与一整条代谢通路的蛋白质的基因在染色体上首尾相接（见图 12-5a）。因此，原核细胞通常会从一系列相邻的基因中转录出单一的一条很长的 mRNA，而这些基因中的每一个都指定这条代谢通路中的一种蛋白质。因为原核细胞没有将细胞核和细胞质分开的核膜，所以转录和翻译无论在时间上还是在空间上通常都是不分离的（见图 4-19）。在大多数情况下，当 mRNA 分子在转录过程中开始从与 DNA 分离时，核糖体就会立刻开始将 mRNA 翻译成蛋白质（见图 12-5b）。

相反，真核细胞的 DNA 包含在细胞核中，而核糖体位于细胞质中。此外，在真核生物中，编码一条代谢通路所需的蛋白质的基因不像在原核生物中那样聚集在一起，甚至可能分散在几条染色体上。最后，转录形成的 RNA 分子是没有功能的，不是可以立刻翻译并产生蛋白质的 mRNA。

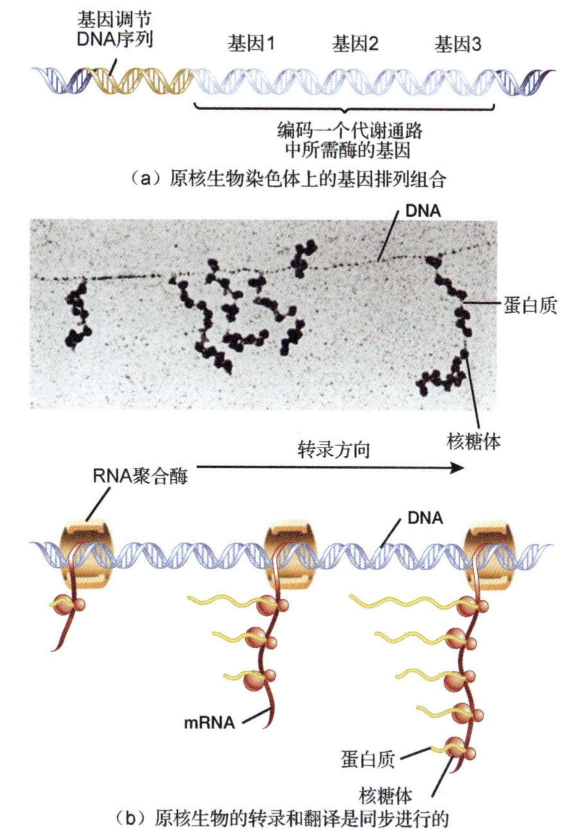

▲图 12-5　原核细胞中的信使 RNA 合成过程　(a) 在原核生物中，很多或全部参与编码一整条代谢通路的蛋白质的基因在染色体上首尾相连。(b) 在原核生物中，转录与翻译是同步的。在电子显微照片中，RNA 聚合酶（在这个放大倍数下无法看见）在一条 DNA 链上由左向右移动。在它合成 mRNA 分子的同时，许多核糖体结合到 mRNA 上并立刻开始合成蛋白质（在图中无法看见）电子显微照片下方的图解展示了所有参与该过程的重要分子。

 12.3.1　在真核生物中，前体 RNA 经处理后形成可翻译出蛋白质的 mRNA

大多真核生物的基因包含两部分或更多的编码蛋白质的核苷酸序列，其中夹杂着不被翻译成蛋白质的序列。编码的片段被称为外显子，因为它们在蛋白质中得到了表达，而非编码片段被称为内含子，意思是“包含在基因之内”（见图 12-6a）。

真核生物的转录会产生一条非常长的 RNA 链，通常叫做前体 mRNA 或 pre-mRNA，它从第一个外显子之前开始一直延伸到最后一个外显子的末端（见图 12-6b❶）。这个 pre-mRNA 分子的两端还会加上更多的核苷酸，形成“帽子”和“尾巴”（见图 12-6b❷）。这些核苷酸可以协助完成的 mRNA 穿过核膜上的孔进入细胞质，与核糖体结合，并保护 mRNA 分子，防止其被核酶降解。为了将前体 mRNA 分子转化为完成的 mRNA，细胞核内的酶在内含子和外显子的连接处将其切开，将外显子剪接到一起，并抛弃掉内含子（见图 12-6b❸）。完成的 mRNA 分子离开细胞核并从核膜上的核孔处进入细胞质（见图 12-6b❹）。在细胞质中，mRNA 与核糖体结合，后者在 mRNA 碱基序列的指导下合成蛋白质。

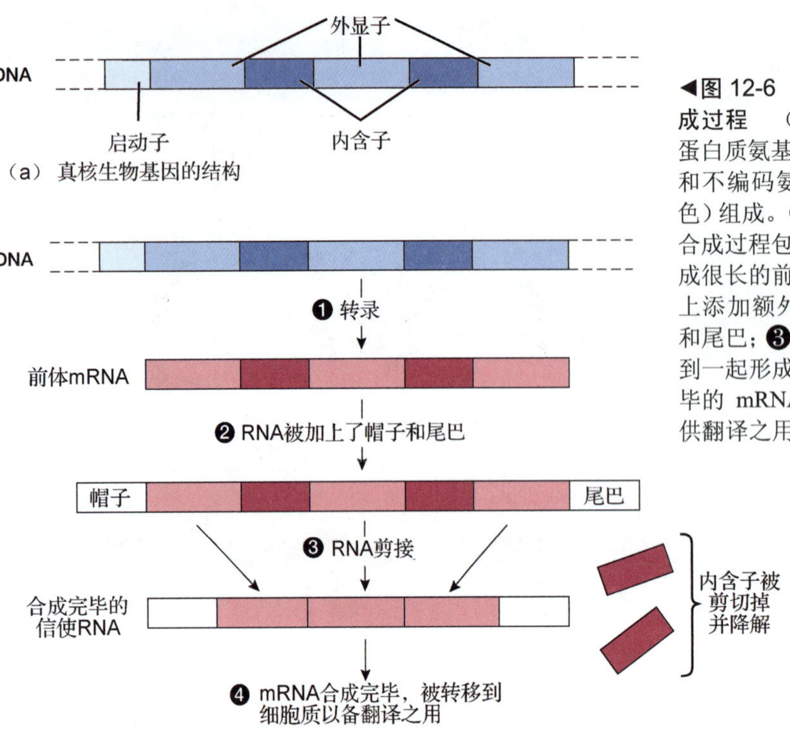

◀**图 12-6　真核细胞中的信使 RNA 合成过程**　（a）真核生物的基因由编码蛋白质氨基酸序列的外显子（中蓝色）和不编码氨基酸序列的内含子（深蓝色）组成。（b）真核细胞中的信使 RNA 合成过程包含以下几步：❶将基因转录成很长的前体 mRNA 分子；❷在前体上添加额外的核糖核苷酸以形成帽子和尾巴；❸切除内含子并将外显子剪接到一起形成完成的 mRNA；❹将合成完毕的 mRNA 从细胞核移动到细胞质以供翻译之用。

1．内含子-外显子基因结构的作用

为什么真核生物的基因包含内含子和外显子呢?这个基因结构至少有两个功能。第一个功能是让细胞通过以不同的方式剪接外显子，从一个基因产生几种不同的蛋白质。比如，一个叫做 CT/CGRP 的基因在甲状腺和大脑中都有表达。在甲状腺中，一种剪接方法的结果是合成一种称为降血钙素的激素，其作用是帮助调节血液中的钙离子浓度。在大脑中，一种不同的剪接方法的结果是合成一种在神经细胞的信息交流中充当信使的蛋白质。大多数真核生物基因转录出的 RNA 都会发生选择性剪接的现象。因此，在真核生物中，“一个基因对应一个蛋白”的规则需要改写成“一个基因对应一个或多个蛋白”。

第二个功能是，分裂的基因也许可以让真核生物进化出具有新功能的蛋白质这一过程变得更加快捷和更有效率。染色体有时会分裂开来，然后这些部分可能会和不同的染色体连接。如果断裂发生在基因的内含子中，外显子可能会原封不动地从一条染色体移动到另一条。大多数这样的错误都是有害的。但是有些时候，基因间外显子的交换会产生对携带基因的生物的生存和繁殖更有利的新基因。

12.3.2　在翻译过程中，mRNA、tRNA 和核糖体相互合作以合成蛋白质

就像转录一样，翻译分为三个步骤：（1）起始，（2）肽链的延伸，（3）终止。我们只描述真核细胞中的翻译过程（见图 12-7）。

1．起始：tRNA 和 mRNA 结合到核糖体上时，翻译开始

一个由核糖体小亚基、一个起始（甲硫氨酸）tRNA 和其他几种蛋白质组成的起始前复合物（见图 12-7❶）与 mRNA 分子的起始处结合。起始前复合物沿着 mRNA 移动，直至它找到起始密码子(AUG)，后者与甲硫氨酸转移 tRNA 的反密码子 UAC 进行碱基互补配对(见图 12-7❷)。然后，一个核糖体大亚基会依附到小亚基上，二者将 mRNA 夹在中间，并将甲硫氨酸转移 tRNA 保持在第一个 tRNA 结合位点上（见图 12-7❸）。现在，核糖体已经做好准备，可以开始翻译了。

起始

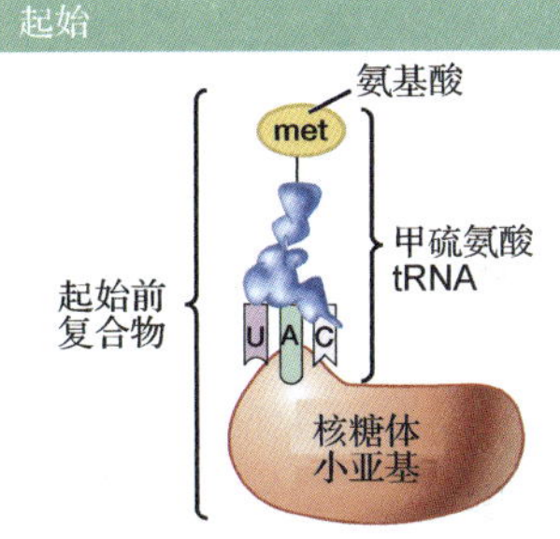

❶ 一个结合有甲硫氨酸的tRNA与一个核糖体小亚基结合，形成一个起始前复合物。

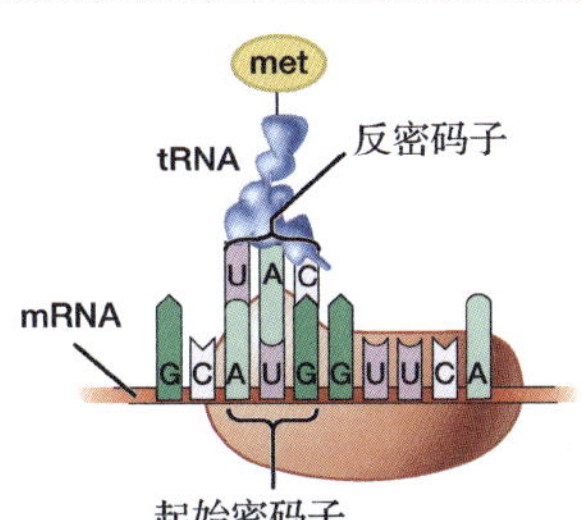

❷ 起始前复合物与mRNA分子结合。结合有甲硫氨酸（met）的tRNA的反密码子（UAC）与mRNA的起始密码子（AUG）进行碱基配对。

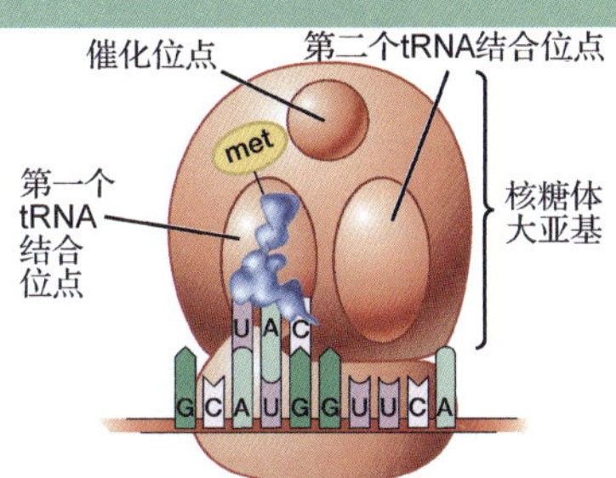

❸ 核糖体的大亚基与小亚基结合。甲硫氨酸转移tRNA与大亚基上的第一个tRNA位点结合。

延伸

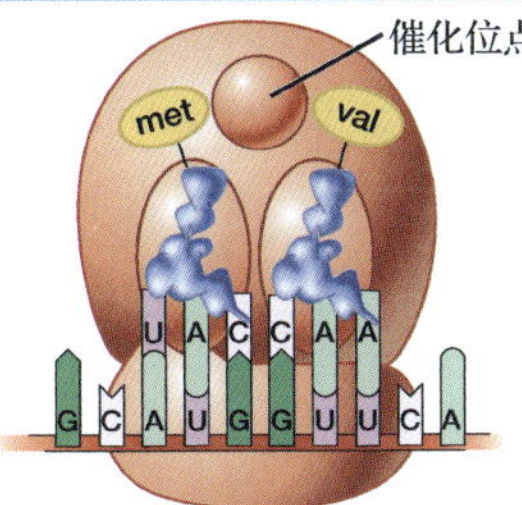

❹ mRNA的第二个密码子（GUU）与结合有缬氨酸的tRNA的反密码子（CAA）进行碱基配对。这个tRNA与大亚基上的第二个tRNA位点结合。

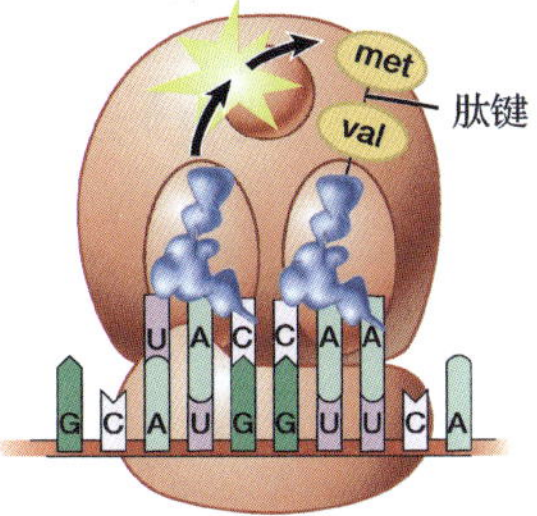

❺ 大亚基的催化部位催化连接甲硫氨酸和缬氨酸的肽键的形成。两个氨基酸现在与位于第二个结合位点的tRNA相连。

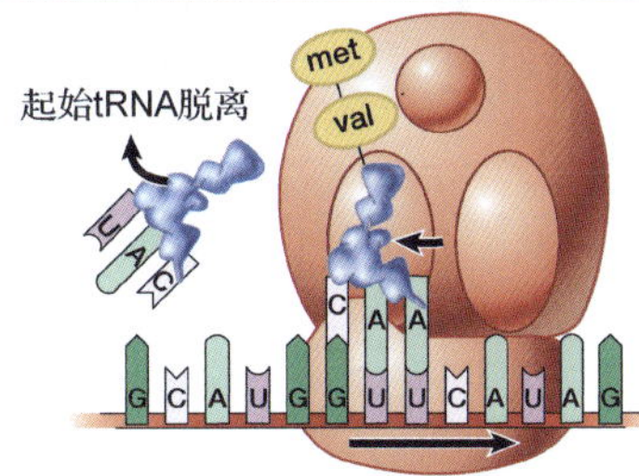

❻ 核糖体向右移动一个密码子的距离
核糖体释放"空载的"tRNA，并沿mRNA向右移动一个密码子的距离。与两个氨基酸相连的tRNA现在位于第一个tRNA结合位点上，第二个位点是空的。

终止

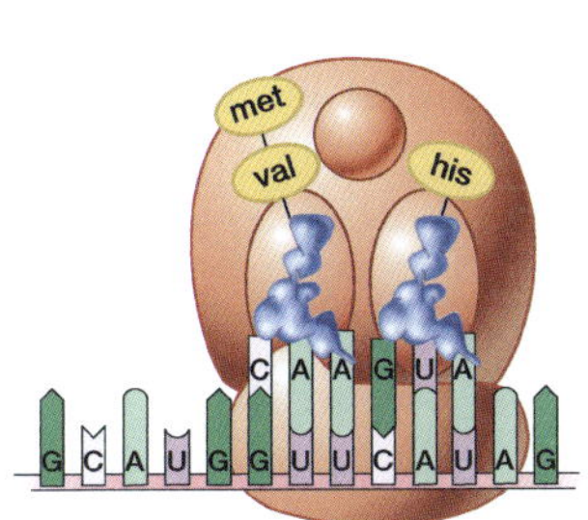

❼ mRNA的第三个密码子（CAU）与一个携带组氨酸（His）的tRNA的反密码子（GUA）进行碱基配对。这个tRNA进入大亚基上第二个tRNA结合位点。

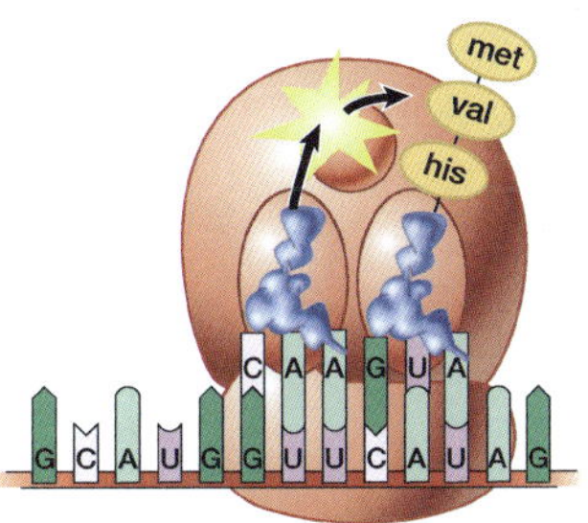

❽ 催化部位在缬氨酸和组氨酸之间形成肽键，将与tRNA相连的肽留在第二个结合位点。第一个位点上的tRNA离开，而核糖体在mRNA上移动一个密码子的距离。

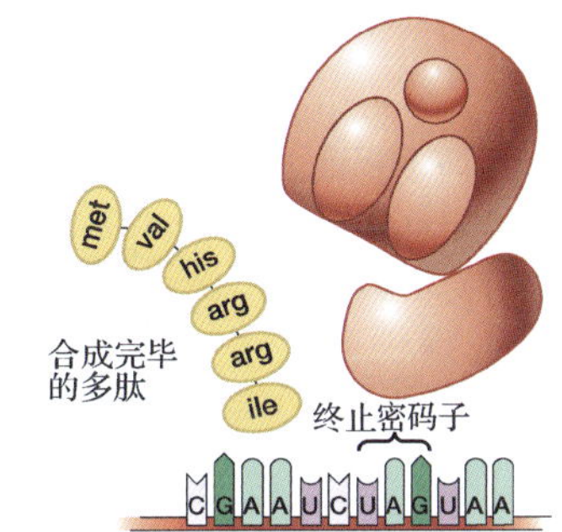

❾ 重复以上过程，直至到达一个终止密码子；mRNA和完成的肽链从核糖体上脱离，大小亚基分开。

▲图 12-7 **翻译是蛋白质的合成过程** 在翻译过程中，mRNA 的碱基序列被解码成蛋白质的氨基酸序列。

2．延伸：氨基酸一次一个地加到延伸中的蛋白质链上

核糖体保持 mRNA 上的两个密码子与大亚基上的 tRNA 结合位点对齐。一个有与 mRNA 上第二个密码子互补的反密码子的 tRNA 进入大亚基上的第二个 tRNA 结合位点（见图 12-7❹）。大亚基上的催化部位将第一个氨基酸（甲硫氨酸）与 tRNA 的化学键打开，并在这个氨基酸和第二个 tRNA

携带的氨基酸之间形成肽键（见图 12-7❺）。有趣的是，负责催化肽键形成的是 rRNA，而不是大亚基上的某个蛋白质。因此，核糖体的催化部位是一个核酶。

肽键形成后，第一个 tRNA“空”了，而第二个 tRNA 携带了一条由两个氨基酸组成的链。核糖体释放空载的 tRNA，转移到 mRNA 分子的下一个密码子上（见图 12-7❻）。携带有氨基酸链的 tRNA 也从核糖体的第二个结合位点转移到第一个。

一个有着与 mRNA 上第三个密码子互补的反密码子的新 tRNA 与空的第二个位点结合（见图 12-7❼）。催化部位将第三个氨基酸加入生长中的蛋白质链（见图 12-7❽）。空的 tRNA 离开核糖体，核糖体转移到 mRNA 的下一个密码子，然后每次一个密码子地重复以上过程。

3．终止：终止密码子发出翻译停止的信号

当核糖体到达 mRNA 上的一个终止密码子时，蛋白质的合成即告终止。终止密码子不与 tRNA 结合，核糖体会释放完成的蛋白质链和 mRNA（见图 12-7❾）。之后，核糖体会分解为大小两个亚基。

12.3.3 总结：将 DNA 中的碱基序列解码为蛋白质中的氨基酸序列

现在，我们来概括一下细胞是怎样解码 DNA 中的遗传信息并合成蛋白质的（见图 12-8）：

（a）除了一些例外，如 tRNA 和 rRNA 所对应的基因，每个基因都编码了一个蛋白质的氨基酸序列。基因的 DNA 包含模板链，即会转录出 mRNA 的链，和它不会被转录的互补链。

（b）转录过程产生一条与模板链互补的 mRNA 分子。从第一个密码子 AUG 开始，mRNA 中的每一个密码子都是指定一种氨基酸或“停止”的，由三个碱基组成的序列。

（c）细胞质中的酶将氨基酸连接到合适的 tRNA 上，该过程由 tRNA 的反密码子决定。

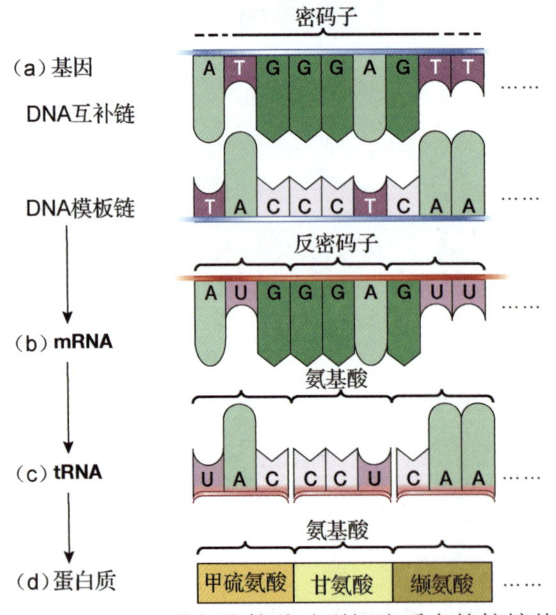

◄**图 12-8 在解码遗传信息的过程中，碱基互补配对是必需的** （a）每个基因的 DNA 含有两条链；只有模板链被 RNA 聚合酶用于合成 RNA 分子。（b）DNA 模板链上的碱基被转录成一条与之互补的 mRNA。密码子是由三个碱基组成的序列，在蛋白质合成中指定氨基酸的种类或者发出终止信号。（c）除了终止密码子之外，mRNA 的每个密码子都与携带有特定氨基酸的 tRNA 的反密码子进行碱基配对。（d）tRNA 携带的氨基酸加入已有的肽链中形成蛋白质。

（d）mRNA 从细胞核移动到细胞质中的核糖体处。转运 RNA 携带与它们相连的氨基酸来到核糖体。在这里，tRNA 反密码子的碱基与 mRNA 密码子中与其互补的碱基进行配对。核糖体催化肽键的形成，后者将氨基酸连接起来形成其氨基酸序列由 mRNA 的碱基序列决定的蛋白质。当核糖体到达一个终止密码子时，完成的蛋白质被核糖体释放。这条从 DNA 的碱基到 mRNA 的密码子到 tRNA 的反密码子再到氨基酸的解码链，其结果是合成一个其氨基酸序列由基因的碱基序列决定的蛋白质分子。

12.4　基因突变是如何影响蛋白质的结构与功能的?

DNA 合成过程中的错误、阳光中的紫外线、香烟中的化学物质和许多其他环境因素可能导致突变，即 DNA 碱基序列的改变。突变对突变基因编码的蛋白质的影响决定有机体结构和功能上的变化。

12.4.1　突变的效应由其改变 mRNA 密码子的方式决定

突变可以分为倒位、易位、缺失、插入和替换几种类型。不同类型的突变在影响 DNA 的方式和因而产生的蛋白质结构和功能上显著改变的可能性都有很大不同。

1. 倒位和易位

当一段 DNA 被从染色体上切除并以反方向重新插入时，我们就说发生了倒位突变。一段 DNA 被移除后连接到另一条染色体上的突变称为易位突变。如果发生突变的整个基因，包括启动子，只是移动了位置，那么倒位和易位突变可能是相对良性的。在这种情况下，基因转录的 mRNA 包含了所有最初的密码子，什么都不会改变。然而，如果一个基因被分成了两半，它将不再编码一个完整的、有功能的蛋白质。比如，几乎一半的严重血友病患者是编码凝血所需蛋白质的基因发生倒位突变而导致的。

2. 缺失和插入

在缺失突变中，一对或多对核苷酸被从基因中移除。而在插入突变中，基因中会插入一对或多对核苷酸。如果有一或两对核苷酸被移除或插入，通常蛋白质的功能会被彻底破坏。为什么？回想一下前面学到的遗传密码：三个核苷酸编码一个氨基酸。移除或插入一或两对核苷酸，或任意不是三的整数倍的核苷酸，会改变移除或插入点之后的所有密码子。为什么？考虑以下这个仅由三个三字母单词组成的句子：THEDOGSAWTHECATSITANDTHEFOXRUN。移除或插入一个字母（比如，移除句子中的第一个“E”），会改变后面的所有单词：THD OGS AWT HEC ATS ITA NDT HEF OXR UN。包含这样一个变异的 mRNA 翻译出的蛋白质中大多数氨基酸都是不正确的，因此这个蛋白质就会失去功能。

移除或插入三对核苷酸通常对蛋白质只有较小的影响，无论移除或插入的核苷酸是形成一个密码子还是重叠成两个密码子。回到我们的例句，现在假设从句子中删去 OGS 三个字母，句子会变成这样：THE DAW THE CAT SIT AND THE FOX RUN，句子中大多数词还是有意义的。如果我们在句子中加入一个新的三字母单词，比如说 FAT，即使我们是在原有的单词中间加入这个词，句子的大部分也还是有意义的，比如 THE DOG SAF ATW THE CAT SIT AND THE FOX RUN。

3. 替换

核苷酸的替换（也叫点突变）改变了 DNA 中的一个碱基对。在编码蛋白质的基因中出现的替换突变会产生 4 种可能的结果。为了说明这些结果，考虑在编码 β-珠蛋白的基因上发生的替换突变，β-珠蛋白是红细胞中携带氧气的血红蛋白的一个亚基（见表 12-4）。血红蛋白的另一种亚基叫做 α-珠蛋白；一个正常的血红蛋白分子由两个 α 亚基和两个 β 亚基组成。在除了最后一个之外的所有例子中，考虑在 β-珠蛋白基因的第 6 个密码子（在 DNA 上是 CTC，在 mRNA 上是 GAG）上发生的突变，该密码子最初编码的是谷氨酸——一种带电荷且亲水的水溶性氨基酸。

表 12-4 血红蛋白基因突变的效应

	DNA（模板链）	mRNA	氨 基 酸	氨基酸的性质	蛋白质的功能改变	疾 病
最初的第 6 个密码子	CTC	GAG	谷氨酸	亲水	正常的蛋白质功能	无
突变 1	CTT	GAA	谷氨酸	亲水	中性：正常的蛋白质功能	无
突变 2	GTC	CAG	谷氨酰胺	亲水	中性：正常的蛋白质功能	无
突变 3	CAC	GUG	缬氨酸	疏水	水溶性降低；蛋白质功能减退	镰刀形细胞贫血
最初的第 17 个密码子	TTC	AAG	赖氨酸	亲水	正常蛋白质功能	无
突变 4	ATC	UAG	终止密码子	在第 16 个密码子处结束翻译	只合成蛋白质的一部分；蛋白质功能消失	*β* 地中海贫血

- **蛋白质的氨基酸序列可能不会发生改变**。回忆一下，大多数氨基酸可以被几种不同的密码子编码。如果一个替换突变将 β-珠蛋白基因的 DNA 序列从 CTC 改成 CTT，那么这个序列仍编码谷氨酸。因此，突变基因合成的蛋白质保持不变。
- **蛋白质的功能可能不会发生改变**。在很多蛋白质中都有一些区域，在这些区域中，确切的氨基酸序列相对来说并不是很重要。在 β-珠蛋白中，蛋白质外部的氨基酸必须是亲水的，以保证该蛋白质在红细胞的细胞质中能被溶解，但具体哪些氨基酸在蛋白质外部并不那么要紧。替换突变产生的氨基酸与原来的氨基酸相同或在功能上等价时，称此突变为中性突变，因为这些突变不产生可观测到的蛋白质功能改变。
- 一个改变了的氨基酸序列可能会改变蛋白质的功能。使 CTC 变为 CAC 的突变会使谷氨酸（亲水）变为缬氨酸（疏水）。这种替换突变是导致镰刀型红细胞贫血症的基因缺陷。在血红蛋白外部的缬氨酸会使血红蛋白聚集成团，使红细胞的形状变得扭曲并导致严重的疾病。
- **过早出现的终止密码子可能会彻底破坏蛋白质的功能**。一个尤其具有灾难性的突变偶尔会在 β-珠蛋白基因的第 17 个密码子处（在 DNA 上是 TTC，在 mRNA 上是 AAG）发生。这个密码子编码的是赖氨酸。将 TTC 转变为 ATC（在 mRNA 上是 UAG）的突变的结果是产生一个终止密码子，在蛋白质合成完毕之前就停止了 β-珠蛋白 mRNA 的翻译。从父母双方都遗传到这个突变的等位基因的人不能合成有功能的 β-珠蛋白；他们体内合成的血红蛋白完全由 α-珠蛋白亚基组成。这种“纯 α”血红蛋白无法很好地结合氧气。这种情况被称为 β 地中海贫血，患有这种病的人一生都需要接受定期输血。

12.5 基因的表达是如何被调控的？

人类的完整基因组包含了 2 万到 2.5 万个基因。几乎所有的体细胞都含有全部这些基因，但每个细胞只表达（指转录，如果基因的产物是蛋白质则指翻译）其中的一小部分。有些基因在所有细胞中都有表达，因为它们编码的蛋白质或 RNA 分子对所有细胞的存活都是必需的。比如，所有细胞都需要合成蛋白质，所以它们都转录 tRNA、rRNA 和核糖体蛋白质的基因。其他基因则只在特定种类的细胞中表达，或在有机体生命中的特定时间表达，亦或在特定的环境条件下表达。比如，尽管你体内的每个细胞都包含编码乳蛋白质——酪蛋白的基因，但该基因只在女性体内特定的乳腺细胞中表达，且只在哺乳期表达。

基因表达的调控可能发生在转录水平（在指定的细胞中，哪些基因被用来转录 mRNA）、翻译水平（一个特定的 mRNA 合成多少蛋白质）或蛋白活性水平（蛋白质在细胞内存在多久，以及特定的酶促反应有多剧烈）。尽管这些一般性的原则对原核和真核生物都适用，但是二者之间还是有一些区别的。

12.5.1　在原核生物中，基因的表达主要在转录水平上受到调控

细菌的 DNA 经常被组织在称为操纵子的部件里。在操纵子中，编码功能相互联系的蛋白质的基因在位置上都很接近（见图 12-9a）。一个操纵子由 4 部分组成：（1）一个控制其他基因转录的时间或速率的调节基因；（2）一个 RNA 聚合酶识别为转录的起始位置的启动子；（3）一个管理 RNA 聚合酶进入启动子或结构基因的操纵基因；（4）实际编码相关的酶或其他蛋白质的结构基因。整个操纵子是分单元被调控的，因此共同工作来执行特定功能的一系列蛋白质在（细胞）产生需要时是同时合成的。

调控原核生物操纵子的方式有很多种。有些操纵子编码细胞几乎无时无刻不需要的酶，比如合成多种氨基酸的酶。这样的操纵子一般都是连续转录的，除非细菌遇到某种特定的氨基酸过剩的情况。其他操纵子编码细胞只是偶尔才会需要的酶，比如，消化一种罕见的食物所需的酶。这些操纵子只在细胞遇到这种食物时才会转录。

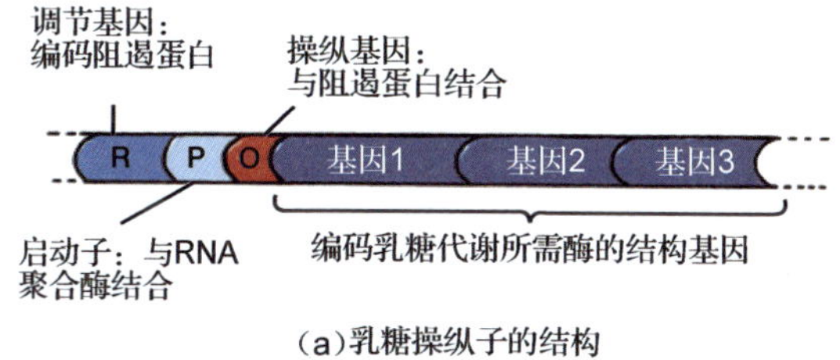

(a)乳糖操纵子的结构

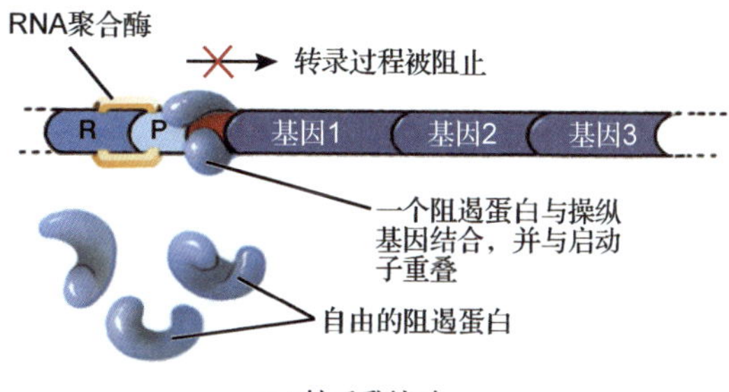

(b)缺乏乳糖时

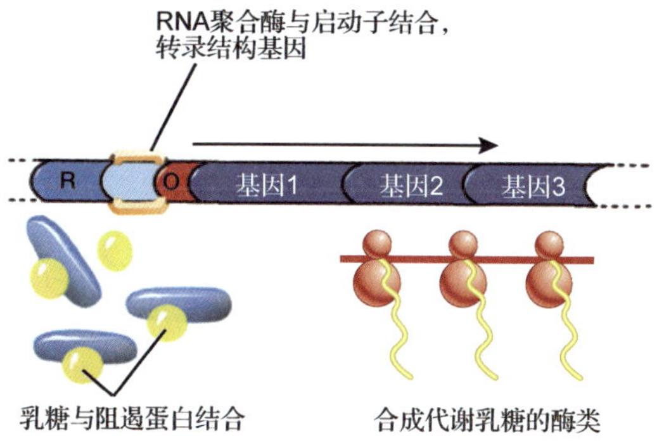

(c) 存在乳糖时

◀图 12-9　乳糖操纵子的调控。（a）乳糖操纵子由一个调节基因、一个启动子、一个操纵基因和三个编码代谢乳糖所需的酶的结构基因组成。（b）缺乏乳糖时，阻遏蛋白与乳糖操纵子的操纵基因结合，RNA 聚合酶能与启动子结合但是不能经过阻遏蛋白以转录结构基因。（c）存在乳糖时，乳糖与阻遏蛋白结合，使其不能结合操纵基因。RNA 聚合酶结合启动子，经过空着的操纵基因，并转录结构基因。

考虑常见的肠道细菌——大肠杆菌（E. coli）。这种细菌必须以其宿主食入的任一种营养物质为生，并能合成许多种不同的酶来代谢各种各样的食物。编码这些酶的基因只在需要这些酶发挥功能时才会转录。代谢乳糖——牛奶中主要的糖的酶是一个很好的例子。乳糖操纵子包含三个结构基因，其中每一个都编码一个在乳糖代谢中有协助作用的酶（见图 12-9a）。

除非有乳糖存在，否则乳糖操纵子就是关闭的，或者被抑制的。乳糖操纵子的调节基因指导与操纵部位结合的阻遏蛋白的合成。此时尽管 RNA 聚合酶仍然能与启动子结合，但它却无法经过阻遏蛋白以转录结构基因。因此，细菌便不会合成代谢乳糖的酶（见图 12-9b）。

然而，当大肠杆菌移居到新生的哺乳动物肠道内，它们会发现每次宿主的母亲为其哺乳时，它们都会沐浴在乳糖中。乳糖分子进入细菌并与阻遏蛋白结合，改变它们的形状（见图 12-9c）。

这样，乳糖——阻遏蛋白复合体便不能与操纵部位结合。因此，当 RNA 聚合酶与乳糖操纵子的启动子结合时，它就可以转录代谢乳糖所需的酶的基因，使细菌能够将乳糖作为能量来源。在这只年轻的哺乳动物断奶之后，它通常便不会再摄入牛奶了。肠道细菌不再遇到乳糖，阻遏蛋白结合操纵基因，乳糖代谢的基因就会被关闭掉。

12.5.2 在真核生物中，基因的表达受到许多水平上的调控

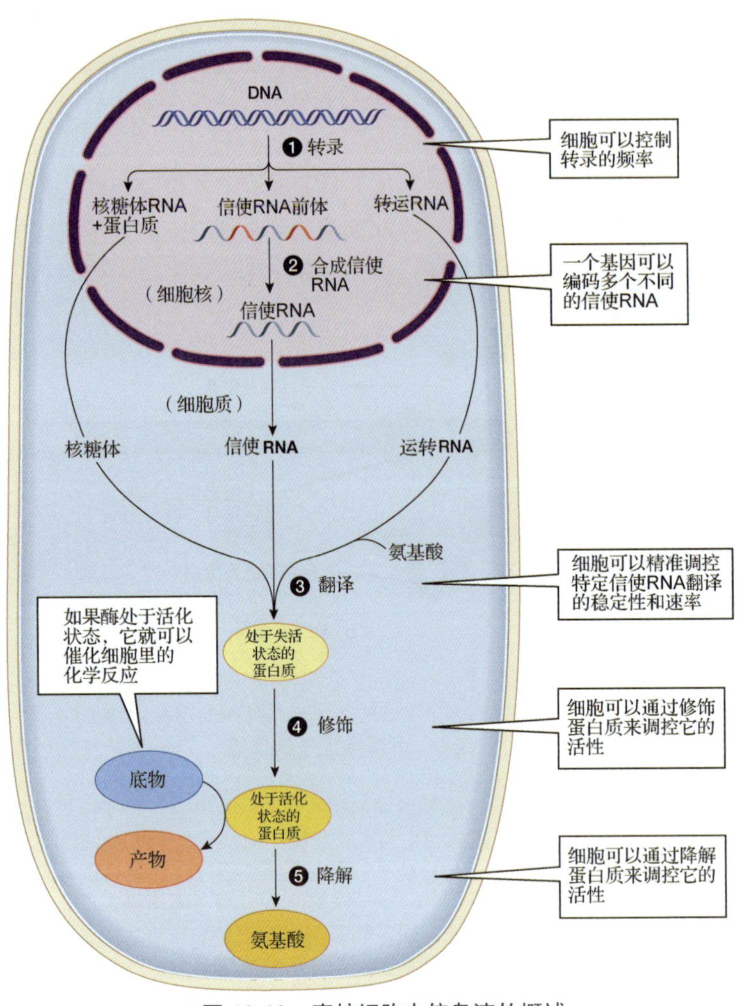

▲图 12-10 真核细胞内信息流的概述

在某些方面，真核生物中的基因表达调控与原核生物中的类似。在两种生物中，不是所有的基因在任何时候都被转录和翻译的。此外，控制转录的速率在两种生物的基因表达调控中都是很重要的机制。然而，真核生物将它们的 DNA 隔离在由膜包裹的细胞核内，在基因组和单个基因的组成上都和原核生物有很大不同，并且用复杂的方式剪切和连接它们的 RNA 转录物。此外，多细胞真核生物含有多种多样的细胞，其中每一种都执行特定的功能且存在于一个机体中。这些不同点决定了真核生物需要更复杂的基因表达调控机制。

真核细胞中的基因表达是一个多级过程，从 DNA 的转录开始并且通常以一个执行特定功能的蛋白质结束。如图 12-10 所示，基因表达的调控可发生在整个过程中的任何一步：

①**细胞能控制基因转录的频率**。特定的基因转录的速率在不同有机体中不同，在特定有机体中的不同细胞中不同，在特定细胞范围内在有机体生命的不同阶段中不同，在外界环境不同的情况下在某个细胞或有机体中也不同。（见下面的内容）。

②**同一个基因可能会产生不同的 mRNA 或蛋白质产物**。同一个基因可能会用于产生几种不同的蛋白质产物（就像 12.3 节提到的），而这依赖于前体 mRNA 是怎样被切割从而形成在核糖体上得到翻译的 mRNA 的。

③**细胞能控制 mRNA 的稳定性及其翻译**。有些 mRNA 是长效的并被很多次地翻译成蛋白质。而其他 mRNA 在降解前只会被翻译少数几次。最近，分子生物学家发现特定的小分子 RNA 能够阻断某些 mRNA 的翻译或者靶向破坏某些 mRNA（见下面的内容）。

④**蛋白质在执行其功能前可能需要被修饰**。比如，你的胃壁和胰腺产生的蛋白酶，为了防止它们

消化产生这些酶的细胞，在刚合成的时候都是处于无活性状态的。在这些无活性的酶进入消化道后，它们会被剪切掉一部分，以暴露有活性的位点，使酶能够将食物中的蛋白质消化成更小的蛋白质分子或者单个氨基酸。其他的修饰，比如增加或移除磷酸基团，可以暂时性地使蛋白活化或失活，从而实现对蛋白活性的实时操控。在原核细胞中，也会发生类似对蛋白质结构和功能的调控。

⑤细胞能控制蛋白质降解的速率。通过防止或加速蛋白质降解，细胞能够迅速调整胞内某种特定蛋白质的含量。在原核细胞中，蛋白质的降解同样受到调控。

现在，让我们更仔细地看一看这些调控的机制。

1. 调控蛋白通过与基因的启动子结合以改变其转录速率

事实上，所有基因的启动子区域都包含几种不同的转录因子结合位点，又称为效应元件。因此，这些基因是否转录取决于细胞会合成哪些转录因子，以及这些转录因子是否有活性。比如，当细胞暴露于自由基（见第 2 章），一种转录因子会与几个基因启动子上的抗氧化效应元件结合。结果，细胞合成将自由基分解成无害物质的酶。

许多转录因子在它们能够影响基因的转录之前是需要活化的。一个最有名的例子是雌激素（一种性激素）在控制鸟类的卵细胞产生过程中所起作用。在冬天鸟类不繁殖且雌激素水平低时，编码蛋清中主要蛋白质——白蛋白的基因是不会转录的。在繁殖季节，雌鸟的卵巢释放雌激素，后者进入输卵管细胞，并与一个转录因子（通常叫做雌激素受体）结合。由雌激素及其受体组成的复合体接下来会与白蛋白基因启动子上的一个雌激素效应原件结合，使 RNA 聚合酶更容易结合启动子并转录 mRNA。mRNA 会翻译出大量的白蛋白。类似的由类固醇激素活化基因转录的情况在其他动物中也有发生，包括人类。在生长发育过程中，激素对转录的调节的重要性是通过对性激素受体无功能的基因缺陷个体的研究而阐明的。

2. 表观遗传控制可以调节基因的转录和翻译

表观遗传学（原词意思是“在遗传学之外”）是研究细胞和有机体怎样在不改变它们的 DNA 序列的情况下改变基因的表达和功能的学科。关于哪些进程是外遗传的这一点还存在许多争议。不过大体上，表观遗传控制在三个方面发挥作用：（1）对 DNA 的修饰；（2）对染色体蛋白质的修饰；（3）通过几种统称为非编码 RNA 或调节 RNA 的活动来改变基因的转录和翻译。很多种表观遗传控制都可以从母细胞通过有丝分裂遗传给子细胞。有些甚至可能可以从一代遗传给下一代。

1）DNA 的表观遗传学修饰可以抑制转录

在一个被称为甲基化的过程中，细胞内特定的酶在 DNA 特定部位的胞嘧啶上加上甲基（$-CH_3$）基团。如果一个基因或者它的启动子含有大量的甲基，那么这个基因通常不会被复制进 mRNA 中，因此它将不会指导合成蛋白质。DNA 上甲基的数目和位置在生物的正常生长发育过程和某些疾病（如癌症）中都很重要。在癌细胞中，编码生长因子的基因通常甲基含量过低。这会导致这些基因的转录水平非常高，产生高浓度的生长因子，促进细胞过度分裂。如果肿瘤抑制基因含有过多的甲基，使它们的转录停止，机体就被夺去了对抗癌症最有效的武器之一。有缺陷的表观遗传控制也牵涉到一些如心脏病、肥胖症和 II 型（成年型）糖尿病等多种多样的疾病。

2）组蛋白的表观遗传修饰可以促进转录

在真核生物的染色体中，DNA 在由组蛋白组成的“线轴”上缠绕（见第 9 章）。当 DNA 缠绕很紧时，RNA 聚合酶无法到达基因的启动子，因此即使可以转录，这个过程也是非常缓慢的。然而，当乙酰基（$-COCH_3$）加到组蛋白上时，DNA 会部分展开，RNA 聚合酶更容易到达启动子，使基因的转录变得更容易些。

12.5.2.3 非编码 RNA 可以调节转录或者翻译

编码蛋白质的基因只占人类基因组的一小部分。但是，这是否说明我们余下的基因是无用的？恰恰相反。最近，分子生物学家发现这些 DNA 中有一部分被转录成非编码 RNA，后者可能在基因的表达中发挥主要的作用。

1）微小 RNA 和 RNA 干扰

众所周知，mRNA 是由 DNA 转录而成的，而后翻译出蛋白质，蛋白质接下来在细胞中发挥作用，如催化生物化学反应。合成蛋白质的多少由产生多少 mRNA 和 mRNA 翻译的速率和时间长短决定的。现在让我们来讨论 RNA 干扰。在多种多样的有机体，如植物、线虫和人类的 DNA 中，包含了成百上千不编码蛋白质的基因，但是这些基因还是转录成了 RNA。在某些情况下，RNA 聚合酶转录了很长一段非编码 RNA。细胞中的酶将 RNA 转录体切割成很短的 RNA 链，我们给他们一个很合适的名字，叫做微小 RNA。每个微小 RNA 都与一个特定 mRNA 的一部分互补。这些微小 RNA 分子会干扰 mRNA 的翻译过程（因此称这个过程为 RNA 干扰）。在某些情况下，这些小 RNA 链与互补的 mRNA 进行碱基配对，形成一小段不能被翻译的双链 DNA。在其他情况下，这些短 RNA 链与酶结合，切断与其互补的 mRNA，这也可以防止翻译的发生。

为什么细胞会干扰它自己的 mRNA 的翻译过程呢？RNA 干扰对于真核生物的生长发育很重要。比如，在哺乳动物中，微小 RNA 影响心脏和大脑的发育，影响胰脏分泌胰岛素，甚至影响学习和记忆。遗憾的是，微小 RNA 产生过程的缺陷——无论是特定的微小 RNA 产生过多或过少——都可导致癌症或心脏病。

有些有机体利用微小 mRNA 抵御疾病。很多植物会产生与植物病毒的核酸（通常是 RNA）互补的微小 RNA。当微小 RNA 发现与其互补的病毒 RNA 分子时，就会诱导一些酶切割病毒 RNA，从而阻止病毒的复制。

2）用非编码 RNA 调节转录

其他种类的非编码 RNA 能影响基因的转录。有些非编码 RNA 抑制 RNA 聚合酶与特定的基因启动子的结合，从而阻断转录过程。其他非编码 RNA 促进或抑制特定染色体上特定位置的 DNA 或组蛋白的表观遗传改变。这些非编码 RNA 可以增强或减弱转录，视其影响的表观遗传控制的性质而定。

可能最广为人知的非编码 RNA 使基因沉默的例子是在哺乳动物的 X 染色体上发现的。众所周知，雄性哺乳动物有一条 X 和一条 Y 染色体（XY），而雌性有两条 X 染色体（XX）。结果是，雌性有能力从它两条 X 染色体上的基因合成 mRNA，而雄性只有一条 X 染色体，其 RNA 产生量只有雌性动物的一半。1961 年，英国遗传学家里昂（Mary Lyon）假设了雌性动物两条 X 染色体中的一条由于某种途径失活，因此它上面的基因没有表达。后续研究证明了她是正确的。在雌性哺乳动物中，一条 X 染色体被灭活，大约 85%的基因不被转录。在胚胎发育的早期（在人类的大约 16 天），雌性动物每个细胞中的一个 X 染色体开始产生大量被称为 Xist 的非编码 RNA 分子。Xist RNA 包裹了大部分 X 染色体，将其聚集成紧密的一团，防止其转录。聚集浓缩的 X 染色体以其发现者巴尔（Murray Barr）的名字命名为巴氏（Barr）小体，它在雌性哺乳动物的细胞中呈现为离散的斑点（见图 12-11）。

通常情况下，大的细胞簇（每一群细胞都是由早期胚胎中的单个细胞分裂而来）中失活的 X 染色体是同一条。其结果是，雌性哺乳动物的身体由同一条 X 染色体完全有活性的几群细胞和另一条 X 染色体完全有活性的另外几群细胞组成，这个效应的结果在玳瑁猫中很容易观察到（见图

12-12）。猫的 X 染色体包含编码一个产生毛内色素的酶的基因。这个基因有两个常见的等位基因：其中一种会使猫产生橙色的毛，另一种则会使猫产生黑色的毛。如果雌猫的一条 X 染色体带有使其产生橙色毛的等位基因，而另一条 X 染色体带有使其产生黑色毛的等位基因，那么这只猫的毛上就会有橙色和黑色的斑点。斑点代表从早期胚胎中不同 X 染色体失活的细胞发育而来的皮肤。这种现象只在雌猫中发现，因为雄猫通常只含有一条 X 染色体，且在它们的所有细胞中都有活性，所以雄猫通常会有黑色或橙色的毛，但它们的毛不会同时具有两种颜色。

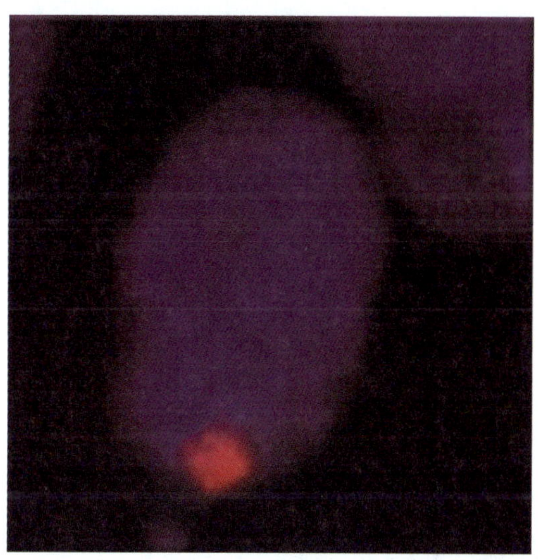

▲图 12-11　**一个巴氏小体**　细胞核下端的红点是一条叫做巴氏小体的灭活 X 染色体。在这张荧光显微照片中，巴氏小体被一种与包裹着灭活的 X 染色体的 Xist RNA 结合的染料染色。

▲图 12-12　**X 染色体的灭活调控基因的表达**　这只雌性玳瑁猫的一条 X 染色体携带有橙色毛的基因，另一条染色体携带有黑色毛的基因。不同 X 染色体的失活产生了这些黑色和橙色的斑点。而白色的毛则归功于一个完全不同的、阻止色素产生的酶。

第 13 章 生物技术

遗传指纹分析证明度过漫长 19 年牢狱生活的马赫（Dennis Maher）是无辜的。图中，他与自己的律师卡普兰（Aliza Kaplan）在一起。

13.1 什么是生物技术？

生物技术（Biotechnology）是对生物体、细胞或生物分子的利用尤其是改造，以生产食物、药物或其他商品。生物技术的一些方面是相当原始的。比如，人们用酵母细胞来生产面包、啤酒和葡萄酒的历史长达 1 万年。史前艺术和考古发现表明，包括小麦、葡萄、狗、猪和水牛在内的多种动植物都在约 6000 到 15 000 年前被驯化，并为了想要的特性被选择性繁殖。比如，对可遗传性状的选择性繁殖，很快就将有着长獠牙和火爆脾气的、相对瘦的野猪转变成更胖、更温和的家猪。选择性繁殖在今天还是改良牲畜和农作物的重要工具。

除了选择性繁殖之外，现代生物技术经常使用基因工程（genetic engineering）的方法分离并操纵控制遗传性状的基因。用基因工程手段处理过的细胞和生物体可能有基因被删除、增加或改变。基因工程可以用来研究细胞和基因是怎样工作的；可以发展出更好的治疗疾病的方法；可以生产珍贵的生物分子，包括激素和抗体；能够改良农业所需的植物和动物。现代生物技术一个为人熟知的应用是克隆（cloning），即制造与原有基因甚至整个生物体完全一样的副本。我们会在 13.4 节介绍基因是怎样克隆的。

现代生物技术的一个重要工具是重组 DNA（recom binant DNA），即改造 DNA 以使其包含来自不同生物的基因或基因片段。人们可以用细菌、病毒或酵母生产大量的重组 DNA，并将其转移到其他物种体内。包含进行过改造或来自其他物种的 DNA 的植物和动物称为转基因生物或基因改造生物（GMO）。

现代生物科技包含很多分析和操纵 DNA 的方法，不过 DNA 可能并不会进入细胞或生物体中。比如，确定 DNA 的核苷酸序列在法医学、药学和进化生物学等领域非常重要。

本章给出关于生物技术的应用及其在社会上产生影响的一个综述，简短描述在这些应用中使用的一些重要手段。我们将围绕 5 个主要话题来讨论：（1）在自然界中发现的 DNA 重组机制；（2）犯罪法医学中的生物技术应用；（3）农业中的生物技术，特别是转基因植物和转基因动物；（4）对人类和其他生物的全基因组分析；（5）医药方面的生物技术，主要集中在对遗传病的诊断和治疗上。

13.2 DNA 在自然界是如何重组的？

DNA 重组过程不只在现代的实验室中发生。很多自然过程都能够将 DNA 从一个生物体转移到另一个，有时甚至是转移到不同种的生物中。

13.2.1 有性生殖可以重组 DNA

在减数第一次分裂过程中，同源染色体通过交叉变换来改变 DNA（见第 9 章）。其结果是，一个配子中的每条染色体都包含两条亲本染色体中等位基因的混合物。因此，每个卵细胞和精子都含有从亲代 DNA 衍生而来的重组 DNA。当精子使卵细胞受精时，产生的后代也含有重组 DNA。

13.2.2 转化作用可以重组来自不同种细菌的 DNA

在转化过程中，细菌从环境中获得 DNA 片段（见图 13-1）。DNA 可能来自另一个细菌（见图 13-1a），甚至另一个物种，也可能是称为质粒的极小的环状 DNA 分子（见图 13-1b）。很多种细菌都含有质粒，其长度从约 1000 核苷酸到 10 万核苷酸不等（做一个对比，大肠杆菌的染色体约为 460 万个核苷酸那么长）。一个细菌可能会含有数十个甚至数百个副本的某种质粒。当细菌死亡时，它含有的质粒被释放到环境中，并可能被同种或异种的细菌吸收。此外，活着的细菌经常可以直接将质粒交给另一个细菌。质粒也能够从细菌移动到酵母中，将原核生物的基因传递到真核生物。

那么质粒有什么作用呢？细菌的染色体包含了细胞正常情况下生存所需的所有基因。然而，质粒携带的基因让细菌能够在异常环境下生存。有些质粒包含能够让细菌代谢非正常的能量来源，比如油脂的基因。其他质粒携带有能够让细菌在含有抗生素的情况下存活的基因。在抗生素使用量很大的环境中，尤其是在医院，携带有抗生素耐药性质粒的细菌能够很快地在病人和医疗工作者之间传播，使耐抗生素感染成为很严重的问题。

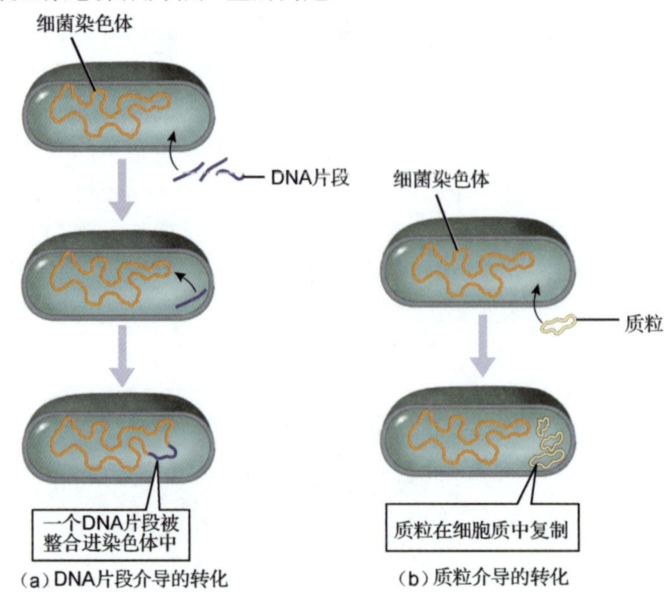

▲图 13-1 细菌中的转化 当活细菌吸收（a）染色体片段或（b）质粒时便会发生转化过程。

13.2.3 病毒能够在物种间传递 DNA

病毒不仅仅是包被在蛋白质外壳中的遗传物质，它只能在细胞内繁殖。病毒会粘附到合适的宿主细胞表面的特定分子上（见图 13-2❶）。通常情况下，病毒会进入宿主细胞的细胞质（见图 13-2❷），在细胞质中，病毒释放出遗传物质（见图 13-2❸）。宿主细胞复制病毒的遗传物质（DNA 或 RNA），并合成病毒蛋白（见图 13-2❹）。产生的基因和病毒蛋白在细胞内组装成新的病毒（见图 13-2❺）。最终，病毒被从细胞中释放，并可能感染其他细胞（见图 13-2❻）。

有些病毒能够将基因从一个生物体带到另一个生物体。在这些例子中，病毒 DNA 会插入宿主细胞的一条染色体中（见图 13-2❸）。病毒 DNA 可能会在那里停留几天、几个月甚至几年。每当这个细胞进行分裂，它就会将病毒 DNA 和自己的 DNA 一并复制（研究人员认为 3%的人类基因组是由“化石”病毒基因组成的，这些基因在几千年前到几百万年前插入到我们的 DNA 中）。当最终产生新的病毒时，一些宿主细胞的基因可能会附着在病毒 DNA 上。如果这样的重组病毒感染另一个细胞并将其 DNA 插入新宿主细胞的染色体中，那么前一个宿主的基因片段也会一起插入。

大多数病毒都只感染特定的细菌、动物或植物的细胞并在其中复制。因此，在大多数情况下，病毒只是在同一物种或亲缘关系很近的物种的个体之间传递宿主 DNA，然而，有些病毒能够感染亲缘关系很远的几个物种，如流感病毒可以感染鸟、猪和人。感染多个物种的病毒之间的基因转移能够产生极其致命的病毒，这在 1957 年发生过一次，并在 1968 年又发生过一次，在这两年中，禽流感病毒与人流感病毒之间进行了重组，造成流感的全球大流行，数以十万计的人因此毙命。

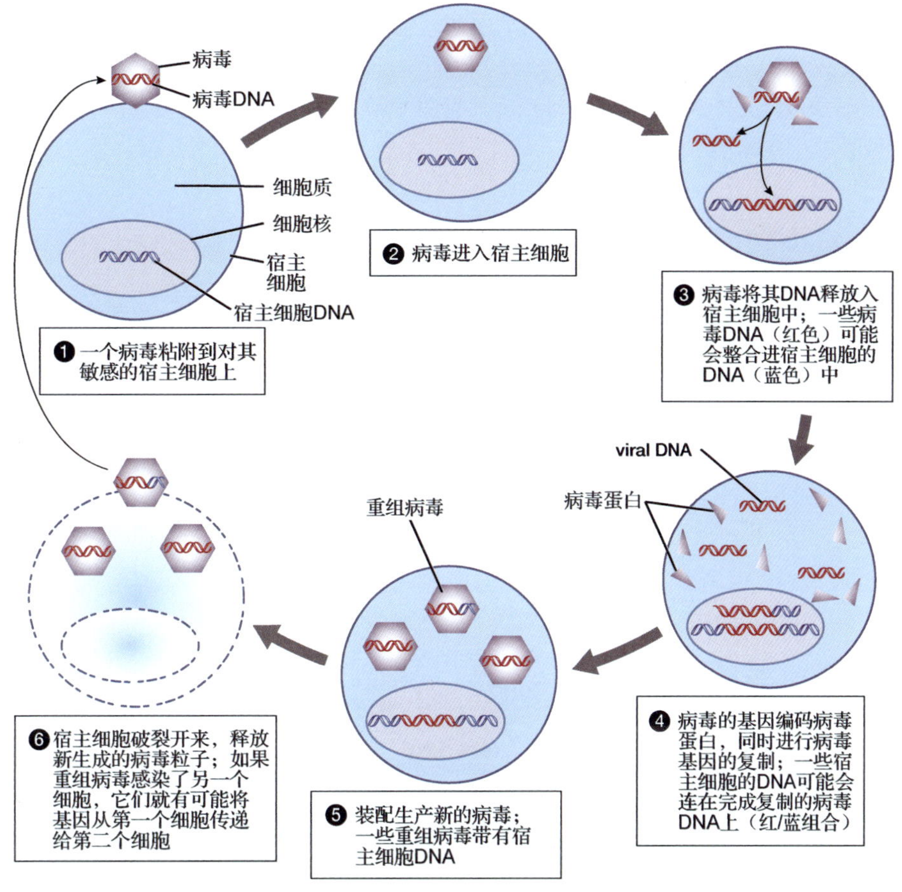

▶**图 13-2 一个典型病毒的生存期** 在有些情况下，病毒感染可能会将DNA从一个宿主细胞转移到另一个。

13.3 生物技术是如何应用于法医学的？

DNA 生物技术的应用多种多样，取决于使用它的目的。法医学家需要鉴定受害人和罪犯；生物技术公司需要鉴定特定的基因并将它们插入细菌、动物或植物中；生物制药公司和医师需要检测缺陷等位基因，并试图设计能够修理这种缺陷的方法或将能够正常工作的等位基因导入病人体内。我们将以描述几种常见的操纵 DNA 的方法开始，讨论它们在法医学 DNA 分析中的应用。之后，我们将调查生物技术在农业和制药业方面的应用。

 13.3.1 多聚酶链式反应能够扩增 DNA

多聚酶链式反应（PCR）能够产生数十亿甚至数百亿个选定 DNA 片段的复制品，它是由穆利斯（Kary Mullis）于 1986 年发明的。PCR 在分子生物学方面非常重要，以至于穆利斯因此获得 1993 年的诺贝尔化学奖。PCR 包括两个主要步骤：（1）标记需要复制的 DNA 片段；（2）进行重复反应以产生多个副本。首先，用称为引物的两个 DNA 短片段将需要扩增的 DNA 片段框起来。引物通常是用一个叫做 DNA 合成仪的仪器制造出来的，这种仪器可以合成想要的任何一段 DNA 短片段。其中一个引物的核苷酸序列与目标 DNA 片段起始处的一条链是互补的，而另一个引物的序列与目标 DNA 另一条链的起始处是互补的。DNA 聚合酶将引物识别为 DNA 复制的起始位置。

然后，标记的 DNA 被复制。DNA 和引物、游离的核苷酸、DNA 聚合酶一起混合在一个小试管中。引物会与目标 DNA 片段结合。接下来，反应混合物会经历一系列温度变化的循环（见图 13-3a）：

（1）试管被加热到 194～203℉（90～95℃）（见图 13-3a❶）。高温破坏互补碱基之间的氢键，使双链 DNA 变为单链。

（2）温度降到约 122℉（50℃）（见图 13-3b❷），在这个温度下，两个引物能和目标 DNA 之间形成互补碱基对。

▶图 13-3 用 PCR 技术复制一个特定的 DNA 序列 （a）多聚酶链式反应由重复 30～40 次的加热、冷却和加温循环组成。（b）每个循环将目标 DNA 扩增一倍。在三十几个循环之后，合成 10 亿个目标 DNA 的副本。

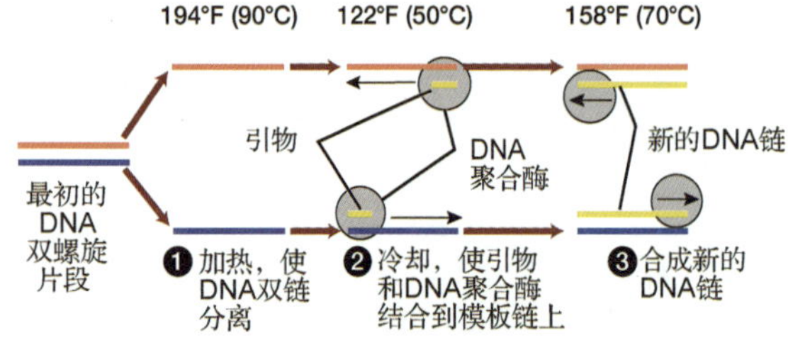

（a） 一个PCR循环

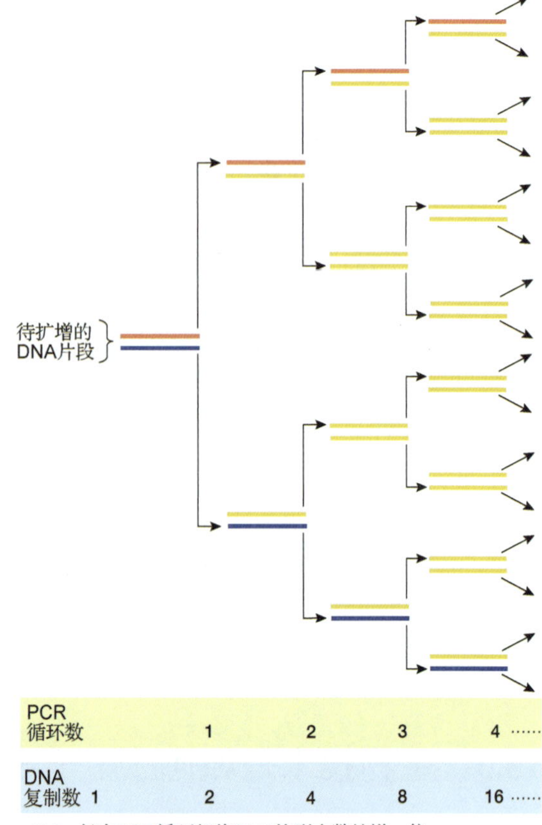

（b） 每次PCR循环都将DNA的副本数扩增一倍

（3）将温度升高到 158～162℉（70～72℃）（见图 13-3a❸），DNA 聚合酶利用游离核苷酸制造 DNA 片段，并结合在引物上。大多数 DNA 聚合酶都无法在高于 105℉（40℃）的温度下发挥作用。然而，PCR 技术使用的是一种特殊的 DNA 聚合酶，它是从一种生活在热泉中的细菌中分离出来的（见图 13-4），因此在这样的高温下能发挥最大的效力。

（4）重复这个循环，重复的次数一般为 30～40 次，直到游离核苷酸被用完为止。

◀图 13-4 布鲁克（Thomas Brock）调查蘑菇泉 布鲁克在位于美国黄石国家公园的蘑菇泉中发现了细菌 Thermus aquaticus。这种细菌中的 DNA 聚合酶在 PCR 所需的高温下能最好地发挥功能。

在PCR中，DNA的量在每次温度循环后都会加倍（见图13-3b）。20个PCR循环能产生大概100万个副本，而三十多个循环就能产生10亿个副本。每一次循环只需几分钟。这样，PCR就可以在一下午就产生一个DNA片段的数十亿个副本，如果必要，甚至可以只从1个DNA分子开始。这样产生的DNA可以用于法医学、克隆、制造转基因生物或许多其他的目的。

13.3.2　短串联重复序列之间的差异被用于通过DNA鉴别不同个体

在很多刑事侦察中，警方会使用PCR对DNA进行扩增，这样就有足够的留在犯罪现场的DNA来和嫌疑人的DNA进行比对。那么，取证实验室是怎样比对DNA的呢？经过数年的艰苦努力，法医学专家发现，被称为短串联重复序列（STR）的特定DNA片段可以用于鉴别不同的人，且这种方法有着惊人的精确性。我们可以把STR看成很小的、患有口吃的基因（见图13-5）。STR是短的（大约20～250个核苷酸）、重复的（由相同的2～5个核苷酸重复约50次组成），而且是串联的（所有这些重复都紧密相连）。就像基因一样，STR也存在替代形式，或者等位基因。在任何一个给定的STR中，不同的等位基因只是对同一个短核苷酸序列的重复次数不同而已。为了通过DNA样本鉴别不同的个体，美国司法部制定了一套标准，它由13个STR组成，而这些STR在不同人中的重复次数高度多样化。多数取证实验室还会检查决定样本来源人的性别的基因。

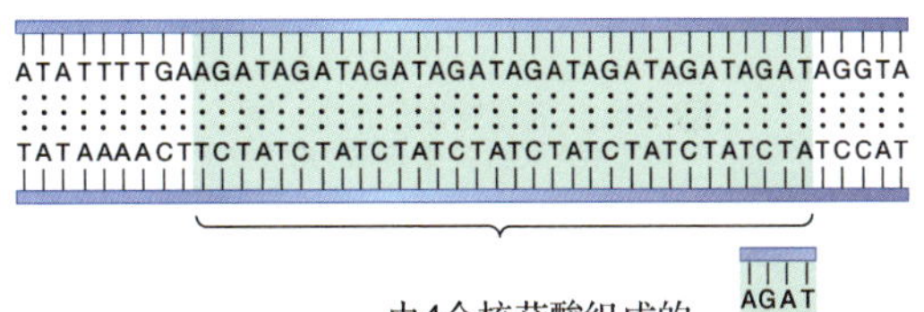

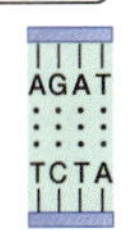

▲图13-5　短串联重复序列在DNA的非编码区域中很常见　这个STR包含序列AGAT，在不同的个体中，其重复次数在7～15次。

法医学实验室使用只扩增STR和与其紧连着的DNA序列的引物。因为STR等位基因之间的差异体现在它们含有多少个重复序列上，因此它们的大小存在不同：有着更多重复序列的STR等位基因比有较少的STR等位基因要大一些。因此，法医学实验室需要鉴定DNA样品中的每一个STR并确定其大小，以此来断定样品中存在哪些等位基因。

现代法医学实验室使用复杂、昂贵的仪器来检测STR。不过在这些仪器中，大多数以两种在世界各地分子生物学实验室中广泛使用的技术为基础，第一种技术是根据DNA片段的大小将不同的DNA分子分离，第二种技术是对感兴趣的DNA分子进行标记。

13.3.3　用凝胶电泳来分离DNA片段

可以通过一种叫做凝胶电泳（见图13-6）的方法来分离DNA片段的混合物。首先，实验室技师将DNA混合物加到一块琼脂糖平板上的浅沟或井中，琼脂糖是一种从特定种类的海草中分离纯化出来的碳水化合物（见图13-6❶）。琼脂糖形成的胶具有网状结构，在纤维之间存在大大小小的孔洞。把凝胶放在一个盒子里，盒子的两端连有电极，一端是正极，另一端是负极；电流通过凝胶在两个电极之间流动。那么，这个过程是怎样分离DNA的呢？要记住，DNA骨架中的磷酸基团带有负电荷，电流流过凝胶时，带有负电荷的DNA片段向带有正电荷的电极一端移动。因为较小的DNA片段能够更容易地通过凝胶中的孔洞，所以它们能够更快地向带有正电荷的电极一端移动。最终，DNA片段被根据大小分开，在凝胶上形成明显的条带（见图13-6❷）。

13.3.4　DNA探针被用来标记特定的核苷酸序列

遗憾的是，DNA条带是看不到的。有几种染料可以用来给DNA染色，但它们通常在法医学和药学方面都不适用。为什么呢？因为可能存在很多大小相差不多的DNA片段。比如，在同一条带中，可能会混有五六个含有同样多重复序列的不同 STR。实验技师怎样鉴定出一个特定的 STR 呢？为了回答这个问题，我们先来想一想大自然是怎样鉴定 DNA 序列的呢？对了，通过碱基配对！

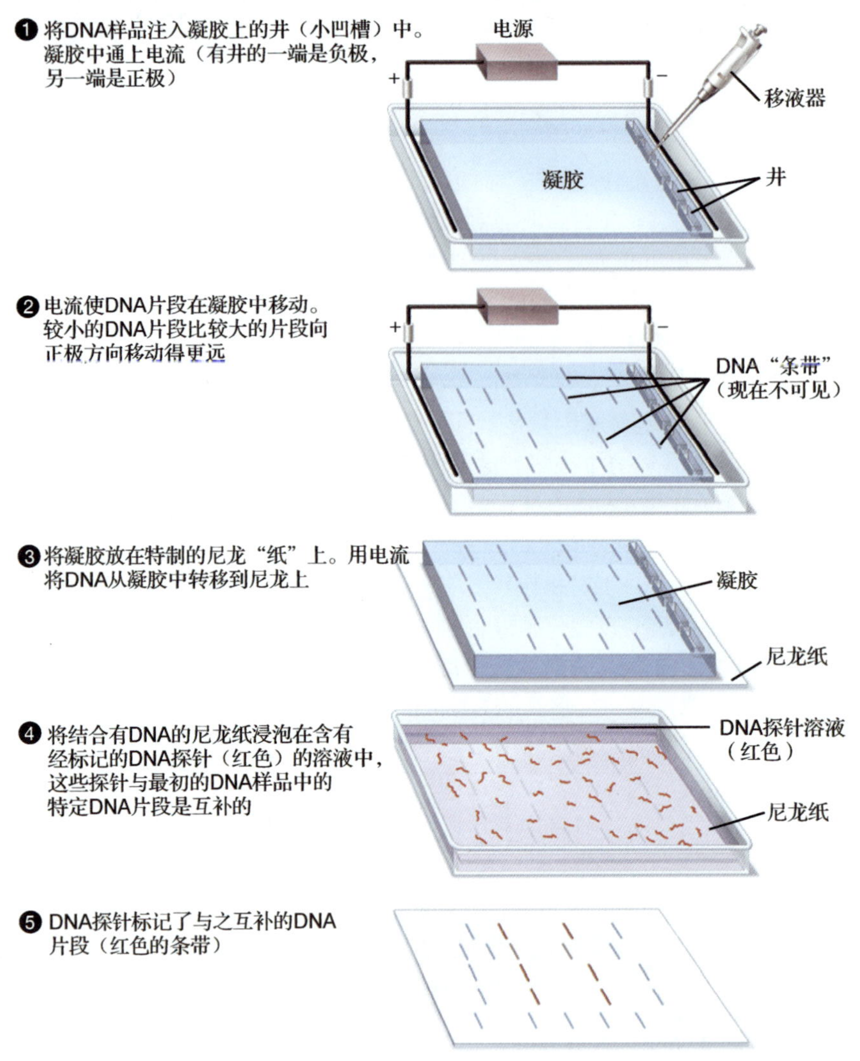

▲图 13-6　凝胶电泳和用 DNA 探针标记将 DNA 片段分离并鉴别不同的 DNA 片段

当凝胶电泳结束后，技师用将 DNA 双螺旋打开成 DNA 单链的试剂来处理凝胶。这些 DNA 链被从凝胶中转移到一块用尼龙制作的纸上面（见图 13-6❸）。因为这些 DNA 样品现在是单链的，所以称为 DNA 探针的合成 DNA 就可以与样品中的特定 DNA 片段记性碱基互补配对了。DNA 探针是很短的单链 DNA 片段，它们与特定的 STR（或者凝胶中我们感兴趣的任意一个 DNA 片段）的序列是互补的。这些 DNA 探针是被标记过的，这种标记可能是放射性标记，也可能是在上面连接有色分子。因此，一个给定的 DNA 探针可以标记特定的 DNA 序列，而不是其他序列（见图 13-7）。

为了定位一个特定的 STR，这张纸被浸泡在含有与目标 STR 互补并会与之结合的 DNA 探针的溶液中（见图 13-6❹）。接下来，洗掉多余的 DNA 探针。结果如下：DNA 探针指示凝胶中特定的 STR 的位置（见图 13-6❺）。（用带有放射性或有色的 DNA 探针使 DNA 片段可见在很多研究中都是标准程序。在法医学实验室中，STR 在 PCR 过程中就直接被有色分子标记，因此不需要 DNA 探针。）

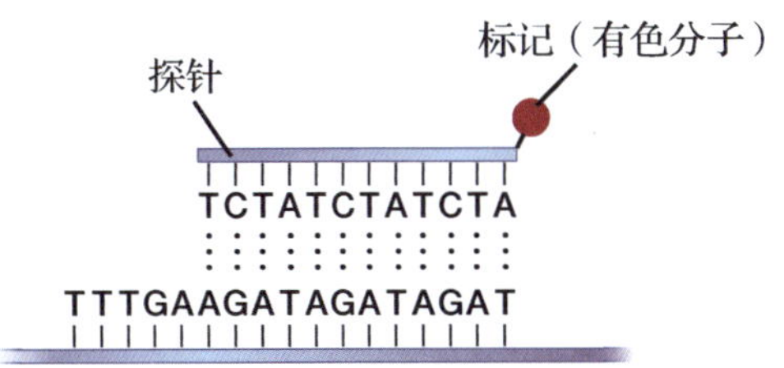

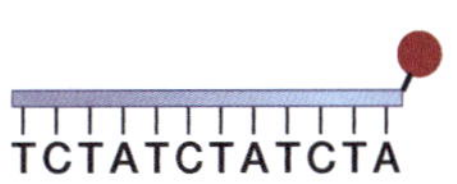

ACTGAATGAATGAATGAATG

STR#1：探针与DNA进行碱基互补配对，并结合在DNA上。

STR#2: 探针无法与DNA进行碱基互补配对，因此无法与其结合。

▲**图 13-7 DNA 探针与互补的 DNA 序列进行配对** 用一个有色分子（红色的小球）标记一个短单键 DNA。这个被标记的 DNA 会和与其有着互补序列的 DNA 靶链进行碱基互补配对（左图），但不会跟与其不互补的链进行配对（右图）。

 13.3.5 无血缘关系的人的 DNA 基因图几乎不可能相同

对 DNA 样品进行 STR 凝胶电泳会产生一个图案，称为 DNA 基因图（见图 13-8）。凝胶上条带的位置是由每个 STR 等位基因中四核苷酸序列的重复次数决定的。如果 STR 是相同的，那么这个人的所有 DNA 样品都会产生相同的基因图。

DNA 基因图能告诉我们什么呢？就像对于任何一个基因一样，每个人对于每个 STR 都有两个等位基因，在两条同源染色体上。这个 STR 的两个等位基因可能含有同样数目的重复序列（这个人对于这个 STR 是纯合子）或者不同数目的重复序列（杂合子）。比如，在图 13-8 右侧显示的 D16 STR 样品中，第一个人的 DNA 在 12 次重复处有一条带（这个人对于 D16 STR 是纯合的），但第二个人的 DNA 则有两条带，在 13 次和 12 次重复处（这个人对于 D16 STR 是杂合的）。仔细观察图 13-8 中所有的 DNA 样品会发现，尽管来自有些人的 DNA 对其中一个 STR 的重复次数相同（例如，第 2 个、第 4 个和第 5 个对于 D16 有着相同的重复次数），但没有两个人的 DNA 对于全部 4 个 STR 的重复次数都相同。

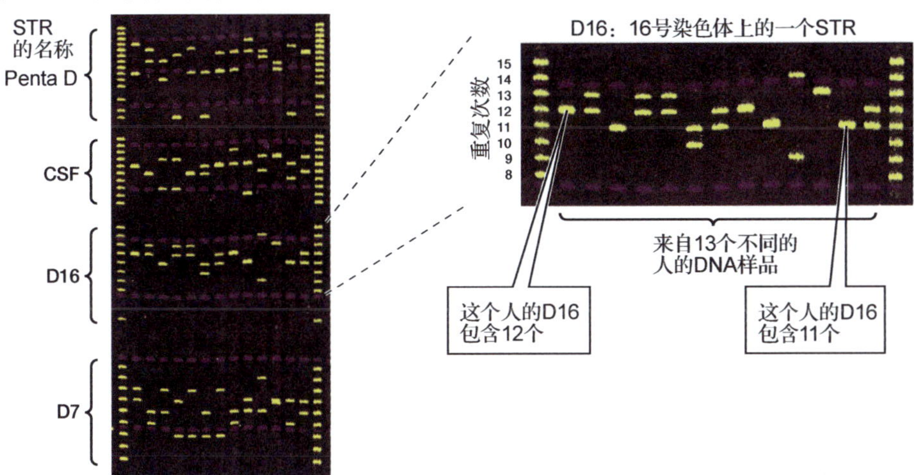

▲**图 13-8 DNA 基因图** DNA 短串联重复序列的长度在凝胶上形成特征性图谱。这块凝胶展示了 4 个不同的 STR（Penta D、CSF 等）。凝胶最左边和最右边的等间距的黄色条带柱显示了不同 STR 等位基因中的重复序列数目。13 个不同人的 DNA 样品的凝胶电泳结果在这些标准结果中间，显示为在每个垂直泳道上的一或两个黄色条带。每个条带的位置都对应着在那个 STR 等位基因中的重复序列个数（更多的重复序列意味着更多的核苷酸，也就说明这个等位基因更大）。

那么，在世界人口极其庞大的情况下，13 个 STR 是否足以唯一地标识某个人呢？在世界范围内，不同的人在某个 STR 中可能有少至 5 个或多至 38 个重复序列。尽管法医学实验室还必须考虑

一些复杂的因素，我们用一个简单的案件作为例子：假设一个取证实验室分析了 5 个 STR，每种有 10 个可能的重复序列数目（比如，所有人的重复次数都是 6，7，8，9，10，11，12，13，14，15 之中的某一个），我们还假设所有的重复次数在所有人类中都是等可能的，也就是说，10 个中有一个，或 $\frac{1}{10}$。最后，STR 是独立组合的（见第 10 章），因此两个没有血缘关系的人在 5 个 STR 中都有相同的重复数目的可能性就只是单独的概率的乘积，或 $\frac{1}{10}\times\frac{1}{10}\times\frac{1}{10}\times\frac{1}{10}\times\frac{1}{10}=\frac{1}{100000}$，即 10 万分之一。

而在有着 13 个 STR、每一种的重复数目都可以达到 38 的情况下，发生随机匹配的概率异乎寻常地小。对于在美国使用的 13 个 STR 的每一个等位基因都完全匹配的概率，要远远小于 100 亿分之一。复杂的统计原因表明，世界上可能存在几个人，他们有着相同的 DNA 基因图，但任何一个犯罪嫌疑人被错误鉴定的概率是极小的。最后，DNA 基因图不匹配是这两个样品不来自同一个人的绝对证明。在马赫（Maher）案中，当 DNA 基因图显示精液中的 STR 等位基因与马赫的不匹配，警方就排除了马赫是犯罪者的可能性。

在美国，任何犯了罪的人（殴打、盗窃、试图杀人等）都必须给出血样。取证实验室的技术人员接下来会确定罪犯的 DNA 基因图，并将结果保存为每个 STR 的重复序列个数。这些档案会储存在州政府机构或 FBI（或二者都有）的电脑文件中（在 CSI 和其他电视犯罪节目中，演员会提到“CODIS”一词，这个缩略词表示的是 DNA 联合检索系统，即在 FBI 电脑中保存的 DNA 基因图数据库）。因为所有的美国法医学实验室都使用同样的 13 个 STR，通过电脑就可以很容易地检测出在另外一个犯罪现场遗留的 DNA 是否与保存在 CODIS 数据库中的 DNA 基因图匹配。如果这些 STR 是匹配的，那么犯罪现场的 DNA 就有极大的可能是由这个有着与之匹配的基因图的人留下的。有时候，在好几年之后，一个新的 DNA 基因图会与一个已存档的犯罪现场基因图匹配，从而解决一起“铁证悬案”。

当然，人类不是唯一能够通过 DNA 序列来鉴别的生物。一个由政府和私人组织的国际集团正在组装“生命条形码”，以使迅速鉴定地球上所有物种的 DNA 成为可能。

13.4 如何用生物技术制造转基因生物？

PCR、凝胶电泳以及用特定探针来鉴定 DNA 序列这些技术，除了法医学之外还有非常广泛的应用。与稍后要介绍的一些方法结合之后，生物技术可以用来鉴定、分离和修饰基因；将来自不同生物的基因组合到一起，以及将来自一个物种的基因导入另一个物种。现在，让我们来看看科学家是怎样用这些技术来制造转基因生物（GMO）的。

制造 GMO 有三个主要步骤：（1）获得目标基因；（2）对基因进行克隆；（3）将基因插入宿主生物的细胞中。每一步都可以使用很多种技术，而每一种技术都涉及到非常复杂的过程。这里只提供对一般过程的一个简略的概述。

13.4.1 分离或合成目标基因

有两种方法可以用来获得基因。在很长一段时间内，唯一的方法是从含有这个基因的生物体内将目标基因分离出来。人们可以从基因供体的细胞中分离出染色体，用酶将它切开（见下文），然后通过凝胶电泳的方法将包含目的基因的 DNA 片段从其余 DNA 中分离出来（见图 13-6）。今天，生物技术学家经常会在实验室中用 DNA 合成仪直接合成基因，或者合成修饰过的基因。

13.4.2 克隆目的基因

一旦获得目的基因，就可以用它制造转基因生物，与世界各地的科学家分享，或用于治疗疾病。因此，获得大量的目的基因是很有用的，甚至是必须的。产生许多基因副本的最简单的方法是让生物体通过 DNA 克隆（DNA cloning）来制造它们。在 DNA 克隆过程中，目的基因通常会被导入单细胞生物中，比如细菌或酵母这些繁殖很快的生物，在它们的繁殖过程中扩增目的基因。

最常见的 DNA 克隆方法是将基因导入细菌的质粒中（见图 13-1），当含有质粒的细菌分裂时，就会扩增目的基因。将目的基因插入质粒而不是细菌染色体，也使目的基因很容易就能从细菌 DNA 的主体部分分离开来。目的基因可能会被从质粒中进一步纯化出来，或者直接利用整个质粒来培育转基因生物，包括植物、动物或其他细菌。

科学家使用限制性内切酶来将基因插入质粒，每一种限制性内切酶都在一个特定的核苷酸序列处切割 DNA。一共有几百种不同的限制性内切酶。其中，很多酶直接横切 DNA 双螺旋。其他的则做交错剪切，在两条链上的不同位置切割 DNA，因此，单链的部分悬挂在 DNA 的末端。这些单链的区域通常被称为“粘性末端”，因为它们可以和具有与其互补的碱基的 DNA 单链部分发生配对并因此与其粘在一起（见图 13-9）。能够进行交错剪切的限制性内切酶被用于 DNA 克隆。

为了将基因插入质粒中，要使用同样的限制性内切酶来切割基因 DNA 的两端以及将质粒的环状 DNA 切开（见图 13-10❶）。结果是，包含基因的 DNA 片段的末端和打开的质粒在其粘性末端都具有互补的核苷酸，并且能够相互配对。将被剪切过的基因和质粒混合在一起之后，一些基因会暂时性插入质粒的两个剪切末端之间，它们互补的粘性末端使它们能够结合在一起。此时，加入 DNA 连接酶就可以将基因永久性地结合在质粒中（见图 13-10❷）。

接下来，用这些重组质粒来转化细菌。在适当的条件下，在细菌分裂时，它们也会扩增质粒。人们很容易培育整桶的细菌，目的基因要多少有多少。

▶图 13-10 将基因插入质粒中以进行 DNA 克隆

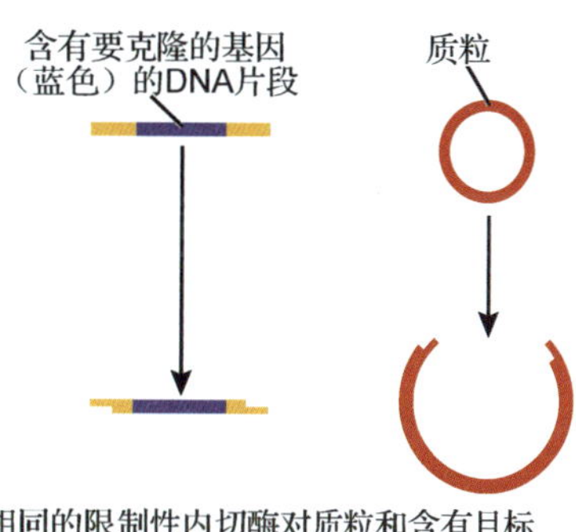

❶ 用相同的限制性内切酶对质粒和含有目标基因的DNA片段进行切割

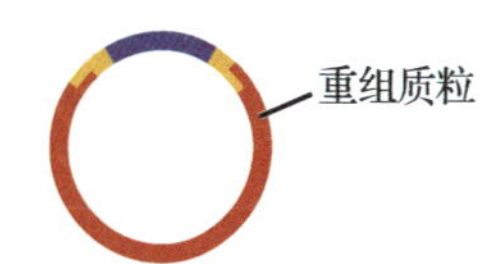

❷ 将具有相同的互补粘性末端的质粒和DNA片段混合到一起；用DNA连接酶将基因和质粒结合起来

▼图 13-9 限制性内切酶在特定的核苷酸序列处切割 DNA

EcoRI限制性内切酶

双链DNA
...AATTGCTTAGAATTCGATTTG...
...TTAACGAATCTTAAGCTAAAC...

一种特异性限制性内切酶（EcoRI）与GAATTC序列结合并切割DNA，产生具有“粘性末端”的DNA片段

...AATTGCTTAG　　AATTCGATTTG...
...TTAACGAATCTTAA　　GCTAAAC...

“粘性末端”单链

13.4.3 基因被导入宿主生物中

现在是最难的部分——转染宿主生物。基因必须被导入宿主中并在合适的细胞中，在合适的时间以合适的量表达。有几种不同的方法可以用来转染宿主生物。在有些情况下，重组质粒

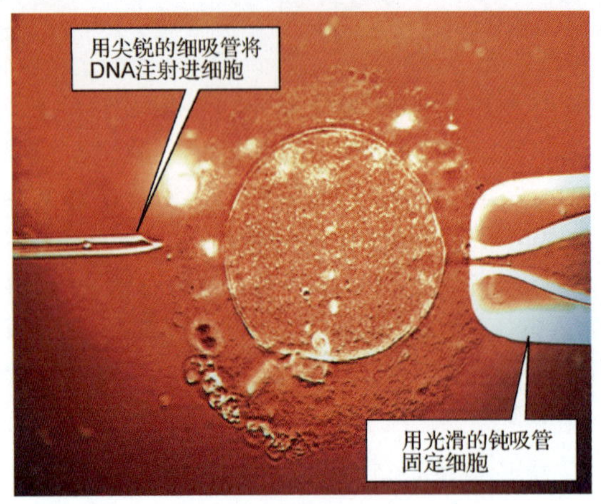

▲**图 13-11 通过注射外源 DNA 来转染受精卵** 右侧大吸管的作用是在这一过程中保持细胞稳定。左边小而尖的吸管负责刺穿受精卵并注射 DNA。

或从中纯化出来的目的基因被插入叫做载体的、无害的细菌或病毒中，然后用这些细菌或病毒来感染宿主生物。理想情况下，细菌或病毒会将新基因插入宿主生物细胞的染色体中，然后永久地成为宿主基因组的一部分，在宿主 DNA 复制的时候也进行复制。这就是给一些植物转染抗除草剂和抗虫基因的方法（见 13.5 节）。

更简单的方法是使用“基因枪”。显微级别大小的金球或钨球被包裹上 DNA（质粒或纯化的基因）然后向细胞或生物体发射。这个过程并不是百发百中的，但对于植物、培养的细胞，有时甚至是对整个生物体（通常是类似线虫或果蝇这样的小生物）来说，通常是十分有效的。基因枪法通常在很容易获得大量的宿主时使用，因此较低的成功率就无关紧要了。

最后，质粒或纯化的基因可以直接注射到动物细胞中，通常是受精卵中（见图 13-11）。向极小的玻璃吸管中加入含有 DNA 的合适溶液。吸管有足够尖锐的头部，这样它们能够插入细胞同时不破坏它。在吸管的后部加压，将一些 DNA 注入细胞。

13.5 生物技术是如何应用于农业的？

农业的主要目标是生产尽可能多、尽可能便宜的食物，同时尽量减少有害生物，如昆虫和杂草带来的损失。很多商业农民和种子经销商为了实现这些目标都寻求于生物技术的帮助。然而，很多人认为转基因食物对人类健康和环境带来的潜在危害要大于其好处。我们将在 13.8 节进一步述及这些争论。

13.5.1 很多植物都是转基因的

美国农业部（USDA）的数据表明，在 2011 年，美国种植的 88%的玉米、90%的棉花和 94%的大豆都是转基因的；也就是说，它们含有来自其他物种的基因（见表 13-1）。在全球范围内，在 2010 年，1540 万农民种植超过 3.65 亿英亩（1 英亩约为 6.07 亩）转基因植物。

通常，对农作物进行基因修饰是为了增强它们对害虫或除草剂的抗性，或者二者兼而有之。抗除草剂农作物让农民能够杀死杂草同时又不对农作物造成伤害。杂草少意味着农作物能够得到更多的水、养料和光，获得更好的收成。很多除草剂通过抑制一种植物、真菌和细菌——但不包括动物——含有的用来合成某种特定氨基酸的酶来杀死植物。一旦没有了这些氨基酸，植物就会死亡，因为它们不能合成蛋白质了。很多抗除草剂转基因农作物都被导入了一种细菌基因，这种基因编码一种在这些除草剂存在情况下也能正常发挥作用的酶，因此转基因植物能继续正常地合成氨基酸和蛋白质。

很多农作物的抗虫性是通过导入一个基因而得到提高的，这个基因叫做 Bt，来自一种叫做 Bacillus thuringiensis（苏云金杆菌）的细菌。Bt 基因编码的蛋白质会破坏昆虫的消化道，但并不会破坏哺乳动物的消化道。转基因 Bt 农作物通常比普通的农作物受到的虫害要轻得多，因此农民可以减少杀虫剂的使用（见图 13-12）。

表 13-1 USDA 批准的转基因农作物

基因工程改造的性状	潜在优势	例 子
抗除草剂	使用除草剂会杀死杂草，但不会杀死农作物，提高农作物产量	甜菜、油菜、玉米、棉花、亚麻、马铃薯、大米、大豆、番茄
抗虫	减少昆虫对农作物的破坏，提高农作物产量	玉米、棉花、马铃薯、大米、大豆
抗病	使植物对病毒、细菌或真菌不易感，提高农作物产量	番木瓜、马铃薯、南瓜
不育	转基因植物不能和野生植物杂交，使其对环境更安全，使种子公司获得更高的利润	菊苣、玉米
改变油脂含量	农作物产生的油脂可以变得对人类更健康，也可以变得类似于更加昂贵的油（如棕榈油和椰子油这些较为廉价的油）	油菜、大豆

13.5.2 转基因植物可用于生产药物

生物技术工具还可以将具有医用价值的基因插入植物中，从而在农场里生产药物。比如，可以通过基因工程手段让某种植物产生通常在致病细菌或病毒中发现的某种蛋白。如果这种蛋白在胃和小肠中不被消化，那么食用这种植物就能达到接种疫苗的效果。几年前，这种“可食用疫苗”被认为是一种极好的接种疫苗的方法——不需要生产纯化的疫苗，不需要冷藏，而且，不需要打针。不过最近，很多生物医学研究人员警告说，可食用植物疫苗可能并不是个好主意，因为没有简单的方法来控制用量：用量太少，不会产生有效的免疫反应；用量太多，疫苗蛋白可能会有害。不过，用植物来生产疫苗蛋白还是值得的，这样，制药公司只需在使用前从植物中提取并纯化这些蛋白质即可。用植物生产的乙肝病毒疫苗、麻疹疫苗、狂犬病疫苗、龋齿疫苗、流感疫苗、小儿腹泻疫苗和其他许多种疫苗都在进行动物或临床实验。

▲图 13-12 **Bt 转基因植物可以抗虫** 表达 Bt 基因的转基因抗虫棉（图中右侧）可以抗棉铃虫。因此，它们能生产出比非转基因棉（图中左侧）多得多的棉花。

分子生物学家还可以通过基因工程手段用植物来生产人类抗体以对抗多种疾病。当致病微生物入侵你的身体时，你的免疫系统需要几天的时间做出响应并产生足够的抗体来克服感染。在这期间，你会感觉非常难受，如果疾病非常严重的话还有可能死掉。直接注射大量适合的抗体可能会很快治愈疾病。尽管还没有进入医疗实践，但植物来源的、抗致龋齿细菌的抗体和抗狂犬病毒抗体都已经被研制出来。

13.5.3 转基因动物在农业和医学上可能会有用

培育转基因动物通常包括注射目标 DNA，而目标 DNA 常常被整合到灭活的、不会导致疾病的病毒中，然后被导入受精卵。受精卵在培养基中进行几次分裂，然后植入代孕母亲的子宫。如果能够产生健康且能表达这种外源基因的后代，就让这些后代互相交配，产生纯合的转基因动物。迄今为止，培育有商业价值的转基因家畜被证明是十分困难的，但是有几家公司正在努力做这件事。

比如，生物技术公司已经培育出能产生更多羊毛的绵羊，奶汁中含有更多蛋白质的奶牛，肉里含有 omega-3 脂肪酸的猪（omega-3 脂肪酸被认为对健康有多种好处）。在 2010 年，研究人员成功地培育出不会传播引起禽流感的 H5N1 流感病毒的鸡。在世界范围内，人们不得不杀掉数以百万计的鸡来阻止禽流感的爆发，所以抗禽流感的鸡可能会变得非常珍贵；甚至还有乳汁中分泌蛛丝蛋白的羊，蜘蛛丝比钢或凯夫拉纤维都要坚韧得多，而后者经常用于防弹背心。因此，人们希望用这些羊生产的蛛丝蛋白来制作重量轻且刀枪不入的防弹背心。

生物技术学家也在培育能生产药物比如人类抗体或其他重要蛋白质的动物。例如，一种转基因绵羊，它的乳汁中含有一种蛋白质，叫做 α-1-抗胰蛋白酶，这种酶在治疗囊性纤维化和肺气肿方面可能具有重要价值。一种转基因羊可以生产人凝血因子，这种蛋白质可以用来治疗血友病。还有一些家畜，在经过改造之后，它们的乳汁中含有促红细胞生成素原（一种促进红细胞合成的激素）或溶栓蛋白（可用于治疗冠状动脉中的血凝块导致的心脏病）。

最后，生物医学研究人员已经成功培育出大量的转基因动物，主要是小鼠，这些小鼠携带与人类疾病相关的基因，比如阿尔茨海默病、Marfan 综合征和囊性纤维化。这些动物被用于研究导致这些疾病的原因以及研究可能的治疗方法。

13.6 生物技术是如何用于研究人类和其他生物的基因组的？

基因影响人类所有的性状，包括性别、体型、发色、智商和对致病生物体和环境中的有毒物质的敏感性。为了了解我们的基因是怎样影响我们的生命的，人们在 1990 年启动了人类基因组计划，目的是确定我们的整套基因，也就是人类基因组的所有 DNA 核苷酸序列。

到了 2003 年，这个由来自许多国家的分子生物学家共同参与的项目已经以 99.9%的精确度完成了对人类基因组的测序。人类的基因组含有大概 20 000～25 000 个基因，大概占所有 DNA 的 2%。剩下的 98%包括启动子和调节单个基因转录频率的区域，不过我们还是不知道我们的 DNA 之中的大部分的作用是什么。

为什么科学家要对人类和其他生物的基因组进行测序呢？首先，有许多功能未知的基因。通过用遗传密码来翻译新基因的 DNA 序列，生物学家就能预测这些基因编码的蛋白质的氨基酸序列。将这些蛋白质与功能已知的蛋白质进行比较，我们就能够知道这些新发现的基因的作用。

其次，了解人类基因的核苷酸序列在医学研究上会有重要的作用。就我们所知，超过 2000 个基因与人类遗传病有关。这些基因的等位基因出现缺陷会使人们患上或易感一些疾病，比如镰刀型红细胞贫血、囊性纤维化、乳腺癌、酒精性肝炎、精神分裂症、心脏病、阿尔茨海默病以及许多其他遗传病。正在进行的人类基因组研究包括对许多不同的人的 DNA 进行测序，从而寻找等位基因 DNA 序列上的微小差别，这些微小差别可能会增加对传染病、有毒污染物、烟草中的化学物质的敏感性，或改变人们对药物的反应。未来的某一天，这些知识可以让我们为病人量身定制许多疾病的疗法。而研究病毒和传染性细菌的基因组会帮助我们研发疫苗或对它们造成的疾病的疗法。

第三，人类基因组计划以及与其配套的对细菌、真菌、小鼠、黑猩猩等生物进行测序的计划，帮助我们理解自己在地球上的生命进化中所处的位置。比如，人类和黑猩猩的基因差别还不到 5%。通过比较人类和黑猩猩的基因差异和相似性，可以帮助生物学家理解是那些遗传学差异使我们成为人，以及为什么我们对一些黑猩猩不易感的疾病易感。最近，研究人员译解了尼安德特人和最近发现的一种原始人类，丹尼索瓦人的部分基因组。现代人类，取决于他们的起源地，可能含有最高达几个百分点的尼安德特人或丹尼索瓦人的基因。

13.7 生物技术是如何用于医学诊断和治疗的？

生物技术已经用于诊断一些遗传病长达 20 年的时间，而且可以用在胎儿身上。最近，医学研究人员开始使用生物技术来试图治愈、至少是治疗一些基因疾病。

 13.7.1 DNA 技术可用于诊断遗传病

一个人遗传到了某种基因疾病是因为他遗传到了一个或多个缺陷基因，这些缺陷基因与正常的、能发挥作用的基因不同，因为它们的核苷酸序列不同。大多数诊断遗传病的方法都以 PCR 扩增目标基因（有时是目标等位基因）开始，接下来用限制性内切酶或 DNA 探针来鉴定有缺陷的等位基因。

1. 用 PCR 技术获得疾病特异性等位基因

回忆一下，PCR 使用特定的 DNA 引物来确定要扩增哪些 DNA 序列。由于成百上千的研究员进行了多年的研究，现在我们已经知道很多遗传疾病相关基因的 DNA 序列。人们可以用 PCR 技术来分离或扩增疾病相关基因，为多种多样的诊断手段做准备（见下文）。在有些情况下，医学检验公司设计了只扩增会导致疾病的缺陷等位基因，而不扩增不会导致疾病的正常基因的引物，这时，PCR 本身就是一种诊断工具。

2. 限制性内切酶能在不同位置切割一个基因的不同等位基因

镰刀型红细胞贫血是一种遗传性的贫血症——没有足够多的红细胞——而这种疾病是由珠蛋白基因的起始处发生的一个点突变导致的，在这个突变中，一个胸腺嘧啶替代了一个腺嘌呤。一种常见的镰刀型红细胞贫血诊断方法的原理是限制性内切酶只在特定的核苷酸序列处切割 DNA（见第 10 章和第 12 章）。为了确定镰刀型红细胞等位基因的存在，研究人员从一位病人、一位可能是该等位基因携带者的父亲或母亲或者甚至是一名胎儿体内提取出 DNA。接下来，用 PCR 来扩增包括突变位点在内的一段 DNA 片段。一种叫做 MstII 的限制性内切酶能够切割正常序列（CCTGAGGAG），但不能切割会导致镰刀型红细胞贫血的突变序列（CCTGTGGAG）。结果是 MstII 将正常的珠蛋白等位基因切割成两半，但突变等位基因会保持完整。通过凝胶电泳可以很容易地将完整的突变等位基因和正常等位基因的两段分离开来。

3. 不同的等位基因结合不同的 DNA 探针

囊性纤维化是一种被称为 CFTR 的蛋白质发生突变导致的疾病。这种蛋白质在正常情况下在很多细胞中介导氯离子的跨膜运输，包括肺、唾液腺和小肠。在肺细胞中，氯离子运输的缺乏会导致大量粘液堆积在气道表面和频繁的细菌感染，并最终导致死亡。一共有超过 1500 种不同的 CFTR 等位基因，每一种都编码一个不同的、有缺陷的 CFTR 蛋白。有一个或两个正常等位基因的人能够产生足够多的正常 CFTR 蛋白，因此他们不会患囊性纤维化。而携带两个缺陷等位基因的人（这两个等位基因可能相同也可能不同）无法合成有功能的转运蛋白，因此会患囊性纤维化。

我们怎么能指望诊断一种可能由 1500 个不同等位基因中的任何一种导致的遗传病呢？幸运的是，其中的 32 个等位基因导致了 90%的囊性纤维化病例，而其余的等位基因极其罕见。不过，为 32 个等位基因分别找到独一无二的限制性内切酶切割位点也几乎是不可能的，因此诊断镰刀型红细胞贫血的方法并不能用于诊断囊性纤维化。

不过，每个缺陷等位基因都有着不同的核苷酸序列。众所周知，一条 DNA 链只有与它的互补链才能完美配对。有几家公司已经生产出了囊性纤维化“阵列”，即表面结合有单链 DNA 探针的特殊滤纸（见图 13-13）。每个探针都与一个不同的 CFTR 等位基因的一条链互补（见图 13-13a）。通过将一个人的 DNA 切割成小的片段，把片段分离成单链，然后用有色分子来标记这些单链（见图 13-13b）。然后把制好的阵列浸泡在溶解有标记好的 DNA 的溶液中。在适宜条件下，只有与探针完全互补的 DNA 片段才会与探针结合，并说明这个人携带有哪些 CFTR 等位基因（见图 13-13c）。类似地，使用 DNA 探针的方法也可以用于诊断镰刀型红细胞贫血。

在不久的将来，例行的医学诊断可能会应用到称为 DNA 微阵列的上述方法的扩展版本，来确定是哪种细菌或病毒引起了感染。在一种称为病毒芯片的应用中，在一块小芯片上放置了数千个 DNA 探针，其中每一个都与一种病毒基因的一部分互补。从病人体内分离出核酸，并用一种荧光染料标记。将芯片浸泡在荧光标记的核酸溶液中。哪一种病毒感染了病人，那么芯片上与之对应的位点就会发光。科学家还在研究类似的、用于诊断细菌感染的阵列。

DNA 微阵列也可以帮助我们提供更有效、更加客制化的医疗护理。不同的人有成千上百的基因的不同等位基因；这些等位基因可能会让他们对很多疾病更敏感或更不敏感，而不同的治疗方法对他们来说会更有效或效力更低。将来的某一天，医生或许就能够使用包含几千个疾病相关基因的 DNA 探针的 DNA 微阵列来确定病人携带有哪些易感等位基因，并据此为病人量身定制治疗方案。有几家公司已经生产出用于研究特定疾病如乳腺癌、胰腺癌和免疫系统癌症中的基因活动的小的 DNA 阵列。有些医院用这些阵列给病人提供最可能治愈他们所患癌症的治疗方法。

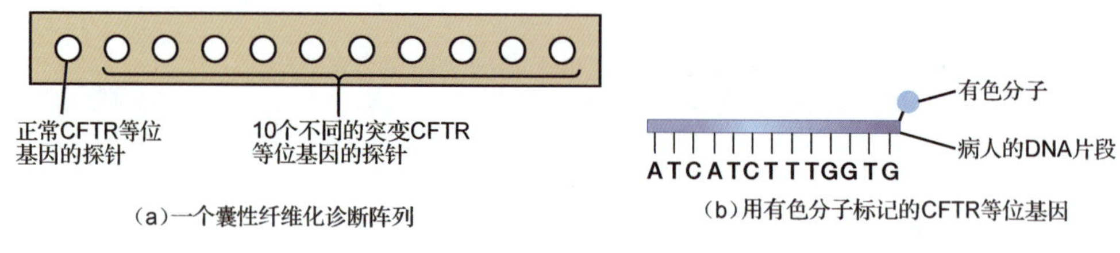

(a) 一个囊性纤维化诊断阵列
(b) 用有色分子标记的CFTR等位基因

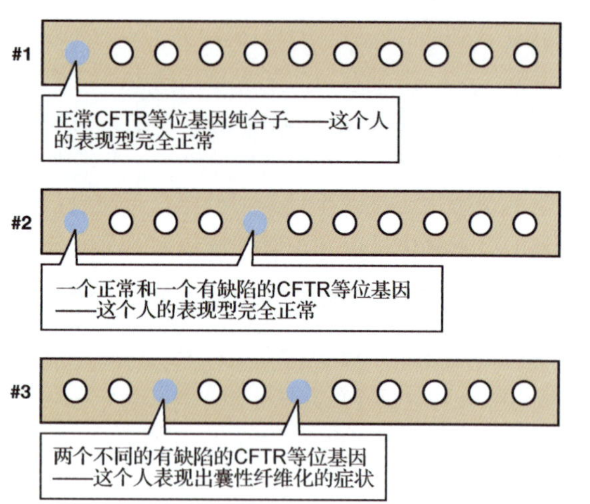

(c) 以上三个诊断阵列上经标记的DNA样品分别来自三个不同的人

▶**图 13-13　一个囊性纤维化诊断阵列**　(a) 一个典型的囊性纤维化诊断阵列包括一张特殊的纸，上面依附着与正常 CFTR 等位基因互补的 DNA 探针（最左边的点）和与几种最常见的 CFTR 缺陷基因的 DNA 互补的 DNA 探针（其余 10 个点）。(b) 来自病人的 DNA 被切割成小的片段，把片段分离成单链，然后用有色分子来标记 CFTR 等位基因。(c) 将阵列浸泡在经过标记的病人 DNA 溶液中。病人携带哪些 CFTR 等位基因，标记的 DNA 就会和阵列上相应的点结合。

最后，有些公司对公众提供个人 DNA 扫描服务。这些检查使用 DNA 微阵列来寻找可能使人易患心脏病、乳腺癌、关节炎或其他疾病的等位基因。这些公司还根据个体 DNA 分析的结果来提供健康建议，尽管大多数建议——运动、控制血压和胆固醇含量、控制体重、戒烟，等等——对于任何人来说都是好建议，无论他们携带什么样的等位基因。

13.7.2　DNA 技术有助于治疗疾病

关于用 DNA 技术治疗疾病有两个主要的应用：(1) 主要是在细菌中用 DNA 重组技术来生产药物；(2) 基因疗法，这种方法试图通过在病人的细胞中插入、删除或改变基因来治疗疾病。

1. 用生物技术生产药物

由于 DNA 重组技术的出现，几种在医学上有重要作用的蛋白质现在大多都是用细菌生产的。第一个用 DNA 重组技术制造的蛋白质是胰岛素。在 1982 年重组人胰岛素被批准使用之前，糖尿病人所需的胰岛素是从被屠宰的牛或猪的胰腺中提取出来的。尽管这些动物的胰岛素和人的非常相似，但之间的细微不同导致了大于5%的糖尿病人出现过敏反应。重组人胰岛素则不会引起过敏反应。

其他的人类蛋白，比如生长激素和凝血因子，同样可以在转基因细菌中生产。在这些蛋白中，有些曾经是从人的血液甚至尸体中获得的，这样的来源十分昂贵，有时还很危险。你可能知道，血液可能会被人类免疫缺陷病毒（HIV）污染，这种病毒会导致获得性免疫缺陷综合征（AIDS）。尸体也可能含有几种很难诊断的传染病，比如克雅氏病，在这种病例中，一种异常蛋白可以从被感染的尸体上传递到病人体内，并导致致死性的大脑退行性病变（见第 3 章）。而细菌或其他培养细胞生产的工程蛋白则可以避开这些危险。几种通过 DNA 重组技术生产的人类蛋白列在表 13-2 中。

表 13-2 几种用 DNA 重组技术生产的医疗产品

蛋白质种类	目 的	例 子	生产方法
人类激素	治疗糖尿病和生长障碍	Humulin™（人胰岛素）	将人类基因插入细菌中
人类细胞因子（调节免疫系统功能）	用于骨髓移植以及治疗癌症和病毒感染，包括肝炎和生殖道疣	Leukine™（粒-巨噬细胞集落刺激因子）	将人类基因插入酵母菌中
抗体（免疫系统蛋白质）	用于抵抗感染，癌症，糖尿病，器官排斥，以及多发性硬化症	Herceptin™（一种乳腺癌细胞表达的蛋白质的抗体）	将重组抗体基因插入培养的仓鼠细胞中
病毒蛋白	用于制造对抗病毒感染的疫苗以及诊断病毒感染	Engerix-B™（乙型肝炎疫苗）	将病毒基因插入酵母菌中
酶	用于治疗心脏病，囊性纤维化和其他疾病，以及在奶酪和去污剂的生产中发挥作用	Activase™（组织纤溶酶原激活物）	将人类基因插入培养的仓鼠细胞中

2. 用基因疗法治疗艾滋病

人类免疫缺陷病毒感染几种免疫细胞（主要是白细胞），包括一种在对感染的免疫应答过程中起到重要作用的辅助 T 细胞。HIV 杀死辅助 T 细胞。当体内的辅助 T 细胞数量过少时，免疫系统就摇摇欲坠了，在正常情况下很轻微的感染在此时都会威胁生命。此时病情发展为晚期艾滋病。如果不加以治疗，艾滋病在几年之内就会致命。

为什么艾滋病不总是致命的？HIV 与易感免疫细胞表面的一种蛋白质 CCR5 相结合。然后，HIV 会进入细胞并开始它致命的感染周期。但有极少一部分人携带有一种基因突变，这些人不产生 CCR5 受体，因此通常的艾滋病毒毒株不会感染他们。

生物技术为我们清除患有 AIDS 的病人体内的 CCR5 受体提供了可能性，如果能做到这一点，就可以治愈或至少大大缓解他们的病情。分子生物学家能够制造切割特定基因的酶，比如切割编码 CCR5 的基因的酶。这种疗法是这样发挥作用的：将免疫细胞从病人体内移出，用这种酶破坏编码 CCR5 的基因，尽管细胞会试图修复受损的 DNA，但其中有四分之一会失败，从此再也不会产生 CCR5。将这些清除了 CCR5 的细胞输入病人体内。在两个小规模的临床试验中，接受这种疗法的病人体内有功能的免疫细胞的数目大大增加。

成熟的免疫细胞不会永久存活，因此接受这种疗法的病人可能要终生间歇性重复接受这种疗法才行。不过，所有免疫细胞都起源于骨髓中的干细胞（见第 9 章）。在人的一生中，干细胞都能够分裂，不断产生一种或多种（通常是很多种）不同的子细胞。在理想条件下，我们从病人体内分离出干细胞，进行基因“修复”，然后注入病人体内以替代其他干细胞。在 HIV 的例子中，这些清除了 CCR5 的干细胞产生的辅助 T 细胞也会缺乏 CCR5，并能抵抗 HIV 感染。此外，病人体内也会发生自然选择：HIV 还会继续杀死没有修饰过的细胞，但不会杀死清除了 CCR5 的细胞。最终，病人的所有辅助 T 细胞都是清除了 CCR5 的细胞，从而永久治愈艾滋病。

3. 用基因疗法治疗严重联合免疫缺陷

严重联合免疫缺陷（SCID）是一种罕见的疾病，患儿的免疫系统无法正常发育。大概在

80 000 名新生儿中就有 1 名患有某种形式的 SCID。对正常儿童来说，很轻微的感染就会威胁患儿的生命安全。在有些情况下，如果患儿有一位不受影响的亲戚与之具有类似的基因组成，那么将这位健康的亲戚的骨髓移植给患儿，可以给患儿提供能正常工作的干细胞，从而使患儿的免疫系统正常发育。然而，大多数患有 SCID 的儿童都会在长到一岁之前死亡。

大多数形式的 SCID 是由几个基因中的一个发生隐性缺陷突变导致的。在一种 SCID 中，患儿对于一个在正常情况下编码腺苷脱氨基酶的缺陷等位基因是隐性纯合的（这种情况通常叫做 ADA-SCID）。在 1990 年，医生们对一名罹患 ADA-SCID 的 4 岁女童，Ashanti DeSilva 进行了基因治疗。医生们取出她的一些白血球，用一种携带有她的缺陷等位基因的正常版本的病毒对其进行基因改造，然后将这些白血球送回她的血液中。这次治疗获得了部分成功，但并没有彻底治愈 Ashanti 的病。现在，Ashanti 已经是一名健康的成年人了，而她还需要定期注射一种腺苷脱氨基酶来增强免疫力。最近的临床试验使用一种和上述疗法稍有不同的方法来治疗 ADA-SCID。研究人员从患有 ADA-SCID 的儿童的骨髓中取出骨髓干细胞，插入功能正常的腺苷脱氨基酶基因，然后将这些细胞送回患儿体内。因为骨髓干细胞在一生中都持续产生新的白血球，所以研究人员希望这样能彻底治愈这些孩子。到 2011 年底，所有 27 个接受这种疗法的孩子都还健康地活着，而迄今为止，有 19 个无须接受额外治疗以增强免疫应答。

另一种被称为 X-连锁严重联合免疫缺陷的 SCID，是由位于 X 染色体上的一个隐性缺陷等位基因引起的。研究人员对 20 名患有 X-SCID 的儿童使用基因疗法，在他们的骨髓干细胞中插入一个有功能的这种基因。其中有 18 名看上去是治愈了，而有些在治疗的 10 年后还保持着健康。然而，用基因疗法治疗 X-SCID 不是没有风险的：有几个孩子患上了白血病，显然是因为在基因插入的过程中激活了某个原癌基因（见第 9 章）。而较新的疗法看上去会减少甚至可能会消除这种风险。

尽管孩子们的母亲知道基因疗法伴随着风险，但是就像其中一位母亲所说的那样，“我们别无选择。”今天，这些孩子可以过正常人的生活——可以上学、踢足球、骑马，而不是在婴儿期就死去或者活在一个无菌的泡泡里，无法和他人接触。

13.8 现代生物技术的主要伦理问题是什么？

现代生物技术让我们能够大大改变自己的生活以及地球上许多其他生物的生活。不过，也有人将这视为一种威胁。人性是否有能力处理生物技术所带来的责任呢？在这里，我们会探讨两个重要话题：在农业中使用转基因植物和对人类进行基因修改的前景。

 13.8.1 应该允许在农业生产中使用转基因植物吗？

传统和现代农业生物技术的目的是一样的：改变生物的基因组成，让它们变得更加有用。不过，二者存在三个主要的差异：首先，传统生物技术发挥作用非常缓慢；为了产生新品种的植物或动物，通常需要经过很多代的选择性繁殖。相反，基因工程可以在一代中引入大量的基因变化。其次，传统生物技术几乎总是在相同或者亲缘关系很近的物种之间进行基因重组，而基因工程能够将来自极为不同的几个物种的 DNA 在一个生物中进行重组。最后，传统生物技术无法直接操纵基因的 DNA 序列，而人们通过基因工程可以培育出在地球上从未出现过的生物。

显然，最好的转基因农作物对农民来说非常有好处。抗除草剂农作物能使农民摆脱杂草的困扰，因为这样他们就可以在农作物生长的任何时期使用强有力的除草剂，而杂草会使收成降低 10% 甚至更多。抗虫农作物减少了对杀虫剂的需求，从而减少杀虫剂本身的成本，以及拖拉机的燃油和人力成本。因此，转基因农作物能以较低的成本获得更好的收成，这些结余可以惠及消费者。转基因农作物还可能变得比正常农作物更有营养。

不过，很多人极力反对转基因农作物或家畜。人们主要担心的是转基因生物可能会对人类健康有害或者危害环境。

1. 食用转基因食物有危险吗？

在大多数情况下，没有理由认为食用转基因生物是危险的。比如，研究表明 Bt 基因编码的蛋白对哺乳动物是无毒的，因此它并不会威胁到人类健康。如果促生长家畜上市了，只是会产生更多的肉而已，而这些肉也是由与非转基因动物相同的蛋白质组成的，不会有危险。比如，一家名为 AquaBounty 的公司培育了表达额外生长激素的转基因三文鱼，三文鱼长得更快，但肉里含有的蛋白质和其他（非转基因）三文鱼是一样的。美国食品和药品管理局宣布，食用这种三文鱼是安全的。

不过另一方面，有些人可能会对转基因植物过敏。在 20 世纪 90 年代，科学家为了改善大豆蛋白中的氨基酸平衡，把一个来自巴西坚果的基因转入了大豆中。不久之后他们发现，对巴西坚果过敏的人可能会对这种转基因大豆过敏。因此，这种转基因大豆没有获准投入农业生产。现在，美国食品和药品管理局规定，所有转基因农作物必须经过潜在致敏性检查。

2. 转基因生物会对环境造成危害吗？

转基因生物对自然环境的作用更富争议。Bt 农作物一个显然的积极效果是减少了农民对杀虫剂的使用。这可以减少对环境的污染，也减少了对农民的危害。比如，在 2002 年和 2003 年，种植 Bt 稻米的中国农民相比种植普通稻米的农民少用了 80%的杀虫剂。此外，在他们中没有出现杀虫剂中毒的案例，而相比之下，种植普通稻米的农民有约 5%出现了杀虫剂中毒。在亚利桑那州进行的一项长达 10 年的研究表明，Bt 转基因棉花使农民在保持同样的棉花产量的同时减少了杀虫剂的使用。

另一方面，Bt 基因或抗除草剂基因可能会扩散到农场外面。因为这些基因是转入转基因农作物的基因组中的，所以也会存在于农作物的花粉中。而农民无法控制转基因植物的花粉去哪里。2006 年，美国环境保护署的研究人员在距离俄勒冈州一个试验点超过两英里的地方发现了抗除草剂的草。遗传学分析科学家推断，其中一些抗除草剂基因是通过花粉传播的（大多数草营风力传粉），而另一些是通过种子传播的（大多数草的种子都很轻）。在 2010 年，研究人员发现，携带抗除草剂基因的芸苔在北达科他州广为分布。

这有关系吗？很多农作物，包括美洲的玉米、芸苔和向日葵，以及东欧和中东的小麦、大麦和燕麦，它们附近都生活着其野生的亲戚。假设它们与转基因农作物进行了杂交，并变得能够抗除草剂或抗虫。这些意外被转入基因的野生植物会不会导致严重的杂草问题呢？它们会不会因为不容易被昆虫吃掉而取代其他野生植物呢？就算转基因农作物在野外没有近亲，细菌和病毒有时也会在本无亲缘关系的植物物种之间传递基因。病毒会不会将我们不希望散布出去的基因散布到野生植物种群中去呢？没有人知道答案。

那么转基因动物呢？不像花粉和很轻的种子那样，大多数家畜，比如牛或羊，都是不容易移动的。此外，它们大都没有可以与之进行基因交换的野生近亲，因此它们对自然生态系统的危险看上去很小。然而，有些转基因动物，比如鱼，可能会带来更严重的威胁。因为它们分散得非常快，而且几乎不可能重新捕捉。如果转基因鱼更具攻击性，长得更快或比野生鱼更快成熟，那么它们就可能会取代当地种群。AquaBounty 公司倡导的，摆脱这个困境的一种可能方式是只养殖不育的转基因鱼，因此任何逃脱的个体都会死掉而无法繁殖，对自然生态系统便几乎不会产生影响。然而，怀疑论者担心，绝育的手段并非 100%有效，因此还是可能有可育的转基因鱼逃到野外。

13.8.2 人们应该使用生物技术改变人类基因组吗？

人们对生物技术的应用的许多伦理含义，从根本上说，与其他医学手段相连的技术是相同的。比如，早在生物技术使我们能够产前检查囊性纤维化或镰刀形红细胞贫血之前，通过对从羊水中提取出来的细胞染色体进行计数就可以简单地诊断 21 三体综合征（唐氏综合征）。在父母是否应该用这些信息来决定流产还是为照顾患儿做准备这一问题上产生了巨大的争议。不过，其他的道德关注则纯粹是发达的生物技术造成的结果。比如，是否应该允许人们选择甚至是改变他们后代的基因组呢？

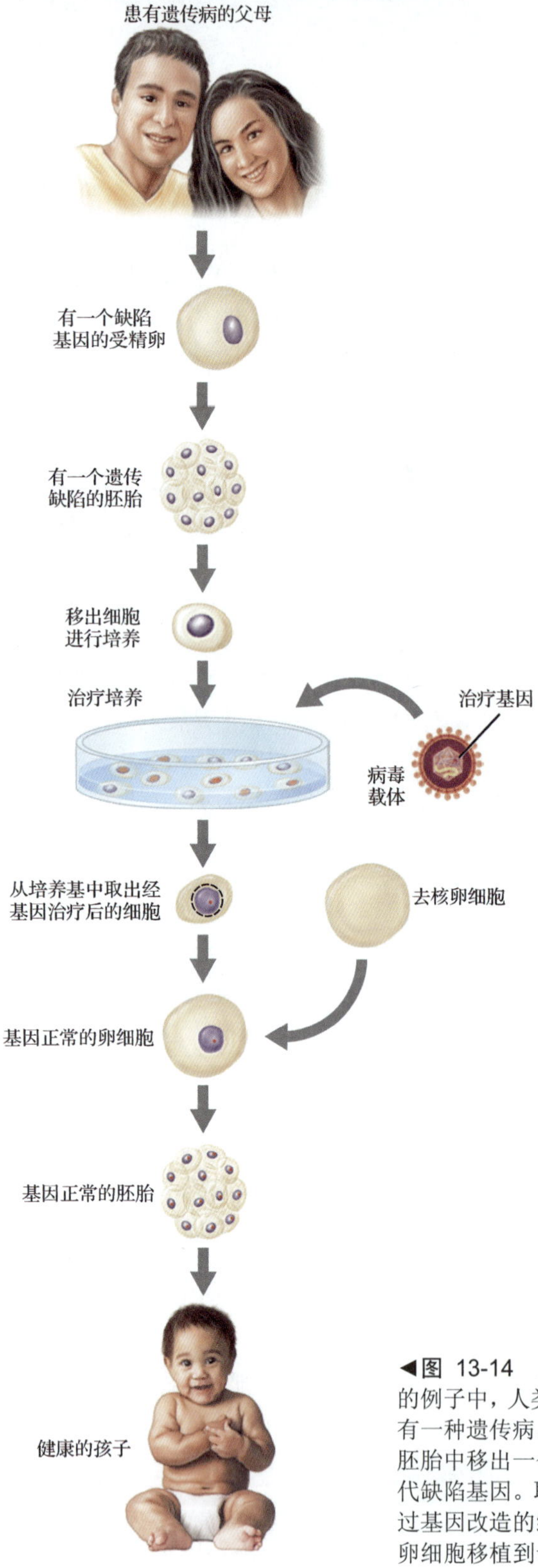

1994 年 7 月 4 日，一名在科罗拉多出生的女孩患有范科尼贫血。这是一种致命的遗传病，如果不能用一个与她基因兼容的供体的骨髓干细胞进行骨髓移植，那么女孩必死无疑。她的父母想再生一个孩子——一个非常特殊的孩子。当然，他们希望孩子不患有范科尼贫血，还希望这个孩子可以作为他们女儿的干细胞供体。他们向 Yury Verlinsky 生殖遗传学研究所寻求帮助。Verlinsky 用这对父母的精子和卵细胞产生了许多个胚胎并进行培养。对这些胚胎进行了遗传缺陷检查和与这对夫妇的女儿的组织相容性检查。Verlinsky 选择了一个具有所需基因型的胚胎，并将其移植到那位母亲的子宫里。9 个月之后，她生了一个男孩，男孩的脐带血为他姐姐的骨髓移植提供了干细胞。现在，姐姐的骨髓缺陷已经治好了，尽管她还患有贫血以及很多并发症状。这是不是在合理利用遗传筛检呢？我们可以制造许多胚胎，同时知道其中的大部分都要被抛弃掉吗？如果这是唯一能够拯救另一个孩子的生命的方法，那么这符合伦理吗？

与将基因导入干细胞来治疗 SCID 相同的技术可以用来改造受精卵的基因（见图 13-14）。设想一下，我们可以把有功能的 CFTR 等位基因导入人类卵细胞，从而防止囊性纤维化。这种对人类基因组的改造符合伦理吗？那么培育更高大的橄榄球运动员或更漂亮的超级模特呢？这符合伦理吗？如果这种技术可以用来治疗疾病，那么就很难防止它被用于非医疗用途。这样的话，由谁来决定哪些应用是合适的而哪些只不过是微不足道的虚荣而已呢？

◀**图 13-14　用生物技术来校正人类胚胎的基因缺陷**　在这个假想的例子中，人类胚胎由卵细胞在体外受精得到，父母双方或其中一人有一种遗传病。当一个携带有缺陷基因的胚胎长成一小团细胞时，从胚胎中移出一个细胞，用合适的载体——通常是灭活的病毒——来取代缺陷基因。取出另一个卵细胞（来自同一个母亲）的细胞核。将经过基因改造的细胞注射到去核卵细胞中。接下来，就可以把改造过的卵细胞移植到母亲的子宫内进行发育。

第三篇

生命的进化和多样性

地球上所有的物种，包括这只颜色醒目的变色龙，都是一个共同祖先的后代。

“……无数最美丽、最奇特的物种，都从这极为简单的开端演化而来，并继续进行着演化。”

——达尔文《物种起源》

第 14 章　进化的原理

这只巨大的鸵鸟无法飞行却有一对翅膀，这对翅膀是进化过程的遗产。

14.1　进化的思想是如何发展起来的？

刚开始学习生物学时，你可能看不出你的智齿和鸵鸟的翅膀之间有什么联系。但这种联系是存在的，将生物界全体联合起来的概念——进化，或者说随着时间的流逝，种群（种群由特定的区域中一个物种的所有个体组成）中产生的性状差异——提供了这种联系。

现代生物学建立在我们对生命进化的理解上，但早期的科学家没有认识到这一基本原则。进化生物学的主要观点只是在 19 世纪达尔文的工作成果发表之后才被广泛接受。不过，这些观点的知识基础在达尔文之前的几个世纪中一直都在发展着。

14.1.1　早期生物学思想不包括进化的概念

受神学影响严重的前达尔文科学认为，所有生物都是同时由上帝创造的，并且每个不同的生命形式从被创造的那一刻起就保持不变。古希腊哲学家，尤其是柏拉图和亚里士多德，表达了这种对生命多样性产生原因的一种优美的解释。柏拉图（公元前 427—公元前 347 年）提出，地球上的每个物体都只是它受神灵启示的“理想形态”的一个暂时的映像。柏拉图的学生亚里士多德（公元前 384—公元前 322 年）将所有生物列入被他称为“自然梯级”的线性谱系中（见图 14-1）。

这些观念形成了每种生物体的性状都是永久固定的这一见解的基础，这一见解在近 2000 年间都占据统治地位。然而，到了 18 世纪，几条新出现的证据开始逐渐破坏这一静态的创生观。

14.1.2　对新大陆的探索揭示了生命惊人的多样性

欧洲人探索并殖民统治了非洲、亚洲和美洲。在探索的旅途中，他们与博物学家同行，这些博物学家经常观察并收集一些未知大陆（对欧洲人来说）的动植物。在 18 世纪，博物学家积累的观察结果和收藏品开始揭示生命多样性的真正广度。物种的数量，或者说生物的种类数目，比任何人想象的都要巨大。

受生命不可思议的多样性这一证据的鼓舞，一些 18 世纪的博物学家开始注意一些有趣的现象。比如，他们发现，每个地理区域都有其与众不同的一组物种。另外，博物学家发现，特定地点的一些物种之间彼此非常相似，但在有些性状上存在不同。位于不同地理位置，既有互不相同的物种，

▲图 14-1　亚里士多德的自然阶梯　在亚里士多德看来，固定的、不变的物种可以以与完美的接近程度升序排列，低级的种类位于底端，而高级的种类在上面

也有十分相似的物种，这些事实与当时的很多科学家笃信的物种固定不变观点是矛盾的。（在阅读接下来的史料时，可以参考图 14-2 中的时间线）。

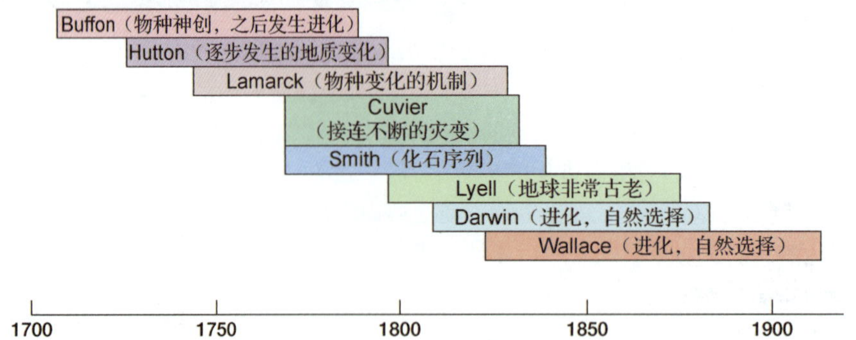

▲图 14-2 进化思想根源的时间线 每一条都代表了在现代进化生物学的发展中起到重要作用的科学家。

 14.1.3 少数科学家推测生命是经过进化的

少数几个 18 世纪的科学家迈出了一大步，他们推测物种实际上是随时间发生了改变的。比如，人称布丰（Buffon）伯爵的法国博物学家雷克勒（Georges Louis LeClerc，1707—1788）提出，最初的创生提供了少量基础物种，此后，也许是在迁移到新的地理区域之后，其中的一些可能会发生"改善"或"退化"。也就是说，布丰伯爵提出物种通过自然途径，随时间发生改变这一观点。

 14.1.4 化石的发现表明生命随时间而变化

当布丰以及同时代的科学家正在思考新的生物学发现的含义时，地质学的发展对物种永久固定不变这一观点提出了进一步的质疑。尤其重要的证据是在挖掘道路、矿井和运河时，发现的类似活着的生物的岩石碎片。人们从 15 世纪起就知道有这样的物体存在，但是大多数人都以为它们只是被风、水或人力加工成了类似生物的样子。然而，当越来越多的具有生物形状的石头被人们发现，一个事实越来越明显：它们是死去了很长时间的生物被保存下来的遗体或活动痕迹——化石（见图 14-3）。很多化石是骨骼、树木、贝壳或它们在泥土中的印记被石化，或者说，被转化成石头而产生的。化石也包括其他被保存下来的痕迹，比如足迹、洞穴、花粉粒、卵和粪便。

到了 19 世纪前期，一些具有开拓精神的研究人员认识到，化石在岩石中的分布也是很重要的。很多岩石存在分层，新的岩层位于更古老的岩层之上。英国测量员史密斯（William Smith，1769—1839）研究岩层和其中埋藏的化石，他发现特定种类的化石总是在相同的岩层中被发现。此外，化石和岩层的组织在不同的地点都是一致的：比如，A 类化石总能在位于一个更年轻的、含有 B 类化石的岩层之下的岩层中被发现，而前者又位于一个比它更加年轻的、含有 C 类化石的岩层之下，等等。

那个时代的科学家还发现，化石遗物展现出了显著的发展过程。大多数在最古老的岩层中发现的化石与现代的生物非常不同，并且，与现代生物的相似度在越来越年轻的岩层中逐渐递增（见图 14-4）。在发现的化石中，很多都是来自于已经灭绝（已经没有还活着在地球上的成员）的植物或动物。

将这些事实整合到一起，一些科学家不得不做出这一结论：不同种类的生物曾经生存在过去的不同时间段内。

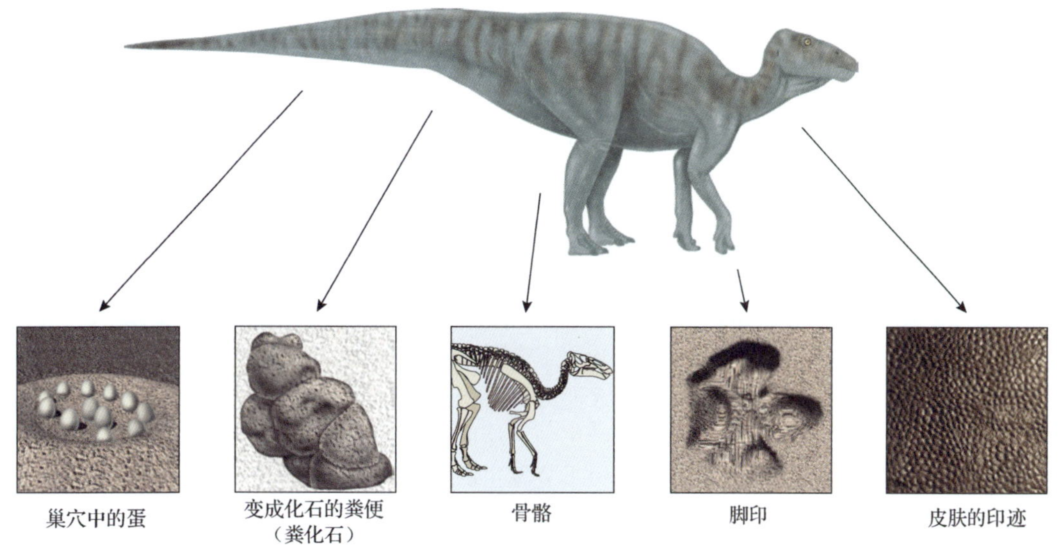

图 14-3　化石的种类　生物的任何被保存下来的部分或者痕迹都叫做化石。

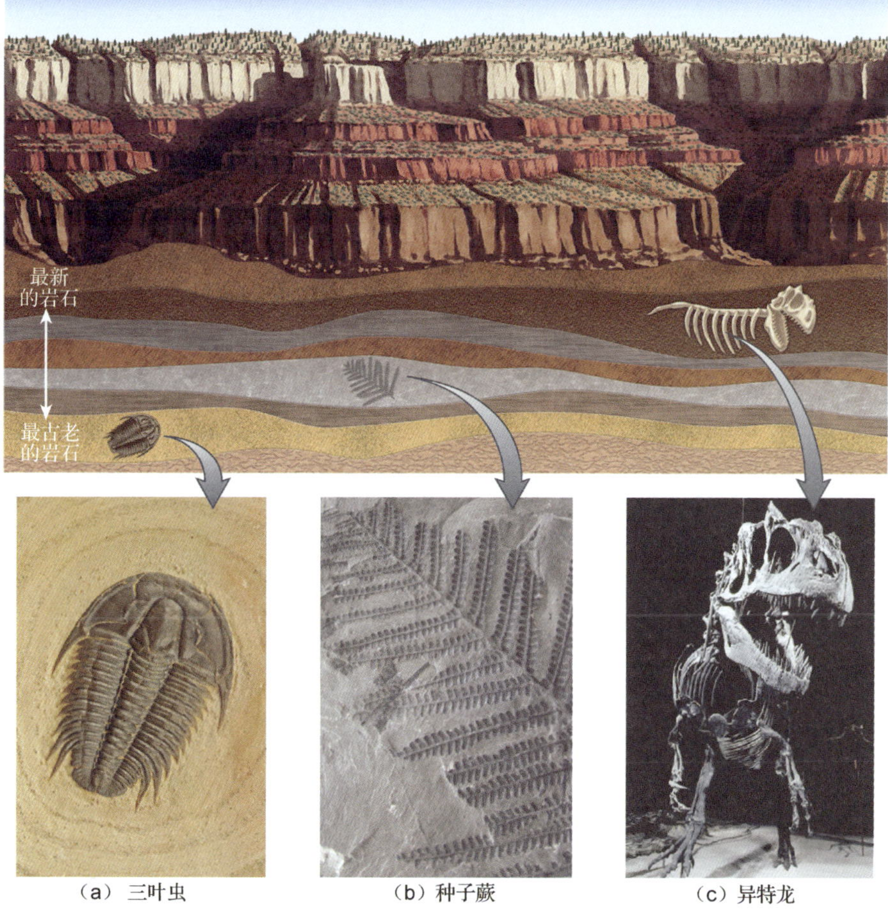

▶图 14-4　不同的化石在不同的岩层中被发现　化石为今天的生物不是被突然创造出来的而是随着时间的推移进化而来这一观点提供了强有力的支持。如果所有物种都是同时创造出来的，那么（a）最早的三叶虫就不可能会在比（b）最早的种子蕨更古老的岩层中被发现，而后者也不会在比（c）恐龙，如异特龙，更古老的岩层中被发现了。三叶虫最早在约 5.2 亿年前出现，种子蕨（其实不是蕨类植物，但有着类似蕨类植物的叶子）在约 3.8 亿年前出现，而恐龙在约 2.3 亿年前出现。

14.1.5　一些科学家对化石做出了非进化学上的解释

尽管有越来越多的化石证据被发现，但是这个时代的很多科学家还是不接受物种会发生变化、而且随着时间推移会产生新的物种这一主张。为了解释物种的灭绝，同时保留物种都是由上帝同时创造的这一观念，法国解剖学家和古生物学者居维叶（Georges Cuvier，1769—1832）提出了灾变说，他假设，最初上帝创造了大量的物种；接连的灾变（比如圣经中描述的大洪水）产生了岩层，毁灭了许多物种，并在这个过程中将其残余物的一部分变成了化石。他还推测，现代的生物是从灾变中生存下来的物种。

 14.1.6 地质学提供了地球极度古老的证据

居维叶的灾变说假设接连的灾难塑造了世界，这受到了地质学家莱尔（Charles Lyell，1797—1875）的质疑。居维叶在赫顿（James Hutton，1726—1797）的思想的基础上，考虑了风、水和火山的因素，并得出结论，认为没有必要用灾变的理论来解释地质学的发现。泛滥的河流难道不会产生一层层的沉积物吗？岩浆流难道不会产生一层层的玄武岩吗？所以，我们难道不应该得出结论，岩层是正常的自然现象在漫长的时间中重复发生的证据吗？我们现在观察到的渐变地质过程在过去也发生，并从之产生了地球现在的景象，这一理论称为均变说。当时的科学家接受了深刻的影响，因为该思想暗示了地球是非常古老的。

在莱尔支持均变说的证据于 1830 年发表前，只有很少数的科学家怀疑地球可能不只有几千年的年龄。比如，对《旧约全书》中的世代进行计数，会得到地球的最大年龄在 4000～6000 年的结论。地球如此年轻的理论强烈地质疑了生命发生过进化这一观点。比如，古时候的作家，例如亚里士多德，对狼、鹿、狮子及其他生物的描述，与两千多年后欧洲存在的这些生物一模一样。如果生物在这段时间内改变得如此之少，那么如果地球仅仅是在亚里士多德的时代之前几千年被创造出来的，怎么可能会产生新的物种呢？

但是，如果像莱尔提出的那样，几千英尺厚的岩层是由缓慢的自然过程产生的，那么地球一定是非常古老的，可能有几百万年的历史。实际上，莱尔得出结论，认为地球是永恒的。现代地质学家估计地球的年龄约为 45 亿年。

莱尔（和他富有智慧的前辈赫顿）指出，存在足够的时间使生物进行进化。但进化的机制是什么、什么过程会使进化发生呢？

 14.1.7 在达尔文之前，生物学家提出了进化的机制

最早提出进化机制的科学家之一是法国科学家拉马克（Jean Baptiste Lamarck，1744—1829）。岩层中生物的排列顺序给他留下了深刻的印象。他观察发现，较古老的化石比年代较近的化石与现存的生物更不相似。

1809 年，拉马克出版了一本书，在书中，他假设生物通过对获得性特征的遗传而进化，在这个过程中，器官的使用与否使生物的身体发生改变，而这些改变会遗传给下一代。为什么生物体会发生改变呢？拉马克提出，所有生物都拥有先天的、向往完美的内驱力。比如，如果长颈鹿的祖先试图通过向上伸展来食用长在很高树上的叶子，那么它们的脖子就会因此而略微变长，它们的下一代就会遗传这些更长的脖子，然后会伸展得更远，以便吃到更高处的叶子。最终，这个过程会产生脖子很长的现代长颈鹿。

现在我们知道遗传是怎样作用的，所以我们能看出拉马克提出的进化过程不会像他描述的那样发挥作用。后天获得的特征是不会遗传的。一个锻炼哑铃的父亲并不能希望他的孩子因此而有运动员的体格。不过要记住，在拉马克的时代，还未发现遗传学原理（孟德尔在拉马克去世的几年前出生，他用豌豆进行的遗传学实验直到 1900 年才被广泛认可）。无论如何，拉马克对遗传在进化中发挥重要作用的洞见，对日后发现进化主要机制的生物学家产生了重要的影响。

14.1.8　达尔文和华莱士提出了一种进化的机制

到了 19 世纪中期，越来越多的生物学家断定，现今的物种是从更早的物种进化而来的。但这个过程是怎样发生的呢？在 1858 年，达尔文（1809—1882）和华莱士（1823—1913）分别工作，提供了证据，证明进化是由一种简单却强有力的过程驱动的。

尽管他们的社会背景和教育背景非常不同，但是达尔文和华莱士在一些方面非常相似。他们都曾在热带地区广泛游历，研究了那里生活着的动物和植物。他们都发现有些物种只在少数几个特征上存在不同（见图 14-5）。他们都对当时已发现的化石非常熟悉，其中很多都显示了随时间的变化与现代生物的相似性增加的趋势。最后，他们都了解赫顿和莱尔的研究及其提出的地球及其古老的观点。这些事实使两人想到，种群是随时间变化的。而两人都找到了一种或许能够导致这种进化变化的机制。

（a）大地雀，它的喙适合食用较大的种子

（b）小地雀，它的喙适合食用较小的种子

（c）莺雀，它的喙适合食用昆虫

（d）植食性的树雀，它的喙适合食用叶子

◀**图 14-5　达尔文研究过的雀类，加拉帕戈斯群岛的留鸟**　达尔文研究了加拉帕戈斯群岛上一群亲缘关系很近的几种雀科鸟类。其中每个物种都特化成食用不同的食物，并有着具有特征性大小和形状的喙，因为具有最适合利用当地食物来源的喙的原始个体相比具有不太有效的喙的个体来说，能产生更多的后代。

两人之中达尔文是第一个提出进化机制的，他于 1842 年就概述了这种机制，并于 1844 年在一篇论文中更详细地对这种机制进行描述。也许是因为害怕发表论文会引起争论，他将论文寄给了几位同事，但是没有交付出版商出版。有些历史学家怀疑，如果达尔文没有在他初稿完成约 16 年之后收到华莱士的论文，发现华莱士论文中的主要观点与自己的观点惊人地一致，也许他永远都不会公开发布自己的观点。但收到华莱士的论文后，达尔文认识到，他不能再拖延下去了。

达尔文和华莱士分别在两篇于 1858 年递交给伦敦林奈学会的各自论文中，描述了相同的进化机制。最初他们的论文影响很小。事实上，学会的秘书在年度报告上说，那一年没有发生什么特别有趣的事情。幸运的是，达尔文于第二年出版了他的不朽著作《物种起源》。这本书的出版引起了人们对物种进化方式的极大兴趣。

14.2　自然选择是如何发挥作用的？

达尔文和华莱士提出，生命巨大的多样性是由带有修饰（modification）的遗传过程产生的，在这个过程中，每一代的个体都与上一代有些许不同。经过很长时间后，这些微小的不同积累起来，使生物产生较大的变化。

14.2.1 达尔文和华莱士的理论依赖于四条假设

达尔文和华莱士提出进化过程的假设，其逻辑链实际上惊人地直截了当。这一逻辑链以四条关于种群的假设为基础：

假设 1 种群中的成员在许多方面存在不同。

假设 2 在种群成员之间的不同点中，至少有一部分归结于可以从亲代传递给后代的性状。

假设 3 在每一代中，种群中的一些个体能存活下来并成功繁殖，而其余的不能。

假设 4 个体的命运不完全由机遇或运气决定。相反地，一个个体能够存活并繁殖的可能性取决于它的性状。具有有利特性的个体活得最长、产生更多的后代，这个过程称为自然选择（natural selection）。

两人知道，如果这四条假设都是正确的，种群将不可避免地随时间而发生改变。如果种群中的成员有着不同的性状，且最适应环境的个体能留下更多的后代，且这些个体能够将这些有利的性状传递给其后代，那么，这些有利的性状在下一代中会变得更加普遍。种群的性状会随着每一代发生微小的改变。这个过程就是自然选择导致的进化。

这四条假设是正确的吗？达尔文认为是正确的，并在《物种起源》中使用了大量篇幅来描述支持的证据。让我们简要地检视一下每条假设，在某些情况下，我们有着达尔文和华莱士生活的那个时代所不具有的知识这一优势。

14.2.2 假设 1：种群中的个体互不相同

只要环视一下一个拥挤的房间，任何人都会显而易见地相信假设 1 的正确性。人们在体型、眼睛的颜色、皮肤的颜色和许多其他身体特征上都有不同。类似的差异性在其他生物的种群中也存在，尽管对于漫不经心的旁观者来说差异并不明显（见图 14-6）。

14.2.3 假设 2：性状从亲代传递给子代

在达尔文出版《物种起源》时，遗传学原理尚未被发现。因此，尽管对人、宠物和农场动物的观察似乎表明子代与亲代相似，但达尔文和华莱士却没有支持假设 2 的科学依据。不过，孟德尔的研究确凿地证明了特定的性状可以传递给子代。从孟德尔的时代开始，遗传学家们已经构建了遗传作用的详细图景。

14.2.4 假设 3：有些个体未能存活并繁殖

达尔文假设 3 的形成受到马尔萨斯（Thomas Malthus）《人口论》（1798 年）的很大影响。在那本书中，马尔萨斯描述了不受抑制的人口增长的危险性。达尔文敏锐地意识到，生物会产生子代的数量，远远大于取代亲代所需的数量。比如，他计算出，如果每一头后代都产生 6 头能存活下来并繁殖的后代，那么一对大象在 750 年后能繁殖到 190 万头，但是，大象并没有泛滥成灾。

▲图 14-6 **一个蜗牛种群中的差异** 尽管这些蜗牛同属一个种群，但没有两只是完全一样的。

大象的数目就像大多数自然种群中个体的数目一样，倾向于保持相对稳定的状态。因此，生物体的数量一定大于可存活到繁殖后代的生物体数量生活。在每一代中，很多个体必定会夭折。即使是那些存活下来的，很多必定未能繁殖后代，或者产生很少的后代，或者产生不够强健而无法存活并繁殖的后代。正如你所料想的一样，生物学家无论何时检测一个种群的出生率都会发现，有些个体会比其他的个体产生更多的后代。

14.2.5 假设 4：存活和繁殖不是由运气决定的

如果繁殖不平等在种群中是常态，那么是什么决定了哪些个体会留下更多的后代呢？大量的科学证据显示，繁殖的成功取决于个体的性状。比如，科学家发现，在加利福尼亚州的海象种群中，体型大一些的雄性海象比小一些的雄性海象产生更多的后代（因为雌性海象更有可能和大的雄性海象交配）。在科罗拉多州的金鱼草种群中，开白花的植株比开黄花的植株的后代多（因为对传粉者来说白花更具吸引力）。这些结果以及许许多多其他相似的结果表明，在生存与繁殖的竞赛中，胜者大多数不是由运气决定的，而是由它们自身具有的性状决定的。

14.2.6 随着时间的推移，自然选择改变了种群

观察和实验证明，达尔文和华莱士的四个假设是合理的。而逻辑表明，四个假设的结果应该是种群的性状随时间发生改变。在《物种起源》中，达尔文给出下面的例子：“让我们以狩猎多种动物的狼为例，它们通过……抓捕（猎物）……快速……动作最敏捷、体型最苗条的狼有最好的机会存活，因此会被保留下来，或者说被选中……于是，如果任何轻微的习性或结构上的遗传变化使得某一只狼获益，那么它就会有最好的机会存活下来并留下后代，其中的一部分可能会遗传到相同的习性或结构，重复这个过程，就可能产生一个新的品种。”同样的逻辑对狼的猎物也适用；那些跑得最快、最机警或伪装得最好的，最有可能避免被捕食，并将这些性状传递给它们的后代。

注意，自然选择作用于种群中的个体。自然选择对个体命运的影响最终影响整个种群。随着世代的更替，遗传得到有利性状的个体在种群中所占百分比增加，从而使种群发生改变。个体不会发生进化，而种群会。

尽管更容易理解的是自然选择怎样使种群内部发生变化，但在适当的条件下，这个过程可能会产生全新的物种。

14.3 我们是如何知道进化曾经发生的？

今天，进化论是广为接受的科学理论。科学理论是通过大量可重复观测而发展来的、对重要自然现象的一般解释。有压倒性的证据支持发生了进化这一结论。主要的证据来源于化石、比较解剖学（研究不同物种间身体构造的不同）、胚胎学（研究生物体从受精到出生或孵化期间的发育过程）、生物化学和遗传学。

14.3.1 化石为随时间的进化变化提供了证据

如果化石是现代生物祖先的残留物这一点是真的，那么我们应该会发现一系列循序渐进的化石，以一种古代生物开始，通过几个中间阶段的发展，并在现代物种处结束。科学家的确发现了这样的序列。比如，现代鲸的祖先的化石阐明了从陆栖祖先进化到水生动物的中间状态（见图 14-7）。长颈鹿、大象、马和软体动物的一系列化石都显示了随时间发生的生物身体构造的变化。这些化石显示，新物种是由早先的物种进化而来的，并取代了早先的物种。

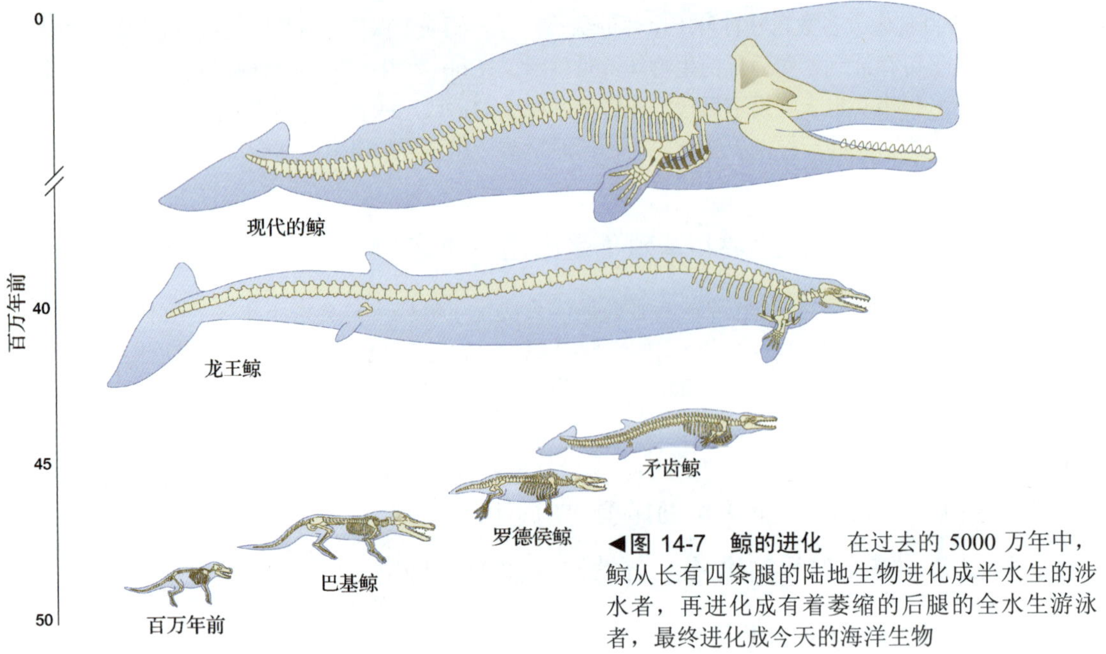

◀**图 14-7 鲸的进化** 在过去的 5000 万年中，鲸从长有四条腿的陆地生物进化成半水生的涉水者，再进化成有着萎缩的后腿的全水生游泳者，最终进化成今天的海洋生物

14.3.2 比较解剖学提供了后代渐变的证据

化石将过去定格，让科学家得以追踪进化变化，但对于今天的物种仔细审视也能揭露进化的证据。对不同物种生物身体的比较可以发现一些相似之处，揭露只能用共同祖先解释的，也可以发现一些不同点，只能用从共同祖先的进化变化解释。通过这样的方法，比较解剖学研究提供了证据，证明不同物种可通过进化上共同的祖先产生关联。

1. 同型结构提供了存在共同祖先的证据

对于不同的物种，进化对同一个身体结构进行修饰（modified）可能会得到不同的结果。比如，鸟类和哺乳类的前肢可用来飞行、游泳、在各种地形上奔跑，或者抓握如树枝和工具等物体。尽管具有如此多种多样的功能，但所有鸟类和哺乳类前肢的内部构造都非常相似（见图 14-8）。骨骼排列相同，可能却如此迥异，这使得每种动物各自单独创生显得很没有说服力。然而，如果鸟类和哺乳动物的前肢得自同一祖先，那么这样的相似性就正是我们预料之中的。通过自然选择，不同动物祖先的前肢发生了不同的变化。

这种结果上相似的内部构造称为同型结构，意思是它们具有同样的遗传起源，不论现在它们的功能或外表多么不同。

2. 无功能的结构遗传自祖先

自然选择导致的遗传也帮助解释了另一奇怪的状况，即，存在无明显基本功能的遗迹构造，例子包括吸血蝙蝠（靠吸食血液为生，因此不需要咀嚼食物）的臼齿、鲸以及特定蛇类体内的骨盆（见图 14-9）。这两种遗迹构造显然与在其他脊椎动物中（有脊椎骨的动物）发现的有用的结构是同源的。这些结构在不需要它们的动物体内仍然持续存在，对此最好的解释是一种“进化辎重”（evolutionary baggage）。比如，作为鲸的祖先的哺乳动物有四条腿和一套发育良好的骨盆（见图 14-7）；鲸没有后腿，但是它有很小的骨盆和嵌在两边的腿骨。在鲸的进化过程中，失去后腿为其提供了有利条件，使身体呈更好的流线型以便在水中运动。结果是，现代的鲸有着小的、无用的骨盆存留，因为它们已经缩小到不再成为妨碍存活的负担了。

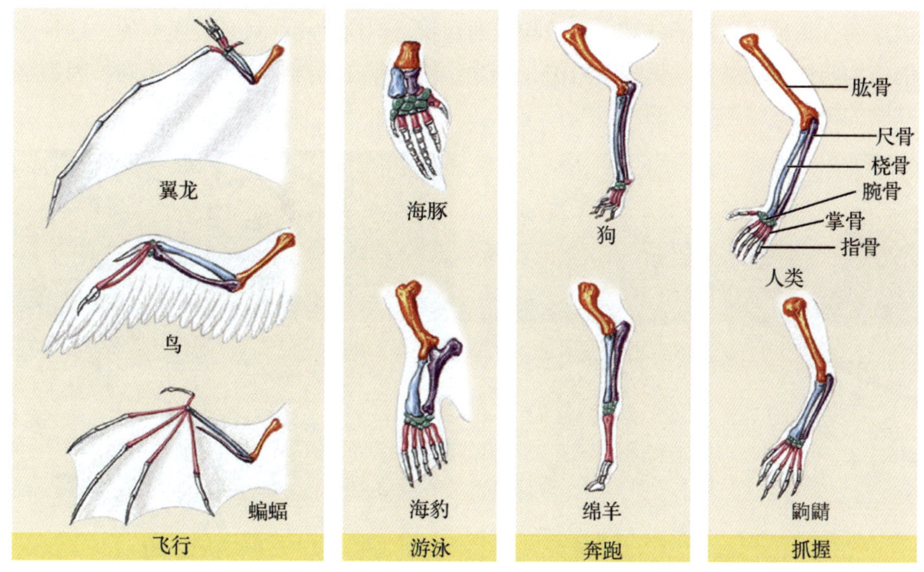

▲图 14-8　**同型结构**　尽管在功能上存在极大的不同，但是所有这些生物的前肢都包含从一个共同祖先遗传来的同一组骨骼。骨骼的不同颜色提示了不同物种间的对应关系。

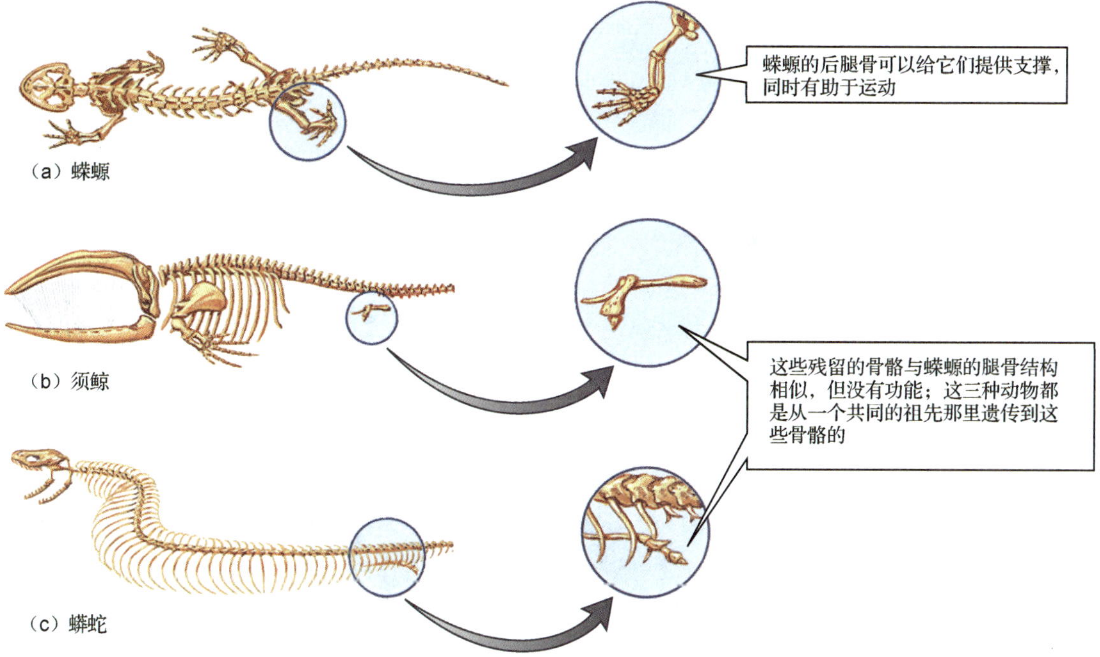

▲图 14-9　**遗迹结构**　很多生物体有着无明显功能的遗迹结构。图中（a）蝾螈、（b）须鲸和（c）蟒蛇都从共同祖先遗传到了下肢骨。这些骨骼在蝾螈中仍旧保持有功能，但在鲸和蛇中则不然。

3. 一些解剖学上的相似性是在相似环境下进化的结果

比较解剖学的研究，通过鉴别一组不同物种从共同祖先遗传来的同型结构，阐明了生命共同的祖先。但比较解剖学家同样也鉴定了许多不是起源于共同祖先的解剖学上的相似性。实际上，这些相似性起源于趋同进化，在此过程中，自然选择导致具有相同功能但不同源的结构彼此相似。比如，鸟类和昆虫都有翅膀，但是这种相似性并不是鸟类和昆虫从二者的共同祖先遗传来的构造逐渐演化而产生的，而是从两个不同的、非同源的结构经相似的改变产生的。因为自然选择偏爱鸟与昆虫中会飞行的个体，所以这两个物种进化出了外观上大致相似的翅膀，但这种相似只是表面上的。这种表面上相同但非同源的结构叫做同功结构（见图 14-10）。同功结构通常在内部结构上非常不同，因为这些部位不是从一个共同的祖先的结构得来的。

(a)豆娘

(b)燕子

▲图 14-10 **同功结构** 趋同进化会产生解剖学上不同、但表面上类似的结构。比如（a）昆虫和（b）鸟类的翅膀。

4. 胚胎学的相似性暗示了共同祖先的存在

在 19 世纪早期，德国胚胎学家贝尔（Karl von Baer）注意到，所有脊椎动物的胚胎在其早期发育过程中彼此极为相似（见图 14-11）。在早期胚胎阶段，鱼、龟、鸡、鼠和人类都会发育出尾巴和腮裂（又叫腮蜗）。但是在这几种动物中，只有鱼在成年时还保留腮，只有鱼、龟和鼠会保留实质上的尾巴。

为什么如此不同的脊椎动物会有相似的发展阶段？看上去合理的唯一解释是，脊椎动物的祖先有指导腮和尾巴发育的基因，它们所有的后代都会保留这些基因。在鱼体内，这些基因在发育的全程都是处于激活状态的，结果是其成体带有发育完整的尾巴和腮。在人和鸡的体内，这些基因只在早期发育阶段才是激活的，而这些结构在成体中被丢掉或不显著了。

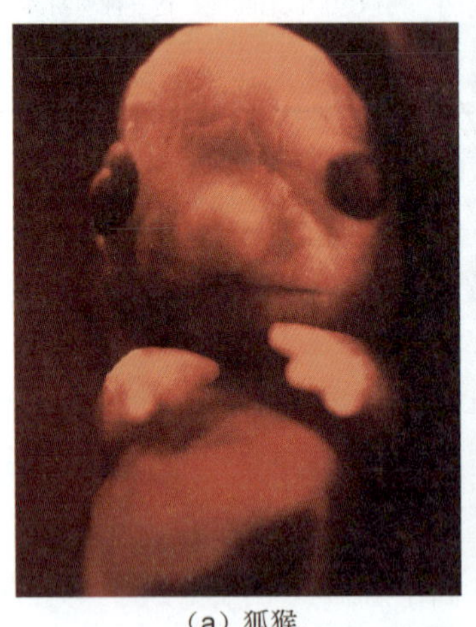

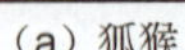

(a) 狐猴

(b) 猪

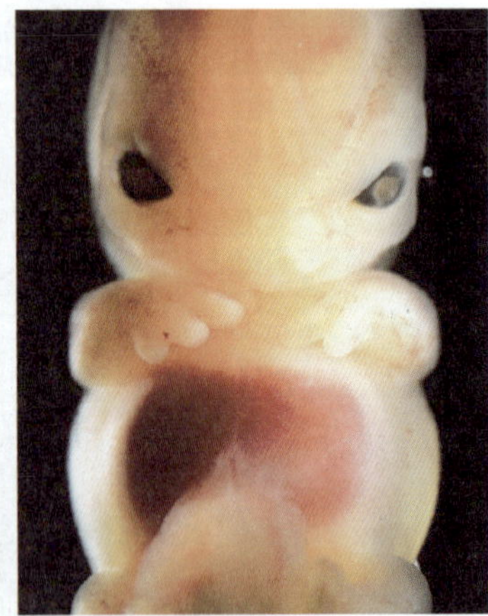

(c) 人类

▲图 14-11 **胚胎学阶段揭示了进化上的关系** （a）狐猴、（b）猪和（c）人类的早期胚胎阶段，显示了解剖学特征上惊人的一致性。

5. 现代生物化学和遗传学分析揭露了不同生物之间的亲缘关系

几个世纪以来，生物学家都知道生物之间解剖学和胚胎学方面的相似性，但是直到现代技术出现之后才在分子层面上揭示了这些相似性。生物体生物化学方面的相似性提供了可能是它们进化上亲缘关系的最显著的证据。正像解剖学上的同源结构揭示了生物间的亲缘关系一样，同源分子也揭示了生物间的亲缘关系。

今天的科学家能够使用揭示分子同源性的有力工具：DNA 测序。现在，我们可以很快地确定一个 DNA 分子的核苷酸序列，比较不同生物体的 DNA。比如，考虑编码细胞色素 c 的基因（见第 11 章和第 12 章）。细胞色素 c 在所有植物和动物（以及许多单细胞生物）中都存在，并且在这些生物中都起到相同的作用。编码细胞色素 c 的基因的核苷酸序列在这些不同的物种中都很相似（见图 14-12）。广泛分布的相同的复杂蛋白质，由相同的基因编码，行使相同的功能，这是植物和动物的共同祖先的细胞中含有细胞色素 c 的证据。不过同时，细胞色素 c 的基因在不同物种中有些许的不同。表明在地球上大量的植物和动物物种的独立进化过程中产生了一些改变。

一些生物的化学相似性非常基础，以至于它们对所有活细胞都适用。比如：

- 所有细胞都具有作为遗传信息载体的 DNA。
- 所有细胞都有 RNA、核糖体以及大致相同的、用来将遗传信息翻译成蛋白质的遗传密码。
- 所有细胞都有差不多相同的一套 20 种氨基酸来组建蛋白质。
- 所有细胞都以 ATP 作为细胞的能量载体。

对于这样广泛的复杂和具体的生物化学特点的相似性，最好的解释是这些特点是同源的。也就是说，这些特点在所有生物的祖先中产生过一次，并且现在所有的生物都遗传到了这些特点。

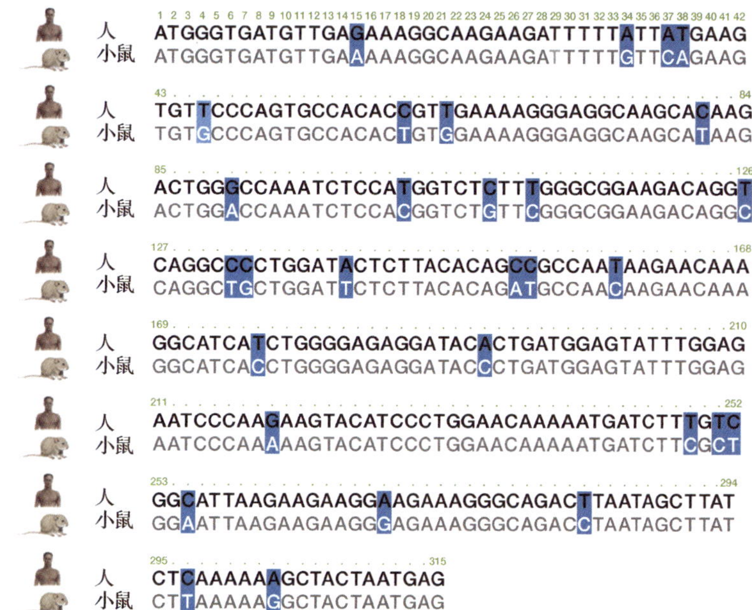

▶**图 14-12　分子上的相似性显示了进化上的关系**　在人类和鼠中编码细胞色素 c 的基因的 DNA 序列。在这个基因的 315 个核苷酸中，只有 30 个（蓝色底色）在这两个物种之间是不同的。

14.4　种群通过自然选择进化的证据是什么？

我们已经看到了关于进化的各方证据。但是，进化是经由自然选择而发生的证据究竟是什么呢？

14.4.1 受控繁殖使生物发生了改变

自然选择是导致进化的原因的支持证据之一是人工选择，即繁殖驯养的植物和动物以求产生想要的特定性状。狗的多样性是人工选择的一个惊人的例子（见图 14-13）。狗是狼的后裔，并且直到今天它们也很容易杂交。但是除了少数几个特例之外，现代的狗并不像狼。有些品种之间如此不同，以至于如果在野外发现，它们会被人们认为是不同的物种。人们只是通过不断地重复选择有着人们想要特点的个体进行繁殖，就在几千年内创造出这些完全不同的狗。因此，自然选择能够通过类似的过程，在几亿年间产生现有的生物的谱系，这一点似乎也是可以接受的了。人工选择和自然选择之间的联系给达尔文留下了深刻的印象，因此，他在《物种起源》中用了整整一章来讨论这个话题。

▶图 14-13 狗的多样性表明了人工选择的成果 （a）狗的祖先（灰狼，隶属于犬属狼种）和（b）不同品种狗的比较。人类的人工选择在短短几千年间就使狗的体型大小和形态发生了极大的趋异。

（a）灰狼

（b）多种多样的狗

14.4.2 自然选择导致的进化在今天也存在

自然选择另外的证据来自于科学的观察和实验。自然选择的逻辑让我们没有理由认为进化变化只限于过去。毕竟，遗传变异和为获得生存资源的竞争当然不止局限于过去。达尔文和华莱士认为，这些条件将无法避免地导向自然选择引起的进化，那么在进化变化发生的同时，研究人员应当可以观测到它们。而这样的变化已经被观测到。接下来，我们将考虑一些例子，一窥自然选择的过程。

1. 捕食者的数量较少时，（被捕食者）会进化出更鲜艳的颜色

在千里达岛上，虹鳉在溪流中生存，同时溪流中还生存着几种更大的、经常以虹鳉为食的捕食性鱼类（见图 14-14）。不过，在这些溪流的上游，水太浅以至于这些捕食者无法生存，虹鳉便可以摆脱捕食者的威胁。当科学家对生活于上游的雄性虹鳉和生活于下游的雄性虹鳉进行比较时发现，上游的虹鳉比下游的虹鳉的身体颜色要鲜艳得多。科学家知道，上游的种群来源于许多代以前能找到去浅水区的路的虹鳉。

对于这两个种群的颜色不同的解释来源于雌性虹鳉的性偏好。雌性虹鳉更喜欢与颜色最为鲜艳的雄性进行交配，因此在繁殖方面，颜色鲜艳的雄性有着很大的优势。在没有捕食者的区域，有着雌性喜欢的更鲜艳颜色的雄性比颜色暗淡的雄性产生更多的后代。不过，鲜艳的颜色使虹鳉更易被捕食者发现，也更容易被吃掉。因此，在捕食者很常见的环境中，它们就会作为自然选择的因子，在颜色鲜艳的雄性能够繁殖之前就将它们淘汰掉。在这些环境中，颜色暗淡的雄性占优势，并能产生更多的后代。上游和下游虹鳉种群的颜色差别是自然选择的直接结果。

◀图 14-14　虹鳉在缺乏捕食者的环境中进化得颜色更加鲜艳　雄性虹鳉（上）比雌性虹鳉（下）颜色更加鲜艳。一些雄性虹鳉比其他的雄性虹鳉颜色更加鲜艳。在没有捕食者的环境，自然会选择色彩鲜艳的雄性；在存在捕食者的环境，自然会选择颜色更加黯淡的雄性。

2. 自然选择会导致对除草剂和杀虫剂的耐受性

自然选择在对用于控制杂草生长的除草剂进化出耐受性的杂草种类中同样非常明显。农业生产是否成功取决于农民杀死与农作物竞争的杂草的能力，但世界上使用最广泛的除草剂 Roundup 的活性物质草甘膦，尽管以过去的致死剂量施用，对很多种杂草也已经效果不大了。 这些抗草甘膦的“超级杂草”是怎样产生的？它们产生的原因是，草甘膦成为自然选择的一个因子。比如，三裂叶豚草是一种破坏力很大的杂草，在有些地方，这种杂草对草甘膦有耐受性。如果我们对一片田野喷洒 Roundup，几乎所有的三裂叶豚草植株都会被杀死，因为草甘膦会使一种植物生存必需的酶失活。然而，有少数几株三裂叶豚草会存活下来，研究人员发现，在这些幸存者之中，有些携带一种突变，这种突变会使它们产生极多的草甘膦所攻击的酶，比正常用量的草甘膦所能破坏的要多得多。在重复使用 Roundup 的情况下，这种以前很稀少的保护性突变（mutation）会在很多三裂叶豚草种群中变得普遍。

耐草甘膦的超级杂草的进化历程是农业实践发生改变的直接结果。在 20 世纪 90 年代，生物科技公司 Monsanto 开始销售经基因工程设计不会被草甘膦伤害的农作物种子。这些 Roundup 耐受的农作物现在包括美国和其他一些国家大部分的大豆、玉米和棉花，它们让农民得以无限制地在田地里使用草甘膦而不必担心会伤害到植物。结果是，草甘膦的使用量飙升。现在，大规模的农业生产极度依赖这种除草剂，尽管它的有效性因为耐药杂草的进化而稳步降低。

就像杂草进行了进化以抵抗除草剂一样，很多吃农作物的昆虫也进化出了对农民用来控制它们数量的杀虫剂的抵抗力。这种抵抗力在超过 500 种破坏农作物的昆虫中都有记录，并且事实上，每一种杀虫剂都使至少一种昆虫产生耐药的进化。我们为这种进化效应付出了很重的代价。农民为了控制耐药昆虫而使用额外的杀虫剂，仅在美国，每年便要花费 20 亿美元，除此之外，还向地球的土壤和水中多排放了几百万吨的有毒物质。

3. 通过实验可以证明自然选择的存在

除了观察野外的自然选择现象之外，科学家还设计了数目众多的实验以确定自然选择的作用。比如，一组进化生物学家将小群的变色龙放到了巴哈马群岛中 14 个此前没有蜥蜴生存的小岛上（见图 14-15）。最初这些蜥蜴都来自于史坦尼尔礁上的一个种群。史坦尼尔礁是一个有着高大植物的小岛，包括很多树木。相反，这些小群的蜥蜴被投放到的岛屿只有很少的树木，甚至根本没有树木。这些岛上覆盖着矮小的灌木和其他低矮的植物。

在释放了这些殖民者 14 年之后，生物学家回到了这些小岛上，发现最初的小群蜥蜴已经发展

▲图 14-15　变色龙的腿发生进化以适应改变了的环境

得欣欣向荣，产生了成百上千的个体。在所有 14 个实验岛屿上，蜥蜴的腿都要比来自原产地史坦尼尔礁的蜥蜴的腿要短且细。这表明，在短短十余年的时间内，蜥蜴的种群就已发生了改变，以适应新的环境。

为什么新的蜥蜴种群会进化出更短、更细的腿呢？更短、更细的腿使蜥蜴在狭窄的表面能更灵活机动，反之，更长更粗的腿让蜥蜴能够跑得更快。史坦尼尔礁有着枝叶茂密的大树，在这种条件下，速度比机动性对于躲避捕食者来说更加重要，因此，自然选择更青睐有着尽可能粗且长的腿的蜥蜴，因为它们跑得比较快。但是当蜥蜴被移到只有稀疏的灌木的环境时，有着更长更粗的腿的蜥蜴便处于劣势了。在新的环境，有着更短更细的腿的、更灵活的个体，更容易逃离捕食者的捕猎而存活下来，产生更多的后代。因此，平均来说后代便具有更短、更细的腿。

14.4.3　自然选择作用于随机变异，选择其中最适应特定环境的性状

重要的两点构成了刚刚描述的进化变化的基础：

- **自然选择起作用的变异是由随机突变产生的**。千里达虹鳉的鲜艳颜色、三裂叶豚草中多出的酶和巴哈马蜥蜴的短腿，不是由雌性的择偶偏爱性、Roundup 除草剂或者更稀疏的枝叶产生的。产生这些有利性状的突变是自发出现的。
- **自然选择偏爱最适应特定环境的生物体**。自然选择不是产生越来越接近完美的生物的过程。自然选择并不选择任何绝对意义上“最好”的，而只选择在某种特定环境概念下是“最好”的，这种“最好”随地点不同而不同，并可能随时间变化。在一系列条件下，占优势的性状可能在条件改变时变成不利的性状。比如，在草甘膦除草剂存在的情况下，产生大量必需的酶对三裂叶豚草是有利的，但在自然条件下，产生不必要的、多余的酶是对宝贵的能量和营养素的极大浪费。

第 15 章 种群如何进化

金黄色葡萄球菌（Staphylococcus aureus）是人类感染的常见来源，包括它在内的多种细菌都已进化出对抗生素的抗性。

15.1 种群、基因和进化之间有何关联？

如果你住在一个有着季节性气候的地区，并且你养狗或养猫，也许你曾经注意到，你的宠物的毛皮在冬天到来时变得更加厚重。那么，它发生进化了吗？答案是没有。我们在生物个体上看见的、在它的生命过程中发生的变化不是进化上的变化，相反，进化变化是在代代相传的过程中发生的，它使后代与其祖先不尽相同。

此外，我们不能通过只观察一组双亲和后代就观测到进化变化。比如，如果看到一个身高六英尺的男性有一个身高五英尺的成年的儿子，那么你能得出结论说，人类进化得越来越矮吗？显然不能。相反，如果想了解人类在身高方面发生的进化变化，应该测量许多世代中的许多人的身高，然后才能判断人们的平均身高是否在随时间发生改变。进化不是个体上的概念，它是种群上的概念。种群（Population）是包括给定区域内某个物种所有成员的一个群体。

进化是种群层面上的效应这一点是达尔文的关键领悟之一。但种群是由个体组成的，并且个体的行为和命运决定了哪些性状会被传递给后代。通过这种方式，遗传成为生物个体的生命和种群的进化之间的连接点。因此，我们将通过回顾一些对个体适用的遗传学原理来开始对进化过程的讨论。然后，将把这些原理扩展到种群遗传学的层面上。

15.1.1 基因和环境共同作用以决定性状

每个生物体的每一个细胞都包含了它染色体中DNA编码的遗传信息。基因是位于染色体上特定位置的DNA片段（见第10章）。基因中核苷酸的序列编码蛋白质中氨基酸的序列。通常情况下，这个蛋白质是一个催化细胞中特定反应的酶。在给定的基因上，一个物种中不同的成员间可能在核苷酸序列上存在少许不同，称为等位基因（alleles）。不同的等位基因产生这同一种酶的不同形式。比如，影响人类眼睛颜色的不同等位基因帮助产生棕色、蓝色、绿色等颜色的眼睛。

在任何一个生物种群中，每个基因通常有两个或更多的等位基因。对二倍体物种的个体来说，如果对于特定的基因，它的两个等位基因是相同的，那么对于这个基因来说，这个个体是一个纯合子；如果对于这个基因，它的两个等位基因不同，那么这个个体就是杂合子。生物染色体上特定的等位基因（它的基因型）与环境相互作用，影响其身体上和行为上的性状（它的表现型）的发育。

我们用一个例子来阐明这些原理。黑色仓鼠的毛皮是黑色的，因为它毛囊中发生的一个化学反应会产生一种黑色色素。当我们说一只仓鼠有产生黑色毛皮的等位基因时，意思是说，这只仓鼠的一条染色体上一段特定的DNA片段，包含一段编码催化一个产生色素并形成黑色毛皮的酶的核苷酸序列。有着产生棕色毛皮的等位基因的仓鼠在对应的染色体区域上有着不同的核苷酸序列，这个不同的序列编码一种不能产生黑色素的酶。如果一只仓鼠对于黑色等位基因是纯合的（有两个黑色的等位基因），或者杂合的（一个黑色的等位基因和一个棕色的等位基因），它的毛皮就会含有黑色素，而且是黑色的。但如果它对于棕色的等位基因是纯合的，它的毛囊就不能产生黑色素，它的毛皮就会是棕色的（见图15-1）。因为就算只有一个黑色的等位基因存在，仓鼠的毛皮也会是黑色的，所以黑色的等位基因被认为是显性的，而棕色的等位基因是隐性的。

15.1.2 基因库包含一个种群中所有的等位基因

在对进化的研究过程中，通过某个过程对基因的影响方式来研究这个过程，证明是一种极其有用的方法。特别地，进化生物学家已经出色地运用了遗传学的一个分支作为工具。种群遗传学是处理种群中等位基因的出现频率、分配和遗传的科学。为了充分利用这个强有力的工具来理解进化的过程，我们首先要知道种群遗传学中的几个基本概念。

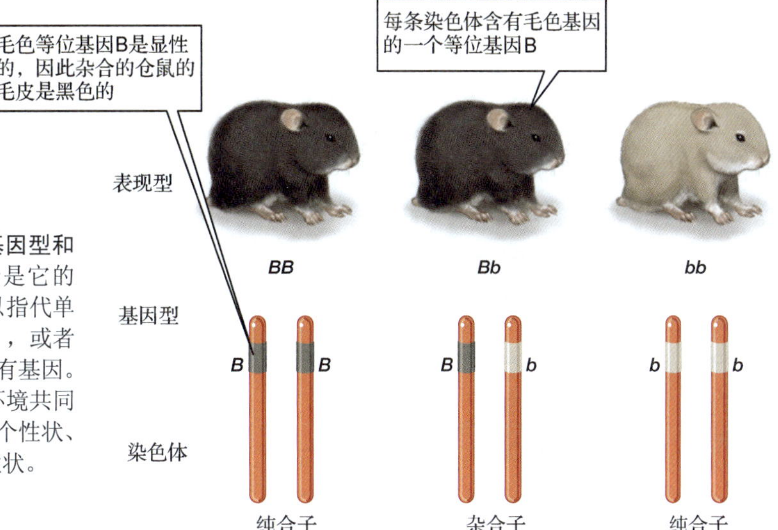

▶**图 15-1　个体的等位基因、基因型和表现型**　个体等位基因的组合是它的基因型。“基因型”这个词可以指代单个基因的等位基因（如图所示），或者一组基因，甚至是一个生物的所有基因。个体的表现型是由其基因型和环境共同决定的。“表现型”可以指代一个性状、一组性状或者一个生物的所有性状。

种群遗传学将基因库定义为包含一个种群中所有个体的所有等位基因的一个集合。可以将基因库想象成一个桶，种群中的每个个体都向这个桶中放入自己的基因型的一个副本。因此，基因库中每个等位基因的副本数等于：（1）只携带这个等位基因的一个副本的个体数，（2）携带两个副本的个体数的两倍。基因库不是一个物理实体，而是一个能帮助理解进化过程的想象出来的构造。

此外，每个特定的基因都可以被看成是拥有自己的基因库，而这个基因库由种群中这个特定基因的所有等位基因组成（见图 15-2）。如果对存在于种群中每个个体中的每个等位基因进行计数，就能确定每个等位基因在基因库中所占的比例。等位基因在基因库中所占的比例称为它的等位基因频率。比如，在图 15-2 中描述的由 25 只仓鼠组成的种群含有 50 个控制皮毛颜色的等位基因（因为仓鼠是二倍体，所以每只仓鼠含有每个基因的两个副本）。这 50 个等位基因中的 20 个是编码黑色皮毛的，因此，这个等位基因在种群中所占的频率是 20/50 = 0.40（或 40%）。

15.1.3　进化是种群中等位基因频率的改变

普通的观察者可能在种群成员的外观或者外在行为发生改变的基础上定义进化。然而，种群遗传学家会对种群进行观察，而他看到的是恰好划分至我们称之为生物个体组中的基因库。因此，我们在构成种群的个体身上看到的许多外在的变化，也可以看成是基因库中潜在变化的可见表现。因此，种群遗传学家将进化定义为基因库中等位基因频率随时间发生的变化。进化是种群的基因组成随世代发生的改变。

15.1.4　平衡种群是一种不发生进化的假想种群

如果先考虑一个不会发生进化的种群具有什么特征，就更容易理解是什么导致了种群的进化。在 1908 年，英国数学家哈迪（Godfrey H. Hardy）和德国医生温伯格（Wilhelm Weinberg）各自独立地发展出一个不会发生进化的种群的简单数学模型。这个现在被称为哈迪-温伯格定律的数学模型显示，在特定情况下，种群中的等位基因频率和基因型频率会保持恒定，不管过了多少代都是如此。换句话说，这个种群不会发生进化。种群遗传学家将这种假设上的不会发生进化的种群称为平衡种群（equilibrium population），在这样的种群中，只要满足下面的这些条件，等位基因频率就不会发生变化：

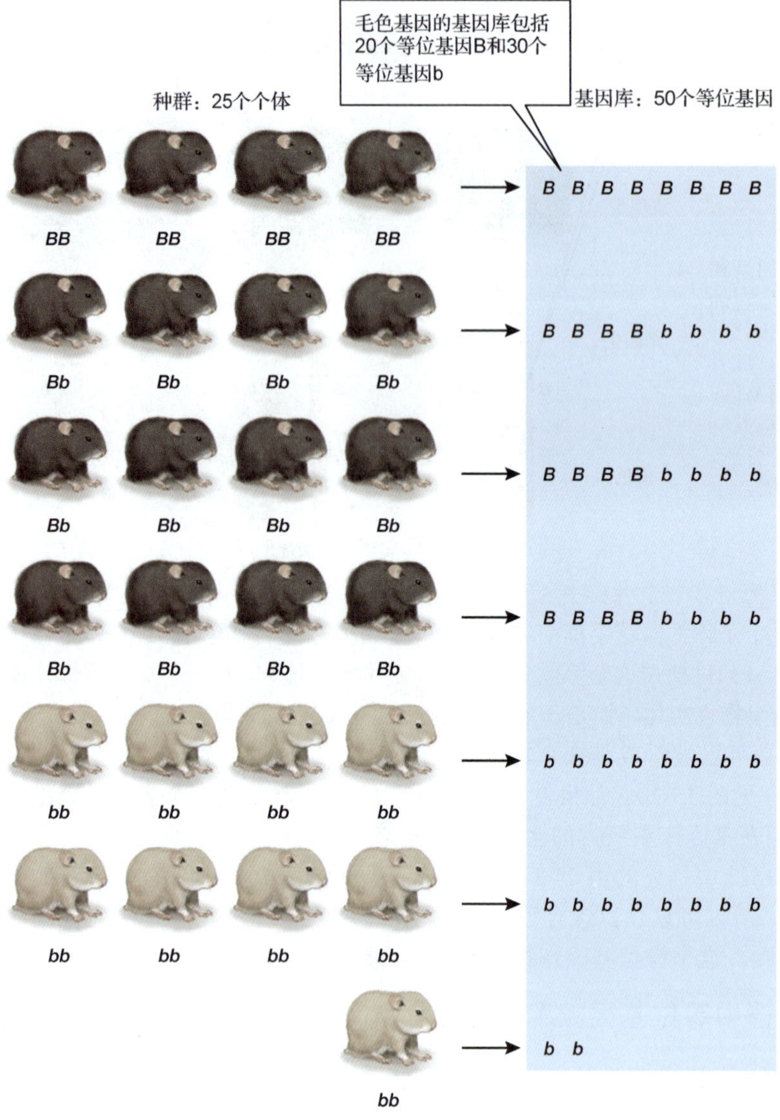

◀**图 15-2 一个基因库** 在二倍体生物中，种群中的每个个体向基因库中贡献每个基因的两个等位基因。

- 不会发生突变。
- 不能存在基因流。也就是说，等位基因不得移入或移出种群（比如，种群之外的生物体加入种群，或者种群内的生物体离开种群）。
- 种群必须很大。
- 所有的交配必须是随机的，不存在具有特定基因型的生物体倾向于与具有其他特定基因型的生物体交配的情况。
- 不存在自然选择。也就是说，具有所有基因型的生物体都必须以同样的成功率进行繁殖。

在这些条件下，种群中的等位基因频率将无限期地保持不变。

如果这些条件中的一个或多个得不到满足，那么等位基因频率就会发生改变：种群就会发生进化。

正如你料想的那样，几乎没有处于平衡状态的自然种群。那么，哈迪-温伯格定律的重要性是什么呢？哈迪-温伯格条件对于研究进化机制来说是很有用的起点。在接下来的几节，我们会检验其中的一些条件，说明自然种群无法满足这些条件的典型例子，并阐述其结果。这样，就能更好地理解进化的不可避免性和驱动进化变化的过程。

15.2 导致进化的是什么？

种群遗传学理论预测，哈迪-温伯格平衡所需的 5 个条件中的任意一个发生偏差，这个平衡就会受到干扰。因此，我们可以预测出进化变化的 5 个主要原因：突变、基因流、种群过小、非随机的交配和自然选择。

15.2.1 突变是遗传多样性的最初来源

一个种群，只有在不存在突变（mutation，DNA 序列的改变）的情况下才可能处于遗传平衡状态。大多数突变在细胞分裂时产生，细胞在这个时段对自己的 DNA 进行复制。有时，错误在复制过程中发生，使得复制出的 DNA 与原 DNA 不匹配。修复 DNA 复制错误的细胞系统会很快地修复大多数这样的错误，但有些核苷酸序列的变化避开了修复系统。在产生配子（卵细胞或精子）细胞中发生的未修复的突变可能会传递给下一代，并进入种群的基因库。

1. 可遗传的突变很少但很重要

突变在改变一个种群的基因库的过程中有多重要？对于任何一个给定的基因，在种群中只有极小的一部分从上一代遗传到一个新的突变。比如，一个典型的人类基因的突变在每 10 万个配子中才会出现一个，并且由于新的个体是由两个配子的融合而形成的，在每 5 万个新生儿中才会出现一个。因此，自发的突变通常只会导致任何一个特定的等位基因频率很小的变化。

尽管任何一个特定的基因产生可遗传突变的可能性都很小，但是突变的累积效应对进化却至关重要。大多数生物都有着大量不同的基因，因此，即使对于任何一个基因来说，其突变率很低，发生突变的绝对数也表明，一个种群的每一代都包含一些突变。比如，遗传学家估计，人类有 2 万到 2.5 万个不同的基因，并且由于每个人对每个基因来说都有两个副本，所以一个人携带有 4 万到 5 万个等位基因。所以，尽管每个等位基因平均只有十万分之一的概率发生突变，但是大多数新生儿可能携带一到两个突变。这些突变是新的等位基因——是其他遗传进程能在其中发挥作用的、新的改变。这样，它们便成为发生变化的基石。没有突变就不会有进化。

2. 突变是无目标导向的

突变不是因为生物体的需要而产生的。突变随机发生，可能使生物体的某个结构或功能发生改变。无论这种变化是有利的、有害的还是中性的，发生在现在还是未来，都与生物体几乎无法控制的环境条件无关（见图 15-3）。突变只不过是为进化变化提供了可能性。而其他过程，尤其是自然选择，能将突变传遍整个种群，或者将这种突变淘汰。

15.2.2 种群间的基因流改变等位基因频率

等位基因在种群间的移动被称为基因流，这会改变等位基因在种群之间的分布状况。生物个体从一个种群转移到另一个种群，并在新的地点进行种间杂交，就会把等位基因从一个基因库转移到另一个基因库。比如，狒狒群居生活，而一些个体——通常是少年狒狒——通常会离开它们的群体，进入到新的群体中。如果这些狒狒足够幸运，它们加入新的群体后会取得较高的社会地位，并能够繁殖后代。通过这种方式，一个群体的雄性后代能够将等位基因带到其他群体的基因库中。

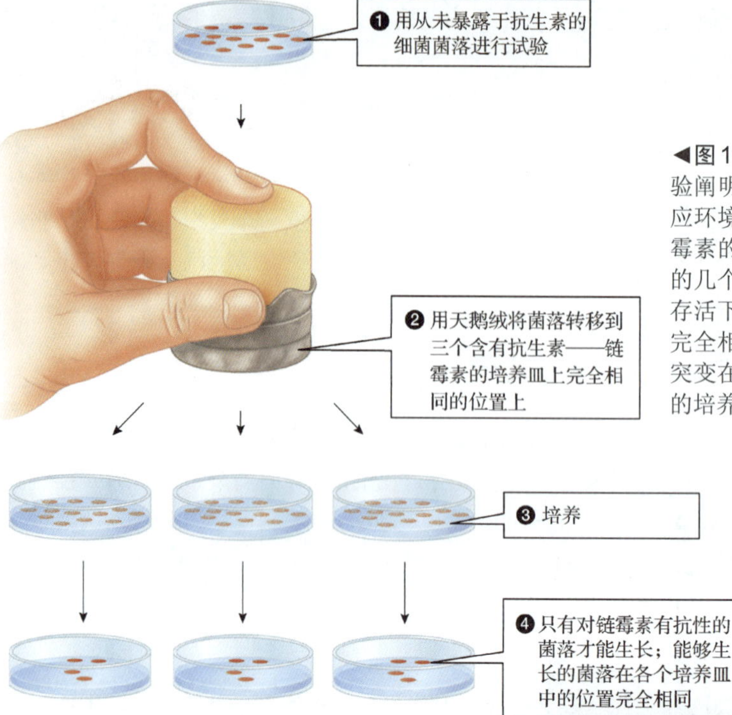

◀**图 15-3 突变是自发产生的** 这个实验阐明，突变是自发产生的，并不是响应环境条件而发生的。当从未暴露于链霉素的菌群暴露于链霉素时，只有很少的几个菌落能够存活。观察显示，这些存活下来的菌落在每个培养皿中都长在完全相同的位置，这说明，链霉素抗性突变在暴露于链霉素之前就存在于原来的培养皿中了。

在有些生物中，等位基因只有在生命周期的特定阶段才会在种群之间移动。比如，在开花植物中，大多数基因的流动是由于种子和花粉的移动而产生的（见图 15-4）。风或者作为传粉者的动物可以携带包含着精细胞的花粉到很远的地方。如果某一粒花粉最终到达了与其属于同一物种、不同种群的某株植物的花朵，就可以使其受精并把自己的等位基因加入当地的基因库。类似地，种子也可能会被风、水或者动物携带到很远的地方，在那里发芽并成长为新种群中的一员，而这个种群距其起源地已经很远了。

▲**图 15-4 花粉可以成为基因流的媒介** 在风中飘浮的花粉能够将等位基因从一个种群携带到另一个种群。

基因流的主要进化效应是增加一个物种的不同种群之间的遗传学相似性。为了理解这一点，想象两个杯子，其中一个装有淡水，另一个装有咸的海水。如果将几勺海水转移到装有淡水的杯子，那么淡水杯子中的水就会变得更咸。同样，等位基因从一个种群移动到另一个种群倾向于改变后者的基因库，使之变得更像源种群的基因库。

如果等位基因持续在不同种群之间来回移动，那么不同种群的基因库就会因此而发生混合。这种混合防止了不同种群的基因库之间产生很大的差别。但是，如果同一物种不同种群之间的基因流被阻断了，由此产生的遗传学上的差异就会持续增长，最终使其中一个种群成为一个新的物种（见第 16 章）。

 15.2.3　在小种群中，等位基因频率会发生偶然性改变

种群的等位基因频率可能因偶然事件而非突变发生改变。比如，如果一个种群中的某些成员运气不好没能繁殖下一代，它们的等位基因就将被彻底地从基因库中清除，从而使基因库的组成发生改变。哪些运气不好的事件会随机地让一些个体无法繁殖呢？种子可能会掉入池塘或停车场而无法发芽；花朵可能在受粉之前被冰雹或者野火毁掉；任何生物都可能在繁殖后代之前被洪水或者火山爆发杀死。任何可能任意缩短生物寿命或者只允许一个种群的任意几个亚群繁殖后代的事件都能引起等位基因的随机改变。偶然事件改变等位基因频率的过程称为遗传漂变（genetic drift）。

为了理解遗传漂变是怎样起作用的，让我们想象一个由 20 只仓鼠组成的种群。在这个种群中，黑色皮毛的等位基因 B 的频率是 0.50，棕色皮毛的等位基因 b 的频率是 0.50 （见图 15-5，上图）。如果种群中所有仓鼠都能互相杂交而产生新的 20 只动物，那么在下一代中，这两个等位基因的频率不会发生改变。但是，如果只让两只随机选出的仓鼠（在图 15-5 上图中圈出的）交配，并成为下一代的 20 只动物的父母，那么在第二代中，等位基因频率就可能变得相当不同（见图 15-5，中图；B 的基因频率下降了，而 b 的基因频率则上升了）。如果第二代的繁殖又被限制在两只随机选出的仓鼠之间（在图 15-5 中图中圈出的），那么第三代的等位基因频率可能再次发生改变（见图 15-5，下图）。只要繁殖被限制在种群中的随机的亚群中，等位基因频率就会持续地发生改变。注意，遗传漂变产生的变化可以包括一个等位基因从种群中消失，就像图 15-5 中的例子那样，B 等位基因在第三代中消失（因此黑色皮毛这个表现型也消失了）。

1. 种群的大小很重要

遗传漂变在所有种群中都会发生，只是程度可能不同，但是在小种群中发生的遗传漂变相比在大种群中来说发生得更迅速、影响更大。如果一个种群足够大，那么偶然事件就不太可能会显著地改变它的基因组成，因为随机地移除几个个体的等位基因不会对种群的整体基因频率产生很大的影响。不过，在较小的种群中，一个特定的等位基因可能只存在于几个生物体中，偶然事件很可能会将这个等位基因的大多数甚至全部副本从种群中移除。

为了理解种群的大小是怎样影响遗传漂变的，回到我们假想中的仓鼠种群的第一代（见图 15-5，上图）。四分之三的仓鼠是黑色的，四分之一的仓鼠是棕色的；等位基因 B 和 b 的基因频率都是 50%。现在想象另外两个种群，其毛色和等位基因频率都与图 15-5 中的相同。其中一个种群只有 8 只个体，另一个种群有 20 000 只个体。

现在我们来考虑这两个种群的繁殖情况。从每个种群中随机选出四分之一的个体，让它们进行繁殖。每一对仓鼠产生 8 只子代，然后死亡。在大的种群中，5000 只仓鼠进行繁殖，产生一个新的、含有 2 万只仓鼠的种群。在这个新的种群中，所有成员的毛皮都是棕色的概率是多少呢？和零差不多；只有当这 5000 只随机选择的动物都恰巧是棕色（bb）仓鼠时才会发生这样的事。实际上，就算只有 1.5 万只或 1.2 万只仓鼠是棕色的，也是极其不可能的事。最可能的结果是差不多有四分之一的繁殖者是棕色的，而四分之三的是黑色的，于是就会产生一个同样由 25%的棕色仓鼠和 75%的黑色仓鼠组成的新种群（其中等位基因 B 的基因频率=50%，等位基因 b 的基因频率=50%），就像原有的种群一样。因此，在较大的种群中，等位基因频率在不同世代之间不会发生重大变化。

然而，在由 8 只仓鼠组成的小种群中情况就不一样了。如果再次选择种群的四分之一进行繁殖，那么只有两只仓鼠能够繁殖。考虑到种群原来的基因频率，有 12.5%的可能性，这两只能够繁殖的仓鼠都是棕色的。如果这件事情发生了——并不是不可能的事——那么下一代的 8 只仓鼠将全部是棕色的个体。因此，黑色皮毛的等位基因在一代之后在小种群中消失这事事件是有可能发生。

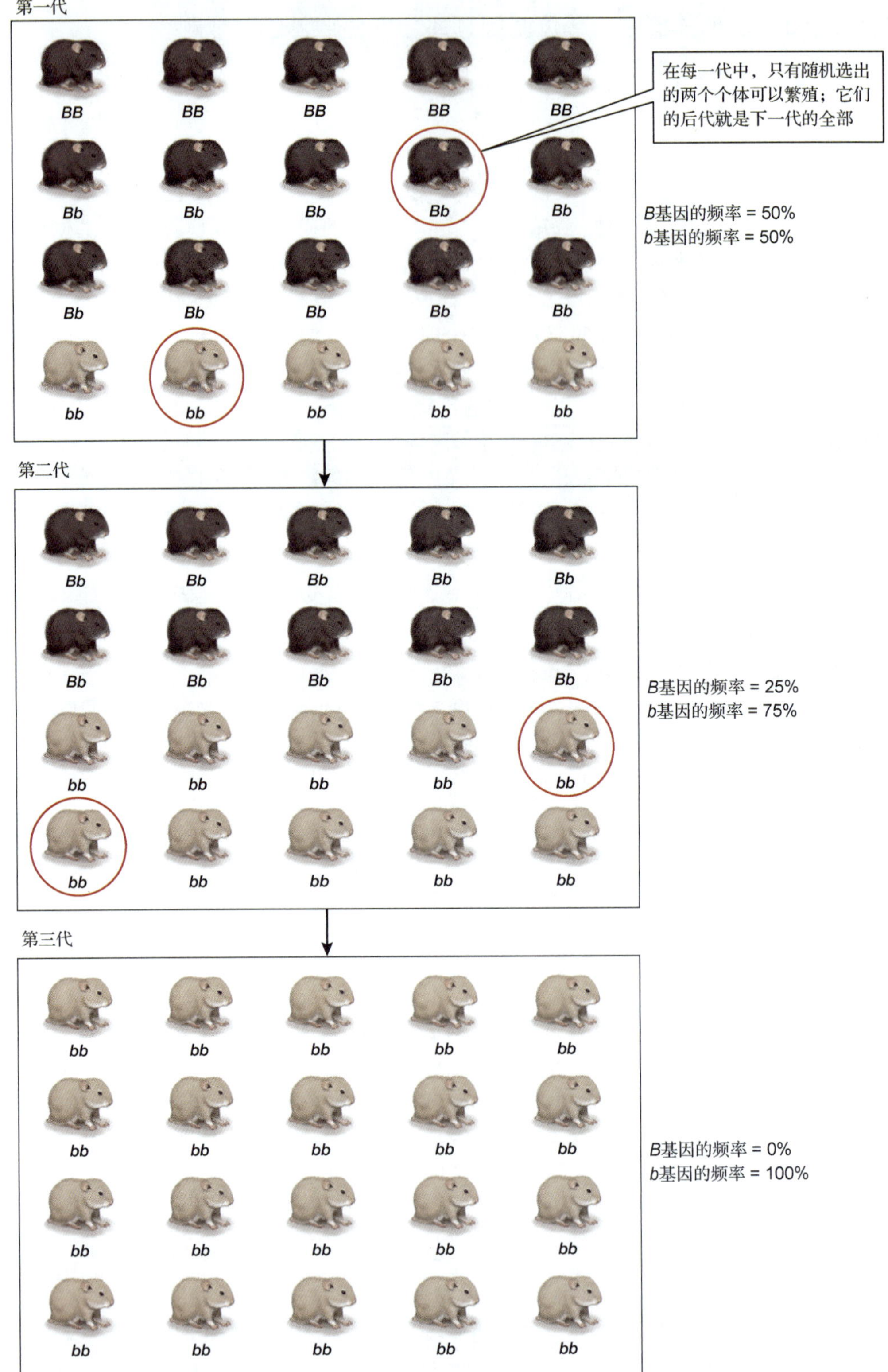

▲图 15-5　**遗传漂变**　如果偶然事件使一个种群中的一部分成员无法繁殖后代，那么等位基因频率将会发生随机改变。

对上述预言的一种测试方法是，编写一个电脑程序，模拟在很多世代中每一代都只有随机的亚群中的个体能够繁殖后代的情况下，等位基因频率会发生怎样的改变。图 15-6a 显示了在大种群中运行 4 次模拟的结果。每个等位基因的初始频率被设定在 50%。注意，等位基因 B 的频率始终保持接近其初始频率的状态。

图 15-6b 显示了在小种群中运行 4 次模拟之后等位基因 B 的命运。在其中的一次模拟中（红色线），等位基因 B 在第二代中的基因频率达到了 100%，也就是说，在第二代及以后的世代中，所有的仓鼠都是黑色的。在另一次模拟中，B 的频率在第三代降到了零（蓝色线），因此之后的世代中，所有个体都将是棕色的。在半数的模拟中都有一个表现型消失，因此可以看出，一个给定模拟方法的模拟结果在小种群中比在大种群中更难预料。

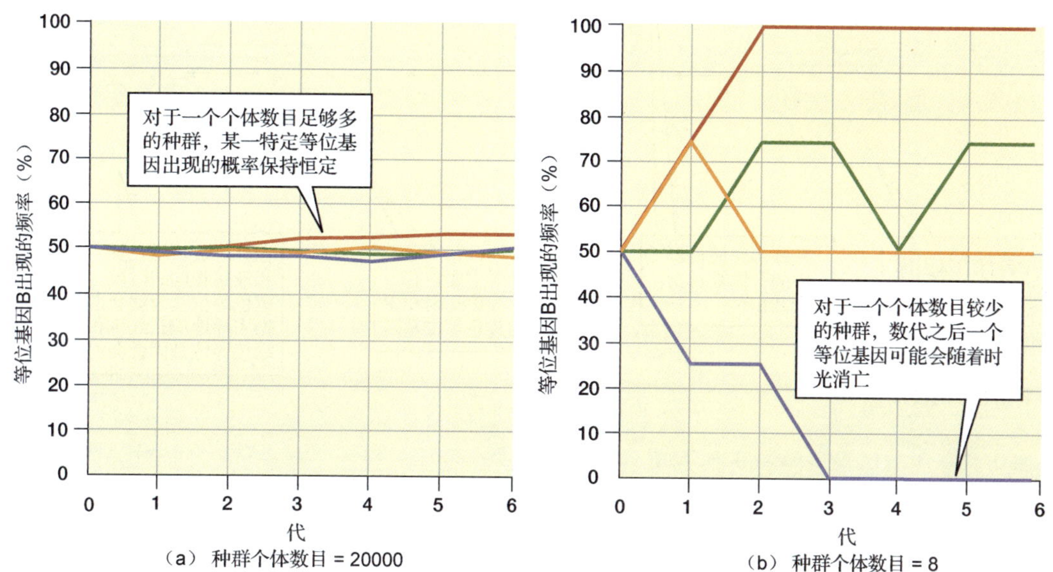

▲**图 15-6　种群大小对遗传漂变的作用**　每条彩色的线代表等位基因 B 的频率在（a）大种群和（b）小种群中随时间发生的变化的一次电脑模拟。每次开始时，等位基因 B 的频率都是 50%，并且在每一代中，只有随机选择的一些个体能够繁殖。

2. 种群瓶颈导致遗传漂变

遗传漂变的两种形式：种群瓶颈和建立者效应，进一步说明了小种群可能对物种中等位基因频率产生的影响。在种群瓶颈中，一个种群的个体数会由于诸如自然灾害或过度狩猎这样的原因而急剧减少。在种群瓶颈之后，只有少数几个个体能够存活下来并将基因传递给下一代。种群瓶颈能够急剧改变等位基因频率，并且通过消灭等位基因来减少种群的遗传学多样性（见图 15-7a）。即使种群在一段时间以后变大，种群瓶颈的遗传学效应也可能持续存在几百代甚至几千代。

种群瓶颈导致的遗传学多样性减少曾经发生在很多种群中（见图 15-7b）。在 19 世纪，象海豹在人类的捕猎下几乎灭绝。到了 19 世纪 90 年代，只有大约 20 只个体幸存。作为种群头领的雄性象海豹会垄断交配权，因此在这个极端的种群瓶颈时期，一只雄性象海豹可能是这个种群所有后代的父本。自 19 世纪末以来，象海豹的数目已经持续增长到大约 3 万只。但生物化学检查表明，所有这些北方象海豹在遗传上几乎是一模一样的。由于遗传学多样性如此匮乏，象海豹这个物种几乎没有发生进化变化以适应环境的潜能。由于这个物种的遗传学多样性非常有限，因此无论存在多少只象海豹，这个物种都很容易灭绝。

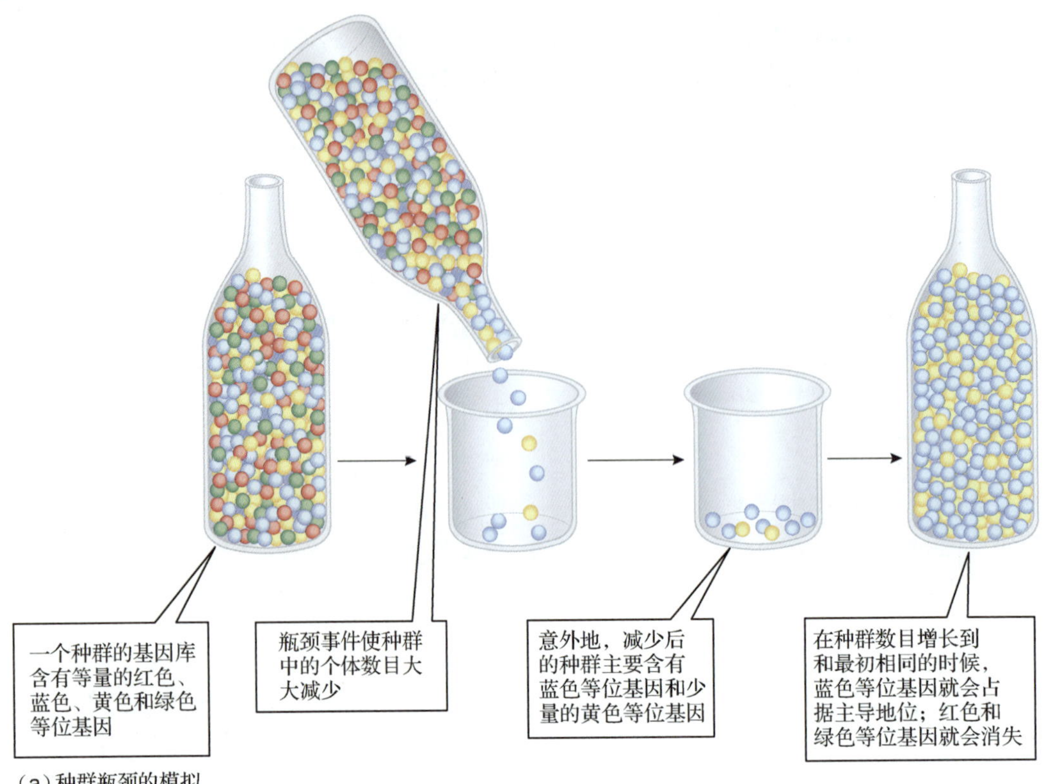

（a）种群瓶颈的模拟

（b）象海豹

◀**图15-7　种群瓶颈减少多样性**　（a）种群瓶颈可能会急剧减少基因型和表现型的多样性，因为少数几个存活下来的个体可能携带类似的一套等位基因。（b）北方象海豹在不久的过去经历过一次种群瓶颈，结果是这个种群的遗传学多样性非常低。

3．孤立创始的种群可能产生瓶颈

当很少的生物体建立了孤立的群体时，就会发生奠基者效应（founder effect）。比如，在迁徙途中迷路或被风暴吹离航线的一群鸟可能会在一个孤岛上停留下来。这个小小的奠基者群体可能会碰巧含有与其亲代非常不同的等位基因频率。如果是这样，那么在新地点的种群基因库就会与它来自的更大的种群非常不同。比如，考虑居住在宾夕法尼亚州兰开斯特郡的安曼派教徒，他们起源于大概只有 200 人左右的十八世纪移民。在今天的兰开斯特郡的安曼派教徒中，一种被称为软骨外胚层发育不良的疾病就比在一般人群中常见得多（见图 15-8）。该病在安曼派教徒中的流行起源于一对携带这种疾病的等位基因的原初移民。由于奠基者群体如此之小，这一个病例表明这个等位基因在这个种群中的频率相对较高（在 200 个人中有 1～2 个携带者，而在一般人群中 1000 人中只有 1 个携带者）。较高的原初等位基因频率、奠基者效应，同时结合接下来的遗传漂变，使得软骨外胚层发育不良的发病率在这个安曼派教徒群体中。

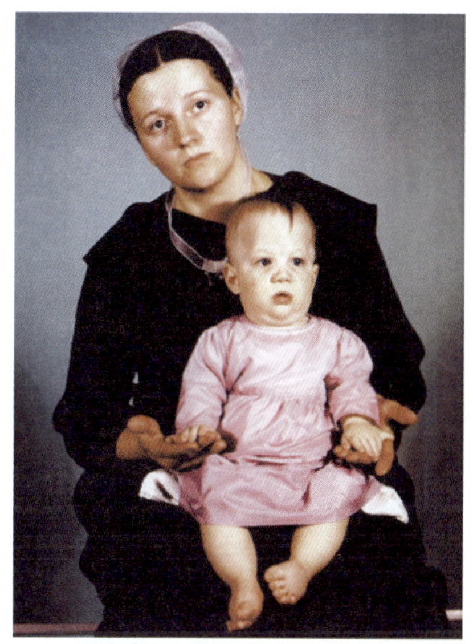
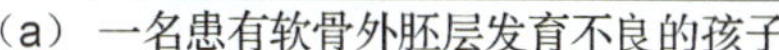

（a）一名患有软骨外胚层发育不良的孩子

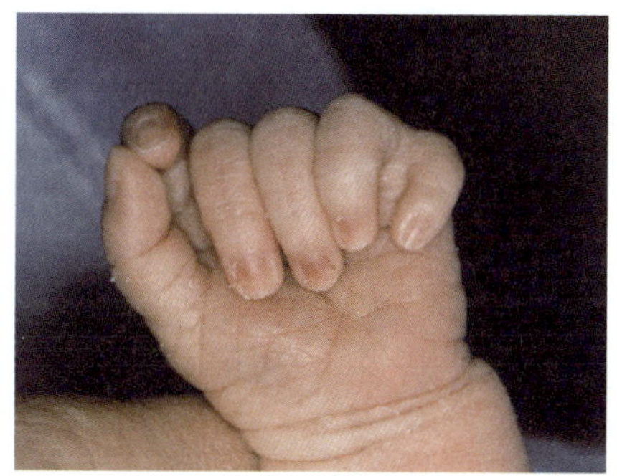

（b）一只有六只手指的手

▲图 15-8　**奠基者效应在人类中的例子**　（a）一名女性安曼派教徒和她的患有软骨外胚层发育不良病的孩子。这种疾病的症状包括较短的胳膊和腿，（b）多余的手指，以及在有些病例中会出现的心脏发育缺陷。宾夕法尼亚州兰开斯特郡的安曼派教徒中这种疾病流行的原因是奠基者效应。

15.2.4　种群内的交配几乎从来都不是随机的

不随机交配会在进化中起到很重要的作用，因为生物极少会严格地随机交配。比如，许多生物的移动性很差，倾向于留在接近其出生、孵化或萌发的地方，在这样的物种中，一对父母的大多数后代都生活在同一片区域，因此当它们繁殖后代时，它们和自己的生殖伴侣之间很可能存在亲缘关系。这种在亲属之间发生的有性繁殖过程称为近亲交配。

由于亲属之间具有遗传学相似性，近亲交配倾向于增加从双亲遗传到相同的等位基因并因此而对很多基因来说是纯合子。纯合子增加会有很多害处，比如会有更多的遗传疾病或遗传缺陷发生。很多基因库都包含有害的隐性等位基因，这些基因在种群中持续存在，因为它们存在于杂合子（只携带一个副本的有害等位基因）中，其效应被掩盖了。然而，近亲交配会增加产生携带两个有害等位基因的纯合子的概率。

在动物中，如果动物个体有会影响其选择交配对象的偏好或偏见，就会发生非随机交配。雪雁就是一个很好的例子。这个物种的个体存在两个“颜色相位”；一些雪雁是白色的，另一些则是蓝灰色的（见图 15-9）。尽管白色和蓝灰色的雪雁属于同一个物种，它们对交配对象的选择就颜色而言却不是随机的。它们强烈倾向于与和自己有同样颜色的对象进行交配。这种偏好与自己相似的配偶的现象被称为选择性交配。

▲图 15-9　**雪雁的非随机交配**　有着白色羽毛或蓝灰色羽毛的雪雁，最可能与和它具有相同颜色的异性交配。

近亲交配或选择性交配本身不会改变种群中的基因频率。不过，它们在不同基因型的分配中有着很大的作用，因此在种群中表现型的分配中起到很大的作用。

15.2.5 不同的基因型不是同等有益的

在一个假想中的平衡种群中，具有不同基因型的所有个体在存活和繁殖方面都是同等有利的；没有任何一种基因型相对其他的基因型更加优越。然而，这种情况很少在真实的种群中出现，甚至于从来不会出现。尽管很多等位基因是中性的，意思是含有这些不同等位基因的生物体具有同样的可能性存活下来并进行繁殖，但有些等位基因会使携带它的生物体具有优势。每当一个等位基因给它的携带者提供，像华莱士（Alfred Russel Wallace）所说的那样，“一点小小的优势”，携带该基因的个体就会在自然选择中脱颖而出，在这个过程中，具有能帮助其存活并繁殖的性状的个体比不具有这些性状的个体产生更多的后代。下一节将更深入地研究自然选择的影响。

表15-1简要说明了引起进化的不同原因。

表 15-1 进化的原因

过　程	结　果
突变	产生新等位基因，增加多样性
基因流	增加不同种群的相似性
遗传漂变	引起等位基因频率的随机改变；能够消灭等位基因
非随机交配	改变基因型的频率，但并不改变等位基因频率
自然选择和两性选择	增加有利的等位基因的频率，产生适应性

15.3 自然选择是如何发挥作用的？

与我们讨论过的引起进化的其他原因不同，自然选择在种群适应环境变化的同时塑造种群的进化模式。对自然选择引起的适应性进化的研究一直都是进化生物学的焦点。

15.3.1 自然选择起源于不平等的繁殖

英国经济学家赫伯特·斯宾塞(Herbert Spencer)于1864年创造了“适者生存”(survival of fittest)一词，以概括达尔文称为“自然选择”的过程。但这个表述并不十分准确：自然选择偏好能增加其携带者存活率的性状，但只在增加存活率同时也能够增加繁殖率的情况下这样做。增加存活率的性状可能，比如说，增加个体活得足够长以至于可以繁殖后代的可能性，或者可能延长个体的寿命，并因此增加其繁殖的机会。但最终，只有成功的繁殖才能够决定一个个体的等位基因的未来，以及在下一代中，与这些等位基因有关的性状的普及率。因此，自然选择的主要驱动力在于繁殖上的差别：携带特定等位基因的个体较携带其他等位基因的个体能够留下更多的后代（这些后代会遗传到这些等位基因），用进化生物学的术语说，具有更大的繁殖成功率的个体，比具有更低繁殖成功率的个体有着更好的适合度（fitness）。

15.3.2 自然选择作用于表现型

尽管我们把遗传定义为一个种群在基因组成上发生的改变，但是还要认识到，自然选择并不是直接作用于生物个体的基因型的。相反，自然选择作用于表现型，它作用于种群中的成员所表现出来的结构和行为。然而，这种对于表现型的选择不可避免地影响到种群中存在的基因型，因为表现型和基因型是紧密连接在一起的。比如，我们知道一株豌豆的高度受到其特定等位基因的很大影响。如果一个豌豆种群遇到偏好高植株的环境条件，那么较高的豌豆就会留下更多的后代。

这些后代携带有助于其亲代长高的等位基因。因此，如果自然选择对某一种特定的表现型有利，那么它也需要同时对其潜在的基因型有利。

 15.3.3 一些表现型相对于其他表现型存在繁殖优势

正如我们所见的，自然选择只表明有些表现型能够比其他表现型更加成功地繁殖。这个简单的过程却是进化变化中非常重要的因素，因为只有最适宜的表现型能够将性状传递给后代。但是什么让表现型适宜呢？成功的表现型是有最好的适应性的表现型——帮助个体在特定环境下存活并繁殖的特性。

1. 环境包含非生物成分和生物成分

生物个体必须适应外界环境，而环境不仅包含非生物的物理因素，还包括与该个体之间存在相互作用的其他生物。环境中的非生物因素包括诸如气候、水和土壤养分等因素，这些非生物因素在决定帮助生物体存活和繁殖的性状方面起到很大的作用。不过，适应性产生的原因还包括与环境中的其他生物成分亦即其他生物体发生的相互作用。下面用一个非常简单的例子来说明这个概念。

考虑在怀俄明州西部平原上一小片泥土中生长着的一株水牛草。这株植物的根必须吸收足够的水和矿物质，它才能生长繁殖，在这种程度上，它必须适应所处的非生物环境。但就算是在怀俄明州的干旱草原上，这种需求也只是很轻微的，条件是这株植物是单独生长的，并且是在那一小片土地上被保护起来的。但是实际上，很多其他植物——其他的水牛草，以及其他种类的野草、三齿蒿灌木和一年生的野花——也在同一片土地上发芽生长。如果这株水牛草要存活下来，它必须与其他植物争夺资源。它长而深的根系以及高效地吸收矿物质的方法不是由于平原很干燥而进化出来的，而是因为水牛草必须与其他植物共享这片干旱草原。此外，水牛草必须与以其为食物的动物如牛和这片草原上其他吃草的动物共存。因此，随着时间的流逝，更加强韧、难吃的水牛草比不那么强韧的水牛草能够更好地存活下来，在草原上产生更多后代。结果是，水牛草的叶子由嵌入其中的二氧化硅化合物加固，非常强韧。

2. 竞争是自然选择的一个因素

正如水牛草的例子，自然选择的一个主要来源是为了稀有资源与其他生物进行的竞争。资源的竞争在同一物种的成员之间尤为激烈，其原因是，正如达尔文在《物种起源》中所写的那样，“它们经常出没的地点是相同的，需要相同的食物，并且暴露在相同的危险之中。”换句话说，没有哪两个互相竞争的物种像两个属于同一物种的成员那样，有着如此相似的生存需求。尽管不同的物种可能也会为了相同的资源而竞争，但是它们的竞争不会达到同一物种中个体之间那样的激烈程度。

3. 捕食者和猎物都是自然选择的因素

当两个物种之间具有广泛的联系时，每个物种都会对对方产生很强的选择作用。当其中一个物种进化出新的特征，或者旧的特征发生了改变，另外一个物种就会进化出新的适应性作为回应。两个物种互相等同地影响对方进化的过程称为协同进化（coevolution）。我们最熟悉的一种协同进化方式可能是在捕食者和猎物之间的关系中发现的。

捕食作用描述了一个物种消费另外一个物种的相互作用的关系。在某些例子中，捕食者（负责消费的物种）和猎物（被消费的物种）之间的协同进化是一种生物军备竞赛，其中每一方都会发生进化以适应对方的升级。达尔文用狼和鹿之间的关系作为例子：狼主要捕食跑得慢的或粗心大意的鹿，从而留下跑得快且更加警觉的鹿进行繁殖并传递这些性状。而由此产生的警觉、敏捷的鹿又反过来对迟缓、笨拙的狼进行选择，因为这样的捕食者无法获得足够的食物。

4. 抗生素耐药性阐明了自然选择的关键

抗生素耐药性的例子突出强调了自然选择的一些重要特点。

自然选择不会造成个体的遗传学改变。对抗生素存在耐药性的等位基因是在某些细菌中自发产生的，远在该细菌遭遇抗生素之前。抗生素不是耐药性产生的原因；它们的存在只不过是更偏好了存在能够破坏抗生素的基因的细菌的存活而已。

自然选择作用于个体，但进化改变的是种群。自然选择的媒介——在本例中，这个媒介是抗生素——作用于细菌个体。其结果是，有些个体能够繁殖，而有的不能。然而，当细菌的等位基因频率发生改变时，是整个种群发生了进化。

自然选择导致的进化不是进步的；它不会让生物变得“更好”。当环境发生变化时，自然选择所偏好的性状也会随之发生变化。抗药细菌只有在抗生素存在的情况下才是受偏好的。一段时间之后，当环境不再含有抗生素时，抗药细菌相对于其他细菌可能反而会处于不利的地位。

15.3.4 性选择偏好那些帮助生物交配的性状

在很多种动物中，雄性都有着突出的外表，比如明亮的颜色、长长的羽毛或鳍，或者精致的角。雄性还可能表现出复杂的求偶行为或者大声歌唱复杂的歌曲。尽管这些“奢侈”的特性通常会在交配中发挥作用，但是它们看起来是与有效的生存和繁殖之间存在矛盾的。夸张的装饰和炫耀行为可能会帮助雄性接近雌性，但同时也让雄性变得更加显眼，因此易被捕食者攻击。这种明显的矛盾深深地吸引了达尔文。他创造了性选择一词来描述这种特殊的、用来帮助动物获得配偶的选择作用。

达尔文认识到，性选择是被雄性之间的性竞赛或是雌性对特定的雄性表现型的偏好所驱使的。雄性之间争夺交配权的竞赛会促进那些有利于打斗或具有侵略性的仪式性行为的特征的进化（见图 15-10）。雌性对配偶的选择是性选择的第二个来源。在雌性可以主动选择配偶的物种中，雌性通常更喜欢具有最精致的装饰或最夸张的炫耀行为的雄性（见图 15-11）。这是为什么呢？

▲**图 15-10 雄性之间的竞争通过性选择有利于格斗仪式器官的进化** 两只雄性大角羊在交配季节——秋季——的争斗。在很多物种中，这些竞赛的失败者很难获得交配权，而胜者则有着极大的繁殖成功率。

▲**图 15-11 孔雀艳丽的尾巴是通过性选择进化出来的** 显然，现代母孔雀的祖先在决定和哪一只雄性交配时十分挑剔，它们喜欢更长、更艳丽的尾巴。

一种假设是，雄性的结构、颜色和炫耀行为这些并不提高生存能力的特征，对雌性动物来说是雄性动物的状态的外在信号。只有强健、有活力的雄性，才能在负担着一条可能更易受捕食者攻击、艳丽的大尾巴的同时存活下来。相反，生病的或是携带寄生虫的雄性相比健康的雄性来说是迟钝且呆滞的。当雌性选择颜色最鲜艳、装饰最精致的雄性时，就相当于在选择最健康、最强壮的雄性。比如说，最强壮的雄性能够更好地抚育下一代，或者是携带有抗病的等位基因，而这些基因能够遗传给后代并保证它们的存活，那么雌性就增加了适应度。因此，雌性通过选择装饰最精致的雄性来增加生殖优势，同时这些光鲜华丽的雄性的性状（包括夸张的装饰物）将被传递给后代。

15.3.5　选择能够以三种方式影响种群

自然选择和性选择能够导致各种各样的进化模式。进化生物学家将这些模式归类为三种（见图 15-12）：

- 定向选择有利于具有某种性状极端值的个体，而不利于具有平均值的个体和具有相反极端值的个体。比如，定向选择可能会更青睐小的体型，并对体型中等和较大的个体进行负选择。
- 稳定化选择有利于具有平均性状的个体（比如居间的体型），并对具有极端性状的个体进行负选择。
- 歧化选择有利于具有不同极端的性状的个体（比如大的体型和小的体型），并对具有居间性状的个体进行负选择。

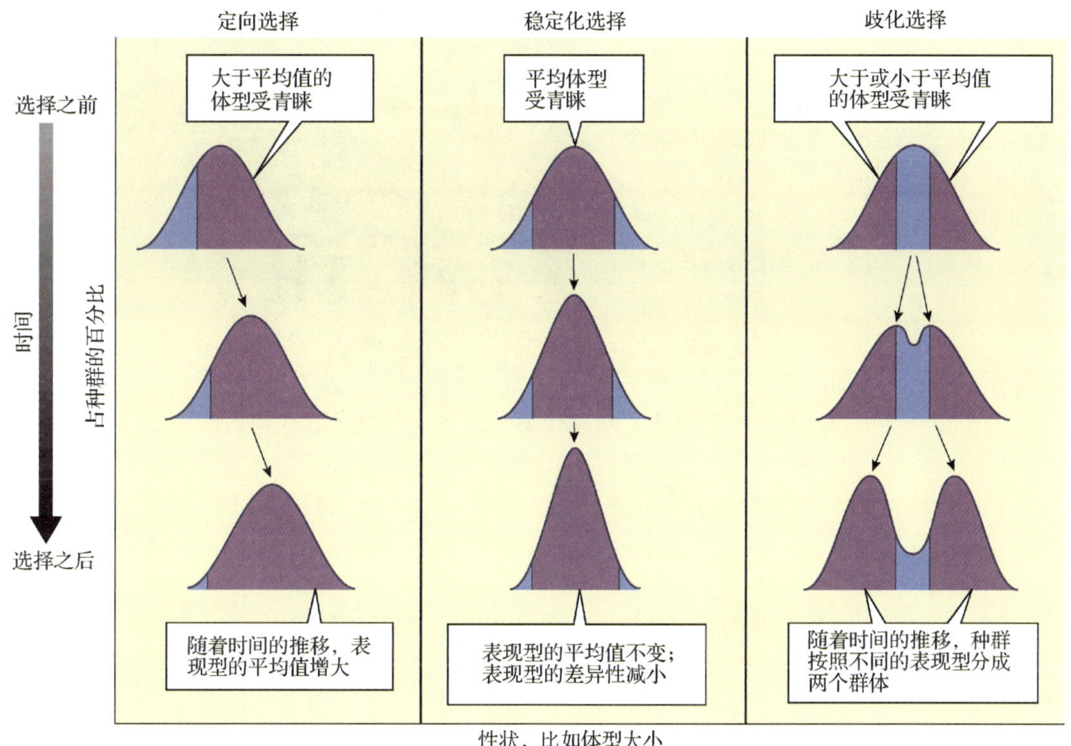

▲图 15-12　**选择随时间变化对种群产生影响的三种方式**　对于自然选择或性选择作用于表现型的正态分布，随着时间的过去而影响种群的三种方式的图解。在所有的图表中，蓝色区域代表被负选择的个体——也就是说，这些个体的繁殖成功率要低于紫色区域中的个体。

1. 定向选择使性状向特定的方向改变

如果环境条件的变化始终如一，那么作为应答，物种便可能向一个始终如一的方向进化。比如，在过去的“冰河时代”中，地球的气候变得非常寒冷，许多哺乳动物都进化出更厚的毛皮。细菌的耐抗生素的进化是另一个定向选择的例子：当细菌的生存环境中存在抗生素时，对抗生素有更强抗性的个体比抗性较弱的个体能够繁殖更多的后代。

2. 稳定化选择消灭那些偏离平均值太远的个体

定向选择不可能永远持续下去。当一个物种很好地适应了特定的环境时会发生什么呢？如果环境保持不变，那么出现的大多数新的突变都将是有害的。在这样的情况下，我们认为物种服从稳定化选择。稳定化选择有利于平均性状个体的生存和繁殖。稳定化选择通常在一个性状受到两个相对的、来源不同的环境压力时发生。比如，在须虎属蜥蜴中，最小的蜥蜴很难保卫自己的领地，但最大的蜥蜴又更容易被猫头鹰吃掉。结果是，须虎属蜥蜴服从有利于居间体型的稳定化选择。

3. 歧化选择使同一种群中的不同个体适应不同的栖息地

当一个种群在有着多于一种有用资源的区域居住时，就可能发生歧化选择。在这样的情况下，最适宜的性状可能根据资源种类不同而有所不同。比如，一种在非洲的丛林中发现的吃种子的小鸟——黑腹裂籽雀（见图 15-13），其食物来源包括硬种子和软种子。打开硬种子需要大而强壮的喙，但小而尖的喙对于进食软种子来说是更有效的工具。因此，黑腹裂籽雀有两种尺寸的喙。一只裂籽雀的喙可大可小，但是很少会有中等大小的喙；具有中等大小喙的个体相对于有大喙或小喙的个体来说，其生存率都较低。因此，黑腹裂籽雀中的歧化选择有利于有着大喙或小喙的个体，但不利于有着中等大小喙的个体。

▲**图 15-13　黑腹裂籽雀**　由于歧化选择的结果，每只黑腹裂籽雀有较大（左）或较小（右）的喙。

黑腹裂籽雀是平衡多态现象的一个例子，也就是在一个种群中保持两种或两种以上的表现型。在很多平衡多态现象的案例中，表现型因为受到个别环境因子的青睐而存留下来。比如，考虑一些非洲人中存在的两种血红蛋白。在这些种群中，对某个等位基因是纯合子的人们的血红蛋白分子是有缺陷的。这样的血红蛋白分子会聚集成长链，它们会扭曲红细胞，并使红细胞变得衰弱。这种畸变引起一种叫做镰刀型红细胞贫血的严重疾病，会使病人死亡。在现代药物出现之前，这种镰刀型细胞等位基因的纯合子甚至不可能活到能繁殖后代的时候。那么为什么自然选择没有消灭这个等位基因呢？

实际情况是，这个等位基因远未被消灭，而是存在于非洲某些区域接近一半的人口中。这个等位基因的存留是有利于这个基因杂合子的对冲平衡选择的结果。携带一个编码有缺陷的血红蛋白的等位基因和一个编码正常血红蛋白的等位基因的杂合子会患症状较轻的贫血，但同时他们对疟疾的抵抗力却增强了，而疟疾是一种在赤道非洲广为传播的影响红细胞的致死性疾病。在非洲疟疾的高危地带，杂合子能够存活下来并比两种纯合子繁殖得更加成功。结果是，正常的血红蛋白等位基因和镰刀型细胞等位基因都被保留了下来。

第 16 章 物种的起源

中南大羚是一种深藏于越南山区、不为人所知的动物，直到 1992 年科学家才发现它们。

16.1 什么是物种？

尽管达尔文出色地解释了进化是怎样一步步塑造出复杂的生物体的，但他的观点没能完全解释生命的多样性。尤其是，自然选择的过程本身并不能解释生物是怎样被划分成许多种类的，而每一种都和其他种类有着明显的不同。观察大型猫科动物时，我们无法找到一系列连续且不同的老虎性状逐渐变成狮子的性状的证据。我们将狮子和老虎看成是独立的、不同的种类，二者不存在重叠。每个独特的种类称为一个物种。

在日常生活中，大多数人都不假思索地给物种这个词一个非正式、不科学的概念。我们能看出麻雀和鹰之间存在显著的差别，而鹰又显然与鸭子不同。但当我们试图做更好的区分时，有时就会遇到困难；区分不同种的麻雀并不简单，尤其是在我们对于是什么组成了一个物种这一点没有明确概念的情况下。那么，科学家是怎样更好地区分不同物种的呢？

16.1.1 每个物种都是独立进化的

今天，生物学家将一个物种（species）定义为独立进化的一组种群（population）。每个物种都沿着一条独立的进化路径进化，因为等位基因很少会在不同物种的基因库间移动。不过，这个定义没有清楚地说明判断这样的进化独立性的标准是什么。最广泛使用的标准将物种定义为“事实上或潜在地具有相互交配能力的自然种群的集体，而这个集体与其他集体之间存在生殖隔离”。这种被称为生物种概念的定义建立在对生殖隔离（在该集体之外无法成功繁殖）能够保证进化独立性的观察之上。

生物种概念存在两个主要的局限性。首先，因为这个定义是建立在有性繁殖的模式上的，因此无法帮助我们确定无性繁殖生物的物种界限。其次，直接观察到两个不同集体的成员是否发生相互交配不总是现实的，有时甚至是不可能的。因此，希望确定一群生物体是不是一个独立的物种的生物学家，必须经常在不确定这个集体的成员是否会和集体之外的成员交配的时候就做出论断。

尽管生物种概念存在局限性，但是大多数生物学家还是接受它为鉴定有性繁殖生物物种的方法。然而，研究细菌和其他主要营无性繁殖的生物的生物学家需要一个替代定义，甚至有些研究营有性繁殖的生物的生物学家也更喜欢不依赖于很难测量的特质（生殖隔离）的定义。人们也提出了生物种概念的几个替代方案（见第18章）。

16.1.2 外表可能具有误导性

生物学家发现，有些外表非常相似的生物却属于不同的物种。比如，科迪勒拉蚊霸鹟和北美蚊霸鹟非常相似，经验丰富的观鸟者都无法将它们分辨开（见图16-1）。同样，在亚洲的 Anopheles dirus 和 Anopheles harrisoni 两种蚊子之间，事实上也没有可见的差别。然而，这种外表的相似性掩盖了对人们来说很重要的不同。前者在人与人之间传播致命的疟疾，但后者则通常不会传播疟疾。

表面上的相似性有时候会隐藏多个物种。最近，研究人员发现，过去被称为双条纹闪光蝶的物种实际上是一个包含至少10个不同物种的集体。这些物种的毛虫在外表上的确存在不同，但它们的成虫却极其相似，以至于在科学家第一次描述和命名这种蝴蝶之后超过两个世纪的时间里都没有被区分出来。

反过来说，外表上的不同也并不总是表明两个种群属于不同的物种（见图16-2）。比如，当你遭遇一条西北乌蛇时，它可能是棕色、黑色、灰色、绿色，或者是杂色的，它可能有条纹也可能没有条纹。如果有条纹，这些条纹可能宽也可能窄，并且可能是很多种颜色中的任何一种。然而，尽管它们的外观多种多样，但所有的西北乌蛇都属于同一个物种。

（a）科迪勒拉蚊霸鹟

（b）北美蚊霸鹟

◀**图 16-1　不同物种的成员可能在外观上相似**　(a) 中的科迪勒拉蚊霸鹟和 (b) 中的北美蚊霸鹟属于不同的物种。

（a）有着绿色条纹的西北乌蛇

（b）有着红色条纹的西北乌蛇

◀**图 16-2　同一物种的不同成员在外观上可能是不同的**　(a) 中有着绿色条纹的西北乌蛇和 (b) 中有着红色条纹的西北乌蛇属于同一个物种。

16.2　物种之间的生殖隔离是如何维持的？

是什么阻止了进行有性繁殖的物种之间的交配呢？阻止相互交配并维持生殖隔离的性状叫做隔离机制（见表 16-1）。隔离机制给个体提供了显著的益处。与另一个物种的成员进行交配的个体可能无法产生后代（或产生不适应环境或不育的后代），从而浪费了它为繁殖所做的努力，并且使其无法对未来的后代做出贡献。因此，自然选择对于防止物种间交配的性状是有利的。

表 16-1　生殖隔离的机制

交配前隔离机制：防止分属于两个物种的个体进行交配的因素。
● 地理隔离：物种之间不相互交配，因为有物理障碍将二者隔离开来
● 生态隔离：物种之间不相互交配，即使它们处于同一区域也是如此，因为它们占据不同的栖息地。
● 时间隔离：物种之间不相互交配，因为它们在不同的时间段交配。
● 行为隔离：物种之间不相互交配，因为它们的求偶动作和交配仪式不同。
● 机制不相容性：物种之间不相互交配，因为它们的生殖器官不相容。
交配后隔离机制：防止分属于两个物种的个体在交配后产生强壮、可育的后代的因素。
● 配子不亲和性：一个物种的精子无法使另一个物种的卵细胞受精。
● 杂种无活力：杂种后代无法存活。
● 杂种不可育：杂种后代不育，或生育力很弱。

16.2.1 交配前隔离机制防止跨物种交配

有很多种机制都可以维持生殖隔离，但阻止交配发生的隔离尤为有效。预防物种间交配的机制被称为交配前隔离机制。接下来，我们会描述最重要的几种交配前隔离机制。

1．属于不同物种的个体可能无法相遇

如果属于不同物种的个体无法接近对方，那么它们就无法交配。地理隔离防止种群间的相互交配，因为它们生活在不同的、在物理上分离的地点（见图 16-3）。然而，我们无法确定地理上分离的种群是否属于不同的物种。如果将两个种群分离开的物理屏障不复存在（比如，新的通道将两个此前并不相连的湖连接在一起），再次结合的种群可能会自由杂交，最终还是属于同一个物种。因此，通常来说，地理隔离不被认为是维持物种间生殖隔离的机制。相反，它是一个产生新物种的机制。如果在除去地理屏障的情况下种群之间仍然不能相互杂交，那么一定是发展出了其他的交配前隔离机制。

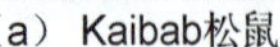

（a）Kaibab松鼠

（b）Abert松鼠

◀图 16-3 地理隔离 为了确定这两只松鼠是否属于同一物种，我们必须知道它们是否“事实上在相互交配或者具有潜在的相互交配能力”。不幸的是，这一点很难确定，因为（a）Kaibab 松鼠只在科罗拉多大峡谷的北边生活，而（b）Abert 松鼠在大峡谷的南边生活。这两个种群在地理上是相互隔离的，但仍然很相似。自从它们分离开来之后，它们是否有了足够的分歧以至于在它们之间已经出现了生殖隔离呢？因为它们仍然保持着地理隔离，所以我们无法确定。

2．不同物种可能占据不同的栖息地

利用不同资源的两个种群可能生活在同一综合区域的不同栖息地，并因此表现出生态隔离。比如，白冠带鹀和白喉带鹀的地理分布区域广泛重叠。然而，白喉带鹀主要出没于密集的灌木丛，而白冠带鹀主要栖息在原野和草甸地区，极少进入植被密集的区域。在繁殖季节，这两个物种的个体可能距离只有几百码，然而却极少能见到对方。一个更富有戏剧性的例子来自于 300 多种不同的无花果小蜂（见图 16-4）。在大多数情况下，特定种类的无花果小蜂在一种特定的无花果的果实中繁殖（同时为其传粉），并且每一种无花果都仅是一种或两种给它传粉的小蜂的宿主。因此，属于不同物种的无花果小蜂在繁殖期间极少会遇到另一种小蜂，同时一种无花果的花粉通常不会被带到另一种无花果的花中。

3．不同物种在不同的时间繁殖

就算两个物种占据相同的栖息地，如果繁殖季节不同，它们也无法交配，这种效应叫做时间隔离（以时间为基础的隔离）。比如，春蟋蟀和秋蟋蟀都在北美的很多地方生活着，但就像它们的名字所显示的，前者在春季繁殖，而后者在秋季繁殖。结果是两个物种不会发生种间杂交。

对于植物来说，不同物种的繁殖器官可能在不同的时间成熟。比如，加州沼松和辐射松都生长在美国加州蒙特利岛附近的海岸上（见图 16-5），但这两个物种在不同的时间释放装有精子的花

粉（并且在不同时间使卵细胞做好准备接受花粉）：辐射松在早春时节释放花粉，而加州沼松则在夏季释放花粉。因此，这两个物种在自然条件下不会发生杂交。

◀图 16-4　生态隔离　这只雌性无花果小蜂正携带着在一只无花果中交配所得的受精卵。她会找到另外一只属于同一物种的无花果，通过孔洞进入果实，产卵，然后死掉。她的后代会在无花果中孵化、生长并交配。因为每一种无花果小蜂都只在属于自己的特定种类无花果中繁殖，所以每一种无花果小蜂种间都存在生殖隔离。

（a）加州沼松

（b）辐射松

◀图 16-5　时间隔离　（a）加州沼松和（b）辐射松在自然界中共存。在实验室中，它们能够产生可育杂种；在野外，它们就不会相互杂交，因为它们在一年中的不同时间释放花粉。

4. 不同物种的求偶信号可能不同

动物复杂的求偶颜色和行为能够防止与其他物种的个体之间进行交配。物种之间不同的信号和行为产生了行为隔离。比如，求偶期的雄性艳粉天堂鸟的夸张的羽毛以及引人注目的姿势显著地表明了它所属的物种，因此其他物种的雌性意外地与之交配的概率非常小（见图 16-6）。在蛙类中，雄性蛙类的无差别交配给人留下了深刻的印象。受交配的欲望驱使时，它们会扑向视力所及范围内的所有雌性蛙类，而无论对方属于什么物种。不过，雌性则只接受发出与其物种对应叫声的雄性。如果雌性发现自己被与自己不属于同一物种的雄蛙抱住，它就会发出“释放呼叫”，这种叫声会让雄蛙放开自己。因此，只会产生极少数的杂种——即属于不同物种的双亲交配产生的后代。

▲图 16-6　行为隔离　一只艳粉天堂鸟为了吸引异性而进行表演，包括与众不同的姿态、动作、羽毛和叫声。这些行为与其他天堂鸟并不相似。

5．不同的性器官阻止交配企图

在极少情况下，属于不同物种的雄性和雌性个体试图交配，但它们的尝试通常会失败。在营体内受精（精子被储存在雌性的生殖道内）的动物物种之间，雄性和雌性动物的生殖器官无法组合到一起。不相容的身体形状让物种之间的交配变得不可能。比如，壳具有左手螺旋的蜗牛就无法与壳具有右手螺旋的蜗牛成功交配，因为壳的不匹配致使身体朝向的不匹配，使两个物种在试图交配时生殖器官无法合适地进行组合。在植物之间，花的大小和结构的差别会防止花粉在种间传递，因为不同的花会吸引不同的传粉者。这种隔离机制被称为机制不相容性。

16.2.2 交配后隔离机制限制杂种后代的生存

当交配前隔离机制失败或尚未进化出来时，属于不同物种的成员可能会相互交配。然而，如果产生的所有杂种后代都在生长发育的过程中死亡，那么这两个物种之间仍然存在生殖隔离。即使杂种后代能够存活，如果这些杂种后代对环境的适应性弱于其亲代，或杂种本身是不可育的，那么这两个物种仍然保持相互隔离，二者之间的基因流动很少或者不存在。防止物种间产生强壮、可育杂种的机制被称为交配后隔离机制。

1．一个物种的精子无法使另一个物种的卵细胞受精

即使一个雄性动物和属于另一物种的雌性动物完成了交配，它的精子也有可能无法使对方的卵细胞受精，这种隔离机制被称为配子不亲和性。比如，在营体内受精的动物中，雌性生殖道内的液体能够弱化或杀死来自其他物种的精子。

配子不亲和性在有些物种中可能是尤为重要的隔离机制，比如水生无脊椎动物和风媒植物，二者分别通过将配子分散到水中或空气中来繁殖。比如，海胆的精细胞含有一种让它们与卵细胞结合的蛋白质。这种蛋白质的结构在不同物种的海胆中是不同的，因此一种海胆的精子不能与另一种海胆的卵细胞结合。鲍鱼（一种软体动物）的卵细胞被一层膜包裹着，这层膜只能被含有一种特定酶的精子穿透。这种酶在每一种鲍鱼中都是不同的，因此杂种是极其罕见的，尽管几种鲍鱼在同一片水域共存，并且在同一段时间内产卵。在植物之间，类似的化学不亲和性也会防止来自一个物种的花粉在另一个物种的柱头（捕捉花粉的结构）上萌发。

2．杂种后代无法存活或繁殖

如果物种间的受精的确发生了，由此产生的杂种可能无法存活，这种情况叫做杂种无活力。指导这两个物种生长发育的遗传指令非常不同，以至于杂种后代在发育的早期就夭折了。比如，俘虏豹蛙可以与树蛙交配，并且能产生受精卵。然而，产生的胚胎将不可避免地在几天之后死亡。

在其他动物中，杂种可能会活到成年，但无法繁殖，因为它表现出无效的生育行为。比如，特定种类的相思鸟之间产生的杂种很难筑巢。杂种的每个亲代个体都遗传到了一种特定的搬运筑巢原料的先天行为；其中一种将材料塞进臀部的羽毛下面，而另一种则用喙搬运材料。不过，杂种则使用这两种行为的一种奇怪的混合体。它们一次又一次地试图把筑巢材料塞到羽毛下，但又无法做到，因为它们不肯将材料从喙间放开。有着这样无效筑巢行为的杂种在野外很可能无法繁殖。

3．杂种后代不可育

大多数杂种动物，比如骡（马和驴杂交）和狮虎兽（在动物园中产生的狮子和虎的杂交），都是不育的（见图16-7）。这种杂种不可育性防止杂种将遗传物质传递给后代，从而阻断两个亲代物

种之间的基因流。杂种不可育的普遍原因是，染色体在减数分裂阶段无法适当配对，因此卵细胞和精子无法发育。

◀图 16-7 **杂种不可育** 这只狮虎兽——狮子和老虎的杂种后代——是不可育的。它的两个亲代物种的基因库维持隔离状态。

16.3 新物种是如何产生的？

尽管查尔斯·达尔文对自然选择的过程探索得十分详尽，但他并没有提出物种形成，即新物种的形成过程的完整机制。不过今天，生物学家认为，物种形成要依靠两个过程：隔离和基因趋异。

- **种群的隔离**：如果个体能在两个种群间自由移动，由于相互交配和因此而发生的基因流动，那么在其中一个种群中发生的变化很快就会广泛分布于另一个种群中。因此，除非有什么阻断了两个种群之间的相互杂交，否则两个种群不可能变得越来越不同。物种的形成是要依靠隔离才能产生的。
- **种群间的基因趋异**：两个种群只是彼此隔离并不够。只有在隔离这段时间中，它们进化出足够大的差别，才会成为独立的物种。而这种差别必须大到，如果被隔离的两个种群重聚，它们也无法进行杂交并产生强壮、可育的后代。也就是说，只有在趋异的结果是进化出隔离机制时，新物种才宣告形成。这些差异可能是偶然发生的（遗传漂变），尤其是如果被隔离的种群中有至少一个是较小的种群时。如果被隔离的种群经历不同的环境条件，也会通过自然选择而产生较大的遗传学差异。

物种生成需要隔离以及其后发生的趋异，但这些步骤可能以几种不同的方式发生。进化生物学家将物种生成的不同通路分成了两大类：异域物种形成，在这种情况下两个种群在地理上是相互分离的；同域物种形成，在这种情况下两个种群共享一块地理区域。

16.3.1 种群的地理隔离会导致同域物种形成

当不可跨越的物理屏障将一个种群的不同部分分离开来时，就会经由同域物种形成的方法生成新的物种。

1. 生物体可能移居到隔绝的栖息地

如果一个小种群迁移到一个新的位置，那么它便有可能被隔离起来（见图 16-8）。比如，一些陆地生物可能移居到大洋中的一个岛屿上。这些殖民者可能是鸟、会飞的昆虫、真菌孢子或被风暴携带着的风媒种子。更多附着于土地上的生物可能会靠着由从大陆海岸上漂走的植物形成的筏子到达小岛。不管通过什么途径，我们知道这样的迁移经常发生，因此就算是最偏僻的岛屿也存在生命。

通过迁移而产生的隔离不局限于岛屿。比如，不同的珊瑚礁可能被几英里的广阔海洋分割开来，因此许多被洋流带到远处的珊瑚礁的礁生海绵、鱼或藻类会与原种群之间形成有效的隔离。任何有界的栖息地，比如湖泊或山顶，都会将到来的移居者与外界隔离。

2．地质变化和气候变化可能对种群进行分隔

将种群分离开来的地形变化也可能导致隔离。比如，上升的海平面可能将沿海的小山顶变成岛屿，从而将上面的居民隔离。火山爆发产生的岩石能将连续的海或湖分开，从而分裂种群。改道的河流也能将种群分开，新生成的山脉也能做到这一点。气候变化，比如在过去的冰河时期发生的那几次，能够改变植物的分布和在种群的链状布局，这些种群在当时分布在相互隔离的一片片适宜居住的栖息地。你也许能够想到许多其他会导致这种种群地理分化的情境。

在地球的历史上，很多种群曾经因为大陆漂移而分开。大陆漂浮在熔化的岩石上，在地球表面缓慢移动。在地球悠久的历史上，有很多次，大陆分裂为许多小块，并随后互相分离（见图 17-11）。这样的分裂每次都会将许多种群分开。

▲图 16-8　**异域物种形成和趋异**　在异域物种形成过程中，一些事件导致种群被不可跨越的地理屏障分开。这种划分的一种方式是迁移到一个孤岛上。两个被分开的种群可能会在遗传上产生趋异的现象。如果两个种群之间的遗传差异足够大，以至于二者不能进行杂交，那么这两个种群就组成了两个独立的物种。

3．自然选择和遗传漂变能够使被隔离的种群产生差异

如果两个种群之间产生了地理隔离，不管是出于什么原因，它们之间都将不存在基因流。如果这些地点的环境存在不同，那么自然选择在不同的地点会偏好不同的性状，而这两个种群便会积累遗传差异。或者，如果一个或更多种群足够小，以至于可以发生实质上的遗传漂变，如果少数几个个体和种群的主体隔离开来而产生奠基者效应，那么就尤其容易产生这样的结果。在任一种情况下，分离的种群之间的遗传差异都会逐渐累积，并最终使得二者之间无法杂交。此时，这两个种群就分属于不同的物种。大多数进化生物学家相信，在地理隔离之后发生的异域物种形成是最普遍的新物种来源，在动物中尤其如此。

16.3.2　不存在地理分离的遗传学隔离会导致同域物种形成

遗传隔离——受限的基因流——对物种的形成是必需的，但种群的基因隔离可以不依靠地理分离而产生。因此，同域物种形成也可以产生新物种。

1. 生态隔离可以减少基因流

如果一个地理区域包括两个不同种类的栖息地（其中每个都有自己独立的食物来源、抚育后代的场所，等等），一个物种中不同的成员可能会开始聚集在其中一个或另一个栖息地。如果条件合适，两个不同栖息地中的不同自然选择可能导致这两组成员的性状向着不同方向进化。最终，这些差异可能变得足够大，以至于两组成员之间不再能发生杂交，这样，一个物种就分裂为两个物种。这样的分裂可以说就在生物学家的眼前发生，比如一种叫做苹实蝇的果蝇就发生了这样的现象。

苹实蝇是一种寄生于美国山楂树的寄生虫。这种蝇类在山楂树的果实中产卵；在孵化出蛆之后，它们便以果实为食。大约 150 年前，科学家发现，苹实蝇开始寄生在从欧洲引入北美的苹果树。而现在看来，苹实蝇正分裂为两个物种，其中一种在苹果中繁殖，另一种在山楂中繁殖（见图 16-9）。这两组苹实蝇已经进化出了遗传物质上的差异，其中有些——比如影响成年蝇在一年中的什么时候产生并开始交配的基因——对于在特定的宿主植物中生存是至关重要的。

◀**图 16-9　同域隔离和趋异**　在同域物种形成过程中，有些事件会阻止处于同一地理区域的一个种群的两部分之间的基因流。导致这种遗传隔离的一种方法是种群的一部分开始使用一种此前未被利用过的资源，比如说昆虫种群的一部分转移到另一种宿主植物上（就像在一种被称为苹实蝇的果蝇中发生的那样）这两个现在被隔离开来的种群产生遗传差异。如果两个种群之间的遗传差异变得足够大，以至于能够防止二者之间发生杂交，那么这两个种群就成为了不同的物种。

只有当这两种蝇保持生殖隔离时，它们才是两个物种。苹果树和山楂树生活在相同的区域，而苹实蝇毕竟是蝇类，是可以飞的。那么寄生在山楂中的苹实蝇和寄生在苹果中的苹实蝇为什么不会相互杂交并消除彼此之间的遗传差异呢？首先，雌蝇通常会将卵产在与它们完成生长发育过程相同的果实中，雄蝇也更偏好与其完成生长发育过程相同的果实。因此，偏好苹果的雄性苹实蝇会遇到偏好苹果的雌性苹实蝇并与之交配。其次，苹果比山楂晚成熟 2 到 3 星期，而这两种苹实蝇都会在它们选择的宿主的合适发育期出生。因此，这两种果蝇相遇的可能性非常小。尽管这两种果蝇之间的杂交也时而发生，但看起来两种苹实蝇还是走在物种形成的道路上。它们会形成不同的物种吗？昆虫学家布什（Guy Bush）说：“这个问题要等几千年之后再来问我。”

2. 突变会导致遗传隔离

在某些情况下，细胞中染色体数目的改变会瞬间产生新的物种。每条染色体获得多个副本称为多倍性，而多倍性是同域物种形成的常见原因。一般来说，多倍体个体无法与正常的二倍体个体成功交配。因此，多倍突变体和它的亲本物种之间存在遗传隔离。然而，如果它能够通过某种方式进行繁殖并留下后代，那么它的后代就能形成一个新的、与之存在生殖隔离的物种。

相对多倍体动物来说，多倍体植物更有可能具备繁殖的能力，因此经由多倍性的物种形成在植物中比在动物中多见。很多植物可以自我受精或进行无性生殖，或两者均可。不过，大多数动物无法做到这两点。因此，一株多倍体植物比一只多倍体动物更有可能成为一个新的、多倍体物种的创始成员。

16.3.3 有些条件可能产生很多新的物种

正像用家谱来表示家族的历史一样，生命的历史用进化树来表示。生命进化树的基石代表了地球上最早的生物体，每一个末端分支代表着今天存活在地球上的一个物种。分支上的每一个分叉代表一个物种形成事件，在这些事件中，一个物种分裂为两个。不同物种在进化上的联系的假设和发现，经常是由对生命进化树的一部分进行描述而产生的（见图 16-10a）。

在有些情况下，在一段相对较短的时间内产生很多新物种（见图 16-10b）。这一过程称为适应辐射，发生在物种大规模入侵到各种新栖息地的时候，并受到这些栖息地不同环境压力的影响而发生进化。

适应辐射已经在不同种类的生物中发生过很多次，通常，当物种遇到多种多样的空闲栖息地时就会发生这种现象。比如，当一些地雀移居加拉帕戈斯群岛时，当一群丽鱼到达与世隔绝的马拉维湖时，当一种银剑树祖先抵达夏威夷岛时，都发生了适应辐射现象（见图 16-11）。这些事件产生的适应辐射导致了达尔文在加拉帕戈斯群岛观察到的 13 种地雀，马拉维湖中超过 300 种的丽鱼以及夏威夷岛上 30 种银剑树的产生。在这些例子中，入侵物种遭遇的唯一竞争对手就是同物种的其他个体，而所有可用的栖息地都会被从初始入侵者进化而来的新物种快速占据。

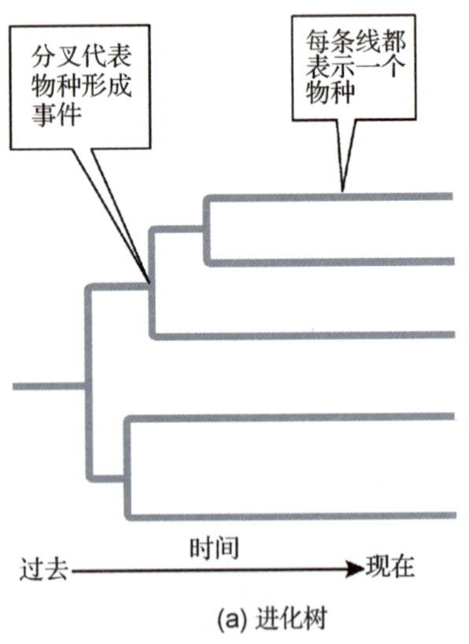

(a) 进化树

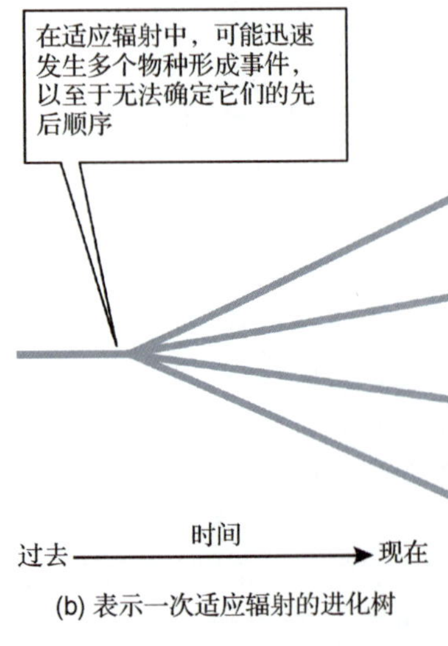

(b) 表示一次适应辐射的进化树

◀**图 16-10 解释进化树** 进化历史通常用（a）进化树来表示，进化树是一个图表，它的水平轴表示时间。（b）图是一棵表示一次适应辐射的进化树，从一个点可能会分支出很多条线。这种结构也反映出生物学家对于在适应辐射过程中许多的物种形成事件的发生顺序并不确定。随着更多研究的进行，将来我们也许能够用一种可以提供更多信息的模型来代替这种“星暴”式的模型。

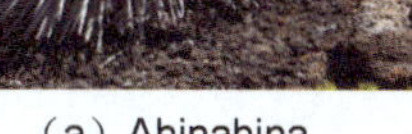

（a）Ahinahina

（b）Waialeale dubautia

（c）Kupaoa

（d）Na'ena'e 'ula

◀图 16-11　适应辐射　在夏威夷岛上，栖息着大约 30 种银剑树。这些物种在其他任何地方都没有分布，而且它们都是由几百万年内的一个原始物种进化而来的。这次适应辐射产生了一群形态多样、亲缘关系很近的物种，在这些不同的物种中，我们能够看出，为了适应夏威夷岛上从温暖潮湿的热带雨林到凉爽、贫瘠的火山山顶的多种多样的栖息地，它们也产生了一系列特殊适应性性状。

16.4　导致物种灭绝的是什么？

每个生物体最终都一定会经历死亡，对物种来说也是这样。就像个体一样，物种“诞生”（通过物种形成这一过程），存在一段时间，然后消亡。任何一个物种的最终命运都是灭绝，即最后一个成员的死亡。事实上，在曾经存在的物种中至少有 99.9%的物种现在已经灭绝了。正像化石所揭示的那样，进化的自然过程就是新物种诞生、旧物种灭绝的不断循环。

大多数物种灭绝的直接原因都是环境变化，这种变化可能发生在环境的非生物部分或生物部分。导致灭绝的环境变化包括栖息地被破坏和种间竞争加剧。在面临这样的变化时，只存活在很小地理范围内的物种或进化出高度专门化的适应的物种对灭绝尤其敏感。

16.4.1　集中分布使物种变得脆弱

不同物种的分布范围非常不同，并因此在其对灭绝的易损性上也非常不同。有些物种，如银鸥、白尾鹿和人类，在整个大陆上，甚至整个地球上都有存活；而其他物种，比如魔鳉（见图 16-12），分布范围及其有限。显然，如果一个物种只栖息在一个非常小的区域，那么对这个区域的任何扰动都很容易导致物种的灭绝。如果魔鬼洞由于干旱或附近的钻井活动而干枯，那么魔鳉将立即灭绝。相反，分布广泛的物种则不会因为局部的环境灾难而灭绝。

◀图 16-12　非常集中的分布对物种来说可能很危险　魔鳉只在内华达沙漠的一个间歇泉中生活，它们以及其他被隔离的小种群极可能灭绝。

16.4.2 过度特化增加灭绝风险

另一个可能使物种容易灭绝的因素是过度特化。每个物种都会进化出能帮助它们在生存环境中存活并繁殖的特殊适应性。在有些情况下，这些特殊适应性包括只偏好在特定且非常有限的环境条件下生存的特化。比如，卡纳蓝蝴蝶只以蓝花羽扇豆为食（见图 16-13）。因此，这种蝴蝶也只在该植物生长茂盛的情况下才会被发现。然而，蓝花羽扇豆已经很稀少了，因为在北美东北部，农场和城市已经取代了大部分砂质的开放树林和空地，而后二者正是蓝花羽扇豆的栖息地。如果这种羽扇豆消失了，那么卡纳蓝蝴蝶必将随之灭绝。

▲图 16-13 **过度特化增加灭绝风险** 卡纳蓝蝴蝶只以蓝花羽扇豆为食，而后者生长在美国东北部的干燥森林和空地上。这样的行为特化使得这种蝴蝶对任何能消灭其宿主物种的环境变化都极其脆弱。

16.4.3 与其他物种的相互作用可能使物种灭绝

与其他物种的相互作用，如竞争和捕食，是自然选择的因子。（见第 15 章）在有些情况下，这些相互作用会导致物种的灭绝而非适应性。

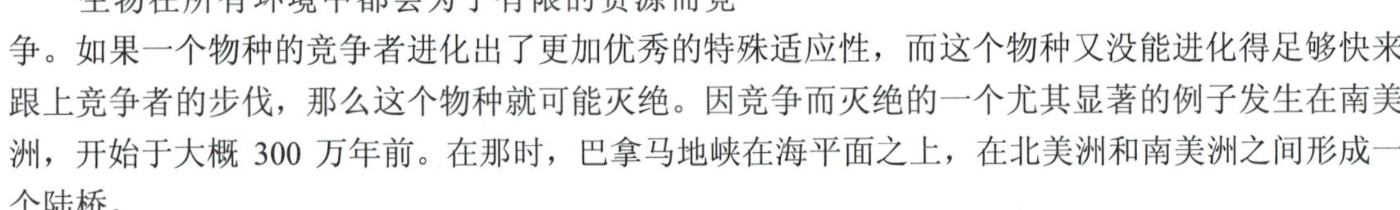

生物在所有环境中都会为了有限的资源而竞争。如果一个物种的竞争者进化出了更加优秀的特殊适应性，而这个物种又没能进化得足够快来跟上竞争者的步伐，那么这个物种就可能灭绝。因竞争而灭绝的一个尤其显著的例子发生在南美洲，开始于大概 300 万年前。在那时，巴拿马地峡在海平面之上，在北美洲和南美洲之间形成一个陆桥。

在这两个原本分离的大陆被连接起来之后，原来被隔离在两个大陆上分别进行进化的哺乳动物就能够混合在一起了。在北美洲的哺乳动物向南方迁移、南美洲的哺乳动物向北方迁移的过程中，很多物种的确扩大了自己的生存范围。在它们迁移的时候，每个物种都会遇到占据同一栖息地、利用同样资源的当地物种。接着发生的竞争的最终结果是，迁移到南方的北美物种变得多样化并且发生了适应辐射，取代了大多数南美物种，而后者很多都灭绝了。显然，进化给予北美物种一些（至今未知的）特殊适应性，这些适应性使得它们的后代能够比与其对应的南美物种更有效地利用资源。

16.4.4 栖息地的改变和栖息地被破坏是物种灭绝的主要原因

栖息地的改变，不管是当代还是史前，都是物种灭绝唯一的最大原因。今天，人类活动正导致栖息地被快速破坏。很多生物学家认为，我们现在处于生命史上速度最快、影响范围最广的一次物种灭绝中。热带雨林的丧失对生物多样性是尤其大的打击。在未来 50 年，随着人们为获取木材或为了给牲畜和农作物清理出空间而不断砍伐热带雨林，栖息繁衍于其中的、占地球半数的物种都可能消失。

第 17 章　生命的历史

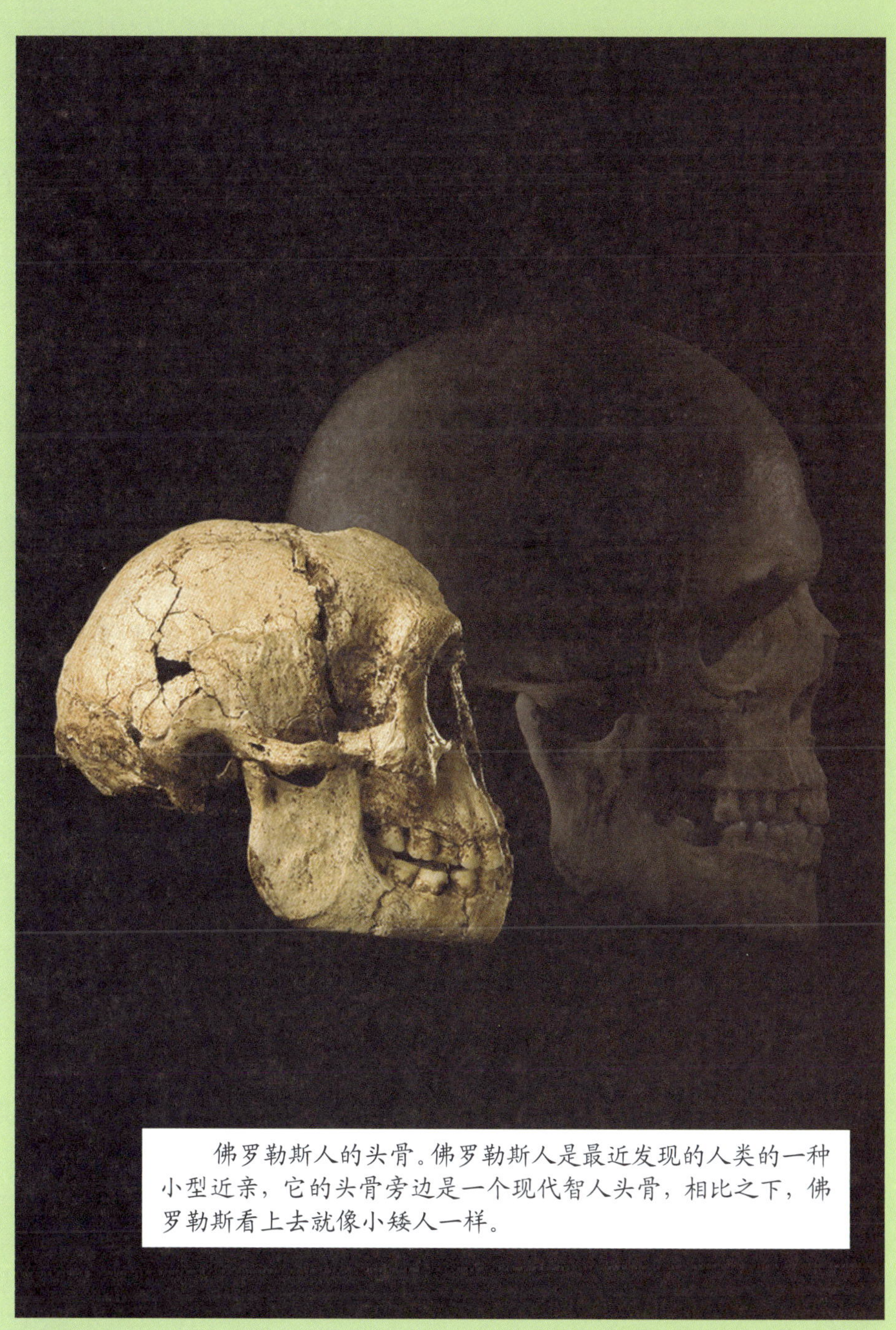

佛罗勒斯人的头骨。佛罗勒斯人是最近发现的人类的一种小型近亲，它的头骨旁边是一个现代智人头骨，相比之下，佛罗勒斯看上去就像小矮人一样。

17.1 生命是如何产生的？

达尔文之前的学说认为，所有的物种都是上帝在几千年前同时创造的。此外，直到 19 世纪，大多数人还认为物种的新成员是通过自然发生的，即由非生物物质变成的。1609 年，一名法国植物学家写到，“在苏格兰有一种常见的树。这种树的叶子落下来，在一边，它们落入水中并慢慢地变成了鱼，在另一边，它们落到陆地上，变成了鸟。”中世纪的著作中也充满了同样的说法。当时人们认为，微生物是自发地从肉汤中产生，蛆自发地从肉里产生，而老鼠自发地从汗湿的衬衫和小麦的混合物中产生。

1668 年，意大利医生雷迪（Francesco Redi）仅通过防止苍蝇（苍蝇的卵会孵化出蛆）碰到未受污染的肉，就简单地证明了蛆自发从肉中产生的假说是不正确的。19 世纪中期，法国科学家路易斯 • 巴斯德（Louis Pasteur）和英国科学家约翰 • 廷德尔（John Tyndall）证明了微生物自发从肉汤中产生的假说也是不正确的。他们的实验表明，除非肉汤暴露在环境中已有的微生物之下，否则消过毒的肉汤中是不会出现微生物的（见图 17-1）。尽管巴斯德和廷德尔推翻了自然发生假说，但是他们并没有回答生命最早是怎样产生的这一问题。或者，就像生物化学家米勒（Stanley Miller）所说的，“巴斯德没有证明这种事情从未发生过，他只是证明了这种事情不会一直发生。”

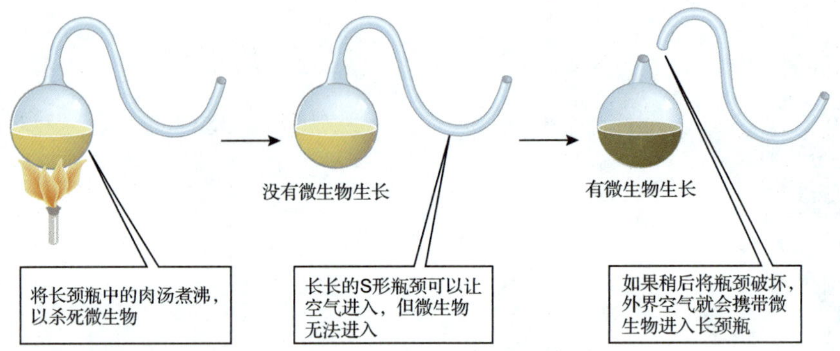

▲图 17-1 **自然发生论被驳倒** 路易斯 • 巴斯德的实验证明了微生物从肉汤中自然发生的假说是不成立的。

 17.1.1 第一个生物来源于非生命物质

现代科学对于生命起源的假说是从 20 世纪 20 年代开始产生的。20 世纪 20 年代，俄国科学家奥巴林（Alexander Oparin）和英国科学家霍尔丹（John B. S. Haldane）注意到，在今天的高含氧量的大气中无法自发产生生命所需的有机大分子。氧气很容易和其他分子反应，并打断化学键。因此，富氧的环境倾向于使分子变得简单。

奥巴林和霍尔丹推测，早期地球的大气的含氧量一定很低，在这样的大气条件下，通过普通的化学反应就可能产生复杂的有机分子。有些分子在地球早期的无生命环境中可能更容易存留下来，随着时间的推移，它们变得较为普遍。这种“适者生存”的化学版本被称为前生命演化（即生命出现之前的演化）。在奥巴林和霍尔丹提出的假说中，前生命演化产生了越来越复杂的分子，并最终产生了生命。

1. 前生命条件下会自发形成有机分子

受到奥巴林和霍尔丹的启发，米勒（Stanley Miller）和尤雷（Harold Urey）在 1953 年于实验室中模拟了前生命演化过程。他们了解到，地质学家在地球早期形成的岩石的化学组成基础上，推断出早期的大气中实际上不含氧气，但的确含有其他的成分，包括甲烷（CH_4）、氨气（NH_3）、

氢气（H_2）和水蒸气（H_2O）。米勒和尤雷通过在烧瓶中将上述气体加以混合模拟不含氧气的早期地球大气。用电火花模拟早期地球大气中的雷暴。在这个实验生态系统中，研究人员发现，仅仅几天之后，就产生了简单的有机分子（见图 17-2）。这次实验证明，早期大气中可能含有的一些小分子，在存在电能的情况下能够结合起来形成更大的有机分子（由小分子生成生物大分子的反应是吸能反应——它们消耗能量）。米勒和其他人做的类似实验产生了氨基酸、多肽、核苷酸、腺苷三磷酸（ATP）和许多其他生物特有的分子。

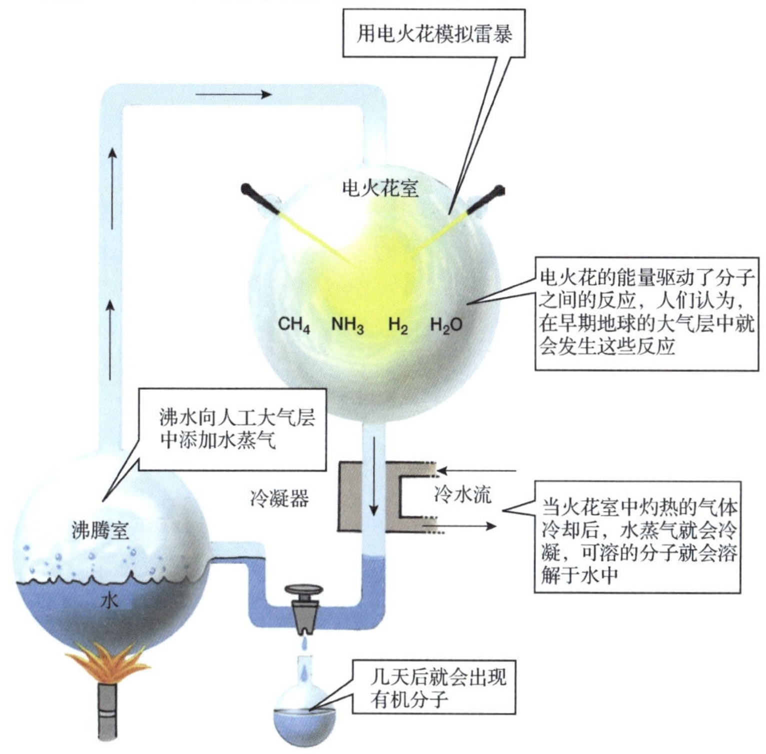

◀**图 17-2　米勒和尤雷的实验装置**　生命最原始的阶段没有留下任何化石证据，因此，进化生物学家提出，要在实验室中重现可能在早期地球上占优势的环境条件。火花室中的混合气体用来模拟地球早期的大气。

最近几年，新的证据表明，地球早期大气的实际组成可能和米勒-尤雷的实验中的气体混合物并不相同。不过，对早期大气的进一步了解并没有否定米勒-尤雷实验的基本发现。进一步的实验使用了更加接近真实的（仍然不含氧气）模拟大气或早期海洋，而在这些实验中同样产生了有机分子。此外，这些实验表明电能不是唯一合适的能量来源。早期地球上存在的其他能量来源，比如热能和紫外线（UV），在实验模拟的前生命条件下能够促进有机分子的形成。因此，尽管我们可能永远都不会知道最早的大气是什么样的，但我们对于早期地球上能够形成有机分子这一点还是有信心的。

其他的有机分子可能来自宇宙。当小行星或彗星撞击地球表面时，可能会将有机分子带到地球上。研究人员对从当代的陨石坑中找到的小行星进行分析，并发现有些小行星含有高浓度的氨基酸和其他简单的有机分子。实验结果表明，这些分子可能是在撞击地球之前，在星际空间形成的。当一些已知存在于宇宙空间的小分子处于类似宇宙的低温低压条件下并受到紫外线轰击时，产生了更大的有机分子。

2. 有机分子在前生命条件下积累

前生命合成的效率很低，速度也很慢。不过，在几亿年的漫长时光中，早期地球的海洋中积聚了大量的有机分子。今天，大多数有机分子的寿命都非常短，因为它们要么会被生物消化，要么会与大气中的氧气反应。不过，早期的地球没有生命，同时也没有自由氧，所以有机分子不会面临这些威胁。

然而，前生命分子还是会被太阳的高能紫外线所威胁，因为早期地球缺乏臭氧层。臭氧层是现在的地球大气中较高的区域，在这个区域中，臭氧的含量非常丰富。太阳能会将一些氧气分子分裂成单独的氧原子（O），然后这些氧原子再和 O_2 反应形成 O_3（臭氧）。由此形成的位于极高海拔的臭氧层会吸收太阳发出的一部分紫外线，防止它们到达地球表面。然而，早期地球是没有臭氧层的，因为那时的大气不含有氧气，或只含有少量的氧气，因此大气层中不会生成臭氧。

在臭氧层形成之前，紫外线的辐射一定十分严重。我们刚刚看到，紫外辐射能够为有机分子的形成提供能量，但也可以将有机分子分开。不过，在有些地方，比如在突出的岩石下面或在海底，甚至很浅的海底，有机分子都可以免受紫外线的辐射。在这些地方就可能出现有机分子的积累。

3. 粘土可能催化了形成有机大分子的反应

在前生命演化的下一个阶段，简单的分子结合起来形成更大的分子。形成大分子的反应要求反应分子离得足够近。科学家提出了在早期地球上可能发生的达到这样高浓度的几个可能的过程。一种可能是小分子在粘土颗粒的表面积累，粘土可能带有少量的电荷，这样就可以吸引溶液中带有异种电荷的小分子。聚集在这样的粘土颗粒上的小分子可以离得足够近，以至于能够发生化学反应。研究人员已经证明了这种方案的可行性。他们做了实验，在有机小分子溶液中加入粘土能够催化形成更大、更复杂分子的反应，包括形成 RNA 的反应。这样的分子可能在早期地球的海洋或湖泊底部的粘土表面形成，然后成为第一个生命形成的基石。

17.1.2 RNA 可能是第一个能自我复制的分子

尽管所有现代生物都使用 DNA 来编码和储存遗传信息，但 DNA 不太可能是最早出现的信息分子。DNA 只有在大而复杂的蛋白质酶的帮助下才能自我复制，但制造这些酶的指令却是 DNA 本身所编码的。因此，DNA 作为生命的信息存储分子的起源这一假说存在一个“鸡和蛋”的难题：DNA 需要蛋白质才能产生，但这些蛋白质也需要 DNA 才能产生。因此，构建一个生命起源于自我复制的 DNA 的可信假说极其困难。所以，当前以 DNA 为基础的信息存储系统很可能是由一个更早的系统进化而来的。

1. RNA 可以作为催化剂

第一个自我复制的信息分子的主要备选是 RNA。在 20 世纪 80 年代，切赫（Thomas Cech）和奥尔特曼（Sidney Altman）用四膜虫做实验，发现了一个不是由蛋白质而是由一个小分子 RNA 催化的细胞反应。因为这种特殊的 RNA 分子行使了此前认为只有蛋白质酶能够完成的功能，所以切赫（Cech）和奥尔特曼（Altman）决定将这种具有催化功能的 RNA 分子命名为核酶（见图 17-3）。

在这两人发现核酶的几年后，研究人员发现了十几种自然产生的核酶，它们能催化各种各样的反应，包括切割其他 RNA 分子和将 RNA 片段连接起来。在核糖体中也发现了核酶，它们的作用是催化氨基酸连接到正在生长的蛋白质上的反应。此外，研究人员已经能在实验室中合成许多种核酶，包括一些能催化小 RNA 分子复制的核酶。目前合成的最有效的复制核酶能够复制长达 95 个核苷酸的 RNA 序列。

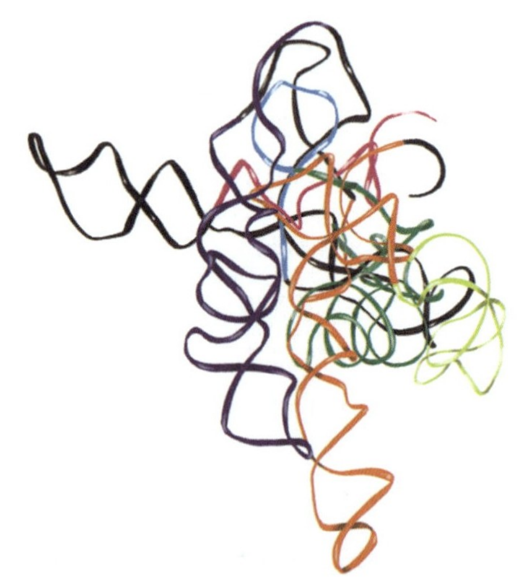

▲图 17-3 **一个用电脑生成的核酶模型** 这个 RNA 分子是从单细胞生物四膜虫中分离出来的，它可以和酶一样起到催化代谢反应的作用。

2. 地球可能曾经是一个 RNA 世界

能催化许多种反应，包括 RNA 复制的 RNA 分子的发现为生命在一个“RNA 世界”中产生的假说提供了支持。根据这种观点，在现代以 DNA 为基础的生命纪元之前，是一个 RNA 既充当携带信息的遗传分子，又负责催化它自身的复制的纪元。这个 RNA 世界可能是在几亿年的前生命化学合成之后出现的，在前生命化学合成过程中，RNA 的核苷酸是合成的分子中的一种（最近的实验表明核糖核苷酸能够自发地从简单分子装配而来）。在核糖核苷酸达到较高的浓度后（可能是在粘土颗粒上），这些核苷酸结合到一起形成短 RNA 链。

让我们来假设一下，纯粹出于偶然，其中一条 RNA 链是一个可以催化自身复制的核酶。这个世界上第一个催化自身复制的核酶并不能很好地发挥作用，并在复制时产生很多错误。这些错误就是世界上的第一次突变。就像现在的突变一样，其中的大多数突变都破坏了“子分子”的催化能力，但也可能有几个突变会增强这种能力。这些改进为 RNA 分子之间的自然选择奠定了基础。能越来越好、越来越快地复制自身的核酶比效率较低的核酶复制得更快，因此变得越来越普遍。RNA 世界中的分子进化一直继续着，直到由于某些现在还不清楚的一连串事件，RNA 逐渐退却到它现在的位置——在 DNA 和由蛋白质组成的酶之间的媒介物。

 17.1.3　在类膜囊泡中可能存在闭合的核酶

能够复制自身的分子本身并不能组成生命；在所有活细胞中，这样的分子都被包含在某种闭合的膜内。最早的生物膜的前体可能是通过纯粹的物理、力学过程自发形成的简单结构。比如，化学家证明，如果我们摇动含有蛋白质和脂质的水，就像波浪拍打史前的海岸那样，这些蛋白质和脂质就会结合到一起，形成被称为囊泡的空心结构。这些空心的球体在许多方面都很像活细胞。它们有着定义良好的边界，可以将它们的内容物与外界溶液隔开。如果囊泡的组成是正确的，就能形成看上去和真正的细胞膜极其相似的“膜”。在特定条件下，囊泡可以从外界溶液中吸收物质、生长甚至分裂。

如果一个囊泡恰巧包含了正确的核酶，它就能形成一个类似于活细胞的东西。我们可以把它叫做原始细胞，它在结构上与细胞类似，但不是活的。在原始细胞中，核酶和其他被包裹在其中的分子可以避免被原始的外界溶液中散布的活性分子降解。核苷酸和其他小分子可能会扩散穿过膜，然后用来合成新的核酶和其他复杂的分子。在充分成长之后，囊泡可能会分裂，每个子囊泡中都会并入一些核酶分子。如果发生了这个过程，那么第一个细胞的进化就几乎完成了。

是否存在一个特定的时间点，在这个时刻，一个非生命的原始细胞产生了一个活的生命呢？也许没有。就像很多其他的进化变化一样，从原始细胞到细胞的变化是一个连续的过程，在两个状态之间并不存在明显的界限。

 17.1.4　但是，所有这些真的发生过吗？

我们刚刚描述的过程尽管貌似有道理，而且符合许多研究结果，但并非确凿无疑。对生命起源研究的一个最显著的特征是，它包含了多种多样的设想、实验和矛盾的假设。研究人员对于生命是在陆地上平静的水塘、是在海中还是在酷热的深海烟囱中，抑或是在基地的冰雪中产生，仍然存在争议。有些研究人员甚至认为生命是从外太空来到地球的。我们能从目前进行的实验中得出任何明确的结论吗？不能，但我们可以做出几个合理的推论。

首先，米勒等人的实验表明，早期的地球上可能形成了丰富的氨基酸、核苷酸、其他有机分子和类膜结构。其次，地球给化学进化提供了漫长的时间和巨大的空间。如果有充足的空间和很多反应活性分子，就算是极少见的事件也可能会发生很多次。考虑到漫长的时间和广袤的空间，

从原始的“汤”到活细胞的路上的每一步都有充分的可能性会发生。

大多数生物学家认为生命的起源可能是自然法则无可避免的结果。不过必须强调，我们无法确定地检测这种说法。生命的起源没有留下记录，探索这个秘密的研究人员只能通过提出假说，然后在实验室中进行研究以确定假说的每一步在化学上和生物学上是否可能发生，以及是否合理来检测这个假说是否可能是正确的。

17.2 最早的生物是什么样的？

当地球在 45 亿年前形成时，它是一个炙热的星球（见图 17-4）。许多小行星撞击了这颗形成中的行星，在撞击时，这些天外来客的动能被转化成热能。更多的热能是由放射性元素衰变而释放的。组成地球的岩石融化了，较重的金属，如铁和锡，沉入地球中心，在那里，它们保持着融化的状态直到今天。不过，地质学证据证明，大概 43 亿年前，地球的温度就已经足够冷，可以允许液态水存在了。一旦出现液态水，最终形成世界上第一个生命的前生命演化就可以开始了。

▲图 17-4 早期的地球 生命在这样一个有着丰富的火山活动、频繁的雷暴、一次又一次的陨石撞击以及缺乏氧气的大气的星球上出现了。

目前为止，人们找到的最古老的生物化石位于大概 34 亿年前生成的岩石层中。更古老岩石中的化学印迹使得许多古生物学家认为生命的出现比这更早，可能要追溯到 39 亿年前。

生命开始的时期称为前寒武纪时代。这个时期是由地质学家和古生物学家指定的，他们还设计了一种使用代、纪、世的分级命名系统来描绘巨大的地质学时间跨度（见表 17-1）。

 17.2.1 最早的生物是厌氧原核生物

地球的海洋中最早产生的细胞是原核细胞，这些细胞的遗传物质没有装在细胞核中。这些细胞可能是通过从环境中吸收有机分子来获得营养物质和能量的。当时的大气中没有氧气，因此这些细胞一定是通过厌氧代谢来利用这些有机分子的（第 8 章已经论及，厌氧代谢只产生少量的能量）。

因此，最早的细胞是原始的厌氧细菌。随着这些细胞不断地分裂，它们总有一天会耗尽前生命化学反应产生的有机物。不过，诸如二氧化碳和水这样的简单分子仍然充足，太阳的光能同样充足。因此，缺少的不是原料或能量，而是高能分子——这些分子的化学键中存储了能量。

17.2.2　一些生物进化出捕获太阳光能的能力

最终，一些细胞进化出利用太阳光能的能力，从而驱动用简单的小分子合成复杂的高能大分子的过程；换句话说，光合作用出现了。光合作用需要氢源，而最早的光合细菌很可能是用溶解在水中的硫化氢作为氢源的（就像现在的紫光合细菌一样）。不过最终，地球上的硫化氢储备（主要由火山产生）大大减少。硫化氢的短缺为进化出能够使用这个星球上最丰富的氢源——水（H_2O）的细菌提供了基础。

水基光合作用将水和二氧化碳转化成活性分子——糖，同时释放副产品氧气。这种新的捕获能量的方法第一次给大气中带来了大量的自由氧气。最开始的时候，这些新生氧气很快就被与大气中和地壳中其他分子的反应所消耗。地壳中一种尤其常见的活泼原子是铁，因此很大一部分新生氧气与铁原子结合形成大量的氧化铁沉积（铁锈）。结果是，在这个时期形成的岩石中，氧化铁的含量非常丰富。

在所有能与氧气接触的铁都变成铁锈之后，大气中的氧气浓度开始增加。对这个时期生成的岩石的化学分析表明，大约在 23 亿年前，大气中第一次出现大量的氧气，这些氧气是由与现在的蓝细菌很相似的细菌制造的。（因为地球上的氧气分子是不断重复利用的，所以你现在肯定会吸入一些由 20 亿年前的一个细菌释放的氧气分子。）

17.2.3　为应对氧气带来的危险，出现了有氧代谢

对生物体来说氧气是十分危险的，因为氧气可以和有机分子发生反应，将它们分解。许多现代的厌氧细菌在暴露在氧气中时会死掉，氧气对它们来说是致命的毒气。早期地球大气中氧气的积累在当时可能使很多生物灭绝，同时也促进了解除氧气毒性的细胞代谢的进化。这次危机也为下一个伟大的进步——利用氧气进行代谢——提供了环境压力。这种能力不但为氧气的化学作用提供了防御手段，还将氧气的毁灭性威力以有氧呼吸的方式加以利用，为细胞提供有用的能量。由于在使用氧气来代谢食物分子后细胞获得的能量大大增加，所以需氧细胞有了显著的选择优势。

表 17-1　地球上生命的历史

代	纪	世	百万年前	主要事件
新生代	第三纪	近世 更新世	现在 2.6～0.01	进化出了人属（Genus Homo）
	第四纪	鲜新世 中新世 渐新世 始新世 古新世	5～2.6 23～5 34～23 56～34 65～56	鸟、哺乳动物、昆虫和开花植物变得繁荣
中生代	白垩纪		146～65	出现开花植物，并占据主导地位。水生和陆生生物的大灭绝，包括恐龙
	侏罗纪		202～146	恐龙和针叶植物占据主导地位 出现最早的鸟
	三叠纪		251～202	出现最早的哺乳动物和恐龙 裸子植物和树蕨森林
古生代	二叠纪		299～251	水生生物大灭绝，包括三叶虫 爬行动物繁荣，两栖动物减少

续表

代	纪	世	百万年前	主要事件	
古生代	石炭纪		359～299	树蕨类和石松类森林 两栖动物和昆虫占主导地位 最早的爬行动物和针叶植物	
	泥盆纪		416～359	鱼和三叶虫繁荣 最早的两栖动物、昆虫，出现种子和花粉	
	志留纪		444～416	很多鱼、三叶虫和软体动物 最早的维管植物	
	奥陶纪		488～444	节肢动物和海洋中的软体动物占主导地位 植物和节肢动物进军陆地 最早的真菌	
	寒武纪		542～488	水生藻类繁荣 大多数无脊椎动物源起 最早的鱼	
前寒武纪时代			约 1000 1200 2000 2200 3500 3900～3500 4000～3900 4600	最早的动物（软体海洋无脊椎动物） 最早的多细胞生物 最早的真核生物 大气中积累氧气 光合作用的起源（蓝细菌） 最早的活细胞（原核生物） 地球上最早的岩石出现 太阳系和地球的源起	

17.2.4 一些生物获得了膜性细胞器

一群细菌对于任何一个可以吃它们的生物来说都是丰富的食物来源。古生物学家推测，一旦产生了这种潜在的猎物种群，很快就会进化出捕食关系。早期的捕食者可能是比典型的细菌要大一些的原核生物。此外，它们一定是失去了包裹在大多数细菌细胞外的硬质细胞壁，这样它们柔软的细胞膜就能够接触周围的环境。因此，这些捕食细胞能够将小细菌装入细胞膜内陷形成的小囊中，并用这种方式将整个细菌作为猎物吞下。

早期的捕食者可能既无法进行光合作用同时又无法进行有氧代谢。尽管它们能够吞噬较小的细菌，但无法有效消化这些细菌。不过，在大约 17 亿年前，这样的捕食者可能变成了第一个真核细胞。真核细胞与原核细胞不同，它们有着精心设计的内部膜系统，其中很多内膜包裹着细胞器，比如含有该细胞的遗传物质的细胞核。由一个或多个真核细胞组成的生物称为真核生物。

1. 真核生物的内膜可能由细胞质膜的内陷形成

真核细胞的内膜可能是起源于单细胞捕食者的细胞质膜内陷。如果像今天的大多数细菌一样，真核生物祖先的 DNA 是附着在细胞膜的内壁上的，那么靠近 DNA 连接处的细胞膜内陷很可能成为细胞核的祖先。

除了细胞核外，真核生物还有其他几种重要的结构，包括用于能量代谢的细胞器：线粒体（在所有真核生物中都存在）和叶绿体（存在于植物和藻类中）这些细胞器是怎样进化出来的呢？

2. 线粒体和叶绿体可能由被吞噬的细菌进化而来

内共生假说提出，早期的真核细胞通过吞噬特定种类的细菌来获得线粒体和叶绿体的前体。这些细胞和被困在它们内部的细菌逐渐形成了共生的关系，这是一种不同种生物在漫长的时间中形成的一种密切的关系。那么，这是怎样发生的呢？

让我们来假设一下，一个厌氧的单细胞捕食者捕食了一个需氧细菌，就像它经常做的那样，但是出于某种原因，它没能消化掉这个猎物（见图 17-5❶）。需氧细菌很好地存活了下来，在细胞内，它可以免受其他捕食细胞的捕食。实际上，它比以往任何时候过得更好，因为它的捕食者宿主的细胞质充满了处于半消化状态的食物分子——无氧呼吸的残留物。这个需氧细菌吸收这些分子，利用氧气对它们进行代谢，并由此获得大量的能量。这个需氧细菌的食物来源如此丰富，以及这些食物能产生如此大量的能量，以至于它必须将一些能量，或许是以 ATP 或者类似分子的形式送回宿主的细胞质。这个有共生细菌的厌氧的单细胞捕食者现在可以通过有氧代谢消化食物了，于是它相对于其他厌氧细胞就具有极大的优势，并能留下更多的后代。最终，这个内共生菌失去了离开宿主单独存活的能力，于是线粒体出现了（见图 17-5❷）。

成功形成伙伴关系后，有一个细胞完成了第二个壮举：它捕获了一个光合细菌，并且同样地，它也没能消化这个细菌（见图 17-5❸）。这个细菌在它的新宿主体内茁壮成长，并逐渐进化成了第一个叶绿体（见图 17-5❹）。其他真核细胞器可能也是起源于内共生。很多科学家认为，纤毛、鞭毛、中心粒和微管都从一种螺旋细菌（一种有着细长的螺旋形状的细菌）和早期真核细胞的共生进化而来。

3. 有强有力的证据支持内共生体假说

支持内共生体假说的证据包括真核细胞器和活细菌共同具有的许多特殊的生物化学特征。此外，线粒体和叶绿体都包含它们自己的少量 DNA，很多研究人员认为，这些 DNA 是最初被吞噬的细菌内含有的 DNA 的残余。

另一个支持该假说的证据来自于生活中间体，它们是与假想祖先相似的、生活在当代的生物。因此，它们可以帮助说明我们提出的进化途径是否可行。比如，一种叫做池沼多核变形虫的阿米巴原虫缺乏线粒体，但它是一群永久寄居在它体内的需氧细菌的宿主。这些需氧细菌与线粒体的功能基本相同。类似地，很多种珊瑚虫、一些蛤、几种蜗牛和至少一种草履虫的细胞内都含有一些光合藻类（见图 17-6）。这些寄生有细菌内共生体的现代细胞说明，类似的共生关系在几乎 20 亿年前也可能发生，并形成最初的真核细胞。

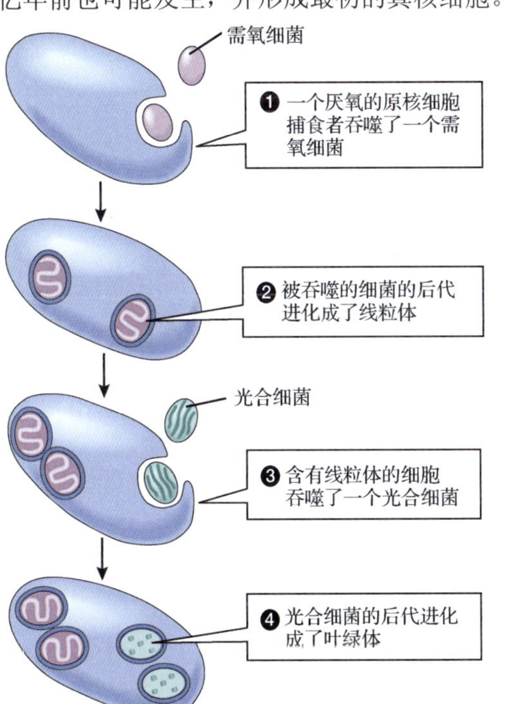

◀**图 17-5 真核细胞中线粒体和叶绿体的可能起源**

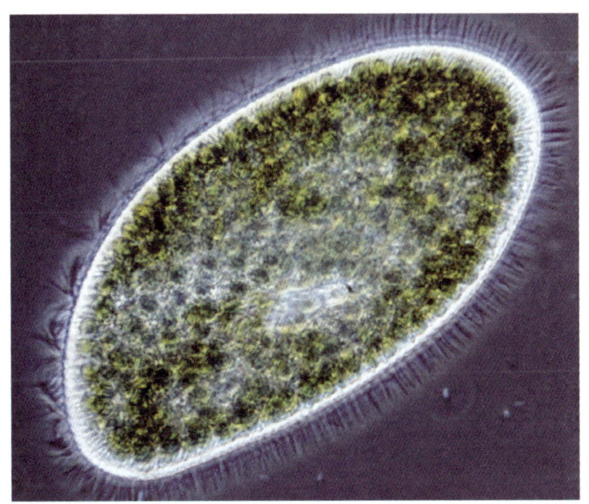

▼**图 17-6 现代细胞中的共生现象** 当代植物细胞中叶绿体的祖先可能与小球藻相似，后者是绿色能进行光合作用的单细胞藻类，图中显示的是和在草履虫的细胞质中与之共生的小球藻。

17.3 最早的多细胞生物是什么样的？

一旦进化出捕食关系，更大的体型就成为一种优势。当生命局限在水中时，较大的细胞很容易吞噬较小的细胞，同时也更不容易被其他捕食细胞所吞噬。但单个细胞长得过大也会出现问题。一个细胞长得越大，它的表面积与细胞质的体积之比就越小（见图 5-16）。因此，在细胞长大的过程中，通过跨膜扩散来给细胞提供氧气和养分以及排出必须排出的废物的过程就越来越难以满足需要。

只有两种方式能让一个直径达到 1 毫米左右的生物活下来。其一，它可以降低代谢速率，这样它就不需要很多氧气，也不会产生很多二氧化碳。这种策略似乎对某种非常大的单细胞藻类有效。其二，这个生物是多细胞生物；也就是说，它是由许多小细胞组成的更大的统一整体。

17.3.1 有些藻类成为了多细胞生物

最古老的多细胞生物化石大概有 12 亿年的历史。它们是由从含有叶绿体的单细胞真核生物进化而来的多细胞藻类在岩石上留下的印记形成的。多细胞使这些生物至少具有两个优点：首先，大的多细胞藻类很难被单细胞捕食者吞噬。其次，细胞的专门化使它能够停留在海岸线旁光照良好的海水中，类似于根的结构可以钻到沙子里，或附着在岩石上，而像叶子一样的结构可以浮在水面上，暴露在阳光下。现在，海岸线上的绿色、棕色和红色的海藻——其中的一些种类，比如可长达 200 英尺的棕海带，就是这些早期的多细胞藻类的后代。

17.3.2 在前寒武纪时代，动物的多样性大大增加

最早的已知动物痕迹包括在前寒武纪沉积物中发现的胚胎化石，它有 6 亿 3000 万年的历史。更古老的能说明动物存在的化石包括有着 8 亿 5000 万年历史的网状结构，它长得很像现代的海绵死亡并腐烂之后留下的胶原蛋白网。确定是成年动物躯体的化石最初是在距今 6 亿 1000 万年和 5 亿 4400 万年之间的岩石层中发现的。在这些古老的无脊椎动物中，有些在外表上看来与在之后的化石层中发现的任何生物都非常不同，可能代表着没能留下后代的动物种类。然而，这些岩石层中的其他化石看上去是今天的一些动物的祖先。古海绵和古水母在最古老的岩石层中出现，在它们之后出现了蠕虫、软体动物和节肢动物。

然而，所有的现代无脊椎动物直到寒武纪才在化石记录中出现，标记着古生代的开端。这是在大约 5 亿 4200 万年前（“化石记录”一词是对迄今为止发现的所有化石证据的简略说法）。这些寒武纪化石展现了一次产生了多种多样的复杂身体结构的适应性辐射。当代地球上几乎所有的主要动物群体都能在寒武纪早期找到。这么多种动物的突然出现表明，这些动物实际上在更早的时间就已经出现，但它们更早的进化史没有保存在化石记录中。

1. 捕食关系偏好那些提高机动性和感官灵敏度的进化

早期的动物种类多样，部分原因可能是捕食习性的出现。比如，捕食者和猎物的共同进化更偏好那些比祖先更灵活的动物。灵活的捕食者能够在更广阔的区域移动来寻找猎物，因而具有优势；而灵活的猎物能够快速逃脱捕食，因而也会受益。向更有效的运动方式的进化经常伴随着向更好的感官和更复杂的神经系统的进化。用来感知接触，化学物质和光的感官迅速发展，同时，能够处理这些感官信号和指导动物做出合适行为的神经系统也在高速进化中。

到了志留纪（4 亿 4400 万年前到 4 亿 1600 万年前之间），地球海洋中的生物包括一批在解剖学上较为复杂的动物，包括披甲三叶虫、带壳的菊石以及鹦鹉螺（见图 17-7）。鹦鹉螺直到今天还在太平洋深处生活着，它的外形几乎没有任何改变。

（a）志留纪的景象

（b）三叶虫

（c）菊石

（d）鹦鹉螺

◀图 17-7　寒武纪的生命多样化　（a）寒武纪（4 亿 4400 万年前到 4 亿 1600 万年前之间）的生命特征。那个时期最常见的化石是（b）三叶虫和它们的捕食者鹦鹉螺和（c）菊石。（d）这只活体鹦鹉螺与寒武纪的鹦鹉螺身体结构极其相似，说明成功的身体结构可以保持几亿年不变。

2. 骨骼提高了灵活性并提供保护作用

很多古生代动物物种通过产生被称为外骨骼的坚硬体外覆盖物来提高灵活性。外骨骼通过提供可以附着肌肉的坚硬表面来提高灵活性。因此，动物能够使用肌肉来移动这些附属物，从而在水中游泳或在海床上爬行。外骨骼还为动物的身体提供了支持，并保护它们不被捕食者吃掉。

在大约 5 亿 3000 万年以前，一群动物——鱼——进化出了一种新的支撑身体和附着肌肉的方式：内骨骼。这些早期的鱼类在海洋生物中只是不起眼的一小部分，但在 4 亿年前，鱼类的种类变得非常多，同时鱼类在海洋中的地位开始凸显。总的来说，鱼类比无脊椎动物游得快得多，同时它们的感官更加敏锐、大脑也更大。最终，它们成为外海中主要的捕食者。

17.4　生命是如何登陆的？

在生命史这个漫长的故事中，一个引人注目的情节是生命登陆的过程。在超过 30 亿年的水生历史之后，生命来到了坚实的大地上。它们需要克服许多困难。在海洋中生活时，海水提供浮力来抵抗重力，但在陆地上，生物必须承受自己的重量，用自身结构来对抗重力。在海洋中，生命无时无刻不在接触生命必需的水，但陆地生物很难获得足够的水。海生植物和动物能够产生可以活动的精子或卵细胞（或二者兼而有之），它们可以在水中游或漂到对方所处的位置。然而，陆地生物必须保证自己的配子不会干燥而死。

尽管在陆地上生存有诸多障碍，但古生代大陆上广袤的空白空间意味着巨大的进化机遇。陆生植物的潜在奖赏尤其丰厚。水的吸光能力极强，因此就算在最清澈的水中，光合作用也被限制在最表层的几百米深处，而通常这个数字会小得多。一旦植物离开了水，耀眼的阳光使植物能够更快地进行光合作用。此外，陆地上的土壤是营养丰富的仓库，而海水含有的有些营养物质的量要低得多，尤其是氮元素和磷元素。最后，古生代的海洋充满了吃植物的动物，但陆地上没有动物。因此，第一批登上陆地的植物可以享受充足的阳光和未碰过的营养来源，同时还没有捕食者的威胁。

17.4.1 一些植物适应了干燥陆地上的生活

在水边的潮湿土壤中，一些小绿藻开始生长，利用那里更充足的阳光和营养物质。这些藻类没有能支撑它们对抗重力的足够大的身体，而且因为它们生活在土壤上面的水膜中，它们很容易获得水。大概在 4 亿 7500 万年前，其中的一部分藻类进化成了第一种多细胞陆地植物。最开始，陆地植物的结构很简单，长得也很低，不过总算进化出了应对陆生植物两大主要难题：获得并储存水以及在重力和风的作用下保持直立。这些植物的地上部分包裹着防水层，这可以减少蒸发导致的水分流失，类似于根的结构扎到土里，吸收水和矿物质。特化的细胞形成了特殊的组织（称为维管组织），其中包含了将水从根输送到叶子的管道。有些特化的细胞具有加厚的细胞壁，用来让主干保持直立。

1. 原始的陆地植物保留了会游泳的精子，需要水来繁殖

离水繁殖是一大挑战。植物就像动物一样，产生精子和卵细胞，精子必须和卵细胞接触才能繁殖下一代。最早的陆地植物有着会游泳的精子，我们推测，它类似于今天的苔藓和蕨类植物。结果是，最早的植物只能在沼泽或湿地，或者多雨的地方生存，在这些地方土壤会经常被水覆盖。在这些地方，植物可以将精子和卵细胞释放到水里，精子可以游到卵细胞旁边与之接触。一段时间以后，有着会游泳的精子的植物在气候温暖潮湿的时候达到了繁荣期。比如，石炭纪（3 亿 5900 万年前到 2 亿 9900 万年前之间）的特征就是巨大的树蕨、石松和木贼组成的广袤森林（见图 17-8）。

◀**图 17-8 石炭纪的湿地森林** 这些艺术家重现的、长得像树一样的植物是巨大的木贼，这种植物的大多数种类已经灭绝了。

2. 种子植物将精子包装在花粉中

同时，一些占据较为干燥地区的植物进化出了一种不需要水的繁殖方式。这些植物的卵细胞固定在亲本植物上，而精子被包装在可以抵抗干旱的花粉粒中，由风携带花粉在植物之间传播。当花粉粒落到卵细胞附近，就会直接将精子释放到活的组织中，从而使它们的繁殖不需要水。受精卵继续固定在亲本植物上，在种子中进行生长发育。种子可以为发育中的胚胎提供保护和营养。

最早的种子植物出现于泥盆纪晚期（3 亿 7500 万年前），这些植物在枝桠上产生种子，但没

有负责保存种子的特化结构。不过，到了石炭纪中期，出现了一种新的种子植物。这种植物被称为针叶植物，它们用一种锥体结构来保护自己的种子。针叶植物是靠风力传粉的，它们的繁殖不需要水，长得非常茂盛。在二叠纪期间，山系抬升，湿地干涸，气候变得干燥了许多。于是针叶植物大量繁殖。然而，树蕨和巨大的石松并没有分享到它的好运气。它们因为需要水来繁殖，几乎都灭绝了。

3. 开花植物引诱动物携带花粉

在大约 1 亿 4000 万年前的白垩纪，一群类似针叶树的植物进化出了开花植物。很多开花植物都是由昆虫或其他动物来传粉的，这种传粉模式似乎有着进化上的优势。由动物来给花传粉要比风力传粉有效得多，风媒植物必须产生大量的花粉，因为大部分花粉粒都无法抵达目标。今天，开花植物统治着陆地，除了寒冷的北方，在北方，针叶植物仍然占有优势。

17.4.2　一些动物适应了干燥陆地上的生活

在进化出陆地植物之后，它们就成为其他生物的潜在食物来源，于是动物也从海中来到陆地上。最早的陆地生物的证据来自于约 4 亿 3000 万年前的化石。第一种登上陆地的动物是节肢动物（现代的节肢动物包括昆虫、蜘蛛、蝎子、蜈蚣和螃蟹等）。为什么是节肢动物呢？答案似乎是它们纯粹出于偶然地具有了适合在陆地上生存的特定结构。在这些结构中，最重要的是外骨骼，比如龙虾或螃蟹的壳。外骨骼不仅防水，而且足够强壮，能够支撑小动物对抗重力。

数百万年以来，所有的陆地和陆地上的植物都是属于节肢动物的。然后在之后的几千万年间，它们是陆地的统治者。翼展达 28 英寸（约 70 厘米）的蜻蜓在石炭纪的树蕨之间飞行，长达 6.5 英尺（约 2 米）的千足虫在湿地森林的地面大吃特吃。不过最后，节肢动物独霸一方的历史结束了。

1. 两栖动物从肉鳍鱼进化而来

在大约 4 亿年前的志留纪，出现了一群称为肉鳍鱼的鱼，可能是在清水中出现的。肉鳍鱼有两个重要特征，这些特征在之后使得它们的后代能够移居陆地。（1）它们有着强壮的肉质鳍，它们用这些鳍在安静的浅水中四处爬行。（2）外翻的、可以灌入空气的消化道，就像原始的肺一样。一群肉鳍鱼栖息在非常浅的池塘和溪流中，这些水域在干旱的时候会收缩，并且经常会缺乏氧气。通过将空气灌入它们的肺部，肉鳍鱼仍然能够获得氧气。有些开始用它们的鳍从一个池塘爬到另一个池塘来寻找猎物和水，就像现在的有些鱼所做的那样（见图 17-9）。

▲**图 17-9　能在陆地上行走的鱼**　有些现代的鱼，比如弹涂鱼，能在陆地上行走。就像两栖动物的祖先古肉鳍鱼那样，弹涂鱼用它们强壮的胸鳍在它们栖息的沼泽中的干燥区域行走。

在陆地上进食和在池塘之间移动的好处促使一群动物向能够离开水较长时间、能够在陆地上更有效地移动这一方向进化。两栖动物由肉鳍鱼进化而来，它们具有更完善的肺和更强壮的腿。最早的两栖动物化石记录是在 3 亿 7000 万年前。对于两栖动物来说，石炭纪的湿地森林简直是天堂：没有捕食者，丰富的猎物，温暖、潮湿的环境。就像昆虫和千足虫一样，有些两栖动物进化出庞大的身躯，包括超过 10 英尺（约 3 米）长的蝾螈。

尽管它们发展得很成功，但早期的两栖动物并没有完全适应陆上生活。它们的肺只是表面积很小的简单气囊，因此它们不得不通过皮肤来吸收一部分氧气。因此，它们必须保持皮肤湿润，这种需求就将它们的栖息地限制在了湿地中。此外，两栖动物的精子和受精卵无法在干燥的环境下存活，必须保存在水中。因此，尽管两栖动物可以在陆地上四处移动，但它们无法离开水边太远。在大约 2 亿 9900 万年前的二叠纪初期，两栖动物和树蕨、石松一起，在气候开始变干燥之后大大减少。

2. 爬行动物由两栖动物进化而来

当针叶植物正在湿地森林的周边发生进化时，一群两栖动物也在向适应干燥条件的方向发生进化。这些两栖动物最终产生了爬行动物，后者有三种主要的对陆地环境的适应。首先，爬行动物进化出带壳的、防水的蛋。蛋为发育的胚胎提供了水。因此，爬行动物可以在陆地上产卵，避开充满鱼和两栖动物捕食者的危险沼泽。第二，爬行动物的祖先进化出鳞状的防水皮肤，这种皮肤防止体内的水分流失到干燥的空气中。最后，爬行动物的肺进行了进化，能够为活跃的动物提供足够的氧气。当气候在二叠纪逐渐变得干燥，爬行动物成为占主导地位的陆地脊椎动物，它们把两栖动物赶到沼泽的角落，在那里，两栖动物一直存活到今天。

几千万年后，气候又开始变得潮湿。在这个时期，出现了一些非常大的爬行动物，特别是恐龙（见图 17-10）。恐龙的多样性极其丰富——有大有小，行动有快有慢，有捕食者，也有植食性的。如果我们将存活时间作为一个物种是否成功的标准的话，那么恐龙就是史上最成功的动物之一。它们的繁荣期超过 1 亿年，直到大约 6500 万年前最后一只恐龙灭绝。没有人知道它们为什么灭绝了，但一块巨大的小行星对地球撞击的副作用似乎是对恐龙的最终打击（正如 17.5 节讨论的那样）。

◀**图 17-10 重建的白垩纪森林** 到了白垩纪，开花植物在陆生植物中占主要地位。恐龙是卓越的陆地动物，比如图中这群 6 英尺长的捕食者，迅猛龙。尽管在恐龙中它们属于体型较小的，却是非常可怕的捕食者。它们的奔跑速度极快，牙齿非常锋利，后腿上有着致命的镰刀状爪子。

就算是在恐龙的年代，许多爬行动物的体型仍然很小。小型爬行动物面临的一个主要难题是维持较高的体温。温暖的身体对于活跃的动物十分有利，因为温暖的神经和肌肉工作起来更加高效。但是，除非空气也很温暖，否则温暖的身体会不断地向环境中流失热量。这对小动物来说是一个大问题，因为它们的表面积和体积之比比大动物要大。很多小型爬行动物向代谢缓慢的方向进化，通过把活动限制在空气足够暖和的时间段来应对热量流失。然而，有一群爬行动物走上了一条不同的进化道路。它们之中的成员——鸟类，进化出了绝缘的方法，它们用羽毛的形式来维持体温。（以前，鸟类被放在属于它们自己的分类群中，和爬行动物是分开的，但现在人们认为鸟类是爬行动物的一种。）

在鸟类的祖先身上，通过对鳞片进行改良而产生的羽毛帮助它们保持体温。因此，它们可以在较冷的栖息地和夜晚保持活跃，而在晚上，它们有鳞的近亲就会变得迟钝。一段时间之后，一些鸟类祖先在它们的前肢进化出了更长、更强壮的羽毛，可能是因为自然选择更青睐能在树间更好地滑行以及更好地跳跃以追逐昆虫的缘故。最终，羽毛进化成能够支持动力飞行的结构。充分发育的、能支持飞行的羽毛在 1 亿 5000 万年前的化石中就有发现，所以，更早出现的用于与外界隔离的结构最终进化成飞羽的结构，一定在那之前很早就已存在。

3. 哺乳动物由爬行动物进化而来

与卵生的爬行动物不同，哺乳动物进化出胎生和用乳腺（产生乳汁的腺体）分泌物喂养孩子的能力。哺乳动物的祖先还进化出毛发，可用于隔热。因为子宫和乳腺这些软组织通常不会变成化石，所以我们可能永远不会知道这些器官最初是在什么时候出现的，以及它们的过渡形式是什么样子。不过，毛发有时能以化石的形式保存下来，虽然很少见。最早的已知毛发来自一只小的水生哺乳动物。它在大约 1 亿 6000 万年前变成了化石，因此哺乳动物大概至少从那时起就有了毛发。

至今为止发掘出的最早的哺乳动物化石有着几乎 2 亿年的历史。因此，早期的哺乳动物是和恐龙同时存在的。我们可以通过特殊的骨骼结构来辨认这些哺乳动物。早期的哺乳动物大多数都是些小动物。在恐龙时代，已知的最大哺乳动物大概和现在的浣熊差不多大，而大多数早期的哺乳动物都比这还要小。不过，在恐龙灭绝之后，哺乳动物占据了恐龙留下的栖息地。于是，哺乳动物迎来了大繁荣，并进化成我们今天看到的诸多样子。

17.5　灭绝在进化史中起到什么作用？

如果在生命的历史这一伟大的史诗中我们能够总结什么，那么就是没有什么是永久存在的。生命的故事可以看做是一系列进化的王朝，在每个王朝中都有新的统治者发展壮大，在一段时间内统治大地或海洋，然后无可避免地衰败并灭绝。恐龙王朝是其中最有名的一个，但我们仅仅从化石中了解到的已灭绝的物种数目就惊人地多。不过，尽管灭绝是无可避免的，大趋势总是物种产生的速度快于物种灭绝的速度，因此随着时间的推移，地球上的物种数目趋于增加。

17.5.1　我们用周期性的大灭绝来标记进化史

在生命史上的大部分时间，物种的起源和灭绝都是稳定进行的。然而，这种缓慢、稳定的物种周转过程会时不时地被大灭绝打断。大灭绝的特征是在地球上巨大的范围内很多物种相对突然地消失。最引人注目的大灭绝发生在 2 亿 5100 万年前的二叠纪末期。这次灭绝消灭了地球上 90% 的物种，并将整个生态系统破坏殆尽。生命离完全消失只有一步之遥。

1. 气候变化是大灭绝的重要原因

大灭绝在生命史上有着深远的影响，它们一次又一次地改写生命的多样性。那么，是什么导致了这些物种命运如此戏剧性的变化呢？很多进化生物学家认为，气候变化可能在其中起到重要作用。当气候发生改变，就像在地球的历史上曾经发生过的好多次一样，适应了在某种气候下生存的生物可能无法在另一个完全不同的气候下生存。尤其是，当温暖潮湿的气候演变成寒冷干燥且温度多变的气候时，很多物种可能会因为无法适应严酷的新环境而灭绝。

造成气候变化的一个原因是大陆位置的移动。这些移动被称为大陆漂移。大陆漂移是由板块运动引起的。地球的表面，包括大陆和海底，被划分成位于黏稠的岩浆层上缓慢移动的板块。在板块运动的过程中，它们的的地理纬度会发生改变（见图 17-11）。比如，3 亿 4000 万年前，北美洲的大部位于赤道附近，其气候特征是持续温暖潮湿的热带气候。但随着时间的推移，板块将大陆带到了温带和寒带区域。结果是，曾经的热带气候被具有季节变化、较低温度和较少降水的气候所取代。板块运动在今天也在进行着；比如大西洋每年会变宽几厘米。

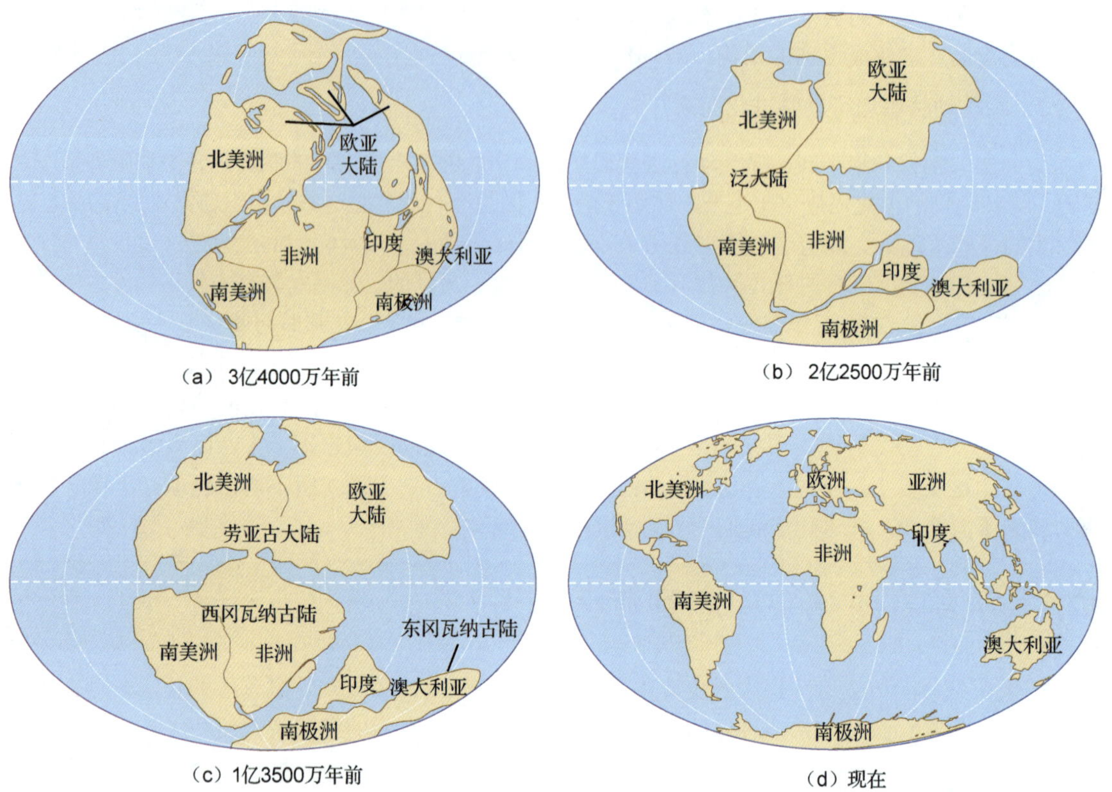

▲**图 17-11　板块构造论中的大陆漂移**　根据板块构造论，大陆是在地球表面移动的板块上面的旅客。（a）大约 3 亿 4000 万年前，现在属于北美洲的大部分地区都位于赤道附近。（b）所有的板块最终汇合到一起，形成地质学家称为泛古陆的巨大陆地。（c）逐渐地，泛古陆分裂为劳亚古大陆和冈瓦纳古大陆，而冈瓦纳古大陆又分裂为西冈瓦纳和东冈瓦纳两块大陆。（d）进一步的板块运动使大陆移动到了今天所在的位置。

2．灾难性事件可能造成了最大规模的灭绝

地质学资料证实，大多数大灭绝事件和气候变化时期是重叠的。不过，有些科学家认为，大灭绝的速度太快了，因此缓慢的气候变化本身无法导致这样大规模的物种灭绝。可能有些突发事件在其中也起了作用。灾难性的地质学事件，比如大规模的火山喷发，能够很快地杀死所有生物。地质学家已经发现了过去的火山大喷发事件的证据，在它们面前，1980 年的圣海伦斯火山喷发看上去简直就像打火机一样。

在 20 世纪 80 年代初，寻找大灭绝原因的过程华丽转身：路易斯（Luis）和阿尔瓦雷茨（Walter Alvarez）提出，6500 万年前那次使恐龙和许多其他物种从地球上消失的大灭绝是一颗巨大的小行星造成的。当他们第一次介绍这个假说时，人们都很怀疑它的正确性。不过从那时起，地质学研究发现了在 6500 万年前曾经发生过一次大撞击的许多证据。实际上，研究人员对希克苏鲁伯陨石坑进行了研究，

这是深埋在墨西哥尤卡坦半岛之下的宽 100 英里的陨石坑，一个巨大的小行星——直径达 6 英里（约 10 公里）——在恐龙灭绝的时间前后撞击了地球。

这颗巨大的小行星撞击地球会是同时发生的大灭绝的原因吗？没有人能确定，不过科学家认为，如此强烈的撞击能够将大量岩屑抛入大气层，以至于整个星球在几年里都被笼罩在黑暗之中。在几乎没有光能到达地面的情况下，气温急剧下降，同时光合作用捕获的能量（这些能量是所有生物的最终能量来源）也大大减少。整个地球都会经历“撞击冬天”，这可能就是使恐龙和许多其他物种灭绝的原因。

17.6　人类是如何进化而来的？

科学家对人类的起源和进化有着无限的兴趣。我们在这一节讲述的人类进化的概要是为大多数古生物学家所接受的一种解释。不过，人类进化的化石证据相对较少，因此可以有很多种解释。因此，有些古生物学家并不完全认同我们在这里讲述的进化过程。

17.6.1　人类继承了灵长类动物在树上生活的一些特殊适应

人类是被称为灵长类的哺乳动物群体中的一员，灵长类还包括狐猴、猴和猩猩等。最早的灵长类动物化石有 5500 万年的历史，但因为灵长类动物的化石比很多其他动物的化石要少，因此最早的灵长类可能出现得比那要早得多，只不过没有留下化石记录。早期灵长类很可能以水果和叶子为食，适合在树上生活。很多现代灵长类动物继承了祖先在树上的生活方式（见图 17-12）。人类和其他灵长类动物共同继承到了一些身体特征，这些身体特征在最早的灵长类动物中就出现了，而现在还存在于很多现代灵长类动物上，包括人类在内。

（a）眼镜猴

（b）狐猴

（c）猕猴

◀图 17-12　**典型的灵长类动物**　(a)眼镜猴、(b)狐猴和（c）狮尾猕猴的脸都相对较平，同时都有向前直视的眼睛，因而具有双眼视力。它们都有颜色视觉和可以握东西的手。这些特点都是从最早的灵长类动物那里继承来的，人类也具有这些特点。

1．双眼视力使早期灵长类动物有着准确的深度知觉

灵长类动物最早的适应是大而向前直视的眼睛（见图 17-12）。如果不能准确地判断下一个树枝在哪里，在树枝之间跳跃是很危险的。双眼视力使准确的深度知觉成为可能，因为向前直视的眼睛具有重叠的视野。另一个重要的适应是颜色视觉。当然，我们无法判断一个已经成为化石的

生物是否具有颜色视觉，但既然现代的灵长类动物具有非常好的颜色视觉，那么我们有理由认为更早的灵长类动物也具有颜色视觉。很多灵长类动物以水果为食，颜色视觉能够帮助它们区分熟透的果子和绿叶。

2. 早期灵长类动物有能抓握的手

早期灵长类动物有长的、能够抓握的手，可以环绕在树枝上或抓住树枝。这种对树上生活的适应是之后能够精细抓握（用于精细的动作，比如从地上捡起小东西和缝纫）和力量抓握（用于需要用力的动作，比如用枪来刺东西或者挥舞锤子）的人手的基础。

3. 较大的大脑促进手眼协调和复杂的社交活动

灵长类动物的大脑相对于身体来说比几乎所有其他动物的都要大。我们不知道具体什么样的环境因素会青睐一个更大的大脑。不过，有了更强的脑力，控制和协调在树上的快速行动、手在处理物体时的灵活运动以及双眼视觉和颜色视觉都会更容易一些，这一点看上去似乎是合理的。大多灵长类动物的社会系统也相对复杂，这也需要较高的智力。如果社会性能够促进生存和繁殖，那么成功的社交给个体带来的利益可能会支持大脑进化得更大。

17.6.2 最古老的猿人化石来自非洲

通过比对现代黑猩猩、大猩猩和人的 DNA，研究估计，古人类（包括人类和人类的已灭绝近亲）在 800 万年前到 500 万年前之间与古猿分离。然而，化石记录显示，这次分离应该更接近这个范围的早期，即 800 万年前。在非洲乍得工作的古生物学家发现了一种猿人的化石，它被称为乍得沙赫人，有着超过 600 万年的历史（见图 17-13）。乍得沙赫人无疑是一种猿人，因为它与之后的几种猿人有几种共同的解剖学特征。不过因为这种猿人家族最古老的成员同时还表达了更多猿类的特征，所以它可能代表了人类家谱上接近猿和人的分歧点的位置。

除了乍得沙赫人之外，在非洲的岩石中还发现了两种猿人的化石——图根原人和始祖地猿，这两种猿人生活在 600 万年前到 400 万年前之间。我们对这些物种的了解大多都建立在只包含头骨的一小部分的化石基础上。不过，其中一个样本是一个还算完整的始祖地猿骨骼，有 440 万年的历史，它揭示了这种猿人的一些有趣的特点。它的腿、脚、手和骨盆证明它能够直立行走，尽管在它栖息的森林中，它也有可能会爬树。它的犬齿非常小，类似于今天的人类，而不像那些现代猿类的大獠牙。

▲图 17-13　**最早的猿人**　这是一个几乎完整的乍得沙赫人头骨，它已经有超过 600 万年的历史了。它是目前为止找到的最早的猿人化石。

在大约 400 万年前开始，出现了更多早期猿人进化的化石记录。这个时间标志着南猿（见图 17-14）的化石记录的出现。南猿是一种非洲古猿人，它们有着比祖先更大的大脑，不过仍然比现代人的大脑要小得多。

1. 早期猿人能够站立并直立行走

最早的猿人很可能已经能够直立行走。乍得沙赫人和图根原人的发现提出，最早的猿人的腿骨和足骨的有些特征表明它们可以进行双足行走，但这个结论在发现更多的化石之前还都只是推测。不过，地猿的骨骼化石表明，在 440 万年前，猿人就能够保持直立了，而最早的南方古猿（各种南猿的统称）

有膝关节，这个结构让它们能够让腿完全伸直来进行两足运动。利基（Mary Leakey）在坦桑尼亚发现的有着 400 万年历史的脚印化石表明，最早的南方古猿能够直立行走，至少有时候会直立行走。

我们对早期猿人进化出两足行走的原因仍然知之甚少。或许能够直立的古人类在采集或搬运食物时具有优势。不管原因为何，直立姿势的进化在人类的进化史中极其重要，因为直立行走解放了人的双手。因此，之后的猿人就可以用手来拿武器，使用工具，而最终，现代的智人（Homo sapiens）发起了文化上的变革。

2. 非洲出现了几种南方古猿

由牙齿、头骨碎片和臂骨化石所代表的最早的南方古猿出土于肯尼亚的一个原始湖床附近，它们当时被埋在 410 万年前到 390 万年前的沉积物中。这个物种被它的发现者命名为湖畔南方古猿。第二古老的南方古猿被称为阿法南方古猿，在埃塞俄比亚的阿法地区被发现。这个物种的化石残余是从距今 390 万年的沉积层中出土的。显而易见的是，阿法南方古猿至少发展成两种不同的种类：非洲古猿（在体型和食性上与南方古猿很相似）和更大的食草动物，比如罗百氏傍人和鲍氏傍人。所有这些南方古猿在 120 万年前都灭绝了。不过在它们灭绝之前，其中一个物种产生了人类家谱中的一个新的分支——人属（Homo，见图 17-14）。

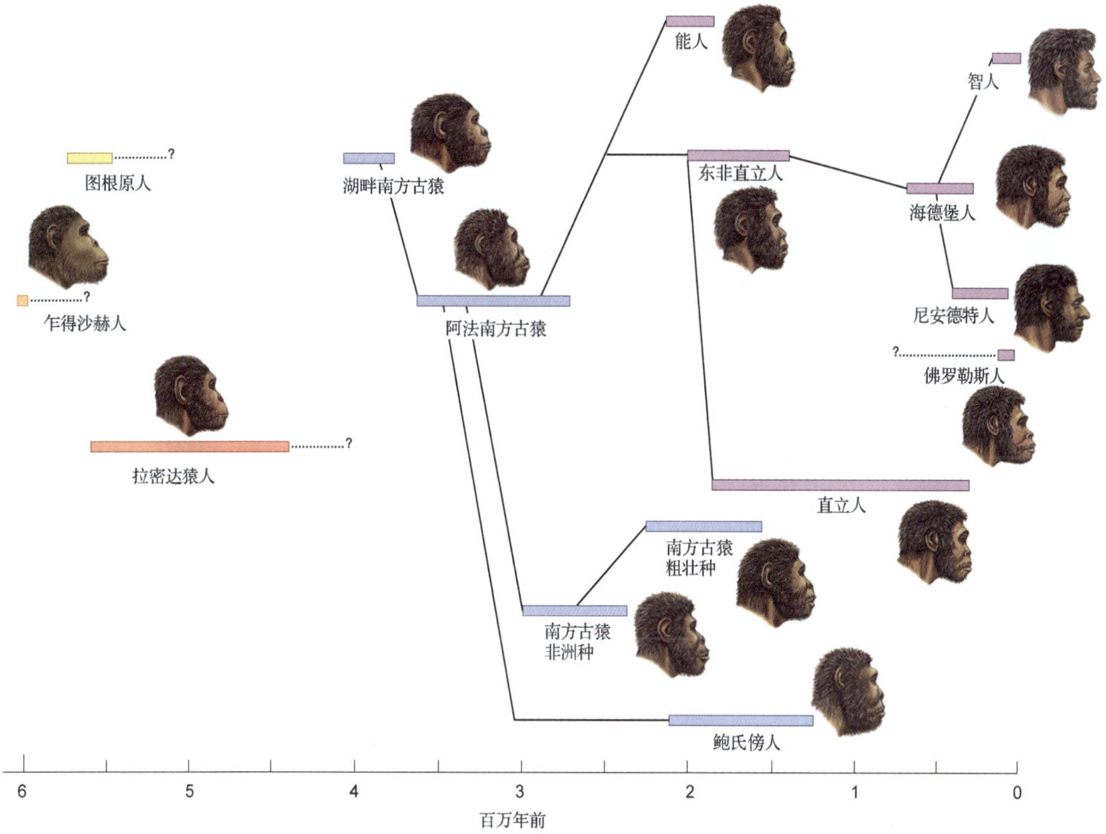

▲图 17-14　**一种可能的人类进化树**　这个设想中的人类家谱展示了代表性物种的面部结构。尽管很多古生物学家认为这是最可信的人类家谱，但对于已知的猿人化石还存在着几种解释。最早的猿人化石非常稀少且不完整，因此我们仍然不清楚这些物种和以后出现的物种之间的关系。

17.6.3　人属在约 250 万年前从南方古猿中分离出来

与现代人足够相似，可以放在人属中的猿人的化石最早是在非洲发现的，距今有 250 万年的历史。最早的非洲人类化石是一种称为能人（*H. habilis* 见图 17-14）的人类化石，能人的体型和大脑都比南方古猿要大，但保持了来自它们祖先的、像猿猴一样的长手臂和短腿。相反，在 200 万年前出现的东非直立人的肢体比例更接近现代人。很多古人类学家（研究人类起源的科学家）认为这个物种位于最终产生我们——智人——的进化分支上。这样看来，东非直立人是至少两个进化分支的人的直接祖先。第一个分支最终进化出了直立人，它们是第一个离开非洲的人类物种，第二个分支最终进化出了海德堡人，其中一些迁移到欧洲，并进化出尼安德特人，同时，在非洲，另一个分支从海德堡人中分离出来，这个分支最终进化成了智人（sapiens）——现代人类。

1. 人属的进化伴随着工具技术的进步

人的进化与工具的发展紧密相关，使用工具是人类的代表性特征。目前为止，最早的工具发现于距今 250 万年的东非岩石层中，和早期的人类化石一起被发现。早期人的磨牙（在下巴中最末端的牙）比它们的南方古猿祖先要小得多，因此它们最开始可能是用石头工具来弄破或压碎难以咀嚼的硬质食物。最早的人类通过用石头互相击打来削去碎片。在接下来的几十万年中，非洲人类制造工具的本领越来越高明。到了 170 万年前，工具变得更加复杂了。古人将石头的两边对称地削去一些鳞片状的碎石，从而制造出双刃的工具，包括用来切割和劈砍的手斧以及可能用在长矛上的枪头（见图 17-15a，b）。东非直立人和其他使用这样的工具的人可能是吃肉的，它们可能通过捕猎或清理其他捕食者的猎物残余来获取肉。在至少 60 万年前，海德堡人通过迁徙将双刃工具带到欧洲，而这些移民的后代尼安德特人将石器制造的技巧和精密程度发展到一个新的高度（见图 17-15c）。

（a）能人　（b）东非直立人　（c）尼安德特人

▲**图 17-15　典型的早期人类工具**　（a）能人只能制造相当粗糙的劈砍工具——手斧，为了将其握在手里，其中有一端没有经过加工。（b）东非直立人能够制造精良得多的工具。这些工具通常是边缘很锋利的石头，至少有些工具是用来绑在长矛上而不是用手拿着的。（c）尼安德特人的工具是精美的艺术品，通过在边缘削去小的石片使它们的边缘变得极其锋利。在对这些武器进行比较时，注意刃两边削去的石片数目在逐渐增多，而石片在逐渐变小。从石块上削去更小更多的石片能使刃更加锋利，同时显示出对工具制造更好的洞察力和更好的控制手部活动的能力。

2. 尼安德特人有着巨大的大脑，能制造出色的工具

尼安德特人首次出现在欧洲距今 15 万年的化石记录中。到了 7 万年前，它们已经广泛分布在欧洲和西亚地区。然而，到了 3 万年前，尼安德特人却灭绝了。

“穴居人”在人们心目中的印象通常是笨拙、粗陋而且驼背的，不过尼安德特人不是这样，它们与现代人类在很多地方十分相似。尽管它们的肌肉更多，但已经可以完全直立行走了，而且它们还很聪明，能够制作精巧的石器。它们的平均脑容量甚至比现代人还要略大一些。很多欧洲尼

安德特人的化石显示，它们有着沉重的眉弓和平坦的颅骨，但其他尼安德特人，尤其是居住在地中海东岸的尼安德特人，已经非常接近现代人。

尽管尼安德特人和现代人之间在身体结构上和技术上都具有相似性，但没有确凿的考古学证据证明尼安德特人曾经发展出包括艺术、音乐和宗教活动等人类活动的先进文化。有些人类学家认为，对尼安德特人的头骨的解剖学研究表明，它们能够发出语言所需的声音，因此它们可能发展出语言。不过，这种对尼安德特人解剖学的解释并没有获得人们的一致认可。总体来说，尼安德特人的生活证据非常有限，我们可以对之做出很多种解释，人类学家现在还经常在争论尼安德特人的文明究竟有多发达的问题，有时这些争论会变得十分激烈。

3. 尼安德特人可能和智人进行过杂交

尽管有些人类学家争论说，尼安德特人只不过是智人的一种，但大多数人认为尼安德特人是一个单独的物种。支持这个假说的戏剧性证据来自于从尼安德特人的骨骼中提取出 DNA 的研究人员。最近，科学家从在克罗埃西亚的一个山洞中发现的、距今 38 000 年的骨骼中提取出了尼安德特人的完整基因组。在成功分离出尼安德特人的 DNA 之后，研究人员确定了基因组中大部分的核苷酸序列，并将它与几个现代人的基因组进行比对。从这些比较中，研究人员推断，在 27 万到 44 万年前，进化出尼安德特人的进化分支和进化成智人的进化分支就分开了，几千年后，才产生了智人。不过，序列比对的结果还揭示，高达 4%的非非裔现代人的 DNA 与特殊的尼安德特人 DNA 相似。这一发现提出，我们的祖先在 6 万年前可能曾经和尼安德特人杂交过。因为现代非洲人不携带尼安德特人的基因序列，但其他人都有，所以和尼安德特人的杂交一定发生在智人离开非洲之后，但一定在现代人类在世界上广泛分布之前。

科学家从原始骨骼中提取 DNA 的能力同时还发现了一种此前不知道其存在的人类。科学家通过对从一根在西伯利亚的丹尼索瓦洞中发现的、埋藏在距今 3 万到 5 千年前的沉积物中的指骨中提取出的 DNA 进行测序，从而发现了这种人类。对 DNA 序列的分析表明，这根骨头来自于一种和尼安德特人以及智人都有不同的人类。尽管目前我们对这种人类的了解只局限于它的 DNA、一块骨头和几颗牙齿，但人类学家怀疑，发现它们的头骨也只是时间的问题。因此，看上去现代人类曾经一度不仅和尼安德特人，还和丹尼索瓦人以及小型的弗洛瑞斯人共享这个星球（或至少是这个星球的部分地区）。

17.6.4　现代人类在不到 20 万年前才出现

化石证据显示，解剖学意义上的现代人类于至少 16 万年前出现在非洲，可能在 19 万 5000 年前。这些化石的发现地点暗示着智人起源于非洲，但我们对自身早期历史的认知大多数来自于欧洲和东亚的智人化石，我们把这些人叫做克罗马农人（克罗马农是法国一个地区的名字，在这个地区第一次发现这种人的遗址）。克罗马农人大约在 9 万年前出现，它们有着圆顶的头、光滑的眉毛和突出的下巴，就像我们一样。它们的工具非常精细，类似的石器在有些文明中一直使用到了 20 世纪 60 年代。

在行为上，克罗马农人和尼安德特人很相似，但更加复杂。人们从一个有着 3 万年历史的克罗马农人遗址中发现了漂亮的骨笛、做工精美的象牙雕等人造物，还发现了复杂的葬礼仪式的证据（见图 17-16）。克罗马农人最惊人的成就可能是在西班牙的阿尔塔米拉、法国的拉斯科和肖维的洞窟中留下的壁画（见图 17-17）。迄今为止，人们发现的最古老的壁画有着超过 3 万年的历史，而当时的人们在绘制这些壁画的时候就开始运用成熟的艺术技巧了。没有人知道克罗马农人为什么会画这些壁画，但这些壁画证明了它们的思维能力几乎和我们一样强大。

1．克罗马农人和尼安德特人共存

克罗马农人和尼安德特人在欧洲和中东共同生活了可能有 5 万年之久，直到尼安德特人灭绝为止。我们在上文说过的遗传学分析表明，克罗马农人曾经和尼安德特人进行过杂交，因此有些研究人员提出假说认为尼安德特人实际上被人类的遗传主流所吸收了。不过其他科学家不同意这一点。因为 DNA 证据只显示了相对有限的杂交，他们认为，作为后来者的克罗马农人侵占了尼安德特人的栖息地，并最终取代了它们。

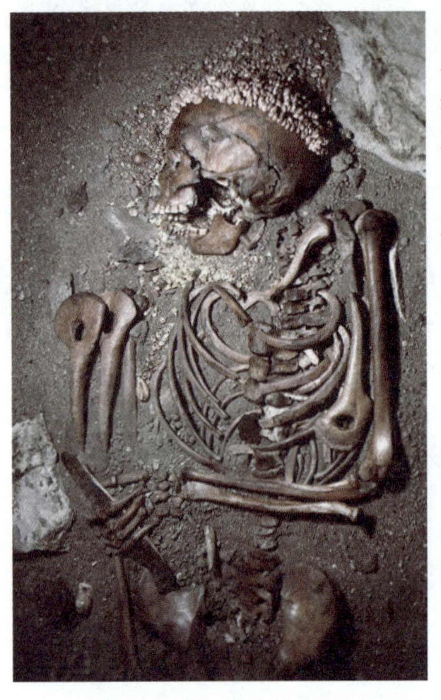

◀**图 17-16 旧石器时代的墓葬** 这个有着 2 万 4000 年历史的墓穴证明克罗马农人埋葬死者的时候要举行特殊的仪式。它们在尸体上涂抹红赭石，然后给尸体戴上一个用蜗牛壳做成的头饰，并在手中放一个用于打火的工具。

▼**图 17-17 克罗马农人的复杂文明** 克罗马农人的壁画在条件相对稳定的法国肖维—蓬达尔克洞穴中保存良好。

然而，这两种假说都没能很好地解释这两种人类为什么会在这么长的时间内占据着相同的地理区域。在一个区域中存在两种类似却不同的物种，而这个过程持续了上万年，这个事实似乎并不能用杂交或直接的竞争来解释。也许尼安德特人和智人之间的竞争并非直接的，因此这两个物种可以在相同的栖息地中共存很长一段时间，而在开发可用资源方面更具优势的智人逐渐地导致了尼安德特人的灭绝。

2．人类从非洲移民的几次浪潮

人类的家族树扎根在非洲，但人类在很多条件下会迁移出非洲。比如，直立人在约 200 万年前到达了亚洲的热带地区，并在那里达到了繁荣期，最终广泛分布在亚洲（见图 17-18a）。类似地，海德堡人在至少 78 000 年以前从非洲迁移到了欧洲，人类进行过很多次长距离迁移，这一点我们现在很清楚了。而我们不清楚的是这些迁移和现代智人的产生之间有着怎样的联系。根据“非洲替代假说”（该假说是我们在上文中说过的过程的基础），智人在非洲出现，并在不到 15 万年前分散开来，分散到近东地区、欧洲和亚洲，取代了所有其他的人类（见图 17-18a）。但有些人类学家认为智人是从已经广为分布的直立人直接进化来的，这种进化同时发生在很多地区。根据这种“多地起源假说”，在世界上许多不同的地区，直立人持续不断的迁移和杂交使它们一直是同一个物种，并逐渐进化为智人（见图 17-18b）。尽管对现代人类 DNA 越来越多的研究支持智人起源的非洲替代模型，但两种假说都符合化石证据。因此，这个问题还没有得到解决。

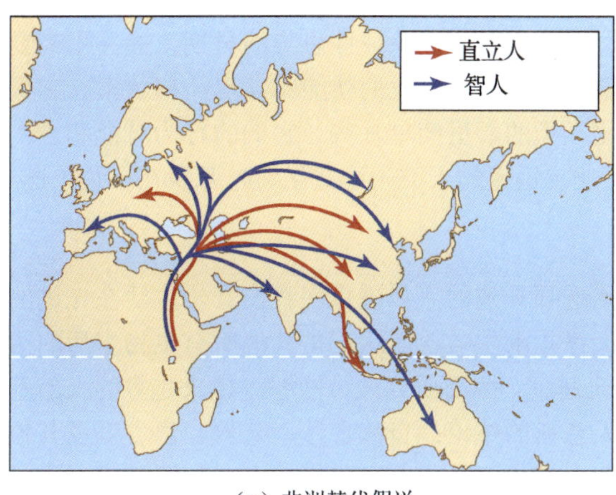

（a）非洲替代假说

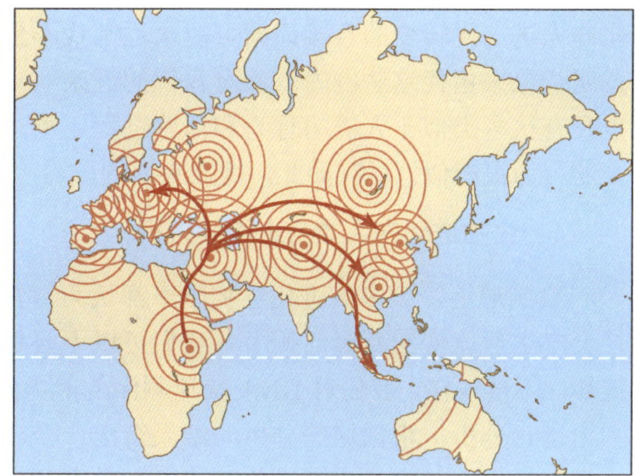

（b）多地起源假说

▲图 17-18　**智人进化的两种竞争性假设**　（a）“非洲替代假说”认为，智人在非洲进化出来，然后迁移到近东地区、欧洲和亚洲，在迁移过程中，智人取代了这些地区中原有的人类物种。（b）“多地起源假说”认为，智人是在很多地区同时由直立人进化而来的。

 17.6.5　巨大的大脑的进化起源可能和食用肉以及烹饪有关

将人类与最近的近亲猿类区分开的主要身体结构特征是直立的姿势和硕大发达的大脑。正如之前描述的那样，直立的姿势在人类的进化史中出现得非常早，在人属出现之前的几百万年前，猿人就开始直立行走了。那么，是什么样的条件导致人类的大脑进化得越来越大呢？人们提出了很多解释，但几乎没有直接证据；因此，巨大大脑的进化起源的假说都只能是推测。

对于巨大大脑的起源，人们提出的一种解释是它们是对越来越复杂的社会关系的响应。尤其是，化石证据表明，从 200 万年前开始，人类的社会生活就开始包括一种新的活动：大型的合作狩猎。其结果是当时的人类获得了大量的肉，于是，人们就需要研究出一种方法来分配这些珍贵的资源。一些人类学家假设说，最擅长处理这些社会关系的个体更容易获得更多的肉，并有利地使用它们。或许，拥有更大、更强大脑的个体最擅长处理这些社会关系，于是自然选择就更青睐这些个体。对黑猩猩群体的观察表明，对群体狩猎所获得的肉的分配包含着错综复杂的社会关系，这些肉被用于结成同盟、回报帮助、获得配偶、安抚对手，等等。或许计划、分析、记忆这些关系所需的脑力技能就是我们更大、更聪明的脑的进化原动力。

无论青睐拥有更大大脑的个体的本质是什么，这样的大脑只有在存在某种机制来提供生长和维持如此巨大的脑组织所需的巨大能量时，才能进化出来。有些研究人员推测，烹饪是节约所需的额外能量的一种突破。经过烹饪的食物比生的食物更易消化，而且可以大大减少咀嚼的次数，因此熟食可以在消耗更少体力的同时提供更多的营养。因此，早期人类的烹饪可能去除了此前一直限制脑容量的障碍。然而，较大的大脑最开始是在距今 200 万年前的直立人身上出现的，而人类控制火的最早的直接考古记录只有 79 万年的历史。烹饪假说的支持者认为，烹饪的确就是在 200 万年前出现的，而没有那么早的烹饪用火的证据只是因为人类化石记录还不完整罢了。

 17.6.6　复杂的文化直到不久前才出现

尽管诸如直立人这些物种已经进化出相对较大的大脑，但现代人类和现代人类极其巨大的大脑的起源要在那之后 100 多万年。而在现代智人第一次出现后，又过了超过 10 万年才出现人类特有的一些特征，比如语言、抽象思维和先进文化的考古学证据。这些特征只有当人类具有足够大的大脑时才可能出现。这些人类特征的进化起源是另一个未解决的难题，一部分是因为由落后文

化向先进文化转变的直接证据可能永远都找不到。有语言能力和象征性思维的早期人类并不需要发明意象来指代这些能力。从对我们的近亲——猿猴的研究中，我们就能够发现一些线索。它们也具有很多类似于人类的行为和情感过程，不过比人类的要更简单一些。它们的行为可能和古人类的行为很相似。尽管如此，姗姗来迟的、看上去非常迅速的人类先进文化的起源现在还是个谜。

1．生物进化在人类身上继续进行

直到最近，大多数进化生物学家都认为，自然选择导致的人体进化在我们开始生活在先进的社会中之后就变慢甚至停顿了。我们可以不必每天挣扎求生——而这正是其他所有生物生活的主旋律。不过现在，我们对 DNA 快速测序的能力越来越强，因而研究人员能够对越来越多的人的基因组进行分析，根据这些分析的结果得出一个出人意料的结论：自从音乐、艺术、语言以及其他先进文化出现以来，人类进化迅速，而且直到今天人们还在进化着。我们的很多基因都显示出最近一千年间自然选择导致我们发生进化的证据。在很多情况下，我们并不知道这些基因确切的作用，但研究人员已经确定最近发生的一些进化变化的作用。比如，消化牛奶所需的基因在过去的 7000 年中基因频率大幅上升，在有些种群中甚至固定下来。类似地，研究人员已经鉴定出西藏人身上 20 种最近进化迅速的基因；所有这些基因都和在高海拔低氧环境下的生理反应有关。在西藏人中固定下来的这些等位基因，都是在一群奠基人在西藏高原这一全世界海拔最高的栖息地定居下来之后的 3000 年中进化而来的。

2．文化也会发生进化

在最近的一千年中，人类的进化还包括了大量的文化进化，即通过学习代代相传的信息和行为的进化。比如，我们最近的成功进化几乎不是由新的身体结构方面的适应所导致的，而更多是由一系列文化和工业革命导致的。第一次这样的革命是工具的发展，它在早期人类的时代就开始了。工具使人们更容易获得食物和庇护所，因此增加了在特定生态系统中能够存活下来的个体数量。在大约 1 万年以前，人类文化发生了第二次革命，在这次革命中，人们学会了种植农作物和驯养动物。这次农业革命使人们能从环境中获得更多的食物，人类的数目从农业刚开始时的 500 万猛增到 1750 年的 7 亿 5000 万。接下来的工业革命产生了现代经济，并帮助改善了公共卫生问题。更长的寿命和更低的新生儿死亡率导致了真正的人口爆发性增长，到了今天，地球的人口已达 70 亿，而这个数字还在不断增长中。

人类的文化进化和随之发生的人口增加对其他生物的进化过程产生了深远的影响。我们灵活的手和思想已经改变了地球上很大一部分陆生和水生生境。人类已经成为自然选择最强大的代理，用已故的进化生物学家古尔德（Stephen Jay Gould）的话说，“借助名为智力这一可怕的进化事故的力量，我们已经成为生命在地球上连续性的管理员。我们并没有要求获得这个角色，但我们无法放弃。我们可能并不适合这个角色，但我们已经在扮演这个角色了。”

第 18 章　系统分类学：在多样性中寻求秩序

研究 1 型人类免疫缺陷病毒（HIV-1）进化史的科学家发现，这种导致 AIDS 的病毒可能起源于黑猩猩。

18.1 科学家是如何对生物命名和分类的？

为了对生物进行研究和讨论，生物学家必须对它们进行命名。与生物的命名和分类有关的生物学分支称为生物分类学（taxonomy，其中 taxon 的复数形式是 taxa，意思是一个或一群已命名的物种）。现代生物分类学的基础是由瑞典自然学家卡尔·冯·林奈（Carlvon linné1707—1778）建立的，他自称卡洛斯·林涅（Carolus Linnaeus），即他名字的拉丁文形式。林涅最伟大的成就之一是引入了由两部分组成的生物的学名。

18.1.1 每个物种都有独一无二的、由两部分组成的名字

物种的学名是由两部分组成的拉丁文名，这两个名字分别表示它的属和种。属是指几种亲缘关系非常近的种的集合，种是在自然条件下可以相互交配的种群的集合。比如，蓝鸲属（一种蓝色的鸟）包括三个种：东方蓝鸟（*Sialia sialis*）、西方蓝鸟（*Sialia mexicana*）和山地蓝鸟（*Sialia currucoides*），见图 18-1。尽管这三个物种非常相似，但它们通常只会和与自己属于同一物种的蓝鸟交配。

在一个学名中，属名放在前面，种名放在后面。根据惯例，学名通常要加下画线，或用斜体表示。属名的第一个字母要大写，而种名的第一个字母要小写。种名不能单独使用，要和其属名放在一起使用。

每个由两部分组成的学名都是独一无二的，因此用学名来表示一个生物杜绝了任何产生歧义或混淆的可能。比如，*Gavia immer* 这种鸟在北美通常被叫做普通潜鸟（*common loon*），但在英国被叫做北方潜水鸟（*the northern diver*），而在其他不使用英语的国家则是其他的名字。但世界各地的生物学家都知道 *Gavia immer* 这个拉丁文学名，因此学名可以克服语言障碍，使交流更加精确。

（a）东方蓝鸟

（b）西方蓝鸟

（c）山地蓝鸟

▲图 18-1 三种蓝鸟 尽管它们的外表显然很相似，但这三种蓝鸟——（a）东方蓝鸟（*Sialia sialis*），（b）西方蓝鸟（*Sialia mexicana*）和（c）山地蓝鸟（*Sialia currucoides*）是独立进化的，因为它们之间并不发生杂交。

18.1.2 现代分类方法强调进化血统的模式

除了给物种命名之外，生物学家还需要给物种分类。在 1859 年达尔文出版《物种起源》之前，分类主要是为了使对生物的研究和讨论变得容易一些，就像图书馆的在线目录能让我们更容易找到图书一样。但在达尔文阐明所有生物都是由一个共同祖先联系起来的之后，生物学家开始认识到，分类应该反映并描述生物之间在进化上的关系。现在，对生物进行分类的过程几乎都集中在重建种系（phylogeny）发生史或者进化史上。重建种系发生史的科学被称为系统分类学（systematics）。系统分类学家通过构建进化树（见图 16-10）来交流他们的种系发生的假说。

18.1.3　系统分类学家鉴定能够揭示进化关系的特征

系统分类学家试图构建进化树，而且他们需要在对进化史没有多少直接了解的情况下进行。因为系统分类学家无法看到过去发生的事情，所以他们必须在现存生物的相似之处的基础上尽力去推断。不过在这些相似点中，并不是所有的都对构建种系发生树有用处。有些相似点是亲缘关系较远的生物趋同进化而产生的，这些相似性对于推断进化史就没有什么用处。系统分类学家采用的相似点，则是生物从共同祖先那里遗传到的性状。这样，设计分类法的科学家必须将由共同祖先导致的有用处的相似点和由趋同进化导致的无用的相似点区分开。在寻找有用处的相似点的过程中，生物学家需要对很多种特征进行观察。

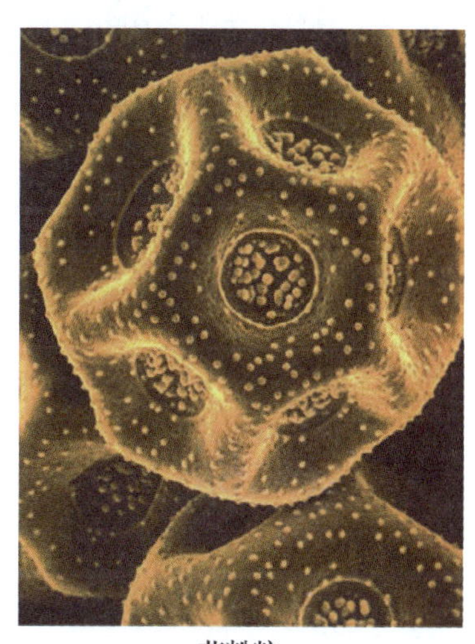

花粉粒

▲图 18-2　显微结构可以用来对生物进行分类　花粉粒的结构和表面特征是非常精细的结构，可以用于分类。通过观察显微结构，我们可以了解在更大、更容易观察到的结构上异同不明显的物种，揭示它们之间的相似点和不同点。

在历史上，最重要和最有用的区别特征是解剖学特征。系统分类学家仔细地观察生物的外部身体结构和内部结构，比如骨骼和肌肉。例如，像海豚、蝙蝠、海豹和人的手指骨这样的同源结构提供了它们来自于共同祖先的证据（见图 14-8）。为了鉴别亲缘关系更近的物种之间的关系，生物学家可以用显微镜来分辨更精密的细节，比如开花植物花粉粒的外部结构（见图 18-2）。

18.1.4　系统分类学家依靠分子相似性来重建种系发生树

最近，分子遗传学上的技术进步在进化关系的研究领域产生了一场变革，分子遗传学技术让科学家可以鉴别生物之间的遗传相似性。今天的系统分类学家主要依赖 DNA 的核苷酸序列（也就是说这个生物的基因型）来鉴定不同种生物之间的关系。

分子系统分类学的逻辑非常简单。我们观察到，当一个物种变成两个物种，每个物种的基因库都会开始积累突变。分子系统分类学就建立在这个基础上。然而，在每个物种的基因库中出现的特定突变是不同的，因为这两个物种现在是独立进化的，它们之间不存在基因交流。随着时间的推移，两个物种之间积累越来越多的遗传学差异。因此，系统分类学家只要从这两个物种的代表性个体体内获得 DNA 序列，就可以对这两个物种基因组上任何一个位置的核苷酸序列进行比对。差异越少，证明这两个生物的亲缘关系越近（这两个物种的共同祖先存在的时间距现在相对较近）。

在有些情况下，DNA 序列的相似性会反映在染色体结构中。比如，黑猩猩和人的 DNA 序列以及染色体结构极其相似，表明这两个物种在不远的过去有着共同的祖先（见图 18-3）。

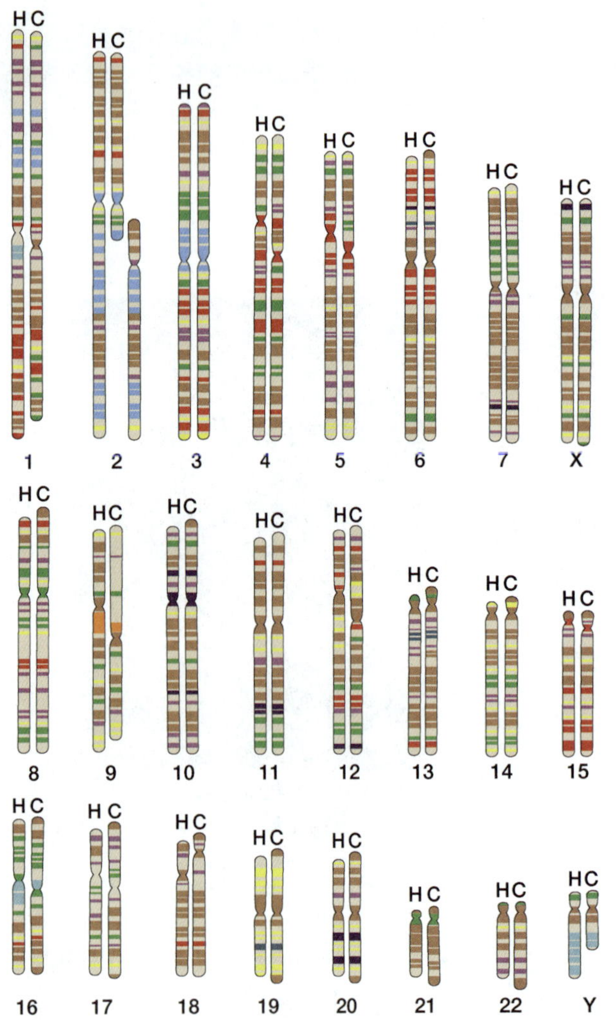

◀图 18-3 人类和黑猩猩的染色体很相似 通过染色可以对来自不同物种的染色体带型进行比对。这里显示的是对人的染色体（每一对染色体中左边的哪一个，用 H 表示）和黑猩猩的染色体（用 C 表示）进行的比对。比对结果表明，这两个物种在遗传上非常相似。实际上，人们对两个物种都进行了全基因组测序，有 96%完全相同。图中的编号系统是对人的染色体进行编号的，注意人类的 2 号染色体对应了两条黑猩猩染色体。

18.1.5 系统分类学家对存在关联的物种群体进行命名

尽管系统分类学家主要通过构建进化树来交流他们在种系发生上的发现，但他们也会对物种群体进行命名。为了符合强调重构进化史，系统分类学家只给来自一个共同祖先的所有后代群体进行正式命名。这样的群体被称为进化枝（clades）。如果观察一棵进化树，会发现进化枝可以组织成一个层次结构，其中小的进化枝位于大的进化枝内部（见图 18-4）。

当系统分类学家对一个进化枝进行命名时，名字本身并不包含这个进化枝的很多信息。比如，这个名字并不能告诉我们关于进化枝的大小或宽度。这个进化枝是像包含所有哺乳动物的那个进化枝一样宽大、内容丰富吗？或者，还是比较窄小只包含三种斑马？如果观察这个进化枝所属的进化树，那么进化枝的大小和宽度就很明显了。但如果无法看到进化树，就需要这个进化枝名字之外的线索才能知道它的范围。

对已命名进化枝的相对大小和包容性进行标记的一种可能的方法是，将它们放在称为分类阶级（taxonomic rank）的目录中。这种方法有着悠久的历史：林涅根据物种和其他物种的相似性，将每个物种放在分级的目录中。林涅分类系统最终包含 8 个主要的等级：域、界、门、纲、目、科、属、种。这些等级形成嵌套的层次结构，在其中，每个等级都包含下属的所有等级，每个域包含几个界，每个界包含几个门，每个门包含几个纲，每个纲包含几个目，等等。当我们沿着层次结构向下看时，会发现包括了越来越小的群体。因此，如果知道一个具有特定名字的进化枝是一个门，然后另一个有名字的进化枝是这个门中的一个属，那么你对这两个进化枝的相对大小和范围就有了一定的了解。

不过，分类学等级系统也存在自己的问题。比如，传统分类学等级会导致不同具有等效等级的群体之间的等价错觉。比如，猫科和兰科都是科。你可能会认为，因为这两个群体的阶级相同，那么它们从某种意义上来说具有进化上的等价性。然而，这种结论是错误的。比如，猫科动物的共同祖先生活在大约 3000 万年前，而兰科植物的共同祖先生活在 1 亿多年前。而且，猫科含有大约 35 个种，而兰科有两万多个种。这两个群体在大小和进化史上都存在不同，而且对很多系统分类学家来说，暗示这两个群体是等价的等级制度不是很有用。

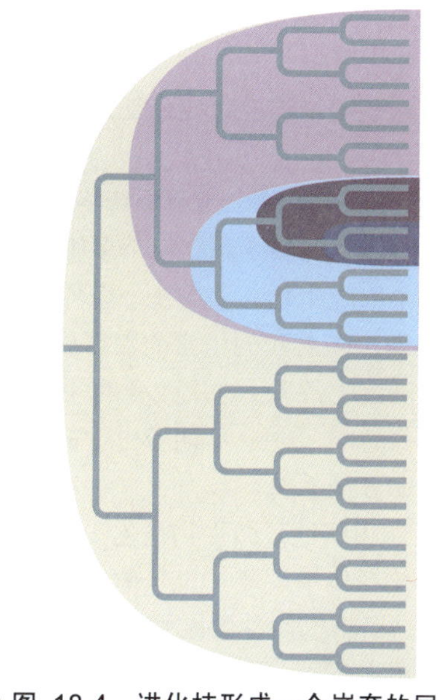

▲图 18-4　进化枝形成一个嵌套的层次结构　任何一个包含一个共同祖先的所有后代的群体都被称为一个进化枝。这棵进化树上面显示的一些进化枝用不同的颜色表示。注意小的进化枝位于大的进化枝内部。

分类学阶级的另一个问题是由关于进化史的新发现导致的，这些新发现可能会需要看上去很荒谬的分类阶级。比如，考虑一下，科学家发现现代的鸟类是存活下来的恐龙的后裔，因此现代的鸟类是恐龙进化枝的一部分。在传统上，恐龙目（包括所有的恐龙）是爬行纲（爬行动物）中的一个目，但如果恐龙形成了一个目，而鸟类是恐龙的一个亚类的话，那么鸟纲（包括所有的鸟）必须是一个科（目的下一个等级）。但传统分类学家已经将鸟纲分成了 29 个目，而这些目又包含 235 个科，所以我们不能这样做。传统的鸟类中的科由一个群体组成，假设这个群体是 120 种林柳莺，但这种分级的逻辑意味着现在需要将 1 万种鸟——其中有些在进化关系上离得非常远，比如火烈鸟和蜂鸟——放到一个科里面。在鸟类和其他许多生物的情况下，似乎已无法将传统的以等级为基础的分类制度和新出现的关于进化史的知识调和到一起。

 18.1.6　分类等级系统的作用正在减小

因为分类等级系统无法精确地传达关于进化史的信息，因此现代的系统分类学家已不那么看重林涅的分类系统。很多分类学家甚至都不给他们发现的进化枝指定一个等级，他们主要专心于用数据来构建准确的进化树，而不是专心于一个进化枝应该叫做界、纲、目还是科。结果就是，林涅分类等级系统的作用在减小。

在本书描述生命多样性的章节（见第 19 章到第 24 章）中，对分类等级的使用取决于研究我们所讨论生物的生物学家的实际工作。在大多数章节中，我们会遵循新出现的惯例，避免等级制度，而是使用“分类群”一词（taxonomic group 分类群，是进化枝的同义词）来描述一群相关的物种。我们将使用概念和解释来说明特定进化枝的相对范围和宽度。不过，在有些章会选择性地使用几种林涅等级。比如，我们会遵循用“界”来指代三个分别包含所有动物、所有植物和真菌的进化枝的传统。类似地，在关于动物的两章，我们会将特定的几个进化枝称为门，以和动物的系统命名保持一致，而且也会把三个最大、包含生物最多的进化枝称为域。

18.2 生命有哪些域？

如果将所有生命的共同祖先放在生命树树干的最底部，那么我们可能会问：这个树干最早的分支产生了哪些进化枝呢？每个最早的进化枝一定产生了大量的进化枝，其中包含数不清的后代物种。这些较早的进化枝分支是系统命名学能够辨别的最大的进化枝。

到了 20 世纪 70 年代，大多数分类学家从当时得到的证据得出结论：生命树早期的分支将所有的物种分成 5 个界。五界系统将所有原核生物放在一个界中，并将所有真核生物分成 4 个界。在真核生物中，五界系统确立三个多细胞生物界（植物、动物和真菌），并将其他的真核生物——大多数都是单细胞生物——放在一个界中。

然而，随着我们积累的数据更多，以及对种系发生的了解更加深入，对生命基础分类的科学判定逐渐发生改变。这次改变的关键因素来自于微生物学家乌斯（Carl Woese）的创举，乌斯说明，生物学家忽略了生命早期历史上的一个关键事件，这个事件使我们需要一个新的、在进化上更准确的生命分类系统。

乌斯和其他对微生物进化史感兴趣的生物学家研究了原核生物的生物化学。他们通过研究在生物的核糖体中发现 RNA 的序列，发现原核生物分为两种，其中每一种都有其特征性的核糖体 RNA。乌斯将这两种原核生物分别命名为细菌和古细菌（见图 18-5）。细菌和古细菌的核糖体 RNA 序列有很大不同，说明它们的共同祖先生活在很久很久以前。

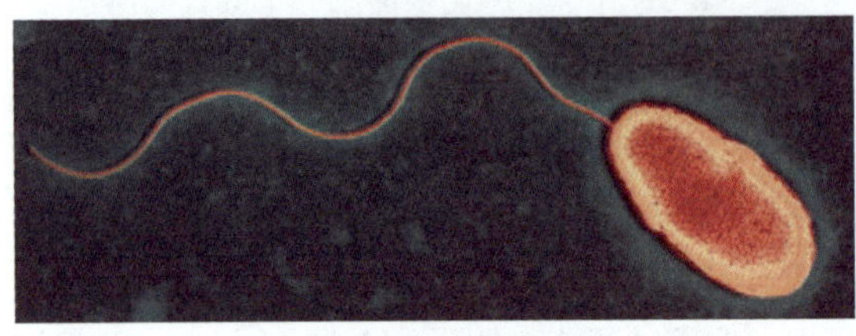

（a）一个细菌

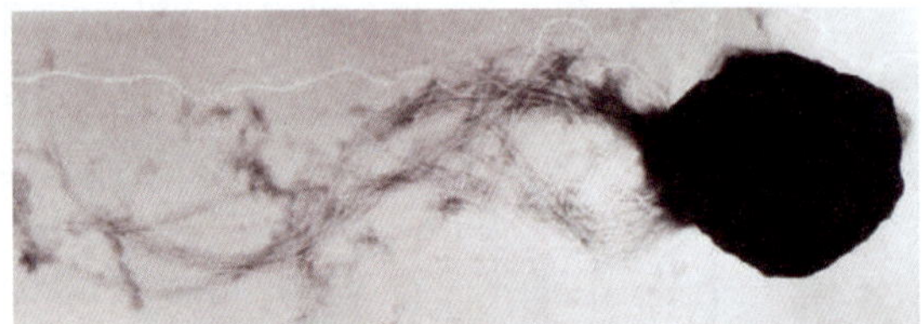

（b）一个古细菌

▲图 18-5 **两个原核生物界** 尽管它们的外表十分相似，但（a）绿脓杆菌和（b）詹氏产甲烷菌之间的关系比蘑菇和大象之间的亲缘关系都要远。绿脓杆菌是细菌的一种，而詹氏产甲烷菌属于古细菌。

尽管在显微镜下细菌和古细菌的外表很相似，但它们在最基础的分子水平上存在差异；比如，它们的细胞壁组成截然不同，RNA 聚合酶也是一样。

细菌和古细菌之间的差异，与二者中任何一个和任何一种真核生物的差异一样大。在生命史上的早期，早在植物、动物和真菌出现之前，生命树就已分裂成三部分。现代分类方法将生命分为三个域：细菌域、古细菌域和真核生物域（见图 18-6）。真核生物域包括所有具有真核细胞的生物，包括植物、动物、真菌，以及一些被统称为原生生物的多为单细胞的生物。图 18-7 展现了真核生物域中一些成员之间的进化关系。

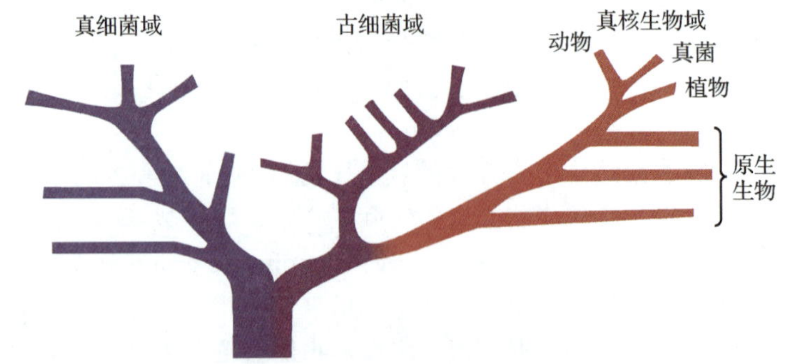

▲图 18-6 **生命树** 生命的三个域表示为生命树上的三个主要“分支”。

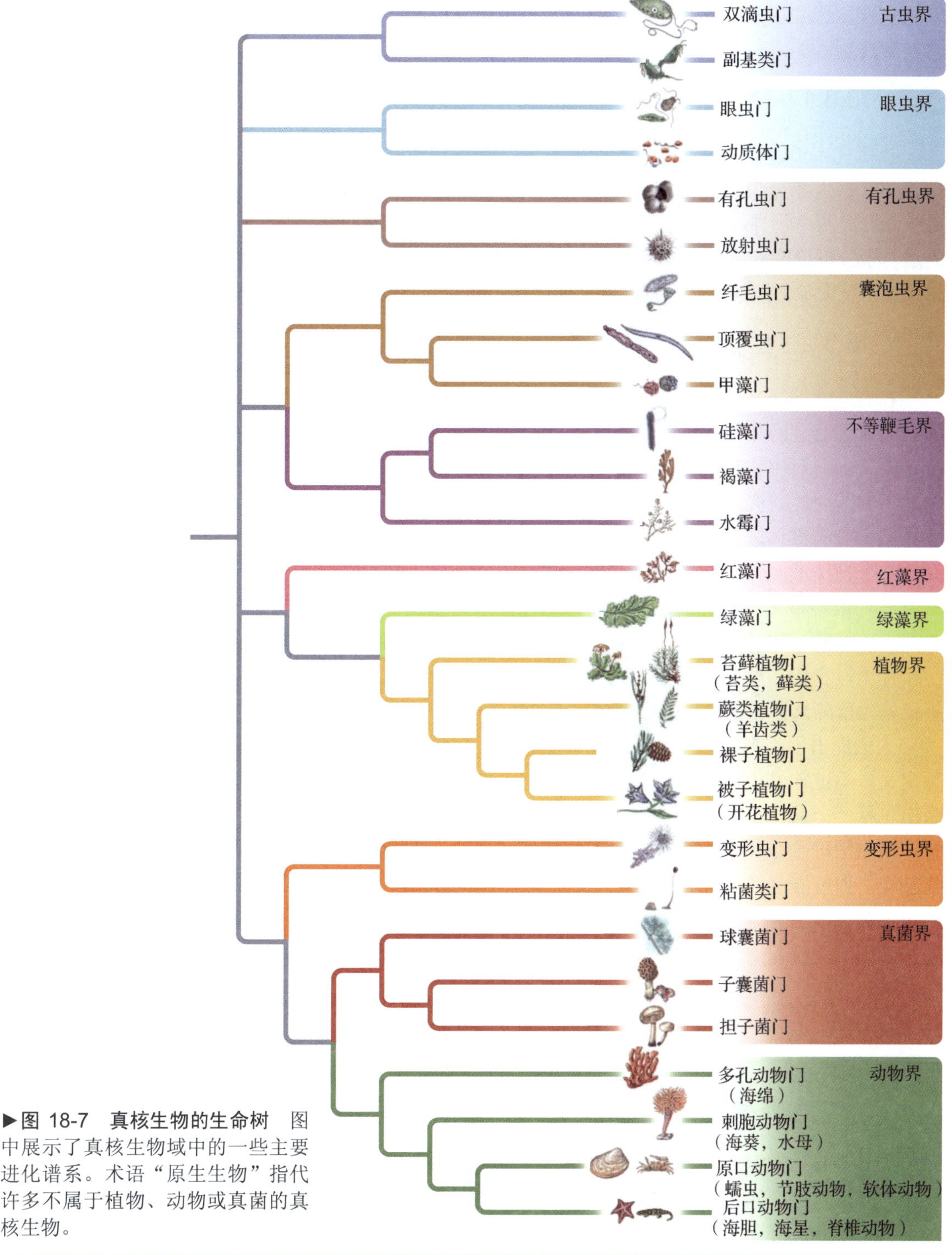

▶**图 18-7　真核生物的生命树**　图中展示了真核生物域中的一些主要进化谱系。术语“原生生物”指代许多不属于植物、动物或真菌的真核生物。

18.3　为什么分类方法会发生改变？

正如三域系统的产生所说明的那样，在出现新的数据时，作为分类学基础的进化关系就需要修改。就算是最大、包含物种最多的进化枝——代表着生命树最早的分支的那些——有时也需要重新整理。这些在分类最高等级上的改变很少见，但在层次分类的另一端——物种命名之间，经常发生改变。

18.3.1 科学家发现新的信息时，物种的名称就会改变

当研究人员发现新信息时，分类学家常常在物种层面的分类上做出改变。比如，直到最近，分类学家将大象分为两个物种：非洲象和印度象。不过现在我们将其分为三个物种；从前的非洲象被划分成两个物种，萨王纳（稀树草原）象和森林象。为什么要做出这样的改变呢？对非洲大象的遗传学分析说明，栖息在森林中的非洲象和栖息在萨王纳中的非洲象之间几乎没有基因交流。结果是，两种大象之间的遗传学相似性并不比狮子和老虎之间的相似性多。

18.3.2 生物学对物种的定义可能很难或者无法应用

在有些情况下，分类学家发现他们无法确定一个物种是从哪里开始变成另一个物种的。就像我们之前讨论过的那样（见第 16 章），营无性生殖的生物对分类学家来说尤其难以分类，因为杂交判据（本书对生物物种定义的基础）无法用于鉴别不同物种。因为这种判据无法用来研究无性繁殖生物，因此研究人员在哪些无性繁殖生物构成一个物种方面很难达成一致，尤其是在对表现型非常相似的群体进行比较时。比如，有些分类学家将英国黑莓（一种可以无性繁殖的生物）分成 200 个物种，而有些只将它分成 20 个物种。

我们很难将生物物种的定义应用在无性繁殖的生物身上，而无性繁殖的生物占据了地球生物的很大一部分。比如，大部分细菌、古细菌和原核生物在大多数时间都是无性繁殖的。有些分类学家提出，我们需要一个更加普适的定义来定义物种，它不会将无性繁殖生物排除在外，而且也不依赖生殖隔离判据。

人们提出了许多方案来重新给物种下定义，但没有哪个足够令人信服，可以完全替代生物物种定义。不过，其中一种方案在最近几年有了许多支持者。系统发育种概念将物种定义为可以判断出包括一个共同祖先的最小群体。换句话说，如果我们绘出一个描述一群生物祖先模式的进化树，树上的每一个树枝构成一个单独的物种，无论这个树枝表示的物种是否能与其他树枝上的生物杂交。你可能会怀疑，如果严格应用系统发育种概念，分类学家将多确认出很多很多物种。

系统发育种概念的支持者和反对者正在激烈地争论这种定义物种的方式的优缺点。也许有一天，人们用系统发育种概念替代教科书上的生物物种概念。同时，随着分类学家不断了解生物之间的进化关系，尤其是在分子遗传学技术获得大规模应用之后，分类学家还会不断争论并修改物种的分类。

18.4 存在多少个物种？

重构地球上物种的进化史是一个非常复杂的过程，因为大多数物种实际上不为人知。科学家甚至不知道地球上物种的数量级是多少。每年人们都会命名 7000～10 000 个新物种，其中大多数是昆虫，很多来自于热带雨林。至今为止，已命名的物种总数大概是 150 万。然而，很多科学家认为，可能存在 700 万到 1000 万个不同物种，有人甚至认为地球上存在 1 亿个物种。

地球上物种的数量和种类组成了地球的生物多样性。在至今为止鉴定出的所有物种中，有约 5%是原核生物和原生生物，另外有 20%左右是植物和真菌，其余的都是动物。这样的分布和这些生物的实际多样性没有什么关系，而更多的是和它们的大小、鉴定的难度、稀有性和研究它们的科学家的人数有关。历史上，分类学家主要集中注意力在那些生活在温和环境中大的或明显的生物，但在热带地区的小而不明显的生物中，生物多样性是最大的。除了人们忽视的那些生活在陆地和浅水中的物种之外，深海的海底也是物种发现的新大陆。科学家根据现有的少量样品，估计在海底可能存在数十万个未知物种。

尽管人们已经描述或命名了大约 5000 种原核生物，但大多数原核生物还未被发现。想想挪威科学家的一个实验，它们分析了一小块森林泥土中的 DNA，以此对样品中的细菌物种进行计数。为了分辨不同的物种，研究人员以与样品中其他物种 DNA 相差至少 30%作为鉴定一个物种的标准。用这个判据，他们在泥土样品中发现了超过 4000 种细菌，在浅表层沉积物中也发现了相同数量的物种。

我们对生物多样性的真正范围的无知大大增加了破坏热带雨林的悲剧性。尽管这些森林只覆盖了大约 6%的陆地，但我们认为热带雨林中含有地球上现存物种的 2/3，其中很多都没有被人研究过，有的甚至没有被命名。由于人们破坏热带雨林的速度非常快，所以每时每刻，地球都在失去很多我们永远都不会知道曾经存在过的物种。想想这个：1990 年，人们在巴西东海岸附近一个小岛的茂密雨林中发现了一种新的灵长类动物，黑脸狮撌（见图 18-8）。如果这片森林在人们发现这种松鼠大小的猴子之前就被砍伐了，那么就不会有人记录它的存在。在今天的森林砍伐速率下，未来的一个世纪，地球上大部分热带雨林会连同它们未被描述的生命宝藏从地球上彻底消失。

▲**图 18-8 黑脸狮撌** 研究人员估计，黑脸狮撌野生现存不足 400 只；圈养繁殖可能是它们存活下来的唯一希望。

第 19 章　原核生物和病毒的多样性

汉堡要做成全熟的才能杀死其中的有害细菌。

19.1　哪些生物属于古细菌域和细菌域？

地球上最早出现的生物是原核生物。原核生物是缺少诸如细胞核、叶绿体和线粒体这些细胞器的单细胞生物。在生命史的前 15 亿年甚至更久的时间内，所有的生命都是原核的。就算到了今天，原核生物仍然极其丰富。一滴海水就包含了数十万原核生物，一匙土包含几十亿的原核生物。正常人的身体中居住着几百亿原核生物，它们居住在我们的皮肤上、嘴巴中、胃和肠道中。就丰度而言，原核生物是地球上最主要的生命形式。

细菌和古细菌通常非常小，直径从 0.2 微米到 10 微米不等。相比之下，真核细胞的直径从约 10 微米到 100 微米不等。在这句话的句号上可以聚集 25 万个正常大小的细菌，不过有几种细菌要更大一些。已知最大的细菌（纳米比亚嗜硫珠菌）直径可达 700 微米，和圆珠笔的笔尖一样大，甚至肉眼可见。

原核生物产生的细胞壁使不同的细菌和古细菌具有了不同的特征性形状。最常见的形状是球状、杆状和螺旋状（见图 19-1）。

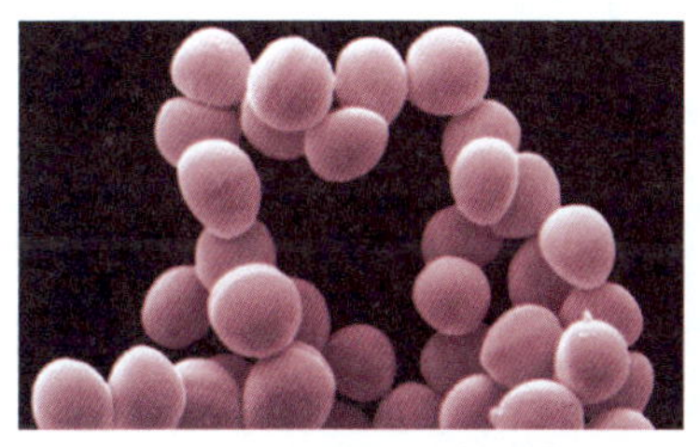

（a）球形

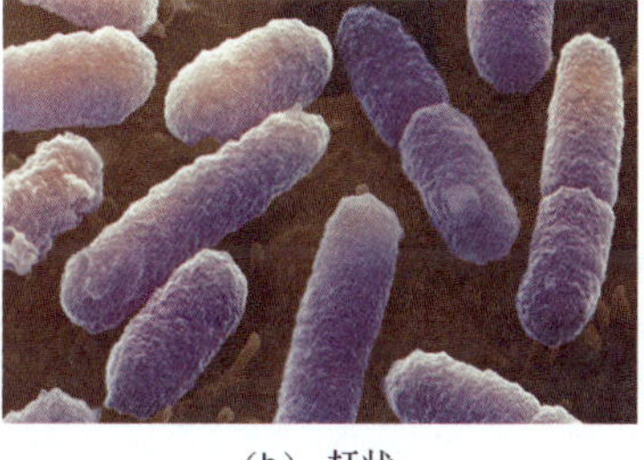

（b）杆状

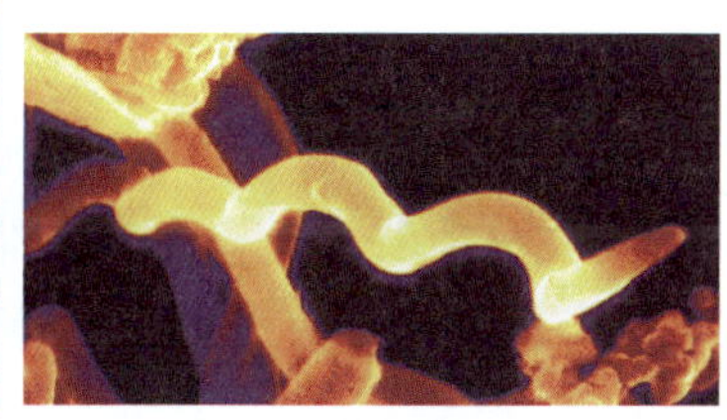

（c）螺旋状

▲图19-1　三种常见的原核生物的性状　（a）球形的葡萄球菌属细菌，（b）杆状的大肠杆菌属细菌和（c）呈螺旋状的疏螺旋体属细菌。

19.1.1　细菌和古细菌有根本上的不同

原核生物组成了生命的三个域中的两个：细菌域和古细菌域。在显微镜下，细菌和古细菌的外观看起来很相似，但它们之间存在结构上和生物化学上的显著的差异，这些差异揭示了二者在远古时期发生过进化上的分离。比如，细菌的细胞壁是由肽聚糖来加强的。（肽聚糖是一种包含了一些氨基酸的多糖。）肽聚糖为细菌所独有，古细菌的细胞壁中没有这种物质。细菌和古细菌在细胞质膜、核糖体和与 RNA 合成有关的酶的结构和组成上也存在不同，在一些基本生命过程的细节方面也有所不同，比如转录 DNA 编码的指令和合成蛋白质。

19.1.2　对原核生物进行分类非常困难

由于古细菌和细菌存在如此明显的差别，因此鉴别这两个不同的域是一件很简单的事情，但在每个域中进行分类却是富有挑战性的工作。在历史上，主要的难点是原核生物非常小，结构也非常简单；它们不像植物、动物和其他真核生物那样显示出一系列解剖学特征。因此，在历史上，原核生物都是以其形状、运动方式、色素、营养方式、菌落（由单个细胞产生的一群个体的聚集体）形态和染色性质等为基础来命名的。比如，革兰氏染色可以鉴别细菌的两种不同的细胞壁结构。根据革兰氏染色的不同结果，可以将细菌分为革兰氏阳性菌和革兰氏阴性菌。

最近几年，对 DNA 序列的比对揭示，许多用于传统原核生物命名的、我们能够看到的异同并不能准确地描述其进化史。新的 DNA 测序数据使得分类学家能够鉴定出细菌和古细菌中新发现的进化枝（由于来自一个共同祖先而统一到一起的几组物种）。序列比对也使我们认识到，哪些传统分类方法最有可能代表真正的进化枝。

但 DNA 测序数据还揭示出，对原核生物进行分类比我们之前想象得还要困难。

尤其是，现在我们很清楚，原核生物的进化史包括大量的侧向基因转移，即从一个物种到另一个物种之间的基因移动。过去的（和正在进行的）基因混合可以发生在亲缘关系很远的原核生物之间，这种现象产生了极难重构的进化史。分类学家如果使用标准方法来构建一群原核生物的进化树，那么他们基于某一套特定的基因构建出的进化树和基于另一套基因构建出的进化树可能截然不同。因此，用一个由互相连接的线（这些线即表示祖先-后裔又表示侧向基因转移）组成的网状图才能最好地描述原核生物的进化史，而使用代表种系发生的典型树状图并不是个好主意。因为原核生物之间存在不断的基因交换，因此有些分类学家怀疑，与原核生物包含要真核生物等价的独立进化单位对的说法也许并不准确。原核生物体系的构建，在理论和实际上都遇到了困难，这意味着对原核生物进行分类的工作任重道远。

19.2 原核生物是如何生存和繁殖的？

原核生物对各种环境的适应和利用，是其丰富性的重要原因。这一节将讨论帮助原核生物生存下来并繁荣昌盛的一些性状。

19.2.1 一些原核生物可以移动

很多细菌和古细菌会附着在某个表面不动，或在液体环境中被动漂流，但有些原核生物是可以移动的。这些可以移动的原核生物很多含有鞭毛，鞭毛是像头发一样的延伸结构，能够迅速旋转，推动生物在液体环境中移动。原核生物的鞭毛可能单独位于细胞的一端、成对（在细胞的两端）或在细胞的一端成簇存在（见图 19-2a），或分散于整个细胞表面。用鞭毛运动的能力使原核生物能够分散到新环境中，向营养物质移动或离开不适合生存的环境。

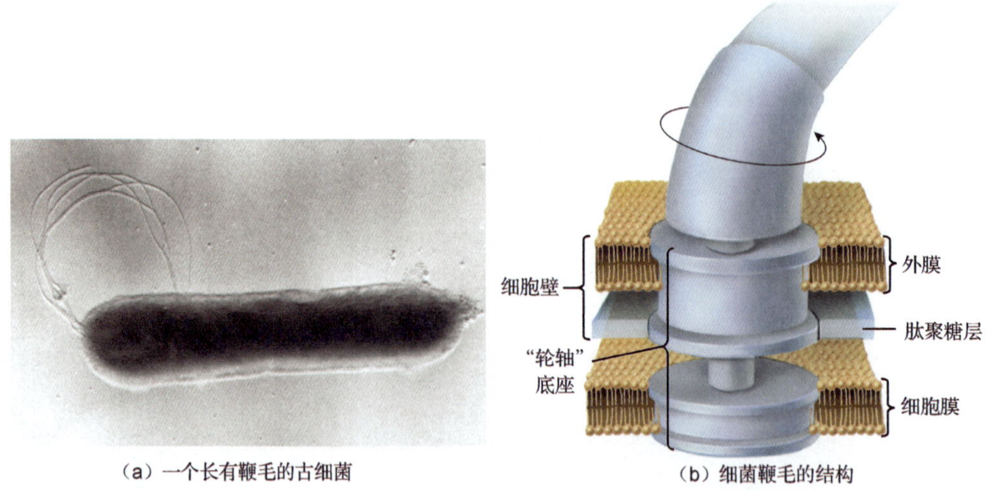

▲图 19-2 **原核生物的鞭毛** （a）一个具有鞭毛的产水菌属古细菌利用鞭毛推动自身前进，向适宜生存的环境移动。（b）在细菌中，一个独一无二的“轮轴”结构在细胞壁和细胞膜中固定住鞭毛，并使它能够迅速旋转。图中表示的是革兰氏阴性菌的鞭毛；革兰氏阳性菌的鞭毛缺少最外面的“轮子”。

原核生物的鞭毛和真核生物的鞭毛结构有所不同。在细菌的鞭毛中，有一个包被细胞膜和细胞壁中的轮状结构，可以带动鞭毛旋转（见图 19-2b）。古细菌的鞭毛比细菌的鞭毛要细，蛋白质组成也不同。不过，我们对古细菌鞭毛知之甚少。

19.2.2　很多细菌在表面形成保护膜

很多原核生物不断地合成信号分子，并将它们释放到周围的环境中。如果很多原核生物在一个地方聚集，那么这些信号分子的浓度就会非常高，甚至可以穿过细胞膜扩散到邻近的细胞中并和细胞内的受体结合。被激活的受体会启动一些只有在这种情况下才会启动的过程。因此，当种群密度变得相当大时，原核生物的行为就可能会发生变化，这个过程叫做群体感应。

群体感应造成的最常见的变化之一就是生物被膜的形成。在生物被膜中，一种或多种原核生物聚集成一个群体，通常由具有保护作用的黏液包围。这种由多糖或蛋白质组成的黏液是由这些原核生物分泌的。黏液不仅能保护它们，还能帮助它们黏附在物体表面。牙菌斑是一种常见的生物被膜，它由一种在口腔内生存的细菌的分泌物组成（见图 19-3）。

▲图 19-3　**导致龋齿的原因**　人类嘴里的细菌形成一层黏糊糊的生物被膜，这层膜能帮助它们附着在牙釉质上，并保护它们不受环境的威胁。在这张显微照片中，我们能看见单个的、包被在棕色生物被膜中的细菌（被染成绿色或黄色）。充满细菌的生物被膜会导致龋齿。

生物被膜提供保护帮助被膜中的细菌抵抗多种多样的攻击，包括抗生素和消毒剂的攻击。结果是，对人类有害的细菌形成的生物被膜很难消灭。许多对人类身体的感染都以生物被膜的形式存在，包括导致龋齿、牙龈病和耳部感染的感染。很多生物被膜导致的感染需要住院治疗。每年有 200 万美国人被感染，其中会有 9 万人死亡。这样的生物被膜可以在伤口或手术切口中形成，也可以在植入医学器件如导管、起搏器和人造髋关节和膝关节形成。

19.2.3　具有保护作用的内生孢子使细菌能够抵御不利环境

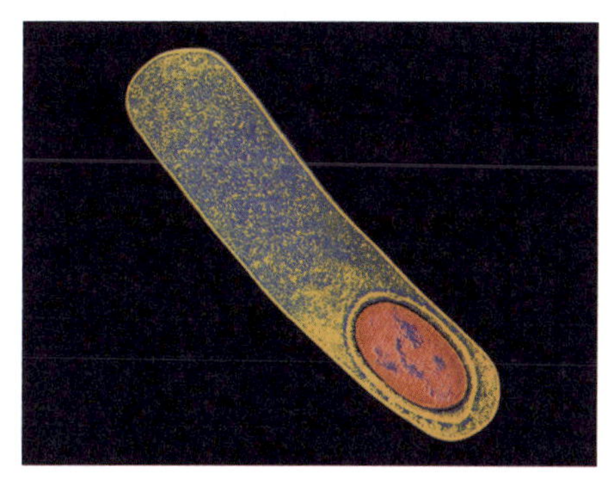

▲图 19-4　**孢子可以给一些细菌提供保护**　一个梭菌属细菌中生成了一个可以抵抗不利环境的内生孢子（红色的卵状结构）。

当环境条件变得不适合细菌生存时，很多杆菌为了保护自己，会形成称为内生孢子的结构。内生孢子在细菌内形成，包含细菌的遗传物质和几种酶，外面包裹着一层厚厚的、具有保护作用的壳（见图 19-4）。在形成内生孢子后，包含内生孢子的细菌就会破裂，将孢子散布到环境中。在孢子到达适宜生存的环境之前，其代谢是停止的。当孢子到达适宜环境之后，其代谢就会恢复，孢子就会长成活细菌。

内生孢子甚至可以抵抗极端环境。有些孢子在沸水中还能存活长达一小时的时间或更久。而且，内生孢子可以存活极长的时间。在最惊人的例子中，科学家发现在岩石中密封了 2 亿 5000 万年的内生孢子。科学家小心翼翼地将其从岩石中提取出来并放在试管里培养。惊人的事情发生了，这些比最早的恐龙化石还要古老的孢子中长出了活细菌。

19.2.4 原核生物对特定栖息地产生特化

原核生物实际上存在于几乎所有栖息地中，包括那些因为环境过于恶劣、其他生物无法生存的栖息地。比如，有些细菌在接近沸水温度的环境中生长旺盛，例如美国黄石国家公园中的热泉（见图 19-5）。很多古细菌生活在更热的环境中，例如深海烟囱。在这些环境中，高温的水从地壳上的裂缝中喷出，水温可达 230 华氏度（110 摄氏度）。原核生物能够在地球表面以下具有极高压力的地方存活，也能在非常冷的环境中存活，例如南极的海冰中。

◀**图 19-5 有些原核生物在极端条件下还能旺盛地生长** 在热泉中生活着既耐热又耐矿物质的细菌和古细菌。几种蓝细菌将这些位于黄石国家公园的热泉染成了鲜艳的颜色；每个物种都被限制在一个由温度决定的特定区域。

极端的化学条件也无法妨碍原核生物的生存。比如，死海中分布着极多的细菌和古细菌，在那里，盐的浓度是海洋中的 7 倍，任何其他生命都无法生存。原核生物还能在酸性像醋一样强或碱性像家用氨水一样强的地方生存。鉴于它们能够在如此极端的环境下生存，那么在几乎所有更加适宜的环境中，例如，人的体表和体内，原核生物也能生存，也就不足为奇了。

不过没有单独哪一种原核生物是像例子中所说的这样全能的。实际上，大多数原核生物都是特化物种。比如说，一种在深海烟囱生活的古细菌在 223 华氏度（106 摄氏度）下生长最好，但在低于 194 华氏度（90 摄氏度）的温度下就会完全停止生长。在人体内生活的细菌也是特化的；在皮肤、嘴里、呼吸道、大肠和泌尿生殖道中存活的细菌各不相同。

19.2.5 原核生物的代谢方式多种多样

原核生物能在各种各样的环境中存活，其中一个可能原因是，它们进化出了多种多样的从环境中获得能量和营养物质的方法。比如，和真核生物不同的是，许多原核生物是厌氧菌，代谢过程不需要氧气。它们在缺乏氧气的环境中生存的能力，使它们可以利用真核生物无法利用的环境。氧气对有些厌氧菌甚至是有毒的，比如很多生活在热泉中的古细菌和导致破伤风的细菌。其他厌氧菌是机会主义者，当缺乏氧气时，它们进行无氧呼吸，而在存在氧气时进行有氧呼吸（有氧呼吸的效率更高）。也有很多原核生物是严格需氧菌，它们的生存无时无刻不需要氧气。

不管是需氧菌还是厌氧菌，不同的原核生物都能从很多种物质中获得能量。原核生物不仅可以将碳水化合物、脂肪和蛋白质这几种我们通常认为是食物的物质作为能量来源，还可以将我们不能食用甚至对我们有毒的化合物，如石油、甲烷（天然气的主要成分），以及诸如苯和甲苯这些有机溶剂作为能量来源。有些原核生物甚至可以代谢无机分子，比如氢气、硫、氨气和铁。原核生物代谢无机分子的过程有时会产生一些对其他生物很有用的副产品。比如，有些细菌会向土壤中释放硫酸盐和硝酸盐，它们是植物的重要养分。

有些种类的细菌，比如蓝细菌（见图 19-6），通过光合作用直接从太阳光中获取能量。就像绿色植物一样，光合细菌也含有叶绿素。大多数光合细菌光合作用的副产品都是氧气，但有些被称为硫细菌的品种用硫化氢（H_2S）而不是水（H_2O）来进行光合作用，于是它们就会释放硫而不是氧气。至今没有发现古细菌能进行光合作用。

19.2.6 原核生物通过分裂繁殖

大多数原核生物通过原核分裂（也称为二分裂）进行无性繁殖，这种分裂方法比有丝分裂简单得多。原核分裂产生与原有细胞的基因完全一致的子细胞（见图 19-7）。在适宜的环境下，有些原核细胞可以每 20 分钟分裂一次，在一天中能够产生 10^{21} 个后代。如此之快的繁殖速度使得原核生物可以开拓很多暂时的栖息地，比如泥潭中或热乎的布丁上。

快速的繁殖也使得细菌的进化变得非常快。回想一下，许多突变——遗传多样性的来源，都是由细胞分裂中 DNA 复制错误所引起的。因此，原核生物迅速、频繁的分裂为新突变的产生提供了充足的机会，同时也使有利于存活的突变能够迅速传播。

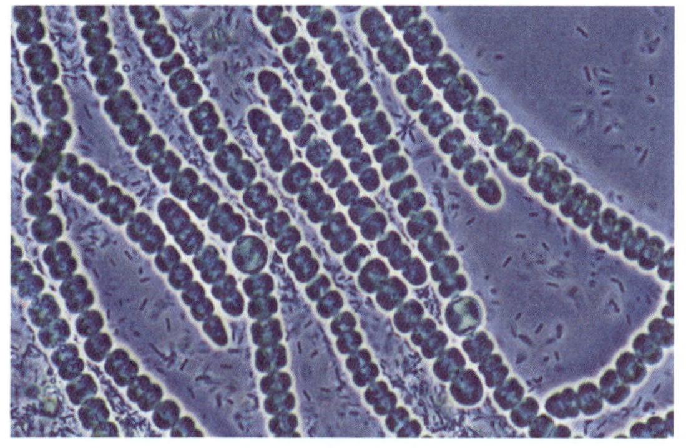

▲图 19-6 **蓝细菌** 蓝细菌丝的显微照片。

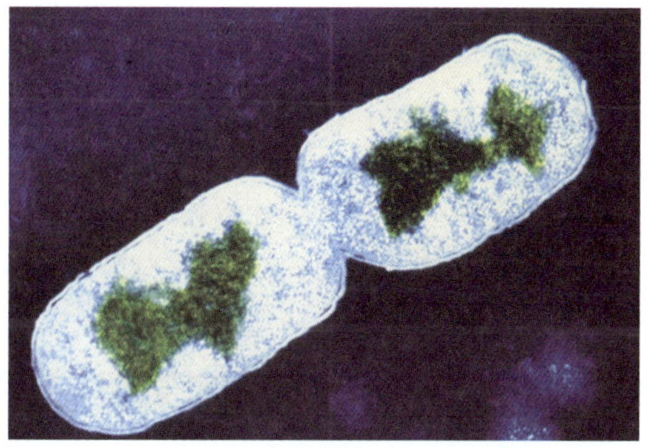

▲图 19-7 **原核生物的繁殖** 原核细胞通过原核分裂来繁殖。在这张彩色增强电镜照片下，一个大肠杆菌正在分裂，它是人类大肠中的正常住民。

19.2.7 原核生物能在不进行繁殖的情况下交换遗传物质

尽管总体来说原核生物的繁殖是无性繁殖，并不涉及到基因重组，但有些细菌和古细菌还是会交换遗传物质。在这些物种中，DNA 从供体转移到受体，这一过程叫做接合。发生接合的两个原核生物的细胞质膜短暂地融合在一起，形成一个细胞质桥，可以用来传递 DNA。在细菌中，供体细胞可能会使用一种称为性菌毛的特化结构接触受体细胞，将它拉近以便进行接合（见图 19-8）。接合会产生新的基因组合，可能会使受体细胞能够在更多环境下存活。在有些情况下，这种遗传物质的交换甚至可能发生在不同物种之间。

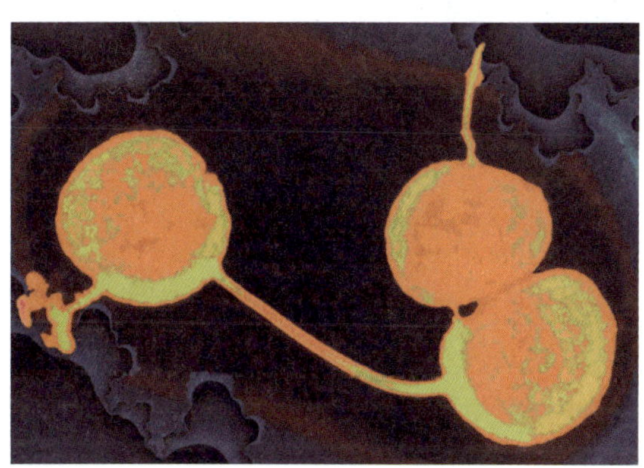

◀图 19-8 **接合：原核生物之间的"交配"** 在接合过程中，一个原核生物作为供体，它将 DNA 转移给受体细胞。在这张显微照片中，两个淋病奈瑟氏菌被一个很长的性菌毛连接在一起。性菌毛会收缩，将受体细菌（左侧）拉向供体细菌。

细菌接合过程中转移的大部分 DNA 包含在一个称为质粒的结构中。质粒是在细菌染色体之外的小的环状 DNA。质粒可能会携带耐抗生素基因或细菌染色体上的基因。

19.3 原核生物是如何影响人类和其他生物的？

尽管原核生物大多数都是肉眼不可见的，但它们在地球上的生物中扮演着重要角色。植物和动物（包括人类）完全依赖于原核生物。原核生物帮助植物和动物获得必要的养分，降解和循环废弃物和生物尸体。没有原核生物，我们无法生存，但它们对我们的影响不总是好的。有几种最致命的人类疾病都是由它们导致的。

19.3.1 原核生物在动物营养方面起重要作用

很多真核生物都依靠与原核生物的关系生存。比如，大多数吃叶子的动物——包括水牛、兔子、考拉和鹿等——无法自己消化纤维素（纤维素是植物细胞壁的主要成分）。这些动物依靠能降解纤维素的特殊细菌来消化纤维素，这些细菌生活在这些动物的消化道内，将动物自己无法降解的营养物质从植物组织中释放出来。没有这样的细菌，以叶子为食的动物无法生存。

原核生物在人类营养方面也起到重要的作用。很多种食物，包括奶酪、酸奶和酸白菜，都是由细菌活动产生的。人的肠道里也有很多细菌以未消化的食物为食，并合成维生素 K 和维生素 B_{12} 等养料供人体吸收。

19.3.2 原核生物固定植物所需的氮元素

离开植物，人类无法生存，而植物完全依赖细菌。特别是，植物无法从氮元素含量最丰富的储藏库——大气中提取氮元素。植物的生长需要氮元素。为了获得氮，它们只能依靠生活在泥土和根瘤中的固氮细菌，根瘤是一些植物（豆类，包括紫花苜蓿、大豆、白羽扇豆和三叶苜蓿。见图 19-9）根部的小瘤状物。固氮细菌从空气中捕获氮气（N_2）并使其和氢气反应，产生铵离子（NH_4^+），铵离子是一种植物可以直接利用的含氮营养物质。

（a）植物根上的根瘤

（b）根瘤中的固氮细菌

▲图 19-9　根瘤中的固氮细菌　（a）豆类植物根部称为根瘤的小室给固氮细菌提供一个受保护的生存环境。（b）这张扫描电子显微照片显示了根瘤中小室内的固氮细菌。

19.3.3 原核生物是自然界的回收站

原核生物在废物循环中起到重要的作用。大多数原核生物通过降解复杂的有机分子（含有碳元素和氢元素的分子）来获得能量。排泄物和动植物尸体中含有充足的有机物资源，可供这些原核生物利用。原核生物通过食用并分解这些废弃物来防止它们在环境中积累。此外，原核生物分解这些废弃物后，将其中含有的营养物质释放到环境中。于是，活的生物就可以利用这些营养物质了。

在任何存在这些有机物质的地方都有原核生物存在。原核生物是重要的分解者，存在于江河湖泊中，海洋中，森林、草原、沙漠的土壤中，地下水中和其他陆地环境中。原核生物和其他分解者对营养物质的回收提供地球上生命持续发展的原材料。

19.3.4　原核生物能清除污染

人类活动产生的很多副产品——污染物都是有机化合物。因此，它们同样也能作为细菌和古细菌的食物。其中部分已经被原核生物降解；它们能够降解的化合物数量是惊人的。人类合成的几乎所有东西——包括去污剂、很多有毒杀虫剂以及有害的化工原料（比如苯和甲苯）——都能被某些原核生物降解掉。

原核生物甚至能降解石油。1989 年，Exxon Valdez 号油轮将 1100 万加仑原油洒在了阿拉斯加州的威廉王子湾。之后，科学家在被油浸泡的海滩上喷洒了促进一种自然食油细菌生长的肥料。15 天之后，海滩上的石油发生了肉眼可见的减少。不过，食油细菌在对付 2010 年深水地平线油井爆炸后流入墨西哥湾的 2 亿加仑石油时就不那么得心应手了。这次爆炸使石油大多数都留在深水中，那里的温度很低，原核生物的代谢非常慢。此外，被石油污染的海域十分广阔，向其中投放肥料来促进细菌生长也是不可能的。

通过控制环境条件来促进活的生物对污染物的降解的方法称为生物修复。经过改良的生物修复方法能够大大增强我们清理有毒物质污染点和受污染的地下水的能力。因此，很多科学家目前都在对这一方面进行研究，他们正试图寻找能够有效进行生物修复的原核生物，以及能够控制这些生物的实用方法，以增强其作用。

19.3.5　有些细菌威胁人类的健康

尽管有些细菌给人类带来一些好处，但有些细菌的习性威胁到我们的生命安全。这些致病菌（会导致疾病的细菌）会合成导致疾病症状的有毒物质。至今为止，人们还没有发现致病的古细菌。

1. 有些厌氧菌会产生危险的毒素

有些细菌会产生攻击神经系统的毒素。例如破伤风梭菌，这种菌会导致破伤风，这是会产生全身肌肉不受控制地收缩和疼痛症状的疾病，有时会致命。破伤风梭菌是一种厌氧菌，在来到它所适应的无氧环境之前，它都是以孢子的形式存在的。较深的刺伤可能会使破伤风梭菌进入人身体内部，并到达一个可以避免与氧气接触的地方。在复制的同时，这种细菌将它们分泌的毒素释放到血流中。

另一种产生危险的神经毒素的厌氧菌是肉毒杆菌。肉毒杆菌在自然条件下在土壤中产生，但在未经过良好消毒的罐头食品中也能旺盛生长。这种食物传播的肉毒杆菌极其危险，因为肉毒毒素是世界上已知毒性最强的物质之一；1 克肉毒毒素就足以杀死 1500 万人。

2. 人类一直在和细菌疾病作斗争

细菌疾病在人类历史上有着重大的影响。最臭名昭著的例子可能就是淋巴腺鼠疫了，它又被称为黑死病，在 14 世纪中期杀死了 1 亿人。世界上的很多地区都有高达三分之一或更多的人口死于此病。鼠疫由一种具有高度传染性的细菌导致，主要通过跳蚤传播。跳蚤会在被感染的老鼠身上吸血，然后再将这种细菌传播给人类宿主。尽管此后再也没有发生过淋巴腺鼠疫的大规模流行，但世界上每年仍有 2000 到 3000 人被诊断患有此病。

有些细菌病原体看上去是突然出现的。比如，莱姆病到 1975 年才开始为人所知。这种疾病是以最早报告它的地点——康涅狄格州的莱姆镇命名的。莱姆病由螺旋状细菌伯氏疏螺旋体导致。这种细菌由鹿蜱携带，并会传播给被叮咬的人类。开始的时候，症状和流感很像，包括寒颤、发热和疼痛。如果不经治疗，几周或几个月之后，病人会出现疹子，关节炎发作，在有些病例中还出现心脏和神经系统的异常。医生和公众开始认识这种疾病，因此越来越多的病人在发展出严重症状之前就获得了治疗。

有些病原体最令人沮丧，我们认为已经控制住它们，它们又卷土重来。结核是一种在发达国家一度被战胜的细菌疾病，而现在又开始在美国和其他地区出现。两种通过性传播的细菌疾病——淋病和梅毒已经在世界范围内流行。霍乱，一种通过水传播的细菌疾病，在污水污染了饮用水或渔区时就会流行开来。这种疾病在发达国家已经被控制住，但在世界上比较穷困的地方仍然是人口死亡的主要原因之一。

3. 常见的细菌也可能是有害的

有些致病菌非常常见，分布很广，因此我们几乎永远无法完全避免它们带来的负面影响。比如，环境中非常丰富的几种链球菌会导致多种疾病。其中一种导致龋齿，另一种通过激活人体的免疫应答，使肺脏被液体阻塞而导致肺炎。还有一种链球菌获得了“食肉细菌”的名号。每年会有 500 到 1000 名美国人患坏死性筋膜炎（即“食肉”细菌感染的正式名称（见第 36 章）），其中有 15%的病人会死亡。这种链球菌通过破损的皮肤进入人体并产生毒素。这些毒素有的直接攻击身体组织，有的会激活错误的免疫应答，使免疫系统攻击自身细胞。这种细菌只需要几个小时就能破坏肢体。在有些情况下，只有截肢才能停止组织的损伤。在另外一些病例中，这种罕见的链球菌感染迅速横扫整个身体，在几天之内就导致病人的死亡。

19.4 什么是病毒、类病毒和朊病毒？

尽管病毒通常是和生物体紧密关联的，但大多数科学家并不将病毒看做生物，因为它们缺乏生命应该具有的许多特征。比如，病毒不是细胞——也不是由细胞组成的。此外，它们无法自己完成活细胞进行的基本生命活动。病毒没有能合成蛋白质的核糖体，没有细胞质，不能合成有机分子，也不能提取并利用有机分子中储存的能量。它们自己没有膜结构，同时也无法生长或繁殖。病毒因过于简单而未被归入生物界。

19.4.1 病毒由 DNA 或 RNA 以及包裹在其外的蛋白质外壳组成

病毒非常小，大多数比最小的原核生物还要小（见图 19-10）。病毒粒子非常小（直径 0.05～0.2 微米），以至于只有在电子显微镜巨大的放大倍数下才能看见。在这样的放大倍数下，我们会发现病毒呈多种多样的外形（见图 19-11）。

病毒由两个主要部分组成：遗传物质分子和包围在遗传分子外的蛋白质外壳。根据病毒种类的不同，遗传分子可能是 DNA 或 RNA，可能是单链或双链的，可能是线形的或环状的。蛋白质外壳外面可能会包裹着一层由宿主细胞的细胞膜形成的膜（见图 19-12）。

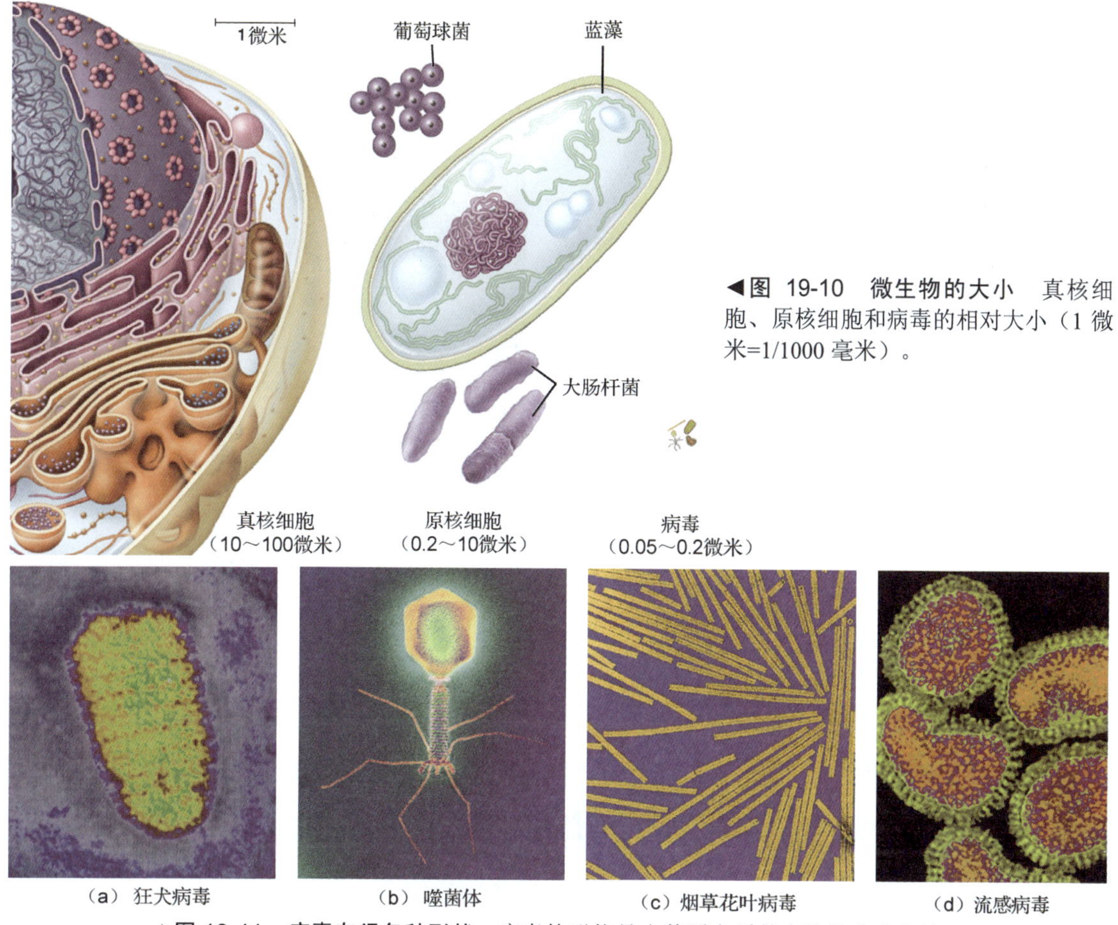

◀**图 19-10 微生物的大小** 真核细胞、原核细胞和病毒的相对大小（1 微米=1/1000 毫米）。

（a）狂犬病毒 （b）噬菌体 （c）烟草花叶病毒 （d）流感病毒

▲**图 19-11 病毒有很多种形状** 病毒的形状是由其蛋白质外壳的性状决定的。

19.4.2 病毒的复制需要宿主

病毒只能在宿主细胞——病毒感染的细胞——中复制。当病毒穿过宿主细胞膜时，病毒的复制就开始了。在病毒进入宿主细胞后，病毒的遗传物质开始控制细胞。被劫持的宿主细胞接下来使用病毒基因中编码的指令来合成新病毒的成分。这些成分快速组装，然后一群新生病毒涌出宿主细胞，开始入侵并征服周围的细胞。

1. 病毒具有宿主特异性

每种病毒都特化为攻击特定的宿主细胞。据我们所知，没有哪种生物可以免疫所有病毒，就连细菌也是称为噬菌体的病毒入侵者的牺牲品（见图 19-13）。噬菌体可能会在治疗细菌疾病中发挥重要作用，因为很多致病菌对抗生素的抗性越来越强。用噬菌体来治疗疾病的方法还有病毒的特异性优势，因为它们只针对特定的细菌，而不会攻击人体中很多其他无害或有益的细菌。

在动植物这些多细胞生物中，不同的病毒专门攻击特定的一些细胞。比如，导致普通感冒的病毒攻击呼吸道黏膜，狂犬病毒攻击神经元。一种疱疹病毒专门攻击口腔和嘴唇的黏膜，导致口腔疱疹；另一种疱疹病毒在生殖器上或其附近造成类似的溃疡症状。疱疹病毒在体内永久存在，并间歇性发作（通常在压力下）形成有传染性的溃疡。破坏性极强的 AIDS（获得性免疫缺陷综合征）削弱人体的免疫系统，它是由攻击一种特殊白细胞的病毒引起的，这种白细胞控制机体的免疫应答。病毒还会导致几种癌症，比如 T 细胞白血病（白细胞的癌症）、肝癌和宫颈癌。

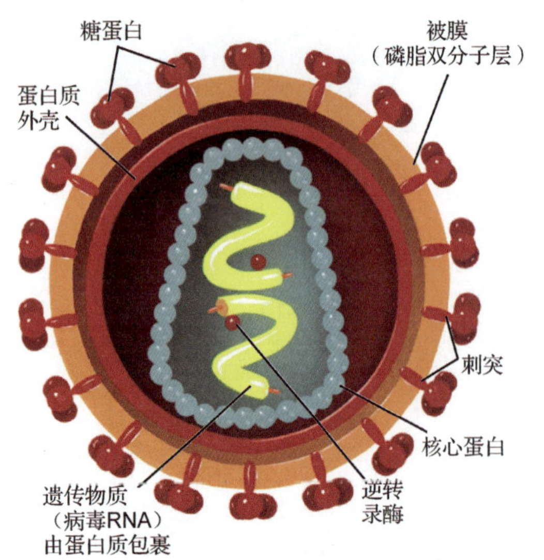

▲图 19-12 **病毒的结构和复制** 导致 AIDS 的病毒——HIV 的横截面。在膜内，蛋白质外壳包裹着遗传物质和逆转录酶分子，逆转录酶是一种在病毒进入细胞后催化从病毒的 RNA 转录出 DNA 的反应的酶。这种病毒属于有外膜的病毒，它的膜来自于宿主细胞的细胞膜。糖蛋白形成的刺突从膜中伸出，它们的作用是帮助病毒附着在宿主细胞上。

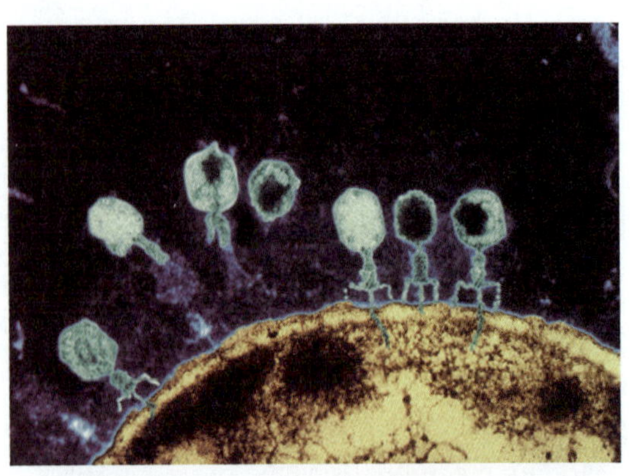

▲图 19-13 **有些病毒会感染细菌** 在这张电镜照片中，我们能看见许多噬菌体正在感染细菌。它们已经将自己的遗传物质注入了细菌中，将附着在细胞壁上的蛋白质外壳留在外面。

2. 病毒感染很难治疗

因为病毒依赖于它们宿主的细胞机器，因此它们导致的疾病很难治疗。在对抗细菌感染时效果很好的抗生素对于病毒完全没有用处，而抗病毒因子可能会在杀死病毒的同时也杀死宿主细胞。尽管攻击病毒非常困难，因为它们“藏在”细胞中，但研究人员还是开发出了一些抗病毒药物。这些药物中很多都是用来破坏或阻断病毒复制所需的酶的活性的。

遗憾的是，大多数抗病毒药物的作用很有限，因为很多病毒会很快进化出对药物的抗性。病毒的突变率非常高，一部分是因为病毒遗传物质复制时缺少纠错机制。因此，当一种药物攻击一群病毒时，经常会产生使病毒具有抗药性的突变。具有抗药性的病毒存活下来并大量复制，最后传播到新的人类宿主中。最终，抗药病毒就会占据主导地位，一种曾经有效的抗病毒药物就会失效。

19.4.3 有些传染因子比病毒还要简单

类病毒是缺少蛋白质外壳，仅由短的环状 RNA 构成的传染粒子。尽管它们的结构非常简单，但类病毒能够进入宿主细胞核，并指导新的类病毒的合成。有几十种农作物疾病，包括黄瓜苍白病、鳄梨日斑病和马铃薯纺锤块茎病，都是由类病毒导致的。人们尚未发现能够感染动物的类病毒。

被称为朊病毒的简单感染因子攻击哺乳动物的神经系统。在 20 世纪 50 年代，研究新几内亚的一个原始部落——弗尔族的医生观察到很多致命的退行性神经系统疾病的案例，这种被弗尔族称为库鲁病的疾病让医生们困惑不解。库鲁病的症状——失去协调性、痴呆和最终的死亡——与稀少但更广为传播的人的克雅氏症、羊瘙痒病和牛的海绵状脑病这些家畜病很相似。这些疾病的结果都是产生充满孔洞的海绵状脑组织。新几内亚的研究人员最终确定，库鲁病是通过吃人肉的仪式传播的。弗尔族的成员通过食用死者的大脑来表达对死者的敬意。自从发现这一点之后，人们停止了这样的仪式，于是库鲁病消失了。显然，库鲁病是由某种感染因子通过被感染的脑组织传播的——但这种感染因子是什么呢？

1982 年，神经学家普鲁希纳（Stanley Prusiner）发表文章，证明羊瘙痒病（以及引申开而来的库鲁病、克雅氏症和许多其他类似疾病）是由一种仅由蛋白质组成的感染因子导致的。这个说法在当时看来是荒谬的，因为大多数科学家认为，感染因子一定包含 DNA 或 RNA 这样的遗传物质，这样才能够进行复制。但普鲁希纳和他的同事能够从感染瘙痒症的仓鼠身上分离出感染因子，并证明它不含有核酸。研究人员将这些蛋白质性感染因子命名为朊病毒（见图 19-14）。

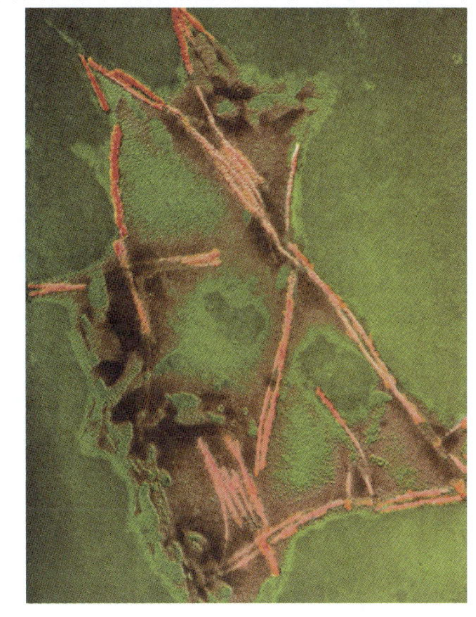

▲图 19-14　朊病毒：令人困惑的蛋白质　一头感染了牛海绵状脑病的奶牛的大脑切片，其包含了朊病毒蛋白的纤维簇。

蛋白质是怎样自我复制同时还具有感染性的呢？在普鲁希纳的发现之后，科学家进行了几十年的研究，表明朊病毒是一种常见蛋白 PrP 的错误折叠形式。PrP 存在于神经元的细胞膜中，它对于正常的神经元形成是必需的，不过它的确切作用仍不为人们所知。有些时候，PrP 分子折叠成了错误的形状，因此转化成具有感染性的朊病毒。如果错误折叠的朊病毒进入健康哺乳动物体内，就会诱导其他正常 PrP 分子转化成朊病毒，而这些朊病毒又会诱导其他正常的 PrP 变成朊病毒。最终，这个链式反应导致朊病毒的浓度非常高，以至于能导致神经细胞损坏和退化。为什么在正常的良性蛋白上面做出的小小改变就会将它变成危险的细胞杀手？没有人知道。

19.4.4　无人能确定这些感染粒子是如何起源的

病毒、类病毒和朊病毒的起源至今不为人知。有些科学家认为病毒中多种多样的自我复制模式说明它们是早期生命史的进化残留，在它们之后才产生了我们所熟知的较大的双链 DNA 分子。另一种可能是，病毒和类病毒可能是早期寄生细胞的后代，它们在进化过程中失去独立代谢的能力。这些古老的寄生生物可能过度发展利用宿主的能力，结果最终失去了自己合成生存所需分子的能力，成为完全依赖宿主的生物化学机器。无论这些感染因子的起源为何，它们的成功存活对所有生物来说都是一种持续的挑战。

第 20 章 原生生物的多样性

光合原生生物杉叶蕨藻（*Caulerpa taxifolia*）是温带海洋的不速之客。

20.1　什么是原生生物？

生物的两个域——真细菌域和古细菌域——都只包括原核生物，而第三个域——真核生物域——包括所有的真核生物，其中，最引人注目的是植物、真菌和动物。其余的真核生物包括一系列统称为原生生物（Protists）的生物。原生生物没有形成进化枝——即一群包含来自一个特定共同祖先的所有后代的群体——因此，分类学家也没有将“原生生物”作为一个正式的组名。“原生生物”一词只是为了方便，用来表示不属于植物、动物或真菌的真核生物。

我们身边的大多数原生生物都是单细胞生物，我们无法用肉眼看到它们。如果能够以某种方式将我们自己缩小到像它们一样的微观尺度，它们美丽的外形、多种多样的生活方式、极其多样化的繁殖模式，以及它们在一个小小细胞里能够容纳的结构和生理学上的复杂程度，一定会给我们留下更加深刻的印象。

20.1.1　原生生物有各种各样的营养方式

原生生物有三种主要的营养方式。原生生物可能会摄取食物，从它们周围的环境吸收营养物质，或者直接经由光合作用获取能量。摄取食物的原生生物大多是捕食者。捕食生活的单细胞原生生物的细胞膜非常柔韧，可以自如地改变形状并吞下诸如细菌之类的食物。这些原生生物通常使用指状的伪足来吞噬猎物。其他营捕食生活的原生生物会产生微小的水流，并借此将食物微粒推到细胞上的口状开口中。无论消化食物的方式为何，只要食物进入细胞，通常就被包裹进由膜包被的食物泡中以待后续消化。

直接从周围环境中摄取营养物质的原生生物可能营自由生活，也可能生活在其他生物的体内。营自由生活的种类生活在土壤或者其他含有死亡的有机物质的环境中，作为分解者发挥作用。不过大多数这样的原生生物都生活在其他生物的体内。大多数情况下，这些原生生物营寄生生活，它们的活动会给宿主造成伤害。

光合原生生物在海洋、湖泊和池塘中很常见。这些物种大多在水中自由悬浮着，但也有些会与其他生物（比如珊瑚或蛤）之间产生密切的联系。这样的联系对双方都有益；宿主生物可以利用光合原生生物摄取的一部分太阳能，同时为原生生物提供庇护。

原生生物的光合作用在叶绿体中进行。叶绿体是古代光合细菌的后代。这些细菌经由内共生过程在更大的细胞的内部生存下来（见第 17 章）。除了产生第一个原生生物叶绿体的内共生的例子之外，还存在被称为二次内共生的一种情况。在这种情况下，一个非光合原生生物吞下一个含有叶绿体的光合原生生物。最终，被吞噬的原生生物的大多数细胞成分都消失不见，只留下一个由四层生物膜包裹着的叶绿体。其中两层膜来自于最早的、由细菌变化而来的叶绿体，一层膜来自被吞噬的原生生物本身，还有一层来自最初装着被吞噬的原生生物的食物泡。正是因为存在很多这样的二次内共生的情况，所以在很多没有亲缘关系的原生生物群体中都出现了可以进行光合作用的物种。

20.1.2　原生生物有多种繁殖方式

大多数原生生物营无性生殖；也就是说，一个个体经由有丝分裂产生两个基因组成与自己完全相同的新个体（见图 20-1a）。不过，还有很多原生生物能够进行有性生殖，也就是说，两个个体贡献出遗传物质，产生一个基因组成与两亲代个体不同的后代。将来自不同个体的遗传物质进行组合的非繁殖过程在原生生物中非常常见（见图 20-1b）。

在很多可以进行有性生殖的原生生物中，大多数繁殖也还是以无性生殖的方式进行的。有性生殖并不经常发生，只在一年中的特定时间或者在特定的条件下（比如环境拥挤或食物短缺时）才会发生。有性生殖的具体细节和由此产生的生活史在不同种类的原生生物之间存在着极大的差别。

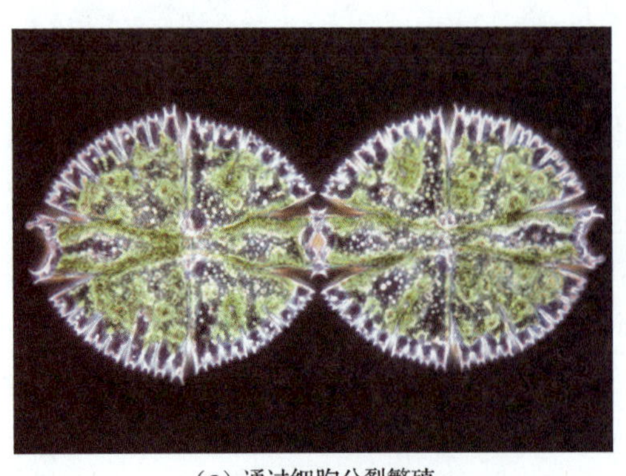

（a）通过细胞分裂繁殖

（b）交换遗传物质

▲图 20-1 **原生生物的繁殖和基因交换** （a）小星藻——一种绿藻，通过细胞分裂来进行无性生殖。（b）两只游仆虫属纤毛虫通过胞质桥进行遗传物质的交换。

20.1.3 原生生物影响人类和其他生物

原生生物对人类生活既有很大的正面影响，也有很大的负面影响。其中，最主要的正面影响实际上对所有的生命来说都是有利的，也就是海生光合原生生物的生态作用。正如植物在陆上所做的那样，海洋中的光合原生生物捕获太阳能，使太阳能能够被生态系统中的其他生物所利用。因此，人们赖以获得食物的海洋生态系统，要依赖原生生物才能运转下去。此外，在通过光合作用捕捉能量的同时，这些原生生物还会产生氧气，作为对呼吸作用消耗的大气层中的氧气的补充（注意，细胞的呼吸作用是要消耗氧气的）。

不过，原生生物也存在不好的一面。很多人类疾病都是由原生寄生虫导致的，其中包括许多非常流行和致命的人类疾病。原生生物还会导致许多植物疾病，有些原生动物还会攻击对人类非常重要的农作物。除了导致疾病之外，有些海生原生生物还释放毒素，这些毒素在沿岸地区可能积聚到对生物有害的浓度。

20.2 原生生物主要包括哪些？

遗传比对能够帮助分类学家更好地理解原生生物的进化史。因为分类学家正努力地设计一个能够反映进化史的分类系统，所以这些新的遗传信息可以让他们对原生生物的分类进行修改。有些原生生物曾经因为外观相似而被划分到一起，然而实际上它们分别属于另一个独立的遗传谱系，这两个谱系在真核生物的历史上很早就分开了。相反地，有些彼此之间在外观上几乎毫无相似性的原生生物实际上有一个共同祖先，因此被划分到一起。不过，这一工作还远远没有完成。因此，我们对真核生物进化树的了解还“在施工中”；这棵树的很多枝干都已经就位，但还有很多正在等待着新的信息的到来，以便让分类学家将它们放到与它们在进化上最接近的物种旁边。

过去的分类系统根据营养方式将原生生物划分成不同物种，但这种旧的分类方法无法准确反映我们现在对种系发生的理解。然而，生物学家至今仍然在使用旧的命名术语。比如，光合作用原生生物被称为藻类，而单细胞的、不进行光合作用的原生生物被称为原生动物。

接下来的几节将简要探索原生生物的多样性。表 20-1 概括了要描述的原生生物的一些主要特征。

表 20-1　主要的几种原生生物

种　类	亚　种	运动方式	营养方式	代表性特征	代表种属
古虫类	双滴虫	借由多鞭毛游泳	异养（比如食用其他生物）	缺乏线粒体；在土壤或水中生存，也可能是寄生性的	贾第虫（哺乳动物肠道寄生虫）
	副基类	借由多鞭毛游泳	异养	缺乏线粒体；寄生或与其他生物共生	毛滴虫（导致性传播的滴虫病）
眼虫类	眼虫	借由单鞭毛游泳	光合	有一个眼点；在清水中生活	眼虫藻（池塘中常见）
	动质体类	借由单鞭毛游泳	异养	在土壤或水中生活，也可能是寄生虫	锥体虫（导致非洲昏睡病）
不等鞭毛类（色混类）	水霉	借由多鞭毛游泳（配子）	异养	细丝状	单轴霉（导致大豆霜霉病）
	硅藻	在表面滑行	光合	有着二氧化硅形成的壳；多数生活在海洋中	舟形藻（向光滑行）
	褐藻	无运动能力	光合	温带海洋中的海草	巨藻（可形成海藻林）
囊泡虫类	甲藻	借由两条鞭毛游泳	光合	很多能进行生物发光；经常有以纤维素为主要成分的细胞壁	膝沟藻（导致赤潮）
	顶覆虫	无运动能力	异养	都是寄生性的；形成有感染性的孢子	疟原虫（导致疟疾）
	纤毛虫	借由纤毛游泳	异养	包括了最复杂的单细胞	草履虫（移动很快，生活在池塘中）
有孔虫类	有孔虫	伸出细伪足	异养	有着碳酸钙形成的壳	球房虫
	放射虫	伸出细足	异养	有着二氧化硅形成的壳	光眼虫
变形虫门	变形虫	伸出粗足	异养	没有壳	变形虫（在池塘中很常见）
	非集胞黏菌	像软泥一样在表面流动	异养	形成多核的合胞体	绒胞菌（形成很大的亮橙色团块）
	细胞状黏菌	变形虫样细胞，伸出伪突；像软泥一样在表面流动	光合	由单个的变形虫样细胞形成假原质团	网柄菌（经常被用做实验室研究）
红藻		无运动能力	光合	有些会产生碳酸钙；大多数生活在海洋中	紫菜（用来包裹寿司）
绿藻		借由多鞭毛游泳（有些物种）		陆地植物最近的亲戚	石莼（海莴苣）

20.2.1　古虫缺乏线粒体

古虫（原文“Excavates”，意为“挖掘”）是根据它看上去像是从细胞表面“挖出来一块”的摄食槽命名的。古虫是厌氧生物（不需要氧气就可以存活），而且没有线粒体。古虫的祖先很可能是有线粒体的，但这些细胞器可能在这一群体的进化早期就遗失掉了。古虫最大的两个群体是双滴虫和副基类。

1. 双滴虫有两个细胞核

双滴虫是一种单细胞生物，有两个细胞核，借由多条鞭毛四处移动。一种寄生性的双滴虫——贾第虫，会威胁到人们的健康，尤其是在徒步旅行者在山上痛饮看上去很干净的溪水时，很可能感染双滴虫。这种生物会将它的囊孢（在该生物生活史的某一段时间中，将之包裹其中的坚韧结构）通过被感染的人、狗或其他动物的粪便排放出来；一克囊孢就可能含有 3 亿个个体。一旦离开动物的体内，这些囊孢就可能进入溪流甚至公共水库中。哺乳动物喝了被污染的水，那么这些囊孢就会在它的小肠中发育成成体（见图 20-2）。双滴虫感染会造成人类严重的腹泻、脱水、呕吐和痛性痉挛。幸运的是，这种感染有药可医，而且死亡率非常低。

2. 副基类包括共生生物和寄生虫

副基类是一种厌氧的、有鞭毛的原生生物，它们的名字来自于它们细胞中含有的一种称为副基体的特殊结构，这一结构由紧密聚集的高尔基体囊泡组成（见第 4 章）。所有已知的副基类原生生物都在动物体内生存。比如，副基类包含几种生活在以木头为食的白蚁体内的物种。这些白蚁自己无法消化木头中的纤维素，但这些原生生物却可以。因此，白蚁和这些副基类生物之间是一种互利共生的关系。白蚁给这些原生生物提供食物；这些原生生物消化食物，而其中一部分可以被白蚁利用。

在其他情况下，宿主动物不会因副基体生物的存在而获利，相反，这对它们会造成伤害。比如，在人类中，阴道毛滴虫会导致经由性传播的滴虫病（见图 20-3）。毛滴虫生活在尿道和生殖道的粘膜层，并利用鞭毛在其中移动。当条件适宜时，毛滴虫的种群数目可大幅增加。被感染的女性可能会产生非常难受的症状，包括阴道瘙痒和排液。被感染的男性通常不会产生症状，但可将此病传染给性伴侣。

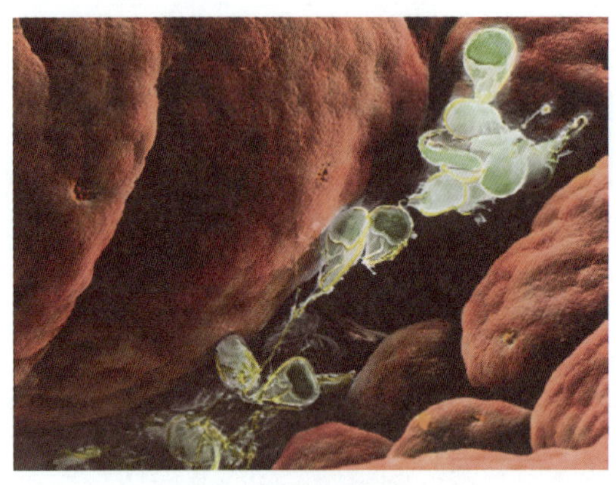

▲图 20-2　贾第虫：对露营者的诅咒　图中显示的是人类小肠中的一只双滴虫（贾第虫），它们可能会污染水，造成饮用此水的人的胃肠道不适

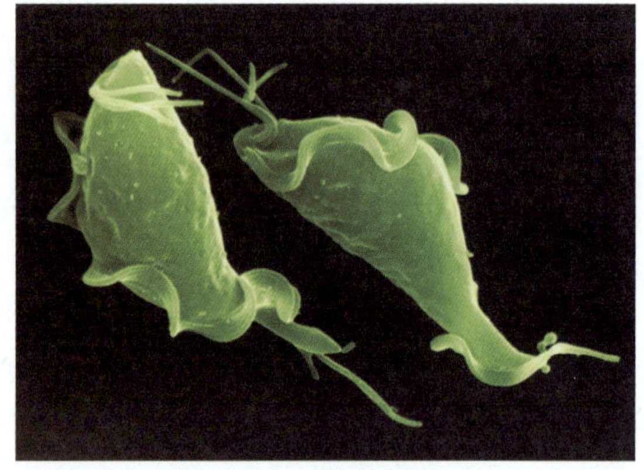

▲图 20-3　毛滴虫会导致经由性传播的感染　阴道毛滴虫感染男性和女性的尿道和生殖道。不过，女性比男性更容易产生不舒服的症状

 20.2.2　眼虫类有与众不同的线粒体

大多数眼虫类生物细胞中的线粒体内膜折叠方式都非常特殊，它们在显微镜下看起来就像一堆碟子一样。两种主要的眼虫类生物是眼虫和动质体类生物。

1. 眼虫没有硬质的细胞壁，借由鞭毛游泳

眼虫是一种单细胞原生生物，主要生活在淡水中。它们是以这个群体中最有代表性的种类——眼虫藻，一种通过在水中舞动鞭毛进行移动的复杂单细胞生物——命名的（见图 20-4）。眼虫缺少硬质的细胞壁，因此有些种类除了用鞭毛游泳外，也可以通过蠕动四处移动。有很多眼虫可以进行光合作用，不过也有些物种通过吸收或吞噬食物来维持生命。有些眼虫有着简单的感光细胞器，这种细胞器由一个称为眼点的光感受器和它旁边的一小片色素组成。当光从特定的方向照射到眼点上时，这片色素就会挡住光感受器，这样，这个小生命就能确定光来自哪个方向。通过用眼点对光的来源进行分析，它可以使用鞭毛游向有光的方向。

2. 有些动质体类生物会导致人类疾病

动质体类生物线粒体中的 DNA 被安置在复杂的集群中，这些集群被称为动质体，在动质体中，环状线粒体基因组的很多副本相互连接，形成特殊的碟状结构。大多数动质体类生物至少有一条鞭毛，这条鞭毛可以作为它的推进器，也可以感知外界环境或诱捕食物。有些动质体类生物是自由生活的，居住在土壤或水中；而其他则生活在其他生物的体内，它们与宿主的关系可能是互惠互利的，也可能是对宿主有害的。锥虫属的一种非常危险的寄生虫会导致非洲昏睡病，该病有可能致人死亡（见图 20-5）。和很多其他寄生虫一样，这种生物的生活史也非常复杂，其中一部分是在采采蝇的体内度过的。在被锥虫感染了的采采蝇进食哺乳动物的血液时，它就会将含有锥虫的唾液注入哺乳动物的体内。这样，锥虫就可以在新的宿主（可能是人类）体内生长发育，并进入血流了。接下来，锥虫可能会被另外一只吸食宿主血的采采蝇摄入体内，并开始新一轮的感染过程。

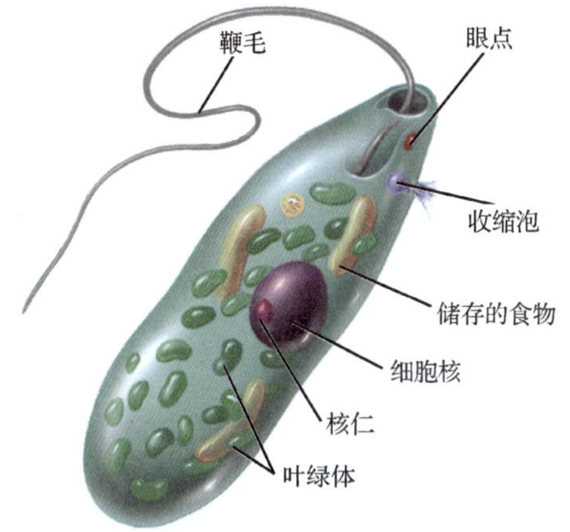

▲图 20-4 眼虫藻 一种有代表性的眼虫 眼虫藻精密的单细胞中含有绿色的叶绿体，如果在黑暗中的时间长了，叶绿体就会消失。

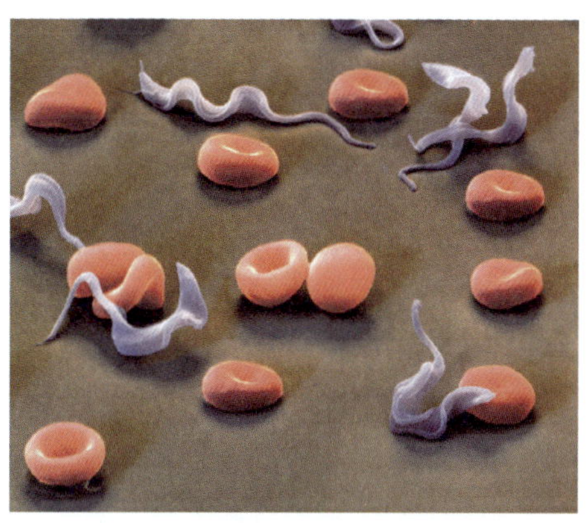

▲图 20-5 一种会导致疾病的动基体类原生生物 这一光学显微镜照片向我们展示了人类的红细胞被长得像螺丝一样的寄生虫——锥虫严重侵袭的景象。锥虫会导致非洲昏睡病。

 20.2.3 不等鞭毛类的鞭毛很特别

不等鞭毛类原生生物（也称为色混类）这一群体是通过基因比对确定共同祖先的。这一群体的所有种类的鞭毛上都有着纤细的、像头发一般的突起（不过在某些不等鞭毛类中，鞭毛只在生活史中的特定阶段才会出现）。然而，它们尽管共享进化史，却表现出多种多样的形态。有些可以进行光合作用，有些则不能；大多数是单细胞的，但有些也是多细胞的。一共有三种主要的不等鞭毛类原生生物，分别是水霉、硅藻和褐藻。

1. 水霉对人类有着很大的作用

水霉（也称为卵菌）包括一小群原生生物，其中很多看起来就像长长的纤维聚集成棉簇的形状一样。这些簇看起来像某些真菌产生的，不过这种相似性实际上是会聚进化的结果，并不表明它们与这些真菌具有共同的祖先。许多水霉是居住在水和潮湿的泥土中的分解者。有些水霉对人类的经济有着重大的影响。比如，有一种水霉会导致葡萄的霜霉病。在 19 世纪 70 年代，这种水霉被人不经意间从美国带到法国，几乎毁了法国的葡萄酒业。另一种水霉还会导致一种称为晚疫病的植物疾病，这种疾病对土豆来说几乎是灭顶之灾。1845 年人们不小心将这种原生生物带到爱尔兰时，几乎毁掉了全部的土豆收成，从而导致大饥荒。有 100 余万人饿死，更多的人移民到美国以躲避饥荒。

2．硅藻被精心包装在玻璃壳里

硅藻是一种可以进行光合作用的不等鞭毛类原生生物，既可以在淡水中生活，也可以在咸水中生活。硅藻能产生二氧化硅（玻璃）壳来保护自己，其中有些极其美丽（见图 20-6）。这些壳由上半部分和下半部分组成，看上去像药盒或者有盖子的培养皿一样。在有些地方，硅藻的玻璃壳积聚了几千年，最终产生可能有几百米厚的“硅藻土”层。这种有点粗糙的物质有着广泛的用途，从牙膏到金属抛光都要用到它。

▲图 20-6　**一些典型的硅藻**　这张光学显微镜照片展示了硅藻壳的复杂结构，我们可以看出，它们极其美丽而且形态多种多样。

硅藻是浮游植物的一种。浮游植物是那些被动飘浮在地球上的湖泊和海洋中的单细胞光合生物。浮游植物的生态学地位极其重要。海洋中的浮游植物贡献了地球上 50%的光合作用，它们吸收二氧化碳，补充大气层中的氧气，并支撑了海洋中复杂的食物网。

3．褐藻是多细胞生物

虽然大多数光合原生生物（比如硅藻），是单细胞生物，但有些也会形成多细胞的聚集体，我们把它们叫做海草。尽管有些海草看上去很像植物，但它们缺少很多植物所特有的特征。比如，没有哪一种海草有真正的根或芽。

不等鞭毛类包括一种海草，也就是褐藻。褐藻的名字来源于它所含有的褐黄色色素，这种色素（和叶绿素一起）可以增强这种海草吸收光的能力。几乎所有的褐藻都生活在海里。有些褐藻几乎统治了温带（较冷的）海洋的岩石海岸，它们在美国的东海岸和西海岸都有分布。褐藻可以栖息在靠近海岸的水中，它们附着在低潮时会露出水面的岩石上；也可以栖息在距离海岸很远的地方。有几种褐藻用装有气体的浮囊来支撑它们的身体（见图 20-7a）。有些生活在太平洋沿岸的大型褐藻可以达到 175 英尺（约 53 米）高，每天就可以长高 6 英寸（约 15 厘米）。因为长得非常密集且庞大，它们可以为海洋生物提供食物、庇护所和繁殖场所（见图 20-7b）。

20.2.4　囊泡虫可能是寄生虫，捕食者或浮游生物

囊泡虫是一种在细胞表面有特殊的小洞的单细胞生物。就像原生藻菌一样，囊泡虫之间的进化关系长期被其细胞结构和生活方式的多样性所掩盖，不过科学家还是通过分子比对揭示了它们之间的亲缘关系。有些囊泡虫能够进行光合作用，有些营寄生生活，有些是捕食者。主要的几种囊泡虫包括甲藻、顶覆虫和纤毛虫。

1．甲藻用两条像鞭子一样的鞭毛游泳

虽然绝大多数甲藻都是光合生物，但也存在一些不进行光合作用的种类。甲藻的命名来源于推动它前进的两条像鞭子一样的鞭毛（见图 20-8）。其中，一条鞭毛环绕细胞，而另一条向它后面伸出。有些甲藻只有质膜包裹，而其他种类则有着装甲一样的纤维素细胞壁。尽管有些种类生活在淡水中，但甲藻在海洋中的分布更加丰富，它们是浮游植物的重要组成部分，且是更大的生物的食物来源。很多甲藻可以发光，当它们在水中受到扰动时会发出明亮的蓝绿色光。

▶图 20-7 褐藻，一种多细胞原生生物 （a）墨角藻，这是一种生活在海岸附近的褐藻，在图中可以看出，在低潮时它会露出水面。注意那些充满气体的浮囊，它们可以给墨角藻提供浮力。（b）巨大的大型褐藻——大昆布，在加利福尼亚南部附近的海域形成水下丛林。

（a）墨角藻

（b）大昆布丛林

富含营养物质的温暖的海水可能造成甲藻爆发式增长。在这种情况下，大量的甲藻可能会将海水被染成红色，造成“赤潮”（见图 20-9）。在赤潮中，经常有成千上万的鱼儿死去，因为数以十亿计的甲藻会堵塞它们的腮，使其窒息，同时甲藻的腐烂也会耗竭水中的氧气。不过，甲藻大爆发对牡蛎、蚌和蛤反而是好事，因为它们可以通过从海水中过滤出数百万的甲藻并美餐一顿。然而，在这一过程中，这些软体动物的身体中会富集一种由甲藻产生的神经毒素。吃了这些软体动物的海豚、海豹、海獭和人类就会遭殃了，因为这种麻痹性贝类中毒是可能致死的。

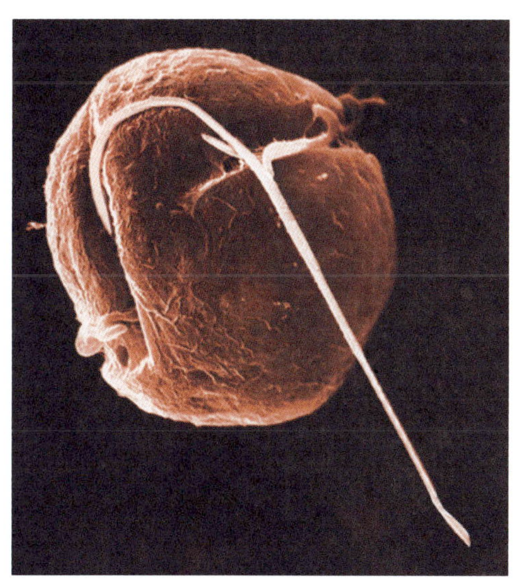
▲图 20-8 一个甲藻细胞 甲藻有两条鞭毛：从一个槽中长出的一条较长的鞭毛，一条在环绕细胞体的沟槽中埋藏着较短的鞭毛。

▲图 20-9 赤潮 在适宜环境条件下，特定种类甲藻的爆炸式增长导致甲藻的浓度极高，以至于它们极其微小（显微尺度）的身体就能够将海水染成红色或褐色。

2. 顶覆虫是没有运动能力的寄生虫

所有的顶覆虫（有时也叫做孢子虫）都是寄生虫，它们在宿主的体内有时是细胞内存活。它们形成具有感染性的孢子——一种对外界环境有强抵抗力的结构，这些孢子在宿主之间通过食物、水或被感染的昆虫的叮咬而传播。成熟的顶覆虫没有运动能力。很多顶覆虫的生活史十分复杂，这也是寄生虫的共性。一个广为人知的例子就是导致疟疾的寄生虫疟原虫（见图 20-10），它生活史的一部分是在雌性按蚊的体内完成的，按蚊可能叮咬人类，并把疟原虫传染给不幸的受害人。疟原虫在受害者的肝脏中复制，然后进入血液，在血红细胞中大量繁殖。当血细胞破裂以后，它们就会释放大量的孢子，这些孢子是造成疟疾反复发热的元凶。未受感染的按蚊可能通过叮咬被感染的哺乳动物而感染上疟原虫，而在叮咬下一个人时将这种寄生虫散播出去。

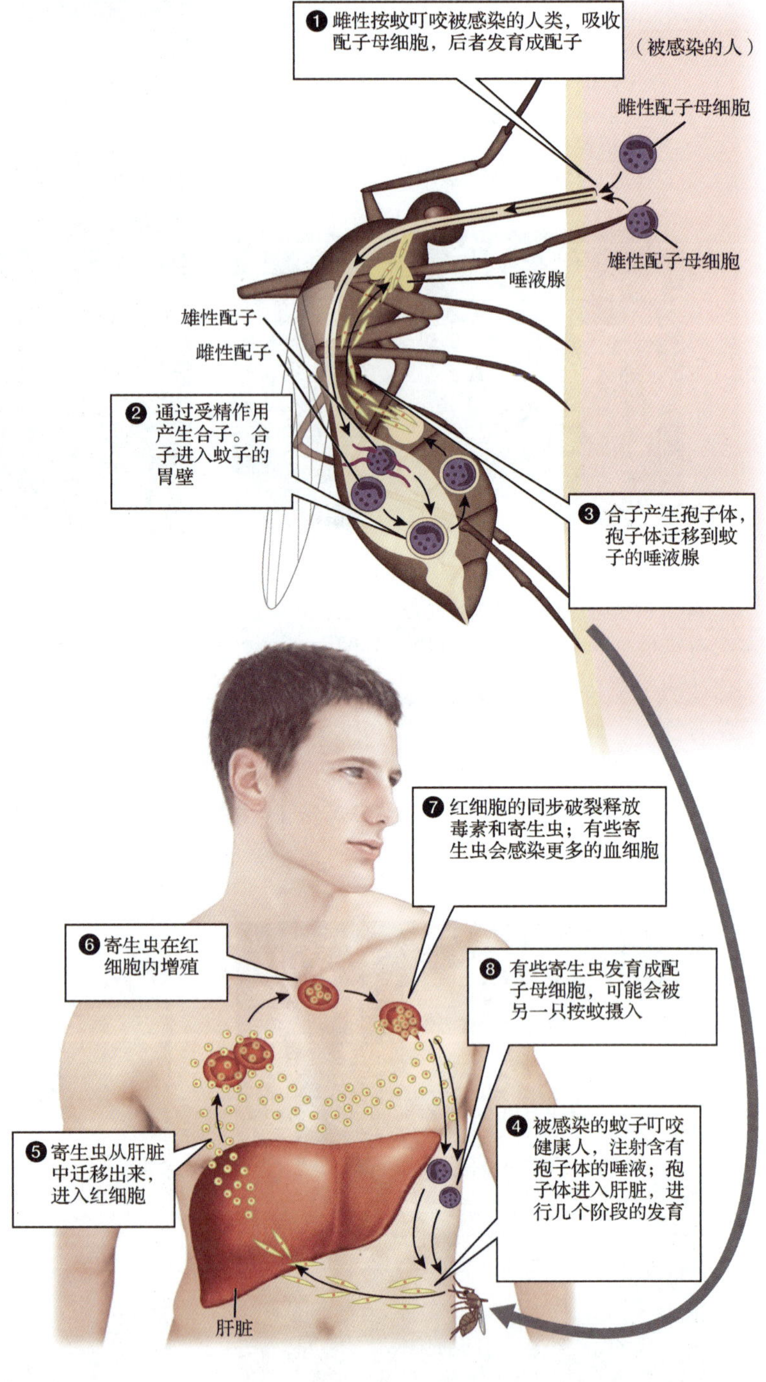

3. 纤毛虫是最复杂的囊泡虫

纤毛虫在淡水和咸水中都有存活，是单细胞生物中最复杂的种类。它们有着许多特化的细胞器，包括纤毛。纤毛是一种短的发丝状突起，这也是它们的命名来源。有一种广为人知的淡水纤毛虫叫做草履虫，它的整个身体表面都覆盖有一排排的纤毛（见图 20-11）。纤毛协调一致的搏动使细胞能在水中以每秒一毫米的速度前进——这个速度已经是原生生物的世界记录了。尽管草履虫是单细胞生物，但它对环境的反应看上去就像它有着非常完善的神经系统一样。当遭遇了有毒的化学物质或者物理屏障时，草履虫会通过反转纤毛搏动的方向迅速退后，然后继续向新的方向前进。有些纤毛虫，比如栉毛虫，是非常熟练的捕食者（见图 20-12）。

20.2.5　有孔虫类有纤细的伪足

很多分属不同种类的原生生物都有着柔软的细胞质膜，可以向任何一个方向延伸，形成手指状被称为伪足的突起，原生生物可以通过它们进行运动和吞噬食物。有孔虫类的伪足非常细，像丝线一样。在这个种类的很多物种中，伪足是从坚硬的壳里面伸出的。有孔虫类包括有孔虫和放射虫。

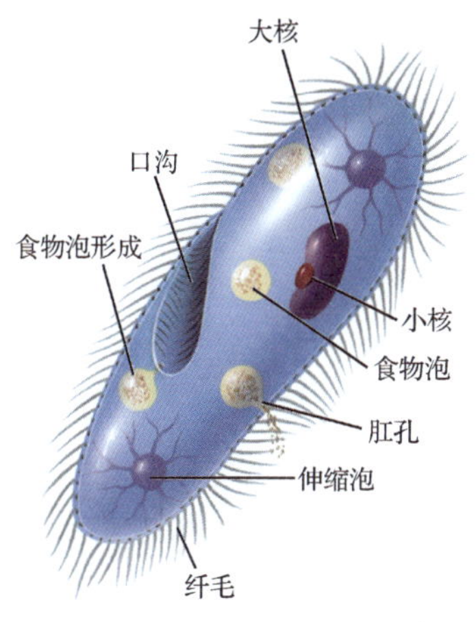

▲图 20-11　**复杂的纤毛虫**　草履虫具有很多纤毛虫的代表性细胞器。口沟起着嘴的作用，食物泡——微型的消化系统——在它的尖部形成，而废物被通过肛孔以胞吐作用的形式排出。有收缩性的空泡负责调节水平衡。

▲图 20-12　**一个微观捕食者**　在这张扫描电镜照片中，捕食性的栉毛虫正在捕食一只草履虫。注意，栉毛虫的纤毛形成两个环，而草履虫的整个身体上都有纤毛。最终，捕食者会吞噬并消化猎物。这场微观大戏在针尖那么大的地方就能够上演。

1. 有孔虫的壳化石形成白垩土

有孔虫主要生活在海洋中，它们能够产生非常美丽的壳。它们的壳主要由碳酸钙组成（白垩；见图 20-13a）。这些精细的壳上有无数的小洞，伪足从这些小洞中伸出。死亡的有孔虫的壳沉到大洋底部，在几百万年的时间内不断积累，形成巨量的石灰岩，著名的英国多佛白崖就是这样形成的。

2. 放射虫有着玻璃质的壳

和有孔虫一样，放射虫也有着从坚硬的壳中伸出的伪足。不过，放射虫的壳是由像玻璃一样的二氧化硅组成的（图 20-13b）。在海洋中的有些地方，放射虫的壳在漫长的岁月中形成厚厚的沉积层。

（a）一只有孔虫

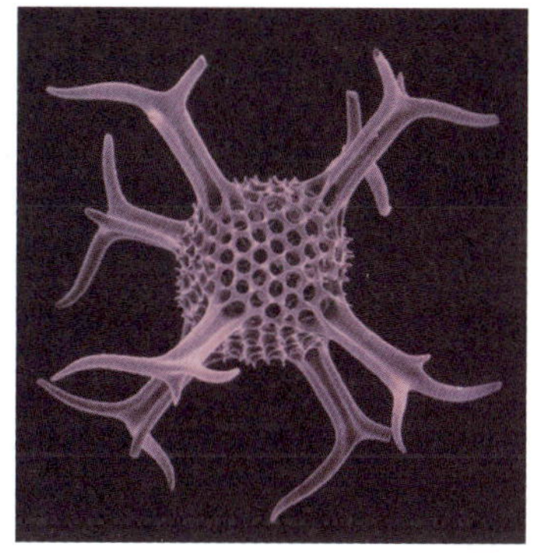

（b）一只放射虫

◀图 20-13　**有孔虫和放射虫**。（a）有孔虫的白垩质外壳，（b）放射虫精致的玻璃壳。在它们活着时，纤细的伪足从壳上的小洞中伸出。

20.2.6 变形虫门原生生物有伪足但无外壳

变形虫门的原生生物通过伸长它们的指状伪足四处移动，它们也可以用这些伪突起获取食物。变形虫门原生生物通常是没有外壳的，它们主要包括变形虫和黏菌。

1. 变形虫有着较粗的伪突起

变形虫在淡水湖和池塘中非常常见（见图 20-14）。很多变形虫都是捕食者，它们追踪并吞噬猎物，但也有一些种类是寄生虫。其中一种寄生虫会导致阿米巴痢疾，这种疾病在温暖的天气很容易发生大流行。会导致阿米巴痢疾的变形虫会在宿主的小肠中繁殖，导致严重的腹泻。

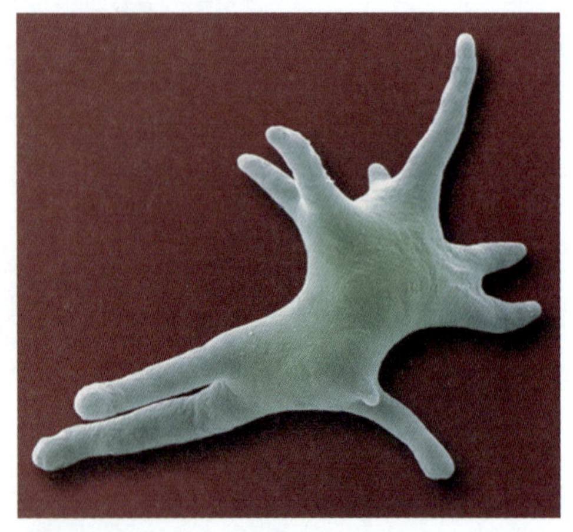

▲图 20-14 **一只变形虫** 变形虫是非常活跃的捕食者，它们可以在水中四处游动，用粗钝的伪足吞噬食物。

2. 黏菌是生存于森林地面的分解者

黏菌模糊了一群单细胞个体和一个多细胞个体之间的界限。黏菌的生活史由两个时相组成：活动的摄食阶段和静止不动的繁殖阶段，后者被称为子实体。一共有两种黏菌：非集胞黏菌和细胞状黏菌。

（1）**非集胞粘菌形成被称为合胞体的多核胞浆结构** 非集胞粘菌也被称为合胞体黏菌，由一团胞浆组成，而这块胞浆会形成很薄的一层，铺满几平方米的地面。尽管这一团胞浆中有着成千上万个二倍体细胞核，但这些细胞核并不被质膜限制在独立的细胞中。这种被称为合胞体的结构解释了为什么我们说这些黏菌会被描述成“非细胞”。黏菌合胞体在腐烂的叶子和树干上缓慢流动，并在这个过程中吞食细菌和有机物质为食。非集胞黏菌的颜色可能是黄色或橙色的；长得较大的黏菌看上去可能很吓人（见图 20-15a）。干燥的环境或饥饿会促使黏菌形成子实体，并在子实体上产生二倍体的孢子（见图 20-15b）。在适宜的环境下，被释放的孢子发芽并最终产生新的黏菌。

（a）非集胞黏菌

（b）子实体

▲图 20-15 **一个非集胞黏菌** （a）黏菌流过森林潮湿的地面上一块石头的表面。（b）当食物短缺时，黏菌会分化出子实体，在子实体中产生孢子。

（2）**细胞状黏菌以独立的细胞形式生存，但在缺乏食物时会形成假合胞体** 细胞状黏菌又被称为社会性阿米巴原虫，它们在土壤中以独立的二倍体细胞形式生存，借助伪突起四处移动并摄取食物。在细胞状黏菌中，网柄菌是我们研究得最为透彻的一个属。对于网柄菌来说，当食物变得稀少时，单个细胞分泌一种化学信号，信号吸引周边的细胞形成稠密的聚集体，这一聚集体被称为假合胞体，因为与真正的合胞体不同，它实际上是由单个的细胞组成的（见图 20-16）。一个假合胞体可以看成是一群个体的集落，因为组成它的细胞在遗传学上不都是相同的。不过，在某些方面，假合胞体看上去更像一个多细胞的个体，因为组成它的细胞分化成不同种类的细胞，不同种类细胞的功能也不相同。长得像烂泥一样的假合胞体四处移动，最终移动到地面上一个适合播撒孢子的地方，在那里，组成它的细胞再次进行分化，形成子实体结构。子实体中形成的二倍体孢子随风飘散，并直接发育成单细胞的个体。

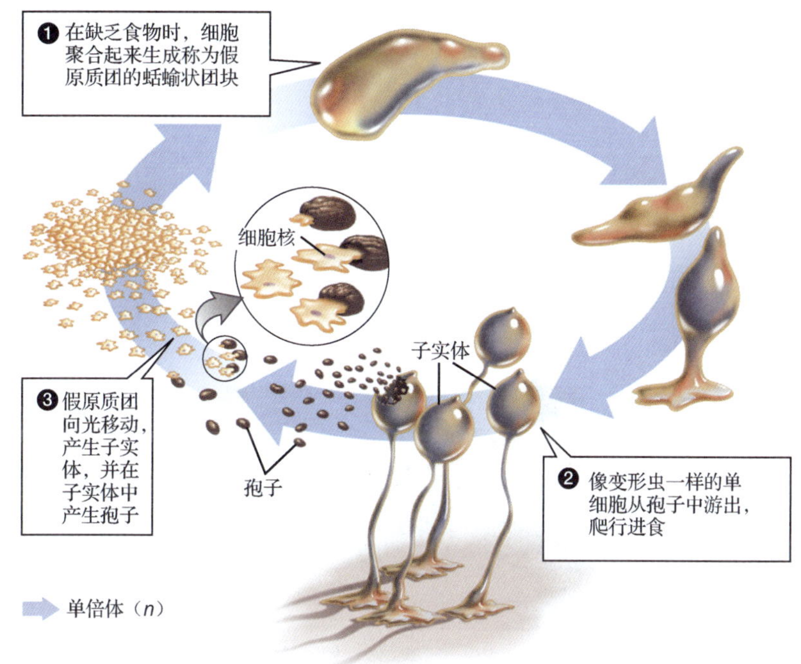

▲图 20-16　细胞状黏菌的生活史

20.2.7　红藻含有红色的光合色素

红藻是一种多细胞的光合藻类（见图 20-17）。这些原生生物的颜色从亮红色到近乎黑色都有，而这种颜色是因为它们含有的红色色素遮蔽了叶绿素的缘故。红藻几乎只分布在海洋中。它们在热带地区清澈的深海中生活，在那里，它们的红色色素可以吸收穿透力很强的蓝绿色光，并将光能传递给叶绿素，进行光合作用。

有些种类的红藻的组织中会产生碳酸钙（石灰石的主要成分），它们在珊瑚礁的产生中起到重要的作用。红藻还含有一种胶状物质，它在涂料、化妆品和食物的生产过程中都有应用。然而，它们以及其他所有藻类的主要作用是进行光合作用；它们固定的太阳能支撑了海洋生态系统中所有无法进行光合作用的生物的生存。

▲图 20-17　红藻　地中海的红珊瑚藻。珊瑚藻的体内能产生碳酸钙，它们有助于热带水域中珊瑚礁的形成。

20.2.8 绿藻与陆地植物关系密切

绿藻是一大类包含很多物种的原生生物群体，其中既含有多细胞的物种，又含有单细胞的物种。大多数绿藻生活在淡水池塘和湖泊中，也有一些生活在海里。有些绿藻，比如水绵，通过将很多细胞连接成链来形成细长的纤维状结构（见图 20-18a）。其他种类的绿藻形成包含一些在某种程度上相互依存的细胞的群体，并形成介于单细胞和多细胞之间的结构。这些群体可能只包含几个细胞，也可能包含几千个细胞，就像团藻虫属那样。大多数绿藻的体积很小，但有些海生品种可以长得非常大。比如，一种被称为石莼的绿藻，又名海莴苣，与真的莴苣叶子差不多一样大（见图 20-18b）。

一些公司正在大量种植某些种类的绿藻，希望能够用它们生产商品化的生物燃料（见图 20-18c）。以绿藻为基础的燃料理论上来说可以代替正在衰颓的化石燃料，而生物燃料无论是在生产还是应用上都比化石燃料排放更少的二氧化碳。然而，至今为止，人们还没有成功找出将绿藻转化成燃料的有效且经济可行的方法。

绿藻是非常有趣的一种藻类。因为和其他含有多细胞、能进行光合作用的原生生物种类不同的是，绿藻与陆地植物的关系十分密切。植物与有些种类的绿藻有着共同的祖先，而且很多研究人员都认为，最早的植物和今天的多细胞绿藻十分相似。

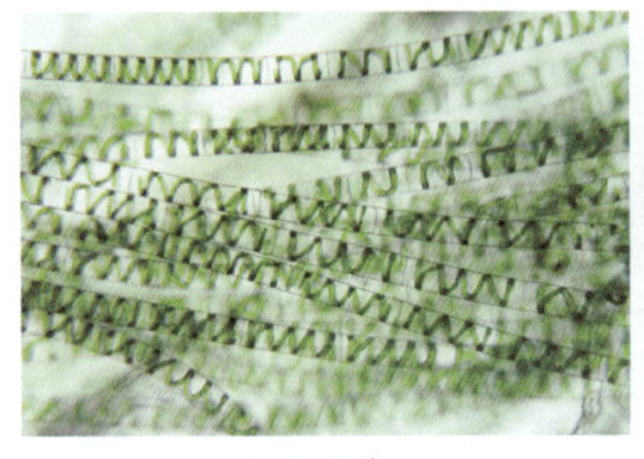

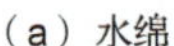
（a）水绵

（b）生产绿藻，作为生物燃料

（c）石莼

▲图 20-18 绿藻 （a）水绵是一种由只有一个细胞那么粗的丝组成的纤维状藻类。（b）石莼是一种多细胞藻类，它的形状和叶子非常相似。（c）正如图中所展示的那样，在未来的某一天，如果我们能够解决一些技术难题，那么用藻类生产的生物燃料或许能满足我们很大一部分的能源需求。

第 21 章　植物的多样性

这朵散发出恶臭的大王花是亚洲热带雨林对来访者的“盛情款待”。

21.1 植物的关键特征是什么？

在地球上的几乎任何地方，植物都是最引人注目的生命。除非你居住在冰天雪地的南北极地区、干旱炎热的沙漠地区或人口稠密的城市，否则你生活的周围都会是各种各样的植物。植物统治了整个地球的森林、草原、公园、草坪、果园和农场。植物对我们来说太过熟悉，已经成为我们日常生活的背景，因此，我们很容易把它们的存在视为理所当然。但如果我们花一点时间仔细观察这些绿色的邻居，可能就会更容易欣赏那些让它们如此成功的适应性变化，以及那些使它们对我们的生存来说如此重要的特点。

是什么将植物与其他生物区分开的呢？植物有三个最主要的特征：进行光合作用、具有多细胞的胚胎以及世代更替，我们在后面会进一步解释这几点。在这三个特征中，其他生物可能具有其中的任何一个，但只有植物将这三个特征结合了起来。

21.1.1 植物能进行光合作用

植物最引人注目的特征可能是它们绿色的外表。植物是绿色的，因为植物的很多组织中都含有色素——叶绿素。叶绿素在光合作用中起到至关重要的作用，而植物通过光合作用，利用太阳光的能量将水和二氧化碳转化成糖类（见第 7 章）。不过，叶绿素和光合作用也不是植物独有的特征，很多原生生物和原核生物也具有这些特征。

21.1.2 植物有多细胞的依赖性胚胎

把植物和其他光合生物区分开来的依据是它们特征性的胚胎。植物的胚胎是多细胞的，附着在亲本植株上，并依赖亲本存活。在生长和发育过程中，胚胎从亲本植株的组织中吸收营养物质。这样的多细胞依赖性胚胎在光合原生生物中是不存在的。

21.1.3 植物有交替的多细胞单倍体和二倍体世代

植物繁殖的特点被概括为存在世代更替（alternation of generations）的生活史（见图 21-1）。存在世代交替的生物具有独立的单倍体和二倍体世代，两世代相互交替（我们回忆一下，二倍体生物的染色体是成对存在的，而单倍体生物的染色体是单个存在的）。在二倍体（$2n$）世代，植物体由二倍体细胞组成，称为孢子体（sporophyte，前面描述过的多细胞胚胎是孢子体世代的一部分）。孢子体的特定细胞进行减数分裂，形成单倍体的繁殖细胞，称为孢子。单倍体的孢子发育为多细胞的单倍体结构，称为配子体（gametophyte）。

配子体最终会通过有丝分裂产生雌性和雄性的单倍体配子（精细胞和卵细胞）。配子像孢子一样是繁殖细胞，但和孢子不同的是，单个的配子本身无法形成一个新的个体，必须由两个性别不同的配子进行融合产生合子（受精卵），由受精卵发育成一个二倍体胚胎，胚胎再发育成成熟的孢子体，然后这一循环再次进行。

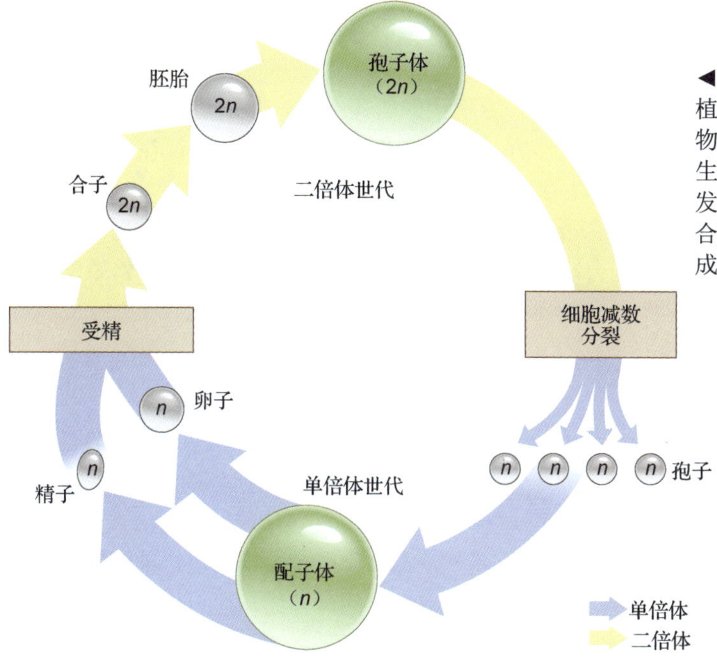

◀**图 21-1　植物的世代更替**　图中对植物的生活史进行了一般性的描述。植物二倍体的孢子体世代通过减数分裂产生单倍体孢子。这些孢子通过有丝分裂，发育成为单倍体的配子世代。配子的融合产生二倍体的合子，合子进一步发育成二倍体的孢子体。

21.2　植物是如何进化而来的？

现代绿藻中的轮藻（见图 21-2）在现存生物中与植物的亲缘关系最近。植物和轮藻之间的进化关系是通过 DNA 比对鉴定得出的，而且植物和绿藻之间其他的相似性也表明了这一点。比如，绿藻和植物在光合作用中使用的叶绿素和辅助色素是一样的。此外，植物和绿藻都以淀粉的形式储存食物，它们的细胞壁也都是由纤维素组成的。相反地，其他光合原生生物，比如红藻和褐藻中的光合色素和储存食物的分子与植物不同。

▲**图 21-2　轮藻**　这种被称为轮藻的绿藻是与植物亲缘关系最近的生物。

21.2.1 植物的祖先生活在水中

植物的祖先是光合原生生物，可能与轮藻类似。像现代的轮藻一样，最终进化为植物的原生生物可能缺乏真正的根、茎、叶以及复杂的繁殖器官，比如花朵和球果，这些特征在植物进化史的后期才出现。此外，植物的祖先只能在水中生存。

对于这些植物的祖先来说，在水中生活有很多好处。比如，在水中，植物体被浸泡在富含养分的溶液里，受浮力所支撑，而且不太可能会缺水而死。除此之外，生活在水中使得繁殖变得简单，因为配子和合子可以被水流携带着游动，也可以由自身的鞭毛推动它们移动。

21.2.2 早期的植物进军了陆地

尽管水生环境极其优越，早期的植物还是向陆地上的栖息地进军了。今天，大多数的植物都生活在陆地上。向陆地的迁移会给植物带来许多固有的好处，比如可以接收不被水阻挡的太阳光，可以获得岩石表面的营养物质。然而，向陆地的迁移也带来一些挑战；植物无法再依赖周围的水来支撑自己的身体、获得潮湿的环境或营养物质，它们的配子和合子无法在水中游动。结果是，陆地生活偏爱那些可以帮助植物适应这些挑战的性状：可以支撑身体和保存水分的身体结构，可以将水和营养物质传递到身体各处的传导细胞，以及不依赖水散播配子和合子的方式。

21.2.3 植物体发生了进化以抵抗重力和干旱

对陆地生活的一些重要适应在植物进化的早期就发生了，而且在所有的陆地植物中都发现了这些性状。这些早期的适应包括：

- 可以固定植物并在土壤中吸收水和营养物质的根或根状结构。
- 覆盖了叶子和茎表面、限制水的蒸发的蜡状角质层（见图 7-1）。
- 叶子和茎中被称为气孔的孔洞，它们可以打开，从而进行气体交换，但在缺乏水分时可以关闭以减少水分的蒸发（见图 7-2）。

其他一些重要的适应在植物开始在陆地上生活之后的一段时间发生，现在广为分布，但并不是所有的植物都有这些性状（稍后将介绍的大多数非维管束植物就缺乏这些性状）：

- 具有传导细胞，可以将适合的矿物质从根部向上转运，也可以将叶子光合作用的产物转运到植物体的其他部分。
- 硬化物质木质素，木质素是一种坚硬的化合物，广泛分布于传导细胞中，可以支撑植物抵抗地心引力。

21.2.4 植物进化出可以保护胚胎和性细胞的方式，无须水即可散播它们

分布最为广泛的植物叫做种子植物，它们的一个特征就是能产生被保护得很好且营养供应充足的胚胎，以及不需要水就可以散播的性细胞。这些重要适应是种子和花粉，在开花植物中还有花和果实。

早期的种子植物可以产生种子，因而比竞争对手多了一大优势，因为种子可以为发育中的胚胎提供更好的保护和营养条件，同时发育的成功率也要高得多。早期的种子植物还能产生干燥的、显微尺度的花粉粒，这样由风而不是水携带雄性配子。之后，植物进化出花，花引诱动物来传粉，比风力传粉更加精准有效。果实吸引来吃它们的动物，动物消化掉果实并将种子连同粪便一起排出。

21.2.5　近来进化出的植物的配子体较小

在植物的进化史中，孢子体越来越突出，而配子体的寿命和大小在逐渐减小，这是一个趋势（见表 21-1）。因此，人们认为，最早的植物和今天的非维管束植物很像，它们的孢子体比配子体要小，而且附着在配子体上。相反，一段时间之后起源的植物，比如蕨类植物和其他一些无种子维管束植物的生活史是这样的：孢子体比较突出，而配子体要小得多。最后，在最新进化出来的种子植物中，配子体的大小是显微尺度的，几乎无法看出世代的更替了。不过，这些微小的配子体仍然会产生卵细胞和精细胞，二者发生融合，形成合子，再由合子发育成二倍体的孢子体。

表 21-1　主要植物种类的特征

种　类	亚　类	孢子体和配子体的关系	繁殖细胞的迁移方法	早期胚胎发育	散　布	水和营养物质的传导通道
非维管束植物	苔类 角苔类 藓类	配子体占主要地位——合子发育而成的孢子体固定在配子体上	可以移动的精细胞游到固定在配子体中静止的卵细胞处	在配子体的颈卵器中进行	由风来携带单倍体孢子	无
维管束植物	石松类 木贼类和蕨类	孢子体占主要地位——合子发育而成的孢子体固定在配子体上	可以移动的精细胞游到固定在配子体中静止的卵细胞处	在配子体的颈卵器中进行	由风来携带单倍体孢子	有
	裸子植物	孢子体占主要地位——微观尺度的配子体在孢子体内发育	由风散布的花粉将精细胞带到球果中静止的卵细胞处	在含有食物来源的被保护的种子中进行	由风或动物散播含有二倍体孢子体胚胎的种子	有
	被子植物	孢子体占主要地位——微观尺度的配子体在孢子体内发育	由风或动物传播的花粉将精细胞带到花朵中静止的卵细胞处	在含有食物来源的种子中进行；种子被包裹在果实中	动物、风或水散播韩含有种子的果实	有

21.3　植物的主要种类有哪些？

植物古老的藻类祖先进化出两个主要的植物种类（见图 21-3 和表 21-1）。其中一种植物，即非维管束植物（也叫做苔藓植物），需要潮湿的环境来进行繁殖，因此它横跨水生和陆生植物的界限，就像动物王国中的两栖动物一样。另一种植物叫做维管束植物（也叫做维管植物），可以在更加干燥的环境中生存。

21.3.1　非维管束植物缺乏传导结构

非维管束植物保持着它们藻类祖先的一些特性。它们的配子要靠水来传播，没有真正的根、茎和叶。它们的确有一种类似于根的结构，称为假根。假根可以将水和营养物质带到植物体内，但非维管束植物缺乏能输导水和营养物质的结构。非维管束植物依靠缓慢的扩散或者很简单的传导组织对水和营养物质进行分配，因此，它们的躯体不可能长得很大。同时，它们的体内缺乏木质素，因此它们的大小受到进一步的限制。因为没有木质素，所以非维管束植物不可能长得很高。大多数非维管束植物的高度都不到 1 英寸（约 2.5 厘米）。

1．非维管束植物包括苔类、角苔类和藓类

苔类和角苔类的名字来源于它们的性状。有些苔类（Liverwort）植物的形状很像动物的肝脏（liver）（见图 21-4a）。角苔类的孢子体通常具有尖尖的外形（见图 21-4b）。苔类和角苔类植物在非常潮湿的地方广泛分布，比如潮湿的森林和溪流或池塘边。

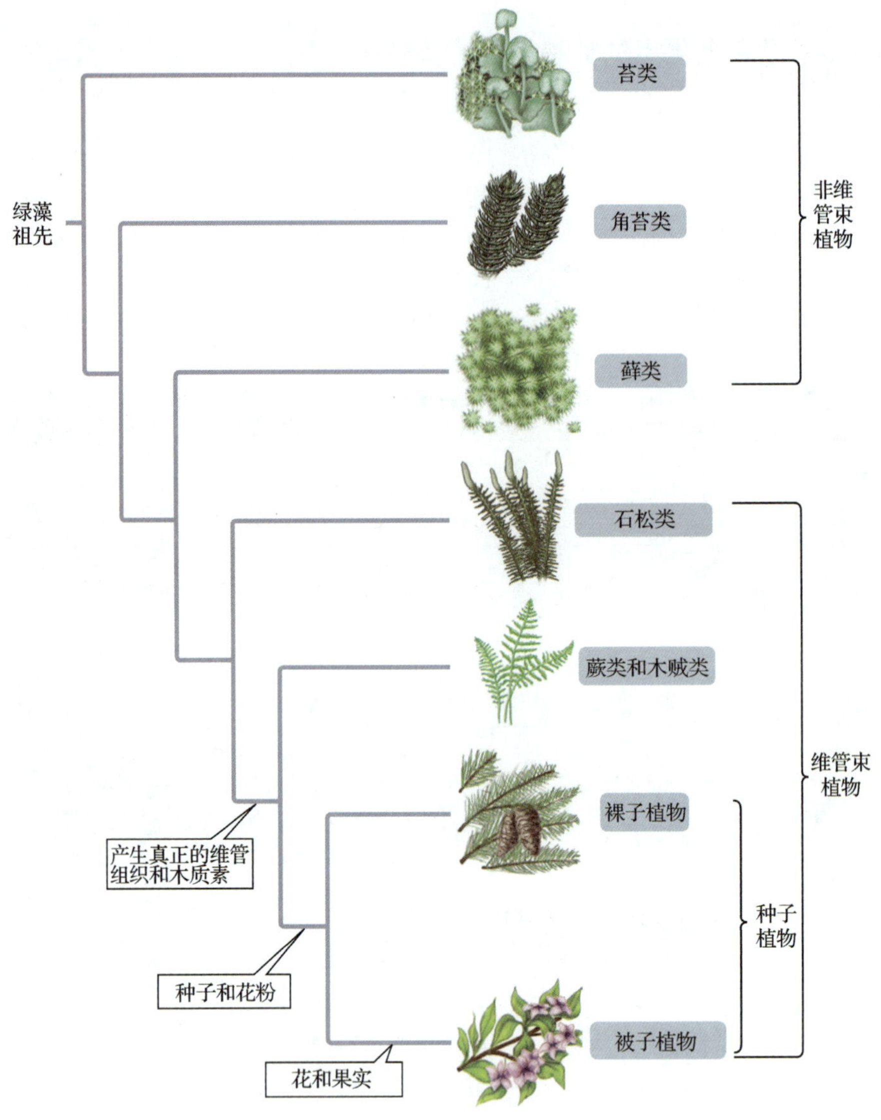

▲图 21-3 一些主要的植物种类的进化树

藓类是非维管束植物中最丰富、分布也最广泛的类群（见图 21-4c）。就像苔类和角苔类一样，藓类也通常分布在潮湿的栖息地。不过，有些藓类植物表面有着防水的覆盖物，可以防止水分流失。在这些藓类植物中，有很多在体内缺水的情况下也能存活下来；在干燥的时段，它们脱水进入休眠状态，然后在潮湿的环境回归时就可以吸收水分继续生长了。这样的藓类植物可以在沙漠、裸石和高纬度地区生活，在这些地方，湿度非常低，而且在一年中的大多数时间水都是很稀少的。

泥炭藓属藓类植物，其分布尤其广泛，它们在北半球各地的潮湿区域都有分布。在很多这样的区域中，泥炭藓都是最为丰富的植物，它们可以形成非常大的草垫（见图 21-4d）。由于在寒冷气候下分解作用进行得非常慢，而且泥炭藓含有可以抑制细菌生长的化学物质，所以死亡的泥炭藓分解得尤其缓慢。结果就是，部分腐烂的组织可以积累成千上万年，达到几百英尺厚。这些沉积物被称为泥炭。很长时间以来，人们收集泥炭作为燃料，而这一活动在今天的爱尔兰、芬兰、俄罗斯和其他北方国家在继续进行着。不过现在，泥炭的作用主要是在园艺学方面。干燥的泥炭可以吸收它自重很多倍的水分，因此可以作为很好的土壤调节剂，同时在运输活的植物时也可以作为包装物质。

（a）苔类　（b）角苔类

（c）藓类　（d）泥炭藓沼泽

▲**图 21-4　非维管束植物**　这里展示的植物还没有半英寸（约 1 厘米）高。（a）苔类植物在阴暗潮湿的地方生长。雌性植物像手掌一样的结构携带有卵细胞。雄性植物产生精子，精子游过一段水面来使卵细胞受精。（b）角苔类像角一样的孢子体从配子体上长出。（c）藓类植物，图中展示了它们携带有装着孢子的小囊的梗。（d）泥炭藓组成的地毯覆盖了北方地区的许多沼泽地。

2. 非维管束植物的繁殖结构是受到保护的

非维管束植物需要潮湿的环境才能繁殖，但它们已经进化出许多适应在陆地上繁殖的性状（见图 21-5）。比如，非维管束植物的繁殖结构是被包裹着的，可以防止配子干燥而死。非维管束植物有两种繁殖结构：颈卵器，卵细胞在其中生长发育；雄器，即精子形成的地方（见图 21-5❶）。在有些非维管束植物中，颈卵器和雄器位于一株植物上；在其他一些物种中，每一株植物都是单性别的。

对于所有非维管束植物来说，精子必须游过一层水才能到达卵细胞（见图 21-5❷）。（在干燥地区生存的非维管束植物只有在下雨时才能繁殖。）受精之后，合子存在于颈卵器中，并在这里进行生长和发育，直到长成一个小小的二倍体孢子体，而这个孢子体仍然附着在亲代配子体植物上（见图 21-5❸）。成熟之后，孢子体产生有繁殖功能的小囊，每个小囊中都在进行着减数分裂，减数分裂过程产生单倍体的孢子（见图 21-5❹）。小囊打开后，孢子随风飘走（见图 21-5❺）。如果孢子落到适宜的环境，就可以长出另一个单倍体的配子体植株（见图 21-5❻）。

21.3.2　维管束植物具有传导细胞，这些细胞提供支撑

维管束植物以一群特化的管状传导细胞为特征。这些细胞中含有大量的木质素，既可以给植物提供支撑，也可以起到运输作用。这些细胞就是维管束植物能够比非维管束植物长得高的原因，因为木质素能够提供更大的支持力，同时根所吸收的水和营养物质也可以经由传导细胞移动到植物长得比较高的部分。维管束植物和非维管束植物之间的另一个不同点是，前者的孢子体才是更大、更显眼的结构；而在非维管束植物中，单倍体的配子体比孢子体要大。

维管束植物可以分为两类：无种子维管束植物和种子植物。

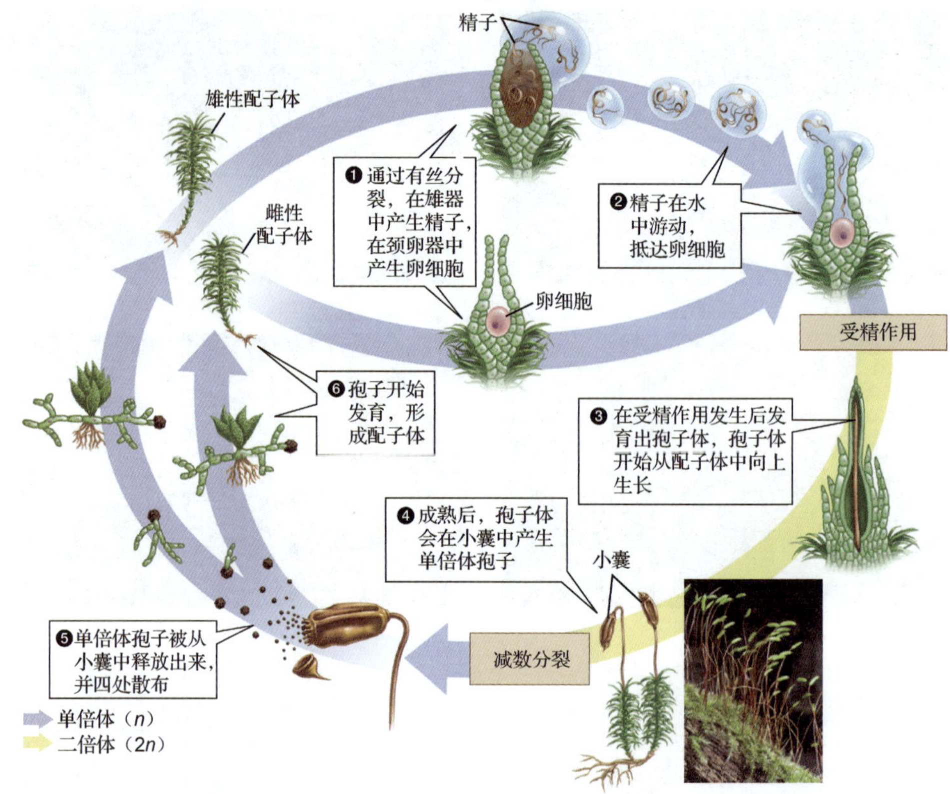

▲图 21-5 **苔类植物的生命周期** 这张图片展示了藓类植物的生活史：低矮、多叶的绿色植物是单倍体的配子体，红褐色的梗是二倍体的孢子体。

21.3.3 无种子维管束植物包括石松类、木贼和蕨类植物

和非维管束植物一样，无种子维管束植物有能够四处游动的精子，它们的繁殖需要水。正如名字所暗示的，它们不产生种子，靠产生孢子进行繁殖。现代的无种子维管束植物——石松、木贼和蕨类植物——比它们的祖先要小得多，而它们的祖先在石炭纪（3 亿 5900 万年前到 2 亿 9900 万年前之间，见图 17-8）主宰了陆地（今天，种子植物更有优势）。

1. 石松和木贼非常小，几乎毫不起眼

石松（club mosses，moss 意为苔藓）并不是苔藓，不过它们的代表种现在也只有几英寸高（见图 21-6a）。它们的叶子非常小，而且是鳞状的，像苔藓的叶子一样。石松属植物也被称为地松，它们在许多温带针叶林和落叶林中形成美丽的地毯。

现代的木贼只有一个属，即木贼属，包含 15 个物种，其中大多不足 3 英尺高（见图 21-6b）。有些物种的分支看上去像马的尾巴一样，因此俗名叫做马尾；枝干上的叶子非常小。它们还有另一个名字，叫做“清洁草”，因为木贼属的所有植物的外层细胞中都含有大量的二氧化硅（玻璃），所以它们的外表都非常粗糙。最早在美国定居的欧洲人正是用这些植物来擦洗瓶瓶罐罐和地板的。

2. 种类丰富的蕨类植物有着宽阔的叶子

蕨类植物包含约 1.2 万个物种，它们是无种子维管束植物中多样化程度最高的种类（见图 21-6c）。在热带地区，唯一能达到它们石炭纪祖先的高度的树蕨，在孤独的怀念着那段岁月（见图 21-6d）。蕨类植物是唯一有阔叶的无种子维管束植物。

（a）石松

（b）木贼

（c）蕨类

（d）树蕨

◀图 21-6　**一些无种子维管束植物**　在潮湿的树林中，可以发现一些无种子维管束植物。（a）石松在温带丛林中生长。（b）巨木贼从茎上等间距伸出一系列长而细的花状分支。它的叶子非常小。图片的右侧是圆锥形的产孢子结构。（c）这株穗乌毛蕨的叶子是由羊齿蕨卷曲的不成熟的叶子进化而来的。（d）尽管大多数蕨类植物都很矮，但也有一些，比如图中的这株树蕨，还保留着石炭纪植物常有的巨大体型。

在蕨类植物的繁殖过程中，小小的配子体上的颈卵器和雄器是产生配子的场所（见图 21-7❶）。精子被释放到水中，游到位于颈卵器的卵细胞处（见图 21-7❷）。如果卵细胞受精，合子就会发育出一个孢子体，孢子体从配子体母体上长出（见图 21-7❸）。在成熟的蕨类植物孢子体（比配子体要大很多）中，有一些特殊的叶子上存在着孢子囊结构，在其中会产生单倍体的孢子（见图 21-7❹）。孢子囊打开后释放其中的孢子，然后孢子随风传播（见图 21-7❺）。如果孢子在环境适宜的地方着陆，它就会发芽并长成配子体植株（见图 21-7❻）。

蕨类植物的孢子通过风传播，因此，它们很容易在缺乏植物的地方很快生长起来。比如，在 1883 年，喀拉喀托火山喷发，毁灭了岛上几乎所有的生物仅仅两年后，在 1885 年，就有游客报告称，有些蕨类植物已经覆盖曾经的不毛之地。类似地，在 6500 万年前，导致恐龙和其他许多物种灭绝的那次小行星撞击地球之后，蕨类植物也迅速增加。蕨类植物的孢子化石在 6500 万年前的岩石层中极其丰富；这一“孢子峰”被人们认为是因为小行星撞击之后的大火毁掉了大多数植物，为蕨类植物的发展提供了更大的空间。

21.3.4　种子植物受助于两个重要的适应性变化：花粉和种子

将种子植物和非维管束植物以及无种子维管束植物区别开的主要性状就是前者会产生花粉和种子。对种子植物来说，配子体（产生性细胞的结构）非常微小。雌性配子体是产生卵细胞的一小群单倍体细胞，雄性配子体是花粉粒。风或者传粉动物——如蜜蜂——负责散播花粉。通过这种方式，花粉粒在空气中运动，并最终使卵细胞受精。这种空中传播的方法表明，种子植物的分布不再受受精所需的水的制约了。

与鸟和爬行动物相似，种子由孢子体植物的胚胎、为胚胎准备的食物以及具有保护作用的外壳组成（见图 21-8）。种皮使种子处于假死或休眠状态，直到环境适宜植物的生长为止。种子中存储的营养物质在植物长出根和叶、能通过光合作用养活自己之前为它提供养料。

种子植物分为两个种类：不开花的裸子植物和开花的被子植物。

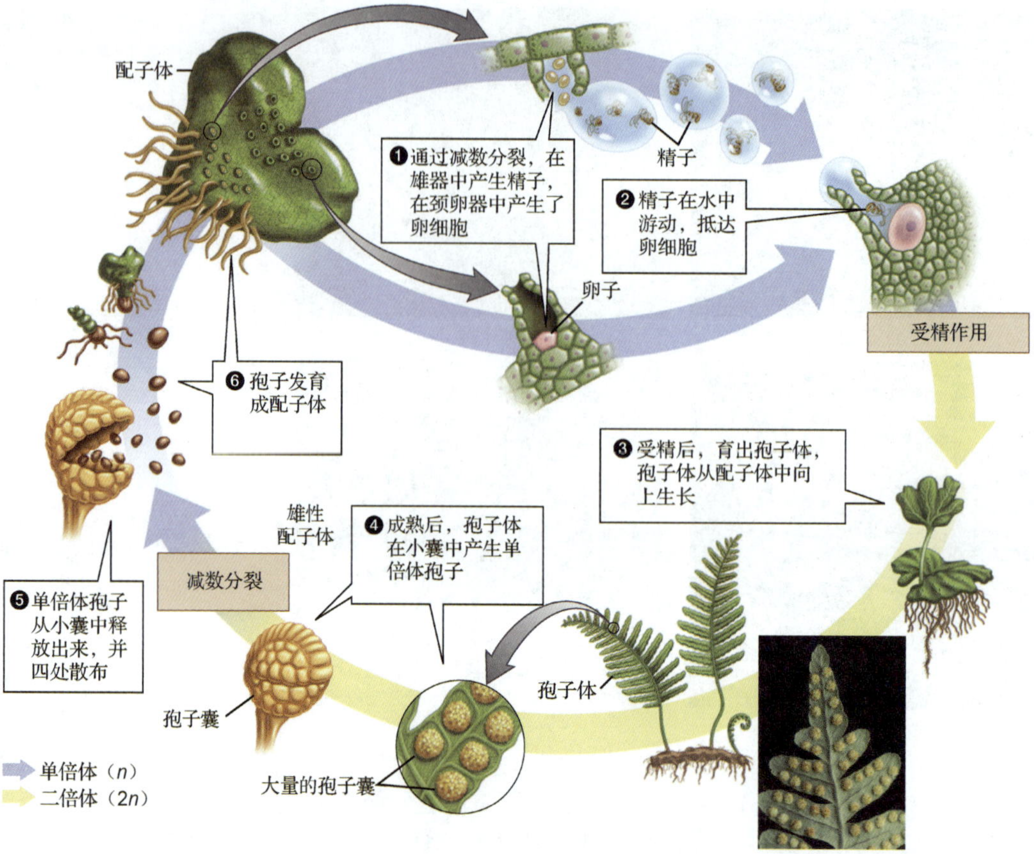

配子体
❶通过减数分裂，在雄器中产生精子，在颈卵器中产生了卵细胞
精子
❷精子在水中游动，抵达卵细胞
卵子
受精作用
❻孢子发育成配子体
❸受精后，育出孢子体，孢子体从配子体中向上生长
雄性配子体
❹成熟后，孢子体在小囊中产生单倍体孢子
减数分裂
❺单倍体孢子从小囊中释放出来，并四处散布
孢子体
孢子囊
大量的孢子囊
单倍体（n）
二倍体（2n）

▲图 21-7　蕨类植物的生命周期

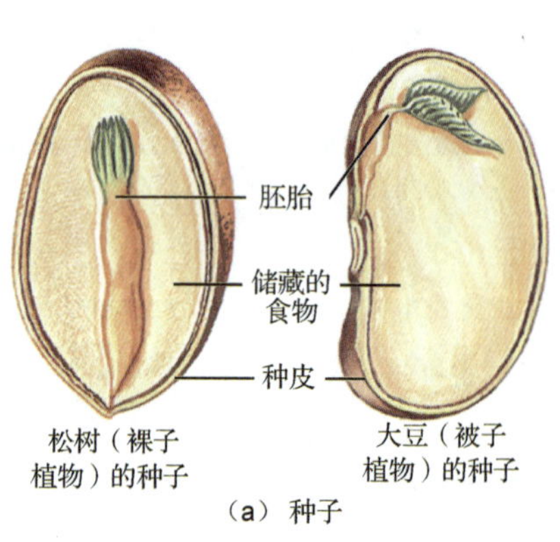

胚胎
储藏的食物
种皮
松树（裸子植物）的种子
大豆（被子植物）的种子

（a）种子

（b）蒲公英

▶**图 21-8　种子**　（a）裸子植物的种子（左）和被子植物的种子（右）。两种种子都由植物胚胎和营养物质组成，并被种皮保护着。（b）蒲公英微小的种子借着风力传播，它们果实的一部分是类似于降落伞一样的结构，可以帮助它们乘风而行。（c）椰子树巨大而结实的种子在海中漂流时可以忍受海水的长期浸泡。

（c）椰子

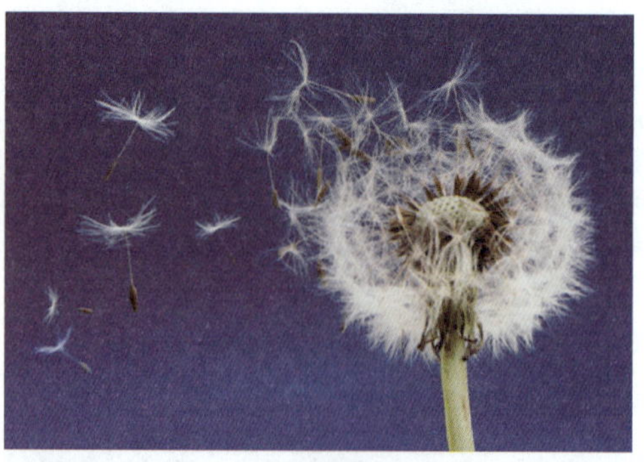

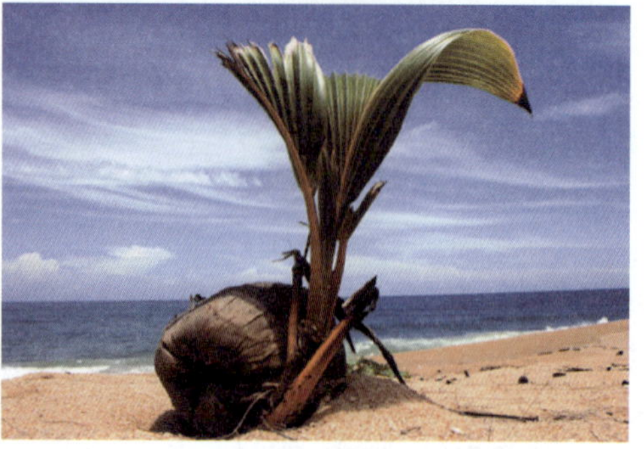

21.3.5　裸子植物是不开花的种子植物

裸子植物比被子植物更早进化出来。早期的裸子植物与占优势的无种子维管束植物在石炭纪共存。然而，在接下来的二叠纪时期（2 亿 9900 万年前到 2 亿 5100 万年前），裸子植物成为最主要的植物种类，并保持这一地位直到 1 亿多年之后被子植物出现的时候。当时的那些裸子植物现在大多数已经灭绝。现在，只有 4 种裸子植物还存活在世界上：银杏类、苏铁类、麻藤类和松柏类。

1. 只有一种银杏类存活至今

银杏类的进化史很长。它们在距今 2 亿 200 万年前的侏罗纪广为分布，不过今天，只剩下一个代表物种——银杏，又叫做白果树（见图 21-9a）。银杏树是雌雄异体的；雌树会产生散发着恶臭的、多肉的种子，种子的大小几乎和樱桃一样。因为比其他树抵抗污染的能力强，所以银杏树（通常是雄性）在美国的城市中广泛种植。在过去的几十年中，银杏树的叶子因为据称可以显著提高记忆力而开始受到人们的广泛关注。

2. 苏铁类植物只能在温暖的气候下生存

与银杏一样，苏铁类植物在侏罗纪时期也广为分布，而且物种多样。不过在那之后，苏铁类日渐式微。在今天的地球上，还存活着大约 160 种苏铁类植物，其中大多数都生活在热带或者亚热带地区。苏铁类植物有很多很大的分裂的叶子，它们和棕榈植物以及大的蕨类植物在外表上非常相似（见图 21-9b）。大多数苏铁类植物的高度都在 3 英尺（约 1 米）左右，有些种类可以达到 65 英尺（约 20 米）高。

（a）银杏　（b）苏铁　（c）麻藤　（d）松柏

▲图 21-9　**裸子植物**　（a）银杏树或者白果树，被作为遮阴植物或观赏植物而广为种植。（b）一株苏铁类植物。它们在恐龙时代非常常见，但现在只剩下 160 个物种。和银杏树一样，苏铁类也是雌雄异体的。（c）麻藤类植物千岁兰的叶子可以活几百年。（d）松柏类植物的针状叶表面有一层蜡状保护层。

苏铁类植物的组织中含有剧毒。尽管存在这些毒素，还是有些地方的人会食用它们的种子、茎和根。如果进行小心处理，可以在食用之前就除掉植物中的毒素。尽管如此，苏铁毒素仍然可能是导致一些地区人们神经问题的原因，比如生活在马里亚纳群岛的查莫洛人，他们会食用苏铁类植物。苏铁毒素也会使食草的牲畜中毒。

3．麻藤类植物包括奇特的千岁兰

麻藤类植物包含约 70 种灌木、藤蔓和矮小的树木。其中，麻黄属植物的叶子含有一种生物碱，可以作为人类的中枢神经系统兴奋剂以及食欲抑制剂。因此，麻黄属植物曾被大量用于增能剂和减肥药。然而，有些服用麻黄属药物的人发生了猝死，有些研究结果表明，服用麻黄属植物会增加患心脏病的概率。因此，美国食品和药品管理局（FDA）禁止销售含有麻黄属植物的药物。

同属麻藤类的千岁兰是植物界最奇特的植物之一（见图 21-9c），只在非洲西南部极其干燥的沙漠中生活，有非常长的主根，可以延伸到地下 100 英尺（约 30 米）。在地上部分，它有纤维状的茎，茎上长着两片叶子（只有两片）。这些可以长得很长的叶子永远不会自然脱落，直到植物死亡。最古老的千岁兰已经 2000 岁了，而通常千岁兰也可以活 1000 岁左右。它舌形的叶子在这段时间内不断生长，覆盖很大一片土地。叶子上最古老的部分历经几个世纪的风霜，可能会被撕碎或者分裂成条状，因此整株植物看上去就是一副饱经风霜、破破烂烂的样子。

4．松柏能适应寒冷的气候

尽管其他一些裸子植物，比如银杏和苏铁，已经不复昔日辉煌，但松柏仍然主宰着地球上的大片区域。松柏类包含 500 多个物种，如松树、云杉、铁杉和柏树等，它们在干燥的北方高纬度地区和高海拔地区广泛分布，这些地方不仅降水很少，而且在漫长的冬天，土壤中的水分都被冻结成冰，无法被植物利用。

松柏类以三种方式适应这些干燥、寒冷的环境条件。首先，大多数松柏类的叶子一年四季都是绿色的，因此它们在一年四季都可以缓慢生长，甚至在其他植物处于休眠状态时也是如此。其次，松柏类的叶子呈针状，而且表面覆盖有一层防水的蜡，可以最大限度地减少蒸发（见图 21-9d）。此外，松柏类的树液中含有一种抗寒物质，可以让它们在零度以下的温度仍然可以传递营养物质。这种抗寒物质就是它们特殊香气的来源。

所有松柏类植物的繁殖过程都是类似的，所以我们以松树的繁殖周期作为代表（见图 21-10）。树本身是一个二倍体孢子体，它既能产生雄性的球果，也能产生雌性的球果（见图 21-10❶）。大多数球果相对很小（约 3/4 英寸长），非常精致，由鳞状小室组成，花粉（即雄性配子体）在其中发育。每个雌性球果由一系列木质鳞状结构呈螺旋状环绕一个中心轴组成。每个鳞状结构的基部都有两个胚珠（未受精的种子），胚珠是二倍体的生孢子细胞产生的地方。

在繁殖季节，雄性球果释放花粉，然后碎裂（见图 21-10❷）。雄性球果释放非常多的花粉粒；因此，有些花粉粒无可避免地落到雌性球果的鳞状结构上（见图 21-10❸）。在授粉之后，花粉粒伸出花粉管，而后者会缓慢地延伸到胚珠中。在花粉管伸长的同时，胚珠中的生孢子细胞进行减数分裂，以产生单倍体的孢子。其中一个孢子产生单倍体的雌性配子体，也就是卵细胞发育的地方（见图 21-10❹）。在近 14 个月之后，花粉管终于到达卵细胞，前者释放出精子使后者受精（见图 21-10❺）。受精作用产生的合子被包裹在种子之中，同时它会缓慢地发育成为一个胚胎——极其微小的孢子体植物（见图 21-10❻）。当球果成熟之后，鳞状结构散开，种子从中释放出来。如果落到适合它生长的土地上，种子就可能会发芽并长成一棵孢子体树（见图 21-10❼）。

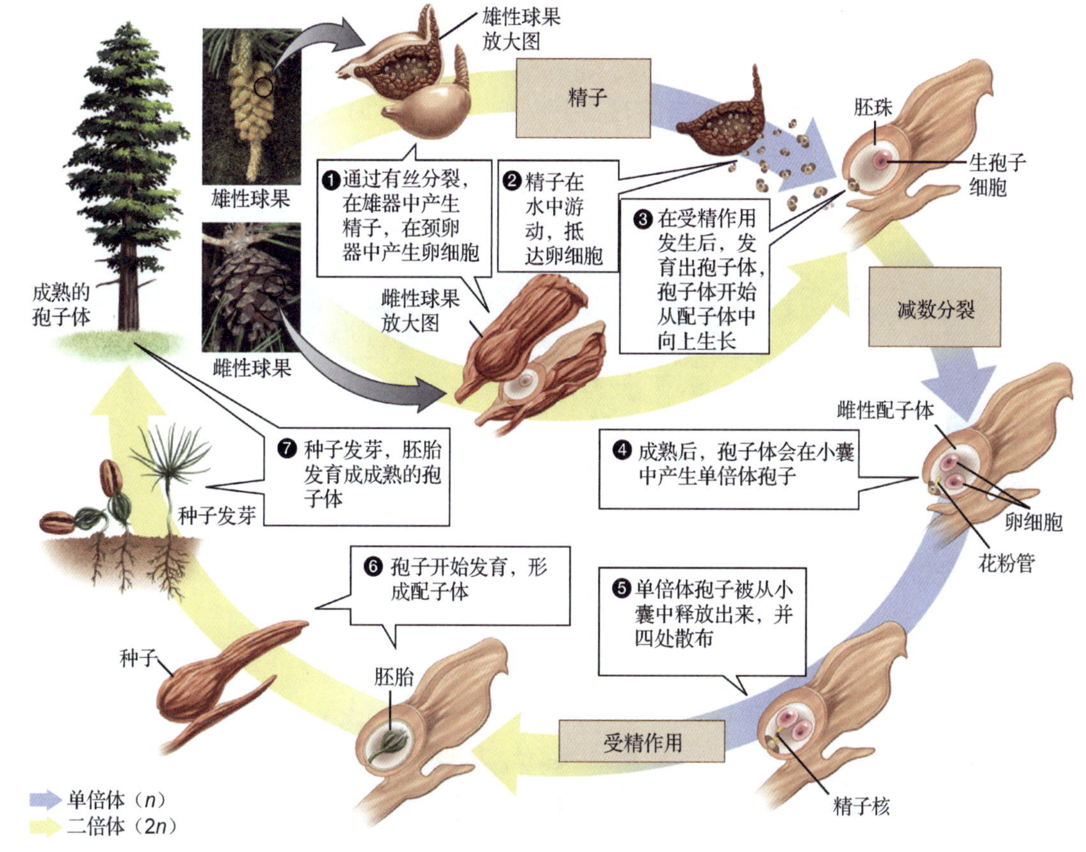

▲图 21-10　松树的生命周期

21.3.6　被子植物是开花的种子植物

开花植物又称被子植物，它们在 1 亿多年前就是地球上的优势植物。这一群体的成员多种多样，有超过 23 万个物种。被子植物的尺寸范围从极小的浮萍（见图 21-11a）一直到高耸入云的尤加利树（见图 21-11b）。从沙漠中的仙人掌到生活在热带的兰花，再到发出恶臭的寄生生物大花草（大王花），被子植物统治了整个植物王国。它们巨大成功的部分原因是三个主要适应性：花、果实和宽大的叶子。

1. 花吸引传粉者

花是雄性和雌性配子产生的地方，它可能是在被子植物的裸子植物祖先和动物（最可能的是昆虫）之间形成某种联系的时候进化出来的，这些动物可以将它们的花粉从一株植物带到另一株植物。根据这一情节，裸子植物与动物传粉者之间关系的好处非常大，因此自然选择偏爱这种植物将花粉的存在“告知”给昆虫和其他动物的进化（图 21-11b，d）。传粉动物因吃到一部分富含蛋白质的花粉而受益，而植物因为传粉者不经意地将花粉从一株植物带到另一株植物而受益。有了动物的帮助，很多开花植物不再需要产生数量惊人的花粉、依靠变化无常的风来将它们散播出去以确保受精了。不过，还是存在很多风媒传粉的被子植物（见图 21-11c）。

在被子植物的生命周期中（见图 21-12），花长在占主要地位的孢子体上。在花中，雌性配子体在一个称为子房的结构中由胚珠发育而来，雄性配子体（花粉）在一个称为花药的结构中形成

（见图 21-12❶）。在繁殖季节，花粉从花药中释放出来，随风飘走或者由传粉动物带走（见图 21-12❷）。花的柱头是捕获花粉的器官。如果有一个花粉粒落到了柱头上，就会从花粉粒中长出一条花粉管（见图 21-12❸）。花粉管穿过柱头并向雌性配子体的方向延伸，而在雌性配子体中已经有了发育好的卵细胞。当花粉管抵达卵细胞时，发生受精作用（见图 21-12❹）。产生的合子发育成植物胚胎，包裹在由胚珠形成的种子中（见图 21-12❺）。种子被散播出去之后，可能发芽并产生一个新的孢子体（见图 21-12❻）。

（a）浮萍

（c）草

（d）块根马利筋

（b）尤加利树

◀图 21-11 被子植物 （a）最小的被子植物是飘浮在池塘中的浮萍，直径大约 1/8 英寸（3 毫米）。（b）最大的被子植物是尤加利树，可以长到 325 英尺（100 米）高。（c）草（以及很多种树）的花很不明显，它们借风力传粉。有一些物种的花比较明显，比如（d）块根马利筋和尤加利树（b，嵌入图）的花，可以引诱昆虫和其他动物给自己传粉。

2. 果实促进种子的散播

包裹着被子植物种子的子房发育成果实，是对被子植物的成功产生巨大贡献的第二个适应性。就像花引诱动物传粉一样，很多果实引诱动物来散播种子。如果动物吃掉果实，其中包裹的种子有很大一部分毫发无损地通过动物的消化道，可能落到适合它生长发育的地方。不过，不是所有的果实都依靠其可食用性来让动物散播种子。比如，养狗的人都知道，有些果实（叫做刺蒺藜）通过附着在动物的毛皮上进行散播。其他的果实，比如枫树的果实，长出翅膀状结构，使种子能够在空中滑翔。果实使多种多样的散播机制变为可能，因此被子植物占据几乎所有的陆地栖息地。

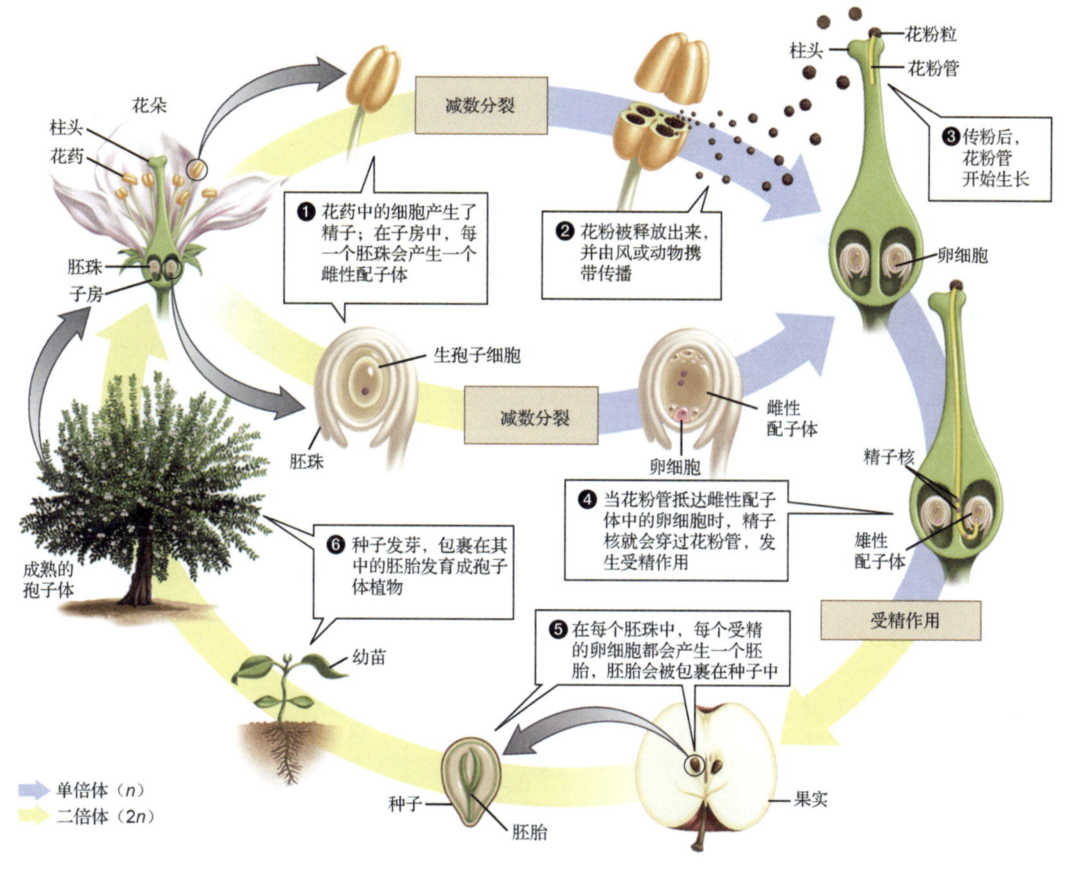

▲图 21-12　开花植物的生命周期

3. 宽大的叶子使被子植物捕获更多阳光

使被子植物在温暖、潮湿的气候下更有优势的第三个特征是宽大的叶子。当水分充足的时候，比如在温带和热带地区温暖的生长季节，宽大的叶子比松柏类植物的针状叶子能够收集的更多太阳光，因此是一大优势。在有着生长条件的季节性变化的地区，很多乔木和灌木在缺水时发生落叶现象，因为没有了叶子可以大大减少蒸发失水。在温带地区，这样的时间段通常是秋天和冬天。在热带和亚热带地区，大多数被子植物是常青的，但在存在旱季的热带地区生活的物种在旱季也常常会通过使叶子脱落来保存体内的水分。

宽大的叶子带来的好处也被一些进化代价所抵消。尤其是宽大柔弱的叶子对食草动物来说比松柏的针叶更有吸引力。因此，被子植物进化出一系列抵御哺乳动物和昆虫的方法。这些适应包括物理防御，比如荆棘、尖刺和用于加固叶子的树脂。同时，为了生存的抗争使它们进化出化学防御武器——使植物变得对潜在的捕食者有毒或不好吃的化合物，其中很多化合物已被人类用做药品和调味品，如阿司匹林和可卡因等药物、烟碱和咖啡因这些中枢神经兴奋剂，以及芥末和胡椒等香料，都是从被子植物得来的。

21.4　植物是如何影响其他生物的？

在生存、生长和繁殖的过程中，植物改变并影响了地球的景观和大气，而这对地球上的其他居民，包括人类，非常有益。人类通过对植物的研究更是获得额外的益处。

21.4.1 植物的生态学地位极其重要

没有植物，无数陆地生物栖息的生态系统甚至无法维持。植物给其他的陆地生命提供食物、可呼吸的空气、土壤和水，维持它们的生存。

1. 植物捕获能量，这些能量可被其他生物利用

植物直接或间接地为陆地上所有动物、真菌和非光合细菌提供食物。植物通过光合作用捕获太阳能，将捕获的一部分能量转化成叶子、根、种子和果实，这些器官随即被其他生物吃掉，而食用植物组织的消费者有很多会被其他生物吃掉。植物是陆地生态系统中主要能量和营养物质的提供者，陆地上的生命要依靠植物从太阳光中制造食物的能力才能生存。

2. 植物在大气层的维持中起到重要作用

除了为其他生物提供食物这一点，植物还对大气层做出重要贡献。比如，植物在进行光合作用的同时产生副产品——氧气，对大气层中的氧气进行补充。如果没有植物的贡献，大气中的氧气将很快被地球上生物的有氧呼吸消耗干净。

3. 植物构建并保护土壤

植物在构建和保护土壤的过程中也发挥着重要作用。植物死亡时，它的茎、叶和根成为真菌、原核生物和其他分解者的食粮。分解作用将植物组织分解成小分子有机物，而这些正是土壤的组成部分。有机物可以促进土壤保存水和营养物质的能力，因此土壤变得更加肥沃，能更好地支持活的植物的生长。这些活着的植物的根系可以将土壤结合在一起，将其固定在原位。如果把植物移走，土壤很容易受到风和水的侵袭（见图 21-13）。

◀**图 21-13　植物保护土壤**　如果自然植被受到破坏，比如图中山腹处的植被被大量砍伐后，下面的土壤就很容易受到侵蚀。

4. 植物帮助生态系统保持潮湿

植物从土壤中吸收水分，并将其中的一部分保存在自己的组织中。在这一过程中，植物可以减慢水从陆地生态系统逸出的过程，增加生态系统中其他居民可以使用的水量。通过减少水分流失的量，植物还可以减小发生灾难性洪水的概率。因此，在那些森林、草原或湿地被人类活动破坏的地方，洪水更加频繁。

21.4.2　植物给人类提供生存必需品和奢侈品

人类极其依赖植物，对于这一点怎样强调都不为过。爆炸式的人口增长和技术革命，没有植物都不可能成为现实。

1. 植物给人类提供庇护所、燃料和药物

植物是用来给很多人建造房屋的木料的来源。在人类历史上的很长一段时间，木柴也是人类用于使住所保持温暖和烹饪的主要燃料。木柴在世界上的很多地区仍然是最重要的燃料。另一种重要的燃料煤是由古代的植物经过地质过程转化而来的。

现代的卫生保健需要很多药物，而植物是药物的重要来源。最初在植物中发现并提取的药物包括阿司匹林、治疗心脏病的药物地高辛、治疗癌症的紫杉醇和长春碱、治疗疟疾的药物奎宁、止痛药可待因和吗啡，等等。

除了从野生植物中获取有用的物质之外，人们还驯化了许多重要的植物。通过一代又一代的选择性繁殖，人们改造了一些植物的种子、茎、根、花和果实，为自己提供食物和纤维。现在很难想象，没有玉米、大米、土豆、苹果、西红柿、食用油、棉花和家养植物提供的数不胜数的产品，我们的生活会怎样。

2. 植物给人类带来快乐

除了植物给人类生存带来的那些明显的好处之外，我们与植物的关系似乎建立在某种比它们能够满足我们的物质需求这一点更加深刻的东西之上。尽管小麦和木材的实用价值很高，但我们与植物之间最强的感情上的联系却纯粹是感官上的。生命中许多快乐的事都是由我们的植物伙伴带来的。我们在看到花儿的美丽、闻到它们的芬芳时会很快乐，而且我们将它们作为最崇高、最无法用语言形容的感情标志送给别人。我们中很多人每天都会花几小时的空闲时间在花园和草坪上，这样做没有报酬，不过我们会在观察辛苦种出来的水果的过程中感到开心和满足。在家中，我们不仅给家庭成员留出空间，还给家养的植物保留一块小天地。我们像有强迫症一般地在街道两旁栽满树，当我们觉得日常生活中的压力太大时，会选择在有很多植物的公园来放松身心。显然，除了满足我们的欲望之外，植物还是我们的朋友。

第 22 章　真菌的多样性

蜜环菌四处飘荡、无处不在。

22.1　真菌的主要特征是什么？

想到真菌的时候，你的脑海中想到的可能是一棵蘑菇。不过，大多数真菌都不会产生蘑菇。就算对那些产生蘑菇的真菌来说，蘑菇本身也只是暂时性的繁殖器官。它们身体的主要部分通常埋在土里，或埋藏在腐朽的木头中。因此，为了完全了解真菌，必须把目光投得更远，必须超越我们在森林的地面上、草坪上或比萨上面看到的那些真菌的明显的结构。这样，近距离地观察真菌时，我们会发现这是一群真核生物，其中大多数都是多细胞生物，它们在食物网中起到重要的作用，而且它们的生活方式与植物和动物的都不同，却非常引人入胜。

22.1.1　真菌的主体由细丝组成

几乎所有真菌的主体都是菌丝体（见图 22-1a），菌丝体由只有一个细胞那么粗、像丝线一样的纤维——菌丝，相互编织而成（见图 22-1b，c）。对于有些物种来说，菌丝由很长的单个细胞组成，不过这个细胞有很多细胞核；对于其他物种来说，菌丝还可以再进一步由隔膜分割成许多细胞，其中每个细胞含有一个或者多个细胞核。隔膜上的小孔使细胞质可以在细胞之间流动，从而完成对营养物质的分配。就像植物细胞一样，真菌细胞也有细胞壁。不过，和植物细胞不一样的是，真菌细胞的细胞壁是由壳多糖加固的，这一物质还形成了昆虫、螃蟹及其近亲的坚硬的外表面（又称外骨骼）。

真菌不能移动。作为对这一缺憾的补偿，它们的菌丝在适宜的环境下可以向任一方向很快地生长。通过这种方式，真菌的菌丝体可以在放久了的面包或奶酪中、在一块正在腐烂的原木的树皮下或在土壤中，迅速散布开来。菌丝周期性地分化成繁殖器官，这些器官伸出菌丝体生长于其下的表面。这些器官包括蘑菇、马勃和腐烂的食物上粉末状的霉块，它们只代表真菌身体的一部分，但我们能轻易看到的只有这一部分。

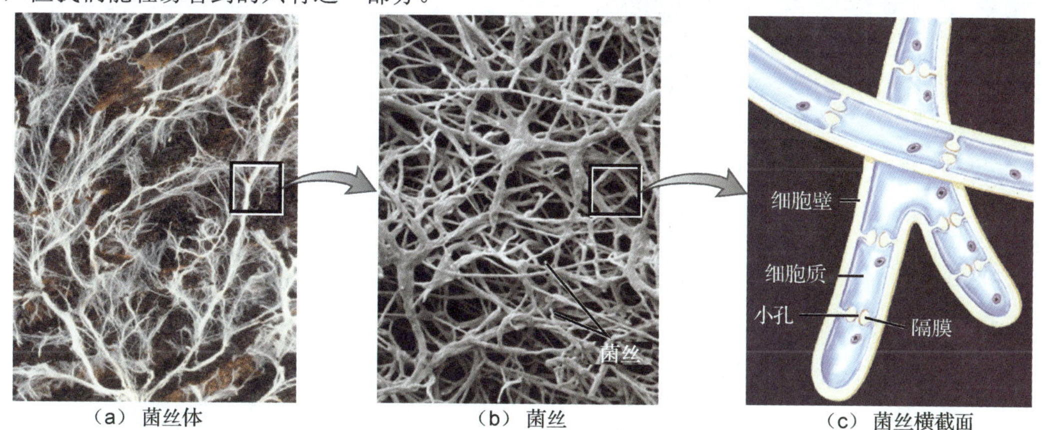

▲**图 22-1　真菌丝状的外形**　（a）真菌的菌丝体在腐烂的植被中迅速生长。菌丝体是由（b）显微尺度的菌毛的缠结组成，这些菌毛只有一个细胞那么粗，在（c）中我们展示了它的横截面来说明它们是怎样组织到一起的。

22.1.2　真菌从其他生物获取营养

和动物一样，真菌靠降解储存在其他生物的身体或排泄物中的营养物质为生。有些真菌消化死去生物的尸体。其他真菌则是寄生性的，它们在活着的生物身上取食，并且会导致疾病。有些与其他可以为它们提供食物的生物之间存在很近的、平等的互惠关系，甚至还有几种捕食性的真菌靠捕食土壤中微小的虫子为生（见图 22-2）。

◀图 22-2 线虫杀手 一种称为线虫捕捉菌的真菌用它们套索一样的菌毛来捕捉它们的猎物——线虫。当线虫不小心到了套索中时，它的存在就会激发套索中的细胞吸水膨胀。在不到一秒的时间内，套索就会收紧，将线虫牢牢捉住。然后，它的菌丝就会刺穿线虫的表皮，美餐一顿。

和大多数动物不一样的是，真菌不会摄入食物。相反地，它们会将可以消化复杂分子的酶排出体外，并将它们能够消化的大分子物质消化成小分子物质。真菌的菌丝可以深深地插入营养物质的来源，而且，因为菌丝只有一个细胞那么粗，所以菌丝体中的每一个细胞都可以直接从周围的环境中吸收营养物质。它们这种获得营养物质的方式能让它们活得很好。几乎任何一种生物材料都能被至少一种真菌所消化，因此几乎所有的栖息地都存在着某种或某些真菌的营养来源。

22.1.3 真菌既可以营无性生殖又可以营有性生殖

真菌由孢子发育而来——孢子是单倍体（细胞中每一个染色体只含有一个副本）的细胞，它们可以产生新的个体。真菌的孢子非常小，而且移动能力非常强，虽然其中大多数都缺乏自我推进的机制。它们的分布非常广泛，可以分布在动物的身体上，可以做吃掉它们的动物消化系统中的过客，也可以在空中飘浮；它们飞起来可能是由于运气使然，也可能是通过特殊的繁殖器官将它们射到天上（见图 22-3）。真菌通常会产生大量的孢子，一个大马勃可能会产生 5 万亿个孢子。

◀图 22-3 有些真菌能够将孢子射出 （a）成熟的尖顶地星在有水滴到它上面时，会释放一些孢子，这些孢子被气流带走。（b）水玉霉属的精致、半透明的繁殖器官。水玉霉在马粪中生活，当它们成熟时，繁殖器官可以将含有孢子的黑色头部射出 3 英尺远。粘在草上的孢子会一直留在那里，直到被食草动物——也许是马——吃掉。之后（可能在一段距离之外）这匹马会排泄出新的马粪，其中含有水玉霉的孢子，这些孢子完好无损地通过马的消化道。

（a）尖顶地星

（b）水玉霉

总体来说，真菌既能进行无性生殖，也能进行有性生殖（见图 22-4）。在大多数情况下，真菌在稳定的环境条件下营无性生殖，而在环境发生改变或存在生存压力时才进行有性生殖。无性生殖和有性生殖通常都包括在伸出菌丝体的子实体中产生孢子的过程。

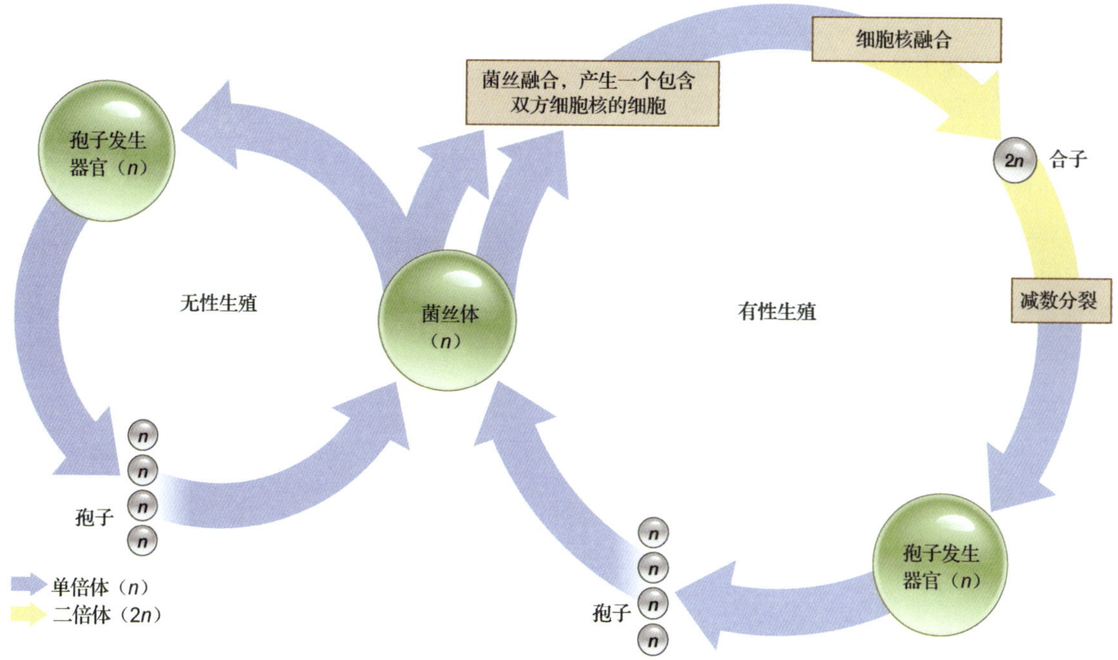

▲图 22-4　一般真菌的生命周期　在无性生殖过程中，菌丝体中单倍体的菌丝会生成可以通过有丝分裂形成单倍体的孢子。在有性生殖的过程中，彼此之间可以交配的不同单倍体菌丝融合在一起，产生包括父母双方细胞核的新细胞。这些细胞核接下来会融合到一起，产生二倍体的合子，合子接下来通过减数分裂产生单倍体的孢子。

1. 在无性生殖过程中，真菌通过有丝分裂产生单倍体的孢子

真菌的菌丝体和孢子是单倍体。单倍体的菌丝体通过有丝分裂产生单倍体的无性繁殖孢子。如果无性生殖的孢子落到了适宜的地点，那么它就会进行有丝分裂，产生一个新的菌丝体。这一简单的过程的结果是迅速产生很多和原有的菌丝体遗传物质完全相同的克隆体。

2. 在有性生殖中，真菌通过减数分裂产生单倍体的孢子

在真菌的生命周期中，二倍体结构只在它有性生殖部分的很短一段时间内出现。当一个菌丝体的纤维和另一个不同但可以与之交配的菌丝体的纤维发生接触时，有性生殖就开始了（真菌不同的交配型和动物的不同性别是同源的，不过真菌通常有不止两种交配型）。如果环境条件适宜，那么这两条菌丝会发生融合，因此来自两条菌丝的细胞核就属于一个共同的新细胞了。这种菌丝的合并过程通常伴随着两个不同的单倍体细胞核融合生成一个二倍体合子的过程。接下来，合子进行减数分裂来产生单倍体的生殖孢子。这些孢子会被散播出去，开始发育，并进行有丝分裂，从而形成新的单倍体菌丝体。与无性繁殖孢子所产生的克隆体后代不同的是，这些经由有性繁殖产生的真菌和它的双亲在遗传物质上均不相同。

22.2　真菌主要有哪些？

目前为止，人们已经描述了接近 10 万种真菌，但这个数字也仅仅代表了这种生物真正种类数的一小部分而已。每一年，人们都会发现许多新的物种，而真菌学家（研究真菌的科学家）估计，至今未被发现的真菌物种远超过 100 万。真菌被划分为 6 个主要的分类学群：壶菌门（壶菌类）、新美鞭菌门（瘤胃真菌）、芽枝霉门（芽枝霉类）、球囊菌门（球囊菌类）、担子菌门（担子菌类）

和子囊菌门（子囊菌类），见图 22-5 和表 22-1。不过，有些真菌不属于这 6 种之中的任何一种。这些未分类的真菌历来一般被放在接合菌门这一分类群中，但最近，对它们进行的 DNA 序列分析显示，它们并不能形成一个进化枝（进化枝是包括来自特定共同祖先的所有后代的群体）。因为只有进化枝才能得到分类学家的正式命名，因此真菌的分类可能很快会被改写，将之前称为接合菌的物种分进几个新的分类群中。

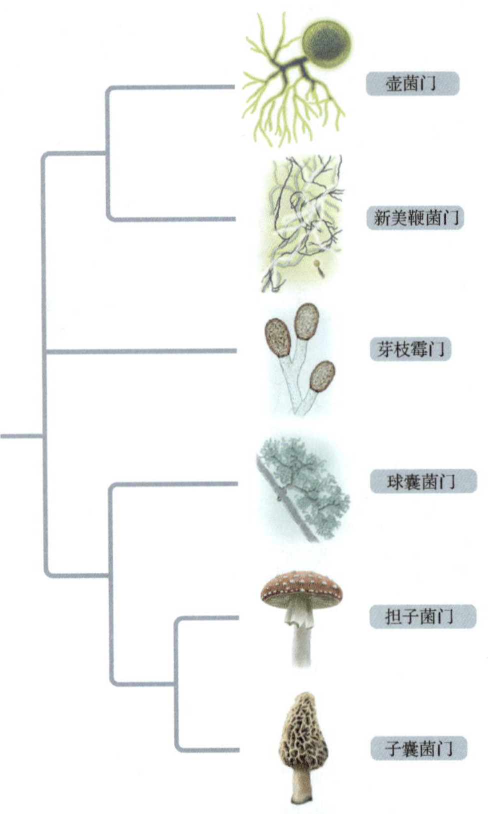

▲图 22-5　主要的几种真菌的进化树

22.2.1　壶菌、芽枝霉和新美鞭菌产生游动的孢子

真菌三个分类群的成员——壶菌、芽枝霉和新美鞭菌——的特征是具有可以游动的孢子，因此它们需要水才能繁殖（这三个群体中的许多成员都生活在水中，就算是生活在陆地上的种类也需要水膜来繁殖）。这些孢子用它们的一条或多条鞭毛推动自己在水中前进。

22.2.2　壶菌大多在水中生存

大多数壶菌都在淡水中生存，不过也有几种在海洋里生存。壶菌的孢子在其中一端有一条鞭毛。最早已知的真菌化石就是在 6 亿多年的岩石中发现的壶菌。真菌的祖先可能和如今在淡水河海水中生存的壶菌非常相似，因此真菌很可能是在含水的环境中起源的，之后才登上陆地。

大多数壶菌都以死亡的水生植物或者水环境中其他的碎屑物质为食，不过也有些物种寄生于植物或动物身上。其中一种寄生壶菌被人们认为在世界各地造成蛙类的大量死亡，它们已经威胁到很多物种，并造成其中几个物种的灭绝。

表 22-1　真菌的主要分类群

常用名（拉丁文名）	繁殖器官	细胞特征	对人类经济和健康的影响	代　表　属
壶菌（Chytridiomycota）	形成单倍体或二倍体的孢子，有鞭毛	没有隔膜	造成蛙类的数量减少	蛙壶菌属（感染蛙类的病原体）
瘤胃真菌（Neocallimastigomycota）	形成单倍体或二倍体的孢子，有鞭毛	没有隔膜	帮助牛、马、羊等动物消化植物	新美鞭菌属（在食草动物的消化道中生存）
芽枝霉（Blastocladiomycota）	形成单倍体或二倍体的孢子，有鞭毛	没有隔膜	未知	异水霉属（水生分解者）
球囊菌（Glomeromycota）	形成单倍体的无性繁殖孢子，经常成簇出现	没有隔膜	形成菌根（与植物的根是共生关系）	球囊霉属（广泛分布的菌根伴侣）
担子菌（Basidiomycota）	有性繁殖包括在棒形担子上形成的单倍体担子孢子	有隔膜	导致农作物发生黑粉病和锈病；包括一些可食用的蘑菇	鹅膏菌属（毒蘑菇）；多孔菌属（层孔菌）
子囊菌（Ascomycota）	在囊状子囊中形成单倍体有性繁殖子囊孢子	有隔膜	导致水果长霉；会破坏纺织品；导致荷兰榆树病和栗疫病；包括酵母和羊肚菌	酵母属（酵母）；长喙壳菌属（导致荷兰榆树病）
“接合菌”（不是一个正式的分类群）	形成二倍体有性接合孢子	没有隔膜	导致水果变软腐烂和面包上的黑霉	根霉（导致面包上的黑色霉变）；水玉霉属（粪真菌）

22.2.3　瘤胃真菌生活在动物的消化道中

瘤胃真菌是厌氧生物（它们的生存不需要氧气），并且只在食草动物，比如牛、羊、袋鼠、大象或鬣蜥蜴的消化道中生存。这些动物自身无法消化纤维素（植物组织的主要成分之一），因此它们需要在消化道内与之共生的其他生物来消化这种物质。瘤胃真菌就是这些生物中的一种；它们能够分泌消化纤维素的酶，而纤维素的降解产物可以被真菌和它们的宿主共同利用。大多数瘤胃真菌的孢子都有不止一条鞭毛，这些鞭毛在孢子的一段聚集成簇。

22.2.4　芽枝霉有一个核帽结构

芽枝霉（见图 22-6）有许多特征，比如在它们孢子的细胞核附近发现的称为核帽的特殊结构。核帽是由孢子的核糖体产生的。芽枝霉生活在淡水或土壤中，一部分是植物和水生无脊椎动物，如水蚤或孑孓身上的寄生虫。它们的孢子上有一条鞭毛。

22.2.5　球囊菌与植物的根共生

几乎所有球囊菌都和植物的根有着密切的联系。实际上，球囊菌的菌丝会穿过植物根部的细胞，并在细胞中形成分支结构（见图 22-7）。它们对植物细胞的入侵看上去并不会伤害到植物。相反，球囊菌还会给这些植物带来好处。真菌和植物根之间这种互助组合称为菌根，稍后将更加详细地介绍这种关系。

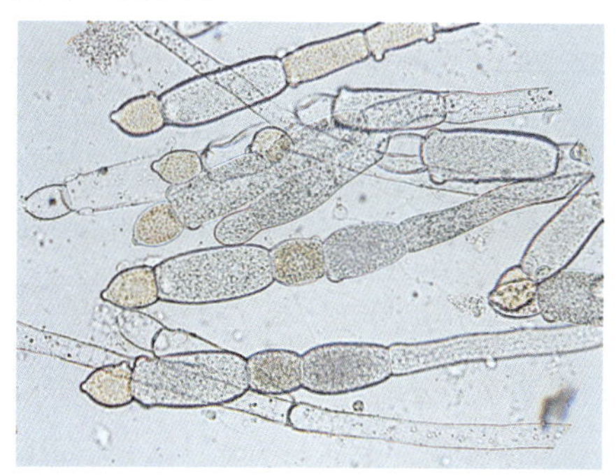

▲图 22-6　芽枝霉的菌丝　这些异水霉的菌丝正处于有性生殖期间。图中很多菌丝上的橙色结构会释放出雄性配子；清晰的肿大结构会释放出雌性配子。芽枝霉的配子有鞭毛，这些能够游动的繁殖器官帮助这一大部分生活在水中的群体进行向远处的散播。

▲图 22-7　植物细胞中的球囊菌　球囊菌的菌丝穿透植物的细胞，并与植物建立互利共生的关系。球囊菌在宿主植物的根部细胞中形成了特征性的分支结构。

我们还没有完全了解球囊菌的繁殖过程，其中一种球囊菌的有性生殖过程还有待观察。在无性繁殖过程中，球囊菌通过有丝分裂生成一群孢子。在菌丝末端形成的这些孢子通常会留在宿主植物细胞之外。当孢子开始发育之后，菌丝会向附近的土壤中生长，但除非它能到达一株植物的根部，否则无法存活。

22.2.6　担子菌产生棒状繁殖器官

担子菌又叫做棒状真菌，因为它们产生的繁殖器官是棒状的。属于这个门的真菌通常进行有性繁殖（见图 22-8）。属于不同交配型的担子菌（用“+”和“−”代表）发生融合（见图 22-8❶）形成菌丝，在菌丝中，每个细胞都有两个核，各来自双亲中的一方（见图 22-8❷）。这些菌丝会长成地下菌丝体，在适当的环境下，菌丝体上长出位于地上的子实体，子实体由紧密堆积的菌丝构成（见图 22-8❸）。子实体中的部分菌丝发育成棒状的繁殖细胞，称为担子。担子和它们的前体细胞一样，含有两个单倍体细胞核（见图 22-8❹）。在担子中，两个细胞核会融合成一个二倍体细胞核（见图 22-8❺）。二倍体的细胞核随即进行减数分裂，形成 4 个单倍体担子孢子（见图 22-8❻）如果担子孢子能够落到适宜生长的土地上，就可以发育成单倍体的菌丝（见图 22-8❼）。

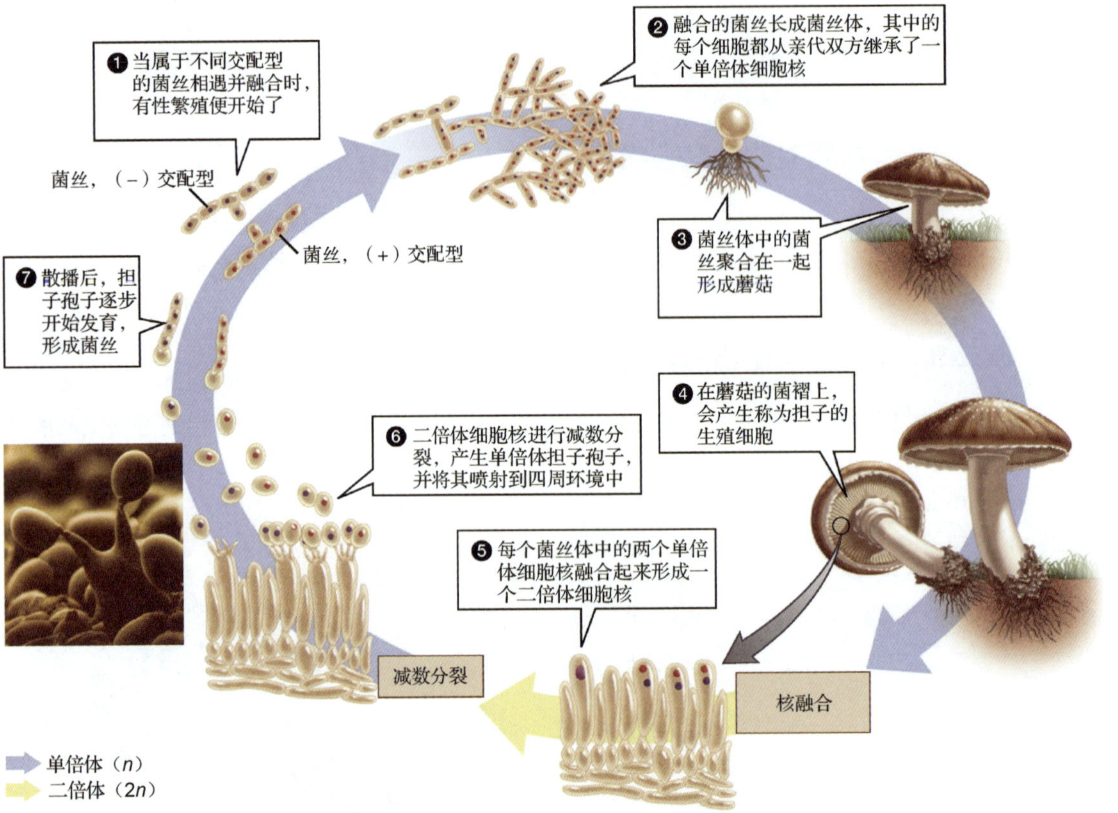

▲图 22-8 **典型的担子菌的生命周期** 图片展示了连接在担子上的两个担子孢子。

对于担子菌的子实体，大多数人都不陌生：蘑菇、马勃、层孔菌、鬼笔菌等都是某种担子菌的子实体（见图 22-9）。在蘑菇的下表面是叶子状的菌褶，也就是担子产生的地方。担子菌在马勃顶部的开口处或是蘑菇的菌褶处数以十亿计地释放，并随着风或水散播到其他地方。很多情况下，孢子长出的菌丝从原来的位置大致呈圆形向四周生长，在这一过程中，位于中心的较老的菌丝会死亡。担子菌位于地下的菌丝体周期性地长出无数的蘑菇，这些蘑菇会成圆形排列，称为仙女环（见图 22-10）。

（a） 马勃　（b） 层孔菌　（c） 鬼笔菌

▲图 22-9 **多种多样的担子菌** （a）巨大的马勃口蘑能产生 5 万亿个孢子。（b）层孔菌在树上显得非常明显，其中有些可以长得像盘子那么大。（c）鬼笔菌的孢子位于黏糊糊的帽状结构上。这种黏液会散发出一种对人类来说很难闻的气味，苍蝇却很喜欢这种味道。苍蝇将卵产在鬼笔菌上，然后无意地将黏在它们身上的孢子带走并散播到别处。

 22.2.7　子囊菌在囊状的小室中产生孢子

子囊菌既可以进行无性繁殖，又可以进行有性繁殖（见图 22-11）。在无性繁殖过程中，特化的菌丝末端会产生孢子，散播出去后孢子形成新的菌丝（见图 22-11❶）。而在有性繁殖过程中，孢子的产生过程更加复杂。通常来说，当两条交配型不同的菌丝发生接触的时候，就会进行有性繁殖（见图 22-11❷）。这两条菌丝会形成由一个桥状结构连接起来的繁殖器官。来自于（–）繁殖器官的单倍体细胞核向（+）端的繁殖器官处移动，从而使（+）端的繁殖器官含有来自于双亲的多个细胞核（见图 22-11❸）。接下来，（+）端繁殖器官会发育成一条菌丝，随即并入子实体（见图 22-11❹）。在一些菌丝的末端会形成称为子囊的囊状小室（见图 22-11❺）。在这个阶段，每个子囊含有两个单倍体细胞核。这两个细胞核发生融合，形成一个二倍体细胞核（见图 22-11❻），二倍体细胞核接下来会进行减数分裂，形成 4 个单倍体细胞核（见图 22-11❼）。4 个细胞核通过有丝分裂进行自我复制，然后发育成 8 个称为子囊孢子的单倍体孢子（见图 22-11❽）。最终，子囊破裂，释放子囊孢子。如果孢子落在适宜的地点，就可以发育成菌丝（见图 22-11❾）。

▲图 22-10　**蘑菇仙女环**　蘑菇从地下的真菌菌丝中生长出来，形成一个仙女环的形状。这些菌丝从一个中心位置开始向外生长，在这个中心位置上，也许是在几百年前，有一个孢子成功地发育成熟。

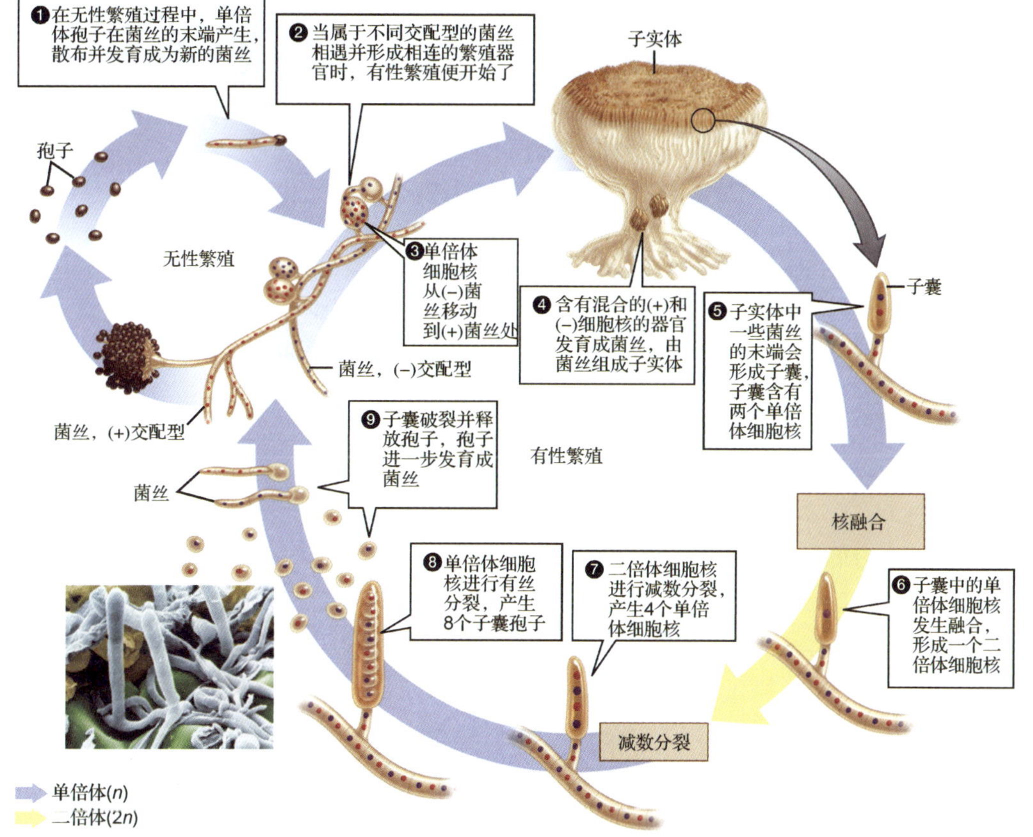

▲图 22-11　**典型的子囊菌的生命周期**　图中展示了菌丝中产生的一些子囊。

有些子囊菌在腐烂的森林植被中生活，它们可能会产生美丽的杯状繁殖器官（见图 22-12a），或皱状的、长得像蘑菇一样的子实体，称为羊肚菌（见图 22-12b）。子囊菌还包括很多会侵袭储存的食物，破坏水果、谷物和其他植物的颜色多种多样的霉菌，以及产生第一种抗生素——青霉素的青霉菌。酵母菌是不多见的非多细胞真菌，它也是子囊菌的一种。

▶**图 22-12　多种多样的子囊菌**　(a) 红色盘菌的杯状子实体。(b) 羊肚菌，一种可食用的美味（在采集任何野生真菌之前都要咨询专家——有些真菌可致命！）。

(a) 盘菌

(b) 羊肚菌

22.2.8　面包霉是一种能够通过产生二倍体孢子繁殖的真菌

很多曾经被指定为属于接合菌门的物种，在土壤中、腐烂的植物或动物性材料中生活。这些物种包括属于根霉菌属的真菌，它们会导致我们非常熟悉的水果变软腐烂现象，以及面包上黑色的霉斑。在图 22-13 中，我们展示了既可以进行无性生殖，又可以进行有性生殖的黑面包霉的生命周期。无性生殖起始于黑色孢子囊（见图 22-13❶）中单倍体孢子的形成，这些孢子随风飘散，如果它们落到了合适的基质上（比如一块面包上），就会发育成为新的单倍体菌丝。

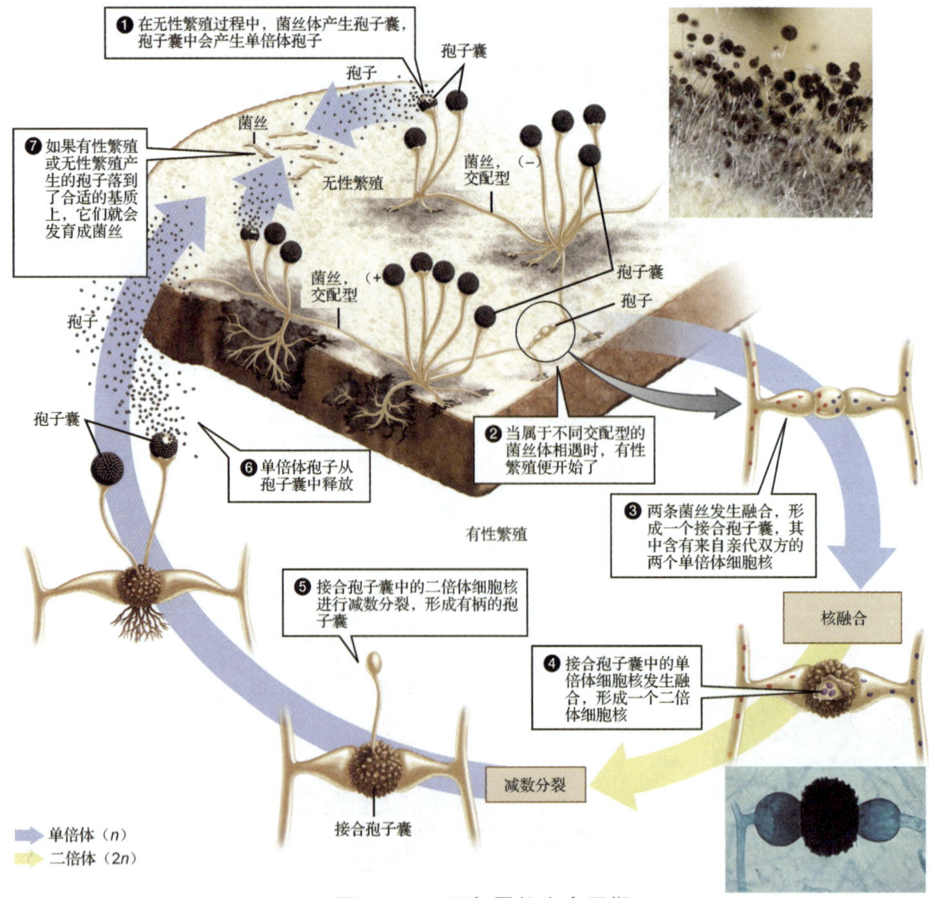

▲图 22-13　面包霉的生命周期

如果两条交配型不同的菌丝发生了接触，就可能发生有性生殖（见图 22-13❷）。两条菌丝会发生融合，形成接合孢子囊，后者包含了来自双亲的很多单倍体核（见图 22-13❸）。在接合孢子囊发育的过程中，它会变得坚硬，能抵抗外界的不良环境，它可以保持休眠状态很长时间，直到环境条件适合它的生长为止。在接合孢子囊中，单倍体的核会发生融合并产生二倍体的核（见图 22-13❹）。当条件适宜时，二倍体核会进行减数分裂，产生有茎孢子囊（见图 22-13❺）。孢子囊会产生单倍体的孢子，后者会向外散播（见图 22-13❻），并发育成新的单倍体菌丝（见图 22-13❼）。

22.3 真菌是如何与其他物种相互作用的？

很多真菌的生命过程和其他物种直接相关联，并已持续相当长的时间。这种直接、长期的关系称为共生关系。很多情况下，共生关系中的真菌是寄生性的，会伤害到它们的宿主。不过，也有一些共生关系是互利的。

22.3.1 地衣是由和光合藻类或细菌共生的真菌形成的

地衣是真菌和单细胞绿藻或蓝藻之间的一种共生关系（见图 22-14）。有时，人们将地衣描述为学会种花的真菌，因为这些真菌通过提供庇护所和保护它们不受恶劣环境伤害来使这些光合藻类或细菌趋向于与之共生。在受保护的环境中，光合藻类或细菌利用太阳光产生单糖，从而为自己提供养料，同时剩余的糖会被真菌利用掉。事实上，真菌消耗的光合产物通常比藻类消耗的要多得多（有些物种达到 90%）。因此，有些研究人员认为，地衣中的共生关系比我们通常认为的要更加单边化。

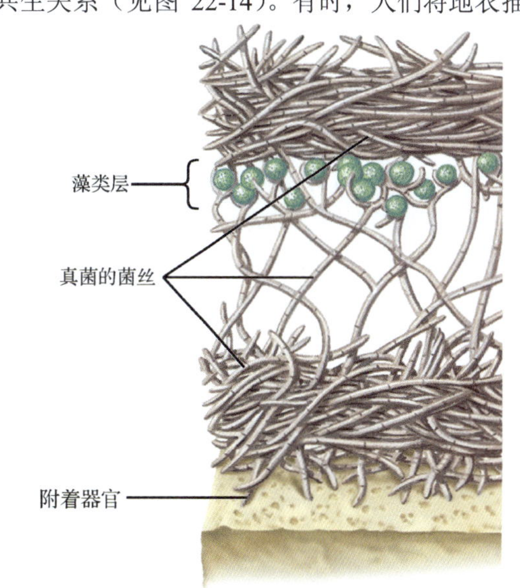

▲图 22-14　**地衣：一种共生合作关系**　大多数地衣的顶部和底部都有着由真菌的菌丝形成的层状结构。真菌菌丝从底部伸出，形成连接装置，将地衣锚定在某些东西——比如岩石或树——的表面上。在菌丝层上层的下面，有一个藻类层，在这一层中，藻类和真菌的联系十分紧密。

有成千上万种真菌（大多数是子囊菌）可以形成地衣（见图 22-15），而相应的藻类和细菌的种类就要少得多。真菌和藻类或细菌一起形成了生命力非常顽强且自给自足的组合体，以至于地衣是最先在新生成的火山岛上定居的生物之一，因为很多地衣可以生长在裸岩上。色彩鲜艳的地衣也能在其他许多荒凉的栖息地生存，从沙漠到北极都有它们的踪迹。同时，可以理解的是，极端环境下的地衣生长得很慢；比如，北极的地衣可能每 1000 年才能扩大 1～2 英寸的面积。不过，虽然生长速度很慢，但它们可以存活很长时间；有些生活在北极地区的地衣已经超过 4000 岁。

22.3.2 菌根是真菌与植物根的共生体

菌根是真菌和植物根形成的共生体。有超过 5000 种菌根真菌和植物的根的关系十分密切，包括大多数的树。菌根真菌的菌丝环绕着植物的根部，并入侵根部的细胞（见图 22-16）。

（a）壳地衣

（b）叶状地衣

▲图 22-15 **多种多样的地衣** （a）颜色鲜艳的壳地衣，这种地衣生长在干燥的岩石上，说明这种真菌和藻类的共生体生命力非常顽强。其中真菌产生的色素是地衣亮橙色外表的来源。（b）长在岩石上的叶状地衣。

1. 菌根给植物提供营养

植物和菌根之间的联系对真菌和它们的植物伙伴都有益处。菌根真菌从植物的根部获得植物光合作用生成的富含能量的糖类分子。作为回报，真菌从土壤中吸收矿物质和有机营养物质，并将其中的一部分直接输送给植物。菌根输送给植物的物质包括磷和氮，而这两种元素是植物生长所必须的重要元素。菌根真菌还可以吸收水，并将水输送给植物——这对于生长在干燥的沙土中的植物来说是一个很大的优势。

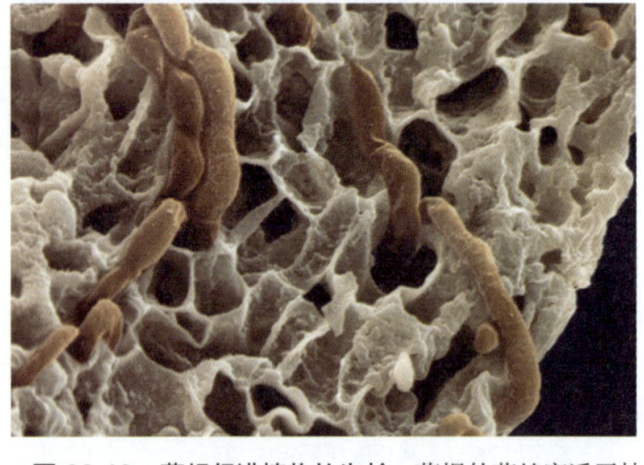
▲图 22-16 **菌根促进植物的生长** 菌根的菌丝穿透了植物根部的组织。与这些真菌共生的植物的生长情况显著变好，前者可以给根部提供营养物质和水。

菌根和植物之间的合作关系对地球上植物的健康做出了巨大的贡献。被去除了与之共生的菌根真菌的植物相对那些有真菌伙伴的植物来说体型更小，而且也没有后者生长得旺盛。因此，菌根的存在增加了地球上植物的总生产力，提高了植物对需要依赖它们活着的动物和其他生物的支持能力。

22.3.3 内生菌是在植物的茎和叶中生活的真菌

真菌和植物之间的紧密联系当然不只局限于菌根。科学家发现，真菌生活在他们检测过的所有植物物种的地上部分之中。在这些内生菌（生活在其他生物体内的生物）中，有一些是会导致植物疾病的寄生物种，但也有很多，甚至是大多数，对于宿主植物是有利的。研究最透彻的是在很多种草的叶肉细胞中生活的几种子囊菌。这些真菌会产生对昆虫或食草类哺乳动物来说味道很差或有毒的化学物质，并因此帮助保护这些草不被捕食者吃掉。

真菌内共生体提供的这种反捕食者的保护作用十分有效，因此农业科学家正在努力研究，试图找出一种方式，使得草不再含有内生菌，从而变得对食草动物更加可口。马、牛和其他重要的农业食草动物倾向于避开含有内生菌的草。如果动物只能找到含有内生菌的草，那么食用这种草的动物的健康状况就会变差，同时生长速度也会变慢。

22.3.4 有些真菌是重要的分解者

有些真菌作为菌根或内生菌，在植物组织的生长和保护中起到重要的作用。不过，其他真菌在破坏方面也可以起到同样重要的作用，这些真菌在环境中作为分解者而存在。很多种真菌可以消化木质素或纤维素，也就是组成木头的物质分子；有些种类的真菌可以同时消化这两种物质。因此，当一棵树或者其他木本植物死亡时，真菌就可以完全降解掉它的残留物。

真菌不只能降解死亡的树木，还可以降解来自所有界的生物。腐生菌（进食死亡的生物的真菌）将死亡的组织的组成物质还给它们来自的生态系统。腐生菌的细胞外降解活动可以释放营养物质，使得它们可以被植物所利用。如果真菌和细菌突然消失了，那么结果将是灾难性的。营养物质会被锁在死亡的植物和动物的体内，营养物质的循环将不得不停止，土壤的肥力将迅速下降，而排泄物和有机废料将会大量累积。简言之，生态系统就会崩溃。

22.4　真菌是如何影响人类的？

除了偶尔欣赏一下比萨饼上的蘑菇之外，普通人一般很少会想到真菌。不过，真菌对生活的影响比我们能想到的要多得多。

22.4.1　真菌侵袭对人类很重要的植物

大多数植物疾病都是由真菌引起的，而真菌感染的很多植物对人类来说非常重要。比如，真菌病原体对于世界上的食物储备有着破坏性的影响。破坏力尤其大的是属于担子菌的锈菌和黑粉菌，它们每年给谷物带来数十亿美元的损失（见图 22-17）。比如，Ug99（这样命名的原因是，它是在 1999 年于乌干达发现的）是一种非常致命的小麦疾病——黑锈病的菌株，它是世界小麦供应的主要威胁（在提供的总卡路里方面，小麦是世界上最重要的农作物之一）。供养了世界上很大一部分人口的所有小麦种类几乎都对 Ug99 毫无抗性，而 Ug99 的孢子可以随风传播到很远的地方。结果是，非洲、中亚和中东的一大片区域内的小麦被毁去了十分之一。如果 Ug99 传播到中国和印度，就很可能发生粮食紧缺。

（a）玉米黑粉病

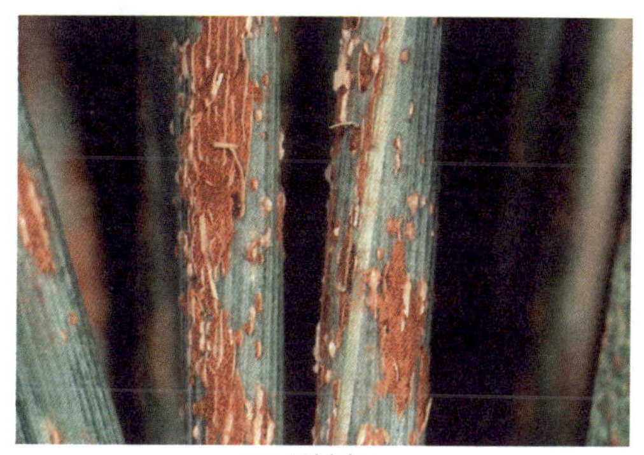

（b）黑锈病

▲图 22-17　**黑粉病和锈菌病**　（a）玉米黑粉病是由一种担子菌导致的疾病，它每年会毁掉价值数百万美元的玉米。同时，竟然有人会赞美这种有害生物。在墨西哥，这种真菌被称为 huitlacoche，被认为是一种美味佳肴。（b）另一种担子菌导致的黑锈病，对非洲和亚洲的数百万英亩小麦构成了极大的威胁。

真菌疾病还会影响地球上的景观。美国榆树和美国栗子树在美国的公园、庭院和森林中曾一度是优势种，然而，它们却被会导致荷兰榆树病和栗疫病的子囊菌完全毁掉了。今天，几乎没有人还记得那些榆树和栗子树，现在在自然景观中几乎已经完全见不到它们了。

在植物组织已经被收割下来，准备为人们所用之后的很长一段时间内，真菌都会持续侵袭这些植物组织。令很多房主感到沮丧的是，有一大群不同的真菌会侵袭木材，使它们腐烂。真菌也会严重破坏棉花和羊毛织物，在温暖潮湿的气候下尤其如此，因为这样的气候非常适合霉菌的旺盛生长。

不过，真菌对农业和林业的影响不完全是负面的。感染昆虫和其他一些节肢动物的寄生真菌在控制病虫害方面起到很大的作用（见图 22-18a）。很多农民希望减少使用有毒且昂贵的化学杀虫剂，他们正在逐渐转向使用生物方法来控制病虫害，包括使用“真菌杀虫剂”。真菌病原体经常用于控制白蚁、米象、黄褐天幕毛虫、蚜虫、柑橘螨虫以及其他许多害虫。此外，生物学家还发现，特定种类的真菌可以感染并杀死可以传播疟疾的按蚊（见图 22-18b）。疟疾是地球上最致命的疾病之一，而人们正在计划用这些真菌来对抗疟疾。

▶**图 22-18　有益的寄生真菌**　（a）农民使用类似冬虫夏草等真菌来防治病虫害。（b）一只健康的、携带疟原虫的按蚊在被白僵菌感染不到两星期后就变成一具死尸。

（a）杀虫真菌

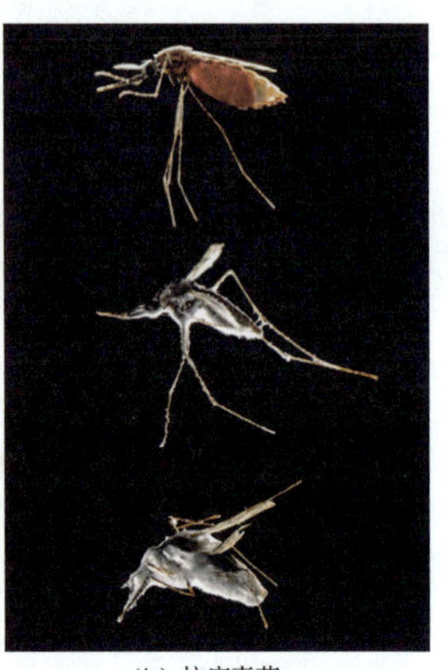

（b）抗病真菌

22.4.2　真菌会导致人类疾病

还有些真菌会直接感染人类。我们最熟悉的一些真菌疾病包括子囊菌导致的皮肤疾病，比如足癣、股癣和皮癣。尽管这些疾病会让人很不舒服，但并不会威胁到生命，而且通常可以用药膏治好。迅速疗法也可以治愈另一种常见的真菌疾病，即白色念珠菌导致的阴道感染（见图 22-19）。真菌在受害者吸入会导致疾病的真菌孢子，比如那些会导致溪谷热和组织胞浆菌病的真菌后，也会感染人的肺部。就像其他的真菌感染一样，如果诊断正确，这些疾病可以用抗真菌药物治愈。然而，如果不接受治疗，这些疾病会发展成为严重的全身感染。比如，歌手迪伦（Bob Dylan）就因为感染了组织胞浆菌病而几乎死去，因为真菌感染了他的心包膜。

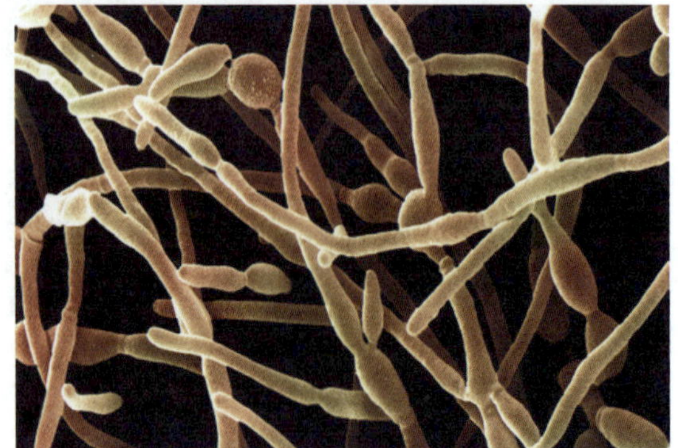

▲**图 22-19　不寻常的酵母**　大多数酵母都是单细胞生物，但有些酵母，比如假丝酵母，又名念珠菌（见图中所示），可能会形成多细胞的细丝。念珠菌是阴道感染的常见病原体。

22.4.3　真菌会产生毒素

除了是传染病的病原之外，很多真菌会产生对人类有害的毒素。人们尤其关注的就是长在储存于潮湿环境的谷物和其他食物上的真菌。比如，曲霉属真菌能产生剧毒的致癌物质黄曲霉素。

有些食物，比如花生对黄曲霉极其易感。黄曲霉素早在 20 世纪 60 年代就被人们发现，所以种植粮食的农民和食品加工人员研究出了能够抑制黄曲霉在食物上生长的方法，美国的花生酱中已经几乎完全没有黄曲霉素的踪迹了。

一种臭名昭著的会产生毒素的真菌是麦角菌，它会感染黑麦并引起一种称为麦角病的疾病。这种真菌会产生几种毒素，如果被感染的黑麦被揉进面粉并被人类吃掉，就会影响人类。在中世纪，麦角中毒现象在北欧屡见不鲜，而且产生过非常严重的后果。在那时，麦角中毒非常致命，而且受害者在死亡之前会表现出非常可怕的症状。一种麦角毒素会使血管收缩并减少血流量。这一效应非常严重，以至于会产生坏疽，而肢体会萎缩并脱落。其他麦角毒素会导致包括烧伤感、呕吐、剧烈的抽搐和生动的幻觉。今天，新的农业技术已经有效防止了麦角中毒的发生，不过从麦角毒素中的一种成分衍生出来的致幻剂 LSD 作为这一疾病的遗产仍然存在。

22.4.4　很多抗生素来自真菌

真菌在人类健康方面也是有着正面影响的。现代抗生素纪元起始于青霉素的发现，而青霉素就是由一种子囊菌——青霉——产生的（见图 22-20）。现在，人们仍在使用青霉素和夹竹桃霉素、头孢菌素等来自真菌的抗生素挽救病人的生命，与细菌疾病作战。除此之外，还有很多重要的药物来自于真菌，比如环孢菌素，一种用于在器官移植之后抑制人体免疫反应从而减少身体对供体器官的排斥反应的药物。

22.4.5　真菌对美食做出重大贡献

真菌对人类的食物贡献重大。我们直接食用很多种真菌，包括野生和种植的担子菌的蘑菇，以及包括羊肚菌和稀少而昂贵的松露在内的一些子囊菌（见图 22-21）。除了直接食用之外，真菌还在美食中扮演一些不为人知的角色。比如，世界上一些最著名的奶酪，包括 Roquefort、Camembert、Stilton 和 Gorgonzola 奶酪的特殊味道，都来自在它们成熟过程中生长在奶酪中的子囊霉菌。不过，对食物的贡献最重要且分布最广泛的真菌还是单细胞的子囊菌（以及几种担子菌）——酵母。

▲图 22-20　**青霉**　在图中我们可以看到，青霉正在一个橘子上生长。包裹着橘子表面的繁殖器官非常明显，而它下面的菌丝从果实内部吸收养分。抗生素——青霉素最开始就是从这种真菌中分离出来的。

▲图 22-21　**松露**　松露是一种子囊菌含有孢子的地下结构。它们与橡树的根形成了菌根共生体。

 22.4.6 葡萄酒和啤酒使用酵母制作

酵母可以用来使我们的烹饪变得丰富多彩，这一发现毫无疑问是人类历史上的一个重大事件。在如此众多需要酵母才能生产的食物和饮料中，面包、葡萄酒和啤酒可能是食用范围最广的，我们几乎无法想象一个没有这些美食的世界会是什么样子。这几种食物和饮料的特殊性质都是酵母的发酵过程所带来的。酵母从糖类中获得能量，并在进行代谢过程的同时释放二氧化碳和酒精。

酵母在消耗葡萄汁中的果糖时将果糖转化成酒精，这就是葡萄酒的产生原理。酒精的浓度不断升高，酵母被酒精杀死，于是终止发酵进程。如果酵母在葡萄汁中的糖被消耗完之前就死掉了，那么酒就会是甜的；反之，酒就会是涩的。

啤酒是用谷物酿造的（一般是用大麦），但酵母无法有效地利用谷物中的糖类。因此，用来酿酒的大麦必须是已发芽的（回忆一下，谷物实际上是种子）。发芽过程将谷物中的多糖变成单糖，因此发了芽的大麦是酵母绝佳的食粮。就像生产葡萄酒一样，酵母通过发酵过程将糖转化成酒精，不过同时保留了副产物二氧化碳，因此啤酒拥有特征性的碳酸气泡。

 22.4.7 酵母使面包“长高”

在面包的生产过程中，二氧化碳是发酵过程最重要的产物。加入面包团的酵母在产生二氧化碳的同时的确会产生酒精，但酒精在烤制的过程就已经挥发了。相反，二氧化碳会被锁在面团里，使面包变得更轻且充满空气。

所以，当你下一次吃一片加了 Camembert 奶酪的法式面包、喝一瓶美妙的霞多丽葡萄酒时，或就着你最心爱的啤酒吃一块比萨时，你可以悄悄地对酵母道一声谢了。没有了真菌的帮助，我们的食谱会变得无趣很多。

第 23 章　动物多样性 I：无脊椎动物

医用水蛭，曾经象征着近代医学的愚昧，现在却进入了现代医学的工具箱。

23.1 动物的主要特征是什么？

很难给“动物”这个词下一个简明扼要的定义。没有哪一个特征能够独立地定义动物，因此，实际上动物这一群体是由一系列特征定义的。在这些特征中，没有哪一个是动物所特有的，然而，这些特征可以共同将动物和其他分类群中的成员划分开来。

- 动物是真核生物。
- 动物是多细胞生物。
- 动物没有细胞壁。
- 动物通过食用其他生物获取能量。
- 动物通常进行有性生殖。
- 动物在生命中的一些阶段是可移动的。
- 大多数动物对外界刺激会迅速产生反应。

23.2 哪些解剖学特征标记了动物进化树上的分支点？

在开始于 5 亿 4200 万年前的寒武纪，现在生活在地球上的大多数动物门都已经存在。遗憾的是，寒武纪之前的化石证据非常稀少，并没有揭示出动物早期的进化史。因此，分类学家将目光投向动物的解剖学特征、它们的胚胎发育以及 DNA 序列，以期从中找到动物进化史的线索。这些研究表明，有些特定的特征标记了动物进化树上主要的分支点，它们代表了现代动物不同的身体结构的进化过程中的里程碑（见图 23-1）。接下来的几节将探索这些进化上的里程碑，以及它们留给现代动物的遗产。

 23.2.1 组织的缺乏将海绵动物和其他所有动物划分开来

动物进化史上最早的变革之一就是组织的出现。组织是一群整合进一个功能单位的彼此类似的细胞。今天，几乎所有的动物都有组织；唯一继承了无组织特性的动物是海绵动物。对于海绵动物，单个的细胞可能会有特化的功能，不过它们的活动从某种意义上说是独立的，没有整合进组织中。海绵动物这一独一无二的特性表明，将海绵动物和进化成其他所有动物的进化枝划分开来的事件一定发生得非常早。

 23.2.2 有组织的动物表现出辐射对称或左右对称

组织的形成与身体对称性的首次出现在时间上发生了重叠；所有有组织的动物的身体都是对称的。动物的身体如果能从至少一个平面对切开来，产生的两半互为对方的镜像，那么它就可以说是对称的。

有组织的、对称的动物可以分为两类：一类是表现出辐射对称的动物（见图 23-2a），另一类是表现出左右对称的动物（见图 23-2b）。在辐射对称中，通过中心轴的任何一个平面都能将动物分成大致相同的两块。相反，只有通过中心轴的一个特定平面才能将动物分成大致呈镜面对称的两块。

辐射对称动物和左右对称动物的不同之处反映了动物进化树上又一个很早的分支。这一划分将辐射对称的刺胞动物（水母、珊瑚虫和海葵）以及栉水母的祖先与其余左右对称动物的祖先划分开来。

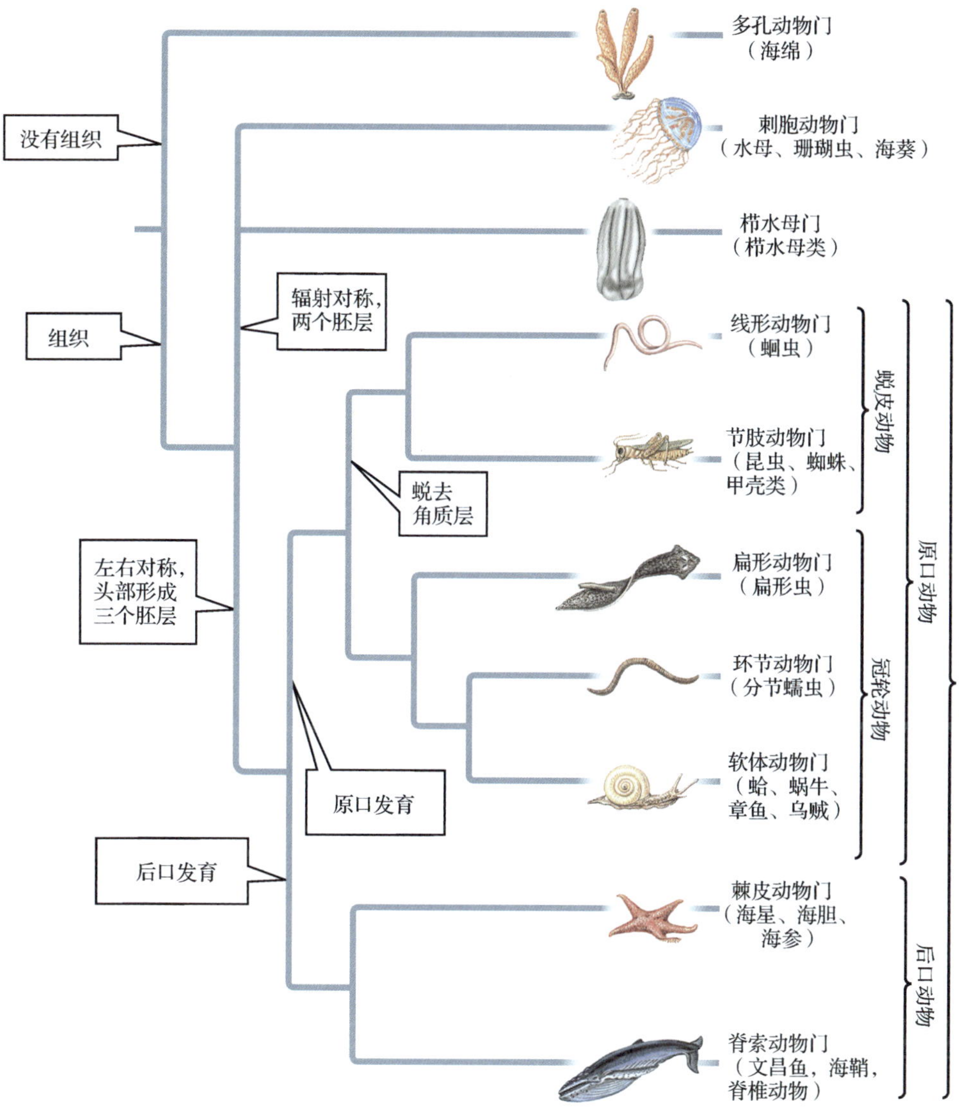

多孔动物门
（海绵）
刺胞动物门
（水母、珊瑚虫、海葵）
栉水母门
（栉水母类）
线形动物门
（蛔虫）
节肢动物门
（昆虫、蜘蛛、
甲壳类）
扁形动物门
（扁形虫）
环节动物门
（分节蠕虫）
软体动物门
（蛤、蜗牛、
章鱼、乌贼）
棘皮动物门
（海星、海胆、
海参）
脊索动物门
（文昌鱼，海鞘，
脊椎动物）
没有组织
组织
辐射对称，
两个胚层
左右对称，
头部形成
三个胚层
蜕去
角质层
原口发育
后口发育
蜕皮动物
冠轮动物
原口动物
后口动物
左右对称

▲图 23-1　一些主要动物类群的进化树

中心轴
对称面
（a）辐射对称
前部
对称面
后部
（b）左右对称

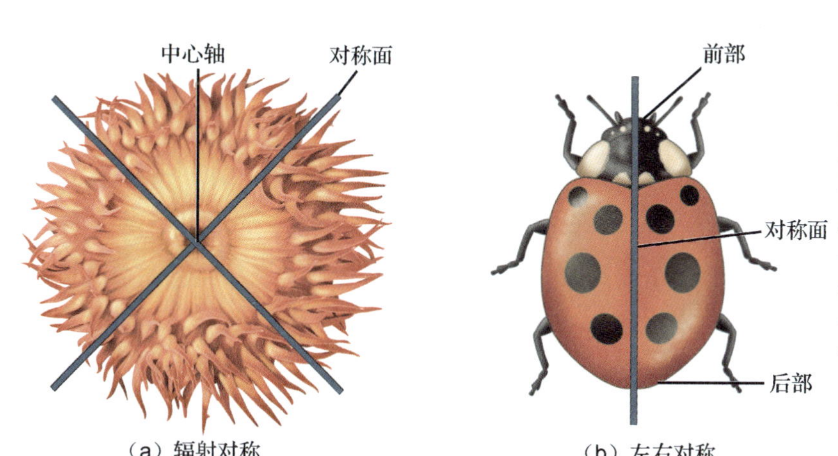

◀图 23-2　**身体的对称性和头部形成**　（a）辐射对称的动物，比如海葵，缺乏明确的头部，通过中心轴的任意一个平面都能将它分成镜面对称的两部分。（b）左右对称的动物，比如这只瓢虫，有一个位于前部的头端和一个位于后部的尾端。只有通过中心轴的一个特定平面才能将它分成镜面对称的两部分。

1. 辐射对称的动物有两个胚层，左右对称的动物有三个

辐射对称和左右对称动物之间的差别，与在胚胎发育过程中出现的、称为胚层的组织层的数目紧密相关。辐射对称动物的胚胎有两个胚层：一个内胚层（产生包裹肠腔的组织）和一个外胚层（产生覆盖于身体外侧的组织）。而左右对称动物的胚胎增加了第三个胚层：中胚层，位于内胚层和外胚层之间。对于左右对称的动物，内胚层分化并形成那些包裹着大多数有空腔器官的组织、呼吸道表面和消化道，外胚层形成神经组织和位于身体外表面的组织，中胚层则形成肌肉以及循环和骨骼系统（如有）。

对称形式的平行进化和胚层的数目帮助我们理解了可能令人很困扰的棘皮动物（海星、海胆和海参）的例子。成年棘皮动物是辐射对称动物，但我们的进化树将它们放在左右对称动物中。棘皮动物有三个胚层，同时还有其他几个特征（稍后会讲到），因此它们放在左右对称动物的群体内。因此，棘皮动物的直接祖先一定是左右对称的，而它们却进化出辐射对称的身体结构（这是趋同进化的结果）。直到今天，棘皮动物的幼体还是左右对称的。

2. 左右对称的动物有头部

辐射对称的动物倾向于保持固定不动（如海葵）或是随着海流四处流动（如水母）。因为这样的动物不会将自己向一个特定的方向推进，而它们身体的所有部分遭遇食物的机会或多或少都相等。相反地，大多数左右对称动物都是能动的（靠它们自己的力量移动），而资源，比如食物更容易被距离运动方向近的部分获得。因此，左右对称的动物进化出头部。头部是感觉器官的集合体，而且在其中一个特定的区域还存在着大脑。头部形成使动物产生前端，也就是感觉细胞、感觉器官、神经细胞的聚集体以及摄取食物的器官聚集的地方。另一端则称为尾端，而且可能会长出尾巴（见图 23-2b）。

23.2.3 大多数左右对称的动物有体腔

很多左右对称的动物在消化管（或消化道，食物被消化吸收的场所）和身体的外壁之间有着充满液体的体腔。对于有体腔的动物来说，消化道和身体外壁被充满液体的空间所隔开，形成一个“管中管”的身体结构。体腔在辐射对称的动物体内是不存在的，因此这一特征可能是在辐射对称和左右对称动物分开之后一段时间才形成的。

体腔有很多功能。对蚯蚓来说，体腔起到骨骼的作用，为身体提供支撑，也是肌肉依托于其上行使功能的框架。对其他动物，体内器官悬浮在充满液体的体腔中，于是体腔起到在器官和外界环境之间提供缓冲的作用。

1. 体腔的结构对于不同类群的动物是不同的

分布最广泛的体腔是体腔囊，它是从中胚层发育而来的一个充满液体的空腔，由很细的一层组织包围着（见图 23-3a）。有体腔囊的动物被称为体腔动物。环节动物（分节的蠕虫）、节肢动物（昆虫、蜘蛛、甲壳类动物等）、软体动物（蛤和蜗牛）、棘皮动物和脊索动物（包括人类在内）都是体腔动物。

有些动物的体腔不完全是由从中胚层发育而来的组织包围着的。这种体腔叫做假体腔。有假体腔的动物统称为假体腔动物（见图 23-3b）。线虫是最大的假体腔动物类群。

有些左右对称的动物没有体腔，这些动物被称为无体腔动物。比如，扁形虫在消化道和身体外壁之间不存在体腔；这部分是由固态的组织填充的（见图 23-3c）。

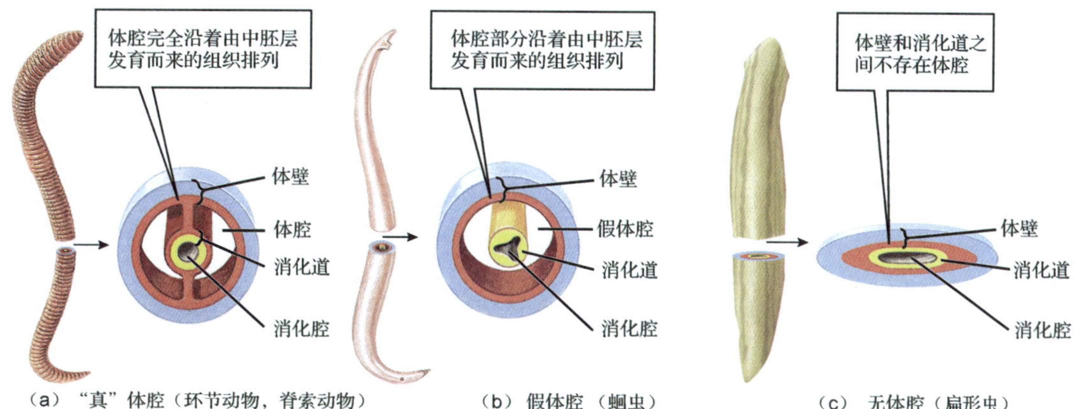

▲图 23-3　体腔　（a）环节动物有真正的体腔囊。（b）线虫是假体腔动物。（c）扁形虫在身体外壁和消化管之间没有体腔存在（表示为蓝色的组织由外胚层发育而来，红色的组织由中胚层发育而来，黄色的组织由内胚层发育而来）。

23.2.4　左右对称动物的发育方式有两种

在左右对称动物中，在胚胎发育之后有多种多样的发育方式。不过这些发育方式可以总结为两类，分别是原口动物和后口动物（见图 23-4）。对于原口动物发育方式，体腔（如存在）在身体外壁和消化道中间形成。而对于后口动物来说，体腔来自消化道的向外生长。两种发育方式在受精之后的细胞分裂模式以及口和肛门的形成方式上都存在着不同。原口动物和后口动物代表了左右对称动物中的两个进化枝。环节动物、节肢动物、线虫和软体动物都是原口动物，而棘皮动物和脊索动物都是后口动物。

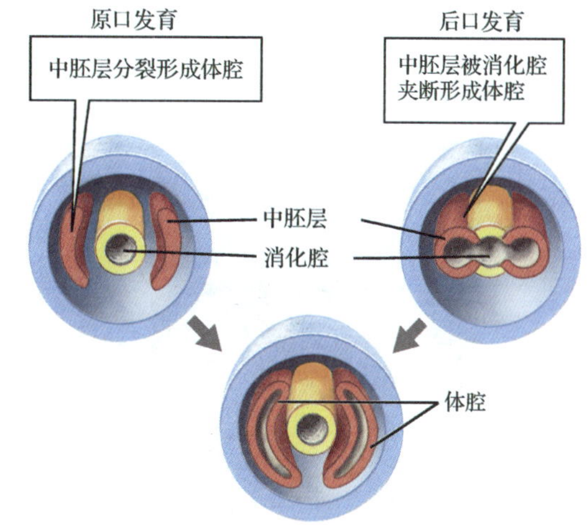

▲图 23-4　原口动物和后口动物中体腔的形成　这里展现了原口动物和后口动物在胚胎发育时期的几个不同点之一。

23.2.5　原口动物包含两个截然不同的进化路线

原口动物包括两类动物，对应在原口动物进化史上很早就分开的两个不同的谱系。其中一个叫做蜕皮动物，包括节肢动物和线虫，它们身体的表层会周期性脱落。另一个叫做冠轮动物，包括有着特殊的摄食器官——触手冠（见图 23-5a）的动物，以及那些会经过一个称为担轮幼虫的发育阶段的动物（见图 23-5b）。扁形虫、环节动物和软体动物都属于冠轮动物门。

（a）触手冠

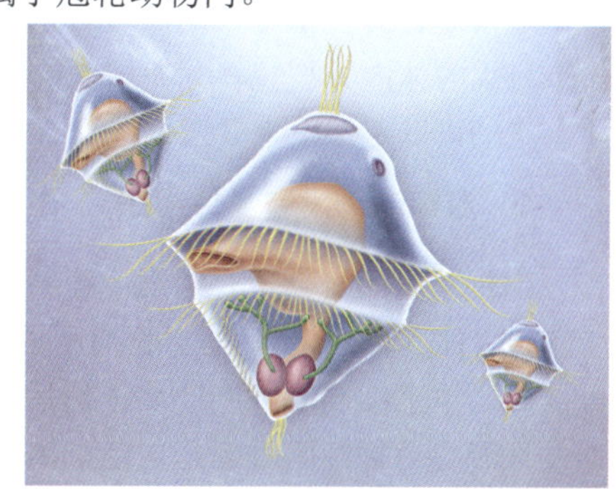

（b）担轮幼虫

►图 23-5　冠轮动物的特征　冠轮动物门的成员，包括扁形虫、环节动物和软体动物，它们或者有（a）特殊的摄食器官——触手冠，或者（b）要经历一个叫做担轮幼虫的、与众不同的水生幼虫阶段。

23.3 主要的动物类群有哪些？

为了方便，生物学家通常把动物归为两个主要类群中的一个：有脊椎骨的脊椎动物，或缺乏脊椎骨的无脊椎动物。脊椎动物——鱼、两栖动物、爬行动物和哺乳动物等（见第 24 章）——在人类看来可能是最显眼的动物了，但实际上在已经发现的动物中，只有 3%是脊椎动物。大多数动物都是无脊椎动物。生物学家将动物分成 27 个门，表 23-1 中总结了主要几个门的一些特征。

最早的动物可能起源于单细胞原生生物群体，其中的每个细胞都经过特化，在群体中发挥特定的功能。我们将从海绵这种身体结构和原生生物群体最为接近的动物开始介绍无脊椎动物类群。

23.3.1 海绵动物是简单的固着动物

海绵动物（属于多孔动物门）在大多数水生环境中都有分布。地球上存在的 5000 多种海绵动物大多数在咸水中生活，在深海和浅海、温暖和冰冷的海水中都能见到它们的身影。除此之外，有些海绵生活在淡水湖泊和河流中。成年海绵附着在岩石或其他水下的表面上。大多数海绵是固着动物，不过研究人员也说明，有些海绵至少在水族馆中是可以到处移动的（移动速度非常慢，每天只能移动几毫米）。海绵的形状和大小是多种多样的。有些物种有着界限清晰的外形，然而还有些在水下的岩石上随意生长（见图 23-6）。最大的海绵可以长到 3 英尺（约 1 米）高。

(a) 壳海绵

(b) 管状海绵

(c) 花瓶状海绵

▲图 23-6 多种多样的海绵 海绵的大小、形状和颜色各有不同。有些海绵，比如（a）图中的壳海绵，在海底的岩石上随意生长，而其他的海绵可能呈（b）管状或（c）花瓶状。

大多数海绵都是雌雄同体动物，也就是说，它们既有雄性的生殖器官，又有雌性的生殖器官。它们通常进行有性生殖，这一过程以向水中释放精子开始。精子被释放进水中之后，可以进入另一个海绵的体内并被转移到卵细胞中（卵细胞位于水绵体内）。水流会将幼虫带到新的地方，在那里，它们可以定居下来并发育成熟。

1. 海绵动物没有身体组织

海绵动物的身体没有组织；在某些方面，海绵动物很像一群单细胞生物。1907 年，胚胎学家威尔逊（H. V. Wilson）的实验揭示了海绵动物的这种性质。威尔逊将海绵动物用丝绸磨碎，使之分散成为单个细胞和细胞团块。然后，将这些细小的海绵细胞放进海水中，等待三个星期之后，他发现海绵动物细胞重新形成活的海绵动物，也就是说，单个的海绵动物细胞能够独自存活并发挥功能。

表 23-1　主要的几种动物类群的比较

常用名（门）		海绵（多孔动物门）	水母、珊瑚虫、海葵（刺胞动物门）	扁形虫（扁形动物门）	分节蠕虫（环节动物门）	蛤，蜗牛，章鱼，乌贼（软体动物门）	昆虫，蜘蛛，甲壳类（节肢动物门）	线虫（线形动物门）	海星，海胆，海参（棘皮动物门）
身体结构	机体组成层次	细胞——没有组织和器官	组织——没有器官	器官系统	器官系统	器官系统	器官系统	器官系统	器官系统
	胚层	无	2 个	3 个	3	3	3	3	3
	对称性	无	辐射对称	左右对称	左右对称	左右对称	左右对称	左右对称	幼体左右对称，成体辐射对称
	头部形成	无	无	有	有	有	有	有	无
	体腔	无	无	无	体腔	体腔	体腔	假体腔	体腔
	分节	无	无	无	有	无	有	无	无
体内系统	消化系统	细胞内消化	消化循环两用的空腔；有些是细胞内消化	消化循环两用的空腔	独立的嘴和肛门	独立的嘴和肛门	独立的嘴和肛门	独立的嘴和肛门	独立的嘴和肛门（一般情况下）
	循环系统	无	无	无	关	开	开	无	无
	呼吸系统	无	无	无	无	腮，肺	呼吸管，腮或肺	无	管足，皮肤腮
	排泄系统（液体调节系统）	无	无	含有有纤毛细胞的管道	肾管	肾管	类似于肾管的外分泌腺	外分泌腺	无
	神经系统	无	神经网	头部神经节和径向的神经束	头神经节和成对的腹神经束；每一节中都有神经节	有些头足类动物有发达的大脑；几对成对的神经节，多数位于头部；体壁中有神经网络	有头神经节和成对的腹神经束；在节中有神经节，有一些发生了融合	有头神经节、背神经束和腹神经束	没有头神经节；有神经环和辐射神经；皮肤中存在神经络
	繁殖	有性生殖；无性生殖（出芽）	有性生殖；无性生殖（出芽）	有性生殖（有些雌雄同体）；无性生殖（身体分裂）	有性繁殖（有些雌雄同体）	有性繁殖（有些雌雄同体）	通常进行有性繁殖	有性繁殖（有些雌雄同体）	有性繁殖（有些雌雄同体）；可以通过无性繁殖再生（少见）
	支撑	海绵具内骨骼	液压骨骼	液压骨骼	液压骨骼	液压骨骼	外骨骼	液压骨骼	外皮下有盘状内骨骼
	已知物种数	5 000	9 000	20 000	9 000	50 000	1 000 000	12 000	6500

海绵动物的身体上有无数的小孔，水从这些孔进入海绵动物，并从一些更大的孔中排出（见图 23-7）。水在海绵动物体内的管道中流动。在水流过海绵动物的过程中，海绵动物从水中汲取氧气，过滤出微生物并送到单个细胞中消化掉，然后将废物排出体外。

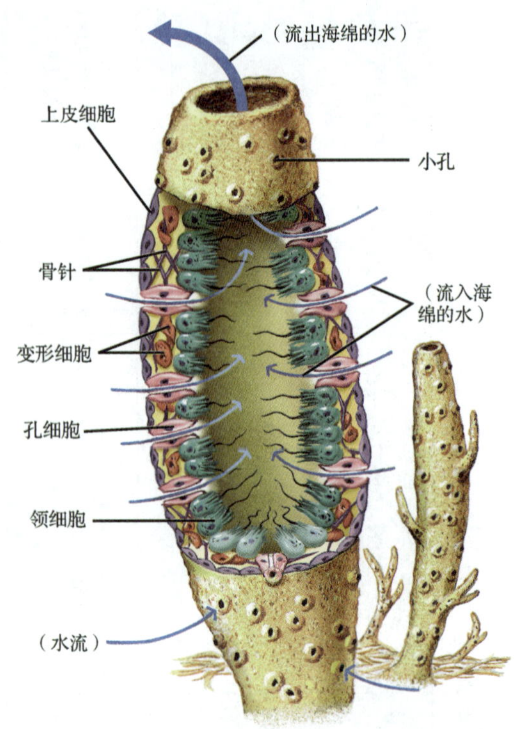

▲图 23-7 **海绵动物的身体构造** 水从海绵动物身体上数不清的小孔中进入海绵动物体内，并从一个较大的孔中排出。在此过程中，海绵动物从水中过滤出微观尺度的食物。

2. 海绵动物细胞经过特化，用于发挥不同的功能

海绵动物有三种主要的细胞类型，其中每一种都有其特殊的功能（见图 23-7）。扁平的上皮细胞覆盖了海绵的外表面。有些外皮细胞经过修饰变成孔细胞，这些细胞围绕着海绵上的小孔，负责控制它们的大小，并由此调节水的进入。当环境中存在有害物质的时候，这些孔就会关闭。领细胞上有伸进海绵内腔的鞭毛。搏动的鞭毛在海绵体内维持水的流动。领细胞起到筛子的作用，它们将微生物从海水中筛出来，然后将它们吃掉。有些食物会被传递给变形细胞。这些细胞在上皮细胞和领细胞之间自由移动，它们负责消化并分配营养物质，产生繁殖细胞，并形成很小的骨质突起，称为骨针。骨针可能是由碳酸钙（白垩）、二氧化硅（玻璃）或蛋白质组成的，它们形成内骨骼，在海绵的体内提供支撑作用（见图 23-7）。

3. 有些海绵动物含有对人类有用处的化学物质

因为海绵动物几乎无法移动，而且没有对身体有保护作用的壳，所以它们在鱼、海龟和海蛞蝓等捕食者面前似乎只能任人宰割。不过，很多海绵含有对潜在的捕食者来说有毒或者“味道”不好的化学物质。对人类来说很幸运的一件事是，在这些化学物质中，很多是珍贵的药物。比如，一种被称为软海绵素的药物，最开始就是从海绵体内分离出来的。这种新兴的药物被用于治疗患有艾滋病的病人的真菌感染。海绵中提取出的其他药物包括一些很有希望的新抗癌药。这些药物的发现给人们带来新的希望。我们希望，在研究人员发现更多新物种后，海绵会成为新药物的一个主要来源。

 23.3.2 刺胞动物是全副武装的捕食者

刺胞动物（刺胞动物门）包括海蜇（又叫水母）、珊瑚虫、海葵和水螅。大约有 9000 种刺胞动物，它们生活在水中，其中大多数是海生动物。大多数刺胞动物非常小，其直径从几毫米到几英寸不等，但最大的水母的直径可以达到 8 英尺，其触须长达 150 英尺。所有的刺胞动物都是捕食者。

1. 刺胞动物有组织和两种身体形态

刺胞动物的细胞形成界限清晰的组织，包括一些可以像肌肉一样收缩的组织。刺胞动物的神经细胞形成称为神经网的组织，它在整个身体内都有分支，并负责控制有收缩功能的组织，以控制身体的移动和捕食行为。不过，大多数刺胞动物都没有器官，也没有大脑。

刺胞动物的形态多种多样（见图 23-8），但都属于两种基本的身体结构之一：水螅体（见图 23-9a）或水母体（见图 23-9b）。管状的水螅体适应的是附着在岩石上安静的生活。它的触须向上伸展，用于抓住并固定猎物。水母体在水中飘荡，被海流裹挟着四处游动，钟形的身体上的触须就像钓鱼线一样。

▶图 23-8　**多种多样的刺胞动物**　(a) 一只红色斑点海葵正伸展它的触须捕食猎物。(b) 一只水母在海洋中漂荡，它的触须悬在身体下面。(c) 一张珊瑚虫的特写展示了水螅体上的触须。(d) 一只海黄蜂，它是水母的一种，在它的刺细胞中含有世界上已知毒性最强的毒素之一。这种毒素会很快杀死不幸被海黄蜂的触须碰到的猎物，比如图中这只虾。

（a）海葵

（b）水母

（c）珊瑚虫

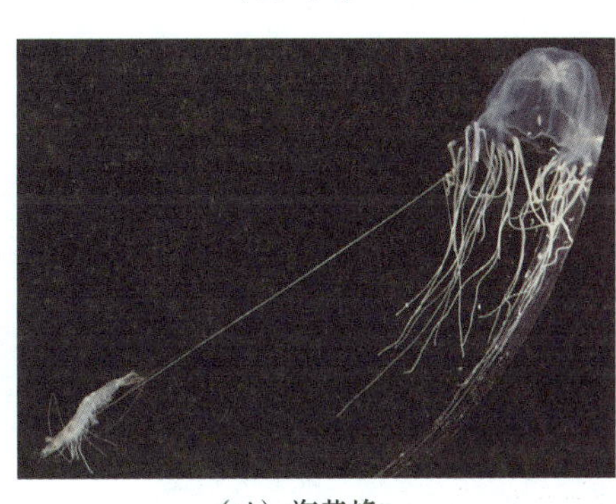

（d）海黄蜂

很多刺胞动物的生命周期包括水螅体和水母体两个阶段，不过也有一些物种只以水螅体或水母体的形式存活。水螅体和水母体从两个胚层中发育而来——内胚层和外胚层；在这两层之间是果冻状的物质。水螅体和水母体都是辐射对称的，它们的身体结构围绕嘴和消化腔形成圆形（见图 23-2a）。

不同刺胞动物的繁殖过程非常不同，不过有一个模式在既有水螅体阶段又有水母体阶段的物种中非常常见。对于这样的物种，水螅体通常通过无性的出芽繁殖，产生比自己小的复制品。这些较小的水螅体从母体上脱落下来并独立生存。然而，在特定环境下，出芽过程可能会产生水母体而不是水螅体。水母体成熟后，向水中释放配子（精子或卵细胞）。如果异性配子相遇，就会融合并产生合子。合子会发育成能自由移动的、有纤毛的幼体。幼体最后可能会在坚硬的表面上安顿下来并发育成水螅体。

2. 刺胞动物有刺细胞

刺胞动物的触须上装备有刺细胞，刺细胞上有一种特殊的结构，如果猎物碰到它，它就会向猎物体内注入毒素或很黏的细丝（见图 23-10）。这些刺细胞只在刺胞动物中存在，是捕捉猎物的绝妙武器。刺胞动物不会积极地捕食，相反，它们只需要等待猎物不小心撞入它们触须的包围中就够了。在猎物被刺中并被紧紧地抓住之后，它会被送到张开的嘴里，从那里进入消化囊——消化循环腔中（见图 23-9）。消化循环腔中的酶会消化一部分食物，而剩下的部分在体腔壁细胞中被消化掉。由于消化循环腔只有一个出口，因此未被消化的物质在消化结束之后就会从嘴中排出。尽管这一双向的运输方式使得刺胞动物无法持续进食，但这些动物对能量的要求也很少，因此这样也足够支撑它们的生命活动了。

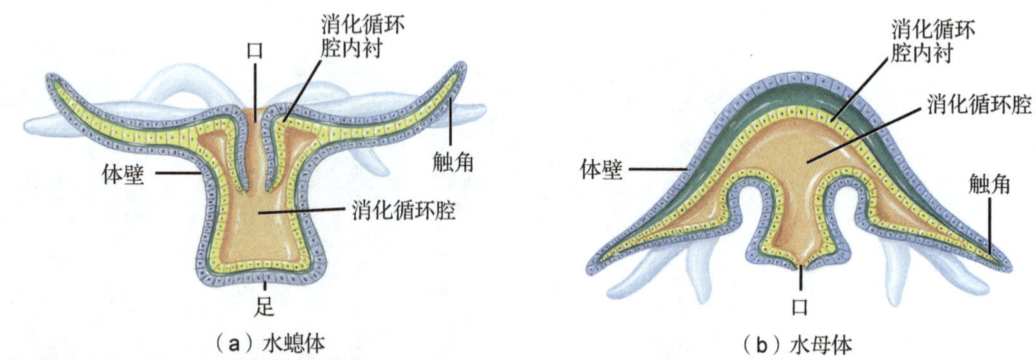

▲图 23-9 水螅体和水母体 （a）海葵（见图 23-8a）和珊瑚（见图 23-8c）中的水螅体个体都呈水螅体形态。（b）水母体形态见于海蜇（见图 23-8b），它就像一个水螅体倒转过来一样（用蓝色表示的组织由外胚层发育而来，黄色表示的组织由内胚层发育而来）。

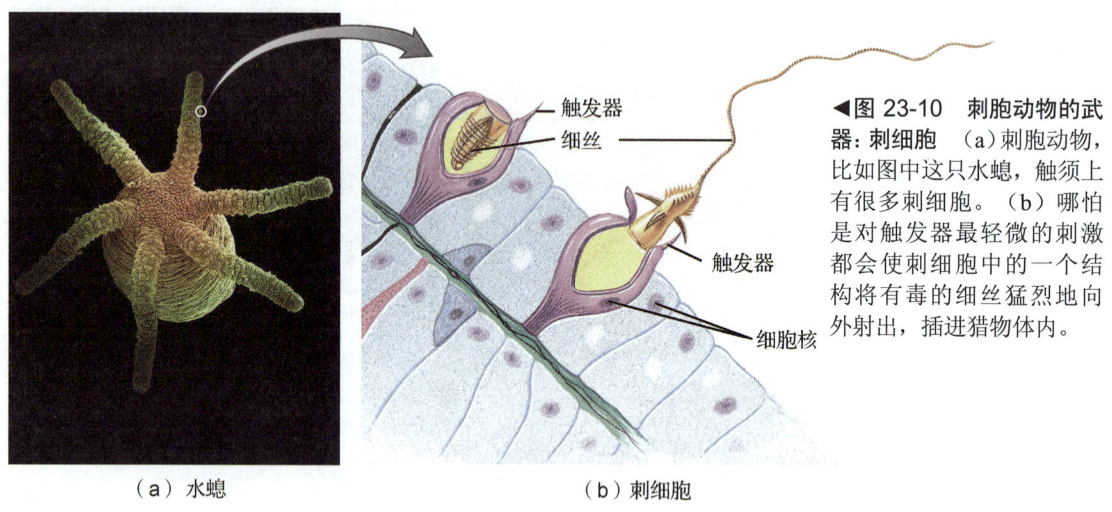

◀图 23-10 刺胞动物的武器：刺细胞 （a）刺胞动物，比如图中这只水螅，触须上有很多刺细胞。（b）哪怕是对触发器最轻微的刺激都会使刺细胞中的一个结构将有毒的细丝猛烈地向外射出，插进猎物体内。

有些刺胞动物的毒素会导致人类的严重刺痛；几种水母的蜇伤甚至足以致命。其中最危险的物种是海黄蜂，即澳大利亚箱形水母（见图 23-8d），它生活在澳大利亚北部和东南亚海域，直径可以达到 12 英寸（约 30 厘米）。一只海黄蜂携带的毒素可以杀死 60 个人，受伤严重者可能会在几分钟内死亡。

3. 很多珊瑚虫可以分泌出坚硬的骨骼

有一群刺胞动物——珊瑚虫，具有非常重要的生态学价值（见图 23-8c）。很多种珊瑚虫的水螅体都会形成集群，而群体中的每一只珊瑚虫都会分泌出坚硬的碳酸钙外骨骼。这些骨骼在珊瑚虫死去后很长时间内都会一直存在，并可以作为其他个体附着在上面的基础。这一循环不断进行，成千上万年后，就会形成巨大的珊瑚礁。

珊瑚礁在寒冷和温暖的海洋中都有分布。冷水珊瑚礁位于深海中，而且，尽管它们分布很广，但直到最近才引起研究人员的注意，因此对它们的研究并不透彻。我们更熟悉的温水珊瑚在热带清澈的浅海中分布。在这里，珊瑚礁是许多海洋生物在水下的栖息地，也是一个具有令人惊叹的多样性和无与伦比的美丽的生态系统。

23.3.3　栉水母借助纤毛四处游动

有 150 余种栉水母，它们是辐射对称动物。从表面上看，它们和一些刺胞动物非常相似，却是一个独立的进化谱系。大多数栉水母的直径不足 1 英寸（约 2.5 厘米），但有些种类的直径可以超过 3 英尺（约 1 米）。栉水母借助纤毛运动，这些纤毛共有 8 排，看上去像梳子一样。尽管大多数栉水母没有颜色，看上去是透明或是半透明的，但"梳子"上搏动的纤毛会散射光，看上去就像栉水母身体上的 8 道彩虹一样（见图 23-11）。

所有的栉水母都是肉食动物。大多数种类生活在沿海或者海洋中，以非常小的无脊椎动物为食（有些情况下，还包括其他更小的栉水母），它们用自己带有黏性的触须捕捉这些猎物（栉水母缺少刺胞动物特有的刺细胞）。几乎所有的栉水母都是雌雄同体的。每个个体都会向周围的海水中排放精子和卵细胞。受精卵可以在水里自由飘浮，产生幼体并最终发育为成年栉水母。

▲**图 23-11　一只栉水母**　这只栉水母的身体中不含色素，但它一排排的纤毛使光发生折射，从而产生彩虹状的颜色分布。

23.3.4　扁形虫可能营寄生生活，也可能自由生活

扁形虫（扁形动物门）这个名字非常合适；它们的形状就像丝带一样扁平。它们是左右对称动物（见图 23-2b）。一共有大约 2 万种扁形虫，其中有很多是寄生虫（见图 23-12a。寄生虫是那些生活在其他生物——名为宿主——体内的生物，在这一关系中，宿主会受到伤害）。而自由生活的扁形虫在淡水、海水和潮湿的陆地环境中生存。它们一般很小，很不起眼（见图 23-12b），但有些扁形虫的色彩十分鲜艳，非常引人注目，这些种类一般都生活在热带的珊瑚礁上（见图 23-12c）。

扁形虫既可以进行有性生殖又可以进行无性生殖。自由生活的品种可能将自己的身体向中间折叠并分为两半来繁殖，之后，分裂成的两半会重新长出缺失的部分。所有的扁形动物都能进行有性生殖；大多数还是雌雄异体的。这一特性使得扁形虫可以通过自受精进行繁殖，这对于寄生在宿主体内的唯一一只扁形虫来说是十分有利的生存策略。

（a）吸虫

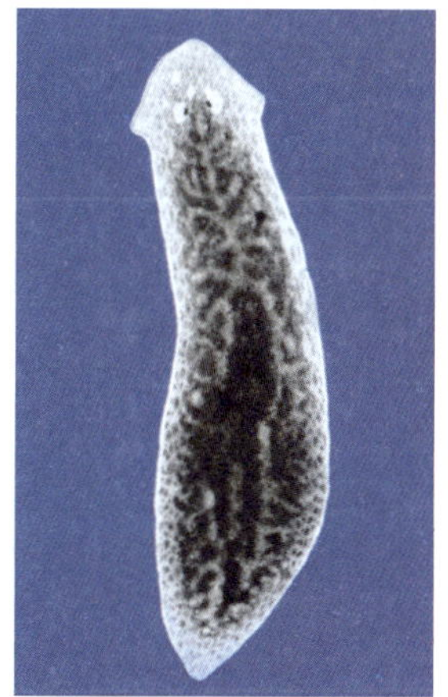

（b）淡水扁形虫

（c）海生扁形虫

▲**图 23-12　各种各样的扁形虫**　（a）这只吸虫营寄生生活。（b）在这只在淡水中自由生活的扁形虫的头部，眼点结构清晰可见。（c）很多生活在热带珊瑚礁的扁形虫都有着色彩鲜艳的外衣。

1. 扁形虫有器官结构，但缺少呼吸和循环系统

与刺胞动物不同的是，扁形虫有器官结构，也就是组织成群组成的功能单位。比如，大多数自由生活的扁形虫都有感觉器官，包括可以分辨光和暗的眼点（见图 23-12b），以及能够响应化学和触觉信号的细胞群。为了对信息进行处理，扁形虫的头部中存在由一群神经细胞组成的神经节，形成简单的大脑。称为神经束的成对神经结构负责将神经信号在神经节中的传入传出。

扁形虫没有呼吸和循环系统。因为没有呼吸系统，所以只能通过在它的体细胞和环境之间进行简单扩散的方式来完成气体交换。这种呼吸方式是可行的，因为扁形虫的外形扁平，身体很小，因此体细胞距离周围环境都不是很远。因为没有循环系统，所以在扁形虫的体内，营养物质直接从消化道转移到体细胞中。它的消化道中有分支结构，延伸到躯体的所有部分，可以让被消化后的营养物质扩散到周围的细胞中。消化腔只有一个开口，因此它的排泄物也是通过嘴排出的。

2. 有些扁形虫对人类有害

有些营寄生生活的扁形虫能感染人类。比如，绦虫能感染食用了被绦虫感染且未煮熟的牛肉、猪肉或鱼的人类。绦虫的幼体在这些动物的肌肉中可以形成有荚膜的静止的结构——囊孢。这些囊孢在人类的消化道中孵化，孵化出来的绦虫幼体附着在人类的小肠上皮上。在那里，它们可能长到超过 20 英尺长（约 7 米）。它们的外表皮直接吸收被消化过的营养物质以维持自身生存，在繁殖的时候，它们将卵和宿主的粪便一起排出宿主体外。如果猪、牛或鱼食用了被人类粪便污染的食物，那么绦虫的卵就会在新宿主的消化道中孵化，释放出可以钻进宿主肌肉的幼虫，并形成囊孢，重复这一感染循环（见图 23-13）。

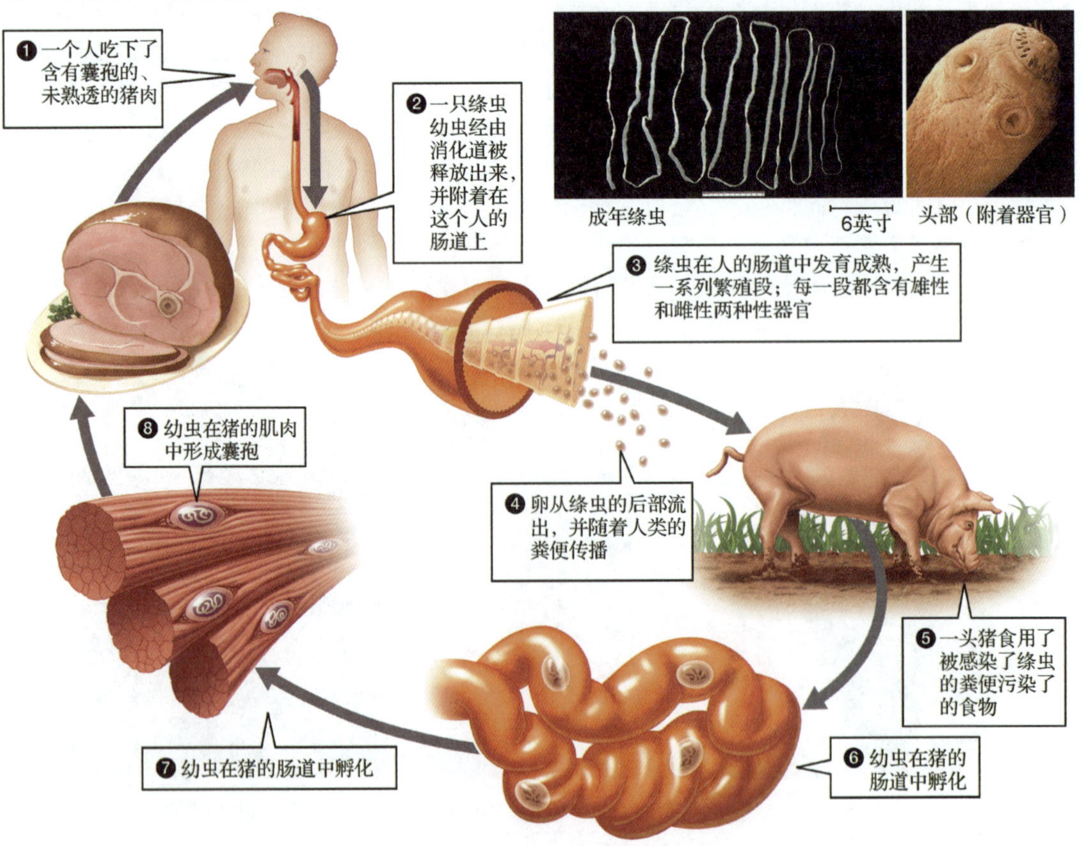

▲图 23-13　人类猪肉绦虫的生命周期

除了绦虫外，还有一些营寄生生活的扁形虫，包括吸虫（见图 23-12a）。在吸虫中，破坏性最大的要数肝吸虫（在亚洲很常见）和血吸虫了。血吸虫属可以导致严重的血吸虫病。和大多数寄生虫一样，吸虫的生命周期非常复杂，包含中间宿主（血吸虫的中间宿主是一种蜗牛）。血吸虫在非洲和南美洲的一些地方非常流行，受感染的人大约有 2 亿。血吸虫病的症状包括腹泻和贫血，可能伴有脑损伤。

23.3.5　环节动物是分节的蠕虫

环节动物（环节动物门）的身体被分成一系列类似的重复环节。从外面看，这种分节看上去就像身体表面一系列环状的凹陷。而在内部，大多数环节有着几乎一模一样的神经、排泄器官和肌肉排列。

在环节动物中，有性生殖非常普遍。其中，有些种类是雌雄同体的；而其他则是雌雄异体的。受精可能发生在体外，也可能发生在体内。对于体外受精来说，精子和卵细胞被释放到周围环境中并受精，这种方式主要为那些生活在水中的种类所采用。而在体内受精过程中，两个不同个体进行交配，然后精子从其中一只直接传给另一只。在雌雄同体的种类中，精子的传递可能是相互的，也就是进行交配的两个个体既把自己的精子传递给对方，同时又从对方那里接受精子。除此之外，有些环节动物能够进行无性生殖，这一过程通常是经由将身体分裂成两段实现的，分裂成的两段分别再生出缺少的部分。

1. 环节动物是体腔动物，而且有器官系统

在环节动物的体壁和消化道之间存在着充满液体的真体腔（见图 23-3a）。在很多环节动物中，体腔中不可压缩的液体被关在每一节之间的区域，形成肌肉可以附着在上面行动的支持结构——液压骨骼。液压骨骼的存在使得蚯蚓可以在土壤中挖洞。

环节动物有发达的器官系统。比如，环节动物有封闭的循环系统，它负责将气体和营养物质分配到体内各个部位。在封闭的循环系统中（包括你我的），血液被密封在心脏和血管里。比如，对蚯蚓来说，含有可以携带氧气的血红蛋白的血液在发达的血管中流动，而这一过程是由五对“心脏”的泵血功能实现的（见图 23-14）。这些心脏实际上只是一小段特化的、可以进行节律性收缩的血管而已。血液在被称为肾管的排泄器官中进行过滤，并排出废物，废物通过小孔被排出到环境中。肾管就像脊椎动物的肾中单个的小管一样。环节动物的神经系统由头部的简单大脑和一系列成对的、由腹神经束相连的神经节组成。腹神经束是一条经过整个身体的神经。环节动物的消化系统包括一条从嘴部通到肛门的肠道。这种有两个开口的、单向的消化道比刺胞动物和扁形动物只有一个开口的消化道要有效得多。环节动物的消化作用发生在消化道一系列小室中，其中每一个都专门负责食物消化的一个环节。

2. 环节动物包括寡毛环节动物、多毛环节动物和蛭类

9000 种环节动物包括 3 个主要的种类：寡毛环节动物、多毛环节动物和蛭类。寡毛环节动物包括我们熟悉的蚯蚓和它的近亲。查尔斯 • 达尔文——可能是最伟大的生物学家——花费了大量的时间研究蚯蚓。蚯蚓能够增加土壤肥力这一点给他留下了尤其深刻的印象。1 英亩的土地中可能生活着 100 万只蚯蚓，它们在土壤中钻洞，食用并排泄出土壤粒子和有机物。这些活动使得空气和水更容易在土壤中流动，而且有机物也可以不断地与土壤进行混合，形成有助于植物生长的环境条件。在达尔文看来，蚯蚓的活动在农业上的贡献非常巨大，以至于“在世界历史上几乎没有别的生物起到如此重要的作用。”不过，蚯蚓的影响也有可能是负面的。在北美洲的一些地区，外来的入侵蚯蚓扰乱了森林土壤原有的结构，并对当地的树木造成损害。

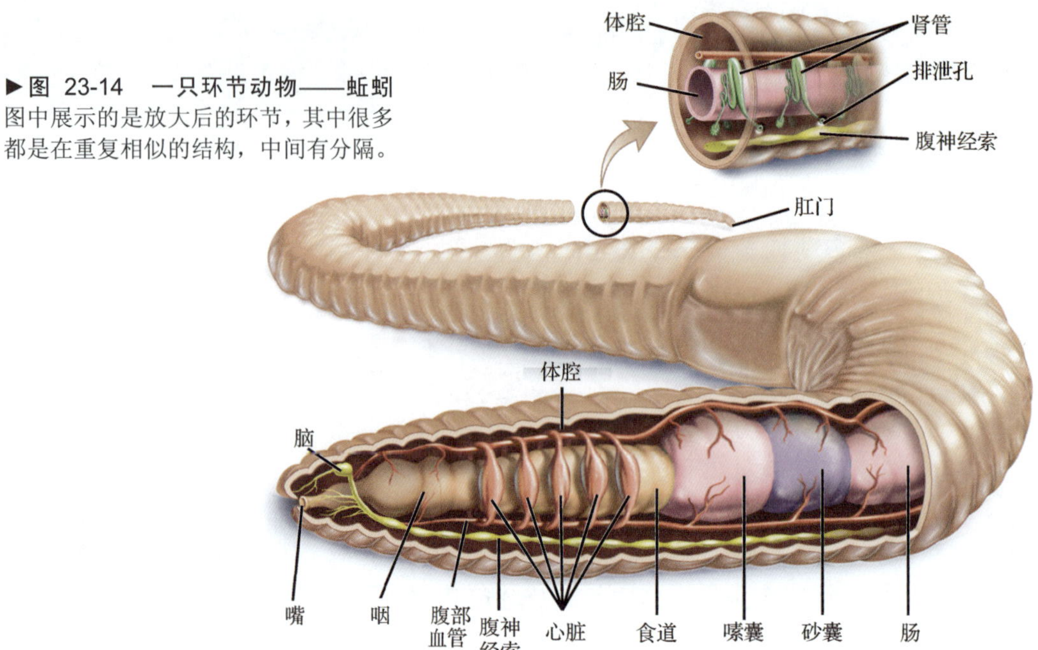

▶**图 23-14 一只环节动物——蚯蚓** 图中展示的是放大后的环节，其中很多都是在重复相似的结构，中间有分隔。

多毛环节动物主要在海洋中生活。有些多毛环节动物在它们大多数环节上都有成对的肉鳍，它们可以用这些鳍四处游动。其他一些生活在管子中，它们从居所伸出羽毛状的腮，这些腮既可以进行气体交换，又可以对水进行过滤，以获取微生物作为食物（见图 23-15a，b）。

蛭类（见图 23-15c）生活在淡水或潮湿的陆地环境中，其中有的是食肉动物，有些是寄生动物。很多肉食性水蛭以较小的无脊椎动物为食；有些以较大的动物的血液为食。

（a）多毛虫的腮　（b）深海多毛虫　（c）水蛭

▲**图 23-15 多种多样的环节动物** （a）一只多毛环节动物颜色艳丽的腮。这只多毛虫身体的其余部分藏在珊瑚礁中的一根管子里，我们在照片的背景中可以看到。（b）这只多毛环节动物生活在深海的通气口附近，那里的水温可以达到 175 华氏度（80 摄氏度）。（c）这只水蛭是生活在淡水中的环节动物，它的身体分成很多段。它的吸盘绕嘴一圈，使它可以附着在猎物身上。

23.3.6 大多数软体动物都有壳

如果你吃过蛤肉杂烩、放在一扇贝壳上的生蚝或是嫩煎扇贝的话，就应该对软体动物（软体动物门）心怀感激。软体动物有很多种类；以物种数量而言，软体动物一共有 50 000 种，只比节肢动物少（虽然二者差距颇大）。这些物种有着多种多样的生活方式，从成年之后就一直在一个地方不动、靠从水中过滤微生物为食的蚌，到诸如巨型乌贼这样生活在大洋底部的贪婪捕食者一应俱全。大多数软体动物的身体都有一个由碳酸钙构成的壳来保护它们，不过也有一些软体动物没有壳。一些没有壳的软体动物通过快速移动来追捕猎物和逃避捕食者；而其他一些没有壳的软体动物虽然移动得很慢，但是它们的身体可以分泌出有毒或味道不好的化学物质。除了一些蜗牛和蛞蝓之外，软体动物都生活在水里。

大多数软体动物的循环系统都包括环节动物没有的一个结构：血腔。血液注入血腔，并在这里直接和内部器官接触。这样的结构安排被称为开放循环系统。软体动物还有外套膜，这是一个体壁的延伸结构，外套膜形成腮室结构，而且对有壳的软体动物来说，外套膜还是负责产生壳的器官（见图 23-16）。软体动物的神经系统像环节动物的一样，也是由神经连接的神经节组成的，但在很多软体动物中，大脑内含有的神经节更多。软体动物都进行有性生殖；有些是雌雄异体的，有些是雌雄同体的。

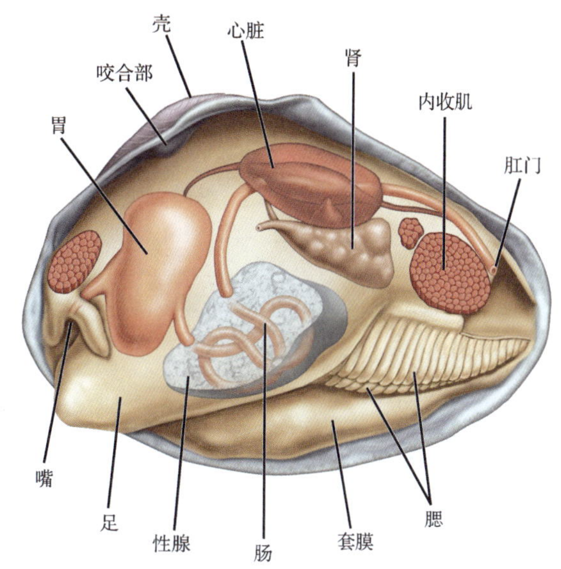

▲图 23-16　**一只双壳软体动物**　蛤的身体结构，展示了外套膜、伪足、腮、壳和其他在大多数（但不是全部）软体动物中都能见到的特征。蛤用内收肌来开关壳。

软体动物有很多种；在这里我们只详细讨论三种：腹足类动物、双壳类动物和头足类动物。

1. 腹足类动物用一只足爬行

蜗牛和蛞蝓——统称腹足类动物，用肉质的足爬行，而且很多被保护在形状和颜色各异的壳中（见图 23-17a）。不过，不是所有的腹足类动物都有壳。比如，海蛞蝓就没有壳，但它们艳丽夺目的颜色警告潜在的捕食者：它们有毒或不好吃（见图 23-17b）。

（a）蜗牛

（b）海蛞蝓

►图 23-17　**多种多样的腹足类软体动物**　（a）一只佛罗里达树蜗牛的壳上有明亮的条纹。它的眼睛长在触须的末端，如果被人碰到就会立刻缩回。（b）很多海蛞蝓都有着绚丽的颜色，这样的外观是对潜在捕食者发出的警告。

腹足类动物用齿舌取食，齿舌是一条上面布满棘刺的灵活的带状组织，它可以用来从石头上刮下藻类，或者抓取体积更大的植物或其他猎物。大多数蜗牛都用腮呼吸，它们的腮一般都位于壳下面的一个空腔中。气体也可以直接扩散通过很多腹足类动物的皮肤。生活在陆地环境中的少数几种腹足类动物（包括花园中那些破坏性极大的蜗牛和蛞蝓）用简单的肺呼吸。

2. 双壳类动物是滤食生物

扇贝、牡蛎、蚌和蛤都是双壳类动物（见图 23-18）。双壳类动物有两个由灵活的铰链结构连接在一起的壳。双壳类动物还有一块强壮的肌肉，可以在遇到危险时将壳关闭；你在餐馆吃扇贝时，店员端给你的就是这块肌肉。

（a）扇贝

（b）蚌

▲**图 23-18 多种多样的双壳类软体动物** （a）这只扇贝将它用铰链连接的两片贝壳分开，让水流进来。它通过过滤水中的微生物取食。位于外套膜边缘、在两片贝壳中的蓝色小点是简单的眼睛。（b）在退潮时，我们可以看到大量的蚌附着在岩石上。白色的藤壶（节肢动物）黏着在蚌的贝壳和周围的岩石上。

蛤用肉质的足在沙子或泥土中挖洞。而对于附着在岩石上生活的蚌来说，它们的足要比蛤小一些，它们可以分泌一些纤维来使自己更容易附着在岩石上。扇贝则没有足，它们通过拍打壳来进行喷射推进。

双壳类动物是滤食生物，它们用腮呼吸，也用腮捕食。腮的表面有一层薄薄的粘膜，在水流过的时候可以捕捉微生物。腮中纤毛的搏动将这些食物送到嘴里。

3. 头足类动物是海洋中的捕食者

头足类动物包括章鱼、鹦鹉螺、墨鱼和鱿鱼（见图 23-19）。最大的无脊椎动物——巨型乌贼和大王乌贼——都属于头足类动物。所有的头足类动物都是肉食动物，而且都生活在海中。对于这些软体动物来说，它们的足进化成触须，这些触须具有非常灵敏的感知能力，能够感应到猎物的存在。触须上的吸盘会抓住猎物，然后唾液中的神经毒素会将其麻痹，之后猎物就会被它们鸟喙状的嘴撕成碎块。

（a）章鱼

（b）鱿鱼

►**图 23-19 多种多样的头足类软体动物** （a）在紧急情况下，章鱼可以通过剧烈收缩外套膜迅速后退。章鱼和鱿鱼都可以通过喷射暗紫色的墨汁来迷惑捕食者。（b）鱿鱼可以通过收缩外套膜进行喷射推进，将自己在水中向后推。（c）鹦鹉螺的壳中含有许多充满气体的小室，为它提供浮力。注意它们发达的眼睛和用于捕捉猎物的触须。

（c）鹦鹉螺

头足类动物以喷射推进的方式四处移动，速度很快。这种移动方式是通过将水从外套膜腔有力地排出而实现的。章鱼还可以用触须在海底移动，这些触须就像很多上下起伏的腿一样。头足类动物闭合的循环系统也是它们能够迅速移动并积极捕猎的一个原因。头足类动物是唯一有着闭合循环系统的软体动物，闭合的循环系统比开放的循环系统能更加有效地运输氧气和营养物质。

头足类动物有发达的脑和感知系统。它们的眼睛非常复杂，其复杂程度几乎与我们人类的眼睛不相上下。头足类动物，尤其是章鱼的大脑非常大而且很复杂。章鱼的大脑位于一个类似于头骨的软骨壳中，它给予了章鱼高度发达的学习和记忆能力。在实验室中，章鱼可以很快学会走迷宫，将符号和食物联系起来，或者打开带有螺旋盖的罐头来获得食物。在自然环境中，有些章鱼会使用工具：纹理章鱼可以将海底埋藏的椰子壳清理干净，将它们堆积起来以便运输，并将它们变成自己的庇护所。

23.3.7　节肢动物是种类最多、数量最大的动物

无论是在个体数目方面还是在物种数目方面，都没有哪类动物能比得上节肢动物（节肢动物门）。节肢动物包括昆虫类、蛛形类、多足虫类和甲壳类。人们已经发现了约 100 万种节肢动物，而科学家估计，还有数百万种节肢动物仍未被发现。

1. 节肢动物有附肢和外骨骼

所有节肢动物都有成对的、分节的附肢和外骨骼，外骨骼是像盔甲一样覆盖在节肢动物身体表面的外置骨骼系统。外骨骼是由节肢动物的表皮分泌的，主要由蛋白质和一种称为甲壳质的多糖组成（见图 3-11）。外骨骼帮助节肢动物抵抗捕食者，而且使它们比自己蠕虫样的祖先灵活得多。外骨骼给肌肉提供了坚硬的附着位点，但在关节处又变得非常细而灵活，因此增加了其附肢的活动范围。这一强度和灵活度的完美结合使得黄蜂可以自由飞行，蜘蛛在织网的时候也可以进行错综复杂的操作（见图 23-20）。外骨骼也对节肢动物进军陆地做出巨大的贡献，因为它为用于交换气体的脆弱、潮湿的组织提供防水的外套（节肢动物是最早在陆地上生活的动物）。

不过，就像盔甲一样，节肢动物的外骨骼也存在一些问题。首先，因为它不能随着动物的生长而生长，因此每隔一段时间外骨骼就要脱落一次，又称蜕皮，然后用一套更大的外骨骼来取代它（见图 23-21）。蜕皮需要大量的能量，而且蜕皮的动物在新的外骨骼变得坚硬之前很容易受到捕食者的攻击。此外，外骨骼还很重，而且它的重量随着动物的长大以指数形式增长。毫不意外，最大的节肢动物是生活在水中的甲壳类（蟹和龙虾），水可以支撑它们的大部分重量。

▲图 23-20　外骨骼使得节肢动物能够灵活运动　一只花园金蜘蛛开始将它刚抓到的黄蜂用丝线裹起来。节肢动物特有的外骨骼和有关节的附肢使得这样精巧的活动变为可能。

▲图 23-21　每隔一段时间，节肢动物就必须进行蜕皮　一只蝉刚刚蜕去它旧的外骨骼。

2．节肢动物有特化的体节，适应活跃的生活方式

节肢动物是分节的，不过它们的体节比较少，而且特化为行使不同功能的部分，比如感知外界环境、取食和运动（见图 23-22）。比如，对昆虫来说，感知和取食器官集中在称为头部的前段，而消化器官主要位于腹部，也就是后部。头部和腹部之间是胸部，胸部附着有运动所需的结构，比如翅膀和用于行走的腿。

很多节肢动物可以快速飞行、游泳或奔跑。为了给肌肉提供足够的氧气，需要非常有效的气体交换方案。对于水生节肢动物，比如甲壳类来说，气体交换是通过腮进行的。而对于陆生节肢动物来说，气体交换是通过肺（蜘蛛）或者呼吸管进行的。呼吸管是狭窄而分支的呼吸管道网，它和外界环境是连通的，在身体的所有部位都有分布。大多数节肢动物的循环系统都是开放的，就像软体动物的一样，血液直接浸泡着位于血腔中的器官。

大多数节肢动物的感知和神经系统都非常发达。节肢动物的感知系统通常包括有多个光感受器的复眼（见图 23-23），以及灵敏的化学和触觉感受器。节肢动物的神经系统包括一个由神经节融合而成的大脑以及一系列由腹神经束连接、沿着身体排列的神经节。这样发达的神经系统以及高超的感知能力使很多节肢动物进化出了复杂的行为。

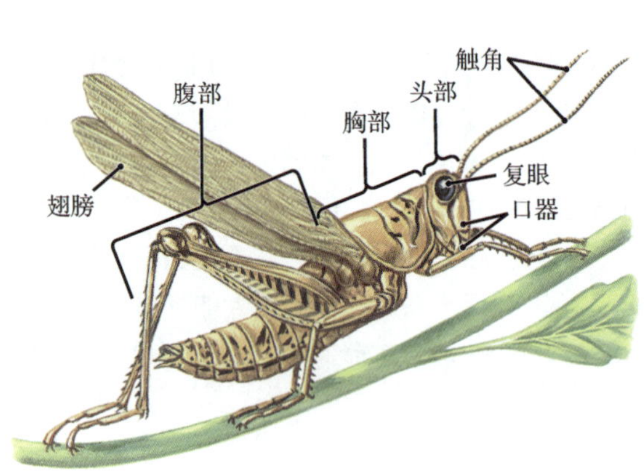

▲图 23-22　**特化的昆虫体节是经过融合的**　昆虫，比如图中这只蝗虫的体节经融合和特化形成明显的头、胸和腹部。在腹部，分节状况清晰可见。

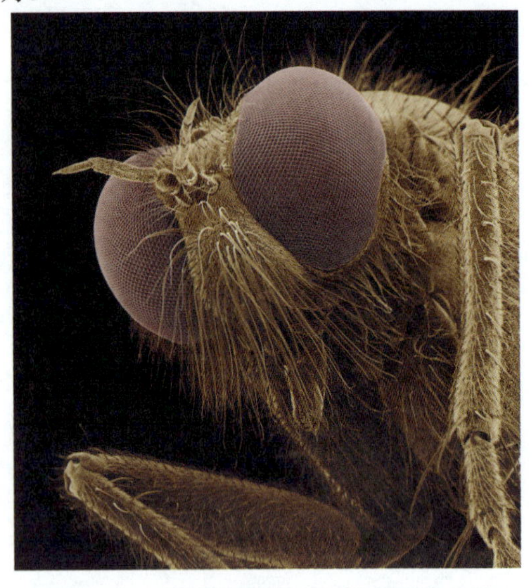

▲图 23-23　**节肢动物有复眼**　这张扫描电子显微镜照片展示了一只牛虻的复眼。复眼由一系列类似的集光和感知元件组成，它们使得牛虻的视野非常宽广。昆虫的成像和颜色鉴别能力相当不错。

3．昆虫是唯一能飞的无脊椎动物

目前，人们已经发现的昆虫大约有 85 万种，大约是所有其他已知的动物种类数的 3 倍（见图 23-24）。昆虫有一对触角和三对腿，通常有两对翅膀。昆虫的飞行能力将它们与所有其他节肢动物分开，并且使它们获得极大的成功。打过苍蝇的人都可以证明，飞行在逃脱捕食者方面非常有用。飞行能力还使得昆虫能够找到广泛分布的食物。蝗群每天可以飞行 200 英里寻找食物；研究人员曾经跟踪过一群蝗虫，它们一共飞行了 3000 英里。飞行需要迅速且有效的气体交换，昆虫通过呼吸管做到了这一点。

在它们的发育过程中，昆虫需要经历变态过程。变态过程是一次巨变，是昆虫从不成熟的身体状态变为成熟的身体状态的一个过程。对于进行完全变态发育的昆虫来说，在不成熟的阶段——

幼虫期，它的外形和蠕虫类似（比如说，丽蝇的幼虫——蛆和蛾或蝴蝶的幼虫——毛虫）。幼虫从卵孵化而来，在贪得无厌地进食并几次蜕去外骨骼之后，进入无须进食的休眠阶段：蛹。蛹的外面包裹着一层罩子，在罩子中，蛹会经历一次剧烈的变形。之后，成虫从蛹中爬出。成虫相互交配并产卵，于是这一循环周而复始。在变态过程中，昆虫的食性和外形都会发生改变，从而排除了成虫和幼虫竞争食物的可能性。在有些情况下，食性的改变使得昆虫在不同阶段都能够吃到当时含量最丰富的食物。比如，在春天食用新生绿芽的毛虫进行变态发育成为蝴蝶后，可以享受夏天盛开花朵中的花蜜。有些昆虫，比如蝗虫和蟋蟀，进行的变态发育是一个循序渐进的过程（称为不完全变态发育），在它们从卵中孵化出来后，它们的幼体形态和成虫有些相似，在它们长大并蜕皮的过程中，逐渐发育出更多的成虫特征。

▶**图 23-24　各种各样的昆虫**
（a）蚜虫从植物中吸食富含糖分的果汁。（b）这只子弹蚁的叮咬会让人非常痛苦。（c）一只 6 月鳃角金龟在降落时展示它的两对翅膀。外翼的作用是保护腹部和相对较薄、较脆弱的内翼。（d）毛虫是蛾或蝴蝶的幼虫。这只蚕蛾的幼虫能用口器发出“啧啧”声。这种声音可能是用来警告捕食者“这只毛虫不好吃”的。

（a）蚜虫

（b）蚂蚁

（c）正在飞行的甲虫

（d）蛾的幼虫

昆虫的多样性简直不可思议。生物学家将多种多样的昆虫分成了几十个类别。我们在这里只讲述其中的三个最大的类别。

（1）**蝴蝶和蛾**。蝴蝶和蛾可能是最引人注目、同时人们对它们的研究也最为透彻的昆虫。

很多蝴蝶和蛾的翅膀都鲜艳夺目、闪闪发亮。这是因为蝴蝶和蛾翅膀上的鳞屑中存在色素和反光的结构（鳞屑是触摸一只蝴蝶或蛾时，你的手上会沾到的粉末状物质）。蝴蝶主要在白天活动，而蛾主要在晚上活动（不过这一普遍规则也有例外，比如在白天的花园中，我们也经常能看见正在取食的蜂鸟鹰蛾）。

蝴蝶和蛾的进化与开花植物的进化紧密相连。蝴蝶和蛾几乎只食用开花植物，无论是幼虫还是成虫都是如此。很多开花植物反过来依靠蝴蝶和蛾类传粉。

（2）**蜜蜂、蚂蚁和黄蜂**。蜜蜂、蚂蚁和黄蜂都会叮咬人，而且很痛，许多人通过这一特征认识了它们。在这一群体中，很多物种的尾部都有一根从腹部延伸出来的毒刺，用于在蜇伤敌人时将毒液注入对方的体内。毒液的毒性可以很强，不过对人类来说很幸运的是，每只昆虫体内只携带很少的毒素。只有雌性昆虫才有毒刺，很多长有毒刺的种类用它们来保护巢穴免遭潜在的捕食者侵袭。不过，防御可不是毒刺唯一的作用。比如，很多黄蜂以寄生的方式繁殖：它们在另一种昆虫的体内产卵，这种昆虫通常是蛾或蝴蝶的毛虫。在黄蜂的幼虫孵化出来后，这只毛虫就沦为了前者的食物。在产卵之前，黄蜂可能会蜇一下毛虫，从而使之麻痹。

有些蚂蚁和蜜蜂的社会行为极其复杂。它们能形成巨大的集群，其中的组织关系非常复杂，每个个体都有专门的工作，比如觅食、防卫、繁殖或喂养幼虫。这种组织关系和分工需要它们有很好的交流和学习能力。社会性昆虫能完成一些惊人的壮举。比如，蜜蜂可以制作并储存食物（蜂蜜），有些蚂蚁可以在地下的小室“种植”真菌，或者给蚜虫“挤奶”——让它们分泌出一种富有营养的汁液。

（3）**甲虫**。在已知的昆虫中，有三分之一的种类是甲虫。甲虫的外形、大小和生活方式多种多样。不过，所有的甲虫的翅膀上都覆盖有坚硬的“铠甲”，起保护作用。很多甲虫是农业上的害虫，比如科罗拉多马铃薯甲虫、谷类象鼻虫和日本甲虫。不过，其他甲虫，比如七星瓢虫，会捕食害虫，在控制病虫害方面起到重要作用。

在所有甲虫中，最为惊叹的一种适应性变化是在一种叫做投弹甲虫的物种中发现的。投弹甲虫可以通过从自己腹部末端的一个喷口中喷出有毒的喷雾来抵御蚂蚁和其他敌人。投弹甲虫在进行猛烈的喷射时还可以进行精确的瞄准，让温度高达 200 华氏度（93 摄氏度）的喷雾准确击中对手。为了防止伤到自己，投弹甲虫只在需要的时候才会制造这种喷雾，而这一过程是通过把两种无害的物质混合到一起而实现的。

4. 大多数蛛形类都是肉食性掠食动物

蛛形类包括蜘蛛、螨虫、扁虱和蝎子（见图 23-25）。所有蛛形类动物都有 8 条用来行走的腿，而且大多数都是肉食动物。很多蛛形类动物都以血液或经过预消化的食物为食。比如种类最多的蛛形类动物——蜘蛛，它们在捕食的时候，首先会用神经毒素麻痹猎物。然后，向动弹不得的猎物（通常是昆虫）体内注入具有消化作用的酶，将猎物的肉体变成“汤”之后吸食。蛛形类动物用呼吸管或肺呼吸，也有两者都用的。

▶图 23-25　各种各样的蛛形类动物　（a）狼蛛是世界上最大的几种蜘蛛之一，不过它们是相对无害的。（b）蝎子生活在温暖的环境中，比如美国西南部的沙漠里。它们用储存在腹部尖端的毒刺中含有的毒液来麻痹猎物。有几种蝎子会对人类造成伤害。（c）扁虱在吸血前（左）和吸血后的样子。它们未加压的外骨骼的延展性很强，而且可以折叠，使得这些动物在进食时变得非常臃肿。

（a）狼蛛

（b）蝎子

（c）扁虱

与昆虫类和甲壳类的复眼不同的是，蛛形类的眼睛非常简单，而且每只眼睛只有一个晶状体。大多数蜘蛛有 8 只眼睛，这 8 只眼睛的排列可以让它们将捕食者和猎物尽收眼底。它们的眼睛对运动的物体非常敏感，而且有几种蜘蛛——尤其是那些积极捕猎且不织网的蜘蛛——的眼睛被认为具有成像功能。不过，蜘蛛大多数的感觉功能不是通过眼睛完成的，而是通过覆盖它们身体大部的感觉毛来完成的。蜘蛛的一部分毛对碰触很敏感，可以帮助它们感知猎物、配偶和周围环境。还有一些毛对化学物质很敏感，它们具有感知气味和味道的功能。感觉毛还对空气、大地或蜘蛛网的振动有反应，使蜘蛛能够感觉到捕食者、猎物或其他蜘蛛的接近。

蜘蛛的代表性特征之一就是它们能产生由蛋白质构成的蜘蛛丝。蜘蛛在腹部的一个特殊的腺体中分泌蛛丝，并用它来完成各种各样的功能，诸如织网来捕捉猎物，将猎物捆绑并固定起来（见图 23-20），为它们自己制造掩蔽所，制造用来包裹卵的茧，以及制造将蜘蛛连在蛛网或其他表面上，或者在它从高处落下时用来支撑它的重量的拖丝。蜘蛛丝是一种极轻、极坚固同时又具有很好弹性的纤维。如果粗细相同的话，它可以比钢丝还坚韧，同时又像橡胶一样有弹性。人类工程师很久以来一直试图发明出一种和蛛丝一样，能达到强度和弹性的完美结合的纤维。不过，尽管对蛛丝的结构研究得已经非常仔细，但我们还是没能成功造出可以和蛛丝相比的纤维。

5. 多足虫有很多条腿

多足虫包括百足虫和千足虫，它们最主要的特征就是有很多条腿（见图 23-26）。大多数千足虫有 100～300 条腿；腿最多的物种有 750 条腿。百足虫的腿没有这么多，大多数百足虫只有约 70 条腿。百足虫和千足虫都只有一对触角。其中，百足虫的腿和触角比千足虫的要长且精致。多足虫的眼睛构造非常简单，它们只能辨别光和暗，但是不能成像。有些物种的眼睛数目非常多，可以达到 200 只，但也有些物种完全没有眼睛。多足虫用呼吸管呼吸。

多足虫的生活环境比较单一，大多数在土壤或者落叶层中，或者在原木和岩石下生活。百足虫大多都是肉食动物，它们可以用最靠前的腿来抓住猎物（一般是其他节肢动物），这些腿发生了变化，类似于尖利的爪子，可以向猎物体内注入毒液。体型较大的百足虫的叮咬会导致人类剧烈的疼痛。相反，大多数千足虫都不是捕食者。它们以腐烂的植物和其他杂物为食。在受到攻击时，很多千足虫会通过分泌具有恶臭的液体来保护自己。

（a）百足虫

（b）千足虫

▲图 23-26　多种多样的多足虫　（a）百足虫和（b）千足虫是常见的夜行性多足虫。百足虫的每一个体节上都附着有一对腿，而千足虫的每一个体节上有两对。

6. 大多数甲壳类动物生活在水里

甲壳类动物包括蟹、螯虾、龙虾、对虾和藤壶。它们是唯一主要生活在水中的节肢动物（见图 23-27）。甲壳类动物的大小可以相差非常悬殊，从生活在沙粒之间的空隙中、要借助显微镜才能看清的种类到世界上最大的节肢动物——日本蜘蛛蟹，它的腿伸展开来有 12 英尺（约 4 米）长。甲壳类动物有两对有感知作用的触须，不过其他附肢的形态、数目和物种的栖息地和生活方式有关，因此高度多样化。大多数甲壳类动物有类似于昆虫的复眼，并用腮呼吸。

甲壳类动物是体型更大的动物的重要食物来源。比如，在南半球的海洋中，生活着很多较小的甲壳类动物磷虾，它们是鲸、海豹、海鸟以及其他动物的主要食物来源。人类也食用很多甲壳类动物。比如，在美国，对虾是迄今为止人们消耗量最大的海产品。在过去的 20 年中，对虾的人均食用量已经翻了一番。今天，我们吃到的大部分对虾都是人工养殖的，养殖场主要是在亚洲和南美洲的沿海地区。不幸的是，广泛的对虾养殖对生态环境造成了不利的影响，原因主要是有大量的红树林被人们砍伐干净用来养殖对虾，而红树林对于生态环境来说是非常重要的。

▶图 23-27 多种多样的甲壳类动物 （a）非常微小的水蚤在淡水中非常常见。注意水蚤身体中正在发育的卵。（b）鼠妇常常出没于阴暗、潮湿的地方，比如岩石、树叶和腐烂的木头下面，它是很少的几种成功进军陆地的甲壳类动物之一。（c）寄居蟹通过寄居在一个被遗弃了的蜗牛壳中来保护它柔软的腹部。（d）鹅颈藤壶用它们坚韧、灵活的柄将自己固定在岩石、船、甚至类似于鲸这样的动物身上。其他种类的藤壶通过类似于微型火山的壳（见图 23-18b）将自己固定在其他物体上。早期的博物学者在发现它们有关节的腿之前一直以为它们是软体动物。（在图中我们可以看见它们向水里延伸的腿）。

（a）水蚤

（b）鼠妇

（c）寄居蟹

（d）鹅颈藤壶

 23.3.8 线虫在自然界中大量存在，大多数体型很小

尽管你可能很幸运地不知道它们的存在，但实际上，线虫（线形动物门）几乎无处不在。在地球上几乎所有栖息地都能找到线虫的身影，它们在降解有机物方面起到重要的作用。它们的个体数目极大，一个正在腐烂的苹果上面就可能有 10 万只线虫。在一英亩的表层土壤中，就有数十亿只线虫在旺盛生长。此外，几乎所有植物和动物都是几种线虫的宿主。

除了数量很大以及普遍存在之外，线虫的种类也很多。尽管人们目前只命名了 12 000 种不同的线虫，但线虫种类的总数实际上可能有 50 万种之多。其中大多数就像图 23-28 中的那只一样，非常微小，不过有些营寄生生活的线虫可以长到好几米长。

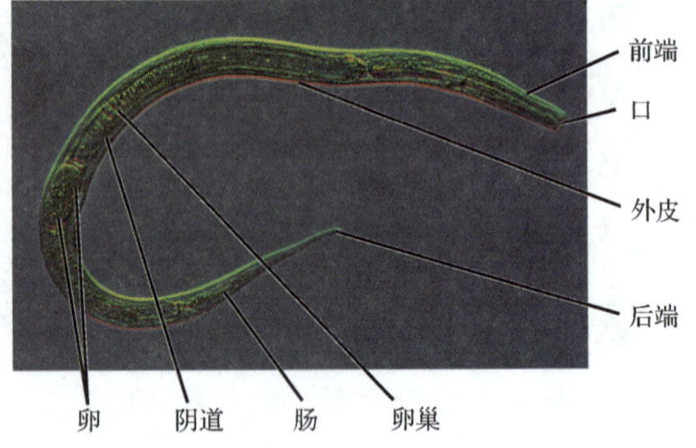

▲图 23-28 一只生活在淡水中的线虫 在这只雌性淡水线虫的照片中，它体内的卵清晰可见。

1. 线虫是简化身体结构的假体腔动物

线虫的身体结构相对简单，特征是有管状的肠道、器官浸泡在充满液体的假体腔中，并形成液压骨骼（见图 23-3b）。一层强韧的、由非生命物质构成的角质层覆盖在细长的身体表面，起到保护作用。每隔一段时间，线虫就会把这层角质层蜕掉，长出新的。位于线虫头部的感知器官将信息传递到简单的“脑”中。线虫的脑是由神经环组成的。

线形动物没有循环和呼吸系统。因为大多数线虫都非常细，对能量的需求也比较低，因此简单的扩散就可以满足它们对气体交换和营养物质分配的要求。大多数线虫营有性生殖，而且是雌雄异体动物；雄性（通常比雌性要小）通过将精子放入雌性的体内来使其受精。

2．有几种线虫对人类有害

在你的一生中，你可能会被 50 种会感染人类的线虫之中的一种侵袭。大多数这样的线虫相对无害，但有一些重要的特例。比如，十二指肠虫幼虫（存在于某些热带地区的土壤中）会钻进人的脚，进入血流，并顺着血流来到人的小肠，并造成持续的出血症状。另一种危险的寄生线虫叫做旋毛虫，会导致旋毛虫病。旋毛虫会感染食用了未全熟的、被污染的猪肉的人类。在被污染的猪肉中，每克肉可含有 15 000 个幼虫囊孢（见图 23-29a）。囊孢在人类的消化道中孵化，并入侵血管和肌肉，导致出血和肌肉损伤。

寄生线虫还会威胁到家养动物。比如，狗很容易被犬恶丝虫感染（见图 23-29b），后者可通过蚊子传播。在美国南部，犬恶丝虫对于未受保护的宠物的生命构成了重大威胁（在美国其他地区，情况也在变得越来越严重）。

▶图 23-29　一些寄生线虫
(a)旋毛虫包裹在囊孢中的幼虫，位于一头猪的肌肉组织中。它可以在那里生活长达 20 年。(b)一条狗的心脏中的成年犬恶丝虫。犬恶丝虫的幼虫进入血流，在血流中，它们可能会被蚊子摄入体内，并通过叮咬传染给另一条狗。

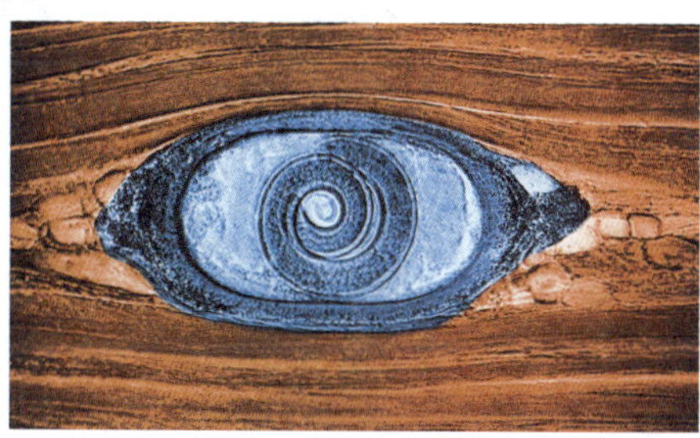

(a) 旋毛虫

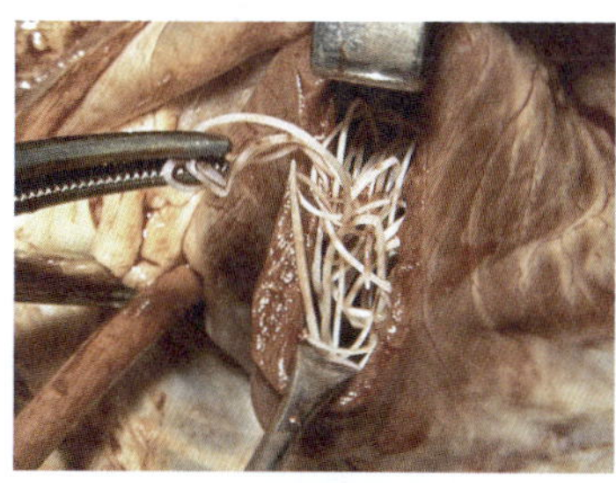

(b) 犬恶丝虫

23.3.9　棘皮动物有碳酸钙构成的骨骼

棘皮动物（棘皮动物门）只在海洋中生存，而且它们的常用名也容易让人们想起它们的栖息地：饼海胆、海胆、海星、海参和海百合，等等（见图 23-30）。“棘皮动物”这个名字（希腊语，刺猬样的皮肤）来源于大多数棘皮动物皮肤中长出的隆起或尖刺。海胆身上的这些尖刺尤其发达，而海星和海参身上的尖刺就要少得多。棘皮动物的隆起和尖刺实际上是内骨骼的延长部分。内骨骼是由碳酸钙板构成的，它们位于外皮之下。

1．棘皮动物在幼体时期是左右对称动物，在成体时期是辐射对称动物

棘皮动物表现出后口动物的发育方式，而且和包括脊索动物在内的其他后口动物有着共同的祖先（见第 24 章）。棘皮动物是左右对称动物这一进化树上的成员，但它们的左右对称只表现在胚胎时期和能自由游动的幼年时期。相反地，成年棘皮动物却是辐射对称的，而且没有头部。头部形成的缺失和它们缓慢呆滞的生活习性是相符的。大多数棘皮动物移动很慢，以藻类或从沙子和水中过滤出的小块物质为食。有些棘皮动物是捕食者，比如海星就以比它移动得还慢的蜗牛或蛤为食。

2．棘皮动物具有水管系统

棘皮动物用无数微小的管足移动，管足是从身体的下表面伸出、终止于吸盘的圆柱状突起。管足是棘皮动物所特有的水管系统的组成部分，水管系统在运动、呼吸和捕捉食物方面都有作用（见图 23-31）。海水通过棘皮动物上表面的一个开口（筛板）进入一个环状的中心管道，中心管道又向四周辐射出很多管道。这些管道将水带到管足处，而后者受壶状体，一块有伸缩功能的肌肉器官的控制。壶状体的收缩将水挤入管足中，并使它伸长。这样，吸盘就会被压在海底或食物上，并牢牢附着在上面，直到内在的压力释放完毕。

（a）海参

（b）海胆

（c）海星

▲图 23-30 **多种多样的棘皮动物** （a）一只海参在吃沙子上的碎屑。（b）海胆的尖刺实际上是内骨骼的突起。（c）海星通常有 5 个臂。

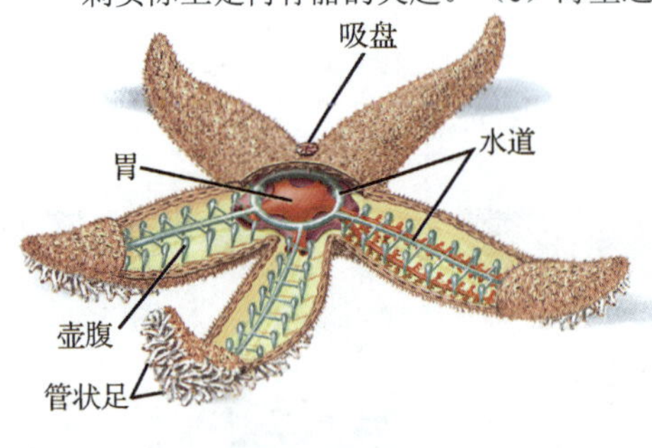

（a）海星的身体设计

（b）海星在吃一只蚌

▲图 23-31 **棘皮动物的水管系统** （a）充满海水的水管系统内部压力的改变会使管足伸长或收缩。（b）海星经常以软体动物——比如图中的这只蚌——为食。正在进食的海星将它无数的管足附着在这只蚌的壳上，对其施加拉力。之后，海星将它脆弱的胃通过位于它中心部位的嘴翻出来。海星的胃可以钻进双壳类的壳之间 1 毫米那么宽的缝隙。一旦进入两壳之间，海星的胃就会分泌消化酶，使软体动物变得虚弱，然后进一步把壳打开。已经部分被消化的食物会被转移到胃的上半部分完成消化。

3. 棘皮动物的一些器官系统被简化了

棘皮动物的神经系统相对简单，而且没有大脑。它们的活动受到的调控并不精确；对活动的调控是由一个由环绕食道的神经环、辐射到身体其余部位的辐射神经和通过表皮的神经组成的系统完成的。海星的臂尖处集中分布有一些简单的光合化学物质受体，而感觉细胞散布在表皮上。对于一些蛇尾类棘皮动物来说，它们的光受体和非常微小的透镜偶联在一起，这些比人类头发的直径还要细小的棱镜能捕获光，并把光汇聚在受体上。这些“显微透镜”是由方解石（碳酸钙）晶体组成的。它们的光学性能无与伦比，远远比人类制造的同等尺寸的透镜要好得多。研究人员假定，这成千上万个透镜中的每一个都会形成一个微小的像，动物可以将这些透镜成的像集合起来，形成周围环境的图像。

棘皮动物没有循环系统，虽然在它们发达的体腔中流动的液体就可以代替循环系统的功能。气体交换通过伪足进行，不过在有些种类中是由穿透表皮的无数微小的“皮肤腮”完成的。大多数棘皮动物都是雌雄异体的，它们通过将精子和卵细胞排到水里来完成受精作用并进行繁殖。

很多棘皮动物可以再生失去的身体部位，而海星的再生能力尤其强大。实际上，只要臂上连有身体中心的一部分，海星的一个臂就可以长成一整只海星。在大家广泛认识到海星的这一能力之前，捕捞蚌的渔民为了保护蚌不被海星吃掉，经常将海星砍成几块再扔回海里。不用说，这一策略的效果适得其反。

23.3.10 脊索动物包括脊椎动物

脊索动物（脊索动物门）包括脊椎动物和几种无脊椎动物，后者包括海鞘和文昌鱼等。

第 24 章　动物多样性 II：脊椎动物

现代腔棘鱼这一霸王龙般的存在，迄今还生活在我们的地球上，不能不说是个奇迹。

24.1 脊索动物的主要特征是什么？

人类在分类学上属于脊索动物（脊索动物门）这一分类群。脊索动物（见图 24-1）不只包括有骨骼的鸟和类人猿这样的动物，还包括被囊动物（海鞘）和体型娇小的鱼形动物文昌鱼。这些动物和我们之间存在着很大的不同。那么，我们和它们有哪些共同特征呢？

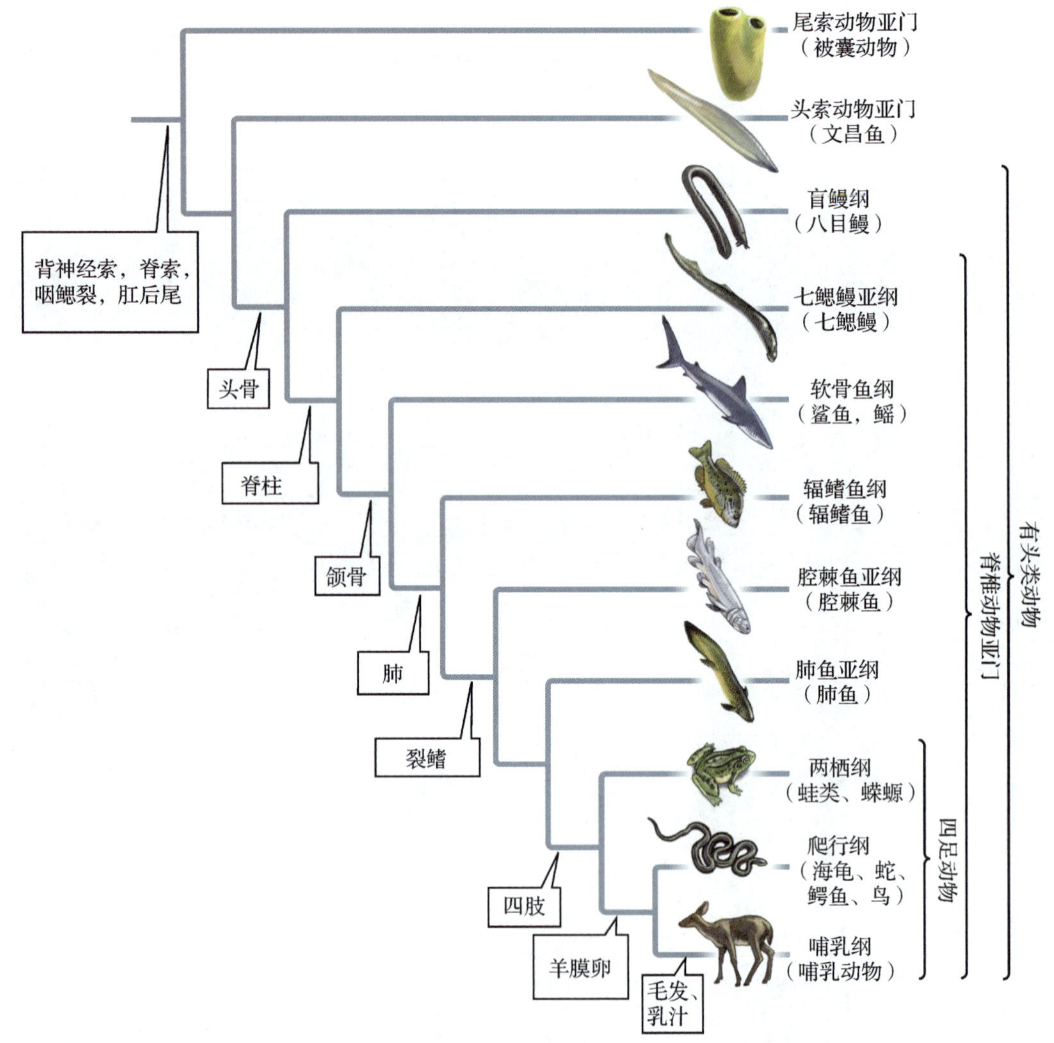

图 24-1 脊索动物的进化树 方框表示这一关键特征首次出现的位置。

24.1.1 所有脊索动物都有 4 个独特的结构

所有脊索动物的发育方式都是后口型的（这也是棘皮动物的特征），并且在它们生命中的某个阶段同时具有 4 个特征：一条背神经索、一条脊索、咽鳃裂和肛后尾。

1. 背神经索

脊索动物的神经索位于消化道上方，沿着身体的背部（上部）纵长分布。与之相反的是，其他动物的神经索位于它们的腹侧，在消化道下方。脊索动物的背神经索是空心的——中央充满了液体，这一点与其他动物不同。其他动物的神经索不是空心的，整条神经索都是由实心的神经组织组成。在脊索动物的胚胎发育过程中，神经索的前端会变厚，最终发育成大脑。

2. 脊索

脊索是沿着身体的纵长分布、位于消化道和神经索之间、坚硬而灵活的杆状结构。它为身体提供支撑，也是肌肉附着的位点。在很多脊索动物中，脊索只在早期发育阶段才存在，在骨骼发育之后就消失了。

3. 咽鳃裂

咽鳃裂位于咽部（位于口之后的腔）。在有些脊索动物中，这些裂痕形成有功能的腮（用于在水中进行气体交换的器官）的开口，而在其他脊索动物中，无功能的咽鳃裂只在发育的早期出现。

4. 肛后尾

肛后尾是脊索动物后部的延伸，尾延伸到肛门之后，其中包含有肌肉组织和神经索的末端部分。其他动物没有这种尾。

脊索动物的这几个特征结构可能会令你困惑，因为虽然人类属于脊索动物，但第一眼看去，除了神经索之外，这几个特征我们似乎一个都没有。不过，进化关系有时在发育的早期才能最清楚地表现出来，在胚胎时期，我们是有脊索、咽鳃裂和尾巴的，不过在接下来的发育过程中，我们又失去了这些构造（见图 24-2）。

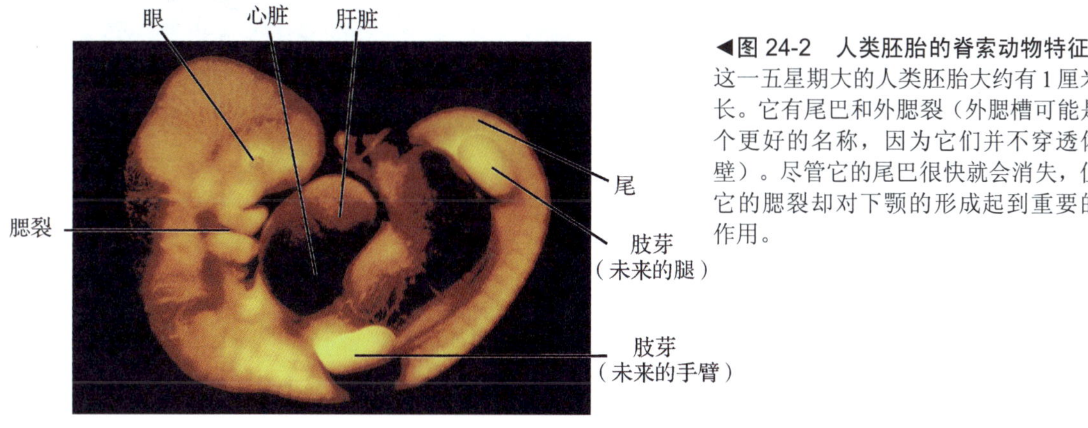

◀**图 24-2　人类胚胎的脊索动物特征。** 这一五星期大的人类胚胎大约有 1 厘米长。它有尾巴和外腮裂（外腮槽可能是个更好的名称，因为它们并不穿透体壁）。尽管它的尾巴很快就会消失，但它的腮裂却对下颚的形成起到重要的作用。

24.2　哪些动物是脊索动物？

脊索动物包含有三个进化枝（包括来自于同一祖先的所有后代的类群）：被囊动物、文昌鱼和脊椎动物。

 24.2.1　被囊动物包括海鞘和樽海鞘

被囊动物（尾索动物亚门）包括大约 1600 种海生无脊椎脊索动物。被囊动物都很小，长度从几毫米到 1 英尺（约 30 厘米）不等。被囊动物包括一种被称为海鞘（见图 24-3a）的动物。这种

动物无法移动，靠过滤海水进食，形状像花瓶。海鞘的身体大部分由咽部所占据，它的咽部长得像提篮，上面有腮裂，表面衬有黏液。水通过入水管进入海鞘的身体，从咽的顶端进入咽部，通过腮裂，然后从出水管离开海鞘的身体。食物颗粒会被黏液粘住。

成年的海鞘是固着生物——它们死死地附着在坚硬的表面上。它们的运动能力仅限于剧烈收缩它们囊状的身体，向把它们从海底家园拔下来的人脸上喷水；这就是海鞘（sea squirt，squirt 意为“喷射”）名字的由来。尽管成年海鞘无法移动，但它们的幼体可以自由移动，而且具有脊索动物的四大特征（见图 24-3a，左）。有些被囊动物在一生中都可以移动。比如，长得像桶的樽海鞘生活在公海中，它们通过收缩环绕它们身体的肌肉带四处游动，肌肉的收缩会使樽海鞘能够向后喷水，从而推进它前进。

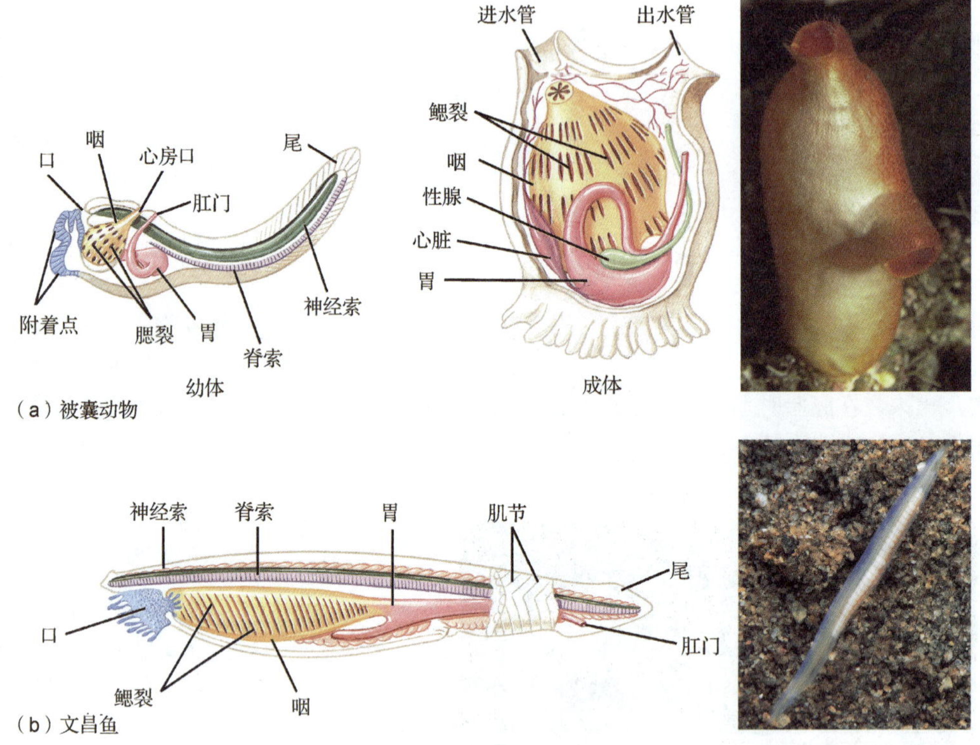

▲图 24-3　无脊椎脊索动物　（a）海鞘的幼体（左图）表现出脊索动物的所有 4 个形态特征。成年海鞘（被囊动物的一种，中图）的尾和脊索都脱落不见了，同时也没有了运动能力（见右图）（c）文昌鱼，类似鱼的无脊椎脊索动物。成年文昌鱼个体表现出脊索动物的全部 4 个特征。

大多数被囊动物都是雌雄同体的（每个个体身上都有雄性和雌性两套生殖器官）。它们既可以进行有性生殖，又可以进行无性生殖。在有性生殖过程中，被囊动物将精子散播到水中，使卵细胞受精。卵细胞（视具体物种而定）有的也被散播到水中，有的在被囊动物体内。在后一种情况下，精子必须进入被囊动物的身体才能使卵细胞受精，而产生的下一代幼体必须从母体的体内游出。

24.2.2　文昌鱼是生活在海中的滤食动物

一共约有 30 种文昌鱼（头索动物亚门），它们是另一种无脊椎脊索动物。文昌鱼很小（长约 2 英寸，约 5 厘米），长得很像鱼类。成年文昌鱼表现出所有 4 个脊索动物特有的性状（见图 24-3b）。成年文昌鱼一生中大部分时间都被半埋在海底的细沙中，只露出身体的前半部分。它咽部的纤毛帮助文昌鱼将海水吸入口中。在海水流过它的咽鳃裂的同时，一层黏膜会将海水中微小的食物颗粒过滤出来。被捕捉到的食物颗粒会被送往文昌鱼的消化道进行消化。

文昌鱼是雌雄异体动物，进行有性生殖。在一年中的特定时段，一个地区大多数雄性和雌性文昌鱼都会向周围的水中散播配子（卵细胞和精子）。受精卵会发育成非常微小的幼体，可以缓慢游泳并四处飘浮，几周之后，它们就会完成生长发育过程，一头扎进海床，发育成为成体。

24.2.3　有头动物有头骨

有头动物包括所有有着被头骨包裹的大脑的脊索动物。头骨可能是由骨或者软骨组成的，软骨是一种类似骨的结构，不过没有骨那样易碎，而且更柔韧。已知最早的有头动物是在 5 亿 3000 万年前的岩石中发现的，它们和文昌鱼很相似，不过有大脑、头骨和眼睛。最早的有头动物没有颌骨。

今天，有头动物包含两个类群：八目鳗和脊椎动物。表 24-1 总结了本章接下来要描述的一些有头动物的特征。

表 24-1　对几种有头动物的比较

类　别	受精方式	呼吸器官	心　腔　数	体温调节方式
八目鳗（盲鳗纲）	体外	腮	2	变温
七鳃鳗（七鳃鳗亚纲）	体外	腮	2	变温
软骨鱼类（软骨鱼纲）	体内	腮	2	变温
条鳍鱼类（辐鳍鱼纲）	体外[1]	腮	2	变温
空棘鱼类（腔棘鱼亚纲）	体内	腮	2	变温
肺鱼（肺鱼亚纲）	体外	腮和肺	2	变温
两栖动物（两栖纲）	体外或体内[2]	皮肤、腮和肺	3	变温
爬行动物（爬行纲）	体内	肺	3[3]	变温[4]
哺乳动物（哺乳纲）	体内	肺	4	恒温

[1] 少数几种条鳍鱼能进行体内受精。

[2] 大多数蛙和蟾蜍营体外受精，蚓螈和大多数蝾螈营体内受精。

[3] 除了有 4 个心腔的鸟类和鳄鱼之外。

[4] 除了鸟之外，鸟是恒温动物。

1. 八目鳗身体纤细，生活在大洋底部

和它们的祖先一样，八目鳗（盲鳗纲）没有颌骨，它们用一种类似舌头、上面长着牙齿的器官来磨碎并撕裂食物。八目鳗的身体有脊索加固，不过它们的骨骼只包括几小块软骨，其中一块形成不发达的头骨。因为八目鳗缺少环绕神经索的骨骼，所以它们没有脊柱。因此，大多数分类学家不认为它们是脊椎动物，而是与脊椎动物亲缘关系最近的有头动物的代表。

▲图 24-4　八目鳗　八目鳗在泥土里公共的洞穴中居住，主要以蠕虫为食。

大约有 75 种不同的八目鳗，而且毫无例外都生活在海洋中（见图 24-4）。它们用腮呼吸，心脏有两个室，而且是变温动物——也就是说，它们依赖外界环境来调节自己的体温（腮，有两个室的心脏以及变温性也是所有有脊椎鱼类的特性）。八目

鳗在大洋底部附近生活，经常在泥土里挖洞，主要以蠕虫为食。不过，它们也会吃已死和快要死亡的鱼类，它们会用牙齿钻进鱼的体内并吃掉它们柔软的内脏。

八目鳗会分泌大量的黏液，这也是它们对付捕食者的方法。尽管它们有“深海粘球”这样实至名归的名声，但仍有很多商业渔夫会贪得无厌地捕捞它们，因为世界上有些地方的制皮工业会用到八目鳗。大多数材质标注为“鳗鱼皮”的皮制品实际上是用经鞣酸处理的八目鳗的皮制作的。

2. 脊椎动物有脊柱

脊椎动物是脊索在胚胎发育时期就被由骨或软骨构成的脊柱取代的动物。脊椎动物的脊柱能够支撑它们的身体，为肌肉提供附着位点，还可以保护脆弱的神经索和脑部。脊柱也是内骨骼活着的一部分，可以生长并自我修复。

具有代表性的早期脊椎动物是一系列长相奇特、没有颌骨的鱼，现在已经灭绝。其中很多种类的身体外部都有骨质的盘状结构，用于保护自己。大约在 4 亿 2500 万年前，无颌鱼进化出有着重要的新器官：颌骨。颌骨使鱼类可以抓住、撕裂或磨碎食物，相比无颌鱼有了更多的食物来源。今天，大多数（但不是所有的）脊椎动物都有颌骨。

除了上面介绍的，还有其他几种适应性变化帮助脊椎动物成功进军世界上大多数环境。其中一种叫做偶肢。这种结构首先在鱼类中以鳍的形式存在，那时它们的作用是游泳时的稳定器。在几百万年的进化之后，有些鳍在自然选择中变成可以让动物爬到干燥的陆地上的腿，之后又进化成让有些动物可以在空中飞行的翅膀。另一种成功的适应性变化是脊椎动物的大脑和感觉器官变得越来越复杂，这使脊椎动物能够感知它们生存环境的更多细节，并以多种多样的方式来应对它们。

24.3 脊椎动物主要有哪些？

今天，脊椎动物包括七鳃鳗、软骨鱼类、条鳍鱼类、空棘鱼类、肺鱼类、两栖动物、爬行动物和哺乳动物。

24.3.1 有些七鳃鳗寄生在鱼身上

和八目鳗一样，35 种七鳃鳗（七鳃鳗亚纲）都没有颌骨。七鳃鳗两个鲜明的特征是围绕它嘴边一周的大而圆的吸盘以及它头上的单个鼻孔。七鳃鳗的神经索被一节节的软骨保护着，因此我们认为它是真正的脊椎动物。它们既可以生活在淡水中，也可以生活在海水中，不过必须返回淡水中产卵。七鳃鳗会迁移到很浅的溪流中产卵；它们会在砾石河床上挖坑，然后将卵产在里面。在产卵之后不久，成年七鳃鳗就会死亡。在新生的七鳃鳗孵化出来之后，它们会在溪流中生活好几年，以藻类为食。成熟之后，它们就会向溪流下游迁移，去海洋、湖泊或河流中度过成年时光。

有几种七鳃鳗的成年体营寄生生活。寄生性七鳃鳗靠它们长满牙齿的嘴将自己附着在大鱼身上（见图 24-5）。七鳃鳗可以用它们舌头上锉刀一样的牙齿在宿主的体壁上钻孔，以便其吸食血和体液。从 20 世纪 20 年代起，七鳃鳗就蔓延到了五大湖。由于那里缺乏有效的捕食者，它们便大量繁殖，大大减少了商业鱼类的种群数量，包括有名的湖红点鲑。人们用强力的手段控制住了五大湖中的七鳃鳗数量，从而让其他几种鱼的种群数量有所回升。

◀图 24-5　七鳃鳗　有些成年七鳃鳗营寄生生活，它们用自己长着锉一样牙齿的嘴嵌入大鱼的身体，从而附着在上面。

24.3.2　软骨鱼是海洋中的捕食者

软骨鱼（软骨鱼纲）包括 625 个生活在海洋中的物种，其中包括鲨、鳐和魟（见图 24-6）。和八目鳗、七鳃鳗不同的是（但和其他所有脊椎动物都相似），软骨鱼有颌骨。它们的骨骼都是由软骨组成的，是优雅的猎手。它们的身体表面覆盖有皮，皮肤表面有极小的鳞片，起到保护作用。尽管其中有些种类必须持续游动，以使海水可以通过它们的腮循环，但大多数种类可以主动把水抽到腮中。与其他几乎所有鱼类的特征——体外受精——不同的是，软骨鱼进行的是体内受精，雄性软骨鱼直接将精子放入雌性的生殖道内。有些软骨鱼可以长得非常大。比如，鲸鲨可以长到 45 英尺（约 14 米）长，而蝠鲼可以超过 20 英尺（约 6 米）宽。

虽然有些鲨鱼以浮游生物（微小的动物和原生生物）为食，但大多数鲨鱼是捕食更大猎物的捕食者。它们的菜单上有其他种类的鱼、海洋哺乳动物、海龟、蟹和鱿鱼。很多鲨鱼用它们强壮的颌来攻击猎物，它们的颌里长有几排像剃刀一样锋利的牙齿；在前面的一排牙齿因为老化而脱落之后，后面的一排牙齿会移动到前一排来补上这一空缺（见图 24-6a）。

大多数鲨鱼都会躲避人类，有些种类的鲨鱼会长得非常大，它们是游泳者或潜水员的一大威胁。不过，鲨鱼攻击人的事件非常少见。一个美国居民死于闪电的可能性比死于鲨鱼攻击的可能性要大 30 倍，去海滩的人溺水的概率要远远高于被鲨鱼咬到的概率。不过，鲨鱼攻击人的事件还是时有发生。比如，2011 年，世界上一共记录了 75 例攻击事件，其中 12 例是致命的。

（a）鲨鱼

（b）黄貂鱼

▲图 24-6　软骨鱼　（a）鲨鱼正显露出它的几排牙齿。最前面的牙齿脱落之后，位于它后面的牙齿向前移动以代替它们。鲨鱼和魟都没有鱼鳔，如果它们停止游泳，就会向水下沉。（b）热带蓝点黄貂鱼靠它身体横向延伸的部分在水中优雅地游动。

鳐和魟通常生活在海底，它们的身体呈扁平状，有长得像翅膀一样的鳍和细小的尾巴（见图 24-6b）。魟通常比鳐要大一些，但这两种鱼最明显的区别是，魟是胎生动物而鳐是卵生动物。大多数鳐和魟都以无脊椎动物为食。有些魟用尾部附近的棘刺保护自己，这根刺会造成危险的伤痕，还有些种类能够产生强有力的电击将猎物击昏。

24.3.3 条鳍鱼是最具多样性的脊椎动物

脊椎动物的多样性之王是条鳍鱼（辐鳍鱼纲）。人们已经鉴别出大约 2.4 万种条鳍鱼，科学家估计，地球上现存的条鳍鱼种类数可能是这个数字的两倍，因为还有很多栖息在深海和人迹罕至的地区的条鳍鱼尚未被人们所知。条鳍鱼几乎存在于所有有水的栖息地，无论是淡水还是海水中都有它们的踪迹。

条鳍鱼的特征是它们的鳍的特殊结构，它们的鳍是由骨质的棘刺外面包裹着皮肤而形成的。此外，条鳍鱼有硬骨组成的骨骼系统，这是它们与鳍鱼和有叶肢的脊椎动物共同具有的一个性状，稍后将介绍后两种动物。条鳍鱼的皮肤表面覆盖有互相咬合的鳞片，鳞片在保护鱼的同时还让鱼保持了灵活性。大多数条鳍鱼都有鱼鳔，鱼鳔是一个位于鱼体内的气球，它可以使鱼随意飘浮在水中任何深度。鱼鳔是从肺演变而来的，肺（和腮一起）存在于现代条鳍鱼的祖先身上。

条鳍鱼不只包括很多不同的物种，还包括很多不同的形态和生活方式（见图 24-7）。条鳍鱼包括长得像蛇的鳗鱼，也包括扁平的比目鱼；包括栖息在海底的懒散的底层鱼类，也包括身体呈流线型、游得飞快的公海猎手；有的栖息在珊瑚礁附近，颜色艳丽，也有的居住在深海，身体呈半透明，还会发光；有重达 3000 磅（约 1350 千克）的翻车鲀，也有小而又小的大型婴儿鱼，它的重量只有 0.000 03 盎司（约 1 毫克）。

▼**图 24-7 多种多样的条鳍鱼** 条鳍鱼几乎分布于所有水生环境。(a) 这条雌性安康鱼用伸到嘴前方的诱饵来吸引猎物。安康鱼色泽雪白；它们生活在 6000 英尺（约 1800 米）深的水中，那里没有光，因此也就不需要颜色了。雄性深海安康鱼体型非常小，它们附着在雌性身上营寄生生活，时刻准备着使对方的卵细胞受精。可以看到图中两条雄性安康鱼附着在雌性身上。(b) 这条热带绿鳗生存在岩石的缝隙中，它下颌上的小鱼（一条带状清洁虾虎鱼）正在消灭附着在绿鳗皮肤上的寄生虫。(c) 海马在食用小型甲壳类动物的时候，可以用它适于抓握的尾巴将自己锚定在附近的物体上

(a) 安康鱼

(b) 绿鳗

(c) 海马

条鳍鱼还是人类极其重要的食物来源。不过遗憾的是，我们对美味条鳍鱼的追求，加上越发高效的高科技寻鱼、捕鱼方法，对鱼类的种群造成近乎毁灭性的打击。几乎所有具有重要经济价值的条鳍鱼的种群数量都在大幅下降。如果我们继续过度捕捞，鱼类资源很可能会枯竭。

24.3.4 空棘鱼和肺鱼的鳍呈叶状

尽管几乎所有硬骨鱼都属于辐鳍鱼纲，不过还有一些硬骨鱼属于其他两个类群：空棘鱼（腔棘鱼亚纲）和肺鱼（肺鱼亚纲）。在本章开始处的照片中，我们就看到了空棘鱼的样子。而肺鱼一共有 6 种，分布在非洲、南美洲和澳大利亚的淡水流域（见图 24-8）。肺鱼既有腮又有肺。它们喜欢生活在不流动的水中，这样的水里氧气含量很低，而它们的肺可以通过直接呼吸空气来补充所需的氧气。有几种肺鱼甚至在池塘完全干涸了之后仍可以生存。这些肺鱼将它们自己埋进泥巴里，把自己封闭在含有黏液的小室中。在那里，它们可以用肺呼吸，而它们的代谢水平会大幅下降。当雨季来临池塘又充满了水时，它们就可以离开藏身处，重新开始水下生活。

▲图 24-8 **肺鱼是肉鳍鱼** 在所有的鱼类中，肺鱼是和生活在陆地上的脊椎动物亲缘关系最近的。

肺鱼和空棘鱼有时被叫做肉鳍鱼，因为这两种鱼都有着肉质鳍，它们的鳍中含有杆状的硬骨，外面包裹着厚厚的一层肌肉。这一性状表明这两种鱼有着共同的祖先，尽管这两个谱系已经分别独立进化了上亿年。

除了空棘鱼和肺鱼之外，在有颌鱼进化的早期还曾经出现过几种肉鳍鱼。其中一种的肉鳍经过进化后，在紧急时刻可以当做腿来使用，这样，鱼就可以从让自己从干涸的泥潭中爬到水更深的池塘生活。这一谱系产生了一些活到今天的后代，也就是四足动物（来源于希腊语中的“四只脚”）。它们不再有叶状的鳍，它们的鳍进化成了肢体，可以在陆地上支撑它们的体重，在肢体的末端有趾（手指或脚趾）。四足动物包括两栖动物、爬行动物和哺乳动物。

24.3.5 两栖动物过着双重生活

最早进军陆地的四足脊椎动物是两栖动物。今天，有 6300 种两栖动物（两栖纲）在水陆之间生活着（见图 24-9）。两栖动物的肢体表现出对陆地生活的不同适应程度，有拖着肚子爬行的蝾螈，也有可以跳得很远的蛙类。两栖动物的心脏有三个腔（鱼类只有两个腔），能够更有效地推动血液循环，而且大多数两栖动物成体都用肺代替腮呼吸。不过，两栖动物的肺不是很有效，必须由皮肤来辅助呼吸。这种呼吸方式需要它们时刻保持皮肤潮湿，这一约束大大限制了两栖动物在陆地上的活动范围。

很多两栖动物需要水的繁殖行为也将它们牢牢限制在潮湿的环境中。比如，和大多数鱼一样，蛙和蟾蜍的繁殖过程通常在体外进行，而且是在水中进行的，在水中，精子可以游到卵细胞处使之受精。它们的卵细胞也必须保持潮湿，因为其表面只有一层胶冻状的物质包裹着，这使得它们十分脆弱，无法对抗蒸发失水。不同的两栖动物用不同的方式来保证它们的卵细胞是潮湿的，不过有些物种只是简单地将卵产在水中。对于有些两栖动物来说，比如蛙类和蟾蜍，它们的受精卵会发育成在水里生活的幼体——蝌蚪。幼体发生巨大的变化，变成可以营两栖生活的成体，这一变态发育方式就是两栖动物的名字——也就是“双重生活”——的来源。它们的双重生活方式以及它们纤薄、有渗透性的皮肤使它们对污染和环境质量的下降非常敏感。

1. 蛙和蟾蜍可以跳跃

蛙和蟾蜍有 5600 种，它们是两栖动物中最具多样性的类群。成年的蛙和蟾蜍通过跳跃四处移动，它们的身体已经非常适应这种运动方式。相对体型来说，它们的后腿很长（比前腿长得多），而且它们没有尾巴。“蛙”和“蟾蜍”这两个名字并不是用来描述两个特定的进化群的，而是用来区分这一两栖动物类群中两套常见的性状组合的非正式命名。大体上说，蛙的皮肤光滑而潮湿，在水中或者水边居住，它们的后腿很长，适合跳跃；而蟾蜍的皮肤坑坑洼洼，相对较为干燥，主要在陆地上生活，它们的后肢相对较短，更适合单足跳。很多蛙和蟾蜍（以及其他两栖动物）携带有会使捕食者厌恶的有毒物质。有些种类，比如南美洲的金镖蛙，体内含有的这种保护性的化学物质毒性极强。一只金镖蛙体内的毒素就可以毒死数个成年人。

2. 大多数蝾螈都有尾巴

大多数蝾螈长得都很像蜥蜴：身体纤细，有 4 条大小基本相同的腿和长长的尾巴（见图 24-9c）。不过，有些蝾螈的腿非常小；这样的蝾螈外形类似于鳗鱼。共有约 550 种蝾螈，其中大多数生活在陆地上，它们通常生活在潮湿、有保护作用的地方，比如在森林地面上的岩石或圆木之下。也有一些蝾螈生活在水中，终其一生都不会到陆地上来。生活在陆地上的种类通常会移动到池塘或溪流中繁殖。几乎所有的蝾螈的卵都会发育成用腮呼吸的幼体。

有些蝾螈的幼体不会进行变态发育，终生都维持着幼体的状态。

（a）蝌蚪　（b）蛙　（c）蝾螈　（d）蚓螈

▲图 24-9　“两栖动物”意为“双重生活”　在图中，我们用牛蛙从（a）完全生活在水中的蝌蚪形态转变成（b）半陆生的成体形态的过程来描述两栖动物的双重生活。（c）红蝾螈只生活在美国东部的潮湿地区。（d）蚓螈没有腿，是一种主要营穴居生活的两栖动物。

蝾螈是脊椎动物中唯一一种可以再生出失去的肢体的动物。很多研究人员正致力于寻找可以使人体损坏的组织或器官再生的药物，蝾螈的这一能力引起了他们的注意。研究人员希望，随着人们对蝾螈再生能力认识的深入，我们终将摸索出对人类有效的治疗方法。

3．蚓螈是没有四肢的穴居两栖动物

蚓螈的种类很少，只有 175 种，它们是一种没有四肢的两栖动物，主要生活在热带地区。第一眼看去，蚓螈的外观会让你想起蚯蚓，而体型可以达到 5 英尺（约 1.5 米）长的较大种类有时会被误认成蛇（见图 24-9d）。大多数蚓螈都是穴居生物，它们居住在地下，不过也有几种蚓螈生活在水中。蚓螈的眼睛非常小，上面通常覆盖有皮肤。因此，它们的视力可能非常弱，也许只能够做到感受光的强弱。

24.3.6　爬行动物适应了陆地生活

爬行动物（爬行纲）包括蜥蜴、蛇、短吻鳄、鳄鱼、海龟和鸟类（见图 24-10）。爬行动物是在大约 2 亿 5000 万年前从两栖动物祖先进化而来的。

（a）蛇

（b）短吻鳄

（c）龟

▲图 24-10　多种多样的爬行动物（见图中不包括鸟类）　（a）这条猩红王蛇身上的颜色和条纹使它看上去非常像有毒的珊瑚蛇，而潜在的捕食者都会躲避珊瑚蛇。这一拟态帮助无毒的王蛇逃避捕食。（b）在美国南部的潮湿地区发现的美洲短吻鳄的外形与 1 亿 5000 万年前的短吻鳄化石几乎一模一样。（c）生活在厄瓜多尔的加拉帕戈斯群岛上的龟可以活到 100 多岁。

1．爬行动物有鳞片，会生下有壳的蛋

有些爬行动物，尤其是生活在沙漠中的种类，比如一些龟和蜥蜴，已经可以完全不依赖有水的环境生存了。它们通过一系列进化适应这样的环境，其中有三种适应尤其重要：（1）爬行动物进化出覆盖有鳞片的坚硬皮肤，可以防止水的流失，并对身体起到保护作用。（2）爬行动物进化出体内受精方式，雄性动物将精子注入雌性的体内。（3）爬行动物进化出有壳的羊膜卵，它可以被埋在沙子或泥土中，远离水的存在。蛋壳可以防止蛋在陆地上失水干燥。有一层内膜——羊膜包裹着胚胎，使胚胎处于水环境中（见图 24-11）。

▲图 24-11　羊膜卵　一只小鳄鱼正在努力从卵中爬出。羊膜卵将正在发育的胚胎包裹在一层充满液体的膜（羊膜）中，从而在卵距离水很远的情况下也确保胚胎的发育过程能在水环境中进行。

除这些特征之外，爬行动物的肺比两栖动物的要有效得多，而且它们不再使用

皮肤呼吸。爬行动物的循环系统包括有三个腔或四个腔（鸟类、短吻鳄和鳄鱼）的心脏，可以更有效地分离富氧血和缺氧血。

2．蜥蜴和蛇之间存在进化共性

蜥蜴和蛇共同形成一个包含 6800 个物种的类群。蛇和蜥蜴的共同祖先是有腿的，大多数蜥蜴仍然保留着这一性状，蛇却舍弃了它们。现存的有些蛇的体内还有残余的后腿骨，这揭示了蛇是从有腿的祖先进化而来的。

大多数蜥蜴都是吃昆虫或其他小型无脊椎动物的小型捕食者，不过有些蜥蜴也可以长得非常大。比如，科莫多龙可以长到 10 英尺（约 3 米）长，200 磅（约 90 千克）重。这些巨型蜥蜴生活在印度尼西亚，它们有着强有力的颌和 1 英寸长的牙齿，捕捉包括鹿、羊和猪等很大的动物。不过，科莫多龙不仅仅依赖它们的牙齿来杀死猎物，还可以分泌一种毒液，这种毒液可以从它的大嘴中的腺体流到被咬猎物的伤口中。如果被科莫多龙咬过的动物没有立刻死亡，由于毒液的缘故，它也活不了很久了。科莫多龙只需要耐心地等待猎物死亡。

很多蛇都是活跃的掠食动物，它们进化出很多适应性来帮助它们获得食物。比如，很多蛇有特殊的感觉器官，这种器官使蛇可以根据猎物身体和周围环境温度的不同来追踪猎物。有些蛇会从空心的毒牙中分泌出毒液，麻痹猎物。蛇的颌关节很特殊，它使蛇的颌骨可以扩张，这样蛇能吞下比自己的头还要大得多的猎物。

3．短吻鳄和鳄鱼适应了水中的生活

21 种短吻鳄和鳄鱼被统称为鳄目动物，它们生活在地球上较为温暖地方的沿海和内陆水域。它们非常适应水中的生活，它们的眼睛和鼻子位于头的上方，可以潜水很长时间，只要把头部最上面的部分露出水面就可以了。鳄目动物的颌非常有力，圆锥形的牙齿帮助它们压碎并杀死它们吃掉的一切鱼类、鸟类、哺乳动物、龟和两栖动物。

在鳄目动物中，亲代抚育非常常见。它们将卵埋在泥制的巢中，亲代双方会共同看守巢穴，直到小鳄鱼出生，然后用嘴将新生的后代搬运到安全的水域。小鳄鱼可能在母亲身边生活很多年。

4．龟的身上长有壳

龟类包括 240 个物种，生活在各种各样的环境中，包括沙漠、溪流和池塘，以及海洋。环境的多样性催生出多种多样的适应性变化，不过所有的龟类都长有一个坚硬的箱状壳来保护自己。它的壳和脊椎、肋骨以及锁骨融合在一起。龟类没有牙齿，但进化出了角状的喙。它们的喙可以用于进食各种各样的食物；有些龟是食肉动物，有些是食草动物，有些是食腐动物。最大的龟——棱皮龟——生活在海洋中，可以长到 6 英尺（约 2 米）甚至更长，主要以水母为食。棱皮龟和其他海龟必须回到陆地上进行繁殖，经常需要长途跋涉才能到达繁殖的沙滩，在那里将产下的卵埋到沙子里。

5．鸟类是有羽毛的爬行动物

鸟类是一种非常特殊的爬行动物（见图 24-12）。尽管 9600 种鸟在传统分类学上被划分为独立于爬行动物的一个类群，但生物学家证明，鸟类实际上是爬行动物的一个亚群。鸟类最早在大约 1 亿 5000 万年前的化石记录中出现（见图 24-13），当时因为它们具有羽毛而被和其他爬行动物划分开，不过羽毛本质上是爬行动物的鳞片特化而成的。现代鸟类的腿上仍然有鳞片——这是它们和其余爬行动物有着共同祖先的证据。

（a）蜂鸟

（b）军舰鸟

（c）鸵鸟

▲图 24-12　**多种多样的鸟类**（a）灵巧的蜂鸟每秒可以拍打大约 60 次翅膀，重约 0.15 盎司（约 4 克）。（b）这只年轻的军舰鸟生活在加拉帕戈斯群岛，以鱼为食，它已经快要离开自己长大的巢了。（c）鸵鸟是世界上最大的鸟，它重达 300 磅（约 135 千克）以上；它的蛋也超过 3 磅（约 1500 克）重。

鸟类最主要的适应性变化就是让它们可以在空中飞行的变化。其中最主要的一点是，鸟类相对它们的体型来说格外轻。轻质的硬骨使骨骼变轻了，而且其他爬行动物含有的一些骨头在鸟类的进化过程中丢失了，或者与其他骨发生了融合。鸟类的生殖器官在非繁殖季节严重萎缩，雌鸟只有一个卵巢，进一步减小了重量。羽毛是翅膀和尾巴表面的轻质延伸，提供飞行所需的升力，同时还可以控制身体平衡；羽毛在身体表面起到保护和绝缘的作用。

▲图 24-13　**始祖鸟，已知最早的鸟类**　这只始祖鸟被保存在 1 亿 5000 万年前的石灰岩中。鸟类独一无二的特征——羽毛，在化石上清晰可见，不过鸟类祖先的性状也很明显：和现代鸟类不同，始祖鸟长有牙齿，有骨质的尾巴，而且它的前肢上长有爪。

鸟类可以维持足够高的体温，从而使它们的肌肉和代谢过程能够以最高的效率工作，在任何温度下都能源源不断地为飞行提供所需的能量。这种保持比周围环境要高的体内温度的能力是鸟类和哺乳动物的共同特征，这些动物有时被称为是温血动物或恒温动物。与之相反，变温动物（冷血动物）——无脊椎动物、鱼类、两栖动物和除鸟类之外的爬行动物——的体温随环境变化而变化，不过这些动物也会通过一些行为来调节它们的体温（比如晒太阳或寻找阴凉的地方）。

鸟类等恒温动物的代谢速率很快，于是它们对能量的需求比较高，而且需要有效的组织氧合能力。因此，鸟类必须经常进食，它们的循环系统和呼吸系统的效率都非常高。鸟的心脏有两个心房和两个心室，这可以防止富氧血和缺氧血的混合。鸟类的呼吸系统有气囊作为补充，气囊可以向鸟类的肺中源源不断地提供富氧的空气，就算在它们吸气时也是如此。

 24.3.7　哺乳动物用乳汁喂养下一代

四足动物进化树的一支进化出了毛发，并最终进化成哺乳动物（哺乳纲）。最早的哺乳动物大约出现于 2 亿 5000 万年前，但那时它们的种类并不丰富，也没有成为陆地的主宰者。直到恐龙在大约 6500 万年前灭绝，哺乳动物才真正在历史舞台上大显身手。多数哺乳动物的体表都覆盖有具有保护和绝缘作用的毛皮。和鸟类、短吻鳄和鳄鱼一样，哺乳动物的心脏也有两个心房和两个心

室，可以为组织提供更多的氧气。很多哺乳动物非常灵活敏捷，它们的腿更适合奔跑而不是爬行。

哺乳动物是根据雌性动物都具有的器官——可以产生乳汁的乳腺命名的，雌性哺乳动物用乳汁喂养后代。除这些特殊的腺体之外，哺乳动物还有汗腺、气味腺和皮脂腺（产生脂肪），这些腺体只存在于哺乳动物身上，而不存在于其他脊椎动物身上。哺乳动物的大脑比其他任何一种生物的都更加发达，因此它们具有无与伦比的好奇心和学习能力。哺乳动物在出生后需要父母较长时间的照料，这使得它们可以在父母的教导下广泛地学习。人类和其他灵长类动物是特殊的例子。事实上，人类较大的大脑正是日后人类统治地球的主要原因。

4600 个物种的哺乳动物包括三个谱系：单孔类动物、有袋类动物和胎盘哺乳动物。

1．单孔类动物是卵生哺乳动物

和其他哺乳动物不同，单孔类动物是卵生而不是胎生的。单孔类动物只包含三个物种：鸭嘴兽和两种刺食蚁兽，又称为针鼹（见图 24-14）。单孔动物只分布于澳大利亚（鸭嘴兽和短吻针鼹）和新几内亚（长吻针鼹）。

针鼹是陆栖动物，主要以从土中挖出来的昆虫和蚯蚓为食。鸭嘴兽在水中寻找食物，它们的食物主要是小型脊椎和无脊椎动物。鸭嘴兽的身体非常适应水中的生活，它们的身体呈流线型，足间有蹼，有宽大的尾巴和胖胖的嘴。

（a）鸭嘴兽

（b）针鼹

▲图 24-14　单孔类动物　（a）单孔类动物，比如鸭嘴兽，会产下与爬行动物类似的蛋。鸭嘴兽在河流、湖泊或溪流的岸边挖洞居住。（b）刺食蚁兽（又名针鼹）粗短的四肢和爪子可以帮助它们从地下挖出食物——昆虫和蚯蚓。针鼹体表坚硬的尖刺是变性的毛发。

单孔类动物的蛋表面覆盖着坚韧的壳，需要母亲孵蛋 10～12 天后方能孵出幼仔。针鼹有着特殊的孵蛋袋，但雌性鸭嘴兽孵蛋时候要将蛋放在尾巴和腹部之间。新生的单孔类动物非常小，而且没有单独生存的能力，需要靠母亲分泌的乳汁过活。不过，单孔类动物没有乳头。乳腺分泌的乳汁直接通过位于母亲腹部的导管渗出到导管周围的毛皮中，然后幼小的单孔类动物就可以从毛皮中吸奶。

2．澳大利亚是有袋类动物种类最丰富的地区

对于除了单孔类动物之外的哺乳动物来说，胚胎都是在子宫——雌性动物生殖道内的一个肉质器官——内发育的。子宫的内层与来自胚胎的膜共同形成胎盘，母亲和胚胎之间可以通过胎盘来进行气体、营养物质和代谢废物的交换。

有袋类动物的胚胎只在子宫中发育很短的一段时间。有袋类动物的幼仔在发育较早的阶段就会出生。出生后，新生的有袋类动物会爬到乳头附近，紧紧地抓住它，靠乳汁滋养完成发育。对于大多数（但不是全部）有袋类动物来说，这一过程发生在育儿袋里。

北美洲唯一的有袋类动物是弗吉尼亚负鼠。在所有 275 种有袋类动物中，绝大多数分布在澳大利亚，在这里，有袋类动物（比如袋鼠）已被视为这一岛洲的象征。袋鼠是澳大利亚最大、最引人注目的有袋类动物；其中体型最大的品种是红袋鼠，它可以长到 7 英尺高（约 2 米），在全速前进时，每一步能跳出 30 英尺（约 9 米）远。虽然袋鼠可能就是我们最熟悉的有袋类动物，但实际上这一群体还包括大小、外形和生活方式各异的许多其他物种，包括考拉、袋熊和袋獾（见图 24-15）。

（a）小袋鼠

（b）袋熊

（c）袋獾

▲**图 24-15　有袋类动物**　（a）有袋类动物，比如小袋鼠，会产下非常不成熟的后代，需要在母亲的育儿袋中完成发育。（b）袋熊是一种穴居有袋类动物，它的育儿袋开口朝向身体的后面，可以防止在挖洞时有灰尘或其他杂物进入育儿袋。（c）袋獾，最大的肉食性有袋类动物。

袋獾是一种体型和小狗差不多的肉食动物，是一种濒临灭绝的有袋类。狩猎使袋獾的物种数量受到极大的打击，直到 20 世纪 40 年代，政府立法保护袋獾，它的种群数量才开始回升。不过，1996 年突然出现的一种新型癌症又对袋獾造成巨大的威胁。和大多数癌症不同的是，这种癌症可以在袋獾之间传播。肿瘤长在被感染的袋獾的脸上，而它们（和所有其他袋獾一样）在打架和交配时会咬其他动物的脸。这样，肿瘤细胞可能会进入伤口。这种面部肿瘤通常会在几个月内就杀死一只动物。研究人员估计，自从这种肿瘤蔓延开来，袋獾的种群数量已经减少了 60%～80%。

3. 胎盘哺乳动物居住在陆地、空中和海洋中

大多数哺乳动物都是胎盘哺乳动物（见图 24-16），这样命名的原因是它们的胎盘比有袋类动物的要复杂得多。和有袋类动物相比，胎盘哺乳动物在子宫内发育的时间要长得多，因此它们的后代在出生之前就完成了胚胎发育过程。

物种数量最多的胎盘哺乳动物要数啮齿类和蝙蝠了。啮齿类的物种数占所有哺乳动物的 40%。大多数啮齿类动物是大鼠或小鼠，不过啮齿类动物还包括松鼠、仓鼠、天竺鼠、豪猪、海狸、旱獭、金花鼠和田鼠。最大的啮齿类动物水豚生活在南美洲，可以长到 110 磅（约 50 千克）重。

蝙蝠的物种数目占所有哺乳动物的 20%，它们是唯一进化出翅膀能够进行动力飞行的哺乳动物。蝙蝠昼伏夜出，白天在山洞、石缝、树上或人们的家中休息。大多数蝙蝠都进化出对特定食物的适应性变化。有些蝙蝠以水果为食，还有些以夜晚开放的花的花蜜为食。大多数蝙蝠都是捕食者，有些蝙蝠以青蛙、鱼甚至其他蝙蝠为食。

少数几种蝙蝠（吸血蝙蝠）完全以血液为食。它们会咬伤熟睡的哺乳动物或鸟类，然后舔食伤口处的血液。不过，大多数营捕食生活的蝙蝠都以会飞的昆虫为食，它们通过回声定位法确定昆虫的位置。它们首先产生短脉冲的高频声波（音调太高，所以人类听不见），声波会被周围环境中的物体反射，产生回声、蝙蝠通过回声来鉴别猎物并确认它的位置。

（a）水豚 （b）座头鲸 （c）蝙蝠 （d）猎豹 （e）猩猩

图 24-16 多种多样的胎盘哺乳动物 （a）南美洲的水豚是世界上最大的啮齿类动物。（b）座头鲸每年会迁移 15 000 多英里。（c）蝙蝠是唯一能够进行真正的飞行的哺乳动物，它通过一种声呐在晚上进行导航。它的大耳朵可以帮助它更好地探测从身边的物体反射回来的超声波。（d）哺乳动物是根据雌性动物用来喂养下一代的乳腺命名的，照片中的猎豹母亲正在给它的孩子们哺乳。（e）猩猩是一种温和而聪明的动物。它们居住在热带地区少数几片潮湿的森林中。人类的捕猎活动和对它们栖息地的破坏使它们已经到了灭绝的边缘。

虽然大多数胎盘哺乳动物都是啮齿动物或蝙蝠，但是其他胎盘哺乳动物形态各异，而且包括很多在人类的想象力中占有重要地位的许多物种。比如，很多人都为我们的近亲——黑猩猩、大猩猩和其他类人猿——和我们非常相似的社会行为着迷。狮子、猎豹、虎和狼的优雅和力量也让我们心生敬畏，尽管因为捕猎和对栖息地的破坏，这些关键捕食者的种群数量已经大大减少（见第 27 章）。从陆地祖先进化而来，并重新占领海洋的鲸类也令人神往。最大的鲸——蓝鲸，可以长到 100 多英尺（超过 30 米）长，是地球上已知存在过的最大动物。由于过度狩猎，蓝鲸现在已经濒临灭绝。目前，全世界最多只有 8000～9000 头蓝鲸。

第四篇

行为与生态学

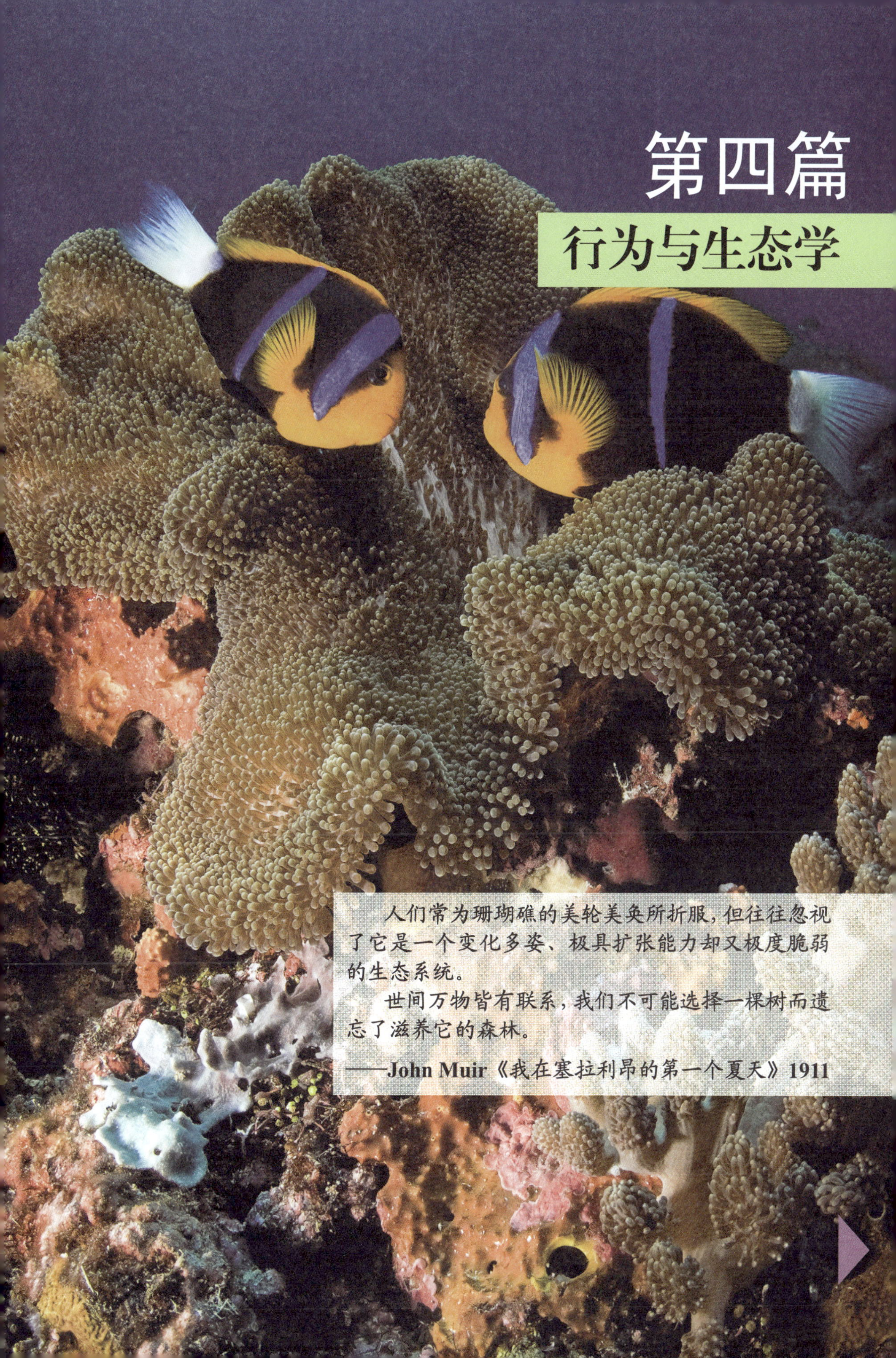

人们常为珊瑚礁的美轮美奂所折服，但往往忽视了它是一个变化多姿、极具扩张能力却又极度脆弱的生态系统。

世间万物皆有联系，我们不可能选择一棵树而遗忘了滋养它的森林。

——John Muir《我在塞拉利昂的第一个夏天》1911

第 25 章　动物的行为

“看脸、看颜值”不但适用于人类，同样也适用于日本蝎蛉。他们的性魅力可能来自于他们都有非常匀称的身材。

25.1　天生的行为与后天习得的行为如何不同？

行为指的是有生命的个体所进行的任何可观察到的活动。飞蛾扑火、蜜蜂逐蜜、苍蝇飞去叮有缝的蛋，飞翔是生命体的一种行为；蓝色知更鸟婉转歌唱、野狼对月长啸、青蛙在荷叶上呱呱叫，发声是生命体的一种行为；山羊角斗、大猩猩通过装扮自己争奇斗艳、蚂蚁通过攻击白蚁群以彰显对蚁冢的所有权，竞争是生命体的一种行为。人类的行为最为丰富，歌唱、运动、发动战争。我们周围无时无刻不发生着各种各样的行为。

25.1.1　天生的行为不需经验就能进行

什么样的行为是天生的行为呢？动物在初次遇到某种情况或受到某种刺激时，自然而然地进行着与之对应的反应的行为，就是天生的行为（举例来说，动物受到饥饿这种刺激时，会想着要吃东西，在这里，饥饿就是刺激，吃东西就是与之对应的反应，也称为本能）。科学家可以通过人为的干扰动物的学习机会来区分哪些行为是本能，而哪些不是。也就是说，人为干扰了动物学习某种行为的过程，而动物仍然会做出这种行为的话，那么，这种行为就是本能，反之则不是。举例来说，寒冬降临之前，野生红松鼠会大量储藏各种野生坚果作为过冬的食物。科学家对这种行为进行人为干扰，从红松鼠出生起就定期喂养它流质食物，这样的红松鼠从未见过坚果，也不会寻觅食物、挖洞储藏。出乎意料的是，这样长大的红松鼠在见到坚果后，仍会不自觉地把它们搬运到窝的角落里藏起来，这说明，储藏坚果是红松鼠的本能。

有些本能是动物与生俱来的，科学家甚至不需要去费力区分它们。例如，布谷鸟有一种奇特的本能，它们会将蛋产在其他鸟的巢中，这些蛋破壳而出后，就会本能地将鸟巢中本来的幼鸟或蛋丢出去，以保证自己获得足够的食物和宠爱（见图 25-1）。

（a）一只布谷鸟幼鸟将蛋踢出鸟巢

（b）养母在给布谷鸟幼鸟喂食

▲图 25-1　**动物的本能**　（a）当布谷鸟刚刚出生，它的眼睛甚至还没有睁开时，它就将巢中本来的鸟蛋踢出鸟巢。（b）鸟巢的主人喂养布谷鸟，它并没有发现这并不是自己的孩子。

25.1.2　习得行为需要经验

在很多情况下，本能可以很好地让动物适应环境，繁衍生息。例如，小海鸥一出生就会啄爸爸妈妈的嘴，表示饿了，想要爸爸妈妈喂它们吃东西。但是，在另外一些情况下，本能并不一定可以让动物生活得更好。再举个例子，雄性红翅黑鹂会和普通雌性黑鹂交配，只要雌性黑鹂营养充足、精神充沛，但是显然，这样的结合是无法产生后代的。所以说，如果本能可以根据环境和需求做出适当的调整，将对动物更加有利。

对动物来讲，通过种种经历而对本来的行为做出改善和修正，就可以称之为学习。当然，学习的方式多种多样。癞蛤蟆会挑选美味的虫子作为食物，树鼩会寻寻觅觅找妈妈，麻雀会用星星辨寻方向，我们人类可以掌握语言，有时不止一种。动物学习的每一个例子几乎都是一部精彩纷呈的进化史，不同动物有不同的学习方式和特点。虽然将动物的学习分门别类对科学研究来说很有好处，但我们要时刻记住，大千世界无奇不有，这些粗略的分类并不能概括所有动物的行为。

1. 习惯是对重复刺激的响应的减弱

动物学习的最简单形式称为习惯，意思是，当反复遇到同一种情况或者受到同一种刺激时，动物会渐渐对这种情况或刺激不再做出反应，或者做出的反应渐渐减弱。习惯这种行为对动物是有利的，可以避免动物将精力和能量浪费在一些无关紧要的情况或刺激上。即使结构最简单的动物也具有养成习惯的能力，比如，海葵是一种结构很简单的海洋生物，第一次触碰它的触角时，它的触角会迅收回，缩成一团以保护自己，但如果反复触碰，它渐渐就不再收回触角了（见图 25-2）。

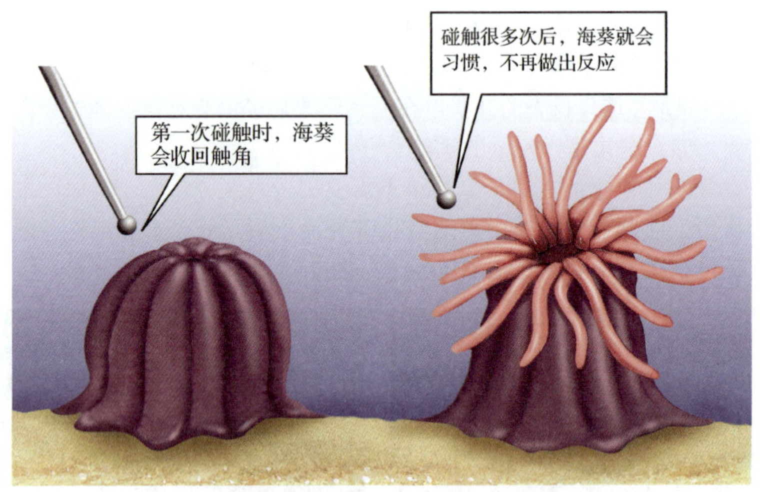

▲图 25-2 渐渐习惯的海葵

习惯的形成不是一蹴而就而是逐渐形成的。如果每次遇到洋流的波动、海草的摇摆和海生生物的触碰时海葵都收起触角，那么这些收起触角的过程将消耗大量能量，也让海葵失去捕食猎物的大量机会，这对海葵的生长是大大不利的。人类也会对周围环境逐渐适应，形成习惯，比如，在夜晚，城市居民习惯了灯火通明、车水马龙，而乡村居民对虫叫蛙鸣习以为常。当他们更换居住环境后，开始的时候，他们会觉得周围充满噪音、难以入睡，但最终大家都会习惯下来。

2. 条件反射是刺激和响应之间的一种习得关联

另外，有一种更为复杂的学习形式，就是在不断尝试和犯错中学习如何正确有效地应对环境和刺激。野生动物需要直面自然，自然也许给予它们充足的食物和水源，让它们生活惬意无忧，又或者也许让它们每日为了觅食而疲于奔命、相互抢夺。动物在日常生活中学习更好地适应环境。环境优越，它们就生活惬意，缺乏危机意识；环境恶劣，它们就精力充沛、充满斗志，并渐渐掌握如何趋利避害、规避风险。举个例子，一只极度饥饿的癞蛤蟆无意中吞入一只蜜蜂，这只蜜蜂让它舌头肿胀、疼痛不已，它马上就意识到，蜜蜂这种虫子并不是理想的食物，这次惨痛的经历让癞蛤蟆从此不再捕食蜜蜂，甚至它也不会将那些外形有些像蜜蜂的虫子作为食物（见图 25-3）。

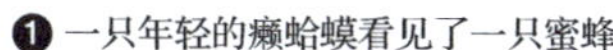

❶ 一只年轻的癞蛤蟆看见了一只蜜蜂

❷ 当它试图吃掉蜜蜂时，被蜜蜂在舌头上蜇了一口，使它感到非常疼痛

❸ 当再看到一只无害的橡皮蜜蜂时，癞蛤蟆畏缩不前

❹ 癞蛤蟆看见了一只蜻蜓

❺ 癞蛤蟆立刻吃掉蜻蜓，说明这一习得的反感只针对蜜蜂

▲图 25-3　在不断尝试和犯错中学习的癞蛤蟆

在不断尝试和犯错中学习（试错学习，trial-and-error learning）是一种最为有效的学习方式。动物在玩耍嬉戏中学习，在探索未到过的地域中学习，在做从未做过的事情中学习。人类同样也通过这种方式学习，小朋友通过这种学习方式学会基本生活常识，比如，什么好吃、什么不好吃、夏天穿短袖、冬天穿棉袄、水壶中的开水会将自己烫伤、挑逗猫咪可能会被毫不客气地抓伤。

动物学中有一种常用的实验技术叫做操作性条件反射，这种实验技术可以充分体现动物是如何在不断尝试和犯错中进行学习的。在进行操作性条件反射训练中，动物做出一种动作或行为（比如推竹竿或按按钮），如果做得完全符合训练者的心意，动物就会得到奖赏，或者免于惩罚。这项技术与美国著名比较心理学家斯金纳（B. F. Skinner）所设计的“斯金纳箱”有异曲同工之妙。将动物放到这个箱子中，动物就会通过箱子中的设置自发自觉地学习。箱子中有个杆子，动物如果正确地推动杆子，就会触发机关，得到奖励，当然奖励通常是动物所钟爱的食物。偶尔几次之后，动物就有了足够的经验，知道推动杆子就会有食物，于是，当动物感到饥饿时，它们就会推动杆子以获得食物。

比起推动杆子，操作性条件反射这种技术通常用来训练动物完成更为复杂的任务。训练结果显示，不同动物适应不同的学习任务。通常，学习任务与动物自己的生存生活越密切相关，动物学习得就越快。举例来说，给老鼠喂食美味却含老鼠药的食物，慢慢地，老鼠就不再吃这种食物了。所以，老鼠可以很快区分何种食物可以食用，从而完成这种学习任务。相反，训练老鼠像狗那样仅用后腿站立几乎是不可能的，即使给予再多的奖励也是一样。这种现象可以这样解释，因为觅食远比用后腿站立与老鼠的生存生活更为相关，尤其是对经常需要接触到各种食物的野生老鼠来说，因此，它可以很快学会区分食物，而学不会对于自己生存生活基本上没有影响、仅为取悦人类的用后腿站立。总而言之，各种动物孜孜不倦地进行各种学习，是为了更好的生存和生活。

3. 洞察是不需试错的问题解决能力

在一些特定情况下，动物在从未遇到过的困难面前也会迅速解决问题，这种迅速解决问题的行为通常称为洞察学习。洞察这个词通常用在人类身上，用在这里是因为洞察学习这个过程与人类通过思考解决问题的过程十分类似。当然，我们不知道动物在洞察学习过程中是否像人类一样进行思考。

1917 年，著名动物行为学家柯勒（Wolfgang Kohler）做了一个实验。他发现，未经过任何训练的大猩猩，在饥饿情况下会踩着箱子抓取悬挂在天花板下的香蕉。科学家曾一度认为，这种洞察学习行为只会发生在进化程度比较高的动物身上，比如大猩猩；但是，越来越多的证据证明，这种行为也会发生在进化程度相对较低的动物身上。比如，爱泼斯坦（Robert Epstein）和他的同事发现，鸽子同样可以进行洞察学习。实验是这样进行的，将鸽子剪去翅膀，然后有针对性地训练鸽子两个动作，一个是在笼子中搬运箱子，另一个是啄塑料水果。接下来，训练过的鸽子就要经历挑战啦，它们会遇到一个全新的情况，就是塑料水果悬挂在笼子顶端，当然，笼子里还有一个小箱子。结果基本上符合科学家的推测：大部分鸽子会将小箱子推到塑料水果的底下，然后站在箱子上去啄塑料水果。这个实验告诉我们，低等生物，比如鸽子，经过必要的训练，也可以像高等生物一样进行洞察行为。

 25.1.3 天生行为与习得行为之间并非截然不同

虽然本能和后天习得的行为这两方面可以帮助我们描述和理解动物的诸多行为，但是，动物的行为远没有这么简单，仅仅用这两个词对动物的行为进行分类则过于简单粗略。事实上，没有哪种行为仅是本能或者仅是习得的行为，而应是两者的综合。

1. 实践可以修正本能

在初次遇到一种情况或受到一种刺激时，动物通常会做出本能的行为，但接下来，动物的这种本能反应就会由于经验的不断积累而做出不断修正，从而可以更好地适应环境。例如，刚出生的海鸥宝宝会啄海鸥爸爸和海鸥妈妈的嘴，表示它们饿了，希望爸爸妈妈喂它们，这就是海鸥的本能（见图 25-4）。著名生物学家廷伯根（Niko Tinbergen）研究了这一现象，发现海鸥宝宝之所以会啄爸爸妈妈的嘴，是因为被它们狭长的外形和鲜红的颜色所吸引。廷伯根做了下面的尝试：制作一根细长的棒子，并涂以鲜红的颜色和白色的条纹。实验结果出乎意料，比起爸爸妈妈的嘴，海鸥宝宝似乎更喜欢啄这根棒子。但是，几天过去了，海鸥宝宝意识到啄爸爸妈妈的嘴可以获得食物，而啄棒子不会，所以它们渐渐更喜欢啄爸爸妈妈的嘴。一个星期过去了，海鸥宝宝会只啄爸爸妈妈的嘴了。

▲图 25-4 实践可以修正天生行为 海欧宝宝啄妈妈的嘴巴上的红点，让妈妈吐出食物。

随着环境的变化和刺激的不同，动物的本能也会慢慢进行细微的调整。例如，老鹰飞过时，

小鸟会伏低身体，尽量不让老鹰发现而成为猎物；无害的天鹅飞过时，小鸟就会视而不见。早期的科学家认为，这种现象也许是因为小鸟只会对食肉的飞禽心生恐惧，想要躲藏。动物行为学之父、著名生物学家廷伯根和劳伦兹（Konrad Lorenz）证实了这一假设。他们的实验是这样的，天鹅模型飞过小鸟上方时，小鸟会无动于衷，而老鹰模型飞过时，小鸟伏地躲藏。为了进一步研究这个现象，他们采用新生的小鸟。他们发现，对于新生的小鸟，任何东西从头顶上方飞过，小鸟都会伏地躲藏。而随着时间的推移，越来越多无害的东西从头顶上方飞过，诸如飘落的树叶、歌唱的百灵或者翱翔的天鹅，小鸟的胆子渐渐大起来，不再躲藏。而食肉的老鹰第一次飞过时，小鸟依旧会伏地躲藏。因此，本能会在不断的经历和学习中慢慢修正，让动物更加适应环境，更好的生存。

2. 本能会限制动物的学习范围

动物的学习也是有选择性的，它们不是什么都学，这保证了它们可以保持自己的本色，不会在大千世界中迷失。举个例子，虽然知更鸟宝宝从出生起就听到各种鸟类的歌声，如麻雀、夜莺、云雀等，但知更鸟并不模仿它们的鸣叫声，而只是跟自己的爸爸妈妈学习知更鸟的歌声。鸟类只学习自己这一物种特有的鸣叫，而对其他鸟类的鸣叫声听而不闻，表明它们的学习是局限于一定范围而不是什么都学的。

▲图 25-5　**劳伦兹和胚教**　一队刚刚出生的小天鹅在向它们最接近的物体，也就是动物行为学之父劳伦兹学习，它们俨然已经把劳伦兹当成了它们的妈妈。

科学家认为，动物的这种学习内容受到本能限制的现象，可能是由胚教引起的。胚教指的是什么？胚教指的是，在特定的生长发育阶段，动物的神经系统被设定为只对某一类行为进行认知学习。今后无论遇到什么样的情况或刺激，这种已经设定的信息基本上不会改变。

很多鸟类的胚教都很成功，如天鹅、鸭子和鸡。在发育早期，它们会认真地向最为接近它们的动物或者物体学习。当然，出于天性，它们的爸爸妈妈一定是最接近它们的，所以它们会向爸爸妈妈而不是向别的动物学习。科学家做了这样的实验，人为地带走新生小鸟的爸爸妈妈，这时候，小鸟就会向离它们最近的东西学习，比如开动着的玩具小火车（见图 25-5）。当然，如果可以选择，它们会优先选择向成年小鸟学习。

3. 所有行为的养成都是遗传与环境相互作用的结果

早期的动物行为学家认为，本能的形成取决于遗传因素，而习得行为取决于环境。当然，这样的观点并不全面。当代的动物行为学家将这一观点进行修正，正如行为不能简单地定义为本能或者后天习得的技能一样，行为的养成也不能单纯地认定为取决于遗传因素或者取决于环境因素。事实上，所有行为的养成都是遗传因素和环境因素相互妥协相互融合形成的。对于不同动物或者同一种动物的不同行为，这两种因素的重要程度也不同。

我们可以举出大量的例子来说明“遗传和环境这两个因素共同决定了行为的养成”这一观点，比如，候鸟的迁徙。我们知道，在夜晚，候鸟会通过观察星象来辨寻飞行的方向。刚出生没多久从未迁徙过的候鸟，就不具备以星象辨别方向的能力。在迁徙过程中学习观察星象辨别方向并不仅仅是环境因素决定的，候鸟天生就会迁徙，这是遗传因素决定的。

夏末秋初，大量的候鸟成群结队离开居住的地方，飞往更为温暖的地方度过寒冬。它们的目的地往往在几百公里甚至几千公里之外。对很多候鸟来讲，这是它们生命中的第一次旅行，因为它们刚出生没多久。令人惊奇的是，这些小鸟在没有经验丰富的候鸟的带领下也会在正确的时间出发，也会飞向正确的方向，也会飞到正确的目的地（当然，经验丰富的候鸟通常会早几天出发）。一定程度上，对于初次迁徙的小鸟来讲，这的确是一个非常艰难且前路茫茫的旅程。所以，候鸟一定会与生俱来一些保证它们可以顺利迁徙的能力，这就是遗传因素。事实上，在实验室中出生和生长的候鸟不必经历寒冷的冬天，但秋天到来时，它们也会不自觉地迁徙，虽然这并没有什么必要。很明显，候鸟迁徙的习性是天生的，并不需要后天的学习。

以上观点可以通过下面的实验得到进一步的证实。一种叫做黑顶林莺的候鸟，它们生长在欧洲，随后会迁徙到非洲过冬。不同地方的黑顶林莺会有不同的迁徙路径，西欧的会沿着西南方向到达非洲，东欧的会沿着东南方向（见图 25-6）。科学家将来自这两个地方的黑顶林莺进行杂交，生下来的林莺宝宝就会沿着一条折中的路线，即向南进行迁徙。这个结果表明，林莺宝宝会继承父母双方迁徙的本能并融会贯通，最终决定迁徙的方法。

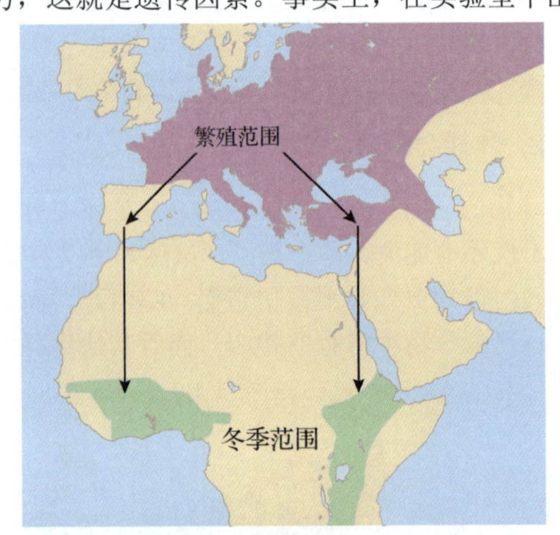

▲**图 25-6 遗传因素决定候鸟的迁徙方向** 来自西欧的黑顶林莺沿着西南方向进行迁徙，而来自东欧的黑顶林莺沿着东南方向进行迁徙。

25.2 动物是如何与小伙伴交流的？

动物经常广播信息。动物通过声音、动作和释放信息外激素来传递自己所处位置、有外敌入侵和向异性示爱等信息。如果这些释放的信息得到其他小伙伴的回应，或者可以使得自身和接收信息的同伴获益，我们就认为能够建立交流通道。一个生物发出信号，另一个生物接收信号并根据信号改变自己的行为，以使信号发出者和接收者都从中获益，这就是成功的交流。

不同物种的动物有时也有所交流（想象一下，一只猫咪翘起长长的毛茸茸的尾巴，向一只狗喵喵叫，这场景有多搞笑），但动物基本上只会和同物种的小伙伴交流。信息的传递最经常发生在同伴之间，或者父母和子女之间。还有一种情况需要动物进行有效的交流，就是同伴之间需要争夺食物、地盘或配偶。

动物交流的方式多种多样，基本上所有我们能想到的手段，动物都会将其用于交流。下面的几节会讲到，动物通过视觉信号、声音、信息外激素以及触碰进行交流。

25.2.1 对于短距离，视觉信号交流最有效

视觉系统发育良好的动物通常会通过视觉信号传递信息。视觉信号可以是主动的，一个简单的动作（比如露出锋利的牙齿），或者一个姿势（比如低头）就可以传递信息（见图 25-7）。当然，视觉信号也可以是被动的，动物的大小、形态和皮毛的颜色都可以传达重要的信息，尤其是有关求偶和繁育后代的信息。例如，在求偶季节，雌性大狒狒的臀部颜色会变得明亮粉嫩（见图 25-8）。主动信号和被动信号可以结合起来传递更为复杂的信息，如图 25-9 中的变色龙。

◀**图 25-7　主动视觉信号**　狼要进行攻击时，会低下头，竖起背上的毛，虎视眈眈地注视着对手，并露出自己尖利的狼牙。在进行不同程度的攻击时，这些视觉信号会有所变化。

与其他传递信息的方式一样，视觉信号交流有利也有弊。有利指的是，视觉信号实时、快速，可以随外界环境的变化迅速做出反应。而且，视觉信号不需要发出声音，不太会惊动距离较远的捕食者或入侵者，当然，信号的发出者相对会危险些。而不利指的是，在浓密的草丛树林中，或者在黑夜，或者距离比较遥远，视觉信号就无法传递了。

▲**图 25-8　被动视觉信号**　雌性大狒狒如果露出自己粉嫩的臀部，这就表示她已经准备好进行交配了。

▲**图 25-9　主动与被动视觉信号相结合**　南美变色龙在高昂起头（主动信号）和下颚变色（被动信号）时，表示宣布它对所在地域的所有权。

25.2.2　对于长距离，声音交流最有效

通过声音传递信息可以克服视觉信号交流的很多弊端。与视觉信号类似，声音信号也可以进行实时、快速的传递。与视觉信号不同的是，无论在黑夜还是在茂密的丛林，甚至在浑浊的水流中，声音信号都可以很好地进行传递。而且，对于长距离的信息传递，声音信号比起视觉信号的优势显而易见。例如，非洲大象的呢喃声可以传递到几公里以外的同伴耳中，而座头鲸的歌声在几百公里以外仍然清晰可辨。寂静的夜晚，狼群犀利的嚎叫足以震慑几公里之外的羊群和牧羊人。甚至是小小的老鼠，它们用前足踢踏地面的声音也可以传递 150 英尺（约 45 米）。声音信号的长

距离传递也有自身的弱点，声音交流者的天敌和入侵者也可以利用这些声音信号快速定位到发出声音的它们。

与视觉信号类似的是，声音信号也可以随环境进行实时改变，动物通过改变发声的形式、音量的大小和音调的高低来传递不同的信息。在 20 世纪 60 年代，著名动物行为学家斯特鲁萨克（Thomas Struhsaker）利用生长于肯尼亚的非洲长尾黑颚猴做了一组实验。实验结果显示，长尾黑颚猴遇到不同的天敌，比如蛇、豹子和老鹰，会发出不同的预警声音。稍后，其他科学家也重复出这个结果，还找到不同声音信号所对应的不同天敌，比如，如果长尾黑颚猴大声吠叫，则表示附近有豹子一类的天敌，这时，地面上的长尾黑颚猴开始迅速爬树，已经在树上的爬得更高。如果它们啧啧尖叫，则表示附近有老鹰一类的食肉鸟类，这时，地面上的就要寻找掩护，而树上的迅速爬下来躲到草丛中。如果它们发出轧轧声，则表示附近有蛇一类的天敌，这时，长尾黑颚猴迅速站立起来，警觉地环视四周，寻找捕食者。

▲图 25-10　**通过振动进行的交流**　轻盈的水黾依靠水面张力支撑自己的体重。通过振动腿，水黾发送在水表面辐射扩散的信号，向周围发送求偶信息。

不只有高等的鸟类和哺乳动物才通过声音传递信息，其他低等动物，比如昆虫，也可以通过声音交流。雄性的蟋蟀用独特的歌声来吸引异性蟋蟀，当雌性蚊子发出高调的呜呜声时，表示它们马上就会吸足血液，从而有足够的营养繁育后代。雄性的水黾通过高速振动双腿发出信号，这样的信号可以通过水进行传递，从而吸引异性，并宣布这片水域的所有权（见图 25-10）。另外，鱼类也会发出多种多样的声音。

25.2.3　信息外激素持续时间久但难以实时变化

由动物自身散发并能影响周围同伴的行为和情绪的化学物质称为信息外激素。信息外激素的耗能极少，传播区域广泛，是一种十分有效的交流方式。与能引起天敌注意的视觉和声音信号不同，信息外激素只能被属于同一物种的动物识别。另外，信息外激素可以作为一种特定的路标，即使散发者早已离去，信息外激素仍然留在那个地方，经久不散。野生狼群的狩猎范围往往可以达到 400 平方英里（大概相当于 1000 平方公里），这时候，在它们的狩猎区域内往往存在着大量信息外激素，提醒或威慑其他狼群不要侵犯它们的领地。家里养狗的人或许注意到，作为狼族的近亲，狗也会通过自己的尿液来划分势力范围。

如果要依靠信息外激素传递信息，动物需要合成多种不同的信息外激素来对应不同种信息。也正因为如此，信息外激素传递的消息，相对视觉和声音信号来讲，更少也更简单。另外，信息外激素不能传递实时消息。所以说，信息外激素一般用来传递长期和稳定的信息。

信息外激素通常可以直接影响接收者的行为。比如，外出觅食的蚂蚁如果发现了食物，就会在食物上留下信息外激素，这时，其他蚂蚁会停下手中的工作，马上赶到有食物的地方（见图 25-11）。信息外激素通常也可以直接影响接收者的生理状况。例如，蜂王可以分泌一种叫做蜂王素的信息外激素，这种物质可以影响其他工蜂的性成熟，从而消除其他工蜂竞争蜂王的可能性。与之相似的是，性成熟的雄鼠的尿液中含有一种信息外激素，这种物质可以促使同窝的雌鼠产生交配的欲望，更神奇的是，这种物质还会促使怀有其他雄鼠后代的雌鼠流产，从而为自己繁育后代。

人类利用动物的信息外激素来防治虫害。科学家已经成功合成一些害虫的性外激素，比如日本瓢虫和舞毒蛾。在害虫的繁殖季节投放性外激素，可以有效干扰害虫的交配繁殖，或者聚而歼之。相对传统的杀虫剂，信息外激素对环境几乎没有什么影响，因为投放杀虫剂不仅杀死害虫，益虫也会一同被杀死，而且还会造成众多具有抗药性的害虫，使得消灭它们更加困难。而特定的信息外激素只对特定的物种起作用，不会造成抗药性，因为，这些害虫已经因为交配被干预而越来越少。

▲**图 25-11　通过信息外激素进行交流的蚂蚁**　蚂蚁在蚁穴和食物之间分泌了信息外激素，这些信息外激素指引蚂蚁们去搬运食物。

25.2.4　触碰交流有利于动物建立群居关系

通过身体接触来传递信息往往发生在群居动物各成员之间。这种情况在灵长类和人类身上尤其明显。灵长类会通过亲吻、触碰鼻尖、轻拍、抚摸和为对方梳理毛发等方式表达情感（见图 25-12a）。

（a）狒狒

（b）蜗牛

◀**图 25-12　通过触碰进行交流的动物**　（a）一只成年的东非狒狒正在帮孩子梳理皮毛。这种触碰的行为不仅可以增进与孩子的感情，而且可以帮孩子清理皮毛上的寄生虫和脏东西。（b）触碰在动物交配时也很重要。蜗牛的求偶交配以彼此相拥而结束。

这种交流方式并不仅仅局限于灵长类，很多哺乳动物用触碰来巩固父母与子女的亲缘联系。另外，众多的动物在进行交配时都会伴随着亲密的触碰，这也许表达了它们的激情与爱意（见图 25-12b）。

25.3　动物是如何竞争资源的？

动物为什么要竞争呢？生存和繁衍后代所需的资源总是相对贫乏，它们必须通过竞争来获得足够的资源。竞争使得动物发生各种形式的交流与摩擦，有时甚至大打出手、至死方休。

25.3.1　侵犯性行为有利于动物保护自己的资源

侵犯性行为这种竞争模式是动物最为常见的保护食物、领地和配偶的方式，通常发生在同一物种之间，因为它们所需的资源基本相同。侵犯性行为包括竞争对手之间的身体搏斗。打架会导致参与者的身体受伤，即使获胜的一方也会因身受重伤、命不久矣而无法完成繁衍。结果是，自然选择法则更偏爱以展示或仪式来解决冲突。侵犯性展示就是让竞争者在相互估量对方实力的基础上而不是在造成的伤口的基础上决出优胜者，这里的实力包括展示的体格、力量和运动能力。要感谢这样的交流方式，大多数冲突因此得以不战而果、无疾而终。

在侵犯性的展示中，动物展示它们的武器，诸如利爪和尖牙（见图 25-13a），让自己看起来显得更加强大勇猛（见图 25-13b）。竞争者通常会严阵以待、眼观六路、耳听八方，竖起皮毛（哺乳动物）（见图 25-7）、羽毛（鸟类）和鱼鳍（鱼类）等。竞争者在做这些展示（“秀肌肉”）的同时，通常也会伴随着带有威胁性质的各种鸣叫嚎叫。如果这些还不足以决出胜负，那么，大打出手将是最后的选择。

（a）一只雄性狒狒

（b）勃氏新热鳚

▲图 25-13 动物通过主动展示自己的实力来竞争 （a）雄性大狒狒通过展示自己尖利的牙齿来竞争，虽然一旦开打，这利牙会是致命的武器，但狒狒们鲜有伤亡，因为它们只是比比看而已。（b）雄性的鱼类也会竞争，就像图中的这种形状奇特的鱼类，它的学名叫做勃氏新热鳚，它们会通过竖起鳞片和张大腮来显得自己更大、更强壮。

在侵犯性的视觉和声音展示之外，很多动物物种形成了仪式性的打斗。致命性的武器只是相互撞击而不动真格的（见图 25-14）。比如图中的螃蟹，它们亮出前爪只是彼此推来推去比力气，而不是攻击对方。这种仪式让竞争者了解对方的力气和攻击能力，失败者会缩小身体，以顺从的姿态低调溜走。

25.3.2 支配等级有助于管理侵犯性互动

侵犯性互动消耗大量的能量，会导致身体伤害，并且会耽误其他重要的任务，比如觅食、放哨或抚育后代。因此，以最小的侵犯性来解决冲突最为有利。在动物的支配等级中，动物建立起等级以确定其获得资源的权力。尽管在建立等级的过程中侵犯性冲突不断发生，但动物一旦了解到自己在等级中的地位，抵抗就渐渐稀少了，支配阶层可以获得繁殖所需的最多的资源，包括食物、空间和配偶。举例来说，家养的小鸡就有等级划分。在最初的竞争比较之后，等级就产生了，这时，其他的小鸡就要服从竞争中的优胜者，也就是小鸡的头领。头领会享有优先啄米之类的权利。同样，在狼群中，雌狼和雄狼各有一个头领，狼群中的其他成员都要听从头领的指挥。对大角羊来说，谁的角越大，谁就越可能成为头领（见图 25-15）。

▲图 25-14 **动物展示自己的力量** 招潮蟹有一只超乎寻常的大钳子，它们通过彼此比较这只钳子的大小来竞争。输掉的那个可以完好无损地溜掉。

▲图 25-15 **动物的等级制度** 大角羊的等级制度是很森严的。它们通过头上的大角的大小来划分三六九等，角最大的那只就是领头羊。

25.3.3 动物常需保护领地

很多动物需要保护自己赖以为生的领地，保护的重点通常是交配、抚养后代、进食以及储存食物的场所等。动物为了保护领地和宣示领地的所有权可谓是不遗余力。领地的保护通常是雄性、雌性、夫妻甚至全民参与。但是，保护领地的重任往往落在雄性动物的肩上，而侵犯领地的主要敌人，通常来自直接争夺相同资源的同一物种。

动物的领地可谓多种多样。比如，对啄木鸟来说，一棵储存了橡子的大树就是它的领地（见图 25-16）。对于丽鱼，一种常见的热带淡水鱼，湖底的一个小小坑洼就是它的领地。对大螃蟹来说，沙滩上的洞穴就是它们的领地。而对小松鼠来说，领地是供给它们食物坚果的森林。

▲图 25-16 **进食领地** 群居的橡子啄木鸟在死树上挖出橡子大小的孔，填入橡子以在缺食的冬季能够饱腹。啄木鸟群体严守树木以防其他啄木鸟群体或其他鸟类进犯。

1. 领地减少侵犯

获取和保护动物领地需要大量的时间和精力，即使如此，动物还是不遗余力地保卫它们，无论是低等的蠕虫还是较高等的哺乳动物。动物都在多年的进化中形成了这种习俗，表明这种习俗对动物一定是有利的。不同动物保护领地的类型不同，但其中还是有共同点的。因为动物的等级制度，虽然在获取领地过程中存在大量的侵犯和冲突，但领地一旦划分好，就很少再被打破。因为动物为了保卫领地可以费尽心力、舍生忘死，在这种精神的支持下，它们往往可以打败比自己更为强大的敌人。相反，入侵的敌人因为没有自己的领地，孤苦无依之下往往会缺乏安全感和斗志，即使有时实力强大，但获胜机会也不会太大。著名动物行为学家廷伯根（Niko Tinbergen）采用棘鱼证实了这种说法（见图 25-17）。

2. 动物求婚也需先买房

对于很多物种的雄性来说，成功地保卫领地这一点对生殖繁衍具有直接的影响。在这些物种中，雄性保卫领地，雌性被吸引到高质量的领地，高质量领地的特征包括区域宽大、食物充足、有牢固的筑巢区域等。成功护卫到最好领地的雄性拥有最大的交配机会。例如，实验证明，对于雄性棘鱼来说，拥有的水域越广，成功获得配偶的机会越大。而对于雌性棘鱼来说，配偶拥有的资源越丰富，它孕育后代的成功率也就越大。

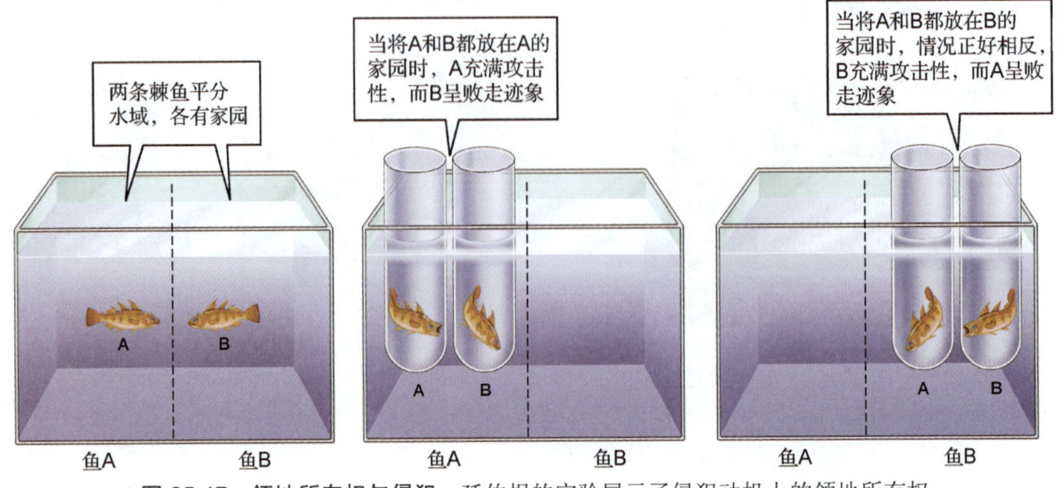

▲图 25-17 领地所有权与侵犯 廷伯根的实验展示了侵犯动机上的领地所有权。

3. 动物常需宣示占有权

动物通过标记、声音或气味来宣示自己的领土。如果所谓的领地足够小，动物通常亲身上阵，通过展示自己的实力来维护主权。而另外一些动物则通过释放信息外激素来划分自己的势力范围。比如，雄兔子通过消化系统和内分泌系统的腺体分泌的信息外激素来显示自己的领土，而仓鼠分泌信息外激素的腺体在它的两肋。

声音同样也常常被动物用来彰显自己的领土主权。不同动物的方式稍有不同，雄性海狮会沿着海岸线奋力游动，边游边叫；雄性蟋蟀则会在家门口不停发出啾啾声；小鸟们通常通过自己的歌唱来捍卫领土，如果海鸟发出沙哑婉转的低鸣声，那么，它们是在表示这片海滩是它们的，如有侵犯，它们会殊死捍卫自己的家园（见图 25-18）。而那些声腺天生有缺陷、发不出这样沙哑婉转声音的小鸟，通常就没有自己的家园。这个现象被著名鸟类学家麦克唐纳（M. Victoria McDonald）所证实。她捕捉到一些拥有家园的雄性海鸟，对它们施以小手术，让它们间歇性失声。当这些雄性海鸟失声的时候，它们就会丢失自己的家园，而一旦声音恢复，它们又会夺回家园。

▲图 25-18 小鸟通过歌声来保卫领地 一只雄性海鸟通过歌唱来宣布领土的所有权。

25.4 动物是如何找到配偶的？

对很多需要通过交配来繁衍的动物来说，交配就是雄性和雌性动物通过交合以及其他亲密动作繁育后代的过程。在动物成功交配之前，它们要先确认对方是同物种的一员、是自己的异性、能够在性上接受自己。对很多动物来讲，发现适合的潜在交配伙伴只是第一步，通常雄性需要在雌性面前不遗余力地展示自己直到对方接受自己为伴侣。斗转星移、沧海桑田，动物为满足所有这些需求，进化出多种多样的求偶行为。

 25.4.1　动物表征自身性别、物种和能力的信号

如果动物与同物种同性别或者不同物种不同性别的动物交配，那么，它们不会产生后代，这对它们来说，是对资源和能量的极大浪费，同时，对物种的繁衍也极为不利。因此，动物进化出让它们可以正确寻找交配对象的能力。

1．很多求偶信号是声音信号

动物通常用声音来广告自己的性别和物种。在寂静的夜晚，蛙鸣声此起彼伏，每只树蛙的歌声都独一无二。蚱蜢和蟋蟀这些虫子也靠独特的叫声来表达自己的性别和种属；而果蝇稍有不同，它依靠快速闪动翅膀来完成发声。

声音信号也可以让动物从众多竞争者中脱颖而出。例如，雄性铃鸟依靠其高亢嘹亮的鸣叫声打败竞争者，吸引远处的异性；而雌性铃鸟从远处飞来，在每一只雄性铃鸟的家门口停留，这时候，雄性铃鸟就会靠近雌性铃鸟，和它呢喃耳语。雌性铃鸟比较过众多候选者的叫声后，会选择一个最合心意的，与之结为连理。

2．视觉信号也是常见的求偶信号

很多动物用发送视觉信号这一方式求偶，而这些求偶信号可谓是千奇百怪、无奇不有。例如，篱笆蟋蟀（蟋蟀的一种）通过以一种特定的节奏点头来吸引异性；雄性园丁鸟用树枝等材料建造美观且实用的鸟巢；而军舰鸟嚣张地展示自己色彩艳红的喉囊（见图 25-19）。通过这些方式发送求偶信号存在一定的风险，因为这些信号同样会吸引天敌。但是，从进化的角度来讲，动物还是要冒这个风险的，因为，如果没有这些信号，动物就无法彼此识别配对，更别说繁衍后代。而对很多雌性动物来说，它们并不必要发出什么明显的视觉信号来求偶，当然，它们也不需要面对由于发出信号而招引天敌的危险，所以，与雄性相比，很多雌性动物外形并不出众，行动不够灵巧，危机意识也不够强（见图 25-20）。

（a）园丁鸟的鸟巢

（b）雄性军舰鸟

◀图 25-19　动物的性展示　（a）园丁鸟。求偶期，园丁鸟用树枝搭建美观舒适的鸟巢，并进行色彩艳丽的装饰。（b）军舰鸟。求偶期，军舰鸟鼓起它们色彩艳红的喉囊来吸引异性。

动物要成功寻找伴侣并交配，需要一系列复杂的信号，无论主动的还是被动的，无论是雄性动物发出的还是雌性动物发出的，来标榜自己的性别、种属、能力和迫切的求偶心情。三刺鱼，

一种生活在深海的鱼类，将这一过程演绎得极其艺术化（见图 25-21）。

3. 化学信号促使动物交配

信息外激素在动物寻找配偶繁育后代的过程中发挥着至关重要的作用。处于求偶期的蚕蛾会静静地释放一种信息外激素，这种物质可以被远在 3 英里（约 5 公里）外的雄性蚕蛾感受到，雄蛾会沿着信息外激素的释放途径，迅速地找到雌蛾（见图 25-22a）。

水同样是信息外激素传递的优良媒介，鱼类通常在排卵的同时向水中释放雄性激素，并伴随一些求偶动作。哺乳动物类依靠发达的嗅觉，可以迅速感应到发情期雌性动物释放的信息外激素（见图 25-22b）。

▲图 25-20 **雌雄古比鱼的性差异** 与很多动物类似，雄性古比鱼要比雌性古比鱼美丽得多，它们更加色彩艳丽、光彩照人。

❶ 一条颜色平淡无奇的雄鱼离开鱼群，建立自己的繁殖领地

❷ 它的腹部会像其他进入繁殖季节的雄鱼一样变红，并会对其他雄鱼气势汹汹地展示红色的腹部

❸ 建立领地后，它就开始筑巢。挖一个浅坑，用一点水藻填满，并用它肾脏的分泌物将藻类黏合起来

❹ 穿过巢来制造一个洞，之后，它的背部会变成蓝色，这对雌性具有吸引力

❺ 一只携带有卵的雌鱼会在它的面前摆出头向上的姿势展示膨大的腹部。雌鱼膨大的腹部和雄鱼求偶的颜色是被动的直观显示

❻ 雄鱼用之字形的舞蹈带领雌鱼来到巢穴

❼ 当雌鱼来到巢穴后，雄鱼通过刺雌鱼的尾巴来促使其产卵

❽ 雌鱼离开后，雄鱼进入巢穴，释放出精子使卵细胞受精

▲图 25-21 三刺鱼的求偶现象

（a）触角可以用于检测信息素

（b）嗅觉也可用于检测信息素

▲图 25-22　信息外激素的感受器　（a）触角。雄性蚕蛾寻找伴侣并不是用眼睛看，而是通过接收雌性蚕蛾释放的信息外激素。雄性蚕蛾具有巨大的触角，这对触角呈羽毛状，大大增加了它的接触面积，使得接收到雌性蚕蛾的信息的概率大大增加。（b）嗅觉。狗狗相遇时，通常会去闻一闻彼此尾巴的下方，因为此处的腺体释放的信息外激素会告诉对方自己的性别以及是否处于发情期。

25.5　动物为什么嬉戏玩耍？

很多动物都嬉戏玩耍。河马相互推搡，前后左右扭动硕大的头颅，拍水嬉戏，甚至还会做芭蕾舞式的单足旋转。水獭虽然身躯笨拙，却能做出很多高难度的杂技动作，以此自娱。宽吻海豚最喜欢调戏小鱼，它们在游泳的同时将小鱼抛到空中，再用自己宽大的嘴接住小鱼。小蝙蝠喜欢用翅膀互相拍打、追逐，有时还打打小架。Pigface 是一只来自非洲的巨型大海龟，在华盛顿的国家公园生活已超过 50 年，它每天最喜欢做的事情就是沿着自己的窝拍打一只皮球。甚至连低等的八爪鱼都会玩耍嬉戏，它们将小玩物推到水中，然后坐等小玩物自己浮上来，然后再推，可以这样玩上很久。

25.5.1　动物会独自玩耍，也会一起嬉戏

动物会独自玩耍。有的动物喜欢玩一些小玩意儿，比如，猫咪喜欢玩毛线团，海豚喜欢捉弄小鱼，而恒河猴最喜欢滚雪球。动物也喜欢一起嬉戏，通常，年幼的小动物会成群结伙，相互嬉戏打闹，有时候它们的父母也会加入其中（见图 25-23）。

▼图 25-23　年幼的动物在玩耍嬉戏

（a）黑猩猩

（b）北极熊

（c）红狐

动物的嬉戏玩耍与繁衍养育后代和躲避天敌这些必需的活动相比，似乎没什么明显的作用。而年幼的动物，相较成年动物来讲，更喜欢嬉戏玩耍。动物在一追一逃、打打闹闹中消耗大量的能量，而且，还有可能造成严重的伤亡。动物在玩的不亦乐乎的时候，会放松警惕，使天敌有机可乘。既然有这么多害处，为什么动物还是喜欢嬉戏玩耍呢？

25.5.2 玩耍有助于行为开发

在亿万年的进化中，动物嬉戏玩耍这种活动大量存在，定然有它的道理。有一种假说叫做练习假说，这种假说认为，动物在嬉戏玩耍中不断学习和练习将来成年后所必需的基本技能，比如说觅食和跑路、如何与同伴交流。

嬉戏玩耍十分有助于动物脑部和神经系统的早期发育。爱达荷大学的著名生物学家拜尔斯（John Byers）发现，大脑越发达的动物越喜欢嬉戏玩耍。因为思考和认知能力越强的动物，它的大脑也就越发达，而这种思考和认知能力，通常是从幼年的嬉戏玩耍中逐渐获得形成的。这与之前的联系假说不谋而合。人类年幼时喜欢打群架和捉迷藏，这些游戏有助于培养我们的体力、智力、耐力和协调能力，而在远古时代，我们的祖先应该是需要这些能力来觅食生存的吧。

25.6 动物结成的群体是什么类型的？

群居，也就是动物相互联系、成群结伴在一起生活，是动物的又一个重要特征。大多数动物都会与自己的同伴或多或少有所联系。有一些动物会成群结伴，一起生活。甚至还有一些动物，形成一种与人类社会类似的、分工明确、等级清晰、结构复杂的群居生活。

25.6.1 群居生活有利有弊

群居生活有付出也有回报，除非回报大于付出，否则一个物种不会进化出群居行为。动物群居生活的好处包括：

- 增强发现、击退和迷惑天敌的能力。
- 增加狩猎效率或者增强找到食物的能力。
- 群体内劳动分工的潜在收益。
- 增加找到配偶的可能性。

群居生活也有一些弊端，比如：

- 增加了对有限资源的竞争。
- 增加了传染性疾病的感染风险。
- 增加了后代被群体内同伴杀掉的风险。
- 增加了被猎杀者定位到的风险。

25.6.2 不同物种形成的群居模式多种多样

动物形成的群居模式不是一成不变的，它们会根据环境和自身情况不断调整。有些比较彪悍的动物，比如狮子，通常是独来独往的，只在竞争领地和发情求偶时才会和其他狮子接触。而另外一些动物，选择独处还是群居，主要视当时的生存环境而定。比如郊狼（北美洲西部原野上的一种小狼），在食物充沛的情况下它们独来独往，而在食物匮乏的情况下，它们会自发集结成群，共同觅食和抵御天敌。

许多动物会选择形成相对松散的群居结构，比如海豚、鱼群、鸟群和麝香牛群（见图 25-24）。这样的群居生活对动物大有好处。例如，鱼群和鸟群在游泳和飞翔的时候会形成 V 字形或金字塔状的结构，这样的运动形成强大的水流或者气流，处于中部的小鱼或小鸟不用费力就能随着水流或气流前进，大大节省能量。有的生物学家甚至假设，它们形成的这种形状，可以迷惑天敌，因为小鱼或小鸟数目庞大，整齐有序，使得天敌很难将目光集中于特定的一条鱼或一只鸟身上。

而一小部分物种，尤其是昆虫类和哺乳动物，会形成复杂有序、等级分明的群居结构，这种结构有时可被称为一个社会。接下来的章节会提到，这种社会结构，常常要牺牲小我、成就大我，它不以每个个体的利益为依归，而是追求整个动物群体的利益最大化。举几个例子，刚成年的灌丛鸦并不离开双亲去繁衍后代，而是留在双亲身边，帮助觅食喂养新生的弟弟妹妹；公蚁常常为了保护蚁冢而浴血奋战、前赴后继、死而后已；天敌来临时，地松鼠往往会牺牲自己来提醒大家。这些行为都是利他行为的例子，利他行为就是牺牲单个个体的繁衍可能性而使他者受益。

◀**图 25-24　动物形成临时的群体**　麝香牛通常单独活动，但遇到狼群这样的天敌袭击时，它们会迅速聚集，公牛们围成一圈，牛角向外，将母牛和小牛围在中间。

25.6.3　与亲人群居的动物更易培养出利他精神

动物的利他精神是如何培养出来的呢？这种明显的会伤害到动物个体的行为为什么不在漫长的进化中被淘汰掉？一个最为可能的原因是，动物之所以会选择牺牲，是因为要保护一同生活的亲人。动物个体的牺牲，可以使其他亲人存活下来，而那些活下来的亲人和它具有相同或者相似的遗传背景，这使得这种利他行为的基因薪火相传、永不磨灭。在生物学上，这种现象叫做亲缘选择（kin selection）。亲缘选择有助于解释协作社群成功的自我牺牲行为。后续几节将介绍协作行为，我们会举两个例子来说明动物形成的结构复杂分工明确的小型社群。其中，一个例子来自昆虫，一个例子来自哺乳动物。

25.6.4　蜜蜂生活在有着刚性结构的社群中

也许，这个世界上最令科学家迷惑不解的群居结构是蜜蜂、白蚁和蚂蚁形成的社群。究竟造物主用了什么伟大而神奇的力量，使得这些昆虫并不繁衍自己的后代，一生都忘我而无私地工作，并将工作成果无偿奉献给少数头领。但不管如何解释，它们所形成的这个制度森严、等级分明的群居结构都是令人惊叹不已的。它们就像是一部运转顺畅且精密的大型仪器上的一颗颗小小螺丝钉，默默奉献，不求任何回报。

社群中的每一只个体自出生起就被赋予特定的任务。而行使相同任务的动物会自发自觉地集结在一起。拿蜜蜂来说，它们主要需要完成三类任务，所以会分为三个功能小组。第一组是蜂王，通常一个蜂巢内只有一只蜂王，蜂王的主要任务是产卵（蜂王的一生通常是 5～10 年，平均每天都要产 1000 多只卵），这些卵发育成工蜂。第二组是雄蜂，它们没有什么别的工作，只负责与蜂王交配，接收到蜂王发出的交配信号后迅速来到蜂王周围，通常一只蜂王可以和多达 15 只以上的雄蜂交配，一番云雨之后，蜂王获得的精子足够它一生产卵之用（蜂王一生可以产下超过 300 万枚卵）。交配结束后，雄蜂就完成了它的历史使命，认命地退出历史舞台，也就是被驱逐或者被杀掉。

蜂窝内基本上所有的工作都是由工蜂——不育的雌性——完成的。工蜂的任务随其年龄和经验而不断变化。刚开始工作的时候，它们通常会完成一些简单的搬运工作，比如在蜂窝内搬运蜂蜜一类食物给蜂王、其他工蜂或者幼虫。当成熟到可以分泌蜂蜡时，它们开始建造蜂窝以供蜂王产卵，有时还需要做女仆的工作，也就是打扫蜂窝，清理死去工蜂的尸体；同时还是家园的保卫者，一旦有天敌入侵，它们会毫不犹豫地冲上前去，攻击敌人，保护家园。当年华老去，它们会进行最后一项工作，也就是寻找和收集食物，给蜂窝提供源源不断的花粉和花蜜。在它短短的两个月左右的一生中，有一半的时间都在做这项工作。它每天都辛勤地飞出去寻觅花草繁盛的地方，一旦找到就会飞回蜂窝，在蜂窝门口激动地跳着特定的舞蹈，告诉同伴哪里有食物（见图 15-25）。

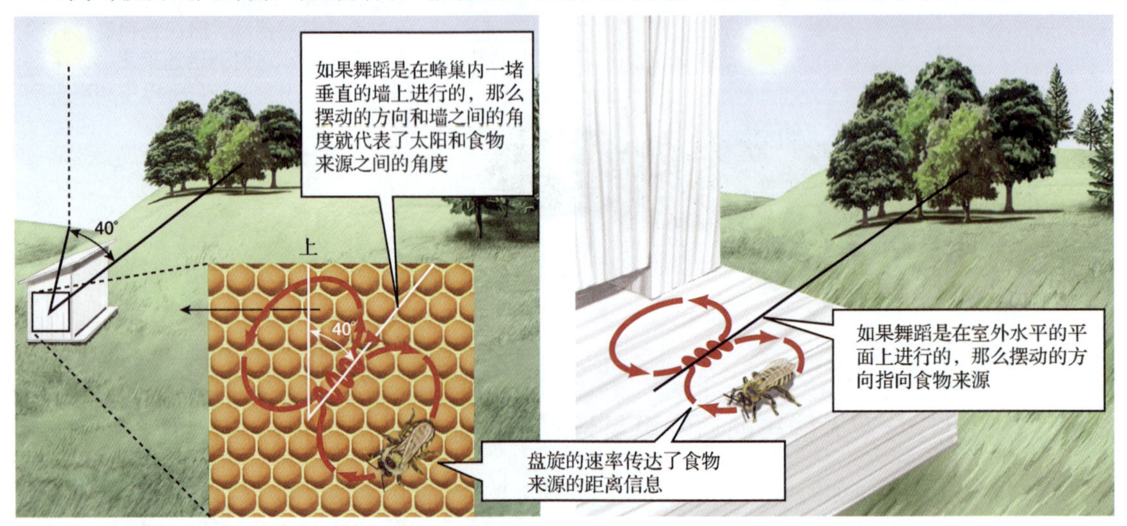

▲图 25-25　**蜜蜂的语言：神奇的摇摆舞步**　外出觅食的蜜蜂找到食物丰富的地方时，它会立刻飞回蜂巢，开始跳动一种神奇的摇摆舞步。这种舞步通过展示方向和离蜂窝的距离这两个指标，告诉同伴食物所在的确切位置。

信息外激素在这种群居生活中起着至关重要的作用。在蜂王的发情期，它释放一种激素使得雄蜂性成熟，同时，这种激素还可以防止其他工蜂发育成具有繁殖能力的蜂王。这种激素也可以表征蜂王的身体状况，一旦蜂王开始衰老，工蜂们马上开始建造一种体积更大的蜂巢，工蜂会用蜂王浆而不是普通的花粉和花蜜喂养其中的幼虫。这只幼虫并不发育成普通的工蜂，而是发育为下一代的蜂王。退位的蜂王会带着一小群蜜蜂离开蜂窝，安静地养老。另外，如果新发育的蜂王不止一只，那么在这些蜂王中会展开殊死搏斗，不死不休，直到剩下最后一只，成为新一代蜂王。

25.6.5　作为一种脊椎动物，裸滨鼠可以形成更为复杂的社群

脊椎动物的神经系统远比昆虫要发达，因此，可以预见，脊椎动物形成的群居结构比蜜蜂之类的昆虫要复杂多样。除了人类形成的社会之外，裸滨鼠形成的恐怕是最为复杂的了（见图 25-26）。裸滨鼠是豚鼠的近亲，它们主要活跃在南非。因为长期生活在地下的洞穴中，它们的双目不能看见东西，全身也没有毛发覆盖。它们形成一种类似蜜蜂的群居结构，在一群裸滨鼠中，有一只鼠王，鼠王是雌性的，行使着为整个鼠群繁衍后代的重任，而鼠群中的其他鼠都是为鼠王服务的。

鼠王往往是整个鼠群中个头最大的，通过各种手段统御部下、维护自己的权威。它鼓励和教育工作不够卖力的裸滨鼠，让它们更加积极的工作。与蜜蜂类似，裸滨鼠依据体型的大小不同有不同的分工。体型较小的幼年裸滨鼠通常的工作是清理地下隧道、收集食物和挖更多的地下隧道。裸滨鼠首尾相连，将隧道中的垃圾废物传递出隧道。在隧道的出口，一只年长的裸滨鼠将垃圾抛

出隧道，久而久之，在隧道边形成一个四周隆起周围凹陷的土堆。生物学家将这种现象形象地称为“火山堆”。除了堆火山，年长的裸滨鼠还负责抵抗外敌的入侵，保卫家园。

▲图 25-26　工作中的裸滨鼠

鼠王可以敏锐地察觉到鼠群中的变化，比如有的裸滨鼠逐渐开始性成熟，它尿液中特定的激素就会告诉鼠王，有鼠要夺权了，这时候，鼠王就会对那只裸滨鼠实施各种压力，让它绝望地放弃。当老的鼠王死去后，就会有一些裸滨鼠体型开始增大，然后，它们将通过一连串厮杀来决定王位最后的归属。最后，新的鼠王诞生了。当体型增大到一定程度，它开始繁育后代。鼠王一年通常生育 4 次，每次大概可以生育十四五只小裸滨鼠。鼠王产下小鼠后，它会亲自喂养新生鼠，而自己则靠其他鼠来喂养。一个月过后，新生的裸滨鼠就断奶了。

25.7　生物学能解释人类行为吗？

同其他所有动物的一样，人类的行为也有进化的历史。因此，动物行为学的技术和概念可以帮助我们理解和解释人类行为。因为人和动物毕竟不同，科学家不能直接拿人来做实验，因此，有关人类行为学的研究就显得不是那么严谨可靠了。即便如此，科学家仍然用行为学和遗传化学的一些基本方法来研究人类的行为，这些研究，为人类更好地认识自己起到至关重要的作用。

 25.7.1　新生儿的行为有大量的本能成分

因为刚出生的婴儿还没有什么机会进行学习，所以，通常认为，婴儿的行为基本上属于本能。自出生起就寻找母亲的怀抱来寻求温暖和喂养，这大概是人类的第一个本能。还在母亲腹中时，胎儿就会吮吸自己的手指或别的东西，也可以称为本能（见图 25-27）。婴儿或者胎儿的其他动作，比如行走、手脚舞动挣扎，等等，也是与生俱来的本能。

婴儿出生没多久就会没心没肺地绽放笑容，这也是一种本能。刚开始的时候，几乎所有在婴儿眼前掠过的小玩意儿都可以使他们发笑。当然，很快婴儿就会增长经验值，分辨好笑与不好笑的东西。大约在婴儿两个月大的时候，比起真正的人脸，婴儿更会对着淡色背景上的人眼大的两个黑点发笑，这也许是婴儿对笑容最早的认知。随着婴儿逐渐长大和神经系统渐渐发育，他逐渐可以识别人脸上更多更为复杂的标志。

刚出生三天的婴儿就可以从众多声音中辨别出妈妈的声音，并且会牙牙学语似地回应。实验证明，与其他人的声音相比，婴儿最喜欢妈妈的声音（见图 25-28）。这种婴儿与妈妈之间特别的联系，很可能是在妈妈体内十个月漫长时光中建立起来的，妈妈每日对着腹部说话，婴儿会听到，也会记得。

 25.7.2　年龄越小，语言学习能力就越强

动物自出生起就会不自觉地开始学习一些赖以为生的技能，而对于人类来讲，学习语言就是这种技能之一。孩子都是天生的语言学家，他们每天孜孜不倦的攫取词汇、短语和句子。有统计结果表明，8 岁大的孩子大约可以掌握多达 2.8 万个词汇。科学家甚至这样认为，婴儿自出生的那一刻起，他的大脑就已经做好学习吸收语言的充分准备。例如，胎儿在妊娠晚期就会对声音做出反应，科学家也发现，婴儿出生 6 周后就有可能会区分清辅音和浊辅音。有一个实验是这样的，

科学家用专门的仪器记录婴儿牙牙学语的反应，然后在他耳边发出不同的声音。当婴儿听到之前没听过的“ba”时，他的牙牙频率会加快，但如果反复出现这个声音，婴儿的学语频率就会逐渐降下来，直到他听到他从未听过的“pa”时，频率又加快了。

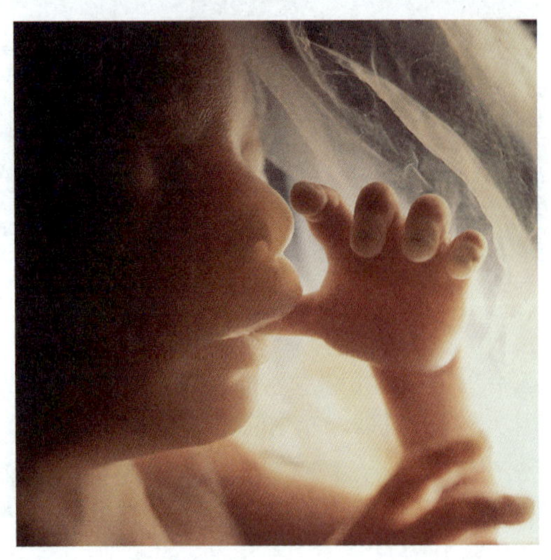

▲图 25-27 **人类的本能** 小孩子喜欢吮吸手指这个毛病很难改掉，因为这个习惯从胎儿期就已养成。通常在怀胎 4 个月的时候，胎儿开始吮吸手指，这是一种寻找食物的表现。

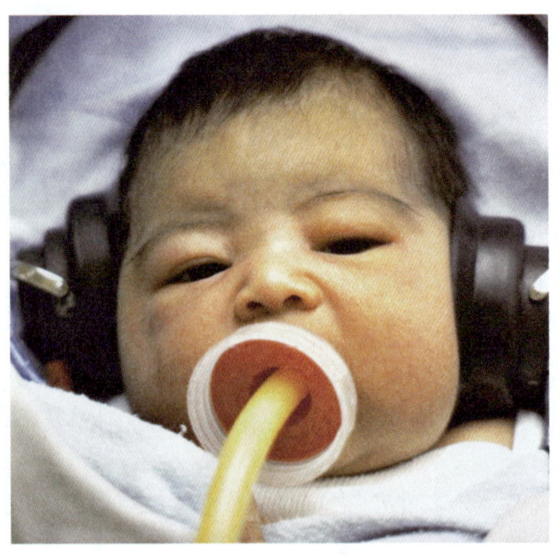

▲图 25-28 **新生儿总是偏爱妈妈的声音** 科学家给婴儿带上耳机，记录婴儿的牙牙声。实验结果发现，耳边播放妈妈的声音，婴儿的牙牙声会加快，婴儿会呈现兴奋的状态，如果是别的女人的声音，婴儿的牙牙声就减慢了。科学家还发现，婴儿们在妈妈的亲自教导下，学习得更快、更好。这大概和在怀胎十月中婴儿与妈妈建立的亲密联系密不可分。

25.7.3 不同文化共有的行为可能就是本能

除了研究新生儿的行为，比较来自不同文化的人的行为、找出其中的共性，也是研究人类本能的方法之一。通过这种方法，确定了不少人类共通的可以称为本能的行为。比如人类的一些表情或手势，全人类表达欢喜、哀愁、嫌弃、愤怒这些情绪，都有相同或者相似的表情，而高举的双手和闪亮的双眼代表着欢迎和祝福。这种状况的形成，大约得益于在人类还没有进化出语言时就依靠这些表情和手势进行交流，于是，这些全人类通用的东西就流传了下来，成为人类的一种本能。

不同文化的人们也遵循着许多复杂的社会行为准则。比如，在几乎所有的文化中，近亲婚配都是明令禁止的（甚至很多动物都不会近亲交配）。当然，这种社会准则是不存在什么遗传不遗传的。于是，科学家这样定义，这种社会准则或者禁忌，是本能在人类文明中的一种体现。根据这个定义，科学家认为，因为人类在婴儿和幼年时期长期接触自己的亲人，这种长期接触渐渐成为习惯，使得彼此没有了更加亲密的欲望，后来人们又逐渐认识到，近亲婚配的后代通常不甚健康，于是近亲婚配渐渐就消弭了。这种说法不是说这种社会准则和禁忌是本能，而是说人们在胎儿时期可能就已经开始学习和接受这些社会准则和禁忌了。

25.7.4 人类对信息外激素也有响应

虽然人类的主要交流渠道是眼睛和耳朵，但人类看起来好像对信息外激素也会产生反应。在 20 世纪 70 年代，著名生物学家麦克林托克（Martha McClintock）发现，室友间或闺蜜间的月经周期会渐趋一致。因此，她假设，女人会释放一种信息外激素影响周围人的生理周期，但直到近 30 年后，麦克林托克和她的同事才证实了这一假设。

1998 年，麦克林托克研究组做了这样一个实验：在 9 个女性志愿者的生理周期来临之际，在她们的腋下放置一种棉条，棉条可以吸收女性的分泌物，每天放 8 小时，直到生理周期结束。接下来，将棉条中的分泌物用酒精萃取出来，涂于另外 20 名女性志愿者的下嘴唇，涂抹过程持续两个月。两个月后发现，涂抹了月经早期（或者说是排卵早期）女性分泌物的 10 名志愿者，她们的生理周期缩短了；而涂抹月经晚期（排卵晚期）分泌物的志愿者，其生理周期延长了。由这些结果可以看出，女性在月经的不同阶段会分泌不同的物质，而这些物质对周围女性会有不同的影响。

另一组研究证明，人类在恐惧和压力下也可以释放信息外激素并被周围的人接收。例如，在 2009 年，帕罗蒂（Lilianne Mujica-Parodi）研究组做了这样一个实验：他们收集了 144 位志愿者的汗液样本，这些样本，一半是在志愿者初次滑雪并初次经历 1 分钟自由落体运动时收集的，另一半则是志愿者在做常规运动时收集的。接下来，被试者在闻过两种汗液之一后做大脑成像，成像结果显示，闻过初次滑雪者（即处于紧张和恐惧状态的人）汗液的被试者，他们大脑的杏仁核（通常与人类的极端情绪，如恐惧、愤怒等有关）处于活跃之中，而闻常规运动者的汗液后，杏仁核并不活跃。由此说明，人类处在一些极端情绪，比如紧张或恐惧时，会释放一种信息外激素，这种物质可以引起他人同样的情绪，或者至少会让他人大脑的同样区域处于活跃之中。

虽然麦克林托克和帕罗蒂的多项工作告诉我们，人类也存在信息外激素，但是关于这些外激素是如何影响别人的却知之甚少，并且，也没有发现这些信息外激素的确切分子结构和特性，目前还没有发现这些信息外激素的受体（即它们的人体接收途径）。所以，我们不能肯定，这些影响人们生理周期和情绪的现象，是存在一个复杂的接收调控网络还是仅孤立存在的。这些问题还有待科研人员继续探索。

25.7.5　通过双胞胎研究人类行为的遗传因素

通过对双胞胎的研究，可以证实这样的假设，也就是遗传因素决定着人类的很多行为。如果一种行为主要是由遗传因素所决定的，那么，同卵双生（即来自于同一个受精卵，遗传背景完全相同）的双胞胎就会遗传相同的行为，而异卵双生（即来自于不同的两个受精卵，遗传背景是不同的）的双胞胎则不大可能。众多研究显示，同卵双生的双胞胎一般会有相同的灵活程度、酒精耐受度、智力、性格和交际能力，他们的政治观点甚至都是相同的。而异卵双生的双胞胎的相似程度，远远不如同卵双生的双胞胎。

还有一个令人震惊的结果：同卵双生的双胞胎，从出生起就把他们分开，让他们在不同的环境下长大成人，这时候，对于上述那些行为，这些双胞胎仍然会惊人的相似。那些双胞胎有相同的服饰品味和幽默感，喜爱同样的食物，有相同的笑容和饮酒方式，甚至给他们的孩子和宠物起一样的名字。而且，有时候，这些双胞胎还会有相同的怪癖，比如咬指甲、强迫症和轻微抑郁症等。也就是说，环境因素几乎不对人格的形成产生影响，遗传因素占主导作用。

25.7.6　对人类行为学的研究极富争议

对人类行为学的研究是极富争议的，因为遗传因素决定人类行为这一观点大大挑战了传统观点，也就是环境是人类行为的决定性因素。通过本章中前面内容的讲述，我们知道基本上所有动物的复杂活动，都是本能和习得相结合而产生的；人类的活动，或多或少受到遗传因素的影响，受到进化历史与文化传承的双重影响。这一争论仍在进行，并且会一直进行下去。人类行为学的研究仍然处于起步阶段，各种观点在不同的发展变化之中，这主要是因为人类不是小白鼠，不能随意做实验。另外，每个人都是独一无二的，想在几十亿个独一无二的人类中找到共性可谓是困难重重。尽管如此，对人类行为学的研究从未停止，还有无数问题等待我们去探索、解决。

第 26 章　种群数量的增长和调节

一脸茫然的石像注视着森林被毁坏了的复活节岛。如果能开口说话，这些雕像会向我们诉说一段种群增长超出环境承载能力的故事吗?

26.1　种群的大小是如何变化的？

种群（population）包括生活在生态系统（ecosystem）中的一个物种的所有成员，而生态系统是包括一片确定地理区域中所有生物和非生物组成部分的一个有机整体。比如，你们的校园可能有鸟、松鼠、草、树、灌木和居住在学校宿舍里的学生，而这些都属于种群。每个种群都是一个更大的群落（community）——一群相互影响的种群——的组成部分，而群落又隶属于生态系统。自然生态系统可能很小，比如一方池塘；也可能很大，比如一片海洋。它可以是一片田野、一片森林或一个岛屿。包含了地球上所有适于居住的表面的自然生态系统称为生物圈（biosphere）。生态学（ecology，来源于希腊语的“oikos”，意为“居住的地方”）是研究生物之间关系以及生物与生存环境之间关系的学科。现在，我们以对种群的概述来开始对生态学的探索。

26.1.1　自然增长量和净移民量是改变种群大小的原因

在自然生态系统中，有些种群的数量始终保持相对稳定，有些种群的数量会以年为单位发生波动，还有些会随环境的复杂变化而偶尔发生改变。比如，在一个种群入侵新的生态系统时，这个种群的数量可能剧烈增长，然后变得稳定或急速下跌。

种群的大小随着出生量、死亡量和净移民量变化而变化。种群的自然增长量是种群的出生量和死亡量之差。虽然听起来可能很奇怪，但如果死亡量高于出生量，那么自然“增长量”可能是负的（减少）。种群的净移民量是迁入（从外界向种群中迁入）量与迁出（从种群中向外界迁出）量之差。这样，当自然增长量与净移民量之和是正数时，种群数量就会增加；反之，种群数量就会减少。对于一段时间内，种群数量变化的简单方程如下：

种群数量的改变量 = 自然增长量 + 净移民量
（出生量–死亡量）（迁入量–迁出量）

在野外，大多数的迁移都是年轻的动物从种群中迁出。比如蝗虫在种群数量过多时会形成数量巨大的分出群。而“独狼”一词来自于离开家族的年轻的狼。它们会迁入新的区域，并在那里加入一个新的狼群，或者（如果它们找到了配偶）组建一个自己的狼群。因为种群中的成员会进行繁殖，所以对于有些物种来说，迁移是使原有种群保持相对稳定、使之和环境资源所能承载的量相一致的有效方法。虽然迁移在某些自然种群中十分重要，但为了简化问题，我们会暂时忽略它，只用出生率和死亡率来计算种群数量的增长。

1. 种群的增长与出生率、死亡率和种群大小有关

大多数自然种群的大小在一年中都会发生波动，因为一般来说，繁殖活动和季节有关，而且很多新生生物会早早地结束生命。研究这样的种群的科学家必须在该物种的繁殖周期的同一个阶段对种群进行计数，也就是在每年相同的时间进行计数。

在一个数量正在增长的种群中，个体数量的增加数与种群大小成比例，就像一个积累复利的银行账号一样。如果条件保持不变，个体数量的增加数占种群大小的百分比在一定的时间内保持稳定不变。种群的增长率（r）可以表示为单位时间内（我们将其定义为 1 年）种群大小的变化率。种群的增长率等于其出生率（b）和死亡率（d）之差（在这里，因为忽略了种群的迁入和迁出，所以种群的增长率就等于其自然增长率）。

$$b - d = r$$

（出生率）（死亡率）（增长率）

如果出生率超过死亡率，增长率就是正的，种群数量增加。反之，增长率是负的，种群数量减少。现在，我们来计算一群鹿的增长率，用来表示出生率、死亡率和增长率的数字都代表占整个种群的百分比。假设在一年中，一群总数为 100 头的鹿中的母鹿生出 30 头小鹿，但有 10 头小鹿和 10 头成年鹿死亡。出生率是 30%（100 头中有 30 头），死亡率是 20%，年增长率为 10%：

$$\underset{\text{（出生率（百分比））}}{30} - \underset{\text{（死亡率（百分比））}}{20} = \underset{\text{（增长率（百分比））}}{10}$$

为了计算种群的增长（G），即一定时间内种群数量的增加量，我们用增长率（r）乘以计时开始时的种群大小（N）：

$$\underset{\text{（单位时间的种群增长）}}{G} = \underset{\text{（增长率）}}{r} \times \underset{\text{（种群大小）}}{N}$$

看到这个等式，你会发现，当增长率（r）恒定不变时，G 的值在每一个连续的时间间隔内都会增加。为了计算特定时间内鹿的数目的增长，我们用小数来表示百分比，比如 10%，我们用 0.10 来表示。在第一年中这群鹿（N）的增长（G）等于 $0.1\times100=10$。如果增长率保持不变，那么在第二年年初，这群鹿（N）就有 110 头了，然后在这一年，鹿的数量会增加另一个 10%（$110\times0.10=11$ 头鹿）。第三年年初，这群鹿有 121 头，以此类推。当然，在第 4 年我们不可能看见增加了 12.1 头鹿。在真实的种群中，这一等式只能得出估计值，因为只有在环境条件保持稳定的情况下，出生率和死亡率才会保持稳定，这样我们才能用一个种群的增长率来预测未来的种群大小。但环境可能保持不变吗？我们会在接下来的几节中探究这个问题。

2. 如果出生率超过死亡率，种群会发生指数级增长

恒定的生长率（r）会产生指数级增长。在指数级增长过程中，在每一段连续的时间间隔中，种群的数量会增加得越来越多。只要种群中的每个个体在一生中产生的可以活下来并完成繁殖的后代多于一个，那么这个种群就会发生指数级增长。如果将指数级增长的种群大小对时间作图，就会得到一个特征性的 J 曲线。我们用金雕的例子来解释 J 曲线。我们假定，金雕可以活 30 年，而每对金雕在达到性成熟之后每年产出两只后代。图 26-1 描述了两个金雕种群在金雕一生中的增长（这两个种群都是由一对可以生育的金雕夫妇建立的）情况。红线代表金雕从 4 岁开始繁殖的情况，而蓝线代表金雕从 6 岁开始繁殖的情况。在两种情况下，都会发生指数级增长。但 24 年后，从 4 岁就开始繁殖的金雕种群的数量是另一组的 6 倍有余（见图 26-1 中的表格）。通过推迟生育，人类也可以大大放慢人口增长的速率。比如，如果每名女性在少年早期就生了三个孩子，那么人口增长速度要比每名女性在 30 岁之后生 5 个孩子要快得多。

死亡率也对种群大小起着重要的影响。图 26-2 模拟了在三种不同的死亡率下细菌种群的增长过程。注意这三条曲线都是 J 曲线。

26.1.2 生物潜能决定种群增长的最大速率

产生很多后代的能力是一种遗传性状。自然选择偏爱那些能够将性状传递给更多后代的生物。生物潜能表示的是一个特定种群最大的增长速率。在对生物潜能进行计算时，需要假定情况发生在理想条件下（有无限的资源，同时没有捕食者），出生率可以达到可能的最高值，而死亡率最低。虽然单个个体每年能够产生的后代从上百万个（牡蛎）到一个或几个都有，但每个健康的生物在繁殖生命中都有着产生很多个体从而取代自己的潜力。

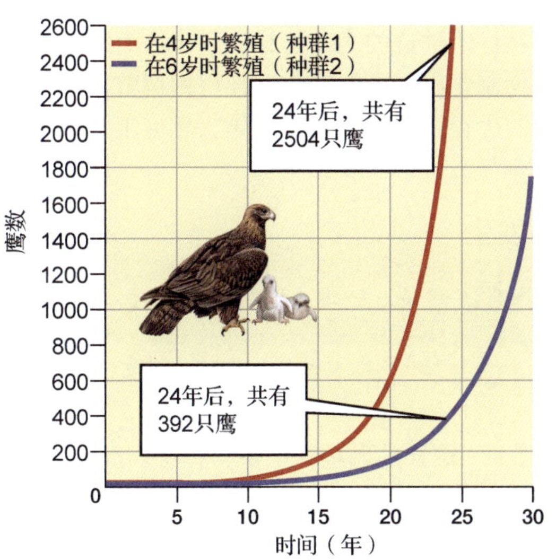

时间（年）	鹰数（种群1）	鹰数（种群2）
0	2	2
6	8	4
12	52	18
18	362	86
24	2504	392
30	17 314	1764

◀**图 26-1　指数级增长曲线是 J 曲线**　左边的图表展示了两个假设的金雕种群的增长过程，它们都从一对金雕开始，但在开始繁殖的年龄上存在不同。在这对金雕 30 年的生命中，从 4 岁开始繁殖的种群达到了从 6 岁才开始繁殖的种群数目的近 10 倍（见右边的表格）。

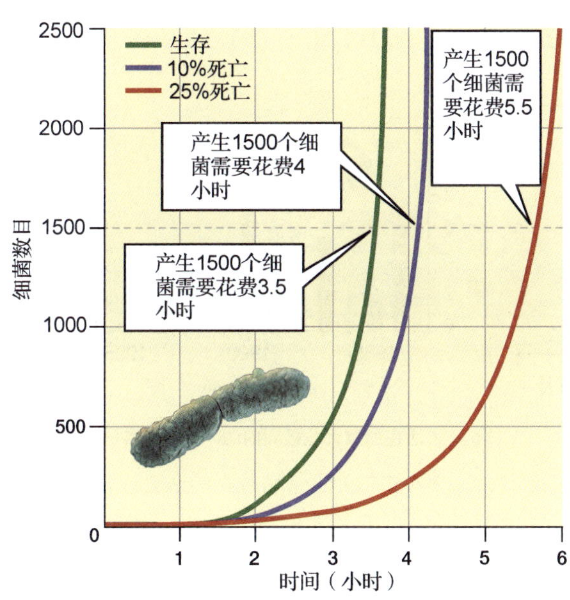

◀**图 26-2　死亡率对种群增长的影响**　这一图表假设细菌的种群数量每隔 20 分钟翻一倍。注意每种情况下都存在特征性的 J 曲线，但死亡率较高的种群要经过更长的时间才能达到任一给定的大小。

在较为稳定的条件下，平均来说每个个体一共只能产生一个可以活到能产生下一代的后代。因为野外的生活充满危险，较高的生物潜能使得总会有一些后代能够活得足够久，并完成繁殖过程。不同物种的生物潜能是不同的。影响生物潜能的因素包括：

- 该生物第一次繁殖时的年龄。
- 繁殖的频率。
- 该生物每次繁殖产生后代的平均数。
- 该生物的生殖寿命。
- 理想条件下该生物的死亡率。

26.2　种群增长是如何被调节的？

1859 年，达尔文写到，“任何一种生物，它们自然增长的速率都会达到令人惊骇的速度。如果过多的生物不被毁灭，那么整个地球将会被一对生物的后裔充满。毫无例外。”很明显，种群的增长不可能无休止地进行。在接下来的几节中，我们将讨论种群的大小怎样受到生物潜能和环境阻力，或者说，所有生物和非生物环境对种群增长的抑制作用，之间的相互作用的调节，环境阻力的例子包括生物之间的相互作用，如捕食和为有限的生存资源而竞争，等等。环境阻力还包括自然事件，比如寒冷的天气、风暴、火灾、洪水和干旱。

26.2.1 指数级增长只在非正常条件下发生

在不正常的、临时的条件下，自然种群会表现出指数级增长，产生 J 形的增长曲线，接下来，我们将讲述这种情况。

1. 指数级增长以繁荣—衰退的循环形式存在

在发生种群数量大起大落的种群中，会发生指数增长。这样的循环在很多物种身上都会发生，其原因多种多样、非常复杂。很多生命周期短、繁殖速率快的物种——从能进行光合作用的微生物到昆虫——都会经历季节性的种群数量的循环，这些循环和降雨量、温度或营养物质的改变有关系，我们在图 26-3a 中举了光合细菌的例子来说明这一点。这些生物和其他水生微生物的繁荣—衰退的循环会对人类的健康产生影响。

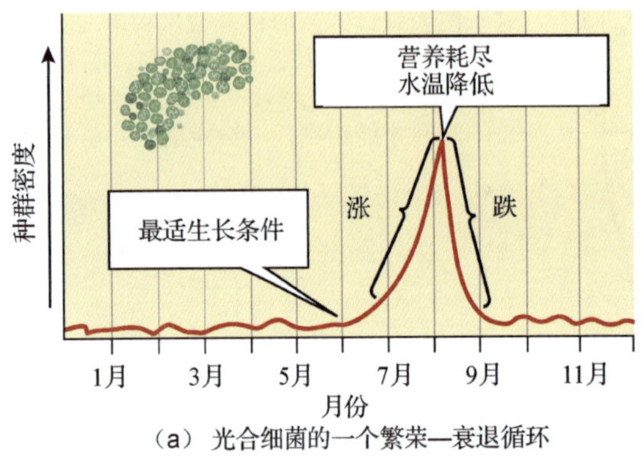

（a）光合细菌的一个繁荣—衰退循环

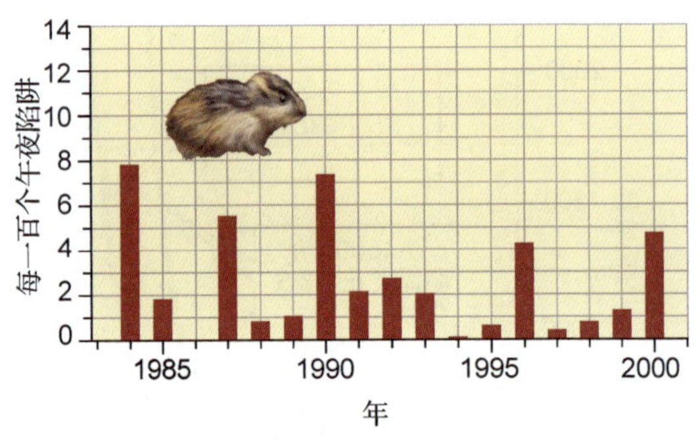

（b）生活在加拿大北极圈内的一个旅鼠种群的繁荣—衰退循环

▲图 26-3 繁荣—衰退的种群循环 （a）我们假设的一个湖中的光合细菌种群的密度。这些微生物直到 6 月初都维持着非常低的种群密度。到了 6 月，环境条件开始变得有利于它们的生长，于是，光合细菌就会进行指数增长，直到 9 月份发生种群数量暴跌。（b）这一生活在北极圈内的旅鼠种群经历以大约 3～4 年为一个周期的繁荣—衰退循环。这一数据是根据活兽陷阱的实验结果判断的。

在适宜的气候下，昆虫种群的数量会在春天和夏天大幅增长，而随着冬天的来临，霜冻会杀死大部分昆虫，因此种群数量又会暴跌。比如，雌性家蝇一次可以产下 120 个左右的卵。这些卵在两星期内孵化并成熟，在一个春天或夏天中就会经历 7 个世代。家蝇的生物潜能非常大（如果没有环境阻力），第 7 代会包括大约 6 万亿只家蝇。所有这些家蝇都是从一只怀孕的雌蝇发展而来的。更复杂的因素会导致较小的啮齿类动物，比如田鼠和旅鼠（见图 26-3b）经历以 4 年左右为周期的循环，而野兔、麝鼠和松鸡的种群数量循环历时更长。比如，这些物种可能会持续增长，直到威胁到它们所生存的脆弱的北极冻原生态系统，种群数量才会下跌。缺乏食物、捕食者的种群数量增加以及拥挤带来的社会压力，都会使种群的死亡率突然上升。在旅鼠从种群密度过大的栖息地向外迁移时，会有大量的旅鼠死亡。在这些令人注目的巨大迁移中，旅鼠很容易被捕食者捕杀，还有很多在遭遇水体并试图游过去时淹死了。旅鼠种群数目的大大减少使得捕食者的种群数量也发生减少，同时旅鼠栖息地的植被得到恢复。这些效应反过来又为下一轮旅鼠的指数级增长做好准备（见图 26-3b）。

2. 环境阻力减小时，种群数量暂时以指数级增长

对于那些不经历繁荣—衰退循环的种群来说，在特殊的情况下——比如，食物供应增加、栖息地扩大或捕食者减少——它们的种群数量会发生指数级增长。比如，由于栖息地减少和捕猎，高鸣鹤曾经一度近乎灭绝。1940 年，只有 15 只高鸣鹤活在这个世界上，人们被禁止捕捉这种鸟。高鸣鹤的栖息地得到保护和恢复。由于来自人类的环境阻力减小了，高鸣鹤种群正在进行 J 形增长，即指数级增长（见图 26-4）。它仍然是世界上最稀有的鸟类之一，因此它们的种群必须进一步增长，以确保这一物种在较长的一段时间内不会灭绝。

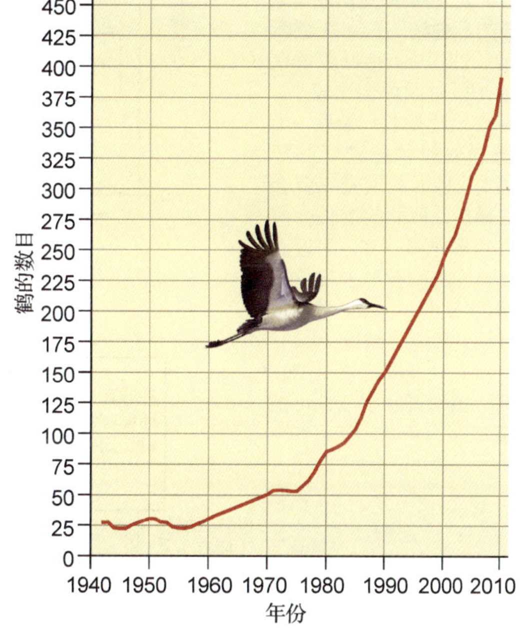

▲图 26-4　**野生高鸣鹤的指数增长**　捕猎和对栖息地的破坏使世界上高鸣鹤的数量在 1940 年被人们保护起来之前下降到了 21 只。到了 2005 年，它们的种群数目已经达到了 340 只，到 2010 年达到了 383 只。注意它们指数型增长的特征性 J 曲线。

当生物个体来到一个新的栖息地而这里的环境适宜又缺少竞争时，它们的种群数量也会发生指数级增长。入侵物种是被引入（故意或无意的）和它们原来不同且环境阻力较小的生态系统的，具有高生物潜能的生物。入侵物种常常表现出爆炸性的种群数量增长。比如，人们在 1935 年将 100 只海蟾蜍引入澳大利亚，以求控制在那里破坏甘蔗地的甲虫。雌性海蟾蜍每次会产出 7000 到 3.5 万个卵，而且在这一全新的环境中，能捕食它们的动物很少。因此，海蟾蜍就从最初被引进的地点向外大肆扩张，现在已经占据澳大利亚接近 40 万平方英里的土地。不仅如此，它们现在仍然在快速进军新的栖息地，通过吃掉或取代对方的方式，对当地生物构成极大威胁。人们估计，海蟾蜍的种群数目已经远远超过两亿，而且仍然在进行指数级增长。入侵物种可能还是毁灭复活节岛上森林的元凶。

在下一节会认识到，所有进行指数级增长的种群的数目最后都必须稳定下来或者下降，有时还会发生数量的骤减。

26.2.2　环境阻力限制种群数量的增长

环境阻力最终会终止指数级增长，在理想状态下，会在种群大小和生存资源之间找到一个平衡点。比如，设想一个无菌的培养皿。我们不断地向其中加入营养物质，并移走废物。如果向培养皿中加入少量活的皮肤细胞，它们就会贴壁生长，并通过有丝分裂进行增殖。如果每天都在显微镜下对细胞进行计数，并对它们的数量作图，在一段时间内，你会观察到你画的图会和指数级增长的特征性 J 曲线非常相似。不过，在细胞占据了培养皿中所有的空间之后，它们的生长率就会开始变慢，并最终降到 0；细胞的种群数量会受到空间资源的限制。

1. 新种群的数量因环境阻力而稳定下来时，就会发生逻辑斯谛增长

在某个特定的时间点，你在上述实验中得出的皮肤细胞数量的图表和图 26-5a 中的非常相似。这一增长模式被命名为逻辑斯谛增长，逻辑斯谛增长是那些个体数量迅速增加到环境能够容纳的种群数量最大值，而后变得稳定的种群的特征性增长模式。在生态系统不受到伤害的情况下，一个生态系统在很长时间中能够容纳的最大种群个体数称为该生态系统的环境容纳量（*K*）。逻辑斯谛增长曲线被称为 S 曲线，因为它的整体形状类似于 S 形。

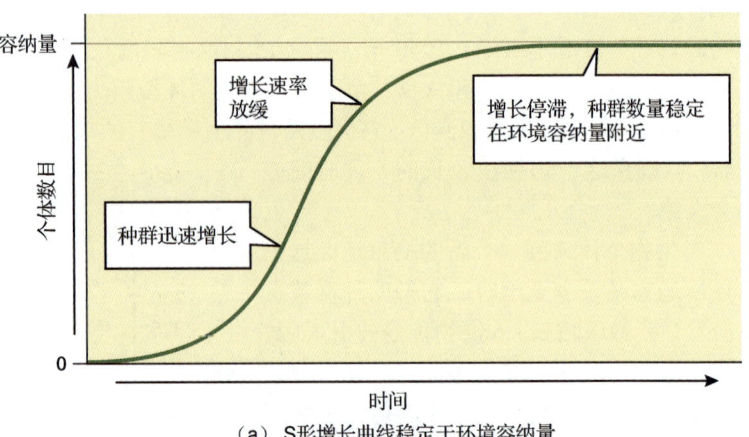

（a） S形增长曲线稳定于环境容纳量

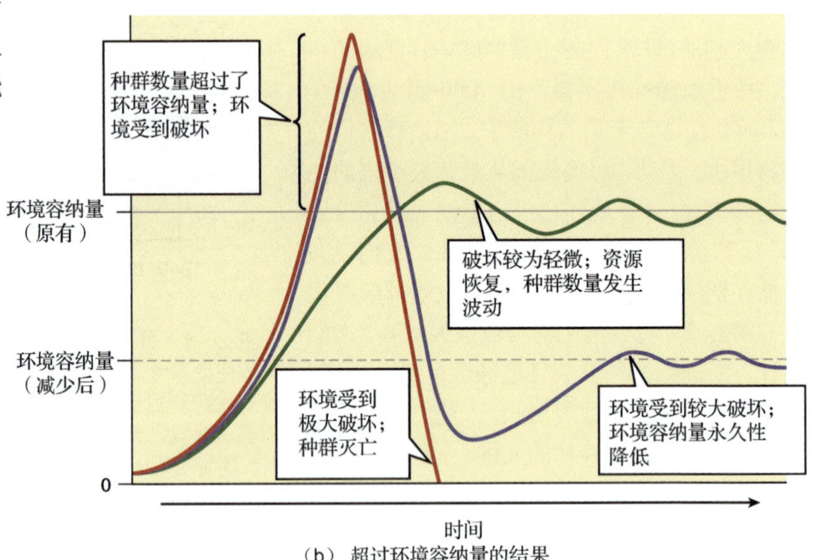

（b） 超过环境容纳量的结果

▶**图 26-5 种群数量的逻辑斯谛增长的 S 曲线** （a）在逻辑斯谛增长过程中，种群数量在最初的一段时间内会比较小，之后就会迅速增长。最后，当种群遭遇依赖种群密度的环境阻力时，种群的增长率就会变小。最后，种群的增长会停止在环境容纳量（*K*）附近。因此，增长曲线看上去就是一个舒缓的 S 形。（b）种群数量可以超过环境容纳量（*K*），但这一状态只能维持很短的一段时间。图中展示了三种可能的结果。

在自然界中，种群大小（*N*）可以在短时间内超过环境容纳量（*K*）。不过这是十分危险的，因为在这种情况下，种群消耗资源的速率比资源再生的速率要快。在越过 *K* 的一小段曲线之后，*K* 和 *N* 很可能会共同减小，直到被消耗掉的资源恢复原状为止。

如果种群的大小大大超越了环境容纳量，那么结果将会更严重，因为在这种情况下，施加在生态系统上的额外需求很可能会破坏掉重要的资源（比如复活节岛上的森林），而这些资源可能无法再生。这样，*K* 值可能会永久性地减少，而该种群也会减少到之前的几分之一，甚至完全消失（见图 26-5b）。比如，当驯鹿被引入一个没有大型捕食者的岛屿时，它们的种群数量会急剧上升，它们赖以为生的地衣会因过度放牧而大量减少。之后，饥饿会导致驯鹿的种群数量暴跌，见图 26-6。

当一个物种迁移到新的栖息地后，就会发生种群数量的逻辑斯谛增长。生态学家康奈尔（John Connell）用这一规律解释了藤壶在岩石海岸的裸岩上定居时的种群数量变化（见图 26-7）。最初，新移民发现了可以进行指数级增长的适宜环境。然而，在种群密度上升之后，个体之间就会发生对空间、能量和营养物质的竞争。科学家在实验室中用果蝇做的实验说明，对资源的竞争可以通过减小出生率和对手的平均寿命来控制种群的大小。在种群的逻辑斯谛增长过程中，在环境阻力不断增大时，种群的增长速率变慢，种群大小会最终停留在环境容纳量的附近。在自然界中，环境条件从来都不是完全稳定的，因此一个群落中的环境容纳量和种群大小每年都有些许不同。

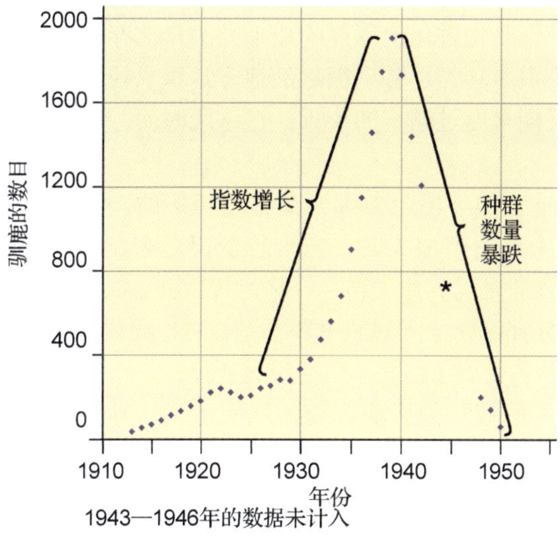

▲图 26-6　**越过环境容纳量的结果**　1911 年，为了给驻岛人员提供持续的肉类供应，美国政府将 25 头驯鹿引入位于阿拉斯加海岸附近的圣保罗岛。因为岛上食物非常充足，而且没有大型捕食者，所以鹿群进行了疯狂的指数级增长（开始处的 J 曲线）。到了 1938 年，该种群已经有了 2046 头鹿，大约是这个岛的环境容纳量估计值的 3 倍。在冬天为驯鹿提供食粮的地衣损耗严重，在大量驯鹿的啃食下，已经无法恢复。到了 1950 年，整个岛上只剩下了 8 头驯鹿。

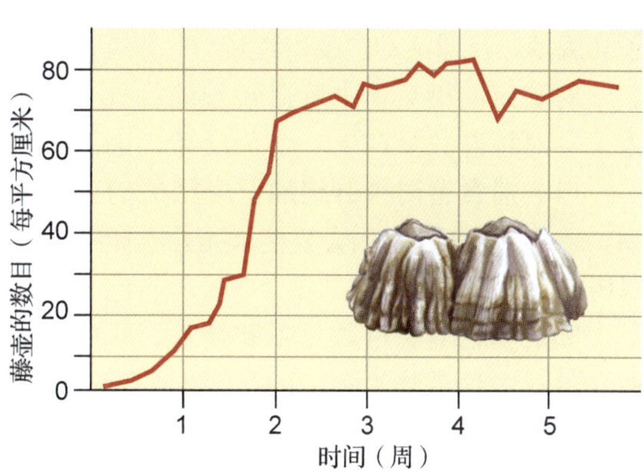

▲图 26-7　**自然界中的逻辑斯谛增长曲线**　藤壶是一种甲壳类动物。它们的幼体会被洋流携带到岩石海岸上，并在岩石上定居。它们会永久性地附着在岩石上，并发育成成体形态。在一块裸露的岩石上，定居的幼体和刚刚完成变态发育的非成熟体的数目符合逻辑斯谛增长曲线，因为对于空间的竞争会限制它们的种群密度。

两种形式的环境阻力共同作用，将种群数量控制在环境容纳量以内。密度无关因子会控制种群数量，但与种群的密度无关；相反，密度相关因子随着种群密度的增大，其有效性会增加。营养物质、能量和空间是环境容纳量的三个主要决定因素，三者都是调控种群数量的密度相关因子。在接下来的几节中，我们将更加仔细地观察这些因子是如何限制种群数量的增长的。

2．密度无关因子对种群数量的调节与种群密度无关

最重要的自然密度无关因子是气候和天气，它们是产生大多数繁荣—衰退循环的原因。很多昆虫和一年生植物的种群数量就是由在第一次坚冻之前能够产生的个体数所限制的。这样的种群受气候因素调控，因为它们通常在冬天到来之前都无法达到环境容纳量。天气也可以一年又一年地对自然种群产生重大影响。飓风、干旱、洪水和火灾对于当地的种群数量都会有深远的影响，无论其种群密度如何。

人类活动以密度无关的方式限制着自然种群的增长。杀虫剂和污染物都会造成自然种群的数量锐减。在 DDT 这一杀虫剂于 1970 年被禁止使用之前，它已经使许多种猛禽的种群数量大大减少，包括鹰、鹗和鹈鹕；多种污染物至今还在危害着野生动物的生命安全。尽管适度的捕猎可以使动物种群和环境资源之间形成良好的平衡，但是人类的过度捕猎已经使许多动物灭绝了。在美国，旅鸽和颜色鲜艳的卡罗莱纳长尾小鹦鹉这两种鸟类再也不会出现在这个世界上了。除此之外，

人类造成的生物栖息地的破坏是一个密度无关因子，也是目前对全世界的野生生物唯一最大的威胁；在美国，对栖息地的破坏几乎可以确定就是美丽的象牙嘴啄木鸟灭绝的原因。

3. 随着种群密度逐渐增大，密度相关因子变得更加重要

寿命超过一年的生物种群进化出了可以让它们活过季节变化产生的密度无关调控的适应性变化。比如，它们可以活过寒冷少食的冬天。很多哺乳动物进化出厚厚的皮毛并大量储存脂肪以度过冬天；有的还会冬眠。迁移是另一个适应方式；很多鸟类迁移到很远的地方，以求找到食物和适宜生存的气候。大多数树和灌木也通过进入休眠期来度过酷寒的冬天。在这段时间，它们的叶子会脱落，代谢活动也变得缓慢。

对稳定的栖息地中寿命较长的物种来说，最重要的环境阻力因素是密度相关的。密度相关因子会对种群数量产生一个负反馈，因为在种群密度逐渐增大时，它们也变得越来越有效。

（1）捕食者对种群施加密度相关的调控 捕食者是以其他生物——称为其猎物——为食的生物。通常情况下，它们会直接杀死并吃掉猎物（见图 26-8a），不过也并不总是这样。比如，鹿会以枫树的芽为食，舞毒蛾幼虫会吃掉橡树的叶子。这些树受到了伤害，但并没有死掉。

随着猎物的种群数量不断增长，捕食关系对种群数量的影响也变得越来越大，因为大多数捕食者以多种猎物为食，而更多地捕食哪一种取决于哪一种猎物的数量最丰富、最容易被发现。鼠的种群数量升高时，郊狼主要以田鼠为食，而鼠的种群数量下降后，郊狼又会将地松鼠作为其主要食粮。捕食者就是通过这种方式对多种猎物的种群数量进行密度相关的调控的。

如果猎物变得更加丰富，捕食者的种群数量就会增加，这会使它们成为更重要的调控因子。对于北极狐和雪鸮这样严重依赖旅鼠为生的捕食者来说，它们产生的后代数量是由猎物的种群数量决定的。在旅鼠数量非常丰富的时候，雪鸮（见图 26-8b）一窝可以孵出 12 只幼鸟，但在旅鼠的种群数量发生暴跌的年份可能完全不生育。

有些情况下，捕食者数量的增加可能导致猎物种群数量的急剧减少，而这反过来又导致捕食者种群数量的减少。这一模式导致捕食者和猎物具有不同相的种群循环。在自然生态系统中，捕食者和猎物都受到其他很多因素的影响，因此这种非常简单的循环极为少见。不过，在受控的实验室条件下，科学家证明了捕食者和猎物之间种群数量循环的存在（见图 26-9）。

（a）捕食者杀死的常常是变得虚弱的猎物

（b）猎物充足时，捕食者的种群数量往往增加

▲图 26-8 **捕食者帮助控制猎物的数量** （a）一群灰狼杀死了一头可能是由于年迈或寄生虫而变得虚弱的麋鹿。（b）当猎物（比如旅鼠）充足时，雪鸮就会产生更多的后代。

捕食者对猎物种群的总体健康水平是有一定贡献的，因为捕食者挑选的个体通常是不适应环境的、因年迈而虚弱的，或者无法找到适当的食物或掩蔽所的个体。通过这种方式，捕食作用可以将健康猎物的种群密度控制在生态系统能够维持的范围内。

（2）寄生虫在密度较大的种群中传播得更快　寄生虫以比自己大的宿主动物为食，并对其造成伤害。虽然有一些寄生虫会杀死宿主，但很多寄生虫都不这样做，而这对它们有利。寄生虫包括生活在哺乳动物肠道中的绦虫、紧贴在宿主身上的扁虱，以及一些导致疾病的微生物，等等。大多数寄生虫无法进行长途旅行，因此它们在密度较大的宿主种群中更容易传播。比如，植物疾病可以迅速地在我们种植的农作物中传播，而儿童疾病也时不时地横扫学校和儿童日托中心。就算寄生虫不会直接杀死它们的宿主，也会使宿主变得虚弱，从而更容易受别的因素——如严酷的天气或捕食者——的影响而死亡。受寄生虫影响而变得虚弱的生物能够进行繁殖的可能性也会降低。寄生虫就像捕食者一样，它们的作用更多的是导致不那么强健的生物的死亡，同时维持种群数量的平衡，使其不会过多也不会灭绝。

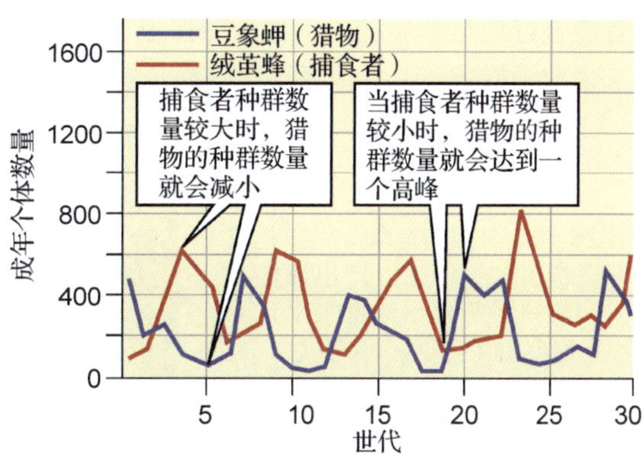

▲图 26-9　**实验条件下的捕食者—猎物循环**　体型极小的绒茧蜂将卵产在豆象蚲幼虫的体内，后者可以作为新生小蜂的食物。如果豆象蚲的种群数量很大，那么绒茧蜂后代的存活率就会很高，从而增加捕食者的种群数量。然后，在强烈的捕食之下，豆象蚲的种群数量会暴跌，大大减少了下一代绒茧蜂的食粮。于是，绒茧蜂的种群数量就会减少。由于捕食作用减弱了，豆象蚲的种群数量又会迅速增长，如此循环往复。

不过，如果将寄生虫或捕食者引入新的环境，而当地的物种没有机会进化出对抗它们的防御措施，那么这种平衡就会遭受破坏。在几乎不存在环境阻力的情况下，入侵物种进行爆发性的繁殖，这对它们的宿主或猎物是十分有害的。比如，欧洲人在殖民时代无意将天花病毒带到世界各地，导致北美洲、夏威夷、南美洲和澳大利亚众多当地人的死亡。从亚洲引入美国的栗疫病菌使野生栗子树在美国几乎绝迹。从外界引入的大鼠几乎可以确定是导致复活节岛上大多数当地鸟类死亡的元凶，从外界引入的大鼠和猫鼬也灭绝了夏威夷当地的数种鸟类。

（3）对资源的竞争有助于控制种群数量　决定一个生态系统的环境承载量的资源——空间、能量和营养物质——可能不足以维持所有需要这些资源的生物的生存。因此，试图利用同样资源的个体之间的相互作用关系——竞争，可以通过密度相关的方式控制种群数量。有两种主要的竞争方式：种间竞争（不同物种的个体之间的竞争）和种内竞争（同一物种的个体之间的竞争）。因为同属一个物种的个体对水、营养物质、藏身处、繁殖地点、光和其他资源的要求几乎完全相同，所以种内竞争是一个非常重要的密度相关因子。

不同的生物进化出各种各样应对种内竞争的措施。包括大多数植物和很多昆虫在内的一些生物会进行分摊型竞争，分摊型竞争是一场自由竞赛，而生存所需的资源是对胜者的奖励。比如，一只生活在北美的雌性舞毒蛾在树干上产下含有约 1000 个卵的卵块。在卵孵化出来之后，树上便爬满毛虫（见图 26-10）。这一入侵物种的大爆发可以在短短几天中就吃光一棵大树上所有的叶子。在这样的情况下，对食物的争夺非常激烈，大多数毛虫在变态发育为能产卵的成体之前就会死掉。争夺竞争的另一个例子见于一些植物，这些植物的种子分布得很密集。发芽生长后，发芽较早的种子遮住发芽较晚的种子，使它们无法见到阳光；而发芽较早的种子的根也较长，它们会吸收土壤中大部分可被利用的水分，于是，发芽较晚的种子只能枯萎死掉。

很多动物（甚至还有几种植物）进化出争夺型竞争方式，在这种竞争中，社会关系或化学相互作用决定了对重要资源的分配。领地动物，包括狼、多种鱼类、兔子和多种鸣禽，会保卫自己的领地。领地中含有重要的生存资源，比如食物或哺育后代的场地。当种群数量超过环境容纳量，只有能最好地适应环境的个体才能保卫自己的领地。而那些没有领地的个体将不能进行繁殖（减少未来的种群数量），或者无法获得足够的食物或藏身处而被捕食者轻易猎杀。

▶图 26-10 分摊型竞争 （a）几只舞毒蛾群集在树干上，产出卵块。（b）卵块中将孵化出成百上千只毛虫，它们会相互竞争。

（a） 正在产卵的舞毒蛾

（b） 舞毒蛾的幼虫

种群密度不断增加、各种竞争变得越发激烈，于是，有些动物（包括旅鼠和蝗虫）就会进行迁徙。迁移的蝗群是非洲的部分地区会周期性出现的灾祸，它们会吃掉遇到的所有植物（见图 26-11）。

◀图 26-11 迁徙 由于过度拥挤和食物的缺乏，蝗虫分出很多蝗群进行迁徙。在迁徙途中，它们会吃掉能遇到的所有植物（甚至同类相残）。

4. 密度无关因子和密度相关因子相互作用，共同调节种群大小

一个种群在任意时刻的个体数量都是密度无关环境阻力和密度相关环境阻力之间发生复杂的相互作用后产生的结果。比如，一群因为干旱（密度无关因子）而变得衰弱的松树更容易成为松树甲虫（密度相关因子）的牺牲品。同样地，遭受饥饿（密度相关因子）和寄生虫的侵袭（密度相关因子）而变得虚弱的北美驯鹿更容易在格外冷的冬天（密度无关因子）丧命。

人类活动对自然种群的影响日益凸显，现在已经成为限制种群增长的非常重要的密度无关因子。比如，我们推平了许多草场和土拨鼠保护区来建造商场和住宅，我们还砍伐了大量的雨林，在上面种植农作物。这些活动会降低环境容纳量，从而反过来对未来的动物种群数量施加密度相关的限制。

26.3 种群在空间和时间上是如何分布的？

不同生物的种群的成员表现出特征性空间分布，这一分布的特点是由它们的特征性行为和环境因素共同决定的。除此之外，每个种群都表现出其物种特有的繁殖和生存模式。

26.3.1　不同种群表现出不同的空间分布

空间分布描述了一个种群的成员在特定的地区内是怎样分布的。空间分布随着时间的变化而变化，比如在繁殖季节，种群的空间分布就会发生改变。生态学家提出，有三种主要的空间分布模式：集群分布、均匀分布和随机分布（见图 26-12）。

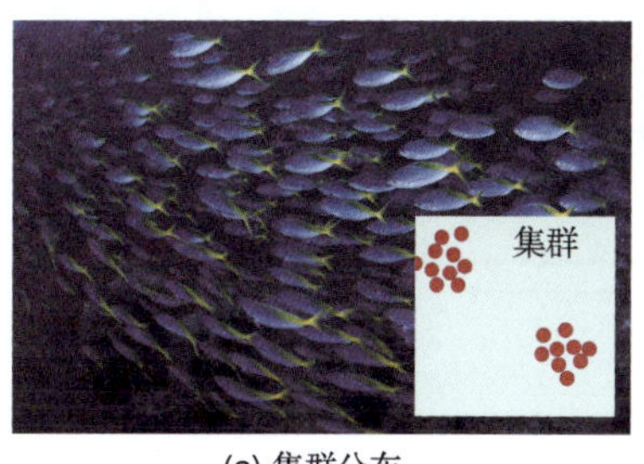

(a) 集群分布

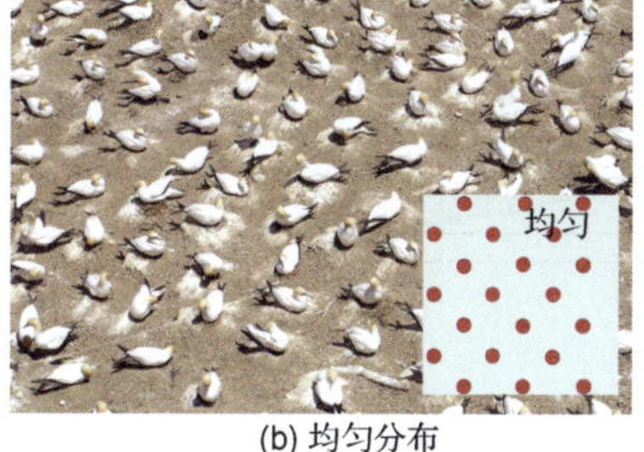

(b) 均匀分布

(c) 随机分布

▲**图 26-12　种群的空间分布**　(a) 鱼群利用其数量迷惑捕食者。(b) 这些塘鹅在海岸上等间距筑巢。(c) 因为生长条件非常好，所以很多生活在雨林中的植物种子落到任何一块土地上后都可以发芽生长。

如果一个种群中的成员成群生活，那么这个种群会表现出集群分布模式。以家庭或社会团体生活的生物，比如象群、狼群、狮群、鸟群和鱼群呈集群分布（见图 26-12a）。那么，群居生活的好处是什么呢？群居生活的鸟因为数量众多，相比单个个体来说更容易发现食物，比如一棵长满果子的树。鱼群和鸟群因为其数量巨大，可以迷惑捕食者。反过来，捕食者有时也会成群捕猎，通过合作的方法杀死更大的猎物（见图 26-8a）。有些物种短暂地群居生活，以完成交配和照顾下一代。还有一些植物和动物集结成群的原因是资源被局限在一定的区域内，比如在草原上，成群的杨树竖立在溪流的两旁。

有些种群在空间上呈现均匀分布，这些种群的个体之间存在着相对稳定的距离。一般来说，表现出领地行为的动物在空间上常常呈现出均匀分布。领地行为在动物的繁殖季节尤其常见。海鸟会在海岸上相隔相同距离均匀筑巢，巢与巢之间的距离刚好使对方不会碰到自己（见图 26-12b）。在植物中，成熟的石炭酸灌木通常分布得十分均匀。研究表明，这种分布的原因是它们根系系统之间的竞争。石炭酸灌木的根在它们的周围占据了一片大致呈圆形的区域，根从土壤中有效地吸收水和营养物质，阻止在附近发芽的同种植物的生长。

表现出随机分布的生物种群十分少见。这样的种群个体通常不会形成社会化的群体。它们所需要的资源在栖息地分布大致均匀，而这些资源并不罕见，因此这些生物无须划分领地。生活在雨林中的树和其他植物很接近于随机分布（见图 26-12c）。可能不存在在一年中的所有时段都能保持随机分布的脊椎动物；它们大多数都存在社会性的相互作用关系，至少在繁殖季节是如此。

26.3.2　种群表现出不同的年龄分布

不同种类的动物死于生命周期的某一阶段的概率存在显著的差异。有些物种产生大量的后代，但这些后代只能享有很少的资源；这些后代大多数在繁殖之前死掉。其他物种则产生较少的后代，这些后代享有多得多的资源，大多数可以活到成功繁殖之后。为了确定物种的生存模式，研究人员通过跟踪生物的一生，记录它们在每一年活下来的数量（或其他单位时间内活下来的数量；图 26-13a），从而构建出生存表。如果我们对生存表作图，我们就可以得到在收集数据的环境中物种的特征性生存曲线。图 26-13b 中展示了三种不同的生存曲线，这三种生存曲线是根据生物死亡率最高的年龄段来划分的，分别称为晚衰型、渐变型和早衰型。

年龄	存活数目
0（birth）	100 000
10	99 124
20	98 713
30	97 754
40	96 489
50	93 698
60	87 967
70	76 241
80	54 117
90	22 312
100	2523

（a）生存表

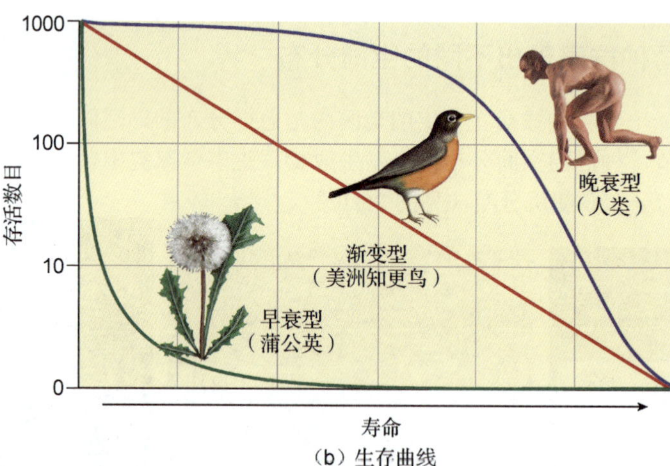

（b）生存曲线

◀图 26-13 生存表和生存曲线 （a）美国 2004 年的人口生存表，显示了在每 100 000 名新生儿中，随着年龄的增加，有多少人还会活着。对这些数据作图会得到类似于（b）图中蓝色的曲线。（b）图中展示了三种不同的生存曲线。

晚衰型种群表现出凸的生存曲线。这样的种群的幼体死亡率较低，大多数个体都能活到老年。这种生存曲线是人类和其他体型较大、寿命较长的动物，比如大象和山区绵羊的特征性曲线。这些物种会产生数量相对较少的后代，后代在生命的早期得到父母的保护和精心照料。

渐变型种群表现出直的生存曲线，这些物种的个体在一生中任何时段死亡的概率都是几乎相等的。这一模式常见于鸟类，比如海鸥和美洲知更鸟，还常见于一些种类的海龟，以及进行无性繁殖的实验室种群，比如水螅和细菌。

早衰型种群表现出凹陷的生存曲线。产生大量的后代、但在后代孵化或发芽后没有得到来自双亲的任何照顾或资源的生物会表现出这样的曲线。在这些种群中，有很多会在生命早期进行分摊型竞争。年轻个体的死亡率非常高，但能够活到成年的个体的死亡率就会变低，更容易活到老年。大多数无脊椎动物、很多鱼类和两栖类动物，以及大多数植物都会表现出早衰型的生存曲线。比如，雌性牡蛎每年可以产下数百万个卵，海蟾蜍可以产下 3.5 万个卵，而一根香蒲茎就可以向风中释放出 25 万个种子。上述所有这些后代都不会得到双亲的一点点照料，大多数会死亡。

26.4 人类的种群数量是如何变化的？

地球上，几乎没有任何一种力量能与人类抗衡。我们拥有极强的大脑和灵活的双手，可以按照需要改造环境。在我们进化的过程中，自然选择偏爱那些能够生养很多后代的个体，因为这样有助于确保一定数量的个体活下来。具有讽刺意义的是，这一特征现在对我们和我们赖以为生的生物圈造成了巨大的威胁。

26.4.1 人口持续快速增长

将图 26-14 中的人口增长图和图 26-1 和图 26-2 中的指数增长曲线做一个对比。时间跨度是不同的，但三张图中，每一张都有特征性的 J 曲线。人口数量最初增长得很慢；大约过了 20 万年，世界上的人口数才达到 10 亿。在图 26-14 的表中，注意人口增加 10 亿所需的时间，这是指数级增长的特征。同时还要注意，1970 年以来，我们每增加 10 亿人口所需的时间开始变得恒定。这说明，尽管人口还在持续快速增长，但已经不是指数型增长了。那么，人类开始进入逻辑斯谛增长曲线（见图 26-5a）中“S”形的最后一段，而人口终将变得稳定吗？这个问题只能交给时间来回答了。不过，尽管人口的年增长率（自然增长率）已经从 1960 年的 1.8%下降到 2011 年的 1.2%，但地球上人口的增加速度还是比历史上任何时候都要快。世界人口在 2011 年年末达到 70 亿，在此之后，我们的种群数量每年会增加 8300 万；也就是说，平均每天会有超过 22.7 万人出生。环境阻力为什么还没有阻止我们持续性的人口增长呢？

和非人类种群不同的是，人类应对自然阻力的方式是发明能够克服它的方法。为了适应日益增加的人口，我们已经对地球表面做了大量的改造。然而，地球的容纳量是无限的吗？我们的人口数是否已经到达了地球的环境容纳量，甚至已经超过了它？

26.4.2　人类的进步增加了地球对人类的容纳量

在人口增长的过程中，每隔一段时间就会出现一些进步，或多或少地减少了环境阻力，从而增加了地球对人类的环境容纳量。早期的人类发现了火，发明了工具和武器，建造了藏身处，并设计出具有保护作用的衣服，这些技术进步增加了地球的环境容纳量。工具和武器使得狩猎变得更加有效率，同时能够得到额外的高质量食物、藏身处和衣服扩大了地球上的可居住范围。

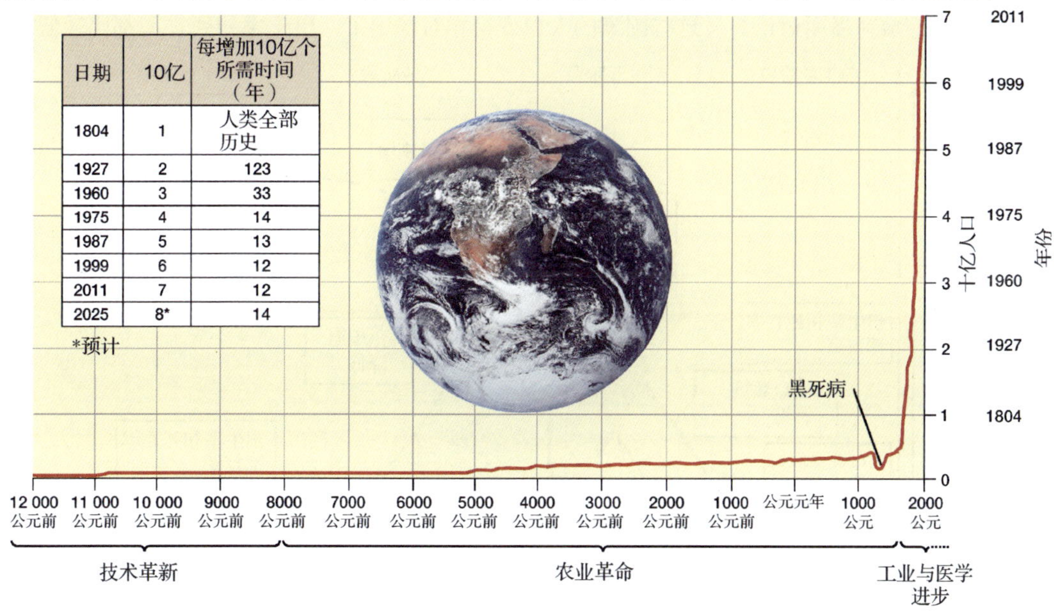

日期	10亿	每增加10亿个所需时间（年）
1804	1	人类全部历史
1927	2	123
1960	3	33
1975	4	14
1987	5	13
1999	6	12
2011	7	12
2025	8*	14

*预计

▲图 26-14　**人口的增长**　从石器时代到现在，各种各样的进步使人类逐步克服了各种各样的环境阻力，人口呈现出指数级增长趋势。注意，每增加 10 亿人需要的时间间隔。地球是虚无之海中一个生命之岛；它的空间和资源都是有限的。

在公元前 8000 年左右，驯养农作物和家畜在地球上的许多地方都取代了狩猎和采集。这一农业进步给人们提供了更大、更可靠的食物来源。食物增加了，人均寿命相继延长，有更多的时间照顾下一代，不过疾病导致的高死亡率仍然在限制着人口的增长。在之后的几千年中，人口一直在保持缓慢增长，直到重要的工业和医学进步使得人口的爆炸性增长成为可能。这些进步最早始于 18 世纪中叶的英国，并在 19 世纪中叶和 20 世纪席卷全欧洲和北美洲。医学进步通过减少由疾病带来的环境阻力，大大降低了人类的死亡率。细菌和它们在感染中所起的作用的发现导致了卫生条件的进步，从而使人类能够更好地控制细菌疾病，之后更是有抗生素来帮助人类对抗细菌。天花等疾病的疫苗减少了病毒感染导致的死亡。

26.4.3　人口转变解释了人口规模的趋势

今天，我们用一个国家属于发达国家或发展中国家的方式来描述一个国家。生活在发达国家——包括澳大利亚、新西兰、日本以及北美和欧洲的很多国家——的人们的生活水平相对较高，他们能够享受先进的现代科技和医疗护理，以及随时可用的避孕技术。在这些国家，人们的平均收入水平较高，无论是男性还是女性，都有几乎相同的接受高等教育和找到工作的机会，而感染病引起的死亡率较低。不过在这个世界上，只有不到 20%的人口生活在发达国家。在中美洲和南美洲、非洲和亚洲大部分的发展中国家——这些国家有着世界上 80%的人口——普通人并没有这些便利。

在发达国家的历史上，人口增长的过程随时间而变化，经历了几个可以预测的阶段，产生一个称为人口转变的模式（见图 26-15）。在主要的工业和医学进步发生以前，今天的这些发达国家处于前工业阶段，人口相对较少，较为稳定，人口的高出生率由高死亡率来平衡。紧随其后的是转变阶段，在这一阶段食物产量大大增加，医疗护理水平也有所提高。这些进步导致了死亡率的降低，而同时出生率保持较高的水平，因此人口发生了爆炸性的增长。在工业阶段，随着越来越多的人从小农场移居到城市（孩子不再作为重要的劳动力来源），出生率也降低了，避孕药变得随手可得，而女性离开家庭外出工作的机会也增加了。大多数发达国家现在处于人口转变的后工业阶段，同时，除了美国（我们放在后面讨论），这些国家的人口变得相对稳定了，出生率和死亡率都比较低。

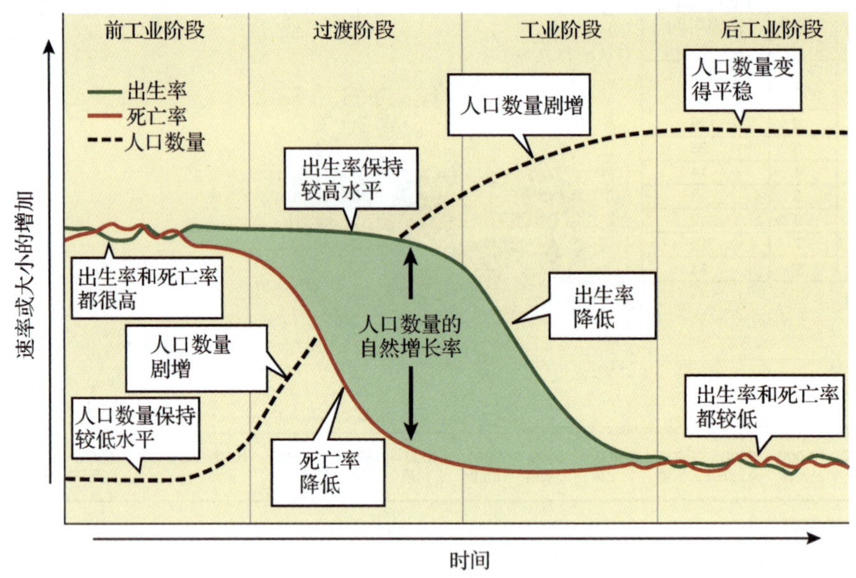

▲图 26-15　人口转变　人口转变通常以相对稳定且数量较小的人口开始，此时出生率和死亡率都很高。首先，死亡率会降低，使得人口增加。然后出生率也会降低，使人口稳定在一个更大的数目，同时出生率和死亡率都相对较低。

种群的生育率表征了一名女性所生的孩子的平均数量。如果迁入率和迁出率是平衡的，那么，如果平均每对父母所生孩子的数量正好可以取代父母双方（这叫做生育更替水平，RLF），那么这一种群最终就会达到稳定状态。生育更替水平是每名女性生育 2.1 个孩子而不是 2 个孩子，因为并不是所有的孩子都能活到成年。

 26.4.4　世界人口增长的地理分布很不均匀

对发展中国家来说，比如中美洲和南美洲的大多数国家、亚洲国家（除了中国和日本）以及非洲国家，医学的进步已经降低了死亡率并延长了人们的寿命，但出生率仍然保持相对较高的状态。虽然中国也属于发展中国家，但许多年前，在中国的人口达到 10 亿的时候，中国政府意识到了人口持续增长的负面影响，进行了社会改革（执行很多严厉的措施），将中国的生育率降低至生育更替水平以下。

其他大多数发展中国家处于人口转变的转变末期阶段或工业阶段。在许多这样的国家中，成年的孩子为父母提供经济保障。年轻的孩子通过在农场或工厂工作来增加家庭的收入。在有些国

家，更多的孩子可以给父母带来声望，还有一些国家的宗教信仰促进较大的家庭的形成。还有，在发展中国家，很多希望限制家庭人口数的人们却没有避孕药。比如，在非洲西部的一个国家，尼日利亚，只有 10%的夫妻使用现代的避孕方法，而平均每名女性会生育 5.7 个孩子。尼日利亚正遭受土壤污染和水污染，同时森林和野生动物也在消失，这表明这个国家的环境容纳量已经很低了。不过，这个国家的 1.62 亿人口中有 43%是 15 岁以下的少年，因此持续的人口增长对尼日利亚来说是无可避免的，我们稍后会说明原因。

在当今世界上，人口增长率最高的地方是那些最不能承受高增长率的地方，这是一种正反馈，尼日利亚就是一个鲜明的例子。由于有更多的人为了有限的资源而相互竞争，国家就会变得越来越贫穷。贫困使孩子们无法上学，因为他们必须去工作以补贴家用。教育和避孕药的缺失又会维持高生育率不下。在 2011 年地球上的 70 亿人口中，有大约 58 亿人居住在发展中国家。虽然在有些国家，比如巴西，生育率由于社会变化和避孕药的普及而出现了降低的趋势，但是世界人口在不远的将来达到稳定几乎是不可能的。

26.4.5　人口的年龄结构决定了未来的增长

年龄结构图的竖轴上显示的是横轴上显示的每个年龄段的人数（或人数占总人口的百分比）。年龄结构图都会达到顶峰，那里代表着人类的最大寿命，但图的其余部分的形状揭示了人口是在处于增长中，还是处于稳定状态，亦或是正在减少。如果位于生育年龄组的成年人（15～44 岁）生育的孩子（0～14 岁）不仅能够代替他们，还会有剩余，那么人口就位于 RLF 之上，正在增加；它的年龄结构大致是三角形的（见图 26-16a）。

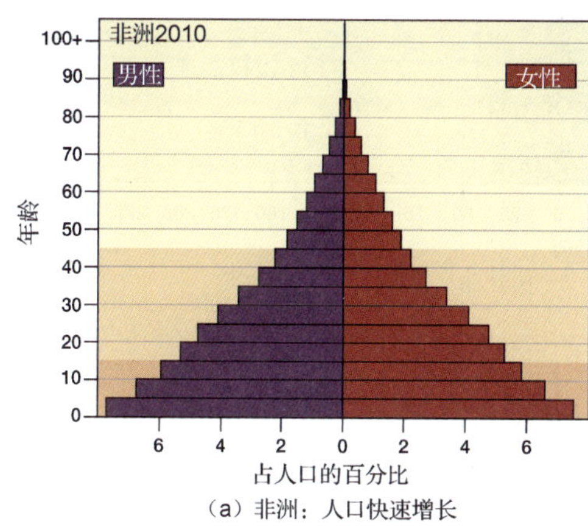

（a）非洲：人口快速增长

北美洲2010
男性
女性
年龄
占人口的百分比

（b）北美洲：人口缓慢增长

▶图 26-16　年龄结构图　（a）非洲的年龄结构显示，当地人口正在迅速增加，到 2050 年，非洲的人口数量将至少达到现在的两倍。（b）北美洲的人口增长较慢，然而到 2050 年，北美洲的人口还是会增加 1 亿。（c）欧洲的年龄结构属于衰退型。到 2050 年。欧洲的人口将会比现在减少 1900 万。从下向上的背景颜色代表着不同的年龄组：处于生育前期的儿童（0～14 岁），处于生育期的成年人（15～44 岁），以及处于生育后期的成年人（45～100 岁）。

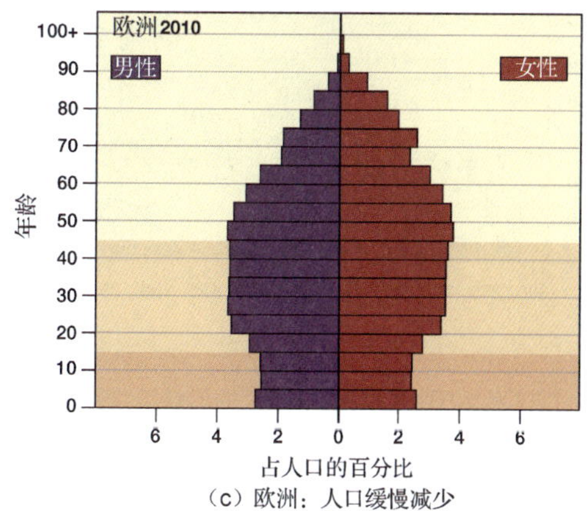

（c）欧洲：人口缓慢减少

如果处于生育年龄的成年人生育的孩子刚好能够取代他们，那么人口就位于 RLF。位于 RLF 多年的人类种群的年龄结构图的两边相对很直（见图 26-16b）。在正在衰退的人类种群中，能够生育的成年人生育的孩子不足以取代他们，因此年龄结构图的底部会变窄（见图 26-16c）。中位年龄（有半数的人年龄大于这个数字，还有半数的人年龄小于这个数字）和年龄结构有关。中位年龄越小，种群扩张的速度越快。

图 26-17 展示了 2010 年的发达国家和发展中国家的年龄结构，以及人们对 2050 年人类年龄结构的预测。就算人口增长很快的国家能够立刻达到 RLF，但它们的人口还是会持续增长几十年。为什么？当儿童的数量超过了能够生育的成年人的数量时，就为未来的人口增长提供了动力，因为这些孩子终将成熟并达到生育年龄。比如，当中国在 20 世纪 90 年代早期达到 RLF 时，大约有 27% 的人口是 15 岁以下的儿童，而中位年龄是 26 岁。因为这一因素，中国从那时起已经增加了约 1.76 亿人口，而且至今还在增加。不过，中国的人口已经接近稳定，因为现在中国的中位年龄是 34 岁，只有 19.5%的人口低于 15 岁。在数量稳定的人类种群中，只能有不超过 20%的人口落在这个区间内。而在非洲的很多国家，儿童占整个国家人口的 40%。

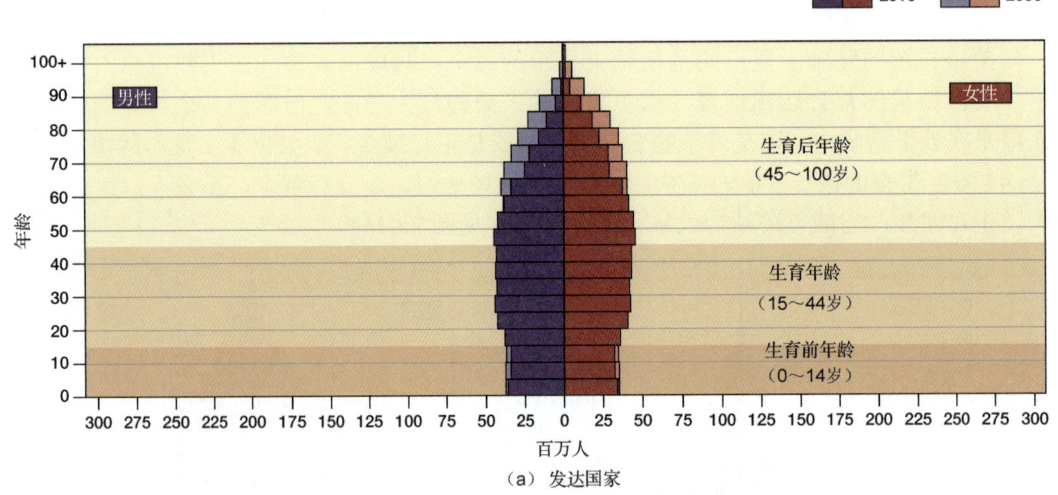

（a）发达国家

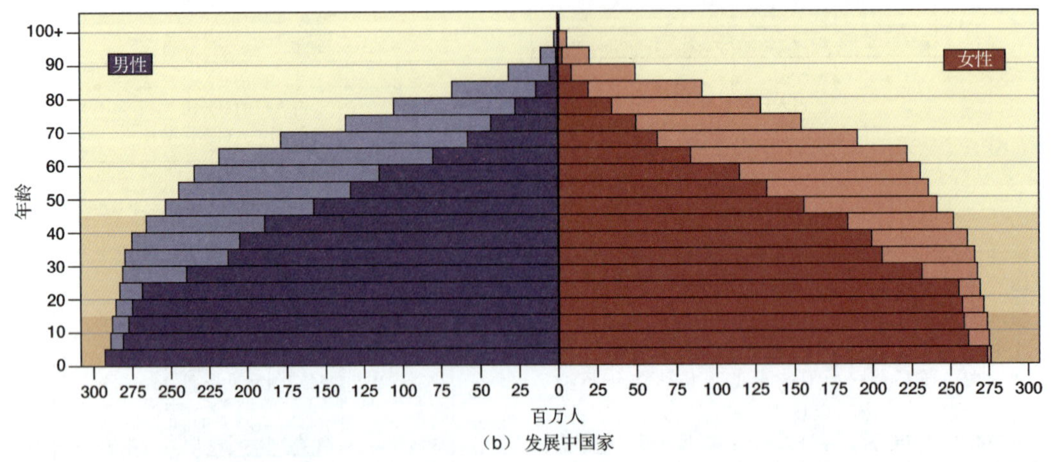

（b）发展中国家

▲**图 26-17 发达国家和发展中国家的年龄结构图** 注意，根据图中的预测，到了 2050 年，在发展中国家的人口达到 RLF 之际，发展中国家儿童的人数相比成年人来说变化较小。大量即将进入生育年龄的年轻人将会导致人口的持续增长。数据来自联合国经济和社会事务部秘书处人口司。《2010 年世界人口前景：中等水平预测》。

联合国根据对生育率的估计，对人口的未来增长做出了高、中、低三种预测（见图 26-18）。对于 2050 年，联合国预测地球上的人口将比现在增长约 33%，总人口数超过 93 亿，有 80 亿人口生活在发展中国家。而就算到那个时候，人口也还会持续增长，尽管比现在增长得要慢得多。

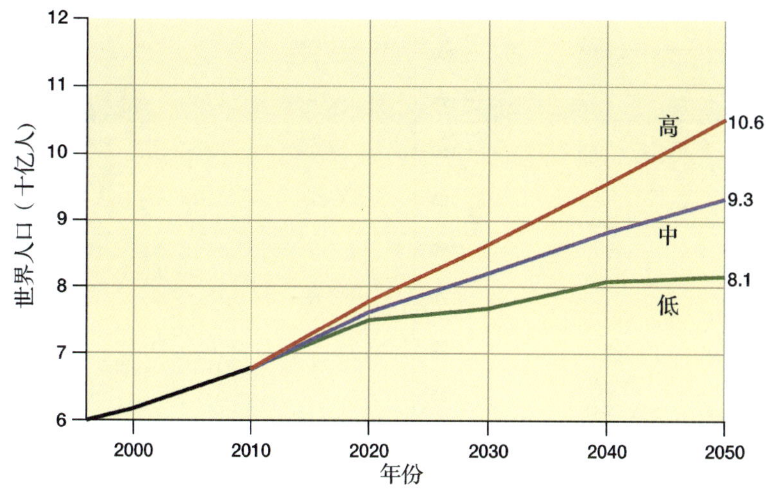

◀**图 26-18　联合国对世界人口的预测**　注意只有在最低的预测下，人口才可能在 2050 年达到稳定。数据来自联合国经济和社会事务部秘书处人口司。《2010 年世界人口前景：中等水平预测》。

26.4.6　有些国家的生育率低于更替水平

表 26-1 提供了世界上不同地区的人口增长率。在欧洲，每年的平均人口增长率大约是 0%，而平均生育率是 1.6%——基本在 RLF 以下——因为很多女性推迟生育时间或干脆不想生育下一代。这一情况使人们开始担忧，因为在未来，用于供养占人口百分比持续增长的老年人的工人和纳税人可能会出现不足。有些欧洲国家奖励或者考虑奖励（比如说大幅降低税收）早育的夫妇，因为早育可以缩短世代时间并能增加人口。日本政府也在为国家的低生育率（1.4%）而担忧，并通过提供补助金的方式来鼓励人们生育更多的孩子，组成更大的家庭——尽管国土面积只有美国蒙大拿州那么大的日本已经有 1.28 亿人口（是美国总人口的 41%）。

尽管人口减少最终对世界上的所有人以及生物圈来说都会带来巨大的好处，但当前世界上所有国家的经济结构都是建立在人口正增长之上的。因此，如果人口发生减少——或者仅仅是稳定不变——都会促使政府去制定政策，鼓励生育并使人口继续增长。对于这一点，需要进行艰难的调整。

26.4.7　美国人口正在迅速增长

美国人口超过 3.13 亿，增长率大约是每年增长 0.7%（大约每 15 秒增加一个），是世界上发达国家中人口增长最快的一个（见图 26-19）。持续不断的移民活动占人口增长的 30%，确保美国的人口在未来不确定的一段时间中仍会保持增长。除非美国的生育率（在 2011 年是 2.0）会远远掉到 RLF 之下以中和迁入的人口。

美国人口的快速增长给当地和全球的生态系统都造成了重大影响；比如，美国居民平均耗能量是世界平均水平的 4 倍。

表 26-1 世界上不同区域的平均人口数据：2011 年

地 区	生 育 率	自然增长率
世界	2.5%	1.2%
发展中国家	2.6%	1.4%
非洲	4.7%	2.4%
拉丁美洲/加勒比海地区	2.2%	1.2%
亚洲*	2.6%	1.4%
中国	1.5%	0.5%
发达国家	1.7%	0.2%
欧洲	1.6%	0.0%
北美洲	1.9%	0.5%

* 不含中国

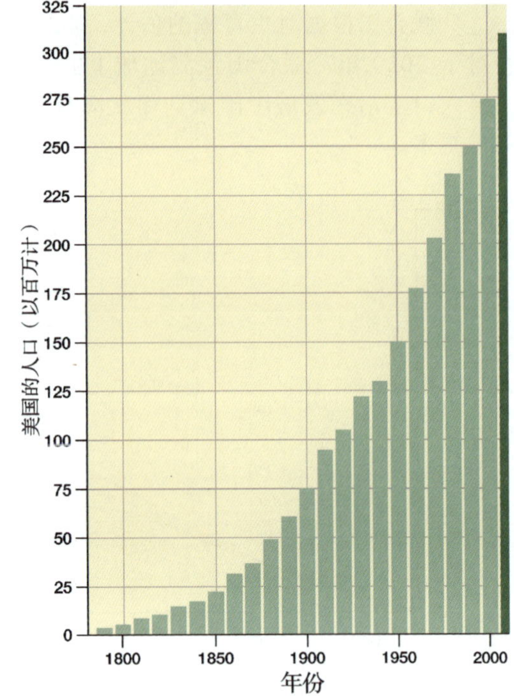

▶**图 26-19 美国增长的人口** 从 1790 年以来，美国的人口呈现出指数增长特有的 J 曲线。每一个直方代表一个 10 年；暗绿色的直方代表距离现在最近的数据。美国人口调查局预测，到 2020 年，美国的人口将达到 3.41 亿万。数据来自美国人口调查局人口司。

第 27 章 群落中的相互作用

斑驴贻贝主要生活在五大湖区，而我们在遥远的内华达州密德湖发现一只长满了这一贝类的凉鞋。

27.1 群落中的相互作用关系为何如此重要？

一个生态群落包含特定区域中所有发生相互作用的种群。群落中的相互作用，比如竞争、捕食和寄生，都可以限制种群的大小（见第 26 章），从而维持资源和利用资源的生物个体数量之间的平衡。

群落的相互作用是十分强大的进化动力。比如，捕食者吃掉最容易被捉到的猎物，因此那些更能适应捕食的个体就能够存活下来。更好地适应环境的个体就能够产生下一代，随着时间的推移，它们的遗传性状在猎物种群中的比例就升高了。因此，群落中的相互作用在限制种群大小的同时，也塑造了相互影响的种群的身体结构和行为。这种两个相互影响的物种之间发生相互作用关系、互相作为对方的自然选择因子的过程叫做共同进化。

群落中主要的相互作用包括竞争、捕食、寄生和互利共生。我们可以通过在这一相互作用中对每个涉及物种是否有害或有利来对它们进行分类，见表 27-1。

表 27-1 物种之间的相互作用

关系种类	对物种 A 的影响	对物种 B 的影响
A和B之间相互竞争	有害	有害
A 捕食 B	有利	有害
A 寄生 B	有利	有害
A 与 B 互利共生	有利	有利

27.2 生态位是如何影响竞争的？

每个物种都占据一个独一无二的生态位（ecological niche），生态位包含其生活方式的全部方面。生态位的概念对于我们理解物种内部和物种之间的竞争是怎样对身体形态和行为进行选择的非常重要。尽管生态位一词可能让我们想起一个小壁龛，但在生态学中，它的意义要重大得多。生态位非常重要的方面是生物的住所或栖息地。比如，美国白尾鹿主要的栖息地是位于美国西部的落叶林。除此之外，生态位包括一个特定物种存活和繁殖所需的所有物理环境条件，包括筑巢的位置或洞穴、气候、该物种需要的营养物质、生命活动的最佳温度、需要的水量、生活的水或土壤的 pH 值和含盐量，以及（对植物来说）能够承受的光照和阴暗程度。最后，生态位还包括一个特定物种在生态系统中起到的所有作用，包括食用的食物（或是否通过光合作用获得能量）以及与之竞争的物种有哪些。虽然不同物种和其他物种共享一部分生态位，但没有哪两个生活在同一自然群落中的物种的生态位是相同的。

27.2.1 两个生物试图利用相同且有限的资源时发生竞争

竞争是指属于相同或不同物种的两个个体试图利用相同且有限的资源，尤其是能量、营养物质或空间时，二者之间产生的相互作用。种间竞争指的是属于不同物种的生物之间的竞争关系，一般发生于这些生物进食同样的食物或需要同样的繁殖区域时。比如，在斑纹贻贝和淡菜之间会发生种间竞争，两种动物都以浮游生物为食。两个物种生态位的重叠程度越大，二者之间的竞争越激烈。种间竞争对涉及的物种都是有害的，因为种间竞争会减少它们能获得的有限资源。

27.2.2 适应性变化可以减少共存的物种之间生态位的重叠

就像没有两个生物在空间中的位置是完全相同的一样，也没有两个物种会分别独立并连续地占据相同的生态位。这一重要概念称为竞争排斥原理，是由俄国生物学家高斯（G. F. Gause）在 1934 年提出的。这一原理使人们猜想，如果研究者迫使两个具有相似生态位的物种为了有限的相同资源进行竞争，那么无可避免地，其中一方会战胜另一方，而较不适应实验条件的物种会灭亡。

为了验证这一猜想，高斯用两种草履虫：双小核草履虫和大草履虫，进行了实验。在用相同的食物（悬浮在水中的细菌）喂养这两种草履虫时，二者在试管中都活得很好（见图 27-1a）。但当高斯将两种草履虫放到一起培养时，其中一种（双小核草履虫）生长得更加旺盛，常常会将试管中的大草履虫完全消灭（见图 27-1b）。然后，高斯重复了实验，用另一个物种——绿草履虫代替双小核草履虫，前者主要以在试管底部生活的细菌为食。这两种草履虫可以无限期地共存，因为它们占据的生态位存在一些不同点。

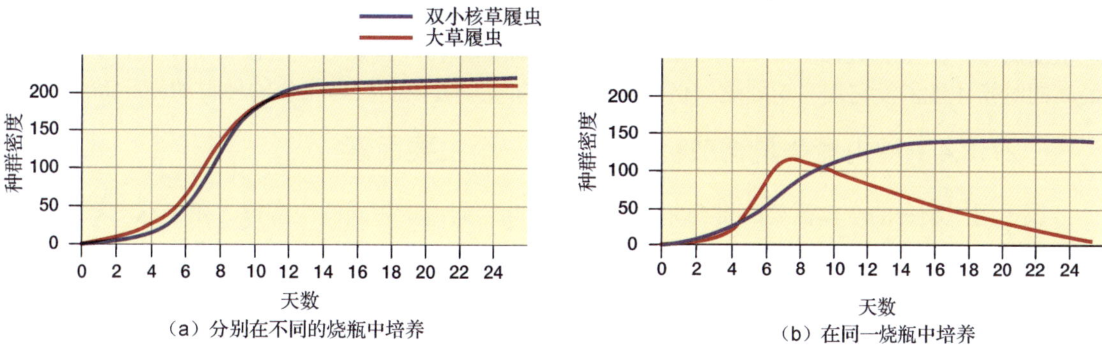

▲图 27-1　**竞争排斥**　（a）如果分别培养，并持续不断地给予足够的食物，双小核草履虫和大草履虫都会表现出 S 形增长曲线，它们的种群数量会迅速上升并达到稳定状态。（b）如果将这两种草履虫放到一起培养，并强迫它们占据相同的生态位，那么双小核草履虫最终总是会战胜大草履虫，导致后者全部死亡。

生态学家麦克阿瑟（Robert MacArthur）进一步对这一原理进行了研究。这一次，他是在自然条件下进行实验的。他仔细地观察了美国北部生活着的五种鸣鸟。这些鸟以昆虫为食，在云杉树上筑巢。虽然这些鸟的生态位看上去具有很大的重叠，但麦克阿瑟发现，每个物种在云杉树的特定区域寻找食物，表现出不同的捕猎技巧，而且它们筑巢的时间也稍有不同。这五种鸣鸟进化出了可以减少它们生态位重叠程度的行为，减少种间竞争（见图 27-2）。

▲图 27-2　**资源分配**。这五种以昆虫为食的北美鸣鸟中的每一种都在云杉树上稍有不同的地方取食。它们通过占据相似但不完全相同的方法来减少竞争。

这种对资源进行划分的过程叫做资源分配，它是由有着较为广泛（但不是全部）的生态位重叠的不同种群之间发生的共同进化的结果。资源分配的一个著名的例子是达尔文在加拉帕格斯群岛的雀类中有亲缘关系的物种之间发现的。在同一个岛上生活的不同雀类进化出不同大小、形状的喙以及进食行为，从而减少了它们之间的竞争（见第 14 章）。

27.2.3　种间竞争使种群变小，并减少各方的分布

虽然自然选择会减少不同物种之间的生态位重叠，但有着相似生态位的物种还是会为了有限的资

源而竞争，从而限制两个种群的大小和分布。生态学家康奈尔（Joseph Connell）用藤壶和小藤壶做了一个经典的实验，后者是一种有壳的甲壳类动物，它会永久地附着在岩石和其他表面上。

藤壶和小藤壶都在岩石海岸上生活，它们的生态位具有很大一部分的重叠。二者都生活在潮间带，这是一个在涨潮时会被潮水淹没、在退潮时会露出水面的区域。康奈尔发现，小藤壶主要在上潮间带生活，而藤壶主要在中潮间带生活，虽然中潮间带对于两个物种的生活都十分适宜。当他将藤壶从岩石上刮掉之后，小藤壶的种群数量就增加了，并向中潮间带扩张。这说明，如果没有藤壶的存在（它比小藤壶大且长得更快），小藤壶就无须面对藤壶的竞争，可以高枕无忧地进军中潮间带。但小藤壶比藤壶更能忍受较为干燥的环境条件，因此它生活在上潮间带，只有潮水最高的时候才能浸没它们。正如这一例子所述，种间竞争会限制参与竞争的种群的大小和分布。

27.2.4 种内竞争是调节种群大小的一个主要因素

属于同一物种的个体需要的资源完全相同，因此它们占据相同的生态位。由于这一原因，种内竞争是最激烈的竞争，因为一个种群的所有个体需要为完全相同的资源而竞争。种内竞争产生非常强的密度相关环境阻力，从而限制种群的大小（见第 26 章）。种间竞争是驱动自然选择导致的进化的一个主要因素，那些更适应环境、更容易获得稀少资源的个体更容易成功地繁殖，将它们的遗传性状传递给下一代。

27.3 捕食者—猎物关系如何塑造适应性进化？

捕食者以其他生物为食。尽管我们通常对捕食者的印象是食肉动物（以其他动物为食的动物），但生态学家有时也将食草动物（以植物为食的动物）看做是捕食者。接下来的讨论将使用捕食者较为广义的定义，我们定义的捕食者包括从水中过滤浮游生物为食的藤壶、吃草的鼠兔（见图 27-3a）、吃蛾子的蝙蝠（见图 27-3b）以及我们更熟悉的吃老鼠的雕鸮（见图 27-3c）。捕食者通常比猎物的数量要少。为了生存，捕食者必须吃掉猎物，而猎物必须避免被捕食者吃掉。因此，捕食者和猎物相互给对方施加了极大的选择压力，进行共同进化。

（a）鼠兔

（b）长耳蝙蝠

（c）雕鸮

▲**图 27-3 捕食的形式** （a）一只喜欢吃草的鼠兔，它是兔子的小型近亲，生活在落基山脉。（b）一只长耳蝙蝠用回声定位系统捕杀蛾子，而蛾子也进化出特殊的声音感受器以及防止被捉住的行为。（c）一只雕鸮在吃老鼠。

在猎物越来越难捉到的同时，捕食者必须变得越来越擅长捕猎。共同进化赋予了狮子尖利的牙齿和爪子，赋予了被捕食的鹿用于伪装的斑纹以及在母亲不在时保持完全静止的行为。共同进化使得鹰和猫头鹰的视力变得极其敏锐，而它们的猎物——老鼠和地松鼠则进化出类似大地的颜色来防止被辨认出来。响应捕食的进化让马利筋产生剧毒化学物质，让臭鼬进化出有毒的喷雾，让珊瑚蛇进化出剧毒的毒液（见图 27-4、图 27-8 和图 27-10c）。

27.3.1　一些捕食者和猎物进化出相互抵消的适应性变化

通过进化，植物可以散发多种化学物质，防止食草类捕食者食用它们。草的叶片内含有硅物质，使它们变得很难咀嚼。这对食草类动物产生了选择压力，于是产生了具有更长、更坚硬牙齿的食草动物。在进化过程中，在草进化出更坚硬的叶子试图阻止食草动物捕食的同时，马也进化出有着更厚的珐琅质包裹的更长的牙，从而减少坚硬的草对牙的磨损和消耗。

用回声定位的蝙蝠和它们的蛾类食物的适应性变化，是共同进化塑造身体结构和行为的绝佳例子（见图 27-3b）。大多数蝙蝠都是夜行捕食者，它们发出超声波并借此捕食。蝙蝠通过接收从周围物体反射回来的回声来对周围的环境进行感知，这可以让它们探测并追捕猎物。

在这一不同寻常的猎物定位系统的强大选择压力之下，有些蛾子（蝙蝠最喜欢的食物）进化出对蝙蝠所用超声波最为敏感的耳朵。听到蝙蝠的超声波时，它们会立刻躲避，进行不规则飞行，或干脆掉到地上。反过来，蝙蝠也进化出可以应对这种防御措施的方法，它们改变自己发出的声音的频率，使之远离蛾子的探测范围。有些蛾子通过自己发出滴答声来干扰蝙蝠的回声定位。而在另一种由于共同进化产生的适应性变化中，正在捕猎一只发出超声波的蛾子的蝙蝠会暂时关闭自己的超声波（防止被蛾子察觉到），然后跟踪蛾子发出的滴答声来捉住它。

27.3.2　捕食者和猎物之间可能发生化学战争

在抵消防御的进化过程中，捕食者和猎物之间可能发生化学战争。很多植物，包括马利筋，能够合成有毒和难闻的化学物质。在植物进化出这些防御性毒素的同时，特定种类的昆虫进化出更有效的解毒方法，甚至会利用这些毒素。结果就是，对于几乎所有有毒植物来说，都至少有一种可以吃它们的昆虫。比如，帝王蝶将卵产在马利筋上；卵孵化出幼虫之后，幼虫以这种有毒的植物为食（见图 27-4）。毛虫不仅可以忍受马利筋的毒性，而且还能将有毒物质储存在自己的组织中，用以抵御捕食自己的动物。发生变态发育后，帝王蝶的成虫体内还保留着这些毒素（见图 27-9a）。副王蛱蝶（见图 27-9b）用类似的策略抵御捕食者，它们在体内储存一种来自柳树（幼虫的食物）的苦味物质。

▲图 27-4　**化学战争**　一只帝王蝶幼虫正在吃马利筋的叶子，后者有剧毒

毒素既可以用来进攻，也可以用来防御。蜘蛛和蛇，比如珊瑚蛇（见图 27-10c）的毒素，能使它们的猎物麻痹，同时吓走捕食者。还有一些化学物质是纯粹防御性的，包括有些软体动物分泌的墨汁（包括鱿鱼、章鱼和一些海蛞蝓），受到捕食者的袭击时释放墨汁。这些“烟幕”会迷惑捕食者，同时使它们看不到猎物，猎物就可以趁机逃走。化学防御的另一个引人注目的例子是投弹甲虫。如果被蚂蚁咬了，它就从腹腔中特殊的腺体中分泌出液体。之后，它体内的酶催化爆炸性的化学反应，将有毒且滚烫的喷雾喷向袭击者。

27.3.3　捕食者和猎物的外貌都可能有欺骗性

有一句老话说，最危险的地方就是最安全的地方。捕食者和猎物都进化出使自己看上去和周

围环境相似的颜色、花纹和形状。这种方式叫做伪装，可以使植物和动物变得不再显眼，就算它们就在你的面前也是如此（见图 27-5）。

（a）沙鲆可以改变自己的伪装，融入不同的背景　　（b）一只有角的蜥蜴的伪装

▲**图 27-5　通过融入环境达到伪装的效果**　（a）沙鲆（比目鱼）是身体扁平，在海洋底部生活的鱼。它颜色斑驳的身体和它们身下的沙子几乎一模一样。它们的颜色和花纹都可以通过神经信号来改变，从而使它们更容易融入背景环境。（b）这只有角的蜥蜴在加拿大的海岸到山麓丘陵都有分布，它的形状和颜色都很像它周边的落叶，它通过这种方式防止自己被蛇和鹰捕食。

有些动物与特定的物体，比如叶子、小树枝、海草、荆棘甚至鸟粪非常相似（见图 27-6a～c）。伪装动物通常保持静止不动；如果鸟粪在爬行，那么显而易见，伪装就没有用了。很多伪装动物和植物的一部分非常类似，而几种肉质的沙漠植物进化得很像小石头，从而避免被试图在它们的体内寻找水的动物发现（见图 27-6d）。

（a）柑橘燕尾蝶幼虫　　（b）叶形海龙

（c）刺角蝉　　（d）活石仙人掌

▲**图 27-6　通过模拟特定的物体达到伪装的效果**　（a）柑橘燕尾蝶幼虫的颜色和形状都很像鸟粪，它趴在叶子上一动不动。（b）这只叶形海龙（一种生活在澳大利亚的海马）的身体进化得非常像它经常躲藏于其中的海草。（c）这些佛罗里达刺角蝉通过模仿枝条上的荆棘来防止被捕食者发现。（d）这些生活在美国西南部的仙人掌的合适名字是“活石仙人掌”。

通过埋伏来捕捉猎物的捕食者也通过伪装来做到这一点。比如，斑点雪豹在它搜寻食物的山上看上去非常难以辨认（见图 27-7a）。鱇鱼与表面覆盖有海绵和海藻的岩石非常相似，它会在大洋底部静静地等候小鱼的到来，并一口吞下（见图 27-7b）。

（a）雪豹的伪装

（b）躄鱼的伪装

▲**图 27-7　伪装可以帮助捕食者捕猎**　（a）蒙古山脉上稀少的雪豹的伪装色可以在它们等待猎物——羚羊、野绵羊和鹿的时候防止被猎物发现。（b）将伪装和攻击拟态结合起来的躄鱼在海底耐心地等待着，它多瘤的、黄色的身体非常像它身下长有海绵的岩石。在它的嘴巴上面有一个非常小的诱饵，和小鱼长得非常相似。诱饵会吸引小型捕食者，而后者很快就会发现它们变成了猎物。躄鱼可以在几毫秒内将嘴张大 12 倍，瞬间将猎物吸入口中。

有些作为猎物的动物的进化方向和这些都不同，它们进化出鲜艳的警戒色。这些动物可能不好吃，被它们叮咬可能会中毒（比如蜜蜂和珊瑚蛇），或者被打扰时它们会产生很难闻的气味（见图 27-8）。它们显眼的颜色似乎是在说“攻击我的风险自己承担！”

▲**图 27-8　警戒色**　臭鼬身上鲜明的条纹和它将尾巴高高举起的动作像是在说，它会让所有袭击者生不如死。

拟态是指一个物种的个体进化得很像另一个物种。通过共享类似的警戒色，一些无毒的物种可能受惠。这种不同的味道较差的物种之间的拟态称为缪勒拟态。比如，有毒的帝王蝶翅膀上的花纹和同样味道较差的副王蛱蝶翅膀上的花纹十分相似（见图 27-9）。因为吃了一种蝴蝶而生病的鸟从此以后也会躲避另外一种蝴蝶。一只在试图吃掉一只蜜蜂的时候被蛰的蟾蜍很可能不只会躲避蜜蜂，而且会躲避其他有黑黄条纹的昆虫（比如黄蜂）而不是试图吃掉它们。

一旦有毒动物进化出警戒色，对于无毒动物来说，有着类似于有毒动物的颜色就会使它们在生存中占有优势。这种适应性变化叫做贝茨拟态。无毒的食蚜蝇通过模拟蜜蜂的颜色来防止被捕食者吃掉，这就是贝茨拟态的一种（见图 27-10b），此外，无毒的猩红王蛇由于具有和剧毒的珊瑚蛇非常相似的颜色而不容易被捕食者捕食（见图 27-10b）。

有些猎物会使用另外一种拟态：惊吓色。有几种昆虫，甚至有几种脊椎动物（比如假眼蛙），在身体上进化出类似更大、更危险动物的眼睛的图案和颜色（见图 27-11）。如果捕食者靠近它们，它们会突然显露出自己身上的图案，惊吓捕食者，并趁机逃跑。

惊吓色还有一种更为复杂的变种，出现在雪果蝇身上，雪果蝇是一种跳蛛的猎物（见图 27-12）。当跳蛛靠近时，雪果蝇展开并急速抖动翅膀。跳蛛很可能会被它吓跑。这是为什么呢？因为雪果蝇翅膀上的图案很像一只跳蛛，而急速抖动翅膀的行为是在模拟一只跳蛛将对方赶出领地的行为。

（a）帝王蝶（味道不好）　（b）副王蛱蝶（味道不好）

▲图 27-9　缪勒拟态　近乎相同的警戒色可以保护（a）难吃的帝王蝶和（b）同样难吃的副王蛱蝶。

（a）蜜蜂（有毒）　（b）食蚜蝇（无毒）

（c）珊瑚蛇（有毒）　（d）猩红王蛇（无毒）

▲图 27-10　贝茨拟态　没有毒刺，没有办法叮咬对手的食蚜蝇（b）模仿一只可以用毒刺攻击对手的蜜蜂（a）。无毒的猩红王蛇（d）模仿有毒的珊瑚蛇（c）的警戒色。

（a）假眼蛙

（b）孔雀蛾

（c）东方虎凤蝶幼虫

▲图 27-11　惊吓色　（a）当它们受到威胁时，南美洲的假眼蛙会抬起臀部，臀部上的图案看上去很像大型捕食者的眼睛。（b）来自特立尼达岛的孔雀蛾伪装得非常好，但如果有捕食者接近它，它就会张开翅膀，露出长得很像大眼睛的两个斑点。（c）这种东方虎凤蝶的幼虫长得很像蛇，因此可以吓走捕食者。毛虫的头很像蛇的鼻子，而且它有两对眼点。

（a）跳蛛（捕食者）　　（b）雪果蝇（猎物）

▲图 27-12　**猎物会模仿成捕食者**　（a）当跳蛛接近时，（b）雪果蝇会展开翅膀，展示出类似于蜘蛛腿的图案。雪果蝇通过快速向两边抖动翅膀来增强模仿的效果，使之非常像保护领地的另一只跳蛛。

有些捕食者进化出攻击拟态，它们会用可以吸引猎物注意力的拟态将猎物吸引到自己身边。比如，通过利用对每个物种都不相同的闪光模式，雌性萤火虫可以将雄性萤火虫吸引到自己身边，进行交配。但有些种类的雌性萤火虫模仿其他物种的萤火虫的闪光，将属于其他物种的雄性萤火虫吸引到自己身边并吃掉。躄鱼（见图 27-7b）不只会伪装，还是攻击拟态高手。躄鱼通过在嘴上方悬挂一个长得很像小鱼的蠕动着的诱饵来吸引猎物。被诱饵吸引过来的小鱼如果离得太近就会被瞬间吃掉。

27.4　寄生关系和互利共生关系是什么？

寄生生物在猎物体表或体内生活，后者被称为寄生生物的宿主，寄生过程通常会对宿主造成伤害或使它们变得虚弱，但通常不会立刻杀死它们。有些寄生虫和宿主是共生的，也就是说，它们之间存在紧密的、历时较长的关系。寄生生物通常比宿主要小得多，数量也要多得多。我们熟悉的寄生生物包括绦虫、跳蚤、蜱和无数会导致疾病的原生生物、细菌和病毒。很多生物的生命周期非常复杂，涉及两个或更多的宿主，比如导致疟疾的疟原虫（见图 20-12）。营寄生生活的脊椎动物极为少见，不过八目鳗会将自己附着在它的宿主——更大的鱼身上，并以吸食对方的血液为食，也是寄生生物的一种（见图 24-5）。

 27.4.1　寄生生物和宿主对对方而言都是自然选择因素

各种各样的感染性细菌和病毒以及防御它们入侵的愈发精密的免疫系统是寄生微生物和宿主之间共同进化的证据。其中一个例子就是疟原虫，在它的生命周期中，有一部分时间是在血红细胞中度过的，由此促成了对一个会导致人血红细胞出现变形并可以抵抗疟原虫感染的等位基因的进化。虽然遗传到两个这样的等位基因的人会患镰刀型红细胞贫血，但在非洲的撒哈拉沙漠以南的地区，有 5%～25%的人携带有该基因，因为它可以提供对疟疾的防护。

 27.4.2　在互惠的相互作用中双方都受益

互利共生关系指的是对两个种群都有好处的相互作用关系。有很多共生关系是互利的。有些岩石上有许多有色斑点，它们可能是地衣，而地衣是一种藻类和一种真菌组成的互利共生体（见图 27-13a）。真菌给藻类提供支撑和庇护，同时藻类给真菌提供光合作用合成的有机物。藻类鲜艳的颜色实际上是捕光色素的颜色。互利共生关系同样存在于牛和白蚁的消化道中，这里是原生动物和细菌的避难所，而且它们还可以在这里找到食物。这些微生物可以消化纤维素，将纤维素分解成简单的糖类，为宿主和它们自身所用。在我们的肠道中，也有许多与我们共生的细菌存在。这些细菌

可以分泌维生素，比如维生素 K，给我们吸收利用。豆类植物的根部有小室，里面住着很多固氮细菌，它们是为数不多的可以将大气中的氮气固定成植物所能利用的形式的生物（见图 19-9）。

（a）地衣

（b）小丑鱼

▲图 27-13 互利共生 （a）在裸岩上生长的颜色鲜艳的地衣是藻类和真菌的互利共生体。（b）这只小丑鱼依偎在海葵的触须中，毫发无损。

生活在南太平洋的小丑鱼的身体表面有一层可以起到保护作用的黏液，因此它可以在一些种类的海葵的触须中间寻求庇护（见图 27-13b）。在这一互利共生关系中，海葵给小丑鱼提供保护，而小丑鱼清洁海葵的触须，防止海葵被捕食者捕食，同时还给海葵带来食物。

很多共生关系并不紧密而直接，因此不能称为互利共生，比如植物和给植物传粉的昆虫之间的相互作用关系。昆虫通过携带植物的精子（包裹在花粉粒中）来给植物传粉，同时通过吸食植物的花蜜和偶尔食用花粉使自身获利。图 27-10a 的蜜蜂和食蚜蝇都是重要的传粉生物。

27.5 关键物种是如何影响群落结构的？

在有些群落中，有一个特殊的物种——关键物种（keystone species）——在决定群落的结构上有着重要的作用，这一作用不仅仅局限于提供物种多样性。如果关键物种从群落中消失了，原有群落中的相互作用就会发生重大变化，其他物种的多样性也会改变。

在非洲热带稀树草原中，非洲象是关键的捕食者。它们通过吃掉低矮的乔木和灌木上的叶子来防止森林取代草原群落（见图 27-14a），因此草原上的食草动物和食肉动物才得以一直在草原上生存下去。

虽然非洲象会直接改变植物群落，但大型的捕食者，比如狼和美洲豹（见图 27-14b，图 26-8a），在当地的森林和河岸的植被也起到重要的影响。这些大型食肉动物通过控制鹿和麋鹿的种群数量来保持森林和河岸生态系统的健康。如果鹿和麋鹿的种群数量无休止地增长，森林和河岸的植物就会被吃光。因为所有这些植物为更小的动物提供食物、筑巢地点以及庇护所，所以这些捕食者的存在其实是整个群落结构的基石。

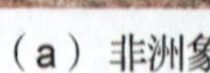
（a）非洲象

（b）美洲豹

（c）北方海獭

▲图 27-14 关键物种 （a）非洲象是非洲热带稀树草原上的关键物种。（b）生活在北美洲和南美洲孤立的栖息地的美洲豹有助于控制鹿等食草动物的种群数量。（c）北方海獭躺在海草床上享用它最爱的美味——一只海胆。

鉴定关键物种有时是一个很困难的工作。很多关键物种只有在它们完全消失，并产生我们没有预见到的严重后果之后才显露出来。位于阿拉斯加西南部的阿留申群岛上北方海獭的困境是群落中的关系网之错综复杂的一个具体例子（见图 27-14c）。这一海獭的种群数量在 1911 年政府禁止为了毛皮狩猎海獭之后发生反弹。海带林有时会被人们称为“海洋中的雨林”，它们在海獭数量非常丰富的岛屿附近的水域中茂盛生长。但从 20 世纪 90 年代中期开始，海獭的数量诡异地下跌了，有些种群甚至减少了 90%。于是，海獭最喜欢的食物之一——海胆的数量开始剧增。海胆是海带的主要捕食者，在海胆的数量暴增之后，它们迅速将海床采伐一空，使得海带林中曾经生活的鱼、软体动物和甲壳类动物无家可归。显然，海獭是阿留申群岛附近群落的关键物种，但是什么杀死了它们呢？人们发现，曾经和海獭一起生活并相安无事的逆戟鲸，变得开始经常以海獭为食了。这又是为什么呢？因为海豹和阿留申群岛海狮的种群数量——这两种动物是逆戟鲸最喜欢的食物——大大下降了，因此逆戟鲸不得不以更小的动物比如海獭为食。野生动物学家猜测，海豹和海狮数量的减少，至少部分是因为人们在北太平洋的过度捕捞严重地耗竭了它们的食物来源。

27.6 群落中的相互作用如何随时间而引起变化？

在一个成熟的生态系统中，组成群落的种群之间、种群和周围的非生命自然条件之间存在着错综复杂的相互作用。但如此复杂的生物网并不是从裸岩或裸露的泥土瞬间就发展出来的；相反，是在漫长的时间中，经过一个个阶段缓慢发展而来的。这些阶段就叫做演替。演替（succession）是群落和非生命的环境的逐渐变化。在变化的过程中，一组植物和动物逐渐代替另一组植物和动物，而整个过程是可以合理预知的。在演替过程中，（1）早期的生物对环境做出改造，使之适应之后出现的生物的生存；（2）末期生物会压制早期的生物，但它们可以共存，产生一个稳定的群落；（3）演替有一个普遍倾向，就是会向着有着更多、更长寿物种的方向发展。

演替通常以生态失调开始，这是一个通过改变生态系统的群落或非生物环境，或者同时改变两者的事件，它会使生态系统变得紊乱。在演替过程中发生的具体变化就和发生演替的环境一样多种多样，不过总体来说，演替是分一定阶段进行的。演替起始于坚硬的地衣或植物，这些生物被称为先驱生物。先驱生物会使环境发生改变，令其更加适应竞争植物的生存，后者逐渐代替先驱生物。如果演替可以继续进行，就发展为多样且相对稳定的顶级群落。或者，再次发生的干扰使群落无法到达顶级群落，而停留在亚顶级群落。我们对演替的讨论将主要关注植物群落，因为植物决定了自然景观，并为动物和微生物提供食物和栖息地。

27.6.1 有两种主要的演替方式：原生演替和次生演替

演替主要以两种方式进行：原生演替和次生演替。在原生演替过程中，一个群落逐渐从一个原本不存在群落的残余的区域发展而来，通常情况下，这样的区域几乎没有什么生物生存。为原生演替建立基础的干扰可能是冰川或者火山爆发，后者可能会在海洋中创造一个岛屿，或者在原有的土地上覆盖一层凝固的岩浆（见图 27-15a）。从原有的生命完全被抹除的区域经由原生演替发展出群落的过程通常需要几千年甚至数万年。

在次生演替过程中，原有的生态系统受到干扰，但是留下原有群落的残留物，比如土壤和种子，在此情况下发展出新的群落。比如，河狸、滑坡或人类活动会造出水坝，产生沼泽、池塘或湖泊。滑坡或雪崩可能会携带有长在山腹的树。当圣海伦斯火山于 1980 年在华盛顿州爆发时，虽然对附近的森林造成极大破坏，却留下了森林的一部分残余，以及厚厚的一层富含营养物质的火山灰，这促进了新生命的旺盛生长（见图 27-15b）。火灾是另一个常见的、会导致次生演替的干扰因素。被火烧过的乔木和灌木的残余富含植物所需要的营养物质。同时，还会有一些植物和很多健康的根可以免受火灾的侵袭。有些植物会产生可以忍受火烧的种子，还有些种子甚至需要火才能发芽。美国黑松的球果（见图 27-15c）就需要火焰的热量来打开以释放种子。因此，火灾会促进森林和其他群落的快速恢复。

（a）夏威夷，基拉韦厄（原生演替）

（b）圣海伦斯火山，华盛顿特区（次生演替）

（c）怀俄明州，黄石国家公园（次生演替）

▲图 27-15 **演替的过程** （a）原生演替。左图：夏威夷的基拉韦厄火山自从 1983 年以来发生过数次喷发，它的周围地区广布岩浆。右图：一小株蕨类植物在变硬后的岩浆的裂缝中生根了。（b）次生演替。左图：1980 年 5 月 18 日，位于华盛顿州的圣海伦斯火山的爆发毁灭了它附近的松树林生态系统。右图：这张摄于 2009 年的照片展示了在 30 年间生物在这片区域的复苏。因为从前的生态系统在喷发后有一部分保留了下来，所以发生了次生演替。（c）次生演替。左图：在 1988 年的夏天，大火席卷了怀俄明州的黄石国家公园。右图：树和开花植物在阳光下茂盛生长，而且随着次生演替的进行，野生动物种群也在复苏。

1. 原生演替可能开始于裸露的岩石

图 27-16 讲述了位于密歇根州苏必利尔湖中的罗亚尔岛上的原生演替过程，该岛在大约 1 万年前由于冰川退却，表面遍布光秃秃的岩石。天气变化产生的冰冻——融化作用使岩石上出现裂缝，产生龟裂，并侵蚀岩石的表层，产生细小的石块。雨水将小石块中的一些矿物质溶解于其中，使其可以被先驱生物所利用。

风化的岩石为地衣提供附着的地方，后者通过光合作用获得能量，同时通过用它们分泌的酸性物质来溶解岩石，获得矿物质。在地衣广泛分布于岩石上之后，有些耐旱的苔藓开始在石缝中生长。这些苔藓吸收地衣分泌的营养物质，长得非常旺盛。它们形成厚厚的毯子，吸引尘埃、非常小的石块以及有机碎屑。苔藓最终覆盖大部分地衣，并导致其死亡。

每年都会有一些苔藓死亡并降解。它们的身体为新生成的土壤增加养分，而活着的苔藓就像海绵一样，吸收并固定水分。在苔藓内部，更大植物的种子，比如风信子和西洋蓍草的种子悄然萌发了。这些植物死亡之后，它们的尸体经过降解成为泥土的一部分。

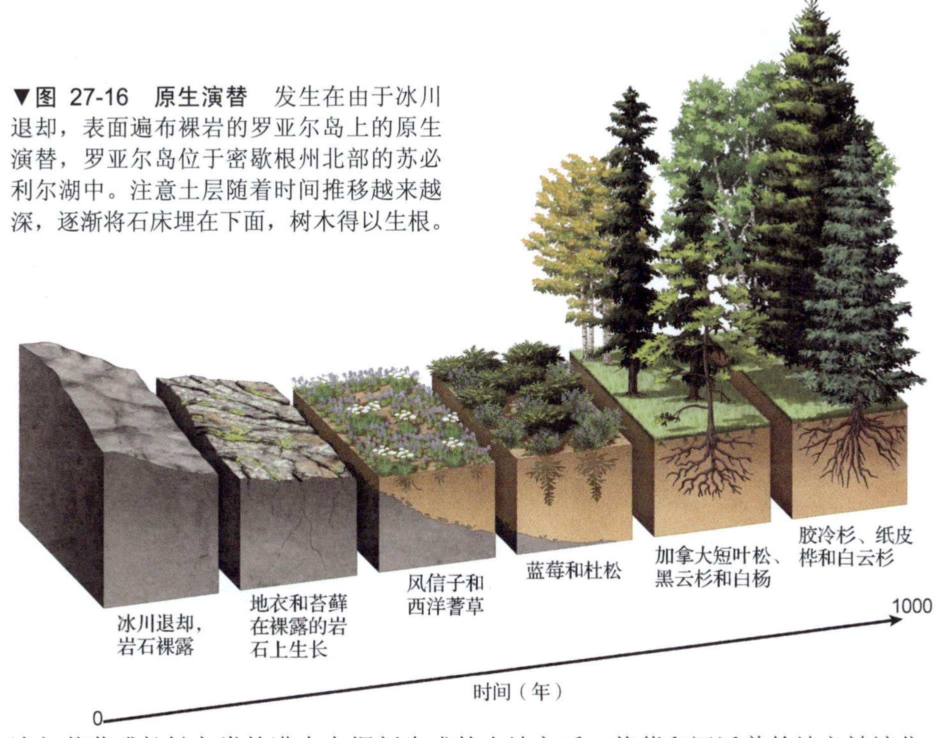

▼图 27-16　**原生演替**　发生在由于冰川退却，表面遍布裸岩的罗亚尔岛上的原生演替，罗亚尔岛位于密歇根州北部的苏必利尔湖中。注意土层随着时间推移越来越深，逐渐将石床埋在下面，树木得以生根。

在诸如蓝莓或杜松之类的灌木占据新生成的土地之后，苔藓和还活着的地衣被遮住，无法获得阳光，它们被埋在正在腐烂的叶子和植被下面。最终，诸如加拿大短叶松、黑云杉和白杨等乔木在更深的裂缝中扎根，而喜阳的灌木无法获得足够的阳光而死掉。在森林中，长得更高或更快的树产生耐阴的苗，并可以旺盛生长。这些植物包括胶冷杉、纸皮桦和白云杉。随着时间的推移，这些树代替原有的树木，因为后者不耐阴。在 1000 年或更多年之后，高高的顶级森林就会矗立在曾经只是一片光秃秃的岩石的地方。

2. 废弃的农田经历次生演替

图 27-17 讲述了位于美国东南部的一块废弃农田上发生的次生演替。先驱物种是喜阳的、生长很快的一年生植物，比如豚草、马唐草和强森草，它们先在肥沃的土壤中扎根。这样的物种逐渐产生大量很容易散播出去的种子，帮助它们占满空缺的位置，不过它们无法与多年生的物种竞争，因为后者随着时间的推移一年长得比一年高，最终遮蔽了这些一年生的植物。

几年以后，多年生植物，比如紫菀、秋麒麟草、野胡萝卜花和多年生牧草移居这里，之后是木本灌木，比如黑莓和滑麸杨。这些植物迅速繁殖，并在很长时间内占据这片土地。不过，之后它们就会被松和雪松取代。这样，在农田被荒废的大约 20 年以后，一片以松树为主要植物的常绿林就会形成，并持续存在几十年。

正如在演替过程中常见的那样，新生的森林使环境发生改变，使其有利于其竞争者的生长。松树林会抑制它们自己的苗的生长，因为它们的苗不耐阴，但会促进拥有可以耐阴的苗的硬木树种的生长。长得很慢的硬木树，比如橡树和山核桃树会在松树之下生根，在大约 70 年后开始取代松树的地位。在这片农田被废弃的大约 1 个世纪之后，这片土地被相对稳定的顶级森林所覆盖，主要树种为橡树和山核桃树。

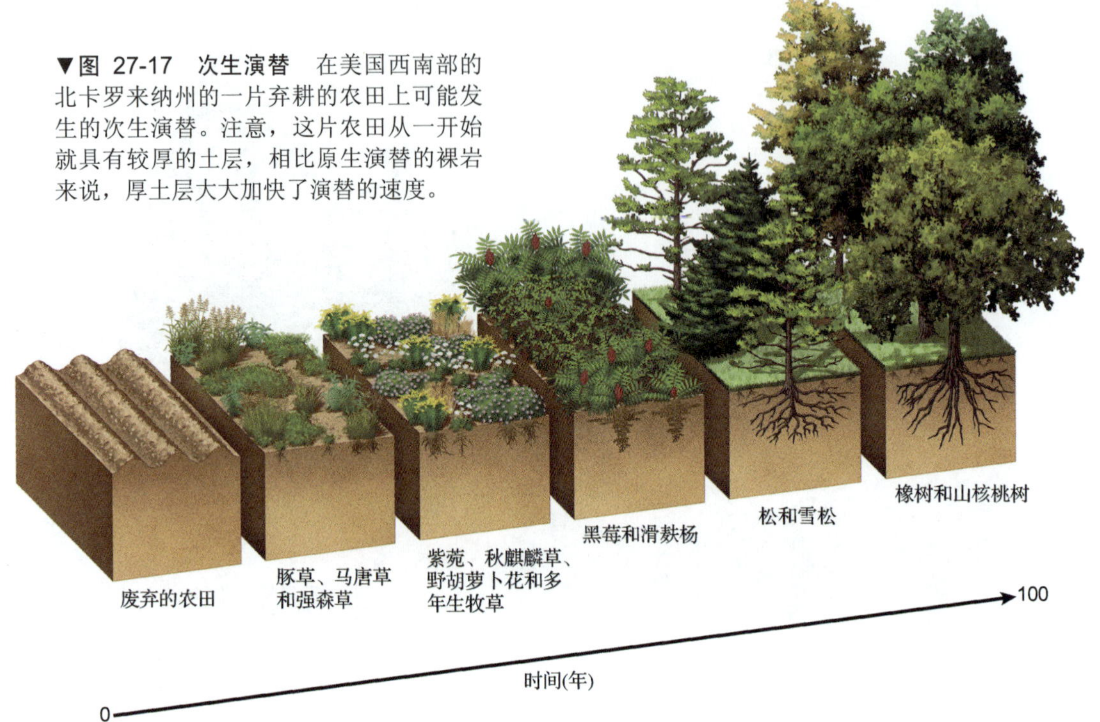

▼图 27-17　次生演替　在美国西南部的北卡罗来纳州的一片弃耕的农田上可能发生的次生演替。注意，这片农田从一开始就具有较厚的土层，相比原生演替的裸岩来说，厚土层大大加快了演替的速度。

3. 演替也会在池塘和湖泊中发生

在淡水池塘或湖泊中，演替不仅仅会因为池塘或湖泊内部的原因发生，而且会因为来自生态系统之外的营养物质的流入而发生。来自周围陆地的径流会向湖中注入沉淀物和营养物质，而这会给小型湖泊、池塘和沼泽造成很大的影响，使之慢慢地演替成干燥的陆地（见图 27-18）。在森林中，湖泊可能通过演替变成草甸。在湖泊逐渐从湖边开始干涸时，杂草在新生的土地上扎根生长。随着湖泊不断收缩，草甸的面积不断扩大，乔木也开始入侵草甸。

 27.6.2　顶级群落中不发生演替

演替终止于相当稳定的顶级群落。如果不被外力（比如火灾、寄生虫、入侵物种或人类活动）打扰，顶级群落几乎是永存的。顶级群落中的种群都有其合适的生态位，使其无须取代另一个种群就可以生存下去。总体上来说，顶级群落比演替的任何其他阶段都具有更多的物种和更多的群落中相互作用。主宰顶级群落的植物通常比先驱植物更加高大，在顶级森林中尤其如此。广袤的特征性顶级植物群落被称为生物群系，包括沙漠、草地和几种森林（第 28 章对其进行了详细的描述）。

如果曾经在美国旅行过，你可能注意到几种顶级群落之间存在着很大的不同。比如，开车经过科罗拉多州或怀俄明州，你会在东部平原上看到矮草草原顶级群落（在那些罕见的没有成为农

田的区域)、山区的松树—云杉森林、山顶的冻原，以及美国西部山谷中的山艾树林。顶级群落的真正含义是由无数的地质学和气候学变量所决定的，包括温度、降水量、海拔、纬度、岩石种类(和存在哪些营养物质有关)，以及光照和风力等。自然灾害，比如暴风、雪崩和闪电引起的大火会毁掉顶级森林的一部分，再次引发次生演替，在一个生态系统中创造出一片片属于演替不同阶段的区域。

▲图 27-18 **一个小型淡水池塘中发生的演替** 在小型的池塘中，由于周围环境向其中注入物质，大大加速了演替过程。随着时间的推移，水生植物腐烂的尸体和能生活在沼泽中的香蒲和杂草形成沉淀物，并最终形成土壤。这就为更多的植物提供了生存空间。最终，池塘被填满，形成干燥的陆地。

在美国的很多森林中，护林员现在已经不再干涉由闪电引发的大火，因为他们认识到，这一自然过程对于整个生态系统的维护非常重要。火灾释放一些营养物质，并杀死一些(通常来说不是全部的)树。于是，森林的地面上可以接收到更多的光照和营养物质，次顶级植物可以在这里生长。一个生态系统中顶级和次顶级区域的共存可以为更多的物种提供栖息地。

27.6.3 有些生态系统会维持在次顶级阶段

频繁的干扰使许多生态系统始终保持在次顶级阶段。一度覆盖了密苏里州北部和伊利诺伊州的高草草原是一个顶级群落为落叶森林的生态系统的次顶级阶段。由于周期性的大火，这片区域始终维持着高草草原这一次顶级阶段。有些火灾是由闪电导致的，而美国当地的居民也会故意放火，因为他们需要放牧野牛的草地。现在，森林已经开始侵占这片区域，不过政府还是通过小心的纵火在一些保护区保留了一些高草草地。

农田、花园和草坪都是我们通过频繁、故意的干扰而维持下来的次顶级群落。庄稼是特化的杂草，它们实际上是演替早期的特征性植物，而农民们花费大量的时间、精力和除草剂来除掉庄稼的竞争对手，比如杂草、野花和灌木，防止它们占据农田。郊区的草坪是一个通过频繁的修剪来维持的次顶级生态系统。通过修剪草坪，人们除掉木本植物。人们还使用除草剂来选择性地除掉诸如马唐草和蒲公英一类的先驱植物。

第 28 章　生态系统中的能量流动和营养物循环

棕熊正在捕食一条要返回家园产卵的大马哈鱼。

28.1　营养物和能量在生态系统中如何运动？

所有生态系统都由两部分组成。生态系统的生物成分是由活着的生物——细菌、真菌、原生生物、植物和动物——组成的位于特定区域内的群落。生态系统的非生物成分包括环境中所有非生物的物理和化学成分，比如气候、光照、温度、水的存在，以及土壤中的矿物质。生物群落内和群落与群落之间的相互作用以及群落与环境之间的相互作用决定了生态系统中的物质和能量流动的方式。有两条原则是这一运动的基础：营养物质在生态系统内部和生态系统之间循环，而能量在生态系统中流动（见图 28-1）。

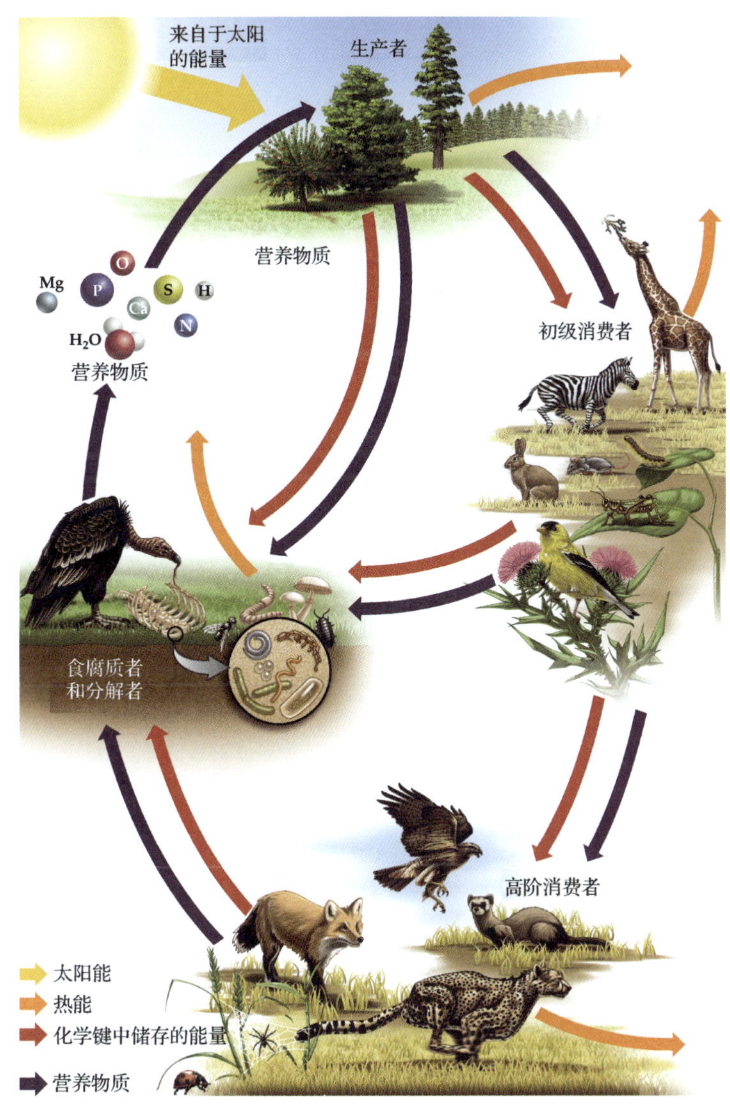

▶**图 28-1　生态系统中的能量流动、物质循环和营养关系**　太阳光中蕴含的能量（黄色箭头）通过生物的光合作用进入生态系统，这些生物被称为生产者，它们将这些能量的一部分储存在身体内的生物分子中。然后，这些生物能量（红色箭头）传递给非光合生物，这些生物被统称为消费者。排泄物和尸体中的能量支撑着食腐质者和分解者的生命活动。每个生物体都以热量的形式丢失一部分能量（橙色箭头），因此对于活着的生物来说，有用的能量逐渐减少。因此，生态系统需要持续不断的能量输入。相反，营养物质（紫色箭头）可以在生态系统中不断循环。

营养物质是指生物从它们所处的环境中吸收的原子和分子。在过去的 35 亿年中，一直是相同的营养原子在支撑着地球上生命的存在。你的身体里毫无疑问也含有曾经是恐龙或长毛的猛犸象的一部分的氧原子、碳原子、氢原子和氮原子。营养物质在整个地球上循环流动，并转化成不同的分子形式，但它们一般不会离开地球。

相反，能量在生态系统中单线行进。能够进行光合作用的细菌、藻类和植物捕获太阳能。然后，太阳能从一个生物流动到另一个生物的体内。不过，最后，所有生物的能量都转化为热能返还给环境，无法再被用于驱动活生物体内的化学反应。因此，生命的存在需要持续不断的能量输入。

28.2 生态系统中的能量是如何流动的?

在距离地球 9300 万英里的地方，太阳中的核反应将氢转换成氦，将少量的物质转化成大量的能量。这些能量中的少部分以电磁波的形式到达地球，包括热量（红外线）、可见光和紫外线，其中有一半能量都是以可见光的形式到达地球的。到达地球的大部分太阳能被大气层、云和地球表面反射回宇宙空间。一部分被地球和大气层吸收，从而维持地球的温度。在到达地球的太阳能中，只有不到 0.03%的能量被光合生物捕获，而这些能量足以支撑地球上所有生命的生存。

28.2.1 能量通过光合作用进入生态系统

植物、藻类和光合细菌从生态系统的非生物成分中吸收碳、氮、氧和磷等元素。光合生物捕获太阳光的能量，并用这些能量将能量原子结合到一起，形成单糖、淀粉、蛋白质、核酸，以及身体中的其他生物分子，从而将捕获到的能量的一部分储存在这些化学物质的化学键中。正如我们将要看到的，生物分子中储存的营养物质和能量从光合生物移动到非光合生物，比如动物、真菌和大多数细菌体内。于是，光合生物将能量和营养物质带入了生态系统。

28.2.2 能量从一个营养级进入下一营养级

生态系统中的能量流动起始于光合生物，并经过几级以光合生物或非光合生物为食的非光合生物。每一级的生物称为一个营养级（实际上，应该叫做“喂养级”）。从森林中的橡树到海洋中的单细胞藻类，所有光合生物形成第一营养级。这些生物被称为生产者，或自养生物（autotrophs，希腊语，“自己喂养自己”），因为它们用无机物质和太阳能为自己生产食物。在这一过程中，它们同时还直接或间接地为其他生物形式制造食物。被称为消费者或异养生物（“由其他人喂养自己”）的一些无法进行光合作用的生物，必须从其他生物的体内获得预先“包装”在生物分子中的能量和大多数营养物质。

消费者占据数个营养级。初级消费者直接以生产者为食。这些食草动物（来自于拉丁文“以植物为食的动物”），包括蝗虫、小鼠和斑马等动物，它们形成第二营养级。食肉动物（“以肉为食的动物”），比如蜘蛛、鹰和三文鱼，形成更高级的消费者。食肉动物在以食草动物为食时是次级消费者。有些食肉动物至少在有些时候会以其他食肉动物为食；此时，它们占据了第四营养级，称为三级消费者。在有些例子中，尤其是在海洋中，还存在着更高的营养级。

28.2.3 净初级生产量是对生产者体内储存能量的衡量

一个生态系统能够容纳的生命的量是由这个生态系统中生产者所捕获的能量决定的。在单位时间内，特定的区域内的光合生物捕获并储存在身体中的能量（比如，每年在每平方米的区域内储存的能量，以卡路里计算）被称为净初级生产量。质量要比能量容易确定得多。生物质量，或者干的生物物质，通常是对储存在生物体内的能量的一个很好的衡量方法。因此，净初级生产量通常以每年在每平方米区域内生产的生物质量（以克计算）来表示（见图 28-2）。

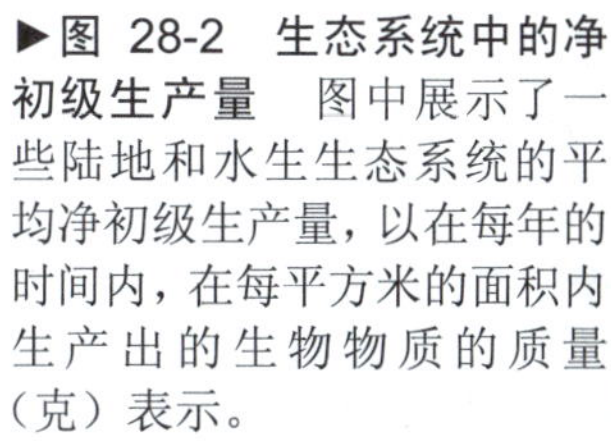

▶**图 28-2 生态系统中的净初级生产量** 图中展示了一些陆地和水生生态系统的平均净初级生产量，以在每年的时间内，在每平方米的面积内生产出的生物物质的质量（克）表示。

生态系统的净初级生产量受到很多因素的影响，包括生产者接收的光照量、水和营养物质的丰富程度以及温度。比如，在沙漠中，由于水的含量极少，因此那里的生产量受到极大的限制。在深海中几乎没有光，因此光照是限制生产量的一个因素，而营养物质的缺乏限制了大多数水面的生产量。在所有资源都非常丰富的生态系统中，比如热带雨林中，生产量非常高。

生态系统对地球整体生产量的贡献是由这一生态系统的生产力及其占地球的面积比率决定的。比如，海洋的净初级生产量很低，但它们占据了地球表面大约 70%的面积，因此，它们贡献了地球整体生产量的 25%，和热带雨林的总贡献基本相当，而热带雨林只覆盖地球表面不到 5%的面积。

28.2.4 食物链和食物网描述了群落中的营养关系

食物链是一个线性的营养关系，包括每个营养级的一个物种，它们分别是位于自己上面一个营养级中的物种的食物（见图 28-3）。不同的生态系统容纳了不同的食物链。植物在陆地生态系统中是主要的生产者（见图 28-3a）。植物支撑着食草昆虫、爬行动物、鸟类和哺乳动物的生存，而这几种动物中的每一种都会被其他动物所捕食。相反，被统称为浮游植物（phytoplankton，来自于希腊语的“飘浮着的植物”）的光合原生生物和细菌等微生物是大多数水生食物链的主要生产者，比如位于湖泊和海洋中的食物链（见图 28-3b）。浮游植物支撑着多种多样的浮游动物（“漂浮着的动物”）的生命，浮游动物主要包括原生生物和类似于小虾的甲壳类动物。这些动物主要会被鱼吃掉，而鱼反过来又会被更大的鱼吃掉。

自然群落中的动物经常不会正好是简单食物链中的初级、次级和三级消费者。食物网展示了许多相互联系的食物链，它可以准确地描述群落中真实的营养关系（见图 28-4）。有些动物，比如浣熊、熊、大鼠和人类被称为杂食动物（“什么都吃”），因此它们可作为初级、次级，有时还作为三级消费者存在。比如，当鹰以老鼠（食草动物）为食时，它是次级消费者，而当它吃一只以昆虫为食的草地鹨时，又变成了三级消费者。食肉植物，比如捕蝇草会使食物网变得更加错综复杂。它既是进行光合作用的生产者，又是会捕食蜘蛛的三级消费者。

1．食腐者和分解者将营养物质释放到环境中以备重复利用

食物网中最重要的组成部分之一是食腐质者和分解者。食腐质者（“食用碎屑者”）是一群通常很小而不引人注目的生物，包括线虫、蚯蚓、千足虫、屎壳郎、蛞蝓和一些苍蝇的幼虫。它们以生物的废弃物为食，比如落叶和其他生物死去后的尸体或排泄物。有几种较大的脊椎动物，比如秃鹫，也属于食腐质者。

（a）一个简单的陆地食物链

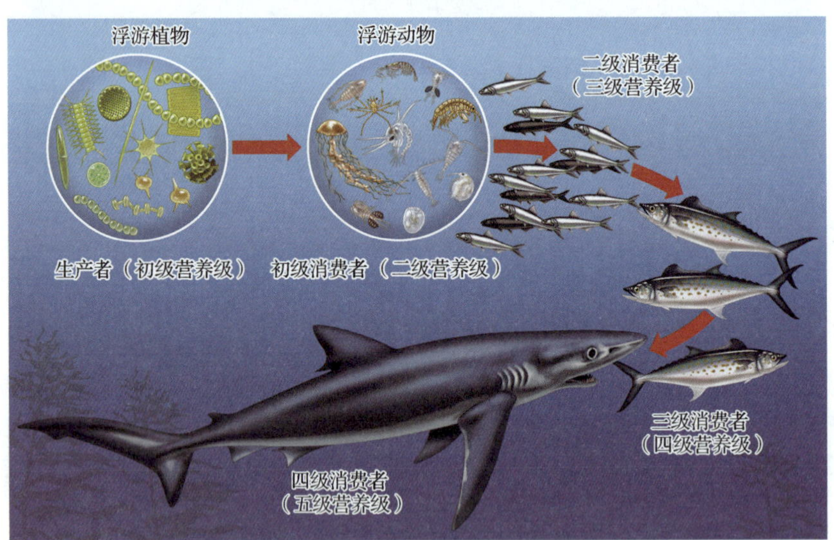

（b）一个简单的海洋食物链

▲图 28-3 陆地和海洋中的食物链

分解者主要包括真菌和细菌。它们和食腐质者食用的物质相同，但不会像食腐质者那样进食大量的有机物质团块。相反，它们会向体外分泌消化酶，由这些酶来降解附近的有机物质。分解者吸收产生的一部分有机分子，但大部分有机分子留在自然界中。草坪上的蘑菇或在陈面包上出现的蓝灰色痕迹都是正在努力工作的真菌分解者，而腐烂的肉上面难闻的黏液暗示了细菌分解者的存在。

食腐质者和分解者对地球上的生命来说极其重要，它们将其他生物的尸体和排泄物降解成简单的分子——比如二氧化碳、铵盐和矿物质——并将它们交还给大气、土壤和水。如果没有了食腐质者和分解者，生态系统会逐渐被越来越多的排泄物和死尸堆满，而它们体内的营养物质无法被用来使土地和水变得肥沃。最后，植物和其他光合生物无法获得足够的营养物质。如果生产者灭绝了，那么能量和营养物质都将无法再进入生态系统，而位于更高营养级的生物，包括人类，都将消失。

◀**图 28-4　一个简化了的草地食物网**　图中最显著部位的动物包括秃鹫（食腐质者），牛蛇、地松鼠、穴居猫头鹰、獾、老鼠和地鼠（看上去像小老鼠，但实际上是食肉动物）。在中距离上，你会看见松鸡、草地鹨、蝗虫和长耳大野兔。在远距离上，注意叉角羚、鹰、狼和野牛。

28.2.5　营养级之间的能量转移效率很低

物理学的分支——热力学的一个基本原理是：能量是不能被完全利用的。比如，汽车燃烧汽油时，只有大约 20%的能量被用来驱动汽车前进；其余 80%以热量的形式损失了。这同样也是生命系统的规则：所有维持细胞生命的化学反应都以热量的形式损失能量。比如，我们将三磷酸腺苷（ATP）的高能化学键中的能量用来驱动肌肉收缩，而这一过程是要释放热量的；这就是在冷天里颤抖和快走可以让身体变得温暖的原因。

从一个营养级到下一个营养级的能量传递效率是很低的。当一只蝗虫（初级消费者）吃草（生产者）的时候，在草固定的太阳能中只有一部分传递给昆虫，其中一部分能量被转化为纤维素中的化学键，而蝗虫无法消化纤维素。除此之外，尽管草摸起来并不温暖，但草的叶子、茎和根中发生的每一个化学反应都会释放少量的热量，而这些热量显然不能为其他生物所用。因此，被第一营养级的生产者固定的能量中，只有一小部分被第二营养级的生物利用。如果一只知更鸟（第三营养级）吃掉那只蝗虫，这只鸟也无法获得蝗虫从植物那里得来的全部能量。其中一部分能量已被蝗虫用来跳跃、飞行和进食了。蝗虫无法被消化的外骨骼中也隐含着一些能量。能量的大部分以热量的形式损失了。同样，吃掉这只知更鸟的老鹰也无法获得这只知更鸟所获得能量的大部分。

虽然在不同的群落中，营养级之间的能量转移存在很大的不同，但能量在两个营养级之间传递的效率大约在 10%。这说明，总体上来说，储存在初级消费者中的能量只有储存在生产者体内的能量的 10%左右。而次级消费者体内的能量又是初级消费者体内的能量的 10%左右。这种营养级之间低效率的能量转移规律被称为“10%定律”。我们可以用一个能量金字塔来说明营养级之间的能量关系——在基部最宽，而后营养级越高就越窄（见图 28-5）。特定群落的生物量金字塔通常和这个群落的营养级金字塔的形状相似。

由于营养级之间能量传递的效率较低，一个群落中最主要的生物几乎永远是植物，因为它们的能量来源最为庞大——太阳光。最多的动物是食草动物。相对来说，食肉动物较为少见，因为能支撑它们存活的能量要少得多。

营养级内和营养级之间的能量流失说明寿命较长、位于较高营养级的动物从更低的营养级中摄入超过其体重很多倍的食物——比如，你每年会吃掉多少食物呢？就算你的体重保持不变，这个数字也不会小。如果食物中含有特定种类的有毒物质，那么它就会在位于较高营养级的生物体内富集。这一生物富集作用会导致有害的、甚至是致命的结果。

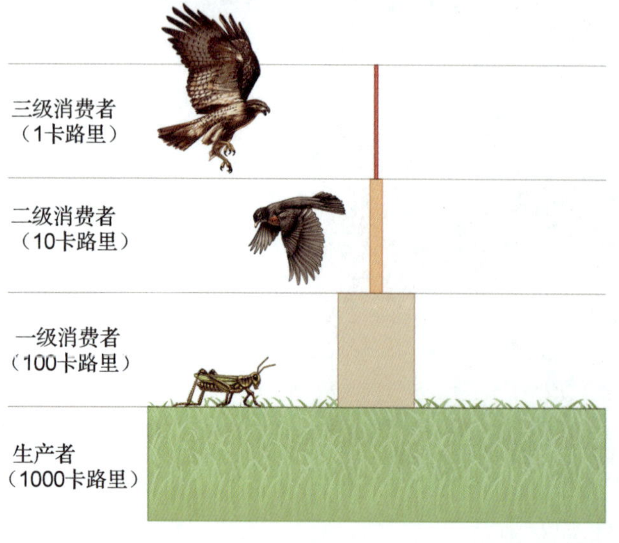

◀**图 28-5 一个草地生态系统的能量金字塔** 每个矩形的宽度与该营养级储存的能量成正比。在这里，我们使用在美国草地生态系统中常见的四种生物：草、蝗虫、知更鸟和红尾鹰。

28.3 营养物是如何在生态系统中和生态系统之间循环的？

我们之前提到过，营养物质——元素和小分子——是形成生命的化学基石。有些营养物质——称为大量营养素——是生物大量需要的营养物质，包括水、碳元素、氢元素、氧元素、氮元素、磷元素、硫元素以及钙元素。微量营养素包括锌元素、钼元素、铁元素、硒元素和碘元素；我们只需要微量的这些元素。物质循环又称为生物地球化学循环，描述了大量营养素和微量营养素的循环过程。首先从在生态系统中非生物部分的主要来源——被称为储存库——开始，经过生物群落，然后循环回来。在接下来的几节中，我们将描述水、碳元素、氮元素和磷元素的循环过程。

 28.3.1 水循环的主要储存库是海洋

水循环（见图 28-6）是指水从它的主要储存库——海洋——经历大气层、更小的储存库（比如淡水的湖泊、河流和地下水），然后再回到海洋。水循环和其他大多数物质循环不同，在水循环过程中，生物只起到非常小的作用——换句话说，就算地球上的生物都消失了，水循环还是会继续进行。

水循环的动力是太阳的热能，它使水从海洋、湖泊和溪流中蒸发出来。水汽在大气层中凝结后，以雨或雪的形式落回到大地上。之后，水形成河流，并最终流入大海。海洋覆盖了地球表面大约 70%的面积，含有地球上全部水量的 97%，还有 2%的水包含在冰层中，只有 1%的水以液态淡水的形式存在。因为海洋占有的地球面积太大，因此绝大多数蒸发作用都在海洋发生，同时绝大多数降水也在海洋发生。

在降落到陆地上的水中，有一部分会被植物的根吸收；这些水中的大部分被植物以蒸腾作用返还给大气层。落到陆地上的其余水大多数从土壤、湖泊或溪流中蒸发；一部分流回到海洋中；极小的一部分被储存在生物的体内；还有一部分进入水在地底的储存库——含水层中。含水层是由可以透过水的岩石——比如砂岩——或一些类似于沙子或小石块等的沉积物组成的。这些物质都浸透了水。人们经常将这些水从地底抽上来，作为家庭用水或灌溉庄稼。水从地表移动到含水

层的过程通常极其缓慢，而且在世界上的很多地方——包括中国、印度、北非和美国的中西部——水从地底被抽出的过程比它获得补充的过程要快很多。最终，如果含水层消失了，人们就将被迫改变农业生产方式。

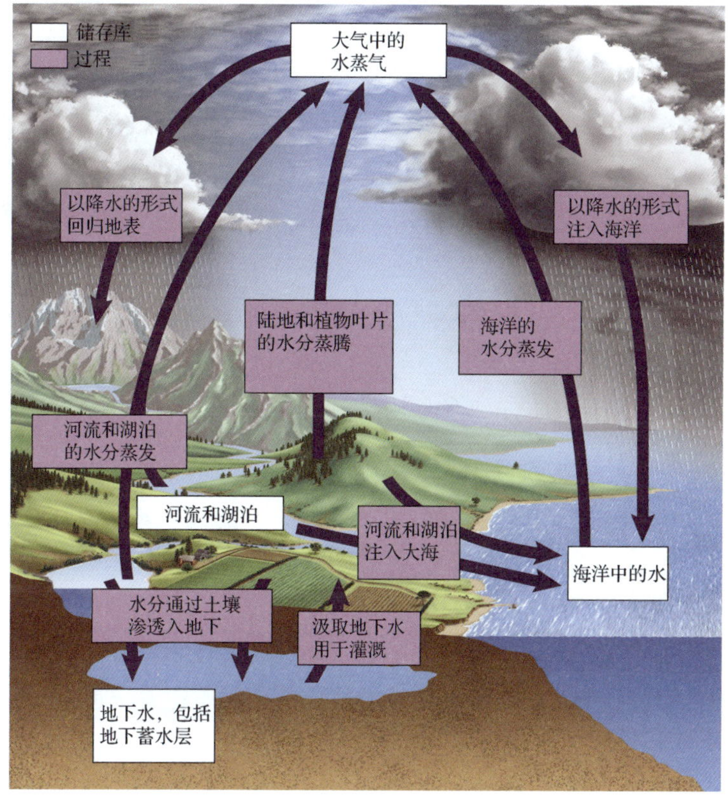

◀图 28-6 水循环

水循环对陆地群落而言十分重要，因为后者需要持续储备陆地生物所需的淡水。在学习接下来的几种物质循环的过程中，要记住土壤中的营养物质必须溶解在土壤中的水里才能被植物或细菌吸收。只有在二氧化碳溶解于植物叶肉细胞外的一层水中时，它才能被植物细胞所吸收。水循环并不依赖陆地生物，但如果没有了水循环，陆地生物将很快灭绝。

 28.3.2 碳循环的主要储存库是大气层和海洋

碳原子是所有有机分子的框架，碳循环（见图 28-7）是指，碳元素从它在大气和海洋中的暂时储存库中，通过生产者进入消费者、食腐质者和分解者的体内，之后再返回储存库的过程。当生产者在光合作用过程中捕获二氧化碳（CO_2）时，碳元素就进入了生物群落。在陆地上，光合生物直接从大气中吸收二氧化碳，后者在大气的所有气体中所占比例约为 0.039%（每 100 万份中占 390 份）。溶解于水的二氧化碳给水生生产者——比如浮游植物——提供光合作用所需的二氧化碳。

光合生物吸收的二氧化碳会被“固定”在生物分子，比如糖类和蛋白质中。生产者通过细胞呼吸将一部分碳元素交还给大气或水，但大部分碳元素被储存在它们的体内。当初级消费者吃掉生产者时，它们获得这部分碳元素。初级消费者以及位于更高营养级的消费者通过呼吸作用释放二氧化碳，通过粪便排出碳的化合物，并将剩余的碳元素储存在体内。所有的生物最终都会死亡，尸体被食腐质者和分解者降解掉，而后两者通过细胞呼吸作用将二氧化碳交还给大气层和海洋。生物通过光合作用摄入二氧化碳，并通过呼吸作用释放二氧化碳，这两个互补的过程不断地将碳元素从生态系统的非生物成分转移到生物成分，然后再转移回去。

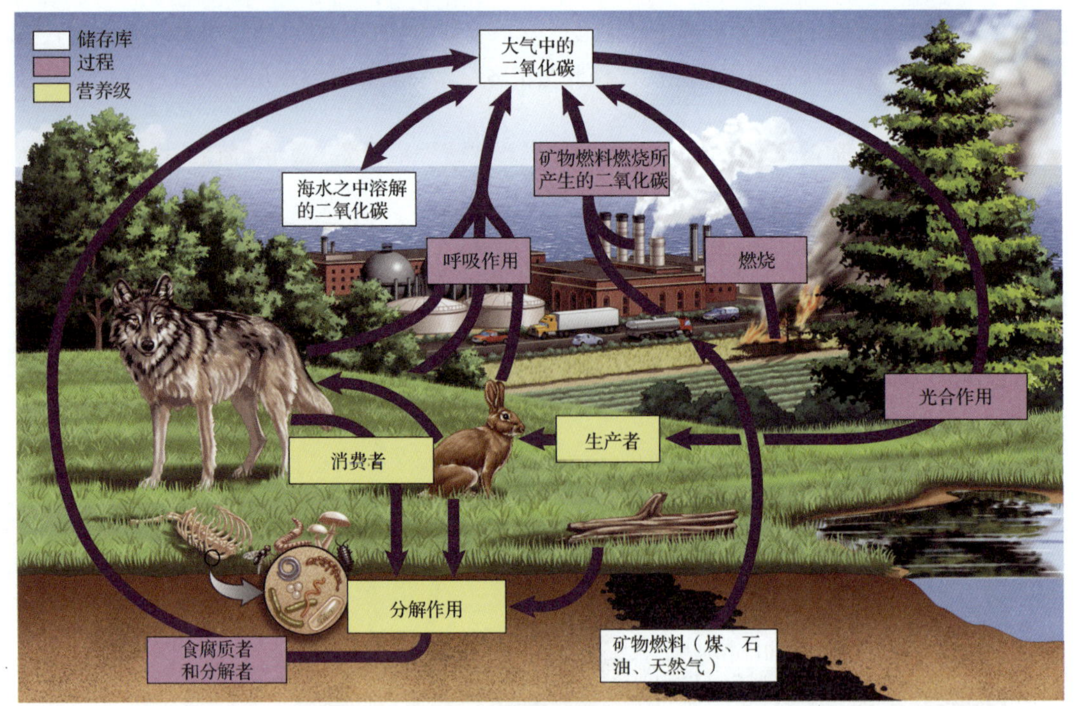

▲图 28-7　碳循环

不过，有些碳元素的循环速度要慢得多。地球上大部分的碳元素位于石灰岩中，石灰岩是由碳酸钙（$CaCO_3$）组成的，而碳酸钙又是由史前的浮游植物的壳沉积在大洋底部而形成的。碳元素从这一来源移动到大气中再循环回来的过程需要几百万年。因此这一过程对于支撑着生态系统的碳循环过程的贡献微乎其微。化石燃料包括煤、石油和天然气，它们是额外的碳储存库。这些物质是在数百万年间由被深埋在地层中的史前生物的残余经过高温高压处理而逐渐形成的。除了碳元素外，来自史前的阳光带来的能量（最初被史前的光合生物所吸收）也被储存在这些沉积物中。当人们燃烧化石燃料来获得储藏的能量时，将二氧化碳释放到大气层中，这可能产生非常严重的后果，我们将在 28.4 节中讲述这一点。

28.3.3　氮循环的主要储存库是大气层

氮元素是蛋白质、很多种维生素、核苷酸（比如 ATP）和核酸（比如 DNA）的重要组成成分。氮循环（见图 28-8）是氮元素从其最主要的储存库——大气层中的氮气移动到土壤和水中的铵盐和硝酸盐中，随后通过生产者、消费者、食腐质者和分解者，再回到储存库中的过程。

大气层的 78%是氮气，但植物和大多数其他生产者无法直接利用氮元素的这一形式——它们需要通过铵盐（NH_3）或硝酸盐（NO_3^-）。有几种生活在土壤或水中的细菌可以通过一个称为固氮作用的过程，将 N_2 转化成铵盐。有些固氮细菌与豆科植物形成一种互利共生的关系，它们居住在豆科植物根部的瘤状物中（见第 19 章）。诸如苜蓿、大豆、三叶草和豌豆这些豆科植物在农田中广为种植，一部分是因为它们释放出根瘤菌合成的多余的铵盐，使土壤变得肥沃。其他一些生活在土壤和水中的细菌可以将铵盐转变成硝酸盐。雷暴也会产生少量的硝酸盐，闪电的力量将氮气和氧气结合起来，形成氮氧化物。这些氮氧化物溶解在雨水中，落到土地上，最终被转化成硝酸盐。

铵盐和硝酸盐被生产者吸收，然后被整合进蛋白质和核酸等生物分子中。这些物质经过各个营养级。每个营养级的尸体和排泄物都被分解者降解，然后将铵盐交还给土壤和水。反硝化细菌负责完成氮循环的最后一步。这些生活在潮湿的泥土，沼泽和河口的细菌降解硝酸盐，将氮气交还给大气（见图 28-8）。

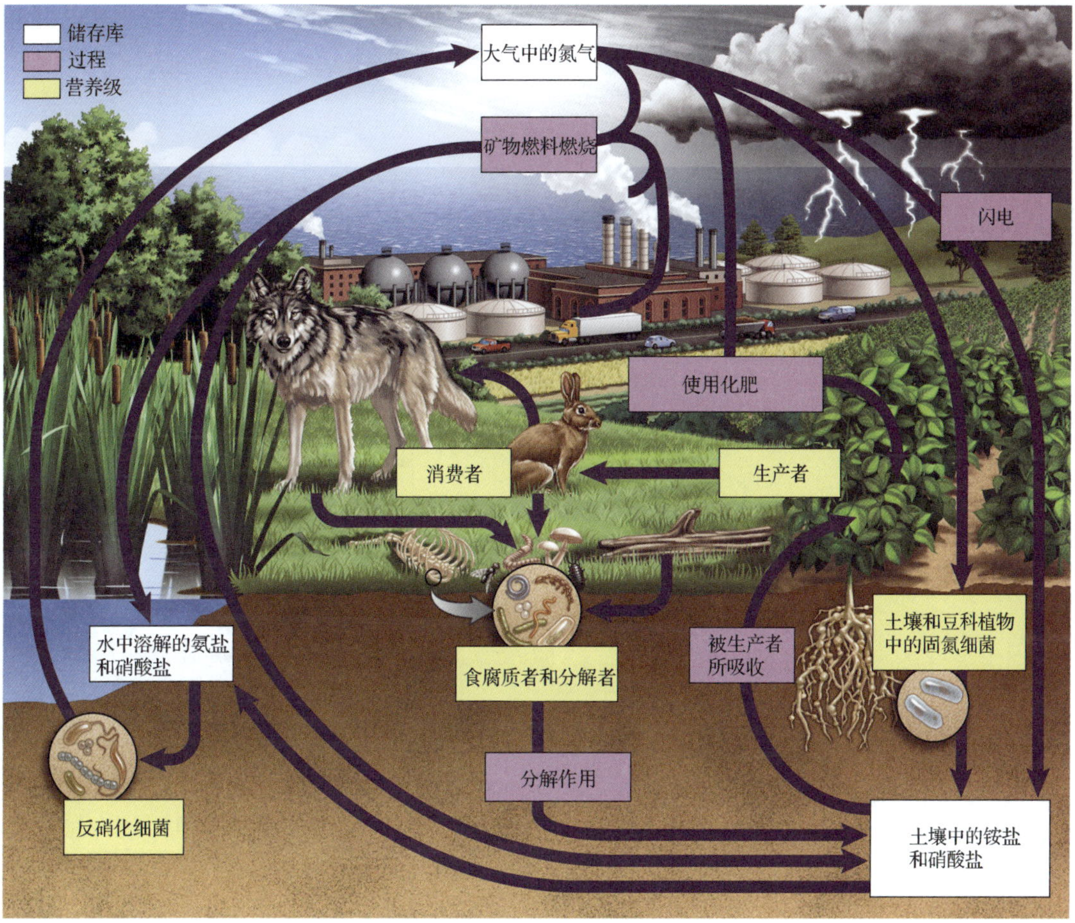

▲图 28-8　氮循环

人类也在有意无意地操纵着氮循环。正如我们先前所说的，农民通过种植豆科植物使土地变得肥沃。化肥工厂通过将大气中的氮气与从天然气得到的氢气结合，以氨的形式固定住氮元素，然后将其转换成硝酸盐或者尿素（一种有机氮化合物）。每年，有 1.5 亿吨氮肥进入农田。除此之外，燃烧化石燃料产生的热量将大气中的氮气和氧气结合在一起，产生氮氧化物，并形成硝酸盐。这些人类活动现在已经对氮循环起到主导作用。

28.3.4　磷循环的主要储存库在岩石中

磷元素在核酸和构成细胞膜的磷脂分子等生物分子中存在，它也是脊椎动物的牙齿和骨骼的主要组成成分。磷循环（见图 28-9）是磷元素从其主要储存库——岩石中移动到土壤和水这两个较小的储存库，通过生产者进入消费者、食腐质者和分解者体内，再回到储存库中的过程。

在整个循环中，几乎所有的磷元素都和氧气相结合，形成磷酸根（PO_4^{3-}）。磷元素没有气体形式，因此在磷元素的循环中，没有大气储存库。地质活动将富含磷元素的岩石暴露在外，其中一部分磷元素会溶解于雨水或者地表径流中，将其带到土壤、湖泊和海洋中，形成生态群落能够直接获得的小储存库。溶解于水的磷元素被生产者吸收，并用其合成生物分子。之后，磷元素经过整个食物网；在每一个营养级，都有额外的磷元素被排出。最终，食腐质者和分解者将磷元素交还给土壤和水，然后它可能再次被分解者所吸收，或者与土壤和水中的沉淀物结合，再次生成岩石。

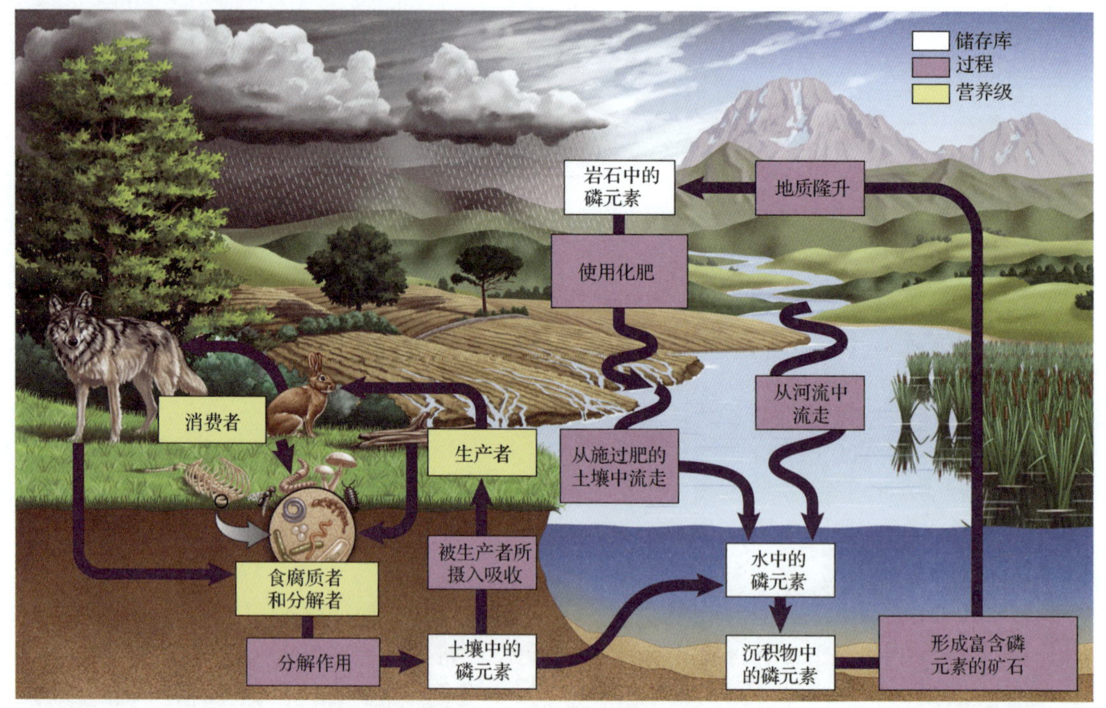

▲图 28-9　磷循环

淡水中的一部分磷酸盐会被带到海洋中。虽然这些磷酸盐中的大部分会成为海洋中的沉淀物，但也有一部分被海洋中的生产者吸收，并最后进入无脊椎动物和鱼的体内。这其中的一部分被海鸟摄入，海鸟又通过排泄将大量的磷酸盐交还给陆地。曾经有一段时间，落在南美洲西海岸的鸟粪是世界上磷肥的主要来源。不过现在，人们对于磷肥的需求非常高，以至于大部分磷肥都是从富含磷酸盐的岩石中提取的。

28.4　人类扰乱营养物质循环时会发生什么？

古代的人口数量很少，科技水平非常有限，他们对物质循环的影响也非常有限。不过，随着人口的增长以及科学技术的进步，人们可以更加独立于自然生态系统的过程而行动。起始于 19 世纪中期的工业革命使我们对化石燃料中储存的能量的依赖性大大增加，我们需要它提供热量和光，我们的交通、工业和农业都离不开化石燃料。商业农田中使用的化学肥料的量呈指数上升。今天，人类对化石燃料和化学肥料的使用严重扰乱了氮、磷、硫和碳元素的循环。

 28.4.1　氮循环和磷循环的过载危害海洋生态系统

每年，人们从岩石中生产出约 4000 万吨的磷肥，从大气中生产出 1.5 亿吨的氮肥。这些化学肥料被我们施加在农田中，以求生产出足够的农业产品供越来越多的人口利用。

雨水和灌溉用水冲刷地面时会溶解并带走一部分磷肥和氮肥。当这些水流入湖泊、河流并最终流入海洋时，这些营养物质通过促进浮游植物的生长而严重干扰食物网的平衡。浮游植物的“爆

发”将清水变成不透明的绿“汤”。浮游植物死亡后，它们的身体沉入更深的水中，成为分解者——细菌的美餐。分解者的呼吸作用用掉水中大部分的溶解氧。因为没有了氧气，水生无脊椎动物和鱼类如果不离开那里，就会死亡并腐烂（从而使问题更加严峻）。一个尤其引人注目的例子发生在路易斯安那州的墨西哥湾。在美国中西部，春雨和融化的冰雪将大量的硝酸盐和磷酸盐从施过肥的农田中冲洗到溪流里，溪流又流入密西西比河。密西西比河将这富营养化的水流注入墨西哥湾。到了夏天，当光照变强、墨西哥湾变暖时，这些营养就会导致水华（见图 28-10）。藻类的死亡以及它们尸体的降解，形成了一个“死区”，那里的氧气浓度非常低，几乎不会有任何生物存活。飓风和热带风暴每年秋天会将死区吹散，但在第二年夏天它又会出现。墨西哥湾的死区现在通常覆盖 6000～8500 平方英里。在世界范围内，死区的大小和数量都在随着农业的发展而不断增加。

28.4.2　硫循环和氮循环的过载造成酸雨

氮氧化物和二氧化硫会经过自然过程排入大气。火灾和闪电会产生几种氮氧化物和硝酸；火山、温泉以及分解者释放出二氧化硫（SO_2）。然而，目前，矿物燃料的燃烧是进入大气的氮氧化物和二氧化硫的主要来源。比如，富含硫元素的矿物燃料——主要是煤——的燃烧，占据了世界上二氧化硫排放量的 75%。当它们在大气中和水蒸气结合之后，氮氧化物和二氧化硫转化成硝酸和硫酸。几天之后，在几百英里外，这些酸以雨或雪的形式降落到地面上。这种“酸性的降水”——更准确的名字应该是酸雨——首先在新汉普郡发现，1963 年，人们发现，在那里采集的雨水样本的 pH 值达到了 3.7——和橙汁差不多，比未被污染的雨要酸 20～200 倍，未受污染的雨的 pH 值约为 5～6。

酸雨破坏森林，使湖泊变得生机全无，甚至腐蚀建筑和雕像（见图 28-11）。在美国，新英格兰、中大西洋州、上中西部地区、西部的山区以及佛罗里达州的酸雨最为严重，在这些地方，大多数岩石和土壤已经几乎没有中和酸的能力。在纽约和新英格兰，情况要加倍严重，因为北美流行的西风会将中西部烧煤的火电站和工业区排放的硫酸和硝酸直接吹过这些州的上空。在纽约的阿迪朗达克山和卡茨基尔山，以及新英格兰的怀特山和格林山，酸雨破坏了许多湖泊，使水变得过酸以至于鱼和它们赖以为生的食物网无法继续存在。

▲图 28-10　**墨西哥湾的水华**　从美国中西部农田中冲洗下来的营养物质，尤其是硝酸盐和磷酸盐会进入密西西比河，它在图中的左上方流到中部，在密西西比三角洲处入海。当这些营养物质到达墨西哥湾之后，它们促进藻类的爆炸性增长，甚至在这张卫星照片中都能看见，它们在海边形成了浑浊的绿色漩涡。

▲图 28-11　**酸雨具有腐蚀性**　这两张完全相同的楼房装饰物摄于美国纽约的布鲁克林区，显示出酸沉降的威力。在左侧，装饰物被修复成原来的样子；而右图中的建筑物几乎已被酸雨完全破坏。

酸雨是怎样破坏生态系统的呢？酸雨使生物更易接触有毒金属，比如铝、汞、铅和镉——这些金属都更容易溶解于酸性的水。比如，铝元素是土壤中最常见的矿物质之一。酸性物质将铝溶解，使之进入土壤和湖泊中的水里，抑制植物生长，并杀死鱼。钙和镁是两种植物生长必需的元素，由于酸的沉淀作用，它们被滤出土壤。

生长在酸化土壤中的植物变得非常脆弱，更容易被病菌感染和被昆虫侵袭。在美国东北部的大部分地区，红云杉和糖枫树的种群数量都在减少。这一现象被证明是酸性环境加上干旱、昆虫以及气候变化导致的。在佛蒙特州的格林山脉，有一半的红云杉和三分之一的糖枫树已经死亡（见图 28-12）。

▲图 28-12　**酸雨会破坏森林**　在佛蒙特州的驼峰山上，我们能够看出酸沉降造成的破坏。所有年龄较大的成年树都死了，光秃秃的。从 20 世纪 90 年代开始，发电站排出的硫和氮大大减少，缓解了新英格兰的酸雨，因此新生的小树又开始萌发了。

从 1990 年以来，政府出台的规章制度使美国火电站排放的二氧化硫和氮氧化物大大减少——二氧化硫的排放量减少了 40%，而氮氧化物的排放量减少了超过 50%。空气质量有所上升，而雨的酸度也下降了，不过美国东北部的大片地区的雨水 pH 值还在 5 以下。

被破坏的生态系统需要很长时间才能恢复。阿迪朗达克山脉附近的湖水酸度正不断降低，但很多湖中的水仍然比酸沉降开始之前的要酸很多。如果酸沉降能被完全除掉，那么最终这些湖泊的 pH 值会恢复到从前那样。在之后的 3～10 年中，大部分水生生物也会恢复，视物种而定。不过这些湖泊中的鳟鱼可能需要人工补充。森林恢复的时间就要慢得多，因为树的寿命很长，而且土壤的化学性质改变得也更慢。

28.4.3　人类对碳循环的干涉导致地球气候发生改变

在图 28-13 中，我们展示了到达地球的阳光的去向。来自太阳的一部分能量（见图 28-13❶）会被大气层（尤其是云）以及地球表面（尤其是覆盖有冰雪的区域）（见图 28-13❷）反射回宇宙空间。不过，大部分阳光会到达相对较暗的区域（陆地、植被和水面），并被转化成热量（见图 28-13❸），这些热量会被辐射到大气层中（见图 28-13❹）。虽然这些能量大多数被辐射到宇宙空间（见图 28-13❺），但水蒸气、二氧化碳和其他几种温室气体会将一部分热量留在大气层中（见图 28-13❻）。这一自然过程被称为温室效应，正如我们熟知的那样，这一效应可以使我们的大气层变得较为温暖，使地球上的生命得以生存下去。

为了让地球的温度保持恒定，进入和离开地球大气层的热量必须相等。如果大气中的温室气体浓度升高，那么固定下来的热量就会比辐射到宇宙空间中的热量要多，于是地球变暖。而实际上，温室气体的确正在增加，很大程度上是因为人类燃烧化石燃料，释放出二氧化碳。其他重要的温室气体包括甲烷（CH_4），它是由人类的农业活动、垃圾和煤矿产生的。以及一氧化二氮（N_2O），它是由人类的农业活动和化石燃料的燃烧产生的。不过，人类活动排放的二氧化碳对于温室效应的贡献是最大的，因此我们的讨论会主要和这一分子有关。

1. 燃烧化石燃料导致气候恶化

从 19 世纪中叶起，人类社会开始越来越依赖化石燃料产生的能量。在我们的发电站、工厂和汽车中燃烧化石燃料的同时，我们收获了来自史前的太阳能，并向大气层中排出二氧化碳。在每年人类活动向大气中排放的二氧化碳中，燃烧化石燃料产生的二氧化碳占了其中的 80%～85%。

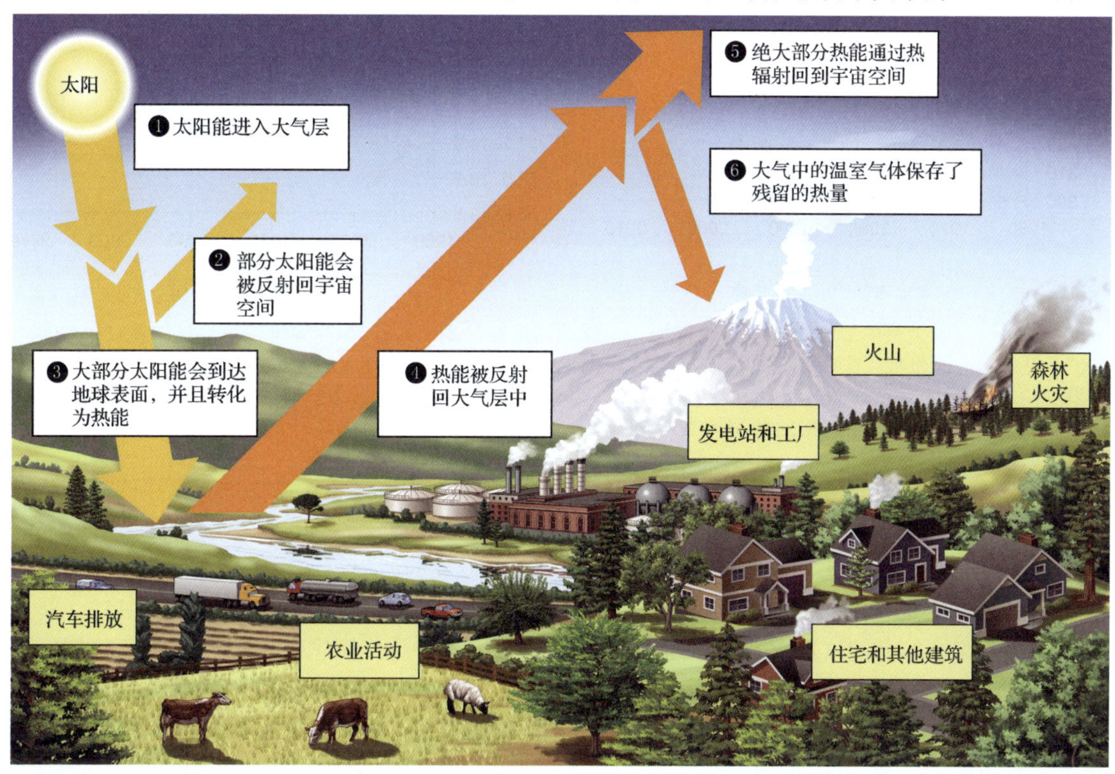

▲图 28-13　**温室效应**　来自太阳的光会温暖地球的表面，并被从地球表面辐射回大气层中。自然过程和人类活动释放的温室气体（都用黄色矩形表示）会吸收这些热量，而且吸收量越来越大，从而使地球的温度上升。

大气中二氧化碳增加的另一个原因是我们砍伐了大量的森林。我们每年会砍伐数千万英亩森林，由于这一活动而产生的二氧化碳量占人类活动排放的二氧化碳的 15%～20%。在热带地区，对森林的砍伐现象尤其严重，在那里，热带雨林被人们大量砍伐，并被改造成农田，用来供给越来越多的人口，同时也是为了满足整个世界对生物燃料，比如乙醇和生物柴油的需求。储存在树木中的碳元素在它们被砍伐并烧掉后回到了大气层中。第三个二氧化碳来源于火山活动，这一过程所释放的二氧化碳相对来说十分稀少。火山活动向大气层中排放的二氧化碳量只有人类活动排放的二氧化碳量的 1%。

总体上来说，人类活动每年会向大气层中排放大约 350 亿到 400 亿吨二氧化碳。这些碳元素中的一半会被海洋、植物和土壤吸收，剩下的留在大气层中。于是，从 1850 年——人们在工业革命中开始大量燃烧化石燃料——以来，大气中的二氧化碳量增加了大约 40%——从每 100 万份中 280 份（ppm）到 392 份（ppm），而且这个数字每年还会增长 2 ppm（见图 28-14a）。根据对南极洲的冰层中埋藏着的史前气泡的分析，科学家断定，现在大气中的二氧化碳含量要比过去 65 万年中的任何一年都要高。

越来越多的证据显示，人类活动释放的二氧化碳和其他温室气体大大增强了自然的温室效应，并改变了地球的气候。世界上几千个气象站记录的地球表面温度数据以及气象卫星近路的地球海洋温度显示，自从 1970 年以来，地球的温度升高了 1 华氏度（0.6 摄氏度）（见图 28-14b）。从 2001 年到 2010 年的 10 年是有记录以来最温暖的 10 年；实际上，在有记录的年份中，最热的 10 年只有一年不在 2001—2010 年。

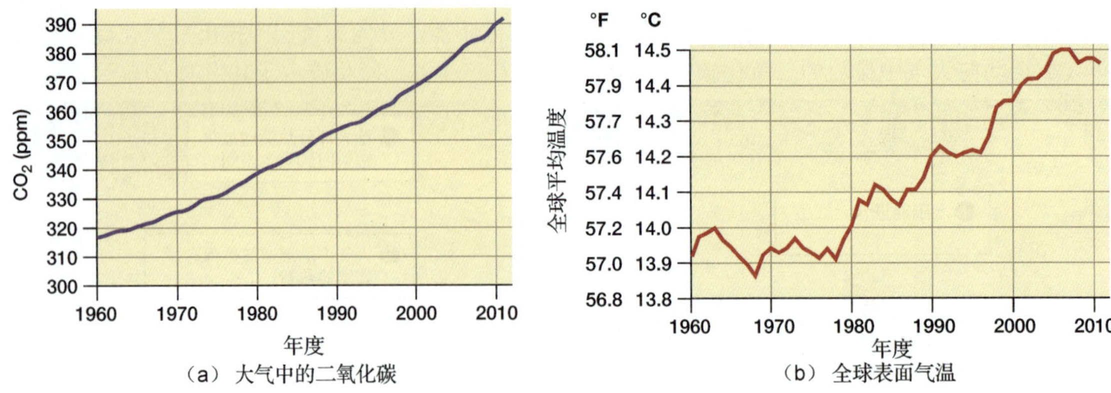

（a） 大气中的二氧化碳　　（b） 全球表面气温

▲**图 28-14　随着大气中二氧化碳含量的增加，全球的温度在升高**　（a）年度大气二氧化碳浓度，单位是每 100 万份中所占的份数。这些数据是在海平面以上 11 155 英尺（约 3400 米）处记录的，地点是在夏威夷的莫纳罗亚火山。（b）全球表面气温。因为全球气温每年都会发生较大的波动，这一表格中显示的是每年和之前四年的气温平均值。 两个表格的数据均来自美国国家海洋和大气局。

温室气体增加所产生的效应通常称为气候变化，既包括全球变暖，也包括对地球的气候和生态系统的其他影响。虽然 1 华氏度的温度变化听起来并不高，但变暖的气候已产生了广泛的影响。在春天，北半球有冰雪覆盖的地区的面积显著减小。全世界的冰川都在衰退；世界冰川监测机构报告，在世界上所有山峰的冰川中，有 90%正在缩小，而这一趋势正在加快（见图 28-15）。蒙大拿州的冰川湾国家公园以其丰富的冰川而闻名，在 1910 年，这一国家公园内有 150 座冰川；而现在只剩下了 25 座——而剩余的冰川也比它们在不久的过去要小得多。海洋也在变暖，这导致海水发生膨胀，占据更多的空间。因此，海平面也上升了。在过去的 30 年间，北极的冰盖在有些地方变得只有原来的 50%厚，而且大小也减少了 35%，同时还在以每年 10%的速度缩小。最后，在 2011 年，科学家分析了 53 项对北极当地超过 1000 个植物和动物物种的分布状况的研究结果。分析结果显示，这些物种在每十年间平均向北极点移动 10.5 英里（约 17 公里）——这和科学家认为它们是在响应全球变暖而移动的猜想一致。

（a） 缪尔冰川，1941年

（b） 缪尔冰川，2004年

▲**图 28-15　冰川正在融化**　这些照片是在（a）1941 年和（b）2004 年在同一地点拍摄的，记录了美国阿拉斯加州冰川湾国家公园中缪尔冰川的衰退。

气候科学家预测，变暖的大气层会产生更加严重的风暴，包括更强的飓风；一场风暴会带来更多的降水（这一效应在过去的半个世纪中已经在美国东北部发生了）；干旱也变得更加频繁，持续时间也更长。大气中二氧化碳的增加还使海水的酸度增强，这会干扰很多正常过程，包括很多海洋动物，比如蜗牛和珊瑚虫产生壳和外骨骼的能力。

2. 持续的气候变化干扰生态系统，使很多物种濒临灭绝

未来会是怎样的？世界各地的气候科学家构建了复杂的模型，并在世界各地的许多超级电脑上独立运行，试图做出对未来气候变化的预测。随着这些模型的进步，它们能够越来越好地和过去的气候相吻合，而科学家对于他们能够成功地预测未来这一点也越来越有信心。这些模型还证明，自然过程，比如太阳输出的能量的变化，不是最近全球变暖的原因。只有当计算包括人类的碳排放时，模型才能和数据吻合。政府间气候变化专门委员会（IPCC）是一个由来自 130 个国家的数百名气候学家和其他专家组成的协会。在他们 2007 年的报告中，IPCC 预测，就算按照最好的方案发展，也就是世界各国能够协调一致、共同减少温室气体的排放，到 2100 年，全球的气温还是会上升至少 3.2 华氏度（1.8 摄氏度）。IPCC 的高排放方案预测，到 2100 年，全球的气温会升高 7.2 华氏度（4.0 摄氏度）（见图 28-16）。这些气候变化很难阻止，更不要提反转了。

就算较为乐观的预测是正确的，气候变化对自然生态系统产生的影响也是非常深远的。有成千上万的物种要改变活动区域，它们会从赤道向两极或者高山上移动。一些植物和动物相对来说更容易移动，或者因为它们本身更加灵活机动，或者因为它们繁殖时可以移动到很远的距离之外（比如，一些植物能产生很轻、可以随风飘走的种子）。但是，整个群落的所有物种不可能完好无损地打包走人。有些动植物比其他的要移动得快。比如，如果一种捕食者的主要食物比该捕食者迁移得更快，那么这种捕食者就可能失去食物来源。

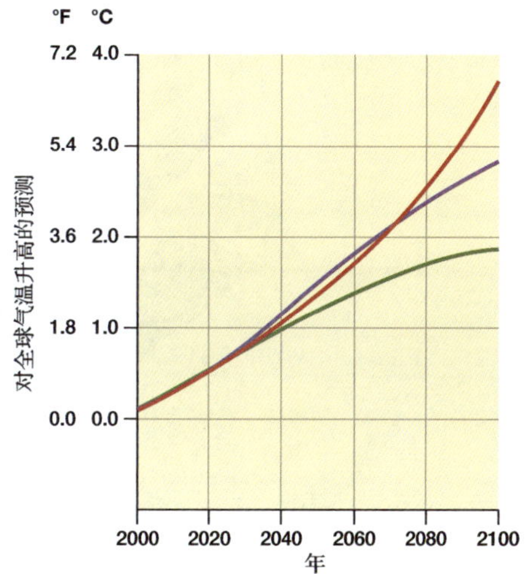

▲图 28-16　对气温升高的预测　IPCC 对 21 世纪气温的预测是基于三种不同的温室气体排放方案的。红色、蓝色和绿色的线分别是基于高、适中和大大减少的温室气体排放量的数据。就算是最乐观的预测，全球气候也会持续升高。在这里，我们用和 1980 年到 1999 年之间的平均温度的相对值来表示全球温度的变化。

有些物种，尤其是居住在高山上或两极的物种则无处可去。比如，夏季浮冰的消失对于北极熊和其他需要依赖浮冰抚育后代、捕食鱼和海豹的海洋哺乳动物来说是一个噩耗。随着夏季浮冰的消失，海象和北极熊在向陆地迁移产仔，使得成年动物远离它们主要的狩猎场。因为大量的成年动物聚集在狭小的海滩不是分散在浮冰上，有时会对后代造成威胁；比如，2009 年，有 131 只海象幼仔在海滩上被踩踏至死，因为成年海象受到惊吓而四处奔逃。2008 年，因为北极熊的数量大量减少，而且科学家预测它们的栖息地在未来会继续缩小，美国渔业与野生动物服务局将北极熊认定为濒危物种——第一个由于全球的气候变化而被认定为濒危的物种。气候模型预测，海冰将在 22 世纪完全消失，这可能导致野生北极熊的绝灭。南极的企鹅也可能会面临同样的危险。很多种企鹅需要在冰上走行数英里才能到达它们的繁殖场所。由于冰的融化和破裂，它们的繁殖之路变得越来越艰难。在所有 17 种企鹅中，有 10 种已经记入国际自然及自然资源保护联盟的红色名录。

一些物种的迁移对人类健康产生直接影响。很多疾病，尤其是由蚊子和扁虱携带的疾病，现在只在地球上的热带和亚热带地区存在。像其他动物一样，携带疾病的物种也可能由于气候变暖而向两极扩散，它们身上的疾病，比如疟疾、登革热、黄热病和里夫特裂谷热也会随着它们一起扩散。另一方面，在热带的部分地区，气候变得异常炎热，以至于蚊子和其他昆虫的寿命会变短，这些地区虫媒疾病的发病率也因此而降低。尽管用超级电脑制作的模型可以预测气温变化，但没有人敢预测气温变化对人类健康将会产生的整体影响。

第 29 章　多姿多彩的地球生态系统

可可果大丰收。如今，南美洲的很多农民回归传统的可可豆种植方法。这是一颗破壳的可可果，可以看到深藏在甘甜的白色果肉中的种子。

29.1　是什么决定了地球上生物的地理分布？

在太阳系的所有星球中，大约只有地球上有生物在繁衍生息。当然，在我们这个星球上生存的生物，无论从类型还是从数量来说，都是多种多样、丰富多彩的。生物在地球上的什么地方生存，主要由下面 4 个因素决定：

- 物质：构成生物体的各种元素。
- 能源：供给生物体各代谢活动需要的能量。
- 液态环境：生物体各生化反应发生需要的液态水环境。
- 温度：外界适宜的温度使水保持液态，也维持了各生化反应所需的温度。

除个别特殊的例子之外，能量首先以太阳能的形式进入生态系统，随后被植物和其他一些进行光合作用的生物吸收，然后，转化为被不能进行光合作用的生物获取和吸收的能量进入食物链。因此，能够进行光合作用的生物在地球上的分布情况基本上决定了全部生物的分布情况。虽然有例外存在，但我们大体上可以根据上述 4 个决定性因素，将生物在地球上的分布分为两大类：

第一类，水环境，也就是海洋、湖泊、河流等主要由水构成的环境，即使水覆盖在厚厚的冰层之下，也属于水环境。当然，在水环境中，仅仅只有表层的 650 英尺（200 米左右）才能接收到太阳光，只有在这里水生光合生物才能进行光合作用，而对有的水环境来说，能接收到太阳能的水要比这浅得多。并且，因为水的表层所蕴含的营养物质并不算丰富，光合作用常常因此受到限制。对生存环境来说，温度同样重要，因为对像珊瑚这样的水生生物来说，通常只在一个很狭窄的温度范围内才会生长。

第二类，陆地环境，在这里，太阳能和营养物质相对丰富。陆生植物生长时，至少在一年之中的部分时段是需要土壤中的水分的，因为植物的所有生化活动都需要水分，同时，从植物叶片蒸发的水分也需要及时得到补充。不同类型的植物，比如仙人掌、红木或普通的青草，这三种类型的植物，无论在需求的总量还是在需求的时段上，对土壤中水分的需求截然不同。而土壤中的水分含量依赖于降水量以及环境的温度。一般来说，降雨降雪越多，土壤越湿润。另外，在高温天气里，水分从土壤中蒸发出来，使得土壤变得无比干燥，而在持续低温的天气，土壤中的水分会冻结成冰，这样的水分不能被植物吸收。因此，从某种意义上来说，温度和降水这两个因素决定了陆地上生物的分布。

地球上的生物对生存环境的需求不同，不同类型的生物有其独特的生存模式，这也就形成了在以数千平方公里为单位的土地上，或者数百万平方公里为单位的海洋里，生存着特定的生物种群。这种大规模的生物种群又被称为生物群落，生物群落通常以其所处的植被环境来定义，比如森林或草原。

说到这里，你可能会认识到，对温度和降水这两个因素，通常需要观测数小时甚至数天，这也是最为重要的两个天气因素。在某个特定区域内可能持续数年甚至数十年、数个世纪的天气模式称为气候。因为对于陆生生物的生物种群内部生长的各种植物来说，这一区域的温度和降水情况是决定性因素，所以，知道一个特定区域内的气候条件，基本上就可以预知这一区域所生活的生物种群（如图 29-1 所示）。因此，在开始讲述陆生生物的生物种群之前，需要了解地球本身的物理特性以及日升月落是如何影响气候的。

◀**图 29-1 降雨和温度影响了陆生生态系统的具体分布** 在陆地上，降雨和温度决定了土壤中可用于维持植物生长的水分含量。

29.2 影响地球气候的因素有哪些？

地球的天气和气候由太阳这一庞大的热核反应装置决定。太阳能到达地球的光线具有广谱性：从短波长、高能的紫外线（UV）、中波长的可见光，到长波长的、能以热能被感知到的红外线（见第 7 章）。这些光能在到达地球表面之前，在大气层中发生消减和改变。其中，一部分太阳光被反射回去，一部分太阳光被大气层中的分子吸收，而剩下的太阳光则可以到达地球表面，转化为热能，使地球温度升高。值得欣慰的是，绝大部分紫外线并不能到达地球表面，而紫外线是损伤生物大分子包括 DNA 的元凶之一。紫外线通常被大气层的中间层——又称为平流层——中的臭氧层吸收。在 20 世纪，人类毫无节制地产生了大量的有害化学物质，对臭氧层造成严重破坏。随着人们认识的逐渐深入，各国有识之士联合起来，发出呼吁和警戒，目前为止，基本上所有国家都同意减少和限制对臭氧层有害的化学物质的生产和排放。

地球上不同区域的气候也是截然不同的，这是由地球不同区域的地理环境的决定的。为什么地球上的地理环境不是一模一样的呢？地球是一个球体，球体的不同部位距离太阳的距离不一样，而且，太阳与地球上某个具体位置之间的距离也不是一成不变的，随着地球的转动，太阳照射地球的不同区域。因为这些原因，太阳并不是均匀而无私地照耀着地球的每一个角落。这种不均匀的照射，配合地球自身绕轴的转动，导致气流和洋流的运动，也就导致地球气候的多样性，从而最终导致地球上不同区域的地理环境的不同。

29.2.1 一个区域在地球上所处的经纬度是太阳光照耀角度的决定性因素

在地球上，某一区域的平均温度是由到达该区域的太阳光总强度决定的，也就是由这一区域所处的纬度决定。纬度以“度”为单位，赤道为零度，两极为 90 度，某一地方的纬度表明了此地与赤道之间的距离。太阳光基本上全年直射赤道。地球是一个球体，所以离赤道越远的地方，太阳光照射得越倾斜。如此，在同一时间，地球的大部分区域都沐浴在阳光中。另外，在高纬度地区，光线是倾斜的，阳光到达地面所需通过的大气层较厚，这进一步消减了到达地球表面的太阳能。

地球自转时有一定倾斜的角度，以地球环绕太阳旋转的平面为标准，地球自转有 23.5 度的倾角（如图 29-2 所示）。日复一日、年复一年，地球上不同纬度的地区沐浴着截然不同的、持续的、有规律的太阳光照射，因此产生四季。当地球的北半球朝向太阳时，这个半球接收到更多直射的太阳光，北半球的夏天就到了。与此同时，南半球距离太阳比较远，接收到的大都是倾斜照射的太阳光，这一半球的冬天就到了。6 个月之后，两个半球的情况与之前截然相反（如图 29-2 右图所示）：南半球经历着夏天，北半球经历着冬天。因为一年之中太阳基本上都是直射赤道，所以赤道这里一年四季都是夏天。

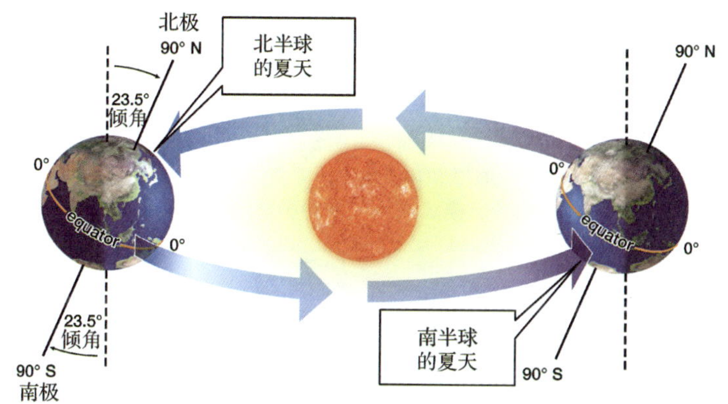

◀图 29-2 地球的四季气候 地球上，赤道的温度最高，两极的温度最低。在一年中，太阳光基本上都直射赤道。由赤道开始到两极，太阳光以一个特定的角度到达地球表面。因为地球表面接收的太阳光多少随时间变化而产生了地球的四季

29.2.2 全球气流的不同导致不同气候带的形成，不同气候带的温度和降水截然不同

太阳光照射地球表面的角度不同，使得地球不同区域的温度和降水截然不同，这也就形成了不同的气候区域（如图 29-3 所示）。通常来说，在一年中，太阳光直射赤道时，穿透大气层的路径最短，供给地球的热量最多。热空气比冷空气疏松一些，所以，地球表面的热空气漂浮在赤道上空。与此同时，热空气所包含的水分比冷空气多。因此，赤道上空的热空气富含因高温而蒸发形成的水蒸气。在含有饱和水蒸气的热空气向上升腾过程中，热空气渐渐冷却，水蒸气凝结成水滴，最终以降水的形式回到地面。在赤道，直射的太阳光和丰富的降水最终导致一种湿热气候，所以，在赤道，热带雨林格外丰富。

水蒸气以降水的形式重新回到地面之后，赤道上空的热空气变冷、变干。持续上升的赤道热空气将这些逐渐干冷的空气向南或向北推动。大约在南纬和北纬 30 度的地球上空，这些空气已然足够冷却，可以下沉到地面了。在干冷空气下沉过程中，它会吸收赤道向外辐射的热量，所以，这些空气变得温度较高且十分干燥。地球上绝大部分沙漠分布在这个纬度范围内，干热空气向南或向北到达沙漠的表面后，一部分气流重新流回赤道，而另外一部分向两极流动。这样的气流流动模式接着向南北两极延展，在大约南纬和北纬 60 度的纬度区域内，重新形成上升气流，这一区域内的气流富含水分，但是温度相比于赤道有所降低。这股气流的存在为这一纬度区域带来丰富的降水，这样的气候条件非常适合针叶和落叶植被生长。两极接收到的阳光非常稀少，所以，两极十分寒冷。同时，下沉的气流使这里非常干燥。

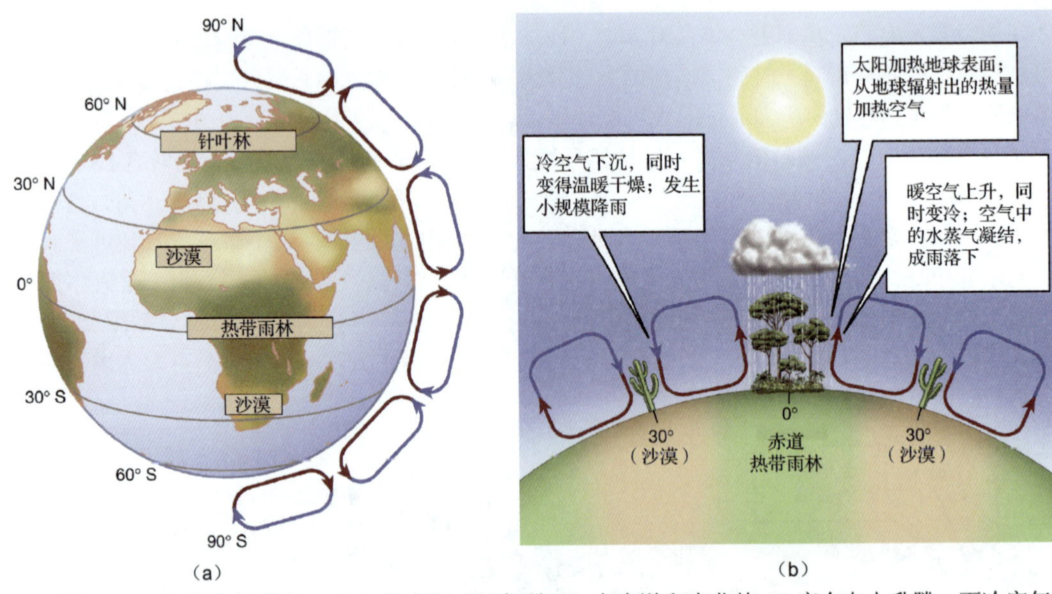

▲**图 29-3 气流和气候带** (a) 热空气（红色所示）在赤道和南北纬 60 度会向上升腾，而冷空气（蓝色所示）在南北纬 30 度和 90 度会下沉。(b) 大气环流模式产生了多种多样的气候带。

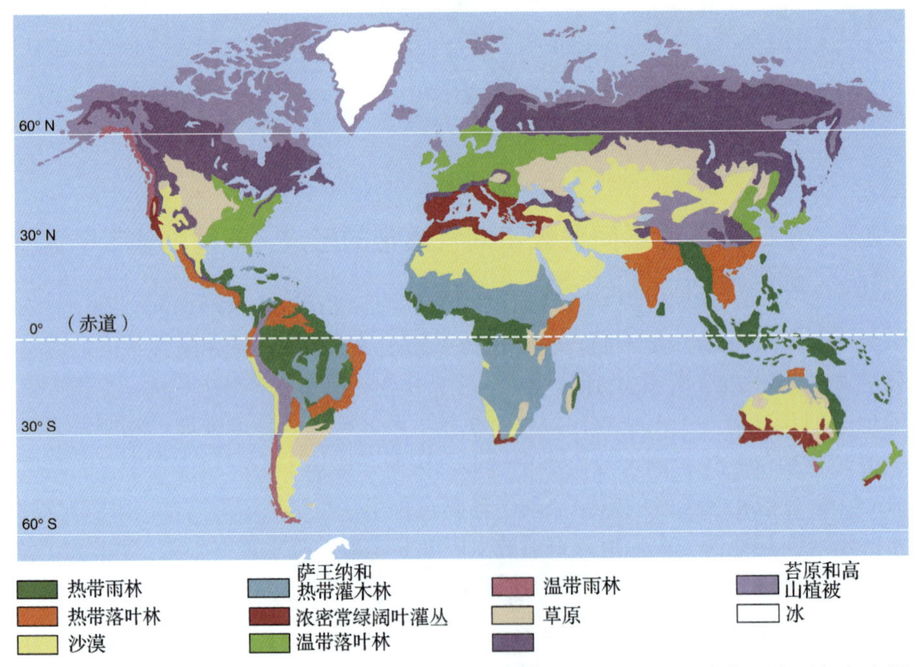

▲**图 29-4 地球上的陆地生物群落** 虽然在陆地的不同板块、陆地上的山脉中，地形复杂多样、各不相同，但是，生物群落的分布仍旧有规律可循。绝大部分针叶和落叶林带分布在北半球的北部，而墨西哥、撒哈拉、沙特阿拉伯、南非和澳大利亚的沙漠基本上分布在南北纬 30 度附近。热带雨林基本上在赤道上。在南半球，南纬 45 度和南极之间基本上没有陆地，所以，南半球的针叶和落叶林分布很少。

29.2.3 气候的多样性与距海洋的距离密切相关

地球的自转与南北纬度之间的大气环流决定了地球上风的大致走向：也就是由赤道向南北纬 30 度之间，风向一般是由西向东。气流流过海洋的表面，风与水的摩擦力带动了水流运动，形成洋流。如果没有陆地存在，洋流就会围绕着地球流动，在赤道附近由东向西，在南北纬 30 度附近由西向东。当然，陆地阻止了洋流的有规律流动，使洋流形成一个个巨大的漩涡，这种洋流漩涡，在北半球顺时针运动，在南半球逆时针运动（如图 29-5 所示）。

盛行风、洋流以及大陆的规模和形状等因素相互影响、相互作用，决定了陆地的气候。因为对于水来说，无论温度升高还是温度降低，都比陆地和空气慢得多，所以，大陆上的极限温度和气候情况远远比海洋多。比如，加州中部海岸的旧金山在冬季平均气温是 58 华氏度（14 摄氏度），夏季平均气温是 71 华氏度（22 摄氏度）。萨克拉门托位于距海岸 80 英里的内陆，冬季平均气温是 54 华氏度（12 摄氏度），夏季平均气温是 92 华氏度（33 摄氏度）。在密苏里州的圣路易斯，大约在旧金山以东 1700 英里，距最近的海岸 600 英里，冬季平均气温是 38 华氏度（3 摄氏度），夏季平均气温是 90 华氏度（32 摄氏度）。

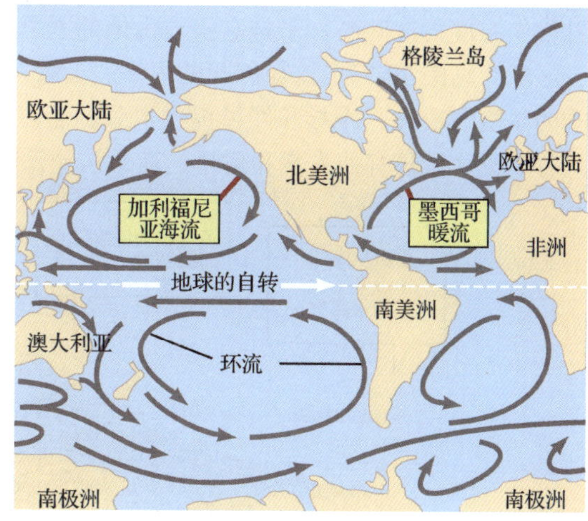

▲图 29-5　**大洋环流**　在北半球，大洋环流呈顺时针方向，而在南半球，大洋环流呈逆时针方向。有一些大洋环流，比如墨西哥暖流，将赤道附近的湿热洋流带往两极。而其他一些大洋环流，比如加利福尼亚海流，则将两极的干冷洋流带往赤道。

大洋环流也会影响沿海气候。一些环流将热带温暖的海水带到远离赤道的海岸。这就造成了比原来纬度更温暖湿润的气候。比如，墨西哥湾暖流将加勒比海的温暖海水带到北美海岸并跨越大西洋（见图 29-5），造就了英伦诸岛温暖和以湿润著称的气候。另外的洋流，比如加利福尼亚洋流，将极地冰冷的海水带回赤道，在洋流途径之地，气候比原来的预期更冷。

29.2.4　山脉使气候类型变得复杂

同一块大陆上，海拔的起伏对气候影响显著。随着海拔的升高，空气逐渐变得稀薄凉爽。每升高 1000 英尺（约 305 米），气温大约下降 3.5 华氏度（2 摄氏度），所以海拔和纬度的增加对陆地生态系统具有同样的效果（见图 29-6）。甚至在邻近赤道的地区，高耸的山脉也会终年被积雪覆盖，比如坦桑尼亚境内的乞力马扎罗山（海拔 19 341 英尺）和厄瓜多尔境内的钦博拉索山（海拔 20 565 英尺）。

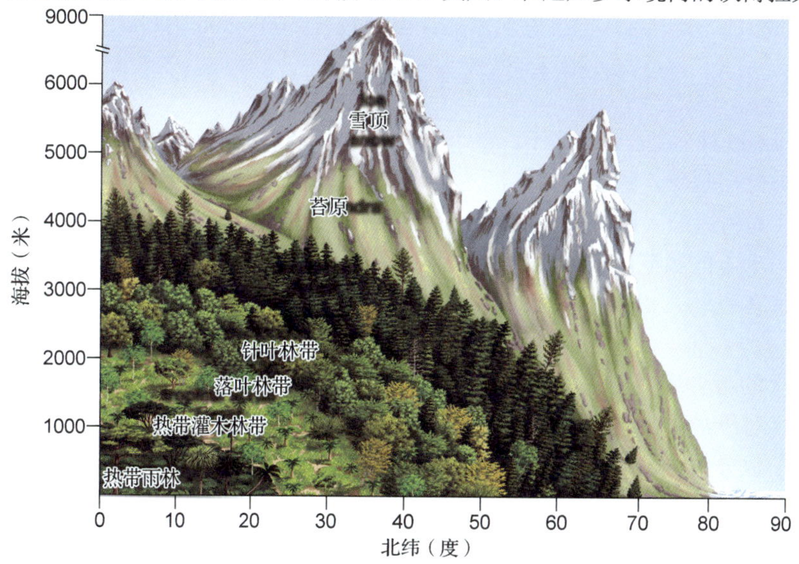

◀图 29-6　**海拔升高对气温的影响**　攀登一座北半球的山峰如同一路向北而行；因为在以上两种情形下，不断下降的气温产生了相似的生物群系。

山脉同样影响降水类型。载有水蒸气的空气遇到山脉时将被迫爬坡上升，于是渐渐冷却下来。但由于冷却降低了空气载水的能力，这些水便在山脉的迎风面冷凝成雨雪。空气在顺着山脉下滑的过程中温度再次升高，于是它吸收山地的水分，造成了当地干旱的气候，这种地区被称为“雨影”区域（见图 29-7），比如加州的内华达山脉从太平洋刮过来的西风中汲取湿气。在山脉西侧，冬季的暴雪为松林、冷杉和红杉提供水分。而在山脉东侧的“雨影”区域，莫哈维沙漠的年降雨量只有 5 英寸，只有仙人掌和耐旱的灌木丛能勉强存活。

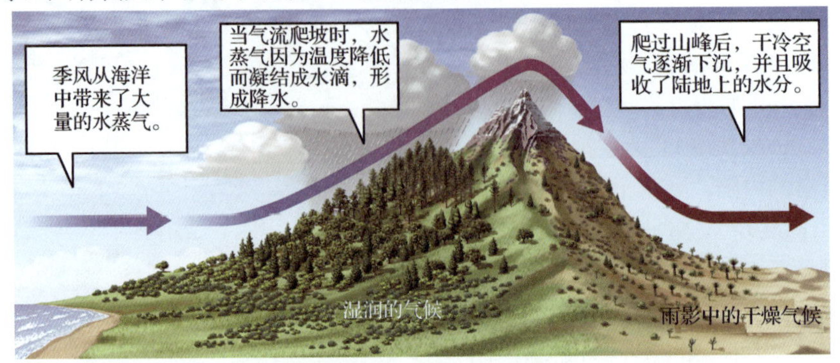

▲图 29-7 山脉造就“雨影”

29.3 主要的陆生生物群系有哪些？

接下来，我们将讨论主要的陆生生物群系，从赤道开始再延伸至极地。同时，我们也会讨论人类活动对这些生物群系的影响。

 29.3.1 热带雨林

赤道附近的平均温度在 77～86 华氏度（25～30 摄氏度），这一温度几乎终年不变。这里的年降雨量在 100～160 英寸（约 250～400 厘米）。如此这般温暖湿润的气候条件造就了地球上最活跃的生物群系——热带雨林，热带雨林主要是常绿阔叶林（见图 29-8），大多数位于中南美洲、亚洲和东亚地区。

雨林在地球上的生物群系中具有最高的生物多样性，或者说具有最丰富的物种数目。尽管热带雨林只占据了地球总陆地面积的不足 5%，但生态学家估计雨林包含 500～800 万种物种，代表了世界上$\frac{1}{2}$至$\frac{2}{3}$的生物多样性。比如，在秘鲁一块大小为 3 平方英里（约 5 平方公里）的雨林里，科学家统计到超过 1300 种蝴蝶和 600 种鸟类。对比之下，整个美国也只有 600 蝴蝶和 700 种鸟类。

热带雨林具有典型的植被分层现象。最高的树木高达 150 英尺（约 50 米），远高于雨林中的其他树木。往下就是相当连续的树冠的天蓬，大约 90～120 英尺（约 30～40 米）。另一层更低矮的树木挺立在这层天蓬之下。木本的藤蔓沿着树木攀援而上。总的来说，这些树木捕获了绝大多数日光。较为矮小的植物通常有更硕大和颜色浓绿的叶片，作为在森林底部微弱的光照下进行光合作用的一种生态适应。

在热带雨林，长在地面上的可食用植物相当稀少，所以大多数动物——包括鸟类、灵长类和昆虫——居住在树上。动植物对于地面上营养物质的竞争十分激烈。比如，当一只猴子从树冠上排泄时，成百上千的屎壳郎在数分钟内便会聚集在地面上的粪便周围。植物也几乎是在土壤分解者从粪便和尸体中刚分解出营养时就立刻将其吸收。迅速的循环意味着热带雨林几乎所有的营养都储藏在植被体内，导致土壤相对贫瘠。

人类影响　由于贫瘠的土壤和暴雨，热带雨林的农业生产具有风险性和破坏性。如果树木被砍伐并作为木材运走，土壤中能支持农作物生长的营养物质就会很少。如果人们将树木烧毁，将营养渗入土壤，那么，营养会很快分解，并且被终年的暴雨冲走，使土壤肥力在耕种几次之后就彻底枯竭。

然而，雨林却正在以极为值得警戒的速率被砍伐和焚烧，为人们提供木材或耕地（见图 29-9）。保守估计，每年大约有 1300～2500 万英亩热带雨林消失（有的年份可能更高）——也就是每 1.5～3 秒就有足球场那么大的雨林凭空消失。占世界上总数一半的雨林已经消失了，也带走了在地球生态中举足轻重的生物多样性，而这样的损失是不可复原的。另外，像其他的森林一样，雨林吸收二氧化碳并释放氧气，大约 10%～20%排放到大气中的二氧化碳来自人类对热带雨林的砍伐和焚烧，这加剧了温室效应，并加速了气候变化。幸运的是，有些地区已经被隔离起来作为保护区，退耕还林行动也正在进行，让当地居民更多的参与到保护环境的行动中来。

▲**图 29-8　热带雨林群系**　热带雨林中的树木长得很高，以便在树木茂密的雨林中获得阳光。它们的枝干之间栖息着世界上种类最为丰富的生物，包括（从左上起顺时针）树栖兰花、红眼树蛙和食果巨嘴鸟。

◀**图 29-9　焚烧亚马逊雨林**　焚烧的区域将被改造成农场或牧场，但是由于土壤的贫瘠，两者都注定难逃一劫。焚烧过程产生的火和烟同样威胁着邻近森林和它们内部的居住者，并增加了大气中的二氧化碳。

 29.3.2　热带落叶林

在稍微远离赤道的地方，尽管年降雨量仍然居高不下，却出现了泾渭分明的雨季和旱季。在

这些地区，包括印度的大部分地区和东南亚的部分地区、南美和美洲中部，热带落叶林蓬勃生长。在旱季，树木不能从土壤中吸收足够的水分来补偿树叶表面的蒸发。许多植物在旱季通过落叶来减少水分损失。如果降雨量不能回到正轨，树木在旱季结束之前都不会长出新的叶子。

人类影响 人类活动对落叶阔叶林的影响和对热带雨林的影响别无二致。滥砍滥伐、刀耕火种，都导致了热带落叶林的毁灭。幸运的是，许多热带落叶林在被砍伐后竟从树桩上长出了新枝。因此，如果人类活动不是太剧烈和频繁的话，热带落叶林通常恢复得相当快，几乎能恢复到干扰前的水平。

29.3.3 热带灌木森林和热带稀树草原

在热带落叶林的周围，降雨量的减少产生了热带灌木林，热带灌木林由比落叶阔叶林矮得多且分布更为广泛的落叶林主导。在分散的树木中间，阳光洒落到地面，让草本植物得以成长。在离赤道更远的地方，气候愈发干燥，草本植物成为主要的植被，只有稀疏的树木，这样的生物群系称为热带稀树草原（见图 29-10）。

热带稀树草原的年降雨量从 12 到 40 英寸（约 30～100 厘米）不等，几乎集中在长达三四个月的雨季中。当旱季来到时，连续几个月都没有降雨，土壤变得板结并沙尘化。适应这种气候的草类在雨季长势迅猛，并在旱季退化为耐旱的草根。只有少数特殊的树木，比如荆棘仙人掌和储水的猴面包树，才能在热带稀树草原上难以忍受的旱季存活下来。

非洲的热带稀树草原养育着地球上最多样化和引人注目的大型哺乳动物。这些哺乳动物包括许多大型食草动物，比如羚羊、角马、水牛、大象和长颈鹿；以及食肉动物，比如狮子、猎豹、鬣狗和野狗。

人类影响 非洲快速增长的人口威胁着热带稀树草原的野生动物。比如，偷猎犀牛角将黑犀牛逼至濒临灭绝的境地。偷猎同时也威胁着非洲象，而非洲象是热带稀树草原生态系统的基石。水草丰美的热带稀树草原不仅是众多野生动物的家，也适宜放牧家畜。但是，圈养家畜的篱笆破坏了野生食草动物为寻找食物和水源的迁徙之路。

▲图 29-10 **非洲稀树草原** 长颈鹿以稀树草原上的树木为食，并和其他动物分享该生物群系，（从左开始，顺时针）狮子、斑马群和稀有的黑犀牛。

29.3.4 沙漠

即使耐旱的草类也需要至少 10～20 英寸（约 25～50 厘米）的年降雨量，具体多少取决于气温和降水的季节分布。年降水量少于 10 英寸的生物群系称为沙漠。尽管我们想当然的认为沙漠很炎热，然而沙漠却是由降水的缺乏而不是温度来定义的。比如亚洲的戈壁滩，尽管那里的夏季十分炎热，但一年中有一半时间的平均气温在零度以下。沙漠生物群系在每块大陆上都能找到，通常是在北纬 30 度到南纬 30 度之间，同时也在重要山脉的“雨影” 区域。

沙漠之间的不同仅仅在于它们干燥到何种程度。在智利的阿塔卡玛沙漠和非洲撒哈拉沙漠的部分地区，几乎从来都没有下过雨，也没有植被生长（见图 29-11a）。但更为常见的是，以广袤的贫瘠地区和分布稀疏的植被著称的沙漠（见图 29-11b）。

▶**图 29-11　沙漠生物群系**　(a) 在极端干旱和炎热的情况下，沙漠几乎毫无生机，比如非洲撒哈拉沙漠的这些沙丘。(b) 贯穿犹他州和内华达州的大盆地沙漠展现出广阔分布的灌木丛的景象，比如山艾和藜科灌木。

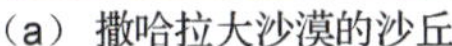

（a） 撒哈拉大沙漠的沙丘

（b） 犹他沙漠

只有高度特异化的植物才能在沙漠中存活下来。尽管这两种植物之间不存在亲缘关系，但仙人掌（主要生活在西半球）和大戟属植物（主要生活在东半球；图 29-12）的根都非常浅而且向四面八方伸展，这样的根可以在雨水蒸发之前迅速将其吸收。它们粗壮的茎可以储存水；它们的表面遍布尖利的刺，可以防止食草动物为了获得水和食物而将它们吃掉。这些植物尽可能地减少蒸发量，就算它们有叶子，叶子也长得很细小（仙人掌的尖刺是高度特化的叶子）；通常情况下，光合作用发生在它们绿色、多肉的茎中。它们的茎表面覆盖着一层厚厚的蜡，进一步减少蒸发失水。

有些沙漠有非常短的雨季，在雨季中会发生几场暴风雨，下完一年的雨量。特化的一年生野花利用这短短的潮湿时期，从种子里萌发出来，发育并开花，在一个月甚至更短的时间里就能产生自己的种子（见图 29-13）。

(a) 仙人掌

(b) 大戟植物

▲**图 29-12　环境需求决定物理特征**　针对相似沙漠环境的共同进化将 (a) 仙人掌和 (b) 大戟植物属塑造成了几乎相似的形状，尽管它们并不是亲缘关系较近的物种。

▲**图 29-13　沙漠中的野花**　经过相对湿润的春天后，亚利桑那州的沙漠被野花覆盖。尽管在一年中的大多数时间，有时甚至在好几年间，野花种子都在沉睡，等待一场充沛的春雨将其唤醒。

沙漠动物也适应了沙漠中炎热干旱的生活。大多数动物在炎热的夏季白天都不活跃。许多沙漠动物通过打地洞的方式躲避高温，保持相对的凉爽湿润。在北美的沙漠，夜行动物包括北美野兔、蝙蝠、长鼻袋鼠和穴居猫头鹰（见图 29-14）等。爬行类动物，比如蛇、乌龟和蜥蜴则根据气温来调整活动周期。在夏天，它们可能在早餐和黄昏时分较为活跃。长鼻袋鼠和许多沙漠小动物甚至不用喝水就能生存下来。它们通过食物和细胞呼吸得到水。体型更大的动物，比如沙漠大角羊，在一年中最干旱的时节依靠永久水潭补充水分。

▶图 29-14 沙漠中的动物 （a）长鼻袋鼠和（b）穴居猫头鹰在洞穴中度过了一天中最炎热的时刻，在晚上出来觅食。

（a）一只长鼻袋鼠

（b）一只穴居猫头鹰

人类影响 沙漠生态系统非常脆弱，在加州的莫哈维沙漠，20 世纪 40 年代坦克碾过的痕迹在今日依旧清晰可辨。沙漠的土壤通过细菌与沙砾的作用得以固定。坦克和较近的偏离道路的车辆，破坏了这个关键的网络，导致了土壤腐蚀和沙漠中缓慢生长的植物赖以生存的有机物的减少。沙漠土壤也许需要上百年才能完全从重型车辆的碾压中复原。

人类活动同时也促进了沙漠化，沙漠化所指的是相对干旱的地区由于旱灾和土地使用不当所造成的向沙漠的转变。当人们过度采集灌木和木材用于生火、过度放牧家畜、竭尽表面和地下水来灌溉农作物时，本土植被就变得极易受到干旱影响。植被损失同时也让土壤易于被腐蚀，从而减弱了土壤肥力。沙漠化严重影响了非洲的撒哈拉沙漠南部（见图 29-15）。2011 年，11 个非洲国家联合全球环境基金，提出建立由灌木和树丛组成的“绿色长城”，大约 9 英里宽，在整个大陆上都清晰可见，来防止环境恶化和阻止该地区的沙漠化。

▲图 29-15 沙漠化 快速增长的人口伴随着干旱和不恰当的土壤使用将减少许多干旱地区养育生命的能力，比如非洲的稀树草原。

29.3.5 常绿阔叶灌丛

在许多邻近沙漠的沿海地区，比如南加利福尼亚州和地中海的大部分地区，生长着常绿阔叶灌丛这一生物群系（见图 29-16）。常绿阔叶灌丛的年降雨量达到了 30 英寸（76 厘米）；降雨集中在凉爽湿润的冬季，夏天干燥炎热。常绿阔叶灌丛的植物主要由抗旱灌木和小型乔木组成。它们的叶子通常很小并总是覆盖着细小的纤毛或蜡质层，以此减少叶片在干旱月份的水分挥发。常绿阔叶灌丛并不惧怕火灾。大火烧过后，许多灌木从根部重新长出来。其余的种子很特殊，可以因为受到烟雾中化学物质的刺激而发芽。

人类影响　人们乐于住在温暖干燥且沿海的气候区，所以房屋建造是常绿阔叶灌丛面临的主要威胁。在更加崎岖的地形情况下，尤其是南欧，常绿阔叶灌丛被清理掉，腾出的空间被人们用于放牧、建造橄榄园和其他形式的农业。

29.3.6　草地

草地或草原生物群系通常位于大陆中央区域，比如北美和欧亚大陆，这些地区年降雨量在 10～30 英寸（约 25～75 厘米）。一般来说，这些生物群系被连绵不断的草所覆盖，除了沿河地段，几乎没有树木。在高草草原上——位于北美，最初发现于得克萨斯和南加拿大——草可以长高到 6 英尺。一英亩的自然高草草原大约可以养育 200～400 种不同的本地物种（见图 29-17）。往西边的地区，降雨量更少，养育了中等高度的草和矮草草原（见图 29-18）。在这些草地上，草原犬和地松鼠为鹰、狐狸、丛林狼、短尾猫提供了食物。叉角羚在西部的草地生活，而野牛主要生活在保护区中。

▲**图 29-17　高草草原**　在美国中部，从墨西哥湾吹来的湿润的风导致了夏季降雨，促进了高草和野花的繁盛。周期性的森林火灾现在已被精心控制，成功阻止了高草草原变成森林。

◀**图 29-16　常绿阔叶灌丛**　仅存在于温暖干燥的沿海地区，并且通过闪电引发的森林大火维持，这种适应力强的生物群系的特征是耐旱的灌木和小树林，比如在南加州圣盖布里尔山脉西边山脚下所见的那样。

为什么草地上缺乏树木呢？水和火是草地和树木之间竞争的关键因素，草可以忍受干热的夏天和频繁的旱灾，而这对树木而言却是致命的。在高草草地，森林是顶级生态系统。然而树木的生长历来都被干旱和频繁的火灾所抑制，火灾往往由闪电或当地居民引发。尽管火灾毁掉了树木，草根却活了下来。

人类影响　滚滚千年的“野火烧不尽，春风吹又生”造就了世界上最肥沃的土地。19 世纪早期，北美的草地养育着大约 6000 万头野牛。今天，美国中西部的草地大部分被改造为农场和牧场，而家畜取代了野牛。

现在，成群的草原犬和追逐着鹰和雪貂成了难得一见的景象，因为它们的栖息地正被牧场取代，甚至受到近来城镇化的影响。曾经常见的草原狼也从草原上销声匿迹了。在某些地区，过度放牧摧毁了本土草本植物，却让灌木丛繁茂起来（见图 29-19）。未受干扰的草原现在仅限于保护区。高草草原是世界上最濒危的生态系统。全世界的高草草原只有大约 1%剩余，主要见于在种植当地植物而受到保护的地区，人们通过周期性地纵火来维持高草高原的存在。

图 29-18 **矮草草原** 矮草草原的标志是低矮的草类。除了树木众多的野花之外，生长在矮草草原上的生物还包括（左起顺时针）野牛（在保护区内）、叉角羚和草原犬鼠。

▲图 29-19 **灌木丛还是矮草草原** 生物群系同时受到人类活动以及气温、降雨和土壤的影响。图右边的矮草草原由于家畜的过度放牧，导致草被灌木丛取代。

29.3.7 温带落叶林

在它们的东边，北美草地混入温带落叶林生物群系（见图 29-20）。温带落叶林同时也存在于欧洲和东亚。温带落叶林的降雨比草原要多（30～60 英寸，约 75～150 厘米）。土壤保有足够的水分以供树木生长，荫蔽了大多数的草类。

温带落叶林的冬天通常有着漫长的零度以下的天气，液态水冻成了冰。树木在秋天落叶，并在整个冬季处于休眠状态，保存着少量的水分。在短暂的春天，当土地融化、刚长出的树叶还未遮蔽住阳光时，可以看到漫山遍野开放的野花。

在落叶林里，昆虫和其他的节肢动物数目众多且非常常见。森林地表腐烂的树叶同时也为细菌、蚯蚓、真菌和其他小植物提供栖息地。一系列的脊椎动物——包括老鼠、地鼠、松鼠、浣熊、鹿、熊和多种多样的鸟类——都住在落叶森林里。

人类影响 大型的哺乳动物，比如黑熊、狼、短尾猫和山地狮，在美国东部一度数量繁多，但是捕猎和栖息地丧失使其数目严重减少。由于缺乏天敌，鹿幸存了下来。伐木清林、开垦农田和建造房屋给美国的落叶林带来巨大的改变。未经砍伐的落叶林几乎绝迹了，但是 20 世纪人们却发现，在废弃的农场和曾经砍伐过的土地上，落叶林又大量长了出来。

29.3.8 温带雨林

在美国太平洋沿岸，从华盛顿州奥林匹克半岛的低地到东南部的阿拉斯加州，存在着一大片温带雨林（见图 29-21）。温带雨林位于澳大利亚的东南海岸、新西兰的西南海岸和智利及阿根廷的部分地区。正如热带雨林一样，温带雨林降水丰富。在北美，温带雨林的年降雨量通常超过 55 英寸（约 140 厘米）——有的地方年降雨量甚至可达 12 英尺。由于地处沿海，雨林气候温和。

温带雨林中大部分树木是针叶林，比如云杉、道格拉斯冷杉和铁杉。森林地表和树干上通常覆盖着一层苔藓和蕨类。真菌在湿润的土壤中蓬勃生长，同时使土壤更加肥沃。正如热带雨林一样，能抵达森林地表的阳光非常少，以至于树苗通常不能茁壮成长。当有一棵巨木倒下时，在这悄悄一线光下，新的树苗迅速发芽，通常就长在倒下的树木上。

人类影响　又高又直的树木是珍贵的木材，因此许多温带雨林都在劫难逃。不过在温和湿润的气候条件下，森林能够迅速成长并恢复。然而，有些动物，比如斑点猫头鹰，主要栖息在有上百年历史的原始森林里，由于人类对森林的过度砍伐而变得稀少。

29.3.9　北方针叶林

草地和温带森林的北边延伸至北方针叶林（见图 29-22）。北方针叶林是地球上最大的生物群系，贯穿北美、斯堪的纳维亚和西伯利亚，几乎环绕整个地球。它还分布在阿拉斯加和美国北部地区，以及加拿大南部的大部分地区。极其相似的森林也出现在许多山脉中，比如喀斯喀特山脉、内华达山脉和落基山脉。

北方针叶林的环境要比温带落叶林严峻许多，它面临着漫长寒冷的冬季和短暂的生长季节。每年有 16～40 英寸（约 40～100 厘米）的降水量，其中大部分是雪。针叶有助于很好地抖落积雪。在冬季，水还保持着冰冻的时候，它们小小的蜡质的针叶将冬季失水降到最低的水平。这些常绿植物可以通过保留树叶来储存能量，落叶树将这些能量用在长新叶上，而针叶树已经准备抓住春天来临的最佳生长机会。大型哺乳动物，如黑熊、麋鹿、梅花鹿和狼，以及体型较小的动物，如狼獾、猞猁、狐狸、短尾猫和雪兔，在北方针叶林里生活着。针叶林同时也哺育了北美众多的鸟类。

▲**图 29-21　温带雨林**　奥林匹克国家公园的何河温带雨林年降雨量可达 12 英尺。蕨类、苔藓和野花在森林地表苍白的绿光中生长。雨林的生物包括冷杉，比如淑女杉、驼鹿和毛地黄。

人类影响　为了造纸和木材而进行的伐木清林使美国西北太平洋地区和加拿大的北方针叶林付出了巨大的代价（见图 29-23）。从非传统源头开采天然气和石油的需求也逐渐上升，比如油砂。不过，大部分的加拿大针叶林完好无损。令人振奋的是，2008 年，渥太华和魁北克的当地政府宣布保护半数公有的针叶林并以可持续发展方式管理余下的针叶林。

29.3.10　苔原

位于地球最北边的生物群系是北极苔原，它是一片广阔而没有树木的地区，在北冰洋附近（见图 29-24）。苔原的气候险恶。冬季气温常常低至–40 华氏度（–55 摄氏度）以下，还伴随着狂风。年降雪量在 10 英寸（约 25 厘米）左右，因此这是一片荒凉的雪原。即使是在夏天，苔原也常有霜冻，而适宜万物生长的季节只有短暂的几周。类似的苔原气候在世界上的高海拔地区也会见到。

北极苔原寒冷的气候造就了永久冻土层，也就是一层不会融化的结冰的土壤。永久冻土层以上的土壤在夏天融化，这些会融化的土层大约有两英尺（约 60 厘米）厚。当夏季融雪到来时，下面的永久冻土层限制了土壤从融化的冰雪中吸收水分的能力，因此苔原会变成一片沼泽。

◀图 29-22 **北方针叶生物群系**。针叶林的小针和圆锥状的树形让它们能有效地抖落积雪。（左下）一只加拿大猞猁抓住了一只雪兔，（右上）一只当地的大猫头鹰等待着夜幕降临，伺机而动。

◀图 29-23 **伐木清林** 针叶林在伐木清林行动面前十分脆弱，正如在加拿大的阿尔伯塔地区的森林所见的一样。伐木清林相对于有选择的砍伐来说更为简单和便宜，人们却为此付出了高昂的环境代价。对土壤的侵蚀降低了土壤肥力，使树苗的成长变。另外，树龄相似的木材扎堆，与不同年龄段的树木集合相比也更容易遭到虫害。

由于极端严寒，短暂的生长季节和土壤之下的永久冻土层限制了植物根的深度，因此苔原上长不出树木。不过，多年生的野花、矮柳和北美驯鹿所钟爱的驯鹿苔却在这片土地上争奇斗艳。夏天的苔原沼泽为蚊子提供了完美的栖息地。蚊子和其他昆虫为大约 100 种不同的鸟类提供食物，这些鸟类中大部分是迁徙而来的，利用这里短暂却食物丰富的生长季节养育雏鸟。苔原植被同样为北极兔和旅鼠（一种小型啮齿类动物）提供食物，而狼、猫头鹰和北极狐又以北极兔和旅鼠为食。

人类影响 由于生长季节短暂，苔原跻身于最脆弱的陆生生物群系之列。一株 4 英寸（10 厘米）高的柳树也许已经生长了 50 年。高山苔原极易受到越野车甚至徒步旅行者的破坏。幸运的是，对北极苔原来说，人类文明的影响仅仅集中在石油钻井平台、管道、矿井和散布的军事基地周围。气候变化是苔原最为显著的威胁，在苔原的南端，灌木和树林已逐渐取代苔原。由于气候剧变，专家预测，本世纪末，地球上将有超过三分之一的苔原消失殆尽。

▲**图 29-24　苔原生物群系**　位于阿拉斯加的迪纳利国家公园的苔原在秋天变成了金色。苔原动物，比如北美驯鹿和北极狐，通过调节血流量来适当降低腿部温度，至勉强能抵御霜冻即可，而将热量用于重点保护大脑和其他重要器官。多年生植物，比如被霜冻覆盖的熊莓长在地上，身形低矮，从而躲避苔原上刺骨的寒风。

29.4　最重要的水生生物群系是什么？

在生命的四大要素中，水生生态系统通常提供充足的水源和适宜的温度。然而，水生生态系统的阳光随着水逐渐变深而减少，因为光线会被水吸收，或被水中的悬浮物阻挡。另外，水生生态系统中的营养物往往集中在底部的沉淀里，所以营养丰富的地方，光照强度恰恰较弱。

 29.4.1　淡水湖泊

淡水湖泊是由渗出的地下水、溪流或下雨、融雪造成的径流所盈满的洼地形成的。温和气候带中的大型湖泊有不同的生物区（见图 29-25）。靠近湖岸的是较浅的沿岸区，对植被而言，沿岸区阳光充沛、营养充足。沿岸区群落也是淡水湖泊中最为多样的区域。这里不仅有水藻，更有香蒲、芦苇和水莲长在靠近岸边的水底，在略深的水域中，沉水植物生长得十分茂盛。

沿岸区的动物最具多样性，虽然大多数动物尤其是鱼类出没于不止一个区域。沿岸区的脊椎动物，如青蛙、水蛇、乌龟、梭鱼、翻车鱼和鲈鱼等；无脊椎动物，如昆虫幼虫、蜗牛和扁形虫以及淡水螯虾等甲壳动物。沿岸区的水域也同样生存着数目巨大、体积微小的生物，这些生物统称为浮游生物（来自希腊单词“漂流者”）。可以进行光合作用的原生动物和细菌被称为浮游植物，不是浮游植物的原生动物和以浮游植物为食的小型甲壳类动物属于浮游动物。

随着水的深度不断增加，植物难以在底部站稳并吸收充足的阳光用于光合作用。开阔水域被分为上层的湖沼区，那里有足够的光照来维持浮游植物的光合作用和较深的深水区，在此处，由于光照太弱，光合作用难以发生（见图 29-25）。浮游植物和鱼类在湖沼区占主导。深水区的生物

体主要依靠从沿岸区和湖沼区沉下来的有机物和从泥土里冲来的沉淀物。深水区的动物有主要在底部捕食的鲶鱼，以及淡水螯虾、水虫、蛤、水蛭和细菌等食腐质者和分解者。

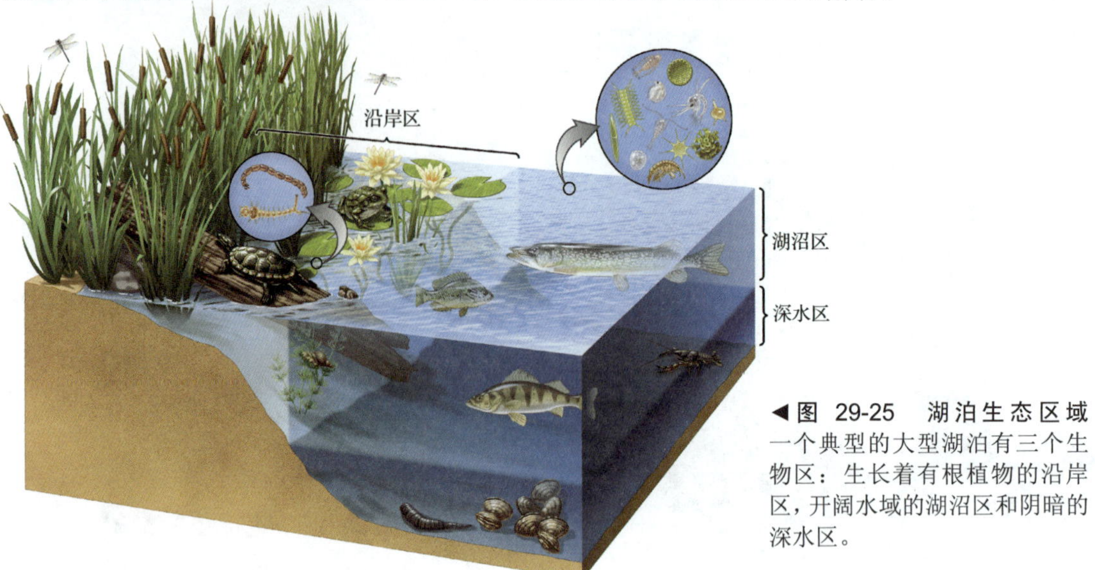

◀图 29-25 湖泊生态区域 一个典型的大型湖泊有三个生物区：生长着有根植物的沿岸区，开阔水域的湖沼区和阴暗的深水区。

1. 淡水湖泊根据营养含量分类

淡水湖泊可以分为寡营养（希腊语，营养贫乏的）、富营养（营养充足的）和中营养（介于两者之间的）湖泊。在此，我们描述一下寡营养和富营养湖泊的特征。

（1）寡营养湖泊。含有极少的营养物，生活着相对少量的生物体。许多寡营养湖泊是由裸岩上的冰川洼地形成的。这些湖泊现在由山中溪流和融雪来供水。因为水中没有沉淀和微生物来搅浑湖水，寡营养湖泊往往十分清澈，阳光直射到湖底。缺少了争夺氧气的细菌，对水质含氧量要求较高的鱼，比如鳟鱼，在寡营养湖泊中繁衍兴旺。

（2）富营养湖泊。富营养湖泊从环境中的沉淀物、有机物和无机物（比如磷和氮的化合物）中汲取充足的养分，从而可以养育密集的植物群落（见图 29-26）。富营养湖泊往往是浑浊的，因为水中悬浮着沉淀和密集的浮游植物，所以湖沼区较浅。湖沼区的动物遗体会沉到深水区，并在那里分解成有机物。分解者的新陈代谢耗尽了氧气，所以富营养湖泊的深水区的含氧量往往很低，能在那里存活的生物很小。

◀图 29-26 富营养湖泊 由于有来自土壤的丰富营养物，富营养湖泊支持了高密度的水藻、浮游植物，以及浮根植物和生根植物的生长。

渐渐地，富营养沉淀物聚集起来，寡营养湖泊变得富营养，这个过程称为富营养化。大型湖泊的富营养化可能会持续数百万年，而富营养化最终促使湖泊演替成干旱的陆地（见第 27 章）。

29.4.2　溪流和河流

溪流通常发源于山脉中如图 29-27 所示的源头区，在这里，不透水的岩石上的降雨和融雪瀑布汇成径流。溪水中基本上不存在沉积物和浮游植物，水质清澈凛冽。水藻长在溪流的岩床上，昆虫的幼虫则在水藻上栖息并获得食物。湍流让山中的溪流总是充满氧气，为以昆虫幼虫和小鱼为食的鳟鱼提供了家园。

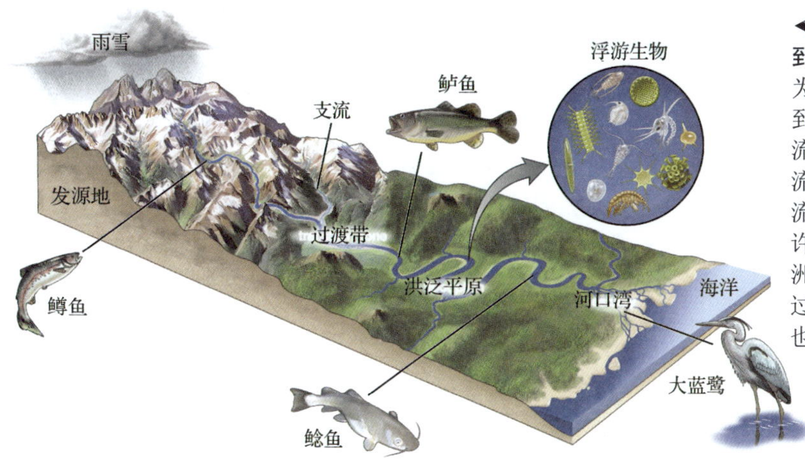

◀**图 29-27　从溪流到河流再到海洋**　在高海拔地区，降雨为清澈的激流补充水源，激流到达低海拔地区之后，由于支流的汇入而流速减缓。许多激流变成了洪积平原上缓慢的河流，沉积下富营养的沉积物。许多河流在入海时形成河口洲。在水流从高山流向大海的过程中，淡水生物群落的组成也随之而变。

在海拔较低地区的过渡区域，小溪汇聚形成宽阔的、流动缓慢的溪流和小河。随着水温逐渐升高，更多的沉积物被掺杂进来，为水生植物、水藻和浮游植物提供了营养。鲈鱼、翻车鱼和黄鲈鱼（这些都比鳟鱼所需氧气要少）就出没于这样的水域中。

当陆地变得更加低矮平缓时，河流水温上升，变得更宽广，流速也随之减缓，曲折蜿蜒地向前流动。由于沉积物和浮游植物越来越密集，水变得更加浑浊。细菌分解者消耗了深水区的氧气，但是鲤鱼和鲶鱼仍然能在低氧水域存活下来。当降雨量和融雪较多时，河流也许会冲刷周围平坦的陆地，形成洪积平原，邻近的陆地生态系统上沉积一层富含沉淀物的土壤层。

河流可能流入湖泊或其他河流，而其他河流最终流入海洋。在靠近海平面的地方，大多数河流流动缓慢，沉积着大量的沉积物。这些沉积物阻断了河流的流动，将河流截断为蜿蜒的小河道，并在河流入海的地方形成河口湾（下文会提到）。

人类影响　河流有时也会被疏浚（加深改直），用于促进航运、防止洪涝灾害，并促进沿岸农业发展。疏浚加剧了侵蚀，因为水会急速流过变得更直的河流。另外，在自然洪灾可被预防的地区，洪水再也不能像以前那样带给洪积平原的土壤营养丰富的沉积物了。

在美国，由于水电站的修建、用于农业灌溉的河流改道、砍伐森林产生的侵蚀作用和过度捕捞，太平洋和大西洋的大马哈鱼数量急剧下降。在美国的东西海岸，联邦和各州以及当地的团体致力于恢复干净、自由流动的河流，这样的河流可以支持大马哈鱼和丰富的野生动物群落的生长。人们还拆除了华盛顿州和缅因州的一些水坝，让大马哈鱼得以洄游到上游产卵，在某些地方，这是 150 年间首次出现的景象。

29.4.3　淡水湿地

淡水湿地，也称为沼泽、水注或泥塘，是指那些土壤表面富含水的地区。在湿地中，水藻和浮游植物密集生长，包括漂浮和有根植物、耐水草以及一些树木，比如凸柏。湿地也为一些鸟类

（鹤、潜水鸟、鹭、翠鸟和野鸭）、哺乳动物（河狸、麝鼠和水獭）、淡水鱼、淡水螯虾和蜻蜓等无脊椎动物提供繁殖地、食物和栖息地。

淡水湿地是北美最高产的生态系统。大多位于湖泊边缘或河流洪积平原。湿地仿佛是一块巨型海绵，可以吸收水然后再缓慢的释放到河流中，这使湿地成为防止洪涝和侵蚀的重要守卫兵。湿地同时也是水的过滤器和纯化器。当水缓慢流经湿地时，悬浮在水中的颗粒落到底部。湿地植物和浮游植物从土壤中冲来的氮磷无机盐中吸收养分。有毒的物质，包括杀虫剂和重金属（比如铅和汞），也许会被湿地植物和沉淀物所吸收。土壤细菌将这些杀虫剂分解成无害的物质。

人类影响 在美国（除了阿拉斯加），大约有一半的淡水湿地由于农业造田、房屋建造和商业原因而遭到破坏。湿地的破坏使邻近水域更容易受到污染，野生动物栖息地随之减少，洪灾变得更加严重。

幸运的是，在美国，许多团体都意识到了湿地的净水能力，并因此修建了一些小型湿地以帮助净化水。另外，当地、各州和联邦的机构都在团结协作来保护现存湿地，并且修复了一些情况发生恶化的湿地。其中最为宏大的生态系统修复计划是综合湿地修复计划，目前正在佛罗里达州开展（见第 30 章）。这些行动减缓了美国的湿地损失，尽管最近的一项研究表明，除阿拉斯加和夏威夷之外的 48 个州每年仍然丧失 1.4 万英亩湿地。

29.4.4 海洋生物群系

海洋可以根据它们受到的光照和离岸远近来划分生物区（见图 29-28）。透光区主要在相对较浅的水域（大约 650 英尺，约 200 米），那里光照较强，足以支持光合作用。在透光区下是无光区，无光区一直延伸至海底，最深可达 3.6 万英尺（约 11 千米）。无光区的光照不足以支持光合作用。在无光区的上层，有模糊的微光穿过，但是深水区十分黑暗。在无光区，几乎所有维持生命的能量都来自于从无光区上层沉降下来的有机排泄物和尸体。

海水随着潮汐涨落起伏，所以海洋并没有一个明确的海岸线。相反，潮间带，也就是陆地和海洋相接的地方，则随着潮起潮落被海水覆盖或裸露出来。近岸区从低潮线延伸至海里，随着大陆架坡度下降，海水逐渐变深。近岸区结束的地方就是开阔海面开始之处，那里足够的水深让海浪不会影响到海底，即使海面上是惊涛骇浪，海面下仍然十分平静。

1. 浅海生物群系

正如在淡水湖泊里一样，海洋中的生物主要集中在浅水区，那里营养和日光都相当充足。这样的位置包括河口、潮间带、海草森林和珊瑚礁，它们主要位于近岸区。

（1）河口。在海洋和河流汇合的地方形成河口（见图 29-29a）。不同河口的水质含盐量有所不同。涨潮时海水涌入，而下暴雨时则淡水汹涌。河口养育了巨大的生物丰度和多样性。许多重要的商业品种，包括虾、牡蛎、蛤、螃蟹和多种多样的鱼，都在河口中生活着。有数十种鸟类，包括野鸭、天鹅和沙禽，在河口抚育后代并筑巢。

（2）潮间带。在潮间带，随着潮起潮落，生物适应了在空气和海水的双重环境中生存。在暴雨中，潮汐水洼和滩涂处的海水被明显稀释。在岸礁上，藤壶（一种有壳的甲壳类动物）和贻贝（软体动物）在涨潮时从水中过滤浮游植物，在退潮时通过紧闭贝壳来抵抗干旱。随着我们的视线一步步向海中移动，可以看到海星以蚌为食，海胆以覆盖在岩石上的海藻为食，银莲花张开它们的触角捕获来往的甲壳动物和小鱼（见图 29-29b）。沙滩和滩涂上的潮间带通常生物多样性更少，但是依然不乏生物，比如沙蟹和穴居虫等。

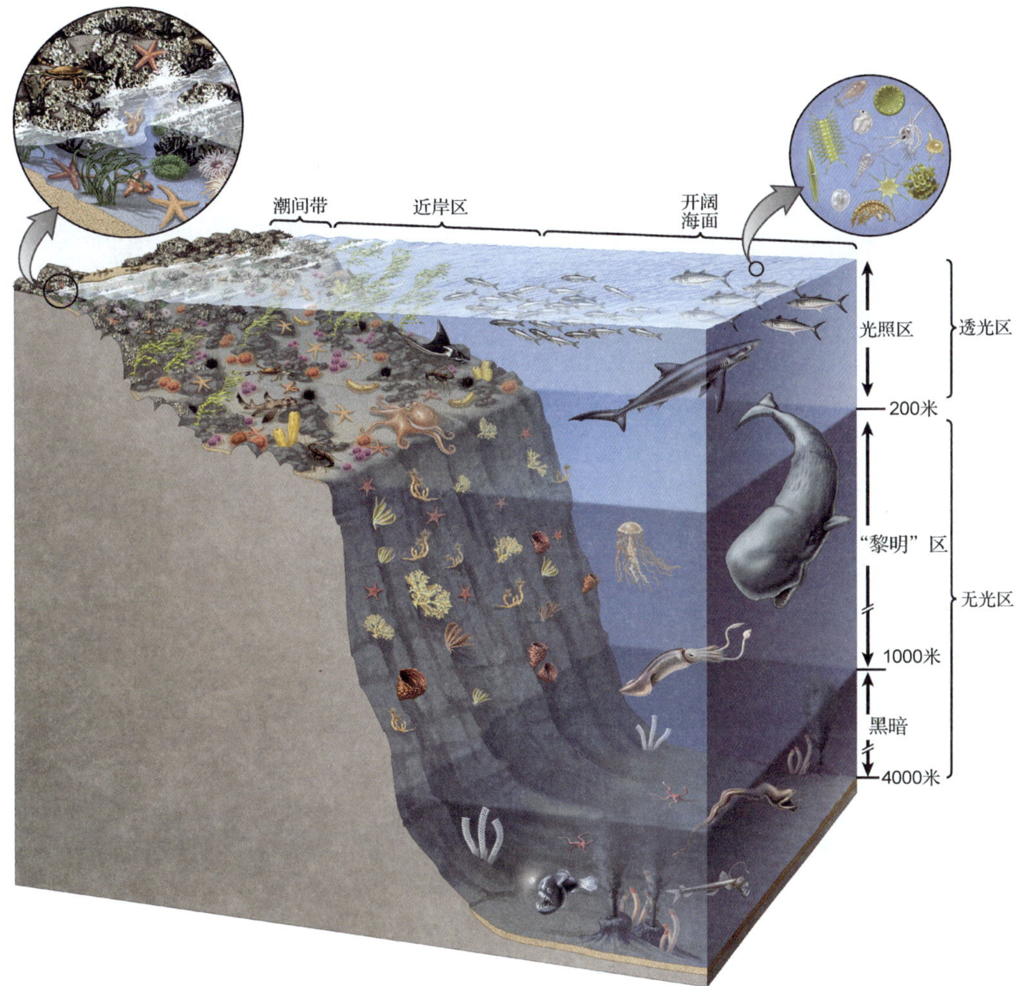

▲图 29-28 **海洋生物群系** 光合作用只能发生在有日光照耀的区域，也包括潮间带、近岸区和开阔海域的上层水面。不同区域的大概深度如图所示，尽管深度变化取决于水质；注意到深度不是按照比例划分的。几乎所有居住在无光层的生物体都依赖于从光照层沉降下来的有机物生存。海床的平均深度大约为 1.3 万英尺（4 千米），但是在马里亚纳海沟可达 3.6 万英尺（11 千米），该海沟位于靠近日本的太平洋海域。

（3）海草森林。海草是巨大的棕色的海藻，它可以长到 160 英尺（约 50 米）高。密集聚在一起的海草称为海草森林，它生存在全世界沿岸区域的冷水中（见图 29-29c）。在理想情况下，海草一天可以长高 2 英尺（约 50 厘米）。海草森林为数量惊人的动物提供食物和掩蔽所，包括环节虫、海莲花、海胆、蜗牛、海星、龙虾、螃蟹、鱼、海豹和水獭。

（4）珊瑚礁。珊瑚是银莲花和水母的近亲。一些珊瑚用碳酸钙构建它们的骨架。这些骨架经历千百年的积累，铸成珊瑚礁（见图 29-29d）。珊瑚礁在热带的太平洋、印度洋、加勒比海和佛罗里达以南的墨西哥湾最为丰富，那里的水温通常在 68～86 华氏度（20～30 摄氏度）。珊瑚礁为数量惊人的群落提供了固定点、食物和遮蔽处，这些群落包括海藻、鱼类和无脊椎动物（比如虾、海绵动物和章鱼）。珊瑚礁上栖息着数目庞大的生物，目前已知的超过 9 万种，还有大约 100 万种左右有待探索。

大多数的造礁珊瑚体内都住着单细胞、可进行光合作用的原生动物，称为甲藻。这是互利互惠的关系：甲藻得益于珊瑚体内的营养物和二氧化碳，反之，甲藻也通过光合作用为珊瑚提供食物。因为甲藻需要光照才能进行光合作用，造礁珊瑚只能在光照层蓬勃生长，通常是在不超过 130 英尺（约 40 米）深的地方。甲藻同时也赋予珊瑚亮丽的颜色。

▲图 29-29 **浅海生物群系** （a）在淡水河流和海水的交界处，河口洲生物众多。盐水沼泽中的草类长势喜人，为鱼类和无脊椎动物提供栖息地，而白鹭和其他鸟儿以此为食。（b）尽管受到潮汐的侵蚀和太阳的暴晒，潮间带的潮汐水洼仍是种类繁多的无脊椎动物的家园。（c）水下海草森林是许多无脊椎动物和鱼类，比如亮橘黄色的加州红鱼的家园。（d）热带珊瑚礁为很多鱼类和无脊椎动物群落提供了栖息地。

人类影响 因为人类人口数目的急剧增长，对于作为野生动物栖息地的海岸生态系统，是加以保护还是进行开发，是我们的两难抉择。其中，开发活动包括开采能源、建造房屋、修建港口和小船坞。河口洲还受到农业径流污染的威胁，农业径流携带着大量的营养物，从肥料到牲畜排泄物都有。这促使藻类和光合细菌过度繁殖。当这些有机物死亡时，它们尸体提供的营养物又刺激了分解者的生长，这些新陈代谢耗尽了水中的氧气，使鱼类和无脊椎动物窒息而死。

珊瑚礁面临着多重威胁。任何使水质浑浊的因素都将妨碍珊瑚的光合作用并阻碍珊瑚生长。来自畜牧、耕作、伐木和建筑物的地表径流裹挟着泥沙和富营养物质。寄居于珊瑚丛的软体动物、龟、鱼和甲壳类动物正在被过度捕捞，而它们的恢复速度远低于捕捞速度。它们被用做食物或兜售给游客、贝壳收藏家和水族馆老板。人们从珊瑚礁除去猎食性鱼类和无脊椎动物的行为有时会导致水藻大爆发，从而使珊瑚窒息；海胆或海星的数量增加也会对珊瑚造成不利影响——它们会以珊瑚为食。

虽然珊瑚需要温暖的水，但珊瑚礁也易受全球变暖之害。水温升得太高，珊瑚便会喷出它们身上五颜六色的、可以进行光合作用的甲藻，从而变得无色（见第 30 章）。甲藻在水温降低后才会回到珊瑚身上，但如果水温在很长时间内都保持较高，那么珊瑚最终会被饿死。

不过当然也有好消息。许多国家都意识到了珊瑚礁的巨大好处，包括旅游业的经济效益，于是各国致力于保护珊瑚礁。澳大利亚的大堡礁海洋公园和夏威夷群岛的帕帕哈瑙莫夸基亚海洋国家纪念碑就保护了庞大的珊瑚系统。总的来说，大约有 2 万个物种在这两个生物多样性的热点地区繁衍兴旺。

2. 开阔海面

在海岸区域之外的是广阔无垠的海洋，这里深不见底，以至于植物无法固定生长，也无法吸收充足的阳光。因此，大多数位于开阔海洋的生物依赖着漂流在光照区浮游植物的光合作用。浮游植物被浮游动物所食，后者包括像小虾一样的甲壳类动物，这些动物又被较大的无脊椎动物所食，比如小鱼，甚至是一些海洋哺乳动物，如座头鲸甚至蓝鲸（见图 29-30）。

开阔海面不同地方的生物数量有所不同，主要由营养物分布的差异所致。光照区的营养物主要存在于生物体体内，一旦生物死亡，它们的尸体便会沉入海洋深处。这些营养物从两个渠道获得补充：一是来自土壤的地表径流，二是海洋深处的涌流。涌流将富营养化的冷海水带到表面。涌流主要发生在北冰洋及其西海岸，包括加利福尼亚州、秘鲁和西非。这些碧蓝清澈的热带海水是缺乏营养物所致，这也限制了水中浮游植物的浓度。富营养化的水养育着庞大的浮游生物群落，一般泛着绿色并略显浑浊。

▲图 29-30　**开阔海面**　开阔海面的光照层养育着相当丰富的生物，包括小水母，它是浮游动物的一员；浮游植物，是海洋光合作用生产者；海洋哺乳动物，比如座头鲸和它的幼崽。

人类影响　开阔海面面临的两个主要的威胁是污染和过度捕捞。比如，塑料垃圾被从陆地上吹到海里或被人们故意倾倒到海里，它们经常被海龟、海鸥、海豚、海豹和鲸等误以为是食物。误食了塑料垃圾的动物可能会死于消化道堵塞。油轮泄露、从陆地垃圾堆流出的径流、海洋钻井油气泄漏都会对开阔海面造成污染。石油的一些成分会造成海洋生物发育不良。

由于人们日益增长的对鱼类的需求和高效的捕鱼技术，众多鱼类正在遭到不加节制的捕捞（见第 30 章）。比如，一度曾经数量庞大的加拿大东岸的鳕鱼在 1992 年数量暴跌，促进了一项延续至今的捕鱼禁令。

现在，人们正致力于预防过度捕捞。许多国家都对濒危鱼类设立捕捞限额。海洋保护区，也就是禁止捕鱼的地方，正在世界范围内兴起，无论是在物种多样性、物种数目还是海洋动物的个头方面，都有了实质性的提高。附近区域同样受益于保护法令，因为保护区就像育婴室一样，帮助保护区外部恢复了物种数目。

3. 海床

由于无光区的光照不足以支持光合作用，所以大多数海床生物的食物都来自上层生物的排泄物和尸体。然而，海床上的生物种类却出人意料的丰富，包括蠕虫、海参、海星、软体动物、乌贼和奇形怪状的鱼类（见图 29-31）。其中一些动物自己会发光，这一现象称为生物发光现象。一些鱼类体内可见的腔室里生长着发光的细菌。生物荧光也许会帮助底层的生物吸引猎物或配偶。对这些海底的奇特生物，人类还知之甚少，因为它们一旦被带到海面上就会难以生存。

近来，在鲸的尸体上发现了完整的群落，包括一些我们新认识的物种。每条鲸尸相当于大约 40 吨的食物。当鲸尸到达海床底部时，鱼、蟹、蠕虫和蜗牛都蜂拥而至，从鲸尸的血肉中吸取营养。2005 年，噬骨的僵尸蠕虫第一次被报道，这种蠕虫有着树根一样的结构，它可以扎进鲸的骨头里并吸取营养。厌氧细菌对骨头进行分解，而蛤、蠕虫、软体动物和甲壳类动物则行动起来，吃掉这些细菌。

▲图 29-31 深海居民 一头鲸的骨架提供了一座深海营养矿藏。“僵尸蠕虫”（左下）可以将其根状的下肢深深地插入鲸尸的骨头。其他深海动物包括（左上）一只几乎完全透明的海乌贼，它突出的眼睛下有着短短的触角，而（右下）是一只蝰鱼，它巨大的下颚和尖利的牙齿能够抓住并咽下整个猎物。

（1）*热泉口群落*。1977 年，地质学家研究加拉帕格斯断裂（太平洋海床上的一块区域，在那里地壳分开，板块形成）时发现了热泉口，他们称为“黑烟囱”，这些热泉口向外喷射过热的水，这些水被硫化物和其他的矿物质染成黑色。热泉口附近有粉红鱼、盲白蟹和巨大的软体动物、白蛤、海莲花和巨型管蠕虫，以及一种身上长着“钢板装甲”的蜗牛（见图 29-32）。在特殊的栖息地有成百上千的新品种生物，它们往往在深海中被发现，因为断裂的地质板块会让地球内部的物质喷涌而出。

在这个独特的生态系统中，硫化细菌扮演了分解者的角色。它们从地壳裂缝中逸出的硫化氢中得到能量，而硫化氢对其他物种却是致命的。就像光合作用一样，硫化细菌可以通过化能合成作用，将硫化氢和二氧化碳中合成有机分子。然而，化能合成作用是使用硫化氢而不是日光作为能量来源的。许多热泉口生物都直接以硫化细菌为食，而另一些，像巨型管蠕虫，则在体内寄养化能合成细菌，并以细菌新陈代谢的副产物为食。管蠕虫的红色来自一种独特的血红素，它将硫化氢搬运给化能合成细菌。

生活在热泉口群落的细菌和古细菌可以在极端高温下存活；其中一些可以在 248 华氏度时存活（106 摄氏度，深海巨大的压力防止了水在海平面的沸点沸腾）。科学家正在研究这些嗜热微生物的酶和其他蛋白质是如何在如此极端温度下正常工作的，而我们人体的蛋白质结构却会被这样的温度破坏掉。

►图 29-32 热泉群落 “黑烟囱”喷出过热的富含矿物质的水，这些水为热泉群落提供了能量和营养。巨大的红色管蠕虫可以长达 9 英尺（接近 3 米），可以活 250 年。（左）蜗牛的底部被硫化铁所制的鳞甲覆盖。

第30章 保护地球的生物多样性

墨西哥中部的一棵树上有大量的帝王蝶，呈现“一树蝴蝶压海棠”的奇观。

30.1 什么是生物保护学？

生物保护学是致力于理解并保护地球生物多样性——令人惊叹的地球生物的种类——的学科。生物保护学家从不同层面研究并寻求保护生物多样性：

- **基因多样性**：物种的生存与繁荣取决于种群基因库中不同等位基因的种类和基因频率。基因多样性对一个物种适应多变的环境至关重要。
- **物种多样性**：组成群落的不同物种的类型和相对丰度影响到群落的正常运作，甚至能决定群落能否存活。
- **生态系统多样性**：生态系统多样性包括群落和群落赖以生存的非生物环境。多元化的群落通过减缓径流、融雪、降解垃圾和产生氧气等方式来保护生态环境。

30.2 为什么生物多样性很重要？

我们大部分人居住在城市或市郊，食物来自超市里的包装食品。也许一连好几周我们都没有机会看见生态系统的自然样貌。那么我们为什么要关注保护生物多样性呢？大多数人会说种群和生态系统值得保护是因为它们自身的缘故。然而，即使你不同意这个说法，保护生物多样性一个十分现实的理由其实是我们自身的利益：生态系统的确对人类至关重要——对人类生存而言。

30.2.1 生态系统服务是生物多样性的实用之处

生态系统服务是人类从生态系统得到的诸多利益（见图 30-1）。生态系统服务可以大致分为两类：

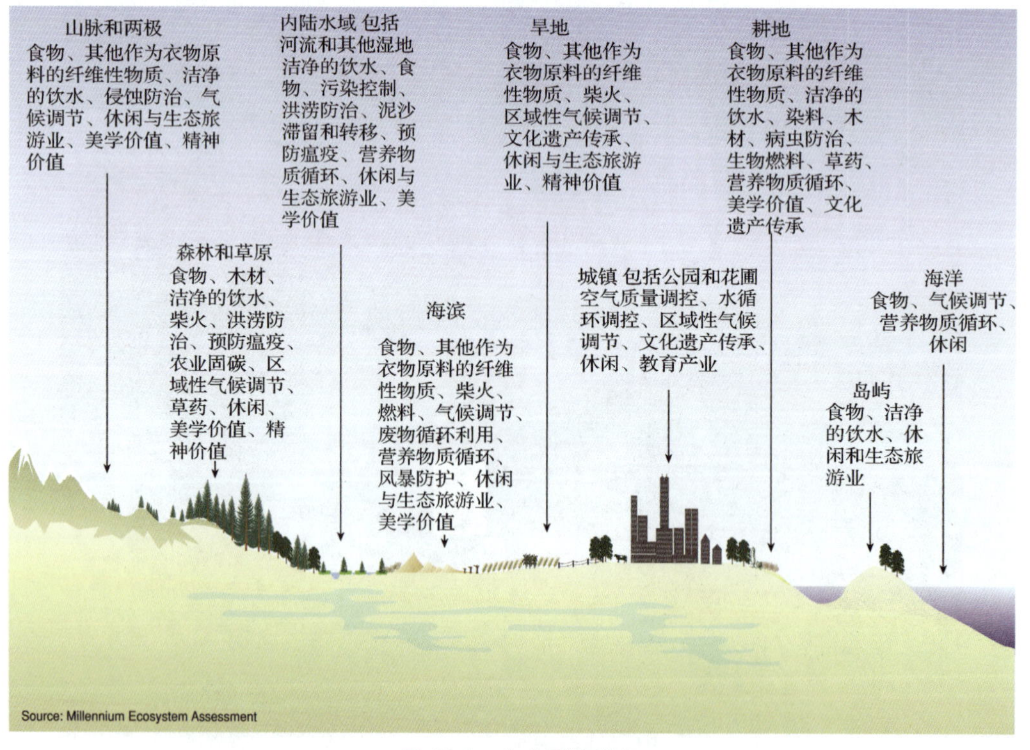

▲图 30-1 生态系统服务

（1）人类可以直接利用的自然资源和其他利益。

（2）维持直接利益所必需的支持服务。

1. 一些生态系统服务为人类提供直接利益

人们广泛使用的物品和服务都建立或依靠于一个健康的生态系统。

- **氧气**：氧气是人类和其他动物生存呼吸所必不可少的，基本上由陆生植物和海洋中进行光合作用的微生物产生。
- **水**：自然生态系统，包括森林、草地和湿地，通过除去沉淀和污染物来净化水。
- **食物**。全世界的人都会吃一些野生生物，也就是平常所说的野味。例如，据联合国粮食与农业组织估计，在 2008 年，全世界平均每人大约吃掉了 20 磅（约 9 千克）野生鱼类和其他海鲜。在非洲、亚洲和南美洲，野生动物为长期缺乏营养的人群提供重要的蛋白质来源。即使在发达国家，捕食和狩猎对广大的农村地区的经济也意义非凡。
- **木材**：在许多发展中国家，农民依靠本地的森林资源取暖和做饭。可持续的砍伐能保证热带雨林始终给人类提供有价值的硬木，如柚木和重蚁木（“巴西胡桃木”）。这些木材可能就地使用，也可能出口到发达国家，加工为家具、地板等产品，价值倍增。
- **药材**：在许多发展中国家，大部分人仍然用草药来医治病患，而所谓的草药，就是来源于野生植物的传统药材。即使是在美国这样的发达国家，超过四分之三的常用处方药直接含有或最初来源于从草药中提取的活性物质，其中大部分是植物。
- **休闲消遣**：几乎所有人都在从“重返自然”中找乐子。在美国，每年超过 4.5 亿人次的游客蜂拥而至挤入国家公园和国家森林，更有数以亿计的游人前往野生动物保护区和州立公园。在许多农村地区，当地经济基本上依赖于那些前来徒步旅行、露营、打猎、钓鱼和摄影的游客的开支。在世界范围内，户外消遣产业的估值达到了每年 3000 亿美元。

生态旅游业——游客抱着猎奇心态，前往参观独特生物群落的旅行方式——是一种迅速兴起的休闲产业。生态旅游的目的地包括热带珊瑚礁、雨林、加拉帕戈斯群岛、非洲大草原甚至南极（见图 30-2）。因为每年都有成千上万的游客涌入，帝王蝶生存环境的维护，还需要生态旅游业持续发展。

（a）在红海中，一位潜水爱好者携带潜水设备，在珊瑚礁之中穿梭

（b）欣赏非洲大陆之上的神奇物种

（c）在南极近距离接触企鹅宝宝

▲**图 30-2　生态旅游**　悉心管理的生态旅游体现了自然生态系统的可持续利用性，获利的同时增强了当地居民保护野生动物栖息地的动力。

2. 一些生态系统服务为维持直接利益提供必需的支持服务

在生态系统中，人类需要的源源不断的直接利益，比如氧气、食物和清洁水源等，都是需要支持服务来辅助的。

- **土壤形成**：一寸厚的土壤的形成可能历经数百年。美国中西部地区的沃土是自然草地几千年积累的结果。当地农民已经将这些草地改造成了全世界最高产的农作物区。

  土壤由于有承载多种多样的分解者和食腐质者（包括细菌、真菌、蠕虫和昆虫），在废物降解和营养物质循环过程中起着关键作用。人们也依靠土壤来分解来自工业、下水道、农业和林业的垃圾。因此，土壤扮演着和净水植物相同的角色。土壤群落对几乎每一个营养循环都举足轻重。比如，固氮菌将大气中的氮气转变成植物体可以利用的形式。

- **侵蚀防治和洪涝调控**：植被具有强有力的挡风作用，可以防止松散土壤被风刮走。它们的根系使土壤更加牢固，并且增强了土壤蓄水能力，减少了风沙侵蚀和洪涝的发生。滥伐森林不仅被视为由墨西哥马德雷山脉暴雨触发的 1998 年和 2005 年特大洪水的罪魁祸首，也为 2008 年海地、2010 年和 2011 年的巴基斯坦和澳大利亚等地的洪水推波助澜（见图 30-3）。

▲图 30-3 洪流防控服务的损失 尽管洪涝灾害是由季风带来的暴雨所触发，滥伐森林也加重了巴基斯坦 2010 年和 2011 年的洪灾。

- **气候调节**：植物群落通过提供荫蔽、降低气温和阻挡风沙，对区域性气候有着重要影响。森林极大程度地影响了水循环，也就是水分从树叶中蒸发，进入大气，并最终以降雨的形式回到地面的过程。在亚马逊雨林，三分之一到二分之一的雨水来自于树叶蒸发的水。过度砍伐树木对当地气候产生重大影响，包括气温升高和空气湿度降低，这种气候的变化，使得被砍伐的森林更加难以复原，对附近的森林也会造成难以估量的影响。

  森林同样会影响全球气候。它们从大气中吸收二氧化碳，并在树干、根部和枝叶中储存。树木被分解或者燃烧时，会释放出使全球气候改变的 CO_2. 人类活动产生的二氧化碳中的 10%-20%来自于人类对森林的破坏。

- **基因资源**：野生植物中丰富的基因资源往往是生态服务中被忽略的方面。根据联合国粮食和农业组织的报告显示，我们的主食仅仅来自于 12 种农作物，如大米、小麦和玉米。研究人员已经在这些农作物的野生近亲中寻找到一些基因，这些基因如果转移到农作物中，可以提高农作物产量，增强农作物的抗药性、抗旱能力和抗盐碱能力。比如，一些小麦的野生近亲具有极高的耐盐性，研究人员正致力于将这些基因转移到农作物小麦中。除此之外，某些作物的野生近亲也许会发展成更加富有营养和适合当地气候的农作物。

30.2.2 生态经济学试图衡量生态系统服务的价值

自古以来，人们都认为生态系统服务是无偿的，并且取之不尽、用之不竭。因此，在进行土地规划、耕作、获取能源等一系列人类活动时，生态系统服务的价值很少被纳入考虑范畴。好在这一切正在改变。生态经济学这门新兴的学科正在试图估量生态系统服务的经济价值，权衡因为进行人类活动而破坏自然生态环境的得失利弊。

比如，一个打算从湿地引水灌溉农作物的农民，通常会思考作物增产量与取水工程开支孰轻孰重。另一方面，湿地为人类提供了许多弥足珍贵的服务，比如消化污染物、调控洪涝等，湿地还是花鸟鱼虫、飞禽走兽的生存场所。如果生态系统服务的损失也被纳入“成本—效益”分析，我们会发现，湿地的完整性也许比在湿地上种植农作物更有价值。然而现实却是，这些（破坏生态系统服务）工程的经济利益使个人受益，而整个社会却要一起承担损失。因此，市场经济中，除非项目由政府部门设计并资助，否则生态经济学很难应用。

纽约市是通过政府规划来保护生态系统的成功范例。该城市的大部分水源来自于距纽约州北部 120 英里的卡茨基尔山脉（见图 30-4）。在 1997 年，市政官员发现，由于卡茨基尔山脉的开发，水源被工业污水和农业径流所污染，市政府需要花费 60 亿到 80 亿美元来建立污水过滤系统，另外，每年还需要 3 亿美元的维护费用。当市政官员意识到卡茨基尔山脉自身也能提供同样的净水服务后，市政官员决定投资保护山脉，买下了大片林地并让它们保持自然样貌。美国环境保护局确认，如果该城继续保护卡茨基尔山脉的土地，那么，也许到了 2017 年，纽约市将不再需要使用过滤系统。

▲图 30-4　阿肖肯水库　卡茨基尔山脉中为纽约市供水的水库清澈见底。

有时，人们意识到，从生态系统服务中最好的获益方式，往往是使被污染的生态系统恢复健康。

1. 地球生态系统服务的经济价值是什么？

1997 年，一个由生态学家、经济学家和地理学家共同组成的国际团队计算出，全球生态系统服务每年为人类提供大约 33 万亿美元的价值，这大约是全世界年均生产总值的两倍。而 2002 年发布的一项研究显示，生态系统服务提供超过全世界生产总值约 4 倍的价值。无论哪个数据都说明，从经济学角度来看，生态系统服务具有惊人的价值。然而，在 2005 年，《千年生态系统评估》——一项历时 4 年、由来自 95 个国家超过 1300 名科学家提出的报告指出：60%的地球生态系统服务已经退化。尽管我们依赖于地球生态系统服务产生的巨大价值，我们对生态系统无节制的剥削却使其不堪重负。

30.2.3　生物多样性有助于生态系统完成功能

许多为保护生物多样性努力的人们是为了多样性本身，或者认为这是正义的事业。其实还有一个实用的理由：生物多样性对生态系统提供各类服务的能力至关重要。一项近来的研究表明，生物多样性最丰富的地区同时也提供着最多元化的生态系统服务。为什么生物多样性对生态系统功能意义重大呢？

生物多样性保护生态系统的一种可能方式被称为“冗余假说”，即一个群落中的不同物种起着相同的作用。比如，不少种类的蜜蜂在生态系统中的作用是传粉。如果人类活动导致少数蜜蜂物种的灭绝，只要生态系统能正常运转，那么剩下的物种也许能扩大种群数量并为大多数的花传粉。然而，如果生态系统压力较大，比如干旱导致那些在人类活动中幸存下来的蜜蜂的大批死亡，就会导致传粉量锐减，从而严重影响植物的繁殖。

“铆钉假说”则认为，看似相似的物种其实在生态系统稳定性网络中占据着不同的位置。在飞机机翼上，一对松开的铆钉也许不会引来灾祸，但是关键部位松开的铆钉却会使整只机翼散架。同理，在生态学中，少数关键物种的丧失可能会直接导致整个生态系统的崩盘。回到前文蜜蜂的例子，一些种类的蜜蜂只给特定品种的花传粉。消灭某一种蜜蜂则意味着一些品种的植物不能再繁殖。而以这些植物为食的动物也将相继死亡。如果少数关键的蜜蜂物种消失，那么许多动植物都会随之灭绝，从而导致整个生态系统的崩塌。

一些被称为关键物种（又名拱心石物种）的物种既不是冗余也不是任何铆钉，而是整个生态系统必不可少的成员。正如它的名字所暗示的那样：拱心石放置在石拱门的顶端并让其他物种各就各位。移开拱心石，整个拱门也就散架了。

同理，在生物群落中，拱心石物种扮演着至关重要的角色，如果仅仅对它们的种群数量和食物网中的位置匆匆一瞥，是体会不到它们的重要性的。

总之，物种多样性对生态环境功能影响重大，无论某一单一物种是冗余的、像铆钉的还是像拱心石的。实际上，我们通常对生态系统功能的理解还没有深入到能够区分出物种各自扮演的角色的地步，所以，所有物种的保护都很重要。

30.3 地球的生物多样性在减少吗？

没有物种能永恒存在。在进化之路上，物种诞生、兴起然后走向灭亡。如果所有的物种都注定要灭绝，我们为什么还在担忧现代的物种灭绝？因为现代的物种灭绝速率前所未有地快。

30.3.1 物种灭绝是自然进程，但近年来灭绝速率飙升

化石记录显示，在没有灾难性事件的情况下，自发的物种灭绝极其缓慢。《千年生态系统评估》指出，物种的自发灭绝速率大约是每 1000 年的每 1000 个物种中有 0.1～1 个物种灭绝。然而，化石也记录下了 5 次主要的物种大灭绝，即短时间内大量物种的迅速消亡。最近的一次大灭绝发生在 6500 万年前，使恐龙年代戛然而止。环境剧变，比如巨大的陨石撞击和急剧的气候变化，是物种大灭绝最有可能的解释。

《千年生态系统评估》估计，人类活动导致的物种灭绝速率为每 1000 年的每 1000 个物种中有 50～100 个物种灭绝，也就是在没有人类活动干扰情况下的灭绝速率的 50～1000 倍。尽管不是所有的生物学家都赞同，此速率已经高到使整个生物多样性产生实质性衰减的程度，大多数的生物学家还是得出了人类正在导致第 6 次物种大灭绝的结论。意见不一也反映了测量生物灭绝速率的难度。因为生物学家只是标记了地球上一小部分物种，因此对已经或即将灭绝的生物比例并不清楚。

鸟类和哺乳动物类的灭绝被记录得最为详尽，尽管它们只占全世界物种的 0.1%。16 世纪以来，我们已经损失了 2%的哺乳动物和 1.3%的鸟类。而鸟类的背景灭绝速率是每 400 年灭绝一个物种。然而，在过去的 500 年里，灭绝速率达到了每年一个物种——而这几乎全部归咎于人类活动。

每年，世界自然保护联盟（IUCN）都会发布濒危物种的“红色名单”。IUCN 是全世界最大的生物保护组织，涵盖了来自 140 个国家和地区的组织、200 个政府机构、超过 800 个非政府组织的大约 11 000 名科学家和其他专家。根据各物种在未来灭绝的可能性，将其描述为“脆弱”、“濒危”和“极度濒危”三类。任意一个落入这三项的物种被描述为“受到威胁”。在 2011 年，“红色名单”包含了 19 265 个“受到威胁”的物种，包括 12%的鸟类、21%的哺乳动物和 28%的两栖类动物。2011 年，美国渔业和野生动物局仅在美国境内就列举出了大约 1400 种“受到威胁”和“濒危”物种。为什么这么多物种都有灭绝的危险呢？

30.4 生物多样性面临的主要威胁是什么？

全球范围内的生物多样性衰减有两个主要原因：

（1）被用来维持人类生活的地球资源的比重在上升。

（2）人类活动的直接影响，包括栖息地破坏，野生物种的过度开发，外来生物入侵，环境污染和全球气候变化。

 30.4.1 人类生态足迹已超过地球资源总量

“人类生态足迹”是对提供人类所需要的资源和垃圾降解区域的面积的估计。生态容量是一个与之互补的概念，指的是对地球提供可持续资源和降解垃圾的实际能力的估计。生态足迹和生态容量不仅和负荷量有关，它们的计算方式也在时刻发生改变，因为新技术正在影响人们利用资源的方式。计算方式是保守的，并且避免高估人类影响，同时还假定人类可以利用整个地球，并不保护其他任何物种。

2007 年，可支持当时 67 亿人生存的平均生态容量是每人 4.5 英亩（1.8 公顷），但是平均人类生态足迹是每人 6.7 英亩（2.7 公顷）。换句话说，我们的生态足迹已经超出了生态容量的 50%：长此以往，我们将需要 1 个半地球才能维持人类在 2007 年的消费水平（见图 30-5）。国与国之间的生态足迹差异巨大，像欧洲、加拿大、澳大利亚、新西兰和美国这些发达国家，生态足迹在每人 12～24 英亩，而在大多数非洲国家，这个数字只有 1～2 英亩。从上次结果发布至今，人类人口又增加了 3 亿，而地球总的生态容量却没有显著上升。

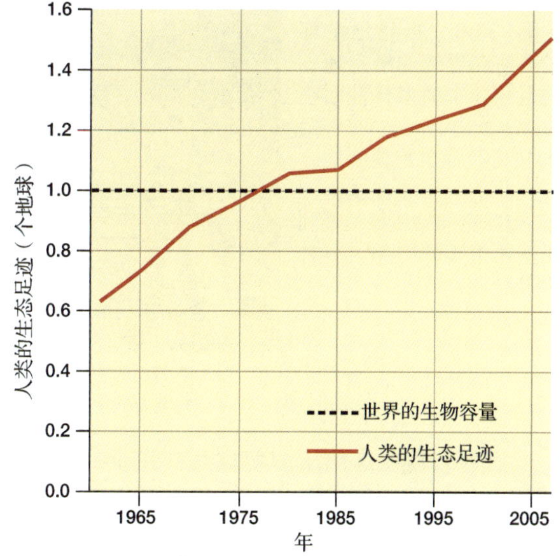

▲图 30-5 人类需求超过了预估的地球生态容量 1961 年到 2007 年间的人类生态足迹由地球总的可持续生态容量表示（1.0 处的虚线）。1961 年，我们只用了略多于一半的地球生态容量。到 2007 年，我们已经需要 1.5 个地球才能支持我们以现有的消耗速率可持续发展下去。（因为必要数据的获得和分析相当困难，2007 年的计算结果在 2010 年才首次发布。）数据来自世界野生动物基金、伦敦动物学会、全球生态足迹网（2010）和《生命星球报道》。

这样生态赤字的存在，并不是人类发展的长久之计。想象一下，你必须依赖一个储蓄账户度过余生。如果你存好本金只靠利息为生，你可以依靠这个账户一直活下去。如果你将本金取出用于花天酒地，或者生儿育女，你将很快一文不名。人类破坏地球生态系统的行为无异于取出地球的生态本金。人口增长，以及中国和印度这些发展中国家的生活水平的提高，都会增加地球资源的压力。

 30.4.2 人类活动直接威胁生物多样性

栖息地破坏、过度开发、生物入侵、环境污染和全球气候变化造成生物多样性的重重危机。受到危险的物种通常同时面临几重威胁。比如，全世界蛙类数目的减少就来自栖息地破坏、生物入侵、环境污染以及由专家公认的气候变化引起的有毒真菌感染（见第 24 章）。珊瑚礁，作为大约三分之一海洋鱼类的家园，正遭受着过度采伐、环境污染和全球变暖的威胁。IUCN 预计有三分之一的珊瑚礁正面临灭顶之灾。

1．栖息地破坏是对生物多样性最严重的威胁。

IUCN 把栖息地破坏看做是全球生物灭绝的头号原因。栖息地丧失威胁着超过 85%的濒危哺乳动物、鸟类和两栖类。尽管所有类型栖息地的质量恶化和面积减少都将危及生物多样性，但是，

最严重的威胁来自热带雨林的丧失，这大约是地球上一半动植物的家园。保守估计，每年有 1300 万到 2500 万英亩的热带雨林从地球上消失（有的年份估计数字更高）。换个熟悉的说法，每年损失的热带雨林面积在半个到一个肯塔基州之间，或者说每 1.5 秒到 3 秒就有一片足球场大小的热带雨林消失掉。破坏热带雨林的最主要原因是伐木种粮，打造自耕自给的农场和建立为发达国家养牛，种植咖啡、大豆、棕榈、甘蔗和提供生物燃料的大型种植园和牧场（见图 30-6）。

▶图 30-6 栖息地破坏 人类活动导致的栖息地丧失是全球生物多样性面临的最大威胁。（a）热带雨林中伐木后光秃秃的地方可能要数十年才能恢复。（b）国际空间站航拍的玻利维亚热带雨林中的大豆种植园。

（a）热带雨林中伐木后光秃秃的地方可能要数十年才能恢复

（b）从国际空间站上航拍的玻利维亚热带雨林中的大豆种植园

有时自然生态系统即使没有被完全摧毁，也已经四分五裂（见图 30-7）。栖息地碎片化对野生动物是严重威胁，一些美国的鸣禽，比如灶鸟和阿卡迪亚翔食雀，需要高达 600 英亩连片的森林来觅食、交配和筑巢。大型猫科动物同样深受栖息地碎片化之苦。佛罗里达和南加利福尼亚的山地狮经常在试图通过那些把栖息地分割开的公路时丧命。在 20 世纪 70 年代，印度建造了一系列森林保护区旨在拯救濒危的孟加拉虎。保护区原本是紧密相连的，然而经过一系列开发，保护区已经变成一片片的孤岛，大约 1400 只现存的孟加拉虎不得不生活在孤立的林地里。

▲图 30-7 栖息地碎片化 在巴拉圭，田野将森林隔离成一块一块。

为了真正能够运行，一个保护区必须要能够支持最小存活种群（Minimum Viable Population，缩写为 MVP），即一个物种在隔离状态下能够不受自然事件的干扰而存续下去的最少种群数量，这里的自然事件包括近亲繁殖、疾病、火灾和洪水。任何物种的 MVP 都受诸多因素影响，包括环境质量、物种平均寿命、繁殖率和成熟期。大多数野生动物专家认为孟加拉虎的 MVP 需要至少 50 只雌虎——这一数字超过了大多数印度孟加拉虎保护区的雌性数量。

然而，我们听到的也不是只有坏消息。许多国家开始致力于保护关键栖息地。其中最大的一片保护区是 2006 年划分的位于夏威夷群岛的帕帕哈瑙莫夸基亚国家海洋保护区。保护区包含了 8400 万英亩的太平洋海域，是大约 7000 种鸟类、鱼类和海洋哺乳类物种的家园。一些物种需要依靠面积广阔的保护区生存；而对另一些物种而言，关键的栖息地可能只是几片沙滩。

2. 过度开发对诸多物种造成威胁

过度开发（Overexploitation）是指以超过种群恢复自身数目能力的速度进行渔猎或耕作收获。技术的发展极大地提高了人类渔猎和耕作收获的效率，同时人们对野生动植物的需求日益增长，对物种的过度开发随之加剧。比如，过度捕捞是对海洋生物最大的威胁，它导致了包括鳕鱼、多种鲨鱼、红鲷鱼、五种金枪鱼和剑鱼在内的诸多物种数量锐减。联合国粮食与农业组织估计全球大约 32%的鱼群正遭受过度捕捞，另外，大约 53%的鱼群面临着可持续捕捞的上限。另有专家指出，全世界有大约七成的渔场被过度开发。

矛盾的是，无论是发展中国家还是发达国家都对过度开发难辞其咎，尤其是对濒危物种。发展中国家急速增长的人口增加了对动物产品的需求，而饥饿与贫困驱使着人们去渔猎一切能够卖钱或果腹的资源，无论行为违法与否、资源珍稀与否。正如来自世界野生动物基金会的卡勒姆朗肯所解释的那样，"让人们可持续的生活下去太困难了，他们通常只关心如何挣扎着活下去。"

富有的消费者同样助长了对濒危物种过度开发的气焰，他们高价购买诸如象牙、珍品兰花、奇珍异兽等违法商品。尽管黑市活动的详细数据很难得到，濒危物种及其衍生品的销售却是一本万利，被认为是仅次于贩毒的赚钱生意。

3. 入侵物种取代了自然野生物种，并扰乱群落关系

人类在全世界范围内运送着各种各样的物种——小到蓟草，大到骆驼。在许多情况下，引入的物种人畜无害。然而有时非本土物种却是侵入性的：它们以牺牲本土物种为代价实现自身数目增长，和本土物种竞争食物与栖息地或直接以它们为食（见第 27 章）。尽管科学家对入侵生物的定义存在分歧（比如，生物数目达到多少以及对本土物种的影响有多严重才算是入侵生物），入侵物种与生态系统健康中心列举了大约 2800 种美国境内的入侵物种，大多数是植物和昆虫。大约有一半美国濒危物种受到入侵物种的竞争或捕食。

岛屿生态系统面对入侵物种时显得尤其脆弱。在岛上，本土动植物数目稀少；由于世界上其他地方往往没有这些动植物，一旦它们不能和入侵者竞争，本土植物也难以离开小岛找到新家园。比如，自从人类定居以来，夏威夷群岛已经损失了大约 1000 种本土动植物，绝大部分是由于过度开发或物种入侵带来的捕食与竞争。夏威夷大部分本土野生动物处境艰难：截至 2010 年，美国渔业和野生动物局发现，在夏威夷有 142 种动物和 354 种植物濒危，是目前为止拥有濒危物种数量最大的州。

许多入侵物种都是被人无意中运到新地区的，但有一些确实是有意引进的。由早期波利尼西亚殖民者引入作为食物的猪和山羊，使夏威夷群岛及其他太平洋岛屿上的本土植物惨遭蹂躏。猫鼬，作为亚非地区土生土长的小型猫科食肉动物，在 19 世纪早期被引入夏威夷，用来对付之前不小心引进的老鼠。而现在，猫鼬和老鼠都对夏威夷本土的、在地面筑巢的鸟类构成重大威胁。

湖泊也同样对入侵生物毫无抵抗力。美加边境的五大湖地区居住着几十种入侵物种，包括斑马蚌，它通过食用进行光合作用的浮游植物从而破坏了整个食物网（见第 27 章），还有八目鳗，它黏在湖鳟身上吸食其体液并杀死它。非洲的维多利亚湖一度是四五百种不同种类的丽鱼的家，这些丽鱼在地球上其他地方都不存在（见图 30-8a）。体型庞大的猎食性尼罗河鲈鱼（见图 30-8b）和小得多的以浮游植物为食的罗非鱼在 20 世纪中叶被引入维多利亚湖。受到尼罗河鲈鱼的捕食、罗非鱼的竞争、环境污染和藻类爆发（由于附近农场富营养化污水排放所致）的多重影响，丽鱼遭到灭顶之灾，现存仅约两百种。

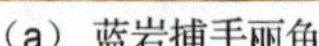

（a）蓝岩捕手丽鱼

（b）尼罗河鲈鱼

▲图 30-8 入侵物种威胁到本土野生动物 （a）维多利亚湖栖息着上百种颜色惊艳的丽鱼，比如图中的蓝岩捕手丽鱼。（b）尼罗河鲈鱼，经维多利亚湖的渔民引入，被认为是本土鱼类的劫难。

4. 污染是生物多样性的多面威胁

污染的种类多种多样，包括诸如塑化剂、阻燃剂和杀虫剂等化工产品；诸如汞、铅和镉等有毒金属；诸如下水道污物和农业废水等富营养化物质。

因为化工合成产品总是脂溶性的，因此，即使在环境中微量存在也很可能在动物脂肪组织中累积到致毒水平（见第 28 章）。在 20 世纪中叶，比如杀虫剂 DDT 在许多捕食性鸟类中累积，致使其产下薄壳的鸟蛋，当鸟爸爸和鸟妈妈坐在鸟蛋上孵卵时蛋壳却被挤压裂开了。近来，一种在塑料中广泛应用的名叫“双酚 A”的化学物质引起了一场浩大的争议。双酚 A 似乎模仿了雌性激素的功能，并扰乱了人和动物的正常繁殖，尽管研究人员对人类接触双酚 A 的剂量的现有水平是否足以导致此后果尚未达成一致（见第 37 章）。

许多重金属都与岩石结合，并不会对生物造成危害。然而，采矿、工业生产流程和化石燃料燃烧会向环境中释放重金属元素。某些重金属，比如汞和铅，即使含量极其微小，也对几乎所有的生物体都有毒害作用。

最后，过剩的营养物质也成了污染物。比如，化石燃料的燃烧释放了氮化物和硫化物，扰乱了它们在生化圈的自然循环，并且导致了威胁森林和湖泊的酸雨。

5. 全球气候变化日益凸显对生物多样性的威胁

化石燃料燃烧，伴随着森林毁坏，显著增加了大气中的二氧化碳水平。如气象学家预计的那样，二氧化碳含量的增长伴随着全球气温升高（见第 28 章）。为了应对变暖趋势，一些物种向极地迁移，许多动植物则更早地开始春季活动。

人为导致的急剧的气候变化对物种的适应能力提出了挑战。一个拥有超过 150 个成员国的国际性组织——“生物多样性公约”的科学家认为，全球变暖已经导致一些物种的灭绝，并很可能殃及更多物种。尽管全球气候变化的影响难以预料，它们通常包括以下这些：

- 沙漠变得更热、更干燥，导致沙漠生物的存活愈发困难。
- 更温暖的气候可能迫使一些物种向极地或高海拔地区迁移，从而继续待在它们生存和繁殖所需要的温度范围内。而一些不能移动的物种，尤其是植物，就不能通过足够快地移动来待在合适的温度范围内，因为它们通常的移动速度由传播种子的风或动物决定。
- 山顶的凉爽栖息地可能会完全消失。生活在高海拔地区的动物，比如落基山脉的鼠兔（见图

30-9a)，面临着山中变暖从而导致栖息地减少的局面。一些孤山上的种群也已经快消失了。

- 之前可能被霜冻或者持续的严寒所消灭的昆虫开始蠢蠢欲动。比如，在落基山脉中北部地区，松树甲虫一度被持久酷寒的严冬所控制。然而，在过去的 20 年间，这些甲壳虫数目达到了峰值，因此落基山脉中许多成熟的黑松可能会在下一个十年消亡（见图 30-9b)。
- 珊瑚礁需要温暖的海水，但是温度太高会导致珊瑚礁的漂白和死亡（见图 30-9c)。塞舌尔群岛、美属萨摩亚群岛、斯里兰卡、坦桑尼亚和肯尼亚海滨以及澳大利亚大堡礁的珊瑚已经遭受重创。

（a） 一只收集植物准备过冬的鼠兔

（b） 松树树皮甲虫已经杀死了这些美国黑松

►**图 30-9　全球气候变化会对生物的多样性造成威胁**　（a）鼠兔居住在落基山脉的高纬度地区，当气候变暖，适合鼠兔生存的山顶将会消失。（b）松树甲虫已经消灭掉了许多山里的黑松。红棕色的树上挂着许多枯死的松针；在一两年之内，这些松针将从毫无生气的树上坠落。（c）活珊瑚通常包含可以为其提供营养的进行光合作用的藻类。当水温升高，珊瑚将损失藻类并变得惨白；没有了藻类的供养，它们通常会死掉。

（c） 被漂白了（白色）的珊瑚通常已经死亡或正在死亡

30.5　生物保护学是如何保护生物多样性的？

生物保护学的研究可以帮助制定保护生物多样性的战略。生物保护学的四项重要目标是：

- 理解人类活动对物种数目、群落和生态系统的影响。
- 保护并复原自然群落。
- 阻止生物多样性的进一步损失。
- 促进地球资源的可持续利用。

在生命科学领域，生物保护学家与地质学家、野生动物管理员、基因学家、植物学家和动物学家通力协作。卓有成效的生物保护工作同样依赖于其他领域专家的意见和支持，包括为环境保护制定政策法规的各个等级的政府领导人、帮助实施法律保护物种及其栖息地的环境律师，以及帮助为生态系统估值的生态经济学家。社会学家也为不同文化背景的民族如何利用环境提供真知灼见。教育家则帮助学生更好的理解生态系统功能是如何支撑着人类生活而人类又是如何破坏或保护它们的。环保组织提出了需要保护的区域，提供了教育资料，并通过个人和团体的运动进行环保事业。最后，每一个人的选择与行动都会或多或少地决定着环保事业是否能够成功。

30.5.1 保护栖息地对保护生物多样性来说至关重要

因为栖息地的被破坏和碎片化是威胁生物多样性的关键因素，所以，对栖息地的保护意义非凡。自然保护区和野生动物的绿色通道都对保护自然生态系统意义重大。

1. 核心保护区保护所有层次的生物多样性

核心保护区是指免于人类活动干扰破坏的受保护的自然区域，当然，一些几乎对环境没有影响的观光游览活动并不记入此列。理想状态下，核心保护区有足够的面积来保护生态系统各个层面的物种和环境多样性。核心保护区也要能够经受风暴、火灾和洪水侵袭而不损失物种。

为了建立有效的核心保护区，生态学家必须估算出最小关键面积，也就是能够维持最占面积的物种生存的最小空间。最小关键面积在不同物种之间相差甚远，同时也取决于食物获得的难易程度、水源覆盖范围和掩蔽物的大小多寡。通常而言，干燥环境中的大型捕食者比水草丰美环境中的小型食草动物的最小关键面积要大得多。然而，对众多物种做出精确的最小面积估算却是一件难事。

2. 连接关键物种栖息地的绿色通道

在估算最小关键面积的过程中，尤其是当物种中包含大型捕食者时，一个逐渐凸显的事实是，在日益拥挤的地球上，单个的核心保护区已经很难独立承担起维持生物多样性和群落之间繁衍交流的作用。野生动物绿色通道，作为连接核心保护区的纽带，允许动物们在原本隔离的保护区之间相对安全地自由地穿行（见图 30-10）。通过将不同的保护区连接起来，绿色通道有效地增加了小型保护区的面积。理论上，核心保护区和绿色通道都被缓冲区所包围，而缓冲区只支持与野生动物生存兼容的人类活动。缓冲区中不允许进行高影响活动，比如砍伐、采矿和影响核心地区野生动物的筑居行为。

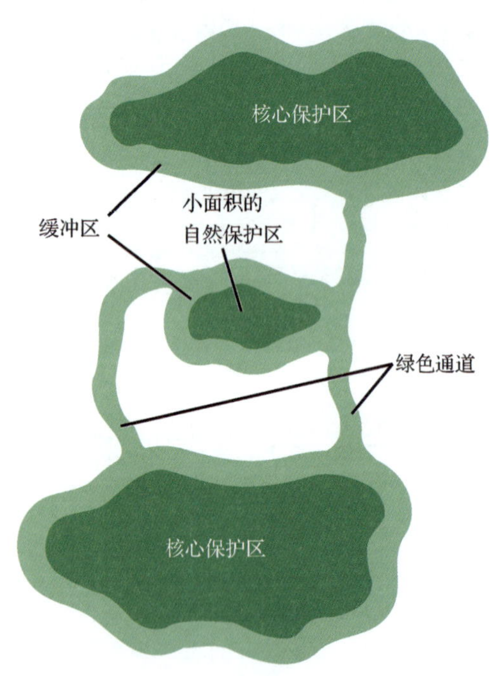

▲图 30-10 野生动物绿色通道将不同的自然保护区相连

有时，一条有效的野生动物绿色通道可能和公路的地道一样窄。在人口密集的南加州，在洛杉矶南部山丘的计划修建超过 1000 栋新型住宅的计划被搁置，现有的高速公路也被关闭，因为野生动物学家发现，山地狮通过煤谷的地下通道，进行高速公路北部的奇洛岗栖息地和南部的圣安娜山栖息地之间的迁徙。如今，地下通道和周围的环境都已恢复至更加原始的状态，这鼓励了山地狮和其他野生动物安全地从高速公路下通过（见图 30-11）。人们也开始合理利用这条绿色通道——事实上，在背包客旅行指南中，这条野生动物绿色通道因其独特性而颇具吸引力。

在落基山脉北部，生物保护组织和科学家联合发起了一系列连接现存核心保护区的野生动物绿色通道的倡议，比如黄石、大提顿和国家冰川公园，三者都处于非常相似的生态系统内。将这些栖息地相互连接起来有助于维持灰熊、驼鹿、狼和山地狮的种群数目。

◀**图 30-11　野生动物绿色通道连接不同栖息地**。不仅沥青被移除，在南加州河滨高速公路煤谷的地下通道的交通也被禁止，这让山地狮能够安全穿行于两侧的栖息地之间。

30.6　环境可持续性发展为什么对人类未来至关重要？

平衡且可持续发展的生态系统共享着一些让它们存活并繁荣昌盛的特征。其中，下述特征最为重要：

- 多样化的种群。
- 在环境最大容量范围内，种群相对稳定的数量。
- 原材料循环和有效利用。
- 对可再生能源的依赖性。

被人类开发过的环境通常不具备上述特征。事实上，许多经人类改造的生态系统也许长期来看并不是可持续发展的。我们如何在保证生态系统可持续发展的情况下满足自身需求呢？

30.6.1　可持续发展促进生态和人类长远福祉

在《关爱地球：一条可持续生存战略》中，IUCN 声明，可持续发展是指，“既满足当代人类的需求，又不损害子孙后代满足自身需求的能力。”并且说明，“人类向自然界的索取不能超过自然的恢复能力。这意味着要采取符合自然限度的生活与发展方式。如果科技在限度以内，那么也可以在不拒绝科技带来的诸多好处的情况下做到这些。”

遗憾的是，在现代人类社会，“可持续发展”几乎是一个矛盾的词汇，因为“发展”总是用人造建筑诸如房屋、工厂和购物中心等来取代自然生态系统。大多数发达国家的居民都过着优质生活，但他们却是以不可持续发展的方式，直接或间接剥削生态系统服务并使用大量不可再生资源。

然而，来自全世界各个地方的证据表明，此类活动在拆解自然群落并破坏地球供养生命的能力。个人和政府正在意识到改变的迫切性，一系列项目正在开展，人们期待，通过这些计划，可以可持续地满足人类需求。接下来让我们看看其中的两个成功范例。

1. 生物圈保护区为保护与可持续发展提供样板

联合国设计了一个全世界的生物圈保护区网络。生物圈保护区的目标是维持生物多样性，并在保护当地文化价值的同时，评估人类可持续发展的技术。生物圈保护区通常由三个区域组成。在中心核心保护区，只允许进行研究、旅游和一些传统的文化用途。在周围缓冲区，可以进行研究、环境教育和严加规范的林业与放牧。在缓冲区以外是支持居民点、旅游业、渔业和农业的过渡区，所有的（理论上）都以可持续发展的方式运行（见图 30-12）。第一批生物圈保护区在 1976 年设立。现在包括美国在内，全世界 114 个国家有超过 580 个样点。

政府在划定了保护区范围之后，会享有保护区的所有权和监管权。这极大地减少了建立保护区的阻力，但是，作为自愿性质的结果，只有很少的保护区还维持着理想的生物圈保护区的模样。在美国，47 个生物圈保护区中绝大多数是国家公园和国家森林。大部分缓冲和过渡区的土地是私有的，土地持有者也许并没有意识到他们的土地是被指定的保护区。通常，用于补偿土地持有者限制开发或促进可持续开发的资金并不充足。

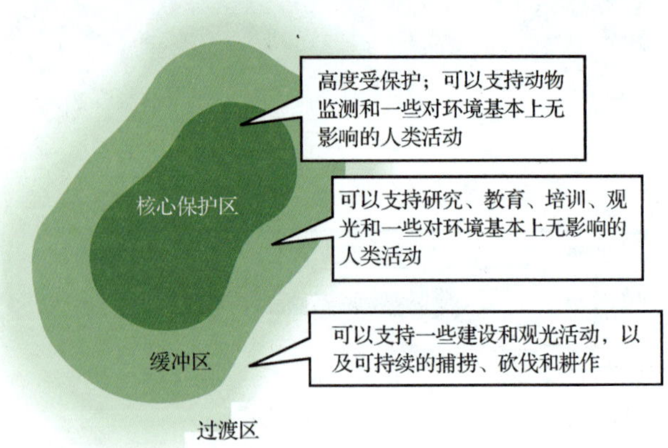

▲图 30-12　一个理想的生物圈保护区的设计图

然而，在许多州、县甚至城市都提供保护地役权，即用税额减免来换取一个土地持有者放弃开发的权利。保护地役权可以成为保护自然栖息地强有力却代价较小的手段，无论它们是不是生物圈保护区的一部分都是如此。比如在弗吉尼亚，就有超过 50 万英亩的林地、农场和野生动物栖息地通过保护地役权的方式得到保护。

2. 可持续发展农业兼顾了高产率与对自然群落的低影响

自然栖息地在人类伐木造田时损失最为惨重。比如，在美国中部，有上千万英亩草地被开垦为农场，主要用于种植玉米、小麦和大豆。因为农场中通常只种植有一种或少数几种作物，并且大多数作物都被收获用于人类消费，所以和开垦之前相比，农场里的动植物多样性水平极其低下。

农业对于养育人类是不可或缺的。进一步说，为了维持一个合理的生活水平，农民必须以较低的代价获得高产量。这通常导致了不可持续发展的耕种方式，并干涉了生态系统的服务。比如，在收获之后任由土地荒芜会增加水土流失，因为风雨会冲刷去暴露的表层土壤。杀虫剂的使用也会不加区别地杀死昆虫、昆虫的天敌和植物的传粉者。在世界上的许多角落，灌溉所依赖的地下水资源正以比雨雪回填更快的速度被抽干。另外，因为地下水和表层水含有同样盐分，灌溉用水的蒸发通常会留下盐分从而使土壤变得贫瘠。

幸运的是，大多数的农民都意识到了可持续发展农业的益处（见表 30-1）。免耕法通过在土地中保留收获谷物的残渣作为来年作物的护根，代表了可持续农业的一种可能组成方式（见图 30-13）。在 2009 年，免耕法在美国大约 8800 万英亩的土地上得到了应用（占全国农作物用地的三分之一）。免耕法对犁地的需求也很少，每英亩节省了 3～14 加仑柴油。

另一方面，大多数使用免耕法的农民通过喷洒除草剂来消灭杂草。其中一些除草剂也许会流入土地并影响附近的自然栖息地。还有，一些除草剂也许会伤害动物。尽管存在争议，一些研究表明莠去津（一种在免耕法农业中广泛使用的除草剂），会损伤两栖动物和其他动物的生殖系统。去年作物的残留也许包含病原体，比如真菌，而这本可以在传统农业中通过深耕减少，而在免耕的土地中却要用到杀虫剂。

种植有机作物的农民通常不使用合成除草剂、杀虫剂或化肥。一些农民使用免耕法，但是大多数人每年都会至少犁地一次以便除去杂草。有机农业依赖自然天敌控制虫害和土壤微生物分解动植物废渣，由此实现营养循环。多样化的农作物减少了针对单一作物的虫害爆发和疾病暴发。

人们在有机和传统农业的产率，以及允许耕作的有机农业和允许使用除草剂的免耕法这三者到底哪个对土壤和自然环境更好等问题上依旧争论不休。

表 30-1　农业实践影响可持续性

	不可持续农业	可持续农业
土壤流失	土壤流失更快，因为谷物残余被犁埋，土壤暴露在外直到新的谷物长出	免耕法极大减少了土壤流失。树木带作为挡风带减少了风蚀
害虫防治	使用大量杀虫剂控制谷物害虫	土地周围的树林和灌木丛为鸟儿和其他害虫天敌提供栖身之地。保护鸟儿和其他害虫天敌减少了农药使用
增肥	使用大量合成肥料	免耕法农业保持了土壤肥力。动物排泄物可用做肥料。豆科植物补充了土壤中的氮（比如大豆和苜蓿）是耗氮作物（比如玉米和小麦）的替代作物
水质	流经裸露土壤的地表径流会被杀虫剂、肥料和动物排泄物污染	动物排泄物被用做肥料，免耕法留下的植物减少地表径流富营养化
灌溉	过度灌溉，且抽取地下水速率大于雨雪回填速率	现代灌溉技术减少了蒸发并只在需要水的时间地点灌溉。免耕法减少蒸发
作物多样性	依赖少量高产作物，造成害虫爆发并大量使用杀虫剂	作物轮换和更多的作物种植减少了虫害与疾病爆发的可能
燃料使用	大量使用不可再生化石燃料驱动农药设备，生产和应用肥料及杀虫剂	免耕法减少了对犁地与灌溉的需求

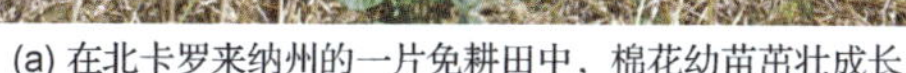
(a) 在北卡罗来纳州的一片免耕田中，棉花幼苗茁壮成长

(b) 一个月之后的同一块田地

▲图 30-13　农业中的免耕法　（a）除草剂将残存的小麦杀死，而棉花却在小麦田中茁壮生长，这是因为小麦的根系起到了防止水土流失的作用。（b）在季末，小麦被棉花所取代。

最好的设想是，农民种植多种农作物，使用能够保有土壤肥力的生产方法，并利用尽可能少的能量和潜在有毒的化学物质。农民通过鸟儿和其他天敌以及作物轮种来控制害虫的数量，这样针对单一作物的害虫将不再有机可乘。土地面积应当相对较小，被自然树木和动物的带状栖息地所分隔。实际上，对于能否满足以上所有目标并同时在成本可控的情况下实现高产量这一问题，农民和农业专家之间存在分歧。

因为生态系统服务的损失并没有算入不可持续农业的成本，因此，以不可持续发展方式生产的食物至少会在短期内更便宜。这就是有机水果通常在超市里更贵的原因。长期看来，如果典型的商业化耕作导致土地盐碱化、农作物疾病和虫害的爆发，或者表层土壤损失，那么我们要付出的代价将远远比可持续农业更昂贵。有许多项目，比如加州大学戴维斯分校的可持续农业研究与教育项目，支持可持续农业的相关研究，并对农民进行宣传和教育，使他们认识到可持续农业的优势，以及如何实施可持续农业，等等。

30.6.2　地球的未来在你手中

我们如何管理这颗星球，才能在为当代人类提供健康的、令人满意的生活的同时，为后代保

护生物多样性和资源呢？没有人能够给出一个简单明确的答案。然而，我们需要考虑三个相互关联的问题：(1)人类的生活方式是什么样的？(2)什么样的科技能够可持续地支持以上生活方式？(3) 地球可以养育多少人？用何种生活方式养育这些人？

1. 改变生活方式和使用恰当的科技至关重要

地球上的数十亿人永远都不会在什么才是快乐安逸的生活这一问题上达成一致。但是几乎所有人都会同意，这样的生活方式至少必须包括充足的食品、衣物、干净的空气和水、良好的医疗服务和工作环境、平等的受教育和就业机会以及和自然环境接触的机会。地球上居住在发展中国家的大部分人都缺少上述条件的一条或者多条。

没有可持续发展，就没有人类生活质量的长期提高——事实上，人类的生活质量甚至可能还会恶化。我们必须做出关于可持续科技的选择以及如何实现从今日现实到明日愿望的过渡。比如，长远来看，除非类似核聚变之类的能源成为现实，否则可持续生活方式必须依赖可再生能源——太阳能、风能、地热和潮汐能——我们在利用这些能源时，不会产生过高浓度的有毒废物或排放超过地球循环能力的二氧化碳。

2. 人口增长是不可持续的

环境恶化的根本原因很简单：太多人使用了太多资源，同时产生了太多废物。正如 IUCN 在《谁来照顾地球？》中详述的那样“中心议题是如何在人口与自然环境中寻找平衡。”

长此以往，如果人口持续增长，这样的平衡将永无达到之日。考虑到地球上大多数人所向往的生活方式，许多人认为，即使人口保持在现在的数量，我们也无法达到平衡，何况每年地球上还会新增 7500 万到 8000 万人。不管我们的饮食如何简单，我们的房屋利用率如何高效，我们的农业技术对环境的影响有多低，或者我们回收利用了多少资源，持续的人口增长都将使我们的努力功亏一篑。

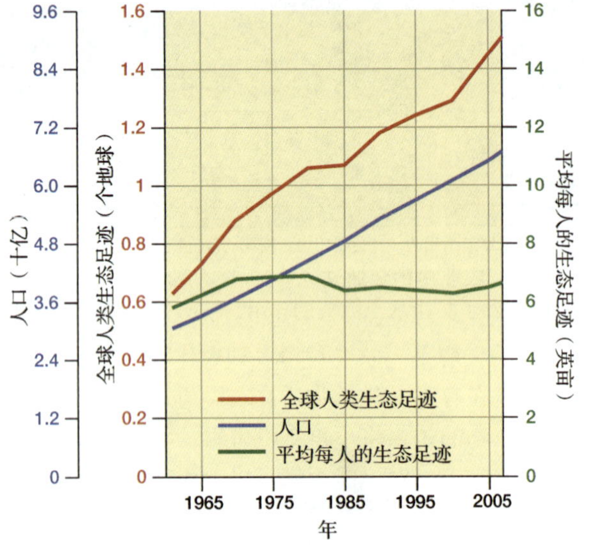

◀图 30-14 人类人口的持续增长严重威胁着可持续发展 在 1961 年到 2007 年之间，人类人口数目的增长（蓝线）与生态足迹的增长（红线）基本持平。而在这 40 年间，人均生态足迹（绿线）几乎保持不变，也就是说，全球人口增长基本上就是全球生态足迹增长的原因。

让我们来比较一下地球生物容量与人类生态足迹（见图 30-14）。如图所示，人类在 1961 年到 2007 年之间生态足迹的猛增（红线）大约平行于我们剧增的人口（蓝线）。每人生态足迹（绿线）在 40 年间几乎保持不变——换句话说，人均使用的生物容量在 2007 年和 1970 年并无二致。如果人口不增长，总的生态足迹将远低于地球生物容量，但是因为人口增长，总的人类足迹已经远远超过地球生态容量。如果我们想提高 70 亿人的生活质量，为后代留下创造同样生活方式的可能以及为后代保留生物多样性，那么停止、甚至反转人口增长至关重要。

3. 现在，该你做出选择了

本章提供了一些可以保护生物多样性、使物种免于灭绝以及促进可持续发展的人类活动的例子。看看你的校园和社区——人们实施了哪些可持续发展方式？